유형 + 내신

고쟁이

수학 개념과 원리를 꿰뚫는

내신 대비 집중 훈련서

유형 + 내신
고쟁이

이 책에 도움을 주신 선생님

서울

강동민 뉴파인 서초고등관
강민수 전문과외
강민종 명석학원
강연주 상도뉴스터디학원
강영미 슬로비매쓰
강예린 한국삼육고등학교
강윤기 아이겐수학학원
강은녕 탑수학학원
강정모 한영외국어고등학교
강종철 쿠메수학교습소
강현숙 유니크학원
고문숙 멘토스학원
고선양 윤선생 동작센터
고수환 상승곡선학원
고영민 해볼수학학원
고혜원 전문과외
고희권 교우보습학원
공예린 진실한애플트리
공정현 대공수학 교습소
곽의순 TSM 하이츠수학학원
구난영 셀프스터디수학학원
구본근 뷰티풀마인드 수학학원
구순모 세진학원
구정아 정현수학학원
구희선 선수학학원
권가영 로드맵수학학원
권경아 매쓰몽 대치본원
권나영 전문과외
권민학 대학나무학원
권상호 수학은권상호 수학학원
권용만 은광여자고등학교
권유혜 전문과외
권은진 참수학뿌리국어학원
권정기 배움틀수학학원
권혜정 패턴수학교습소
김강현 대치이강학원
김강환 뉴파인 안국고등관
김경아 성지사관학원
김경진 대치 파인만
김경진 창일중학교
김경화 금천로드맵 수학전문학원
김국환 매쓰플러스수학학원
김규연 강서수력발전소수학교습소
김규은 경기여자고등학교
김금화 라플라스 수학
김기덕 메가매쓰수학학원
김나리 강남예일학원
김덕락 티포인트 에듀
김도규 김도규수학학원
김동철 청산학원
김명후 김명후 수학학원
김문경 연세YT어학원
김미란 스마트해법수학
김미아 일등수학 교습소
김미영 하이스트 금천
김미영 명수학교습소
김미영 동대문대성학원
김미진 채움수학
김미희 행복한수학쌤 전문과외
김민수 PGA전문가집단학원
김민아 송파청솔학원
김민재 탑엘리트학원
김민정 전문과외
김민지 강북 메가스터디학원
김민창 전문과외
김범준 수풀림수학전문가학원
김병호 국선수학학원
김보민 이투스수학학원 상도점
김삼섭 뉴파인
김상철 미래탐구마포
김상혁 세종학원
김선경 개념폴리아학원
김선용 목동 미래탐구
김선정 시그마수학
김성경 개념폴리아 대치관
김성민 카이수학교습소
김성재 맑음수학밝음국어학원
김세훈 대성다수인학원
김수림 개념폴리아 대치관
김수민 통수학학원
김수영 뉴파인 반포고등관
김수진 CMS
김수진 깊은수학학원
김수진 싸인매쓰
김승원 솔(sol)수학학원
김애경 이지수학
김어진 목동PGA중등부 본원
김여옥 매쓰홀릭수학
김연재 대치 미래탐구
김영유 김샘학원 성북캠퍼스
김영재 한그루수학
김영준 강남압구정매쓰탑학원
김영진 전문과외
김예름 세이노수학
김예진 강안교육
김예진 오디세이
김용배 뉴파인 반포고등관
김용우 참수학
김윤길 매쓰뷰수학전문학원
김윤태 김종철 국어수학전문학원
김윤희 유니수학교습소
김은경 대치영어수학전문학원
김은영 황혜영수학과학학원
김은영 선우수학
김은찬 엑시엄수학전문학원
김이현 고덕에듀플렉스
김인기 중계 학림학원
김인영 압구정 파인만
김재연 알티씨 수학
김재헌 CMS고등연구소
김재헌 GMS학원
김정아 지올수학
김정철 티포인트에듀학원 대치점
김정화 시매쓰방학센터
김정훈 이투스수학학원 왕십리뉴타운점
김종필 격상수학교습소
김주헌 홍익대학교부속중학교
김주희 장한학원
김지연 더올림학원
김지연 전문과외
김지혜 수학,리본
김진구 뉴파인
김진규 서울바움수학
김진영 이대부속고등학교
김진우 쏘월학원
김진웅 MorningEdu
김진희 씽크매쓰수학교습소
김창재 중계 세일학원
김창주 고등부관 스카이학원
김창환 대치프라임/강북청솔
김철중 뉴파인 압구정관
김태영 신대방페르마수학학원
김태현 미투스카이 수학학원
김태환 GnB영어학원
김하늘 역경패도 수학전문
김하민 서강학원
김하연 전문과외
김항기 숭인중학교
김해찬 The 다원수학 목동관
김현미 김현미수학학원
김현수 세빛학원
김현아 전문과외
김현욱 리마인드수학
김현주 숙명여자고등학교
김현지 전문과외
김형근 무명수학
김형진 수학혁명학원
김홍수 김홍학원
김효선 토이300컴퓨터교습소
김효정 상위권수학
김흥규 광신고등학교
김희야 공부방
김희훈 수학에 미친 사람들
나소민 파인만 영재고센터
나태산 중계 학림학원
남호성 퍼씰수학전문학원
도영경 올라수학교습소
류다인 전문과외 및 수박씨닷컴 인강강사
류도현 류샘수학학원
류동석 수학사냥
류재권 서초TOT학원
류정민 사사모플러스수학학원
류지혜 대치동
류현의 개념폴리아
만금조 미래인재
목지아 수리티수학학원
문선주 IVY수학
문성호 차원이다른수학학원
문소정 SNT 에듀
문용근 칼수학 학원
문재웅 성북메가스터디
문지훈 Moon Math
민남홍 김현미수학전문학원
민수진 엔학고레
박경보 최고수챌린지에듀 학원
박경원 파인만 영재고센터
박교국 목동 로드맵수학학원
박근백 맨토스학원
박기은 베리타스학원
박동진 토마스아카데미, 대치이강프리미엄
박명훈 김샘학원 성북캠퍼스
박미라 매쓰몽
박상언 파인만 영재고센터
박상후 강북 메가스터디학원
박서희 펌핑영어수학학원
박설아 수학을 삼키다
박세리 대치 시대인재 수학스쿨
박세원 최고수챌린지에듀
박세찬 쎄이학원
박소라 나다어 학원
박소영 전문과외
박수견 비채 수학원
박수정 대원국제중학교
박시현 뉴파인 반포고등관
박연주 전문과외
박연희 박연희깨침수학교습소
박영규 하이스트핏 수학교습소
박용우 일신학원
박용우 신등용문학원
박유림 개념폴리아 대치관
박은순 명성영재사관학원
박이슬 로드맵수학전문학원
박정화 청어람수학원
박정훈 전문과외
박종수 뉴파인
박종원 구로 상아탑학원
박종윤 발산에듀플렉스
박주현 장훈고등학교
박준현 집중수학교습소
박지건 비채 수학원
박진아 빨간펜수학의달인 면목1호점 수학교습소
박진희 박선생수학전문학원
박태흥 CMS서초영재관
박현 압구정 파인만
박현미 개념폴리아학원
박현주 나는별학원
박혜성 이든앤뉴튼 학원
박혜진 강북수재학원
박홍식 연세수학원
방효건 서준학원
배용헌 감탄교육화곡학원
배재형 배재형수학
백송이 YBM학원
백운경 일신학원
백운경 전문과외
백지현 전문과외
변세정 더원학원(대치점)
서근환 대진고등학교
서다인 수학의봄학원
서동혁 이화여자고등학교
서민국 대치 시대인재 특목센터
서수연 수학전문 순수학원
서순진 참좋은학원
서용준 전문과외
서원준 잠실시그마수학학원
서재윤 하이텐수학교습소
서중은 블루플렉스학원
서지원 성덕여자중학교
서한나 라엘수학
서호근 깊은생각 대치
석현욱 잇올스파르타
선철 일신학원
성기주 라플라스수학학원
성성아 SNS수학전문학원
성우진 CMS서초영재관
손권민경 원인학원
손민정 두드림에듀
손석운 대치해강학원
손충모 공감수학
송경호 마드스터디빨간펜 수학의달인학원
송동인 대치명인학원
송준민 송수학
송진우 도진우 수학 연구소
송태주 뷰티풀마인드수학학원
송해선 불곰에듀
송희 유리한 수 수학교습소 수리안학원
신관식 동작미래탐구
신기호 신촌 메가스터디학원
신대용 신수학교습소
신연우 삼성대성다수인학원
신우림 대치 다원교육
신은진 상위권수학학원
신인철 매쓰스터디 수학 교습소
신지현 미래탐구 대치
신채민 정수학학원
심지현 심지수학 교습소
심창섭 피앤에스수학학원
심혜영 열린문수학학원
안대호 말글국어 더함수학 학원
안도연 목동AMC수학
안명준 심해하이츠학원
안수진 사당 유진보습학원
안태선 대원고등학교
양강일 대원고등학교
양광열 구주이배학원 카이관
양원규 일신학원
양철웅 Kevin Math Clinic
양해영 청출어람학원
양희석 열정신념수학
엄상희 최강명진학원
엄유빈 유빈쌤수학
엄지영 세이노학원
엄지희 티포인트에듀학원
엄지희 티포인트에듀학원
엄태웅 엄선생수학교습소
엄태진 뉴파인 반포고등관
여혜연 전문과외
오동건 이룸수학학원
오명석 중계미래탐구 영재과고센터
오민호 서초TOT학원
오선진 선덕고등학교
오유림 뉴파인 반포고등관
오정임 대치 파인만
오주연 수학의기술
오한별 광문고등학교
옥광일 미들맨의참견수학학원
왕한비 왕쌤수학학원
용호준 cbc수학학원
우교영 수학에미친사람들
원상연 CMS서초영재관
원종운 뉴파인 압구정고등관
원준희 CMS 대치영재관
위명훈 황수비수학학원
위형채 에이치앤제이형설학원
유가영 으뜸수학학원
유동근 대원여자고등학교
유라헬 스톨키아

유병철 성북미래탐구
유봉영 류선생 수학 교습소
유상빈 서초TOT학원
유석원 서초TOT학원
유승빈 서울예술고등학교
유승우 중계탑클래스은행사거리학원
유재영 뉴파인 압구정관
유재현 일신학원
유지훈 뉴파인 압구정관
유철문 유철문 수학교습소
유형기 유형기 수학교습소
유혜리 상위권수학 반포자이점
윤상문 청어람수학원
윤수현 조이학원
윤여균 전문과외
윤여훈 위례광장엠베스트해법영어학원
윤영숙 윤영숙수학학원
윤오상 윤오상수학학원
윤원기 세종과학고등학교
윤인환 대치 미래탐구
윤정욱 대치 파인만
윤형중 씨알학당
윤혜영 수수배학원
윤희영 해냄수학학원
은현 목동 CMS 입시센터
이건우 송파이지엠 수학학원
이경용 열공학원
이경주 이지수학학원
이규만 수퍼수학학원
이다혜 강한영수학원
이동훈 PGA전문가집단학원
이루마 김샘학원 성북캠퍼스
이무송 황혜영수학과학학원
이문희 이문희수학
이민수 씨알학당
이민아 정수학
이민지 대원고등학교
이민호 강안교육
이병근 2C나라수학학원
이보롬 다원교육
이산 다원교육
이상문 P&S 학원
이상현 1타수학 전문학원
이상훈 골든벨수학학원
이선우 전문과외
이선혜 쎈수학러닝센터
북아현수학교습소
이선호 서울바움수학
이성용 이성용수학
이성재 지앤정 학원
이세복 일타수학학원
이송이 더쌤 수학 전문학원
이수지 GMA개념원리국제수학교육원
은평역촌제1교육원
이수호 수학의미래
이승재 대원여자고등학교
이승현 CMS서초영재관
이승호 동작 미래탐구
이예림 대원여자고등학교
이완규 TOPIA ACADEMY
이용우 올림피아드학원 강동고덕캠퍼스
이용준 수학의비밀로고스학원
이원용 필과수학원
이원제 삼성 대성 다수인 학원
이원희 수학공작소
이유예 스카이플러스학원
이유진 마포고등학교
이윤구 최강수학학원
이윤주 와이제이 수학
이은선 대치올림피아드2관
이은숙 포르테 수학교습소
이은영 은수학교습소
이재명 수라밸강동본원제1관수학학원
이재복 동작미래탐구학원
이재서 최상위수학학원
이재용 이재용 수학학원
이재흥 라임영어수학원
이재환 조재필 수학학원
이정석 CMS서초영재관
이정아 제이에이학원
이정호 정샘수학교습소
이정훈 수참수학
이정희 이쌤수학
이종욱 미래탐구학원
이주경 생각의숲수학교습소
이주연 하이씨앤씨
이주하 TOP고려학원
이주희 고덕엠수학
이준철 강동구주이배
이지연 단디수학학원
이지연 필탑학원
이지우 제이앤수학원
이지혜 세레나영어수학학원
이지혜 대치 파인만
이진 수박에듀학원
이진덕 카이스트수학학원
이진명 메가에스디학원
이진용 청어람수학원
이진희 서준학원
이채민 개념폴리아학원 대치본관
이충안 채움수학
이충훈 대광고등학교
이학송 뷰티풀마인드 수학학원
이혁 강동메르센수학학원
이현우 뉴파인 반포고등관
이현주 방배 스카이에듀
이현환 백상영수학원
이혜림 다오른수학교습소
이혜림 대동세무고등학교
이혜수 슈리샘 수학교실
이혜영 미림여자고등학교
이혜인 대치 미래탐구 학원
이호재 성북메가스터디학원
이효준 꿈선생
이희제 PGA오목관
임갑봉 중계학림학원
임계연 미래지도자학원
임규철 원수학
임다혜 시대인재 수학스쿨
임민정 전문과외
임민호 마이티마우스학원
임민희 셈수학교습소
임성국 전문과외
임소연 오주중학교
임소영 123수학
임수진 열공학원
임은희 세종학원
임지우 수학싸부
임현우 선덕고등학교
임현정 전문과외
장석진 이덕재수학이미선국어
장성우 파인만 영재고센터
장성훈 미독수학학원
장세영 스펀지 영어수학 학원
장영신 위례솔중학교
장우진 짱쌤의공감수학교습소
장우혁 목동깡수학2호관학원
장지식 피큐브아카데미
장진구 CMS 서초영재관
장현진 장현진수학보습학원
장혜윤 수리원교육수학학원
장효진 블랙백수학학원
전병훈 전병훈수학학원
전성식 맥스360전성식수학학원
전성환 깊은생각
전수정 개념폴리아
전은경 제이매쓰 수학발전소
전은나 상상수학학원
전정현 강동 청어람 수학원
전종현 강안교육
전지수 전문과외
전지영 탑클래스영수학원
전진남 지니어스논술교습소
전현실 전현실 수학공부방
전형주 메이저수학학원
전혜인 성북메가스터디
정다운 올림수학
정다운 해내다수학교습소
정다운 정다운수학교습소
정대교 피큐브 아카데미
정대영 대치 파인만
정무웅 강동드림보습학원
정민경 바른마테마티카
정민준 성북메가스터디
정민환 뉴파인 서초고등관
정보람 (주)베스티안학원
정봉석 산책학원
정선미 선미쌤 수학과외교실
정소영 목동깡수학2호관학원
정영아 정이수학교습소
정원길 제일보습학원
정원선 전문과외
정유미 휴브레인 학원
정유진 전문과외
정은경 꼼꼼수학
정장현 나다어 학원
정재윤 성덕고등학교
정준 서울 동대문구 장안동
정지연 제이수학 교습소
정지윤 대치 파인만
정진아 정선생 수학
정찬민 목동매쓰원수학학원
정태섭 강북세일학원
정하윤 랑수학교습소
정현광 광성고등학교
정혜영 최상위권수학학원
정혜진 브레인매쓰
정화진 진화수학학원
정환동 CNC 0.1%의대수학
정효석 수심달 수학학원
조명선 대치 파인만
조병훈 꿈을담는수학
조성환 파스칼수학교습소
조성환 파스칼수학교습소
조수진 다원교육
조아람 로드맵수학
조원해 연세YT어학원
조은경 아이파크해법수학
조은우 한솔플러스수학학원
조재묵 잉글리시무무 차수학
조햇봄 조햇봄 수학 학습실
조현탁 전문가집단
조희정 T&S STUDY
주병준 남다른 이해
주선미 1001의행복한학원
주용호 아찬수학교습소
주은재 강동청산학원
주재우 미래탐구성북학원
주정미 수학의 꽃, JUDY MATH
주정식 최강수학학원
주종대 강북세일학원
주진교 월계셈스터디학원
주한나 남강고등학교
지명훈 선덕고등학교
지민경 고래수학교습소
진주현 전문과외
진충완 더블유수학학원
차민준 프리미엄이투스수학학원
차용우 서울외국어고등학교
차일훈 엠솔교육
채미진 이안학원
채성진 수학에빠진학원
채정하 해봄수학교습소
채종원 분석수학강서1관
최광섭 엔콕학원
최동욱 숭의여자고등학교
최문석 압구정 파인만
최미진 압구정 파인만
최병옥 최코치수학학원
최병진 현진학원
최병호 니엘리더스스쿨(기독교대안학교)
최보솜 파인만 영재고센터
최서훈 피큐브 아카데미
최성재 수학공감학원
최성희 최쌤수학학원
최연진 세화여자고등학교
최영준 문일고등학교
최용희 알파별학원
최우정 두드림 에듀
최윤아 대원여자고등학교
최종석 강북수재학원
최지선 함영원 수학학원
최찬희 CMS서초영재관
최철우 탑수학학원
최현수 메이드학원
최형준 더하이스트수학학원
최희서 최상위권수학교습소
탁승환 파인만 영재고센터(잠원)
편순창 알면쉽다연세수학학원
하상연 강동구주이배 카이관
하태성 은평G1230
하현엽 청어람수학원(강동)
한나희 우리해법수학
한동용 이투스앤써
한명석 아드폰테스
한민희 목동한수학학원
한병욱 깊은생각
한선아 공감수학학원
한승우 씨앗매쓰
한승환 짱솔학원 반포점
한인숙 제이엘학원
한지우 홀론학원
한진광 퍼팩트수학보습학원
한태인 러셀 강남
한현주 PMG학원
함정훈 압구정함수학
허민 뷰티풀마인드 수학학원
허윤정 미래탐구 대치
허지숙 아특학원
허지은 진실한 애플트리 학원
형민우 대원여자고등학교
홍상민 수학도서관
홍설 백인대장 훈련소
홍성주 굿매쓰수학교습소
홍성진 대치 김&홍 수학전문학원
홍성현 서초TOT학원
홍슬기 깐깐한슬기수학
홍재화 티다른수학교습소
홍준기 CMS 서초영재관
황남상 수학의 황제 학원, 레인메이커 학원, 세일학원, 강안학원, 하이스트학원
황병남 대원고등학교
황유진 가재울중학교
황의숙 The나은학원
황정미 카이스트수학학원

부산

고경희 대연고등학교
권병국 케이스학원
권영린 과사람학원
김경희 해운대 영수전문 와이스터디
김대현 연제고등학교
김명선 김쌤 수학
김민규 다비드수학교습소
김수현 베스트스쿨학원
김유상 끝장수학
김은경 전문과외
김은진 수딴's 수학전문학원
김점화 온영수학원
김정선 해법단과학원
김정은 한수연하이매쓰수학학원
김지연 김지연수학교습소
김지연 한수연하이매쓰수학학원
김지훈 블랙박스수학전문학원
김진호 해운대 에듀플렉스
김태경 Be수학학원
김태진 한빛단과학원
김학진 학림학원
김현경 민샘수학
김효상 코스터디학원
김훈 매쓰힐수학학원
나기열 프로매스수학교습소
노하영 확실한수학학원

류형수 연제한샘학원
모란 매씨아영수학원
문서현 명품수학
문은진 우리들학원
박대성 키움수학교습소
박서현 선재학원
박성찬 프라임학원
박연주 연주수학
박재용 해운대 영수전문 와이스터디
배철우 하단종로학원
서평승 신의학원
손희옥 손선생사고력수학학원
송민정 송샘수학
송유림 하이매쓰수학
심정영 서문단과학원
심혜정 명품수학
안찬종 더에듀기장학원
여지윤 수딴's 수학학원
오인혜 하단초등학교 방과후 수학교실
오창희 폴인수학학원
우화영 명지국제해법수학과외 (공부방)
원옥영 괴정스타삼성영수학원
유소영 파플수학
윤서현 이제스트
윤희정 하이매쓰수학
이경덕 수딴's 수학학원
이경수 경:수학
이연희 오른수학
이영웅 전문과외
이은련 더플러스수학교습소
이정동 국제수학원
이정화 가야 수학의 힘
이종민 전문과외
이지연 확실한수학학원
이지영 렛츠스터디공부방
이지은 한수연하이매쓰
이하영 뉴런학습코칭센터
이현광 현광수학학원
이효정 이효정 고등/입시/대학수학
임소정 폴인수학학원
장인숙 더베스트학원
장정화 하이원수학
장혜선 자하연학원
전경훈 이츠매쓰
전완재 강앤전 수학학원
전우성 이안단과학원
정원미 효림학원
정은주 전문과외
정의진 남천다수인
정희정 정쌤수학
조민지 삼환공부방고등부
조우영 위드유수학학원
조은영 MIT수학아카데미
조훈 캔필학원
채송화 채송화수학
최수정 이루다 수학
최응경 Be수학학원
최정현 더쎈수학학원
최준승 남천다수인학원
한주환 과사람학원(해운센터)
허윤정 올림수학전문학원
허재화 프리메수학
황보미 전문과외
황성필 대치명인학원
황인재 마스터 플랜 수학학원
황진영 전문과외
황하남 수학의봄날학원

인천

강옥수 수학의 온도
강원우 수학을탐하다
고준호 유베스트학원
곽경은 쭌에듀학원
구서영 시크릿아카데미학원
기미나 기쌤수학
기혜선 체리온탑수학영어학원
김교희 홍수학최영어학원
김국련 용현G1230학원
김남신 S수학과학학원
김도영 태풍학원
김미희 희수학
김보경 오아수학 공부방
김세윤 강화펜타스학원
김유미 꼼꼼수학교습소
김윤호 종로학원하늘교육 동춘학원
김응수 케이엠수학교습소
김재웅 감성수학 송도점
김재현 예스에이블
김준 쭌에듀학원
김진완 성일올림학원
김현정 무결수학학원
김현호 온풀이 수학 1관 학원
김혜영 전문과외
김혜지 중앙에이플러스학원
김효선 코다에듀
나원균 공부방
남덕우 Fun수학클리닉
노기성 노기성개인과외교습
문성진 청라페르마
문초롱 인천자유자재학원
박소이 다빈치창의수학교습소
박용석 절대학원
박은주 NGU math
박재섭 구월SKY수학과학전문학원
박정아 인천자유자재학원
박정우 이지앤강영어수학학원
박찬수 뉴파인
박창수 온풀이 1관 수학 학원
박치문 제일고등학교
박한민 감탄교육
박해석 비상영수학원
박효성 지코스수학학원
변은경 델타수학
서대원 구름주전자
서미란 파이데이아학원
석동방 송도GLA학원
석호열 인천 숭덕여자고등학교
손선진 송도일품수학과학전문학원
손영훈 개리함수학
송대익 청라 ATOZ수학과학학원
송세진 부평페르마수학학원
신진수 강화펜타스학원
신현준 전문과외
안예원 에임수학
안혜림 U2M 올림피아드 교육
엄진웅 서인천고등학교
오상원 불로종로엠학원
오선아 시나브로수학
오정민 갈루아수학
오지연 오지연수학학원
오현석 삼산고등학교
왕건일 토모수학학원
유미선 전문과외
유상현 프라임 수학학원
유성규 현수학전문학원
유연준 두드림클래스
유진희 지니수학
이경희 드림수학
이달주 문일여자고등학교
이미선 전문과외
이선미 이수수학
이승주 명신여자고등학교
이애희 부평해법수학교실
이영수 위니드수학학원 부개캠퍼스
이원재 이루다 교육학원
이은영 캠퍼스수학
이재섭 903 ACADEMY
이충열 루원로드맵수학학원
이필규 신현엠베스트
이혜경 이혜경고등수학학원
이혜선 (씨크릿)우리공부
이호자 전문과외
임지원 전문과외
장혜림 와풀수학
장효근 유레카수학학원
전우진 인사이트수학학원
정대웅 와이드수학
정운휘 연수김샘수학
정윤교 온풀이 수학 1관 학원
정은영 밀턴학원
조민관 서이학원
조민기 더배움보습학원 조쓰매쓰
조윤주 동암수학놀이터
조준호 인명여자고등학교
조현숙 부일클래스
지경일 팁탑학원
진샘 시크릿아카데미
채선영 전문과외
채수현 밀턴수학
최경수 코다에듀학원
최덕호 엠스퀘어 수학교습소
최문경 영웅아카데미
최민환 PTM영어수학전문학원
최수현 수학의길수학교습소
최정운 강화펜타스학원
최지인 이공고등영수전문학원
최진 절대학원
최진아 엘리트학원
추승형 무결학원
한영진 라야스케이브
한예슬 웅진스마트 중등센터
허진선 공부방 (수학나무)
현미선 써니수학
현진명 에임학원
홍미영 연세 영어 수학
홍은영 홍이수학교습소
홍종우 인명여자고등학교
홍창우 인성여자고등학교
황면식 늘품과학수학학원

대구

강민영 선재수학
고민정 전문과외
곽미선 좀다른수학
곽병무 다원MDS학원
구정모 대구여자상업고등학교
구현태 나인쌤 수학전문학원
권기현 이렇게좋은수학교습소
권보경 수%수학
김갑철 계성고등학교
김동영 통쾌한수학
김득현 차수학 사월보성점
김미소 에스엠과학수학학원
김미정 일등수학
김수영 봉덕김쌤수학학원
김수진 지니수학
김영진 더퍼스트 김진학원
김용운 조성애세움영어수학
김재홍 경일여자중학교
김종희 킨수학학원
김지연 찐수학공부방
김지연 전문과외
김지은 성화여자고등학교
김진욱 정화여자고등학교
김창섭 섭수학과학학원
김채영 믿음수학학원
김태진 구정남수학전문학원
김태환 로고스 수학학원(침산원)
김해은 한상철수학과학학원
김혜빈 정직한 선생님들
김혜빈 학남고등학교
류지혜 도이엔수학학원
문소연 장선생수학학원
문윤정 능인고등학교
문철희 송원학원
민병문 엠플수학 학원
박경득 파란수학
박도희 샤인수학
박민정 빡쎈수학교습소
박산성 Venn 수학
박선희 전문과외
박옥기 매쓰플랜수학학원
박원철 경원고등학교
박정욱 연세스카이(SKY)수학학원
박준 전문과외
박준혁 Pnk수학교습소
박태호 프라임수학교습소
박현주 Math 플래너
방소연 나인쌤수학학원
백상민 매천필즈수학원
백태민 수% 수학
백현식 바른입시학원
서경도 보승수학study
성웅경 더빡쎈수학학원
신수진 폴리아수학학원
신현영 수학신 수학교습소
양강일 양쌤수학과학학원
양은실 제니스클래스
오세욱 IP수학과학
오지은 엠프로수학
유화진 진수학
윤기호 샤인수학학원
윤서영 대구 대륜고등학교
윤선하 윤쌤수학
윤준희 전문과외
이규철 좋은수학
이나경 대구 지성학원
이남희 이남희수학
이명희 잇츠생각수학
이상범 전문과외
이우승 이우승수학전문학원
이은주 전문과외
이인호 본투비수학교습소
이일균 수학의달인수학교습소
이지교 이쌤수학
이지민 아이플러스 수학
이진욱 시지이룸수학학원
이태형 가토수학과학학원
이한조 닥터엠에스 수학과학학원
임신옥 KS수학학원
임유진 박진수학
장두영 가토수학과학학원
장세완 장선생수학학원
장현정 전문과외
전수민 전문과외
전지영 전지영수학
정동근 빡쎈수학학원
정민호 스테듀입시학원
정은숙 페르마학원
정재현 율사학원
조필재 샤인수학학원
주기험 경원고등학교
진국령 업앤탑수학과학학원
최대진 엠프로수학학원
최시연 이룸수학교습소
최재영 세르파수학교습소
최현정 MQ멘토수학
최현희 다온스터디
하태호 하이퍼수학학원
황가영 루나수학
황지현 위드제스트수학학원

광주

강민결 전문과외
강승완 첨단시매쓰수학학원
고민정 레벨업 수학공부방
공민지 전문과외
기유식 기유식수학학원
김국진 김국진짜학원
김국철 필즈수학학원
김귀순 광명1203수학과외교실
김대균 김대균수학학원
김미경 임팩트수학학원
김미라 막강수학영어전문학원
김성문 창평고등학교
김수홍 김수홍수학학원
김원진 메이블수학전문학원
김은석 만문제수학전문학원
김재광 디투엠영수전문보습학원
김종민 하이퍼수학
김태성 일곡 손수진 과학&수학 전문학원
나혜경 고수학학원

류창암 멘토영수학원
문여림 열림수학전문학원
문정연 전문과외
박상현 EZ수학
박충현 본수학과학전문학원
변석주 153유클리드수학전문학원
빈선욱 빈선욱수학전문학원
손광일 송원고등학교
손영준 페르마 수학학원
송광혜 두란노학원
송슬기 538수학 학원
송승용 송승용수학학원
신서영 신샘수학전문학원
신예준 JS영수영재학원
안기운 이지수학학원
양귀제 광주 양선생수학전문학원
양동식 A+수리수학원
오지영 광주수학날개
윤정숙 R=V+D(알브이디학원)
윤현미 더조은영어수학학원
이강우 대치공감학원
이상혁 류영종시그마유수학전문학원
이승열 루트원수학학원
이요한 제일수학학원
이윤희 공부방
이주헌 리얼매쓰수학전문학원
이창현 알파수학학원
이채연 알파수학학원
이채원 고수학 학원
이헌기 보문고등학교
임태관 매쓰멘토수학전문학원
장민경 장민경플랜수학학원
장성태 장성태수학학원
장영진 새움수학전문학원
정다원 광주인성고등학교
정다희 다희쌤수학
정미연 차수학더큰영어학원
정원섭 수리수학학원
정태규 가우스수학전문학원
정형진 BMA영수학원
정희현 현수학
조용남 조선생수학전문학원
조은주 조은수학교습소
조일양 서안수학
조현진 조현진수학학원
조형서 전문과외
천소현 SDL영수학원
천지선 한수위 수학 전문 학원
최선미 헤다학원
최성호 광주동신여자고등학교
최승원 최승원수학학원
최지웅 매쓰피아
최호영 본수학과학전문학원

대전

강유식 연세제일학원
강은옥 쎈수학영어공부방
강홍규 최강학원
강희규 종로학원 하늘교육
고지훈 지적공감학원
고현석 고구려학원
김근아 닥터매쓰205
김기범 경일학원
김기평 둔산필즈학원
김복응 더브레인코어 학원
김상진 일인주의 입시학원
김수현 생각하는황소
김승환 청운학원
김옥자 대전구봉중학교
김지현 파스칼 대덕학원
김진 발상의전환 수학전문학원
김태형 청명대입학원
김하은 고려바움수학학원
김한빛 한빛수학
김홍철 토브수학교습소
나효명 열린아카데미
류재원 대전 양영학원
박병휘 양영학원
박세훈 생각의 힘 수학학원
박연실 빅마마수학
배용제 엘엔케이한울학원
배지후 해마특목학원
서동원 수학의 중심학원
서영준 힐탑학원
선진규 로하스학원
손일형 손일형수학
송규성 하이클래스학원
송정은 바른수학전문교실
양상규 생각의힘수학학원
우현석 EBS수학우수학원
유준호 더브레인코어학원
윤석주 윤석주수학전문학원
이규영 쉐마수학학원
이선희 매쓰인메이 학원
이수진 대전관저중학교
이일녕 양영학원
이지훈 이지훈 수학과학
인승열 리드인수학나무수학교습소
임병수 모티브에듀학원
장용훈 프라임수학
장현상 진명학원
전하윤 전문과외
정서인 안녕,수학
조민건 브레인뱅크
조용호 오르고 수학학원
조충현 로하스학원
조태제 대전티제이(TJ)수학전문학원
차영진 연세언더우드수학
최지영 둔산마스터학원
홍진국 와이즈만 대덕테크노센터
황성필 일인주의학원
황은실 대전 모티브에듀학원

울산

강규리 퍼스트클래스수학전문학원
고영준 비엠더블유수학전문학원
공경민 삼산영재영수학원
권상수 호크마수학전문학원
권희선 국과수단과학원
김경문 와이즈만 영재교육
김민정 전문과외
김봉조 퍼스트클래스 수학영어전문학원
김성현 전문과외
김수영 학명수학학원
김영배 김쌤수학과학학원
김용선 FX수학전문학원
김제득 퍼스트클래스수학전문학원
김현조 깊은생각수학
나순현 물푸레수학교습소
문준호 파워영수학원
문호영 울산 pmp영어수학전문학원
박민식 위더스수학전문학원
박원기 에듀프레소종합학원
박정임 에임하이학원
박혜민 강한수학전문학원
배성문 더프라임수학학원
서예원 해법멘토영어수학학원
성수경 위룰수학영어전문학원
안지환 에스티에스교육학원
오종민 수학공작소학원
유지대 유지대수학학원
이명섭 퍼센트수학 전문학원
이한나 꿈꾸는 고래 학원
정운용 울산옥동멘토수학영어학원
최규종 울산 뉴토모수학전문학원
최영희 재미진최쌤수학
최이영 한양수학학원
한창희 한선생&최선생studyclass
허다민 김쌤수학과학학원

세종

강태원 원수학
권현수 권현수 수학전문학원
김수경 김수경 수학교실
김양수 도담고등학교
김영웅 새롬고등학교
김재현 세종국제고등학교
김혜림 너희가 꽃이다
김홍수 도담고등학교
박지연 리얼매쓰
송조아 프롬수학
오현지 오쌤수학
윤여민 전문과외
이경미 매쓰 히어로
이민호 세종과학예술영재학교
이정환 세종과학예술영재학교
이지희 보람고등학교
이태호 상상이상학원
임희석 최선수학학원
장은지 비앤피공부방
장준영 백년대계입시학원
허욱 전문과외

경기

강덕영 김샘학원
강민석 연세나로학원
강민정 한진홈스쿨
강민지 필업단과전문학원
강상욱 교일학원
강서연 수학의 아침
강성천 이강학원
강수정 노마드 수학학원
강영미 쌤과통하는학원
강예슬 수학의품격
강유정 참좋은 보습학원
강정희 쓱싹쌤 과외
강춘기 마테마타 수학학원 후곡캠퍼스
강태희 파주 한민고등학교
강현우 11페이지수학전문학원
강혜경 메릭스해법수학교습소
경지현 화서탑이지수학학원
고동국 고동국수학학원
고명지 고쌤수학
고민지 최강영수학원
고상준 엠제이준수학학원
고안나 기찬에듀기찬수학
고은우 다원교육
고정림 고수학 학원
고지윤 고수학전문학원
고효정 최고다학원
곽도영 퇴계원고등학교
구태우 여주비상에듀기숙학원
권민선 이든샘학원
권민희 이든샘학원
권세욱 하피수학학원
권소연 한빛에듀
권소영 이자경고등수학학원
권은주 나만수학
권정현 LMPS수학학원
권지우 수학앤마루
금상원 광명 리케이온
김건우 전문과외
김경래 수학공장
김경민 평촌 바른길수학학원
김경진 경진수학학원
김경호 호수학
김경훈 전문과외
김경희 유레카수학 교습소
김규철 콕수학오드리영어보습학원
김기영 NK 인피니트 영수 전문 학원
김남진 산본파스칼학원
김도완 프라매쓰 수학 학원
김도윤 유투엠 풍무본원
김동수 낙생고등학교
김동수 김동수 학원
김동은 전문과외
김동현 JK영어수학전문학원
김동현 수학의 아침 수내 특목자사관
김명길 엔터스카이입시학원
김명철 팽성참좋은보습학원
김미경 최상위권수학교습소
김미미 수학놀이터
김미선 예일영수학원
김미옥 알프 수학교실
김민경 더원수학
김민경 경화여자중학교
김민정 김민정 입시연구소
김민정 어울림수학
김민정 독한수학학원
김바른 판다교육
김병욱 청평 한샘 학원
김보경 필수학학원
김복순 금빛영수전문학원
김복현 시온고등학교
김상오 리더포스학원
김상윤 막강한수학학원
김새로미 입실론수학학원
김서영 다인수학교습소
김석원 김석원수학학원
김선옥 수학n진쌤
김선정 수공감학원
김선혜 수학의 아침 영재관
김성민 아라매쓰학원
김성은 블랙박스수학과학전문학원
김성진 수학의아침
김성현 제일학원
김세준 SMC수학
김소영 예스셈올림피아드
김소희 멘토해법수학
김수지 독한수학학원
김수진 동탄2대림수학
김순호 더원매쓰수학학원
김승현 대치매쓰포유 동탄캠퍼스
김신행 꿈의발걸음영수학원
김영남 갓매쓰학원
김영빈 이든학원
김영식 수학대가
김영아 브레인캐슬 수학공부방
김영옥 서원고등학교
김영준 청솔수학
김옥기 더(the) 바른수학학원
김용대 입시코드학원
김용덕 매쓰토리수학제2관학원
김용환 마타수학 수지
김용희 솔로몬 학원
김원철 수학의 아침 중등영재관
김유성 SG청운학원
김유진 씨드학원
김윤경 구리국빈학원
김윤재 이투스신영통학원
김은선 오길수학전문학원
김은영 칸영수학원
김은정 플레이매쓰
김은지 탑브레인수학과학학원
김은향 최강엠베스트
김이철 이칠이수학학원
김재영 공부방
김정현 수학의아침
김정환 필립스아카데미-Math센터
김정훈 센텀수학학원
김종균 케이수학학원
김종남 제너스학원
김종대 김앤문연세학원
김종찬 김종찬입시전문학원
김종화 퍼스널개별지도학원
김주용 스타수학
김준 제이엠학원
김준형 석필학원
김지명 정상수학학원
김지선 전문과외
김지영 엠베스트se쌍령본원
김지원 대치명인학원
김지윤 광교오드수학
김지현 엠코드학원
김지효 수담학원
김지훈 오산 G1230학원
김지훈 안양외국어고등학교
김진국 스터디엠케이
김진민 에듀스템수학전문학원
김진성 아우리수학교육
김창영 에듀포스학원

김초록 메가스터디러셀
김태우 연세나로학원 (수원점)
김태익 여주자영농업고등학교
김태진 프라임리만수학학원
김태학 평택드림에듀(공부방)
김태형 에이플수학학원
김하현 전문과외
김학림 수만휘기숙학원
김학준 수담수학학원
김해청 에듀엠 수학학원
김현경 소사스카이보습학원
김현숙 일산대진고등학교
김현우 최강영수학원
김현자 생각하는수학공간학원
김현정 더클레버수학학원
김현정 생각하는Y.와이수학
김현정 정원학원
김현주 서부세종학원
김현지 이투스수학(수지 신봉점)
김현지 수리샘홈스쿨
김형수 생각의 수학
김형수 마이멘토수학학원
김혜미 에이블학원
김혜정 수학을 말하다
김호숙 호수학원
김호원 원수학전문학원
김후광 LMS학원
김희성 멘토수학교습소
김희영 신의수학학원
김희주 생각하는 수학공간학원
나상오 항동대세학원
나영우 평촌에듀플렉스
나혜림 마녀수학
나혜원 청북고등학교
남상보 청평 한샘 학원
남선규 윌러스영수학원
남세희 영수공부방
남현미 해법수학원동초점
노예리 더바른수학전문학원
노희정 마테마티학원
류용수 메가스터디 러셀 분당
문근호 더오름수학
문벼리 그로우매쓰학원
문성환 정자영통서울학원
문승민 더바른수학전문학원
문영인 M2수학학원
문의열 MIT 학원
문장원 에스원 영수학원
문지현 문쌤수학
문태현 한올입시학원
문혜연 입실론수학전문학원
민동건 전문과외
민병옥 동수원 김샘교육
민윤기 알파수학
박가을 SMC수학
박경 수학의 아침
박다희 부천범박한솔플러스수학학원
박도솔 도솔샘수학
박민주 카라Math
박병호 에듀스카이수학학원
박상근 뉴스터디 학원
박상일 수학의아침 수내캠퍼스
박상준 대입몬스터

박성찬 수원 정자 이강학원
박소연 이투스247용인기숙학원
박수현 씨앗학원
박수현 리더가되는수학교습소
박순옥 아이퍼스트학원
박시현 수학의아침
박여진 플로우교육 수학의아침
박연지 상승에듀
박영주 일산 후곡 쉬운수학
박용범 용범수학
박우희 푸른보습학원
박원용 동탄트리즈나루수학학원
박윤호 이룸학원
박은주 탑이지수학/이지수학과학
박은진 지오수학학원
박의순 Why수학전문학원
박인영 성사중학교
박인영 평촌 종로학원
박장우 기찬에듀기찬수학
박재철 12월의 영광
박재홍 열린학원
박정길 엠코드학원
박정아 안산 세꿈영·수 전문학원
박정현 서울삼육고등학교
박종모 화성고등학교
박종선 채원영수학원
박종순 명품학원
박종필 정석수학학원
박종현 하이탑 수학교습소
박종환 이노센트수학학원
박주리 수학에반하다
박준석 오산G1230학원
박준선 SLB입시학원
박준영 닉고등입시학원
박지은 전문과외
박지현 수학의아침
박지환 디파인수학교습소
박진 수학의아침
박진한 엡실론학원
박찬현 박종호수학교습소
박하늘 일산 후곡 쉬운수학
박한솔 SnP수학학원
박현정 빡꼼수학학원
박혜림 다산미래학원
박희애 수학의아침 광교캠퍼스
방미영 JMI수학학원
방상웅 성지학원
배건태 데카르트수학학원
배문한 양명고등학교
배재준 연세영어고려수학학원
배호영 수이학원
백경주 파인만학원
백미라 신흥유투엠 수학학원
백윤희 유클리드 수학
백흥룡 성공학원
변은정 파라곤 스카이수학
봉우리 하이클래스 수학학원
봉현수 청솔 김창훈 수학학원
서가영 누리수학교습소
서두진 홍성문수학2학원
서재화 올탑학원
서정환 아이디수학학원
서지은 JMI 수학학원

서한울 수학의품격
서한주 공부방
서희원 함께하는수학 학원
선정연 광주비상에듀
설성환 설샘수학학원
설인호 토비공부방
성인영 정석공부방
성지희 snt수학학원
손동학 청어람수학학원
손승태 와부고등학교
손종규 수학의 아침
손지영 엠베스트에스이프라임학원
손해철 강의하는 아이들 광교캠퍼스
손홍지 아람입시학원
송숙희 평택소마수학
송승은 구리고등학교
송용선 수학의아침
송치호 대치명인학원(미금캠퍼스)
송태원 맑은숲수학학원
송혜빈 나무학원
송효은 에듀플렉스
신경성 한수학전문학원
신동혁 청어람 학원
신동휘 김덕환 수리연구소
신선아 이즈원 영어수학 전문학원
신수연 김샘학원 동탄캠퍼스
신웅순 연세스피드학원
신정화 SnP수학학원
신준효 열정과의지 수학보습학원
신현민 김샘학원 동수원캠퍼스
신혜선 유투엠구리인창
안계원 탑솔루션수학학원
안명근 의정부 맨투맨학원
안영균 생각하는 수학공간
안영임 안쌤공부방
안영주 포스텍 수학학원
안주홍 전문과외
안효진 진수학
양은진 수플러스수학
양진철 영복여자고등학교
양태모 분당영덕여자고등학교
양학선 YHS에듀
어성룡 위너영수학원
어성웅 어쌤수학학원
어완수 대세학원
어재성 수학의아침
염민식 일로드수학학원
염승호 전문과외
염철호 하비투스
오경미 쎈수학
오수진 오름학원
오지혜 수톡수학학원
용다혜 용인동백에듀플렉스
우선혜 엠코드수학
우수종 우수학원
원종혁 제이멘톡학원
유광준 능력학원(본원)
유금숙 수학발전소
유금표 탑브레인수학과학학원
유남기 의치한학원
유리 수학의 아침 영재관
유승진 E&T 수학학원
유연재 유연재수학

유영준 S&T입시전문학원
유진성 마테마티카 수학학원
유채린 한수경에듀보드
유현종 에스엠티 수학전문학원
유호애 J & Y MATH
유호영 전문과외
육동조 HSP 수학학원
윤덕환 여주비상에듀
윤도형 PST 캠프입시학원
윤명호 MH에듀
윤문성 평촌수학의봄날입시학원
윤미영 상원고등학교
윤상완 강의하는아이들 로드수학학원
윤여태 103 수학
윤정민 필탑학원
윤정윤 수학의 아침
윤지혜 천개의바람영수학원
윤지훈 고수학
윤지훈 탑클래스
윤채린 전문과외
윤현웅 수학을 수학하다
윤희 희쌤의수학교습소
이강우 광명대성N스쿨
이건도 대치아론수학
이걸재 고수학학원
이경미 고잔고등학교
이경민 차수학앤국풍2000학원 1관, 2관, 3관
이경수 수학의 아침 광교캠퍼스
이경희 플랜비공부방
이광후 수학의아침
이규상 유클리드수학
이규진 교일학원
이규태 이규태수학학원
이나래 토리스터디
이나현 엠브릿지수학
이대은 여주비상에듀
이대훈 현수학영어학원
이도일 Ola수학학원
이명환 다산 더원 수학학원
이미영 수학의아침
이민정 전문과외
이봉주 분당성지수학
이상윤 엘에스수학전문학원
이상일 캔디학원
이상준 E&T수학전문학원
이상호 양명고등학교
이상훈 다영국어수학
이서령 더바른수학전문학원
이선영 이선영영어
이설기 영설수학학원
이설빈 진성고등학교
이성용 카이수학학원
이성일 IL학원
이성환 메티우스 수학학원
이성희 피타고라스 셀파수학교실
이세연 수학의아침 중등입시센터 이매프리미엄관
이세현 2H수학학원
이소진 수학의 아침 광교 중등입시센터
이수동 부천 E&T 수학전문학원
이수민 으뜸창의영재교육연구소
이수정 매쓰투미

이순희 리더스에듀학원
이슬 라온학원
이승만 에릭수학교실
이승진 안중 Q.E.D수학
이승철 대치명인학원 후곡캠퍼스
이승현 sn독학기숙학원
이아현 전문과외
이영현 대치명인학원
이영훈 펜타수학학원
이용희 필탑학원
이우선 효성고등학교
이원녕 이퓨스터디학원
이윤희 전문과외
이은 명품M수학전문학원
이은지 TRC티알씨수학학원
이인선 후곡분석수학
이인성 장안여자중학교
이장훈 북부 세일학원, 개인 교습
이재민 제이엠학원
이재민 원탑학원
이재욱 태화국제학교
이재희 꿈으로가는길학원
이정빈 폴라리스학원
이정은 쎈수학러닝센터 평택비전학원
이정찬 하길중학교
이정현 필탑학원
이정훈 한샘학원 덕계
이정희 JH영어수학학원
이종문 전문과외
이종익 분당 파인만 고등부
이종훈 빨리강해지는학원
이주혁 수학의 아침
이지연 브레인리그
이지예 뿌리깊은나무학원
이지인 신한고등학교
이지혜 이야기로여는생명수학 정자다니엘학원
이진국 김수영보습학원
이진아 공감수학학원
이진주 원수학학원
이진택 고려유에스학원
이창수 일산화정와이즈만
이창용 A1에듀
이창훈 나인에듀학원
이채열 하제입시학원
이철호 파스칼수학
이태희 펜타수학학원
이한빈 뉴스터디수학학원
이한솔 더바른수학전문학원
이현이 함께하는수학
이현희 폴리아에듀
이형강 HK수학
이혜령 프로젝트매쓰
이혜민 대감수학영어
이혜수 송산고등학교
이호형 고수학학원
이화원 탑수학학원
이화진 쌤통학원
인병철 시스템학원
임맑은 이지매쓰수학학원
임선아 이화수학학원
임영주 쎈수학 다산학원
임우빈 리얼수학학원

임율인 탑수학교습소
임은경 대명학원
임은정 마테마티카 수학학원
임진우 전문과외
임찬혁 차수학 동삭캠퍼스
임현주 온수학교습소
임형석 전문과외
임홍석 엔터스카이 학원
장경현 차수학학원
장동철 Q.E.D.학원
장민수 신미주수학공부방
장수현 백영고등학교
장영석 영설수학학원
장재영 이자경 수학학원
장종민 장종민의 열정수학
장지훈 수원 예일학원
장혜민 수학의아침 수지캠퍼스
전경은 가온수학
전경진 늘푸른수학원
전미란 이룸학원
전미영 영재공부방
전욱현 필탑학원
전은혜 전문과외
전일 생각하는수학공간학원
전지원 원프로교육
전진아 명인학원
전진우 명성교육
전진우 플랜지에듀학원
전희나 대치명인학원 이매캠퍼스
정경주 광교 공감수학
정광현 지트에듀케이션
정국천 안성탑클래스
정금재 혜윰수학전문학원
정길성 필탑학원
정다운 수학의 품격
정동실 수학의아침
정미숙 쑥쑥수학교실
정미윤 함께하는수학
정선회 플로우 교육(수학의 아침)
정소영 (주)판다교육학원
정순원 동탄목동초등학교
정승호 이프수학
정양헌 상승에듀
정연순 탑클래스
정영일 해윰수학영어학원
정영진 공부의자신감학원
정영채 평촌 페르마 수학학원
정용석 수학마녀학원
정우열 필업단과전문학원
정원구 레벨업학원
정원철 블루원수학전문학원
정유정 수학VS영어학원
정유진 와이엠매쓰
정은선 용인필탑학원
정은지 옥정 샤인학원
정의권 Why 수학전문학원
정장선 생각하는황소수학 동탄점
정재경 산돌수학학원
정지영 용쌤수학교육학원
정지영 SJ대치수학학원
정진섭 큐매쓰수학전문학원
정진영 J멘토
정진욱 수원메가스터디학원

정태원 방선생수학학원
정태준 구주이배수학학원 구리본원
정필규 명품수학
정하준 2H수학학원
정한울 한울스터디
정해도 목동혜윰수학교습소
정현재 수만휘기숙학원
정현주 삼성영어쎈수학 은계학원
정황우 운정정석수학학원
조경희 E해법수학
조기민 장성중학교
조길한 제니스일등급학원
조미연 미연샘의 시김새
조병욱 생각과원리학원
조상숙 수학의 아침
조서민 유클리드수학학원
조석희 수학의 아침 수지캠퍼스
조선영 이야기로여는생명수학 정자다니엘학원
조성화 SH수학
조영곤 휴브레인수학전문학원
조영주 수학의 아침 증등입시센터
조욱 청산유수 수학
조은 전문과외
조은정 최강수학
조의상 강북/분당/서초메가스터디 기숙학원
조이정 온스마트
조정원 수학정원
조태현 경화여자고등학교
조현웅 추담교육컨설팅
조현정 깨단수학
조현화 온스마트수학
주광현 옥정 엠베스트학원
지슬기 지수학학원
진동준 용인필탑학원
진인수 지트에듀케이션
차무근 차원이다른수학학원
차세영 탑공부방
차슬기 브레인리그
차재선 경화여자고등학교
차재호 코나투스재수종합학원
차혁진 휴브레인위례학원
채희승 수학의 아침(수내)
최경천 연세에이플러스보습학원
최근정 SKY영수학원
최근혁 업앤업보습학원
최다혜 싹수학학원
최대원 수학의아침
최범균 경기 부천
최병희 원탑영어수학학원
최성실 씨큐브학원
최수지 싹수학학원
최수진 재밌는수학
최승권 스터디올킬학원
최애순 정자이지수학교습소
최영성 에이블 수학영어 학원
최영식 수학의신학원
최용재 연세나로학원
최유미 분당파인만
최윤형 청운수학전문학원
최정우 MAG수학
최정환 서울대S.E.M학원

최지나 스터디 3.0
최지윤 엠코드학원
최필녀 필쌤융합교실
최한나 수학의아침
최한샘 멘토학원
최현기 김포고등학교
최형규 안성탑클래스
최효원 레벨업수학
표광수 수지 풀무질 수학전문학원
하정훈 하쌤학원
한경태 한경태수학전문학원
한규욱 마테마타 수학학원
한기언 한스수학교습소
한동희 38인의 수학생각
한미애 청북리더스보습학원
한미정 한쌤수학
한성윤 스카이웰수학학원
한성필 더프라임
한수민 SM수학학원
한수연 2WAY수학학원
한유호 에듀셀파 독학기숙학원
한은기 참선생학원 오산원동점
한인화 전문과외
한정우 동원고등학교
한준희 매스탑수학전문사동분원학원
한지희 이음수학
함영호 함영호고등전문수학클럽
허문수 삼성영어해법수학 능실학원
허형근 HK STUDY
현승평 화성고등학교
홍가영 성문학원
홍규성 전문과외
홍성문 홍성문 수학학원
홍성미 홍수학
홍성수 파스칼영재수학학원
홍세정 인투엠수학과학학원
홍승억 영앤수
홍유진 지수학학원(평촌)
홍의찬 원수학
황두연 딜라이트영어&수학
황미진 SG에듀
황삼철 멘토수학
황석진 낙생고등학교
황선아 서나수학
황애리 애리수학교습소
황영미 일신학원
황유미 대치명인학원 김포캠퍼스
황은지 멘토수학과학학원
황인영 더올림수학교습소
황재철 성빈학원
황준하 수학의아침중등관
황지훈 황지훈제2교실
황하나 수학의 아침 중등 영재관
황희찬 아이엘에스 학원

경남

강경희 T.O.P에듀 학원
강도윤 강도윤수학컨설팅학원
강장현 T.O.P에듀 학원
강지혜 강선생수학학원
고민정 고민정수학교습소
고병옥 옥쌤수학과학
고성대 Math911
고성덕 진해용원고등학교
구아름 전문과외
권영애 아이비츠수학학원
권주희 피네 수학공부방
김광은 통영여자고등학교
김근우 더클래스학원
김동원 통영여자고등학교
김두성 두성수학학원
김미양 오렌지클래스학원
김민석 한수위 수학원
김민일 거창 대성일고등학교
김병철 CL학숙
김보경 오름수학
김상철 마산여자고등학교
김선희 책벌레학원
김양준 양산
김옥경 반디수학과학학원
김인덕 성지여자고등학교
김일용 GH 영수전문학원
김종서 마산중앙고등학교
김진형 수풀림수학학원
김치남 수나무학원
김태희 전문과외
김해성 김해성수학
김혜영 프라임 공부방
남준기 거제고등학교
노선균 에듀플렉스
노은애 핀아수학
노현석 비코즈수학전문학원
민동록 민쌤수학
박규태 에듀탑영수학원
박범수 마산제일고등학교
박소현 오름 수학전문학원
박영진 대치스터디수학학원
박인식 성지여자그등학교
박임수 고탑(GO TOP)수학
박정길 아쿰수학학원
박주연 마산무학여자고등학교
박진수 창원큰나래학원
박혜영 수과람영재학원
박혜인 참좋은과외전문학원
배미나 이루다학원
배종우 매쓰팩토리수학학원
백은애 매쓰플랜수학학원
백지현 백지현 수학교습소
서주량 한입수학 교습소
성중재 창원중앙고등학교
송상윤 비상한수학학원
안지영 모두의수학학원
안현령 해냄수학
여길동 더오름영수학원
염인순 전문과외
오성현 다락방 남양지점 학원
유인영 마산중앙고등학교
윤민혜 윤쌤수학
윤지회 마하사고력수학교습소
이근영 매스마스터 수학전문학원
이아름 애시앙 수학맛집
이유진 멘토수학교습소
이정효 창원경일고등학교
이정훈 장정미수학학원
이종호 미리벌학습관

이지수 수과람영재에듀
이지훈 엠베스트SE학원 신진주캠퍼스
이진우 마스터클래스학원
이채윤 거창대성고등학교
이현주 즐거운 수학
임병언 임병언수학전문교습소
임영기 마산무학여자고등학교
전창근 수과원 학원
정수문 혜성여자중학교
정승엽 해냄학원
정희섭 길이보인다원격학원
조창래 한빛국제학교
주하진 상남진수학교습소
천보문 산양중학교
최광실 공감영수전문학원
최소현 창원 큰나래학원
최은미 전문과외
하강만 하이수학학원(양산)
하윤석 거제 정금학원
한희광 성사학원
황연희 황's Study
황진호 타임수학
황초롱 마산중앙고등학교

경북

강경훈 예천여자고등학교
강혜연 Bk영수전문학원
공영대 늘품학원
권오준 필수학영어
권정욱 권샘 과외
권호준 인투학원
김대훈 이상렬입시학원
김동수 문화고등학교
김동욱 구미정보고등학교
김득락 우석여자고등학교
김미란 대성초이스학원
김보아 매쓰킹공부방
김상윤 더카이스트수학학원
김성용 이리풀수학학원
김영욱 차수학과학
김영희 김쌤수학
김유리 청림학원
김재경 필즈수학영어학원
김정훈 현일고등학교
김현범 수학스케치
김효현 반올림수학학원
류부윤 수학만영어도학원
박경빈 풍산고등학교
박동수 헤세드입시학원
박명호 로고스수학학원
박명훈 현일고등학교
박유건 닥터박 수학학원
박윤신 한국수학교습소
박정민 박정민수학과학학원
박준태 정석수학교습소
박진성 포항제철고등학교
박찬 박샘의 리얼수학 학원
배재현 수학만영어도학원
백기남 수학만영어도학원
성세현 이투스수학두호상량학원
성치경 포항제철고등학교, EBS
소효진 전문과외

손나래 이든샘영수학원
손주희 이루다수학과학
신승규 영남삼육고등학교
신은경 스터디멘토학원
신은경 스타매쓰사고력
신지현 문영수 학원
염성군 근화여자고등학교
오예운 전문과외
윤장영 윤쌤아카데미
이경하 풍산고등학교
이경후 바이블수학(율곡동)
이기훈 필즈수학영어학원(주)
이다례 문매쓰 달쌤수학
이명숙 전문과외
이민선 공감수학학원
이상원 전문가집단 영수학원
이상현 인투학원
이서정 전문과외
이성국 포스카이학원
이성민 대성 초이스 학원
이승민 김천고등학교
이영성 영주여자고등학교
이완오 제일다비수
이인영 이상렬입시학원
이재억 안동고등학교
이형우 전문과외
이혜은 안동풍산고등학교
장금석 아름수학
장아름 아름수학
장창원 문명고등학교
전동형 필즈수학영어학원
전정현 YB일등급수학학원
정은주 전문과외
정주용 문일학원
조진우 늘품수학학원
조현정 올댓수학교습소
지한울 울쌤수학교습소
최선미 채움수학교습소
최수영 수학만영어도학원
최용규 한뜻입시학원
최이광 혜윰학원
표현석 안동풍산고등학교
하홍민 홍수학
홍순복 정석수학에듀
홍영준 하이맵수학학원
홍현기 비상아이비츠학원

전남

강성현 에토스학원
고호섭 벌교고등학교
김광현 한수위수학학원
김영은 나주금천중학교
김영충 이지수학학원
김은경 목포덕인고등학교
박미옥 목포폴리아학원
박진성 해남한가람학원
백지하 엠앤엠
성준우 광양제철고등학교
이강화 강승학원
이유선 하이탑학원
이태헌 하이탑학원
임동묵 문향고등학교
임정원 순천매산고등학교
정운화 정운수학
조두희 예 수학교습소
조예은 한솔수학학원
진양수 목포덕인고등학교
한지선 전문과외
한화형 한수학 학원

전북

권정욱 전문과외
김광현 마리학원
김민하 송앤박 영수학원
김석진 영스타트학원
김성혁 S수학전문학원
김재순 김재순수학
김학용 로드맵수학 과학 학원
민연화 YMS입시전문학원
박광수 박선생해법수학
박미화 엄쌤수학전문학원
박선미 박선생해법수학
박세진 부안고등학교
박세희 멘토이젠수학
박소영 전주 혁신 최상위 수학
박영진 필즈수학학원
박은경 더해봄수학학원
박은미 박은미수학교습소
박지유 박지유수학전문학원
박지은 리더스영수전문학원
박철우 청운학원
서지연 전문과외
성영재 성영재수학학원
송시영 블루오션수학학원
신영진 유나이츠 학원
심우성 오늘은수학학원
안형진 혁신 청람수학전문학원
양서진 오늘도신이나학원
양은지 군산중앙고등학교
양재호 양재호카이스트학원
양형준 대들보 수학
오윤하 오늘도 신이나
원동한 하이업 수학전문학원
유현수 수학당
유혜정 수학당
윤병오 이투스247익산
이송심 와이엠에스입시전문학원
이정현 로드맵수학학원
이태임 해냄공부방
이하은 성영재수학전문학원
이혜상 S수학전문학원
임미수 마스터수학학원
임승진 이터널수학영어학원
장재은 와이엠에스
정광호 이카루스학원
정미현 전주 이투스 수학학원 평화점
정용재 성영재수학전문학원
정혜승 샤인학원
정환희 릿지수학학원
조세진 수학의길
최명희 MH수학클리닉학원
최성훈 최성훈수학학원
최윤 엠투엠(MtoM)수학학원
현수지 S&P 영수 전문학원

충남

곽선예 올팍수학학원
권덕한 서령고등학교
권순필 에이커리어학원
권오운 G.O.A.T 수학학원
권효정 전문과외
김근하 김샘수학
김나영 에듀플러스 학원
김민석 공문수학학원
김정연 전문과외
김정화 도도수학논술
김태윤 라온수학학원
김태화 김태화수학학원
김현영 마루공부방
남구현 강의하는 아이들 내포캠퍼스
남기현 부여여자고등학교
박유진 제이홈스쿨
박재혁 명성학원
서승우 천안담다수학
서정기 시너지S클래스
성유림 Jns오름학원
송명준 JNS오름학원
송은선 전문과외
송화정 북일고등학교
신경미 Honeytip(전문과외)
신유미 무한수학학원
신태천 수학영재학원
옥정화 수학나무&독해숲
원동진 서일고등학교
유정수 천안고등학교
유창훈 시그마학원
윤도경 고트수학학원
윤보희 충남삼성고등학교
윤재웅 베테랑수학전문학원
윤지훈 대성n학원
이근영 천북중학교
이봉이 봉쌤수학
이승훈 탑씨크리트교육
이아람 퍼펙트브레인학원
이영우 수학의아침
이예슬 헬로미스터에듀
이은아 한다수학학원
이재장 깊은수학학원
이종원 개념폴리아
이종혁 안면도 이투스 기숙학원
이주휘 공부방
임재남 매쓰티지수학학원
장정수 GOAT수학학원
전성호 시너지S클래스학원
전혜영 타임수학학원
정광수 혜윰국영수단과학원
정은실 복자여자고등학교
조미선 전문과외
조현정 J.J수학전문학원
채영미 미매쓰
최문근 천안중앙고등학교
최소영 빛나는수학
최원석 명사특강
한상훈 신불당 한일학원
한진규 한뜻학원
한호선 두드림 영어수학학원
허영재 와이즈만 영재센터

충북

강지은 전문과외
구강서 상류수학전문학원
권기윤 스카이학원
권용운 권용운수학학원
김가희 매쓰프라임수학학원
김경희 점프업수학공부방
김대호 온수학전문학원
김동영 이룸수학학원
김미선 선쌤수학
김미화 참수학공간학원
김병용 수학하는 사람들 학원
김윤주 타임수학
김재광 노블가온수학학원
김정호 생생수학
김주희 매쓰프라임수학학원
김현주 루트수학학원
남가겸 키움수학학원장
노희경 용암드림탑학원
류동균 탐N수 수학학원
류재헤 카이스트학원
문지혁 수학의 문
민정욱 훈민수학
박연경 전문과외
박준범 충주고등학교
서호철 충주대원고등학교
설세령 페르마학원
신병욱 패러다임학원
양세경 세경수학교습소
오금지 라온수학
윤성길 엑스클래스 수학학원
윤성희 윤성수학
이경미 행복한수학
이예찬 입실론수학학원
이지수 일신여자고등학교
전병호 충주시
정수연 정수학
조병교 필립올림푸스학원 에르매쓰학원
조선경 혜윰수학
조수현 에이치 영어 수학 학원
조영수 수학의문
조윤화 전문과외
조형우 와이파이수학학원
최민주 가경루트수학학원
한상호 한매쓰 수학전문학원(주)

강원

강장섭 강장섭수학전문학원
길종헌 강원대학교사범대학부설 고등학교
김선희 MDA교육
김성영 빨리강해지는 수학과학 학원
김성준 김성준 수학학원
김윤 잇올스파르타
김은경 세모가꿈꾸는수학당학원
김현성 단관김현성수학전문학원
김홍기 더 쉬운수학
김희중 공부에반하다학원
노명훈 노명훈쌤의 알수학학원
모지홍 XYZ수학학원
민보라 사유에듀학원
박교식 삼육어학원
박도은 뉴메트학원
박미경 수올림수학전문학원
박상윤 박상윤수학교습소
박세정 간동고등학교
박준규 홍인학원
배형진 화천학습관
백경수 수학의 부활 이코수학
송현욱 반전팩토리학원
신인선 진광고등학교
신현정 Hj 스터디
안현지 전문과외
오준환 수학다움학원
오현주 오선생수학
온성진 ASK수학학원
이경복 전문과외
이두환 키움수학학원
이보람 이보람 수학과학 학원
이상록 입시전문유승학원
이승우 이쌤수학전문학원
정문영 초석학원
정복인 하이탑수학학원
정인혁 수학과통하다
최문호 춘천고등학교
최수남 강릉 영.수배움교실
최재현 고대수학과학학원
최정현 최강수학전문학원
한효관 수학의부활이코수학

제주

고민호 알파수학 교습소
김대환 The원 수학
김연희 whyplus 수학교습소
김정미 제이매쓰
김지영 생각틔움수학교실
김태근 전문과외
김홍남 셀파우등생학원
류혜선 RnK영어수학학원
박승우 남녕고등학교
박찬 찬수학학원
오동조 에임하이학원
오재일 재동학원
유지훈 신제주 뉴스터디
이상민 서이현아카데미학원
이수정 온새미로수학학원
이승환 예일분석수학
이현우 루트원플러스입시학원
장영환 제로링수학교실
편미경 편쌤수학
현수진 학고제 입시학원

유형 + 내신

고쟁이

유 형 + 내 신

수학 Ⅱ

STAFF

발행인 | 정선욱

퍼블리싱 총괄 | 남형주

개발 | 김태원 김한길 이유미 이수현

기획 · 디자인 · 마케팅 | 조비호 김정인 강윤정 한명희

유통 · 제작 | 서준성 신성철

Special Thanks to

박준범 충주고등학교
임정원 순천매산고등학교
한현주 PMG학원
우현석 에이투지학원
성준우 광양제철고등학교
구정모 신기중학교
박명훈 김샘학원 성북캠퍼스
김복응 더브레인코어학원
손승태 와부고등학교
이혜림 대동세무고등학교
서민국 시대인재
송태원 맑은숲수학학원

유형+내신 고쟁이 수학 Ⅱ | 202209 제2판 1쇄 202411 제2판 7쇄

펴낸곳 이투스에듀㈜ 서울시 서초구 남부순환로 2547

고객센터 1599-3225 **등록번호** 제2007-000035호 **ISBN** 979-11-389-1097-2[53410]

Preface 머리말

'2015 개정 교육과정'으로 수능이 치러지는 지금, 전국 대학 기준으로 교과전형 선발 인원이 확대되는 등 학생부(내신)은 여전히 중요하며 내신에서 점차 수능형 문제의 비중이 높아지고 있어 이를 반영하여 최신 내신 트렌드에 최적화된 문제들을 엄선, 다양한 형태의 시험에 대비할 수 있도록 다채로운 아이디어를 담은 문항을 제작하였습니다.

이 책은 연구진들이 최근 5개년 간 실제 고등학교 중간 · 기말고사에서 출제된 1000개가 넘는 시험지를 일일이 풀어가면서 유형별, 난이도별 출제 경향을 정리하고, 많은 학교에서 공통적으로 출제되는 문제가 무엇인지, 서술형으로 준비해야 할 문제가 무엇인지를 철저하게 분석하여 적중 가능성이 높은 문항만을 엄선하여 수록하였습니다. 또한 최근 수능/모평, 학평 기출문제를 분석하고, 핵심 문항들을 수록하여 수능형 문제에 대한 감각을 익히고, 문제해결력을 키울 수 있도록 하였습니다.

고난도 문제에서 해결 방향을 전혀 잡지 못하여 풀이를 시작조차 하지 못하는 일이 없으려면 단계별로 생각하는 훈련을 할 수 있는 문항이 필요합니다. 몇 가지 공식이나 유형을 암기하여 기계적으로 푸는 것은 한계가 있을 수밖에 없습니다. 물론 계산력을 키우는 것 자체도 중요하지만, 각각의 개념이 유기적으로 이해되고 활용 가능할 수 있도록 끊임없이 스스로 '왜?'라는 질문을 통해 확실하게 개념을 체화하는 것이 정말 중요합니다. 개념을 꿰뚫는 필수유형을 통해 유사한 문항을 비교 · 분석하고, 어떤 지점에서 실수가 자주 나오는지 유의하여 공부하여야 하겠습니다.

학생부(내신) 성적은 고등학교 생활 3년간의 노력을 꾸준히 쌓아 올리는 것입니다.
기초를 탄탄하게, 매일 성실하게 학습하는 것이 수학 고득점의 정답입니다.

Point 특장점

교과서 수준의 기본 문항부터 다양한 형태의 최고난도 문항까지 단계별로 담아내었습니다.

앞부분에는 쉬운 문제를 빠르고 정확하게 풀이하는 훈련부터 시작합니다.
뒷부분에선 독특하고 생소한 최고난도 문제를 해결하기 위한 다양한 연습을 하게 됩니다.

개념의 흐름을 보여주는 '개념 정리'와 유형별 문제해결방법을 알려주는 '유형 해결 TIP'을 수록하였습니다.

개념 정리에서는 선수학습과의 연결성을 통하여 개념이 발전되고 심화되는 흐름을 설명하였습니다.
유형 해결 TIP 에서는 개념학습 후 유형별로 실제 문제를 푸는 데에 도움이 되는 내용을 안내하였습니다.
또한 Step2 마지막장의 '스키마(Schema)' 코너에서는 대표문항에 대해 문제의 조건과 답을 연결할 수 있도록 풀이의 흐름을 도식화하여 문제풀이에 적용할 수 있도록 하였습니다.

내신 기출은 물론, 수능/모평, 학평 기출문제까지 철저하게 분석하여 요즘 내신에 최적화하였습니다.

2015 개정 교육과정이 적용되어 출제된 최근 내신 시험 및 수능/모평, 학평의 출제 경향을 정확하게 파악하여 반영하였습니다.

Structure 구성

개념 정리

- 새로 학습하는 내용과 연결되는 이전 학습 내용을 함께 정리했습니다.

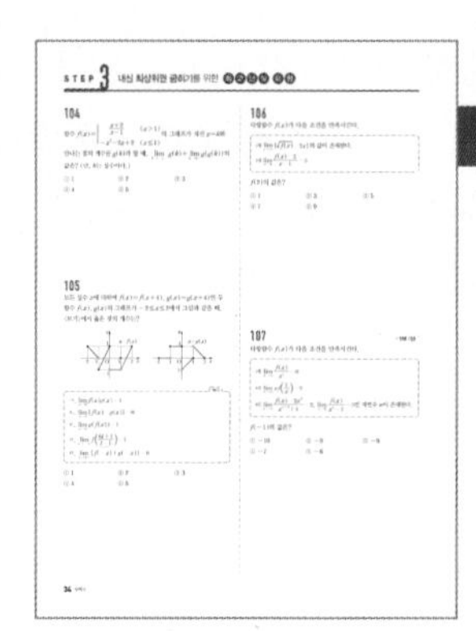

STEP 3

내신 최상위권 굳히기를 위한 최고난도 유형

- 종합적 사고력이 요구되는 최고난도 문항들을 제공하였습니다.
- 배점이 높게 출제되는 **단답형 및 서술형 문항**에 대한 대비를 할 수 있도록 하였습니다.

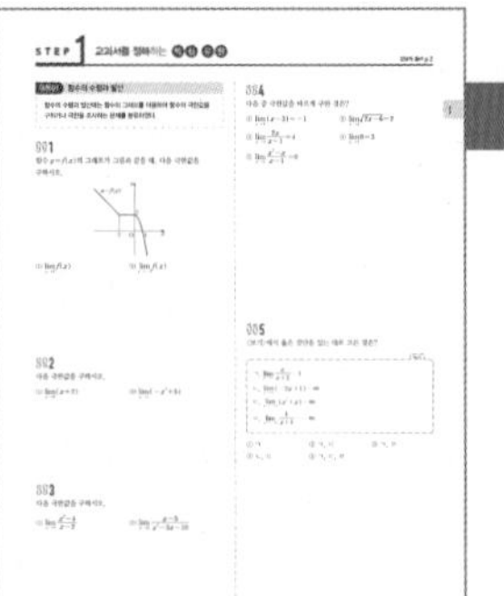

STEP 1

교과서를 정복하는 핵심 유형

- 개념을 적용하는 기본 훈련을 할 수 있는 중하 난이도의 문항들을 단원별 핵심 유형별로 분류하여 제공하였습니다.
- 유형별 문제 해결 방법을 알려주는 유형 해결 TIP 을 제공합니다.

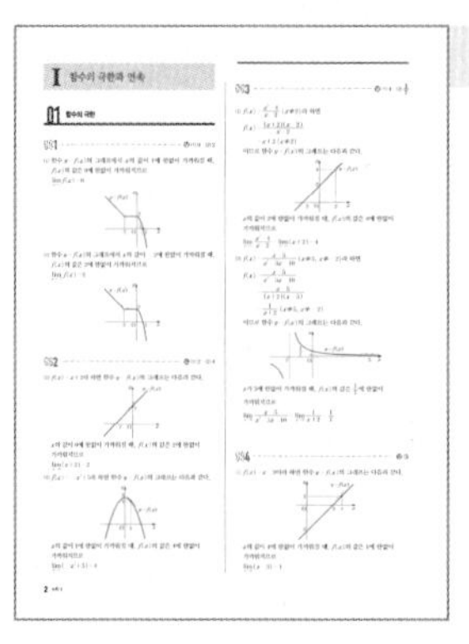

정답과 풀이

- 본풀이와 함께 다양한 아이디어 학습을 위한 다른 풀이 를 수록하였습니다.
- 좀 더 나이스한 풀이를 위한 추가 설명은 TIP 으로, 부가적이거나 심층적인 설명이 필요한 경우 참고 로 제공하여 풍부한 해설을 담았습니다.

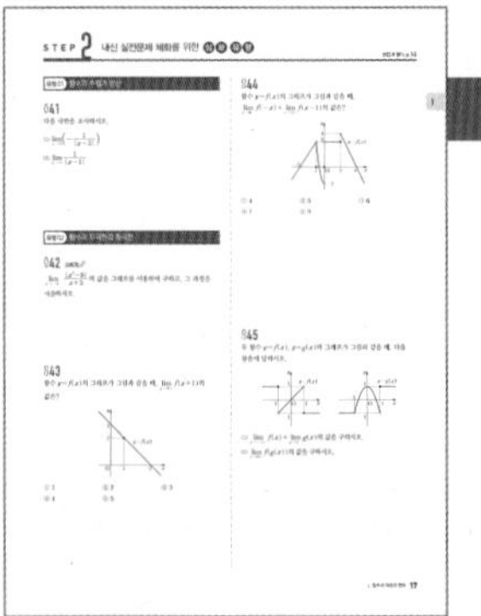

STEP 2

내신 실전문제 체화를 위한 심화 유형

- 학교 내신 시험에서 변별력 있는 문제로 자주 출제되는 중상 난이도의 문항들을 유형별로 분류하여 제공하였습니다.
- 배점이 높게 출제되는 **단답형 및 서술형 문항**에 대한 대비를 할 수 있도록 하였습니다.
- 대표문항 스키마(schema)를 제공합니다.

▪ 아이콘 활용하기

515 빈출 서술형 | 선행 484 |

어느 다이빙 선수가 수면으로부터의 높이가 30 m인 다이빙대에서 뛰어오른 지 t초 후 수면으로부터의 높이 x m가 $x=-5t^2+5t+30$일 때, 다음을 구하고 그 과정을 서술하시오. (단, 단위도 정확히 쓰시오.)

(1) 뛰어오른 지 2초 후 속도와 가속도

(2) 이 선수가 최고 높이에 도달할 때까지 걸린 시간과 그때의 높이

(3) 이 선수가 수면에 닿는 순간의 속도

333 선생님 Pick! 평가원기출

삼차함수 $f(x)$에 대하여 곡선 $y=f(x)$ 위의 점 $(0, 0)$에서의 접선과 곡선 $y=xf(x)$ 위의 점 $(1, 2)$에서의 접선이 일치할 때, $f'(2)$의 값은?

① -18 ② -17 ③ -16 ④ -15 ⑤ -14

빈출

반드시 눈여겨보아야 하는 출제율이 높은 문항을 나타냅니다.

서술형

서술형 문제로 자주 출제되는 문항을 나타냅니다.
문제를 풀면서 스스로 서술형 답안지를 작성하는 훈련을 할 수 있습니다.

| 선행 484 |

비슷한 아이디어를 사용하는 좀 더 쉬운 문항을 안내합니다. 풀이의 접근법을 생각하기 어려울 때 안내된 선행문제를 먼저 풀어보면 심화 문제에 대한 접근에 도움이 됩니다.

평가원기출 평가원변형 교육청기출 교육청변형

평가원, 교육청 기출문제 또는 그 기출문제가 변형된 문항을 나타냅니다.

선생님 Pick!

현장에 계신 선생님들이 Pick한, 내신에 출제되는 평가원·교육청 모의고사 기출(변형) 문제를 나타냅니다.

Contents 차례

I

함수의
극한과 연속

01 함수의 극한

| 이전 학습 내용 |

함수의 극한은 지금까지 배운 함수와 그 그래프에 대한 이해를 기반으로 한다.

• **일차함수의 그래프** 중2

일차함수 $y=mx+n(m\neq0,\ m,\ n$은 상수)의 그래프는 직선이다.

$m>0$일 때 $m<0$일 때

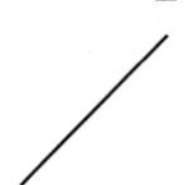

• **이차함수의 그래프** 중3

이차함수 $y=ax^2+bx+c(a\neq0,\ a,\ b,\ c$는 상수)의 그래프는 포물선이다.

$a>0$일 때 $a<0$일 때

• **상수함수의 그래프** 수학 Ⅴ. 함수와 그래프

상수함수 $y=c$(c는 상수)의 그래프는 x축에 평행한 직선이다.

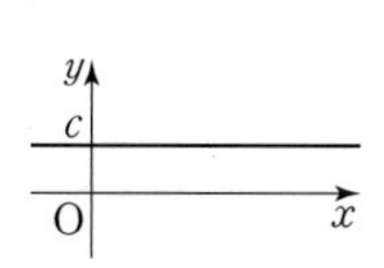

• **유리함수의 그래프** 수학 Ⅴ. 함수와 그래프

유리함수 $y=\dfrac{ax+b}{cx+d}(ad-bc\neq0,\ c\neq0)$의 그래프는 $y=\dfrac{k}{x-p}+q$의 꼴로 변형하여 그린다. 이때 점근선의 방정식은 $x=p,\ y=q$이다.

$k>0$일 때 $k<0$일 때

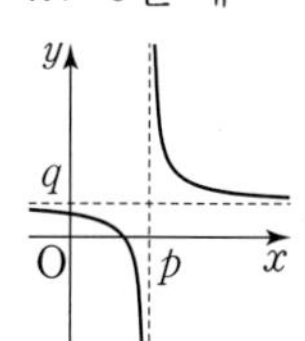

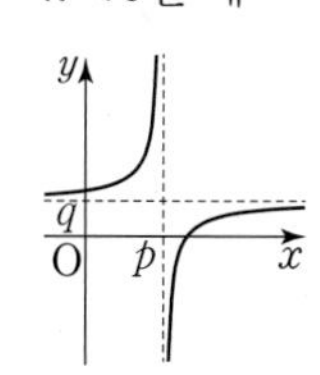

• **무리함수의 그래프** 수학 Ⅴ. 함수와 그래프

무리함수 $y=\sqrt{ax+b}+c(a>0)$의 그래프는 $y=\sqrt{a(x-p)}+q$의 꼴로 변형하여 그린다.

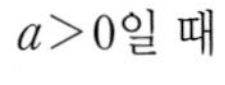

$a>0$일 때 $a<0$일 때

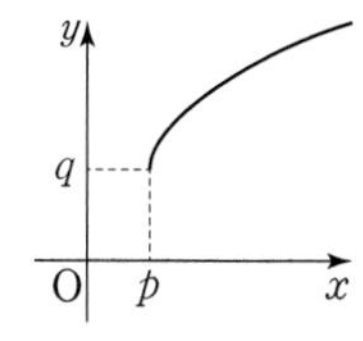

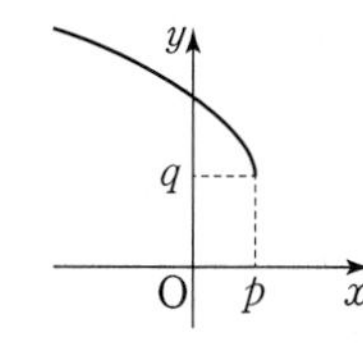

현재 학습 내용

• **함수의 수렴과 발산** ······ 유형01 함수의 수렴과 발산

1. $x\to a$일 때의 함수의 수렴

함수 $f(x)$에서 x의 값이 $x\neq a$이면서 a에 한없이 가까워질 때, $f(x)$의 값이 일정한 값 L에 한없이 가까워지면 함수 $f(x)$는 L에 **수렴**한다고 하고, L을 함수 $f(x)$의 $x=a$에서의 **극한값** 또는 **극한**이라 한다.

'$\lim_{x\to a}f(x)=L$' 또는 '$x\to a$일 때 $f(x)\to L$'

$x=a$에서 함숫값이 존재하지 않아도 $x=a$에서 극한값은 존재할 수 있다.

특히, 상수함수 $f(x)=c$(c는 상수)는 a의 값에 관계없이 다음이 성립한다.

$$\lim_{x\to a}f(x)=\lim_{x\to a}c=c$$

2. $x\to a$일 때의 함수의 발산 ∞는 양의 무한대라 읽고, $-\infty$는 음의 무한대라 읽는다.

함수 $f(x)$에서 x의 값이 $x\neq a$이면서 a에 한없이 가까워질 때,

(1) $f(x)$의 값이 한없이 커지면 함수 $f(x)$는 양의 **무한대로 발산**한다고 한다.

'$\lim_{x\to a}f(x)=\infty$' 또는 '$x\to a$일 때 $f(x)\to\infty$'

(2) $f(x)$의 값이 음수이면서 그 절댓값이 한없이 커지면 함수 $f(x)$는 음의 **무한대로 발산**한다고 한다.

'$\lim_{x\to a}f(x)=-\infty$' 또는 '$x\to a$일 때 $f(x)\to-\infty$'

∞는 '수'가 아니라 '한없이 커지는 상태'를 의미한다. 따라서 극한값이 ∞, $-\infty$라는 뜻이 아니라 $x=a$에서의 극한값이 존재하지 않는 것이다.

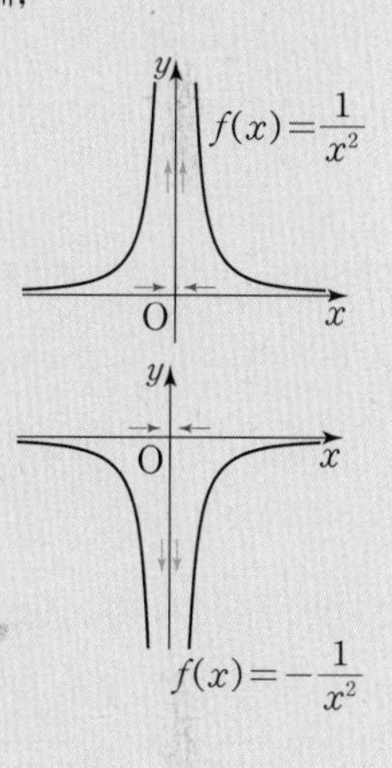

3. $x\to\infty$, $x\to-\infty$일 때의 함수의 수렴과 발산

(1) 함수 $f(x)$에서 x의 값이 한없이 커질 때, $f(x)$의 값이 일정한 값 L에 한없이 가까워지면 함수 $f(x)$는 L에 수렴한다고 한다.

'$\lim_{x\to\infty}f(x)=L$' 또는 '$x\to\infty$일 때 $f(x)\to L$'

(2) 함수 $f(x)$에서 x의 값이 음수이면서 그 절댓값이 한없이 커질 때, $f(x)$의 값이 일정한 값 M에 한없이 가까워지면 함수 $f(x)$는 M에 수렴한다고 한다.

'$\lim_{x\to-\infty}f(x)=M$' 또는 '$x\to-\infty$일 때 $f(x)\to M$'

(3) 함수 $f(x)$에서 $x\to\infty$ 또는 $x\to-\infty$일 때, $f(x)$의 값이 양의 무한대 또는 음의 무한대로 발산하는 것을 기호로 다음과 같이 나타낸다.

$$\lim_{x\to\infty}f(x)=\infty,\quad \lim_{x\to\infty}f(x)=-\infty$$
$$\lim_{x\to-\infty}f(x)=\infty,\quad \lim_{x\to-\infty}f(x)=-\infty$$

$\lim_{x\to\infty}\frac{1}{x}=0,\ \lim_{x\to-\infty}\frac{1}{x}=0$

(1), (2)의 예

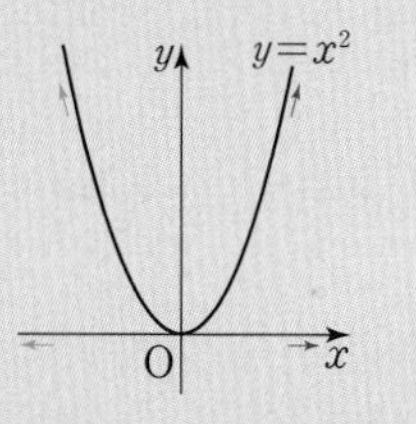

$\lim_{x\to\infty}x^2=\infty,\ \lim_{x\to-\infty}x^2=\infty$

(3)의 예

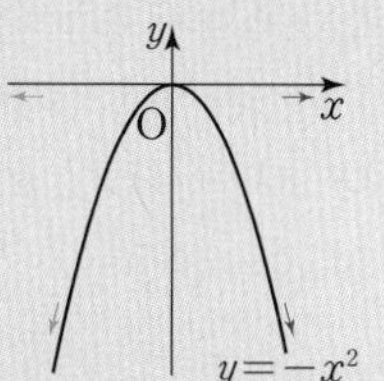

$\lim_{x\to\infty}(-x^2)=-\infty,$
$\lim_{x\to-\infty}(-x^2)=-\infty$

(3)의 예

현재 학습 내용

• 우극한과 좌극한

유형 02 함수의 우극한과 좌극한

(1) **우극한**

함수 $f(x)$에서 x의 값이 a보다 크면서 a에 한없이 가까워질 때, $f(x)$의 값이 일정한 값 L에 한없이 가까워지면 L을 함수 $f(x)$의 $x=a$에서의 **우극한**이라 한다.

'$\lim_{x \to a+} f(x)=L$' 또는 '$x \to a+$일 때 $f(x) \to L$'

$x \to a-$ $x \to a+$ a

(2) **좌극한**

함수 $f(x)$에서 x의 값이 a보다 작으면서 a에 한없이 가까워질 때, $f(x)$의 값이 일정한 값 M에 한없이 가까워지면 M을 함수 $f(x)$의 $x=a$에서의 **좌극한**이라 한다.

'$\lim_{x \to a-} f(x)=M$' 또는 '$x \to a-$일 때 $f(x) \to M$'

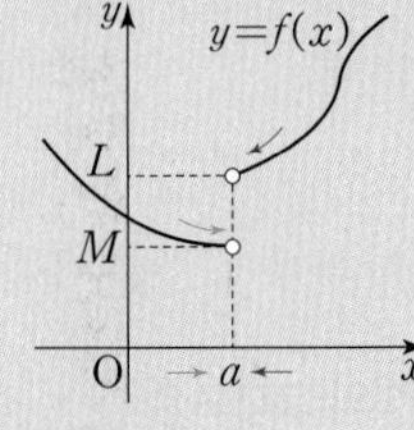

(3) **극한값의 존재 조건**

함수 $f(x)$의 $x=a$에서의 극한값이 존재하면 $x=a$에서의 우극한과 좌극한이 모두 존재하고 그 값은 서로 같다.
역으로 함수 $f(x)$의 $x=a$에서의 우극한과 좌극한이 모두 존재하고 그 값이 서로 같으면 $x=a$에서의 극한값이 존재한다.

$$\lim_{x \to a} f(x)=L \iff \lim_{x \to a+} f(x)=\lim_{x \to a-} f(x)=L$$

함수 $f(x)$의 $x=a$에서의 우극한과 좌극한이 모두 존재하더라도 $\lim_{x \to a+} f(x) \neq \lim_{x \to a-} f(x)$이면 극한값 $\lim_{x \to a} f(x)$는 존재하지 않는다.

• 함수의 극한에 대한 성질

유형 03 함수의 극한에 대한 성질
유형 04 함수의 극한값의 계산

두 함수 $f(x)$, $g(x)$에서 $\lim_{x \to a} f(x)=\alpha$, $\lim_{x \to a} g(x)=\beta$ (α, β는 실수)일 때,

(1) $\lim_{x \to a} cf(x)=c\lim_{x \to a} f(x)=c\alpha$ (단, c는 상수)

(2) $\lim_{x \to a} \{f(x) \pm g(x)\}=\lim_{x \to a} f(x) \pm \lim_{x \to a} g(x)=\alpha \pm \beta$ (복부호동순)

(3) $\lim_{x \to a} f(x)g(x)=\lim_{x \to a} f(x) \times \lim_{x \to a} g(x)=\alpha\beta$

(4) $\lim_{x \to a} \dfrac{f(x)}{g(x)}=\dfrac{\lim_{x \to a} f(x)}{\lim_{x \to a} g(x)}=\dfrac{\alpha}{\beta}$ ($g(x) \neq 0$, $\beta \neq 0$)

'함수의 극한에 대한 기본 성질'과 '함수의 극한의 대소 관계'는 $x \to a+$, $x \to a-$, $x \to \infty$, $x \to -\infty$일 때에도 모두 성립한다.
이때 두 함수 $f(x)$, $g(x)$가 모두 수렴할 때에만 이용 가능한 것에 주의하자.
또한, 두 성질의 엄밀한 증명은 다루지 않으므로 그래프를 이용하여 직관적으로 이해하자.

• 함수의 극한에 대한 성질의 활용

유형 05 함수의 극한을 이용한 미정계수의 결정
유형 06 함수의 극한을 이용한 다항함수의 결정
유형 08 함수의 극한의 활용

(1) $\lim_{x \to a} \dfrac{f(x)}{g(x)}=\alpha$ (α는 실수), $\lim_{x \to a} g(x)=0$이면 $\lim_{x \to a} f(x)=0$이다.

(2) $\lim_{x \to a} \dfrac{f(x)}{g(x)}=\alpha$ (α는 0이 아닌 실수), $\lim_{x \to a} f(x)=0$이면 $\lim_{x \to a} g(x)=0$이다.

• 함수의 극한의 대소 관계

유형 07 함수의 극한의 대소 관계

두 함수 $f(x)$, $g(x)$에서 $\lim_{x \to a} f(x)=\alpha$, $\lim_{x \to a} g(x)=\beta$ (α, β는 실수)일 때,
a에 가까운 모든 실수 x에서

(1) $f(x) \le g(x)$이면 $\alpha \le \beta$이다.

(2) 함수 $h(x)$가 $f(x) \le h(x) \le g(x)$이고 $\alpha=\beta$이면 $\lim_{x \to a} h(x)=\alpha$이다.

이는 함수의 대소에 등호가 없을 때에도 성립한다. 즉,
(1) $f(x)<g(x)$이면 $\alpha \le \beta$이다.
(2) 함수 $h(x)$가 $f(x)<h(x)<g(x)$이고 $\alpha=\beta$이면 $\lim_{x \to a} h(x)=\alpha$이다.

예 세 함수 $f(x)=\dfrac{1}{x}$, $h(x)=\dfrac{2}{x}$, $g(x)=\dfrac{3}{x}$에서 $f(x)<h(x)<g(x)$이지만 $\lim_{x \to \infty} f(x)=\lim_{x \to \infty} h(x)=\lim_{x \to \infty} g(x)=0$이다.

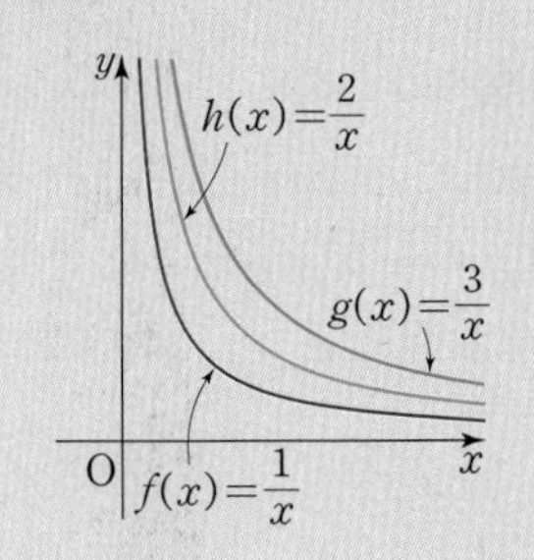

유형01 함수의 수렴과 발산

함수의 수렴과 발산에는 함수의 그래프를 이용하여 함수의 극한값을 구하거나 극한을 조사하는 문제를 분류하였다.

001

함수 $y=f(x)$의 그래프가 그림과 같을 때, 다음 극한값을 구하시오.

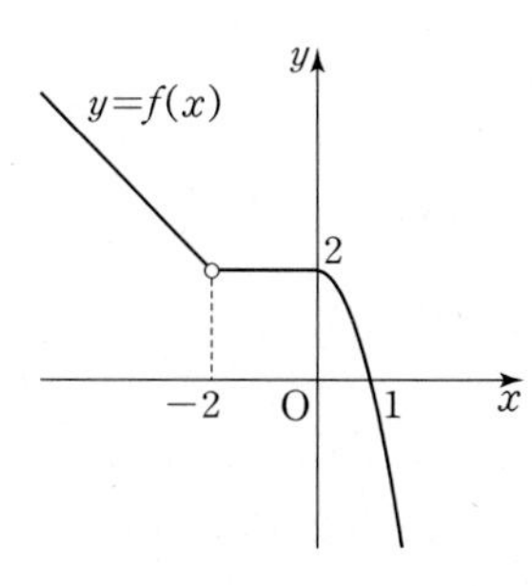

(1) $\lim_{x\to 1} f(x)$ (2) $\lim_{x\to -2} f(x)$

002

다음 극한값을 구하시오.

(1) $\lim_{x\to 0}(x+2)$ (2) $\lim_{x\to 1}(-x^2+5)$

003

다음 극한값을 구하시오.

(1) $\lim_{x\to 2}\frac{x^2-4}{x-2}$ (2) $\lim_{x\to 5}\frac{x-5}{x^2-3x-10}$

004

다음 중 극한값을 바르게 구한 것은?

① $\lim_{x\to 4}(x-3)=-1$ ② $\lim_{x\to 4}\sqrt{2x-6}=2$

③ $\lim_{x\to 2}\frac{2x}{x-1}=4$ ④ $\lim_{x\to 3}8=3$

⑤ $\lim_{x\to 1}\frac{x^2-x}{x-1}=0$

005

〈보기〉에서 옳은 것만을 있는 대로 고른 것은?

보기

ㄱ. $\lim_{x\to \infty}\frac{x}{x+2}=1$

ㄴ. $\lim_{x\to \infty}(-2x+1)=\infty$

ㄷ. $\lim_{x\to -\infty}(x^2+x)=\infty$

ㄹ. $\lim_{x\to -\infty}\frac{1}{x+1}=-\infty$

① ㄱ ② ㄱ, ㄷ ③ ㄱ, ㄹ

④ ㄴ, ㄷ ⑤ ㄱ, ㄷ, ㄹ

유형 02 함수의 우극한과 좌극한

함수의 극한의 뜻과 좌극한, 우극한을 이해하고 주어진 그래프를 해석하여 극한을 조사하는 문제를 분류하였다.

유형해결 TIP

함수가 $x=a$에서 극한값이 존재하더라도 $x=a$에서의 함숫값이 정의되지 않거나 함숫값이 극한값과 다를 수 있음에 주의하자.

006

다음 중 $x=a$에서 극한값이 존재하는 함수의 그래프는?

①

②

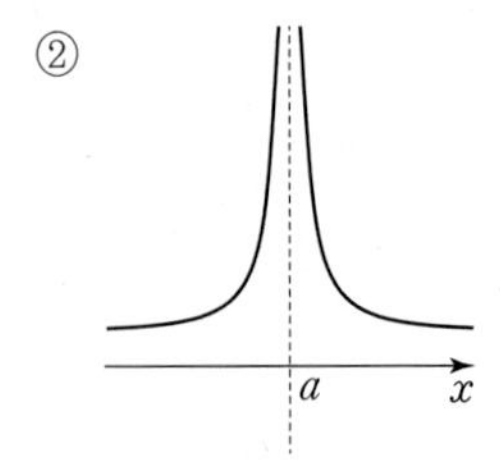

③

④

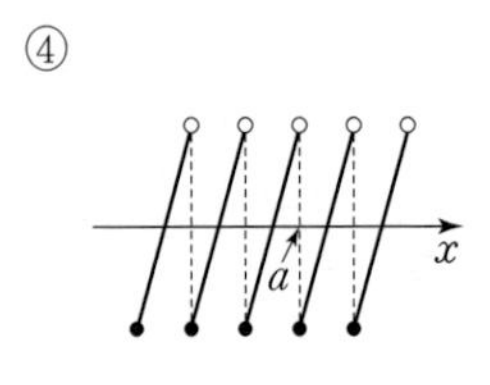

⑤

007 빈출

함수 $y=f(x)$의 그래프가 그림과 같을 때, $\lim_{x\to 4-} f(x) + \lim_{x\to -2+} f(x)$의 값은?

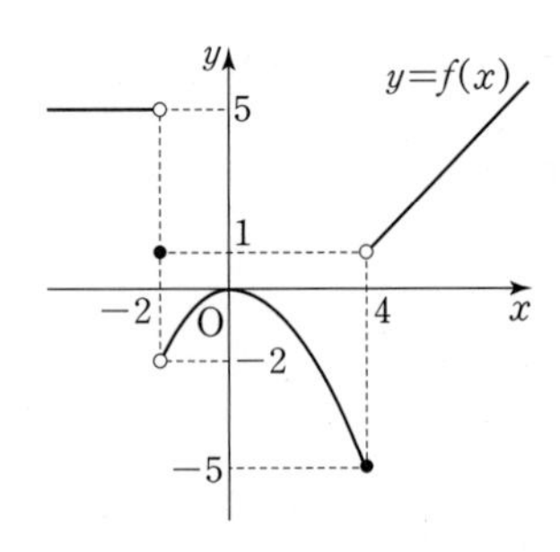

① -1 ② -3 ③ -5
④ -7 ⑤ -9

008

함수 $y=f(x)$의 그래프가 그림과 같을 때, $\lim_{x\to -1-} f(x) + f(0) + \lim_{x\to 0+} f(x)$의 값은?

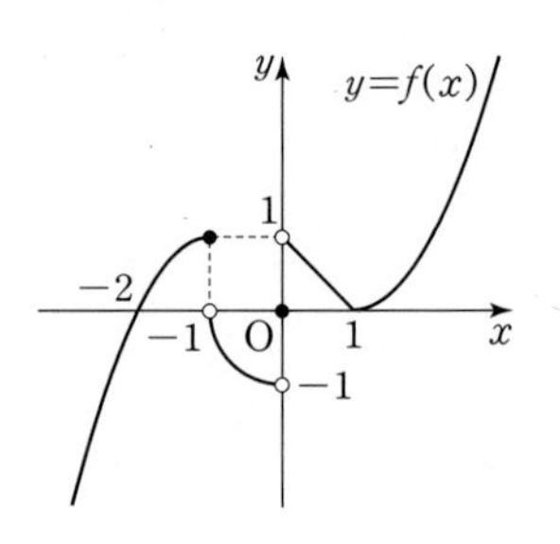

① 0 ② 1 ③ 2
④ 3 ⑤ 4

009

함수 $y=f(x)$의 그래프가 그림과 같다.

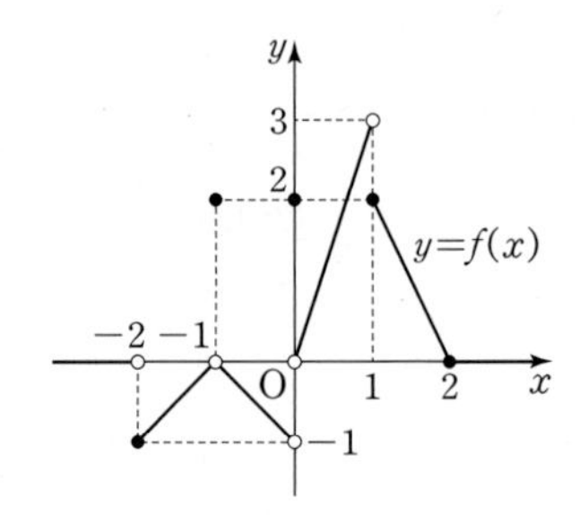

세 실수 a, b, c가

$$a=\lim_{x\to -2+} f(x),\ b=\lim_{x\to 0-} f(x),\ c=\lim_{x\to 1+} f(x)$$

일 때, $a+2b-c$의 값은?

① -5 ② -4 ③ -3
④ -2 ⑤ -1

010

함수 $y=f(x)$의 그래프가 그림과 같을 때, 〈보기〉에서 옳은 것만을 있는 대로 고른 것은?

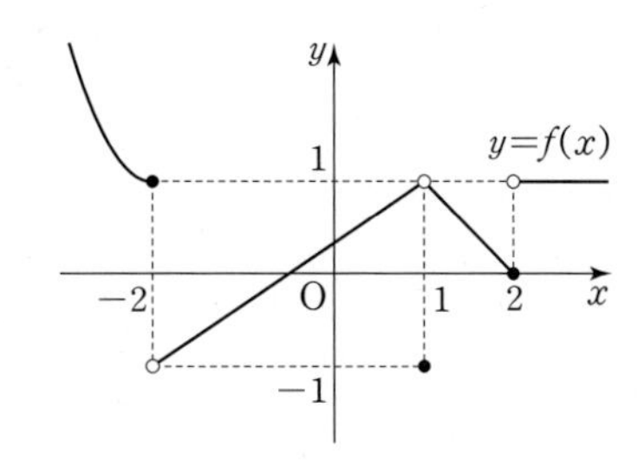

보기

ㄱ. $\lim_{x \to 2+} f(x)=0$

ㄴ. $\lim_{x \to 1} f(x)$의 값이 존재한다.

ㄷ. $\lim_{x \to -2} f(x)$의 값이 존재한다.

ㄹ. $-2<a<2$인 모든 실수 a에 대하여 $\lim_{x \to a} f(x)$의 값이 존재한다.

① ㄱ ② ㄹ ③ ㄱ, ㄷ
④ ㄴ, ㄷ ⑤ ㄴ, ㄹ

011 빈출

함수 $f(x)=\begin{cases} x-3 & (x \geq 4) \\ -x-1 & (x<4) \end{cases}$에 대하여

$\lim_{x \to 4+} f(x)-\lim_{x \to 4-} f(x)$의 값은?

① 8 ② 6 ③ 0
④ -6 ⑤ -8

012

함수

$$f(x)=\begin{cases} 1 & (x<0) \\ 2-x & (0 \leq x<1) \\ 3x(x-1) & (x \geq 1) \end{cases}$$

에 대하여 $\lim_{x \to 0-} f(x)+\lim_{x \to 1+} f(x)$의 값은?

① 1 ② 2 ③ 3
④ 4 ⑤ 5

013

$\lim_{x \to 2-} \frac{x^2-2x}{|x-2|}$의 값은?

① -2 ② -1 ③ 0
④ 1 ⑤ 2

014 서술형

함수 $f(x)=\frac{x}{|x|}$에 대하여 $\lim_{x \to 0} f(x)$의 값이 존재하는지 함수 $y=f(x)$의 그래프를 이용하여 조사하고, 그 과정을 서술하시오.

유형 03 함수의 극한에 대한 성질

함수의 극한에 대한 성질에는
$x \to a$ 또는 $x \to \infty$ 또는 $x \to -\infty$일 때 두 함수의 극한값이 각각 존재한다면, 두 함수의 합, 차, 곱, 몫, 실수배한 꼴의 새로운 함수도 $x \to a$일 때 극한값이 존재하며(0으로 나누는 경우는 제외), 그 극한값은 두 함수의 극한값을 각각 합, 차, 곱, 몫, 실수배한 값임을 이용하는 문제를 분류하였다.

015 빈출

두 함수 $f(x)$, $g(x)$에 대하여 $\lim_{x \to 5} f(x)=5$, $\lim_{x \to 5} g(x)=-1$일 때, $\lim_{x \to 5}\{f(x)+2g(x)\}$의 값은?

① 1　② 2　③ 3　④ 4　⑤ 5

016

두 함수 $f(x)$, $g(x)$에 대하여 〈보기〉에서 옳은 것만을 있는 대로 고른 것은? (단, a는 상수이다.)

보기

ㄱ. $\lim_{x \to a} f(x)$와 $\lim_{x \to a} g(x)$가 모두 존재하면 $\lim_{x \to a}\{f(x)+g(x)\}$도 존재한다.

ㄴ. $\lim_{x \to a} f(x)$와 $\lim_{x \to a} \frac{g(x)}{f(x)}$가 모두 존재하면 $\lim_{x \to a} g(x)$도 존재한다.

ㄷ. $\lim_{x \to a} f(x)$와 $\lim_{x \to a} g(x)$가 모두 존재하면 $\lim_{x \to a} \frac{f(x)}{g(x)}$가 존재한다.

① ㄱ　② ㄱ, ㄴ　③ ㄱ, ㄷ　④ ㄴ, ㄷ　⑤ ㄱ, ㄴ, ㄷ

017

함수 $f(x)$에 대하여 $\lim_{x \to 0} \frac{f(x)}{x}=3$일 때, $\lim_{x \to 0} \frac{2x+f(x)}{x-f(x)}$의 값은?

① $\frac{3}{2}$　② $\frac{1}{2}$　③ $-\frac{1}{2}$　④ $-\frac{3}{2}$　⑤ $-\frac{5}{2}$

018

두 함수 $f(x)$, $g(x)$에 대하여

$$\lim_{x \to \infty} f(x)=\infty,\ \lim_{x \to \infty} g(x)=3$$

일 때, $\lim_{x \to \infty} \frac{f(x)g(x)+2}{2f(x)+g(x)}$의 값은?

① 1　② $\frac{3}{2}$　③ 2　④ $\frac{5}{2}$　⑤ 3

019 빈출

두 다항함수 $f(x)$, $g(x)$에 대하여 $\lim_{x \to 3} \frac{f(x)}{x-3}=2$, $\lim_{x \to 3} \frac{g(x)}{x-3}=5$가 성립할 때, $\lim_{x \to 3} \frac{2f(x)+3g(x)}{3f(x)-g(x)}$의 값은?

① 15　② 19　③ 23　④ 27　⑤ 31

유형 04 함수의 극한값의 계산 $\left(\frac{0}{0}, \frac{\infty}{\infty}, \infty-\infty, \infty\times0\right)$

함수의 극한값의 계산에는
$x\to a$ 또는 $x\to\infty$ 또는 $x\to-\infty$일 때, 함수 $f(x)$의 극한이
$\frac{0}{0}$, $\frac{\infty}{\infty}$, $\infty-\infty$, $\infty\times0$ 꼴인 경우 주어진 식을 적당히 변형하여
극한값을 구하는 문제를 분류하였다.

유형해결 TIP

다음을 주의하자.

(1) 유리함수의 극한이 $\frac{0}{0}$ 꼴일 때에는 분자와 분모를 각각 인수분해하여 분모를 0으로 만드는 인수를 약분하여 극한값을 구할 수 있다.

(2) 무리함수의 극한이 $\frac{0}{0}$ 꼴일 때에는 분자 또는 분모를 유리화하여 분모를 0으로 만드는 인수를 약분하여 극한값을 구할 수 있다.

020

다음 극한값을 구하시오.

(1) $\lim\limits_{x\to2}\frac{x^3-8}{x-2}$

(2) $\lim\limits_{x\to3}\frac{x^2-5x+6}{x^2+x-12}$

(3) $\lim\limits_{x\to-1}\frac{2x^3-x^2-5x-2}{x+1}$

021

다음 극한값을 구하시오.

(1) $\lim\limits_{x\to1}\frac{\sqrt{x+3}-2}{x-1}$

(2) $\lim\limits_{x\to0}\frac{x}{3-\sqrt{9-x}}$

022

다음 극한값을 구하시오.

(1) $\lim\limits_{x\to2}(x-2)\left(\frac{1}{x^2-4}+5\right)$

(2) $\lim\limits_{x\to5}(\sqrt{x}-\sqrt{5})\left(1-\frac{1}{x-5}\right)$

(3) $\lim\limits_{x\to0}\frac{1}{x}\left(\frac{1}{5}-\frac{1}{x+5}\right)$

023

다음 극한을 조사하시오.

(1) $\lim\limits_{x\to\infty}\frac{x+1}{3x^2+x}$

(2) $\lim\limits_{x\to\infty}\frac{7x^2-3x+1}{(2x+1)^2}$

(3) $\lim\limits_{x\to\infty}\frac{2x^3-10}{x^2+5x+4}$

024

$\lim\limits_{x\to\infty}\frac{2x}{\sqrt{x^2+x}-1}$의 값은?

① 1 ② 2 ③ 3 ④ 4 ⑤ 5

025

다음 극한값을 구하시오.

(1) $\lim\limits_{x\to\infty}(\sqrt{x^2+2x}-x)$

(2) $\lim\limits_{x\to\infty}(\sqrt{x^2+3x+1}-\sqrt{x^2-3x-1})$

유형 05 함수의 극한을 이용한 미정계수의 결정

구간이 나누어진 함수 또는 $\frac{0}{0}$ 꼴의 유리함수에 미정계수가 포함되어 있을 경우 함수의 극한에 대한 성질을 이용하여 미정계수를 구하는 문제를 분류하였다.

026 빈출

함수 $f(x)=\begin{cases} x^2-x-6 & (x\geq 4) \\ -2x+k & (x<4) \end{cases}$에 대하여 $\lim_{x\to 4}f(x)$의 값이 존재할 때, 상수 k의 값은?

① 10 ② 12 ③ 14 ④ 16 ⑤ 18

027

함수 $f(x)=\begin{cases} 2x^2+5 & (x\geq -1) \\ 3x^2-ax+b & (x<-1) \end{cases}$에 대하여 $\lim_{x\to -1}f(x)$의 값이 존재할 때, 두 상수 a, b에 대하여 $a+b$의 값은?

① 1 ② 2 ③ 3 ④ 4 ⑤ 5

028

$\lim_{x\to -2}\frac{x^2+ax+b}{x+2}=5$일 때, 두 상수 a, b에 대하여 $a+b$의 값은?

① 20 ② 21 ③ 22 ④ 23 ⑤ 24

029

$\lim_{x\to -1}\frac{x^2+ax+b}{x^3+1}=2$일 때, 두 상수 a, b에 대하여 $a+b$의 값은?

① 11 ② 13 ③ 15 ④ 17 ⑤ 19

030 빈출

$\lim_{x\to 3}\frac{\sqrt{x+a}+b}{x-3}=\frac{1}{8}$일 때, 두 상수 a, b에 대하여 $a-b$의 값은?

① 11 ② 14 ③ 17 ④ 20 ⑤ 23

031

함수 $f(x)=\begin{cases} \frac{a\sqrt{x}-b}{x-1} & (x<1) \\ c & (x\geq 1) \end{cases}$에 대하여 $\lim_{x\to 1}f(x)=f(0)+1$일 때, $a+b+c$의 값은?

(단, a, b, c는 상수이다.)

① -1 ② -2 ③ -3 ④ -4 ⑤ -5

I

유형06 함수의 극한을 이용한 다항함수의 결정

다항함수에 대하여 몇 개의 극한값이 주어졌을 때, 조건을 해석하여 다항함수의 차수와 계수를 추론하는 문제를 분류하였다.

유형해결 TIP

두 다항함수 $f(x)$, $g(x)$에 대하여 다음이 성립한다.

(1) $\lim_{x\to\infty}\frac{f(x)}{g(x)}=\pm\infty$이면 ($f(x)$의 차수)>($g(x)$의 차수)

(2) $\lim_{x\to\infty}\frac{f(x)}{g(x)}=0$이면 ($f(x)$의 차수)<($g(x)$의 차수)

(3) $\lim_{x\to\infty}\frac{f(x)}{g(x)}=\alpha$($\alpha$는 0이 아닌 실수)이면 ($f(x)$의 차수)=($g(x)$의 차수)이고, 극한값은 분자와 분모의 최고차항의 계수의 비이다.

이를 적용하면 다항함수의 차수와 최고차항의 계수를 알아낼 수 있다.

032

다항함수 $f(x)$에 대하여 $\lim_{x\to\infty}\frac{f(x)}{x}=2$일 때, $\lim_{x\to\infty}\frac{x^2+xf(x)}{2x^2-f(x)}$의 값은?

① $\frac{1}{2}$　② 1　③ $\frac{3}{2}$　④ 2　⑤ $\frac{5}{2}$

033 빈출

두 다항함수 $f(x)$, $g(x)$가 다음 조건을 만족시킬 때, $\lim_{x\to\infty}\frac{f(x)}{(2x+1)g(x)}$의 값은?

(가) $\lim_{x\to\infty}\frac{f(x)}{4x^2-3x}=\frac{1}{2}$

(나) $\lim_{x\to\infty}\frac{3x-5}{g(x)}=1$

① $\frac{1}{6}$　② $\frac{1}{3}$　③ $\frac{1}{2}$　④ $\frac{2}{3}$　⑤ $\frac{5}{6}$

유형07 함수의 극한의 대소 관계

함수의 극한의 대소 관계를 이용하여 함수의 극한값을 구하는 문제를 분류하였다.

유형해결 TIP

함수의 극한의 대소 관계는 $x\to a$ 뿐만 아니라 $x\to\infty$ 또는 $x\to-\infty$일 때에도 성립함을 알아두자.

034

함수 $f(x)$가 $x>-1$인 모든 실수 x에 대하여 부등식 $2x^2-x-5\le f(x)\le 2x^2+4x$를 만족시킬 때, $\lim_{x\to-1+}f(x)$의 값은?

① -8　② -4　③ -2　④ 0　⑤ 2

035

모든 양수 x에 대하여 함수 $f(x)$가 다음 부등식을 만족시킬 때, $\lim_{x\to\infty}f(x)$의 값을 구하시오.

(1) $\frac{4x^2+5x}{2x^2+3}\le f(x)\le\frac{2x^2+6x}{x^2}$

(2) $5x-1<xf(x)<\frac{10x^2-2x+1}{2x-1}$

036

모든 양수 x에 대하여 함수 $f(x)$가 부등식 $8x^2-x-2\le f(x)\le 8x^2+7x$를 만족시킬 때, $\lim_{x\to\infty}\frac{f(x)}{x^2+2x}$의 값은?

① 2　② 4　③ 6　④ 8　⑤ 10

037 빈출

모든 양수 x에 대하여 함수 $f(x)$가 부등식 $6x<f(x)<6x+5$를 만족시킬 때, $\lim_{x\to\infty}\frac{\{f(x)\}^2}{x^2+2x+5}$의 값은?

① 30 ② 32 ③ 34
④ 36 ⑤ 38

유형 08 함수의 극한의 활용

함수의 극한의 활용에는
(1) 도형의 성질을 이용하여 선분의 길이 또는 점의 좌표를 문자로 표현하여 극한값을 구하는 문제
(2) 새롭게 정의된 함수의 식을 세워 그래프를 그리거나 극한값을 구하는 문제
를 분류하였다.

038

곡선 $y=x^3$ 위의 두 점 $\mathrm{P}(a, a^3)$과 $\mathrm{A}(3, 27)$에 대하여 직선 AP와 수직인 직선의 기울기를 $f(a)$라 할 때, $\lim_{a\to3}f(a)$의 값은?

① $-\frac{1}{15}$ ② $-\frac{1}{18}$ ③ $-\frac{1}{21}$
④ $-\frac{1}{24}$ ⑤ $-\frac{1}{27}$

039

그림과 같이 곡선 $y=\sqrt{x}$ 위의 점 $\mathrm{P}(t, \sqrt{t})$에서 직선 $y=2x$에 내린 수선의 발을 H라 하자. $\lim_{t\to\infty}\frac{\overline{\mathrm{OH}}^2}{\overline{\mathrm{OP}}^2}$의 값은? (단, O는 원점이다.)

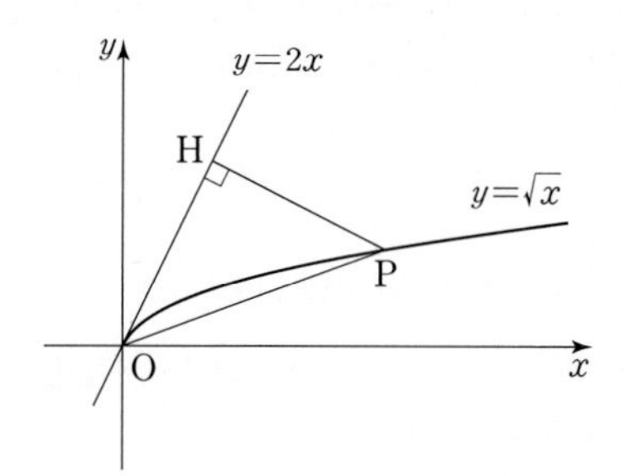

① $\frac{1}{5}$ ② $\frac{4}{15}$ ③ $\frac{1}{3}$
④ $\frac{6}{15}$ ⑤ $\frac{7}{15}$

040

그림과 같이 곡선 $y=\frac{2}{x}+\sqrt{3}\ (x>0)$과 두 직선 $x=1$, $x=t$의 교점을 각각 A, B라 하고, 점 B에서 직선 $x=1$에 내린 수선의 발을 H라 하자. $\lim_{t\to1+}\frac{\overline{\mathrm{AH}}}{\overline{\mathrm{BH}}}$의 값은? (단, $t>1$)

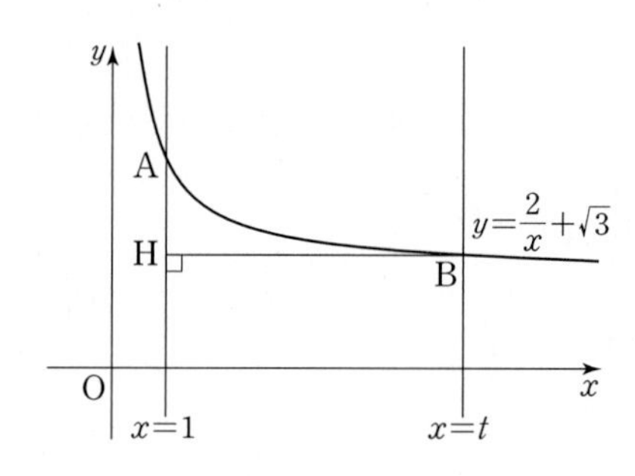

① $\frac{1}{3}$ ② $\frac{1}{2}$ ③ 1
④ $\frac{3}{2}$ ⑤ 2

유형 01 함수의 수렴과 발산

041

다음 극한을 조사하시오.

(1) $\lim_{x \to 3}\left(-\frac{1}{|x-3|}\right)$

(2) $\lim_{x \to \infty}\frac{1}{|x-1|}$

유형 02 함수의 우극한과 좌극한

042 서술형

$\lim_{x \to -3-}\frac{|x^2-9|}{x+3}$의 값을 그래프를 이용하여 구하고, 그 과정을 서술하시오.

043

함수 $y=f(x)$의 그래프가 그림과 같을 때, $\lim_{x \to 0+}f(x+1)$의 값은?

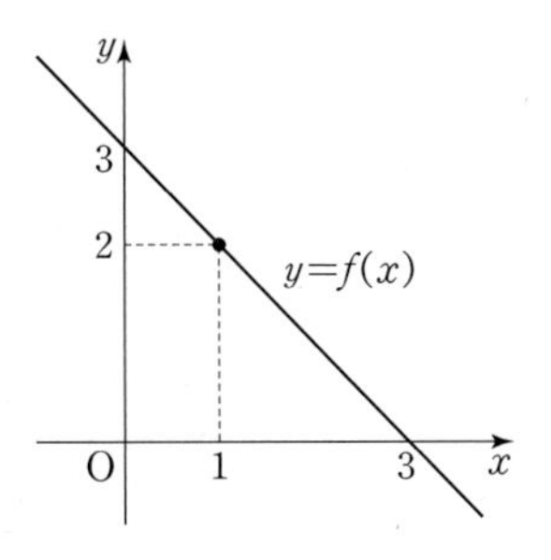

① 1　② 2　③ 3　④ 4　⑤ 5

044

함수 $y=f(x)$의 그래프가 그림과 같을 때, $\lim_{x \to 0-}f(-x)+\lim_{x \to 3+}f(x-1)$의 값은?

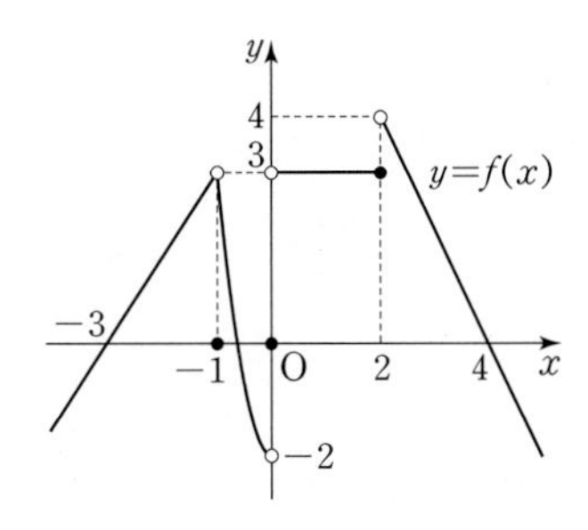

① 4　② 5　③ 6　④ 7　⑤ 8

045

두 함수 $y=f(x)$, $y=g(x)$의 그래프가 그림과 같을 때, 다음 물음에 답하시오.

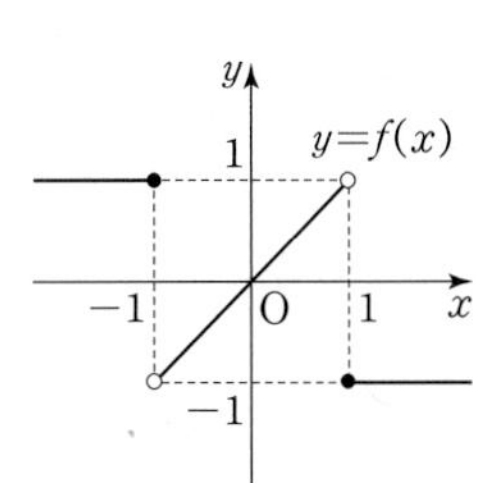

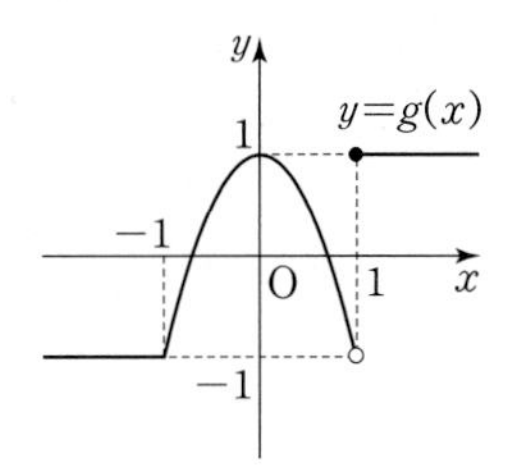

(1) $\lim_{x \to -1+}f(x)+\lim_{x \to 1-}g(x)$의 값을 구하시오.

(2) $\lim_{x \to 0+}f(g(x))$의 값을 구하시오.

046

함수 $y=f(x)$의 그래프가 그림과 같을 때,
$\lim_{x\to1+}f(f(x))+\lim_{x\to0-}f(-x-1)$의 값은?

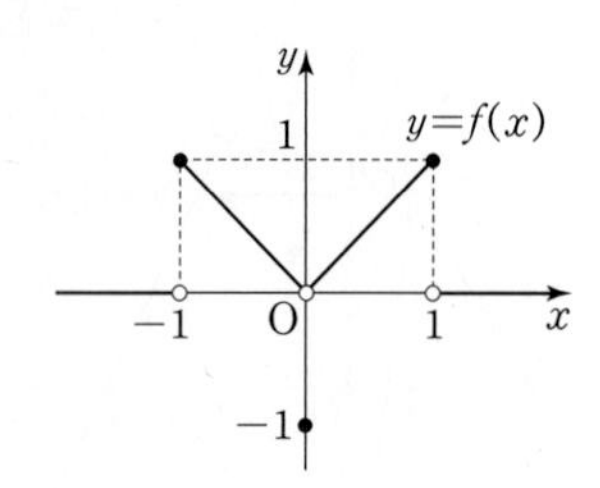

① -2 ② -1 ③ 0
④ 1 ⑤ 2

047

함수 $y=f(x)$의 그래프가 그림과 같을 때,
$\lim_{x\to2+}f(f(x))+\lim_{x\to0-}f(f(x))$의 값은?

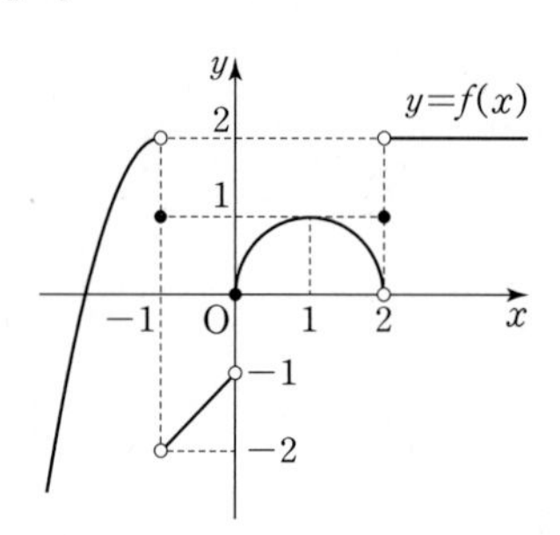

① -3 ② -1 ③ 0
④ 1 ⑤ 3

048

평가원기출

정의역이 $\{x|-2\le x\le2\}$인 함수 $y=f(x)$의 그래프가 $0\le x\le2$에서 그림과 같고, 정의역에 속하는 모든 실수 x에 대하여 $f(-x)=-f(x)$이다. $\lim_{x\to-1+}f(x)+\lim_{x\to2-}f(x)$의 값은?

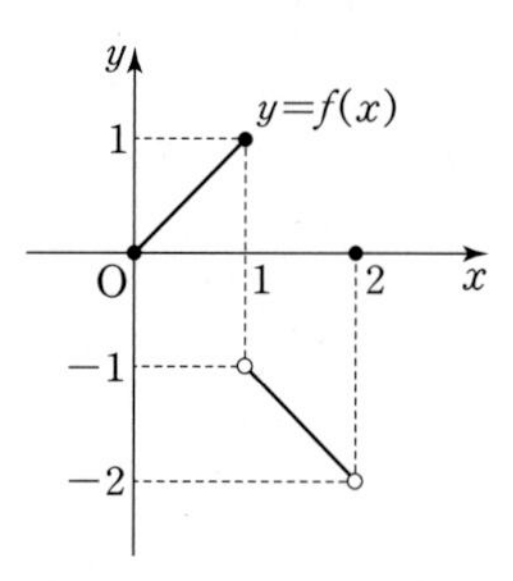

① -3 ② -1 ③ 0
④ 1 ⑤ 3

049

정의역이 $\{x|-2<x<3\}$인 함수 $y=f(x)$의 그래프가 그림과 같다. $g(x)=\frac{x}{|x|}$에 대하여 $\lim_{x\to-1-}g(f(x))+\lim_{x\to1+}f(f(x))$의 값은?

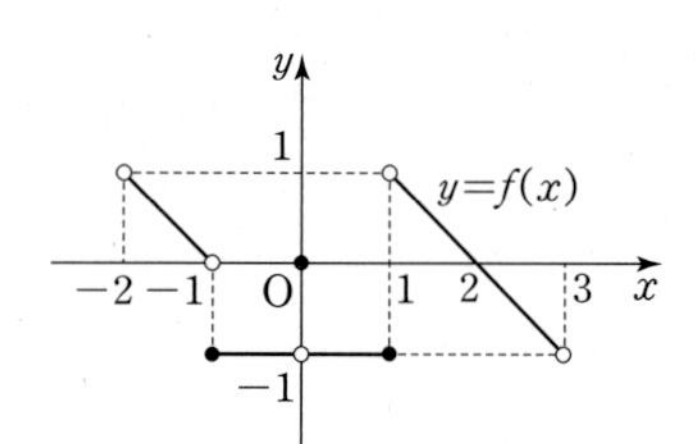

① -2 ② -1 ③ 0
④ 1 ⑤ 2

050

함수 $y=f(x)$의 그래프가 그림과 같을 때, 함수 $g(x)=2-x^2$에 대하여 〈보기〉에서 옳은 것의 개수는?

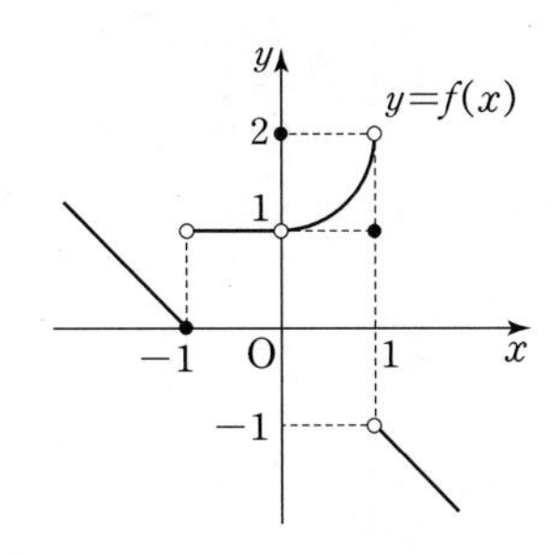

보기

ㄱ. $\lim_{x \to -1+} f(g(x))=1$

ㄴ. $\lim_{x \to 1+} f(f(x))=0$

ㄷ. $\lim_{x \to 0-} f(f(x))=1$

ㄹ. $\lim_{x \to \sqrt{2}-} f(g(x))=-1$

ㅁ. $\lim_{x \to -1-} g(f(x))=2$

① 1　② 2　③ 3　④ 4　⑤ 5

051

두 함수 $f(x)=\dfrac{4x}{3x+|x|}$, $g(x)=-x^2$에 대하여 $\lim_{x \to 0} f(g(x))$의 값은?

① 1　② 2　③ 3　④ 4　⑤ 5

052

함수 $f(x)=\begin{cases} 1 & (x<-1) \\ x & (-1 \le x < 1) \\ 3-x & (x \ge 1) \end{cases}$에 대하여

$\lim_{x \to 1+} f(f(x))+\lim_{x \to -1-} f(f(x))$의 값은?

① −1　② 0　③ 1　④ 2　⑤ 3

053

정의역이 $\{x \mid -2<x<2\}$인 함수 $y=f(x)$의 그래프가 그림과 같다. $g(x)=[x]-x$에 대하여 $\lim_{x \to -1-} f(g(x))+\lim_{x \to 1+} g(f(x))$의 값은? (단, $[x]$는 x보다 크지 않은 최대의 정수이다.)

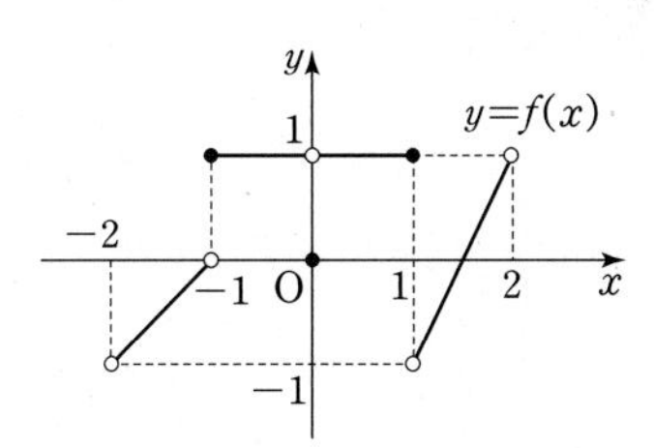

① 5　② 4　③ 3　④ 2　⑤ 1

054

평가원기출

실수 전체의 집합에서 정의된 함수 $y=f(x)$의 그래프가 그림과 같다.

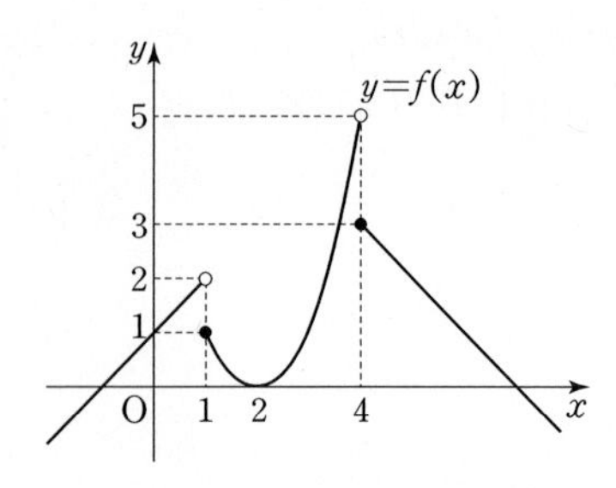

$\lim_{t\to\infty}f\left(\frac{t-1}{t+1}\right)+\lim_{t\to-\infty}f\left(\frac{4t-1}{t+1}\right)$의 값은?

① 3 ② 4 ③ 5
④ 6 ⑤ 7

유형03 함수의 극한에 대한 성질

055

선행 016

두 함수 $f(x)$, $g(x)$에 대하여 〈보기〉에서 옳은 것만을 있는 대로 고른 것은? (단, a는 상수이다.)

보기

ㄱ. $\lim_{x\to a}f(x)$와 $\lim_{x\to a}\frac{f(x)}{g(x)}$가 모두 존재하면 $\lim_{x\to a}g(x)$도 존재한다.

ㄴ. $\lim_{x\to a}\{f(x)+g(x)\}$와 $\lim_{x\to a}\{f(x)-g(x)\}$가 모두 존재하면 $\lim_{x\to a}f(x)$가 존재한다.

ㄷ. $\lim_{x\to a}(x-a)f(x)$와 $\lim_{x\to a}\frac{g(x)}{x-a}$가 모두 존재하면 $\lim_{x\to a}f(x)g(x)$가 존재한다.

① ㄴ ② ㄷ ③ ㄱ, ㄴ
④ ㄴ, ㄷ ⑤ ㄱ, ㄴ, ㄷ

056

두 함수 $f(x)$, $g(x)$에 대하여
$\lim_{x\to 2}f(x)=\alpha$, $\lim_{x\to 2}g(x)=\beta$ $(\alpha>\beta)$이고
$\lim_{x\to 2}\{f(x)+g(x)\}=1$, $\lim_{x\to 2}f(x)g(x)=-\frac{3}{4}$일 때,
$\lim_{x\to 2}\frac{f(x)+1}{2g(x)-3}$의 값은? (단, α, β는 상수이다.)

① $-\frac{3}{8}$ ② $-\frac{5}{8}$ ③ -1
④ $-\frac{11}{8}$ ⑤ $-\frac{7}{4}$

057

두 함수 $f(x)$, $g(x)$에 대하여

$x<0$일 때 $f(x)+g(x)=2x^2-1$,
$x>0$일 때 $f(x)-g(x)=x^2+x+4$

이다. $\lim_{x\to 0}f(x)=3$일 때, $\lim_{x\to 0-}g(x)\times\lim_{x\to 0+}g(x)$의 값을 구하시오.

I

058 빈출

| 선행 017 |

함수 $f(x)$에 대하여 $\lim_{x\to1}\frac{f(x-1)}{x-1}=3$일 때, $\lim_{x\to0}\frac{2x^2-3f(x)}{5x-2f(x)}$의 값은?

① 9　② 10　③ 11
④ 12　⑤ 13

059

함수 $f(x)$에 대하여 $\lim_{x\to3}\frac{f(x-3)}{x^2-3x}=4$일 때, $\lim_{x\to0}\frac{f(x)}{x}$의 값은?

① 4　② 6　③ 8
④ 10　⑤ 12

060

다항함수 $f(x)$에 대하여 $\lim_{x\to0}\frac{f(x)}{x}=3$일 때,

$\lim_{x\to3}\frac{x^2-9-f(x-3)}{x^2-9+f(x-3)}$의 값을 구하시오.

061 빈출

두 함수 $f(x)$, $g(x)$가

$$\lim_{x\to\infty}f(x)=\infty,\ \lim_{x\to\infty}\{f(x)-2g(x)\}=5$$

를 만족시킬 때, $\lim_{x\to\infty}\frac{f(x)-6g(x)}{-f(x)+4g(x)}$의 값은?

① -4　② -2　③ 0
④ 2　⑤ 4

062

삼차함수 $f(x)$와 다항함수 $g(x)$가 $\lim_{x\to\infty}\{2f(x)-3g(x)\}=10$을 만족시킬 때, $\lim_{x\to\infty}\frac{7f(x)-3g(x)}{3g(x)}$의 값은?

① $\frac{1}{2}$　② 1　③ $\frac{3}{2}$
④ 2　⑤ $\frac{5}{2}$

063

평가원기출

다항함수 $g(x)$에 대하여 극한값 $\lim_{x\to1}\frac{g(x)-2x}{x-1}$가 존재한다.
다항함수 $f(x)$가 $f(x)+x-1=(x-1)g(x)$를 만족시킬 때,
$\lim_{x\to1}\frac{f(x)g(x)}{x^2-1}$의 값은?

① 1　② 2　③ 3
④ 4　⑤ 5

064

다항함수 $f(x)$에 대하여 $\lim_{x\to-2}\frac{f(x+2)}{x^2-2x-8}=3$일 때, $\lim_{x\to0}\frac{xf(x)-f(x)}{2x^2-6x}$의 값은?

① -5　② -4　③ -3
④ -2　⑤ -1

065

함수 $f(x)$에 대하여 $\lim_{x\to4}\frac{f(x)}{x-4}=6$일 때, $\lim_{x\to2}\frac{f(x^2)}{f(x^3-2x)}$의 값은?

① $\frac{2}{5}$　② $\frac{4}{5}$　③ $\frac{6}{5}$
④ $\frac{8}{5}$　⑤ 2

066

두 함수 $y=f(x)$, $y=g(x)$의 그래프가 그림과 같을 때, 〈보기〉에서 극한값이 존재하는 것만을 있는 대로 고른 것은?

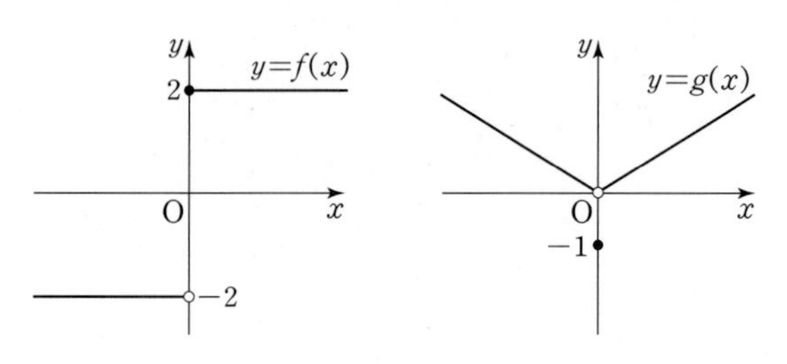

보기

ㄱ. $\lim_{x\to0}\{f(x)-g(x)\}$
ㄴ. $\lim_{x\to0}[\{f(x)\}^2+\{g(x)\}^2]$
ㄷ. $\lim_{x\to0}f(x)g(x)$

① ㄱ　② ㄴ　③ ㄷ
④ ㄱ, ㄴ　⑤ ㄴ, ㄷ

067 빈출

두 함수 $y=f(x)$, $y=g(x)$의 그래프가 그림과 같을 때, 〈보기〉에서 극한값이 존재하는 것만을 있는 대로 고른 것은?

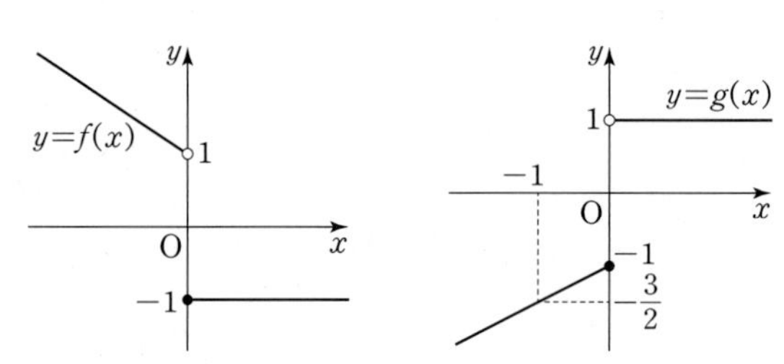

보기

ㄱ. $\lim_{x\to0}f(x)g(x)$
ㄴ. $\lim_{x\to0}\frac{g(x)}{f(x)}$
ㄷ. $\lim_{x\to0}(g\circ f)(x)$

① ㄱ　② ㄱ, ㄴ　③ ㄱ, ㄷ
④ ㄴ, ㄷ　⑤ ㄱ, ㄴ, ㄷ

068

함수 $y=f(x)$의 그래프가 그림과 같을 때,

$\lim_{x\to1+}f(1-x)+\lim_{x\to1-}(x^2+1)f(x)$의 값은?

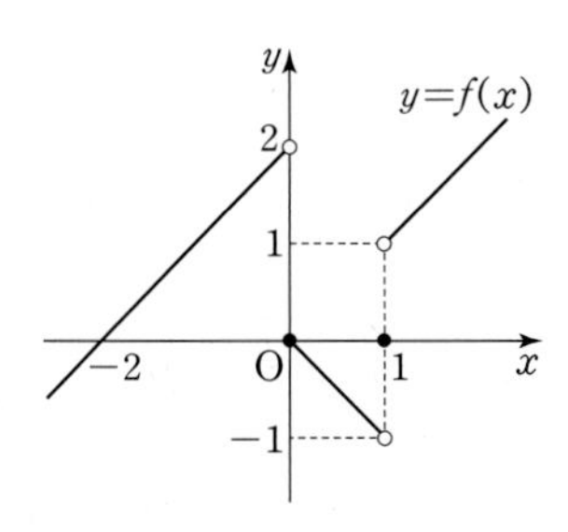

① -1 ② 0 ③ 1
④ 2 ⑤ 3

069

함수 $y=f(x)$의 그래프가 그림과 같을 때,

$\lim_{x\to1+}\{f(x)+f(-x)\}+\lim_{x\to1-}f(x+1)f(1-x)$의 값은?

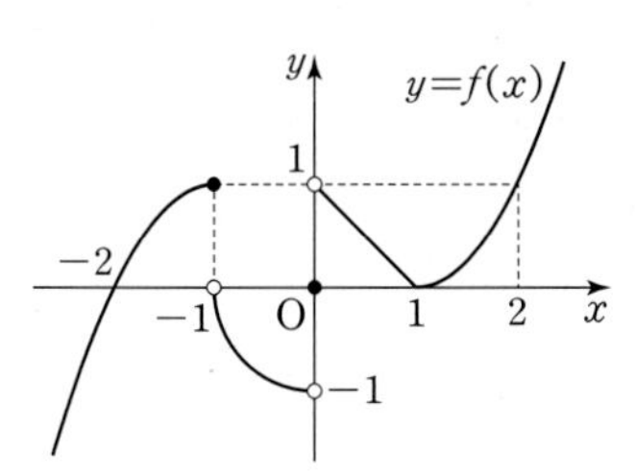

① -2 ② -1 ③ 0
④ 1 ⑤ 2

070

두 함수 $y=f(x)$, $y=g(x)$의 그래프가 그림과 같을 때,

$\lim_{x\to0+}f(x+2)g(-1-x)+\lim_{x\to1-}g(f(x))$의 값은?

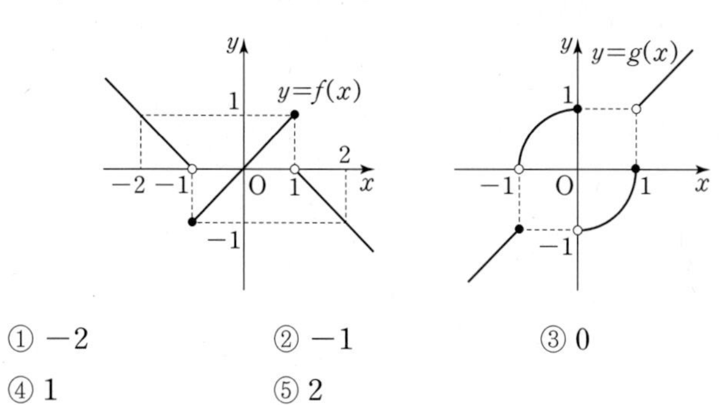

① -2 ② -1 ③ 0
④ 1 ⑤ 2

071

함수 $f(x)=\begin{cases}2x-1 & (x<1)\\ -x+4 & (x\ge1)\end{cases}$의 그래프가 그림과 같을 때,

$\lim_{x\to a}(x^2+2x-8)f(x-1)=0$을 만족시키는 모든 실수 a의 값의 합은?

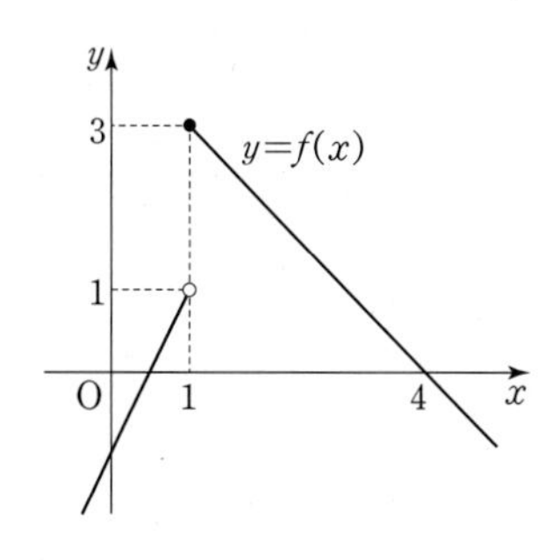

① $\frac{3}{2}$ ② 3 ③ $\frac{9}{2}$
④ 6 ⑤ $\frac{15}{2}$

072

어떤 정수 n에 대하여 $\lim_{x\to n}\frac{[x]^2+3x}{[x]}=k$일 때, 상수 k의 값은?

(단, $[x]$는 x보다 크지 않은 최대의 정수이다.)

① 1 ② 3 ③ 5 ④ 7 ⑤ 9

유형04 함수의 극한값의 계산 $\left(\frac{0}{0}, \frac{\infty}{\infty}, \infty-\infty, \infty\times 0\right)$

073

다음 극한값을 구하시오.

(1) $\lim_{x\to 0}\frac{x^2+3x}{1-\sqrt{x+1}}$

(2) $\lim_{x\to\infty}\frac{\sqrt{16x^2+1}-2}{\sqrt{4x^2-1}+2x}$

(3) $\lim_{x\to\infty}\sqrt{x}(\sqrt{5x+2}-\sqrt{5x-2})$

074

다음 극한값을 구하시오.

(1) $\lim_{x\to 0}\frac{1}{x}\left(1-\frac{1}{\sqrt{x+1}}\right)$

(2) $\lim_{x\to 3}\frac{1}{x-3}\left(\frac{1}{\sqrt{x+6}}-\frac{1}{3}\right)$

075

다음 극한값을 구하시오.

(1) $\lim_{x\to-\infty}\frac{2x+1}{-x-5}$

(2) $\lim_{x\to-\infty}\frac{\sqrt{4x^2+2}-7x}{3x+1}$

유형05 함수의 극한을 이용한 미정계수의 결정

076

| 선행 026 |

함수 $f(x)=\begin{cases} tx-3 & (x<3) \\ -(x-t)^3+6 & (x\geq 3)\end{cases}$에 대하여

$\lim_{x\to 3}f(x)$의 값이 존재할 때, 정수 t의 값은?

① 1 ② 2 ③ 3 ④ 4 ⑤ 5

077

함수 $f(x)=\begin{cases} x^2+ax+1 & (|x|\geq 1) \\ -2x+b & (|x|<1)\end{cases}$가

$\lim_{x\to 1}f(x)=\lim_{x\to 2}f(x)$를 만족시킬 때, 두 상수 a, b에 대하여 $a+b$의 값은?

① -4 ② -2 ③ 0 ④ 2 ⑤ 4

078

함수 $f(x)$에 대하여 $\lim_{x\to 0+} f(x)=\infty$, $\lim_{x\to 0-} f(x)=0$이고,

$\lim_{x\to 0}\frac{f(x)+k}{f(x)-2}$의 값이 존재할 때, 상수 k의 값을 구하시오.

079

$\lim_{x\to 2}\frac{1}{x-2}\left(\frac{1}{x+a}-\frac{1}{b}\right)=-\frac{1}{4}$을 만족시키는 두 상수 a, b에 대하여 $a+b$의 값은? (단, $b>0$)

① 2 ② 4 ③ 6
④ 8 ⑤ 10

080

$\lim_{x\to -\infty}(\sqrt{ax^2+2x}+2x)=b$를 만족시키는 두 상수 a, b에 대하여 $\frac{a}{b}$의 값은?

① -8 ② -4 ③ 0
④ 4 ⑤ 8

081

$\lim_{x\to a}\frac{x^2-a^2}{x-a}=6$, $\lim_{x\to\infty}(\sqrt{x^2+ax}-\sqrt{x^2+bx})=6$일 때,

두 상수 a, b에 대하여 $\frac{b}{a}$의 값은?

① -1 ② -2 ③ -3
④ -4 ⑤ -5

082

다항함수 $f(x)$에 대하여 $\lim_{x\to 0}\frac{f(x)}{x}=10$일 때,

$\lim_{x\to -5}\frac{f(x+5)-ax+b}{x^2-25}=5$를 만족시키는 두 상수 a, b에 대하여 $a+b$의 값은?

① -160 ② -200 ③ -240
④ -280 ⑤ -320

유형06 함수의 극한을 이용한 다항함수의 결정

083

함수 $f(x)=\dfrac{x^2+ax+b}{x-2}$에 대하여 $\lim_{x\to2}f(x)=c$이고,

$\lim_{x\to1}\dfrac{1}{|f(x)|}=\infty$일 때, 세 상수 a, b, c에 대하여 $a+b+c$의 값은?

① -2　② -1　③ 0
④ 1　⑤ 2

084

함수 $f(x)=\dfrac{ax^3+bx^2+cx+d}{x^2-4}$에 대하여

$\lim_{x\to\infty}f(x)=3$, $\lim_{x\to2}f(x)=2$가 성립하도록 하는 네 상수 a, b, c, d의 값을 각각 구하시오.

085 빈출 서술형

선행 033

다항함수 $f(x)$가 $\lim_{x\to\infty}\dfrac{f(x)}{x^2-2x}=5$, $\lim_{x\to1}\dfrac{f(x)}{x-1}=2$를 만족시킬 때, $f(2)$의 값을 구하고, 그 과정을 서술하시오.

086 빈출

다음 조건을 만족시키는 이차함수 $f(x)$에 대하여 $\lim_{x\to2}\dfrac{f(x)}{x-2}$의 값을 구하시오.

(가) $\lim_{x\to2}\dfrac{x-2}{f(x)}$는 0이 아닌 일정한 값을 갖는다.

(나) $\lim_{x\to1}\dfrac{f(x)}{x-1}=-4$

087

평가원기출

다항함수 $f(x)$가

$$\lim_{x\to\infty}\frac{f(x)}{x^3}=0,\ \lim_{x\to0}\frac{f(x)}{x}=5$$

를 만족시킨다. 방정식 $f(x)=x$의 한 근이 -2일 때, $f(1)$의 값은?

① 6　② 7　③ 8
④ 9　⑤ 10

088

선생님 Pick! 평가원기출

상수항과 계수가 모두 정수인 두 다항함수 $f(x)$, $g(x)$가 다음 조건을 만족시킬 때, $f(2)$의 최댓값은?

(가) $\lim_{x\to\infty}\frac{f(x)g(x)}{x^3}=2$
(나) $\lim_{x\to0}\frac{f(x)g(x)}{x^2}=-4$

① 4　② 6　③ 8
④ 10　⑤ 12

089

선생님 Pick! 평가원기출

다음 조건을 만족시키는 모든 다항함수 $f(x)$에 대하여 $f(1)$의 최댓값은?

$\lim_{x\to\infty}\frac{f(x)-4x^3+3x^2}{x^{n+1}+1}=6,\ \lim_{x\to0}\frac{f(x)}{x^n}=4$인 자연수 n이 존재한다.

① 12　② 13　③ 14
④ 15　⑤ 16

090

다항함수 $f(x)$가

$$\lim_{x\to\infty}\frac{f(x)}{2x^3-3x^2+3x-1}=1,\ \lim_{x\to3}\frac{f(x)}{(x-3)^2}=4$$

를 만족시킬 때, $f(2)$의 값은?

① 2　② 4　③ 6
④ 8　⑤ 10

091

다항함수 $f(x)$가 $\lim_{x\to\infty}\{\sqrt{f(x)}-x\}=5$를 만족시키고 $f(0)=2$일 때, $f(3)$의 값은?

① 41 ② 38 ③ 35
④ 32 ⑤ 29

092

다항함수 $f(x)$가 다음 조건을 만족시킨다.

> (가) 모든 실수 x에 대하여 $f(x)=f(-x)$이다.
> (나) $\lim_{x\to\infty}\frac{f(x)}{x^2}=2$

부등식 $f(x)\le 0$을 만족시키는 자연수 x의 개수가 3일 때, $f(4)$의 최댓값은?

① 12 ② 14 ③ 16
④ 18 ⑤ 20

093

함수 $y=f(x)$의 그래프가 그림과 같다. 다항함수 $g(x)$에 대하여 $\lim_{x\to\infty}\frac{g(x)}{x^2}=1$이고 $\lim_{x\to a}g(f(x))$의 값이 존재할 때, 함수 $g(x)$의 최솟값을 나타낸 것은? (단, a는 상수이다.)

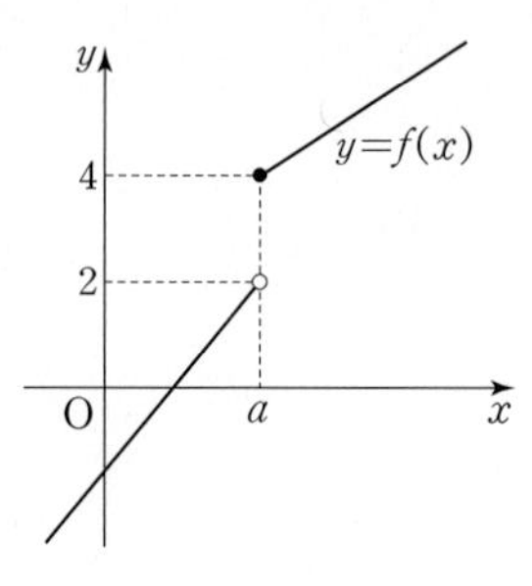

① $g(0)$ ② $g(1)$ ③ $g(2)$
④ $g(3)$ ⑤ $g(4)$

유형07 함수의 극한의 대소 관계

094

| 선행 037 |

임의의 실수 x에 대하여 $|f(x)|<2$일 때, $\lim_{x\to\infty}\frac{4x^2+f(x)}{2x^2+3}$의 값은?

① 1 ② 2 ③ 3
④ 4 ⑤ 5

095

두 함수 $f(x)=\dfrac{3x+5}{2x+1}$와 $g(x)$가 $x<-\dfrac{1}{2}$인 모든 실수 x에 대하여 $f(x)\le g(x)\le 3-f(x)$를 만족시킬 때, $\lim_{x\to-\infty} g(x)$의 값은?

① 1　② $\dfrac{3}{2}$　③ 2　④ $\dfrac{5}{2}$　⑤ 3

096

두 함수 $f(x)$, $g(x)$에 대하여 〈보기〉에서 옳은 것만을 있는 대로 고른 것은?

보기

ㄱ. $\lim_{x\to\infty} x^2 f(x)=3$이면 $\lim_{x\to\infty} f(x)=0$이다.

ㄴ. $\lim_{x\to\infty} \dfrac{f(x)}{g(x)}=1$이고, $\lim_{x\to\infty} g(x)=\infty$이면 $\lim_{x\to\infty} \{f(x)-g(x)\}=0$이다.

ㄷ. 모든 실수 x에 대하여 $f(x)<g(x)<f(x+2)$이고, $\lim_{x\to\infty} f(x)=1$이면 $\lim_{x\to\infty} \dfrac{g(x)}{x}=0$이다.

① ㄱ　② ㄱ, ㄴ　③ ㄱ, ㄷ　④ ㄴ, ㄷ　⑤ ㄱ, ㄴ, ㄷ

유형 08 함수의 극한의 활용

097

그림과 같이 함수 $y=x^2$의 그래프와 직선 $y=t$ $(t>0)$의 교점을 각각 A, B라 하고, 삼각형 AOB의 넓이를 $S(t)$라 할 때, $\lim_{t\to16} \dfrac{S(t)-64}{\sqrt{t}-4}$의 값은? (단, O는 원점이다.)

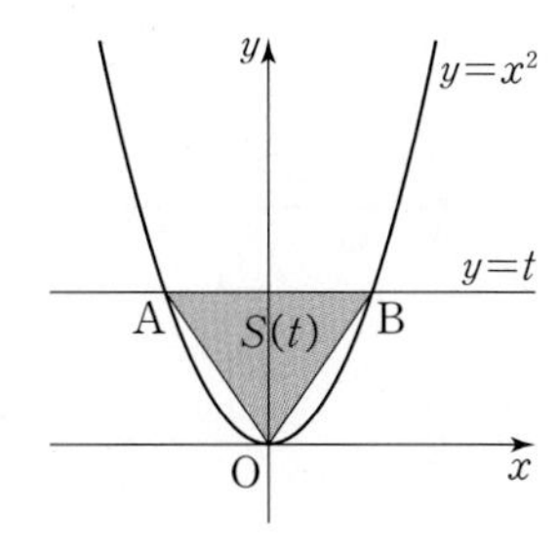

① 44　② 46　③ 48　④ 50　⑤ 52

098

평가원기출

그림과 같이 직선 $y=x+1$ 위에 두 점 $\mathrm{A}(-1,\ 0)$, $\mathrm{P}(t,\ t+1)$이 있다. 점 P를 지나고 직선 $y=x+1$에 수직인 직선이 y축과 만나는 점을 Q라 할 때, $\lim\limits_{t\to\infty}\dfrac{\overline{\mathrm{AQ}}^2}{\overline{\mathrm{AP}}^2}$의 값은?

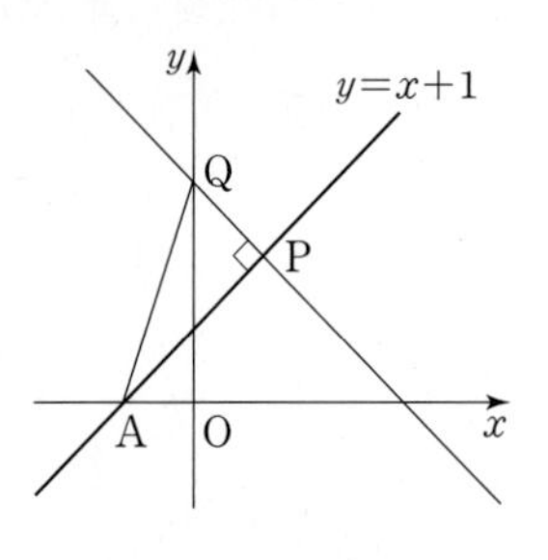

① 1　　② $\dfrac{3}{2}$　　③ 2

④ $\dfrac{5}{2}$　　⑤ 3

099

그림과 같이 원점 O를 중심으로 하고, 곡선 $y=2x^2\ (x>0)$ 위의 점 P를 지나는 원이 x축과 만나는 점 중 x좌표가 양수인 점을 Q라 하자. 점 P가 원점 O에 한없이 가까워질 때, 직선 PQ의 y절편이 한없이 가까워지는 값을 구하시오.

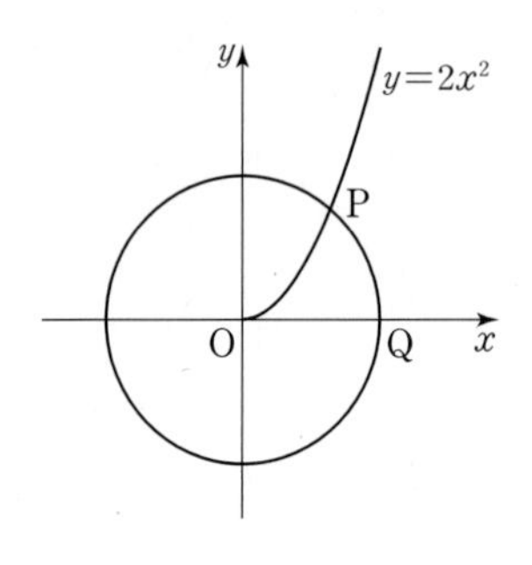

100

그림과 같이 함수 $y=\sqrt{x}$의 그래프 위의 점 $\mathrm{A}(t,\ \sqrt{t})$에 대하여 $\overline{\mathrm{OA}}=\overline{\mathrm{OB}}$인 y축 위의 점 B를 잡고, 직선 AB와 x축과의 교점을 C라 하자. $\lim\limits_{t\to0+}\overline{\mathrm{OC}}$의 값은? (단, O는 원점이다.)

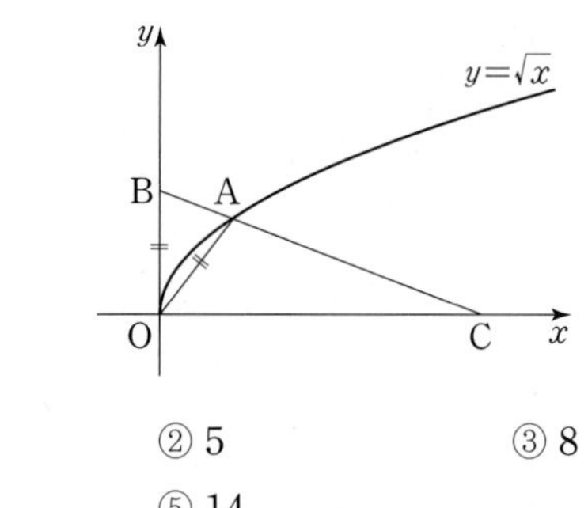

① 2　　② 5　　③ 8

④ 11　　⑤ 14

101

x축 위의 점 $\mathrm{A}(3,\ 0)$, y축 위의 점 $\mathrm{B}(0,\ 2)$가 있다. 그림과 같이 x축 위의 점 P, y축 위의 점 Q가 $\overline{\mathrm{AP}}=\overline{\mathrm{BQ}}$를 만족시키며 각각 점 A와 점 B에 한없이 가까워질 때, 두 직선 AB, PQ의 교점 R가 한없이 가까워지는 점의 좌표는? (단, 점 P의 x좌표는 점 A의 x좌표보다 작고, 점 Q의 y좌표는 점 B의 y좌표보다 크다.)

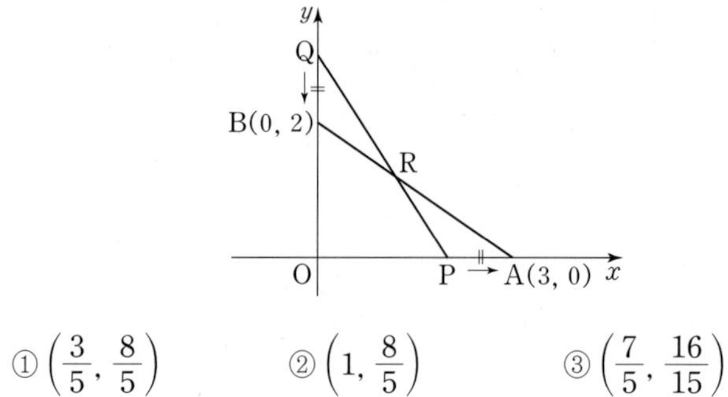

① $\left(\dfrac{3}{5},\ \dfrac{8}{5}\right)$　　② $\left(1,\ \dfrac{8}{5}\right)$　　③ $\left(\dfrac{7}{5},\ \dfrac{16}{15}\right)$

④ $\left(\dfrac{9}{5},\ \dfrac{4}{5}\right)$　　⑤ $\left(\dfrac{9}{5},\ \dfrac{2}{5}\right)$

102

그림과 같이 함수 $y=3x^2$의 그래프 위를 움직이는 점 $\mathrm{A}(t,\ 3t^2)(t>0)$에 대하여 선분 OA를 $2:3$으로 내분하는 점 P를 지나고 선분 OA에 수직인 직선 l의 x절편과 y절편을 각각 $f(t)$, $g(t)$라 할 때, $\lim\limits_{t\to\infty}\dfrac{t^2f(t)-g(t)}{f(t)g(t)}$의 값은?

(단, O는 원점이다.)

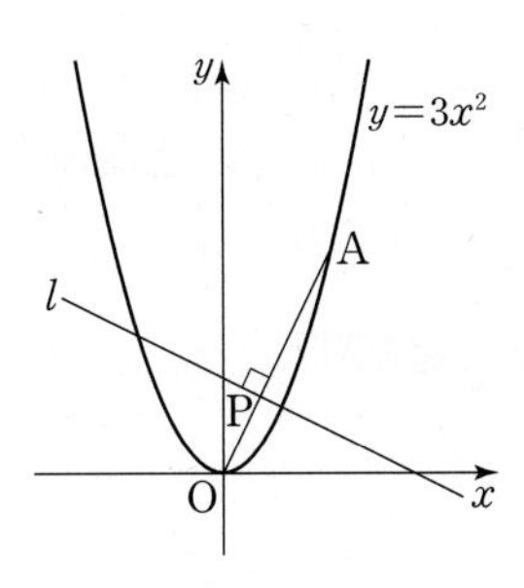

① $\dfrac{5}{6}$　② $\dfrac{7}{6}$　③ $\dfrac{3}{2}$　④ $\dfrac{11}{6}$　⑤ $\dfrac{13}{6}$

103

그림과 같이 실수 t에 대하여 원 O는 직선 $y=\sqrt{3}x$와 접하고 x축과 점 $(t,\ 0)$에서 접한다. 원 O 위를 움직이는 임의의 점과 점 $\mathrm{A}(-2,\ 0)$ 사이의 거리의 최솟값을 $f(t)$라 할 때, $\lim\limits_{t\to\infty}\dfrac{f(t)}{t}$의 값은? (단, 원 O의 중심은 제1사분면 위에 있다.)

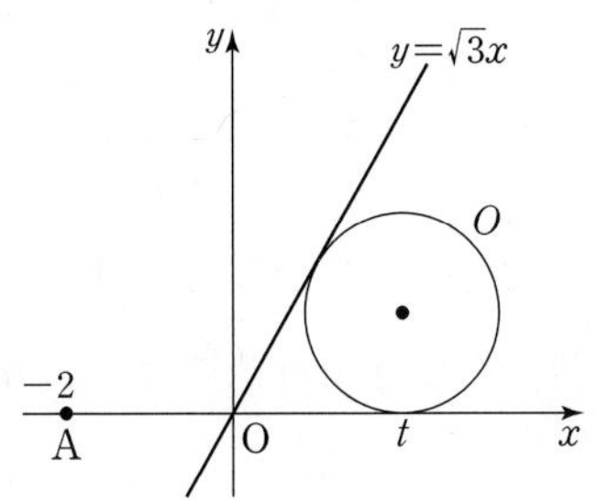

① $\dfrac{\sqrt{3}}{3}$　② $\dfrac{\sqrt{3}}{4}$　③ $\dfrac{\sqrt{3}}{5}$　④ $\dfrac{\sqrt{3}}{6}$　⑤ $\dfrac{\sqrt{3}}{7}$

스키마로 풀이 흐름 알아보기

정의역이 $\{x \mid -2<x<3\}$인 함수 $y=f(x)$의 그래프가 그림과 같다.
조건①

$g(x)=\dfrac{x}{|x|}$에 대하여 $\lim_{x\to-1-} g(f(x))+\lim_{x\to1+} f(f(x))$의 값은?
조건② 답

① -2　② -1　③ 0

④ 1　⑤ 2

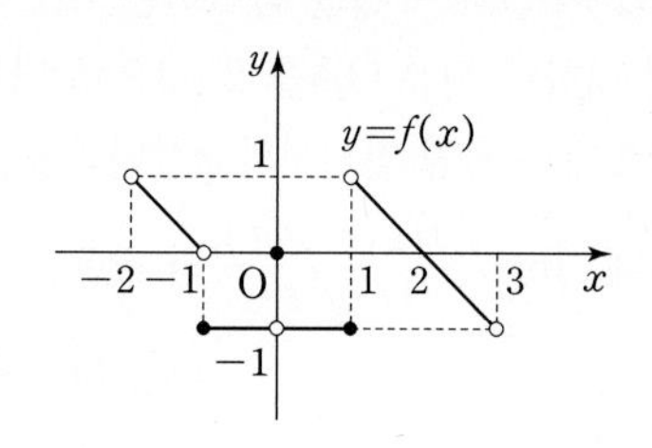

유형02 함수의 우극한과 좌극한 049

스키마 schema

주어진 조건 은 무엇인지? 구하는 답 은 무엇인지? 이 둘을 어떻게 연결할지?

1단계

조건
- ② 함수 $g(x)=\dfrac{x}{|x|}$의 그래프
- ① 함수 $y=f(x)$의 그래프

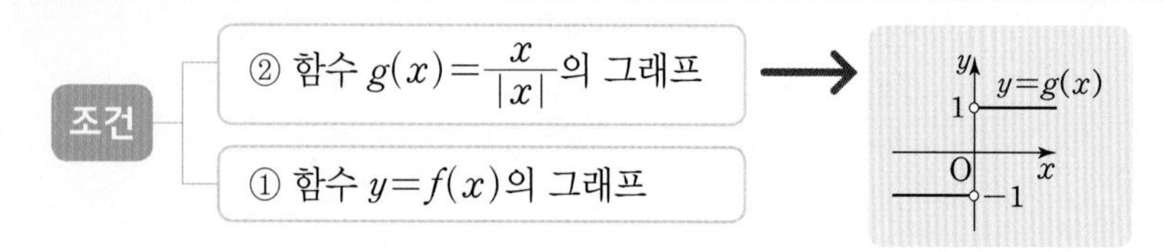

$x>0$일 때 $g(x)=\dfrac{x}{x}=1$

$x<0$일 때 $g(x)=\dfrac{x}{-x}=-1$

$\therefore g(x)=\begin{cases} 1 & (x>0) \\ -1 & (x<0) \end{cases}$

2단계

조건
- ② 함수 $g(x)=\dfrac{x}{|x|}$의 그래프
- ① 함수 $y=f(x)$의 그래프

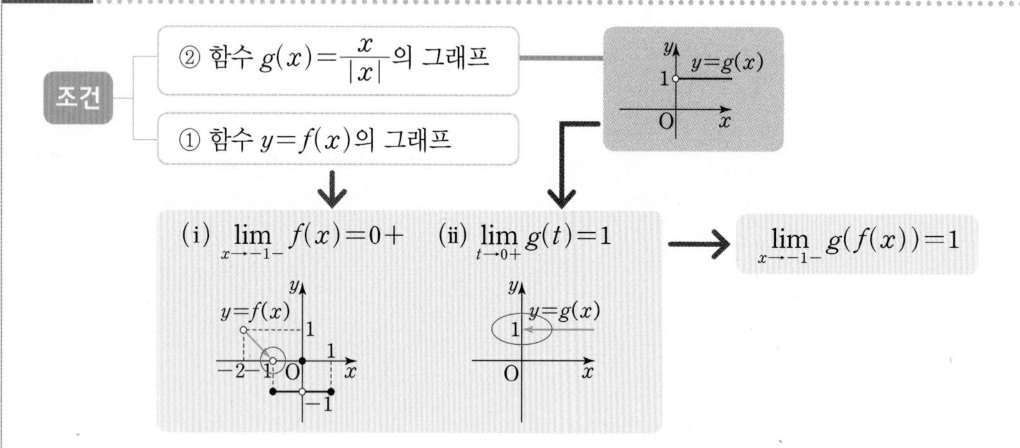

$g(f(x))$에서 $f(x)=t$라 하면 x의 값이 -1보다 작은 쪽에서 -1로 한없이 가까워질 때, $f(x)=t$의 값은 0보다 큰 쪽에서 0으로 한없이 가까워진다.

즉, $x\to-1-$일 때 $t\to0+$이다.

$\therefore \lim_{x\to-1-} g(f(x))=\lim_{t\to0+} g(t)=1$

3단계

조건
- ② 함수 $g(x)=\dfrac{x}{|x|}$의 그래프
- ① 함수 $y=f(x)$의 그래프

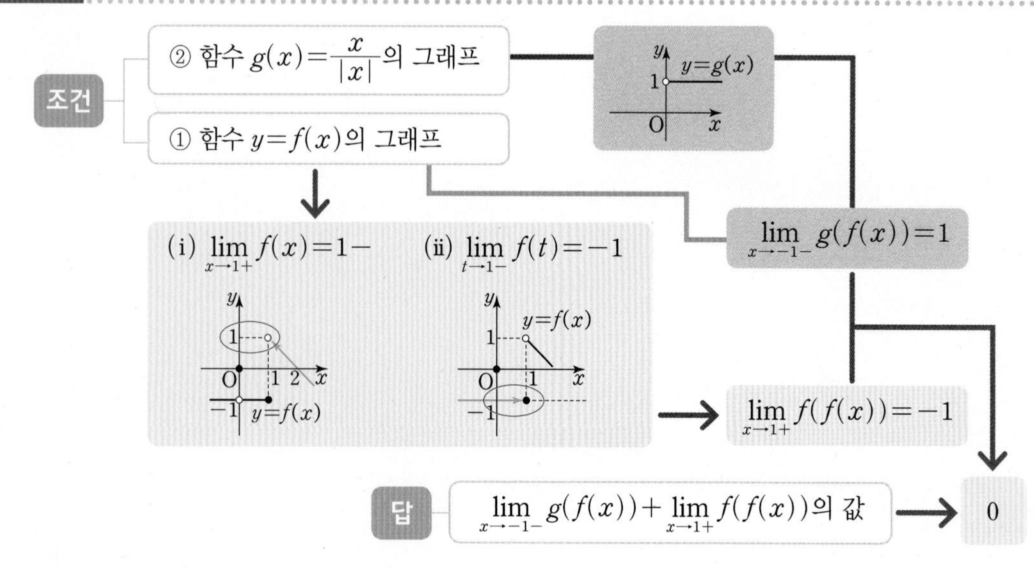

$f(f(x))$에서 $f(x)=t$라 하면 x의 값이 1보다 큰 쪽에서 1로 한없이 가까워질 때, $f(x)=t$의 값은 1보다 작은 쪽에서 1로 한없이 가까워진다.

즉, $x\to1+$일 때 $t\to1-$이다.

$\therefore \lim_{x\to1+} f(f(x))=\lim_{t\to1-} f(t)=-1$

$\therefore \lim_{x\to-1-} g(f(x))+\lim_{x\to1+} f(f(x))$
$=1+(-1)=0$

답 $\lim_{x\to-1-} g(f(x))+\lim_{x\to1+} f(f(x))$의 값 → 0

답 ③

스키마로 풀이 흐름 알아보기

다항함수 $f(x)$가 $\underbrace{\lim_{x\to\infty}\frac{f(x)}{2x^3-3x^2+3x-1}=1}_{\text{조건①}}$, $\underbrace{\lim_{x\to 3}\frac{f(x)}{(x-3)^2}=4}_{\text{조건②}}$를 만족시킬 때, $\underbrace{f(2)\text{의 값}}_{\text{답}}$은?

① 2 ② 4 ③ 6 ④ 8 ⑤ 10

유형06 함수의 극한을 이용한 다항함수의 결정 090

주어진 조건 은 무엇인지? 구하는 답 은 무엇인지? 이 둘을 어떻게 연결할지?

1단계

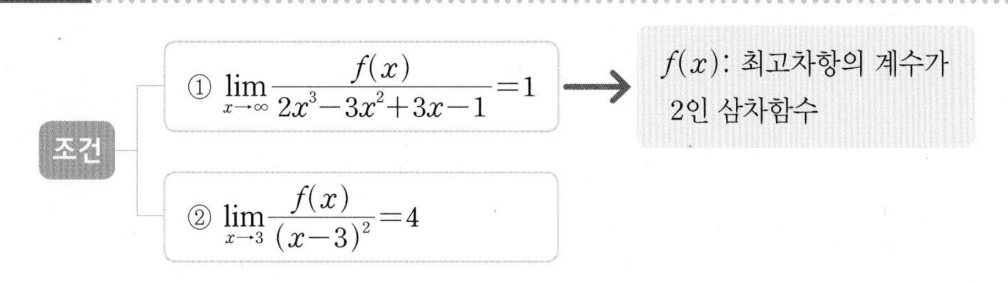

$\lim_{x\to\infty}\frac{f(x)}{2x^3-3x^2+3x-1}=1$
이므로 함수 $f(x)$는 최고차항의 계수가 2인 삼차함수이다.

2단계

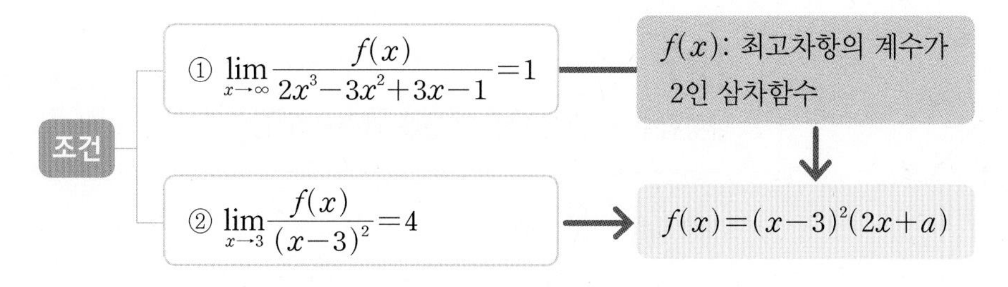

$\lim_{x\to 3}\frac{f(x)}{(x-3)^2}=4$ …… ㉠
로 극한값이 존재하고, $x\to 3$일 때 (분모)$\to 0$이므로 (분자)$\to 0$이다.
즉, $\lim_{x\to 3}f(x)=0$이므로 $f(3)=0$
이고 $\frac{f(x)}{(x-3)^2}$에서 분모를 0으로 만드는 식이 모두 소거되어야 하므로 $f(x)$는 $(x-3)^2$을 인수로 갖는다.
따라서 $f(x)=(x-3)^2(2x+a)$ 꼴로 놓을 수 있다. (단, a는 상수)

3단계

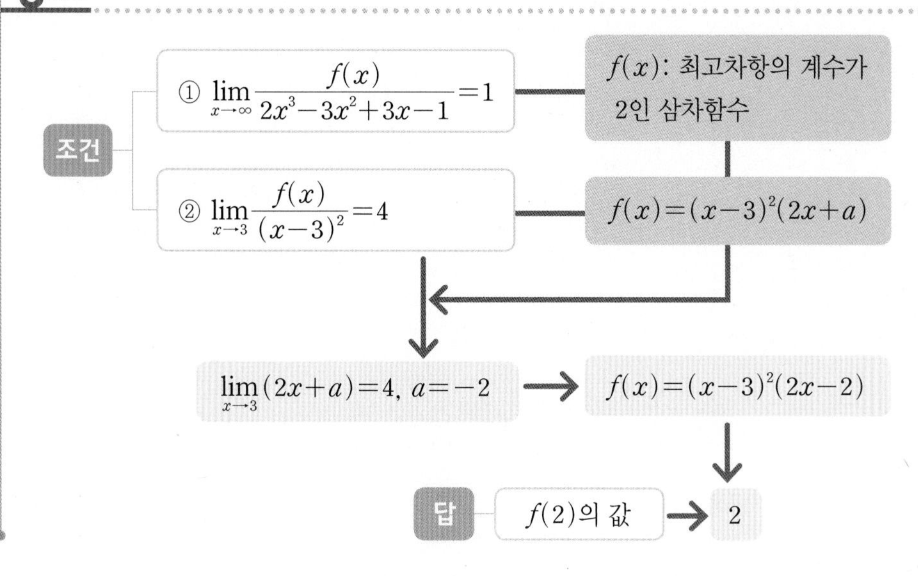

$f(x)=(x-3)^2(2x+a)$를 ㉠에 대입하여 정리하면

$$\lim_{x\to 3}\frac{f(x)}{(x-3)^2}$$
$$=\lim_{x\to 3}\frac{(x-3)^2(2x+a)}{(x-3)^2}$$
$$=\lim_{x\to 3}(2x+a)=a+6=4$$

$\therefore a=-2$

따라서 $f(x)=(x-3)^2(2x-2)$
이므로
$f(2)=(-1)^2\times 2=2$

답 ①

104

함수 $f(x)=\begin{cases} \dfrac{x+2}{x-1} & (x>1) \\ -x^2-2x+2 & (x\le1) \end{cases}$의 그래프가 직선 $y=k$와 만나는 점의 개수를 $g(k)$라 할 때, $\lim_{k\to-1-} g(k)+\lim_{k\to3-} g(g(k))$의 값은? (단, k는 실수이다.)

① 1 ② 2 ③ 3
④ 4 ⑤ 5

105

모든 실수 x에 대하여 $f(x)=f(x+4)$, $g(x)=g(x+4)$인 두 함수 $f(x)$, $g(x)$의 그래프가 $-2\le x\le2$에서 그림과 같을 때, 〈보기〉에서 옳은 것의 개수는?

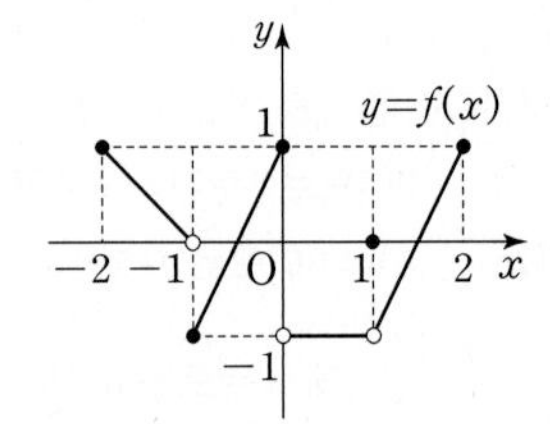

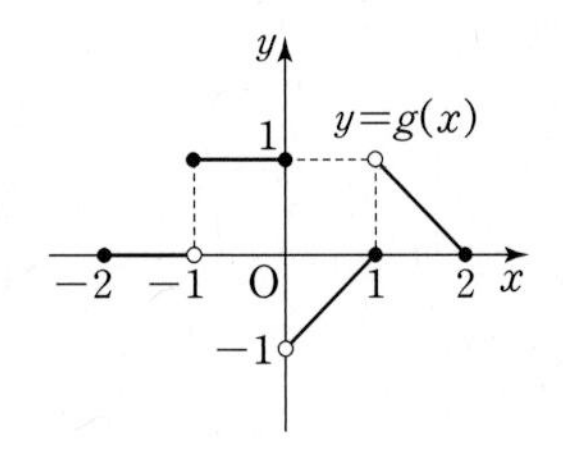

보기

ㄱ. $\lim_{x\to0} f(x)g(x)=1$

ㄴ. $\lim_{x\to1} \{f(x)-g(x)\}=0$

ㄷ. $\lim_{x\to1} g(f(x))=1$

ㄹ. $\lim_{t\to-\infty} f\left(\dfrac{6t+1}{t-1}\right)=1$

ㅁ. $\lim_{x\to4+} \{f(-x)+g(-x)\}=0$

① 1 ② 2 ③ 3
④ 4 ⑤ 5

106

다항함수 $f(x)$가 다음 조건을 만족시킨다.

(가) $\lim_{x\to\infty} \{\sqrt{f(x)}-2x\}$의 값이 존재한다.
(나) $\lim_{x\to1} \dfrac{f(x)-2}{x-1}=3$

$f(2)$의 값은?

① 1 ② 3 ③ 5
④ 7 ⑤ 9

107

| 선행 089 |

다항함수 $f(x)$가 다음 조건을 만족시킨다.

(가) $\lim_{x\to\infty} \dfrac{f(x)}{x^5}=0$
(나) $\lim_{x\to\infty} xf\left(\dfrac{1}{x}\right)=2$
(다) $\lim_{x\to\infty} \dfrac{f(x)-2x^4}{x^{n+1}+1}=2$, $\lim_{x\to1} \dfrac{f(x)}{x^n-1}=3$인 자연수 n이 존재한다.

$f(-1)$의 값은?

① -10 ② -9 ③ -8
④ -7 ⑤ -6

108

| 선행 061 |

두 함수 $f(x)$, $g(x)$가 다음 조건을 만족시킨다.

> (가) $\lim_{x \to 0} g(x) = 7$
> (나) 모든 실수 x에 대하여 $x + f(x) = g(x)\{x - f(x)\}$이다.

$\lim_{x \to 0} \frac{2x + f(x)}{x^2 - f(x)}$의 값은?

① -4 ② $-\frac{11}{3}$ ③ $-\frac{10}{3}$
④ $-\frac{19}{6}$ ⑤ -3

109

두 삼차함수 $f(x) = x^3 + ax^2 + bx + c$,
$g(x) = cx^3 + bx^2 + ax + 1$이 다음 조건을 만족시킨다.

> (가) $f(2) = 0$, $g(3) = 0$
> (나) $k \neq 3$인 임의의 실수 k에 대하여 $\lim_{x \to k} \frac{f(x)}{g(x)}$의 값이 존재한다.

$\lim_{x \to 1} \frac{f(x) - g(x)}{x - 1}$의 값은? (단, a, b, c는 상수이다.)

① $-\frac{1}{3}$ ② $-\frac{2}{3}$ ③ -1
④ $-\frac{4}{3}$ ⑤ $-\frac{5}{3}$

110

평가원기출

다항함수 $f(x)$가

$$\lim_{x \to 0+} \frac{x^3 f\left(\frac{1}{x}\right) - 1}{x^3 + x} = 5, \quad \lim_{x \to 1} \frac{f(x)}{x^2 + x - 2} = \frac{1}{3}$$

을 만족시킬 때, $f(2)$의 값을 구하시오.

111

평가원기출

최고차항의 계수가 1인 두 삼차함수 $f(x)$, $g(x)$가 다음 조건을 만족시킨다.

> (가) $g(1) = 0$
> (나) $\lim_{x \to n} \frac{f(x)}{g(x)} = (n-1)(n-2)$ (단, $n = 1, 2, 3, 4$)

$g(5)$의 값은?

① 4 ② 6 ③ 8
④ 10 ⑤ 12

112

그림과 같이 $t>8$인 실수 t에 대하여 두 곡선 $y=|\log_2 x|$와 $y=\log_2(t-7x)$의 두 교점을 각각 A, B라 하자. 두 점 A, B의 y좌표를 각각 y_1, y_2라 하고, $f(t)=2^{|y_1-y_2|}$라 할 때, $\lim_{t\to\infty} f(t)$의 값을 구하시오.

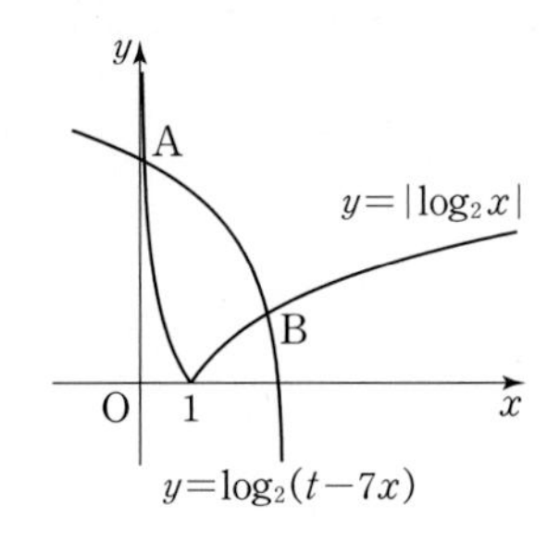

113

세 함수 $f(x)$, $g(x)$, $h(x)$에 대하여 〈보기〉에서 옳은 것만을 있는 대로 고른 것은?

보기

ㄱ. $\lim_{x\to\infty}\frac{f(x)}{3}$, $\lim_{x\to\infty}\left\{g(x)-\frac{1}{2}\right\}$의 값이 각각 존재하면 $\lim_{x\to\infty}\{f(x)+g(x)\}$의 값이 존재한다.

ㄴ. $f(x)<g(x)<h(x)$이고 $\lim_{x\to\infty}\{h(x)-f(x)\}=0$이면 $\lim_{x\to\infty} g(x)$는 수렴한다.

ㄷ. $x>0$인 모든 실수 x에 대하여 $x^2<f(x)<x^2+2x$가 성립할 때, $\lim_{x\to\infty}\frac{f(x)-x}{\sqrt{4x^4+1}}=\frac{1}{2}$이다.

① ㄴ ② ㄷ ③ ㄱ, ㄴ
④ ㄱ, ㄷ ⑤ ㄴ, ㄷ

114

평가원기출

양수 x에 대하여 x보다 작은 자연수 중에서 소수의 개수를 $f(x)$라 하고, 함수 $g(x)$를

$$g(x)=\begin{cases} f(x) & (x>2f(x)) \\ \frac{1}{f(x)} & (x\le 2f(x)) \end{cases}$$

라 하자. 예를 들어, $f\left(\frac{7}{2}\right)=2$이고 $\frac{7}{2}<2f\left(\frac{7}{2}\right)$이므로 $g\left(\frac{7}{2}\right)=\frac{1}{2}$이다. $\lim_{x\to 8+} g(x)=\alpha$, $\lim_{x\to 8-} g(x)=\beta$라 할 때, $\frac{\alpha}{\beta}$의 값을 구하시오. (단, α, β는 실수이다.)

02 함수의 연속

| 이전 학습 내용 |

• **극한값의 존재 조건** 01 함수의 극한

$\lim_{x \to a} f(x) = L$

$\iff \lim_{x \to a+} f(x) = \lim_{x \to a-} f(x) = L$

현재 학습 내용

• **함수의 연속과 불연속** ········· 유형 01 함수의 연속과 불연속

1. 구간

두 실수 a, b ($a<b$)에 대하여 다음 집합을 **구간**이라 한다.

구간	$\{x \mid a \le x \le b\}$	$\{x \mid a \le x < b\}$	$\{x \mid a < x \le b\}$	$\{x \mid a < x < b\}$
기호	$[a, b]$	$[a, b)$	$(a, b]$	(a, b)
	a b	a b	a b	a b

구간	$\{x \mid x \le a\}$	$\{x \mid x < a\}$	$\{x \mid x \ge a\}$	$\{x \mid x > a\}$	$\{x \mid x$는 실수$\}$
기호	$(-\infty, a]$	$(-\infty, a)$	$[a, \infty)$	(a, ∞)	$(-\infty, \infty)$
	a	a	a	a	

이때 $[a, b]$를 **닫힌구간**, (a, b)를 **열린구간**, $[a, b)$, $(a, b]$를 **반닫힌 구간** 또는 **반열린 구간**이라 한다. $(-\infty, \infty)$, $(-\infty, a)$, (a, ∞)도 열린구간이다.

2. $x=a$에서 함수의 연속

(1) 함수 $f(x)$가 실수 a에 대하여

① $x=a$에서 정의되어 있고 함숫값 $f(a)$ 존재

② 극한값 $\lim_{x \to a} f(x)$가 존재하고 (좌극한)=(우극한)

③ $\lim_{x \to a} f(x) = f(a)$ (극한값)=(함숫값)

일 때, 함수 $f(x)$는 $x=a$에서 **연속**이라 한다.

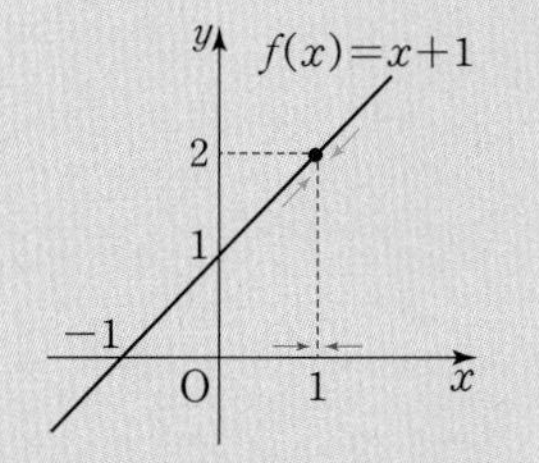

$\lim_{x \to 1} f(x) = f(1)$이므로 $x=1$에서 연속

(2) 함수 $f(x)$가 $x=a$에서 연속이 아닐 때, 함수 $f(x)$는 $x=a$에서 **불연속**이라 한다. 즉, 함수 $f(x)$가 위의 세 조건 중 어느 하나라도 만족시키지 않으면 $x=a$에서 불연속이다.

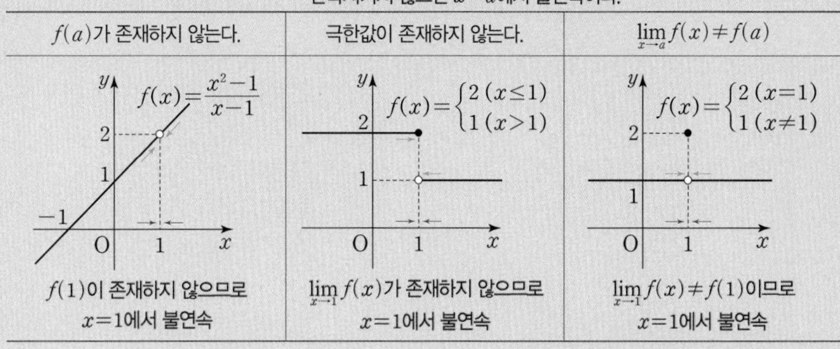

$f(a)$가 존재하지 않는다.	극한값이 존재하지 않는다.	$\lim_{x \to a} f(x) \ne f(a)$
$f(x)=\dfrac{x^2-1}{x-1}$	$f(x)=\begin{cases} 2 & (x \le 1) \\ 1 & (x>1) \end{cases}$	$f(x)=\begin{cases} 2 & (x=1) \\ 1 & (x \ne 1) \end{cases}$
$f(1)$이 존재하지 않으므로 $x=1$에서 불연속	$\lim_{x \to 1} f(x)$가 존재하지 않으므로 $x=1$에서 불연속	$\lim_{x \to 1} f(x) \ne f(1)$이므로 $x=1$에서 불연속

$x=a$에서 연속인 함수의 그래프는 $x=a$에서 끊어져 있지 않고 연결되어 있다.

3. 구간에서 함수의 연속 (연속함수)

(1) 함수 $f(x)$가 어떤 열린구간에 속하는 모든 실수에 대하여 연속일 때, $f(x)$는 그 구간에서 연속 또는 그 구간에서 **연속함수**라 한다.

(2) 함수 $f(x)$가 두 실수 a, b ($a<b$)에 대하여

① 열린구간 (a, b)에서 연속이고

② $\lim_{x \to a+} f(x) = f(a)$, $\lim_{x \to b-} f(x) = f(b)$

일 때, 함수 $f(x)$는 **닫힌구간 $[a, b]$에서 연속**이라 한다.

반열린 구간이나 구간 $(-\infty, a)$, $(-\infty, a]$, (a, ∞), $[a, \infty)$에서의 연속도 같은 방법으로 정의한다.

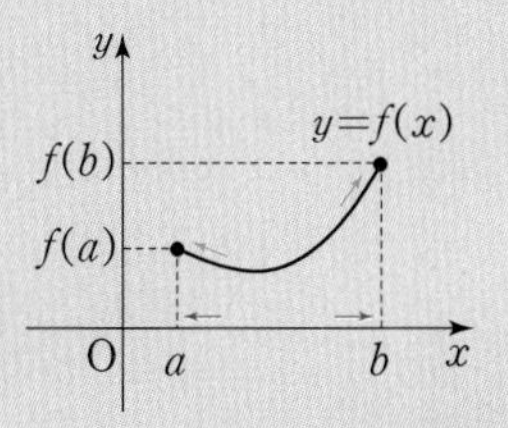

| 이전 학습 내용 |

- **함수의 극한에 대한 성질** 01 함수의 극한

두 함수 $f(x)$, $g(x)$에서 $\lim_{x\to a}f(x)=\alpha$, $\lim_{x\to a}g(x)=\beta$ (α, β는 실수)일 때

① $\lim_{x\to a}cf(x)=c\alpha$ (단, c는 상수)

② $\lim_{x\to a}\{f(x)\pm g(x)\}=\alpha\pm\beta$ (복부호동순)

③ $\lim_{x\to a}f(x)g(x)=\alpha\beta$

④ $\lim_{x\to a}\dfrac{f(x)}{g(x)}=\dfrac{\alpha}{\beta}$ (단, $g(x)\neq0$, $\beta\neq0$)

현재 학습 내용

- **연속함수의 성질**

유형02 연속함수의 성질과 판정

유형03 함수의 연속을 이용한 미정계수의 결정

1. 연속함수의 성질 — 이 성질에 의하여 다항함수는 연속함수이다.

두 함수 $f(x)$, $g(x)$가 $x=a$에서 연속이면 다음 함수도 $x=a$에서 연속이다.

① $cf(x)$ (단, c는 상수)

② $f(x)\pm g(x)$

③ $f(x)g(x)$

④ $\dfrac{f(x)}{g(x)}$ (단, $g(x)\neq0$, $g(a)\neq0$)

2. 최대·최소 정리 — 유형04 최대·최소 정리

함수 $f(x)$가 닫힌구간 $[a, b]$에서 연속이면 함수 $f(x)$는 이 구간에서 반드시 최댓값과 최솟값을 갖는다. 닫힌구간에서 연속이 아니면 최댓값 또는 최솟값이 존재하지 않을 수 있다.

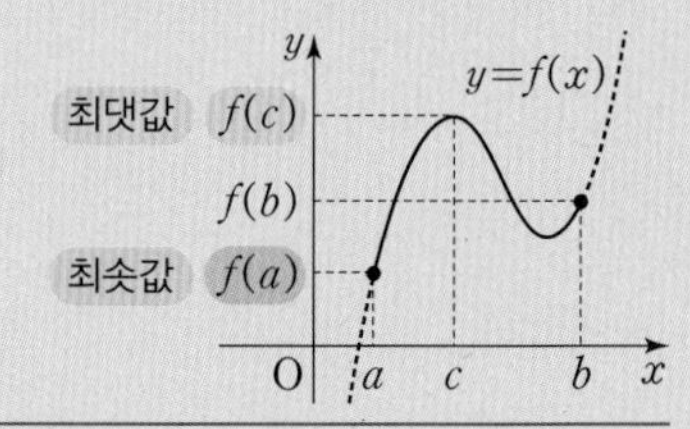

왜 '닫힌구간'에서 '연속'이어야 할까?

닫힌구간이 아닌 구간에서 연속인 경우	닫힌구간에서 연속이 아닌 경우
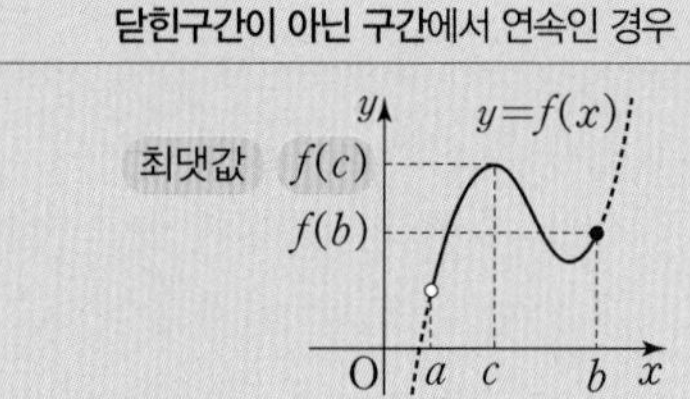 그림과 같이 반열린 구간 $(a, b]$에서 연속이지만 최솟값이 존재하지 않을 수 있다.	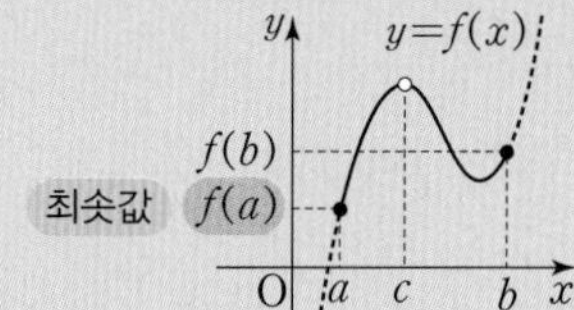 그림과 같이 닫힌구간 $[a, b]$에서 연속이 아니면 최댓값이 존재하지 않을 수 있다.

3. 사잇값 정리 — 유형05 사잇값 정리

(1) 함수 $f(x)$가 닫힌구간 $[a, b]$에서 연속이고 $f(a)\neq f(b)$일 때, $f(a)$와 $f(b)$ 사이의 임의의 값 k에 대하여 $f(c)=k$인 c가 a와 b 사이에 적어도 하나 존재한다. 열린구간 (a, b)에서 적어도 하나 존재한다는 의미

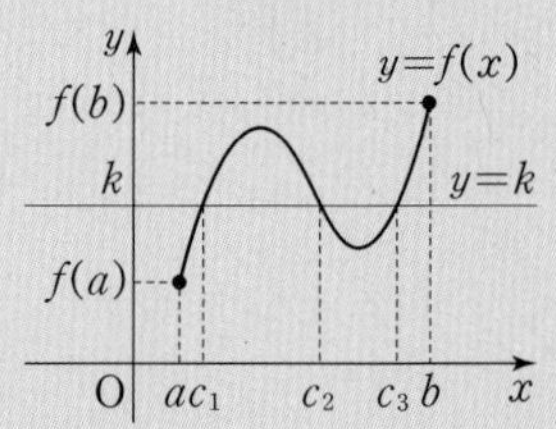

(2) 사잇값 정리의 응용

함수 $f(x)$가 닫힌구간 $[a, b]$에서 연속이고 $f(a)f(b)<0$이면 사잇값 정리에 의하여 $f(c)=0$인 c가 a와 b 사이에 적어도 하나 존재한다. 따라서 방정식 $f(x)=0$은 열린구간 (a, b)에서 적어도 하나의 실근을 갖는다.

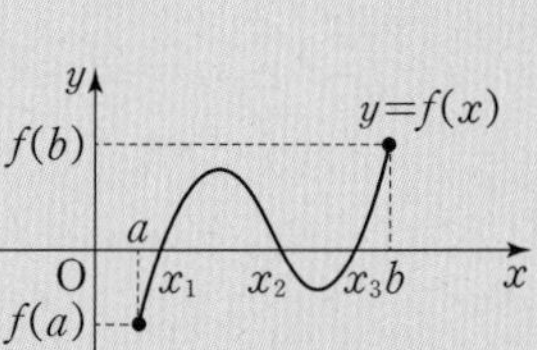

닫힌구간에서 연속이 아니면 사잇값 정리를 사용할 수 없다.

왜 '닫힌구간'에서 '연속'이어야 할까?

닫힌구간이 아닌 구간에서 연속인 경우	닫힌구간에서 연속이 아닌 경우
그림과 같이 열린구간 (a, b)에서 함수 $f(x)$가 연속인 경우 $f(a)\neq f(b)$이지만 $f(a)$와 $f(b)$ 사이의 임의의 값 k에 대하여 $f(c)=k$를 만족시키는 실수 c가 열린구간 (a, b)에 존재하지 않을 수 있다.	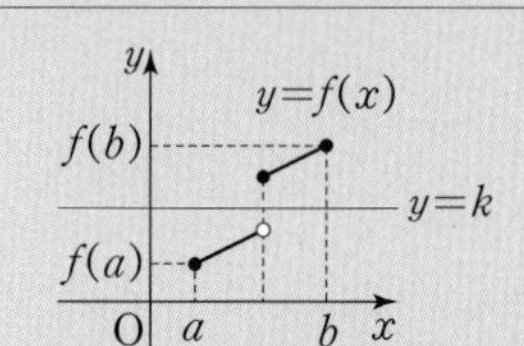 그림과 같이 닫힌구간 $[a, b]$에서 함수 $f(x)$가 연속이 아닌 경우 $f(a)\neq f(b)$이지만 $f(a)$와 $f(b)$ 사이의 임의의 값 k에 대하여 $f(c)=k$를 만족시키는 실수 c가 열린구간 (a, b)에 존재하지 않을 수 있다.

유형01 함수의 연속과 불연속

함수의 연속과 불연속에는
(1) 그래프 또는 함수식이 주어질 때 연속의 정의에 따라 한 점에서 함수가 연속인지 판정하는 문제
(2) 불연속인 점의 좌표 또는 개수를 구하는 문제
를 분류하였다.

유형해결 TIP
앞에서 공부한 함수의 극한 개념이 등장하니 함께 복습하도록 하자.

115

함수 $f(x)$가 $x=0$에서 연속이고, $\lim_{x \to 0+} f(x)=2$, $\lim_{x \to 0-} f(x)=a$, $f(0)=b$일 때, $a+b$의 값은?

① 1 ② 2 ③ 3
④ 4 ⑤ 5

116

함수 $y=f(x)$의 그래프가 그림과 같을 때, 함수 $f(x)$가 불연속이 되는 모든 x의 값의 합은?

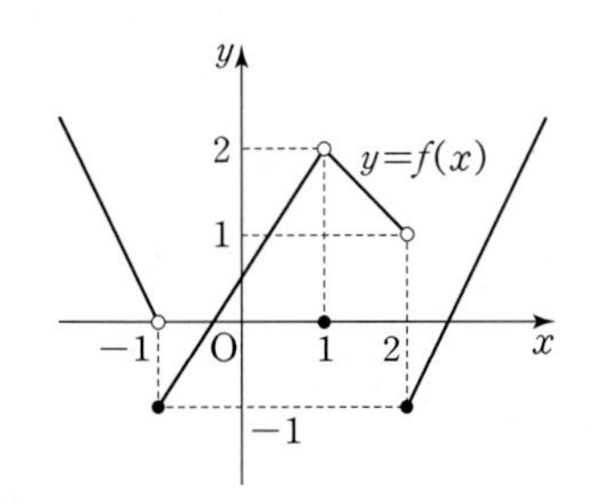

① −2 ② −1 ③ 0
④ 1 ⑤ 2

117 빈출

함수 $y=f(x)$의 그래프가 그림과 같을 때, 열린구간 $(-2, 2)$에서 함수 $f(x)$의 극한값이 존재하지 않는 점의 개수를 m, 불연속인 점의 개수를 n이라 하자. $m-n$의 값은?

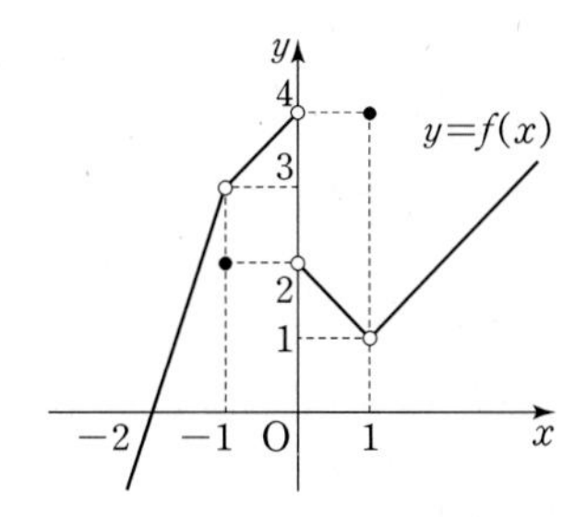

① −2 ② −1 ③ 0
④ 1 ⑤ 2

118

다음 함수 중 $x=2$에서 불연속인 것은?

① $f(x)=\begin{cases} \sqrt{x-2} & (x \geq 2) \\ x-2 & (x<2) \end{cases}$

② $f(x)=x+2$

③ $f(x)=x^2-5$

④ $f(x)=\begin{cases} \dfrac{x^2-4}{x-2} & (x \neq 2) \\ 3 & (x=2) \end{cases}$

⑤ $f(x)=\dfrac{1}{x}$

119

실수 전체의 집합에서 연속인 함수만을 〈보기〉에서 있는 대로 고른 것은?

보기

ㄱ. $f(x)=3x^2+x-3$

ㄴ. $g(x)=\begin{cases} x+2 & (x\le -1) \\ x^2 & (x>-1) \end{cases}$

ㄷ. $h(x)=\begin{cases} \dfrac{1}{x-1} & (x\ne 1) \\ 0 & (x=1) \end{cases}$

① ㄱ ② ㄴ ③ ㄱ, ㄴ
④ ㄴ, ㄷ ⑤ ㄱ, ㄴ, ㄷ

120

함수 $f(x)=\dfrac{x+3}{x^2-x-12}$이 불연속이 되는 점의 x좌표의 집합을 A라 할 때, 집합 A의 모든 원소의 합은?

① -4 ② -1 ③ 0
④ 1 ⑤ 4

121

다음 함수가 연속인 구간을 구간의 기호로 나타내시오.

(1) $f(x)=\sqrt{x-2}$

(2) $f(x)=x^2-5x$

(3) $f(x)=\begin{cases} x & (x<0) \\ x^2+1 & (x\ge 0) \end{cases}$

유형 02 연속함수의 성질과 판정

연속함수의 성질과 판정에는

(1) 연속함수의 성질을 이용하여 주어진 함수의 연속성을 판정하는 문제

(2) 하나 또는 두 개의 함수의 그래프 또는 함수식이 주어질 때 합성함수의 극한값을 구하거나 연속성을 판정하는 문제

를 분류하였다.

122

두 함수 $f(x)$, $g(x)$가 모두 $x=a$에서 연속일 때, 다음 중 $x=a$에서 항상 연속이라고 할 수 없는 것은?

① $2f(x)$ ② $f(x)+g(x)$ ③ $f(x)-g(x)$
④ $f(x)g(x)$ ⑤ $\dfrac{1}{f(x)+g(x)}$

123

두 함수 $f(x)=x^2+1$, $g(x)=2x$에 대하여 실수 전체의 집합에서 연속인 함수만을 〈보기〉에서 있는 대로 고른 것은?

보기

ㄱ. $f(x)+g(x)$　　ㄴ. $f(x)g(x)$

ㄷ. $\dfrac{f(x)}{g(x)}$　　ㄹ. $\dfrac{g(x)}{f(x)}$

① ㄱ ② ㄴ, ㄷ ③ ㄴ, ㄹ
④ ㄱ, ㄴ, ㄹ ⑤ ㄴ, ㄷ, ㄹ

124

두 함수 $f(x)=\begin{cases} x-1 & (x<2) \\ 3 & (x\geq 2) \end{cases}$, $g(x)=x-2$에 대하여 모든 실수 x에서 연속인 함수만을 〈보기〉에서 있는 대로 고른 것은?

보기

ㄱ. $f(x)+g(x)$
ㄴ. $f(x)g(x)$
ㄷ. $\dfrac{f(x)}{g(x)}$

① ㄱ ② ㄴ ③ ㄱ, ㄴ
④ ㄱ, ㄷ ⑤ ㄴ, ㄷ

125

실수 전체의 집합에서 정의된 두 함수 $f(x)$, $g(x)$에 대하여 〈보기〉에서 옳은 것만을 있는 대로 고른 것은?

보기

ㄱ. 두 함수 $f(x)$, $g(x)$가 모두 $x=a$에서 연속이면 함수 $f(x)+g(x)$는 $x=a$에서 연속이다.
ㄴ. 함수 $f(x)$는 $x=a$에서 연속이고, 함수 $g(x)$는 $x=a$에서 불연속이면 함수 $f(x)g(x)$는 $x=a$에서 불연속이다.
ㄷ. 두 함수 $f(x)$, $g(x)$가 모두 $x=a$에서 불연속이면 함수 $f(x)-g(x)$는 $x=a$에서 불연속이다.

① ㄱ ② ㄴ ③ ㄱ, ㄴ
④ ㄱ, ㄷ ⑤ ㄴ, ㄷ

126

두 함수 $f(x)=5x-4$, $g(x)=\dfrac{1}{x}$에 대하여 합성함수 $(g\circ f)(x)$가 불연속이 되는 x의 값은?

① $\dfrac{1}{5}$ ② $\dfrac{2}{5}$ ③ $\dfrac{3}{5}$
④ $\dfrac{4}{5}$ ⑤ 1

유형 03 함수의 연속을 이용한 미정계수의 결정

함수식이 구간별로 다르게 주어졌을 때 연속의 정의와 연속함수의 성질을 이용하여 미정계수를 구하거나 함수식을 찾는 문제를 분류하였다.

127 빈출

함수 $f(x)=\begin{cases} 5x-a & (x\neq 2) \\ x+1 & (x=2) \end{cases}$이 $x=2$에서 연속이 되도록 하는 상수 a의 값은?

① -7 ② -4 ③ 0
④ 4 ⑤ 7

128

다음 함수가 $x=-1$에서 연속일 때, 상수 k의 값을 구하시오.

(1) $f(x)=\begin{cases} \dfrac{x^2-x-2}{x+1} & (x\neq -1) \\ k & (x=-1) \end{cases}$

(2) $f(x)=\begin{cases} \dfrac{x^3+1}{x+1} & (x\neq -1) \\ k & (x=-1) \end{cases}$

129

함수 $f(x)=\begin{cases} \dfrac{\sqrt{x+1}-1}{x} & (x\neq 0) \\ a & (x=0) \end{cases}$가 $x=0$에서 연속이 되도록 하는 상수 a의 값은?

① $\dfrac{1}{5}$ ② $\dfrac{1}{4}$ ③ $\dfrac{1}{3}$
④ $\dfrac{1}{2}$ ⑤ 1

130

함수 $f(x)=\begin{cases} 2x-3 & (x>3) \\ x+a & (x\le 3) \end{cases}$가 모든 실수 x에서 연속이 되도록 하는 실수 a의 값은?

① 0　② 1　③ 2　④ 3　⑤ 4

131 빈출

함수 $f(x)=\begin{cases} x+a & (x\ge 1) \\ \dfrac{\sqrt{x+3}-2}{x-1} & (x<1) \end{cases}$가 $x=1$에서 연속이 되도록 하는 상수 a의 값은?

① $-\frac{5}{4}$　② -1　③ $-\frac{3}{4}$　④ $-\frac{1}{2}$　⑤ $-\frac{1}{4}$

132

두 함수 $f(x)=\begin{cases} x+1 & (x\ge 2) \\ -x+6 & (x<2) \end{cases}$, $g(x)=-2x+k$에 대하여 함수 $f(x)g(x)$가 $x=2$에서 연속일 때, 상수 k의 값은?

① 1　② 2　③ 3　④ 4　⑤ 5

유형04 최대·최소 정리

최대·최소 정리를 이해하고 주어진 함수의 최댓값과 최솟값을 구하는 문제를 분류하였다.

133

다음 중 최대·최소 정리에 대한 설명으로 옳은 것은?

① 함수 $f(x)$가 닫힌구간 $[a, b]$에서 극한값이 존재하면 함수 $f(x)$는 이 구간에서 반드시 최댓값과 최솟값을 갖는다.
② 함수 $f(x)$가 열린구간 (a, b)에서 극한값이 존재하면 함수 $f(x)$는 이 구간에서 반드시 최댓값과 최솟값을 갖는다.
③ 함수 $f(x)$가 구간 $(a, b]$에서 연속이면 함수 $f(x)$는 이 구간에서 반드시 최댓값과 최솟값을 갖는다.
④ 함수 $f(x)$가 열린구간 (a, b)에서 연속이면 함수 $f(x)$는 이 구간에서 반드시 최댓값과 최솟값을 갖는다.
⑤ 함수 $f(x)$가 닫힌구간 $[a, b]$에서 연속이면 함수 $f(x)$는 이 구간에서 반드시 최댓값과 최솟값을 갖는다.

134

다음 주어진 구간에서 함수 $f(x)$의 최댓값 M과 최솟값 m을 각각 구하시오.

(1) $f(x)=2x+5$ $[1, 2]$
(2) $f(x)=x^2-4x$ $[-1, 2]$
(3) $f(x)=\dfrac{2x}{x+1}$ $[1, 3]$

135

닫힌구간 $[0, 3]$에서 함수 $f(x)=x^2-2x+5$의 최댓값을 M, 최솟값을 m이라 할 때, $M-m$의 값은?

① 4　② 5　③ 6　④ 7　⑤ 8

136

함수 $f(x)=\begin{cases} \dfrac{x^2-2x-3}{x-3} & (x\neq3) \\ 5 & (x=3) \end{cases}$ 가 닫힌구간 $[-2, 2]$에서 최댓값 M과 최솟값 m을 가질 때, $M+m$의 값은?

① 1 ② 2 ③ 3
④ 4 ⑤ 5

137

다음 주어진 구간에서 함수 $f(x)$의 최댓값 또는 최솟값을 구하시오.

(1) $f(x)=\dfrac{-x}{x-1}$ $[2, 5)$
(2) $f(x)=\sqrt{3-2x}$ $(-1, 1]$

138

닫힌구간 $[-3, 2]$에서 함수 $f(x)=|x-1|+2$의 최댓값을 M, 최솟값을 m이라 할 때, $M+m$의 값은?

① 4 ② 6 ③ 8
④ 10 ⑤ 12

139

닫힌구간 $[2, 4]$에서 함수 $f(x)=\left|\dfrac{1}{x}-1\right|$의 최댓값을 M, 최솟값을 m이라 할 때, $\dfrac{M}{m}$의 값은?

① $\dfrac{9}{2}$ ② $\dfrac{7}{2}$ ③ $\dfrac{5}{2}$
④ $\dfrac{3}{2}$ ⑤ $\dfrac{1}{2}$

유형05 사잇값 정리

사잇값 정리를 이용하여 구간에서 방정식의 실근의 존재성을 판별하는 문제를 분류하였다.

140

다음은 방정식 $x^3-2x^2+3x-2=0$이 0과 2 사이에 적어도 하나의 실근을 가짐을 보이는 과정이다. (가), (나), (다)에 들어갈 알맞은 것을 고른 것은?

> 함수 $f(x)=x^3-2x^2+3x-2$라 하면
> 함수 $f(x)$는 닫힌구간 [(가)]에서 연속이고,
> $f(0)<0$, $f(2)=$ [(나)] >0이므로 [(다)]에 의하여
> $f(c)=0$인 c가 0과 2 사이에 적어도 하나 존재한다.
> 따라서 방정식 $x^3-2x^2+3x-2=0$은 0과 2 사이에 적어도 하나의 실근을 갖는다.

	(가)	(나)	(다)
①	$(0, 2)$	4	사잇값 정리
②	$(0, 2)$	2	최대·최소 정리
③	$[0, 2]$	4	사잇값 정리
④	$[0, 2]$	2	사잇값 정리
⑤	$[0, 2]$	4	최대·최소 정리

141 빈출

다음 중 방정식 $x^3-2x^2-x+3=0$의 실근이 속하는 구간은?

① $(-3, -2)$ ② $(-2, -1)$ ③ $(-1, 0)$
④ $(0, 1)$ ⑤ $(1, 2)$

142

다음 방정식 중 0과 1 사이에 적어도 하나의 실근이 반드시 존재하는 것은?

① $x^3=2x+4$ ② $x^3=-5x-1$
③ $x^3+x=4x^2-1$ ④ $x^3=2x+5$
⑤ $x^3-x=7$

143 빈출

방정식 $2x^4+5x^2-1=0$의 실근이 적어도 하나 반드시 존재하는 구간을 〈보기〉에서 있는 대로 고른 것은?

보기

ㄱ. $(-2, -1)$ ㄴ. $(-1, 0)$
ㄷ. $(0, 1)$ ㄹ. $(1, 2)$

① ㄴ ② ㄱ, ㄷ ③ ㄴ, ㄷ
④ ㄱ, ㄷ, ㄹ ⑤ ㄴ, ㄷ, ㄹ

144 빈출

연속함수 $f(x)$에 대하여 $f(-2)=-1$, $f(-1)=1$, $f(0)=3$, $f(1)=-2$, $f(2)=3$일 때, 방정식 $f(x)=0$은 열린구간 $(-2, 2)$에서 적어도 몇 개의 실근을 갖는가?

① 1 ② 2 ③ 3
④ 4 ⑤ 5

145

방정식 $x^2-2x+k=0$이 열린구간 $(-1, 0)$에서 적어도 하나의 실근을 갖는다고 할 때, 이를 만족시키는 모든 정수 k의 값의 합은?

① 6 ② 3 ③ 0
④ -3 ⑤ -6

146

함수 $f(x)$가 닫힌구간 $[a, b]$에서 연속일 때, 다음 중 항상 옳은 것은? (단, $a<b$)

① 함수 $f(x)$는 열린구간 (a, b)에서 반드시 최댓값과 최솟값을 갖는다.
② $f(a)f(b)>0$이면 방정식 $f(x)=0$은 열린구간 (a, b)에서 실수해를 갖지 않는다.
③ $f(a)f(b)=0$이면 방정식 $f(x)=0$은 닫힌구간 $[a, b]$에서 적어도 두 개의 실수해를 갖는다.
④ $f(a)=f(b)$이면 방정식 $f(x)=0$은 열린구간 (a, b)에서 무수히 많은 실수해를 갖는다.
⑤ $f(a)f(b)<0$이면 방정식 $f(x)=0$은 닫힌구간 $[a, b]$에서 적어도 하나의 실수해를 갖는다.

유형 01 함수의 연속과 불연속

147

함수의 연속성에 대한 설명으로 〈보기〉에서 옳은 것만을 있는 대로 고른 것은?

보기

ㄱ. 함수 $f(x)=\sqrt{2-x}$는 구간 $(-\infty, 2]$에서 연속이다.

ㄴ. 함수 $g(x)=\frac{1}{x^2+1}$은 구간 $(-\infty, \infty)$에서 연속이다.

ㄷ. 함수 $h(x)=\frac{x^2+3x}{x^2-1}$는 구간 $(-\infty, 1)\cup(1, \infty)$에서 연속이다.

① ㄱ ② ㄱ, ㄴ ③ ㄱ, ㄷ
④ ㄴ, ㄷ ⑤ ㄱ, ㄴ, ㄷ

148

다항함수 $f(x)$에 대하여 함수 $g(x)$를

$$g(x)=\begin{cases}\frac{f(x)-3}{x-1} & (x\neq1)\\ f(1) & (x=1)\end{cases}$$

로 정의할 때, 함수 $g(x)$가 $x=1$에서 연속이 되도록 하는 함수만을 〈보기〉에서 있는 대로 고른 것은?

보기

ㄱ. $f(x)=3x$
ㄴ. $f(x)=x^3+2$
ㄷ. $f(x)=2x^2+1$

① ㄱ ② ㄴ ③ ㄱ, ㄴ
④ ㄱ, ㄷ ⑤ ㄱ, ㄴ, ㄷ

149

열린구간 $(1, 4)$에서 연속인 함수만을 〈보기〉에서 있는 대로 고른 것은?

보기

ㄱ. $f(x)=x+|x-3|$
ㄴ. $f(x)=x|x-2|$
ㄷ. $f(x)=\begin{cases}\frac{(x-2)^2}{x-2} & (x\neq2)\\ 2 & (x=2)\end{cases}$
ㄹ. $f(x)=\sqrt{x+3}$

① ㄴ ② ㄱ, ㄹ ③ ㄱ, ㄴ, ㄹ
④ ㄴ, ㄷ, ㄹ ⑤ ㄱ, ㄴ, ㄷ, ㄹ

150 빈출

모든 실수 x에서 연속인 함수만을 〈보기〉에서 있는 대로 고른 것은?

보기

ㄱ. $f(x)=\begin{cases}\frac{x^2-4}{x-2} & (x\neq2)\\ 4 & (x=2)\end{cases}$
ㄴ. $f(x)=\begin{cases}\frac{x^3}{|x|} & (x\neq0)\\ 0 & (x=0)\end{cases}$
ㄷ. $f(x)=\frac{1}{x^2+x+1}$
ㄹ. $f(x)=\sqrt{x-3}$

① ㄱ, ㄴ ② ㄱ, ㄷ ③ ㄱ, ㄴ, ㄷ
④ ㄴ, ㄷ, ㄹ ⑤ ㄱ, ㄴ, ㄷ, ㄹ

유형 02 연속함수의 성질과 판정

151

함수 $y=f(x)$의 그래프가 그림과 같을 때, 〈보기〉에서 옳은 것만을 있는 대로 고른 것은?

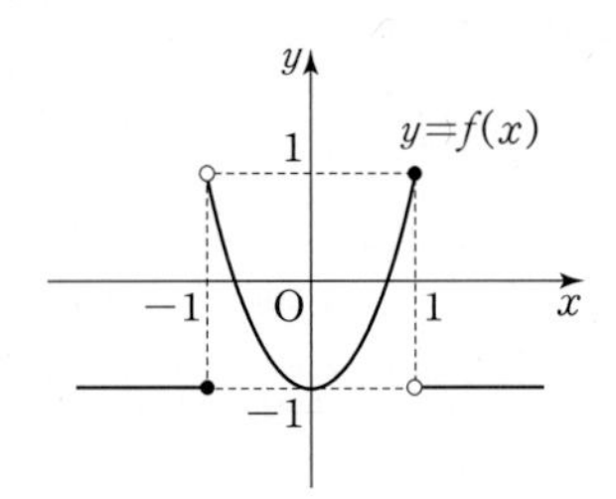

보기

ㄱ. $\lim_{x\to -1+} f(x)=\lim_{x\to 1-} f(x)$

ㄴ. 함수 $|f(x)|$는 $x=1$에서 연속이다.

ㄷ. 함수 $(x^2-1)f(x)$는 실수 전체의 집합에서 연속이다.

① ㄱ ② ㄱ, ㄴ ③ ㄱ, ㄷ
④ ㄴ, ㄷ ⑤ ㄱ, ㄴ, ㄷ

152

함수 $y=f(x)$의 그래프가 그림과 같을 때, 〈보기〉에서 옳은 것만을 있는 대로 고른 것은?

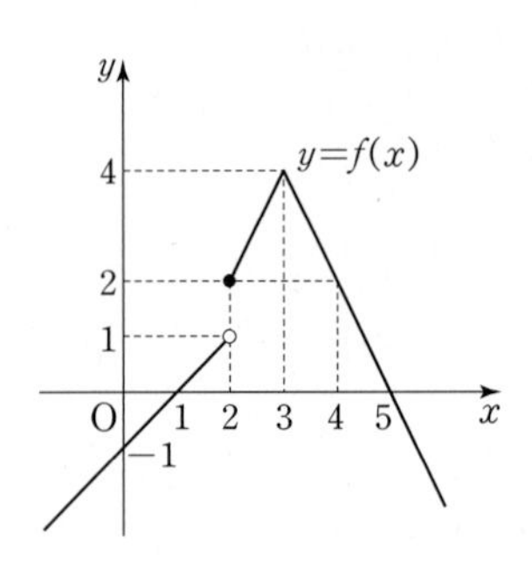

보기

ㄱ. $\lim_{x\to 2+} f(x)=2$

ㄴ. $\lim_{x\to 5} f(f(x))=-1$

ㄷ. 함수 $y=(f\circ f)(x)$는 $x=4$에서 불연속이다.

① ㄱ ② ㄱ, ㄴ ③ ㄱ, ㄷ
④ ㄴ, ㄷ ⑤ ㄱ, ㄴ, ㄷ

153

두 함수 $f(x)$와 $g(x)$의 그래프가 그림과 같다. 〈보기〉에서 옳은 것만을 있는 대로 고른 것은?

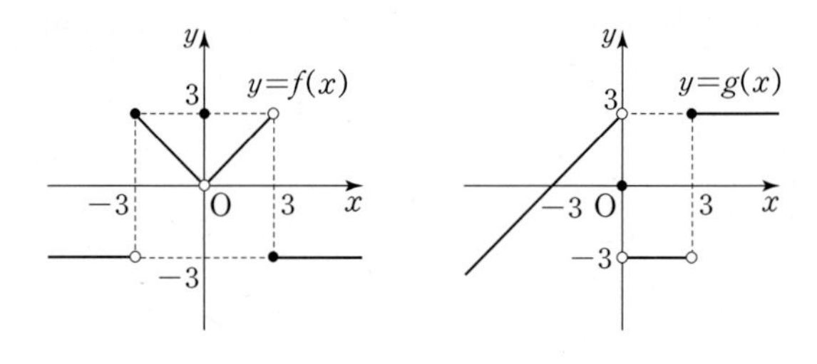

보기

ㄱ. 함수 $f(x)+g(x)$는 $x=3$에서 연속이다.

ㄴ. 함수 $f(x)g(x)$는 $x=0$에서 연속이다.

ㄷ. 함수 $f(g(x))$는 $x=-3$에서 연속이다.

ㄹ. 함수 $\dfrac{g(x)}{f(x)}$는 $x=3$에서 연속이다.

① ㄱ, ㄴ ② ㄱ, ㄷ ③ ㄴ, ㄷ
④ ㄱ, ㄴ, ㄹ ⑤ ㄴ, ㄷ, ㄹ

154 빈출

두 함수 $y=f(x)$, $y=g(x)$의 그래프가 그림과 같다. 〈보기〉에서 옳은 것만을 있는 대로 고른 것은?

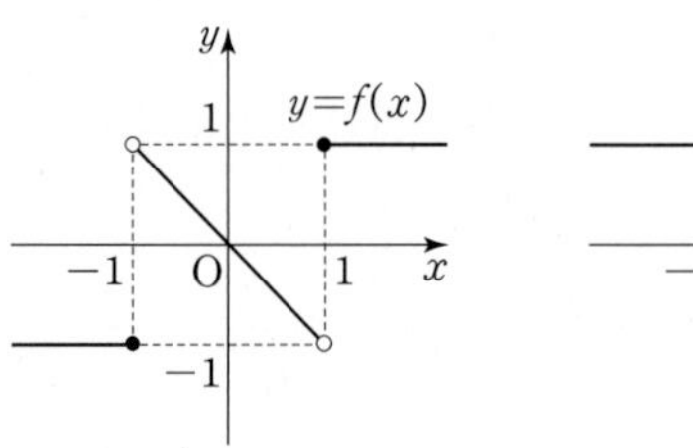

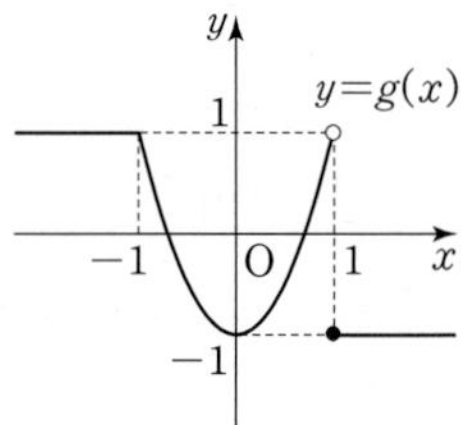

보기

ㄱ. 함수 $f(x)g(x)$는 $x=1$에서 연속이다.

ㄴ. 함수 $f(g(x))$는 $x=-1$에서 연속이다.

ㄷ. 함수 $g(f(x))$는 $x=-1$에서 연속이다.

① ㄱ ② ㄴ ③ ㄱ, ㄷ
④ ㄴ, ㄷ ⑤ ㄱ, ㄴ, ㄷ

155

열린구간 $(-3, 3)$에서 정의된 함수 $y=f(x)$의 그래프가 그림과 같을 때, 〈보기〉에서 옳은 것의 개수는?

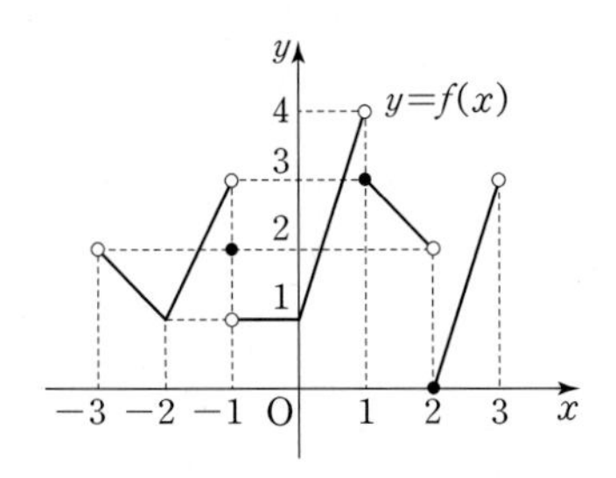

보기

ㄱ. $\lim_{x\to 2}f(2-x)=1$
ㄴ. $\lim_{x\to -2}f(-2-2x)=3$
ㄷ. $-3<t<3$일 때, $\lim_{x\to t+}f(x)<\lim_{x\to t-}f(x)$를 만족시키는 실수 t의 값은 2개 존재한다.
ㄹ. 함수 $f(x)f(x+1)$은 $x=-2$에서 불연속이다.
ㅁ. 함수 $f(x)f(x+1)$은 $x=1$에서 연속이다.

① 1　② 2　③ 3
④ 4　⑤ 5

156

함수 $f(x)$가 $f(x)=\begin{cases} a & (x\le -1) \\ x^2+x+1 & (-1<x\le 1) \\ b & (x>1) \end{cases}$일 때,

〈보기〉에서 옳은 것만을 있는 대로 고른 것은?

(단, a, b는 상수이다.)

보기

ㄱ. $a=1$일 때, 함수 $f(x)$는 $x=-1$에서 극한값이 존재한다.
ㄴ. $b=2$일 때, 함수 $f(x)$는 $x=1$에서 연속이다.
ㄷ. 함수 $y=(x^2-1)f(x)$는 실수 전체의 집합에서 연속이다.

① ㄱ　② ㄴ　③ ㄱ, ㄷ
④ ㄴ, ㄷ　⑤ ㄱ, ㄴ, ㄷ

157

두 함수 $f(x)$, $g(x)$에 대하여 〈보기〉에서 옳은 것만을 있는 대로 고른 것은?

보기

ㄱ. 두 함수 $f(x)$, $g(x)$가 각각 $x=a$에서 불연속이면 함수 $f(x)+g(x)$도 $x=a$에서 불연속이다.
ㄴ. 함수 $f(x)$가 $x=a$에서 연속이면 함수 $|f(x)|$는 $x=a$에서 연속이다.
ㄷ. 두 함수 $f(x)$, $\frac{f(x)}{g(x)}$가 $x=a$에서 연속이면 함수 $g(x)$도 $x=a$에서 연속이다.
ㄹ. 함수 $f(x)$가 $x=a$에서 연속이고, $\lim_{x\to b}g(x)=g(b)=a$이면 함수 $(f\circ g)(x)$는 $x=b$에서 연속이다.

① ㄱ　② ㄴ　③ ㄴ, ㄷ
④ ㄴ, ㄹ　⑤ ㄷ, ㄹ

유형 03 함수의 연속을 이용한 미정계수의 결정

158

함수 $f(x)=\begin{cases} x-1 & (x<3) \\ b & (x=3) \\ ax+5 & (x>3) \end{cases}$가 $x=3$에서 연속일 때, 두 상수 a, b에 대하여 $a+b$의 값은?

① 1　② 3　③ 5
④ 7　⑤ 9

159 빈출

함수 $f(x)=\begin{cases} \dfrac{x^2+ax-10}{x-2} & (x\neq 2) \\ b & (x=2) \end{cases}$가 실수 전체의 집합에서 연속일 때, 두 상수 a, b에 대하여 $a+b$의 값은?

① 2 ② 4 ③ 6
④ 8 ⑤ 10

160

함수 $f(x)=\begin{cases} \dfrac{a\sqrt{x+1}+b}{x-3} & (x\neq 3) \\ \sqrt{2} & (x=3) \end{cases}$가 $x=3$에서 연속일 때, 두 상수 a, b에 대하여 ab의 값은?

① -64 ② -32 ③ 0
④ 32 ⑤ 64

161 서술형

함수 $f(x)=\begin{cases} 2x-1 & (x\leq -1) \\ x^2+ax+b & (-1<x\leq 2) \\ 3x+3 & (x>2) \end{cases}$이 모든 실수 x에서 연속이 되도록 하는 두 실수 a, b에 대하여 ab의 값을 구하고 그 과정을 서술하시오.

162

함수 $f(x)=\begin{cases} x^2+ax+b & (x\leq 2 \text{ 또는 } x\geq 3) \\ 2x+5 & (2<x<3) \end{cases}$가 모든 실수 x에서 연속일 때, $a+b$의 값은? (단, a, b는 상수이다.)

① 5 ② 8 ③ 11
④ 14 ⑤ 17

163

함수 $f(x)=\begin{cases} -2x+b & (|x|<1) \\ x^2+ax-6 & (|x|\geq 1) \end{cases}$이 모든 실수 x에서 연속이 되도록 하는 두 상수 a, b에 대하여 ab의 값은?

① 2 ② 4 ③ 6
④ 8 ⑤ 10

164

연속함수 $f(x)$가 다음 조건을 만족시킬 때, $f(31)$의 값은?
(단, a, b는 상수이다.)

> (가) 모든 실수 x에 대하여 $f(x+5)=f(x)$이다.
> (나) $f(x)=\begin{cases} 2x+a & (-2\leq x<1) \\ x^2+bx+3 & (1\leq x\leq 3) \end{cases}$

① -9 ② -7 ③ -5
④ -3 ⑤ -1

165

함수 $f(x)=\begin{cases} x^2-2x & (x\geq1) \\ 2x+1 & (x<1) \end{cases}$에 대하여 함수

$g(x)=|f(x)-a|$가 $x=1$에서 연속이 되도록 하는 실수 a의 값은?

① -2 ② -1 ③ 0
④ 1 ⑤ 2

166

함수 $f(x)=\begin{cases} \dfrac{x^2+ax+b}{|x-2|} & (x\neq2) \\ c & (x=2) \end{cases}$가 $x=2$에서 연속일 때,

$a-b+c$의 값은? (단, a, b, c는 상수이다.)

① -8 ② -6 ③ -4
④ -2 ⑤ 0

167

| 선행 156 |

함수 $f(x)=\begin{cases} \dfrac{8x^3-1}{|2x-1|} & \left(x\neq\dfrac{1}{2}\right) \\ a & \left(x=\dfrac{1}{2}\right) \end{cases}$에 대하여 실수 a의 값에

관계 없이 함수 $y=f(x)g(x)$가 실수 전체의 집합에서 연속이 되도록 하는 다항함수 $g(x)$가 될 수 없는 것은?

① $g(x)=4x^2-1$ ② $g(x)=6x^2-x-1$
③ $g(x)=0$ ④ $g(x)=4x^2-4x+1$
⑤ $g(x)=6x^2+x-1$

168

다항식 $f(x)$에 대하여 함수 $g(x)$를

$$g(x)=\begin{cases} \dfrac{f(x)-x^2}{x-1} & (x\neq1) \\ k & (x=1) \end{cases}$$

로 정의하자. 함수 $g(x)$가 모든 실수 x에서 연속이고 $\lim_{x\to\infty}g(x)=5$일 때, $k+f(2)$의 값은? (단, k는 상수이다.)

① 10 ② 12 ③ 14
④ 16 ⑤ 18

169

구간 $[-2, \infty)$에서 연속인 함수 $f(x)$에 대하여

$$(x-2)f(x)=\sqrt{x+2}-a$$

가 성립할 때, $f(2)$의 값은? (단, a는 상수이다.)

① 1 ② $\dfrac{1}{2}$ ③ $\dfrac{1}{3}$
④ $\dfrac{1}{4}$ ⑤ $\dfrac{1}{5}$

170 빈출

모든 실수 x에서 연속인 함수 $f(x)$에 대하여

$$(x^2-4)f(x)=x^4+ax+b$$

가 성립할 때, $a+b+f(-2)$의 값은? (단, a, b는 상수이다.)

① -16 ② -12 ③ -8
④ -4 ⑤ 0

171

선생님 Pick! 평가원기출

실수 전체의 집합에서 연속인 함수 $f(x)$가 모든 실수 x에 대하여

$$\{f(x)\}^3-\{f(x)\}^2-x^2f(x)+x^2=0$$

을 만족시킨다. 함수 $f(x)$의 최댓값이 1이고 최솟값이 0일 때, $f\left(-\frac{4}{3}\right)+f(0)+f\left(\frac{1}{2}\right)$의 값은?

① $\frac{1}{2}$ ② 1 ③ $\frac{3}{2}$
④ 2 ⑤ $\frac{5}{2}$

172

최고차항의 계수가 1인 이차함수 $f(x)$와 함수

$$g(x)=\begin{cases} 3 & (x<2) \\ x-1 & (2\le x<4) \\ 1 & (x\ge 4) \end{cases}$$

에 대하여 함수 $f(x)g(x)$가 실수 전체의 집합에서 연속이다. 함수 $y=f(x-k)g(x)$의 그래프가 한 점에서만 불연속이 되도록 하는 모든 실수 k의 값의 곱은?

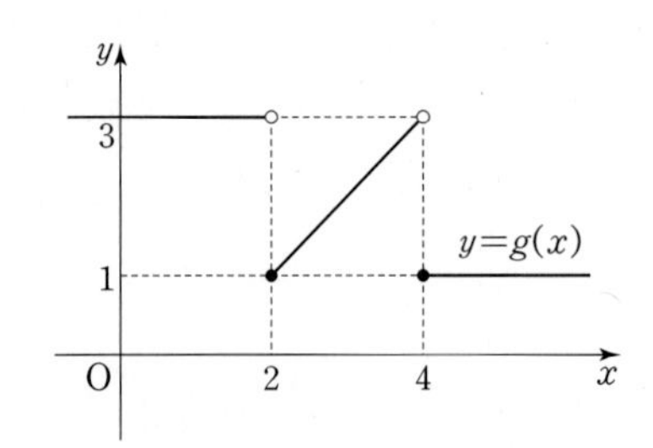

① -1 ② -4 ③ -8
④ -12 ⑤ -16

173

실수 m과 양의 실수 k에 대하여 직선 $y=mx$와 함수

$$f(x)=\begin{cases} -|x|+2 & (x<2) \\ k & (x\ge 2) \end{cases}$$

의 그래프의 교점의 개수를 $g(m)$이라 하자. 최고차항의 계수가 1인 이차함수 $h(x)$에 대하여 함수 $g(x)h(x)$가 실수 전체의 집합에서 연속일 때, $h(k)$의 값을 구하시오.

유형04 최대·최소 정리

174

닫힌구간 $[0, 2]$에서 정의된 다항함수 $f(x)$가

$f(x)=\lim_{t\to\infty}\frac{t(x^2-2x)+1}{\sqrt{t^2+3x}}$일 때, $f(x)$의 최댓값과 최솟값의 합은?

① -2 ② -1 ③ 0
④ 1 ⑤ 2

175

닫힌구간 $[-3, 3]$에서 연속인 함수

$$f(x)=\begin{cases} x^2+ax+b & (-3\le x\le -1) \\ \dfrac{x^3-2x^2+3x-a}{x+1} & (-1<x\le 3) \end{cases}$$

의 최댓값과 최솟값의 합은? (단, a, b는 상수이다.)

① $\frac{131}{4}$ ② $\frac{133}{4}$ ③ $\frac{135}{4}$

④ $\frac{137}{4}$ ⑤ $\frac{139}{4}$

176

다음 〈보기〉에서 옳은 것만을 있는 대로 고른 것은?

보기

ㄱ. 함수 $|f(x)|$가 $x=0$에서 연속이면 함수 $f(x)$도 $x=0$에서 연속이다.

ㄴ. 함수 $f(x)$가 $x=1$에서 연속이고 $f(1)=1$이면 함수 $(f\circ f)(x)$는 $x=1$에서 연속이다.

ㄷ. 함수 $f(x)=x^2-4x+7$은 열린구간 $(1, 3)$에서 최솟값을 갖지 않는다.

① ㄱ ② ㄴ ③ ㄷ

④ ㄱ, ㄴ ⑤ ㄴ, ㄷ

유형 05 사잇값 정리

177 서술형

사잇값 정리를 이용하여 다음 방정식이 주어진 구간에서 적어도 하나의 실근을 가짐을 보이고, 그 과정을 서술하시오.

(1) $\sqrt{2x+1}=3x$ $(0, 1)$ (2) $x+3=\frac{2}{x}$ $(-4, -3)$

178 빈출 서술형

연속함수 $f(x)$에 대하여 $f(-1)=-3$, $f(0)=-1$, $f(1)=4$, $f(2)=-5$, $f(3)=3$, $f(4)=-1$일 때, 각 방정식은 열린구간 $(-1, 4)$에서 적어도 몇 개의 실근을 갖는지 구하고, 그 과정을 서술하시오.

(1) $f(x)=x$ (2) $x^2f(x)=-3x+2$

179

다항함수 $f(x)$가 $f(-3)=k+4$, $f(0)=k+1$을 만족시키고, 방정식 $f(x)=3$이 중근이 아닌 오직 하나의 실근을 가질 때, 이 실근이 열린구간 $(-3,\ 0)$에 존재하도록 하는 모든 정수 k의 값의 합은?

① 0 ② 1 ③ 2
④ 3 ⑤ 4

180

두 함수 $f(x)=x^3+5x^2+4x+3$, $g(x)=x^2+3x+n$에 대하여 열린구간 $(1,\ 2)$에서 방정식 $f(x)=g(x)$가 적어도 하나의 실근을 갖기 위한 자연수 n의 최댓값은?

① 22 ② 24 ③ 26
④ 28 ⑤ 30

181

삼차방정식 $x(x+2)(x-4)+3=0$의 세 실근을 $\alpha,\ \beta,\ \gamma\ (\alpha<\beta<\gamma)$라 할 때, 〈보기〉에서 옳은 것만을 있는 대로 고른 것은?

보기

ㄱ. $-3<\alpha<-2$
ㄴ. $0<\beta<1$
ㄷ. $3<\gamma<4$

① ㄱ ② ㄱ, ㄴ ③ ㄱ, ㄷ
④ ㄴ, ㄷ ⑤ ㄱ, ㄴ, ㄷ

182

삼차방정식

$$x(x-1)(x-2)+x(x-1)+(x-1)(x-2)+x(x-2)=0$$

에 대한 설명으로 〈보기〉에서 옳은 것만을 있는 대로 고른 것은?

보기

ㄱ. 열린구간 $(0,\ 1)$에서 적어도 하나의 실근을 갖는다.
ㄴ. 열린구간 $(1,\ 2)$에서 적어도 하나의 실근을 갖는다.
ㄷ. -3보다 큰 음의 실근을 오직 한 개 갖는다.

① ㄱ ② ㄱ, ㄴ ③ ㄱ, ㄷ
④ ㄴ, ㄷ ⑤ ㄱ, ㄴ, ㄷ

183

연속함수 $f(x)$가 다음 조건을 만족시킨다.

(가) 모든 실수 x에 대하여 $f(-x)=-f(x)$이다.
(나) $f(1)=-4$, $f(3)=1$

방정식 $f(x)=0$이 열린구간 $(-3,\ 3)$에서 적어도 n개의 실근을 가질 때, 자연수 n의 값은?

① 1 ② 2 ③ 3
④ 4 ⑤ 5

184

함수 $f(x)$는 모든 실수 x에 대하여 연속이고 $f(x)=f(x+4)$를 만족시킨다. $f(0)f(3)<0$일 때, 열린구간 $(0,\ 15)$에서 방정식 $f(x)=0$은 적어도 몇 개의 실근을 가지는가?

① 3 ② 4 ③ 5
④ 6 ⑤ 7

스키마로 풀이 흐름 알아보기

모든 실수 x에서 연속인 함수 $f(x)$에 대하여 $(x^2-4)f(x)=x^4+ax+b$가 성립할 때, $a+b+f(-2)$의 값은?
조건① 조건② 답

(단, a, b는 상수이다.)

① -16 ② -12 ③ -8 ④ -4 ⑤ 0

유형03 함수의 연속을 이용한 미정계수의 결정 170

스키마 schema

주어진 조건 은 무엇인지? 구하는 답 은 무엇인지? 이 둘을 어떻게 연결할지?

1단계

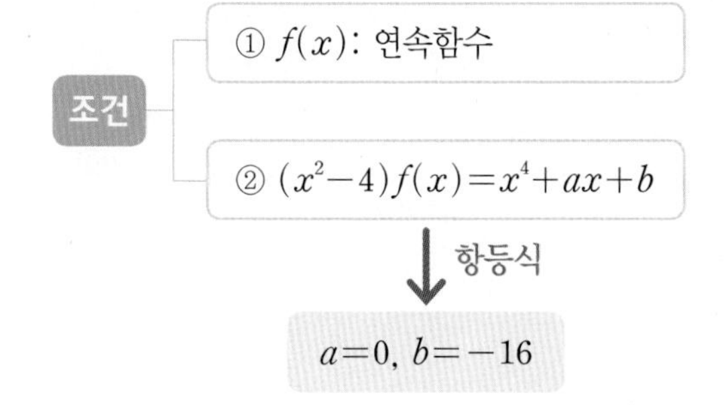

조건 ②의 등식
$(x^2-4)f(x)=x^4+ax+b$,
$(x+2)(x-2)f(x)=x^4+ax+b$
가 항등식이고 $x=2$, $x=-2$를 대입하면 $f(x)$에 관계없이 좌변이 0이 되므로 a, b의 값을 구하면 된다.
$x=2$일 때 $0=16+2a+b$
$x=-2$일 때 $0=16-2a+b$
두 식을 연립하여 풀면
$a=0$, $b=-16$

2단계

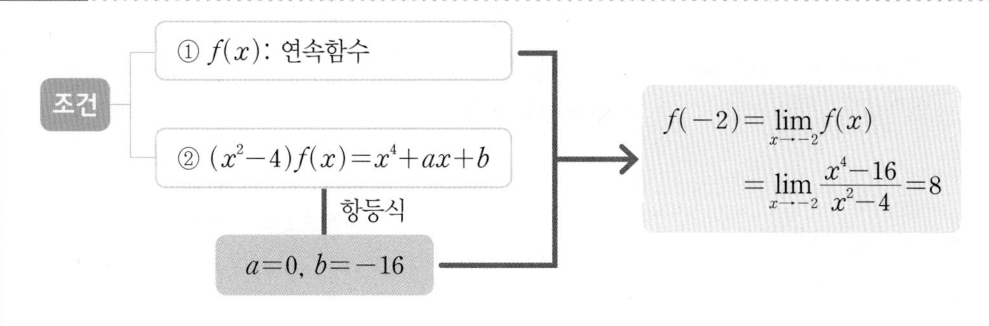

즉, $(x^2-4)f(x)=x^4-16$이므로
$x\neq\pm2$일 때 $f(x)=\frac{x^4-16}{x^2-4}$이고,
함수 $f(x)$는 모든 실수 x에서 연속이므로 $f(-2)=\lim_{x\to-2}f(x)$를 만족시킨다.

$$f(-2)=\lim_{x\to-2}f(x)=\lim_{x\to-2}\frac{x^4-16}{x^2-4}=\lim_{x\to-2}(x^2+4)=8$$

3단계

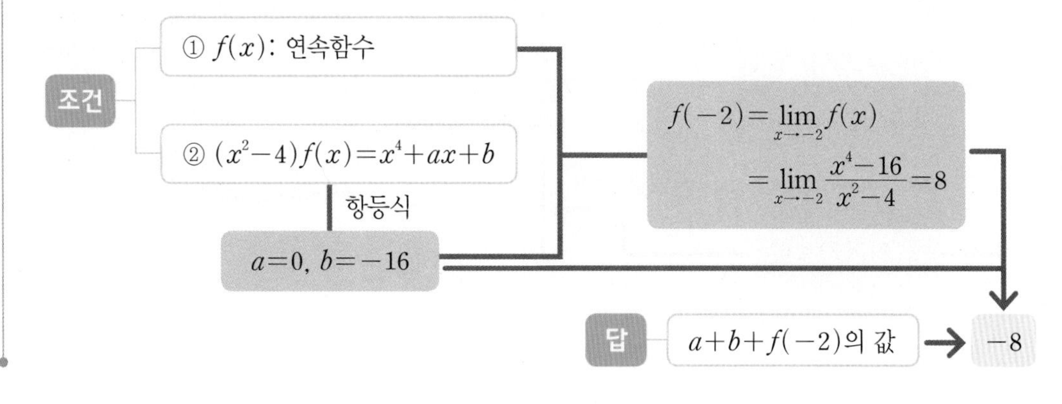

따라서 $a=0$, $b=-16$, $f(-2)=8$이므로
$a+b+f(-2)=0+(-16)+8=-8$

답 ③

스키마로 풀이 흐름 알아보기

연속함수 $f(x)$에 대하여 $f(-1)=-3$, $f(0)=-1$, $f(1)=4$, $f(2)=-5$, $f(3)=3$, $f(4)=-1$일 때,
조건① 조건②
방정식 $f(x)=x$는 열린구간 $(-1, 4)$에서 적어도 몇 개의 실근을 갖는지 구하시오.
답

유형05 사잇값 정리 178

스키마 schema

주어진 조건은 무엇인지? 구하는 답은 무엇인지? 이 둘을 어떻게 연결할지?

$g(x)=f(x)-x$라 하면
함수 $f(x)$가 연속함수이므로
$g(x)$도 연속함수이다.
즉, 구하는 방정식 $f(x)=x$의 실근의 개수는 방정식 $g(x)=0$의 실근의 개수와 같다.

조건 ②에서
$g(-1)=f(-1)-(-1)=-2<0$,
$g(0)=f(0)-0=-1<0$,
$g(1)=f(1)-1=3>0$,
$g(2)=f(2)-2=-7<0$,
$g(3)=f(3)-3=0$,
$g(4)=f(4)-4=-5<0$
이므로 $g(3)=0$이고
$g(0)g(1)<0$, $g(1)g(2)<0$이다.

따라서 방정식 $g(x)=0$은 사잇값 정리에 의해 열린구간 $(0, 1)$, $(1, 2)$에서 각각 적어도 하나의 실근을 갖는다.
또한, $g(3)=0$에서 $x=3$도 근이므로 방정식 $g(x)=0$은 열린구간 $(-1, 4)$에서 적어도 3개의 실근을 갖는다.

답 3

185

닫힌구간 $[-2, 2]$에서 정의된 함수 $f(x)$는

$$f(x)=\begin{cases} x+2 & (-2\le x\le 0) \\ -x+2 & (0<x\le 2) \end{cases}$$

이다. 좌표평면에서 $k>1$인 실수 k에 대하여 함수 $y=f(x)$의 그래프와 원 $x^2+y^2=k^2$이 만나는 서로 다른 점의 개수를 $g(k)$라 할 때, 함수 $g(k)$가 불연속이 되는 모든 k의 값의 곱은?

① $\sqrt{2}$　② 2　③ 0
④ $2\sqrt{2}$　⑤ 4

186

두 함수 $y=f(x)$, $y=g(x)$의 그래프가 그림과 같을 때, $x=0$에서 연속인 함수만을 〈보기〉에서 있는 대로 고른 것은?

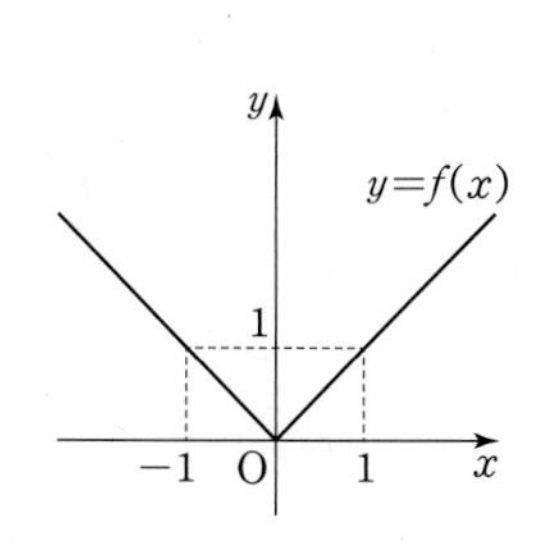

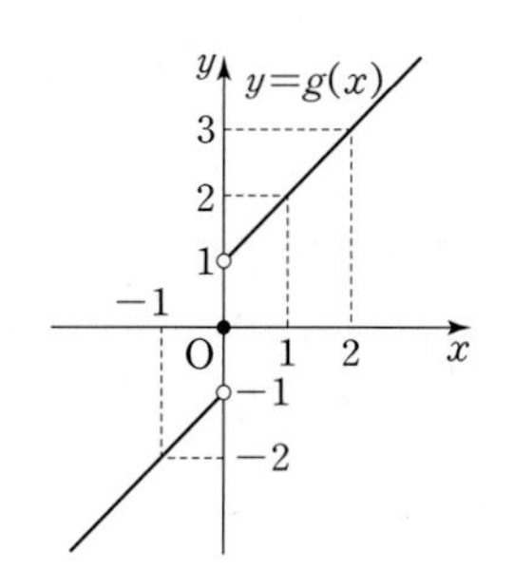

보기

ㄱ. $f(x-1)$
ㄴ. $g(x+2)$
ㄷ. $f(x)\{g(x)\}^2$
ㄹ. $f(x)-2g(x)$

① ㄱ, ㄴ　② ㄱ, ㄴ, ㄷ　③ ㄱ, ㄷ, ㄹ
④ ㄴ, ㄷ, ㄹ　⑤ ㄱ, ㄴ, ㄷ, ㄹ

187

두 함수 $y=f(x)$, $y=g(x)$의 그래프가 그림과 같을 때, 닫힌구간 $[-2, 2]$에서 함수 $y=f(x)g(x)$가 불연속이 되는 x의 값을 모두 구한 것은?

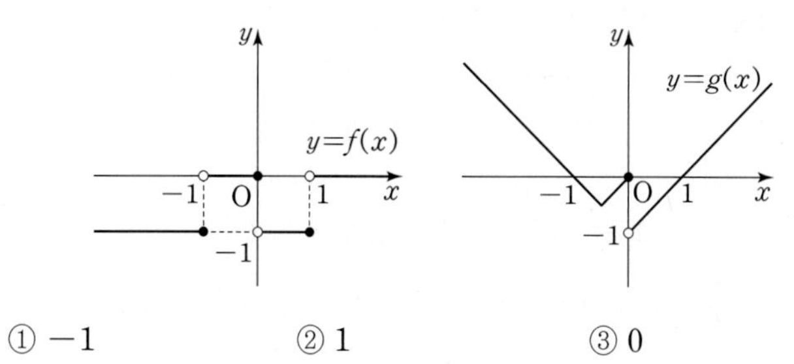

① -1　② 1　③ 0
④ $0, 1$　⑤ $-1, 1$

188

구간 $(-\infty, \infty)$에서 정의된 두 함수

$$f(x)=\begin{cases} \dfrac{x}{|x|} & (x\ne 0) \\ 1 & (x=0) \end{cases},\ g(x)=\begin{cases} |x| & (x\ne 0) \\ -2 & (x=0) \end{cases}$$

에 대하여 다음 중 $x=0$에서 연속인 함수는?

① $y=f(x)$　② $y=f(x)+g(x)$
③ $y=f(x)g(x)$　④ $y=f(g(x))$
⑤ $y=g(f(x))$

189

| 선행 156 |

세 함수 $f(x)=\begin{cases} -3 & (x<-1) \\ [x] & (-1\leq x\leq 1), \\ 2 & (x>1) \end{cases}$

$g(x)=2x^3+2ax^2+bx+c$, $h(x)=x^3+4dx^2+4x$가 다음 조건을 만족시킬 때, 정수 a, b, c, d에 대하여 $a+b+c+d$의 값은? (단, $[x]$는 x보다 크지 않은 최대의 정수이다.)

> (가) 함수 $f(x)g(x)$는 실수 전체의 집합에서 연속이다.
> (나) 함수 $\dfrac{g(x)}{h(x)}$는 $x\neq 0$인 모든 실수 x에서 연속이다.

① -2　② -1　③ 0　④ 1　⑤ 2

190

실수 전체의 집합에서 정의된 함수 $y=f(x)$의 그래프가 그림과 같고, $g(x)=x^3+ax^2+bx+2$이다. 합성함수 $(g\circ f)(x)$가 실수 전체의 집합에서 연속일 때, $g(3)$의 값은?

(단, a, b는 상수이다.)

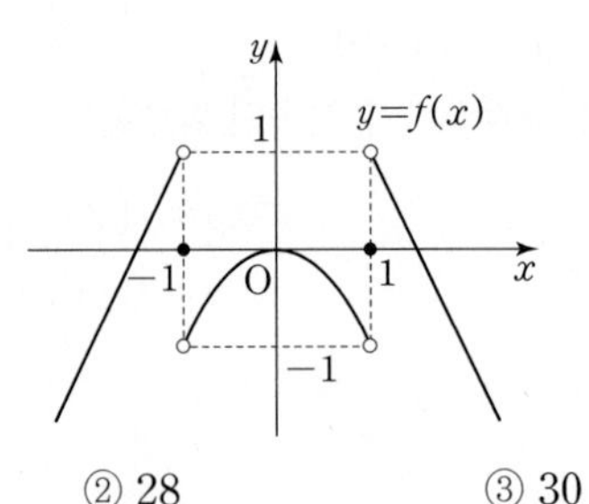

① 26　② 28　③ 30　④ 32　⑤ 34

191

함수 $f(x)=\begin{cases} x-[x] & (|x|\leq 1) \\ 1 & (|x|>1) \end{cases}$에 대한 설명으로 〈보기〉에서 옳은 것만을 있는 대로 고른 것은?

(단, $[x]$는 x보다 크지 않은 최대의 정수이다.)

> 보기
> ㄱ. $\lim_{x\to 0}f(x)$가 존재하지 않는다.
> ㄴ. 함수 $f(x)$가 불연속인 점은 2개이다.
> ㄷ. $-1<a<1$인 실수 a에 대하여 $\lim_{x\to a}\{f(x)+f(-x)\}$가 존재한다.

① ㄱ　② ㄴ　③ ㄱ, ㄴ　④ ㄱ, ㄷ　⑤ ㄱ, ㄴ, ㄷ

192

평가원기출

실수 a에 대하여 집합

$$\{x\,|\,ax^2+2(a-2)x-(a-2)=0,\ x\text{는 실수}\}$$

의 원소의 개수를 $f(a)$라 할 때, 〈보기〉에서 옳은 것만을 있는 대로 고른 것은?

> 보기
> ㄱ. $\lim_{a\to 0}f(a)=f(0)$
> ㄴ. $\lim_{a\to c+}f(a)\neq\lim_{a\to c-}f(a)$인 실수 c는 2개이다.
> ㄷ. 함수 $f(a)$가 불연속인 점은 3개이다.

① ㄴ　② ㄷ　③ ㄱ, ㄴ　④ ㄴ, ㄷ　⑤ ㄱ, ㄴ, ㄷ

193

그림과 같은 함수

$$f(x)=\begin{cases} x+2 & (x<-1) \\ 0 & (x=-1) \\ x^2 & (-1<x<1) \\ x-2 & (x\geq 1) \end{cases}$$

에 대하여 〈보기〉에서 옳은 것만을 있는 대로 고른 것은?

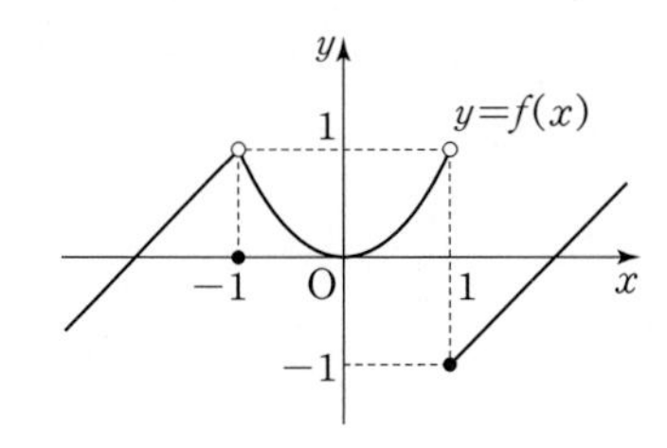

보기

ㄱ. $\lim_{x\to 1+}\{f(x)+f(-x)\}=0$

ㄴ. 함수 $f(x)-|f(x)|$가 불연속인 점은 1개이다.

ㄷ. 함수 $f(x)f(x-a)$가 실수 전체의 집합에서 연속이 되는 상수 a는 없다.

① ㄱ ② ㄱ, ㄴ ③ ㄱ, ㄷ
④ ㄴ, ㄷ ⑤ ㄱ, ㄴ, ㄷ

194

좌표평면에 세 점 O(0,0), A($\sqrt{2}$, 0), B(0, $\sqrt{2}$)가 있다. 점 O를 중심으로 하는 원 C의 반지름의 길이가 t일 때, 삼각형 ABP의 넓이가 자연수인 원 C 위의 점 P의 개수를 함수 $f(t)$라 하자. 〈보기〉에서 옳은 것만을 있는 대로 고른 것은?

(단, 점 P는 직선 AB 위에 있지 않다.)

보기

ㄱ. $f\left(\frac{1}{2}\right)=2$

ㄴ. $\lim_{t\to 1+}f(t)\neq f(1)$

ㄷ. $0<a<4$인 실수 a에 대하여 함수 $f(t)$가 $t=a$에서 불연속인 a의 개수는 3이다.

① ㄱ ② ㄴ ③ ㄱ, ㄴ
④ ㄴ, ㄷ ⑤ ㄱ, ㄴ, ㄷ

195

평가원기출

함수 $f(x)=\begin{cases} x+1 & (x\leq 0) \\ -\frac{1}{2}x+7 & (x>0) \end{cases}$ 에 대하여 함수

$f(x)f(x-a)$가 $x=a$에서 연속이 되도록 하는 모든 실수 a의 값의 합을 구하시오.

196

실수 전체의 집합에서 정의된 함수 $y=f(x)$의 그래프가 그림과 같다.

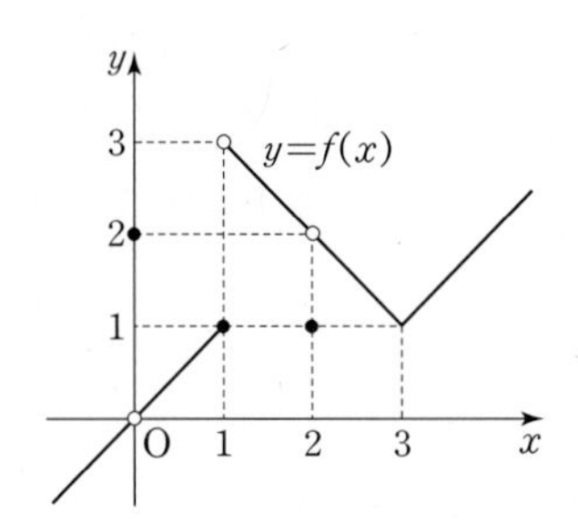

이차함수 $g(x)=-x^2+4x+k$에 대하여 함수 $(f \circ g)(x)$가 $x=2$에서 불연속이 되도록 하는 모든 실수 k의 값의 합은?

① -9　② -6　③ -3
④ 0　⑤ 3

197

다음 〈보기〉에서 옳은 것만을 있는 대로 고른 것은?

보기

ㄱ. 두 함수 $f(x)$, $g(x)$에 대하여 함수 $(g \circ f)(x)$가 $x=a$에서 연속이면 함수 $f(x)$는 $x=a$에서 연속이다.
ㄴ. 두 함수 $f(x)$, $f(x)-g(x)$가 닫힌구간 $[a, b]$에서 연속이면 함수 $g(x)$는 이 구간에서 반드시 최댓값과 최솟값을 갖는다.
ㄷ. 열린구간 (a, b)에서 최댓값과 최솟값을 모두 갖는 상수함수가 아닌 연속함수가 존재한다.

① ㄱ　② ㄴ　③ ㄷ
④ ㄴ, ㄷ　⑤ ㄱ, ㄴ, ㄷ

198

$a>0$, $b>0$일 때, x에 대한 삼차방정식
$(x+a)(x-b)^2-x^2=0$이 서로 다른 양의 실근 m개와 서로 다른 음의 실근 n개를 가질 때, $3m+2n$의 값은?

① 6　② 7　③ 8
④ 9　⑤ 10

199

함수 $f(x)=13kx^2+k^2x+12$에 대하여 방정식 $f(x)=0$이 열린구간 $(0, 1)$에서 적어도 하나의 실근을 갖도록 하는 정수 k의 개수는?

① 10 ② 9 ③ 8 ④ 7 ⑤ 6

200

함수 $f(x)=x^2-7x+a$에 대하여 함수 $g(x)$를

$$g(x)=\begin{cases} -x+2a & (x \ge a) \\ f(x+2) & (x < a) \end{cases}$$

라 할 때, 다음 조건을 만족시키는 모든 실수 a의 값의 합은?

> (가) 방정식 $f(x)=0$은 열린구간 $(0, 2)$에서 적어도 하나의 실근을 갖는다.
> (나) 함수 $f(x)g(x)$는 $x=a$에서 연속이다.

① 7 ② 9 ③ 11 ④ 13 ⑤ 15

201

$a<0$, $b>0$인 두 실수 a, b에 대하여 이차방정식

$$x(x-a)+x(x-b)+(x-a)(x-b)=0$$

의 두 실근이 α, β $(\alpha<\beta)$일 때, 다음 중 대소 관계로 옳은 것은?

① $a<0<\alpha<\beta<b$ ② $a<\alpha<0<\beta<b$
③ $a<\alpha<\beta<0<b$ ④ $\alpha<a<0<\beta<b$
⑤ $\alpha<a<0<b<\beta$

202 서술형

서로 다른 세 실수 α, β, γ에 대하여 다음 방정식이 서로 다른 두 실근을 가짐을 보이고, 그 과정을 서술하시오. (단, $\alpha<\beta<\gamma$)

$$(x-\alpha)(x-\beta)+(x-\beta)(x-\gamma)+(x-\gamma)(x-\alpha)=0$$

미분

01 미분계수와 도함수

| 이전 학습 내용 |

• **일차함수의 그래프의 기울기** 중2

일차함수 $y=ax+b$에서

$$(\text{기울기})=\frac{(y\text{의 값의 증가량})}{(x\text{의 값의 증가량})}=a$$

• **극한값** Ⅰ. 함수의 극한과 연속_01 함수의 극한

함수 $f(x)$에서 x의 값이 $x\neq a$이면서 a에 한없이 가까워질 때, $f(x)$의 값이 일정한 값 L에 한없이 가까워지면 L을 함수 $f(x)$의 $x=a$에서의 **극한값**이라 한다.

'$\lim_{x\to a}f(x)=L$'

또는 '$x\to a$일 때 $f(x)\to L$'

• **$x=a$에서 함수의 연속**

Ⅰ. 함수의 극한과 연속_02 함수의 연속

함수 $f(x)$가 실수 a에 대하여

① 함숫값 $f(a)$ 존재

② 극한값 $\lim_{x\to a}f(x)$ 존재

③ $\lim_{x\to a}f(x)=f(a)$

이때 함수 $f(x)$는 $x=a$에서 연속이라 한다.

현재 학습 내용

• **미분계수** 유형01 평균변화율

1. 평균변화율

(1) 함수 $y=f(x)$에서 x의 값이 a에서 b까지 변할 때, y의 값은 $f(a)$에서 $f(b)$까지 변한다.
이때 x의 값의 변화량 $b-a$를 x의 증분, y의 값의 변화량 $f(b)-f(a)$를 y의 증분이라 하고, 기호로 각각 Δx, Δy와 같이 나타낸다.

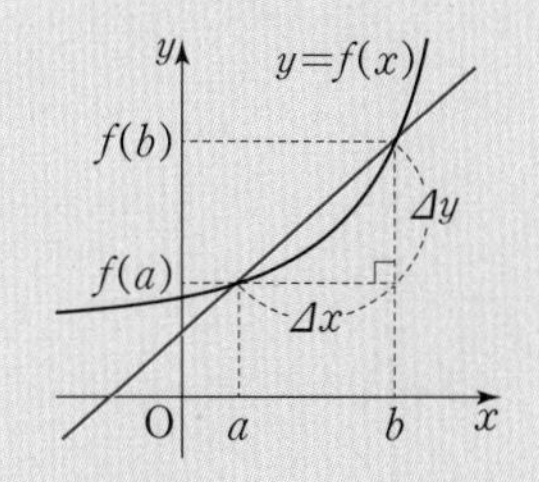

(2) 함수 $y=f(x)$에서 x의 값이 a에서 b까지 변할 때
평균변화율은

$$\frac{\Delta y}{\Delta x}=\frac{f(b)-f(a)}{b-a}=\frac{f(a+\Delta x)-f(a)}{\Delta x}$$

$\Delta x=b-a$에서 $b=a+\Delta x$

이고, 이는 두 점 $(a,\ f(a))$, $(b,\ f(b))$를 지나는 직선의 기울기를 의미한다.

2. 미분계수(순간변화율)

유형02 미분계수의 뜻
유형03 미분계수의 기하적 의미

함수 $y=f(x)$의 $x=a$에서의 **순간변화율** 또는 **미분계수**는

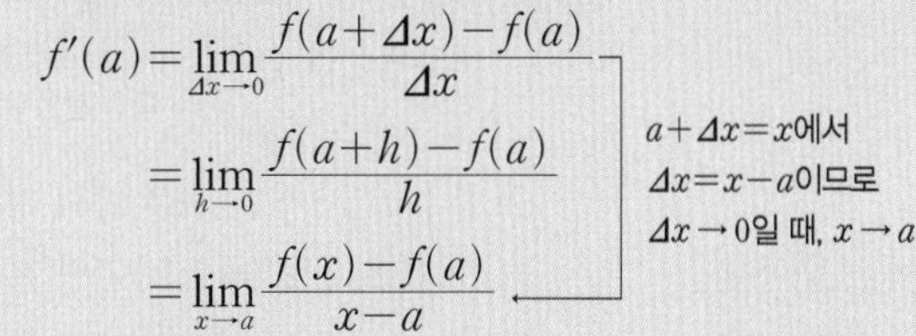

$$f'(a)=\lim_{\Delta x\to 0}\frac{f(a+\Delta x)-f(a)}{\Delta x}=\lim_{h\to 0}\frac{f(a+h)-f(a)}{h}=\lim_{x\to a}\frac{f(x)-f(a)}{x-a}$$

$a+\Delta x=x$에서 $\Delta x=x-a$이므로 $\Delta x\to 0$일 때, $x\to a$

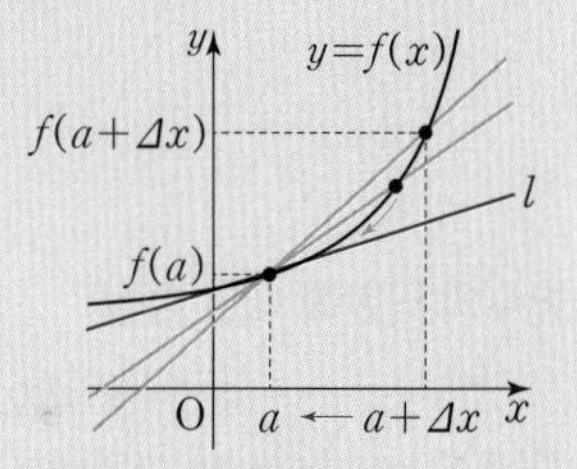

이고, 이는 곡선 $y=f(x)$ 위의 점 $(a,\ f(a))$에서의 접선 l의 기울기를 의미한다.

접점 / 이것이 미분계수의 기하적 의미이다.

3. 미분가능성과 연속성의 관계

유형04 미분가능성과 연속성

(1) 함수 $f(x)$의 $x=a$에서의 미분계수 $f'(a)$가 존재할 때, 함수 $f(x)$는 $x=a$에서 **미분가능**하다고 하고, 함수 $y=f(x)$가 어떤 열린구간에 속하는 모든 x에서 미분가능하면 함수 $y=f(x)$는 그 구간에서 미분가능하다고 한다.

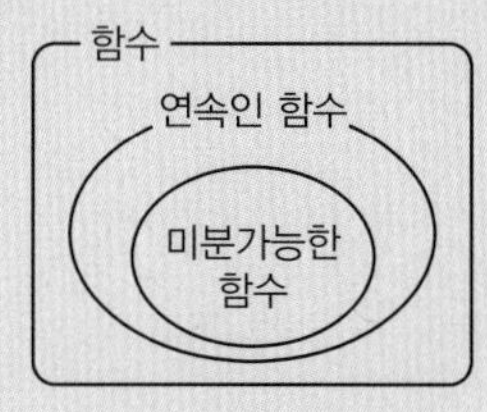

(2) 함수 $f(x)$가 $x=a$에서 미분가능하면 $f(x)$는 $x=a$에서 연속이다.

주의 (2)의 역은 성립하지 않는다.
즉, 함수 $f(x)$가 $x=a$에서 연속이라고 해서 함수 $f(x)$가 $x=a$에서 반드시 미분가능한 것은 아니다.
예 함수 $f(x)=|x|$는 $x=0$에서 연속이지만 미분가능하지 않다.

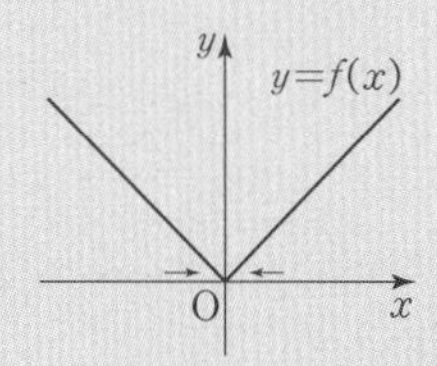

| 이전 학습 내용 |

• 함수의 극한에 대한 성질

Ⅰ. 함수의 극한과 연속_01 함수의 극한

함수 $f(x)$, $g(x)$에 대하여

$\lim_{x\to a}f(x)$, $\lim_{x\to a}g(x)$가 존재할 때,

(1) $\lim_{x\to a}cf(x)=c\lim_{x\to a}f(x)$ (단, c는 상수)

(2) $\lim_{x\to a}\{f(x)\pm g(x)\}$
$=\lim_{x\to a}f(x)\pm\lim_{x\to a}g(x)$ (복부호동순)

(3) $\lim_{x\to a}f(x)g(x)=\lim_{x\to a}f(x)\times\lim_{x\to a}g(x)$

현재 학습 내용

• 도함수

유형06 미분계수와 도함수

1. 도함수의 정의

함수 $y=f(x)$가 정의역에 속하는 모든 x에서 미분가능할 때, 정의역에 속하는 각 x에 미분계수 $f'(x)$를 대응시킨 새로운 함수를 함수 $y=f(x)$의 **도함수**라 한다. 즉,

$$f'(x)=\lim_{\Delta x\to 0}\frac{f(x+\Delta x)-f(x)}{\Delta x}$$
$$=\lim_{h\to 0}\frac{f(x+h)-f(x)}{h}$$

이고, 이를 기호로 $f'(x)$, y', $\frac{dy}{dx}$, $\frac{d}{dx}f(x)$와 같이 나타낸다.

$\frac{dy}{dx}$는 y를 x에 대하여 미분한다는 뜻이다.

2. 미분법

유형05 다항함수의 도함수

(1) 함수 $y=f(x)$의 도함수 $f'(x)$를 구하는 것을 함수 $f(x)$를 x에 대하여 **미분**한다고 하고, 그 계산법을 미분법이라 한다.

$f'(a)$는 도함수 $f'(x)$에 $x=a$를 대입한 것이다. 즉, 미분계수는 도함수의 함숫값이다.

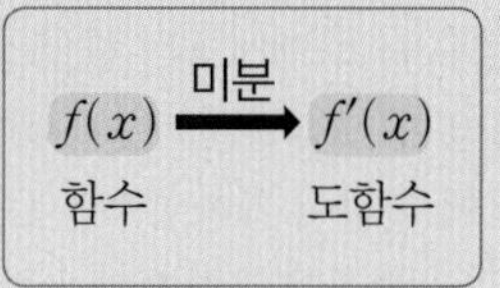

(2) **함수 $f(x)=x^n$(n은 양의 정수)과 상수함수의 도함수**

① $f(x)=x^n(n\ge 2)$이면 $f'(x)=nx^{n-1}$

② $f(x)=x$이면 $f'(x)=1$

③ $f(x)=c$(c는 상수)이면 $f'(x)=0$

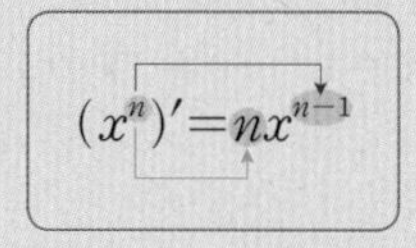

(3) **함수의 실수배, 합, 차, 곱의 미분**

두 함수 $f(x)$, $g(x)$가 미분가능할 때,

① $\{cf(x)\}'=cf'(x)$(단, c는 상수)

② $\{f(x)+g(x)\}'=f'(x)+g'(x)$

③ $\{f(x)-g(x)\}'=f'(x)-g'(x)$

(2), (3)에 의하여 다항함수는 모든 실수에서 미분가능하다.

④ $\{f(x)g(x)\}'=f'(x)g(x)+f(x)g'(x)$ 유형07 곱의 미분법

(3)의 ②, ③은 세 개 이상의 미분가능한 함수에 대해서도 성립한다.
특히, ④에서 미분가능한 세 함수의 곱은 다음과 같이 미분할 수 있다.
$\{f(x)g(x)h(x)\}'=f'(x)g(x)h(x)+f(x)g'(x)h(x)+f(x)g(x)h'(x)$

유형08 미분가능한 함수의 미정계수 결정

유형09 미분법의 활용

유형10 수학 Ⅰ 통합 유형

유형 01 평균변화율

평균변화율을 계산하는 문제를 분류하였다.

유형 해결 TIP

그래프가 주어진 문제에서 평균변화율을 두 점을 지나는 직선의 기울기로 해석할 수 있어야 한다.

203

함수 $f(x)=x^2$에서 x의 값이 1에서 3까지 변할 때의 평균변화율은?

① 1 ② 2 ③ 3
④ 4 ⑤ 5

204 빈출

함수 $f(x)=x^2+3x$에서 x의 값이 a에서 $a+3$까지 변할 때의 평균변화율이 4일 때, 상수 a의 값은?

① -2 ② -1 ③ 0
④ 1 ⑤ 2

유형 02 미분계수의 뜻

미분계수의 정의를 이용하여 미분계수를 구하는 문제를 분류하였다.

유형 해결 TIP

미분계수의 정의를 이용하기 위하여 극한을 다음과 같은 꼴이 포함되도록 식을 변형하여 풀이하자.

$$f'(a)=\lim_{\blacktriangle\to 0}\frac{f(a+\blacktriangle)-f(a)}{\blacktriangle}$$

$$f'(\bigstar)=\lim_{\blacktriangle\to\bigstar}\frac{f(\blacktriangle)-f(\bigstar)}{\blacktriangle-\bigstar}$$

205 서술형

함수 $f(x)=x^2+2x$에 대하여 $x=1$에서의 미분계수를 미분계수의 정의를 이용하여 구하고, 그 과정을 서술하시오.

206

함수 $f(x)$에 대하여 $\lim_{\Delta x\to 0}\frac{f(1+2\Delta x)-f(1)}{\Delta x}=-4$일 때, $f'(1)$의 값은?

① -1 ② -2 ③ -4
④ -8 ⑤ -16

207

함수 $f(x)$에 대하여 $f'(2)=6$일 때, $\lim_{h\to 0}\frac{f(2+3h)-f(2)}{2h}$의 값은?

① 2 ② 3 ③ 4
④ 9 ⑤ 12

208

함수 $f(x)$에 대하여 $f'(a)=2$일 때, $\lim_{h\to 0}\frac{f(a+2h)-f(a-h)}{h}$의 값은?

① 2 ② 4 ③ 6
④ 8 ⑤ 10

209

함수 $f(x)$에 대하여 $f'(1)=-1$일 때, $\lim_{x\to1}\frac{f(x)-f(1)}{x^3-1}$의 값은?

① -1 ② $-\frac{1}{2}$ ③ $-\frac{1}{3}$
④ $-\frac{1}{4}$ ⑤ $-\frac{1}{5}$

210

함수 $f(x)$에 대하여 $f'(2)=-2$일 때, $\lim_{x\to2}\frac{-2x+4}{f(x)-f(2)}$의 값은?

① -4 ② -1 ③ 1
④ 2 ⑤ 4

유형 03 미분계수의 기하적 의미

함수 $y=f(x)$의 그래프 위의 점 $(a, f(a))$에서의 접선의 기울기가 $x=a$에서의 미분계수 $f'(a)$와 같음을 이용하는 문제를 분류하였다.

유형 해결 TIP

함수 $y=f(x)$의 그래프 위의 점 (a, b)에서의 접선의 기울기가 c일 때, $f(a)=b$이고 $f'(a)=c$임을 이용하자.

211

함수 $y=f(x)$의 그래프 위의 점 $(3, f(3))$에서의 접선의 기울기가 4일 때, $\lim_{\Delta x\to0}\frac{f(3-4\Delta x)-f(3)}{\Delta x}$의 값을 구하시오.

212

미분가능한 함수 $y=f(x)$의 그래프와 직선 $y=4x-1$이 점 $(1, 3)$에서 접할 때, $\lim_{h\to0}\frac{f(1-4h)-f(1+h)}{2h}$의 값은?

① -10 ② -8 ③ -6
④ -4 ⑤ -2

213

그림과 같이 미분가능한 함수 $y=f(x)$의 그래프와 직선 $y=x$에 대하여 $0<a<b$일 때, 〈보기〉에서 옳은 것만을 있는 대로 고른 것은?

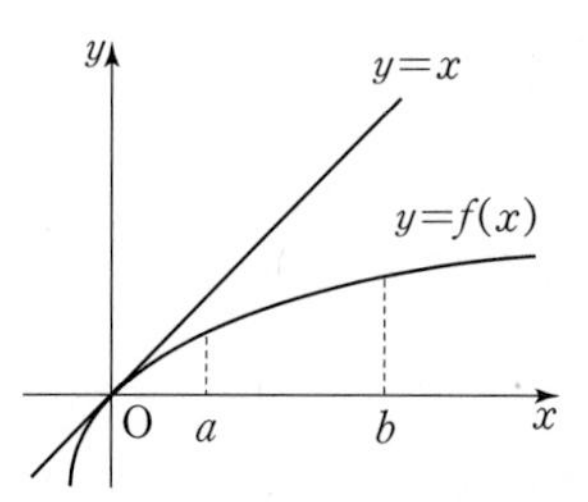

보기

ㄱ. $bf(a)-af(b)>0$
ㄴ. $f(b)-f(a)<b-a$
ㄷ. $f'(a)<\frac{f(b)-f(a)}{b-a}<f'(b)$

① ㄱ ② ㄱ, ㄴ ③ ㄱ, ㄷ
④ ㄴ, ㄷ ⑤ ㄱ, ㄴ, ㄷ

유형 04 미분가능성과 연속성

함수의 그래프 또는 함수식이 주어질 때 연속성과 미분가능성을 판단하는 문제를 분류하였다.

유형해결 TIP

$x=a$에서의 미분계수 $\lim_{h\to 0}\frac{f(a+h)-f(a)}{h}$가 존재할 때,
함수 $f(x)$가 $x=a$에서 미분가능하다고 한다.
즉, 좌극한, 우극한이 존재하고 그 값이 서로 같아야 하므로

$$\underbrace{\lim_{h\to 0-}\frac{f(a+h)-f(a)}{h}}_{\text{좌미분계수}}=\underbrace{\lim_{h\to 0+}\frac{f(a+h)-f(a)}{h}}_{\text{우미분계수}}$$

(좌미분계수)$=$(우미분계수)이어야 한다.
한편, 함수 $f(x)$가 $x=a$에서 미분가능하지 않은 경우는 다음과 같다.
① $x=a$에서 연속이 아니면 미분가능하지 않다.
② $x=a$에서 연속일 때, $x=a$에서 뾰족점이면 미분가능하지 않다.

214

다음 〈보기〉의 함수의 그래프 중 $x=1$에서 연속인 것의 개수를 a, 미분가능한 것의 개수를 b라 할 때, $a-b$의 값은?

보기

ㄱ.
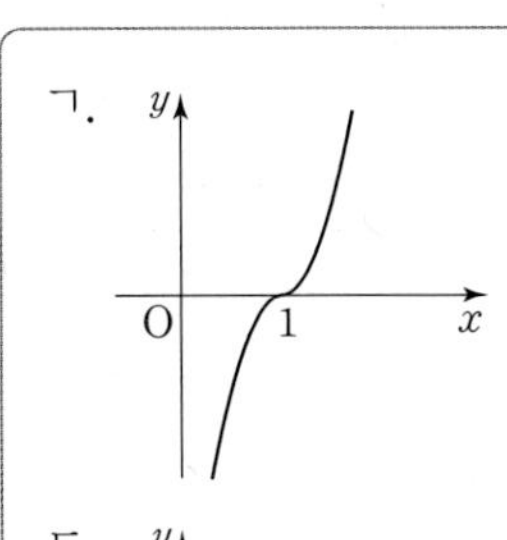

ㄴ.
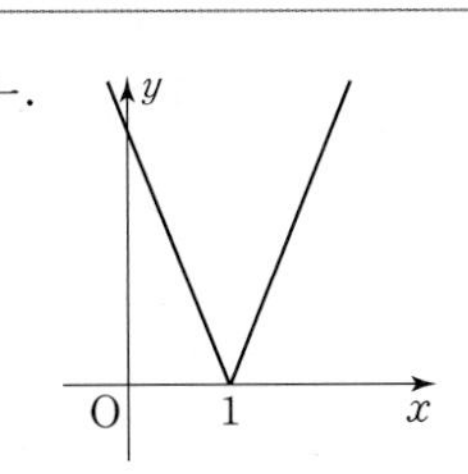

ㄷ.
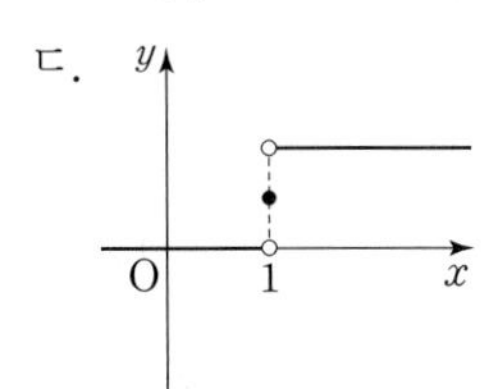

ㄹ.
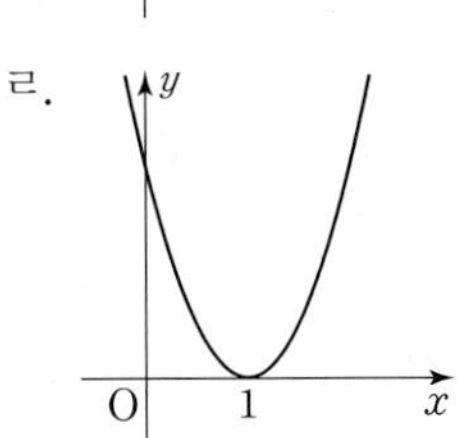

ㅁ.
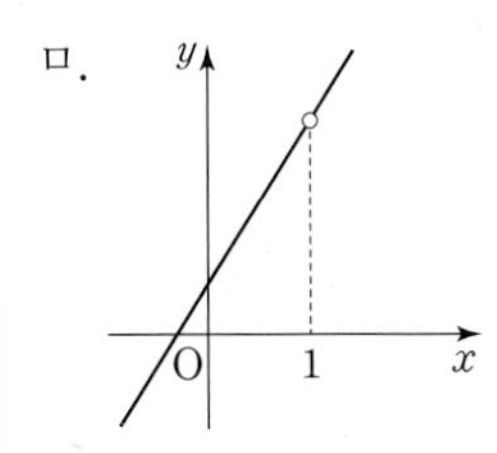

① 0 ② 1 ③ 2
④ 3 ⑤ 4

215

함수 $y=f(x)$의 그래프가 그림과 같을 때, 구간 $(-2, 5)$에서 함수 $f(x)$가 극한이 존재하지 않는 x의 값의 개수를 p, 불연속인 x의 값의 개수를 q, 미분가능하지 않은 x의 값의 개수를 r라 할 때, $p+q+r$의 값은?

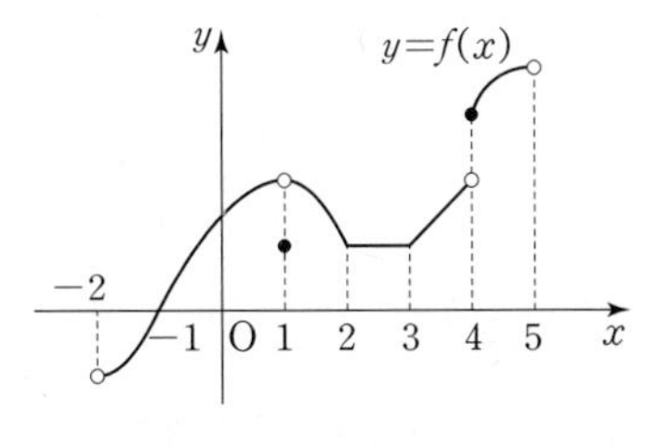

① 5 ② 6 ③ 7
④ 8 ⑤ 9

216 빈출

다음 〈보기〉의 함수 중 $x=0$에서 연속이지만 미분가능하지 않은 함수만을 있는 대로 고른 것은?

보기

ㄱ. $f(x)=x$
ㄴ. $f(x)=|x|$
ㄷ. $f(x)=\frac{|x|}{x}$
ㄹ. $f(x)=\begin{cases} x+1 & (x\ge 0) \\ 2x+1 & (x<0) \end{cases}$

① ㄴ ② ㄷ ③ ㄱ, ㄷ
④ ㄴ, ㄹ ⑤ ㄴ, ㄷ, ㄹ

217

함수 $f(x)=x|x-2|$가 $x=a$에서 연속이지만 미분가능하지 않을 때, a의 값은?

① -2 ② -1 ③ 0
④ 1 ⑤ 2

218 서술형

'함수 $f(x)$가 $x=a$에서 미분가능하면 $x=a$에서 연속이다.'를 증명하시오.

유형 05 다항함수의 도함수

다항함수의 도함수를 구하거나 도함수를 구한 후 도함수의 함숫값인 미분계수를 구하는 문제를 분류하였다.

유형 해결 TIP

$y=c$(c는 상수)일 때 $y'=0$이고,
$y=x^n$($n\geq 2$인 자연수)일 때 $y'=nx^{n-1}$이며
합, 차, 실수배한 함수의 도함수는 각각의 함수의 도함수를 합, 차, 실수배한 함수와 같음을 이용하여 모든 다항함수 $f(x)$의 도함수 $f'(x)$를 구할 수 있다.
또한, 도함수 $f'(x)$의 $x=a$에서의 함숫값 $f'(a)$는 함수 $f(x)$의 $x=a$에서의 미분계수이다.

219 서술형

함수 $f(x)=2x^2-1$에 대하여 다음 물음에 답하고, 그 과정을 서술하시오.

(1) 도함수의 정의를 이용하여 $f(x)=2x^2-1$의 도함수를 구하시오.
(2) (1)의 결과를 이용하여 함수 $f(x)$의 $x=1$에서의 미분계수를 구하시오.

220

함수 $f(x)=2x^3-5x^2+x+1$에 대하여 $f'(1)$의 값은?

① -5 ② -4 ③ -3
④ -2 ⑤ -1

221 빈출

함수 $f(x)=x^3-ax^2+4x$의 $x=1$에서의 미분계수가 5일 때, 상수 a의 값은?

① 1 ② 2 ③ 3
④ 4 ⑤ 5

222

곡선 $y=2x^3+3x^2$ 위의 점 $(-2, -4)$에서의 접선의 기울기는?

① 4 ② 6 ③ 8
④ 10 ⑤ 12

223 빈출

함수 $f(x)=3x^3+ax+b$의 그래프 위의 점 $(1, 2)$에서의 접선의 기울기가 4일 때, 두 상수 a, b에 대하여 $a-b$의 값을 구하시오.

224

함수 $f(x)=x^3-2x^2+ax+b$의 그래프 위의 점 $(1, 1)$에서의 접선과 수직인 직선의 기울기가 3일 때, 두 상수 a, b에 대하여 $b-a$의 값은?

① $\frac{1}{3}$ ② $\frac{2}{3}$ ③ 1
④ $\frac{4}{3}$ ⑤ $\frac{5}{3}$

225

함수 $f(x)=\frac{1}{3}x^3-x^2+4x+\frac{2}{3}$의 그래프 위의 점 (a, b)에서의 접선의 기울기가 3일 때, $a+b$의 값을 구하시오.

226

함수 $f(x)=x^3-kx^2+1$에서 x의 값이 0에서 3까지 변할 때의 평균변화율과 $f'(2)$의 값이 같을 때, $f(1)$의 값은?

(단, k는 상수이다.)

① -1 ② $-\frac{5}{6}$ ③ $-\frac{2}{3}$
④ $-\frac{1}{2}$ ⑤ $-\frac{1}{3}$

227 빈출

함수 $f(x)=3x^2-5x+1$에 대하여 x의 값이 1에서 3까지 변할 때의 평균변화율과 $x=a$에서의 미분계수가 서로 같을 때, 상수 a의 값을 구하시오.

228

함수 $f(x)=x^2-3$에 대하여 x의 값이 a에서 $a+2$까지 변할 때의 평균변화율과 $x=4$에서의 미분계수가 서로 같을 때, 상수 a의 값은?

① 1 ② 2 ③ 3
④ 4 ⑤ 5

229

함수 $f(x)=x+\frac{1}{2}x^2+\frac{1}{3}x^3+\cdots+\frac{1}{50}x^{50}$에 대하여 $f'(-1)$의 값은?

① -50 ② -1 ③ 0
④ 1 ⑤ 50

유형 06 미분계수와 도함수

구하는 극한값을 **유형 02**에서 공부한 미분계수의 정의로 변형하고, 이때의 미분계수를 **유형 05**에서 공부한 바와 같이 다항함수의 도함수를 구한 뒤 도함수의 함숫값으로 구하는 문제를 분류하였다.

230 빈출

함수 $f(x)=x^3-2x$에 대하여 다음을 구하시오.

(1) $\lim_{h\to0}\frac{f(x+3h)-f(x)}{h}$

(2) $\lim_{h\to0}\frac{f(2h+3)-f(3)}{h}$

231

함수 $f(x)=1+x+x^2+\cdots+x^6$에 대하여

$\lim_{h\to0}\frac{1}{h}\{f(1+2h)-f(1-3h)\}$의 값을 구하시오.

유형 07 곱의 미분법

다항식의 곱으로 나타내어진 다항함수를 미분하는 문제를 분류하였다.

유형해결 TIP

합, 차, 실수배한 함수의 도함수와 달리 곱한 함수 $f(x)g(x)$의 도함수는 두 함수 각각의 도함수의 곱으로 구할 수 없음에 주의하자.
즉, $\{f(x)g(x)\}'=f'(x)g(x)+f(x)g'(x)$이고, 이를 확장하여 세 개 이상의 함수를 곱한 함수와 거듭제곱한 함수의 도함수를 구할 수 있다.
또한, 거듭제곱한 함수 $y=\{f(x)\}^n$ ($n\geq2$인 자연수)의 도함수는 $y'=n\{f(x)\}^{n-1}f'(x)$가 됨을 이해하고 이를 이용하자.

232 빈출

다음 함수의 도함수를 구하시오.

(1) $y=(x-2)(2x+1)$

(2) $y=(x^3-1)(2x+3)$

233 빈출

함수 $f(x)=(3x+1)(x^2-x-1)$의 $x=1$에서의 순간변화율은?

① -1 ② 1 ③ 3 ④ 5 ⑤ 7

234

함수 $f(x)=(x-1)(x-3)(x-5)$에 대하여 $f'(5)$의 값은?

① 0 ② 2 ③ 4 ④ 6 ⑤ 8

235

다음 함수 $f(x)$에 대하여 $f'(1)$의 값을 구하시오.

(1) $f(x)=(3x-2)^3$

(2) $f(x)=(x^2+x)^2$

236 빈출

미분가능한 두 함수 $f(x)$, $g(x)$에 대하여 함수 $y=f(x)g(x)$의 도함수를 다음 과정에 따라 구하고, 그 과정을 서술하시오.

(1) 함수 $y=f(x)g(x)$에서 y의 증분 Δy를 x의 증분 Δx를 사용하여 나타내시오.

(2) (1)을 이용하여 함수 $y=f(x)g(x)$의 도함수 y'을 구하고, 그 과정을 서술하시오.

유형 08 미분가능한 함수의 미정계수 결정

구간별로 식이 다르게 주어진 함수가 구간의 분점에서 미분가능할 때, 이 점에서 연속이고 미분계수가 존재한다는 조건을 이용하여 해결하는 문제를 분류하였다.

유형해결 TIP

$x=a$에서 미분가능한 두 함수 $g(x)$, $h(x)$에 대하여

$$f(x)=\begin{cases} g(x) & (x \geq a) \\ h(x) & (x < a) \end{cases}$$

라 정의되어 있을 때, 함수 $f(x)$가 미분가능하면

(i) $g(a)=h(a)$　　(ii) $g'(a)=h'(a)$

의 두 가지의 등식을 만족시키면 됨을 이해하고 이를 이용하자.

237 빈출

함수 $f(x)=\begin{cases} x^2+2x & (x \leq 1) \\ ax+b & (x > 1) \end{cases}$가 $x=1$에서 미분가능할 때, 두 상수 a, b에 대하여 $a-b$의 값은?

① -3　② -1　③ 1　④ 3　⑤ 5

유형 09 미분법의 활용

다항함수의 미분을 이용하여 다항식을 다항식으로 나눈 나머지를 구하는 문제와 도함수가 포함된 등식에서 다항식의 차수를 유추하고 항등식의 성질을 이용하여 푸는 문제를 분류하였다.

238 빈출 서술형

다항식 $x^{10}-x^4+5$를 $(x+1)^2$으로 나누었을 때의 나머지를 구하고, 그 과정을 서술하시오.

239 빈출

다항식 $x^{100}+ax^2+bx+1$을 $(x-1)^2$으로 나누었을 때의 나머지가 $2x+1$일 때, $b-a$의 값은? (단, a, b는 상수이다.)

① 189　② 199　③ 209　④ 219　⑤ 229

유형 10 수학 I 통합 유형

〈수학 I〉에서 배우는 개념이 통합된 문항을 이 유형에 따로 분류하였다.

유형해결 TIP

〈수학 I〉을 배우지 않고 〈수학 II〉를 배우는 학생들은 학교 시험에 이 유형의 문제들은 출제되지 않으니 넘어가도록 하자. 〈수학 I〉을 배우고 〈수학 II〉를 배우는 학생들은 이 유형도 공부하도록 하자.

240

함수 $f(x)=\sum_{k=1}^{20} x^{2k}$에 대하여 $f'(1)$의 값은?

① 400　② 410　③ 420　④ 430　⑤ 440

유형01 평균변화율

241

함수 $f(x)$에 대하여 x의 값이 1에서 2까지 변할 때의 평균변화율은 2이고, x의 값이 2에서 3까지 변할 때의 평균변화율은 6이다. x의 값이 1에서 3까지 변할 때의 함수 $f(x)$의 평균변화율은?

① 2　② 4　③ 6　④ 8　⑤ 10

242

함수 $f(x)$의 역함수가 $g(x)$이고, $a<b$인 두 실수 a, b에 대하여 $f(a)=-1$, $f(b)=5$이다. x의 값이 a에서 b까지 변할 때의 함수 $f(x)$의 평균변화율이 4일 때, x의 값이 -1에서 5까지 변할 때의 함수 $g(x)$의 평균변화율은?

① $\frac{1}{2}$　② $\frac{1}{3}$　③ $\frac{1}{4}$　④ $\frac{1}{5}$　⑤ $\frac{1}{6}$

243

어느 공장에서 상품 A를 x kg 생산할 때 생산비용을 y원이라 하면

$$y=0.4x^2+12x+200$$

이 성립한다. 이 공장에서 상품 A의 생산량을 10 kg에서 15 kg까지 증가시킬 때, 생산비용의 평균변화율은?

① 20　② 22　③ 24　④ 26　⑤ 28

유형02 미분계수의 뜻

244

| 선행 207 |

함수 $f(x)$에 대하여 $f(1)=1$, $f'(1)=3$일 때, $\lim_{h\to0}\frac{\{f(1+h)\}^2-\{f(1)\}^2}{h}$의 값은?

① 3　② 6　③ 9　④ 12　⑤ 15

245

| 선행 210 |

함수 $f(x)$에 대하여 $\lim_{x\to1}\frac{2x^2-2}{f(x)-f(1)}=-1$이고, $\lim_{\Delta x\to0}\frac{f(1+k\Delta x)-f(1)}{2\Delta x}=-2$일 때, 상수 k의 값은?

① 1　② 2　③ 4　④ 8　⑤ 16

246

| 선행 209 |

함수 $f(x)$에 대하여 $f'(1)=12$일 때, 다음 극한값을 구하시오.

(1) $\lim_{x\to1}\frac{f(\sqrt{x})-f(1)}{x^2-1}$

(2) $\lim_{x\to1}\frac{f(x^2)-f(1)}{x^3-1}$

247

함수 $f(x)$에 대하여 $f'(2)=2$일 때, $\lim_{x \to \sqrt{2}} \frac{f(x^2)-f(2)}{x-\sqrt{2}}$의 값은?

① $\sqrt{2}$ ② 2 ③ $2\sqrt{2}$
④ 4 ⑤ $4\sqrt{2}$

248

다항함수 $f(x)$에 대하여 $\lim_{x \to 2} \frac{f(x)-3}{x^3-8}=\frac{1}{3}$이 성립할 때, $f(2)f'(2)$의 값은?

① 3 ② 6 ③ 9
④ 12 ⑤ 15

249

다항함수 $f(x)$에 대하여 $\lim_{x \to -3} \frac{f(x+1)+3}{x^2-9}=5$일 때, $f(-2)+f'(-2)$의 값은?

① -27 ② -30 ③ -33
④ -36 ⑤ -39

250

함수 $f(x)$에 대하여 $f(2)=3$, $f'(2)=-2$일 때, $\lim_{x \to 2} \frac{xf(2)-2f(x)}{x-2}$의 값은?

① 3 ② 4 ③ 5
④ 6 ⑤ 7

251

함수 $f(x)$에 대하여 $f(a^2)=-\frac{1}{3}$, $f'(a^2)=-1$일 때, $\lim_{x \to a} \frac{x^3f(a^2)-a^3f(x^2)}{x-a}$의 값을 a에 대한 식으로 나타낸 것은?

① a^4-a^2 ② a^4+a^2 ③ $2a^4-a^2$
④ $2a^4+a^2$ ⑤ $2a^4-3a^2$

252

다항함수 $f(x)$에 대하여 $f'(1)=2$일 때, $\lim_{x \to \infty} x\left\{f\left(1+\frac{2}{x}\right)-f\left(1-\frac{5}{x}\right)\right\}$의 값은?

① 12 ② 14 ③ 16
④ 18 ⑤ 20

253

다항함수 $f(x)$에 대하여 $f'(0)=-\frac{1}{6}$일 때,

$\lim_{x\to\infty} x^3\left\{f\left(\frac{3}{x}\right)-f(0)\right\}^3$의 값은?

① -1 ② $-\frac{1}{4}$ ③ $-\frac{1}{8}$

④ $-\frac{1}{9}$ ⑤ $-\frac{1}{27}$

254

미분가능한 함수 $f(x)$가 임의의 실수 x에 대하여 $f(-x)=-f(x)$를 만족시킨다. $f'(1)=2$일 때,

$\lim_{x\to\infty} x\left\{f\left(1-\frac{2}{x}\right)+f\left(\frac{3}{x}-1\right)\right\}$의 값은?

① -10 ② -2 ③ 2

④ 5 ⑤ 10

유형 03 미분계수의 기하적 의미

255

| 선행 250 |

다항함수 $y=f(x)$의 그래프 위의 점 $(2,\ -4)$에서의 접선의 방정식이 $3x+y=2$일 때, 다음 극한값을 구하시오.

(1) $\lim_{h\to 0}\frac{f(2)-f(3h+2)}{h}$

(2) $\lim_{x\to 2}\frac{x^2f(2)-4f(x)}{x-2}$

256

| 선행 252 |

다항함수 $y=f(x)$의 그래프 위의 점 $(2,\ 5)$에서의 접선이 직선 $y=\frac{1}{2}x-3$과 서로 수직일 때, $\lim_{x\to\infty} x\left\{f\left(\frac{4x-5}{2x}\right)-f(2)\right\}$의 값은?

① -5 ② -3 ③ 1

④ 3 ⑤ 5

257

미분가능한 함수 $y=f(x)$의 그래프 위의 점 $(1,\ 3)$에서의 접선이 그림과 같이 원점을 지날 때, $\lim_{x\to 1}\frac{x^3f(1)-f(x^2)}{x-1}$의 값은?

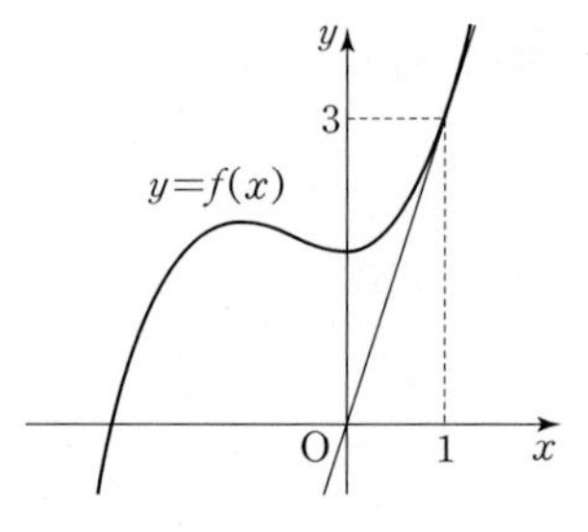

① $\frac{1}{3}$ ② 1 ③ 3

④ 6 ⑤ 9

258

| 선행 213 |

함수 $y=f(x)$의 그래프가 그림과 같을 때, 〈보기〉에서 옳은 것만을 있는 대로 고른 것은?

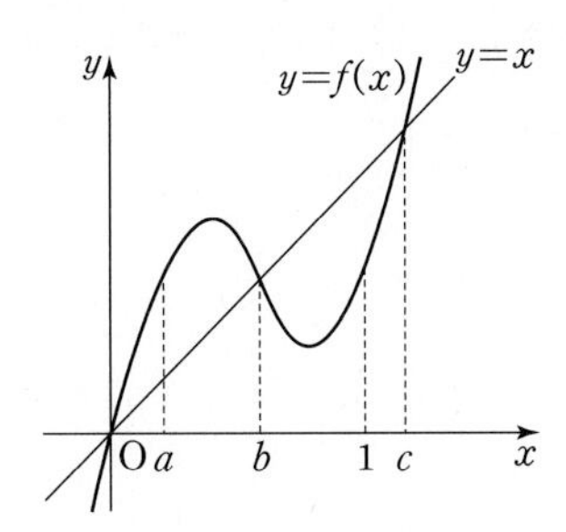

보기

ㄱ. $\frac{f(a)}{a}>\frac{f(b)}{b}$

ㄴ. $f(c)-f(a)>c-a$

ㄷ. $f'(b)<f(1)<f'(a)$

① ㄱ ② ㄴ ③ ㄱ, ㄷ
④ ㄴ, ㄷ ⑤ ㄱ, ㄴ, ㄷ

259

함수 $f(x)=\sqrt{|x|}$에 대하여 〈보기〉에서 옳은 것만을 있는 대로 고른 것은?

보기

ㄱ. $f'(-2)>0$

ㄴ. 함수 $f(x)$는 $x=0$에서 연속이다.

ㄷ. $a<b<0$일 때, $f'(b)<\frac{f(b)-f(a)}{b-a}<f'(a)$이다.

① ㄴ ② ㄷ ③ ㄱ, ㄴ
④ ㄴ, ㄷ ⑤ ㄱ, ㄴ, ㄷ

유형04 미분가능성과 연속성

260

함수 $y=f(x)$의 그래프가 그림과 같을 때, 다음 중 옳지 않은 것은?

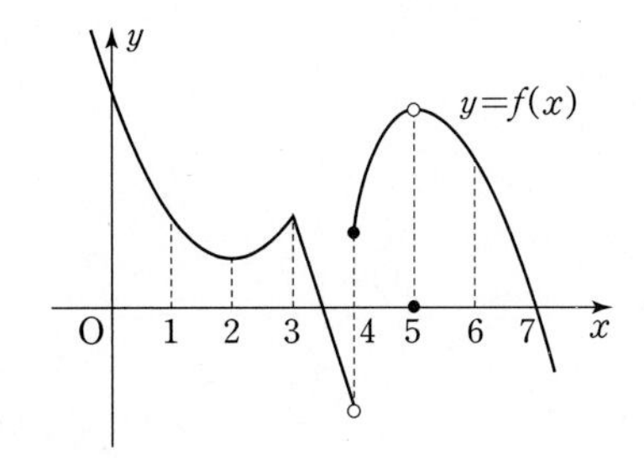

① $\lim_{x\to4-}f(x)$가 존재한다.

② $\lim_{x\to3}f(x)=f(3)$

③ $f'(6)<0$

④ $f'(x)=0$인 실수 x가 존재한다.

⑤ 함수 $y=f(x)$는 두 점에서 미분가능하지 않다.

261 빈출

| 선행 216 |

다음 〈보기〉의 함수 중 $x=0$에서 연속이지만 미분가능하지 않은 함수의 개수는? (단, $[x]$는 x보다 크지 않은 최대의 정수이다.)

보기

ㄱ. $f(x)=x^3$

ㄴ. $f(x)=x-|x|$

ㄷ. $f(x)=x|x|$

ㄹ. $f(x)=x^2[x]$

ㅁ. $f(x)=|x^2-2x|$

ㅂ. $f(x)=\begin{cases}\frac{x}{|x|} & (x\neq0)\\ 0 & (x=0)\end{cases}$

① 1 ② 2 ③ 3
④ 4 ⑤ 5

262 서술형

함수 $f(x)=x+|x|$에 대하여 다음 물음에 답하고, 그 과정을 서술하시오.

(1) $x=0$에서의 연속성을 조사하시오.

(2) $x=0$에서의 미분가능성을 조사하시오.

263 서술형

함수 $f(x)=|x^2-x|$에 대하여 다음 물음에 답하고, 그 과정을 서술하시오.

(1) $x=1$에서의 연속성을 조사하시오.

(2) $x=1$에서의 미분가능성을 조사하시오.

264 서술형

함수 $f(x)$가 $x=0$에서 연속이지만 미분가능하지 않을 때, 함수 $g(x)=\frac{1}{1-xf(x)}$의 $x=0$에서의 미분가능성을 조사하고, 그 과정을 서술하시오.

265 서술형

연속함수 $f(x)$에 대하여 함수 $g(x)$를 $g(x)=|x+1|f(x)$로 정의할 때, 미분계수의 정의를 이용하여 함수 $g(x)$가 $x=-1$에서 미분가능하도록 하는 $f(-1)$의 값을 구하고, 그 과정을 서술하시오.

266

두 상수 a, b $(a>0,\ b>0)$와 함수 $f(x)=(x+4)|x-a|$에 대하여 함수 $f(x)f(x-b)$가 $x=6$에서만 미분가능하지 않을 때, $f(b)$의 값을 구하시오.

267

최고차항의 계수가 양수인 이차함수 $f(x)$가

$$\lim_{x\to1+}\frac{|f(x)|-|f(1)|}{x-1}-\lim_{x\to1-}\frac{|f(x)|-|f(1)|}{x-1}=4$$

를 만족시킨다. 함수 $g(x)=|x^2+kx|f(x)$ $(k\neq0)$가 실수 전체의 집합에서 미분가능할 때, $f(k)$의 값을 구하시오.

II

유형 05 다항함수의 도함수

268

다항함수 $f(x)$가 $f(x)=2x^3-xf'(2)$를 만족시킬 때, $f'(1)$의 값은?

① -10　② -8　③ -6
④ -4　⑤ -2

269

함수 $f(x)=|x^2-4x|$에 대하여 $f'(3)$의 값은?

① -5　② -4　③ -3
④ -2　⑤ -1

270

| 선행 223 |

함수 $f(x)=x^3+ax^2+5$의 그래프 위의 점 $(2,\ f(2))$에서의 접선의 방정식이 $y=4x+b$일 때, $a+b$의 값은?

(단, a, b는 상수이다.)

① -5　② -4　③ -3
④ -2　⑤ -1

유형 06 미분계수와 도함수

271

| 선행 252 |

함수 $f(x)=2x^3-5x^2+1$에 대하여

$\lim_{x\to\infty}(3x+3)\left\{f\left(\frac{2x+1}{x+1}\right)-f\left(\frac{2x-1}{x+1}\right)\right\}$의 값은?

① 20　② 24　③ 28
④ 32　⑤ 36

272

$\lim_{x\to1}\frac{x^{16}+x^3+2x-4}{x-1}$의 값은?

① 19　② 20　③ 21
④ 22　⑤ 23

273

$\lim_{x\to-1}\frac{x+1}{x^n+x^8+x^3+x^2}=\frac{1}{6}$을 만족시키는 자연수 n의 값은?

① 12　② 13　③ 14
④ 15　⑤ 16

274

| 선행 249 |

다항함수 $f(x)$가 다음 조건을 만족시킬 때, $f(1)$의 값은?

(가) $\lim_{x \to \infty} \frac{f(x)-2x^3}{x^2}=-2$

(나) $\lim_{x \to 1} \frac{f(x+1)-4}{x(x-1)}=10$

① 2 ② 3 ③ 4 ④ 5 ⑤ 6

275

미분가능한 함수 $f(x)$가 $x>0$인 모든 실수 x에 대하여

$$2x+1 \le f(x) \le 3x+1$$

을 만족시킨다. $f(1)=3$이고 $f(2)=7$일 때, $f'(1)+f'(2)$의 값을 구하시오.

276 빈출 서술형

미분가능한 함수 $f(x)$가 임의의 두 실수 x, y에 대하여 $f(x+y)=f(x)+f(y)-3xy$를 만족시키고 $f'(0)=2$일 때, $f(x)$의 도함수 $f'(x)$를 다음 과정에 따라 구하고, 그 과정을 서술하시오.

(1) $f(0)$의 값을 구하시오.

(2) $\lim_{h \to 0} \frac{f(h)}{h}$의 극한값을 구하시오.

(3) 도함수 $f'(x)$를 구하시오.

277

미분가능한 함수 $f(x)$가 임의의 두 실수 x, y에 대하여 $f(x+y)=f(x)+f(y)+3xy(x+y)$를 만족시킨다. $f'(0)=4$일 때, $f'(n) \le 100$을 만족시키는 정수 n의 최댓값은?

① 4 ② 5 ③ 6 ④ 7 ⑤ 8

278

미분가능한 함수 $f(x)$가 임의의 두 실수 x, y에 대하여 $f(x+y)=f(xy)+f(x)+f(y)+2xy$를 만족시키고 $f'(1)=-2$일 때, $f'(3)$의 값은?

① -6 ② -5 ③ -4 ④ -3 ⑤ -2

279

미분가능한 함수 $f(x)$가 다음 조건을 만족시킬 때, $\dfrac{f'(x)}{f(x)}$의 값은?

(가) 임의의 두 실수 x, y에 대하여 $f(x+y)=4f(x)f(y)$이다.
(나) 모든 실수 x에 대하여 $f(x)>0$이다.
(다) $f'(0)=1$

① 2 ② 4 ③ 6
④ 8 ⑤ 10

유형 07 곱의 미분법

280

다음은 미분가능한 함수 $f(x)$에 대하여 도함수의 정의를 이용하여 함수 $y=\{f(x)\}^3$의 도함수를 구하는 과정이다. (가), (나), (다)에 들어갈 알맞은 식을 각각 구하시오.

$g(x)=\{f(x)\}^3$이라 하면 $y=g(x)$에서

$$y'=\lim_{h\to 0}\frac{g(x+h)-g(x)}{h}$$
$$=\lim_{h\to 0}\frac{\{f(x+h)\}^3-\{f(x)\}^3}{h}$$
$$=\lim_{h\to 0}\left\{\frac{\boxed{(가)}-f(x)}{h}\times(\boxed{(나)})\right\}$$
$$=\boxed{(다)}$$

281 빈출

| 선행 232 |

곡선 $y=f(x)$ 위의 점 $(2,\ 1)$에서의 접선의 기울기가 5일 때, 함수 $y=(x^2-1)f(x)$의 $x=2$에서의 미분계수는?

① 11 ② 13 ③ 15
④ 17 ⑤ 19

282 빈출

두 다항함수 $f(x)$, $g(x)$에 대하여 $\displaystyle\lim_{x\to 3}\frac{f(x)-4}{x-3}=3$, $\displaystyle\lim_{x\to 3}\frac{g(x)-1}{x-3}=2$를 만족시킬 때, 함수 $y=f(x)g(x)$의 $x=3$에서의 미분계수는?

① 7 ② 8 ③ 9
④ 10 ⑤ 11

283

두 함수 $f(x)=x^3-3x+1$, $g(x)=x^4-5x^2+3$에 대하여 $\displaystyle\lim_{x\to 0}\frac{f(x)g(x)-f(0)g(0)}{x}$의 극한값을 구하시오.

284

함수 $f(x)=(x^2-2)(2x-3)$에 대하여 $\displaystyle\lim_{x\to 3}\frac{f(x)-f(2x-3)}{x-3}$의 값은?

① -44 ② -40 ③ -36
④ -32 ⑤ -28

285

함수 $f(x)$에 대하여 $f(3)=-2$, $f'(3)=4$일 때, $\lim_{x \to 3} \frac{(x^3+x^2-27)f(x)-9f(3)}{x^2-9}$의 값은?

① -5 ② -4 ③ -3
④ -2 ⑤ -1

286

| 선행 234 |

최고차항의 계수가 1인 삼차함수 $f(x)$가 $f(1)=f(3)=f(6)$을 만족시킬 때, $f'(3)$의 값은?

① -10 ② -8 ③ -6
④ -4 ⑤ -2

287

곡선 $y=(x-a)(x-b)(x-c)$ 위의 점 $(4,\ 6)$에서의 접선의 기울기가 3일 때, $\frac{1}{a-4}+\frac{1}{b-4}+\frac{1}{c-4}$의 값은?

(단, a, b, c는 상수이다.)

① $-\frac{1}{2}$ ② $-\frac{1}{3}$ ③ $\frac{1}{3}$
④ $\frac{1}{2}$ ⑤ 1

288

곡선 $y=(1-x)(1+2x)(1-3x)\cdots(1+20x)$ 위의 점 $(0,\ 1)$에서의 접선의 기울기는?

① 5 ② 10 ③ 15
④ 20 ⑤ 25

289

교육청기출

함수 $f(x)=(x-1)(x-2)(x-3)\cdots(x-10)$에 대하여 $\frac{f'(1)}{f'(4)}$의 값은?

① -80 ② -84 ③ -88
④ -92 ⑤ -96

290

삼차함수 $f(x)$가 $\lim_{x \to 1} \frac{f(x)}{(x-1)^2}=-3$, $\lim_{x \to -1} \frac{f(x)-k}{x^2-1}=6$을 만족시킬 때, 상수 k의 값은?

① 1 ② 2 ③ 3
④ 4 ⑤ 5

291

선생님 Pick! 평가원기출

두 다항함수 $f(x)$, $g(x)$가

$$\lim_{x\to0}\frac{f(x)+g(x)}{x}=3,\ \lim_{x\to0}\frac{f(x)+3}{xg(x)}=2$$

를 만족시킨다. 함수 $h(x)=f(x)g(x)$에 대하여 $h'(0)$의 값은?

① 27 ② 30 ③ 33
④ 36 ⑤ 39

유형 08 미분가능한 함수의 미정계수 결정

292

빈출 | 선행 237 |

함수 $f(x)=\begin{cases} x^3+ax & (x<2) \\ bx^2+x+4 & (x\geq2) \end{cases}$가 모든 실수 x에서 미분가능할 때, 두 상수 a, b에 대하여 $a+b$의 값은?

① 12 ② 14 ③ 16
④ 18 ⑤ 20

293

함수 $f(x)=x^3-3x^2-5$에 대하여 함수

$$g(x)=\begin{cases} f(x) & (x\leq a) \\ b-f(x) & (x>a) \end{cases}$$

라 하자. 함수 $g(x)$가 모든 실수 x에서 미분가능하도록 하는 두 상수 a, b에 대하여 $a+b$의 값은? (단, $a>0$)

① -19 ② -18 ③ -17
④ -16 ⑤ -15

294

평가원변형

함수 $f(x)$가 0이 아닌 실수 k에 대하여

$$f(x)=\begin{cases} 2x-1 & (x<0) \\ 1-x^2 & (0\leq x<1) \\ x-x^3 & (x\geq1) \end{cases}$$

일 때, 〈보기〉에서 옳은 것만을 있는 대로 고른 것은?

보기

ㄱ. 함수 $f(x)$는 $x=1$에서 미분가능하다.
ㄴ. 함수 $|f(x)|$는 $x=0$에서 미분가능하다.
ㄷ. $x^kf(x)$가 $x=0$에서 미분가능하도록 하는 최소의 자연수 k는 2이다.

① ㄱ ② ㄷ ③ ㄱ, ㄷ
④ ㄴ, ㄷ ⑤ ㄱ, ㄴ, ㄷ

유형 09 미분법의 활용

295

빈출 | 선행 238 |

다항함수 $f(x)$가 $\lim_{x\to5}\frac{f(x)+2}{x-5}=4$를 만족시킬 때, 다항식 $f(x)$를 $(x-5)^2$으로 나누었을 때의 나머지를 $r(x)$라 하자. $r(1)$의 값은?

① -12 ② -14 ③ -16
④ -18 ⑤ -20

296

x^{20}을 $x(x-1)^2$으로 나누었을 때의 나머지를 $r(x)$라 할 때, $r(-1)$의 값은?

① 31 ② 33 ③ 35
④ 37 ⑤ 39

297

교육청기출

최고차항의 계수가 1인 다항함수 $f(x)$가 모든 실수 x에 대하여

$$f(x)f'(x)=2x^3-9x^2+5x+6$$

을 만족시킬 때, $f(-3)$의 값을 구하시오.

298

다항함수 $f(x)$가 모든 실수 x에 대하여

$$xf(x)+(x^2+1)f'(x)=3x^3+8x^2+4$$

를 만족시킬 때, $f(2)$의 값은?

① 2 ② 4 ③ 6
④ 8 ⑤ 10

299

계수가 모두 정수인 다항함수 $f(x)$가 모든 실수 x에 대하여

$$f'(x)\{f'(x)-6\}=2f(x)+12x^2$$

을 만족시킬 때, $f(-1)$의 값은?

① -8 ② -6 ③ -4
④ -2 ⑤ 0

유형 10 수학 I 통합 유형

300

| 선행 240 |

다음 물음에 답하시오.

(1) 함수 $f(x)=\sum_{k=1}^{10}\frac{x^k}{k}$에 대하여 $f'(2)$의 값을 구하시오.

(2) 함수 $f(x)=\sum_{k=1}^{15}kx^k$에 대하여 $f(1)+f'(1)$의 값을 구하시오.

301

함수 $f(x)=x^2+ax+2$에 대하여

$\sum_{k=1}^{15}\lim_{h\to 0}\frac{f(k+h)-f(k-h)}{h}=1500$일 때, 상수 a의 값을 구하시오.

302

평가원기출

등차수열 $\{x_n\}$과 이차함수 $f(x)=ax^2+bx+c$에 대하여 〈보기〉에서 옳은 것만을 있는 대로 고른 것은?

(단, a, b, c는 상수이다.)

보기

ㄱ. 수열 $\{f'(x_n)\}$은 등차수열이다.

ㄴ. 수열 $\{f(x_{n+1})-f(x_n)\}$은 등차수열이다.

ㄷ. $f(0)=3$, $f(2)=5$, $f(4)=9$이면 $f(6)=15$이다.

① ㄱ　② ㄷ　③ ㄱ, ㄷ　④ ㄴ, ㄷ　⑤ ㄱ, ㄴ, ㄷ

303

자연수 n에 대하여 최고차항의 계수가 1인 이차식 $f_n(x)$가 다음 조건을 만족시킨다.

(가) $f_1(x)=x^2$

(나) 모든 자연수 n에 대하여 $f_{n+1}(x)=f_n(x)+f_n'(x)$이다.

$f_{25}(x)$의 상수항을 구하시오.

스키마로 풀이 흐름 알아보기

다항함수 $f(x)$에 대하여 $\lim_{x \to -3} \frac{f(x+1)+3}{x^2-9}=5$일 때, $f(-2)+f'(-2)$의 값은?
(조건① : 다항함수 $f(x)$, 조건② : $\lim_{x \to -3} \frac{f(x+1)+3}{x^2-9}=5$, 답 : $f(-2)+f'(-2)$의 값)

① -27　② -30　③ -33　④ -36　⑤ -39

유형02 미분계수의 뜻 249

스키마 schema

주어진 조건은 무엇인지? 구하는 답은 무엇인지? 이 둘을 어떻게 연결할지?

1단계

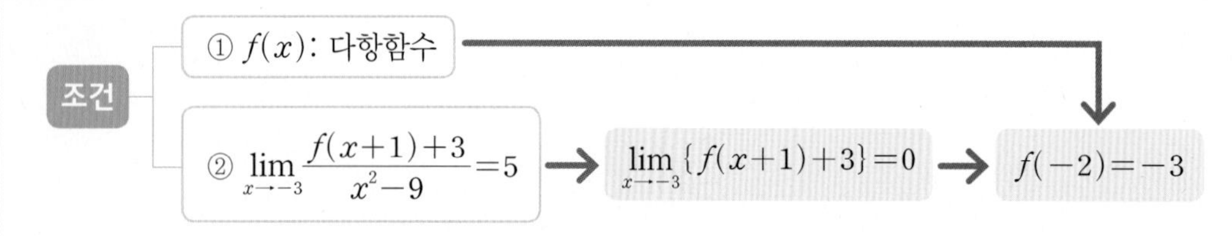

$\lim_{x \to -3} \frac{f(x+1)+3}{x^2-9}=5$에서

극한값이 존재하고 $x \to -3$일 때 (분모) $\to 0$이므로 (분자) $\to 0$이다.

즉, $\lim_{x \to -3}\{f(x+1)+3\}=0$에서

$f(x)$가 다항함수이므로

$f(-2)+3=0$

$\therefore f(-2)=-3$ ...... ㉠

2단계

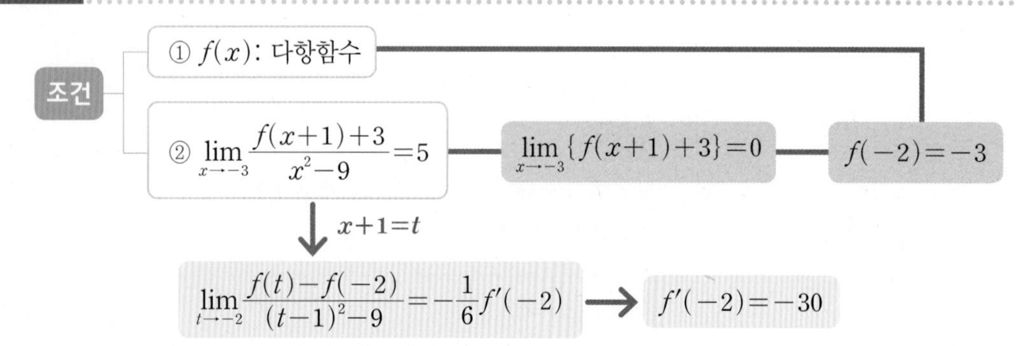

$x+1=t$라 하면 $x \to -3$일 때 $t \to -2$이므로

$\lim_{x \to -3} \frac{f(x+1)+3}{x^2-9}$

$=\lim_{t \to -2} \frac{f(t)-f(-2)}{(t-1)^2-9}$ ($\because$ ㉠)

$=\lim_{t \to -2} \frac{f(t)-f(-2)}{(t+2)(t-4)}$

$=\lim_{t \to -2}\left\{\frac{f(t)-f(-2)}{t-(-2)} \times \frac{1}{t-4}\right\}$

$=-\frac{1}{6}f'(-2)=5$

$\therefore f'(-2)=-30$

3단계

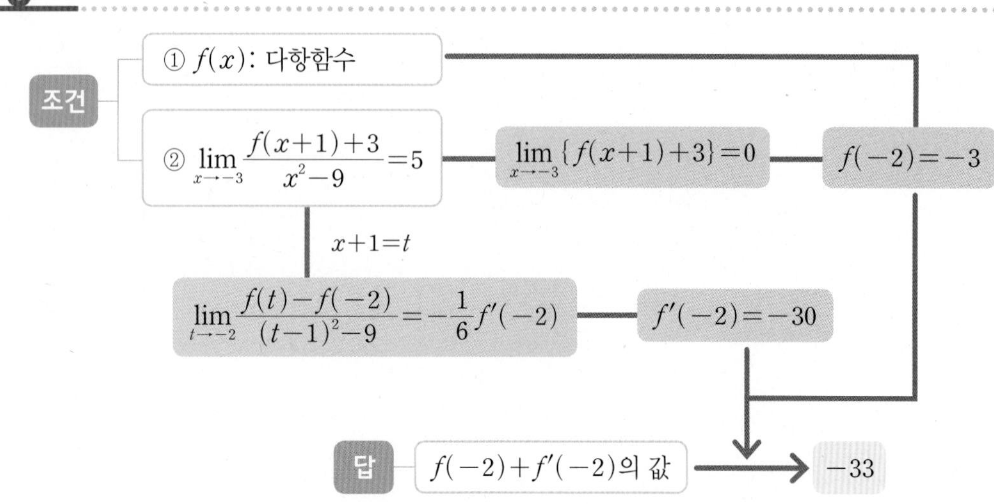

$\therefore f(-2)+f'(-2)$

$=-3+(-30)$

$=-33$

답 ③

스키마로 풀이 흐름 알아보기

미분가능한 함수 $f(x)$가 임의의 두 실수 x, y에 대하여 $f(x+y)=f(x)+f(y)+3xy(x+y)$를 만족시킨다.
(조건① : 미분가능한 함수 $f(x)$, 조건② : $f(x+y)=f(x)+f(y)+3xy(x+y)$)

$f'(0)=4$일 때, $f'(n)\leq 100$을 만족시키는 정수 n의 최댓값은?
(조건③ : $f'(0)=4$, 답 : $f'(n)\leq 100$을 만족시키는 정수 n의 최댓값)

① 4 ② 5 ③ 6 ④ 7 ⑤ 8

유형06 미분계수와 도함수 277

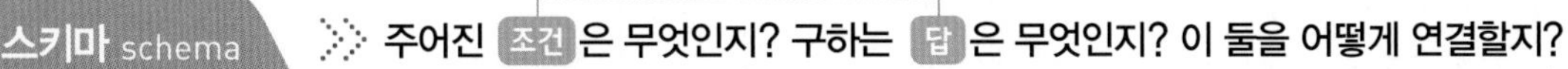

1단계

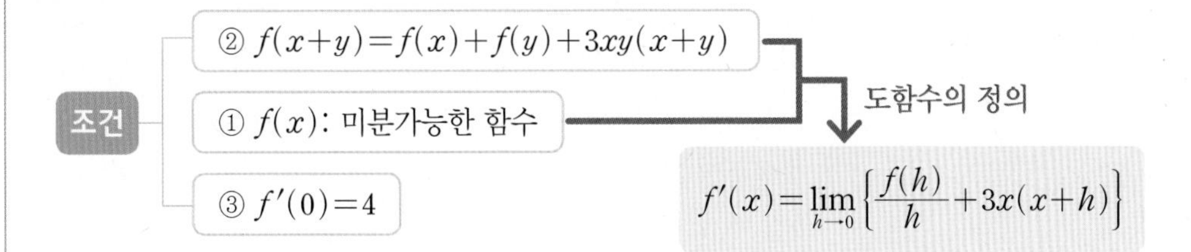

주어진 조건을 이용하여 $f(x)$의 도함수 $f'(x)$를 구해야 하므로 도함수 $f'(x)$의 정의를 이용하면

$f'(x)$

$=\lim_{h\to 0}\frac{\{f(x)+f(h)+3xh(x+h)\}-f(x)}{h}$

$=\lim_{h\to 0}\left\{\frac{f(h)}{h}+3x(x+h)\right\}$ …… ㉠

2단계

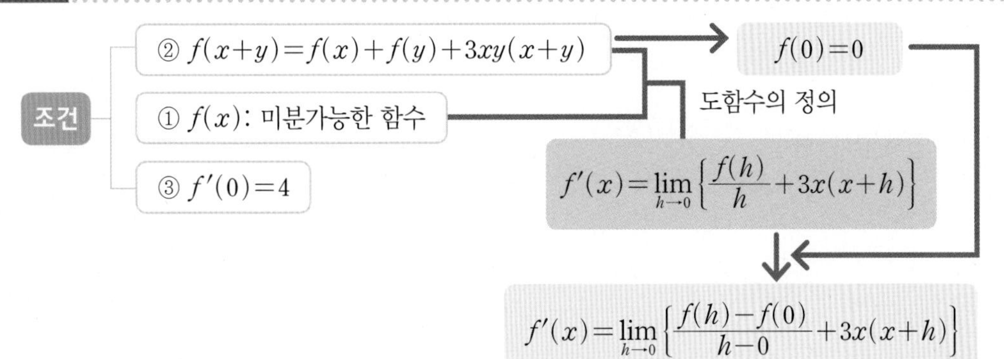

$f(x+y)=f(x)+f(y)+3xy(x+y)$의 양변에 $x=0$, $y=0$을 대입하면

$f(0)=f(0)+f(0)$

$\therefore f(0)=0$

㉠에서

$f'(x)$

$=\lim_{h\to 0}\left\{\frac{f(h)-f(0)}{h-0}+3x(x+h)\right\}$

$=f'(0)+3x^2$

3단계

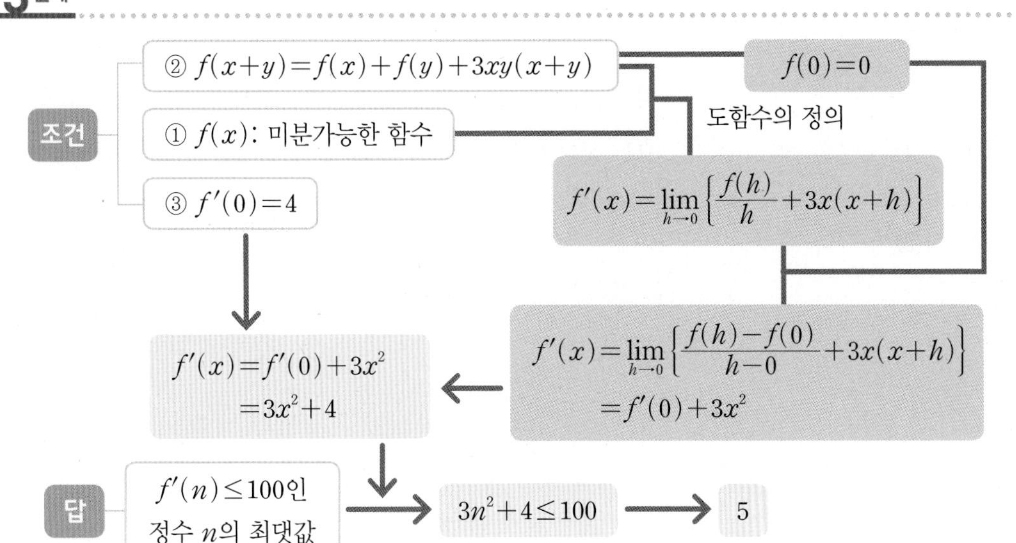

이때 $f'(0)=4$이므로

$f'(x)=3x^2+4$

따라서 $f'(n)\leq 100$에서

$3n^2+4\leq 100$

$n^2\leq 32$

이를 만족시키는 정수 n의 최댓값은 5이다.

답 ②

304

평가원변형

양의 실수 전체의 집합에서 증가하는 함수 $f(x)$가 $x=0$에서 미분가능하다. 양수 a에 대하여 점 $(0,\ f(0))$과 점 $(a,\ f(a))$ 사이의 거리가 $a\sqrt{a^2+2a+2}$일 때, $f'(0)$의 값은?

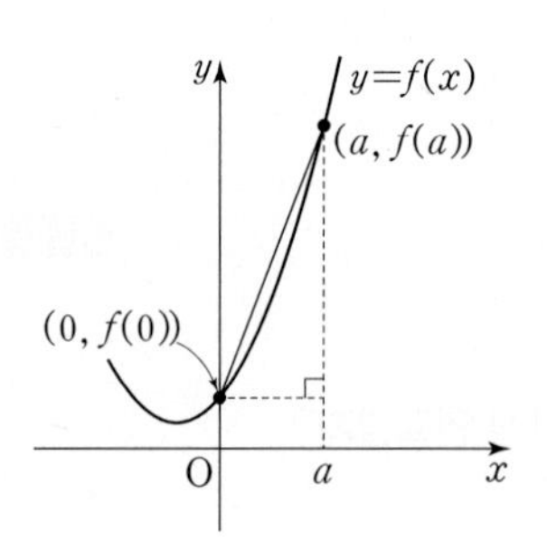

① $\frac{1}{2}$ ② 1 ③ $\frac{3}{2}$

④ 2 ⑤ $\frac{5}{2}$

305

구간 $[0,\ 8]$에서 함수 $y=f(x)$의 그래프가 그림과 같다. 함수

$$g(a,\ b)=\frac{f(b)-f(a)}{b-a}\ (0\le a\le 8,\ 0\le b\le 8)$$

라 정의할 때, 다음 중 옳지 않은 것은?

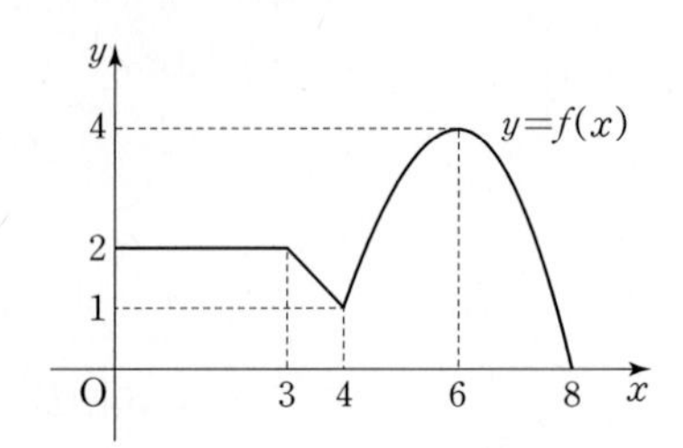

① $g(6,\ 8)=-2$

② $g(3,\ 5)<g(4,\ 5)$

③ $g(a,\ b)=-2$를 만족시키는 순서쌍 $(a,\ b)$는 1개이다.

④ $g(3,\ b)=-1$을 만족시키는 b의 값은 무수히 많다.

⑤ $g(a,\ 8)$은 $a=4$일 때 최댓값을 갖는다.

306

함수 $f(x)=\begin{cases} x & (x<2) \\ x^2-7x+12 & (2\le x<5) \\ 4x-18 & (5\le x<6) \\ 6 & (x\ge 6) \end{cases}$의 그래프가 그림과 같다.

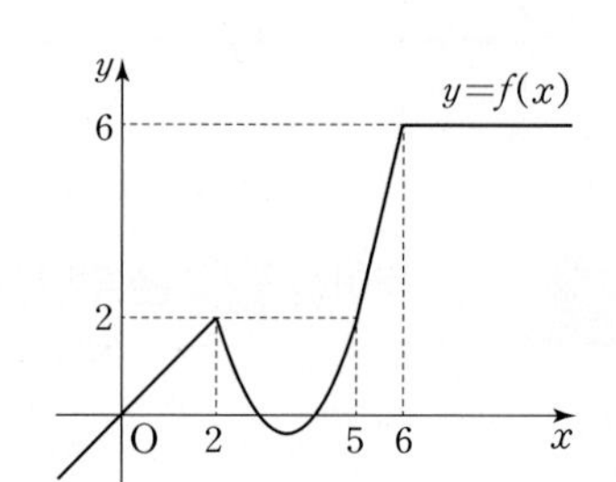

실수 t와 임의의 양수 h에 대하여 $\frac{f(t+h)-f(t)}{h}\le k$를 만족시키는 실수 k의 최솟값을 $g(t)$라 정의하자. 함수 $g(t)$의 불연속인 점의 개수가 a이고, 미분가능하지 않은 점의 개수가 b일 때, $a+b$의 값은?

① 2 ② 3 ③ 4

④ 5 ⑤ 6

307

선생님 Pick! 교육청기출

삼차함수 $f(x)=x^3-x^2-9x+1$에 대하여 함수 $g(x)$를

$$g(x)=\begin{cases} f(x) & (x\ge k) \\ f(2k-x) & (x<k) \end{cases}$$

라 하자. 함수 $g(x)$가 실수 전체의 집합에서 미분가능하도록 하는 모든 실수 k의 값의 합을 $\frac{q}{p}$라 할 때, p^2+q^2의 값을 구하시오.

(단, p와 q는 서로소인 자연수이다.)

308

평가원기출

함수 $f(x)$는

$$f(x)=\begin{cases} x+1 & (x<1) \\ -2x+4 & (x\geq 1) \end{cases}$$

이고, 좌표평면 위에 두 점 A$(-1, -1)$, B$(1, 2)$가 있다. 실수 x에 대하여 점 $(x, f(x))$에서 점 A까지의 거리의 제곱과 점 B까지의 거리의 제곱 중 크지 않은 값을 $g(x)$라 하자. 함수 $g(x)$가 $x=a$에서 미분가능하지 않은 모든 a의 값의 합이 p일 때, $80p$의 값을 구하시오.

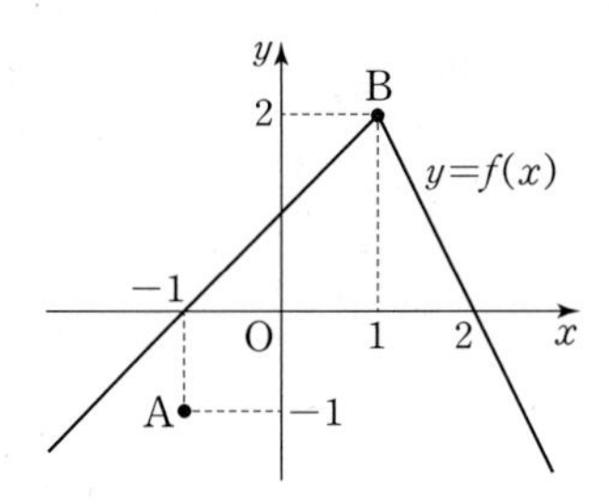

309

다항함수 $y=f(x)$의 그래프가 y축에 대하여 대칭이고, $f'(2)=2$, $f'(4)=-1$일 때,

$\lim_{x \to -2} \frac{f(x^2)-f(4)}{f(x)-f(-2)}$의 값은?

① -8　② -2　③ 0　④ 2　⑤ 8

310

함수 $f(x)$에 대하여 〈보기〉에서 옳은 것만을 있는 대로 고른 것은?

보기

ㄱ. $\lim_{x \to 2} \frac{f(x)-f(2)}{x-2}=1$이면 함수 $f(x)$는 $x=2$에서 연속이다.

ㄴ. 모든 실수 x에 대하여 $f(x)=f(-x)$이면 $f'(0)=0$이다.

ㄷ. $\lim_{h \to 0} \frac{f(2+h)-f(2-h)}{h}$가 존재하면 $\lim_{h \to 0} \frac{f(2+h)-f(2)}{h}$가 존재한다.

① ㄱ　② ㄴ　③ ㄱ, ㄷ　④ ㄴ, ㄷ　⑤ ㄱ, ㄴ, ㄷ

311

함수 $f(x)$가 임의의 두 양수 x, y에 대하여 $f(xy)=f(x)+f(y)$를 만족시키고, $f'(1)=15$일 때, $f'(3)$의 값은?

① 1　② 3　③ 5　④ 7　⑤ 9

312

평가원기출 | 선행 276 |

다항함수 $f(x)$는 모든 실수 x, y에 대하여 $f(x+y)=f(x)+f(y)+2xy-1$을 만족시킨다.

$$\lim_{x\to 1}\frac{f(x)-f'(x)}{x^2-1}=14$$

일 때, $f'(0)$의 값을 구하시오.

313

| 선행 238 |

두 다항함수 $f(x)$, $g(x)$가 다음 조건을 만족시킬 때, $f(3)$의 값은?

(가) 다항식 $f(x)$를 $(x-3)^2$으로 나누었을 때의 몫은 $g(x)$이다.
(나) 다항식 $g(x)$를 $x-2$로 나누었을 때의 나머지는 2이다.
(다) $\lim_{x\to 2}\frac{f(x)-g(x)}{x-2}=3$

① 1　② 3　③ 5　④ 7　⑤ 9

314

평가원기출

최고차항의 계수가 1이 아닌 다항함수 $f(x)$가 다음 조건을 만족시킬 때, $f'(1)$의 값을 구하시오.

(가) $\lim_{x\to\infty}\frac{\{f(x)\}^2-f(x^2)}{x^3f(x)}=4$
(나) $\lim_{x\to 0}\frac{f'(x)}{x}=4$

315

다항함수 $f(x)$가 임의의 두 실수 x, $y(x \neq y)$에 대하여

$$\frac{f(x)-f(y)}{x-y}=f'\left(\frac{x+y}{2}\right)$$

를 만족시키고, $f(0)=-1$, $f'(0)=1$, $f'(1)=0$일 때 $f(2)$의 값은?

① -4　② -3　③ -2
④ -1　⑤ 0

316

미분가능한 함수 $f(x)$가 다음 조건을 만족시킬 때, $f'(-2)$의 값을 구하시오.

> (가) 함수 $f'(x)$는 $x=-2$에서 연속이다.
> (나) 모든 실수 x에 대하여 $2x^2f(x)=(x^2-4)f'(x)-4x$이다.

317

함수 $f(x)=\sum_{k=1}^{15}\frac{1}{k}x^{k+1}+\sum_{k=1}^{15}\frac{1}{k+1}x^k$에 대하여

$\lim_{h\to 0}\frac{1}{2h}\{f(1+3h)-f(1-h)\}=\frac{q}{p}$일 때, $p+q$의 값을 구하시오. (단, p와 q는 서로소인 자연수이다.)

02 도함수의 활용 (1)

| 이전 학습 내용 |

- **직선의 방정식** 수학 Ⅲ. 도형의 방정식

점 (x_1, y_1)을 지나고 기울기가 m인 직선의 방정식은

$y-y_1=m(x-x_1)$

- **미분계수의 기하적 의미** 01 미분계수와 도함수

$f'(a)$는 곡선 $y=f(x)$ 위의 점 $(a, f(a))$에서의 접선의 기울기이다.

현재 학습 내용

- **접선의 방정식** 유형01 접선의 방정식

1. 접선의 방정식

함수 $f(x)$가 $x=a$에서 미분가능할 때, 곡선 $y=f(x)$ 위의 점 $\mathrm{P}(a, f(a))$에서의 접선의 방정식은

$$y-f(a)=f'(a)(x-a)$$

$f'(a)$: 접선의 기울기

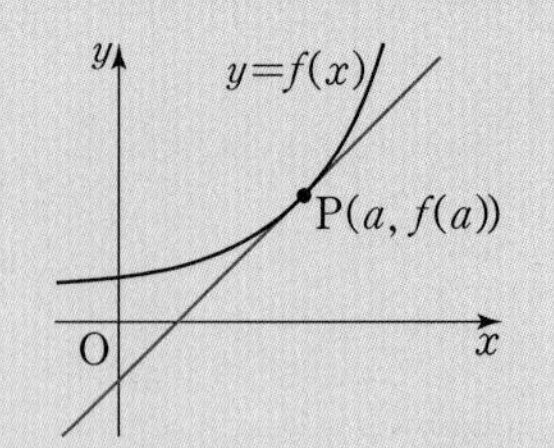

- **평균값 정리** 유형02 롤의 정리와 평균값 정리

1. 롤의 정리

함수 $f(x)$가 닫힌구간 $[a, b]$에서 연속이고 열린구간 (a, b)에서 미분가능할 때, $f(a)=f(b)$이면 $f'(c)=0$인 c가 a와 b 사이에 적어도 하나 존재한다.

열린구간 (a, b)에서 곡선 $y=f(x)$는 기울기가 0인 접선을 가진다.

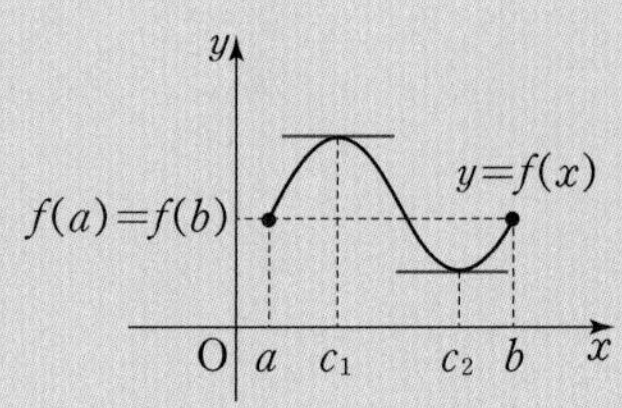

열린구간에서 미분가능하지 않으면 롤의 정리는 성립하지 않는다.

예 $f(x)=|x|$는 닫힌구간 $[-1, 1]$에서 연속이고 $f(-1)=f(1)=1$이지만 $f'(c)=0$인 c가 열린구간 $(-1, 1)$에 존재하지 않는다.

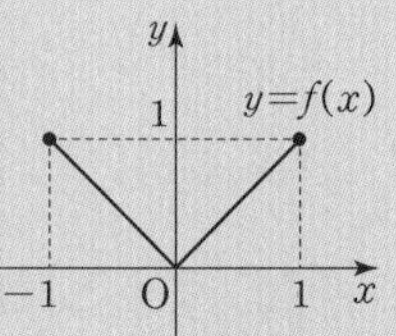

2. 평균값 정리

함수 $f(x)$가 닫힌구간 $[a, b]$에서 연속이고 열린구간 (a, b)에서 미분가능하면

$$\frac{f(b)-f(a)}{b-a}=f'(c)$$

인 c가 a와 b 사이에 적어도 하나 존재한다.

x의 값이 a에서 b까지 변할 때의 평균변화율

$x=c$에서의 순간변화율

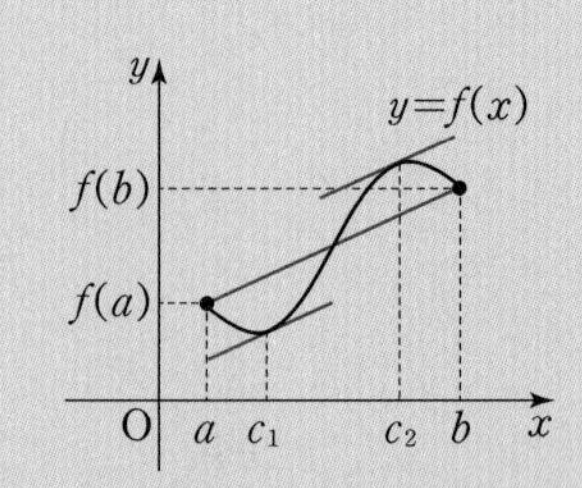

▶ 열린구간 (a, b)에서 곡선 $y=f(x)$는 기울기가 $\frac{f(b)-f(a)}{b-a}$인 접선을 가진다.

▶ 평균값 정리에서 $f(a)=f(b)$일 때가 롤의 정리이므로 평균값 정리는 롤의 정리를 일반화한 것이라 볼 수 있다.

유형01 접선의 방정식

곡선 위의 한 점에서의 미분계수가 그 점에서의 접선의 기울기임을 이용하여 접선의 방정식을 구하는 문제, 문제에서 직접적으로 접선을 구하도록 언급하지는 않지만 문제의 조건을 만족시키는 상황이 결국 곡선에 접할 때임을 묻는 문제를 분류하였다.

유형해결 TIP

접점의 좌표, 접선의 기울기, 곡선 밖의 점이 각각 주어질 때 접선의 방정식을 어떻게 구하는지 문제를 풀면서 학습하자. 접점의 좌표가 주어지지 않은 경우에는 보통 접점의 x좌표를 미지수로 놓고 식을 세우면 접선의 방정식을 구할 수 있다.

318 빈출

다음 곡선 위의 점에서의 접선의 방정식을 구하시오.

(1) $y=2x^2-3x-1$, $(1, -2)$

(2) $y=x^3-2x^2+1$, $(2, 1)$

319 빈출

곡선 $y=x^2+x+3$에 접하고 기울기가 3인 접선의 방정식을 구하시오.

320

직선 $y=5x-1$에 평행하고 곡선 $y=x^2-x+4$에 접하는 직선의 방정식이 $y=f(x)$일 때, $f(2)$의 값은?

① 4　② 5　③ 6　④ 7　⑤ 8

321

곡선 $y=3x^3-5x+3$과 직선 $y=4x+a$가 접하도록 하는 양수 a의 값은?

① 5　② 6　③ 7　④ 8　⑤ 9

322 빈출

점 $(0, 2)$에서 곡선 $y=x^3+x$에 그은 접선의 x절편은?

① $-\frac{5}{2}$　② -2　③ $-\frac{3}{2}$　④ -1　⑤ $-\frac{1}{2}$

323 빈출

점 $(2, 4)$에서 곡선 $y=-x^2+4x-1$에 그은 접선의 방정식 중 기울기가 음수인 접선의 y절편은?

① 2　② 4　③ 6　④ 8　⑤ 10

324

점 $(0,\ 1)$에서 곡선 $y=x^2-2x+2$에 그은 두 접선의 접점을 각각 P, Q라 할 때, 선분 PQ의 길이는?

① $2\sqrt{2}$ ② $2\sqrt{3}$ ③ $2\sqrt{5}$
④ $2\sqrt{6}$ ⑤ $2\sqrt{7}$

유형02 롤의 정리와 평균값 정리

롤의 정리, 평균값 정리를 만족시키는 값을 구하는 문제, 롤의 정리, 평균값 정리와 관련한 증명 문제, 롤의 정리, 평균값 정리를 응용하여 푸는 문제를 분류하였다.

유형해결 TIP

롤의 정리, 평균값 정리와 관련한 증명 문제가 서술형으로 출제될 수 있으니 각 정리가 성립되기 위한 조건과 그 내용을 정확하게 알아 두도록 하자. 또한, 직접적으로 평균값 정리를 언급하고 있지 않은 고난도 문제들에서 평균값 정리를 응용하여 풀기 위하여 내용을 정확히 숙지하자.

325 빈출

함수 $f(x)=x^2+4x$에 대하여 닫힌구간 $[-4,\ 0]$에서 롤의 정리를 만족시키는 실수 c의 값은?

① -4 ② -3 ③ -2
④ -1 ⑤ 0

326 빈출

함수 $f(x)=x^3-2x+2$에 대하여 닫힌구간 $[-1,\ 2]$에서 평균값 정리를 만족시키는 실수 c의 값은?

① -1 ② $-\frac{1}{2}$ ③ 0
④ 1 ⑤ $\sqrt{2}$

327

지상 10 m 높이에서 똑바로 위로 쏘아 올린 물 로켓의 t초 후의 높이를 $f(t)$ m라 할 때, $f(t)=-\frac{3}{2}t^2+15t+10$이다. 다음은 닫힌구간 $[0,\ 6]$에서 평균값 정리를 만족시키는 c의 값을 구하는 과정이다. (가)~(마)에 들어갈 것으로 옳지 않은 것은?

> 함수 $f(t)$는 구간 $[0,\ 6]$에서 [(가)]이고,
> 구간 $(0,\ 6)$에서 [(나)]하므로
> $\frac{f(6)-f(0)}{6-0}=$ [(다)] …… ㉠
> 인 c가 구간 $(0,\ 6)$에 적어도 하나 존재한다.
> $\frac{f(6)-f(0)}{6-0}=6$이고, $f'(t)=$ [(라)]이므로
> ㉠을 만족시키는 c의 값을 구하면
> $c=$ [(마)]이다.

① (가) : 연속 ② (나) : 미분가능
③ (다) : 0 ④ (라) : $-3t+15$
⑤ (마) : 3

328 서술형

함수 $f(x)$가 닫힌구간 $[a,\ b]$에서 연속이고 열린구간 $(a,\ b)$에서 미분가능하며 구간 $(a,\ b)$의 모든 x에 대하여 $f'(x)=0$이면 함수 $f(x)$는 구간 $[a,\ b]$에서 상수함수임을 증명하시오.

유형 01 접선의 방정식

329

다항함수 $f(x)$에 대하여 $\lim_{x \to 2}\frac{f(x^2)-4}{x-2}=-8$일 때, 함수 $y=f(x)$의 그래프 위의 점 $(4, f(4))$에서의 접선의 방정식은?

① $y=-x+12$ ② $y=-x+10$
③ $y=-x+8$ ④ $y=-2x+12$
⑤ $y=-2x+10$

330

| 선행 318 |

곡선 $y=x^3+ax^2+(2a-1)x+a+4$는 실수 a의 값에 관계없이 항상 점 P를 지날 때, 점 P에서의 접선의 방정식을 구하시오.

331

평가원기출

곡선 $y=x^3$ 위의 점 $\mathrm{P}(t, t^3)$에서의 접선과 원점 사이의 거리를 $f(t)$라 하자. $\lim_{t \to \infty}\frac{f(t)}{t}=\alpha$일 때, 30α의 값을 구하시오.

332

곡선 $y=-x^3-x^2+4$ 위의 점 $\mathrm{A}(1, 2)$에서의 접선이 이 곡선과 만나는 접점이 아닌 다른 한 점을 B라 할 때, 선분 AB의 길이를 구하시오.

333

선생님 Pick! 평가원기출

삼차함수 $f(x)$에 대하여 곡선 $y=f(x)$ 위의 점 $(0, 0)$에서의 접선과 곡선 $y=xf(x)$ 위의 점 $(1, 2)$에서의 접선이 일치할 때, $f'(2)$의 값은?

① -18 ② -17 ③ -16
④ -15 ⑤ -14

334

빈출

곡선 $y=x^3-3x^2+5x+1$의 접선 중 기울기가 최소인 접선과 x축, y축으로 둘러싸인 도형의 넓이는?

① $\frac{1}{2}$ ② 1 ③ $\frac{3}{2}$
④ 2 ⑤ $\frac{5}{2}$

335 서술형

| 선행 319 |

곡선 $y=x^3-x+3$에 접하는 직선 중 직선 $x+2y-3=0$과 수직인 접선은 두 개 있다. 이 두 접선 사이의 거리를 구하고, 그 과정을 서술하시오.

336

| 선행 320 |

곡선 $y=x^3-6x^2+9x$ 위의 점 $(0,\ 0)$에서의 접선과 평행한 또 다른 접선이 점 $(a,\ -5)$를 지날 때, a의 값은?

① 1 ② 2 ③ 3 ④ 4 ⑤ 5

337

곡선 $y=x^3+kx^2+2$에 접하고 기울기가 -3인 두 직선의 접점의 x좌표를 p, q라 할 때, $p^2+q^2-4pq=30$이 성립한다. 상수 k의 값은? (단, $k>3$)

① 6 ② 7 ③ 8 ④ 9 ⑤ 10

338

직선 $y=mx+3$이 곡선 $y=x^3+1$에 접할 때, 상수 m의 값은?

① 1 ② 2 ③ 3 ④ 4 ⑤ 5

339 빈출

| 선행 324 |

좌표평면 위의 원점 O에서 곡선 $y=x^4-2x^2+8$에 그은 두 접선의 접점을 각각 P, Q라 할 때, 삼각형 OPQ의 넓이를 구하시오.

340

점 $(-2,\ 1)$에서 곡선 $y=x^2-4x+2$에 그은 두 접선의 기울기를 각각 m_1, m_2라 할 때, m_1m_2의 값은?

① 10 ② 12 ③ 14 ④ 16 ⑤ 18

341

평가원변형

최고차항의 계수가 1인 삼차함수 $f(x)$에 대하여 곡선 $y=f(x)$ 위의 점 $(1,\ 3)$에서의 접선과 곡선 $y=(x+1)f(x)$ 위의 점 $(0,\ 1)$에서의 접선이 서로 평행할 때, $f(2)$의 값을 구하시오.

342

곡선 $y=x^3+3x^2+4$를 y축의 방향으로 k만큼 평행이동하였더니 곡선 $y=x^2-5x$ 위의 점 $(1,\ -4)$에서의 접선과 접하였다. 상수 k의 값은?

① -4 ② -3 ③ -2 ④ -1 ⑤ 0

343

평가원기출

원점을 지나고 곡선 $y=-x^3-x^2+x$에 접하는 모든 직선의 기울기의 합은?

① 2 ② $\frac{9}{4}$ ③ $\frac{5}{2}$ ④ $\frac{11}{4}$ ⑤ 3

344

곡선 $y=x^2-4x+6$ 위의 점과 직선 $y=2x-5$ 사이의 거리의 최솟값은?

① $\frac{\sqrt{5}}{5}$ ② $\frac{2\sqrt{5}}{5}$ ③ $\frac{3\sqrt{5}}{5}$ ④ $\frac{4\sqrt{5}}{5}$ ⑤ $\sqrt{5}$

345

함수 $y=-x^2+5x$의 그래프가 x축과 만나는 점 중 원점이 아닌 점을 A라 하자. 그래프 위의 점 $\mathrm{B}(1,\ 4)$에 대하여 점 P가 이 함수의 그래프를 따라서 두 점 A, B 사이를 움직일 때, 삼각형 ABP의 넓이가 최대가 되도록 하는 점 P의 좌표와 그때의 삼각형 ABP의 넓이를 구하시오.

유형 02 롤의 정리와 평균값 정리

346 서술형

롤의 정리를 이용하여 평균값 정리를 증명하시오.

347

다항함수 $f(x)$에 대하여 $f(1)=1$, $f(3)=2$, $f(4)=7$일 때, 〈보기〉에서 옳은 것만을 있는 대로 고른 것은?

보기

ㄱ. $f'(x)=2$인 x가 열린구간 $(1, 4)$에 적어도 하나 존재한다.
ㄴ. $f'(x)=5$인 x가 열린구간 $(1, 4)$에 적어도 하나 존재한다.
ㄷ. $g(x)=f(x)-\frac{x}{2}$에 대하여 $g'(x)=0$인 x가 열린구간 $(1, 4)$에 적어도 하나 존재한다.

① ㄱ ② ㄷ ③ ㄱ, ㄴ
④ ㄱ, ㄷ ⑤ ㄱ, ㄴ, ㄷ

348

미분가능한 함수 $f(x)$에 대하여 $\lim_{x \to \infty} f'(x)=2$일 때, $\lim_{x \to \infty}\{f(x+3)-f(x-3)\}$의 값은?

① 2 ② 3 ③ 6
④ 12 ⑤ 24

스키마로 풀이 흐름 알아보기

좌표평면 위의 원점 O에서 곡선 $y=x^4-2x^2+8$에 그은 두 접선의 접점을 각각 P, Q라 할 때, 삼각형 OPQ의 넓이를 구하시오.

(원점 O에서 곡선 $y=x^4-2x^2+8$에 그은 두 접선: 조건①, 접점을 각각 P, Q: 조건②, 삼각형 OPQ의 넓이: 답)

유형01 접선의 방정식 339

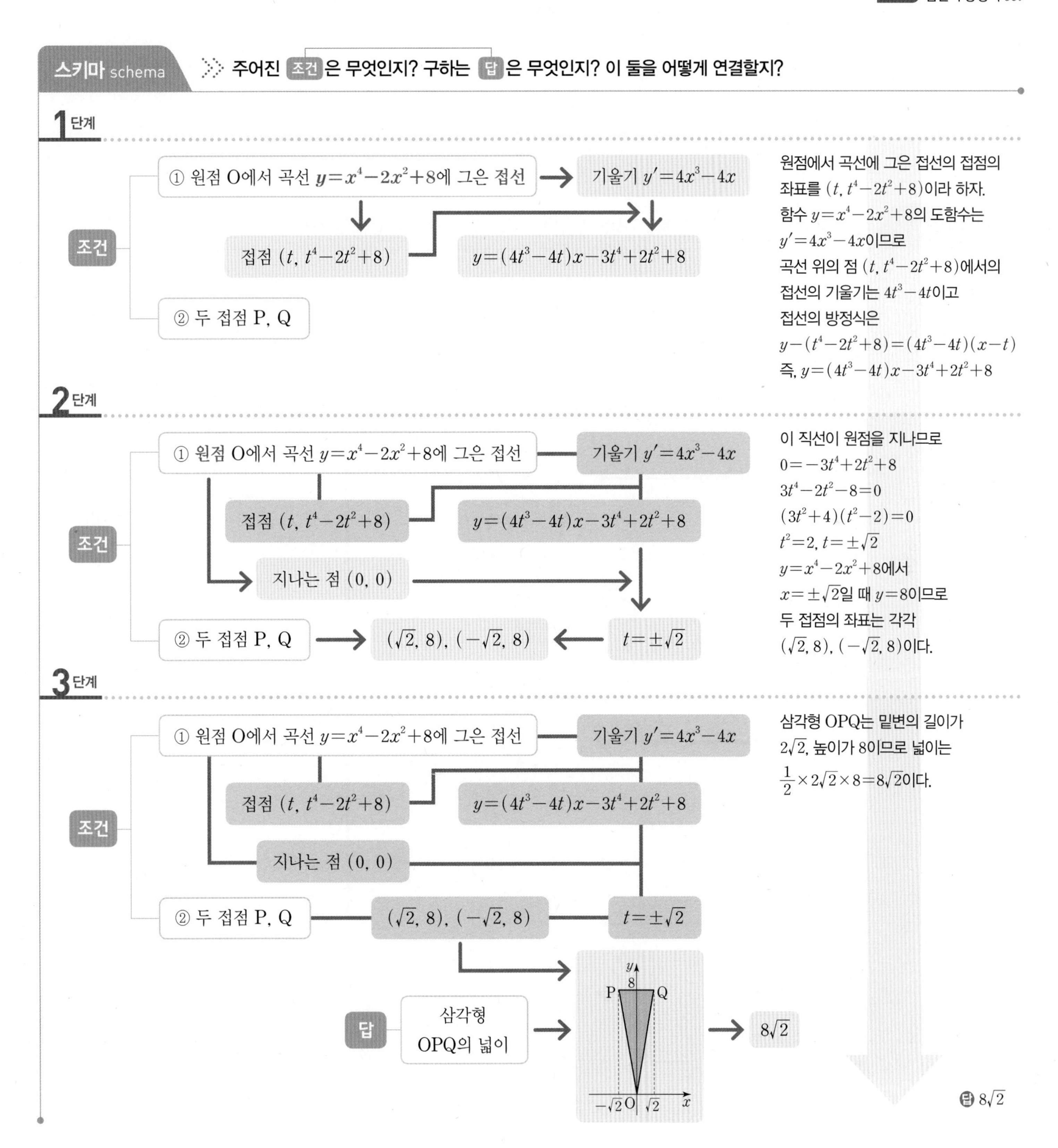

1단계

원점에서 곡선에 그은 접선의 접점의 좌표를 (t, t^4-2t^2+8)이라 하자.
함수 $y=x^4-2x^2+8$의 도함수는 $y'=4x^3-4x$이므로 곡선 위의 점 (t, t^4-2t^2+8)에서의 접선의 기울기는 $4t^3-4t$이고 접선의 방정식은

$y-(t^4-2t^2+8)=(4t^3-4t)(x-t)$

즉, $y=(4t^3-4t)x-3t^4+2t^2+8$

2단계

이 직선이 원점을 지나므로

$0=-3t^4+2t^2+8$

$3t^4-2t^2-8=0$

$(3t^2+4)(t^2-2)=0$

$t^2=2$, $t=\pm\sqrt{2}$

$y=x^4-2x^2+8$에서 $x=\pm\sqrt{2}$일 때 $y=8$이므로 두 접점의 좌표는 각각 $(\sqrt{2}, 8)$, $(-\sqrt{2}, 8)$이다.

3단계

삼각형 OPQ는 밑변의 길이가 $2\sqrt{2}$, 높이가 8이므로 넓이는 $\frac{1}{2}\times2\sqrt{2}\times8=8\sqrt{2}$이다.

답 $8\sqrt{2}$

스키마로 풀이 흐름 알아보기

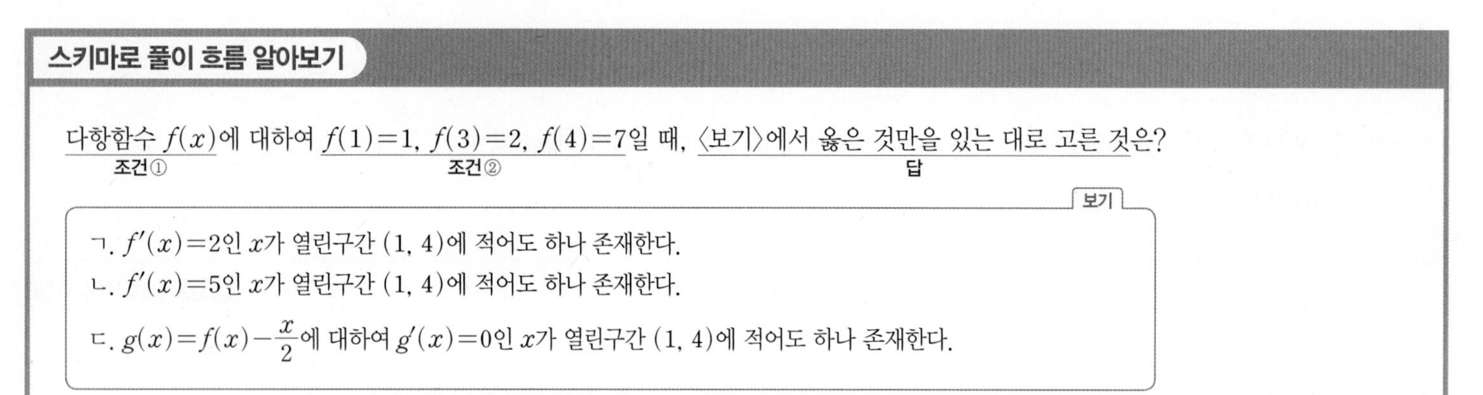

다항함수 $f(x)$에 대하여 $f(1)=1$, $f(3)=2$, $f(4)=7$일 때, 〈보기〉에서 옳은 것만을 있는 대로 고른 것은?

조건① 조건② 답

보기

ㄱ. $f'(x)=2$인 x가 열린구간 $(1, 4)$에 적어도 하나 존재한다.

ㄴ. $f'(x)=5$인 x가 열린구간 $(1, 4)$에 적어도 하나 존재한다.

ㄷ. $g(x)=f(x)-\frac{x}{2}$에 대하여 $g'(x)=0$인 x가 열린구간 $(1, 4)$에 적어도 하나 존재한다.

① ㄱ ② ㄷ ③ ㄱ, ㄴ ④ ㄱ, ㄷ ⑤ ㄱ, ㄴ, ㄷ

유형02 롤의 정리와 평균값 정리 347

스키마 schema

주어진 조건은 무엇인지? 구하는 답은 무엇인지? 이 둘을 어떻게 연결할지?

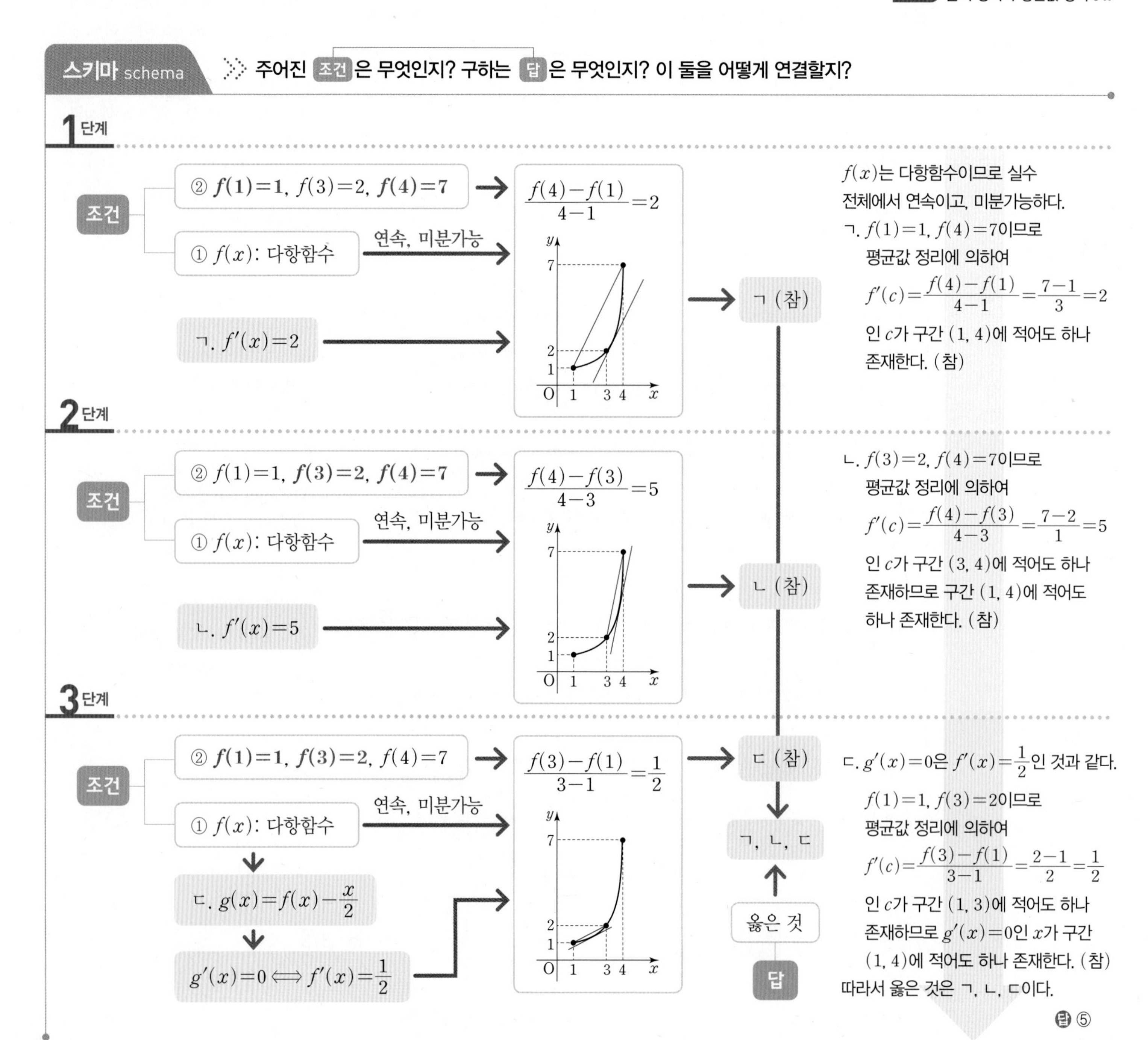

$f(x)$는 다항함수이므로 실수 전체에서 연속이고, 미분가능하다.

ㄱ. $f(1)=1$, $f(4)=7$이므로 평균값 정리에 의하여

$f'(c)=\frac{f(4)-f(1)}{4-1}=\frac{7-1}{3}=2$

인 c가 구간 $(1, 4)$에 적어도 하나 존재한다. (참)

ㄴ. $f(3)=2$, $f(4)=7$이므로 평균값 정리에 의하여

$f'(c)=\frac{f(4)-f(3)}{4-3}=\frac{7-2}{1}=5$

인 c가 구간 $(3, 4)$에 적어도 하나 존재하므로 구간 $(1, 4)$에 적어도 하나 존재한다. (참)

ㄷ. $g'(x)=0$은 $f'(x)=\frac{1}{2}$인 것과 같다.

$f(1)=1$, $f(3)=2$이므로 평균값 정리에 의하여

$f'(c)=\frac{f(3)-f(1)}{3-1}=\frac{2-1}{2}=\frac{1}{2}$

인 c가 구간 $(1, 3)$에 적어도 하나 존재하므로 $g'(x)=0$인 x가 구간 $(1, 4)$에 적어도 하나 존재한다. (참)

따라서 옳은 것은 ㄱ, ㄴ, ㄷ이다.

답 ⑤

349

그림과 같이 곡선 $y=x^3$ 모양의 도로가 있다. 이 곡선 도로를 따라 화살표 방향으로 주행하던 차량이 곡선 도로 위의 점 $(2, 8)$ 지점까지 다음과 같은 방법에 따라 이동할 수 있도록 직선 도로를 만들려고 할 때, 만들려고 하는 도로의 길이는?

(단, 도로의 폭은 무시한다.)

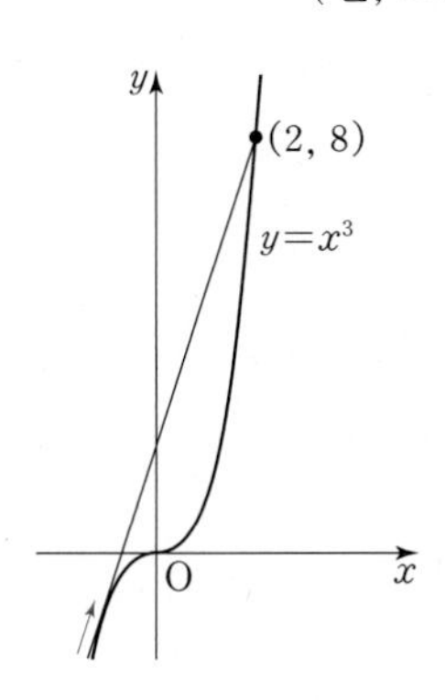

> 곡선 도로 위를 달리는 자동차는 그 곡선의 접선 방향으로 나아가려는 성질이 있다. 그러므로 곡선 도로를 빠져 나가는 지점과 연결되는 직선 도로는 그 지점에서의 곡선 도로의 접선과 일치하도록 만든다.

① $2\sqrt{15}$ ② $\sqrt{70}$ ③ $4\sqrt{5}$
④ $3\sqrt{10}$ ⑤ 10

350

최고차항의 계수가 양수인 다항함수 $f(x)$가 다음 조건을 만족시킬 때, $\dfrac{f(0)}{f\left(\frac{1}{2}\right)}$의 값을 구하시오.

> (가) $\displaystyle\lim_{x\to\infty}\frac{f(x)f'(x)}{x^5}=12$
> (나) $\displaystyle\lim_{x\to1}\frac{f(x)}{(x-1)f'(x-1)}=1$

351

다음 조건을 만족시키는 모든 함수 $f(x)$에 대하여 $f(3)$의 최댓값과 최솟값을 각각 M, m이라 할 때, Mm의 값은?

> (가) 함수 $f(x)$는 닫힌구간 $[0, 3]$에서 연속이고 열린구간 $(0, 3)$에서 미분가능하다.
> (나) $0<t<3$인 모든 t에 대하여 $|f'(t)|\le4$이다.
> (다) $f(0)=1$

① -120 ② -143 ③ -168
④ -195 ⑤ -224

352

다항함수 $f(x)$가 다음 조건을 만족시킬 때, $f(3)$의 값은?

(가) $f(-1)=-4$, $f(4)=11$
(나) $-1<x<4$인 모든 x에 대하여 $f'(x)\le 3$이다.

① 6 ② 7 ③ 8
④ 9 ⑤ 10

353

실수 전체의 집합에서 연속인 함수 $f(x)$가 다음 조건을 만족시킬 때, 함수 $y=f(x)$의 그래프와 두 직선 $x=0$, $x=2$ 및 x축으로 둘러싸인 부분의 넓이를 구하시오.

(가) 함수 $f(x)$는 $x=1$에서만 미분가능하지 않다.
(나) 함수 $y=f(x)$의 그래프는 세 점 $(0, 1)$, $(1, 3)$, $(2, 1)$을 모두 지난다.
(다) 1이 아닌 모든 실수 x에 대하여 $-2\le f'(x)\le 2$이다.

354

함수 $f(x)=\frac{1}{3}x^3+2x^2+3$에 대하여 구간 $[-5, 0]$에 속하는 서로 다른 임의의 두 실수 a, b에 대하여 $\frac{f(b)-f(a)}{b-a}=k$를 만족시키는 실수 k의 값의 범위를 구하시오.

03 도함수의 활용 (2)

II

현재 학습 내용

• **함수의 증가와 감소** ······ 유형01 함수의 증가와 감소

1. 함수의 증가와 감소의 정의

함수 $f(x)$가 어떤 구간에 속하는 임의의 두 실수 x_1, x_2에 대하여

① $x_1 < x_2$일 때 $f(x_1) < f(x_2)$이면 함수 $f(x)$는 이 구간에서 증가한다고 한다.

② $x_1 < x_2$일 때 $f(x_1) > f(x_2)$이면 함수 $f(x)$는 이 구간에서 감소한다고 한다.

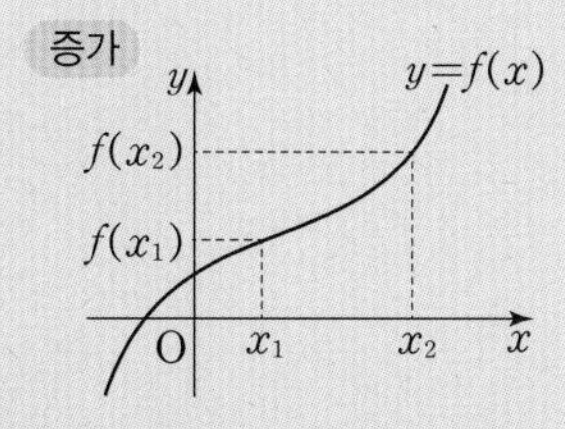

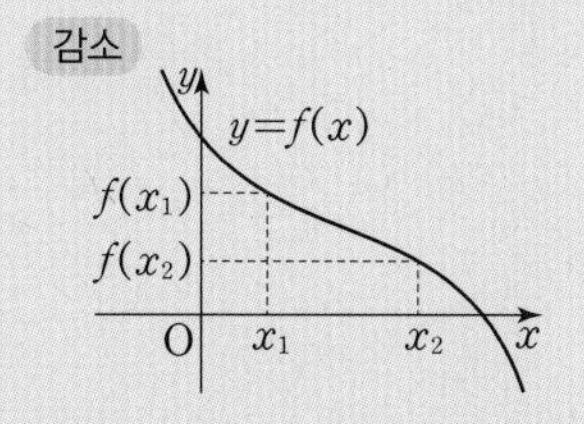

2. 도함수를 이용한 증가와 감소의 판정

(1) 함수 $f(x)$가 어떤 열린구간에서 미분가능하고, 이 구간에 속하는 모든 x에 대하여

① $f'(x) > 0$이면 함수 $f(x)$는 그 구간에서 증가한다.

② $f'(x) < 0$이면 함수 $f(x)$는 그 구간에서 감소한다.

주의 일반적으로 위의 역은 성립하지 않는다.
예 $f(x)=x^3$은 실수 전체의 집합에서 증가하지만 $f'(0)=0$이다.

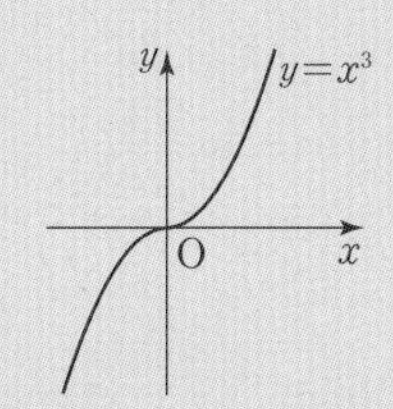

(2) 함수 $f(x)$가 어떤 열린구간에서 미분가능하고, 이 구간에서

① 함수 $f(x)$가 증가하면 $f'(x) \geq 0$이다.

② 함수 $f(x)$가 감소하면 $f'(x) \leq 0$이다.

$f'(x)=0$이 되는 x의 값은 증가 또는 감소하는 구간에 동시에 포함될 수 있다.
예 $f(x)=x^2$은 구간 $(-\infty, 0]$에서 감소하고, 구간 $[0, \infty)$에서 증가한다.

• **함수의 극대와 극소** ······ 유형02 함수의 극대와 극소 (1) / 유형03 함수의 극대와 극소 (2)

1. 함수의 극대와 극소의 정의

함수 $f(x)$가 a를 포함하는 어떤 열린구간에 속하는 모든 x에 대하여

① $f(x) \leq f(a)$이면 함수 $f(x)$는 $x=a$에서 **극대**라 하고, $f(a)$를 **극댓값**이라 한다.

② $f(x) \geq f(a)$이면 함수 $f(x)$는 $x=a$에서 **극소**라 하고, $f(a)$를 **극솟값**이라 한다.

이때 극댓값과 극솟값을 통틀어 **극값**이라 한다.

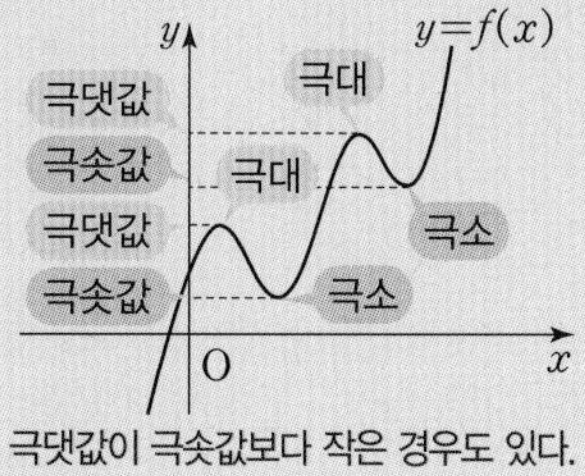

극댓값이 극솟값보다 작은 경우도 있다.

2. 도함수를 이용한 극대와 극소의 판정

(1) **극값과 미분계수**

a를 포함하는 어떤 열린구간에서 미분가능한 함수 $f(x)$가 $x=a$에서 극값을 가지면 $f'(a)=0$이다.

주의 ▶ 일반적으로 위의 역은 성립하지 않는다.
예 $f(x)=x^3$은 $f'(0)=0$이지만 $x=0$에서 극값을 갖지 않는다.
▶ $x=a$에서 극값을 가지더라도 $f'(a)$가 존재하지 않을 수 있다.
예 $f(x)=|x|$는 $x=0$에서 극소이지만 $f'(0)$은 존재하지 않는다.

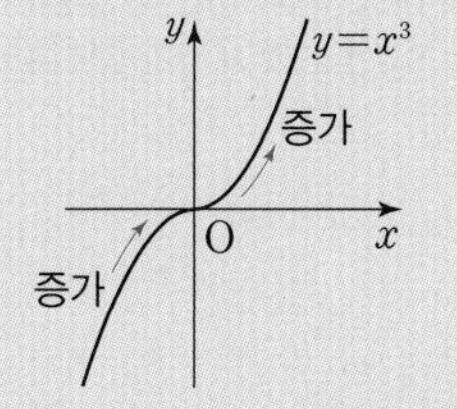

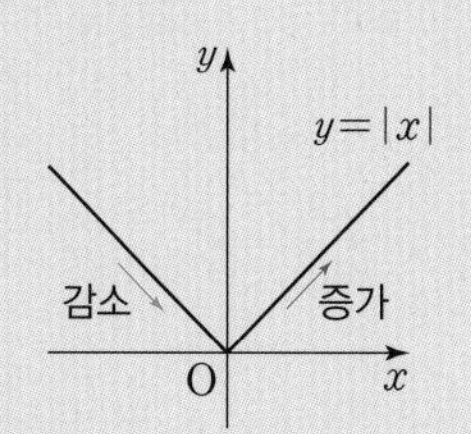

(2) **함수의 극대와 극소의 판정**

a를 포함하는 어떤 열린구간에서 미분가능한 함수 $f(x)$에 대하여 $f'(a)=0$이고 $x=a$의 좌우에서 $f'(x)$의 값의 부호가

① 양($+$)에서 음($-$)으로 바뀌면 함수 $f(x)$는 $x=a$에서 극대이고, 극댓값은 $f(a)$이다.

② 음($-$)에서 양($+$)으로 바뀌면 함수 $f(x)$는 $x=a$에서 극소이고, 극솟값은 $f(a)$이다.

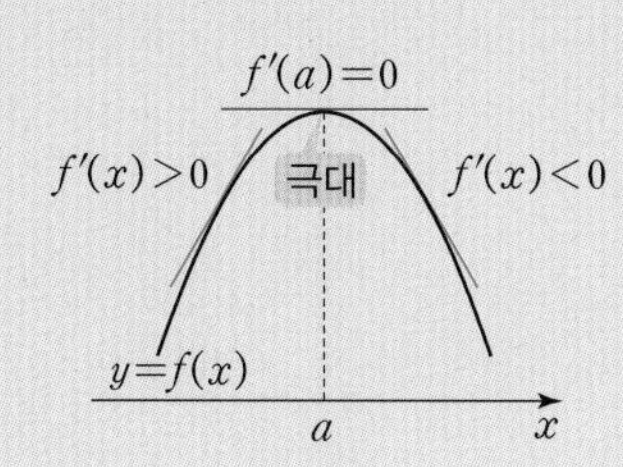

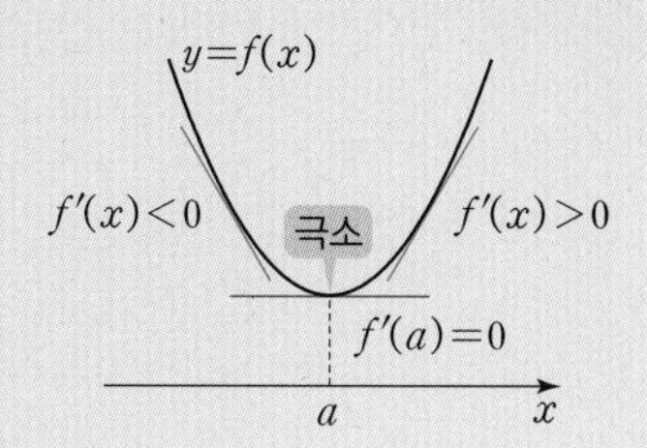

| 이전 학습 내용 |

• **최대 · 최소 정리** I. 함수의 극한과 연속_02 함수의 연속

함수 $f(x)$가 닫힌구간 $[a, b]$에서 연속이면 함수 $f(x)$는 이 구간에서 반드시 최댓값과 최솟값을 갖는다.

현재 학습 내용

• **함수의 그래프와 함수의 최대 · 최소** 유형06 함수의 그래프

1. 함수의 그래프

미분가능한 함수 $y=f(x)$의 그래프의 개형은 다음과 같은 순서로 그린다.

① 도함수 $f'(x)$를 구하여 $f'(x)=0$인 x의 값을 구한다.

② $f'(x)$의 부호를 조사하여 함수 $f(x)$의 증가와 감소를 표로 나타내고, 함수 $f(x)$의 극대와 극소를 조사하여 극값을 구한다.

③ 함수 $y=f(x)$의 그래프와 x축 또는 y축의 교점의 좌표를 구한다.

④ 함수 $y=f(x)$의 그래프의 개형을 그린다.

유형04 함수의 최대 · 최소
유형05 최대 · 최소의 활용

2. 함수의 최대 · 최소

함수 $f(x)$가 닫힌구간 $[a, b]$에서 연속일 때, 이 구간에서 극댓값, 극솟값, $f(a)$, $f(b)$ 중 가장 큰 값이 최댓값, 가장 작은 값이 최솟값이다.

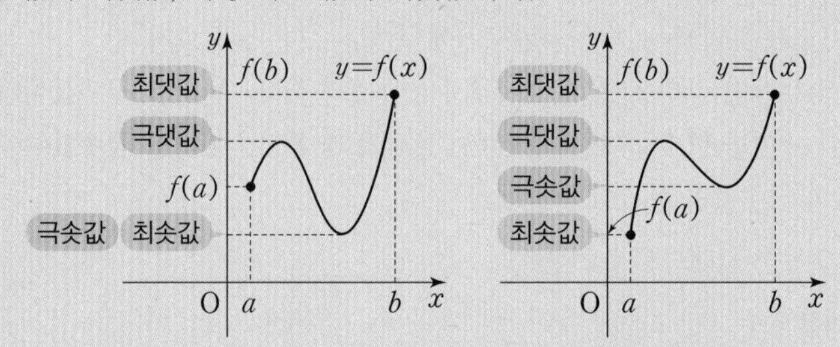

극댓값과 극솟값이 반드시 최댓값과 최솟값이 되는 것은 아니다.

▶ 연속함수 $f(x)$가 닫힌구간 $[a, b]$에서 극값을 갖지 않으면 구간 $[a, b]$에서 증가 또는 감소하므로 $f(a)$와 $f(b)$가 최댓값 또는 최솟값이 된다.

현재 학습 내용

• **삼차함수 · 사차함수의 그래프의 개형** 유형06 함수의 그래프

1. 삼차함수 $f(x)=ax^3+bx^2+cx+d\ (a>0)$의 그래프의 개형

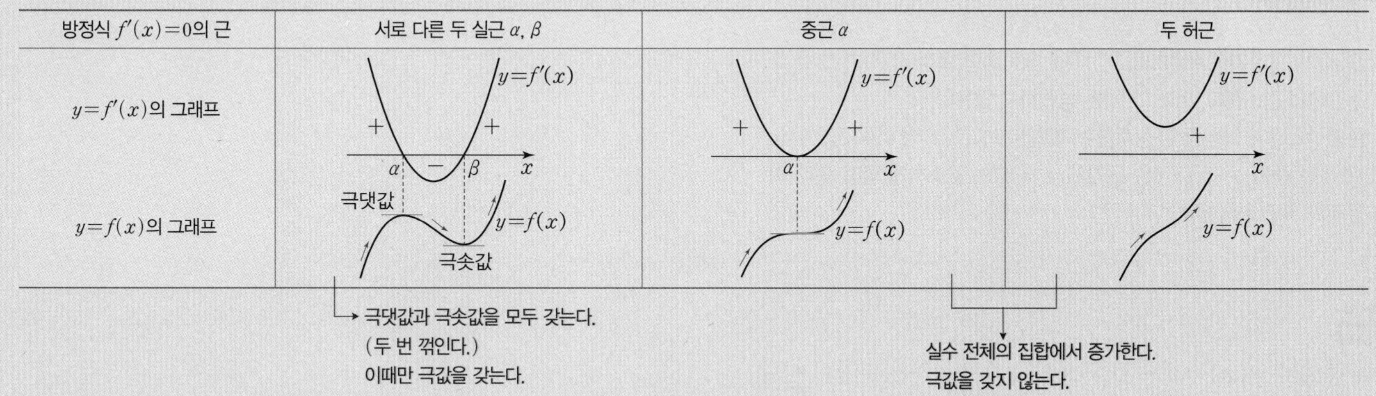

→ 극댓값과 극솟값을 모두 갖는다. (두 번 꺾인다.) 이때만 극값을 갖는다.

→ 실수 전체의 집합에서 증가한다. 극값을 갖지 않는다.

최고차항의 계수가 음수인 경우는 위의 그래프를 x축에 대하여 대칭이동시키면 된다.

2. 사차함수 $f(x)=ax^4+bx^3+cx^2+dx+e\ (a>0)$의 그래프의 개형

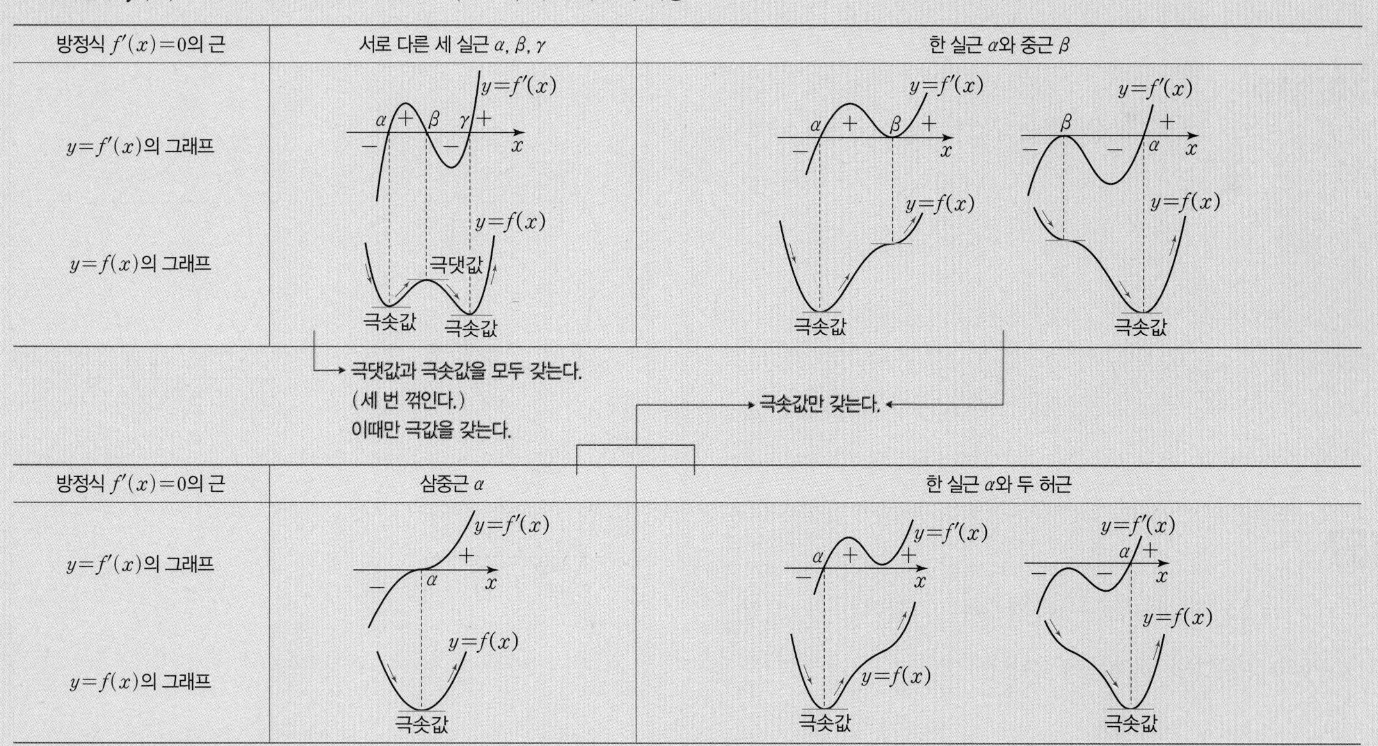

최고차항의 계수가 음수인 경우는 위의 그래프를 x축에 대하여 대칭이동시키면 된다.

유형 01 함수의 증가와 감소

다항함수가 증가 또는 감소하는 구간을 찾거나 증가 또는 감소할 조건을 이용하는 문제를 분류하였다.

유형 해결 TIP

어떤 구간에서 미분가능한 함수 $f(x)$에 대하여 $f'(x)>0$이면 함수 $f(x)$가 그 구간에서 증가하고, $f'(x)<0$이면 함수 $f(x)$가 그 구간에서 감소한다. 이때 그 역은 성립하지 않는다.
한편, $f(x)$가 다항함수(상수함수 제외)이면 $f'(x)\geq 0$인 구간에서 $f(x)$는 증가, $f'(x)\leq 0$인 구간에서 $f(x)$는 감소하게 되며, 이때 이 명제의 역도 성립한다.

355

다음 중 함수 $f(x)=x^3-3x^2-9x+2$가 증가하는 구간이 아닌 것은?

① $(-8, -4)$　② $(-4, -1)$　③ $(-1, 4)$
④ $(3, 6)$　⑤ $(4, 10)$

356 빈출

함수 $f(x)=x^3-3x^2+4$가 감소하는 구간이 $[a, b]$일 때, $a+b$의 값은?

① 1　② 2　③ 3
④ 4　⑤ 5

357

함수 $f(x)=\frac{1}{3}x^3+ax^2+bx+3$이 감소하는 구간이 $[-1, 3]$일 때, $a+b$의 값은? (단, a, b는 실수이다.)

① -5　② -4　③ -3
④ -2　⑤ -1

358 빈출

함수 $f(x)=x^3+ax^2+2ax+1$이 구간 $(-\infty, \infty)$에서 증가하도록 하는 실수 a의 최댓값은?

① 4　② 5　③ 6
④ 7　⑤ 8

359

함수 $f(x)$의 도함수 $y=f'(x)$의 그래프가 그림과 같을 때, 다음 중 함수 $y=f(x)$의 그래프의 개형으로 옳은 것은?

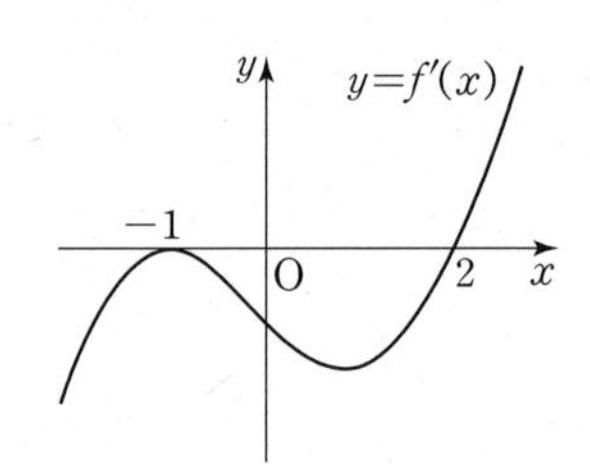

①

②
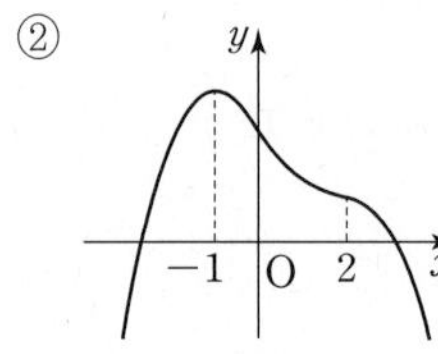

③

④
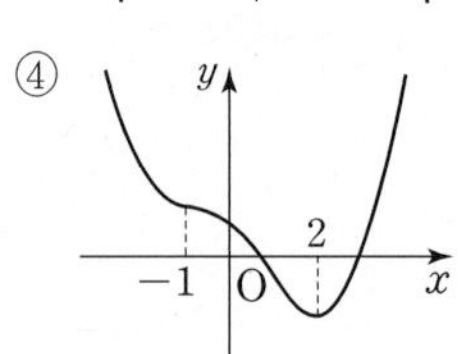

⑤
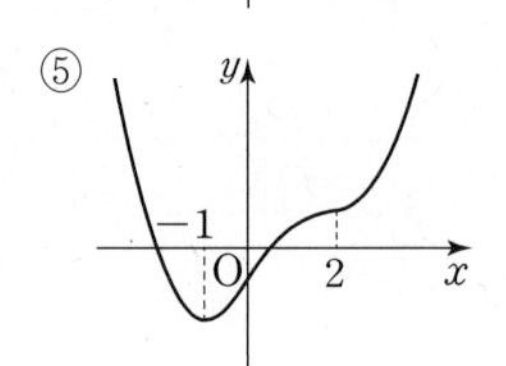

유형 02 함수의 극대와 극소 (1)

함수의 극대와 극소에서는
(1) 다항함수 $f(x)$의 극값을 구하는 문제
(2) 미분가능한 함수 $f(x)$가 $x=a$에서 극값을 가질 때 $f'(a)=0$임을 이용하는 문제
(3) 다항함수 $f(x)$가 극값을 갖기 위한 조건을 묻는 문제
를 분류하였다.

유형해결 TIP
다항함수 $f(x)$가 주어지면 도함수 $f'(x)$를 구하고, $f'(x)=0$이 되는 x의 값을 찾아 그 값을 기준으로 함수의 증가, 감소를 파악하고, 극대, 극소를 갖는지 파악하여 극댓값과 극솟값을 구한다.
이때 $f'(x)=0$을 만족시키는 x의 값에서 반드시 극값을 가지는 것은 아님에 주의하자.

360 서술형

함수 $f(x)=x^3-3x+1$에 대하여 다음 물음에 답하고, 그 과정을 서술하시오.

(1) 함수 $f(x)$의 도함수를 구하시오.
(2) 함수 $f(x)$의 증가와 감소를 표로 나타내시오.

x	$\cdots$		$\cdots$		$\cdots$
$f'(x)$					
$f(x)$					

(3) (2)의 표를 이용하여 함수 $f(x)$의 극값을 구하고, 이를 이용하여 함수 $y=f(x)$의 그래프를 그리시오.

361 빈출

함수 $f(x)=-2x^3+3x^2$의 극댓값을 M, 극솟값을 m이라 할 때, $M-m$의 값은?

① 1 ② 2 ③ 3
④ 4 ⑤ 5

362

함수 $f(x)=x^4-2x^2-1$의 서로 다른 모든 극값의 합을 구하시오.

363

함수 $f(x)=x(x-3)^2+a$의 극댓값이 9일 때, 상수 a의 값은?

① 1 ② 2 ③ 3
④ 4 ⑤ 5

364

함수 $f(x)=kx^3+3kx^2+4$의 극댓값과 극솟값의 차가 12일 때, 상수 k의 값은? (단, $k>0$)

① 1 ② 2 ③ 3
④ 4 ⑤ 5

365

함수 $f(x)=2x^3+ax^2-12x+2$가 $x=-1$에서 극댓값을 가질 때, 극솟값은? (단, a는 상수이다.)

① -18　② -16　③ -14
④ -12　⑤ -10

366

함수 $f(x)=x^3+6x^2+2ax+1$이 극댓값과 극솟값을 모두 갖도록 하는 실수 a의 값의 범위는?

① $a<6$　② $a\leq 6$　③ $a>6$
④ $a\geq 6$　⑤ $-6<a<6$

367 빈출

함수 $f(x)=x^3+ax^2-4ax+1$이 극값을 갖지 않도록 하는 정수 a의 개수는?

① 10　② 11　③ 12
④ 13　⑤ 14

유형 03 함수의 극대와 극소 (2)

도함수가 주어진 함수의 극대와 극소에서는
(1) 함수 $f(x)$의 그래프 또는 도함수 $f'(x)$의 그래프가 주어질 때 극값을 갖는 x의 값을 찾는 문제
(2) 함수의 증가 · 감소, 극대 · 극소와 도함수와의 관계에 대한 참, 거짓을 판단하도록 하는 합답형 문제
를 분류하였다.

368

함수 $f(x)$의 도함수 $y=f'(x)$의 그래프가 그림과 같을 때, 함수 $f(x)$가 극값을 갖는 모든 x의 값의 개수는?

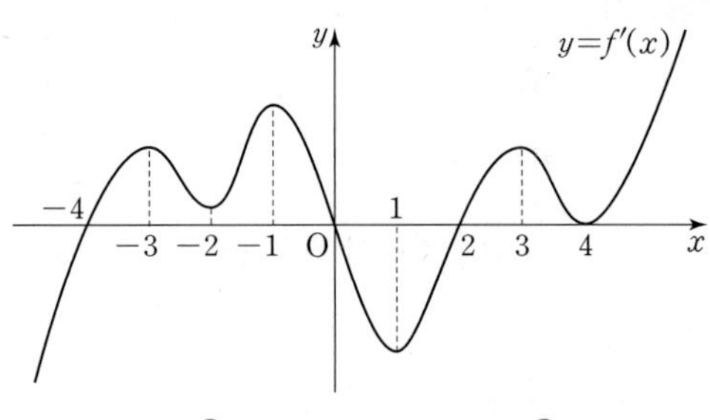

① 2　② 3　③ 4
④ 5　⑤ 6

369

구간 $(-8, 8)$에서 정의된 함수 $f(x)$의 도함수 $y=f'(x)$의 그래프가 그림과 같다. 함수 $f(x)$가 극댓값을 갖는 x의 값의 합을 a, 극솟값을 갖는 x의 값의 합을 b라 할 때, $a-b$의 값은?

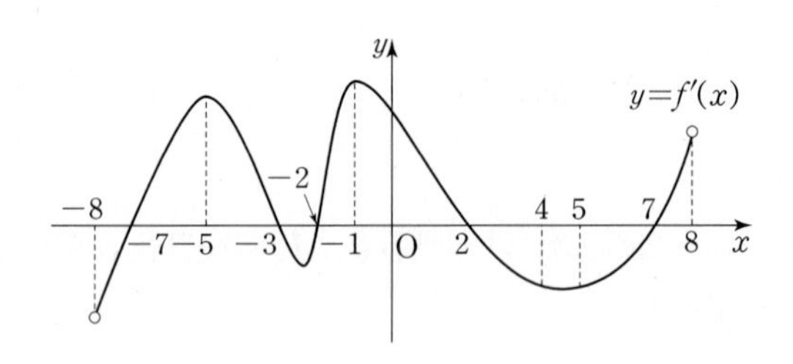

① -2　② -1　③ 0
④ 1　⑤ 2

370 빈출

함수 $f(x)$의 도함수 $y=f'(x)$의 그래프가 그림과 같을 때, 다음 중 함수 $f(x)$에 대한 설명으로 옳은 것은?

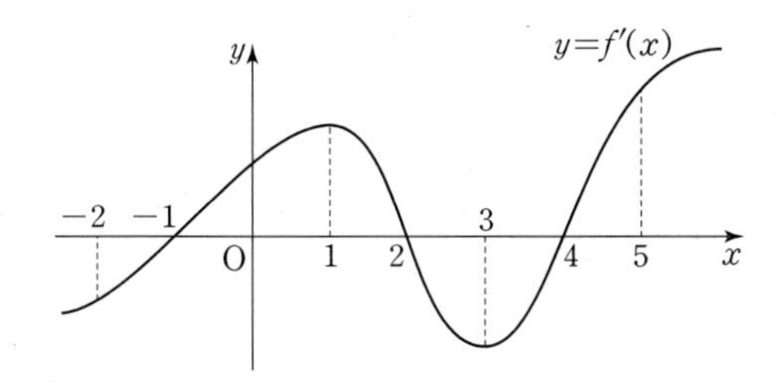

① 구간 $(1, 2)$에서 감소한다.
② 구간 $(4, 5)$에서 증가한다.
③ $x=1$에서 극댓값을 갖는다.
④ $x=2$에서 극솟값을 갖는다.
⑤ 극값을 갖는 점의 개수는 4이다.

371

다항함수 $f(x)$가 임의의 두 실수 a, b에 대하여 $a<b$일 때 $f(a)<f(b)$를 만족시킨다. 다음 중 옳은 것은?

① 함수 $f(x)$는 실수 전체의 집합에서 감소한다.
② 함수 $f(x)$는 적어도 하나의 극값을 갖는다.
③ 모든 실수 x에 대하여 $f'(x)\geq 0$이다.
④ $f'(x)=0$을 만족시키는 실수 x가 존재하지 않는다.
⑤ 함수 $y=f(x)$의 그래프는 원점에 대하여 대칭이다.

372

연속함수 $f(x)$에 대하여 다음 중 옳은 것은?

① $f'(a)=0$이면 함수 $f(x)$는 $x=a$에서 극값을 갖는다.
② 함수 $f(x)$가 $x=a$에서 극값을 가지면 $f'(a)=0$이다.
③ $x=a$의 좌우에서 $f'(x)$의 값의 부호가 양에서 음으로 바뀌면 $f(x)$는 $x=a$에서 극소이다.
④ $x=a$를 포함하는 어떤 열린구간에 속하는 모든 x에 대하여 $f(a)\leq f(x)$이면 함수 $f(x)$는 $x=a$에서 극대이다.
⑤ 함수 $f(x)$가 극대, 극소가 되는 점이 각각 하나씩만 존재하면 극댓값은 극솟값보다 항상 크다.

유형 04 함수의 최대 · 최소

주어진 범위에서 함수의 최댓값과 최솟값을 구하는 문제를 분류하였다.

유형해결 TIP

최대 · 최소 정리에 의하여 닫힌구간 $[a, b]$에서 연속인 함수 $f(x)$는 이 구간에서 반드시 최댓값과 최솟값을 가진다. 이때 최댓값 또는 최솟값을 가질 수 있는 점은 극대 또는 극소인 점이거나 구간의 양 끝점이다. 따라서 주어진 구간에서 함수 $f(x)$의 모든 극값과 $f(a)$, $f(b)$의 값을 비교하여 최댓값과 최솟값을 구한다.

373

사차함수 $f(x)$의 도함수 $y=f'(x)$의 그래프가 그림과 같을 때, $a\leq x\leq e$에서 함수 $f(x)$의 최댓값은?

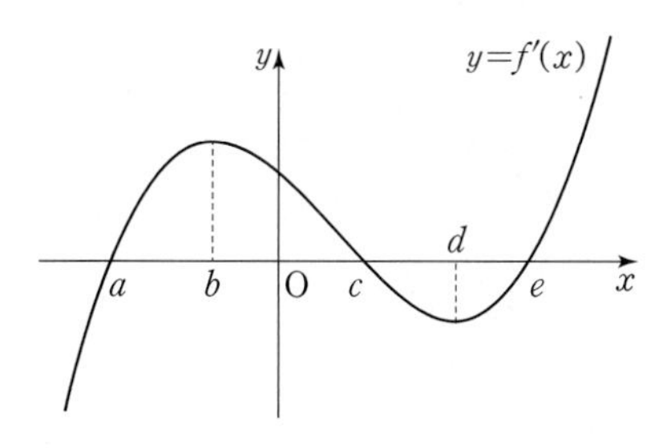

① $f(a)$ ② $f(b)$ ③ $f(c)$
④ $f(d)$ ⑤ $f(e)$

374 빈출

닫힌구간 $[-3, 0]$에서 함수 $f(x)=x^3-12x+5$의 최댓값과 최솟값의 합은?

① 26 ② 28 ③ 30
④ 32 ⑤ 34

375

닫힌구간 $[-4, -1]$에서 함수 $f(x)=\frac{1}{4}x^4+x^3+1$의 최댓값과 최솟값을 각각 M, m이라 할 때, $M+m$의 값은?

① $-\frac{23}{4}$ ② $-\frac{11}{2}$ ③ $-\frac{21}{4}$
④ -5 ⑤ $-\frac{19}{4}$

376

닫힌구간 $[-1, 2]$에서 함수 $f(x)=-x^3-3x^2+9x-4$의 최댓값을 M, 최솟값을 m이라 할 때, $M-m$의 값은?

① 12 ② 14 ③ 16
④ 18 ⑤ 20

377 빈출

닫힌구간 $[-1, 1]$에서 함수 $f(x)=x^3+6x^2+k$의 최댓값이 8일 때, 이 구간에서 함수 $f(x)$의 최솟값은? (단, k는 상수이다.)

① -2 ② -1 ③ 0
④ 1 ⑤ 2

유형 05 최대 · 최소의 활용

실생활 또는 도형과 관련된 함수식을 찾아 최대 · 최소를 구하는 문제를 분류하였다.

유형해결 TIP
미지수를 x로 두고 주어진 조건을 만족시키는 함수식을 찾을 때 x의 값의 범위를 찾아 주어진 구간에서 함수의 최대 · 최소를 구한다.

378

그림과 같이 한 변이 x축 위에 있고, 곡선 $y=12-x^2$과 x축으로 둘러싸인 부분에 내접하는 직사각형 ABCD의 넓이의 최댓값은?

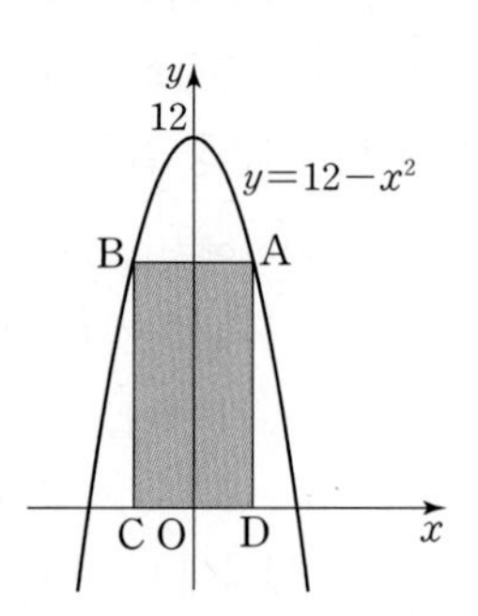

① 24 ② 26 ③ 28
④ 30 ⑤ 32

379

밑면의 반지름의 길이와 높이의 합이 15인 원기둥의 부피의 최댓값은?

① 200π　② 300π　③ 400π
④ 500π　⑤ 600π

380 빈출 교육청변형

한 변의 길이가 12인 정사각형 모양의 종이가 있다. 그림과 같이 네 모퉁이에서 크기가 같은 정사각형 모양의 종이를 잘라 낸 후 남는 부분을 접어서 뚜껑이 없는 직육면체 모양의 상자를 만들려고 한다. 이 상자의 부피의 최댓값을 구하시오.

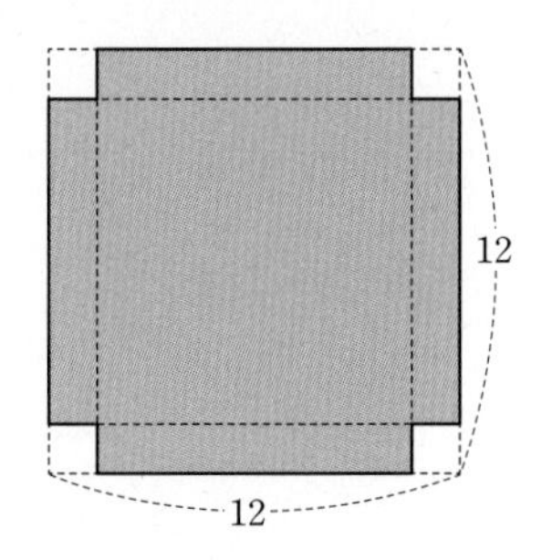

381

그림과 같이 한 변의 길이가 x cm인 정사각형을 밑면으로 하고, 높이가 y cm인 뚜껑이 없는 직육면체 모양의 상자를 만들려고 한다. 이 직육면체의 모든 모서리의 길이의 합이 96 cm일 때, 직육면체의 부피가 최대가 되도록 하는 x의 값은?

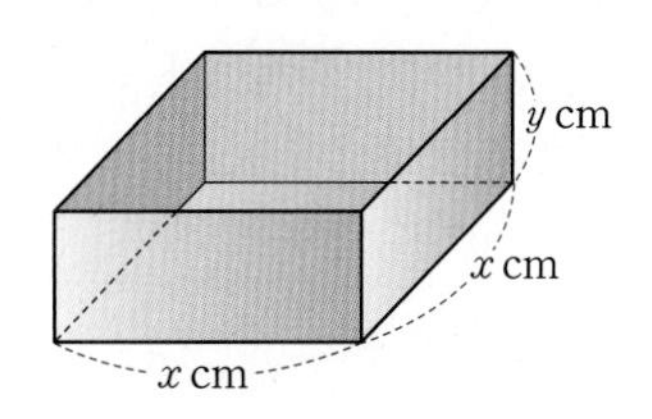

① 8　② 10　③ 12
④ 14　⑤ 16

유형06 함수의 그래프

함수의 증가 · 감소, 극대 · 극소를 조사하고, 대칭성이나 주어진 함수의 특징을 이용하여 함수의 그래프를 추론하거나 함수의 최댓값 등으로 새롭게 정의된 또 다른 함수를 파악하는 문제를 분류하였다.

유형해결 TIP

앞에서 배운 내용들을 포괄하는 종합적인 유형이고, 미분 단원에서 고난도 문항이 자주 출제되는 유형이므로 앞의 유형을 충분히 복습한 뒤 이 유형의 고난도 문항을 훈련하도록 하자.

382 교육청기출

최고차항의 계수가 1인 삼차함수 $f(x)$가 다음 조건을 만족시킬 때, $f(x)$의 극댓값을 구하시오.

> (가) 모든 실수 x에 대하여 $f'(x)=f'(-x)$이다.
> (나) 함수 $f(x)$는 $x=1$에서 극솟값 0을 갖는다.

유형01 함수의 증가와 감소

383

다음은 '함수 $f(x)$가 구간 $[a, b]$에서 연속이고 구간 (a, b)에서 미분가능할 때, 구간 (a, b)에서 $f'(x)<0$이면 함수 $f(x)$는 그 구간에서 감소한다.'를 증명하는 과정이다. (가)에 알맞은 내용과 (나)~(라)에 알맞은 부등호를 써넣으시오.

증명

구간 $[a, b]$에 속하는 임의의 두 수 x_1, $x_2\,(x_1<x_2)$에 대하여
[(가)] 정리에 의하여

$$\frac{f(x_2)-f(x_1)}{x_2-x_1}=f'(c)$$

인 c가 x_1과 x_2 사이에 존재한다.
$f'(c)$ [(나)] 0이고, x_2-x_1 [(다)] 0이므로
$f(x_2)-f(x_1)$ [(라)] 0, 즉 $f(x_2)$ [(라)] $f(x_1)$이다.
따라서 함수 $f(x)$는 이 구간에서 감소한다.

384

이차함수 $f(x)$와 삼차함수 $g(x)$에 대하여 두 함수 $y=f'(x)$, $y=g'(x)$의 그래프가 그림과 같다. 다음 중 함수 $h(x)=f(x)-g(x)$가 감소하는 구간인 것은?

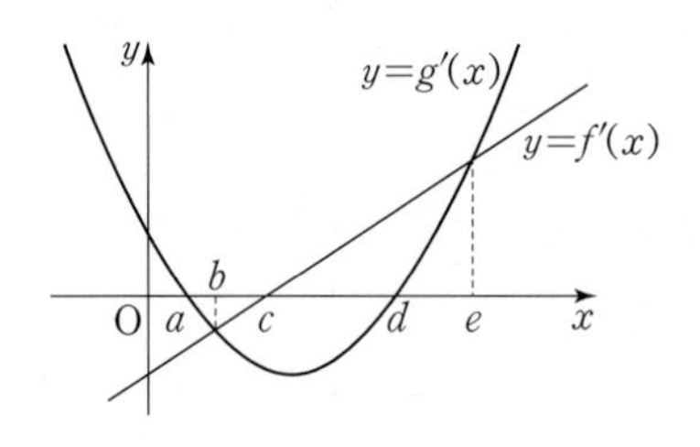

① $[a, c]$　② $[b, d]$　③ $[c, d]$
④ $[d, e]$　⑤ $[e, \infty)$

385 빈출

| 선행 358 |

함수 $f(x)=-x^3+kx^2-(k+6)x+2$가 임의의 두 실수 x_1, x_2에 대하여 $x_1<x_2$이면 $f(x_1)>f(x_2)$를 만족시킬 때, 정수 k의 개수는?

① 6　② 7　③ 8
④ 9　⑤ 10

386 빈출

함수 $f(x)=-x^3+2ax^2-3ax$가 일대일대응이 되도록 하는 정수 a의 개수는?

① 1　② 2　③ 3
④ 4　⑤ 5

387 빈출

함수 $f(x)=x^3+(2-a)x^2+ax+3$의 역함수가 존재하도록 하는 실수 a의 최댓값을 M, 최솟값을 m이라 할 때, $M+m$의 값은?

① 5　② 6　③ 7
④ 8　⑤ 9

388

함수 $f(x)=2x^3-ax^2+4ax-3$이 구간 $[-1, 1]$에서 감소하도록 하는 실수 a의 값의 범위는?

① $a\le-3$　② $-3<a<1$　③ $a\le-1$
④ $-1\le a\le3$　⑤ $a\ge3$

389

함수 $f(x)=\frac{1}{3}x^3-ax^2+(2-a)x+1$이 구간 $[-1, 2]$에서 증가하도록 하는 실수 a의 값의 범위를 구하시오.

390

함수 $f(x)=-\frac{1}{3}x^3+(a-3)x^2+(a-5)x+a$와 실수 t에 대하여 $x\le t$에서 $f(x)$의 최솟값을 $g(t)$라 할 때, 모든 실수 t에 대하여 $g(t)=f(t)$가 성립하도록 하는 정수 a의 개수는?

① 1　② 2　③ 3
④ 4　⑤ 5

유형 02 함수의 극대와 극소 (1)

391

다음은 '함수 $f(x)$가 $x=a$에서 극댓값을 갖고, a를 포함하는 어떤 열린구간에서 미분가능하면 $f'(a)=0$이다.'를 증명하는 과정이다.

증명

함수 $f(x)$가 $x=a$에서 극대이면 a를 포함하는 어떤 열린구간에 속하는 모든 x에 대하여 $f(x)\square f(a)$이다.
즉, 함수 $f(x)$가 $x=a$에서 극댓값을 가지면 절댓값이 충분히 작은 실수 $h\ (h\ne0)$에 대하여
$f(a+h)\square f(a)$이므로
$h>0$이면 $\frac{f(a+h)-f(a)}{h}\square 0$,
$h<0$이면 $\frac{f(a+h)-f(a)}{h}\square 0$
이다.
함수 $f(x)$는 $x=a$에서 미분가능하므로
$0\square \lim_{h\to0-}\frac{f(a+h)-f(a)}{h}=\lim_{h\to0+}\frac{f(a+h)-f(a)}{h}\square 0$
이다.
따라서 $f'(a)=0$이다.

(1) 위의 증명 과정에서 빈칸에 알맞은 부등호를 써넣으시오.
(2) 명제 '함수 $f(x)$가 $x=a$에서 극값을 갖고, a를 포함하는 어떤 열린구간에서 미분가능하면 $f'(a)=0$이다.'의 역은 일반적으로 성립하지 않는다. 역이 성립하지 않는 예를 하나 구하시오.

392

실수 전체의 집합에서 미분가능한 함수 $f(x)$가 $x=2$에서 극솟값 3을 가질 때, 곡선 $y=(x^2+2)f(x)$ 위의 $x=2$인 점에서의 접선의 y절편은?

① -6　② -3　③ 0
④ 3　⑤ 6

393 빈출

함수 $f(x)=-2x^3+ax^2+bx+c$가 $x=-1$에서 극솟값 -3을 갖고, $x=2$에서 극댓값을 가질 때, $a+b+c$의 값은?

(단, a, b, c는 상수이다.)

① 13 ② 16 ③ 19
④ 22 ⑤ 25

394 빈출

함수 $f(x)=x^3+ax^2+bx+1$이 $x=-1$에서 극댓값 6을 가질 때, 극솟값을 구하시오. (단, a, b는 상수이다.)

395 교육청기출

다항함수 $f(x)$가 다음 조건을 만족시킨다.

(가) $\lim_{x \to \infty} \frac{f(x)}{x^3}=1$
(나) 함수 $f(x)$는 $x=-1$과 $x=2$에서 극값을 갖는다.

$\lim_{h \to 0} \frac{f(3+h)-f(3-h)}{h}$의 값은?

① 8 ② 12 ③ 16
④ 20 ⑤ 24

396

두 다항함수 $f(x)$, $g(x)$가 다음 조건을 만족시킬 때, 실수 k의 값은?

(가) $\lim_{x \to 0} \frac{f(x)-2}{x}=4$
(나) $\lim_{x \to 0} \frac{f(x)g(x)-k}{x}=-2$
(다) 함수 $g(x)$는 $x=0$에서 극값을 가진다.

① -4 ② -2 ③ -1
④ $-\frac{1}{2}$ ⑤ $-\frac{1}{4}$

397

삼차함수 $f(x)$가 다음 조건을 만족시킬 때, 함수 $f(x)$의 극댓값을 구하시오.

(가) $x=2$에서 극솟값 6을 갖는다.
(나) 곡선 $y=f(x)$ 위의 점 $(0, 2)$에서의 접선의 방정식은 $y=12x+2$이다.

398

최고차항의 계수가 1인 삼차함수 $f(x)$에 대하여 곡선 $y=f(x)$와 기울기가 4인 직선 l은 x좌표가 1인 점에서 만나고, x좌표가 -3인 점에서 접한다. 함수 $f(x)$가 $x=a$에서 극댓값을 갖고, $x=b$에서 극솟값을 가질 때, $a-b$의 값을 구하시오.

(단, a, b는 실수이다.)

399

선생님 Pick! 교육청기출

함수 $f(x)=x^3-6x^2+ax+10$에 대하여 함수

$$g(x)=\begin{cases} b-f(x) & (x<3) \\ f(x) & (x\geq 3) \end{cases}$$

가 실수 전체의 집합에서 미분가능할 때, 함수 $g(x)$의 극솟값을 구하시오. (단, a, b는 상수이다.)

400

함수 $f(x)=2x^3-3x^2+ax$가 극값을 갖고 모든 극값의 합이 -10일 때, 상수 a의 값은?

① -10　② -9　③ -8
④ -7　⑤ -6

401

함수 $f(x)=-x^3+3x^2+ax+4$가 구간 $(-2, 3)$에서 극댓값과 극솟값을 모두 갖도록 하는 정수 a의 개수는?

① 7　② 9　③ 11
④ 13　⑤ 15

402

빈출 서술형

삼차함수 $f(x)=-2x^3+ax^2+4a^2x-3$이 $-2<x<2$에서 극솟값을 갖고, $x>2$에서 극댓값을 갖도록 하는 실수 a의 값의 범위를 구하고, 그 과정을 서술하시오.

403

교육청기출

직선 $x=a$가 곡선 $f(x)=x^3-ax^2-100x+10$의 극대가 되는 점과 극소가 되는 점 사이를 지날 때, 정수 a의 개수를 구하시오.

404

함수 $f(x)=x^4-2x^3+ax^2-5$가 극댓값을 갖도록 하는 실수 a의 값의 범위를 구하시오.

405

함수 $f(x)=3x^4-4(a-2)x^3+6(a+1)x^2-48x$가 극댓값을 갖지 않도록 하는 정수 a의 개수는?

① 6　② 7　③ 8　④ 9　⑤ 10

406

선생님 Pick! 교육청기출

삼차함수 $f(x)$에 대하여 방정식 $f'(x)=0$의 두 실근 α, β는 다음 조건을 만족시킨다.

> (가) $|\alpha-\beta|=10$
> (나) 두 점 $(\alpha, f(\alpha))$, $(\beta, f(\beta))$ 사이의 거리는 26이다.

함수 $f(x)$의 극댓값과 극솟값의 차는?

① $12\sqrt{2}$　② 18　③ 24　④ 30　⑤ $24\sqrt{2}$

유형 03 함수의 극대와 극소 (2)

407

미분가능한 함수 $y=f(x)$의 그래프가 그림과 같다.

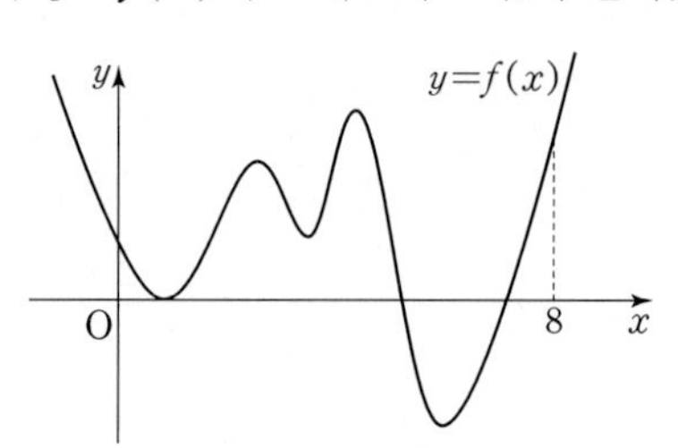

함수 $F(x)=\{f(x)\}^2$이라 할 때, $0<x<8$에서 방정식 $F'(x)=0$의 서로 다른 실근의 개수를 구하시오.

408

그림과 같은 함수 $y=f(x)$의 그래프 위의 8개의 점 A, B, C, ⋯, H의 x좌표를 각각 a, b, c, ⋯, h라 하자. a, b, c, ⋯, h 중 부등식 $f(x)f'(x)\le 0$을 만족시키는 x의 값의 개수는?

(단, 함수 $f(x)$는 $x=c$, $x=f$에서 극값을 갖는다.)

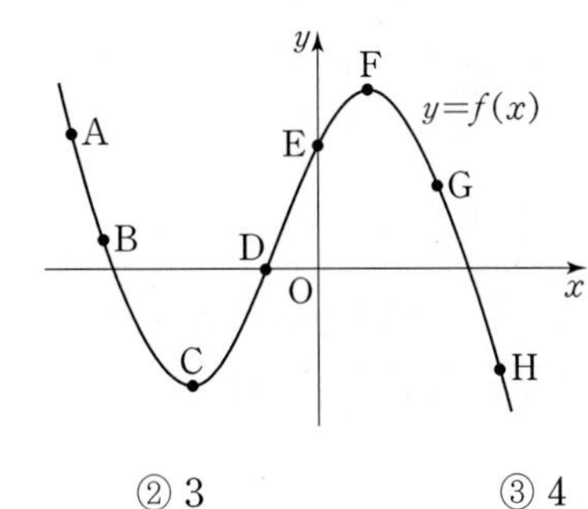

① 2 ② 3 ③ 4 ④ 5 ⑤ 6

409

두 삼차함수 $f(x)$, $g(x)$의 그래프가 그림과 같다.

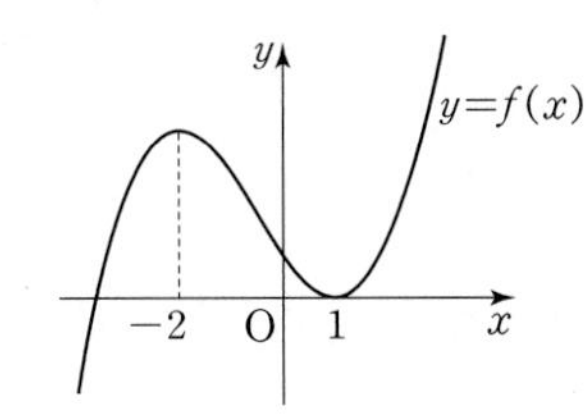

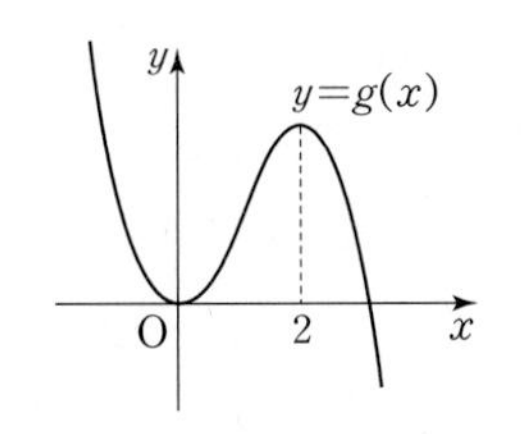

함수 $h(x)=f(x)g(x)$라 할 때, 양수인 것만을 〈보기〉에서 있는 대로 고른 것은?

보기

ㄱ. $h'(1)$　　ㄴ. $h'(2)$　　ㄷ. $h'(-2)$

① ㄱ ② ㄴ ③ ㄷ ④ ㄱ, ㄴ ⑤ ㄴ, ㄷ

410

삼차함수 $f(x)$와 사차함수 $g(x)$에 대하여 두 함수 $y=f'(x)$, $y=g'(x)$의 그래프가 그림과 같을 때, 함수 $h(x)=f(x)-g(x)$가 극솟값을 갖는 x의 값을 구하시오.

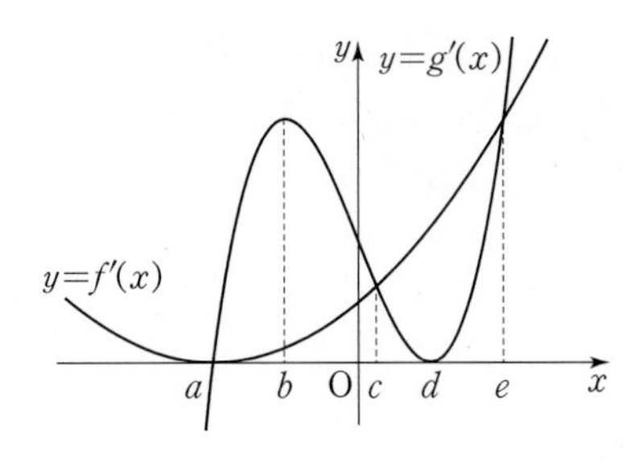

411

이차함수 $f(x)$와 삼차함수 $g(x)$에 대하여 $y=f'(x)$, $y=g'(x)$의 그래프가 그림과 같을 때, 다음 중 항상 옳은 것은?

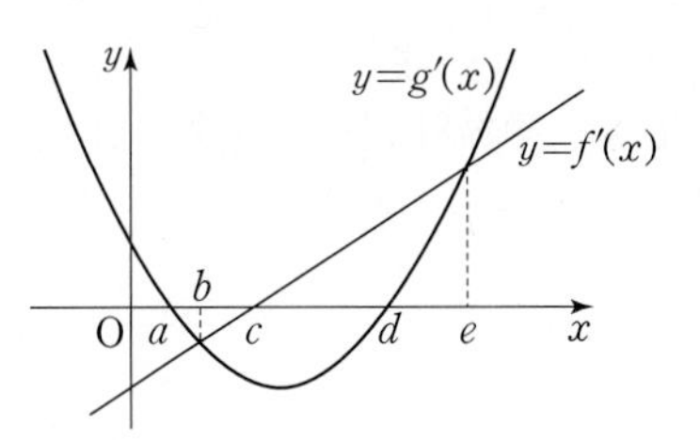

① 함수 $f(x)$는 실수 전체의 집합에서 증가한다.
② 함수 $y=f(x)-g(x)$는 $x=e$에서 극솟값을 갖는다.
③ $f(a)=g(a)$이면 $f(b)=g(b)$이다.
④ $f(b)=g(b)$이면 $f(c)>g(c)$이다.
⑤ 구간 (c, d)에서 $f(x)<g(x)$이다.

412

평가원기출

함수 $f(x)=x^3+6x^2+12x-2$에 대한 설명으로 〈보기〉에서 옳은 것만을 있는 대로 고른 것은?

보기

ㄱ. $f'(x)>0$인 구간은 실수 전체의 집합이다.
ㄴ. 함수 $f(x)$는 구간 $(-\infty, \infty)$에서 증가한다.
ㄷ. 함수 $f(x)$는 극값을 갖지 않는다.

① ㄱ ② ㄴ ③ ㄷ
④ ㄱ, ㄷ ⑤ ㄴ, ㄷ

413

평가원기출

두 다항함수 $f(x)$, $g(x)$에 대하여 함수 $h(x)$를

$$h(x)=\begin{cases} f(x) & (x\geq 0) \\ g(x) & (x<0) \end{cases}$$

라 하자. $h(x)$가 실수 전체의 집합에서 연속일 때, 〈보기〉에서 옳은 것만을 있는 대로 고른 것은?

보기

ㄱ. $f(0)=g(0)$
ㄴ. $f'(0)=g'(0)$이면 $h(x)$는 $x=0$에서 미분가능하다.
ㄷ. $f'(0)g'(0)<0$이면 $h(x)$는 $x=0$에서 극값을 갖는다.

① ㄱ ② ㄴ ③ ㄷ
④ ㄱ, ㄴ ⑤ ㄱ, ㄴ, ㄷ

414

사차함수 $y=f(x)$의 도함수 $y=f'(x)$의 그래프가 그림과 같다.

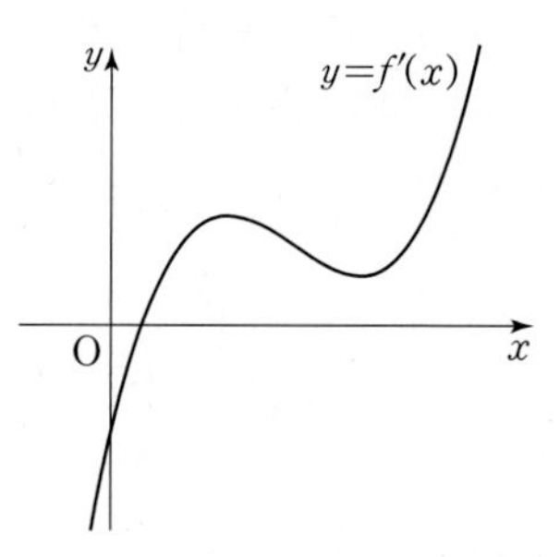

$g'(x)=f'(|x|)$일 때, 두 함수 $f(x)$, $g(x)$에 대한 설명으로 〈보기〉에서 옳은 것만을 있는 대로 고른 것은?

보기

ㄱ. 함수 $f(x)$는 극댓값을 갖는다.
ㄴ. 함수 $g(x)$는 극솟값과 극댓값이 각각 하나씩 존재한다.
ㄷ. 함수 $y=g(x)$의 그래프는 x축과 세 점에서 만난다.

① ㄱ ② ㄴ ③ ㄱ, ㄴ
④ ㄴ, ㄷ ⑤ ㄱ, ㄴ, ㄷ

415

함수 $f(x)=x^3+kx^2+12x+5$에 대하여 〈보기〉에서 옳은 것만을 있는 대로 고른 것은?

보기

ㄱ. 곡선 $y=f(x)$에 접하는 기울기가 12인 직선이 존재한다.
ㄴ. $k=6$이면 함수 $f(x)$는 $x=-2$에서 극값을 갖는다.
ㄷ. $|k|\leq 5$이면 함수 $f(x)$는 실수 전체의 집합에서 증가한다.

① ㄱ ② ㄴ ③ ㄱ, ㄴ
④ ㄱ, ㄷ ⑤ ㄴ, ㄷ

416

함수 $f(x)$의 도함수 $y=f'(x)$의 그래프가 그림과 같을 때, 〈보기〉에서 옳은 것만을 있는 대로 고르시오.

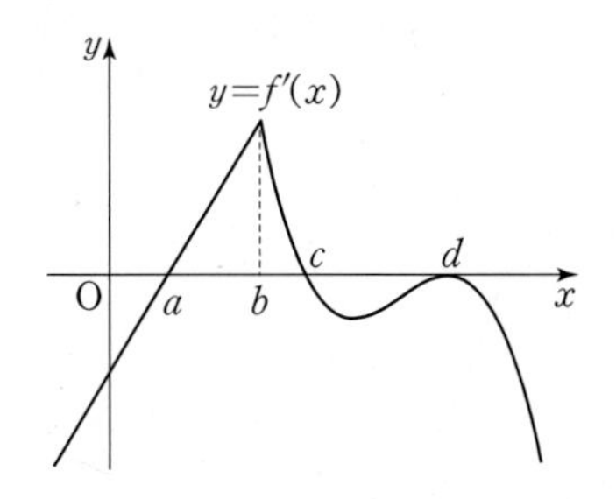

보기

ㄱ. $f(a)=f(c)$
ㄴ. $f(b)<f(c)$
ㄷ. 함수 $f(x)$는 3개의 극값을 갖는다.
ㄹ. 함수 $f(x)$는 $x=b$에서 미분가능하지 않다.
ㅁ. 구간 (c, ∞)에 속하는 임의의 x_1, x_2에 대하여 $x_1<x_2$이면 $f(x_1)>f(x_2)$이다.

417

평가원기출

$x=0$에서 극댓값을 갖는 모든 다항함수 $f(x)$에 대하여 옳은 것만을 〈보기〉에서 있는 대로 고른 것은?

보기

ㄱ. 함수 $|f(x)|$는 $x=0$에서 극댓값을 갖는다.
ㄴ. 함수 $f(|x|)$는 $x=0$에서 극댓값을 갖는다.
ㄷ. 함수 $f(x)-x^2|x|$는 $x=0$에서 극댓값을 갖는다.

① ㄴ ② ㄷ ③ ㄱ, ㄴ
④ ㄱ, ㄷ ⑤ ㄴ, ㄷ

유형 04 함수의 최대·최소

418

닫힌구간 $[-2, 3]$에서 함수 $f(x)=x^4-10x^2+a$의 최댓값을 M, 최솟값을 m이라 하자. $M+m=9$일 때, 상수 a의 값은?

① 11 ② 13 ③ 15
④ 17 ⑤ 19

419

함수 $f(x)=x^3+ax^2-3ax+b$에 대하여 $f'(-1)=-12$이고, $-1\le x\le 3$에서 함수 $f(x)$의 최댓값이 3일 때, 두 상수 a, b에 대하여 $a+b$의 값은?

① -24 ② -21 ③ -18
④ -15 ⑤ -12

420

함수 $f(x)=ax^3-3ax^2+b$가 닫힌구간 $[-2, 1]$에서 최댓값 16, 최솟값 -24를 가질 때, 두 상수 a, b에 대하여 $a+b$의 값은? (단, $a>0$)

① 10 ② 12 ③ 14
④ 16 ⑤ 18

421

닫힌구간 $[a, a+1]$에서 함수 $f(x)=x^3-3x$의 최댓값이 2가 되도록 하는 모든 정수 a의 값의 합은?

① -5 ② -4 ③ -3
④ -2 ⑤ -1

422 서술형

함수 $f(x)=x^3+ax^2+bx+c$의 도함수 $y=f'(x)$의 그래프가 그림과 같다. 함수 $f(x)$의 극댓값이 8일 때, 구간 $[-1, 6]$에서 함수 $f(x)$의 최솟값을 구하고, 그 과정을 서술하시오.
(단, a, b, c는 상수이다.)

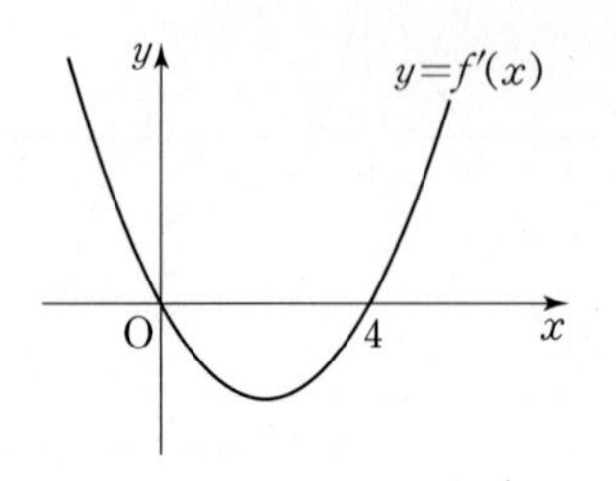

423

함수 $f(x)=ax^4-2x^3+4x^2+b$가 $x=-2$에서 최댓값 6을 가질 때, $f(1)$의 값은? (단, a, b는 상수이다.)

① $-\frac{25}{4}$ ② -6 ③ $-\frac{23}{4}$
④ $-\frac{11}{2}$ ⑤ $-\frac{21}{4}$

424

두 함수 $f(x)=2x^4-4x^2+5$, $g(x)=-x^2+2ax+2a$가 임의의 두 실수 x_1, x_2에 대하여 $f(x_1)\geq g(x_2)$를 만족시키도록 하는 정수 a의 개수는?

① 3　② 4　③ 5　④ 6　⑤ 7

425

두 함수 $f(x)=-x^3+3x$, $g(x)=x^2-2x$에 대하여 함수 $(f\circ g)(x)$의 최댓값을 구하시오.

426

구간 $[-3, 1]$에서 함수 $f(x)=x^3+2x^2+4|x|+3$의 최댓값과 최솟값의 합은?

① 14　② 15　③ 16　④ 17　⑤ 18

427

구간 $[1, \infty)$에서 함수 $f(x)=2x^3-3kx^2+7$의 최솟값이 -1이 되도록 하는 양수 k의 값을 구하시오.

428

교육청기출

등식 $x^2+3y^2=9$를 만족시키는 두 실수 x, y에 대하여 x^2+xy^2의 최솟값은?

① $-\frac{5}{3}$　② -1　③ $-\frac{1}{3}$　④ $\frac{2}{3}$　⑤ 2

유형05 최대·최소의 활용

429

어떤 공장에서 제품 A를 하루에 x kg 생산하는 데 드는 비용을 $P(x)$원이라 하면 $P(x)=2x^3-90x^2+5000x+3000$이고, 이 제품의 1 kg당 판매 가격은 5000원이라 한다. 이익금이 최대가 되도록 하기 위해 하루에 생산해야 할 제품 A의 양은 a kg이고, 이익금의 최댓값은 b원이다. $\frac{b}{a}$의 값을 구하시오.

430

곡선 $y=x^2\ (-1\le x\le 1)$ 위를 움직이는 점 P와 점 A(1, 2)에 대하여 두 점 A, P 사이의 거리가 최대가 될 때, 점 P의 좌표는 (a, b)이다. $b-a$의 값은?

① $\frac{1}{8}$ ② $\frac{1}{4}$ ③ $\frac{3}{8}$
④ $\frac{1}{2}$ ⑤ $\frac{5}{8}$

431 빈출

선행 378

그림과 같이 곡선 $y=6x-x^2$이 x축과 만나는 두 점 중 원점 O가 아닌 점을 A라 하고, x축과 평행한 직선이 이 곡선과 제1사분면에서 만나는 두 점을 각각 B, C라 할 때, 사다리꼴 OABC의 넓이의 최댓값은?

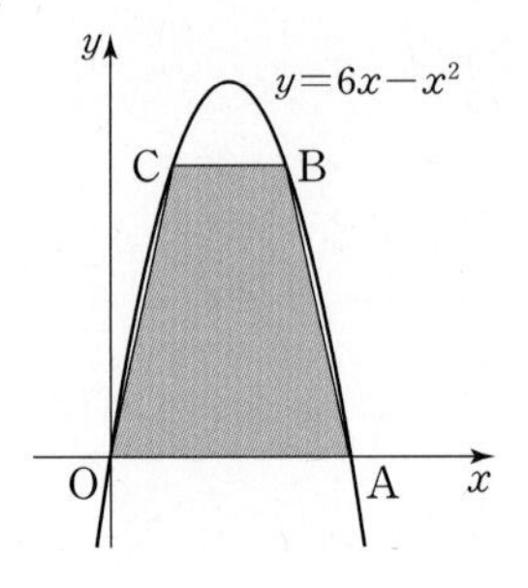

① 28 ② 32 ③ 36
④ 40 ⑤ 44

432 빈출

오른쪽 그림과 같이 밑면의 반지름의 길이가 3, 높이가 9인 원뿔이 있다. 이 원뿔에 내접하는 원기둥 중 부피가 최대가 되는 원기둥의 밑면의 반지름의 길이는 a이고 그때의 부피는 b이다. $\frac{b}{a}$의 값은?

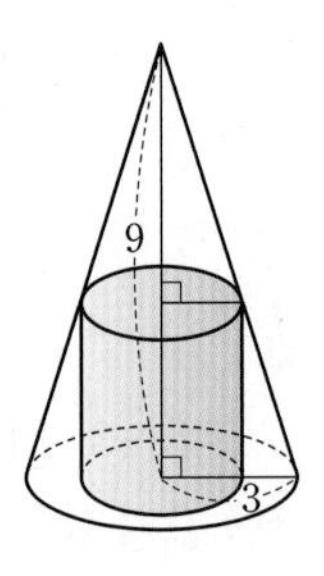

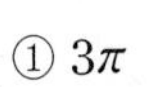
① 3π ② 6π ③ 9π
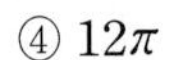
④ 12π ⑤ 15π

433

반지름의 길이가 3인 구에 내접하는 원기둥의 부피가 최대일 때, 원기둥의 부피는?

① $12\sqrt{2}\pi$　② $12\sqrt{3}\pi$　③ $12\sqrt{5}\pi$
④ $18\sqrt{2}\pi$　⑤ $18\sqrt{3}\pi$

434

반지름의 길이가 5인 구에 내접하는 원뿔의 부피가 최대일 때, 원뿔의 높이는?

① 6　② $\frac{19}{3}$　③ $\frac{20}{3}$
④ 7　⑤ $\frac{22}{3}$

유형 06 함수의 그래프

435

함수 $f(x)=2x^3-3(a-1)x^2-6ax$에 대하여 함수 $y=f(x)$의 그래프가 x축에 접하도록 하는 모든 실수 a의 값의 합을 구하시오.

436

선생님 Pick! 교육청기출

최고차항의 계수가 1인 이차함수 $f(x)$와 3보다 작은 실수 a에 대하여 함수 $g(x)=|(x-a)f(x)|$가 $x=3$에서만 미분가능하지 않다. 함수 $g(x)$의 극댓값이 32일 때, $f(4)$의 값은?

① 7　② 9　③ 11
④ 13　⑤ 15

437

| 선행 382 |

최고차항의 계수가 1인 삼차함수 $f(x)$가 다음 조건을 만족시킬 때, 극댓값과 극솟값의 차를 구하시오.

> (가) 모든 실수 x에 대하여 $f'(2+x)=f'(2-x)$이다.
> (나) 함수 $f(x)$는 $x=1$에서 극값을 갖는다.

438

최고차항의 계수가 1인 사차함수 $f(x)$가 다음 조건을 만족시킬 때, $f(1)+f'(1)$의 값은?

> (가) 함수 $f(x)$는 $x=0$에서 극댓값 4를 갖는다.
> (나) 함수 $f(x)$의 극솟값은 오직 0뿐이다.

① -4　　② -3　　③ -2　　④ -1　　⑤ 0

439

교육청기출

원점을 지나는 최고차항의 계수가 1인 사차함수 $y=f(x)$가 다음 조건을 만족시킨다.

> (가) 모든 실수 x에 대하여 $f(2+x)=f(2-x)$이다.
> (나) 함수 $f(x)$는 $x=1$에서 극솟값을 갖는다.

$f(x)$의 극댓값을 a라 할 때, a^2의 값을 구하시오.

440

최고차항의 계수가 양수인 사차함수 $f(x)$가 다음 조건을 만족시킬 때, 함수 $f(x)$를 구하시오.

> (가) 임의의 양수 t에 대하여 구간 $[-t, t]$에서 함수 $f(x)$의 평균변화율은 0이다.
> (나) 방정식 $f'(x)=0$은 서로 다른 세 실근 α, β, 1을 갖고, $f(\alpha)+f(\beta)+f(1)=-2$, $f(\alpha)f(\beta)f(1)=0$이다.

441

함수 $f(x)=x^3-x^2-8x$와 실수 t에 대하여 $x\geq t$에서 $f(x)$의 최솟값을 $g(t)$라 하자. 함수 $g(t)$가 $t=a$에서만 미분가능하지 않을 때, 실수 a의 값은?

① -3　② -2　③ -1
④ 1　⑤ 2

442

선생님 Pick! 교육청기출

$a>0$인 상수 a에 대하여 함수 $f(x)=|(x^2-9)(x+a)|$가 오직 한 개의 x의 값에서만 미분가능하지 않을 때, 함수 $f(x)$의 극댓값은?

① 32　② 34　③ 36
④ 38　⑤ 40

443

실수 t에 대하여 직선 $x=t$가 두 함수 $f(x)=x^4-2x^2+9x+a$, $g(x)=4x^3-3x$의 그래프와 만나는 두 점 사이의 거리를 $h(t)$라 할 때, 함수 $h(t)$가 미분가능하지 않은 점이 2개가 되도록 하는 실수 a의 값의 범위를 구하시오.

스키마로 풀이 흐름 알아보기

최고차항의 계수가 1인 삼차함수 $f(x)$에 대하여 곡선 $y=f(x)$와 기울기가 4인 직선 l은 x좌표가 1인 점에서 만나고, x좌표가 -3인 점에서 접한다. 함수 $f(x)$가 $x=a$에서 극댓값을 갖고, $x=b$에서 극솟값을 가질 때, $a-b$의 값을 구하시오.

(단, a, b는 실수이다.)

조건① 최고차항의 계수가 1인 삼차함수 $f(x)$ / 조건② 기울기가 4인 직선 l / 조건③ x좌표가 1인 점에서 만나고, x좌표가 -3인 점에서 접한다 / 조건④ 함수 $f(x)$가 $x=a$에서 극댓값을 갖고, $x=b$에서 극솟값을 가질 때 / 답 $a-b$의 값

유형02 함수의 극대와 극소 (1) 398

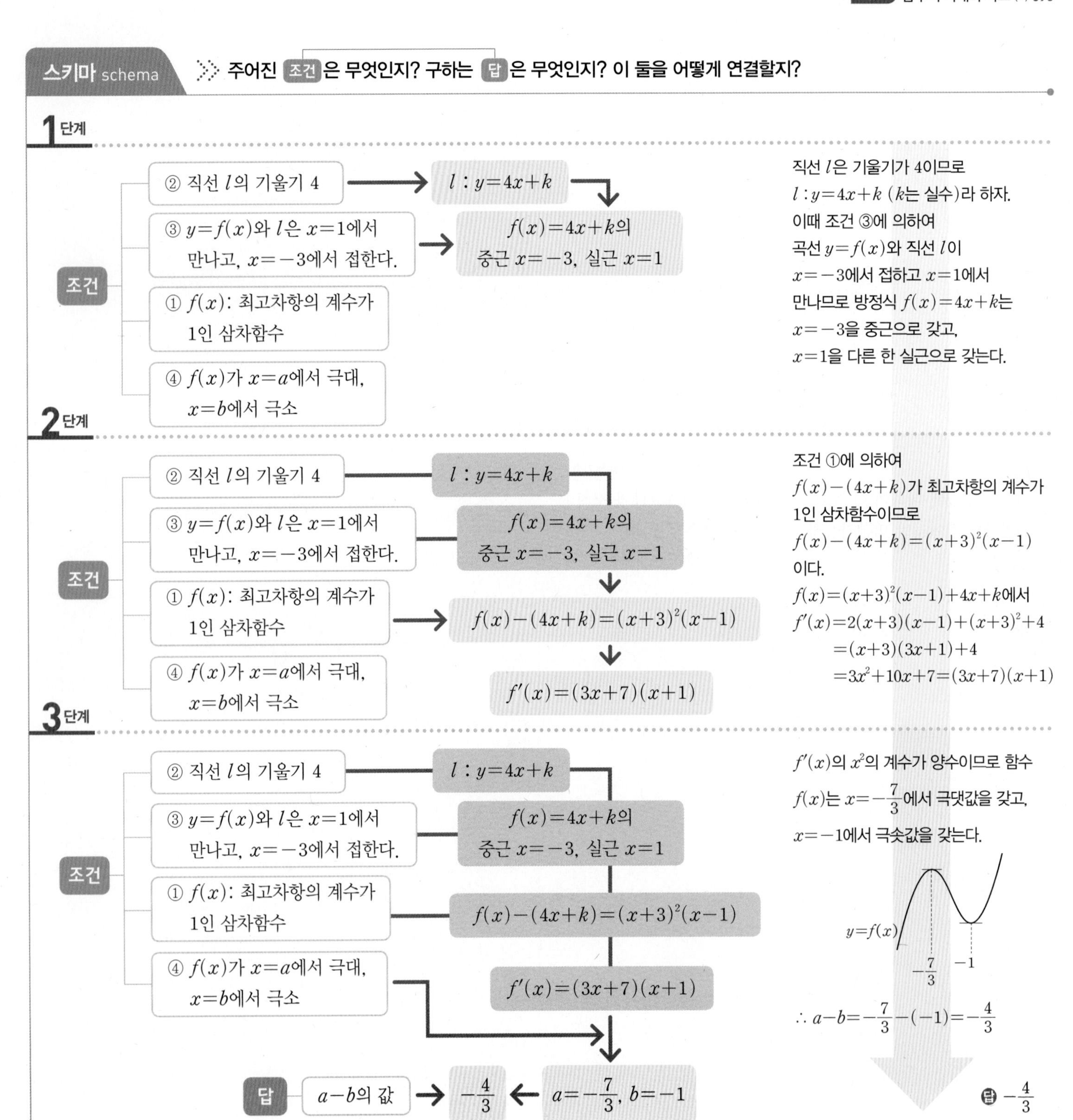

직선 l은 기울기가 4이므로
$l : y=4x+k$ (k는 실수)라 하자.
이때 조건 ③에 의하여
곡선 $y=f(x)$와 직선 l이
$x=-3$에서 접하고 $x=1$에서
만나므로 방정식 $f(x)=4x+k$는
$x=-3$을 중근으로 갖고,
$x=1$을 다른 한 실근으로 갖는다.

조건 ①에 의하여
$f(x)-(4x+k)$가 최고차항의 계수가
1인 삼차함수이므로
$f(x)-(4x+k)=(x+3)^2(x-1)$
이다.
$f(x)=(x+3)^2(x-1)+4x+k$에서

$$\begin{aligned}f'(x)&=2(x+3)(x-1)+(x+3)^2+4\\&=(x+3)(3x+1)+4\\&=3x^2+10x+7=(3x+7)(x+1)\end{aligned}$$

$f'(x)$의 x^2의 계수가 양수이므로 함수
$f(x)$는 $x=-\frac{7}{3}$에서 극댓값을 갖고,
$x=-1$에서 극솟값을 갖는다.

$\therefore a-b=-\frac{7}{3}-(-1)=-\frac{4}{3}$

답 $-\frac{4}{3}$

스키마로 풀이 흐름 알아보기

원점을 지나는 최고차항의 계수가 1인 사차함수 $y=f(x)$가 다음 조건을 만족시킨다.
(조건① 원점을 지나는, 조건② 최고차항의 계수가 1인 사차함수 $y=f(x)$)

> (가) 모든 실수 x에 대하여 $f(2+x)=f(2-x)$이다. (조건③)
>
> (나) 함수 $f(x)$는 $x=1$에서 극솟값을 갖는다. (조건④)

$f(x)$의 극댓값을 a라 할 때, a^2의 값을 구하시오. (답)

유형06 함수의 그래프 439

스키마 schema

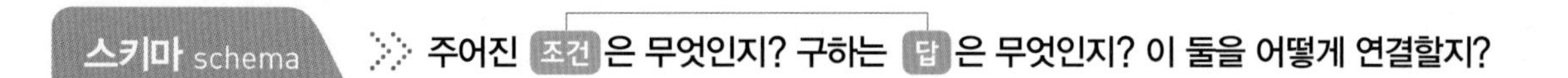

1단계

조건
- ② $f(x)$: 최고차항 계수 1인 사차함수 → 최고차항 양수
- ③ $f(2+x)=f(2-x)$ → $x=2$ 대칭
- ④ $f(x)$는 $x=1$에서 극소 → $x=3$에서 극소, $x=2$에서 극대 → (그래프: $x=2$, $y=f(x)$, 1, 3)
- ① 원점 지남

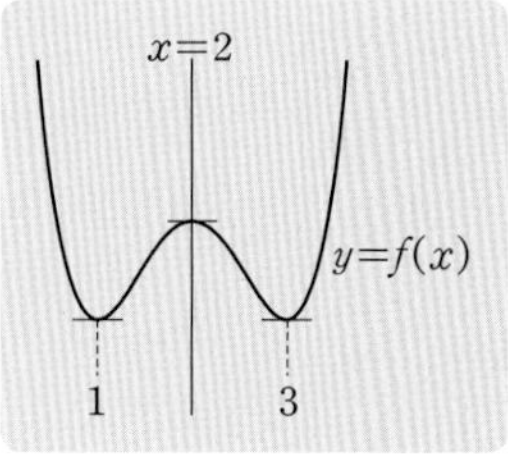

조건 ③에서 곡선 $y=f(x)$는 직선 $x=2$에 대하여 대칭이다. ······ ㉠
이때 조건 ④에서 함수 $f(x)$는 $x=1$에서 극소이므로 ㉠에 의하여 함수 $f(x)$는 $x=3$에서도 극소이고, 두 극솟값은 서로 같다.
또한, 사차함수의 그래프의 개형에 의하여 $x=2$에서 극대이다.

2단계

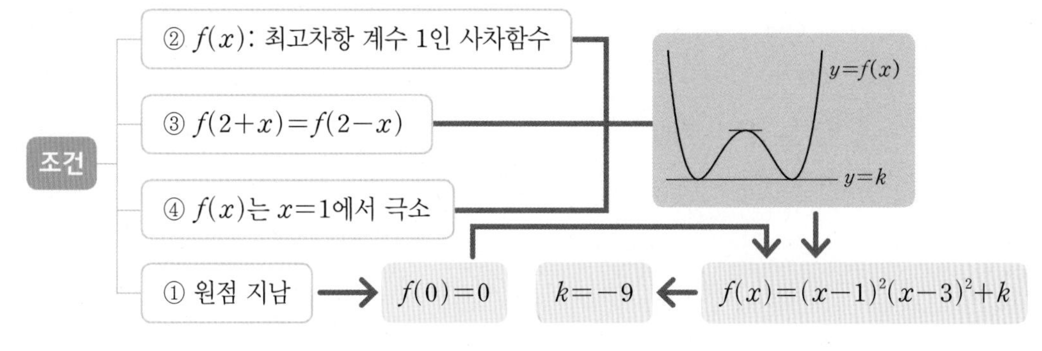

함수 $f(x)$의 극솟값을 k라 하면
$f(x)-k=(x-1)^2(x-3)^2$
즉, $f(x)=(x-1)^2(x-3)^2+k$
이고, 곡선 $y=f(x)$가 원점을 지나므로
$f(0)=9+k=0$
$\therefore k=-9$

3단계

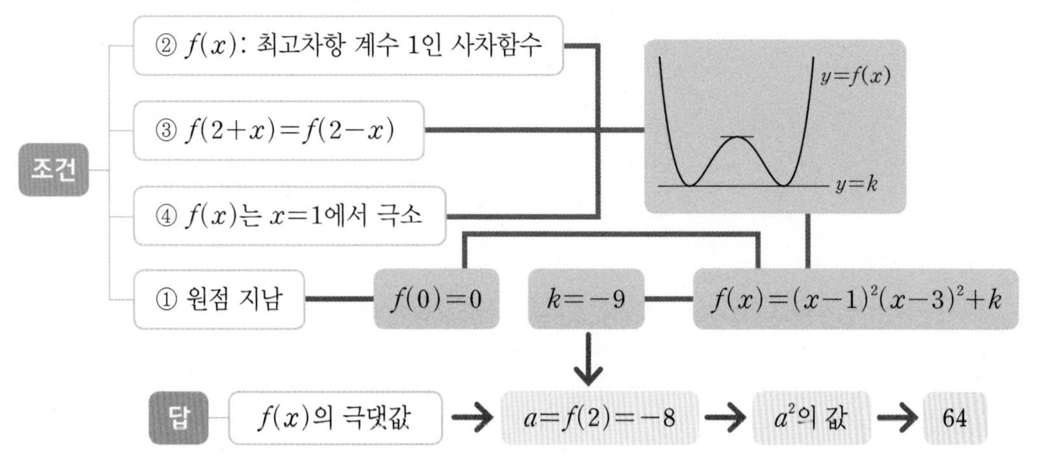

$f(x)=(x-1)^2(x-3)^2-9$에서
a가 함수 $f(x)$의 극댓값이고,
함수 $f(x)$가 $x=2$에서 극대이므로
$a=f(2)=-8$
$\therefore a^2=(-8)^2=64$

답 64

444

교육청변형

함수 $f(x)=x^3+6x^2+15|x-a|+3$이 실수 전체의 집합에서 증가하도록 하는 실수 a의 최댓값은?

① -5　② -4　③ -3
④ -2　⑤ -1

445

평가원기출 | 선행 388

함수 $f(x)=x^3-(a+2)x^2+ax$에 대하여 곡선 $y=f(x)$ 위의 점 $(t, f(t))$에서의 접선의 y절편을 $g(t)$라 하자. 함수 $g(t)$가 열린구간 $(0, 5)$에서 증가할 때, 실수 a의 최솟값을 구하시오.

446

선행 398

최고차항의 계수가 1인 삼차함수 $f(x)$에 대하여 방정식

$$f(x)=f'(2)(x-2)+f(2)$$

의 한 근이 $x=-1$이다. 함수 $g(x)$를

$g(x)=f(x)-f'(2)(x-2)-f(2)$라 할 때, 함수 $g(x)$의 극댓값과 극솟값의 합은?

① 1　② 2　③ 3
④ 4　⑤ 5

447

평가원기출

사차함수 $f(x)$의 도함수 $f'(x)$가

$$f'(x)=(x+1)(x^2+ax+b)$$

이다. 함수 $y=f(x)$가 구간 $(-\infty,\ 0)$에서 감소하고 구간 $(2,\ \infty)$에서 증가하도록 하는 실수 a, b의 순서쌍 $(a,\ b)$에 대하여 a^2+b^2의 최댓값을 M, 최솟값을 m이라 하자. $M+m$의 값은?

① $\frac{21}{4}$ ② $\frac{43}{8}$ ③ $\frac{11}{2}$
④ $\frac{45}{8}$ ⑤ $\frac{23}{4}$

448

함수 $f(x)=-x^3+3x^2+mx+n$에 대하여 함수 $f(x)$가 극대가 되는 점을 A, 극소가 되는 점을 B라 하자. 선분 AB를 3 : 2로 외분하는 점의 좌표가 $(-9,\ 4)$일 때, $m+n$의 값은?

(단, m, n은 상수이다.)

① 82 ② 84 ③ 86
④ 88 ⑤ 90

449

두 이차함수 $f(x)$와 $g(x)$에 대하여 함수 $h(x)=f(x)g(x)$가 다음 조건을 만족시킨다.

> (가) 함수 $h(x)$의 최고차항의 계수는 1이다.
> (나) 함수 $|h(x)|$는 $x=1$에서만 미분불가능하다.

$\lim_{x \to 1}\frac{f(x)}{(x-1)g(x)}=1$이고, 함수 $g(x)$가 $x=-3$에서 극댓값을 가질 때, $f(3)$의 값은?

① -20 ② -22 ③ -24
④ -26 ⑤ -28

II

450

네 점 O(0, 0), A(4, 0), B(4, 4), C(0, 4)를 꼭짓점으로 하는 정사각형의 내부를 S라 하자. 곡선 $f(x)=x^3-ax^2+8$의 일부가 S를 지나고, S를 지나는 구간에서 함수 $f(x)$가 항상 감소하도록 하는 양수 a의 값의 범위를 구하시오.

451

함수 $f(x)=x^3-6x^2+k$에 대하여 함수 $g(x)=|f(x)|$라 할 때, 함수 $g(x)$가 $x=\alpha$, $x=\beta$ $(\alpha<\beta)$에서 극댓값을 갖는다. $|g(\alpha)-g(\beta)|\ge 7$을 만족시키는 모든 정수 k의 개수를 구하시오.

452

삼차함수 $f(x)$의 도함수 $y=f'(x)$의 그래프가 그림과 같을 때, 〈보기〉에서 옳은 것만을 있는 대로 고른 것은?

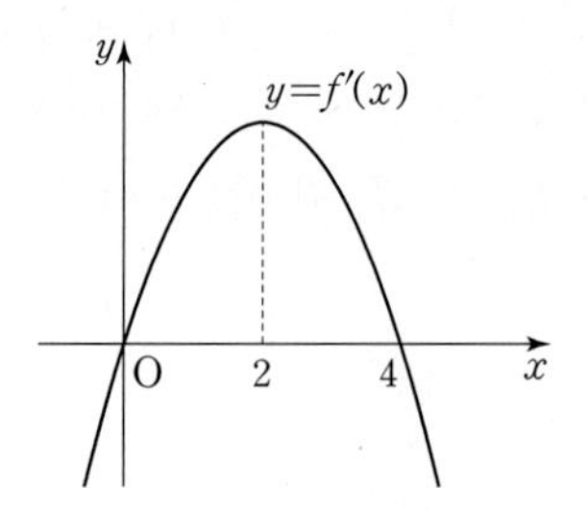

보기

ㄱ. $f(0)f(4)<0$이면 구간 $(0, 4)$에서 함수 $y=f(x)$의 그래프는 x축과 한 점에서 만난다.

ㄴ. $f(0)f(4)\ge 0$이면 함수 $|f(x)|$는 극솟값을 2개 갖는다.

ㄷ. $f(4)=0$일 때, 함수 $g(x)=xf(x)$는 구간 $(4, \infty)$에서 증가한다.

① ㄱ ② ㄴ ③ ㄱ, ㄴ
④ ㄴ, ㄷ ⑤ ㄱ, ㄴ, ㄷ

453

평가원기출

삼차함수 $y=f(x)$와 일차함수 $y=g(x)$의 그래프가 그림과 같고, $f'(b)=f'(d)=0$이다.

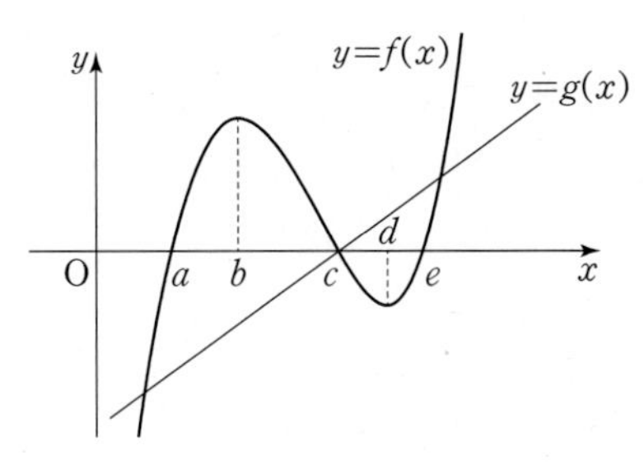

함수 $y=f(x)g(x)$는 $x=p$와 $x=q$에서 극소이다. 다음 중 옳은 것은? (단, $p<q$)

① $a<p<b$이고 $c<q<d$　② $a<p<b$이고 $d<q<e$
③ $b<p<c$이고 $c<q<d$　④ $b<p<c$이고 $d<q<e$
⑤ $c<p<d$이고 $d<q<e$

454

함수 $f(x)=x^3-2x^2+5x+3$과 실수 t에 대하여 곡선 $y=f(x)$ 위의 점 $(t, f(t))$에서의 접선이 y축과 만나는 점을 P라 할 때, 원점에서 점 P까지의 거리를 $g(t)$라 하자. 구간 $[0, 2]$에서 $g(t)$의 최댓값은?

① 2　② 3　③ 4
④ 5　⑤ 6

455

실수 a에 대하여 구간 $[0, 1]$에서 함수 $f(x)=-x^3+3ax^2-a$의 최댓값을 $g(a)$라 할 때, $g(a)$의 최솟값을 구하시오.

456

실수 k에 대하여 $0\le x\le 1$에서 함수 $f(x)=|x^4-2kx^2|$의 최댓값을 $g(k)$라 하자. $k\le 0$에서 $g(k)$의 최솟값은 a이고, $k\ge 1$에서 함수 $g(k)$의 최솟값은 b일 때, $a+b$의 값은?

① 2 ② 3 ③ 4
④ 5 ⑤ 6

457

실수 t에 대하여 구간 $[t, t+2]$에서 함수
$f(x)=\frac{2}{3}x^3-2x^2-6x+5$의 최댓값을 $g(t)$라 할 때,
$\lim_{t\to -3-}\frac{g(t)-g(-3)}{(t+3)^2}$의 값을 구하시오.

458

최고차항의 계수가 1인 사차함수 $f(x)$가 다음 조건을 만족시킬 때, $g'(3)$의 값을 구하시오.

(가) 모든 실수 x에 대하여 $f(1-x)=f(1+x)$이다.
(나) 구간 $[t-1, t]$에서 함수 $f(x)$의 최솟값을 $g(t)$라 할 때, 구간 $[-2, -1]$에서 $g(t)$는 상수함수이다.

459

평가원기출

좌표평면 위에 점 A(0, 2)가 있다. $0<t<2$일 때, 원점 O와 직선 $y=2$ 위의 점 $P(t, 2)$를 잇는 선분 OP의 수직이등분선과 y축의 교점을 B라 하자. 삼각형 ABP의 넓이를 $f(t)$라 할 때, $f(t)$의 최댓값은 $\frac{b}{a}\sqrt{3}$이다. $a+b$의 값을 구하시오.

(단, a와 b는 서로소인 자연수이다.)

460

평가원기출

그림과 같이 한 변의 길이가 1인 정사각형 ABCD의 두 대각선의 교점의 좌표는 (0, 1)이고, 한 변의 길이가 1인 정사각형 EFGH의 두 대각선의 교점은 곡선 $y=x^2$ 위에 있다.
두 정사각형의 내부의 공통부분의 넓이의 최댓값은?

(단, 정사각형의 모든 변은 x축 또는 y축에 평행하다.)

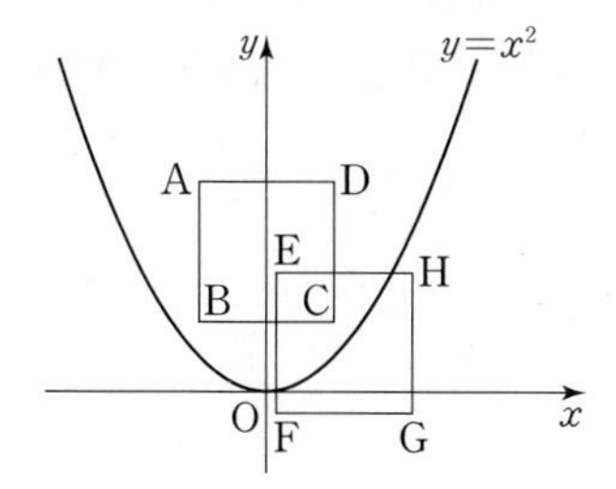

① $\frac{4}{27}$ ② $\frac{1}{6}$ ③ $\frac{5}{27}$
④ $\frac{11}{54}$ ⑤ $\frac{2}{9}$

461

| 선행 432 |

그림과 같이 모든 모서리의 길이가 6인 정사면체 O−ABC가 있다. 이 정사면체의 한 밑면에 평행한 평면으로 자른 단면을 한 면으로 하고 정사면체 내부에 존재하는 정삼각기둥의 부피의 최댓값을 구하시오.

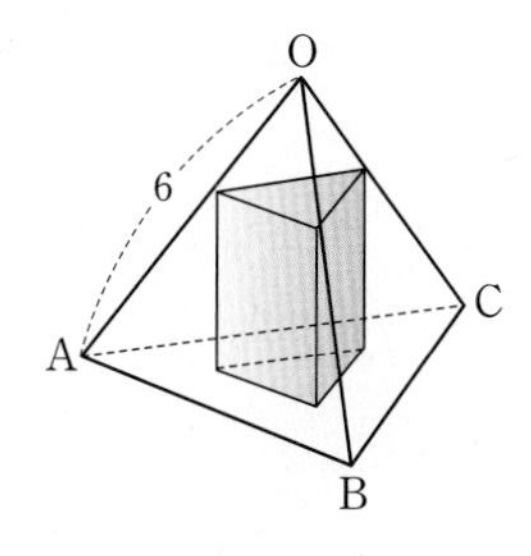

462 서술형

그림과 같이 삼차함수 $y=-x^2(x-3)$의 그래프와 직선 $y=mx$가 제1사분면 위의 서로 다른 두 점 P, Q에서 만난다. 점 A$(3, 0)$에 대하여 삼각형 APQ의 넓이가 최대가 되도록 하는 양수 m의 값과 그때의 최댓값을 다음 순서에 따라 구하고, 그 과정을 서술하시오.

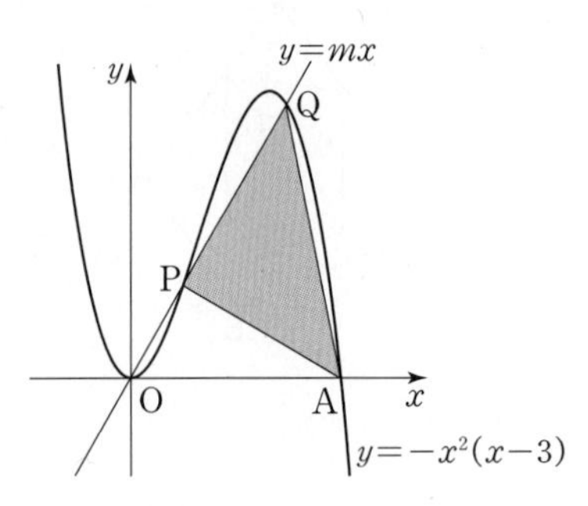

(1) 직선 $y=mx$가 삼차함수 $y=-x^2(x-3)$의 그래프와 제1사분면 위의 서로 다른 두 점에서 만나도록 하는 m의 값의 범위를 구하시오.

(2) 삼각형 APQ의 넓이가 최대가 되도록 하는 양수 m의 값과 그때의 최댓값을 구하시오.

463

두 함수 $f(x)=|x(x-1)(x+3)|$, $g(x)=m(x+3)$의 그래프가 서로 다른 세 점에서 만날 때, $m=0$ 또는 $a<m<b$이다. 두 상수 a, b에 대하여 ab의 값은?

① 2 ② 3 ③ 4 ④ 5 ⑤ 6

464

평가원기출

좌표평면에서 두 함수

$$f(x)=6x^3-x,\ g(x)=|x-a|$$

의 그래프가 서로 다른 두 점에서 만나도록 하는 모든 실수 a의 값의 합은?

① $-\frac{11}{18}$ ② $-\frac{5}{9}$ ③ $-\frac{1}{2}$ ④ $-\frac{4}{9}$ ⑤ $-\frac{7}{18}$

465

선생님 Pick! 교육청기출

삼차함수 $f(x)=\frac{2\sqrt{3}}{3}x(x-3)(x+3)$에 대하여 $x\geq-3$에서 정의된 함수 $g(x)$는

$$g(x)=\begin{cases} f(x) & (-3\leq x<3) \\ \frac{1}{k+1}f(x-6k) & (6k-3\leq x<6k+3) \end{cases}$$

(단, k는 모든 자연수)

이다. 자연수 n에 대하여 직선 $y=n$과 함수 $y=g(x)$의 그래프가 만나는 점의 개수를 a_n이라 할 때, $\sum_{n=1}^{12}a_n$의 값을 구하시오.

466

선생님 Pick! 평가원기출

두 양수 p, q와 함수 $f(x)=x^3-3x^2-9x-12$에 대하여 실수 전체의 집합에서 연속인 함수 $g(x)$가 다음 조건을 만족시킬 때, $p+q$의 값은?

(가) 모든 실수 x에 대하여
$xg(x)=|xf(x-p)+qx|$이다.
(나) 함수 $g(x)$가 $x=a$에서 미분가능하지 않은 실수 a의 개수는 1이다.

① 6 ② 7 ③ 8
④ 9 ⑤ 10

467

| 선행 442 |

두 함수 $f(x)=x^3+ax^2+bx+c$, $g(x)=x-2$가 다음 조건을 만족시킬 때, $f(1)$의 값은? (단, a, b, c는 상수이다.)

> (가) 함수 $|f(x)-3g(x)|$는 실수 전체의 집합에서 미분가능하다.
> (나) 모든 실수 x에 대하여 $f(x)g(x) \ge 0$이다.

① -4 ② -3 ③ -2
④ -1 ⑤ 0

468

평가원기출

사차함수 $f(x)$가 다음 조건을 만족시킬 때, $\dfrac{f'(5)}{f'(3)}$의 값을 구하시오.

> (가) 함수 $f(x)$는 $x=2$에서 극값을 갖는다.
> (나) 함수 $|f(x)-f(1)|$은 오직 $x=a\ (a>2)$에서만 미분가능하지 않다.

469

교육청기출

최고차항의 계수가 1인 사차함수 $f(x)$에 대하여 함수 $g(x)=|f(x)|$가 다음 조건을 만족시킨다.

> (가) $g(x)$는 $x=1$에서 미분가능하고 $g(1)=g'(1)$이다.
> (나) $g(x)$는 $x=-1$, $x=0$, $x=1$에서 극솟값을 갖는다.

$g(2)$의 값은?

① 2 ② 4 ③ 6
④ 8 ⑤ 10

04 도함수의 활용 (3)

| 이전 학습 내용 |

- **이차방정식과 이차함수의 관계** 수학 Ⅱ. 방정식과 부등식

이차함수 $y=ax^2+bx+c$의 그래프와 x축의 교점의 x좌표는 이차방정식 $ax^2+bx+c=0$의 실근과 같다.

- **이차함수의 그래프와 직선의 위치 관계**

이차함수 $y=ax^2+bx+c$의 그래프와 직선 $y=mx+n$의 위치 관계는 이차방정식 $ax^2+bx+c=mx+n$의 실근의 개수에 따라 결정된다.

현재 학습 내용

- **방정식과 부등식에의 활용**

1. 방정식에의 활용 …… 유형01 방정식에의 활용

	방정식 $f(x)=0$의 서로 다른 실근	방정식 $f(x)=g(x)$의 서로 다른 실근
의미	함수 $y=f(x)$의 그래프와 x축의 교점의 x좌표	두 함수 $y=f(x)$, $y=g(x)$의 그래프의 교점의 x좌표
그래프	$y=f(x)$, x_1, O, x_2, x_3 / 방정식 $f(x)=0$의 실근	$y=f(x)$, $y=g(x)$, x_1, O, x_2, x_3 / 방정식 $f(x)=g(x)$의 실근

2. 부등식에의 활용 …… 유형02 부등식에의 활용

	어떤 구간에서 부등식 $f(x)\geq 0$ 증명	어떤 구간에서 부등식 $f(x)\geq g(x)$ 증명
방법	그 구간에서 ($f(x)$의 최솟값)≥ 0임을 보인다.	$h(x)=f(x)-g(x)$로 놓고, 그 구간에서 ($h(x)$의 최솟값)≥ 0임을 보인다.

- **속도와 가속도** …… 유형03 속도와 가속도

1. 수직선 위를 움직이는 점의 속도와 가속도

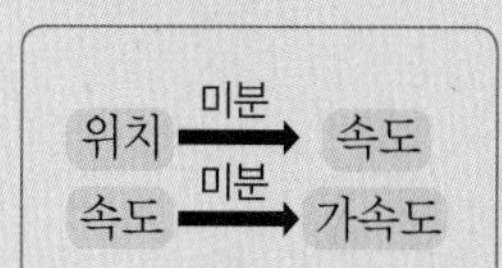

수직선 위를 움직이는 점 P의 시각 t에서의 위치를 $x=f(t)$라 할 때, 시각 t에서의 점 P의 속도 v와 가속도 a는

$$v(t)=\frac{dx}{dt}=f'(t),\ a(t)=\frac{dv}{dt}=v'(t)$$

$|v|$: 시각 t에서의 점 P의 속력

2. 속도의 부호에 따른 점 P의 운동 방향

① $v>0$일 때, 양의 방향으로 움직인다.

② $v<0$일 때, 음의 방향으로 움직인다.

$v<0$ $v>0$ P

③ $v=0$일 때, 운동 방향이 바뀌거나 정지한다.

$v=f'(k)=0$이고 $t=k$의 좌우에서 $f'(t)$의 부호가 바뀌면 $t=k$에서 운동 방향이 바뀐다.

- **시각에 대한 길이, 넓이, 부피의 변화율** …… 유형04 변화율

시각 t에서 길이가 l인 도형, 넓이가 S인 도형, 부피가 V인 도형이 각각 시간이 Δt만큼 경과한 후 길이가 Δl, 넓이가 ΔS, 부피가 ΔV만큼 변했을 때, 시각 t에서 길이, 넓이, 부피의 변화율은 다음과 같다.

① 시각 t에서의 길이 l의 변화율 : $\lim_{\Delta t\to 0}\frac{\Delta l}{\Delta t}=\frac{dl}{dt}$

② 시각 t에서의 넓이 S의 변화율 : $\lim_{\Delta t\to 0}\frac{\Delta S}{\Delta t}=\frac{dS}{dt}$

③ 시각 t에서의 부피 V의 변화율 : $\lim_{\Delta t\to 0}\frac{\Delta V}{\Delta t}=\frac{dV}{dt}$

시각 t에서의 변화율은 시각 t에서의 순간변화율을 의미한다.

유형01 방정식에의 활용

함수 $y=f(x)$의 그래프의 개형을 파악하여 방정식 $f(x)=0$의 실근의 개수를 구하는 문제, 특정 조건을 만족시키는 실근을 갖기 위한 조건을 구하는 문제를 분류하였다.

470

다음 방정식의 서로 다른 실근의 개수를 구하시오.

(1) $x^3+3x^2-1=0$
(2) $3x^4-4x^3-1=0$

471 빈출

방정식 $x^3-3x+2=k$가 서로 다른 세 실근을 갖도록 하는 정수 k의 개수는?

① 2 ② 3 ③ 4
④ 5 ⑤ 6

472 빈출

방정식 $2x^3-6x^2-k+7=0$이 중근과 다른 한 실근을 갖도록 하는 모든 실수 k의 값의 합은?

① 3 ② 4 ③ 5
④ 6 ⑤ 7

473 빈출

곡선 $y=x^3+6x^2$과 직선 $y=-9x+k$가 서로 다른 두 점에서 만나도록 하는 모든 실수 k의 값의 합은?

① -5 ② -4 ③ -3
④ -2 ⑤ -1

474 빈출

사차방정식 $3x^4-4x^3-12x^2+a=0$이 서로 다른 네 실근을 갖도록 하는 모든 정수 a의 값의 합을 구하시오.

II

유형02 부등식에의 활용

함수 $y=f(x)$의 그래프의 개형을 파악하여 부등식 $f(x)>0$ 또는 $f(x)\geq0$ 또는 $f(x)<0$ 또는 $f(x)\leq0$이 성립하기 위한 조건을 구하는 문제를 분류하였다.

유형해결 TIP

주어진 구간에서 함수 $f(x)$의 최솟값 m이 존재할 때 그 구간에서 $f(x)>0$, $f(x)\geq0$이 각각 성립할 조건은 $m>0$, $m\geq0$이다.
$x>a$에서 함수 $f(x)$가 최솟값을 갖지 않는 경우에 대하여 다음과 같이 $x\geq a$에서 함수 $f(x)$가 최솟값 m을 갖는 경우

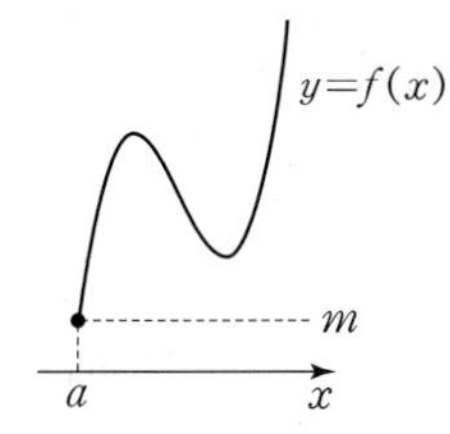

$x>a$에서 $f(x)>0$ 또는 $f(x)\geq0$이 성립할 조건은 $m\geq0$이다.

475 서술형

$x\geq0$일 때, 부등식 $x^3\geq12x-16$이 성립함을 보이시오.

476

모든 실수 x에 대하여 다음 부등식이 항상 성립하도록 하는 실수 k의 값의 범위를 구하시오.

(1) $3x^4-4x^3+k\geq0$
(2) $x^4-4x^3+6x^2-4x>k$

477 빈출

두 함수 $f(x)=2x^4-x+k$, $g(x)=4x^2-x+3$이 있다. 모든 실수 x에 대하여 부등식 $f(x)>g(x)$가 성립하도록 하는 정수 k의 최솟값은?

① 3　② 4　③ 5　④ 6　⑤ 7

478 빈출

함수 $f(x)=x^4+4x-a^2+4a+15$일 때, 모든 실수 x에 대하여 부등식 $f(x)\geq0$이 항상 성립하도록 하는 정수 a의 개수를 구하시오.

479 빈출

$x\geq0$일 때, 부등식 $\frac{2}{3}x^3+x^2>4x+a$가 항상 성립하도록 하는 실수 a의 값의 범위는?

① $a<-\frac{7}{3}$　② $a\leq-\frac{7}{3}$　③ $a>\frac{7}{3}$　④ $a\geq\frac{7}{3}$　⑤ $-\frac{7}{3}<a<\frac{7}{3}$

480

$x>1$인 모든 실수 x에 대하여 부등식 $2x^3-3x^2+a>0$이 성립하도록 하는 실수 a의 값의 범위를 구하시오.

유형03 속도와 가속도

수직선 위를 움직이는 점의 위치가 시간에 관한 함수로 주어졌을 때 점의 속도, 가속도를 구하는 문제를 분류하였다.

유형해결 TIP

위치함수가 증가하는 구간에서 점이 양의 방향으로 움직이고, 감소하는 구간에서 점이 음의 방향으로 움직인다는 것을 이해하고 이를 토대로 위치함수의 그래프에 대한 해석을 할 수 있다.

481 빈출

원점을 출발하여 수직선 위를 움직이는 점 P의 시각 t에서의 위치 x가 $x=3t^3-4t^2+t$이다. $t=1$일 때의 점 P의 속도와 가속도는?

	속도	가속도		속도	가속도
①	1	8	②	1	10
③	2	8	④	2	10
⑤	3	8			

482

수직선 위를 움직이는 점 P의 시각 t에서의 위치 x가 $x=t^3-9t^2+24t+2$이다. 점 P의 속도가 처음으로 0이 되는 순간 점 P의 위치는?

① 20 ② 22 ③ 24 ④ 26 ⑤ 28

483 빈출

수직선 위를 움직이는 점 P의 시각 t에서의 위치 $x(t)$가 $x(t)=t^3-6t^2-15t$일 때, 점 P가 운동 방향을 바꿀 때의 시각은?

① 1 ② 2 ③ 3 ④ 4 ⑤ 5

484

지상 50 m의 높이에서 초속 15 m로 똑바로 위로 쏘아 올린 물 로켓의 t초 후의 높이 x m가 $x=50+15t-5t^2$일 때, 물 로켓이 지면에 떨어지는 순간의 속도는?

① -55 m/s ② -45 m/s ③ -35 m/s ④ -25 m/s ⑤ -15 m/s

485 빈출

지상에서 20 m/초의 속도로 지면과 수직인 방향으로 쏘아 올린 물체의 t초 후의 높이 x m가 $x=-4t^2+20t$일 때, 물체가 도달하는 최고 높이는?

① 20 m ② 25 m ③ 30 m ④ 35 m ⑤ 40 m

486

원점을 출발하여 수직선 위를 움직이는 점 P의 t초 후의 위치가 $x(t)=\frac{1}{3}t^3-3t^2+5t$일 때, 〈보기〉에서 옳은 것만을 있는 대로 고른 것은?

보기

ㄱ. $t=2$에서의 가속도는 -2이다.
ㄴ. 출발할 때의 속도는 0이다.
ㄷ. 출발 후 운동 방향을 2번 바꾼다.

① ㄱ ② ㄴ ③ ㄱ, ㄷ ④ ㄴ, ㄷ ⑤ ㄱ, ㄴ, ㄷ

487

수직선 위를 움직이는 점 P의 시각 t에서의 위치 x를 $x=f(t)$라 할 때, 함수 $x=f(t)$의 그래프가 그림과 같다. 〈보기〉에서 옳은 것만을 있는 대로 고른 것은? (단, $0 \le t \le 7$)

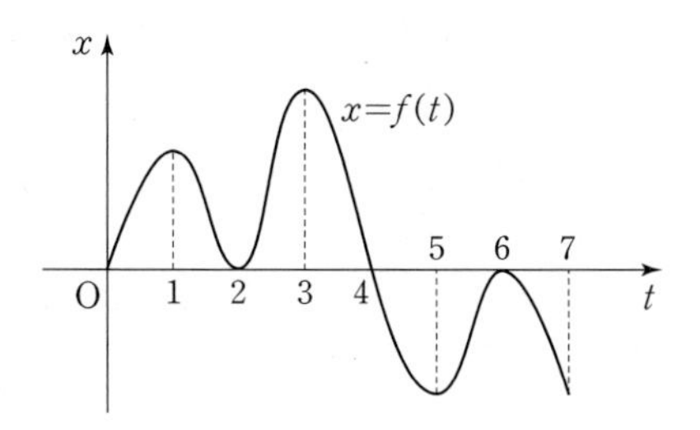

보기

ㄱ. 출발 후 원점을 3번 지났다.
ㄴ. 출발 후 운동 방향을 5번 바꿨다.
ㄷ. $t=5$일 때 속도는 0이다.

① ㄴ ② ㄱ, ㄴ ③ ㄱ, ㄷ
④ ㄴ, ㄷ ⑤ ㄱ, ㄴ, ㄷ

유형 04 변화율

길이, 넓이, 부피의 시간에 대한 함수식을 세워 변화율을 구하는 문제를 분류하였다.

유형해결 TIP
시간에 대한 변화율은 시간에 대한 함수의 순간변화율, 즉 미분계수와 같다.

488

한 변의 길이가 2인 정삼각형의 세 변의 길이가 각각 매초 2의 속도로 늘어날 때, 3초 후 정삼각형의 넓이의 변화율은?

① $2\sqrt{3}$ ② $4\sqrt{3}$ ③ $6\sqrt{3}$
④ $8\sqrt{3}$ ⑤ $10\sqrt{3}$

489

잔잔한 호수에 돌을 던질 때 생기는 동심원의 파문 중에서 가장 바깥쪽 원의 반지름의 길이가 매초 0.5 m의 비율로 커진다고 한다. 가장 바깥쪽 원의 반지름의 길이가 4 m가 되는 순간 가장 바깥쪽 동심원의 넓이의 변화율은? (단, 단위는 m^2/초이다.)

① 2π ② 4π ③ 6π
④ 8π ⑤ 10π

490

그림과 같이 밑면의 반지름의 길이가 20 cm이고, 높이가 40 cm인 원뿔 모양의 그릇이 있다. 비어있는 이 그릇에 수면의 높이가 매초 2 cm로 일정하게 높아지도록 물을 부을 때, 4초 후 그릇에 채워진 물의 부피의 변화율은? (단, 단위는 cm^3/초이다.)

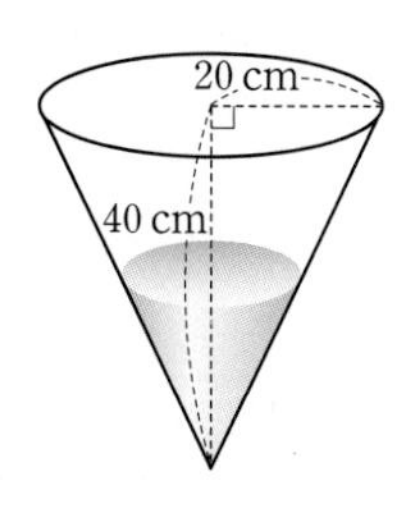

① 16π ② 20π ③ 24π
④ 28π ⑤ 32π

유형01 방정식에의 활용

491

삼차함수 $f(x)$의 도함수 $y=f'(x)$의 그래프가 그림과 같고 $f(0)=1$, $f(3)=7$일 때, 방정식 $f(x)=k$가 서로 다른 두 양의 실근과 한 개의 음의 실근을 갖도록 하는 실수 k의 값의 범위는 $\alpha<k<\beta$이다. $\alpha+\beta$의 값은?

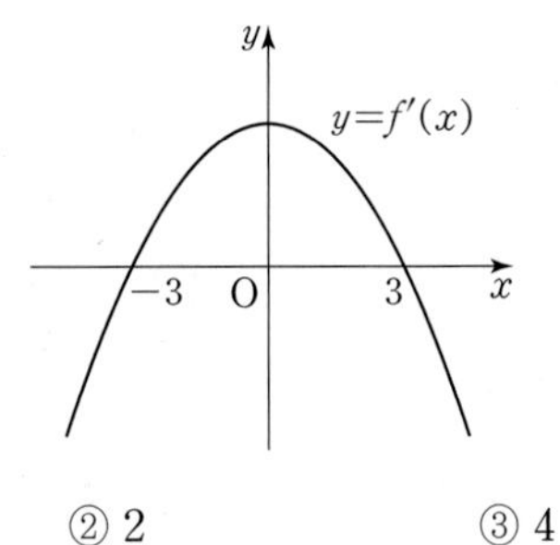

① 0　② 2　③ 4　④ 6　⑤ 8

492 빈출 서술형

삼차방정식 $2x^3-3x^2-12x+a=0$이 하나의 음의 실근과 서로 다른 두 양의 실근을 갖도록 하는 실수 a의 값의 범위를 구하고, 그 과정을 서술하시오.

493

방정식 $\frac{1}{2}x^4+6=2x^3+k$가 서로 다른 두 양의 실근을 갖도록 하는 실수 k의 값의 범위가 $\alpha<k<\beta$일 때, $\alpha\beta$의 값은?

① -45　② -40　③ -35　④ -30　⑤ -25

494

함수 $f(x)=x^3-12x-6$에 대하여 방정식 $|f(x)|=k$의 서로 다른 실근의 개수가 3일 때, 양수 k의 값은?

① 10　② 13　③ 16　④ 19　⑤ 22

495 선생님 Pick! 교육청기출

함수 $f(x)=2x^3-3(a+1)x^2+6ax$에 대하여 방정식 $f(x)=0$이 서로 다른 세 실근을 갖도록 하는 자연수 a의 값을 가장 작은 수부터 차례대로 나열할 때 n번째 수를 a_n이라 하자. $a=a_n$일 때, $f(x)$의 극댓값을 b_n이라 하자. $\sum_{n=1}^{10}(b_n-a_n)$의 값을 구하시오.

496 빈출 평가원기출

최고차항의 계수가 1인 삼차함수 $f(x)$가 모든 실수 x에 대하여 $f(-x)=-f(x)$를 만족시킨다. 방정식 $|f(x)|=2$의 서로 다른 실근의 개수가 4일 때, $f(3)$의 값은?

① 12 ② 14 ③ 16 ④ 18 ⑤ 20

497

방정식 $x^3+ax^2+2ax+1=t$의 서로 다른 실근의 개수를 $g(t)$라 할 때, 함수 $g(t)$가 실수 전체에서 연속이 되도록 하는 모든 정수 a의 개수는?

① 3 ② 4 ③ 5 ④ 6 ⑤ 7

498

삼차함수 $y=x^3+3x^2-7x+k$의 그래프가 두 점 $\mathrm{A}(-1, 2)$, $\mathrm{B}(2, 8)$을 이은 선분과 만나도록 하는 실수 k의 값의 범위가 $\alpha \le k \le \beta$일 때, $\alpha+\beta$의 값은?

① -4 ② -2 ③ 0 ④ 2 ⑤ 4

499

사차함수 $f(x)$의 도함수 $y=f'(x)$의 그래프가 그림과 같다. $f(-1)=3$, $f(1)=4$, $f(4)<f(-1)$일 때, 〈보기〉에서 옳은 것만을 있는 대로 고른 것은?

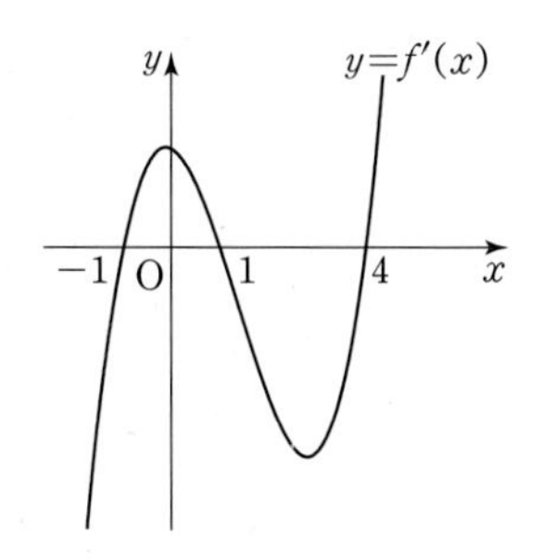

보기
ㄱ. $f(0)\ge 0$
ㄴ. 함수 $f(x)$의 극댓값은 4이다.
ㄷ. 방정식 $f(x)-3=0$은 서로 다른 네 실근을 갖는다.

① ㄴ ② ㄱ, ㄴ ③ ㄱ, ㄷ ④ ㄴ, ㄷ ⑤ ㄱ, ㄴ, ㄷ

500

사차함수 $f(x)$와 삼차함수 $g(x)$에 대하여 두 함수 $y=f'(x)$, $y=g'(x)$의 그래프가 그림과 같다. 함수 $h(x)=f(x)-g(x)$라 할 때, 〈보기〉에서 옳은 것만을 있는 대로 고른 것은?

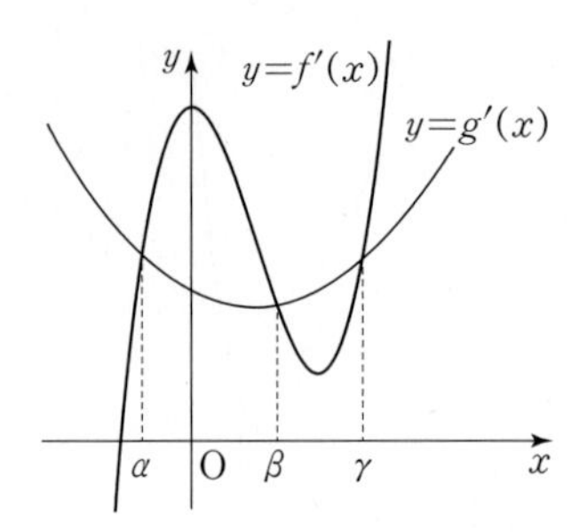

보기

ㄱ. $\alpha<x<\beta$에서 함수 $h(x)$는 증가한다.

ㄴ. $f(\beta)-f(\gamma)<g(\beta)-g(\gamma)$

ㄷ. $h(\alpha)h(\gamma)<0$이면 방정식 $h(x)=0$은 서로 다른 세 실근을 갖는다.

① ㄱ ② ㄴ ③ ㄱ, ㄴ
④ ㄱ, ㄷ ⑤ ㄴ, ㄷ

501 빈출 평가원기출

삼차함수 $f(x)$의 도함수 $y=f'(x)$의 그래프가 그림과 같을 때, 〈보기〉에서 옳은 것만을 있는 대로 고른 것은?

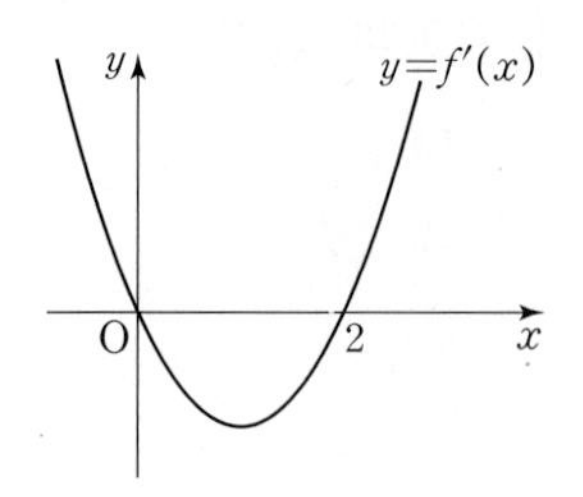

보기

ㄱ. $f(0)<0$이면 $|f(0)|<|f(2)|$이다.

ㄴ. $f(0)f(2)\geq 0$이면 함수 $|f(x)|$가 $x=a$에서 극소인 a의 값의 개수는 2이다.

ㄷ. $f(0)+f(2)=0$이면 방정식 $|f(x)|=f(0)$의 서로 다른 실근의 개수는 4이다.

① ㄱ ② ㄱ, ㄴ ③ ㄱ, ㄷ
④ ㄴ, ㄷ ⑤ ㄱ, ㄴ, ㄷ

502

실수 t에 대하여 방정식 $(x-t)(x^2+tx+2t)=0$의 서로 다른 실근의 개수를 $f(t)$라 하자. 함수 $f(t)$가 $t=k$에서 불연속이 되도록 하는 모든 k의 값을 작은 수부터 크기순으로 나열하면 $k_1,\ k_2,\ \cdots,\ k_m$ (m은 자연수)이다. $\sum_{n=1}^{m} k_n f(k_n)$의 값을 구하시오.

503

최고차항의 계수가 양수인 사차함수 $f(x)$에 대하여 방정식 $f(x)=-1$은 서로 다른 세 실근 $a,\ b,\ c\ (a<b<c)$를 갖고, 방정식 $f(x)=2$는 서로 다른 세 실근 $p,\ q,\ r\ (p<q<r)$를 가질 때, 〈보기〉에서 옳은 것만을 있는 대로 고른 것은?

보기

ㄱ. 방정식 $f(x)=0$의 서로 다른 실근의 개수는 4이다.
ㄴ. $f'(c)=0$이면 $b>q$이다.
ㄷ. $f'(a)=0$이면 $f(a)>f\left(\dfrac{b+c}{2}\right)$이다.

① ㄱ ② ㄴ ③ ㄱ, ㄷ
④ ㄴ, ㄷ ⑤ ㄱ, ㄴ, ㄷ

504

선생님 Pick! 교육청기출

최고차항의 계수가 1인 삼차함수 $f(x)$에 대하여 함수 $g(x)$를

$$g(x)=f(x)+|f'(x)|$$

라 할 때, 두 함수 $f(x)$, $g(x)$가 다음 조건을 만족시킨다.

(가) $f(0)=g(0)=0$
(나) 방정식 $f(x)=0$은 양의 실근을 갖는다.
(다) 방정식 $|f(x)|=4$의 서로 다른 실근의 개수는 3이다.

$g(3)$의 값은?

① 9 ② 10 ③ 11
④ 12 ⑤ 13

유형 02 부등식에의 활용

505

선행 478

모든 실수 x에 대하여 부등식
$x^4+2(a+1)x^2-4(a+2)x+a^2+2\geq 0$이 성립할 때, 양수 a의 값의 범위를 구하시오.

506

모든 실수 x에 대하여 부등식 $x^4-4k^3x+27>0$이 성립하도록 하는 실수 k의 값의 범위를 구하시오.

507 빈출

두 함수 $f(x)=x^4-3x^3+12x$, $g(x)=x^3+2x^2+k$에 대하여 함수 $y=f(x)$의 그래프가 함수 $y=g(x)$의 그래프보다 항상 위쪽에 존재하도록 하는 정수 k의 최댓값은?

① -6 ② -7 ③ -8
④ -9 ⑤ -10

508

| 선행 479 |

$x\geq 0$인 모든 실수 x에 대하여 부등식 $2x^3-9x^2+12x+a>0$이 항상 성립하도록 하는 실수 a의 값의 범위를 구하시오.

509

| 선행 480 |

$x<1$일 때, 부등식 $-x^3+5x^2-12x+1>k$가 항상 성립하도록 하는 실수 k의 최댓값은?

① -9 ② -8 ③ -7
④ -6 ⑤ -5

510 빈출

두 함수 $f(x)=x^3+2x^2-8x+3$, $g(x)=2x^2+4x+a$에 대하여 구간 $[1, 3]$에서 부등식 $f(x)>g(x)$가 성립할 때, 정수 a의 최댓값은?

① -15 ② -14 ③ -13
④ -12 ⑤ -11

511

선생님 Pick! 평가원기출

두 함수

$$f(x)=x^3+3x^2-k,\ g(x)=2x^2+3x-10$$

에 대하여 부등식

$$f(x)\geq 3g(x)$$

가 닫힌구간 $[-1, 4]$에서 항상 성립하도록 하는 실수 k의 최댓값을 구하시오.

512

선생님 Pick! 교육청기출

자연수 a에 대하여 두 함수

$$f(x)=-x^4-2x^3-x^2,\ g(x)=3x^2+a$$

가 있다. 다음을 만족시키는 a의 값을 구하시오.

> 모든 실수 x에 대하여 부등식
> $$f(x)\le 12x+k\le g(x)$$
> 를 만족시키는 자연수 k의 개수는 3이다.

513

함수 $f(x)=x^4-2k^2x^2+9$에 대하여 〈보기〉에서 옳은 것만을 있는 대로 고른 것은? (단, k는 상수이다.)

보기

ㄱ. $k=0$일 때, $f(x)$는 $x=0$에서 극솟값을 갖는다.
ㄴ. $k\ne0$일 때, $f(x)$는 $x=0$에서 극댓값을 갖는다.
ㄷ. $-\sqrt{3}\le k\le\sqrt{3}$일 때 모든 실수 x에 대하여 $f(x)\ge0$이다.

① ㄱ ② ㄴ ③ ㄱ, ㄴ
④ ㄴ, ㄷ ⑤ ㄱ, ㄴ, ㄷ

유형 03 속도와 가속도

514

직선 도로를 달리던 자동차가 브레이크를 밟은 후 t초 동안 움직인 거리 x m가 $x=30t-0.75t^2$일 때, 브레이크를 밟은 후 정지할 때까지 움직인 거리는?

① 300 m ② 330 m ③ 360 m
④ 390 m ⑤ 420 m

515

빈출 서술형 | 선행 484 |

어느 다이빙 선수가 수면으로부터의 높이가 30 m인 다이빙대에서 뛰어오른 지 t초 후 수면으로부터의 높이 x m가 $x=-5t^2+5t+30$일 때, 다음을 구하고 그 과정을 서술하시오.
(단, 단위도 정확히 쓰시오.)

(1) 뛰어오른 지 2초 후 속도와 가속도
(2) 이 선수가 최고 높이에 도달할 때까지 걸린 시간과 그때의 높이
(3) 이 선수가 수면에 닿는 순간의 속도

516 빈출 선생님 Pick! 평가원기출

수직선 위를 움직이는 두 점 P, Q의 시각 t $(t\geq 0)$에서의 위치 x_1, x_2가

$$x_1=t^3-2t^2+3t,\ x_2=t^2+12t$$

이다. 두 점 P, Q의 속도가 같아지는 순간 두 점 P, Q 사이의 거리를 구하시오.

517

원점 O를 동시에 출발하여 수직선 위를 움직이는 두 점 P, Q의 시각 t에서의 위치는 각각

$$p(t)=t^2-6t,\ q(t)=-t^3+6t^2-4t$$

이다. 선분 PQ의 중점을 M이라 할 때, 두 점 P, Q가 출발한 후 점 M이 처음으로 다시 원점을 지날 때의 속도는?

① 1 ② 2 ③ 3 ④ 4 ⑤ 5

518 | 선행 487 |

x축 위를 움직이는 점 P의 시각 t에서의 위치 x를 $x=f(t)$라 할 때, 함수 $x=f(t)$의 그래프가 그림과 같다. 다음 중 옳지 않은 것은?

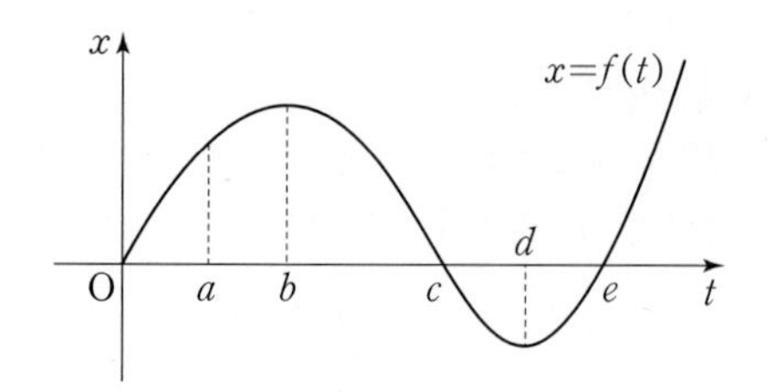

① $t=a$일 때 x좌표는 양수이다.
② $d<t<e$일 때 x축의 양의 방향으로 움직이고 있다.
③ 출발할 때의 운동 방향과 $b<t<c$에서의 운동 방향은 서로 반대이다.
④ $0<t<c$에서 $t=b$일 때 속도가 최대이다.
⑤ $t=d$에서의 속력은 $t=c$에서의 속력보다 작다.

519

원점을 출발하여 수직선 위를 움직이는 두 점 P, Q의 시각 t에서의 위치를 각각 $f(t)$, $g(t)$라 할 때, 두 함수 $y=f'(t)$, $y=g'(t)$의 그래프가 그림과 같다. 〈보기〉에서 옳은 것만을 있는 대로 고른 것은?

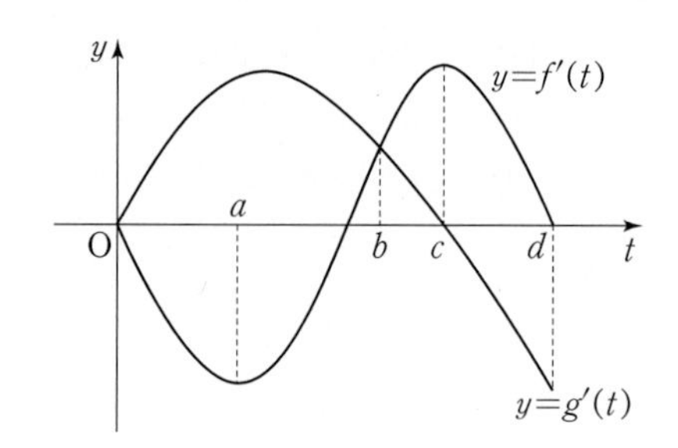

보기

ㄱ. $a<t<c$에서 두 점 P, Q의 속도가 같아지는 때가 한 번 있다.
ㄴ. $c<t<d$에서 두 점 P, Q가 움직이는 방향은 서로 같다.
ㄷ. $0<t<d$에서 점 P의 가속도가 0이 되는 순간이 두 번 있다.

① ㄴ ② ㄱ, ㄴ ③ ㄱ, ㄷ ④ ㄴ, ㄷ ⑤ ㄱ, ㄴ, ㄷ

520

수직선 위를 움직이는 점 P의 시각 t에서의 위치가 $x(t)=t^3-6t^2+5$일 때, 〈보기〉에서 옳은 것만을 있는 대로 고른 것은?

보기

ㄱ. 출발한 지 4초 후 처음으로 운동 방향이 바뀐다.
ㄴ. $t>4$에서 속도가 증가한다.
ㄷ. $t=1$일 때와 $t=3$일 때의 운동 방향은 서로 반대이다.

① ㄱ ② ㄴ ③ ㄱ, ㄴ
④ ㄱ, ㄷ ⑤ ㄱ, ㄴ, ㄷ

521 빈출 평가원기출

수직선 위를 움직이는 두 점 P, Q의 시각 t일 때의 위치는 각각 $f(t)=2t^2-2t$, $g(t)=t^2-8t$이다. 두 점 P와 Q가 서로 반대 방향으로 움직이는 시각 t의 범위는?

① $\frac{1}{2}<t<4$ ② $1<t<5$ ③ $2<t<5$
④ $\frac{3}{2}<t<6$ ⑤ $2<t<8$

522

원점을 출발하여 수직선 위를 움직이는 두 점 P, Q의 t초 후의 위치가 각각 $f(t)=t^3-6t^2$, $g(t)=t^3-3t$일 때, 두 점 P, Q가 서로 반대 방향으로 움직이는 것은 몇 초 동안인가?

① 1초 ② 2초 ③ 3초
④ 4초 ⑤ 5초

523

수직선 위를 움직이는 두 점 P, Q의 시각 t에서의 위치가 각각 t^4+5t, $6t^2+at$이다. 출발한 후 두 점 P, Q의 속도가 같게 되는 순간이 2번 있기 위한 정수 a의 개수는?

① 4 ② 5 ③ 6
④ 7 ⑤ 8

524

원점을 출발하여 수직선 위를 움직이는 점 P의 시각 t초에서의 위치 x가

$$x=\begin{cases} 2t^3-6t^2+6t & (0<t<2) \\ \frac{1}{3}t^3-5t^2+24t-\frac{80}{3} & (t\geq 2) \end{cases}$$

이다. 점 P가 움직이는 방향을 두 번째로 바꾸는 것은 출발 후 몇 초 후인가?

① 1초 후 ② 2초 후 ③ 4초 후
④ 5초 후 ⑤ 6초 후

525

시속 72 km의 속도로 직선 궤도를 달리던 어떤 열차의 기관사가 300 m 앞에 있는 정지선을 발견하고 열차를 멈추기 위해 제동을 걸었다. 제동을 건 후 t초 동안 움직인 거리가 $at-bt^2$(m)일 때, 열차가 정지선을 넘지 않기 위한 b의 최솟값은?

(단, a, b는 실수이다.)

① $\frac{1}{2}$ ② $\frac{1}{3}$ ③ $\frac{1}{4}$
④ $\frac{1}{5}$ ⑤ $\frac{1}{6}$

526

수직선 위를 움직이는 두 점 A, B의 시각 t ($t>0$)에서의 위치가 각각 $f(t)=-t^2+5$, $g(t)=t^3-3t$일 때, 〈보기〉에서 옳은 것만을 있는 대로 고른 것은?

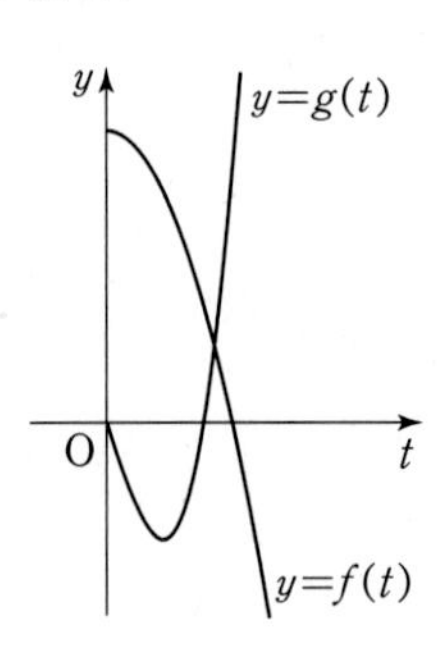

보기

ㄱ. $t>1$에서 두 점 A, B는 서로 반대 방향으로 움직인다.
ㄴ. $0<t<1$에서 두 점 A, B의 속도가 같아지는 순간이 있다.
ㄷ. $t>2$에서 두 점 A, B가 만난다.

① ㄱ ② ㄷ ③ ㄱ, ㄴ
④ ㄴ, ㄷ ⑤ ㄱ, ㄴ, ㄷ

유형04 변화율

527

그림과 같이 길이가 20인 선분 AB 위에 동점 P가 점 A에서 출발하여 점 B까지 매초 2의 속도로 움직인다. 두 선분 AP, BP를 각각 지름으로 하는 두 원의 넓이의 합을 S라 할 때, 점 P가 출발한 지 6초 후의 S의 변화율은?

(단, 동점 P는 점 B에 도착하면 멈춘다.)

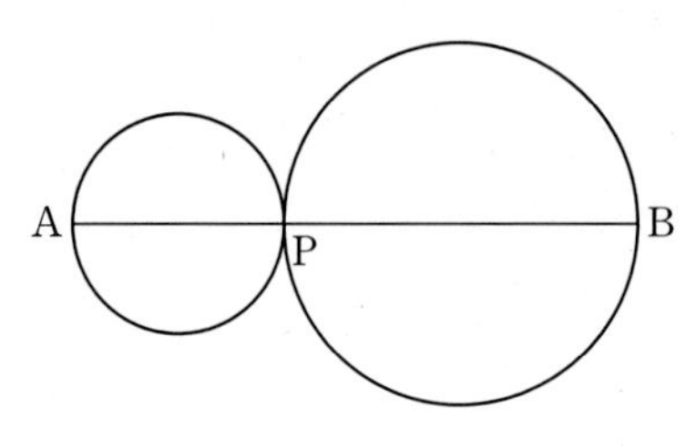

① 2π ② 4π ③ 6π
④ 8π ⑤ 10π

528

| 선행 489 |

반지름의 길이가 3 cm인 구 모양의 고무풍선에 매초 0.2 cm의 비율로 반지름의 길이가 커지도록 공기를 불어넣을 때, 반지름의 길이가 5 cm가 되는 순간, 풍선의 부피의 변화율은?

(단, 단위는 cm^3/초이다.)

① 5π ② 10π ③ 15π
④ 20π ⑤ 25π

529 빈출

키가 1.8 m인 사람이 높이가 4.5 m인 가로등 바로 밑에서 출발하여 일직선으로 초속 1.2 m의 속도로 걸어가고 있을 때, 이 사람의 그림자의 끝이 움직이는 속도와 그림자의 길이의 변화율을 각각 구하시오. (단, 단위는 m/초이다.)

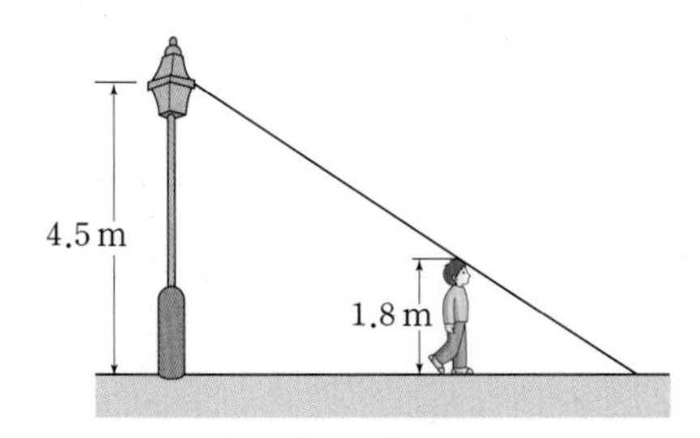

530

| 선행 490 |

그림과 같이 밑면의 지름의 길이가 10 cm, 높이가 10 cm인 원뿔을 뒤집어 놓은 모양의 종이컵에 물이 가득 채워져 있다. 종이컵의 아래 끝부분으로부터 물의 높이가 매초 2 cm씩 낮아지도록 물이 빠지고 있을 때, 물의 높이가 4 cm가 되는 순간, 물의 부피의 변화율을 구하시오.

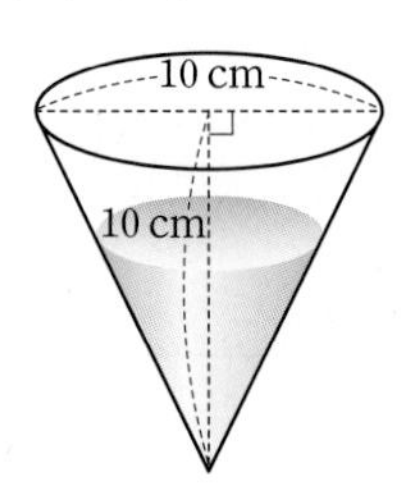

531

밑면의 반지름의 길이가 10 cm, 높이가 50 cm인 원기둥 모양의 물통에 물을 채우고 있다. 물을 채우기 시작한 지 x분 후 물이 $\left(\frac{1}{4}x^3+x\right)\text{cm}^3$만큼 채워진다고 할 때, 물을 채우기 시작한 지 4분 후 물의 높이의 변화율은? (단, 단위는 cm/분이다.)

① $\frac{7}{100\pi}$ ② $\frac{9}{100\pi}$ ③ $\frac{11}{100\pi}$
④ $\frac{13}{100\pi}$ ⑤ $\frac{3}{20\pi}$

532 서술형

그림과 같이 반지름의 길이가 50 cm인 반구 모양의 용기에 수면의 높이가 매초 1 cm로 일정하게 높아지도록 물을 채운다. 물을 넣기 시작한 지 10초가 되는 순간, 수면의 넓이의 변화율을 다음 순서에 따라 구하고, 그 과정을 서술하시오.

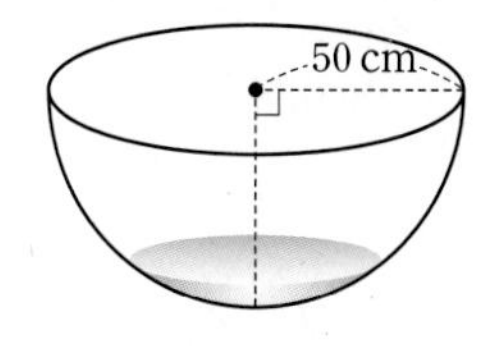

(1) 물을 넣기 시작한 지 t초가 되는 순간, 수면의 넓이 $S(t)$를 t에 대한 식으로 나타내시오. (단, 단위는 cm^2이다.)
(2) 물을 넣기 시작한 지 10초가 되는 순간, 수면의 넓이의 변화율을 구하시오. (단, 단위는 cm^2/초이다.)

533

교육청기출 | 선행 488

한 변의 길이가 $12\sqrt{3}$인 정삼각형과 그 정삼각형에 내접하는 원으로 이루어진 도형이 있다. 이 도형에서 정삼각형의 각 변의 길이가 매초 $3\sqrt{3}$씩 늘어남에 따라 원도 정삼각형에 내접하면서 반지름의 길이가 늘어난다. 정삼각형의 한 변의 길이가 $24\sqrt{3}$이 되는 순간, 정삼각형에 내접하는 원의 넓이의 변화율이 $a\pi$이다. 상수 a의 값을 구하시오.

534

다음과 같이 한 변의 길이가 3인 정삼각형 ABC가 있다. 점 P는 점 A에서 출발하여 삼각형의 변을 따라 A−B−C의 방향으로 매초 2의 속력으로 움직이고, 점 Q는 점 B에서 출발하여 삼각형의 변을 따라 B−C−A의 방향으로 매초 1의 속력으로 움직인다. 두 점 P, Q가 각각 두 점 A, B에서 동시에 출발한 후 $\frac{1}{2}$초가 되는 순간, 삼각형 CPQ의 넓이의 변화율을 구하시오.

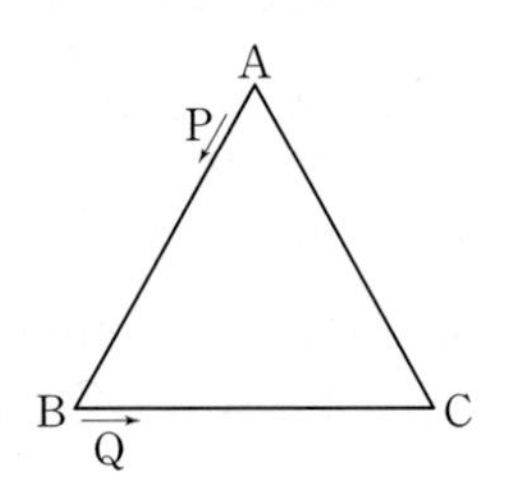

535

좌표평면에서 x축 위를 움직이는 점 P의 시각 t에서의 위치는 $(t^3, 0)$이다. x축과 점 P에서 접하고 직선 $y=\frac{4}{3}x$에 접하는 원의 넓이를 $S(t)$라 할 때, $t=2$가 되는 순간, 넓이 $S(t)$의 변화율은?

(단, 원의 중심은 제1사분면 위에 있다.)

① 24π ② 30π ③ 36π ④ 42π ⑤ 48π

536

좌표평면에서 점 P가 원점을 출발하여 x축 위를 양의 방향으로 매초 2의 속력으로 움직인다. 그래프가 원점 O와 점 P를 지나고 최고차항의 계수가 -2인 이차함수를 $f(x)$라 하자. 선분 OP를 사등분하는 점 중 점 O에 가까운 점을 A, 점 P에 가까운 점을 B라 하고, 두 점 A, B를 지나고 x축에 수직인 직선이 이차함수 $y=f(x)$의 그래프와 만나는 점을 각각 C, D라 할 때, 사각형 ABDC가 정사각형이 되는 순간, 사각형 ABDC의 넓이의 변화율을 구하시오.

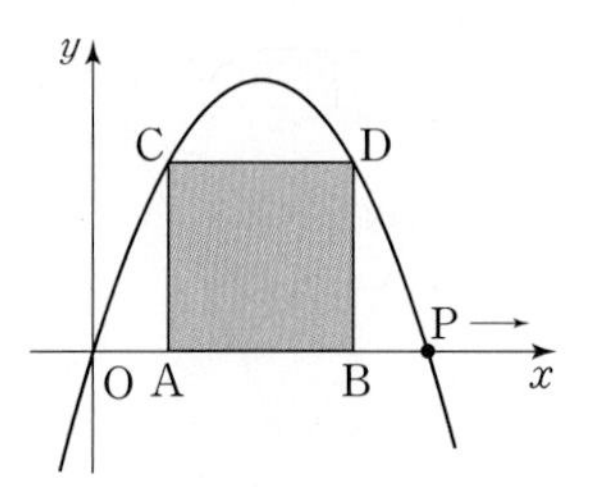

스키마로 풀이 흐름 알아보기

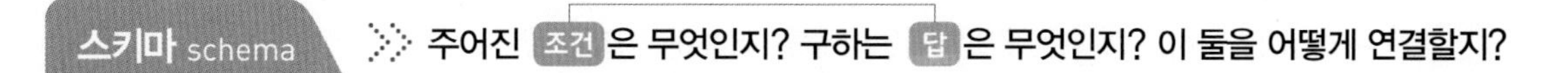

최고차항의 계수가 1인 삼차함수 $f(x)$가 모든 실수 x에 대하여 $f(-x)=-f(x)$를 만족시킨다.
(조건①: 최고차항의 계수가 1인 삼차함수 $f(x)$ / 조건②: 모든 실수 x에 대하여 $f(-x)=-f(x)$)

방정식 $|f(x)|=2$의 서로 다른 실근의 개수가 4일 때, $f(3)$의 값은?
(조건③: 방정식 $|f(x)|=2$의 서로 다른 실근의 개수가 4 / 답: $f(3)$의 값)

① 12 ② 14 ③ 16 ④ 18 ⑤ 20

유형01 방정식에의 활용 496

스키마 schema

주어진 조건은 무엇인지? 구하는 답은 무엇인지? 이 둘을 어떻게 연결할지?

1단계

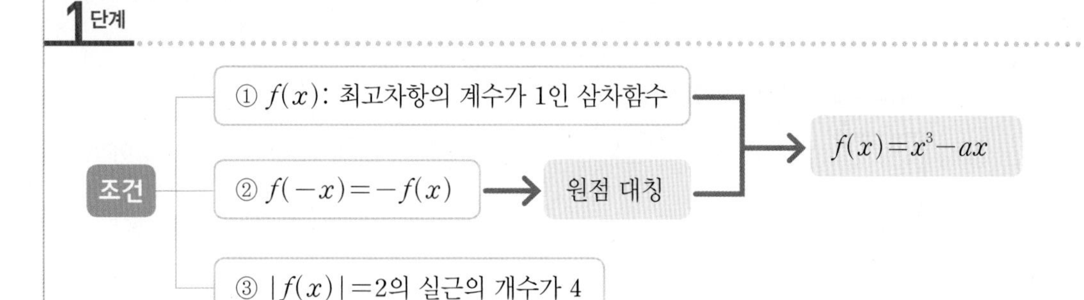

조건 ②에서 모든 실수 x에 대하여 $f(-x)=-f(x)$이므로 삼차함수 $f(x)$는 홀수차항으로만 이루어진 함수이다.
이때 조건 ①에 의하여 $f(x)=x^3-ax$ (a는 상수)로 놓을 수 있다.

2단계

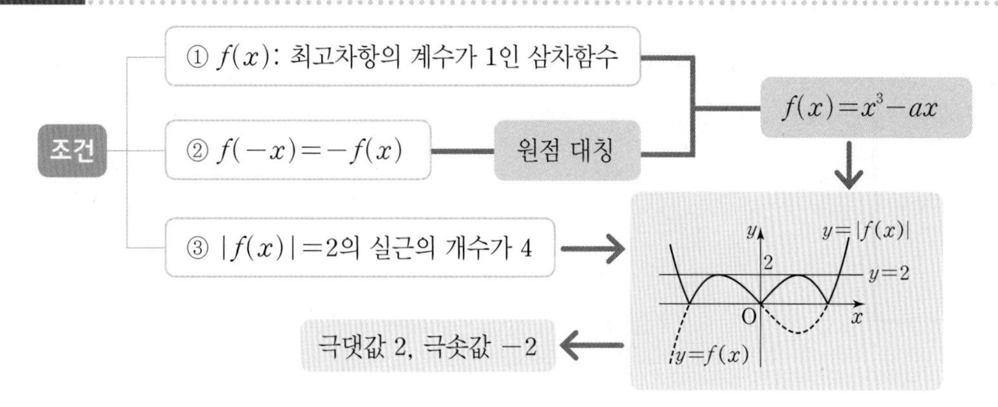

최고차항의 계수가 1인 삼차함수 $y=f(x)$의 그래프에 대하여 조건 ③을 만족시키는 모든 경우를 따져보면 그림과 같이 극대, 극소인 점이 존재하여 함수 $y=|f(x)|$의 그래프가 직선 $y=2$와 두 점에서 접할 때뿐임을 알 수 있다.
즉, 함수 $f(x)$의 극댓값과 극솟값이 각각 2, -2이다.

3단계

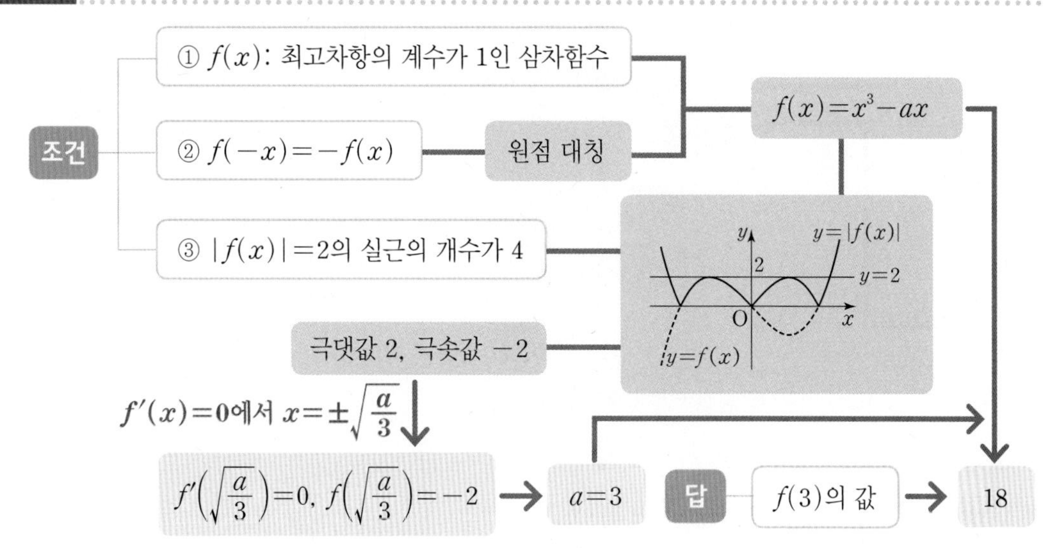

$f(x)=x^3-ax$ $(a>0)$라 하면
$f'(x)=3x^2-a=0$에서 $x=\pm\sqrt{\frac{a}{3}}$
즉, 함수 $f(x)$는 $x=\sqrt{\frac{a}{3}}$에서 극솟값 -2를 가지므로
$f\left(\sqrt{\frac{a}{3}}\right)=-2$에서 $a=3$
따라서 $f(x)=x^3-3x$이므로 $f(3)=18$이다.

답 ④

스키마로 풀이 흐름 알아보기

두 함수 $f(x)=x^3+2x^2-8x+3$, $g(x)=2x^2+4x+a$에 대하여 구간 $[1, 3]$에서 부등식 $f(x)>g(x)$가 성립할 때,
(조건①: 두 함수 $f(x)=x^3+2x^2-8x+3$, $g(x)=2x^2+4x+a$ / 조건②: 구간 $[1, 3]$에서 부등식 $f(x)>g(x)$)

정수 a의 최댓값은? (답)

① -15 ② -14 ③ -13 ④ -12 ⑤ -11

유형02 부등식에의 활용 510

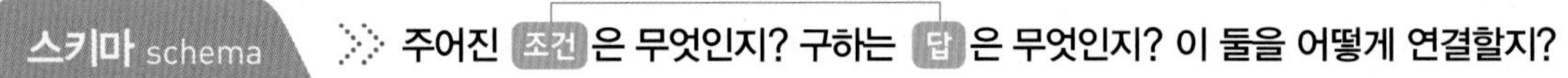

1단계

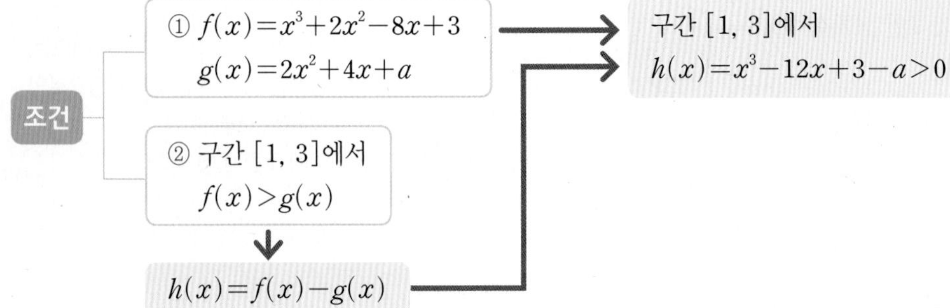

$f(x)=x^3+2x^2-8x+3$,
$g(x)=2x^2+4x+a$이므로
구간 $[1, 3]$에서 $f(x)>g(x)$이려면
$x^3+2x^2-8x+3>2x^2+4x+a$에서
$x^3-12x+3-a>0$이어야 한다.
즉, $h(x)=x^3-12x+3-a$라 하면
구간 $[1, 3]$에서 $h(x)>0$이다.

2단계

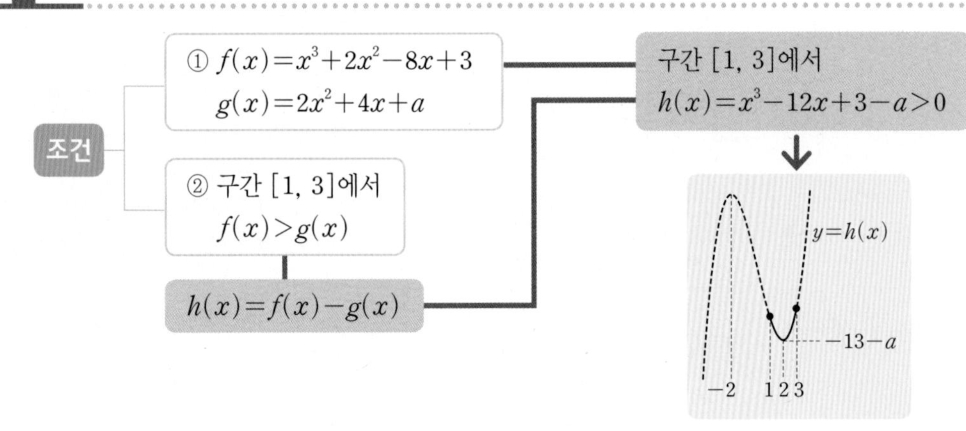

$h'(x)=3x^2-12=3(x+2)(x-2)$
이므로 $x=-2$ 또는 $x=2$일 때
$h'(x)=0$이다.
구간 $[1, 3]$에서 함수 $h(x)$의 증가와 감소를 표로 나타내면 다음과 같다.

x	1	$\cdots$	2	$\cdots$	3
$h'(x)$		$-$	0	$+$	
$h(x)$	$-8-a$	↘	$-13-a$	↗	$-6-a$

3단계

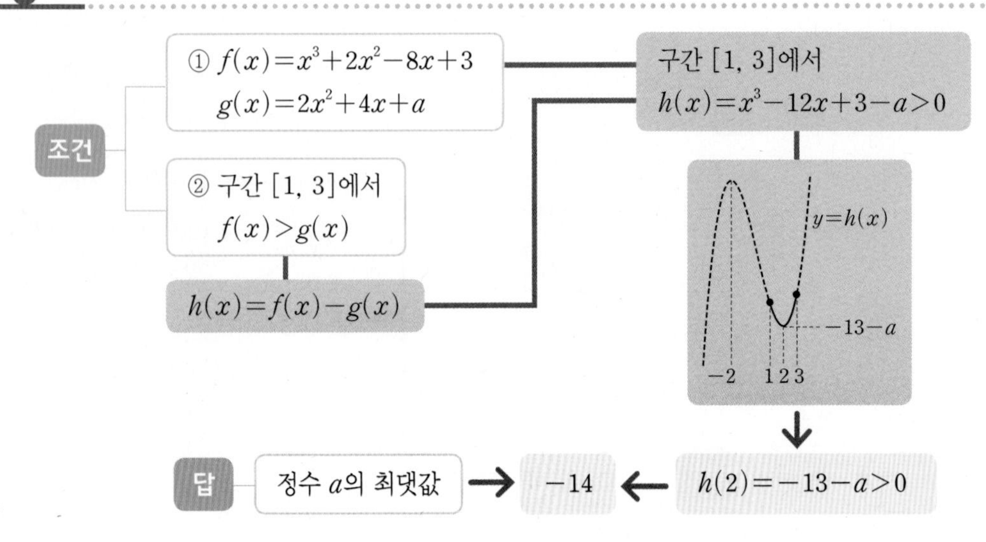

구간 $[1, 3]$에서 함수 $h(x)$는
$x=2$에서 극소이며 최소이므로
구간 $[1, 3]$에서
부등식 $h(x)>0$이려면
$h(2)=-13-a>0$이면 된다.
$\therefore a<-13$
따라서 정수 a의 최댓값은 -14이다.

답 ②

537

| 선행 471 |

점 $(0,\ a)$에서 곡선 $y=x^3-3x^2+2x+1$에 서로 다른 세 접선을 그을 수 있을 때, 실수 a의 값의 범위는?

① $-2<a<-1$
② $-1<a<0$
③ $0<a<1$
④ $1<a<2$
⑤ $2<a<3$

538

| 선행 496 |

최고차항의 계수가 1인 삼차함수 $f(x)$가 다음 조건을 만족시킬 때, 함수 $f(x)$를 구하시오.

> (가) 임의의 양수 k에 대하여 방정식 $|f(x)|=k$의 모든 실근의 합은 0이다.
> (나) 함수 $h(t)=$(방정식 $|f(x)|=t$의 해의 개수)라 할 때, $h(t)$는 $t=0,\ t=16$에서 불연속이다.

539

| 선행 492 |

사차방정식 $\frac{3}{2}x^4+4x^3-3x^2-12x+k=0$의 서로 다른 양의 실근의 개수를 $f(k)$, 서로 다른 음의 실근의 개수를 $g(k)$라 할 때, $|f(k)-g(k)|=2$를 만족시키는 모든 정수 k의 값의 합을 구하시오.

540

평가원기출

서로 다른 두 실수 α, β가 사차방정식 $f(x)=0$의 근일 때, 〈보기〉에서 옳은 것만을 있는 대로 고른 것은?

보기

ㄱ. $f'(\alpha)=0$이면 다항식 $f(x)$는 $(x-\alpha)^2$으로 나누어떨어진다.
ㄴ. $f'(\alpha)f'(\beta)=0$이면 방정식 $f(x)=0$은 허근을 갖지 않는다.
ㄷ. $f'(\alpha)f'(\beta)>0$이면 방정식 $f(x)=0$은 서로 다른 네 실근을 갖는다.

① ㄱ　② ㄷ　③ ㄱ, ㄴ　④ ㄴ, ㄷ　⑤ ㄱ, ㄴ, ㄷ

541

두 함수 $f(x)=x^{n+1}-(n+6)(n-7)$, $g(x)=(n+1)x$에 대하여 $x\geq 0$에서 부등식 $f(x)\geq g(x)$를 만족시키는 자연수 n의 개수는?

① 4　② 5　③ 6　④ 7　⑤ 8

542

모든 실수 x에 대하여 부등식 $\frac{1}{2}x^4-ax+24>0$이 성립하도록 하는 정수 a의 개수는?

① 31　② 33　③ 35　④ 37　⑤ 39

543

$x \geq 0$일 때, 부등식 $x^3 - \frac{3}{2}ax^2 + 4 \geq 0$이 성립하도록 하는 실수 a의 값의 범위를 구하시오.

544

두 함수 $f(x) = x^2 - x - 2$, $g(x) = 2x^3 - 6x + k$에 대하여 방정식 $(f \circ g)(x) = 10$이 서로 다른 두 실근을 가질 때, 실수 k의 값의 범위를 구하시오.

545

선생님 Pick! 평가원기출

함수 $f(x) = \frac{1}{2}x^3 - \frac{9}{2}x^2 + 10x$에 대하여 x에 대한 방정식

$$f(x) + |f(x) + x| = 6x + k$$

의 서로 다른 실근의 개수가 4가 되도록 하는 모든 정수 k의 값의 합을 구하시오.

546

평가원기출

최고차항의 계수가 양수인 사차함수 $f(x)$가 다음 조건을 만족시킨다.

> $f'(x)=0$이 서로 다른 세 실근 α, β, γ $(\alpha<\beta<\gamma)$를 갖고, $f(\alpha)f(\beta)f(\gamma)<0$이다.

〈보기〉에서 옳은 것만을 있는 대로 고른 것은?

보기

ㄱ. 함수 $f(x)$는 $x=\beta$에서 극댓값을 갖는다.
ㄴ. 방정식 $f(x)=0$은 서로 다른 두 실근을 갖는다.
ㄷ. $f(\alpha)>0$이면 방정식 $f(x)=0$은 β보다 작은 실근을 갖는다.

① ㄱ ② ㄷ ③ ㄱ, ㄴ
④ ㄴ, ㄷ ⑤ ㄱ, ㄴ, ㄷ

547

사차함수 $f(x)$에 대하여 함수 $|f(x)|$가 $x=1$에서만 미분가능하지 않고, 방정식 $f(x)=0$은 구간 $(-7, -5)$에서 적어도 하나의 실근을 가질 때, 〈보기〉에서 옳은 것만을 있는 대로 고른 것은?

보기

ㄱ. 함수 $|f(x)|$가 극소가 되는 점의 개수는 2이다.
ㄴ. 구간 $(-4, 0)$에 $f'(x)=0$을 만족시키는 x가 존재한다.
ㄷ. $f(0)>0$이면 방정식 $|f(x)|=f(0)$의 서로 다른 실근의 개수는 2이다.

① ㄱ ② ㄴ ③ ㄱ, ㄴ
④ ㄴ, ㄷ ⑤ ㄱ, ㄴ, ㄷ

548

최고차항의 계수가 -1인 삼차함수 $f(x)$가 다음 조건을 만족시킬 때, $f(0)$의 값은?

> (가) 함수 $|f(x)|$는 $x=2$에서만 미분가능하지 않다.
> (나) 방정식 $|f(x)|=f(1)$은 서로 다른 세 실근을 갖고, 방정식 $|f(x)|=f(-1)$은 서로 다른 두 실근을 갖는다.
> (다) $f(-1)<f(1)$

① 1 ② 2 ③ 3
④ 4 ⑤ 5

549

둘레의 길이가 8π인 원 위를 움직이는 두 점 P, Q가 있다. 두 점 P, Q가 같은 지점에서 동시에 같은 방향으로 출발하여 방향을 바꾸지 않고 t초 동안 움직인 거리가 각각 $\left(\frac{4}{5}t^3+t\right)\pi$, $\left(\frac{22}{5}t^2+\frac{21}{5}t\right)\pi$일 때, 출발 후 10초 동안 두 점 P, Q가 만난 횟수는?

① 45 ② 47 ③ 49
④ 51 ⑤ 53

550

그림과 같이 편평한 바닥에 60°로 기울어진 경사면과 반지름의 길이가 0.5 m인 공이 있다. 이 공의 중심은 경사면과 바닥이 만나는 점에서 바닥에 수직으로 높이가 21 m인 위치에 있다.

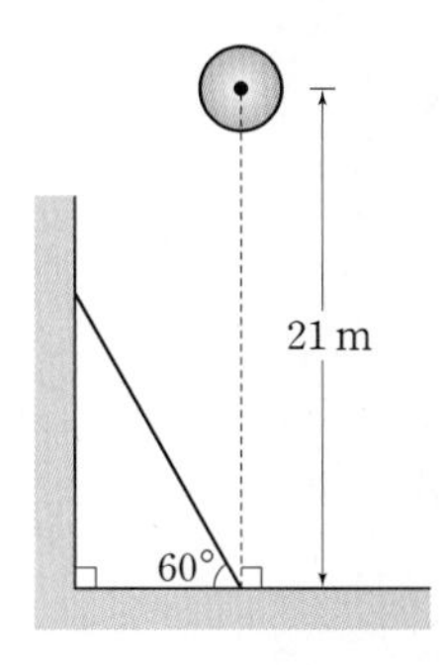

이 공을 자유 낙하시킬 때, t초 후 공의 중심의 높이 $h(t)$는

$$h(t)=21-5t^2(\mathrm{m})$$

이다. 공이 경사면과 처음으로 충돌하는 순간, 공의 속도는?
(단, 경사면의 두께와 공기의 저항은 무시한다.)

① −20 m/초 ② −17 m/초 ③ −15 m/초
④ −12 m/초 ⑤ −10 m/초

551 서술형

과속을 방지하기 위하여 도로에 과속 단속 카메라를 설치하지만 카메라가 있는 지점 부근에서만 속도를 줄이는 차량을 단속하기가 어렵기 때문에 구간 속도위반 단속(구간단속)을 실시한다.
구간단속은 도로의 두 지점에 카메라를 설치하여 카메라가 설치된 시작 지점과 종료 지점에서의 속도와 두 지점 사이의 구간에서의 주행시간을 측정하여 과속여부를 판단한다. 제한 속도가 90 km/시인 고속도로 위에 구간단속 구간이 6.6 km인 어느 두 지점에 카메라가 설치되어 있을 때, 다음 물음에 답하고, 그 과정을 서술하시오.

(1) 그림과 같은 상황에서 운전자가 구간단속에 걸린 이유를 평균값 정리를 이용하여 서술하시오.

(2) 제한 속도를 위반하지 않고, 구간단속 구간을 지나는 데 걸리는 최소 시간을 구하시오.

III

적분

01 부정적분

| 이전 학습 내용 |

현재 학습 내용

• **부정적분** 유형01 부정적분의 뜻

1. 부정적분의 정의

(1) 함수 $F(x)$의 도함수가 $f(x)$일 때, 즉 $F'(x)=f(x)$일 때, 함수 $F(x)$를 함수 $f(x)$의 **부정적분**이라 하고, 기호로 $\int f(x)\,dx$와 같이 나타낸다.

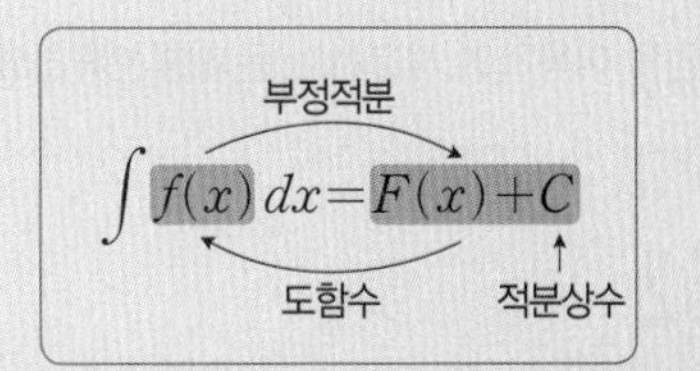

(2) 함수 $f(x)$의 한 부정적분을 $F(x)$라 하면

$$\int f(x)\,dx=F(x)+C \text{ (단, }C\text{는 적분상수)}$$

2. 부정적분과 미분의 관계 유형02 부정적분과 미분의 관계

(1) $\frac{d}{dx}\int f(x)\,dx=f(x)$

(2) $\int\left\{\frac{d}{dx}f(x)\right\}dx=f(x)+C$ (단, C는 적분상수) $\int f'(x)dx=f(x)+C$

3. 부정적분의 계산 유형03 부정적분의 계산 / 유형04 부정적분을 이용하여 함수 구하기(1) / 유형05 부정적분을 이용하여 함수 구하기(2)

(1) 함수 $f(x)$의 부정적분을 구하는 것을 함수 $f(x)$를 적분한다고 하고 그 계산법을 적분법이라 한다.

(2) **함수 $y=x^n$(n은 양의 정수), $y=1$의 부정적분** ← 미분의 역과정 이용

① n이 양의 정수일 때,

$\int x^n\,dx=\frac{1}{n+1}x^{n+1}+C$ (단, C는 적분상수) ← $\left(\frac{1}{n+1}x^{n+1}\right)'=x^n$

② $\int 1\,dx=x+C$ (단, C는 적분상수) ← $(x)'=1$

(3) **함수의 실수배, 합, 차의 부정적분**

함수 $f(x)$, $g(x)$의 부정적분이 존재할 때,

① $\int kf(x)\,dx=k\int f(x)\,dx$ (단, k는 0이 아닌 상수)

② $\int\{f(x)+g(x)\}\,dx=\int f(x)\,dx+\int g(x)\,dx$ → 세 개 이상의 함수에 대해서도 성립한다.

③ $\int\{f(x)-g(x)\}\,dx=\int f(x)\,dx-\int g(x)\,dx$

유형06 수학 I 통합 유형

• **미분법** Ⅱ. 미분_01 미분계수와 도함수

(1) 함수 $f(x)$의 도함수 $f'(x)$를 구하는 것을 함수 $f(x)$를 x에 대하여 미분한다고 하고, 그 계산법을 미분법이라 한다.

(2) 함수 $f(x)=x^n$(n은 양의 정수)의 도함수

① $f(x)=x^n$($n\geq 2$인 정수)이면 $f'(x)=nx^{n-1}$

② $f(x)=x$이면 $f'(x)=1$

(3) 함수의 실수배, 합, 차의 미분

함수 $f(x)$, $g(x)$가 미분가능할 때,

① $\{cf(x)\}'=cf'(x)$(단, c는 상수)

② $\{f(x)+g(x)\}'=f'(x)+g'(x)$

③ $\{f(x)-g(x)\}'=f'(x)-g'(x)$

유형01 부정적분의 뜻

함수 $f(x)$의 한 부정적분을 $F(x)$라 할 때,
(1) $F'(x)=f(x)$
(2) $\int f(x)\,dx=F(x)+C$ (C는 적분상수)
임을 이용하여 해결하는 문제를 분류하였다.

552

다음 중 함수 $f(x)=3x^2$의 부정적분이 아닌 것은?

① x^3 ② x^3-1 ③ $x^3+\frac{2}{3}$
④ x^3+x ⑤ x^3+5

553

함수 $f(x)=6x^2-2x$의 한 부정적분이 $F(x)$일 때, $F'(1)$의 값은?

① 2 ② 4 ③ 6
④ 8 ⑤ 10

554

함수 $f(x)$의 부정적분 중 하나가 $x^3+\frac{1}{2}x^2-5x+4$일 때, $f(0)$의 값은?

① -5 ② -2 ③ 1
④ 4 ⑤ 7

555

등식 $\int f(x)\,dx=x^2-2x+C$를 만족시키는 함수 $f(x)$는?

(단, C는 적분상수이다.)

① $\frac{1}{2}x-1$ ② $x-2$
③ $2x-2$ ④ $\frac{1}{3}x^3-x^2+x$
⑤ x^3-2x^2+x

556

등식 $\int (6x^2+px-4)\,dx=qx^3-3x^2+rx+C$를 만족시키는 상수 p, q, r에 대하여 $p+q+r$의 값은? (단, C는 적분상수이다.)

① 8 ② 4 ③ 0
④ -4 ⑤ -8

557

다항함수 $f(x)$에 대하여

$$\int \{x+f(x)\}\,dx=2x^3+5x+C$$

일 때, $f(-1)$의 값은?

① 9 ② 10 ③ 11
④ 12 ⑤ 13

558

다항함수 $f(x)$에 대하여

$$\int (x-1)f(x)\,dx=x^4-4x+C$$

일 때, $f(2)$의 값은? (단, C는 적분상수이다.)

① 7 ② 14 ③ 21
④ 28 ⑤ 35

559 서술형

함수 $F(x)=x^3+ax^2+bx-3$이 함수 $f(x)$의 부정적분 중 하나이고 $f(0)=5$, $f'(0)=4$일 때, $F(1)$의 값을 구하고, 그 과정을 서술하시오. (단, a, b는 상수이다.)

유형 02 부정적분과 미분의 관계

부정적분과 미분은 서로 역연산 관계임을 이용하여

(1) $\dfrac{d}{dx}\displaystyle\int f(x)\,dx=f(x)$

(2) $\displaystyle\int \left\{\dfrac{d}{dx}f(x)\right\}dx=f(x)+C$ (C는 적분상수)

를 다루는 문제를 분류하였다. 이때 (1)은 '$\int f(x)\,dx$를 미분'하는 것이고, (2)는 '$\dfrac{d}{dx}f(x)$의 부정적분'을 구하는 것이다.

560

다음을 계산하시오.

(1) $\dfrac{d}{dx}\displaystyle\int (2x-1)\,dx$

(2) $\displaystyle\int \left\{\dfrac{d}{dx}(2x-1)\right\}dx$

561

모든 실수 x에 대하여

$$\frac{d}{dx}\int (ax^2+3x-2)\,dx=4x^2+bx+c$$

가 성립할 때, 세 상수 a, b, c에 대하여 $a+b+c$의 값을 구하시오.

562

함수 $f(x)$에 대하여

$$f(x)=\int \left\{\frac{d}{dx}(2x^3-3x)\right\}dx,\ f(0)=1$$

일 때, $f(2)$의 값은?

① 11 ② 12 ③ 13
④ 14 ⑤ 15

563

함수 $f(x)=3x^2$에 대하여 함수 $g(x)$를

$$g(x)=\frac{d}{dx}\int f(x)\,dx+\int \left\{\frac{d}{dx}f(x)\right\}dx$$

라 할 때, $g(1)=5$이다. 함수 $g(x)$는?

① $3x^2-2$ ② $3x^2+1$ ③ $6x^2$
④ $6x^2-1$ ⑤ $6x^2+3$

564

두 다항함수 $f(x)$, $g(x)$가

$$f(x)=\int\left[\frac{d}{dx}\{x+g(x)\}\right]dx$$

이고, $f(1)-g(1)=3$일 때, $f(2)-g(2)$의 값을 구하시오.

565

함수 $f(x)$가

$$f(x)=\int(2x+1)^5(x+a)\,dx$$

이고 $f'(-1)=4$일 때, 상수 a의 값은?

① -1　② -2　③ -3
④ -4　⑤ -5

566 빈출

함수 $f(x)=\int(x^2-2x+5)\,dx$에 대하여

$\lim_{h\to0}\frac{f(1+h)-f(1-2h)}{h}$의 값은?

① 10　② 11　③ 12
④ 13　⑤ 14

567

함수 $f(x)=\int(4x^{101}-x^{98}+7)\,dx$에 대하여

$\lim_{x\to1}\frac{f(x)-f(1)}{x^2-1}$의 값은?

① 5　② 6　③ 7
④ 8　⑤ 9

유형 03 부정적분의 계산

이 유형에서는

(1) $\int 1\,dx=x+C$ (C는 적분상수)

(2) $\int x^n\,dx=\frac{1}{n+1}x^{n+1}+C$ (n은 자연수, C는 적분상수)

(3) $\int kf(x)\,dx=k\int f(x)\,dx$ (k는 0이 아닌 상수)

$\int\{f(x)+g(x)\}\,dx=\int f(x)\,dx+\int g(x)\,dx$

$\int\{f(x)-g(x)\}\,dx=\int f(x)\,dx-\int g(x)\,dx$

를 이용하여 다항함수의 부정적분을 구하는 문제를 분류하였다.

568

다음 부정적분을 구하시오.

(1) $\int 5\,dx$

(2) $\int x^{10}\,dx$

(3) $\int(2x+3)\,dx$

569

부정적분 $\int (3x^2-2x+4)\,dx$는? (단, C는 적분상수이다.)

① $6x+C$　② x^2-2x+C
③ x^3-x^2+C　④ x^3-x^2+4x+C
⑤ $6x^3-2x^2+4x+C$

570

다항함수 $f(x)$, $g(x)$에 대하여 〈보기〉에서 옳은 것만을 있는 대로 고른 것은?

보기

ㄱ. $\int kf(x)\,dx=k\int f(x)\,dx$ (단, k는 0이 아닌 상수)
ㄴ. $\int \{f(x)+g(x)\}\,dx=\int f(x)\,dx+\int g(x)\,dx$
ㄷ. $\int f(x)g(x)\,dx=\left\{\int f(x)\,dx\right\}\left\{\int g(x)\,dx\right\}$

① ㄴ　② ㄷ　③ ㄱ, ㄷ
④ ㄱ, ㄴ　⑤ ㄱ, ㄴ, ㄷ

571

$m>n$인 두 자연수 m, n에 대하여 〈보기〉에서 옳은 것만을 있는 대로 고른 것은? (단, C는 적분상수이다.)

보기

ㄱ. $\int x^{mn}\,dx=\frac{1}{mn+1}x^{mn+1}+C$
ㄴ. $\int x^m x^n\,dx=\frac{1}{m+n+1}x^{m+n+1}+C$
ㄷ. $\int \frac{x^m}{x^n}\,dx=\frac{1}{m-n-1}x^{m-n-1}+C$

① ㄴ　② ㄷ　③ ㄱ, ㄷ
④ ㄱ, ㄴ　⑤ ㄱ, ㄴ, ㄷ

572

〈보기〉에서 옳은 것만을 있는 대로 고른 것은?

(단, C는 적분상수이다.)

보기

ㄱ. $\int 0\,dx=0$
ㄴ. $\int (x-1)(x+3)\,dx=\frac{1}{3}x^3+x^2-3x+C$
ㄷ. $\int (x+1)(x^2-x+1)\,dx=x^4+x+C$

① ㄱ　② ㄴ　③ ㄷ
④ ㄱ, ㄴ　⑤ ㄴ, ㄷ

573

부정적분 $\int (x+1)^2dx+\int (x-1)^2dx$는?

(단, C는 적분상수이다.)

① x^3+2x+C　② x^3+C
③ $\frac{2}{3}x^3+2x+C$　④ $\frac{2}{3}x^3+C$
⑤ $\frac{4}{3}x^3+2x+C$

574

부정적분 $\int \frac{x^3}{x-1}dx-\int \frac{1}{x-1}dx$는? (단, C는 적분상수이다.)

① $\frac{1}{2}x^2-x+C$
② x^3-x+C
③ $\frac{1}{3}x^3+\frac{1}{2}x^2+x+C$
④ $\frac{1}{3}x^3-\frac{1}{2}x^2+x+C$
⑤ $\frac{1}{3}x^3+\frac{1}{2}x^2-x+C$

유형 04 부정적분을 이용하여 함수 구하기(1)

$f(x)=\int g(x)\,dx$에서 $g(x)$의 부정적분을 구하고, 주어진 조건을 이용하여 함수 $f(x)$를 구하는 문제를 분류하였다.

575

함수 $f(x)=\int (2x+3)\,dx$에 대하여 $f(1)=3$일 때, 함수 $f(x)$를 구하시오.

576

함수 $f(x)=3x^2-2x$의 한 부정적분 $F(x)$에 대하여 $F(2)=-1$일 때, $F(0)$의 값은?

① -1
② -2
③ -3
④ -4
⑤ -5

577

함수 $f(x)=\int (4x^3-ax)\,dx$에 대하여 $f(0)=1$, $f(1)=5$일 때, $f(-2)$의 값은? (단, a는 상수이다.)

① 27
② 28
③ 29
④ 30
⑤ 31

578

함수 $f(x)=\int (2x+1)^2dx-\int (2x-1)^2dx$에 대하여 방정식 $f(x)=0$의 한 근이 2일 때, 다른 한 근은?

① -3
② -2
③ -1
④ 0
⑤ 1

유형 05 부정적분을 이용하여 함수 구하기(2)

함수 $f(x)$의 도함수 $f'(x)$가 주어질 때, $f(x)=\int f'(x)\,dx$임을 이용하여 함수 $f(x)$를 구하는 문제를 분류하였다. 이때 'Ⅱ 미분'에서 학습한 미분계수, 도함수의 정의, 접선, 극대, 극소 등 여러 내용을 다루니 부족한 부분은 복습하며 문제를 풀어 보자.

579 빈출

함수 $f(x)$에 대하여 $f'(x)=6x^2+2x-5$, $f(0)=-2$일 때, $f(2)$의 값은?

① 5 ② 6 ③ 7
④ 8 ⑤ 9

580

함수 $f(x)$의 도함수가 $f'(x)=4x-1$이고, 곡선 $y=f(x)$가 두 점 $(1,\ 3)$, $(-1,\ a)$를 지날 때, a의 값은?

① 1 ② 2 ③ 3
④ 4 ⑤ 5

581 빈출

점 $(2,\ -1)$을 지나는 곡선 $y=f(x)$ 위의 점 $(x,\ f(x))$에서의 접선의 기울기가 $4x-3$일 때, $f(-1)$의 값은?

① 1 ② 2 ③ 3
④ 4 ⑤ 5

582

다항함수 $f(x)$에 대하여 $f'(x)=-3x^2+ax+1$이고, 다항식 $f(x)$가 이차식 x^2+x-2로 나누어떨어질 때, $f(-3)$의 값은?

① 2 ② 4 ③ 6
④ 8 ⑤ 10

유형 06 수학 Ⅰ 통합유형

〈수학 Ⅰ〉에서 다루는 지수, 로그, 삼각함수, 수열을 포함하는 문항을 이 유형에 따로 분류하였다. 〈수학 Ⅰ〉을 배우지 않고 〈수학 Ⅱ〉를 배우는 학교 학생들은 시험에 이 유형의 문제들은 출제되지 않으니 넘어가도록 하자. 〈수학 Ⅰ〉을 배우고 〈수학 Ⅱ〉를 배우는 학교 학생들은 이 유형도 공부하도록 하자.

583

다항함수 $f(x)$에 대하여 $f'(x)=2x+a$이고 $f(1)$, $f(2)$, $f(4)$의 값이 이 순서대로 등차수열을 이룰 때, $f'(7)$의 값을 구하시오. (단, a는 상수이다.)

유형01 부정적분의 뜻

584

함수 $f(x)$의 한 부정적분을 $F(x)$라 할 때, 〈보기〉에서 옳은 것만을 있는 대로 고른 것은? (단, C는 적분상수이다.)

보기

ㄱ. $\int \{1+f(x)\}\,dx=x+F(x)+C$

ㄴ. $\int 2xf(x)\,dx=x^2F(x)+C$

ㄷ. $\int \{xf(x)+F(x)\}\,dx=xF(x)+C$

① ㄱ ② ㄱ, ㄴ ③ ㄱ, ㄷ
④ ㄴ, ㄷ ⑤ ㄱ, ㄴ, ㄷ

585

두 다항함수 $f(x)$, $g(x)$에 대하여

$$\int g(x)\,dx=x^5f(x)+C$$

가 성립하고, $f(1)=2$, $f'(1)=-3$일 때, $g(1)$의 값은?
(단, C는 적분상수이다.)

① 5 ② 6 ③ 7
④ 8 ⑤ 9

586

두 다항함수 $f(x)$, $g(x)$에 대하여

$$\int \{f(x)-g(x)\}\,dx=x+C_1,$$

$$\int \{f(x)+2g(x)\}\,dx=x^3-2x+C_2$$

일 때, 함수 $f(x)$는? (단, C_1, C_2는 적분상수이다.)

① $x-2$ ② $x+1$ ③ x^2-1
④ x^2 ⑤ x^2+x

587 서술형

함수 $f(x)$의 서로 다른 부정적분 $F(x)$와 $G(x)$에 대하여

$$F(x)=x^4-3x^2,\ G(1)=2$$

일 때, 함수 $G(x)$를 구하고, 그 과정을 서술하시오.

588

두 함수 $F(x)$, $G(x)$가 모두 함수 $f(x)$의 부정적분이고 $F(2)=9$, $G(2)=4$일 때, $F(3)-G(3)$의 값은?

① 4 ② 5 ③ 6
④ 7 ⑤ 8

유형02 부정적분과 미분의 관계

589

〈보기〉에서 옳은 것만을 있는 대로 고른 것은?

보기

ㄱ. $\int f(x)\,dx=\int f(y)\,dy$

ㄴ. $\int f(x)\,dx=\int g(x)\,dx$이면 $f(x)=g(x)$이다.

ㄷ. $\int \left\{\frac{d}{dx}f(x)\right\}dx=\frac{d}{dx}\int f(x)\,dx$

① ㄱ ② ㄴ ③ ㄷ
④ ㄱ, ㄴ ⑤ ㄴ, ㄷ

590

다항함수 $g(x)$에 대하여 함수 $F(x)$를

$$F(x)=(x^3-3x)\int g(x)\,dx$$

라 하자. $F'(-1)=12$일 때, $g(-1)$의 값은?

① -3 ② 0 ③ 3
④ 6 ⑤ 9

591 서술형 교육청변형

함수 $f(x)=\int\left\{\frac{d}{dx}(x^2-6x)\right\}dx$에 대하여 $f(x)$의 최솟값이 8일 때, $f(1)$의 값을 구하고, 그 과정을 서술하시오.

유형03 부정적분의 계산

592

〈보기〉에서 옳은 것만을 있는 대로 고른 것은?

(단, C는 적분상수이다.)

보기

ㄱ. $\int(\sqrt{x}+1)^2dx+\int(\sqrt{x}-1)^2dx=x^2+2x+C$

ㄴ. $\int\frac{x^3}{x-1}dx-\int\frac{1}{x-1}dx=\frac{1}{3}x^3+\frac{1}{2}x^2+x+C$

ㄷ. $\int(2x-1)^2dx=\frac{1}{3}(2x-1)^3+C$

① ㄴ ② ㄷ ③ ㄱ, ㄷ
④ ㄱ, ㄴ ⑤ ㄱ, ㄴ, ㄷ

593

두 함수 $f(x)$, $g(x)$에 대하여

$$\int f(x)\,dx=2x+C_1,\ \int g(x)\,dx=x^2-x+C_2$$

일 때, 부정적분 $\int\{2f(x)+g(x)\}\,dx$는?

(단, C_1, C_2, C는 적분상수이다.)

① x^2-x+C ② x^2+C
③ x^2+3x+C ④ $2x^2-x+C$
⑤ $2x^2+3x+C$

유형04 부정적분을 이용하여 함수 구하기(1)

594

함수 $f(x)=\int(3x-4)\,dx$가 모든 실수 x에 대하여 $f(x)\geq 0$을 만족시킬 때, $f(0)$의 최솟값은?

① $\frac{5}{3}$ ② 2 ③ $\frac{7}{3}$
④ $\frac{8}{3}$ ⑤ 3

595

함수 $f(x)=\int(3x^2-4x+a)\,dx$에 대하여

$$\lim_{h\to 0}\frac{f(2+h)-f(2)}{h}=3,\ f(0)=5$$

일 때, $f(-1)$의 값은? (단, a는 상수이다.)

① 3 ② 4 ③ 5
④ 6 ⑤ 7

596

함수 $f(x)=\int (x^2+1)(x^4-x^2+1)\,dx$에 대하여 $f(0)=\frac{6}{7}$일 때, $\lim_{x\to1}\frac{xf(x)-f(1)}{x^2-1}$의 값은?

① -1 ② 0 ③ 1
④ 2 ⑤ 3

597 서술형

두 다항함수 $f(x)$, $g(x)$에 대하여

$$\frac{d}{dx}\{f(x)+g(x)\}=3,\ \frac{d}{dx}\{f(x)g(x)\}=4x-5$$

이고 $f(0)=-2$, $g(0)=-1$일 때, 두 함수 $f(x)$, $g(x)$를 구하고, 그 과정을 서술하시오.

598

두 다항함수 $f(x)$, $g(x)$에 대하여

$$\frac{d}{dx}\{f(x)+g(x)\}=4x,$$

$$\frac{d}{dx}\{f(x)g(x)\}=6x^2+6x-1$$

이고 $f(0)=2$, $g(0)=1$일 때, $f(-1)+g(2)$의 값은?

① 6 ② 7 ③ 8
④ 9 ⑤ 10

599 평가원기출

이차함수 $f(x)$에 대하여 함수 $g(x)$가

$$g(x)=\int \{x^2+f(x)\}\,dx,\ f(x)g(x)=-2x^4+8x^3$$

을 만족시킬 때, $g(1)$의 값은?

① 1 ② 2 ③ 3
④ 4 ⑤ 5

유형05 부정적분을 이용하여 함수 구하기(2)

600

다항함수 $f(x)$의 도함수 $f'(x)$에 대하여

$$\int (x-2)f'(x)\,dx=x^3-\frac{1}{2}x^2-10x+C$$

이고 $f(0)=-1$일 때, $f(2)$의 값은? (단, C는 적분상수이다.)

① 11 ② 12 ③ 13
④ 14 ⑤ 15

601

두 다항함수 $f(x)$, $g(x)$가

$$f(x)=\int xg'(x)\,dx,\ \frac{d}{dx}\{f(x)+g(x)\}=x^2-1$$

을 만족시킨다. $f(1)-g(1)=1$일 때, $f(2)-g(2)$의 값은?

① 1 ② $\frac{4}{3}$ ③ $\frac{5}{3}$
④ 2 ⑤ $\frac{7}{3}$

602

계수가 모두 유리수인 삼차함수 $f(x)$의 도함수 $f'(x)$에 대하여 방정식 $f'(x)=0$의 한 근이 $2-\sqrt{3}$일 때, 방정식 $f(x)=0$의 모든 근의 합은?

① -6 ② -2 ③ 2
④ 6 ⑤ 10

603 빈출

다항함수 $f(x)$의 한 부정적분 $F(x)$에 대하여

$$F(x)=xf(x)-2x^3+x^2-3$$

이 성립한다. $f(1)=5$일 때, $f(-1)$의 값은?

① 3 ② 5 ③ 7
④ 9 ⑤ 11

604

다항함수 $f(x)$가 다음 조건을 만족시킬 때, $f(5)$의 값은?
(단, a는 상수이다.)

> (가) $\dfrac{d}{dx}\displaystyle\int f'(x)\,dx=3x+a$
>
> (나) $\displaystyle\lim_{x\to 1}\dfrac{f(x)}{x-1}=2a+4$

① 28 ② 30 ③ 32
④ 34 ⑤ 36

605

두 다항함수 $f(x)$, $g(x)$가 다음 조건을 만족시킨다.

> (가) $\displaystyle\lim_{x\to\infty}\dfrac{f(x)}{x^2+1}=2$, $\displaystyle\lim_{x\to 0}\dfrac{f(x)-8}{x}=3$
>
> (나) 모든 실수 x에 대하여 $f'(x)=g'(x)$이다.

$g(1)=3$일 때, $g(4)$의 값은?

① 30 ② 36 ③ 42
④ 48 ⑤ 54

606 빈출

실수 전체의 집합에서 미분가능한 함수 $f(x)$가 임의의 두 실수 x, y에 대하여

$$f(x+y)=f(x)+f(y)+xy-2$$

를 만족시키고 $f'(0)=1$일 때, $f(1)$의 값은?

① $\dfrac{5}{2}$ ② 3 ③ $\dfrac{7}{2}$
④ 4 ⑤ $\dfrac{9}{2}$

607 서술형

모든 실수 x에 대하여 미분가능한 함수 $f(x)$의 도함수가

$$f'(x)=\begin{cases} 2x & (x>1) \\ x^3+1 & (x\le 1) \end{cases}$$

이고 $f(0)=\dfrac{3}{4}$일 때, $f(2)$의 값을 구하고, 그 과정을 서술하시오.

608

함수 $f(x)$의 도함수 $y=f'(x)$의 그래프가 그림과 같다.

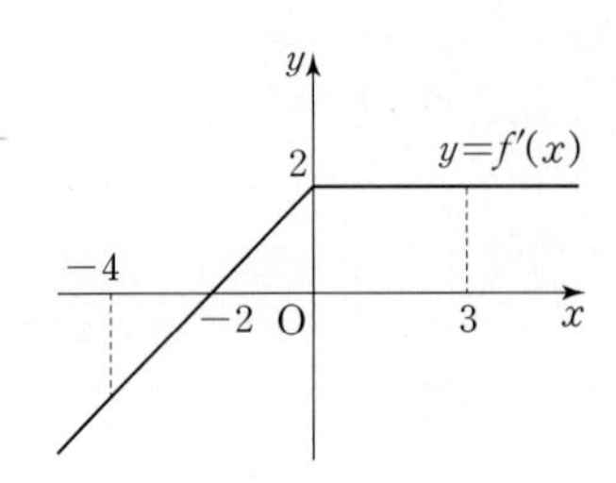

$f(-4)+f(3)=12$일 때, $f(0)$의 값은?

① 1　② 2　③ 3　④ 4　⑤ 5

609 빈출

모든 실수 x에 대하여 미분가능한 함수 $f(x)$의 도함수가

$$f'(x)=\begin{cases} k & (x>2) \\ x+1 & (x<2) \end{cases} \ (k\text{는 실수})$$

이고 $f(2)=5$일 때, $f(-2)+f(3)$의 값은?

① 1　② 3　③ 5　④ 7　⑤ 9

610 빈출 교육청변형

삼차함수 $f(x)$의 도함수 $y=f'(x)$의 그래프가 그림과 같고, $f'(0)=f'(2)=0$이다.

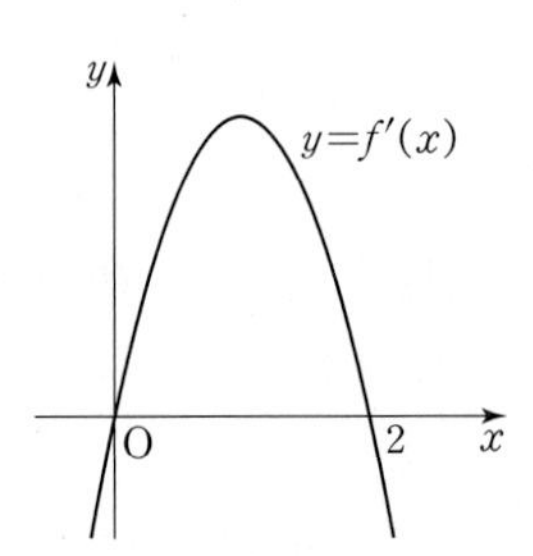

함수 $f(x)$의 극솟값이 -3, 극댓값이 5일 때, $f(1)$의 값은?

① 1　② 2　③ 3　④ 4　⑤ 5

611

사차함수 $f(x)$의 도함수 $y=f'(x)$의 그래프가 그림과 같고 극솟값이 $-\frac{3}{8}$일 때, $f(0)$의 값은?

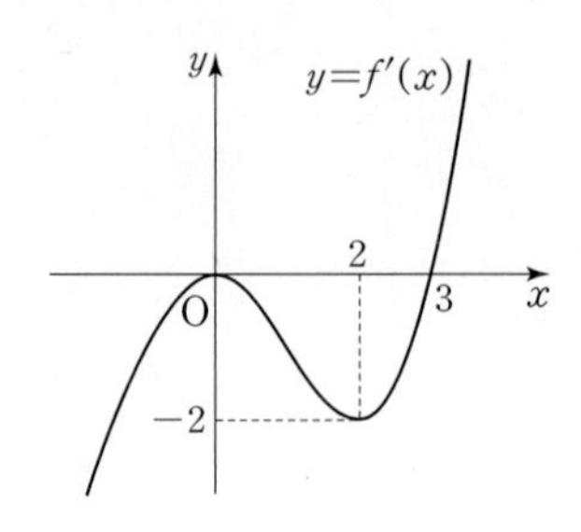

① -1　② 0　③ 1　④ 2　⑤ 3

612

함수 $f(x)$에 대하여

$$f'(x)=4x^3-x^2-3x$$

이고, 함수 $f(x)$의 극댓값이 1일 때, $f(2)$의 값은?

① 8　② $\frac{25}{3}$　③ $\frac{26}{3}$　④ 9　⑤ $\frac{28}{3}$

613 서술형

점 (0, 9)를 지나는 곡선 $y=f(x)$ 위의 임의의 점 (x, y)에서의 접선의 기울기가 x^2-2x-3일 때, 방정식 $f(x)=0$의 서로 다른 실근의 개수를 구하고, 그 과정을 서술하시오.

614 서술형

함수 $f(x)$에 대하여 $f'(x)=6x^2-4x+3$이고, 함수 $y=f(x)$의 그래프가 제1사분면에서 직선 $y=5x+2$에 접할 때, 함수 $f(x)$를 구하고, 그 과정을 서술하시오.

615

원점을 지나는 곡선 $y=f(x)$ 위의 임의의 점 $(a, f(a))$에서의 접선의 방정식이 $y=(a^2-4a)x+g(a)$일 때, $f(3)+g(-3)$의 값은?

① 24 ② 25 ③ 26
④ 27 ⑤ 28

유형06 수학 I 통합 유형

616

방정식 $\log_x\left(\frac{d}{dx}\int x^5 dx\right)=x^3-x^2-4x+9$의 근을 구하시오.

617

함수 $f(x)=x^{10}+x^9+x^8+\cdots+x+1$에 대하여

$$F(x)=\int\left[\frac{d}{dx}\left\{\frac{d}{dx}\int f(x)\,dx\right\}\right]dx$$

이고 $F(0)=1$일 때, $F(2)$의 값은?

① 1023 ② 1024 ③ 2047
④ 2048 ⑤ 2049

618

함수 $f(x)=\int(1+2x+3x^2+\cdots+nx^{n-1})\,dx$에 대하여 $f(0)=1$일 때, $f(2)$의 값은? (단, n은 자연수이다.)

① $2^{n+1}-2$ ② $2^{n+1}-1$ ③ 2^{n+1}
④ $2^{n+1}+1$ ⑤ $2^{n+1}+2$

619

함수 $f(x)=\sum_{n=1}^{10}\frac{x^n}{n}$에 대하여 함수 $g(x)$를

$$g(x)=\int f(x)\,dx$$

라 하자. $g(0)=3$일 때, $g(1)=\frac{q}{p}$이다. $p+q$의 값을 구하시오.
(단, p와 q는 서로소인 자연수이다.)

스키마로 풀이 흐름 알아보기

삼차함수 $f(x)$의 도함수 $y=f'(x)$의 그래프가 그림과 같고, $f'(0)=f'(2)=0$이다. (조건①)
함수 $f(x)$의 극솟값이 -3, 극댓값이 5일 때, (조건②) $f(1)$의 값은? (답)

① 1 ② 2 ③ 3 ④ 4 ⑤ 5

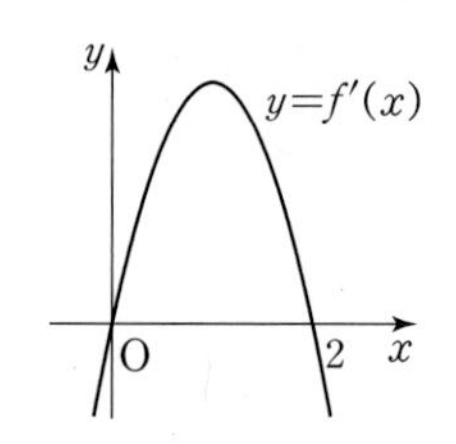

유형05 부정적분을 이용하여 함수 구하기(2) 610

스키마 schema

주어진 조건은 무엇인지? 구하는 답은 무엇인지? 이 둘을 어떻게 연결할지?

1단계

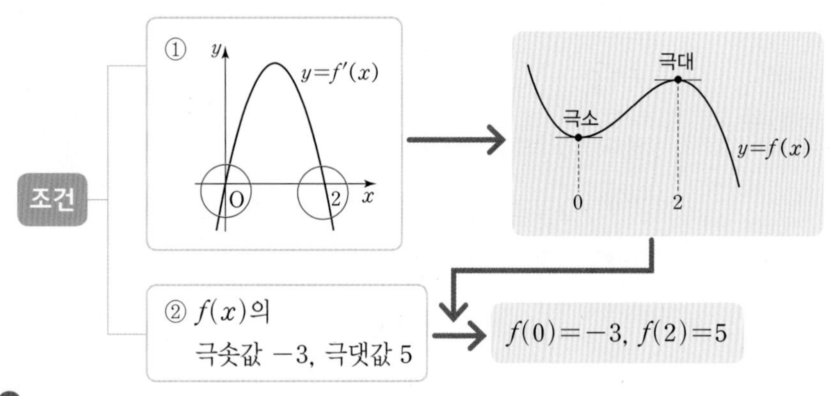

도함수 $y=f'(x)$의 그래프에서 함수 $f(x)$의 증가와 감소를 표로 나타내면 다음과 같다.

x	$\cdots$	0	$\cdots$	2	$\cdots$
$f'(x)$	$-$	0	$+$	0	$-$
$f(x)$	↘	극소	↗	극대	↘

따라서 함수 $f(x)$는 $x=0$일 때 극소이고, $x=2$일 때 극대이므로
$f(0)=-3$, $f(2)=5$이다. …… ㉠

2단계

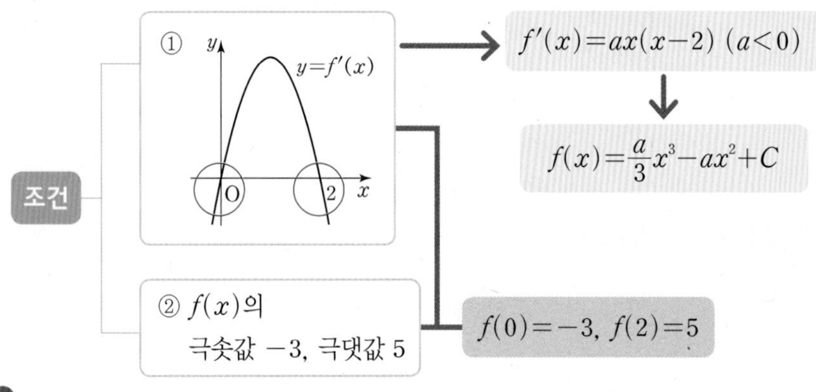

$f'(0)=0$, $f'(2)=0$이고
$f(x)$는 삼차함수이므로
$f'(x)=ax(x-2)$
$=ax^2-2ax$ $(a<0)$
로 놓을 수 있다. 이때 함수 $f'(x)$의 한 부정적분이 $f(x)$이므로
$f(x)=\int f'(x)dx$
$=\frac{a}{3}x^3-ax^2+C$ (C는 적분상수) …… ㉡

3단계

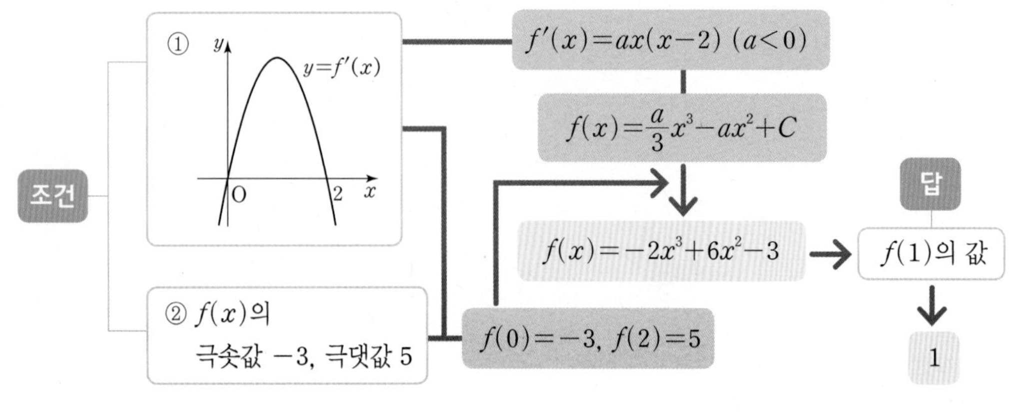

㉠, ㉡에 의하여
$f(0)=C=-3$,
$f(2)=-\frac{4}{3}a+C=5$
이므로 위의 두 식을 연립하여 풀면
$a=-6$, $C=-3$
따라서 $f(x)=-2x^3+6x^2-3$
이므로 $f(1)=1$

답 ①

620

교육청기출

이차함수 $y=f(x)$가 다음 조건을 만족시킨다.

> (가) $f(0)=-2$
> (나) 모든 실수 x에 대하여 $f(x)=f(-x)$이다.
> (다) 모든 실수 x에 대하여 $f(f'(x))=f'(f(x))$이다.

함수 $F(x)=\int f(x)\,dx$가 감소하는 구간을 (a, b)라 할 때, $b-a$의 최댓값은?

① 4 ② 5 ③ 6
④ 7 ⑤ 8

621

선생님 Pick! 교육청기출

최고차항의 계수가 1인 삼차함수 $f(x)$가 $f(0)=0$, $f(\alpha)=0$, $f'(\alpha)=0$이고 함수 $g(x)$가 다음 조건을 만족시킬 때, $g\left(\frac{\alpha}{3}\right)$의 값은? (단, α는 양수이다.) [4점]

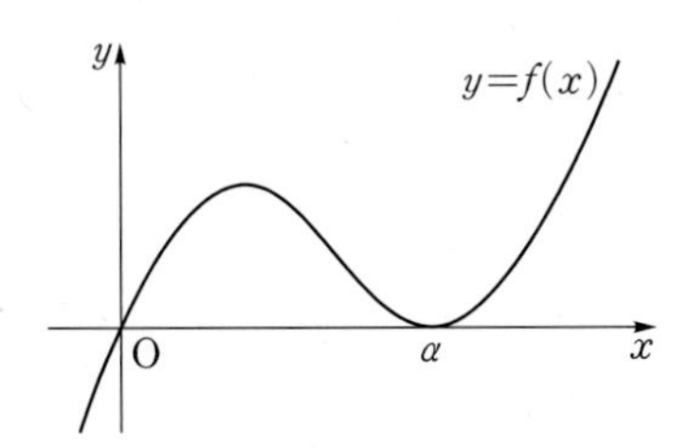

> (가) $g'(x)=f(x)+xf'(x)$
> (나) $g(x)$의 극댓값이 81이고 극솟값이 0이다.

① 56 ② 58 ③ 60
④ 62 ⑤ 64

622

교육청기출

두 다항함수 $f(x)$, $g(x)$가

$$f(x)=\int xg(x)\,dx,\ \frac{d}{dx}\{f(x)-g(x)\}=4x^3+2x$$

를 만족시킬 때, $g(1)$의 값은?

① 10 ② 11 ③ 12
④ 13 ⑤ 14

623 서술형

최고차항의 계수가 1인 다항함수 $f(x)$의 한 부정적분 $F(x)$가

$$3F(x)=x\{f(x)+4x\}$$

를 만족시킨다. 함수 $F(x)$를 구하고, 그 과정을 서술하시오.

624

| 선행 607 |

함수 $f(x)$의 도함수 $f'(x)$가 $f'(x)=|x^2-4|+2x$이고 함수 $y=f(x)$의 그래프가 원점을 지날 때, $f(-3)+f(3)$의 값을 구하시오.

625

실수 전체의 집합에서 연속인 함수 $f(x)$의 도함수 $f'(x)$가

$$f'(x)=\begin{cases} 1 & (x<-1) \\ 2x & (-1<x<1) \\ -1 & (x>1) \end{cases}$$

일 때, 〈보기〉에서 옳은 것만을 있는 대로 고른 것은?

보기

ㄱ. 함수 $f(x)$는 $x=-1$에서 극댓값을 갖는다.
ㄴ. 모든 실수 x에 대하여 $f(x)=f(-x)$이다.
ㄷ. $f(0)=2$이면 함수 $f(x)$의 최댓값은 3이다.

① ㄱ ② ㄴ ③ ㄱ, ㄴ
④ ㄴ, ㄷ ⑤ ㄱ, ㄴ, ㄷ

626

| 선행 606 |

실수 전체의 집합에서 미분가능한 함수 $f(x)$가 임의의 실수 x, y에 대하여

$$f(x+y)=f(x)+f(y)-3xy(x+y)+1$$

을 만족시킬 때, 〈보기〉에서 옳은 것만을 있는 대로 고른 것은?

보기

ㄱ. $f(-1)=-f'(0)$
ㄴ. $f'(1)=-3$이면 함수 $f(x)$는 극값을 갖는다.
ㄷ. 함수 $f(x)$가 극값을 가질 때, 모든 극값의 합은 -2이다.

① ㄱ ② ㄴ ③ ㄱ, ㄴ
④ ㄱ, ㄷ ⑤ ㄴ, ㄷ

627

두 삼차함수 $f(x)$, $g(x)$가 다음 조건을 만족시킬 때, $g(-1)$의 값은?

(가) $f(x)=4x^3-8x^2+2x-6$
(나) $h(x)=f(x)+g(x)$, $i(x)=f(x)-2g(x)$라 할 때, 함수 $h(x)$의 도함수는 함수 $i(x)$의 부정적분 중 하나이다.

① 18 ② 19 ③ 20
④ 21 ⑤ 22

02 정적분

| 이전 학습 내용 |

- **부정적분** 01 부정적분

① 함수 $f(x)$에 대하여 $F'(x)=f(x)$일 때, 함수 $F(x)$를 $f(x)$의 부정적분이라 한다.

② 함수 $f(x)$의 한 부정적분을 $F(x)$라 하면

$$\int f(x)\,dx=F(x)+C$$

(단, C는 적분상수)

- **미분계수의 기하적 의미** Ⅱ. 미분_01 미분계수와 도함수

함수 $f(x)$의 $x=a$에서의 미분계수 $f'(a)$는 곡선 $y=f(x)$ 위의 점 $(a,\ f(a))$에서의 접선 l의 기울기를 의미한다.

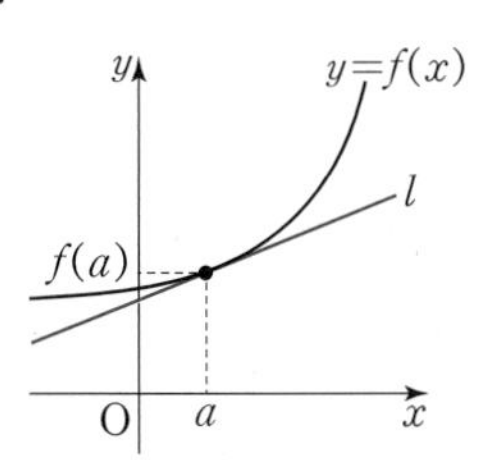

- **함수의 실수배, 합, 차의 부정적분** 01 부정적분

함수 $f(x)$, $g(x)$의 부정적분이 존재할 때

① $\int kf(x)\,dx=k\int f(x)\,dx$

(단, k는 0이 아닌 상수)

② $\int \{f(x)\pm g(x)\}\,dx$

$=\int f(x)\,dx\pm\int g(x)\,dx$ (복부호동순)

- **부정적분과 미분의 관계** 01 부정적분

$$\frac{d}{dx}\int f(x)\,dx=f(x)$$

현재 학습 내용

- **정적분**

1. 정적분의 정의 ········· 유형01 정적분의 뜻과 계산

(1) 두 실수 a, b를 포함하는 구간에서 연속인 함수 $f(x)$의 한 부정적분을 $F(x)$라 할 때, $F(b)-F(a)$의 값은 $f(x)$의 한 부정적분을 무엇으로 선택하는가에 관계없이 항상 일정하다. 이 일정한 값 $F(b)-F(a)$를 함수 $f(x)$의 a에서 b까지의 **정적분**이라 하고, 기호로 다음과 같이 나타낸다.

$$\int_a^b f(x)\,dx=\Big[F(x)\Big]_a^b=F(b)-F(a)$$

a를 아래끝, b를 위끝이라 한다.

정적분 $\int_a^b f(x)\,dx$의 값을 구하는 것을 함수 $f(x)$를 a에서 b까지 적분한다고 한다.

(2) 일반적으로 정적분에서는 다음 등식이 성립한다.

① $\int_a^a f(x)\,dx=0$　　② $\int_a^b f(x)\,dx=-\int_b^a f(x)\,dx$

★ 정적분의 기하적 의미

정적분 $\int_a^b f(x)\,dx$의 값은 곡선 $y=f(x)$와 x축 및 두 직선 $x=a$, $x=b$로 둘러싸인 도형의 넓이를 이용하여 구할 수 있다.

닫힌구간 $[a, b]$에서 $f(x)\geq 0$인 경우	닫힌구간 $[a, b]$에서 $f(x)\leq 0$인 경우
⇨ (넓이)$=\int_a^b f(x)dx$	⇨ (넓이)$=-\int_a^b f(x)dx$

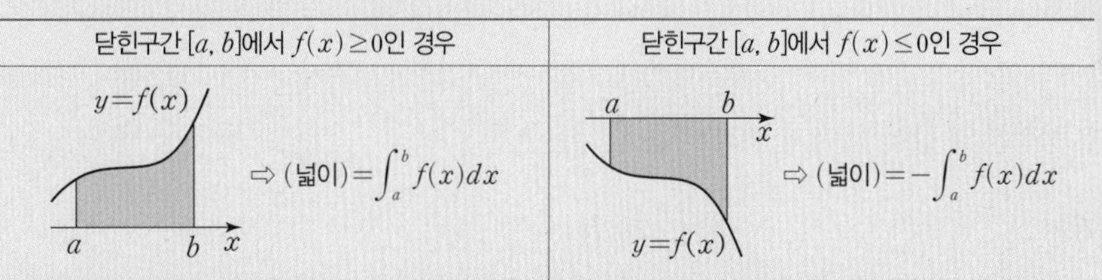

정적분과 넓이에 대한 문제는 '**03 정적분의 활용**'에서 다루지만 위 내용을 이용하는 문제 일부를 '**02 정적분**'에 수록하였다.

특히 '**유형04 대칭성을 이용한 함수의 정적분**'은 위 내용을 이해하고 풀어 보길 권장한다.

2. 정적분의 성질 ········· 유형02 정적분의 성질 / 유형04 대칭성을 이용한 함수의 정적분

(1) **함수의 실수배, 합, 차의 정적분**

함수 $f(x)$, $g(x)$가 임의의 두 실수 a, b를 포함하는 구간에서 연속일 때

① $\int_a^b kf(x)\,dx=k\int_a^b f(x)\,dx$ (단, k는 0이 아닌 상수)

② $\int_a^b \{f(x)\pm g(x)\}\,dx=\int_a^b f(x)\,dx\pm\int_a^b g(x)\,dx$ (복부호동순)

(2) **나누어진 구간에서의 정적분** ········· 유형03 구간이 나누어진 함수의 정적분

임의의 세 실수 a, b, c를 포함하는 구간에서 함수 $f(x)$가 연속일 때

$$\int_a^c f(x)\,dx+\int_c^b f(x)\,dx=\int_a^b f(x)\,dx$$

이 성질은 a, b, c의 대소에 관계없이 성립한다.

3. 정적분과 미분의 관계 ········· 유형05 정적분과 미분의 관계 / 유형06 정적분으로 정의된 함수의 극한

함수 $f(x)$가 닫힌구간 $[a, b]$에서 연속일 때, 한 부정적분 $F(x)$에 대하여 $\int_a^x f(t)\,dt=F(x)-F(a)$이므로 $\int_a^x f(t)\,dt$는 $f(x)$의 한 부정적분이다. 즉,

$$\frac{d}{dx}\int_a^x f(t)\,dt=f(x)\ (\text{단, } a<x<b)$$

유형 01 정적분의 뜻과 계산

정적분의 정의를 이용하여

(1) $\int_a^b f(x)\,dx$

(2) $\int_a^a f(x)\,dx=0$, $\int_a^b f(x)\,dx=-\int_b^a f(x)\,dx$

를 계산하는 문제를 분류하였다.

628

$\int_0^1 (3x^2+2x)\,dx$의 값은?

① 1 ② 2 ③ 3 ④ 4 ⑤ 5

629

다음 중 정적분의 값이 나머지 넷과 다른 하나는?

① $\int_0^1 dx$
② $\int_0^1 2y\,dy$
③ $\int_1^0 (-3x^2)\,dx$
④ $\int_1^1 x\,dx+\int_1^2 dt$
⑤ $\int_0^1 x\,dx+\int_1^2 t\,dt$

630

다음 정적분의 값을 구하시오.

(1) $\int_1^1 (x^3-x+1)^{100}\,dx$

(2) $\int_{-10}^0 \left(\frac{x^4}{2}-1\right)^5 dx+\int_0^{-10} \left(\frac{x^4}{2}-1\right)^5 dx$

631

다음 정적분의 값을 구하시오.

(1) $\int_0^2 10x^9\,dx$

(2) $\int_{-1}^2 (3x^2+1)\,dx$

(3) $\int_{-2}^1 (t-1)(t+1)\,dt$

632

정적분 $\int_1^3 (x-1)(x^2+x+1)\,dx$의 값은?

① 15 ② 16 ③ 17 ④ 18 ⑤ 19

633

정적분 $\int_1^2 \frac{t^3+8}{t+2}\,dt$의 값은?

① $\frac{8}{3}$ ② 3 ③ $\frac{10}{3}$ ④ $\frac{11}{3}$ ⑤ 4

634

$\int_{0}^{1}(1-y)(y+1)(y^2+1)(y^4+1)\,dy=\frac{q}{p}$일 때, $p+q$의 값은?

(단, p와 q는 서로소인 자연수이다.)

① 15　② 17　③ 19
④ 21　⑤ 23

635

다음 등식을 만족시키는 상수 a의 값을 구하시오.

(1) $\int_{0}^{2}(4x^3+ax)\,dx=6$

(2) $\int_{-1}^{a}(5-2x)\,dx=10$

636

함수 $f(x)=8x^3-2ax$에 대하여 $\int_{1}^{2}f(x)\,dx=f(1)$이 성립할 때, 상수 a의 값은?

① 24　② 22　③ 20
④ 18　⑤ 16

유형 02 정적분의 성질

정적분의 성질인

(1) $\int_{a}^{b}kf(x)\,dx=k\int_{a}^{b}f(x)\,dx$ (k는 0이 아닌 상수)

(2) $\int_{a}^{b}\{f(x)\pm g(x)\}\,dx=\int_{a}^{b}f(x)\,dx\pm\int_{a}^{b}g(x)\,dx$

(복부호동순)

(3) $\int_{a}^{c}f(x)\,dx+\int_{c}^{b}f(x)\,dx=\int_{a}^{b}f(x)\,dx$

를 이용하여 정적분을 계산하는 문제를 분류하였다.
특히, **STEP 2**에서 (3)을 이용하여 주기함수의 정적분을 구하는 문제를 주의 깊게 학습해 두자.

637

정적분 $\int_{0}^{1}(x+1)^3dx+\int_{0}^{1}(x-1)^3dx$의 값은?

① 3　② $\frac{7}{2}$　③ 4
④ $\frac{9}{2}$　⑤ 5

638 빈출

정적분 $\int_{1}^{3}(4x^2+6x-5)\,dx+2\int_{3}^{1}(3y-y^2)\,dy$의 값을 구하시오.

639

다음 정적분의 값을 구하시오.

(1) $\int_{0}^{4}\frac{x^2}{x+1}dx-\int_{0}^{4}\frac{1}{y+1}dy$

(2) $\int_{0}^{1}\frac{x^3}{x-2}dx+\int_{1}^{0}\frac{8}{x-2}dx$

640

정적분 $\int_{-2}^{0}(2x-1)\,dx+\int_{0}^{1}(2x-1)\,dx$의 값은?

① -4 ② -5 ③ -6
④ -7 ⑤ -8

641

정적분 $\int_{-1}^{\frac{1}{2}}(x^2-2x)\,dx+\int_{2}^{\frac{1}{2}}(2t-t^2)\,dt$의 값은?

① -6 ② -3 ③ 0
④ 3 ⑤ 6

642

정적분

$$\int_{1}^{3}(3x^2-4x)\,dx+\int_{-2}^{1}(3x^2-4x)\,dx-\int_{4}^{3}(3x^2-4x)\,dx$$

의 값은?

① 32 ② 36 ③ 40
④ 44 ⑤ 48

643

함수 $f(x)=4x^3+3x^2$에 대하여 정적분

$$\int_{1}^{5}f(x)\,dx-\int_{2}^{5}f(x)\,dx+\int_{-3}^{1}f(x)\,dx$$

의 값은?

① -45 ② -40 ③ -35
④ -30 ⑤ -25

644

연속함수 $f(x)$가 $\int_{1}^{-2}f(x)\,dx=5$, $\int_{0}^{1}f(x)\,dx=3$, $\int_{0}^{3}f(x)\,dx=10$을 만족시킬 때, $\int_{-2}^{3}f(x)\,dx$의 값은?

① -2 ② 2 ③ 8
④ 12 ⑤ 18

645

다음 정적분의 값을 구하시오.

(1) $\int_{0}^{3}(x+2)^2dx-\int_{-1}^{3}(x-2)^2dx+\int_{-1}^{0}(x-2)^2dx$

(2) $\int_{1}^{2}(4x^2+5)\,dx+2\int_{1}^{2}(x-2x^2)\,dx-\int_{3}^{2}(2x+5)\,dx$

유형 03 구간이 나누어진 함수의 정적분

정적분의 성질 중

$\int_a^b f(x)\,dx=\int_a^c f(x)\,dx+\int_c^b f(x)\,dx$를 이용하여

(1) 구간이 나누어진 함수

(2) 절댓값을 포함한 함수

의 정적분을 구간별로 계산하는 문제를 분류하였다.

646

함수 $f(x)=\begin{cases} 2x+1 & (x\geq 1) \\ -x^2+4 & (x<1) \end{cases}$에 대하여 정적분 $\int_0^2 f(x)\,dx$의 값은?

① 7　② $\frac{22}{3}$　③ $\frac{23}{3}$　④ 8　⑤ $\frac{25}{3}$

647 빈출

정적분 $\int_{-1}^2 |x-1|\,dx$의 값은?

① $\frac{1}{2}$　② 1　③ $\frac{3}{2}$　④ 2　⑤ $\frac{5}{2}$

648 빈출

정적분 $\int_0^3 |x^2-2x|\,dx$의 값은?

① $\frac{4}{3}$　② $\frac{5}{3}$　③ 2　④ $\frac{7}{3}$　⑤ $\frac{8}{3}$

649

정적분 $\int_0^2 |x^3-x^2|\,dx$의 값은?

① $\frac{1}{2}$　② 1　③ $\frac{3}{2}$　④ 2　⑤ $\frac{5}{2}$

650

함수 $f(x)=\begin{cases} 1-x^3 & (x\leq 0) \\ 1+x^2 & (x>0) \end{cases}$에 대하여 정적분 $\int_{-1}^1 xf(x)\,dx$의 값은?

① $\frac{1}{20}$　② $\frac{1}{10}$　③ $\frac{3}{20}$　④ $\frac{1}{5}$　⑤ $\frac{1}{4}$

651

함수 $y=f(x)$의 그래프가 그림과 같을 때, 정적분 $\int_0^3 (x-1)f(x)\,dx$의 값은?

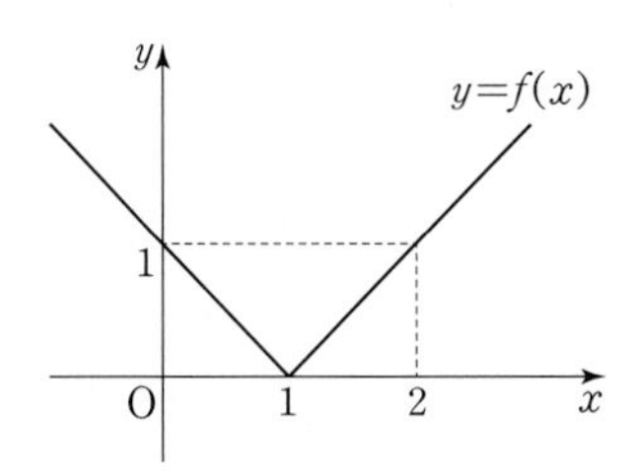

① 2　② $\frac{7}{3}$　③ $\frac{8}{3}$　④ 3　⑤ $\frac{10}{3}$

유형 04 대칭성을 이용한 함수의 정적분

이 유형은 정적분 $\int_{-a}^{a} f(x)\,dx$의 값을 함수의 성질을 이용하여 간단하게 계산하는 문제를 분류하였다.

유형 해결 TIP

함수의 성질은 다음과 같이 2가지 방법으로 해석할 수 있다.

〈함수의 그래프의 대칭성 이용〉

$$\int_{-a}^{a} f(x)\,dx = \begin{cases} 2\int_{0}^{a} f(x)\,dx & (y=f(x)\text{의 그래프가 } y\text{축 대칭}) \\ 0 & (y=f(x)\text{의 그래프가 원점 대칭}) \end{cases}$$

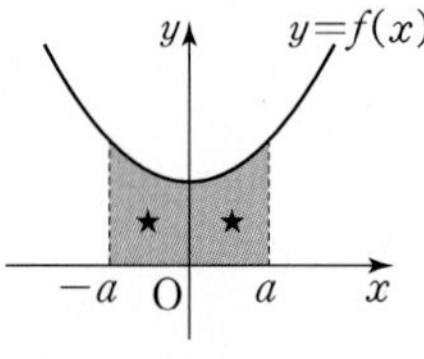

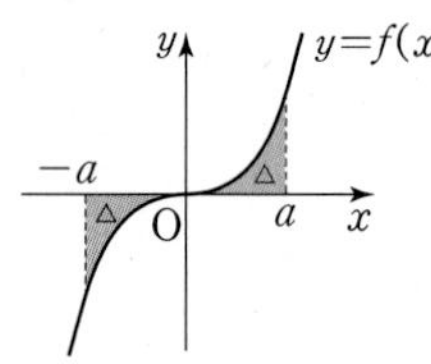

이를 다항함수에 적용하여 다음을 알 수 있다.

〈다항함수의 차수 이용〉

$$\int_{-a}^{a} x^n\,dx = \begin{cases} 2\int_{0}^{a} x^n\,dx & (n\text{이 짝수}) \\ 0 & (n\text{이 홀수}) \end{cases} \quad (n\text{은 자연수})$$

$$\int_{-a}^{a} k\,dx = 2\int_{0}^{a} k\,dx \quad (k\text{는 상수})$$

652 빈출

정적분 $\int_{-1}^{1} (8x^7-5x^4+3x^3-4x+2)\,dx$의 값은?

① 2 ② 4 ③ 6
④ 8 ⑤ 10

653

다음 정적분의 값을 구하시오.

(1) $\int_{-3}^{2} (4x^3+3x^2-1)\,dx - \int_{3}^{2} (4x^3+3x^2-1)\,dx$

(2) $\int_{-1}^{3} (x^5+x^2-4x+3)\,dx + \int_{3}^{4} (x^5+x^2-4x+3)\,dx - \int_{1}^{4} (x^5+x^2-4x+3)\,dx$

654

실수 a에 대하여 $\int_{-a}^{a} (6x^2-5x)\,dx = \frac{1}{16}$일 때, $20a$의 값은?

① 5 ② 10 ③ 15
④ 20 ⑤ 25

655

함수 $f(x)=1+2x+3x^2+\cdots+10x^9$에 대하여 정적분 $\int_{-1}^{2} f(x)\,dx + \int_{2}^{1} f(x)\,dx$의 값은?

① 8 ② 10 ③ 12
④ 14 ⑤ 16

656

함수 $f(x)=(x^3+3)(x^4-x^2+2x-1)$에 대하여

정적분 $\int_{-2}^{\frac{1}{2}} f(x)\,dx-\int_{2}^{\frac{1}{2}} f(x)\,dx$의 값은?

① 24　② 30　③ 36
④ 42　⑤ 48

657

함수 $f(x)$에 대하여 $f'(x)=4x-3$일 때,

정적분 $\int_{-1}^{1} xf(x)\,dx$의 값은?

① -2　② -1　③ 0
④ 1　⑤ 2

658

다항함수 $f(x)$가 모든 실수 x에 대하여 $f(-x)=-f(x)$를 만족시킨다. $\int_{-1}^{1} (x^2+x+1)f(x)\,dx=8$일 때, $\int_{0}^{1} xf(x)\,dx$의 값은?

① 1　② 2　③ 3
④ 4　⑤ 5

659

두 다항함수 $f(x)$, $g(x)$가 모든 실수 x에 대하여

$$f(-x)=f(x),\ g(-x)=-g(x)$$

를 만족시킨다. $\int_{-3}^{3} \{f(x)+g(x)\}dx=10$일 때, $\int_{0}^{3} f(x)\,dx$의 값을 구하시오.

660

모든 실수 a에 대하여 $\int_{-a}^{0} f(x)\,dx=-\int_{0}^{a} f(x)\,dx$를 만족시키는 함수 $f(x)$를 〈보기〉에서 있는 대로 고른 것은?

보기

ㄱ. $f(x)=-x^2$　ㄴ. $f(x)=2x^3+1$
ㄷ. $f(x)=-x^3+4x$　ㄹ. $f(x)=|x-1|$

① ㄴ　② ㄷ　③ ㄹ
④ ㄱ, ㄷ　⑤ ㄷ, ㄹ

유형 05 정적분과 미분의 관계

정적분과 미분의 관계인 $\frac{d}{dx}\int_a^x f(t)\,dt=f(x)$를 이용하여 해결하는 문제를 분류하였다.

유형 해결 TIP

문제에서 $\int_a^x f(t)dt$를 포함한 등식이 주어졌을 때

(1) 양변에 $x=a$를 대입하여 $\int_a^a f(t)\,dt=0$

(2) 양변을 x에 대하여 미분하여 $\frac{d}{dx}\int_a^x f(t)\,dt=f(x)$

임을 이용하여 문제를 해결하도록 하자.

661

다음 등식을 만족시키는 함수 $f(x)$를 구하시오.

(1) $f(x)=\frac{d}{dx}\int_0^x (2t+5)\,dt$

(2) $f(x)=\frac{d}{dx}\int_1^x (t^2-3t+2)\,dt$

662

함수 $f(x)=\frac{d}{dx}\int_{-2}^x (t^3+5)\,dt$에 대하여 $f(1)$의 값은?

① -2 ② 0 ③ 2
④ 4 ⑤ 6

663 빈출

함수 $F(x)=\int_0^x (t^2-2t+3)^2dt$에 대하여 $F'(-1)$의 값은?

① 9 ② 16 ③ 25
④ 36 ⑤ 49

664

다항함수 $f(x)$가 모든 실수 x에 대하여

$$\int_1^x f(t)\,dt=x^3+4x-5$$

를 만족시킬 때, $f(1)$의 값은?

① 0 ② 1 ③ 3
④ 5 ⑤ 7

665

함수 $f(x)=\int_0^x (3t^2-2t+4)\,dt$에 대하여

$\lim_{h\to 0}\frac{f(2+5h)-f(2)}{h}$의 값은?

① 40 ② 45 ③ 50
④ 55 ⑤ 60

666 빈출

다항함수 $f(x)$가 모든 실수 x에 대하여 등식

$$\int_{-1}^{x} f(t)\,dt = x^4 - 2x^3 + ax + 5$$

를 만족시킬 때, $a+f(2)$의 값은? (단, a는 상수이다.)

① 18 ② 20 ③ 22
④ 24 ⑤ 26

667

다항함수 $f(x)$가 모든 실수 x에 대하여

$$xf(x) = \int_{1}^{x} f(t)\,dt + 2x^3$$

을 만족시킬 때, $f(2)$의 값을 구하시오.

668 빈출 서술형

다항함수 $f(x)$가 모든 실수 x에 대하여

$\int_{a}^{x} f(t)\,dt = x^2 - 3x - 4$를 만족시킬 때, 다음을 구하고, 그 과정을 서술하시오.

(1) 함수 $f(x)$

(2) 상수 a의 값

유형06 정적분으로 정의된 함수의 극한

이 유형은

(1) $\lim_{x \to a} \frac{1}{x-a} \int_{a}^{x} f(t)\,dt$

(2) $\lim_{h \to 0} \frac{1}{h} \int_{a}^{a+h} f(t)\,dt$

와 같이 정적분으로 정의된 함수의 극한을 계산하는 문제를 분류하였다. 이때 미분계수의 정의를 정확하게 이해하여 문제를 해결하도록 하자.

669

함수 $f(x) = 2x^2 + 3x$에 대하여 다음 값을 구하시오.

(1) $\lim_{x \to 1} \frac{1}{x-1} \int_{1}^{x} f(t)\,dt$

(2) $\lim_{h \to 0} \frac{1}{h} \int_{1}^{h+1} f(x)\,dx$

670 빈출

$\lim_{x \to -2} \frac{1}{x+2} \int_{-2}^{x} (t^3 - 3t + 1)\,dt$의 값은?

① -3 ② -2 ③ -1
④ 0 ⑤ 1

III

671 빈출

함수 $f(x)=4x^3+2x$에 대하여 $\lim_{x \to 1} \frac{1}{x^2-1} \int_1^x f(t)\,dt$의 값은?

① 3 ② 6 ③ 9
④ 12 ⑤ 15

672

$\lim_{x \to 1} \frac{1}{x^3-1} \int_1^x (t^3+5t^2-3)\,dt$의 값은?

① 1 ② 2 ③ 3
④ 4 ⑤ 5

673

$\lim_{h \to 0} \frac{1}{h} \int_2^{2+3h} (x^2-2x+5)\,dx$의 값은?

① 3 ② 6 ③ 9
④ 12 ⑤ 15

674

함수 $f(x)=4x^3-3x^2+a$에 대하여
$\lim_{h \to 0} \frac{1}{h} \int_{1-h}^{1+h} f(x)\,dx=6$일 때, 상수 a의 값은?

① -1 ② 0 ③ 1
④ 2 ⑤ 3

유형01 정적분의 뜻과 계산

675

함수 $y=f(x)$의 그래프 위의 임의의 점 (x, y)에서의 접선의 기울기가 $6x^2-2x+5$이고 $\int_0^1 f(x)\,dx=4$일 때, $f(0)$의 값은?

① 1 ② $\frac{4}{3}$ ③ $\frac{5}{3}$
④ 2 ⑤ $\frac{7}{3}$

676

정적분 $\int_0^1 (3a^2x^2-8ax+5)\,dx$의 값이 최소가 되도록 하는 상수 a의 값을 m, 그때의 정적분의 값을 n이라 할 때, $m+n$의 값을 구하시오.

677

최고차항의 계수가 1인 삼차함수 $f(x)$에 대하여

$$f(0)=f(2)=f(4)=3$$

일 때, $\int_0^4 f(x)\,dx$의 값은?

① 10 ② 11 ③ 12
④ 13 ⑤ 14

678

이차함수 $y=f(x)$의 그래프와 직선 $y=g(x)$가 서로 다른 두 점 $(-1, f(-1))$, $(3, f(3))$에서 만난다. $f(0)=-2$, $g(0)=4$일 때, $\int_{-1}^2 \{f(x)-g(x)\}\,dx$의 값은?

① -20 ② -19 ③ -18
④ -17 ⑤ -16

679 빈출

닫힌구간 $[0, 1]$에서 연속인 함수 $f(x)$에 대하여

$$f(x)=3x^2-4x+2\int_0^1 f(x)\,dx$$

일 때, $f(0)$의 값은?

① $\frac{1}{3}$ ② $\frac{1}{2}$ ③ 1
④ 2 ⑤ 3

680

다항함수 $f(x)$가 모든 실수 x에 대하여

$$f(x)=4x^3+\int_0^1 (2x-3)f(t)\,dt$$

를 만족시킬 때, $\int_0^1 f(x)\,dx$의 값은?

① $-\frac{1}{2}$ ② $-\frac{1}{3}$ ③ $\frac{1}{3}$
④ $\frac{1}{2}$ ⑤ 1

681

이차방정식 $x^2-5x+1=0$의 서로 다른 두 실근을 α, β $(\alpha<\beta)$라 할 때, $\int_{\alpha}^{\beta}(x^2-5x+1)\,dx$의 값은?

① $-\frac{7\sqrt{21}}{2}$ ② $-\frac{7\sqrt{21}}{3}$ ③ $-\frac{7\sqrt{21}}{6}$
④ $\frac{7\sqrt{21}}{6}$ ⑤ $\frac{7\sqrt{21}}{2}$

682

함수 $y=f(x)$의 그래프를 x축의 방향으로 3만큼 평행이동한 그래프가 나타내는 함수를 $y=g(x)$, y축의 방향으로 3만큼 평행이동한 그래프가 나타내는 함수를 $y=h(x)$라 하자.
$\int_{-1}^{4}f(x)\,dx=5$일 때, $\int_{2}^{7}g(x)\,dx+\int_{-1}^{4}h(x)\,dx$의 값은?

① 15 ② 20 ③ 25
④ 30 ⑤ 35

683 빈출 서술형

이차함수 $y=f(x)$의 그래프가 그림과 같다. 함수 $g(x)$에 대하여 $g(x)=\int_{1}^{x+2}f(t)\,dt$가 성립할 때, 함수 $g(x)$의 극댓값과 극솟값의 합을 구하고, 그 과정을 서술하시오.

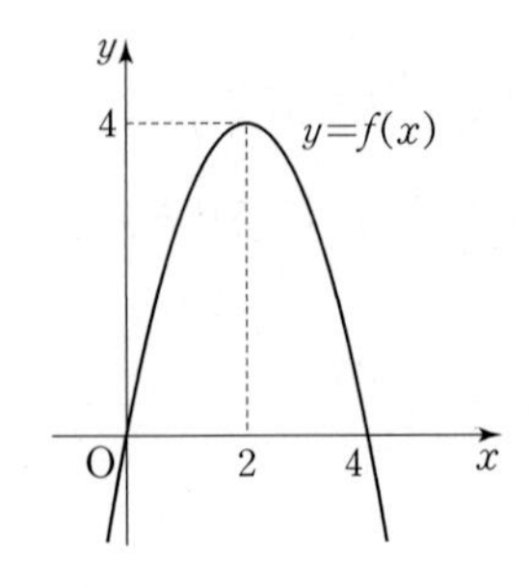

684

이차함수 $y=f(x)$의 그래프가 그림과 같을 때, 함수 $g(x)=\int_{x}^{x+1}f(t)\,dt$는 $x=a$에서 최솟값을 갖는다. 실수 a의 값은?

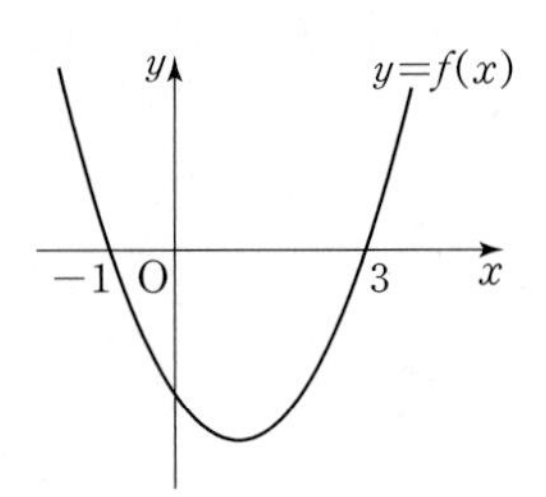

① $-\frac{1}{2}$ ② 0 ③ $\frac{1}{2}$
④ 1 ⑤ $\frac{3}{2}$

유형 02 정적분의 성질

685 평가원기출

모든 다항함수 $f(x)$에 대하여 〈보기〉에서 옳은 것만을 있는 대로 고른 것은?

보기
ㄱ. $\int_{0}^{3}f(x)\,dx=3\int_{0}^{1}f(x)\,dx$
ㄴ. $\int_{0}^{1}f(x)\,dx=\int_{0}^{2}f(x)\,dx+\int_{2}^{1}f(x)\,dx$
ㄷ. $\int_{0}^{1}\{f(x)\}^2dx=\left\{\int_{0}^{1}f(x)\,dx\right\}^2$

① ㄴ ② ㄷ ③ ㄱ, ㄴ
④ ㄱ, ㄷ ⑤ ㄴ, ㄷ

686

최고차항의 계수가 1인 이차함수 $f(x)$가 다음 조건을 만족시킬 때, 상수 a의 값은?

(가) $f(6)=f(a)=0$
(나) $\int_{0}^{12} f(x)\,dx=\int_{6}^{12} f(x)\,dx$

① 1 ② 2 ③ 3
④ 4 ⑤ 5

687

다항함수 $f(x)$가 임의의 자연수 k에 대하여

$$\int_{k}^{k+1} f(x)\,dx=2k+1$$

을 만족시킬 때, $\int_{1}^{6} f(x)\,dx$의 값은?

① 27 ② 29 ③ 31
④ 33 ⑤ 35

688

연속함수 $f(x)$가 다음 조건을 만족시킬 때, 정적분 $\int_{-5}^{7} f(x)\,dx$의 값은?

(가) $-1\le x\le 1$일 때, $f(x)=-x^2+1$이다.
(나) 모든 실수 x에 대하여 $f(x)=f(x+2)$이다.

① 4 ② 5 ③ 6
④ 7 ⑤ 8

689

연속함수 $f(x)$가 모든 실수 x에 대하여 $f(x-1)=f(x+1)$을 만족시키고 $\int_{1}^{3} f(x)\,dx=2$일 때, $\int_{-8}^{8} f(x)\,dx$의 값은?

① 14 ② 15 ③ 16
④ 17 ⑤ 18

690

모든 실수 x에 대하여 연속인 함수 $f(x)$가 다음 조건을 만족시킬 때, $\int_{9}^{10} f(x)\,dx$의 값을 구하시오.

(가) $\int_{0}^{1} f(x)\,dx=1$
(나) $\int_{n}^{n+2} f(x)\,dx=\int_{n}^{n+1} 2x\,dx$ (단, $n=0, 1, 2, \cdots$)

유형03 구간이 나누어진 함수의 정적분

691

| 선행 646 |

연속함수 $f(x)=\begin{cases} -4x+a & (x\ge 1) \\ 3x^2-2x & (x<1) \end{cases}$에 대하여

$\int_{-1}^{3} f(x)\,dx=b$일 때, 상수 a, b에 대하여 $a+b$의 값은?

① -3 ② -1 ③ 1
④ 3 ⑤ 5

692

실수 전체의 집합에서 미분가능한 함수

$$f(x)=\begin{cases} x^2+ax & (x\le -1) \\ 2x^3+bx^2-3 & (x>-1) \end{cases}$$

에 대하여 $\int_{-2}^{0} f(x)\,dx$의 값은? (단, a, b는 상수이다.)

① $-\frac{13}{2}$　② -6　③ $-\frac{11}{2}$
④ -5　⑤ $-\frac{9}{2}$

693 서술형

실수 전체의 집합에서 연속인 함수 $f(x)$에 대하여

$$f'(x)=\begin{cases} 2x-2 & (x\ge 2) \\ 2 & (x<2) \end{cases}$$

이고 $f(0)=1$일 때, 정적분 $\int_{-1}^{5} f(x)\,dx$의 값을 구하고, 그 과정을 서술하시오.

694

다음 등식을 만족시키는 상수 a의 값을 구하시오.

(1) $\int_{0}^{a} |2x-1|\,dx=\frac{13}{2}$ $\left(\text{단, } a>\frac{1}{2}\right)$

(2) $\int_{0}^{2} |x^2-a^2|\,dx=2$ (단, $a>0$)

695

교육청기출

x에 대한 방정식 $\int_{0}^{x} |t-1|\,dt=x$의 양수인 실근이 $m+n\sqrt{2}$일 때, m^3+n^3의 값을 구하시오.

(단, m, n은 유리수이다.)

696

삼차함수 $f(x)$가 $x=1$에서 극댓값 1을 갖고, $x=3$에서 극솟값 -3을 가질 때, $\int_{0}^{3} |f'(x)|\,dx$의 값은?

① 5　② 6　③ 7
④ 8　⑤ 9

697

실수 전체의 집합에서 미분가능한 함수 $f(x)$가 다음 조건을 만족시킨다.

> (가) $f(1)=0$
> (나) 모든 실수 x에 대하여 $f'(x)<0$이다.
> (다) $\int_{-2}^{3} f(x)\,dx=5$, $\int_{-2}^{3} |f(x)|\,dx=9$

$\int_{-2}^{1} f(x)\,dx$의 값은?

① -7　② -2　③ 2
④ 7　⑤ 14

698

함수 $f(x)$가 다음 조건을 만족시킬 때, 정적분 $\int_{-4}^{8} f(x+1)\,dx$의 값은?

> (가) $f(x)=\begin{cases} x^2 & (0\le x<2) \\ -2x+8 & (2<x\le 4) \end{cases}$
> (나) 모든 실수 x에 대하여 $f(x-1)=f(x+3)$이다.

① 18 ② 19 ③ 20
④ 21 ⑤ 22

유형 04 대칭성을 이용한 함수의 정적분

699

이차함수 $f(x)=x^2+ax+b$에 대하여

$$\int_{-1}^{1} f(x)\,dx=4,\ \int_{-1}^{1} xf(x)\,dx=10$$

이 성립할 때, 상수 a, b에 대하여 ab의 값은?

① 20 ② 25 ③ 30
④ 35 ⑤ 40

700

정적분 $\int_{-2}^{2} (5x|x|-3x^2-2|x|+4)\,dx$의 값은?

① -10 ② -9 ③ -8
④ -7 ⑤ -6

701 서술형

두 연속함수 $f(x)$, $g(x)$가 다음 조건을 만족시킨다.

> (가) 모든 실수 x에 대하여
> $f(-x)=f(x)$, $g(-x)=-g(x)$이다.
> (나) $\int_{-2}^{0} f(x)\,dx=-3$, $\int_{0}^{-2} g(x)\,dx=7$

$\int_{0}^{2} \{f(x)-2g(x)\}\,dx$의 값을 구하고, 그 과정을 서술하시오.

702

연속함수 $f(x)$가 다음 조건을 만족시킬 때, 정적분 $\int_{-2}^{2} (x-3)f(x)\,dx$의 값은?

> (가) 모든 실수 x에 대하여 $f(-x)=f(x)$이다.
> (나) $\int_{0}^{2} f(x)\,dx=-5$

① -30 ② -10 ③ 10
④ 30 ⑤ 50

703

연속함수 $f(x)$가 모든 실수 x에 대하여 $f(x)+f(-x)=0$이고 $\int_{0}^{3} xf(x)\,dx=6$을 만족시킬 때, 정적분 $\int_{-3}^{3} (x^2-4x+2)f(x)\,dx$의 값은?

① -48 ② -24 ③ 0
④ 24 ⑤ 48

704

다항함수 $f(x)$가 다음 조건을 만족시킬 때, 정적분 $\int_4^9 xf(x)\,dx$의 값은?

> (가) 모든 실수 x에 대하여 $f(-x)=f(x)$이다.
> (나) $\int_{-4}^{1} xf(x)\,dx=3$, $\int_{-1}^{9} xf(x)\,dx=10$

① 4 ② 7 ③ 10
④ 13 ⑤ 16

705

연속함수 $f(x)$가 다음 조건을 만족시킬 때, 정적분 $\int_2^3 f(x)\,dx$의 값은?

> (가) 곡선 $y=f(x)$는 직선 $x=2$에 대하여 대칭이다.
> (나) $\int_{-2}^{1} f(x)\,dx=4$, $\int_{1}^{6} f(x)\,dx=10$

① 2 ② 3 ③ 4
④ 5 ⑤ 6

706

연속함수 $f(x)$가 모든 실수 x에 대하여 $f(6-x)=f(x)$를 만족시킨다. $\int_{-6}^{-1} f(x)\,dx=13$, $\int_{10}^{12} f(x)\,dx=5$일 때, 정적분 $\int_7^{10} f(x)\,dx$의 값을 구하시오.

707

평가원기출

이차함수 $f(x)$는 $f(0)=-1$이고,

$$\int_{-1}^{1} f(x)\,dx=\int_{0}^{1} f(x)\,dx=\int_{-1}^{0} f(x)\,dx$$

를 만족시킨다. $f(2)$의 값은?

① 11 ② 10 ③ 9
④ 8 ⑤ 7

708

삼차함수 $f(x)$가 다음 조건을 만족시킨다.

> (가) 모든 실수 x에 대하여 $f(-x)=-f(x)$이다.
> (나) 함수 $f(x)$는 $x=1$에서 극솟값 -4를 갖는다.

$\int_{-1}^{1} (x-2)|f'(x)|\,dx$의 값은?

① -4 ② -8 ③ -12
④ -16 ⑤ -20

709

연속함수 $f(x)$에 대하여 〈보기〉에서 옳은 것만을 있는 대로 고른 것은? (단, a, b, c는 상수이다.)

보기

ㄱ. $\int_{a}^{b} f(x)\,dx=\int_{b}^{a} f(x)\,dx$이면 $a=b$이다.

ㄴ. $\int_{a}^{b} f(x)\,dx=\int_{-b}^{-a} f(-x)\,dx$

ㄷ. 모든 실수 x에 대하여 $f(x)>0$이고, 서로 다른 세 수 a, b, c에 대하여 $\int_{a}^{b} f(x)\,dx<\int_{a}^{c} f(x)\,dx$이면 $a<b<c$이다.

① ㄱ ② ㄴ ③ ㄷ
④ ㄱ, ㄴ ⑤ ㄴ, ㄷ

710

두 다항함수 $f(x)$, $g(x)$에 대하여 함수 $y=f(x)$의 그래프는 y축에 대하여 대칭이고, 함수 $y=g(x)$의 그래프는 원점에 대하여 대칭일 때, 〈보기〉에서 옳은 것만을 있는 대로 고른 것은?
(단, a는 상수이다.)

보기

ㄱ. $\int_{-a}^{a} \{f(x)+g(x)\}\,dx=2\int_{0}^{a} \{f(x)+g(x)\}\,dx$

ㄴ. $\int_{-a}^{a} g(f(x))\,dx=2\int_{0}^{a} g(f(x))\,dx$

ㄷ. $\int_{-a}^{a} f(g(x))\,dx=0$

① ㄱ ② ㄴ ③ ㄱ, ㄴ
④ ㄴ, ㄷ ⑤ ㄱ, ㄴ, ㄷ

711

연속함수 $f(x)$에 대하여 함수 $g(x)$, $h(x)$를

$$g(x)=f(x)+f(-x),\ h(x)=f(x)-f(-x)$$

라 할 때, 〈보기〉에서 옳은 것만을 있는 대로 고른 것은?
(단, a, b는 상수이다.)

보기

ㄱ. $\int_{-a}^{a} g(x)\,dx=2\int_{0}^{a} g(x)\,dx$

ㄴ. $\int_{a}^{b} h(-x)\,dx=\int_{b}^{a} h(x)\,dx$

ㄷ. $\int_{-a}^{a} g(2x)h(x)\,dx=0$

① ㄱ ② ㄴ ③ ㄱ, ㄴ
④ ㄴ, ㄷ ⑤ ㄱ, ㄴ, ㄷ

712

다항함수 $f(x)$가 다음 조건을 만족시킨다.

(가) $\int_{-2}^{2} \{f(x)+f(-x)\}\,dx=12$

(나) $\int_{-2}^{0} \{f(x)-f(-x)\}\,dx=-4$

$\int_{0}^{2} f(x)\,dx$의 값은?

① 1 ② 2 ③ 3
④ 4 ⑤ 5

713

평가원기출

두 다항함수 $f(x)$, $g(x)$가 모든 실수 x에 대하여

$$f(-x)=-f(x),\ g(-x)=g(x)$$

를 만족시킨다. 함수 $h(x)=f(x)g(x)$에 대하여

$$\int_{-3}^{3}(x+5)h'(x)\,dx=10$$

일 때, $h(3)$의 값은?

① 1 ② 2 ③ 3 ④ 4 ⑤ 5

유형 05 정적분과 미분의 관계

714

함수 $f(x)=x^3+ax^2-2$가

$$\int_{2}^{x}\left\{\frac{d}{dt}f(t)\right\}dt=\frac{d}{dx}\int_{0}^{x}f(t)dt$$

를 만족시킬 때, 상수 a의 값은?

① $-\frac{5}{2}$ ② -2 ③ $-\frac{3}{2}$ ④ -1 ⑤ $-\frac{1}{2}$

715

선생님 Pick! 평가원기출

다항함수 $f(x)$가 모든 실수 x에 대하여

$$\int_{1}^{x}\left\{\frac{d}{dt}f(t)\right\}dt=x^3+ax^2-2$$

를 만족시킬 때, $f'(a)$의 값은? (단, a는 상수이다.)

① 1 ② 2 ③ 3 ④ 4 ⑤ 5

716

교육청기출

상수함수가 아닌 다항함수 $f(x)$가 모든 실수 x에 대하여

$$\int_{1}^{x}f(t)dt=\{f(x)\}^2$$

을 만족시킬 때, $f(3)$의 값은?

① 1 ② 2 ③ 3 ④ 4 ⑤ 5

717

다항함수 $f(x)$에 대하여 함수 $F(x)$를

$$F(x)=f(x)-4x+3\int_{2}^{x}f(t)\,dt$$

라 하자. 다항식 $F(x)$가 이차식 $(x-2)^2$으로 나누어떨어질 때, $f(2)-f'(2)$의 값은?

① 25 ② 26 ③ 27 ④ 28 ⑤ 29

718

다항함수 $f(x)$가

$$\int_{0}^{x}f(t)\,dt=x^3-3x^2+x\int_{0}^{2}f(t)\,dt$$

를 만족시킬 때, $f(-1)$의 값은?

① 12 ② $\frac{25}{2}$ ③ 13 ④ $\frac{27}{2}$ ⑤ 14

719

다항함수 $f(x)$가 모든 실수 x에 대하여

$$\int_{-1}^{x}(x-t)f(t)\,dt=x^4-2x^2+1$$

을 만족시킬 때, 방정식 $f(x)=0$의 모든 근의 곱은?

① $-\frac{1}{3}$ ② $-\frac{2}{3}$ ③ -1

④ $-\frac{4}{3}$ ⑤ $-\frac{5}{3}$

720

미분가능한 함수 $f(x)$에 대하여

$$\int_{1}^{x}(x-t)f(t)\,dt=x^3+ax^2+bx-2$$

가 성립할 때, $f(a)+f(b)$의 값은? (단, a, b는 상수이다.)

① -16 ② -14 ③ -12

④ -10 ⑤ -8

721

함수 $f(x)=\int_{1}^{x}(3t^2-4t)\,dt$에 대하여 곡선 $y=f(x)$ 위의 점 $\mathrm{P}(2, f(2))$에서의 접선의 방정식이 $y=ax+b$일 때, $a+b$의 값은? (단, a, b는 상수이다.)

① -3 ② $\frac{1}{2}$ ③ 4

④ $\frac{15}{2}$ ⑤ 11

722

함수 $f(x)=\int_{0}^{x}(t-1)(t-3)\,dt$의 극솟값은?

① 0 ② $\frac{1}{3}$ ③ $\frac{2}{3}$

④ 1 ⑤ $\frac{4}{3}$

723

교육청기출

함수 $f(x)=x(x+2)(x+4)$에 대하여 함수 $g(x)=\int_{2}^{x}f(t)\,dt$는 $x=a$에서 극댓값을 갖는다. $g(a)$의 값은?

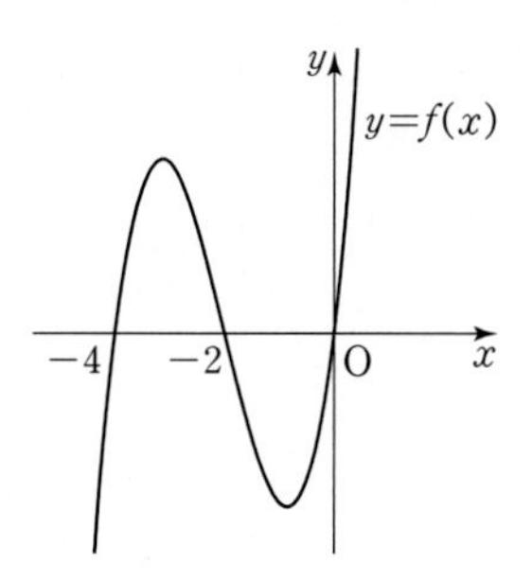

① -28 ② -29 ③ -30

④ -31 ⑤ -32

724

함수 $f(x)=x^2+4x+k$에 대하여 함수 $g(x)$를

$$g(x)=\int_{0}^{x}f(t)\,dt$$

라 하자. 함수 $g(x)$의 역함수가 존재할 때, $f(2)$의 최솟값을 구하시오. (단, k는 상수이다.)

725

모든 실수 x에 대하여 함수 $f(x)$가

$$\int_{1}^{x}(x-t)f(t)\,dt=x^3-ax^2+b$$

를 만족시킬 때, $f(a+b)$의 값을 구하시오. (단, a, b는 상수이다.)

726

닫힌구간 $[1, 3]$에서 함수 $f(x)=\int_{0}^{x}(t^2-3t+2)\,dt$의

최댓값을 M, 최솟값을 m이라 할 때, Mm의 값은?

① $\frac{3}{2}$　② $\frac{5}{4}$　③ 1

④ $\frac{5}{6}$　⑤ $\frac{5}{9}$

727

닫힌구간 $[0, 3]$에서 함수 $f(x)=\int_{x}^{1}4t(t+1)(t-2)\,dt$의

최댓값은?

① $-\frac{40}{3}$　② $-\frac{19}{3}$　③ 0

④ $\frac{19}{3}$　⑤ $\frac{40}{3}$

728

연속함수 $f(x)$에 대하여 $F(x)=\int_{0}^{x}f(t)\,dt$일 때, $x\geq0$에서

함수 $y=F(x)$의 그래프는 그림과 같다.

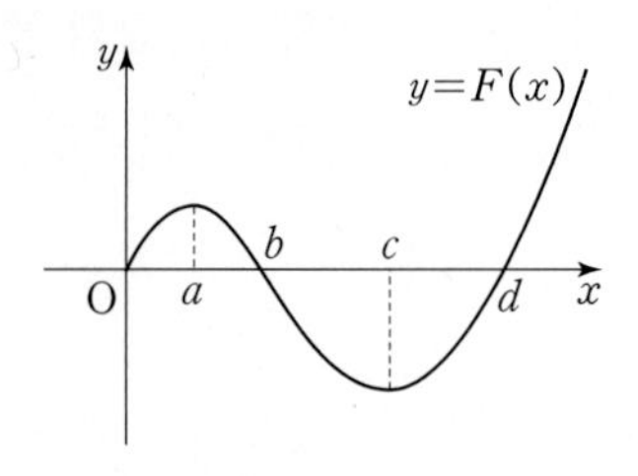

〈보기〉에서 옳은 것만을 있는 대로 고르시오.

(단, 함수 $F(x)$는 $x=a$, $x=c$에서 극값을 갖는다.)

보기

ㄱ. $f(a)>0$　　ㄴ. $f(b)<0$

ㄷ. $f(c)=0$　　ㄹ. $f(d)>0$

729

이차함수 $y=f(x)$의 그래프가 그림과 같을 때, 함수

$g(x)=\int_{0}^{x}f(t)\,dt$에 대하여 〈보기〉에서 옳은 것만을 있는 대로

고른 것은?

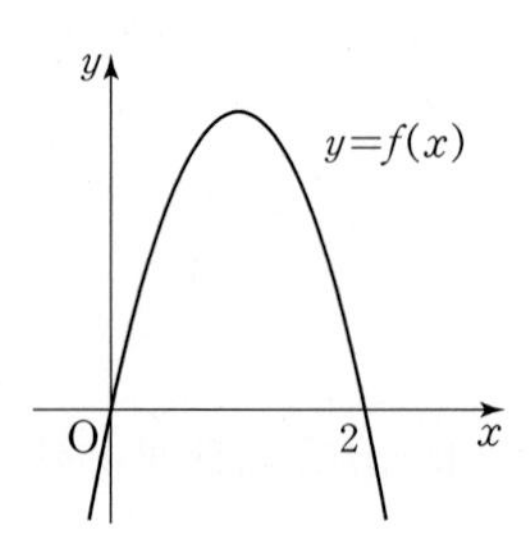

보기

ㄱ. $g'(2)=0$

ㄴ. 함수 $g(x)$는 $x=0$에서 극댓값을 갖는다.

ㄷ. 방정식 $g(x)=0$은 서로 다른 두 실근을 갖는다.

① ㄱ　② ㄴ　③ ㄱ, ㄴ

④ ㄱ, ㄷ　⑤ ㄱ, ㄴ, ㄷ

유형 06 정적분으로 정의된 함수의 극한

730

$\lim_{x \to 3} \frac{1}{x^2-2x-3}\int_3^x |t-5|\, dt$의 값은?

① -1 ② $-\frac{1}{2}$ ③ 0
④ $\frac{1}{2}$ ⑤ 1

731

함수 $f(x)=\int_0^x (3t^2+2t+k)\,dt$에 대하여

$\lim_{x \to 1} \frac{1}{x^2-1}\int_1^x f'(t)\,dt=4$일 때, 상수 k의 값은?

① 1 ② 2 ③ 3
④ 4 ⑤ 5

732

| 선행 670 |

$\lim_{x \to 2} \frac{1}{x-2}\int_4^{x^2} (t^2-3t+4)\,dt$의 값은?

① 24 ② 28 ③ 32
④ 36 ⑤ 40

733

함수 $f(x)=-x^7+6x+a$에 대하여

$$\lim_{x \to -1} \frac{1}{x+1}\int_{-1}^{x^3} f(t)dt=12$$

일 때, 상수 a의 값은?

① 1 ② 3 ③ 5
④ 7 ⑤ 9

734

| 선행 671 |

다항함수 $f(x)$에 대하여 $f(2)=1$, $f'(2)=6$일 때,

$$\lim_{x \to 2} \frac{1}{x^3-8}\int_2^x \{1+f(t)\}^3 f'(t)\,dt$$

의 값은?

① 2 ② $\frac{5}{2}$ ③ 3
④ $\frac{7}{2}$ ⑤ 4

735

함수 $f(x)=x^5-7x+3$에 대하여

$\lim_{x \to 0} \frac{1}{x}\int_0^x (x-t+2)f'(t)\,dt$의 값을 구하시오.

736

| 선행 674 |

함수 $f(x)=\int_{-1}^{x}(2t-1)^3dt$에 대하여

$\lim_{h\to0}\frac{1}{h^2-2h}\int_{1-h}^{1+3h}f(t)\,dt$의 값은?

① 10 ② 15 ③ 20
④ 25 ⑤ 30

737

함수 $f(x)=x^2+ax+b$가 다음 조건을 만족시킬 때, 두 상수 a, b에 대하여 $a+b$의 값은?

(가) $\lim_{x\to-1}\frac{\int_{-1}^{x}f(t)\,dt}{x+1}=-4$

(나) $\int_{0}^{1}f(x)dx=\frac{4}{3}$

① 2 ② 3 ③ 4
④ 5 ⑤ 6

738

다항함수 $f(x)$가 등식

$$(x-1)f(x)=3(x-1)^2+\int_{-1}^{x}f(t)\,dt$$

를 만족시킬 때, $\lim_{x\to0}\frac{1}{x}\int_{1}^{x+1}f(t)\,dt$의 값은?

① -12 ② -6 ③ 0
④ 6 ⑤ 12

739

교육청기출

다항함수 $f(x)$가 $\lim_{x\to1}\frac{\int_{1}^{x}f(t)\,dt-f(x)}{x^2-1}=2$를 만족시킬 때, $f'(1)$의 값은?

① -4 ② -3 ③ -2
④ -1 ⑤ 0

스키마로 풀이 흐름 알아보기

연속함수 $f(x)$가 다음 조건을 만족시킬 때, 정적분 $\int_{-2}^{2}(x-3)f(x)\,dx$의 값은?
답

(가) 모든 실수 x에 대하여 $f(-x)=f(x)$이다.
조건①

(나) $\int_{0}^{2}f(x)\,dx=-5$
조건②

① -30 ② -10 ③ 10 ④ 30 ⑤ 50

유형04 대칭성을 이용한 함수의 정적분 702

스키마 schema

주어진 조건은 무엇인지? 구하는 답은 무엇인지? 이 둘을 어떻게 연결할지?

1단계

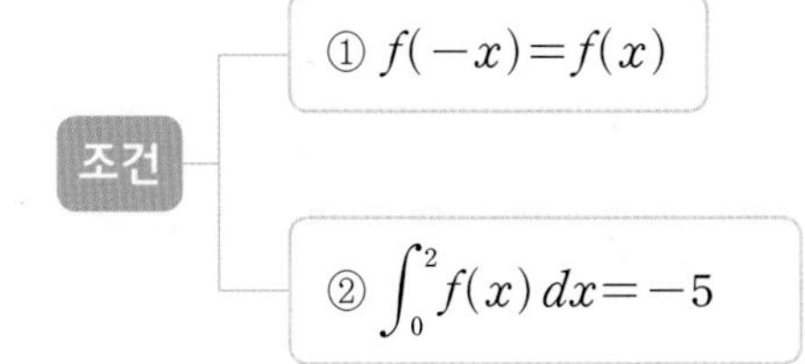

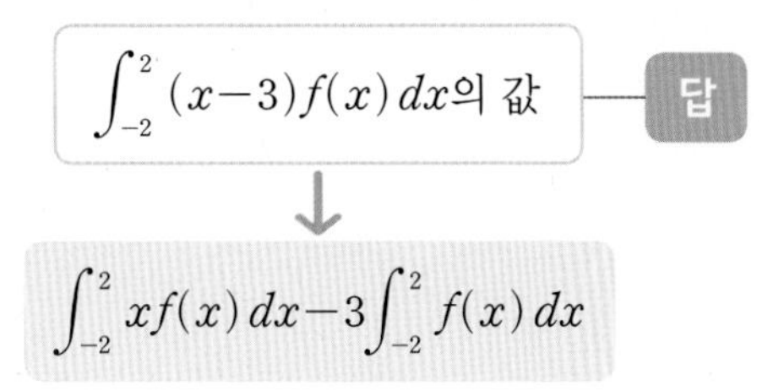

구해야 하는 정적분을 정적분의 성질을 이용하여 변형해 보면

$\int_{-2}^{2}(x-3)f(x)\,dx$

$=\int_{-2}^{2}xf(x)\,dx-3\int_{-2}^{2}f(x)\,dx$ ...... ㉠

2단계

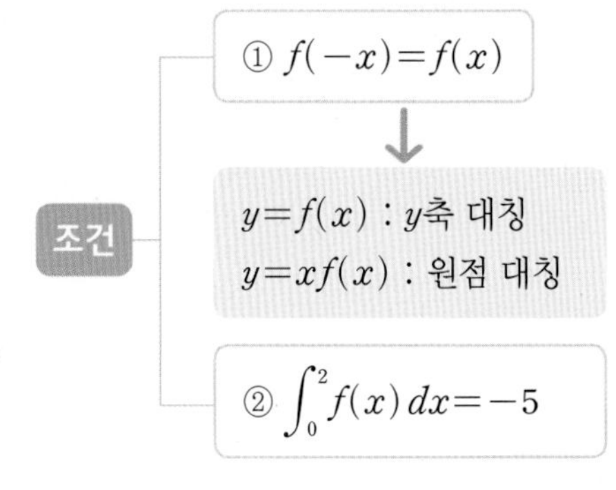

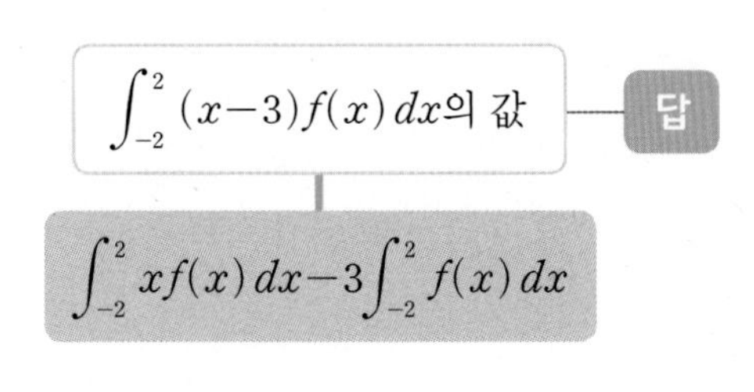

이때 조건 (가)에서 함수 $y=f(x)$의 그래프는 y축에 대하여 대칭이다.
또한, $g(x)=xf(x)$라 하면
모든 실수 x에 대하여
$g(-x)=-xf(-x)$
$=-xf(x)=-g(x)$
이므로 함수 $y=g(x)$의 그래프는 원점에 대하여 대칭이다.

3단계

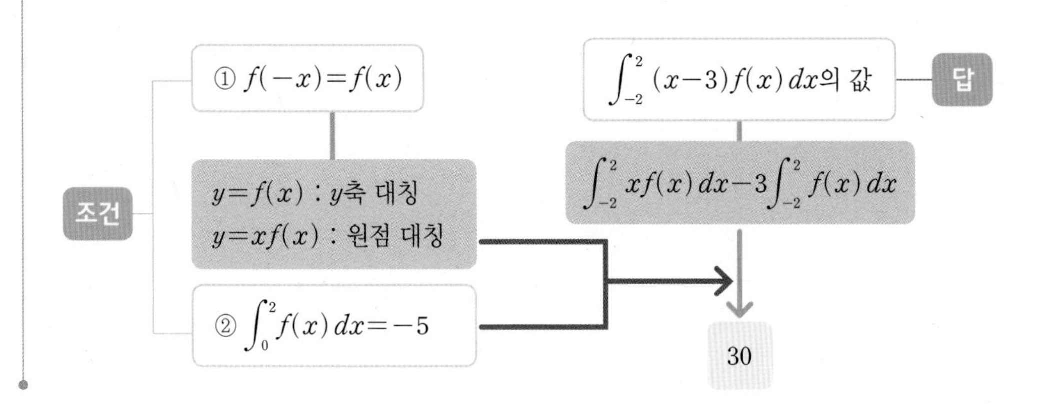

따라서 ㉠에서

$\int_{-2}^{2}xf(x)\,dx-3\int_{-2}^{2}f(x)\,dx$

$=0-2\times3\int_{0}^{2}f(x)\,dx$

$=-2\times3\times(-5)$ ($\because$ 조건 (나))

$=30$

답 ④

740 빈출

함수 $f(x)=\int_0^3 |t-x|\,dt$는 $x=a$일 때 최솟값 m을 갖는다. $a+m$의 값은? (단, a, m은 상수이다.)

① $\frac{7}{2}$ ② $\frac{15}{4}$ ③ 4
④ $\frac{17}{4}$ ⑤ $\frac{9}{2}$

741

함수 $f(x)=x^2$의 그래프를 x축의 방향으로 a만큼, y축의 방향으로 b만큼 평행이동하면 함수 $y=g(x)$의 그래프와 일치한다. $g(0)=0$, $\int_0^a f(x)\,dx-\int_a^{2a} g(x)\,dx=27$일 때, 양수 a의 값은?

① 1 ② 2 ③ 3
④ 4 ⑤ 5

742

| 선행 702 |

다항함수 $f(x)$가 모든 실수 x에 대하여 $f(-x)=-f(x)$를 만족시키고 $f(1)=-3$일 때, $\int_{-1}^{1} (x-4)f'(x)\,dx$의 값은?

① 12 ② 18 ③ 24
④ 30 ⑤ 36

743

두 다항함수 $f(x)$, $g(x)$가 모든 실수 x에 대하여 $f(-x)=f(x)$, $g(x)=xf(x)$를 만족시킨다. $\int_{-3}^{3} (-x^3+2x+5)g'(x)\,dx=40$일 때, $g(3)$의 값은?

① 1 ② 2 ③ 3
④ 4 ⑤ 5

744

평가원기출

이차함수 $f(x)$가 $f(0)=0$이고 다음 조건을 만족시킨다.

(가) $\int_0^2 |f(x)|\,dx=-\int_0^2 f(x)\,dx=4$
(나) $\int_2^3 |f(x)|\,dx=\int_2^3 f(x)\,dx$

$f(5)$의 값을 구하시오.

745

실수 전체의 집합에서 미분가능한 두 함수 $f(x)$, $g(x)$가 다음 조건을 만족시킨다.

(가) 모든 실수 x에 대하여 $f'(x)<g'(x)$이다.
(나) $f(3)=g(3)$
(다) $\int_0^3 |f(x)-g(x)|\,dx=4$, $\int_3^5 |f(x)-g(x)|\,dx=10$

$\int_0^5 \{f(x)-g(x)\}\,dx$의 값은?

① -14 ② -6 ③ 0
④ 6 ⑤ 14

746

교육청기출 | 선행 698

함수 $f(x)$는 모든 실수 x에 대하여 $f(x+3)=f(x)$를 만족시키고,

$$f(x)=\begin{cases} x & (0\le x<1) \\ 1 & (1\le x<2) \\ -x+3 & (2\le x<3) \end{cases}$$

이다. $\int_{-a}^{a} f(x)\,dx=13$일 때, 상수 a의 값은?

① 10 ② 12 ③ 14
④ 16 ⑤ 18

747

교육청기출

연속함수 $f(x)$가 다음 조건을 만족시킨다.

(가) 모든 실수 x에 대하여 $f(-x)=f(x)$이다.
(나) 모든 실수 x에 대하여 $f(x+2)=f(x)$이다.
(다) $\int_{-1}^{1} (2x+3)f(x)\,dx=15$

$\int_{-6}^{10} f(x)\,dx$의 값을 구하시오.

748

다항함수 $f(x)$가 다음 조건을 만족시킬 때, $f(2)$의 값은?

(가) 임의의 실수 x, y에 대하여
$f(x+y)=f(x)+f(y)+2xy$이다.
(나) 함수 $S(x)=\int_0^x (t-3)f'(t)\,dt$의 극값이 존재하지 않는다.

① -14　② -12　③ -10
④ -8　⑤ 6

749

평가원기출

양수 a에 대하여 삼차함수 $f(x)=-x(x+a)(x-a)$의 극대인 점의 x좌표를 b라 하자.

$$\int_{-b}^{a} f(x)\,dx=A,\ \int_{b}^{a+b} f(x-b)\,dx=B$$

일 때, $\int_{-b}^{a} |f(x)|\,dx$의 값은?

① $-A+2B$　② $-2A+B$　③ $-A+B$
④ $A+B$　⑤ $A+2B$

750

다항함수 $f(x)$가 모든 실수 x에 대하여 등식

$$f(x)=3x^2-6x+5-f(2-x)$$

를 만족시킬 때, $\int_0^2 f(x)\,dx$의 값은?

① 1　② 3　③ 5
④ 7　⑤ 9

751

이차함수 $f(x)$가 다음 조건을 만족시킬 때, 양수 a의 값을 구하시오.

(가) 모든 실수 k에 대하여 $\int_{1-k}^{2} f(x)\,dx=\int_{2}^{3+k} f(x)\,dx$이다.
(나) $\int_2^4 f(x)\,dx=a$, $\int_0^3 f(x)\,dx=a^2$
(다) $\int_1^2 f(x)\,dx=6$

752

평가원기출 | 선행 729 |

함수 $f(x)=\begin{cases} -1 & (x<1) \\ -x+2 & (x\geq 1) \end{cases}$에 대하여 함수 $g(x)$를

$g(x)=\int_{-1}^{x}(t-1)f(t)\,dt$라 할 때, 〈보기〉에서 옳은 것만을 있는 대로 고른 것은?

보기

ㄱ. $g(x)$는 열린구간 $(1, 2)$에서 증가한다.
ㄴ. $g(x)$는 $x=1$에서 미분가능하다.
ㄷ. 방정식 $g(x)=k$가 서로 다른 세 실근을 갖도록 하는 실수 k가 존재한다.

① ㄴ ② ㄷ ③ ㄱ, ㄴ
④ ㄱ, ㄷ ⑤ ㄱ, ㄴ, ㄷ

753

최고차항의 계수가 -1인 사차함수 $f(x)$가 다음 조건을 만족시킨다.

(가) 모든 실수 x에 대하여 $f(x)=f(-x)$이다.
(나) 극댓값은 5이고 극솟값은 존재하지 않는다.
(다) $|f(-1)|=8$

$\int_{0}^{1}f(x)\,dx$의 값은?

① $\frac{1}{5}$ ② $\frac{2}{5}$ ③ $\frac{3}{5}$
④ $\frac{4}{5}$ ⑤ 1

754

다항함수 $f(x)$가 모든 실수 x에 대하여

$$f(x)+f(-x)=x^2+3$$

을 만족시킬 때, $\int_{-3}^{3}f(x)\,dx$의 값은?

① 9 ② 12 ③ 15
④ 18 ⑤ 21

755

| 선행 689 |

연속함수 $f(x)$가 다음 조건을 만족시킨다.

(가) 모든 실수 x에 대하여 $f(x)=f(x+3)$이다.
(나) $\int_{-1}^{4}f(x)\,dx=8$, $\int_{1}^{5}f(x)\,dx=7$

$\int_{1000}^{1001}f(x)\,dx-\int_{1001}^{1003}f(x)\,dx$의 값은?

① -2 ② -1 ③ 0
④ 1 ⑤ 2

III

756

실수 전체의 집합에서 연속인 함수 $f(x)$가 다음 조건을 만족시킬 때, $\int_{1}^{13} f(x)\,dx$의 값을 구하시오. (단, a는 상수이다.)

(가) $f(x)=ax^2\ (0\le x<2)$
(나) 모든 실수 x에 대하여 $f(x+2)=f(x)+2$이다.

757

최고차항의 계수가 양수인 이차함수 $f(x)$에 대하여 함수 $g(x)$를

$$g(x)=\int_{0}^{x} |f(t)-2t|\,dt$$

라 하자. 함수 $g'(x)$가 실수 전체의 집합에서 미분가능하게 하는 함수 $f(x)$ 중에서 $f(5)$의 최솟값을 구하시오.

758

함수 $f(x)=\left|\int_{a-2}^{x} (t^3-at^2)\,dt\right|$가 오직 한 점에서만 미분가능하지 않을 때, 가능한 모든 상수 a의 값의 합은?

① -4 ② -2 ③ 0
④ 2 ⑤ 4

759

다항함수 $f(x)$가 모든 실수 x에 대하여

$$f(f(x))=\int_{0}^{x} f(t)\,dt-x^2+6x-6$$

을 만족시킬 때, $f(5)$의 값은?

① 2 ② 4 ③ 6
④ 8 ⑤ 10

760

상수함수가 아닌 두 다항함수 $f(x)$, $g(x)$가 다음 조건을 만족시킨다.

(가) $g(x)+2\int_{1}^{x} f(t)\,dt=4x^2-8x+1$
(나) $f(x)g'(x)=6x^2-16x+8$

$g(0)\neq 0$일 때, $g(4)$의 값을 구하시오.

761

평가원기출

삼차함수 $f(x)=x^3-3x-1$이 있다. 실수 $t\ (t\geq -1)$에 대하여 $-1\leq x\leq t$에서 $|f(x)|$의 최댓값을 $g(t)$라 하자.

$\int_{-1}^{1} g(t)\,dt=\frac{q}{p}$일 때, $p+q$의 값을 구하시오.

(단, p와 q는 서로소인 자연수이다.)

762

평가원기출 | 선행문제 728

삼차함수 $f(x)$는 $f(0)>0$을 만족시킨다. 함수 $g(x)$를

$$g(x)=\left|\int_0^x f(t)\,dt\right|$$

라 할 때, 함수 $y=g(x)$의 그래프가 그림과 같다.

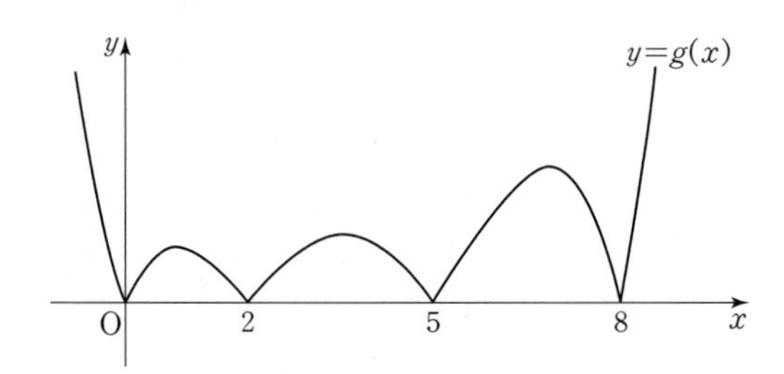

〈보기〉에서 옳은 것만을 있는 대로 고른 것은?

보기

ㄱ. 방정식 $f(x)=0$은 서로 다른 3개의 실근을 갖는다.
ㄴ. $f'(0)<0$
ㄷ. $\int_m^{m+2} f(x)\,dx>0$을 만족시키는 자연수 m의 개수는 3이다.

① ㄴ ② ㄷ ③ ㄱ, ㄴ
④ ㄱ, ㄷ ⑤ ㄱ, ㄴ, ㄷ

763

선행 729

최고차항의 계수가 양수인 사차함수 $f(x)$의 도함수 $y=f'(x)$의 그래프가 그림과 같다. 서로 다른 세 상수 a, b, c에 대하여 함수 $f'(x)$가 $x=a$에서 극댓값을 갖고

$\int_0^b f'(x)\,dx>\int_b^c |f'(x)|\,dx$일 때, 〈보기〉에서 옳은 것만을 있는 대로 고른 것은? (단, $f'(0)=f'(b)=f'(c)=0$이다.)

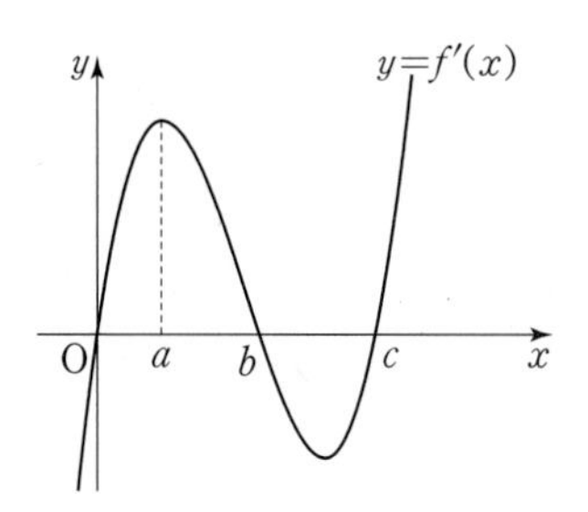

보기

ㄱ. $x\geq 0$일 때, 함수 $f(x)$는 $x=c$에서 최솟값을 갖는다.
ㄴ. $a<k<b$일 때, $\frac{f(k)-f(a)}{k-a}>\frac{f(k)-f(b)}{k-b}$이다.
ㄷ. $\int_a^c f'(x)\,dx=0$이면 곡선 $y=f(x)$와 직선 $y=f(a)$는 서로 다른 세 점에서 만난다.

① ㄱ ② ㄴ ③ ㄱ, ㄴ
④ ㄴ, ㄷ ⑤ ㄱ, ㄴ, ㄷ

764

서술형

다항함수 $f(x)$가 모든 실수 x에 대하여 $f(-x)+f(x)=0$을 만족시킨다. 함수 $g(x)$를 $g(x)=\frac{d}{dx}\int_1^x xf(t)\,dt$라 할 때, 다음 물음에 답하시오.

(1) 모든 실수 x에 대하여 $g(-x)=g(x)$가 성립함을 서술하시오.
(2) $g'(a)=0$인 실수 a가 열린구간 $(-1, 1)$에 적어도 하나 존재함을 보이는 과정을 서술하시오.

03 정적분의 활용

| 이전 학습 내용 |

• **속도와 가속도** Ⅱ. 미분_04 도함수의 활용(3)

수직선 위를 움직이는 점 P의 시각 t에서의 위치를 $x=f(t)$라 할 때, 시각 t에서의 점 P의 속도 v와 가속도 a는

$$v=\frac{dx}{dt}=f'(t),\ a=\frac{dv}{dt}$$

현재 학습 내용

• **넓이**

1. 정적분과 넓이

함수 $f(x)$가 닫힌구간 $[a,\ b]$에서 연속이고 $f(x)\geq 0$일 때, 곡선 $y=f(x)$와 x축 및 두 직선 $x=a,\ x=b$로 둘러싸인 도형의 넓이 S는

$$S=\int_a^b f(x)\,dx$$

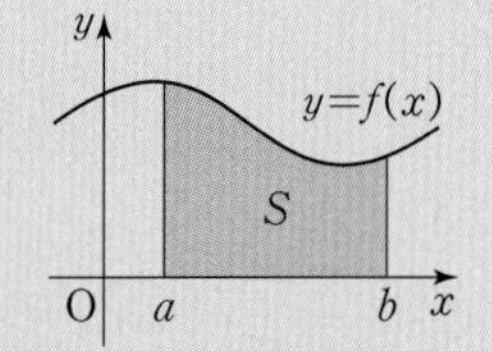

2. 곡선과 x축 사이의 넓이 ······ 유형01 곡선과 x축 사이의 넓이

함수 $f(x)$가 닫힌구간 $[a,\ b]$에서 연속일 때, 곡선 $y=f(x)$와 x축 및 두 직선 $x=a,\ x=b$로 둘러싸인 도형의 넓이 S는

$$S=\int_a^b |f(x)|\,dx$$

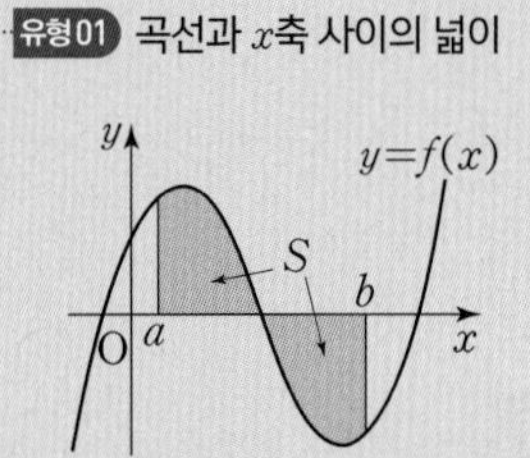

3. 두 곡선 사이의 넓이 ······ 유형02 ~ 유형04 두 곡선 사이의 넓이

두 함수 $f(x),\ g(x)$가 닫힌구간 $[a,\ b]$에서 연속일 때, 두 곡선 $y=f(x),\ y=g(x)$와 두 직선 $x=a,\ x=b$로 둘러싸인 도형의 넓이 S는

$$S=\int_a^b |f(x)-g(x)|\,dx$$

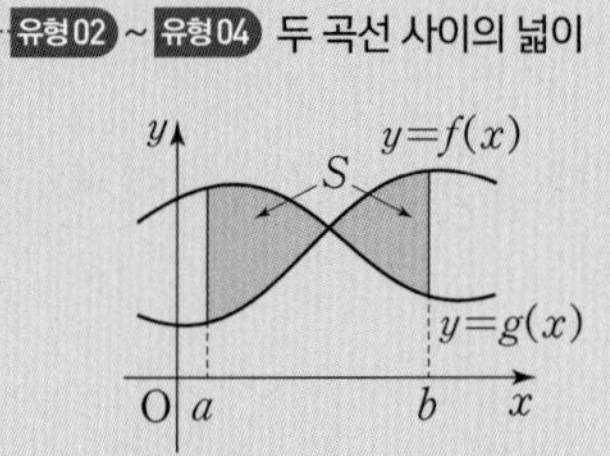

유형05 곡선과 y축 사이의 넓이

• **속도와 거리** ······ 유형06 속도와 거리

1. 수직선 위를 움직이는 점의 위치와 움직인 거리

수직선 위를 움직이는 점 P의 시각 t에서의 속도를 $v(t)$, 시각 t_0에서의 점 P의 위치를 x_0이라 할 때

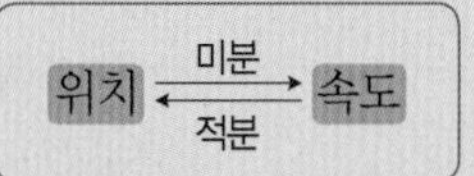

① 시각 t에서의 점 P의 위치 x는 $x=x_0+\int_{t_0}^{t} v(t)\,dt$

② 시각 $t=a$에서 $t=b$까지 점 P의 위치의 변화량은 $\int_a^b v(t)\,dt$

③ 시각 $t=a$에서 $t=b$까지 점 P가 움직인 거리 s는 $s=\int_a^b |v(t)|\,dt$

유형07 수학 Ⅰ 통합 유형

유형 01 곡선과 x축 사이의 넓이

곡선 $y=f(x)$와 x축 사이의 넓이를 구하는 문제를 분류하였다.

유형 해결 TIP

이 유형의 문제는 다음과 같은 순서로 해결하자.

❶ 방정식 $f(x)=0$의 실근 구하기

❷ $f(x)\geq 0$, $f(x)\leq 0$을 기준으로 각각의 넓이 구하기

특히, $f(x)$가 이차함수일 때는 다음을 이용하여 계산을 간단하게 하자.

<이차함수 $y=f(x)$의 그래프와 x축 사이의 넓이>

이차함수 $f(x)=a(x-\alpha)(x-\beta)(\alpha<\beta)$에 대하여 곡선 $y=f(x)$와 x축으로 둘러싸인 부분의 넓이를 S라 하면

$S=\int_{\alpha}^{\beta}|f(x)|dx=\frac{|a|(\beta-\alpha)^3}{6}$이다.

765 빈출

다음 곡선과 x축으로 둘러싸인 도형의 넓이를 구하시오.

(1) $y=-x^2+1$

(2) $y=x^2-2x$

766

곡선 $y=-x^2+x+2$와 x축으로 둘러싸인 부분의 넓이를 $\frac{q}{p}$라 할 때, $p+q$의 값은? (단, p와 q는 서로소인 자연수이다.)

① 8 ② 9 ③ 10 ④ 11 ⑤ 12

767

그림과 같이 곡선 $y=x^2-x$와 x축 및 직선 $x=2$로 둘러싸인 도형의 넓이는?

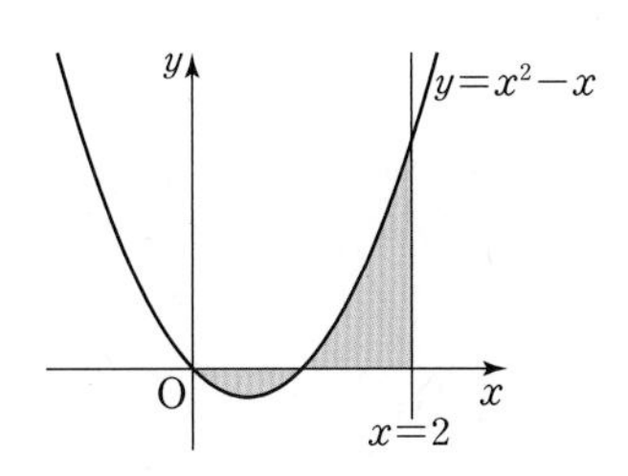

① $\frac{2}{3}$ ② $\frac{5}{6}$ ③ 1 ④ $\frac{7}{6}$ ⑤ $\frac{4}{3}$

768

다음 곡선과 직선으로 둘러싸인 도형의 넓이를 구하시오.

(1) $y=x^2+1$, x축, $x=-1$, $x=2$

(2) $y=3x^2-12x+9$, x축, $x=0$, $x=2$

769

함수 $y=x^3-3x^2+2x$의 그래프와 x축으로 둘러싸인 부분의 넓이는?

① $\frac{1}{4}$ ② $\frac{1}{3}$ ③ $\frac{1}{2}$ ④ 1 ⑤ 2

770

곡선 $y=x(x-1)^2$과 x축 및 두 직선 $x=-1$, $x=1$로 둘러싸인 부분의 넓이는?

① $\frac{5}{4}$ ② $\frac{4}{3}$ ③ $\frac{17}{12}$ ④ $\frac{3}{2}$ ⑤ $\frac{19}{12}$

771

그림과 같이 연속함수 $y=f(x)$의 그래프와 x축으로 둘러싸인 두 부분의 넓이를 각각 S_1, S_2라 할 때, 〈보기〉에서 옳은 것만을 있는 대로 고른 것은?

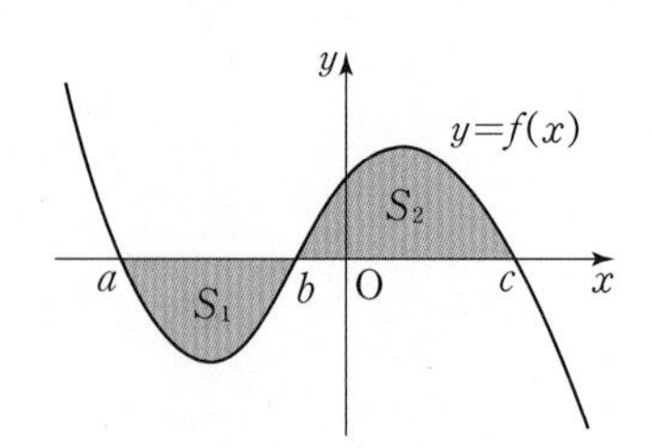

보기

ㄱ. $\int_b^a f(x)\,dx=S_1$

ㄴ. $\int_a^c f(x)\,dx=S_2-S_1$

ㄷ. $\int_a^c |f(x)|\,dx=S_1+S_2$

① ㄱ ② ㄴ ③ ㄷ
④ ㄱ, ㄴ ⑤ ㄱ, ㄴ, ㄷ

772

연속함수 $y=f(x)$의 그래프가 그림과 같다.
$\int_a^c f(x)\,dx=8$, $\int_b^c f(x)\,dx=14$일 때, 곡선 $y=f(x)$와 x축으로 둘러싸인 부분의 넓이는?

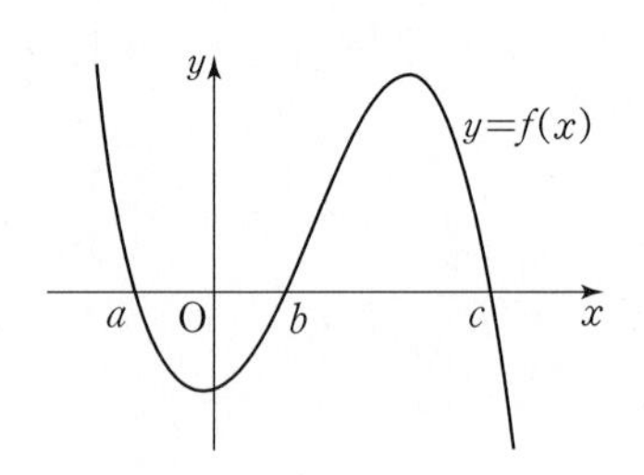

① 16 ② 18 ③ 20
④ 22 ⑤ 24

유형 02 두 곡선 사이의 넓이(1)

두 곡선 $y=f(x)$, $y=g(x)$ 사이의 넓이를 구하는 기본적인 문제를 분류하였다.

유형해결 TIP
이 유형의 문제는 다음과 같은 순서로 해결하자.
❶ 방정식 $f(x)=g(x)$의 실근 구하기
❷ $f(x)\geq g(x)$, $f(x)\leq g(x)$를 기준으로 각각의 넓이 구하기

773

곡선 $y=x^2-x+3$과 직선 $y=3$으로 둘러싸인 부분의 넓이는?

① $\frac{1}{9}$ ② $\frac{1}{6}$ ③ $\frac{1}{4}$
④ $\frac{3}{8}$ ⑤ $\frac{9}{16}$

774 빈출

곡선 $y=x^2+2$와 직선 $y=-x+4$로 둘러싸인 부분의 넓이는?

① $\frac{7}{2}$ ② 4 ③ $\frac{9}{2}$
④ 5 ⑤ $\frac{11}{2}$

775 빈출

두 곡선 $y=x^2-1$, $y=-x^2+2x+3$으로 둘러싸인 도형의 넓이는?

① 5 ② 6 ③ 7
④ 8 ⑤ 9

776

곡선 $y=x^3-3x$와 직선 $y=x$로 둘러싸인 부분의 넓이는?

① $\frac{13}{2}$　② 7　③ $\frac{15}{2}$
④ 8　⑤ $\frac{17}{2}$

777

다음 두 곡선으로 둘러싸인 부분의 넓이를 구하시오.

(1) $y=x^3-x^2$, $y=x^2$
(2) $y=x^3-3x^2+2x$, $y=x^2-x$

778

그림에서 색칠한 부분의 넓이를 S라 하면 $S=\frac{q}{p}$일 때, $q-p$의 값은? (단, p와 q는 서로소인 자연수이다.)

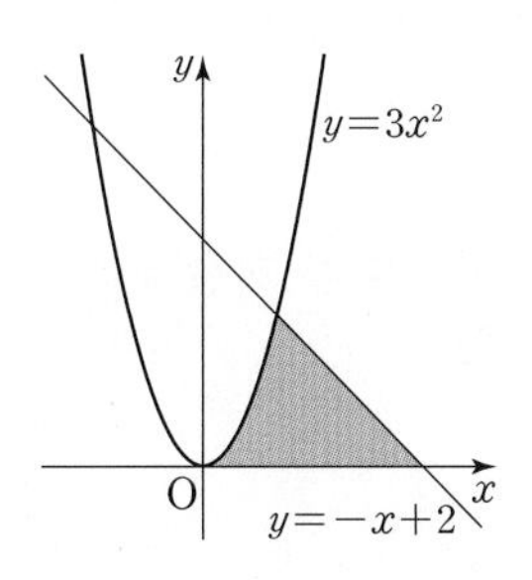

① 4　② 5　③ 6
④ 7　⑤ 8

779

$0\le x\le 3$일 때, 곡선 $y=-x^2+2$와 직선 $y=x-4$ 및 두 직선 $x=0$, $x=3$으로 둘러싸인 부분의 넓이는?

① $\frac{59}{6}$　② 10　③ $\frac{61}{6}$
④ $\frac{31}{3}$　⑤ $\frac{21}{2}$

유형 03 두 곡선 사이의 넓이(2)

곡선 $y=f(x)$와 그 접선 $y=l(x)$로 둘러싸인 부분의 넓이를 구하는 문제를 분류하였다.

유형해결 TIP

이 유형의 문제는 다음과 같은 순서로 해결하자.

❶ 접선 $y=l(x)$의 방정식 구하기
❷ 방정식 $f(x)=l(x)$의 실근 구하기
❸ $f(x)\ge l(x)$, $f(x)\le l(x)$를 기준으로 각각의 넓이 구하기

780

곡선 $y=-x^2+4x$와 그 위의 점 $(1, 3)$에서의 접선 및 x축으로 둘러싸인 부분의 넓이는?

① $\frac{1}{2}$　② $\frac{7}{12}$　③ $\frac{2}{3}$
④ $\frac{3}{4}$　⑤ $\frac{5}{6}$

781

곡선 $y=x^2-2x+8$과 이 곡선 위의 점 $(2, 8)$에서의 접선 및 y축으로 둘러싸인 부분의 넓이를 구하시오.

유형04 두 곡선 사이의 넓이(3)

함수 $f(x)$의 역함수 $g(x)$에 대하여 두 곡선 $y=f(x)$, $y=g(x)$로 둘러싸인 부분의 넓이를 구하는 문제를 분류하였다.

유형해결 TIP

함수 $g(x)$의 식을 이용하여 정적분의 값을 계산하는 것이 아니라 두 곡선 $y=f(x)$, $y=g(x)$가 직선 $y=x$에 대하여 대칭임을 이용하자.

782

다음 함수 $f(x)$의 역함수를 $g(x)$라 할 때, 두 곡선 $y=f(x)$, $y=g(x)$로 둘러싸인 부분의 넓이를 구하시오.

(1) $f(x)=x^2\ (x\geq 0)$

(2) $f(x)=x^3$

유형05 곡선과 y축 사이의 넓이

곡선 $x=f(y)$와 y축 사이의 넓이를 구하는 문제를 분류하였다.

유형해결 TIP

이 유형의 문제는 다음과 같은 순서로 문제를 해결하자.

❶ 방정식 $f(y)=0$의 실근 구하기

❷ $f(y)\geq 0$, $f(y)\leq 0$을 기준으로 각각의 넓이 구하기

783

곡선 $x=3y^2-6y$와 y축으로 둘러싸인 도형의 넓이는?

① 2 ② 3 ③ 4 ④ 5 ⑤ 6

784

곡선 $y=\sqrt{x}$와 y축 및 두 직선 $y=1$, $y=3$으로 둘러싸인 도형의 넓이는?

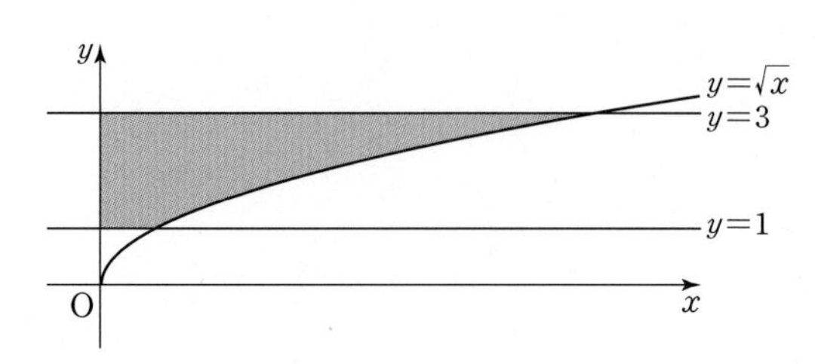

① 8 ② $\frac{25}{3}$ ③ $\frac{26}{3}$ ④ 9 ⑤ $\frac{28}{3}$

785

곡선 $y=\sqrt{x+2}$와 x축, y축으로 둘러싸인 도형의 넓이를 구하시오.

786

곡선 $y=\sqrt{x+1}-2$와 y축 및 두 직선 $y=-2$, $y=0$으로 둘러싸인 도형의 넓이는?

① $\frac{5}{3}$ ② 2 ③ $\frac{7}{3}$ ④ $\frac{8}{3}$ ⑤ 3

유형 06 속도와 거리

수직선 위를 움직이는 점 P의 위치, 위치의 변화량, 움직인 거리를 구하는 문제를 분류하였다. 이때 이 세 가지 개념을 혼동하여 실수하지 않도록 유의하자.

787

원점을 출발하여 수직선 위를 움직이는 점 P의 시각 t에서의 속도가 $v(t)=4-2t$일 때, 다음을 구하시오.

(1) 시각 $t=3$에서의 점 P의 위치

(2) $t=0$에서 $t=3$까지 점 P의 위치의 변화량

(3) 출발 후 3초 동안 점 P가 움직인 거리

788 빈출 서술형

수직선 위에서 좌표가 3인 점을 출발하여 움직이는 물체의 시각 t에서의 속도 $v(t)$는 $v(t)=t^2-4t+3$이다. 다음 물음에 답하고, 그 과정을 서술하시오.

(1) 시각 t에서의 물체의 위치를 구하시오.

(2) $t=1$에서 $t=4$까지 물체의 위치의 변화량을 구하시오.

(3) $t=1$에서 $t=4$까지 물체가 움직인 거리를 구하시오.

789

원점에서 출발하여 수직선 위를 움직이는 점 P의 시각 $t\ (0\le t\le 7)$에서의 속도 $v(t)$는

$$v(t)=\begin{cases} t & (0\le t<4) \\ 12-2t & (4\le t\le 7) \end{cases}$$

이다. $t=7$일 때, 점 P의 위치는?

① 10 ② 11 ③ 12
④ 13 ⑤ 14

790

원점을 출발하여 수직선 위를 움직이는 점 P의 시각 $t\ (0\le t\le 6)$에서의 속도 $v(t)$의 그래프가 그림과 같다. 점 P가 시각 $t=0$에서 $t=6$까지 움직인 거리는?

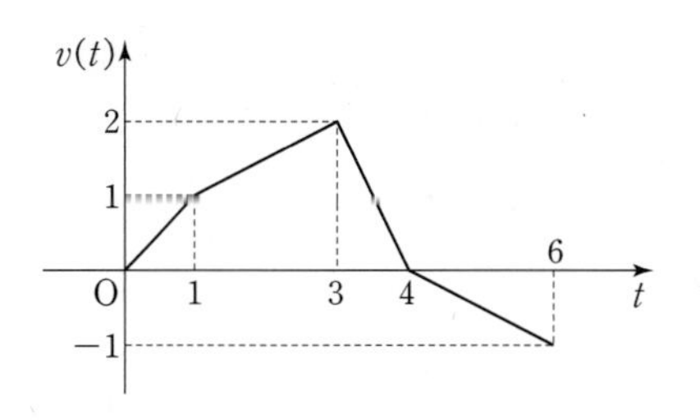

① $\frac{7}{2}$ ② 4 ③ $\frac{9}{2}$
④ 5 ⑤ $\frac{11}{2}$

791

지면에서 12 m/s의 속도로 똑바로 위로 던진 야구공의 t초 후의 속도가

$$v(t)=12-6t\ (\text{m/s})$$

일 때, 3초 후의 야구공의 높이를 a m, 3초 동안 야구공이 실제로 움직인 거리를 b m라 하자. $a+b$의 값은?

① 21 ② 22 ③ 23
④ 24 ⑤ 25

792

지면에서 v_0 m/s의 속도로 똑바로 위로 던진 어떤 물체의 t초 후의 속도가 $v(t)=v_0-10t$ (m/s)이다. 던진 시점에서 2초 후 이 물체가 30 m 상공에 도달한다고 할 때, v_0의 값은?

① 20 ② 25 ③ 30
④ 35 ⑤ 40

793

직선 궤도를 20 m/s의 속도로 달리고 있는 열차가 제동을 걸었을 때, t초 후의 속도 $v(t)$는 $v(t)=20-\frac{5}{2}t$ (m/s)이다. 이 열차가 제동을 건 후부터 정지할 때까지 움직인 거리는?

① 70 m ② 80 m ③ 90 m
④ 100 m ⑤ 110 m

794

원점을 출발하여 수직선 위를 움직이는 점 P의 시각 t에서의 속도 $v(t)$가 $v(t)=2t-8$일 때, 점 P가 출발 후 운동 방향이 바뀌는 시각에서 점 P의 위치는?

① -24 ② -20 ③ -16
④ -12 ⑤ -8

795

수직선 위에서 좌표가 5인 점을 출발하여 움직이는 어떤 물체의 시각 t에서의 속도 $v(t)$의 그래프가 그림과 같다. 색칠한 세 부분의 넓이가 차례로 2, 3, 24일 때, 〈보기〉에서 옳은 것만을 있는 대로 고른 것은?

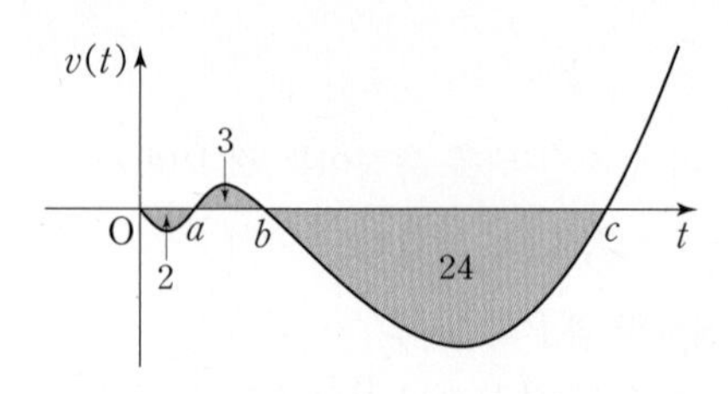

보기
ㄱ. $t=0$에서 $t=c$까지 이 물체의 위치의 변화량은 -23이다.
ㄴ. $t=0$에서 $t=c$까지 이 물체의 이동 거리는 29이다.
ㄷ. $t=c$일 때, 이 물체의 위치는 -18이다.

① ㄱ ② ㄴ ③ ㄱ, ㄴ
④ ㄴ, ㄷ ⑤ ㄱ, ㄴ, ㄷ

796

원점을 출발하여 수직선 위를 7초 동안 움직이는 점 P의 시각 t에서의 속도 $v(t)$의 그래프가 그림과 같을 때, 〈보기〉에서 옳은 것만을 있는 대로 고른 것은?

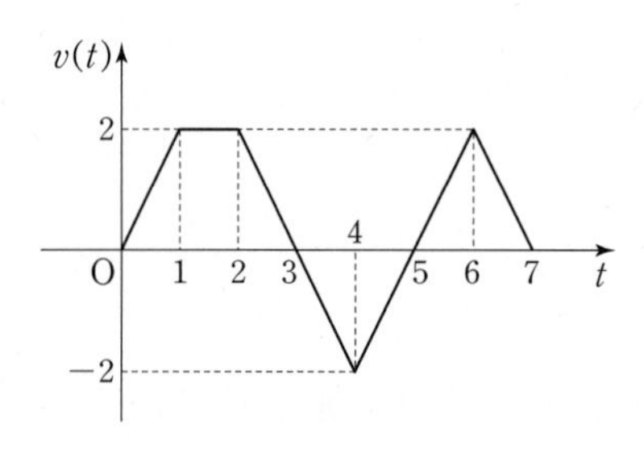

보기
ㄱ. $t=3$에서 점 P의 위치는 0이다.
ㄴ. 점 P는 운동 방향을 2번 바꿨다.
ㄷ. $0\le t\le 7$에서 점 P가 움직인 거리는 8이다.

① ㄱ ② ㄴ ③ ㄷ
④ ㄱ, ㄴ ⑤ ㄴ, ㄷ

유형07 수학 I 통합 유형

〈수학 I〉을 학습하지 않고 〈수학 II〉를 학습하는 학생들을 위하여 〈수학 I〉에서 다루는 지수, 로그, 삼각함수, 수열을 다루는 문항을 분류하였다.

797

연속함수 $f(x)$에 대하여 그림과 같이 곡선 $y=f(x)$와 x축으로 둘러싸인 부분의 넓이를 왼쪽부터 차례로 S_1, S_2, S_3이라 할 때, S_1, S_2, S_3이 이 순서대로 등차수열을 이루고 $S_2=12$이다. $\int_a^b f(x)\,dx$의 값은?

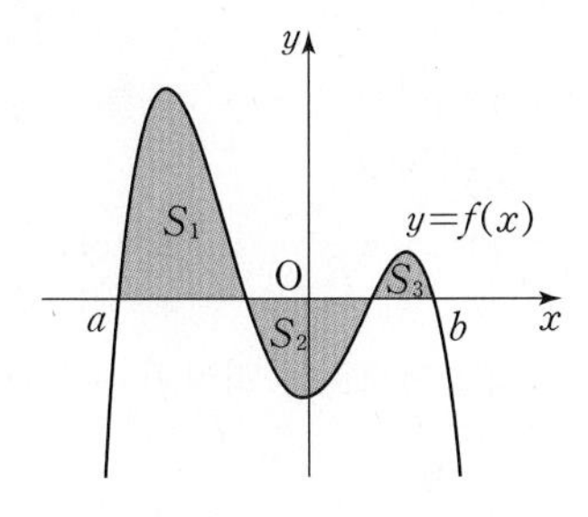

① 6　② 9　③ 12　④ 15　⑤ 18

798

교육청기출

함수 $f(x)=-x^2+x+2$에 대하여 그림과 같이 곡선 $y=f(x)$와 x축으로 둘러싸인 부분을 y축과 직선 $x=k$ $(0<k<2)$로 나눈 세 부분의 넓이를 각각 S_1, S_2, S_3이라 하자. S_1, S_2, S_3이 이 순서대로 등차수열을 이룰 때, S_2의 값은?

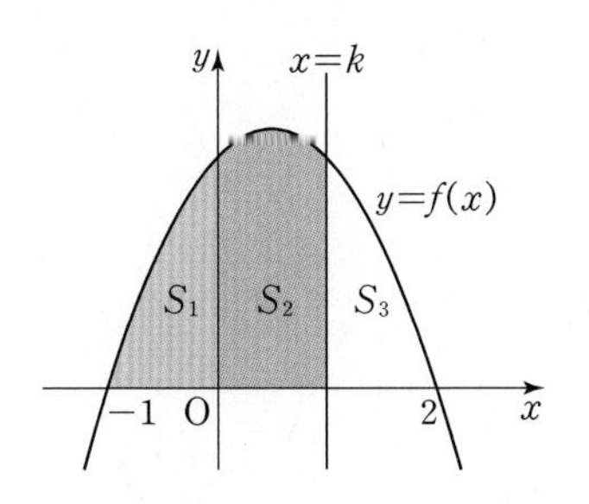

① 1　② $\frac{5}{4}$　③ $\frac{4}{3}$　④ $\frac{3}{2}$　⑤ 2

III

유형01 곡선과 x축 사이의 넓이

799

곡선 $y=x^2-a$와 x축으로 둘러싸인 부분의 넓이가 $\frac{32}{3}$일 때, 양수 a의 값은?

① $\sqrt{2}$　② 2　③ $2\sqrt{2}$
④ 4　⑤ $4\sqrt{2}$

800

곡선 $y=2x^3$과 x축 및 두 직선 $x=-2$, $x=a$로 둘러싸인 도형의 넓이가 10일 때, 양수 a의 값은?

① $\frac{\sqrt{2}}{2}$　② 1　③ $\sqrt{2}$
④ 2　⑤ $2\sqrt{2}$

801

곡선 $y=x^2+4|x|-5$와 x축으로 둘러싸인 도형의 넓이를 구하시오.

802

평가원기출

곡선 $y=6x^2+1$과 x축 및 두 직선 $x=1-h$, $x=1+h$ $(h>0)$로 둘러싸인 부분의 넓이를 $S(h)$라 할 때, $\lim_{h\to0+}\frac{S(h)}{h}$의 값을 구하시오.

803

선생님 Pick! 교육청기출

두 양수 a, b $(a<b)$에 대하여 함수 $f(x)$를 $f(x)=(x-a)(x-b)$라 하자.

$$\int_0^a f(x)\,dx=\frac{11}{6},\ \int_0^b f(x)\,dx=-\frac{8}{3}$$

일 때, 곡선 $y=f(x)$와 x축으로 둘러싸인 부분의 넓이는?

① 4　② $\frac{9}{2}$　③ 5
④ $\frac{11}{2}$　⑤ 6

804

삼차함수 $f(x)$가 다음 조건을 만족시킨다.

> (가) $f'(x)=3x^2-2x-2$
> (나) 함수 $y=f(x)$의 그래프는 점 $(2, 0)$을 지난다.

함수 $y=f(x)$의 그래프와 x축으로 둘러싸인 도형의 넓이는?

① $\frac{17}{6}$　② $\frac{35}{12}$　③ 3
④ $\frac{37}{12}$　⑤ $\frac{19}{6}$

805

그림과 같이 아치의 모양이 포물선인 다리가 있다. 아치의 높이가 3 m이고 폭이 4 m일 때, 색칠한 부분의 넓이는?

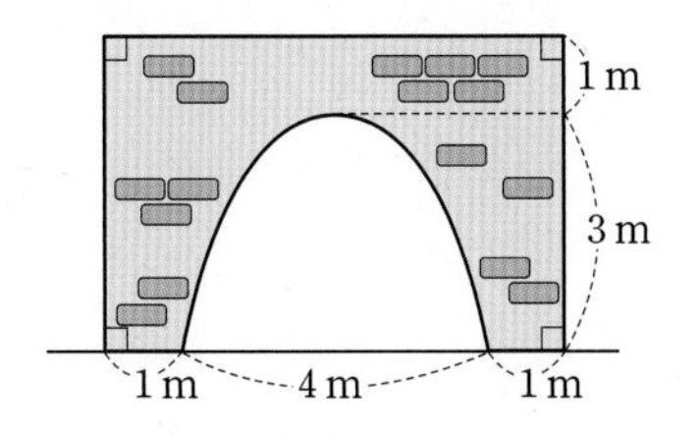

① 12 m^2　② 13 m^2　③ 14 m^2
④ 15 m^2　⑤ 16 m^2

806 빈출

그림과 같이 곡선 $y=x^2-2x$와 x축 및 직선 $x=a$ $(a>2)$로 둘러싸인 두 도형 A, B의 넓이가 서로 같을 때, 상수 a의 값은?

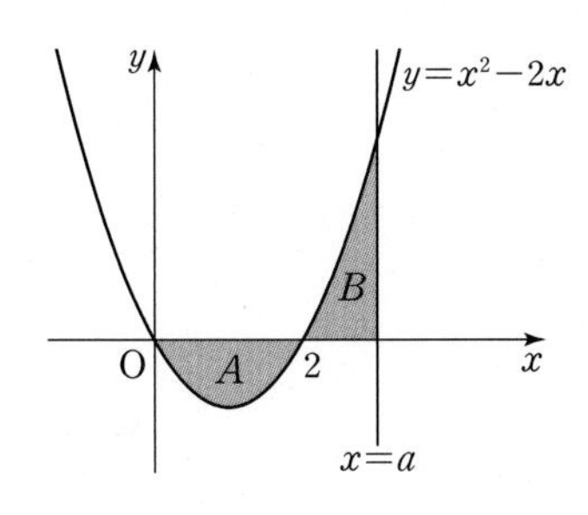

① $\frac{8}{3}$　② 3　③ $\frac{10}{3}$
④ $\frac{11}{3}$　⑤ 4

807

곡선 $y=x^3-(a+2)x^2+2ax$ $(0<a<2)$와 x축으로 둘러싸인 두 도형의 넓이가 서로 같을 때, 상수 a의 값을 구하고, 곡선 $y=x^3-(a+2)x^2+2ax$와 x축으로 둘러싸인 도형의 넓이 S를 구하시오.

808 빈출

그림과 같이 곡선 $y=x^2-2x+a$와 x축 및 y축으로 둘러싸인 도형의 넓이를 S라 하고, 곡선 $y=x^2-2x+a$와 x축으로 둘러싸인 도형의 넓이를 T라 하자. $S:T=1:2$일 때, 상수 a의 값은? (단, $0<a<1$)

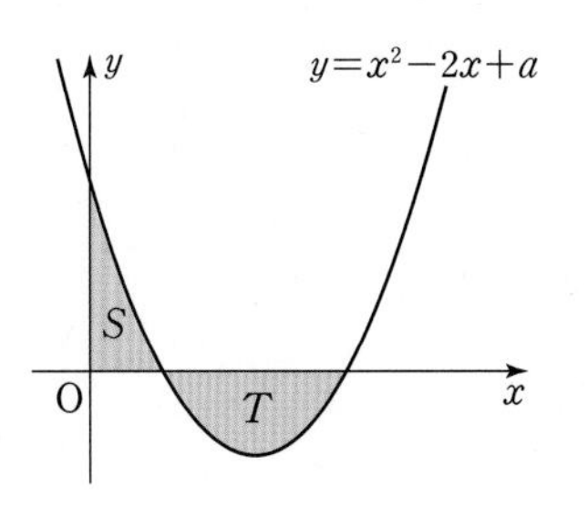

① $\frac{1}{6}$　② $\frac{1}{3}$　③ $\frac{1}{2}$
④ $\frac{2}{3}$　⑤ $\frac{5}{6}$

809 평가원기출

최고차항의 계수가 1인 이차함수 $f(x)$가 $f(3)=0$이고,

$$\int_0^{2013} f(x)\,dx=\int_3^{2013} f(x)\,dx$$

를 만족시킨다. 곡선 $y=f(x)$와 x축으로 둘러싸인 부분의 넓이가 S일 때, $30S$의 값을 구하시오.

810

곡선 $y=x^2$과 두 직선 $y=1$, $y=4$로 둘러싸인 부분의 넓이는?

① 8　② $\frac{25}{3}$　③ $\frac{26}{3}$
④ 9　⑤ $\frac{28}{3}$

유형02 두 곡선 사이의 넓이(1)

811

두 곡선 $y=\frac{1}{2}x^2$, $y=2x^2$과 직선 $y=2$로 둘러싸인 도형의 넓이는?

① 2　② $\frac{7}{3}$　③ $\frac{8}{3}$
④ 9　⑤ $\frac{10}{3}$

812

그림과 같이 곡선 $y=x^2-4x$와 x축으로 둘러싸인 도형이 직선 $y=-x$에 의하여 나누어진 두 부분의 넓이를 각각 S_1, S_2라 할 때, $\frac{S_2}{S_1}$의 값은?

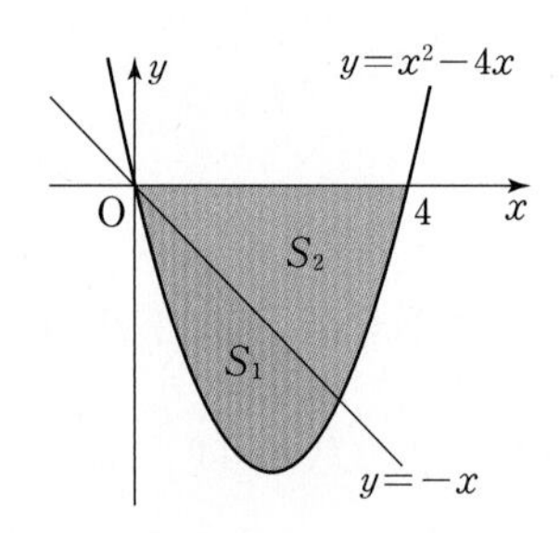

① $\frac{31}{27}$　② $\frac{11}{9}$　③ $\frac{35}{27}$
④ $\frac{37}{27}$　⑤ $\frac{13}{9}$

813

| 선행 775 |

곡선 $y=x^2$을 x축에 대하여 대칭이동한 후 x축의 방향으로 -2만큼, y축의 방향으로 10만큼 평행이동한 곡선을 $y=f(x)$라 하자. 두 곡선 $y=x^2$과 $y=f(x)$로 둘러싸인 부분의 넓이는?

① 20　② $\frac{61}{3}$　③ $\frac{62}{3}$
④ 21　⑤ $\frac{64}{3}$

814

곡선 $y=|x^2-1|$과 직선 $y=3$으로 둘러싸인 도형의 넓이는?

① $\frac{23}{3}$　② 8　③ $\frac{25}{3}$
④ $\frac{26}{3}$　⑤ 9

815

함수 $f(x)=|x^2-2x-1|$의 그래프와 직선 $y=a$가 서로 다른 세 점에서 만날 때, 다음 중 함수 $y=f(x)$의 그래프와 직선 $y=a$로 둘러싸인 부분의 넓이를 식으로 바르게 나타낸 것은?
(단, a는 상수이다.)

① $\int_{-1}^{1}\{2-f(x)\}\,dx$　② $\int_{1}^{3}\{2-f(x)\}\,dx$
③ $2\int_{1}^{3}\{2-f(x)\}\,dx$　④ $2\int_{-1}^{1}\{4-f(x)\}\,dx$
⑤ $2\int_{1}^{3}\{4-f(x)\}\,dx$

816

| 선행 775 |

두 곡선 $y=x^2-ax$와 $y=ax-x^2$으로 둘러싸인 부분의 넓이가 $\frac{8}{3}$일 때, 양수 a의 값은?

① 1　② 2　③ 3
④ 4　⑤ 5

817

곡선 $y=-x^2+5x$와 직선 $y=ax$로 둘러싸인 도형의 넓이가 $\frac{9}{2}$일 때, 상수 a의 값은? (단, $0<a<5$)

① $\frac{1}{2}$　② 1　③ $\frac{3}{2}$　④ 2　⑤ $\frac{5}{2}$

818

| 선행 806 |

그림과 같이 곡선 $y=-x^2+2x$와 두 직선 $y=ax$, $x=2$로 둘러싸인 두 부분의 넓이를 각각 S_1, S_2라 하자. $S_1=S_2$일 때, 양수 a의 값은?

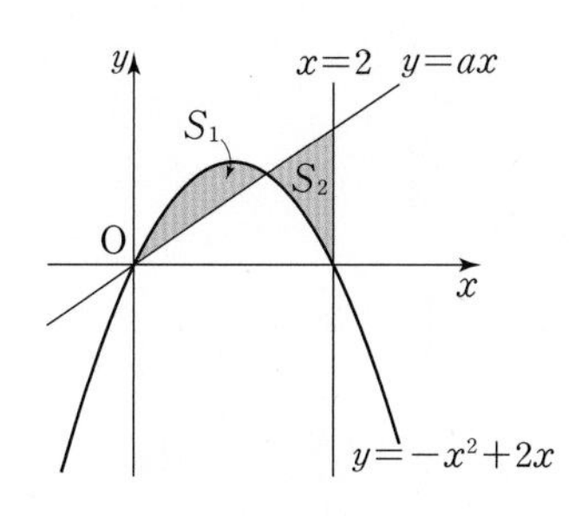

① $\frac{1}{3}$　② $\frac{2}{3}$　③ 1　④ $\frac{4}{3}$　⑤ $\frac{5}{3}$

819

$a>3$일 때, 두 곡선 $y=x^3-ax^2+2ax$와 $y=3x^2-ax$로 둘러싸인 두 도형의 넓이가 서로 같다. 상수 a의 값은?

① 4　② 5　③ 6　④ 7　⑤ 8

820

두 곡선 $y=2x^2$과 $y=-x^2+6x$로 둘러싸인 부분의 넓이를 직선 $x=a$가 이등분할 때, 상수 a의 값은?

① $\frac{1}{3}$　② $\frac{2}{3}$　③ 1　④ $\frac{4}{3}$　⑤ $\frac{5}{3}$

821

곡선 $y=x^2-3x$와 x축으로 둘러싸인 도형의 넓이가 직선 $y=mx$에 의하여 이등분될 때, $(m+3)^3$의 값을 구하시오.
(단, m은 상수이다.)

822

곡선 $y=x^2-x$와 직선 $y=ax$로 둘러싸인 부분의 넓이가 x축에 의하여 이등분되도록 하는 상수 a에 대하여 $(a+1)^3$의 값을 구하시오.

823

평가원기출

두 곡선 $y=x^4-x^3$, $y=-x^4+x$로 둘러싸인 도형의 넓이가 곡선 $y=ax(1-x)$에 의하여 이등분될 때, 상수 a의 값은?

(단, $0<a<1$)

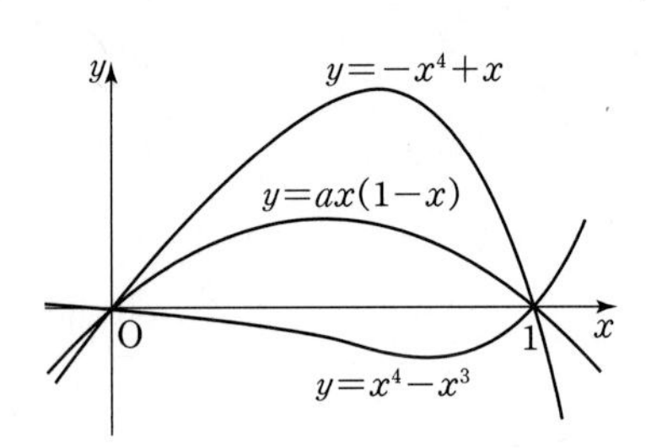

① $\frac{1}{4}$ ② $\frac{3}{8}$ ③ $\frac{5}{8}$
④ $\frac{3}{4}$ ⑤ $\frac{7}{8}$

유형03 두 곡선 사이의 넓이(2)

824

그림과 같이 y축 위의 한 점 A와 x축 위의 두 점 B, C에 대하여 직각이등변삼각형 ABC는 곡선 $y=-\frac{1}{2}x^2+1$과 두 점 D, E에서 접한다. 곡선 $y=-\frac{1}{2}x^2+1$과 이 곡선 위의 두 점 D, E에서의 접선으로 둘러싸인 부분의 넓이는?

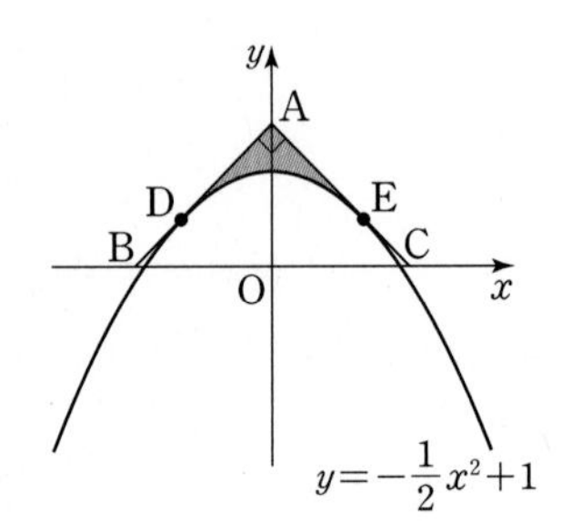

① $\frac{1}{6}$ ② $\frac{1}{3}$ ③ $\frac{1}{2}$
④ $\frac{2}{3}$ ⑤ $\frac{5}{6}$

825

곡선 $y=x^2-1$과 이 곡선 위의 점 $(t,\ t^2-1)$에서의 접선 및 y축과 직선 $x=1$로 둘러싸인 도형의 넓이의 최솟값은? (단, $0<t<1$)

① $\frac{1}{12}$ ② $\frac{1}{6}$ ③ $\frac{1}{4}$
④ $\frac{1}{3}$ ⑤ $\frac{5}{12}$

826

선생님 Pick! 교육청기출

최고차항의 계수가 -3인 삼차함수 $y=f(x)$의 그래프 위의 점 $(2,\ f(2))$에서의 접선 $y=g(x)$가 곡선 $y=f(x)$와 원점에서 만난다. 곡선 $y=f(x)$와 직선 $y=g(x)$로 둘러싸인 도형의 넓이는?

① $\frac{7}{2}$ ② $\frac{15}{4}$ ③ 4
④ $\frac{17}{4}$ ⑤ $\frac{9}{2}$

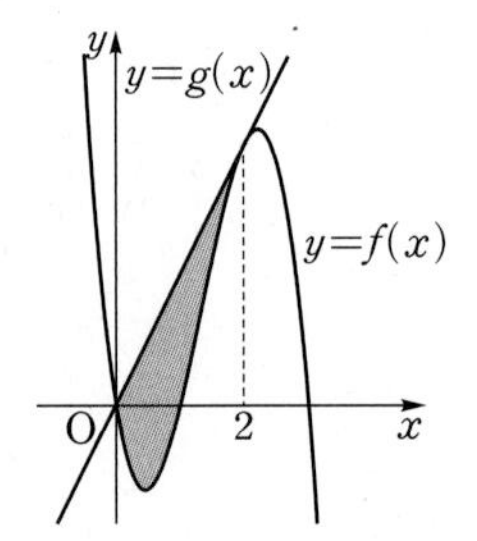

827

곡선 $y=x^3+x^2-2x$와 직선 $y=-x+k$가 서로 다른 두 점에서 만날 때, 곡선 $y=x^3+x^2-2x$와 직선 $y=-x+k$로 둘러싸인 부분의 넓이는? (단, k는 양수이다.)

① $\frac{1}{3}$ ② $\frac{2}{3}$ ③ 1
④ $\frac{4}{3}$ ⑤ $\frac{5}{3}$

유형 04 두 곡선 사이의 넓이(3)

828

| 선행 782 |

함수 $f(x)=x^3+x^2+x$의 역함수를 $g(x)$라 할 때, 두 곡선 $y=f(x)$, $y=g(x)$로 둘러싸인 도형의 넓이는?

① $\frac{1}{12}$ ② $\frac{1}{6}$ ③ $\frac{1}{3}$
④ $\frac{2}{3}$ ⑤ $\frac{4}{3}$

829

함수 $f(x)=x^3+x+1$의 역함수를 $g(x)$라 할 때, 곡선 $y=g(x)$와 x축 및 직선 $x=11$로 둘러싸인 도형의 넓이는?

① 10 ② 11 ③ 12
④ 13 ⑤ 14

830

함수 $f(x)=x^2+2\ (x\geq 0)$의 역함수를 $g(x)$라 할 때, $\int_0^2 f(x)\,dx+\int_2^6 g(x)\,dx$의 값은?

① 10 ② 11 ③ 12
④ 13 ⑤ 14

831 빈출

함수 $f(x)=x^3-x^2+x$의 역함수를 $g(x)$라 할 때, $\int_1^2 f(x)\,dx+\int_1^6 g(x)\,dx$의 값은?

① 7 ② 8 ③ 9
④ 10 ⑤ 11

832

$x\geq 0$인 실수 전체의 집합에서 정의된 함수 $f(x)=x^2+x$의 역함수를 $g(x)$라 할 때,

$$\int_a^{a+1} f(x)\,dx+\int_{f(a)}^{f(a+1)} g(x)\,dx=24$$

를 만족시키는 양수 a의 값은?

① 1 ② 2 ③ 3
④ 4 ⑤ 5

유형05 곡선과 y축 사이의 넓이

833

두 곡선 $y=\sqrt{x}$, $y=\sqrt{2x}$와 직선 $y=4$로 둘러싸인 도형의 넓이는?

① 10 ② $\frac{31}{3}$ ③ $\frac{32}{3}$

④ 11 ⑤ $\frac{34}{3}$

834

| 선행 785 |

곡선 $y=\sqrt{2a-x}$와 x축 및 직선 $x=a$로 둘러싸인 도형의 넓이가 $\frac{1}{12}$일 때, 양수 a의 값은?

① $\frac{1}{8}$ ② $\frac{1}{4}$ ③ $\frac{1}{2}$

④ 1 ⑤ 2

835

곡선 $x=y^3+(1-a)y^2-ay$와 y축으로 둘러싸인 두 도형의 넓이가 같을 때, 양수 a의 값을 구하시오.

유형06 속도와 거리

836 빈출 서술형

지상 55 m의 높이에서 처음 속도 50 m/s로 지면과 수직인 방향으로 물 로켓을 발사했다. 발사한 이 물 로켓의 t초 후의 속도 $v(t)$가

$$v(t)=50-10t\ (\text{m/s})$$

일 때, 다음 물음에 답하고, 그 과정을 서술하시오.

(1) 물 로켓이 최고 높이에 도달할 때, 지면으로부터의 높이를 구하시오.

(2) 물 로켓이 지면에 닿는 순간의 속도를 구하시오.

(3) 물 로켓이 지면에 닿을 때까지 움직인 거리를 구하시오.

837

| 선행 794 |

원점을 출발하여 수직선 위를 움직이는 점 P의 시각 t에서의 속도 $v(t)$가 $v(t)=t^2-4t+3$일 때, 출발 후 두 번째로 운동 방향이 바뀌는 순간까지 점 P가 움직인 거리는?

① $\frac{5}{3}$ ② 2 ③ $\frac{7}{3}$

④ $\frac{8}{3}$ ⑤ 3

838

원점을 출발하여 수직선 위를 움직이는 점 P의 t초 후의 속도가 $v(t)=3t^2-4t-3$일 때, 점 P가 다시 원점을 지날 때까지 걸리는 시간은?

① $\frac{3}{2}$초 ② 2초 ③ $\frac{5}{2}$초
④ 3초 ⑤ $\frac{7}{2}$초

839

수직선 위의 좌표가 -5인 점에서 출발하여 수직선 위를 움직이는 점 P의 t초 후의 속도가 $v(t)=2t-4$일 때, 점 P가 원점을 지날 때까지 움직인 거리는?

① 11 ② $\frac{23}{2}$ ③ 12
④ $\frac{25}{2}$ ⑤ 13

840

점 P가 수직선 위의 한 점을 출발하여 수직선 위를 움직일 때, t초 후의 속도 $v(t)$는

$$v(t)=\begin{cases} 2t-3t^2 & (0\le t<2) \\ a(t-2)-8 & (t\ge 2) \end{cases}$$

이다. 점 P가 출발하여 4초 후 다시 출발점을 지날 때, 상수 a의 값은?

① 2 ② 4 ③ 6
④ 8 ⑤ 10

841

수직선 위에서 동시에 원점을 출발하여 움직이는 두 점 P, Q의 t초 후의 속도는 각각

$$v_1(t)=3t+4,\ v_2(t)=t-6t^2$$

이다. 선분 PQ의 중점을 M이라 할 때, 점 M이 다시 원점을 지날 때까지 걸리는 시간을 구하시오.

842

수직선 위를 움직이는 두 점 P, Q의 시각 t에서의 속도가 각각 $3t^2-2t$, $2t-1$이다. 점 P는 원점에서 출발하고 점 Q는 좌표가 2인 점에서 동시에 출발했을 때, 두 점 P, Q가 만나는 지점까지 점 Q가 움직인 거리는?

① $\frac{5}{2}$ ② $\frac{11}{4}$ ③ 3
④ $\frac{13}{4}$ ⑤ $\frac{7}{2}$

843 서술형

원점을 동시에 출발하여 수직선 위를 움직이는 두 점 P, Q의 시각 t에서의 속도가 각각

$$v_P(t)=-2t+1,\ v_Q(t)=4t-8$$

이다. 원점을 출발한 후 두 점 P, Q가 만날 때의 시각을 t_1이라 하고, 두 점 사이의 거리가 최대일 때의 시각을 t_2라 할 때, t_1+t_2의 값을 구하고, 그 과정을 서술하시오. (단, $t_2<t_1$)

844

| 선행 793 |

직선 궤도를 30 m/s의 속도로 달리던 열차의 기관사가 전방 150 m에 있는 장애물을 발견하고 제동을 걸었다. 제동을 건 후 열차의 가속도가 $-a$ m/s^{2}일 때, 이 열차가 장애물과 부딪히기 전에 정지하기 위한 양수 a의 값의 범위는?

① $0<a<1$　② $1<a<3$　③ $a>1$
④ $a>2$　⑤ $a>3$

845

직선 도로 위를 움직이는 어떤 버스는 출발 후 3 km를 달리는 동안 시각 t분에서의 속도가 $v(t)=\frac{3}{4}t^2+\frac{1}{2}t$ (km/분)이고, 그 이후부터는 일정한 속도로 달린다. 12분 동안 이 버스가 달린 거리는?

① 39 km　② 40 km　③ 41 km
④ 42 km　⑤ 43 km

846

어느 건물에 설치된 엘리베이터는 1층에서 출발하여 맨 위층까지 올라가는 데 출발 후 처음 4초 동안은 3 m/s^{2}의 가속도로 올라가고, 다음 4초 후부터 10초까지는 4초에서의 속도를 유지하여 일정하게 올라가며, 10초 후부터는 -2 m/s^{2}의 가속도로 올라가서 멈춘다고 한다. 이 건물의 1층에서 맨 위층까지 엘리베이터가 움직인 거리를 구하시오.

847

평가원기출

그림은 원점을 출발하여 수직선 위를 움직이는 점 P의 시각 $t\ (0\le t\le d)$에서의 속도 $v(t)$를 나타내는 그래프이다.

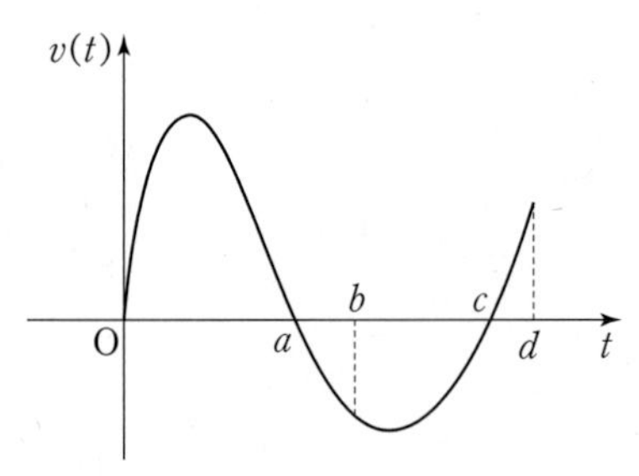

$\int_0^a |v(t)|\,dt=\int_a^d |v(t)|\,dt$일 때, 〈보기〉에서 옳은 것만을 있는 대로 고른 것은? (단, $0<a<b<c<d$이다.)

보기

ㄱ. 점 P는 출발하고 나서 원점을 다시 지난다.
ㄴ. $\int_0^c v(t)dt=\int_c^d v(t)dt$
ㄷ. $\int_0^b v(t)dt=\int_b^d |v(t)|dt$

① ㄴ　② ㄷ　③ ㄱ, ㄴ
④ ㄴ, ㄷ　⑤ ㄱ, ㄴ, ㄷ

848

원점을 출발하여 수직선 위를 6초 동안 움직이는 점 P의 시각 t에서의 속도 $v(t)$의 그래프가 그림과 같을 때, 다음 설명 중 옳은 것은?

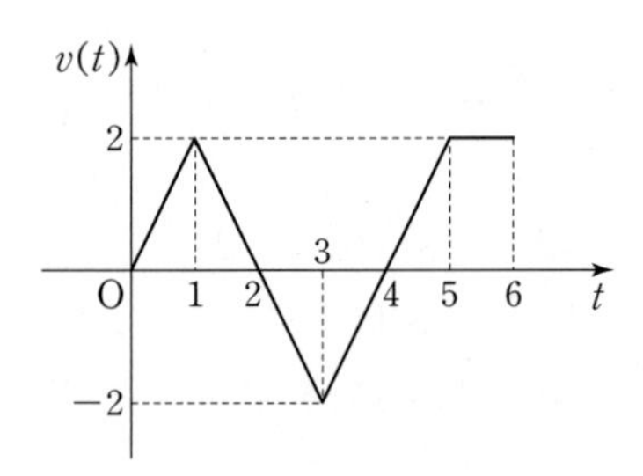

① 점 P는 출발 후 1초 동안 멈춘 적이 있다.
② $t=1$에서 $t=3$까지 음의 방향으로 움직인다.
③ $t=1$에서 $t=3$까지 위치의 변화량은 -2이다.
④ $t=1$일 때와 $t=5$일 때의 점 P의 위치는 같다.
⑤ $t=5$일 때, 점 P는 원점으로부터 가장 멀리 떨어져 있다.

849

| 선행 796 |

수직선 위의 좌표가 1인 점에서 출발하여 수직선 위를 8초 동안 움직이는 점 P의 시각 t에서의 속도 $v(t)$의 그래프가 그림과 같을 때, 점 P의 운동에 대한 다음 설명 중 옳지 않은 것은?

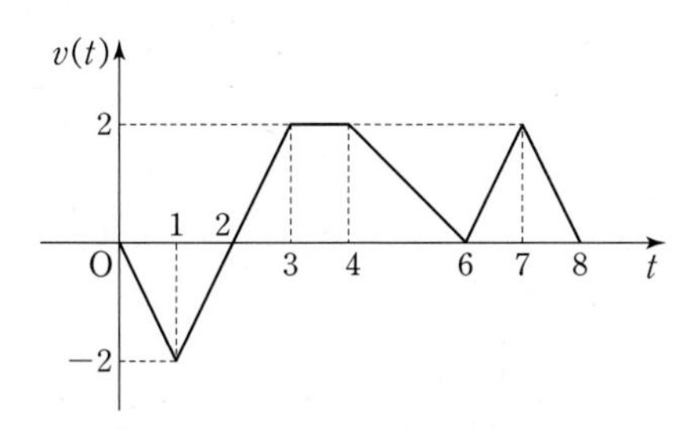

① 운동 방향을 1번 바꿨다.
② $t=8$일 때, 위치는 6이다.
③ 출발 후 원점을 2번 지난다.
④ $t=1$에서 $t=4$까지 움직인 거리는 2이다.
⑤ $t=1$일 때와 $t=3$일 때의 속력은 서로 같다.

850

| 선행 795 |

원점을 출발하여 수직선 위를 움직이는 점 P의 시각 t $(0\le t\le 6)$에서의 속도 $v(t)$를 나타내는 그래프는 그림과 같다. $\int_0^6 v(t)dt=\int_a^5 |v(t)|dt$이고 점 P가 출발할 때의 운동 방향과 반대 방향으로 움직인 거리가 12일 때, 점 P가 시각 $t=0$에서 $t=6$까지 움직인 거리는? (단, $0<a<5$)

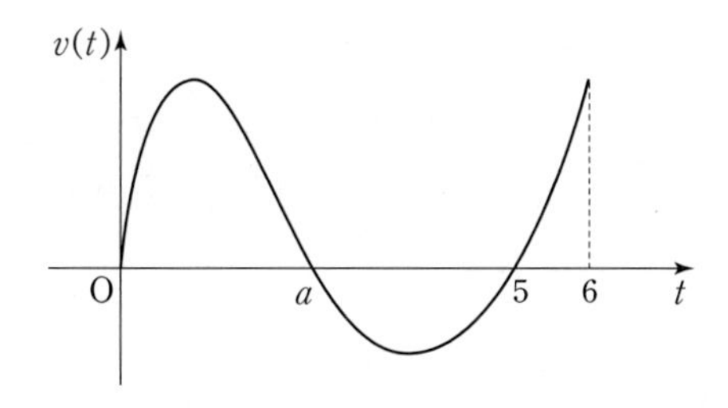

① 24　② 28　③ 32
④ 36　⑤ 40

유형07 수학 I 통합 유형

851

자연수 n에 대하여 두 곡선 $y=x^n$, $y=x^{n+1}$으로 둘러싸인 도형의 넓이를 S_n이라 할 때, $\sum_{n=1}^{30} S_n$의 값은?

① $\frac{1}{4}$　② $\frac{3}{8}$　③ $\frac{7}{16}$
④ $\frac{15}{32}$　⑤ $\frac{31}{64}$

III

스키마로 풀이 흐름 알아보기

지상 55 m의 높이(조건①)에서 처음 속도 50 m/s로 지면과 수직인 방향으로 물 로켓을 발사했다.
발사한 이 물 로켓의 t초 후의 속도 $v(t)$가 $v(t)=50-10t$ (m/s)(조건②)일 때, 물 로켓이 지면에 닿을 때까지(조건③)
움직인 거리(답)를 구하시오.

유형06 속도와 거리 836

스키마 schema

주어진 조건은 무엇인지? 구하는 답은 무엇인지? 이 둘을 어떻게 연결할지?

1단계

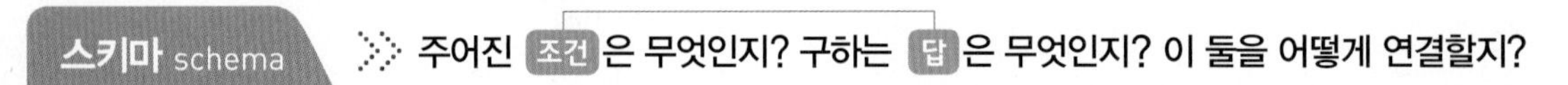
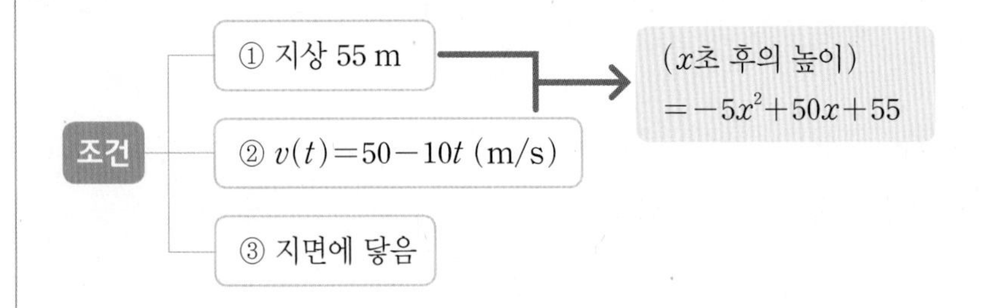

x초 후의 물 로켓의 지면으로부터의 높이는

$$(\text{처음 위치})+\int_0^x v(t)\,dt$$
$$=55+\int_0^x (50-10t)\,dt$$
$$=55+\Big[50t-5t^2\Big]_0^x$$
$$=-5x^2+50x+55$$

2단계

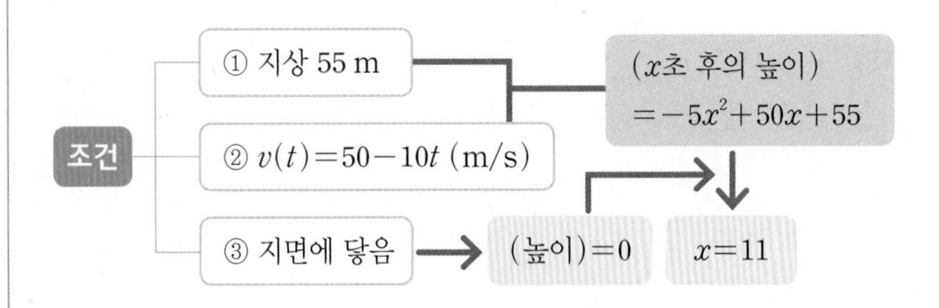

물 로켓이 지면에 닿을 때의 높이는 0이므로 지면에 닿을 때까지 걸린 시간은

$-5x^2+50x+55=0$에서

$x^2-10x-11=0$

$(x+1)(x-11)=0$

$\therefore x=11$ ($\because x>0$)

즉, 11초이다.

3단계

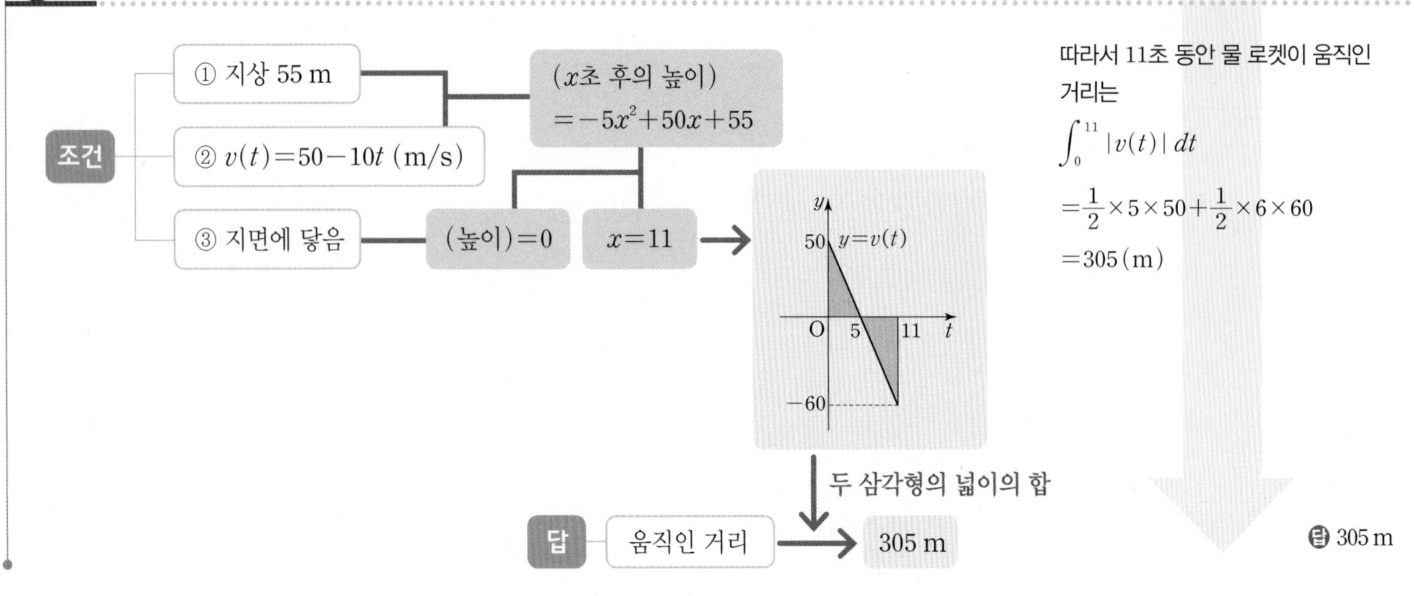

따라서 11초 동안 물 로켓이 움직인 거리는

$$\int_0^{11} |v(t)|\,dt$$
$$=\frac{1}{2}\times5\times50+\frac{1}{2}\times6\times60$$
$$=305\,(\text{m})$$

답 305 m

정답과 풀이 p.210

852

| 선행 817 |

곡선 $y=x^2+ax-3$과 x축으로 둘러싸인 부분의 넓이가 36일 때, 양수 a의 값은?

① $2\sqrt{5}$ ② $2\sqrt{6}$ ③ $2\sqrt{7}$
④ $4\sqrt{2}$ ⑤ 6

853

곡선 $y=x^2-ax$ $(0<a<2)$와 x축 및 직선 $x=2$로 둘러싸인 부분의 넓이가 최소가 되도록 하는 상수 a의 값은?

① $\frac{1}{2}$ ② 1 ③ $\frac{\sqrt{6}}{2}$
④ $\sqrt{2}$ ⑤ $\frac{\sqrt{10}}{2}$

854

함수 $f(x)$가 다음 조건을 만족시킬 때, $f(x)$를 구하시오.

(가) $f'(x)$는 이차함수이다.
(나) 함수 $f(x)$는 $x=-1$에서 극솟값을 갖는다.
(다) 모든 실수 x에 대하여 $f(-x)=-f(x)$이다.
(라) 곡선 $y=f(x)$와 x축으로 둘러싸인 도형의 넓이는 27이다.

III

855

평가원기출

그림은 연속함수 $y=f(x)$의 그래프와 이 그래프 위의 서로 다른 두 점 $\mathrm{P}(a,\ f(a))$, $\mathrm{Q}(b,\ f(b))$를 나타낸 것이다.

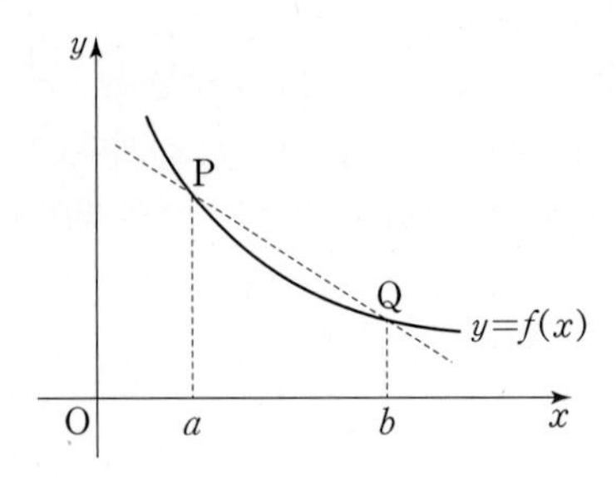

함수 $F(x)$가 $F'(x)=f(x)$를 만족시킬 때, 〈보기〉에서 옳은 것만을 있는 대로 고른 것은?

보기

ㄱ. 함수 $F(x)$는 닫힌구간 $[a,\ b]$에서 증가한다.

ㄴ. $\dfrac{F(b)-F(a)}{b-a}$는 직선 PQ의 기울기와 같다.

ㄷ. $\displaystyle\int_a^b \{f(x)-f(b)\}\,dx \le \frac{(b-a)\{f(a)-f(b)\}}{2}$

① ㄱ ② ㄴ ③ ㄱ, ㄷ
④ ㄴ, ㄷ ⑤ ㄱ, ㄴ, ㄷ

856

그림과 같이 한 변의 길이가 $2\sqrt{3}$인 정사각형 ABCD의 내부에 곡선 $y=a(x^3-3x)$의 일부분이 정사각형 ABCD의 각 변과 한 점에서 만나고 있다. 두 선분 AB, CD와 곡선 $y=a(x^3-3x)$의 교점을 각각 M, N이라 하자. 두 점 M, N이 두 선분 AB, CD의 중점일 때, 색칠한 부분의 넓이는? (단, a는 0이 아닌 상수이다.)

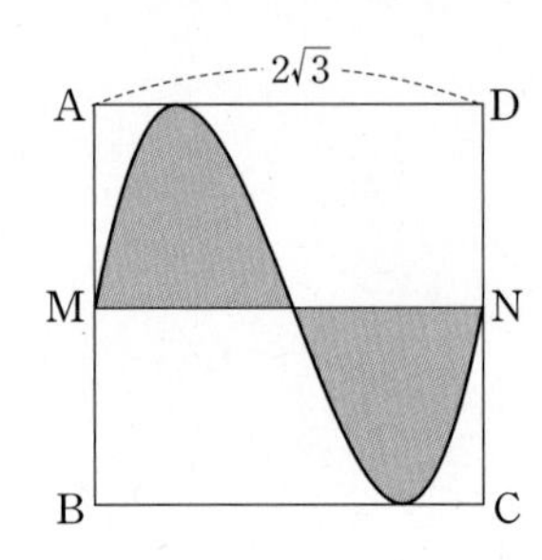

① $\dfrac{3\sqrt{3}}{8}$ ② $\dfrac{3\sqrt{3}}{4}$ ③ $\dfrac{9\sqrt{3}}{8}$
④ $\dfrac{9\sqrt{3}}{4}$ ⑤ $\dfrac{9\sqrt{3}}{2}$

857

곡선 $y=x^2$ 위의 서로 다른 두 점 $\mathrm{P}(a,\ a^2)$, $\mathrm{Q}(b,\ b^2)$이 선분 PQ와 곡선 $y=x^2$으로 둘러싸인 도형의 넓이가 36을 만족시키면서 움직일 때, $\lim_{a \to \infty} \frac{\overline{\mathrm{PQ}}}{a}$의 값은?

① 6　② 9　③ 12　④ 15　⑤ 18

858

점 $(0,\ -2)$에서 곡선 $y=x^2+x+\frac{1}{4}$에 그은 두 접선과 이 곡선으로 둘러싸인 부분의 넓이는?

① $\frac{9}{4}$　② $\frac{5}{2}$　③ $\frac{11}{4}$　④ 3　⑤ $\frac{13}{4}$

859

양수 a에 대하여 두 곡선 $y=ax^3$, $y=-\frac{1}{a}x^3$과 직선 $x=2$로 둘러싸인 도형의 넓이의 최솟값을 m, 그때의 a의 값을 n이라 할 때, $m+n$의 값은?

① 5　② 6　③ 7　④ 8　⑤ 9

860

선생님 Pick! 평가원기출

닫힌구간 [0, 1]에서 연속인 함수 $f(x)$가

$$f(0)=0,\ f(1)=1,\ \int_0^1 f(x)\,dx=\frac{1}{6}$$

을 만족시킨다. 실수 전체의 집합에서 정의된 함수 $g(x)$가 다음 조건을 만족시킬 때, $\int_{-3}^{2} g(x)\,dx$의 값은?

(가) $g(x)=\begin{cases} -f(x+1)+1 & (-1<x<0) \\ f(x) & (0\le x\le 1)\end{cases}$

(나) 모든 실수 x에 대하여 $g(x+2)=g(x)$이다.

① $\frac{5}{2}$ ② $\frac{17}{6}$ ③ $\frac{19}{6}$ ④ $\frac{7}{2}$ ⑤ $\frac{23}{6}$

861

평가원변형

그림과 같이 곡선 $y=x^2$과 양수 t에 대하여 세 점 O$(0, 0)$, A$(t, 0)$, B(t, t^2)을 지나는 원 C가 있다. 원 C와 곡선 $y=x^2$으로 둘러싸인 부분 중 원의 중심을 포함하지 않는 부분의 넓이를 $S(t)$라 할 때, $S'(1)=\frac{p\pi+q}{4}$이다. p^2+q^2의 값을 구하시오.

(단, p, q는 정수이다.)

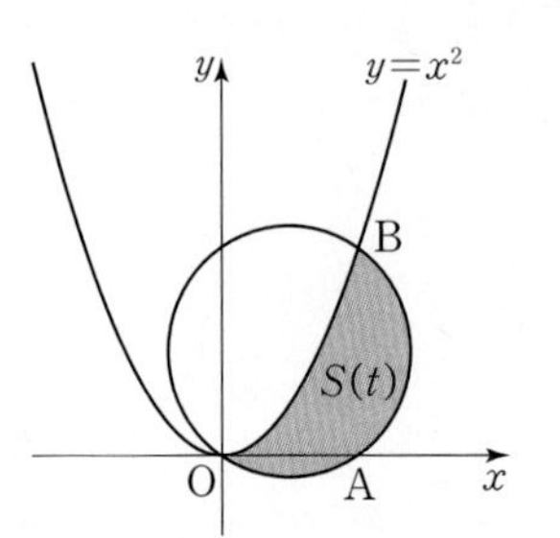

862

그림과 같이 좌표평면 위에 있는 한 변의 길이가 1인 정사각형 OABC가 두 곡선 $y=ax^2\ (a>1)$, $y=bx^3\ (0<b<1)$에 의하여 세 부분으로 나누어진다. 세 부분의 넓이를 각각 S_1, S_2, S_3이라 할 때, $S_1 : S_2 : S_3=3 : 2 : 1$이 되도록 하는 상수 a, b에 대하여 $a+b$의 값은? (단, O는 원점이다.)

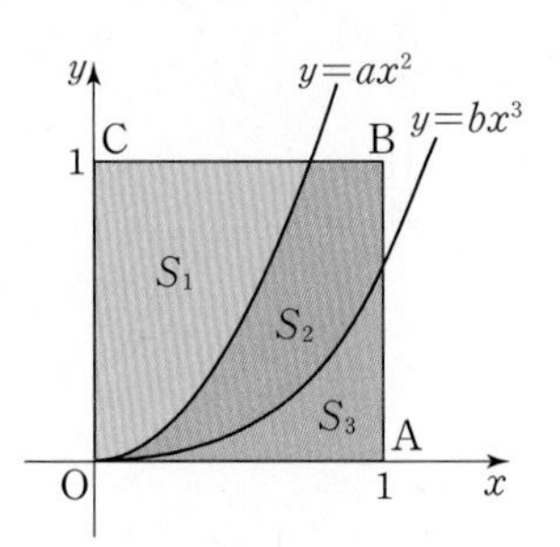

① 2 ② $\frac{19}{9}$ ③ $\frac{20}{9}$ ④ $\frac{7}{3}$ ⑤ $\frac{22}{9}$

863

| 선행 842 |

두 자동차 A, B가 직선 도로를 따라 같은 방향으로 달리고 있다. 자동차 A는 40 m/s의 속도로 일정하게 달린다. 자동차 A가 P지점을 지나고 10초 후에 자동차 B도 P지점을 지났다. 자동차 B가 P지점을 지나고 t초 후의 자동차 B의 속도가 $\left(\frac{1}{8}t+40\right)$ m/s이었을 때, 두 자동차가 만나게 되는 것은 자동차 B가 P지점을 지난 지 몇 초 후인가?

① 40초　② 80초　③ 120초　④ 160초　⑤ 200초

864

수직선 위를 움직이는 두 점 P, Q가 있다. 점 P는 점 A(-3)을 출발하여 시각 t에서의 속도가 $3t^2-1$이고, 점 Q는 점 B(k)를 출발하여 시각 t에서의 속도가 2이다. 두 점 P, Q가 동시에 출발한 후 2번 만나도록 하는 정수 k의 값은?

① -2　② -3　③ -4　④ -5　⑤ -6

865

평가원기출

같은 높이의 지면에서 동시에 출발하여 지면과 수직인 방향으로 올라가는 두 물체 A, B가 있다. 그림은 시각 t $(0\le t\le c)$에서 물체 A의 속도 $f(t)$와 물체 B의 속도 $g(t)$를 나타낸 것이다.

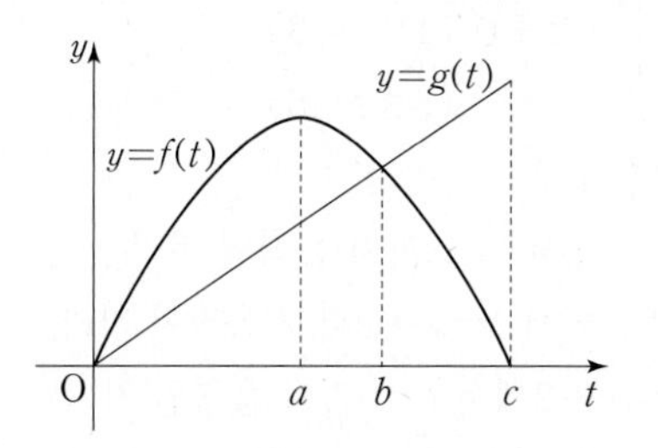

$\int_0^c f(t)\,dt=\int_0^c g(t)\,dt$이고 $0\le t\le c$일 때, 〈보기〉에서 옳은 것만을 있는 대로 고른 것은?

보기

ㄱ. $t=a$일 때, 물체 A는 물체 B보다 높은 위치에 있다.
ㄴ. $t=b$일 때, 물체 A와 물체 B의 높이의 차가 최대이다.
ㄷ. $t=c$일 때, 물체 A와 물체 B는 같은 높이에 있다.

① ㄴ　② ㄷ　③ ㄱ, ㄴ　④ ㄱ, ㄷ　⑤ ㄱ, ㄴ, ㄷ

866

평가원변형

원점을 출발하여 수직선 위를 움직이는 점 P의 시각 $t\ (0\le t\le 5)$에서의 속도 $v(t)$가 다음과 같다.

$$v(t)=\begin{cases} 4t & (0\le t<1) \\ -2t+6 & (1\le t<3) \\ t-3 & (3\le t\le 5) \end{cases}$$

$0<x<3$인 실수 x에 대하여 점 P가

시각 $t=0$에서 $t=x$까지 움직인 거리,

시각 $t=x$에서 $t=x+2$까지 움직인 거리,

시각 $t=x+2$에서 $t=5$까지 움직인 거리

중에서 최소인 값을 $f(x)$라 하자. $f(0)=0$일 때, $\int_0^2 f(x)\,dx$의 값을 구하시오.

867

선생님 Pick! 교육청기출

첫째항이 1이고 공차가 2인 등차수열 $\{a_n\}$이 있다. 자연수 n에 대하여 좌표평면 위의 점 P_n을 다음 규칙에 따라 정한다.

> (가) 점 P_1의 좌표는 $(1, 1)$이다.
> (나) 점 P_n의 x좌표는 a_n이다.
> (다) 직선 P_nP_{n+1}의 기울기는 $\frac{1}{2}a_{n+1}$이다.

$x\ge 1$에서 정의된 함수 $y=f(x)$의 그래프가 모든 자연수 n에 대하여 닫힌구간 $[a_n, a_{n+1}]$에서 선분 P_nP_{n+1}과 일치할 때, $\int_1^{11} f(x)\,dx$의 값은?

① 140 ② 145 ③ 150
④ 155 ⑤ 160

I 함수의 극한과 연속

01 함수의 극한 본문 9~36 p

001 (1) 0 (2) 2
002 (1) 2 (2) 4
003 (1) 4 (2) $\frac{1}{7}$
004 ③
005 ②
006 ⑤
007 ④
008 ③
009 ①
010 ⑤
011 ②
012 ①
013 ①
014 풀이 참조
015 ③
016 ②
017 ⑤
018 ②
019 ②
020 (1) 12 (2) $\frac{1}{7}$ (3) 3
021 (1) $\frac{1}{4}$ (2) 6
022 (1) $\frac{1}{4}$ (2) $-\frac{\sqrt{5}}{10}$ (3) $\frac{1}{25}$
023 (1) 0 (2) $\frac{7}{4}$ (3) ∞
024 ②
025 (1) 1 (2) 3
026 ③
027 ④
028 ④
029 ③
030 ③
031 ⑤
032 ③
033 ②
034 ③
035 (1) 2 (2) 5
036 ④
037 ④
038 ⑤
039 ①
040 ⑤
041 (1) $-\infty$ (2) 0
042 풀이 참조
043 ②
044 ④
045 (1) -2 (2) 1
046 ③
047 ⑤
048 ①
049 ③
050 ③
051 ②
052 ⑤
053 ⑤
054 ③
055 ④
056 ②
057 4
058 ①
059 ⑤
060 $\frac{1}{3}$
061 ②
062 ⑤
063 ①
064 ③
065 ①
066 ⑤
067 ②
068 ②
069 ⑤
070 ④
071 ③
072 ④
073 (1) -6 (2) 1 (3) $\frac{2\sqrt{5}}{5}$
074 (1) $\frac{1}{2}$ (2) $-\frac{1}{54}$
075 (1) -2 (2) -3
076 ③
077 ②
078 -2
079 ①
080 ①
081 ③
082 ③
083 ③
084 $a=0$, $b=3$, $c=-4$, $d=-4$
085 풀이 참조
086 4
087 ②
088 ③
089 ③
090 ①
091 ①
092 ②
093 ④
094 ②
095 ②
096 ③
097 ③
098 ③
099 1
100 ①
101 ④
102 ①
103 ①
104 ③
105 ③
106 ⑤
107 ①
108 ②
109 ②
110 10
111 ⑤
112 8
113 ④
114 16

02 함수의 연속 본문 39~59 p

115 ④
116 ⑤
117 ①
118 ④
119 ③
120 ④
121 (1) $[2, \infty)$ (2) $(-\infty, \infty)$
(3) $(-\infty, 0) \cup (0, \infty)$
122 ⑤
123 ④
124 ②
125 ①
126 ④
127 ⑤
128 (1) -3 (2) 3
129 ④
130 ①
131 ③
132 ④
133 ⑤
134 (1) $M=9$, $m=7$ (2) $M=5$, $m=-4$
(3) $M=\frac{3}{2}$, $m=1$
135 ①
136 ②
137 (1) 최솟값 -2 (2) 최솟값 1
138 ③
139 ④
140 ③
141 ②
142 ③
143 ③
144 ③
145 ④

146 ⑤
147 ②
148 ③
149 ③
150 ③
151 ⑤
152 ⑤
153 ④
154 ③
155 ②
156 ③
157 ④
158 ①
159 ⑤
160 ①
161 풀이 참조
162 ②
163 ⑤
164 ④
165 ④
166 ①
167 ⑤
168 ③
169 ④
170 ③
171 ③
172 ②
173 2
174 ②
175 ③
176 ②
177 풀이 참조
178 풀이 참조
179 ②
180 ④
181 ⑤
182 ⑤
183 ③
184 ⑤
185 ④
186 ②
187 ③
188 ⑤
189 ①
190 ①
191 ④
192 ④
193 ②
194 ⑤
195 13
196 ②
197 ④
198 ③
199 ①
200 ③
201 ②
202 풀이 참조

II 미분

01 미분계수와 도함수 본문 63~87 p

203 ④
204 ②
205 풀이 참조
206 ②
207 ④
208 ③
209 ③
210 ③
211 -16
212 ①
213 ②
214 ②
215 ③
216 ④
217 ⑤
218 풀이 참조
219 풀이 참조
220 ③
221 ①
222 ⑤
223 -9
224 ②
225 5
226 ①
227 2
228 ③
229 ③
230 (1) $9x^2-6$ (2) 50
231 105
232 (1) $y'=4x-3$ (2) $y'=8x^3+9x^2-2$
233 ②
234 ⑤
235 (1) 9 (2) 12
236 풀이 참조
237 ⑤
238 풀이 참조
239 ②
240 ③
241 ②
242 ③
243 ②
244 ②
245 ①
246 (1) 3 (2) 8
247 ⑤
248 ④
249 ③
250 ⑤
251 ③
252 ②
253 ③
254 ③
255 (1) 9 (2) -4
256 ⑤
257 ③
258 ③
259 ④
260 ⑤
261 ②
262 풀이 참조
263 풀이 참조
264 풀이 참조
265 풀이 참조
266 36
267 4
268 ③
269 ④
270 ①
271 ②
272 ③
273 ②
274 ①
275 5
276 풀이 참조
277 ②
278 ⑤
279 ②
280 (가) : $f(x+h)$
(나) : $\{f(x+h)\}^2+f(x+h)f(x)+\{f(x)\}^2$
(다) : $3\{f(x)\}^2f'(x)$
281 ⑤
282 ⑤
283 -9
284 ④
285 ①
286 ③
287 ①
288 ②
289 ②
290 ④
291 ①
292 ②
293 ④
294 ③
295 ④
296 ④
297 16

298 ⑤
299 ②
300 (1) 1023 (2) 1360
301 34
302 ⑤
303 552
304 ②
305 ③
306 ③
307 13
308 186
309 ②
310 ①
311 ③
312 28
313 ④
314 19
315 ④
316 $\frac{1}{3}$
317 503

02 도함수의 활용 (1) 본문 89~98p

318 (1) $y=x-3$ (2) $y=4x-7$
319 $y=3x+2$
320 ②
321 ⑤
322 ⑤
323 ④
324 ③
325 ③
326 ④
327 ③
328 풀이 참조
329 ④
330 $y=2x+6$
331 20
332 $4\sqrt{26}$
333 ⑤
334 ②
335 풀이 참조
336 ③
337 ④
338 ③
339 $8\sqrt{2}$
340 ②
341 9
342 ①
343 ②
344 ②
345 P(3, 6), 8
346 풀이 참조
347 ⑤
348 ④
349 ④
350 2
351 ②
352 ③
353 4
354 $-4<k<5$

03 도함수의 활용 (2) 본문 102~132p

355 ③
356 ②
357 ②
358 ③
359 ④
360 풀이 참조
361 ①
362 -3
363 ⑤
364 ③
365 ①
366 ①
367 ④
368 ②
369 ④
370 ②
371 ③
372 ⑤
373 ③
374 ①
375 ⑤
376 ③
377 ④
378 ⑤
379 ④
380 128
381 ①
382 4
383 (가) : 평균값 (나) : $<$ (다) : $>$ (라) : $<$
384 ⑤
385 ⑤
386 ③
387 ③
388 ①
389 $-3\le a\le 1$
390 ④
391 풀이 참조
392 ①
393 ③
394 -26
395 ⑤
396 ③
397 7
398 $-\frac{4}{3}$
399 6
400 ②
401 ③
402 풀이 참조
403 19
404 $a<0$ 또는 $0<a<\frac{9}{8}$
405 ⑤
406 ③
407 7
408 ⑤
409 ②
410 c
411 ④
412 ⑤
413 ⑤
414 ②
415 ④
416 ㄴ, ㅁ
417 ⑤
418 ④
419 ②
420 ⑤
421 ④
422 풀이 참조
423 ⑤
424 ③
425 2
426 ①
427 2
428 ①
429 800
430 ④
431 ②
432 ②
433 ②
434 ③
435 $-\frac{10}{3}$
436 ①
437 4
438 ②
439 64
440 $f(x)=x^4-2x^2$
441 ①
442 ①
443 $a\le -7$
444 ①
445 13
446 ④
447 ③
448 ①

449 ③
450 $a\geq\frac{9}{2}$
451 24
452 ①
453 ②
454 ④
455 $-\frac{\sqrt{3}}{9}$
456 ①
457 -4
458 -40
459 11
460 ①
461 $8\sqrt{2}$
462 풀이 참조
463 ②
464 ④
465 64
466 ③
467 ①
468 12
469 ③

04 도함수의 활용 (3) 본문 134~155p

470 (1) 3 (2) 2
471 ②
472 ④
473 ②
474 10
475 풀이 참조
476 (1) $k\geq1$ (2) $k<-1$
477 ④
478 9
479 ①
480 $a\geq1$
481 ④
482 ②
483 ⑤
484 ③
485 ②
486 ③
487 ⑤
488 ④
489 ②
490 ⑤
491 ⑤
492 풀이 참조
493 ①
494 ⑤
495 160
496 ④
497 ⑤
498 ④
499 ②
500 ①
501 ⑤
502 14
503 ③
504 ①
505 $a\geq3$
506 $-\sqrt{3}<k<\sqrt{3}$
507 ⑤
508 $a>0$
509 ③
510 ②
511 3
512 34
513 ⑤
514 ①
515 풀이 참조
516 27
517 ③
518 ④
519 ③
520 ③
521 ①
522 ③
523 ④
524 ⑤
525 ②
526 ③
527 ②
528 ④
529 2, 0.8
530 -8π cm^3/초
531 ④
532 풀이 참조
533 36
534 $-\frac{7\sqrt{3}}{4}$
535 ⑤
536 2
537 ④
538 $f(x)=x^3-12x$
539 34
540 ⑤
541 ③
542 ①
543 $a\leq2$
544 $k<-7$ 또는 $k>8$
545 21
546 ③
547 ③
548 ②
549 ③
550 ①
551 풀이 참조

III 적분

01 부정적분 본문 158~172p

552 ④
553 ②
554 ①
555 ③
556 ⑤
557 ④
558 ④
559 풀이 참조
560 (1) $2x-1$ (2) $2x+C$
561 5
562 ①
563 ④
564 4
565 ③
566 ③
567 ①
568 (1) $5x+C$ (2) $\frac{1}{11}x^{11}+C$ (3) x^2+3x+C
569 ④
570 ④
571 ④
572 ②
573 ③
574 ③
575 $f(x)=x^2+3x-1$
576 ⑤
577 ③
578 ②
579 ④
580 ⑤
581 ②
582 ④
583 5
584 ③
585 ③
586 ④
587 풀이 참조
588 ②
589 ②
590 ④
591 풀이 참조
592 ④
593 ③

594 ④
595 ①
596 ④
597 풀이 참조
598 ③
599 ②
600 ⑤
601 ②
602 ④
603 ④
604 ③
605 ③
606 ③
607 풀이 참조
608 ③
609 ⑤
610 ①
611 ⑤
612 ②
613 풀이 참조
614 풀이 참조
615 ④
616 2
617 ③
618 ②
619 54
620 ①
621 ⑤
622 ⑤
623 풀이 참조
624 18
625 ⑤
626 ④
627 ③

02 정적분 본문 174~201 p

628 ②
629 ⑤
630 (1) 0 (2) 0
631 (1) 1024 (2) 12 (3) 0
632 ④
633 ③
634 ②
635 (1) -5 (2) 1 또는 4
636 ②
637 ②
638 42
639 (1) 4 (2) $\frac{16}{3}$
640 ③
641 ③
642 ⑤
643 ④
644 ②
645 (1) 36 (2) 18
646 ③
647 ⑤
648 ⑤
649 ③
650 ①
651 ②
652 ①
653 (1) 48 (2) $\frac{20}{3}$
654 ①
655 ②
656 ③
657 ①
658 ④
659 5
660 ②
661 (1) $f(x)=2x+5$ (2) $f(x)=x^2-3x+2$
662 ⑤
663 ④
664 ⑤
665 ⑤
666 ④
667 11
668 풀이 참조
669 (1) 5 (2) 5
670 ③
671 ①
672 ①
673 ⑤
674 ④
675 ②
676 3
677 ③
678 ③
679 ④
680 ③
681 ①
682 ③
683 풀이 참조
684 ③
685 ①
686 ②
687 ⑤
688 ⑤
689 ③
690 8
691 ③
692 ①
693 풀이 참조
694 (1) 3 (2) 1
695 9
696 ④
697 ④
698 ③
699 ②
700 ③
701 풀이 참조
702 ④
703 ①
704 ④
705 ②
706 8
707 ①
708 ④
709 ②
710 ②
711 ⑤
712 ⑤
713 ①
714 ③
715 ⑤
716 ①
717 ④
718 ③
719 ①
720 ④
721 ①
722 ①
723 ⑤
724 16
725 9
726 ③
727 ④
728 ㄴ, ㄷ, ㄹ
729 ④
730 ④
731 ③
732 ③
733 ⑤
734 ⑤
735 -14
736 ③
737 ②
738 ④
739 ①
740 ②
741 ③
742 ③
743 ④
744 45
745 ②
746 ①
747 40
748 ④
749 ①
750 ②

751 3
752 ③
753 ④
754 ④
755 ②
756 80
757 10
758 ①
759 ④
760 30
761 17
762 ⑤
763 ④
764 풀이 참조

03 정적분의 활용

본문 203~226 p

765 (1) $\frac{4}{3}$ (2) $\frac{4}{3}$
766 ④
767 ③
768 (1) 6 (2) 6
769 ③
770 ④
771 ⑤
772 ③
773 ②
774 ③
775 ⑤
776 ④
777 (1) $\frac{4}{3}$ (2) $\frac{37}{12}$
778 ②
779 ③
780 ②
781 $\frac{8}{3}$
782 (1) $\frac{1}{3}$ (2) 1
783 ③
784 ③
785 $\frac{4\sqrt{2}}{3}$
786 ②
787 (1) 3 (2) 3 (3) 5
788 풀이 참조
789 ②
790 ⑤
791 ④
792 ②
793 ②
794 ③
795 ⑤
796 ⑤
797 ③
798 ④
799 ④
800 ③
801 $\frac{16}{3}$
802 14
803 ②
804 ④
805 ⑤
806 ②
807 $a=1$, $S=\frac{1}{2}$
808 ④
809 40
810 ⑤
811 ③
812 ④
813 ⑤
814 ②
815 ③
816 ②
817 ④
818 ②
819 ③
820 ③
821 $\frac{27}{2}$
822 2
823 ④
824 ②
825 ①
826 ③
827 ④
828 ②
829 ⑤
830 ③
831 ⑤
832 ②
833 ③
834 ②
835 1
836 풀이 참조
837 ④
838 ④
839 ⑤
840 ⑤
841 2초
842 ①
843 풀이 참조
844 ⑤
845 ⑤
846 132 m
847 ④
848 ④
849 ④
850 ④
851 ④
852 ②
853 ④
854 $f(x)=-6x^3+18x$
855 ③
856 ④
857 ③
858 ①
859 ⑤
860 ②
861 13
862 ⑤
863 ②
864 ③
865 ⑤
866 $\frac{5}{2}$
867 ②

유 형 + 내 신

수학 II

정답과 풀이

I 함수의 극한과 연속

01 함수의 극한

001 답 (1) 0 (2) 2

(1) 함수 $y=f(x)$의 그래프에서 x의 값이 1에 한없이 가까워질 때, $f(x)$의 값은 0에 한없이 가까워지므로

$\lim_{x \to 1} f(x)=0$

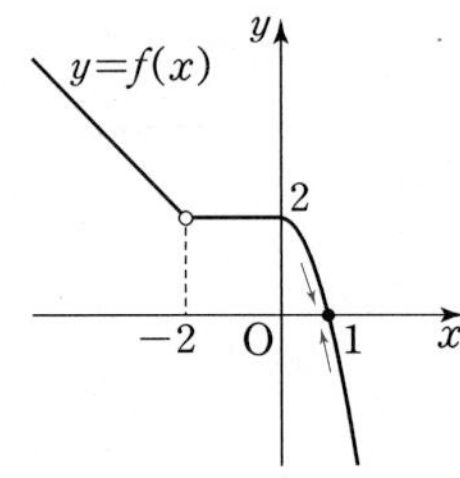

(2) 함수 $y=f(x)$의 그래프에서 x의 값이 -2에 한없이 가까워질 때, $f(x)$의 값은 2에 한없이 가까워지므로

$\lim_{x \to -2} f(x)=2$

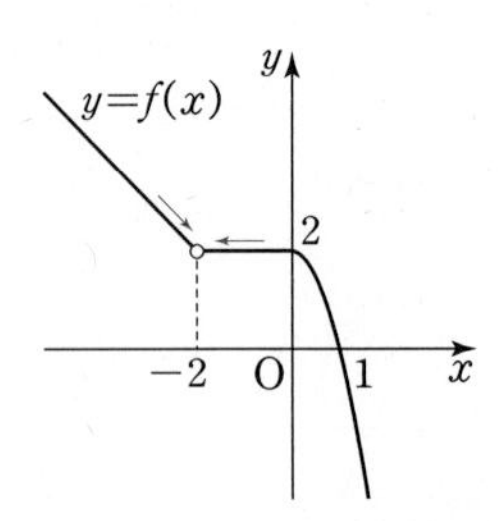

002 답 (1) 2 (2) 4

(1) $f(x)=x+2$라 하면 함수 $y=f(x)$의 그래프는 다음과 같다.

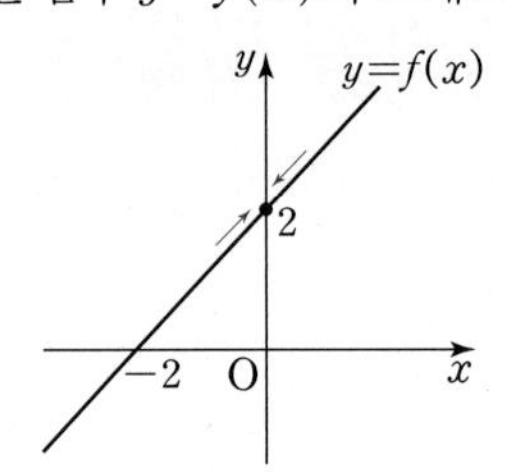

x의 값이 0에 한없이 가까워질 때, $f(x)$의 값은 2에 한없이 가까워지므로

$\lim_{x \to 0}(x+2)=2$

(2) $f(x)=-x^2+5$라 하면 함수 $y=f(x)$의 그래프는 다음과 같다.

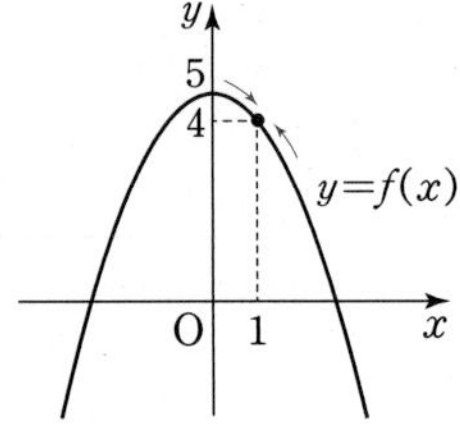

x의 값이 1에 한없이 가까워질 때, $f(x)$의 값은 4에 한없이 가까워지므로

$\lim_{x \to 1}(-x^2+5)=4$

003 답 (1) 4 (2) $\frac{1}{7}$

(1) $f(x)=\frac{x^2-4}{x-2}$ $(x\neq2)$라 하면

$f(x)=\frac{(x+2)(x-2)}{x-2}$

$=x+2$ $(x\neq2)$

이므로 함수 $y=f(x)$의 그래프는 다음과 같다.

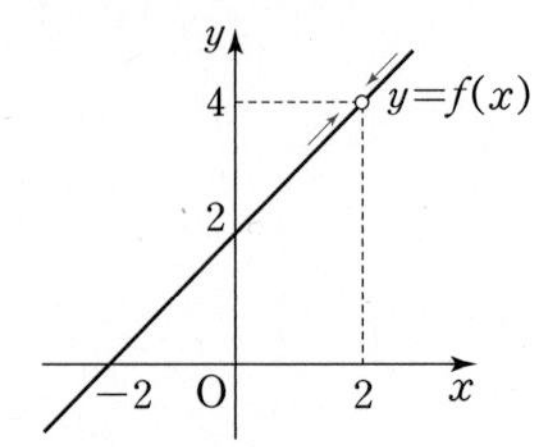

x의 값이 2에 한없이 가까워질 때, $f(x)$의 값은 4에 한없이 가까워지므로

$\lim_{x \to 2}\frac{x^2-4}{x-2}=\lim_{x \to 2}(x+2)=4$

(2) $f(x)=\frac{x-5}{x^2-3x-10}$ $(x\neq5,\ x\neq-2)$라 하면

$f(x)=\frac{x-5}{x^2-3x-10}$

$=\frac{x-5}{(x+2)(x-5)}$

$=\frac{1}{x+2}$ $(x\neq5,\ x\neq-2)$

이므로 함수 $y=f(x)$의 그래프는 다음과 같다.

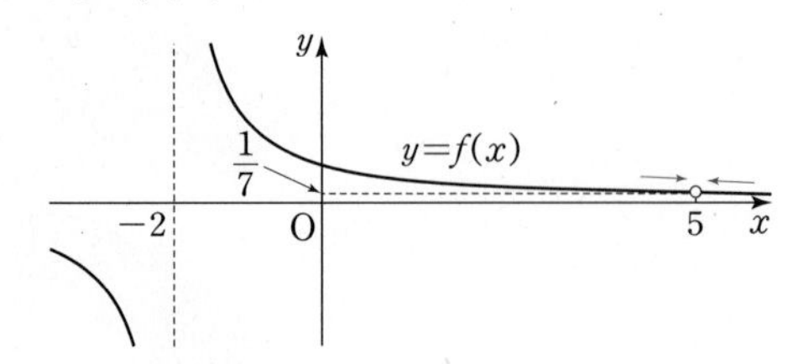

x가 5에 한없이 가까워질 때, $f(x)$의 값은 $\frac{1}{7}$에 한없이 가까워지므로

$\lim_{x \to 5}\frac{x-5}{x^2-3x-10}=\lim_{x \to 5}\frac{1}{x+2}=\frac{1}{7}$

004 답 ③

① $f(x)=x-3$이라 하면 함수 $y=f(x)$의 그래프는 다음과 같다.

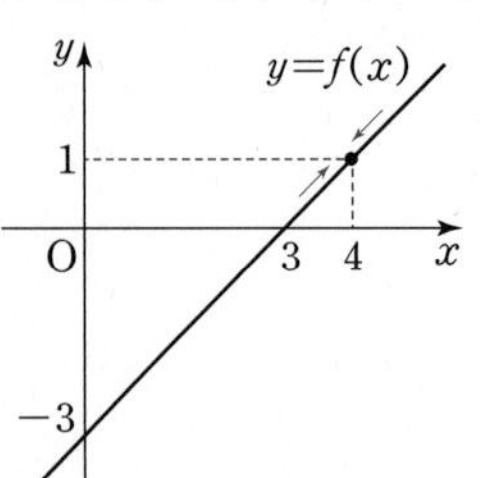

x의 값이 4에 한없이 가까워질 때, $f(x)$의 값은 1에 한없이 가까워지므로

$\lim_{x \to 4}(x-3)=1$

② $f(x)=\sqrt{2x-6}$이라 하면 함수 $y=f(x)$의 그래프는 다음과 같다.

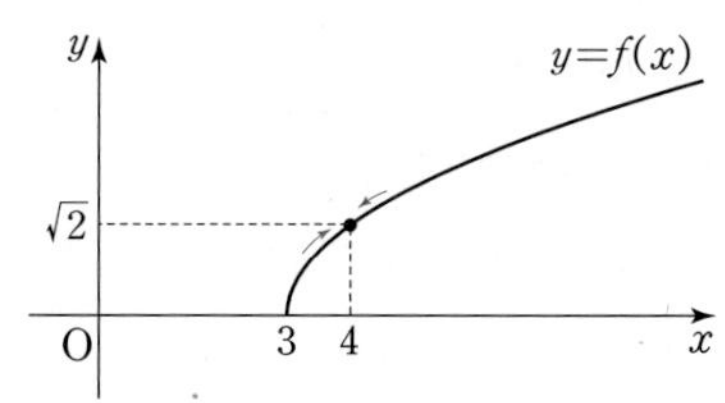

x의 값이 4에 한없이 가까워질 때, $f(x)$의 값은 $\sqrt{2}$에 한없이 가까워지므로

$\lim_{x\to4}\sqrt{2x-6}=\sqrt{2}$

③ $f(x)=\dfrac{2x}{x-1}=\dfrac{2}{x-1}+2$라 하면 함수 $y=f(x)$의 그래프는 다음과 같다.

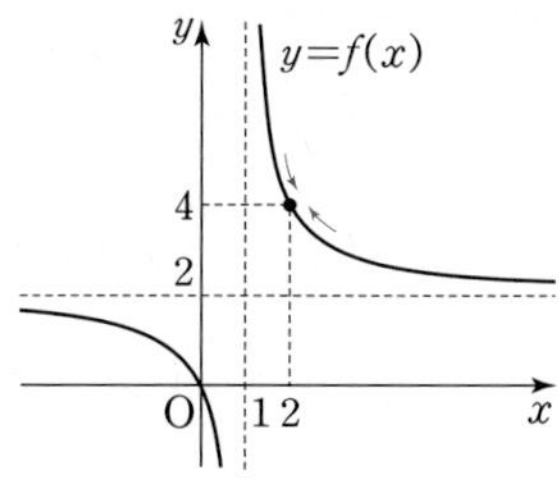

x의 값이 2에 한없이 가까워질 때, $f(x)$의 값은 4에 한없이 가까워지므로

$\lim_{x\to2}\dfrac{2x}{x-1}=4$

④ $f(x)=8$이라 하면 함수 $y=f(x)$의 그래프는 다음과 같다.

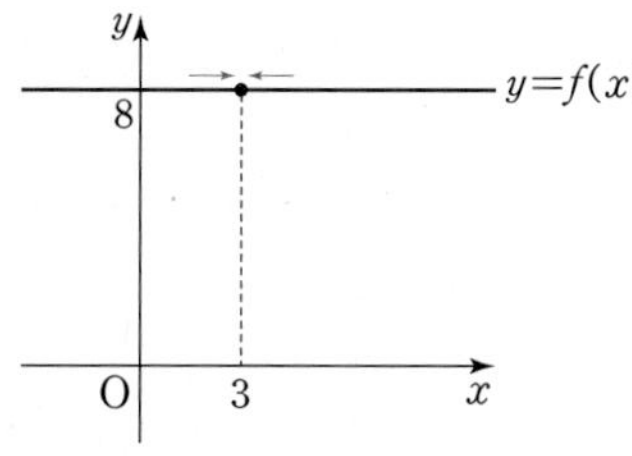

x의 값이 3에 한없이 가까워질 때, $f(x)$의 값은 8이므로

$\lim_{x\to3}8=8$

⑤ $f(x)=\dfrac{x^2-x}{x-1}$ $(x\neq1)$라 하면

$$f(x)=\frac{x^2-x}{x-1}=\frac{x(x-1)}{x-1}=x\ (x\neq1)$$

이므로 함수 $y=f(x)$의 그래프는 다음과 같다.

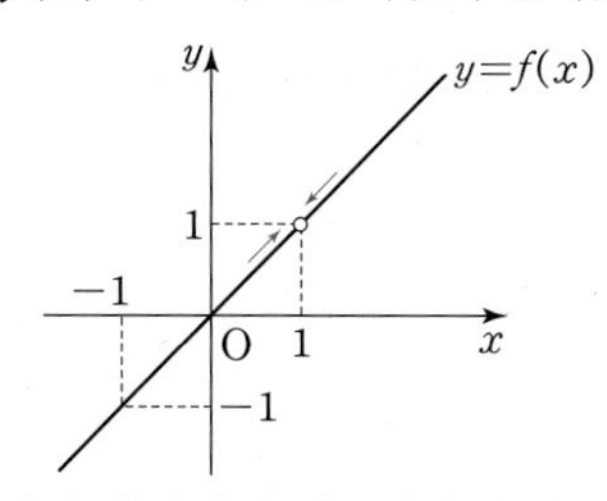

x의 값이 1에 한없이 가까워질 때, $f(x)$의 값은 1에 한없이 가까워지므로

$\lim_{x\to1}\dfrac{x^2-x}{x-1}=1$

따라서 선지 중 극한값을 바르게 구한 것은 ③이다.

005 …… 답 ②

ㄱ. $f(x)=\dfrac{x}{x+2}=1-\dfrac{2}{x+2}$라 하면 함수 $y=f(x)$의 그래프는 다음과 같다.

x의 값이 한없이 커질 때 $f(x)$의 값은 1에 한없이 가까워지므로

$\lim_{x\to\infty}\dfrac{x}{x+2}=1$ (참)

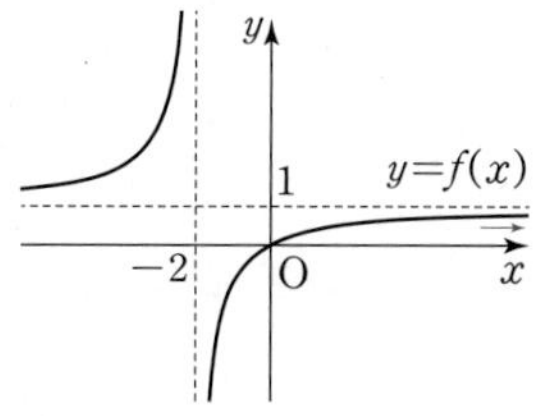

ㄴ. $f(x)=-2x+1$이라 하면 함수 $y=f(x)$의 그래프는 다음과 같다.

x의 값이 한없이 커질 때 $f(x)$의 값은 음의 무한대로 발산하므로

$\lim_{x\to\infty}(-2x+1)=-\infty$ (거짓)

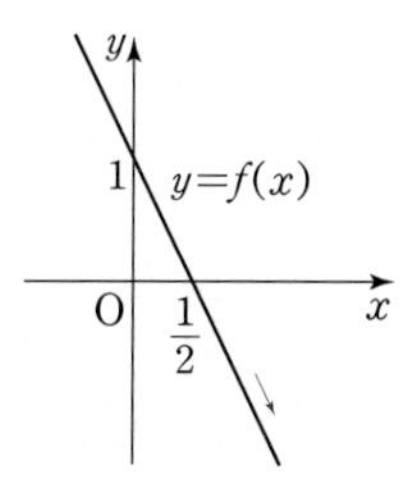

ㄷ. $f(x)=x^2+x$라 하면 함수 $y=f(x)$의 그래프는 다음과 같다.

x의 값이 한없이 작아질 때 $f(x)$의 값은 양의 무한대로 발산하므로

$\lim_{x\to-\infty}(x^2+x)=\infty$ (참)

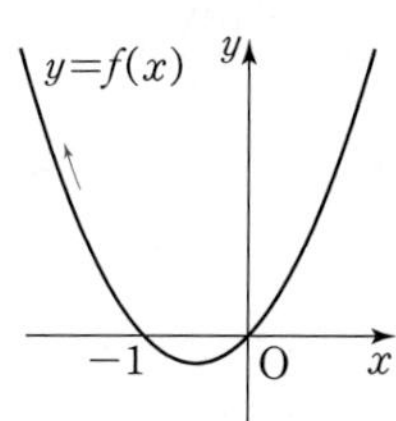

ㄹ. $f(x)=\dfrac{1}{x+1}$이라 하면 함수 $y=f(x)$의 그래프는 다음과 같다.

x의 값이 한없이 작아질 때 $f(x)$의 값은 0에 한없이 가까워지므로

$\lim_{x\to-\infty}\dfrac{1}{x+1}=0$ (거짓)

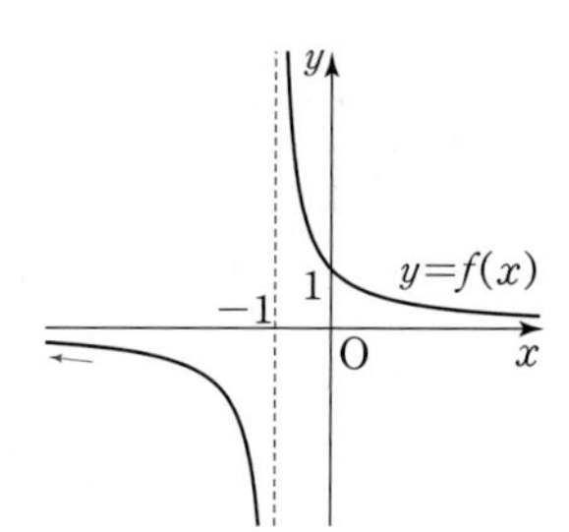

따라서 옳은 것은 ㄱ, ㄷ이다.

006 …… 답 ⑤

① 주어진 함수를 $y=f(x)$라 하면

$\lim_{x\to a-}f(x)\neq\lim_{x\to a+}f(x)$이므로 함수 $f(x)$는 $x=a$에서 극한값이 존재하지 않는다.

② 주어진 함수를 $y=f(x)$라 하면

$\lim_{x\to a-}f(x)=\infty$, $\lim_{x\to a+}f(x)=\infty$로 함수 $f(x)$는 $x=a$에서 극한값이 존재하지 않는다.

③ 주어진 함수를 $y=f(x)$라 하면

$\lim_{x\to a-}f(x)=\infty$, $\lim_{x\to a+}f(x)=-\infty$로 함수 $f(x)$는 $x=a$에서 극한값이 존재하지 않는다.

④ 주어진 함수를 $y=f(x)$라 하면

$\lim_{x\to a-}f(x)\neq\lim_{x\to a+}f(x)$이므로 함수 $f(x)$는 $x=a$에서 극한값이

존재하지 않는다.

⑤ 주어진 함수를 $y=f(x)$라 하면

$\lim_{x\to a-} f(x)=\lim_{x\to a+} f(x)$이므로 함수 $f(x)$는 $x=a$에서 극한값이 존재한다.

따라서 선지 중 $x=a$에서 극한값이 존재하는 그래프는 ⑤이다.

007 ······ 답 ④

주어진 그래프에서

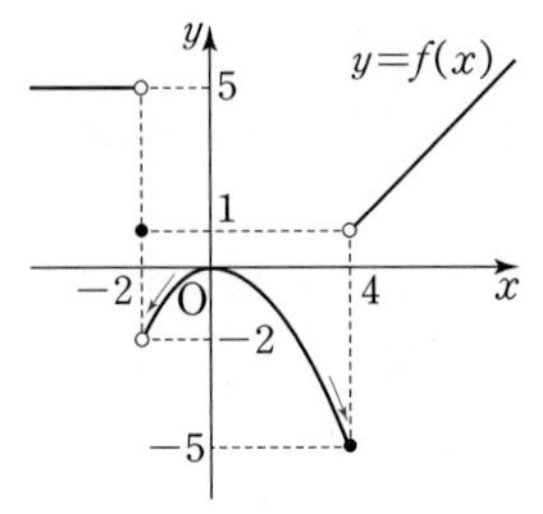

$\lim_{x\to 4-} f(x)=-5$, $\lim_{x\to -2+} f(x)=-2$이다.

$\therefore \lim_{x\to 4-} f(x)+\lim_{x\to -2+} f(x)=-7$

008 ······ 답 ③

주어진 그래프에서

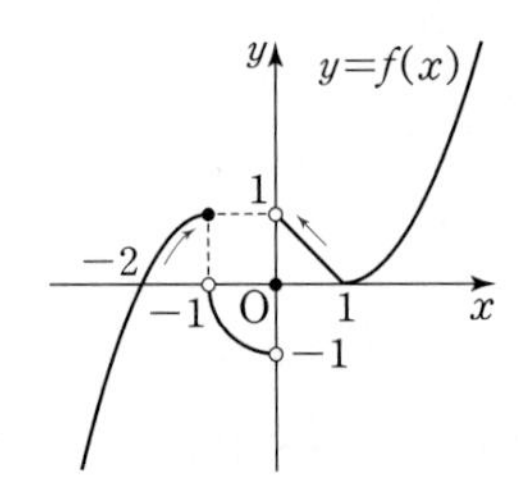

$\lim_{x\to -1-} f(x)=1$, $\lim_{x\to 0+} f(x)=1$, $f(0)=0$이다.

$\therefore \lim_{x\to -1-} f(x)+f(0)+\lim_{x\to 0+} f(x)=2$

009 ······ 답 ①

주어진 그래프에서

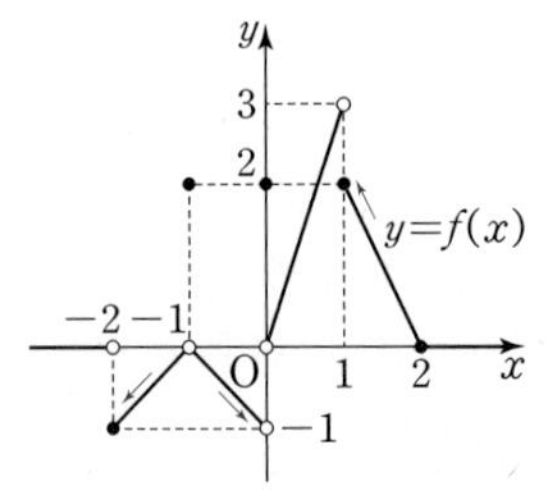

$a=\lim_{x\to -2+} f(x)=-1$, $b=\lim_{x\to 0-} f(x)=-1$, $c=\lim_{x\to 1+} f(x)=2$이다.

$\therefore a+2b-c=-5$

010 ······ 답 ⑤

ㄱ. $\lim_{x\to 2+} f(x)=1$ (거짓)

ㄴ. $\lim_{x\to 1+} f(x)=1$, $\lim_{x\to 1-} f(x)=1$이므로

$\lim_{x\to 1} f(x)=1$이다. (참)

ㄷ. $\lim_{x\to -2+} f(x)=-1$, $\lim_{x\to -2-} f(x)=1$에서

$\lim_{x\to -2+} f(x)\neq \lim_{x\to -2-} f(x)$이므로

$\lim_{x\to -2} f(x)$의 값이 존재하지 않는다. (거짓)

ㄹ. $-2<a<2$인 임의의 실수 a에 대하여

$\lim_{x\to a+} f(x)=\lim_{x\to a-} f(x)$이므로

$\lim_{x\to a} f(x)$의 값이 존재한다. (참)

따라서 옳은 것은 ㄴ, ㄹ이다.

011 ······ 답 ②

함수 $y=f(x)$의 그래프는 다음과 같다.

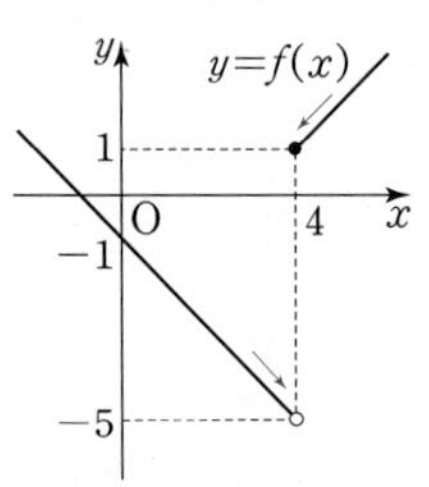

위의 그래프에서

$\lim_{x\to 4+} f(x)=1$, $\lim_{x\to 4-} f(x)=-5$이다.

$\therefore \lim_{x\to 4+} f(x)-\lim_{x\to 4-} f(x)=6$

012 ······ 답 ①

함수 $y=f(x)$의 그래프는 그림과 같다.

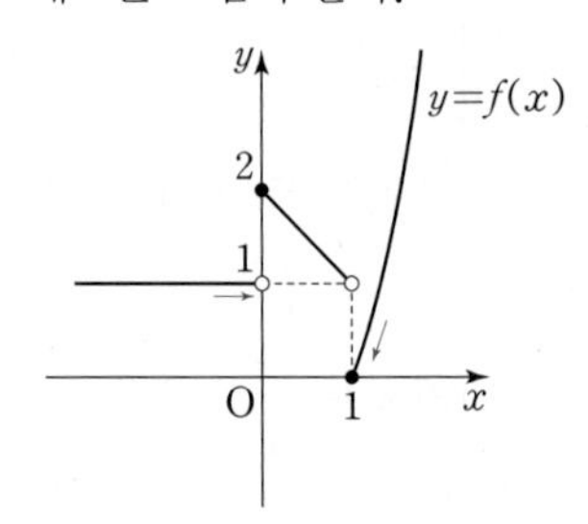

위의 그래프에서

$\lim_{x\to 0-} f(x)=1$, $\lim_{x\to 1+} f(x)=0$이다.

$\therefore \lim_{x\to 0-} f(x)+\lim_{x\to 1+} f(x)=1$

013 ······ 답 ①

$f(x)=\dfrac{x^2-2x}{|x-2|}$라 하면

$x-2>0$, 즉 $x>2$일 때, $f(x)=\dfrac{x(x-2)}{x-2}=x$

$x-2<0$, 즉 $x<2$일 때, $f(x)=\dfrac{x(x-2)}{-(x-2)}=-x$이므로

$f(x)=\begin{cases} x & (x>2) \\ -x & (x<2) \end{cases}$이다.

함수 $y=f(x)$의 그래프는 다음과 같다.

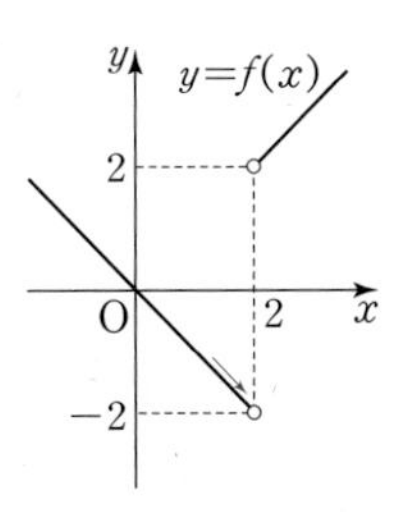

$\therefore \lim_{x\to 2-} f(x)=-2$ …… TIP

TIP

구하는 것이 함수 $f(x)$의 $x=2$에서의 좌극한이므로 $x<2$인 경우만 구하면 바르게 답을 구할 수 있다.

014 …… 답 풀이 참조

$x>0$이면 $\frac{x}{|x|}=\frac{x}{x}=1$,

$x<0$이면 $\frac{x}{|x|}=\frac{x}{-x}=-1$이므로

$f(x)=\begin{cases} 1 & (x>0) \\ -1 & (x<0) \end{cases}$이다.

함수 $y=f(x)$의 그래프는 다음과 같다.

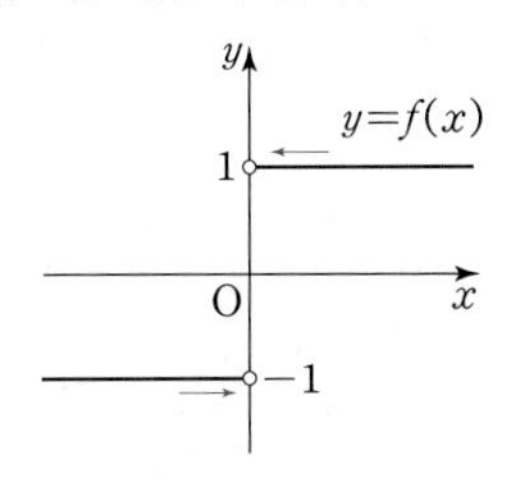

위의 그래프에서

$\lim_{x\to 0+} f(x)=\lim_{x\to 0+} 1=1$, $\lim_{x\to 0-} f(x)=\lim_{x\to 0-}(-1)=-1$이다.

따라서 $\lim_{x\to 0+} f(x)\neq \lim_{x\to 0-} f(x)$이므로

$\lim_{x\to 0} f(x)$가 존재하지 않는다.

채점 요소	배점
x의 값의 범위에 따른 함수 $f(x)$ 구하기	40%
함수 $y=f(x)$의 그래프 그리기	20%
$\lim_{x\to 0} f(x)$의 존재성 조사하기	40%

015 …… 답 ③

$\lim_{x\to 5}\{f(x)+2g(x)\}=\lim_{x\to 5} f(x)+2\times \lim_{x\to 5} g(x)$
$=5+2\times(-1)=3$

016 …… 답 ②

ㄱ. $\lim_{x\to a} f(x)=\alpha$, $\lim_{x\to a} g(x)=\beta$(α, β는 실수)라 하면

$\lim_{x\to a}\{f(x)+g(x)\}=\lim_{x\to a} f(x)+\lim_{x\to a} g(x)=\alpha+\beta$이다. (참)

ㄴ. $\lim_{x\to a} f(x)=\alpha$, $\lim_{x\to a}\frac{g(x)}{f(x)}=\beta$($\alpha$, β는 실수)라 하면

$$\lim_{x\to a} g(x)=\lim_{x\to a}\left\{f(x)\times\frac{g(x)}{f(x)}\right\}$$
$$=\lim_{x\to a} f(x)\times\lim_{x\to a}\frac{g(x)}{f(x)}=\alpha\beta$$

이다. (참)

ㄷ. (반례) $f(x)=x+1$, $g(x)=x$이면

$\lim_{x\to 0} f(x)=1$, $\lim_{x\to 0} g(x)=0$으로 모두 존재하지만

함수 $\frac{f(x)}{g(x)}=\frac{x+1}{x}=1+\frac{1}{x}$에서

$\lim_{x\to 0+}\left(1+\frac{1}{x}\right)=\infty$, $\lim_{x\to 0-}\left(1+\frac{1}{x}\right)=-\infty$이므로

$\lim_{x\to 0}\frac{f(x)}{g(x)}$가 존재하지 않는다. (거짓)

따라서 옳은 것은 ㄱ, ㄴ이다.

017 …… 답 ⑤

$\lim_{x\to 0}\frac{f(x)}{x}=3$이므로 구하는 식의 분자와 분모를 각각 x로 나누어 식을 정리하면

$$\lim_{x\to 0}\frac{2x+f(x)}{x-f(x)}=\lim_{x\to 0}\frac{2+\frac{f(x)}{x}}{1-\frac{f(x)}{x}}$$ …… TIP
$$=\frac{2+3}{1-3}=-\frac{5}{2}$$

TIP

$\lim_{x\to 0}\frac{f(x)}{x}$가 수렴하므로 구하는 식 $\lim_{x\to 0}\frac{2x+f(x)}{x-f(x)}$에서 분자와 분모가 각각 $\frac{f(x)}{x}$를 포함하도록 변형하여 극한값을 구한다.

018 …… 답 ②

$\lim_{x\to\infty} f(x)=\infty$에서 $\lim_{x\to\infty}\frac{1}{f(x)}=0$이다.

따라서 구하는 식의 분자와 분모를 각각 $f(x)$로 나누어 식을 정리하면

$$\lim_{x\to\infty}\frac{f(x)g(x)+2}{2f(x)+g(x)}=\lim_{x\to\infty}\frac{g(x)+2\times\frac{1}{f(x)}}{2+g(x)\times\frac{1}{f(x)}}=\frac{3+2\times 0}{2+3\times 0}=\frac{3}{2}$$

019 …… 답 ②

$\lim_{x\to 3}\frac{f(x)}{x-3}=2$, $\lim_{x\to 3}\frac{g(x)}{x-3}=5$이므로 구하는 식의 분자와 분모를 각각 $x-3$으로 나누어 식을 정리하면

$$\lim_{x\to 3}\frac{2f(x)+3g(x)}{3f(x)-g(x)}=\lim_{x\to 3}\frac{\frac{2f(x)+3g(x)}{x-3}}{\frac{3f(x)-g(x)}{x-3}}$$

$$=\lim_{x\to3}\frac{2\times\frac{f(x)}{x-3}+3\times\frac{g(x)}{x-3}}{3\times\frac{f(x)}{x-3}-\frac{g(x)}{x-3}}$$

$$=\frac{2\times2+3\times5}{3\times2-5}=19$$

020

답 (1) 12 (2) $\frac{1}{7}$ (3) 3

(1) $x\to2$일 때, (분모)$\to0$이고 (분자)$\to0$이므로

$$\lim_{x\to2}\frac{x^3-8}{x-2}=\lim_{x\to2}\frac{(x-2)(x^2+2x+4)}{x-2}$$
$$=\lim_{x\to2}(x^2+2x+4)=12$$

(2) $x\to3$일 때, (분모)$\to0$이고 (분자)$\to0$이므로

$$\lim_{x\to3}\frac{x^2-5x+6}{x^2+x-12}=\lim_{x\to3}\frac{(x-3)(x-2)}{(x-3)(x+4)}$$
$$=\lim_{x\to3}\frac{x-2}{x+4}=\frac{1}{7}$$

(3) $x\to-1$일 때, (분모)$\to0$이고 (분자)$\to0$이므로

$$\lim_{x\to-1}\frac{2x^3-x^2-5x-2}{x+1}=\lim_{x\to-1}\frac{(x+1)(2x^2-3x-2)}{x+1}$$
$$=\lim_{x\to-1}(2x^2-3x-2)=3$$

참고

두 함수 $f(x)$, $g(x)$가 다항함수일 때, $\lim_{x\to a}\frac{f(x)}{g(x)}$의 값을 묻는 문제에서

❶ $g(a)\neq0$이면 $\lim_{x\to a}\frac{f(x)}{g(x)}=\frac{f(a)}{g(a)}$로 계산할 수 있다.

❷ $g(a)=0$, $f(a)=0$이면

$\lim_{x\to a}\frac{f(x)}{g(x)}=\frac{f(a)}{g(a)}=\frac{0}{0}$ 꼴이 되어 계산할 수 없으므로

$\lim_{x\to a}\frac{f(x)}{g(x)}=\lim_{x\to a}\frac{(x-a)f_1(x)}{(x-a)g_1(x)}=\lim_{x\to a}\frac{f_1(x)}{g_1(x)}=\frac{f_1(a)}{g_1(a)}$

와 같이 $x-a$를 분자, 분모에서 약분하여 극한값을 구해야 한다. (단, $f_1(x)$, $g_1(x)$는 다항식이고, $g_1(a)\neq0$이다.)

021

답 (1) $\frac{1}{4}$ (2) 6

(1) $x\to1$일 때, (분모)$\to0$이고 (분자)$\to0$이므로

$$\lim_{x\to1}\frac{\sqrt{x+3}-2}{x-1}=\lim_{x\to1}\frac{(\sqrt{x+3}-2)(\sqrt{x+3}+2)}{(x-1)(\sqrt{x+3}+2)}$$
$$=\lim_{x\to1}\frac{x-1}{(x-1)(\sqrt{x+3}+2)}$$
$$=\lim_{x\to1}\frac{1}{\sqrt{x+3}+2}=\frac{1}{4}$$

(2) $x\to0$일 때, (분모)$\to0$이고 (분자)$\to0$이므로

$$\lim_{x\to0}\frac{x}{3-\sqrt{9-x}}=\lim_{x\to0}\frac{x(3+\sqrt{9-x})}{(3-\sqrt{9-x})(3+\sqrt{9-x})}$$
$$=\lim_{x\to0}\frac{x(3+\sqrt{9-x})}{x}$$
$$=\lim_{x\to0}(3+\sqrt{9-x})=6$$

022

답 (1) $\frac{1}{4}$ (2) $-\frac{\sqrt{5}}{10}$ (3) $\frac{1}{25}$

(1) $\lim_{x\to2}(x-2)\left(\frac{1}{x^2-4}+5\right)$

$$=\lim_{x\to2}\left\{\frac{x-2}{(x-2)(x+2)}+5(x-2)\right\}$$
$$=\lim_{x\to2}\left\{\frac{1}{x+2}+5(x-2)\right\}=\frac{1}{4}$$

(2) $\lim_{x\to5}(\sqrt{x}-\sqrt{5})\left(1-\frac{1}{x-5}\right)$

$$=\lim_{x\to5}(\sqrt{x}-\sqrt{5})\times\frac{x-6}{x-5}$$
$$=\lim_{x\to5}\frac{x-6}{\sqrt{x}+\sqrt{5}}$$
$$=\frac{-1}{2\sqrt{5}}=-\frac{\sqrt{5}}{10}$$

(3) $\lim_{x\to0}\frac{1}{x}\left(\frac{1}{5}-\frac{1}{x+5}\right)$

$$=\lim_{x\to0}\left\{\frac{1}{x}\times\frac{(x+5)-5}{5(x+5)}\right\}$$
$$=\lim_{x\to0}\frac{1}{5(x+5)}=\frac{1}{25}$$

023

답 (1) 0 (2) $\frac{7}{4}$ (3) ∞

(1) $x\to\infty$일 때, (분모)$\to\infty$이고 (분자)$\to\infty$이므로

$$\lim_{x\to\infty}\frac{x+1}{3x^2+x}=\lim_{x\to\infty}\frac{\frac{1}{x}+\frac{1}{x^2}}{3+\frac{1}{x}}=\frac{0+0}{3+0}=0$$

(2) $x\to\infty$일 때, (분모)$\to\infty$이고 (분자)$\to\infty$이므로

$$\lim_{x\to\infty}\frac{7x^2-3x+1}{(2x+1)^2}=\lim_{x\to\infty}\frac{7x^2-3x+1}{4x^2+4x+1}$$
$$=\lim_{x\to\infty}\frac{7-\frac{3}{x}+\frac{1}{x^2}}{4+\frac{4}{x}+\frac{1}{x^2}}=\frac{7}{4}$$

(3) $x\to\infty$일 때, (분모)$\to\infty$이고 (분자)$\to\infty$이므로

$$\lim_{x\to\infty}\frac{2x^3-10}{x^2+5x+4}=\lim_{x\to\infty}\frac{2x-\frac{10}{x^2}}{1+\frac{5}{x}+\frac{4}{x^2}}=\infty$$

TIP1

$x\to\infty$일 때, 분자와 분모가 각각 x에 대한 다항식이면 분모의 최고차항으로 분자와 분모를 각각 나누어 수렴하는 함수의 합, 차, 곱, 몫, 실수배한 꼴로 만들 수 있고, 수렴하는 함수의 극한에 대한 기본 성질을 이용하여 극한값을 구한다. 원리를 정확하게 알고 숙달한 후 최고차항의 계수만을 비교하는 방법으로 빠르게 극한값을 구하도록 하자.

즉, 최고차항의 계수만을 고려하여

(2) $\lim_{x\to\infty}\frac{7x^2-3x+1}{(2x+1)^2}=\frac{7}{2^2}=\frac{7}{4}$

로 극한값을 구할 수 있다.

참고

두 다항식 $f(x)$, $g(x)$에 대하여 $\lim_{x\to\infty}\frac{f(x)}{g(x)}$의 극한은 다음과 같다.

❶ 분자 $f(x)$의 차수가 더 큰 경우

$\lim_{x\to\infty}\frac{f(x)}{g(x)}=\infty$ 또는 $\lim_{x\to\infty}\frac{f(x)}{g(x)}=-\infty$

❷ 분모 $g(x)$의 차수가 더 큰 경우

$\lim_{x\to\infty}\frac{f(x)}{g(x)}=0$

❸ $f(x)$, $g(x)$의 차수가 같은 경우

$f(x)$, $g(x)$의 최고차항의 계수가 각각 a, b $(ab\neq0)$일 때

$\lim_{x\to\infty}\frac{f(x)}{g(x)}=\frac{a}{b}$

024 ········ 답 ②

$x\to\infty$일 때, (분모)$\to\infty$이고 (분자)$\to\infty$이므로

$$\lim_{x\to\infty}\frac{2x}{\sqrt{x^2+x}-1}=\lim_{x\to\infty}\frac{2}{\sqrt{1+\frac{1}{x}}-\frac{1}{x}}=2$$

TIP

$\sqrt{ax^2}$(a는 상수)은 x에 대한 일차항으로 생각하고 계수를 $\sqrt{a}$로 본 후 최고차항의 계수만을 고려하여 극한값을 구할 수 있다.

$\lim_{x\to\infty}\frac{2x}{\sqrt{x^2+x}-1}=\frac{2}{1}=2$

025 ········ 답 (1) 1 (2) 3

(1) 주어진 식을 유리화하여 정리하면

$$\lim_{x\to\infty}(\sqrt{x^2+2x}-x)$$

$$=\lim_{x\to\infty}\frac{(\sqrt{x^2+2x}-x)(\sqrt{x^2+2x}+x)}{\sqrt{x^2+2x}+x}$$

$$=\lim_{x\to\infty}\frac{(x^2+2x)-x^2}{\sqrt{x^2+2x}+x}$$

$$=\lim_{x\to\infty}\frac{2x}{\sqrt{x^2+2x}+x}$$

$$=\lim_{x\to\infty}\frac{2}{\sqrt{1+\frac{2}{x}}+1}=1$$

(2) 주어진 식을 유리화하여 정리하면

$$\lim_{x\to\infty}(\sqrt{x^2+3x+1}-\sqrt{x^2-3x-1})$$

$$=\lim_{x\to\infty}\frac{(\sqrt{x^2+3x+1}-\sqrt{x^2-3x-1})(\sqrt{x^2+3x+1}+\sqrt{x^2-3x-1})}{\sqrt{x^2+3x+1}+\sqrt{x^2-3x-1}}$$

$$=\lim_{x\to\infty}\frac{(x^2+3x+1)-(x^2-3x-1)}{\sqrt{x^2+3x+1}+\sqrt{x^2-3x-1}}$$

$$=\lim_{x\to\infty}\frac{6x+2}{\sqrt{x^2+3x+1}+\sqrt{x^2-3x-1}}$$

$$=\lim_{x\to\infty}\frac{6+\frac{2}{x}}{\sqrt{1+\frac{3}{x}+\frac{1}{x^2}}+\sqrt{1-\frac{3}{x}-\frac{1}{x^2}}}$$

$$=\frac{6}{2}=3$$

TIP

최고차항의 계수만을 고려하여

(1) $\lim_{x\to\infty}(\sqrt{x^2+2x}-x)=\lim_{x\to\infty}\frac{2x}{\sqrt{x^2+2x}+x}$

$=\frac{2}{1+1}=1$

(2) $\lim_{x\to\infty}(\sqrt{x^2+3x+1}-\sqrt{x^2-3x-1})$

$=\lim_{x\to\infty}\frac{6x+2}{\sqrt{x^2+3x+1}+\sqrt{x^2-3x-1}}$

$=\frac{6}{1+1}=3$

으로 극한값을 구할 수 있다.

026 ········ 답 ③

함수 $f(x)=\begin{cases}x^2-x-6 & (x\geq4)\\ -2x+k & (x<4)\end{cases}$에서

$\lim_{x\to4+}f(x)=\lim_{x\to4+}(x^2-x-6)=6$,

$\lim_{x\to4-}f(x)=\lim_{x\to4-}(-2x+k)=-8+k$이다.

이때 $\lim_{x\to4}f(x)$의 값이 존재하려면 $\lim_{x\to4+}f(x)=\lim_{x\to4-}f(x)$를 만족시켜야 하므로 $6=-8+k$

$\therefore k=14$

027 ········ 답 ④

함수 $f(x)=\begin{cases}2x^2+5 & (x\geq-1)\\ 3x^2-ax+b & (x<-1)\end{cases}$에서

$\lim_{x\to-1-}f(x)=\lim_{x\to-1-}(3x^2-ax+b)=3+a+b$,

$\lim_{x\to-1+}f(x)=\lim_{x\to-1+}(2x^2+5)=7$이다.

이때 $\lim_{x\to-1}f(x)$가 존재하려면

$\lim_{x\to-1-}f(x)=\lim_{x\to-1+}f(x)$를 만족시켜야 하므로

$3+a+b=7$

$\therefore a+b=4$

028 ········ 답 ④

$\lim_{x\to-2}\frac{x^2+ax+b}{x+2}=5$에서 극한값이 존재하고,

$x\to-2$일 때 (분모)$\to0$이므로 (분자)$\to0$이다. ······ TIP

즉, $\lim_{x\to-2}(x^2+ax+b)=4-2a+b=0$에서

$b=2a-4$이고 ······ ㉠

$$\lim_{x\to-2}\frac{x^2+ax+b}{x+2}=\lim_{x\to-2}\frac{x^2+ax+2a-4}{x+2}$$
$$=\lim_{x\to-2}\frac{x^2+ax+2(a-2)}{x+2}$$
$$=\lim_{x\to-2}\frac{(x+a-2)(x+2)}{(x+2)}$$
$$=\lim_{x\to-2}(x+a-2)$$
$$=a-4=5$$

이므로 $a=9$, $b=14$ ($\because$ ㉠)

$\therefore a+b=23$

다른 풀이

극한값이 존재하고 $x\to-2$일 때 (분모)$\to0$이므로 (분자)$\to0$이다.

즉, $\lim_{x\to-2}(x^2+ax+b)=0$에서 다항식 x^2+ax+b는 $x+2$를 인수로 갖는다.

즉, $x^2+ax+b=(x+2)(x+k)$ (k는 상수)라 하면 ...... ㉠

$$\lim_{x\to-2}\frac{x^2+ax+b}{x+2}=\lim_{x\to-2}\frac{(x+2)(x+k)}{x+2}$$
$$=\lim_{x\to-2}(x+k)$$
$$=-2+k=5$$

따라서 $k=7$이고 ㉠에서

$x^2+ax+b=(x+2)(x+7)=x^2+9x+14$

이므로 $a=9$, $b=14$이다.

$\therefore a+b=23$

TIP

유리함수의 극한이 $\frac{0}{0}$ 꼴일 때, 분자와 분모를 0이 되게 하는 인수를 분자와 분모에서 각각 약분하여 극한값을 구할 수 있다.

일반적으로 함수 $\frac{f(x)}{g(x)}$에서 $\lim_{x\to a}\frac{f(x)}{g(x)}=\alpha$ (α는 실수)이고 $\lim_{x\to a}g(x)=0$이면

$$\lim_{x\to a}f(x)=\lim_{x\to a}\left\{\frac{f(x)}{g(x)}\times g(x)\right\}$$
$$=\lim_{x\to a}\frac{f(x)}{g(x)}\times\lim_{x\to a}g(x)$$
$$=\alpha\times0=0$$

그러므로 분수 꼴로 표현된 함수의 극한값이 존재하고 분모가 0에 수렴하면 분자 또한 0에 수렴함을 이용하여 문제를 해결하자.

한편, 일반적으로 함수 $\frac{f(x)}{g(x)}$에서

$\lim_{x\to a}\frac{f(x)}{g(x)}=\alpha$ (α는 0이 아닌 실수)이고 $\lim_{x\to a}f(x)=0$이면

$$\lim_{x\to a}g(x)=\lim_{x\to a}\left\{f(x)\div\frac{f(x)}{g(x)}\right\}$$
$$=\frac{\lim_{x\to a}f(x)}{\lim_{x\to a}\frac{f(x)}{g(x)}}=\frac{0}{\alpha}=0$$

그러므로 분수 꼴로 표현된 함수의 극한값이 0이 아닌 실수로 존재하고 분자가 0에 수렴하면 분모 또한 0에 수렴함을 이용하여 문제를 해결하자.

029 ...... 답 ③

$\lim_{x\to-1}\frac{x^2+ax+b}{x^3+1}=2$에서 극한값이 존재하고

$x\to-1$일 때 (분모)$\to0$이므로 (분자)$\to0$이다.

즉, $\lim_{x\to-1}(x^2+ax+b)=1-a+b=0$에서 $a=b+1$이고 ...... ㉠

$$\lim_{x\to-1}\frac{x^2+ax+b}{x^3+1}=\lim_{x\to-1}\frac{x^2+(b+1)x+b}{(x+1)(x^2-x+1)}$$
$$=\lim_{x\to-1}\frac{(x+1)(x+b)}{(x+1)(x^2-x+1)}$$
$$=\lim_{x\to-1}\frac{x+b}{x^2-x+1}$$
$$=\frac{b-1}{3}=2$$

즉, $b=7$에서 $a=8$($\because$ ㉠)이다.

$\therefore a+b=15$

030 ...... 답 ③

$\lim_{x\to3}\frac{\sqrt{x+a}+b}{x-3}=\frac{1}{8}$에서 극한값이 존재하고

$x\to3$일 때 (분모)$\to0$이므로 (분자)$\to0$이다.

즉, $\lim_{x\to3}(\sqrt{x+a}+b)=\sqrt{3+a}+b=0$에서

$b=-\sqrt{a+3}$이고 ...... ㉠

$$\lim_{x\to3}\frac{\sqrt{x+a}+b}{x-3}$$
$$=\lim_{x\to3}\frac{\sqrt{x+a}-\sqrt{a+3}}{x-3}$$
$$=\lim_{x\to3}\frac{(\sqrt{x+a}-\sqrt{a+3})(\sqrt{x+a}+\sqrt{a+3})}{(x-3)(\sqrt{x+a}+\sqrt{a+3})}$$
$$=\lim_{x\to3}\frac{(x+a)-(a+3)}{(x-3)(\sqrt{x+a}+\sqrt{a+3})}$$
$$=\lim_{x\to3}\frac{1}{\sqrt{x+a}+\sqrt{a+3}}$$
$$=\frac{1}{2\sqrt{a+3}}=\frac{1}{8}$$

즉, $2\sqrt{a+3}=8$, $\sqrt{a+3}=4$, $a+3=16$에서

$a=13$, $b=-4$ ($\because$ ㉠)

$\therefore a-b=17$

031 ...... 답 ⑤

$\lim_{x\to1}f(x)=f(0)+1$에서 $\lim_{x\to1}f(x)$의 값이 존재하므로

$\lim_{x\to1-}f(x)=\lim_{x\to1+}f(x)$이다.

$\lim_{x\to1-}f(x)=\lim_{x\to1-}\frac{a\sqrt{x}-b}{x-1}$

에서 $x\to1$일 때 (분모)$\to0$이므로 (분자)$\to0$이다.

즉, $\lim_{x\to1-}(a\sqrt{x}-b)=a-b=0$에서 $a=b$이고, ... ㉠

$$\lim_{x\to1-}\frac{a\sqrt{x}-b}{x-1}=\lim_{x\to1-}\frac{a\sqrt{x}-a}{x-1}$$
$$=\lim_{x\to1-}\frac{a(\sqrt{x}-1)}{x-1}$$
$$=\lim_{x\to1-}\frac{a(\sqrt{x}-1)(\sqrt{x}+1)}{(x-1)(\sqrt{x}+1)}$$
$$=\lim_{x\to1-}\frac{a(x-1)}{(x-1)(\sqrt{x}+1)}$$
$$=\lim_{x\to1-}\frac{a}{\sqrt{x}+1}=\frac{a}{2}$$

$\lim_{x\to1+}f(x)=c$에서 $\frac{a}{2}=c$이고, $f(0)=b$이므로

$\lim_{x\to1}f(x)=f(0)+1$에서 $\frac{a}{2}=c=b+1$ …… ㉡

㉠, ㉡에서 $\frac{a}{2}=a+1$, $a=b=-2$이고, $c=-1$이다.

$\therefore a+b+c=-5$

032 ……… 답 ③

$\lim_{x\to\infty}\frac{f(x)}{x}=2$에서 $f(x)$는 최고차항의 계수가 2인 일차함수이다.

$f(x)=2x+a$ (a는 상수)라 하면

$$\lim_{x\to\infty}\frac{x^2+xf(x)}{2x^2-f(x)}=\lim_{x\to\infty}\frac{x^2+x(2x+a)}{2x^2-(2x+a)}$$
$$=\lim_{x\to\infty}\frac{3x^2+ax}{2x^2-2x-a} \quad \text{…… TIP1}$$
$$=\lim_{x\to\infty}\frac{3+\frac{a}{x}}{2-\frac{2}{x}-\frac{a}{x^2}}=\frac{3}{2}$$

다른 풀이

$\lim_{x\to\infty}\frac{f(x)}{x}=2$이므로 구하는 식의 분자와 분모를 각각 x^2으로 나누어 정리하면

$$\lim_{x\to\infty}\frac{x^2+xf(x)}{2x^2-f(x)}=\lim_{x\to\infty}\frac{1+\frac{f(x)}{x}}{2-\frac{f(x)}{x^2}} \quad \text{…… TIP2}$$
$$=\frac{1+2}{2}=\frac{3}{2}$$

TIP1

분모와 분자의 차수가 같은 경우 최고차항의 계수만을 고려하여

$\lim_{x\to\infty}\frac{3x^2+ax}{2x^2-2x-a}=\frac{3}{2}$

으로 극한값을 구할 수 있다.

TIP2

$\lim_{x\to\infty}\frac{f(x)}{x}=2$이므로 $\lim_{x\to\infty}\frac{f(x)}{x^2}=\lim_{x\to\infty}\frac{\frac{f(x)}{x}}{x}$이고 $x\to\infty$일 때, 분자가 상수로 수렴하고 분모는 한없이 커지므로

$\lim_{x\to\infty}\frac{f(x)}{x^2}=0$이다.

033 ……… 답 ②

조건 (가)에서 $f(x)$는 최고차항의 계수가 2인 이차함수이고,
조건 (나)에서 $g(x)$는 최고차항의 계수가 3인 일차함수이다.
$f(x)=2x^2+ax+b$, $g(x)=3x+c$ (a, b, c는 상수)라 하면

$$\lim_{x\to\infty}\frac{f(x)}{(2x+1)g(x)}=\lim_{x\to\infty}\frac{2x^2+ax+b}{(2x+1)(3x+c)} \quad \text{…… TIP}$$
$$=\lim_{x\to\infty}\frac{2x^2+ax+b}{6x^2+(2c+3)x+c}$$
$$=\lim_{x\to\infty}\frac{2+\frac{a}{x}+\frac{b}{x^2}}{6+\frac{2c+3}{x}+\frac{c}{x^2}}$$
$$=\frac{2}{6}=\frac{1}{3}$$

다른 풀이

$\lim_{x\to\infty}\frac{f(x)}{4x^2-3x}=\frac{1}{2}$, $\lim_{x\to\infty}\frac{3x-5}{g(x)}=1$이므로

$$\lim_{x\to\infty}\frac{f(x)}{(2x+1)g(x)}=\lim_{x\to\infty}\frac{f(x)}{4x^2-3x}\times\frac{3x-5}{g(x)}\times\frac{4x^2-3x}{(3x-5)(2x+1)}$$
$$=\frac{1}{2}\times1\times\frac{4}{6}=\frac{1}{3}$$

TIP

분모와 분자의 차수가 같은 경우 최고차항의 계수만을 고려하여

$\lim_{x\to\infty}\frac{2x^2+ax+b}{(2x+1)(3x+c)}=\frac{2}{2\times3}=\frac{1}{3}$

로 극한값을 구할 수 있다.

034 ……… 답 ③

$\lim_{x\to-1+}(2x^2-x-5)=-2$, $\lim_{x\to-1+}(2x^2+4x)=-2$이므로 함수의 극한의 대소 관계에 의하여 $\lim_{x\to-1+}f(x)=-2$이다.

035 ……… 답 (1) 2 (2) 5

(1) $\lim_{x\to\infty}\frac{4x^2+5x}{2x^2+3}=2$, $\lim_{x\to\infty}\frac{2x^2+6x}{x^2}=2$이므로 함수의 극한의 대소 관계에 의하여 $\lim_{x\to\infty}f(x)=2$이다.

(2) $x>0$이므로 주어진 부등식의 각 변을 x로 나누면

$\frac{5x-1}{x}<f(x)<\frac{10x^2-2x+1}{2x^2-x}$

$\lim_{x\to\infty}\frac{5x-1}{x}=5$, $\lim_{x\to\infty}\frac{10x^2-2x+1}{2x^2-x}=5$이므로 함수의 극한의 대소 관계에 의하여 $\lim_{x\to\infty}f(x)=5$이다.

036 ……… 답 ④

$x>0$일 때, $x^2+2x>0$이므로 주어진 부등식의 각 변을 x^2+2x로 나누면

$$\frac{8x^2-x-2}{x^2+2x} \le \frac{f(x)}{x^2+2x} \le \frac{8x^2+7x}{x^2+2x}$$

$\lim_{x\to\infty}\frac{8x^2-x-2}{x^2+2x}=8$, $\lim_{x\to\infty}\frac{8x^2+7x}{x^2+2x}=8$이므로

함수의 극한의 대소 관계에 의하여 $\lim_{x\to\infty}\frac{f(x)}{x^2+2x}=8$이다.

037 ······ 답 ④

부등식 $6x<f(x)<6x+5$에서

$x>0$일 때, $6x>0$, $6x+5>0$

이므로 $(6x)^2<\{f(x)\}^2<(6x+5)^2$

위의 부등식의 각 변을 x^2+2x+5로 나누면

$$\frac{(6x)^2}{x^2+2x+5}<\frac{\{f(x)\}^2}{x^2+2x+5}<\frac{(6x+5)^2}{x^2+2x+5}\ (\because x^2+2x+5>0)$$

$\lim_{x\to\infty}\frac{(6x)^2}{x^2+2x+5}=36$, $\lim_{x\to\infty}\frac{(6x+5)^2}{x^2+2x+5}=36$이므로

함수의 극한의 대소 관계에 의하여 $\lim_{x\to\infty}\frac{\{f(x)\}^2}{x^2+2x+5}=36$이다.

038 ······ 답 ⑤

직선 AP의 기울기는 $\frac{a^3-27}{a-3}$이다.

직선 AP와 수직인 직선의 기울기가 $f(a)$이므로

$f(a)=-\frac{a-3}{a^3-27}$ ······ TIP

$$\therefore \lim_{a\to3}f(a)=\lim_{a\to3}\left(-\frac{a-3}{a^3-27}\right)=-\lim_{a\to3}\frac{a-3}{(a-3)(a^2+3a+9)}$$

$$=-\lim_{a\to3}\frac{1}{a^2+3a+9}=-\frac{1}{27}$$

TIP

두 직선 $y=f(x)$, $y=g(x)$의 기울기가 각각 m, n이고

두 직선이 서로 수직일 때, 두 기울기의 곱은 $m\times n=-1$이다.

따라서 직선 $y=f(x)$의 기울기가 m이면

직선 $y=g(x)$의 기울기는 $n=-\frac{1}{m}$이다.

039 ······ 답 ①

직선 $y=2x$의 기울기가 2이므로 직선 PH의 기울기는 $-\frac{1}{2}$이다.

따라서 점 H의 좌표를 $\mathrm{H}(k, 2k)$라 하면

$\frac{2k-\sqrt{t}}{k-t}=-\frac{1}{2}$,

$-4k+2\sqrt{t}=k-t$,

$5k=t+2\sqrt{t}$, $k=\frac{1}{5}(t+2\sqrt{t})$

이때 $\overline{\mathrm{OH}}^2=k^2+(2k)^2=5k^2$이므로 $k^2=\frac{1}{25}(t^2+4t\sqrt{t}+4t)$에서

$\overline{\mathrm{OH}}^2=\frac{1}{5}(t^2+4t\sqrt{t}+4t)$

$\overline{\mathrm{OP}}^2=t^2+t$

$$\therefore \lim_{t\to\infty}\frac{\overline{\mathrm{OH}}^2}{\overline{\mathrm{OP}}^2}=\lim_{t\to\infty}\frac{t^2+4t\sqrt{t}+4t}{5(t^2+t)}$$

$$=\lim_{t\to\infty}\frac{1+\frac{4\sqrt{t}}{t}+\frac{4}{t}}{5\left(1+\frac{1}{t}\right)}$$

$$=\frac{1+0+0}{5+0}=\frac{1}{5}$$

040 ······ 답 ⑤

$\mathrm{A}(1, 2+\sqrt{3})$, $\mathrm{B}\left(t, \frac{2}{t}+\sqrt{3}\right)$, $\mathrm{H}\left(1, \frac{2}{t}+\sqrt{3}\right)$이므로

$\overline{\mathrm{AH}}=(2+\sqrt{3})-\left(\frac{2}{t}+\sqrt{3}\right)=2-\frac{2}{t}=\frac{2(t-1)}{t}$

$\overline{\mathrm{BH}}=t-1$

$$\therefore \lim_{t\to1+}\frac{\overline{\mathrm{AH}}}{\overline{\mathrm{BH}}}=\lim_{t\to1+}\frac{\frac{2(t-1)}{t}}{t-1}=\lim_{t\to1+}\frac{2(t-1)}{t(t-1)}=\lim_{t\to1+}\frac{2}{t}=2$$

041 ······ 답 (1) $-\infty$ (2) 0

(1) $f(x)=-\frac{1}{|x-3|}$이라 하면 $f(x)=\begin{cases}\frac{1}{x-3} & (x<3)\\ -\frac{1}{x-3} & (x>3)\end{cases}$

이므로 함수 $y=f(x)$의 그래프는 다음과 같다.

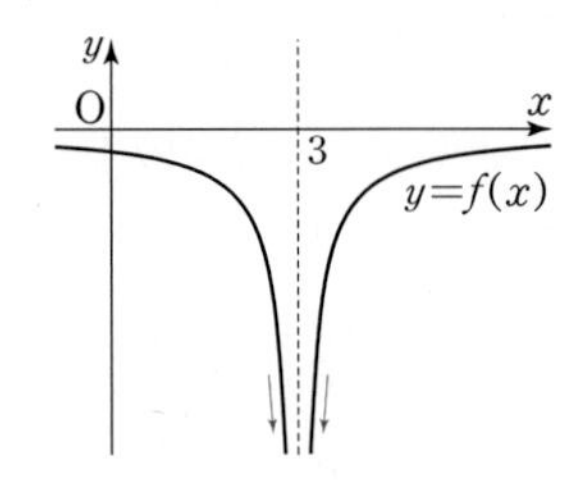

x의 값이 3에 한없이 가까워질 때, $f(x)$의 값은 음수이면서 그 절댓값이 한없이 커지므로 $\lim_{x\to3}\left(-\frac{1}{|x-3|}\right)=-\infty$이다.

(2) $f(x)=\frac{1}{|x-1|}$이라 하면 $f(x)=\begin{cases}-\frac{1}{x-1} & (x<1)\\ \frac{1}{x-1} & (x>1)\end{cases}$

이므로 함수 $y=f(x)$의 그래프는 다음과 같다.

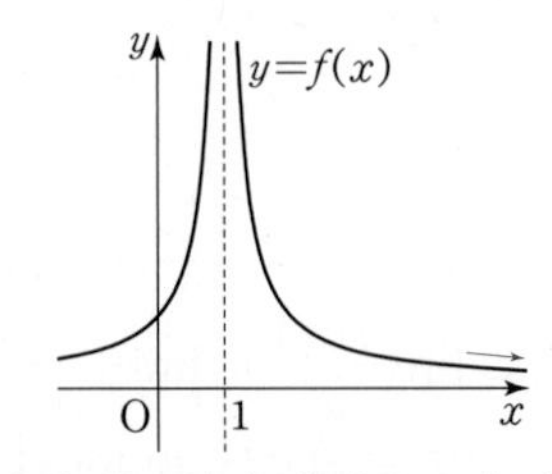

x의 값이 한없이 커질 때, $f(x)$의 값은 0에 한없이 가까워지므로 $\lim_{x\to\infty}\frac{1}{|x-1|}=0$이다.

042 ⋯⋯ 답 풀이 참조

함수 $f(x)=\frac{|x^2-9|}{x+3}$ $(x\neq-3)$라 하면

(i) $x<-3$일 때,

$f(x)=\frac{(x-3)(x+3)}{x+3}$

$=x-3$

(ii) $-3<x<3$일 때,

$f(x)=\frac{-(x-3)(x+3)}{x+3}$

$=-x+3$

(iii) $x\geq3$일 때,

$f(x)=\frac{(x-3)(x+3)}{x+3}$

$=x-3$

(i)~(iii)에서 함수 $y=f(x)$의 그래프는 다음과 같다.

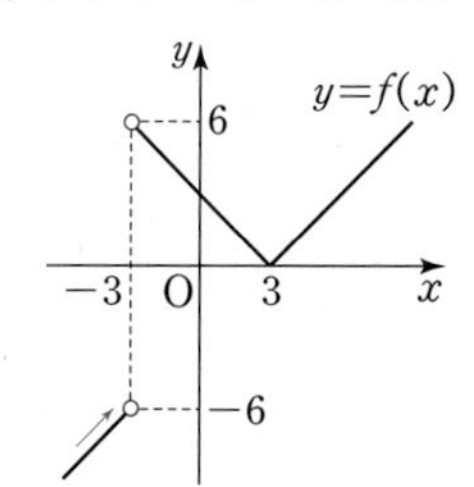

$\therefore \lim_{x\to-3-}\frac{|x^2-9|}{x+3}=\lim_{x\to-3-}(x-3)=-6$

채점 요소	배점
x의 값의 범위에 따른 함수 $f(x)$ 구하기	40%
함수 $y=f(x)$의 그래프 그리기	20%
주어진 극한값 구하기	40%

043 ⋯⋯ 답 ②

$f(x+1)$에서 $x+1=t$라 하면 직선 $t=x+1$의 그래프는 다음과 같다.

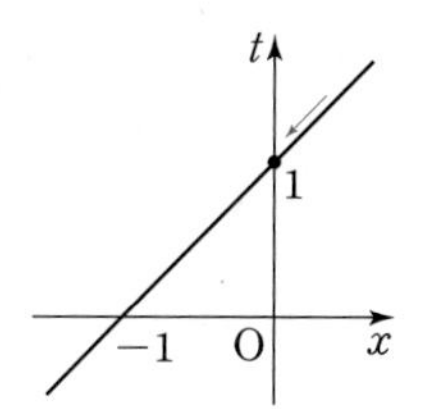

위의 그래프에서 $x\to0+$일 때 $t\to1+$이다.

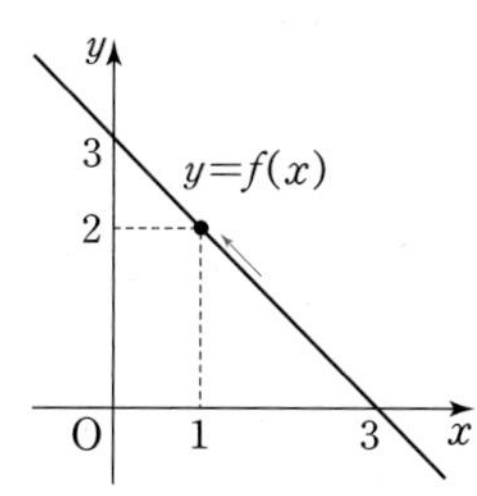

$\therefore \lim_{x\to0+}f(x+1)=\lim_{t\to1+}f(t)=2$

044 ⋯⋯ 답 ④

$-x=t$라 하면 $x\to0-$일 때 $t\to0+$이므로

$\lim_{x\to0-}f(-x)=\lim_{t\to0+}f(t)=3$

$x-1=k$라 하면 $x\to3+$일 때 $k\to2+$이므로

$\lim_{x\to3+}f(x-1)=\lim_{k\to2+}f(k)=4$

$\therefore \lim_{x\to0-}f(-x)+\lim_{x\to3+}f(x-1)=7$

045 ⋯⋯ 답 (1) -2 (2) 1

(1) $\lim_{x\to-1+}f(x)+\lim_{x\to1-}g(x)=(-1)+(-1)=-2$

(2) $g(x)=t$라 하면 $x\to0+$일 때 $t\to1-$이므로

$\lim_{x\to0+}f(g(x))=\lim_{t\to1-}f(t)=1$

046 ⋯⋯ 답 ③

$f(x)=t$라 하면 $x\to1+$일 때 $t=0$이므로

$\lim_{x\to1+}f(f(x))=f(0)=-1$ ⋯⋯ TIP

$-x-1=s$라 하면 $x\to0-$일 때 $s\to-1+$이므로

$\lim_{x\to0-}f(-x-1)=\lim_{s\to-1+}f(s)=1$

$\therefore \lim_{x\to1+}f(f(x))+\lim_{x\to0-}f(-x-1)=(-1)+1=0$

TIP

$x\to1+$일 때의 $f(x)$의 값이 큰 쪽이나 작은 쪽에서 0에 가까워지는 것이 아니므로 $t=0$임을 알 수 있다.

047 ⋯⋯ 답 ⑤

$f(x)=t$라 하면

$x\to2+$일 때 $t=2$이므로

$\lim_{x\to2+}f(f(x))=f(2)=1$

$x\to0-$일 때 $t\to-1-$이므로

$\lim_{x\to0-}f(f(x))=\lim_{t\to-1-}f(t)=2$

$\therefore \lim_{x\to2+}f(f(x))+\lim_{x\to0-}f(f(x))=1+2=3$

048 ⋯⋯ 답 ①

함수 $f(x)$는 정의역에 속하는 모든 실수 x에 대하여 $f(-x)=-f(x)$이므로 함수 $y=f(x)$의 그래프는 원점에 대하여 대칭이다.

따라서 함수 $y=f(x)$의 그래프는 다음과 같다.

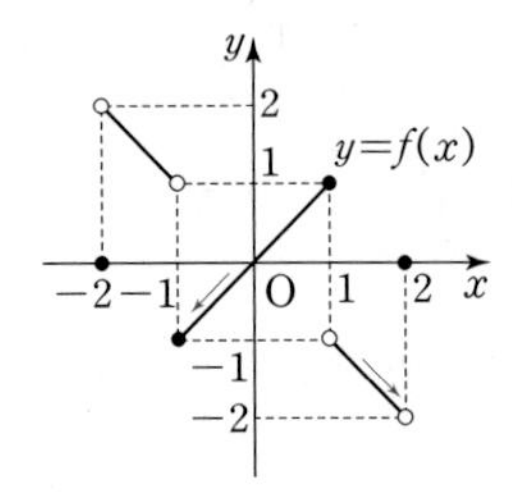

$\therefore \lim_{x\to-1+} f(x)+\lim_{x\to2-} f(x)=(-1)+(-2)=-3$

TIP

$-x=t$라 하면 $x\to -1+$일 때 $t\to 1-$이고,
주어진 조건에 의하여 $f(-t)=-f(t)$이므로
$\lim_{x\to-1+} f(x)=\lim_{t\to1-} f(-t)=-\lim_{t\to1-} f(t)=-1$이다.

참고

함수 $f(x)$가 정의역의 임의의 원소 x에 대하여
❶ $f(x)=f(-x)$를 만족시키면 함수 $y=f(x)$의 그래프는 y축에 대하여 대칭이다.
❷ $f(x)=-f(-x)$를 만족시키면 함수 $y=f(x)$의 그래프는 원점에 대하여 대칭이다.

049

답 ③

함수 $g(x)=\frac{x}{|x|}=\begin{cases} 1 & (x>0) \\ -1 & (x<0) \end{cases}$이므로 그래프는 다음과 같다.

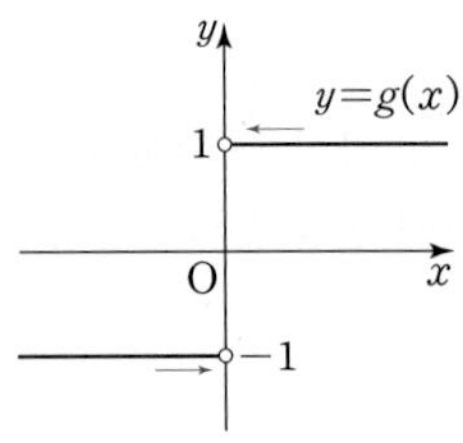

$f(x)=t$라 하면
$x\to -1-$일 때 $t\to 0+$이므로
$\lim_{x\to-1-} g(f(x))=\lim_{t\to0+} g(t)=1$
$x\to 1+$일 때 $t\to 1-$이므로
$\lim_{x\to1+} f(f(x))=\lim_{t\to1-} f(t)=-1$
$\therefore \lim_{x\to-1-} g(f(x))+\lim_{x\to1+} f(f(x))=1+(-1)=0$

050

답 ③

함수 $y=g(x)$의 그래프는 다음과 같다.

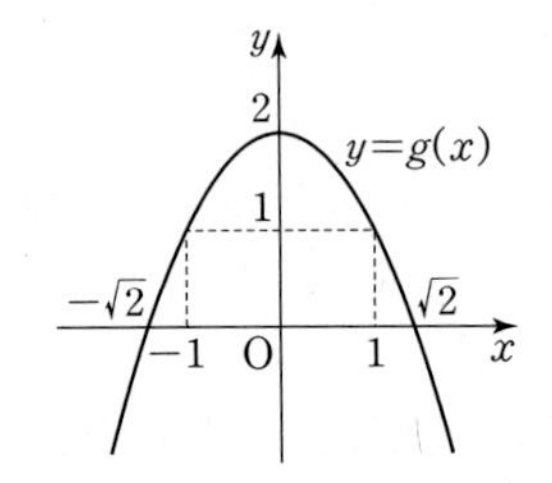

ㄱ. $g(x)=t$라 하면 $x\to -1+$일 때 $t\to 1+$이므로
$\lim_{x\to-1+} f(g(x))=\lim_{t\to1+} f(t)=-1$ (거짓)
ㄴ. $f(x)=k$라 하면 $x\to 1+$일 때 $k\to -1-$이므로
$\lim_{x\to1+} f(f(x))=\lim_{k\to-1-} f(k)=0$ (참)
ㄷ. $f(x)=k$라 하면 $x\to 0-$일 때 $k=1$이므로
$\lim_{x\to0-} f(f(x))=f(1)=1$ (참)
ㄹ. $g(x)=t$라 하면 $x\to\sqrt{2}-$일 때 $t\to 0+$이므로
$\lim_{x\to\sqrt{2}-} f(g(x))=\lim_{t\to0+} f(t)=1$ (거짓)
ㅁ. $f(x)=k$라 하면 $x\to -1-$일 때 $k\to 0+$이므로
$\lim_{x\to-1-} g(f(x))=\lim_{k\to0+} g(k)=2$ (참)
따라서 옳은 것은 ㄴ, ㄷ, ㅁ으로 3개이다.

051

답 ②

$x>0$일 때, $f(x)=\frac{4x}{3x+x}=1$

$x<0$일 때, $f(x)=\frac{4x}{3x-x}=2$

따라서 함수 $y=f(x)$와 함수 $y=g(x)$의 그래프는 다음과 같다.

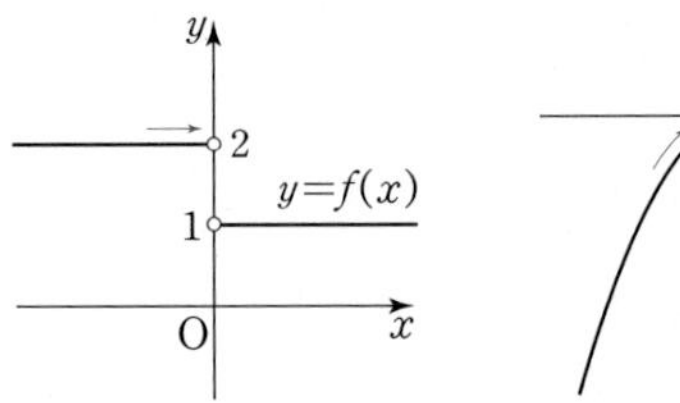

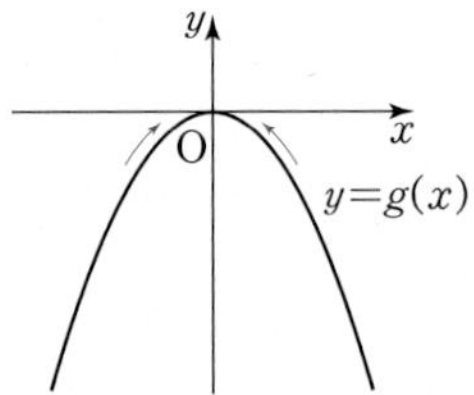

$g(x)=t$라 하면 $x\to 0$일 때 $t\to 0-$이므로
$\lim_{x\to0} f(g(x))=\lim_{t\to0-} f(t)=2$

052

답 ⑤

함수 $y=f(x)$의 그래프는 다음과 같다.

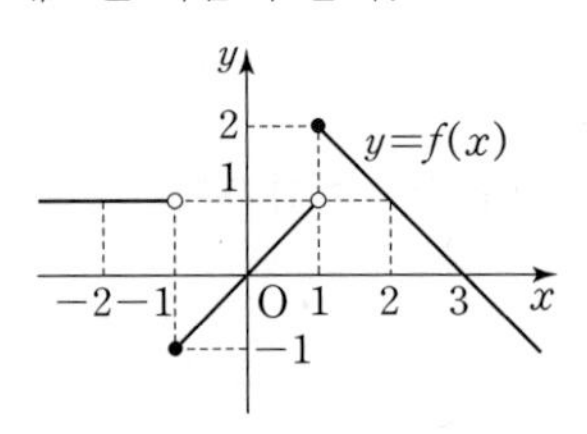

$f(x)=t$라 하면 $x\to 1+$일 때 $t\to 2-$이므로
$\lim_{x\to1+} f(f(x))=\lim_{t\to2-} f(t)=1$
$x\to -1-$일 때 $t=1$이므로
$\lim_{x\to-1-} f(f(x))=f(1)=2$
$\therefore \lim_{x\to1+} f(f(x))+\lim_{x\to-1-} f(f(x))=1+2=3$

053

답 ⑤

$-2\le x<-1$일 때, $[x]=-2$이므로 $g(x)=-2-x$
$-1\le x<0$일 때, $[x]=-1$이므로 $g(x)=-1-x$
$0\le x<1$일 때, $[x]=0$이므로 $g(x)=-x$

$1\le x<2$일 때, $[x]=1$이므로 $g(x)=1-x$
정수 k에 대하여 $k\le x<k+1$일 때, $[x]=k$이므로 $g(x)=k-x$
따라서 함수 $g(x)=[x]-x=k-x\,(k\le x<k+1)$의 그래프는 다음과 같다.

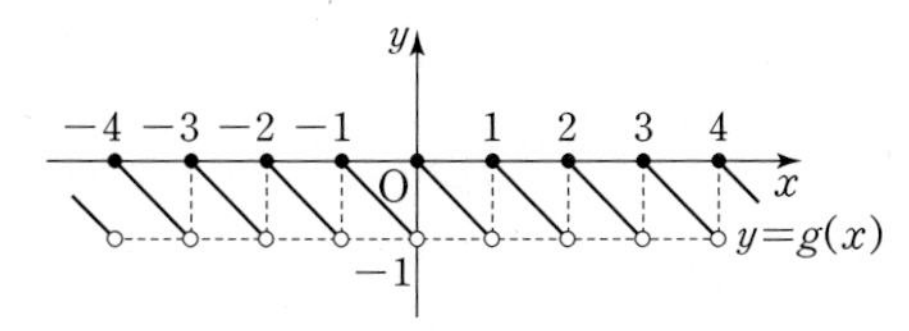

$g(x)=t$라 하면 $x\to -1-$일 때 $t\to -1+$이므로
$\lim_{x\to -1-} f(g(x))=\lim_{t\to -1+} f(t)=1$
$f(x)=k$라 하면 $x\to 1+$일 때 $k\to -1+$이므로
$\lim_{x\to 1+} g(f(x))=\lim_{k\to -1+} g(k)=0$
$\therefore \lim_{x\to -1-} f(g(x))+\lim_{x\to 1+} g(f(x))=1+0=1$

054

답 ③

$\frac{t-1}{t+1}=m$이라 하면 함수 $m=\frac{t-1}{t+1}=1-\frac{2}{t+1}$의 그래프는 다음과 같다.

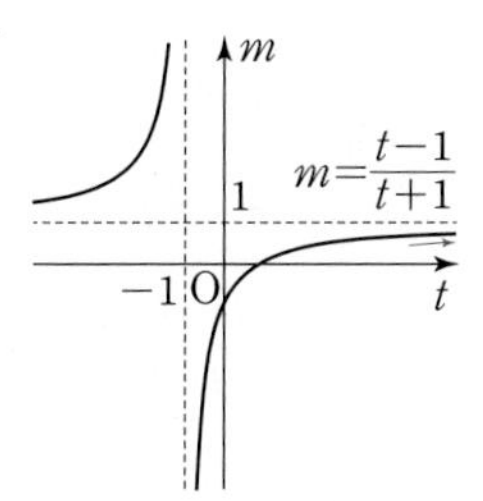

$t\to\infty$일 때 $m\to 1-$이므로
$\lim_{t\to\infty} f\left(\frac{t-1}{t+1}\right)=\lim_{m\to 1-} f(m)=2$
$\frac{4t-1}{t+1}=n$이라 하면 함수 $n=\frac{4t-1}{t+1}=4-\frac{5}{t+1}$의 그래프는 다음과 같다.

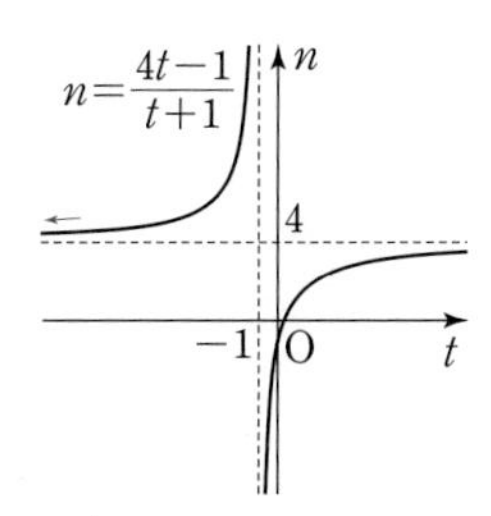

$t\to -\infty$일 때 $n\to 4+$이므로
$\lim_{t\to -\infty} f\left(\frac{4t-1}{t+1}\right)=\lim_{n\to 4+} f(n)=3$
$\therefore \lim_{t\to\infty} f\left(\frac{t-1}{t+1}\right)+\lim_{t\to -\infty} f\left(\frac{4t-1}{t+1}\right)=2+3=5$

055

답 ④

ㄱ. (반례) $f(x)=0$, $g(x)=\begin{cases} 2 & (x\ge 0) \\ -2 & (x<0) \end{cases}$ …… TIP

이면 $\lim_{x\to 0} f(x)=0$이고 $\lim_{x\to 0}\frac{f(x)}{g(x)}=0$이지만 $\lim_{x\to 0} g(x)$가 존재하지 않는다. (거짓)

ㄴ. $\lim_{x\to a}\{f(x)+g(x)\}=\alpha$, $\lim_{x\to a}\{f(x)-g(x)\}=\beta$ (α, β는 실수)라 하면

$$\lim_{x\to a} f(x)=\lim_{x\to a}\frac{\{f(x)+g(x)\}+\{f(x)-g(x)\}}{2}$$
$$=\frac{1}{2}\left[\lim_{x\to a}\{f(x)+g(x)\}+\lim_{x\to a}\{f(x)-g(x)\}\right]$$
$$=\frac{\alpha+\beta}{2}\ (\text{참})$$

ㄷ. $\lim_{x\to a}(x-a)f(x)=\alpha$, $\lim_{x\to a}\frac{g(x)}{x-a}=\beta$ (α, β는 실수)라 하면

$$\lim_{x\to a} f(x)g(x)=\lim_{x\to a}\left\{(x-a)f(x)\times\frac{g(x)}{(x-a)}\right\}$$
$$=\lim_{x\to a}(x-a)f(x)\times\lim_{x\to a}\frac{g(x)}{x-a}$$
$$=\alpha\beta\ (\text{참})$$

따라서 옳은 것은 ㄴ, ㄷ이다.

TIP

$\lim_{x\to a} f(x)$, $\lim_{x\to a}\frac{f(x)}{g(x)}$가 모두 존재하고, $\lim_{x\to a}\frac{f(x)}{g(x)}\ne 0$이면
$\lim_{x\to a} g(x)=\lim_{x\to a}\left\{f(x)\div\frac{f(x)}{g(x)}\right\}$가 존재한다.
따라서 ㄱ의 반례로 $\lim_{x\to a}\frac{f(x)}{g(x)}=0$이지만 $\lim_{x\to a} g(x)$가 존재하지 않는 예를 찾으면 된다.

056

답 ②

$\lim_{x\to 2} f(x)=\alpha$, $\lim_{x\to 2} g(x)=\beta$이므로
$\lim_{x\to 2}\{f(x)+g(x)\}=\lim_{x\to 2} f(x)+\lim_{x\to 2} g(x)=\alpha+\beta=1$
$\lim_{x\to 2} f(x)g(x)=\lim_{x\to 2} f(x)\times\lim_{x\to 2} g(x)=\alpha\beta=-\frac{3}{4}$
α, β를 두 근으로 갖는 t에 대한 이차방정식을 세우면
$t^2-(\alpha+\beta)t+\alpha\beta=t^2-t-\frac{3}{4}=0$
$4t^2-4t-3=0$, $(2t+1)(2t-3)=0$
$\therefore \alpha=\frac{3}{2}$, $\beta=-\frac{1}{2}$ ($\because \alpha>\beta$)

$$\therefore \lim_{x\to 2}\frac{f(x)+1}{2g(x)-3}=\frac{\lim_{x\to 2} f(x)+1}{2\lim_{x\to 2} g(x)-3}$$
$$=\frac{\alpha+1}{2\beta-3}=\frac{\frac{3}{2}+1}{2\times\left(-\frac{1}{2}\right)-3}=-\frac{5}{8}$$

057

답 4

$\lim_{x\to 0} f(x)=3$에서 $\lim_{x\to 0-} f(x)=\lim_{x\to 0+} f(x)=3$이고,
$x<0$일 때, $f(x)+g(x)=2x^2-1$이므로

$\lim_{x\to0-}\{f(x)+g(x)\}=\lim_{x\to0-}(2x^2-1)=-1$이고,

$$\lim_{x\to0-}\{f(x)+g(x)\}=\lim_{x\to0-}f(x)+\lim_{x\to0-}g(x)=3+\lim_{x\to0-}g(x)$$

에서 $3+\lim_{x\to0-}g(x)=-1$, $\lim_{x\to0-}g(x)=-4$

마찬가지로

$x>0$일 때, $f(x)-g(x)=x^2+x+4$이므로

$\lim_{x\to0+}\{f(x)-g(x)\}=\lim_{x\to0+}(x^2+x+4)=4$이고,

$$\lim_{x\to0+}\{f(x)-g(x)\}=\lim_{x\to0+}f(x)-\lim_{x\to0+}g(x)=3-\lim_{x\to0+}g(x)$$

에서 $3-\lim_{x\to0+}g(x)=4$, $\lim_{x\to0+}g(x)=-1$

$\therefore \lim_{x\to0-}g(x)\times\lim_{x\to0+}g(x)=(-4)\times(-1)=4$

058

답 ①

$x-1=t$라 하면 $x\to1$일 때 $t\to0$이므로

$$\lim_{x\to1}\frac{f(x-1)}{x-1}=\lim_{t\to0}\frac{f(t)}{t}=3$$

$$\therefore \lim_{x\to0}\frac{2x^2-3f(x)}{5x-2f(x)}=\lim_{x\to0}\frac{2x-3\times\frac{f(x)}{x}}{5-2\times\frac{f(x)}{x}}=\frac{0-3\times3}{5-2\times3}=9$$

059

답 ⑤

$x-3=t$라 하면 $x\to3$일 때 $t\to0$이므로

$$\lim_{x\to3}\frac{f(x-3)}{x^2-3x}=\lim_{x\to3}\frac{f(x-3)}{x(x-3)}=\lim_{t\to0}\frac{f(t)}{(t+3)t}=4$$

$$\therefore \lim_{x\to0}\frac{f(x)}{x}=\lim_{x\to0}\left\{\frac{f(x)}{x(x+3)}\times(x+3)\right\}=\lim_{x\to0}\frac{f(x)}{x(x+3)}\times\lim_{x\to0}(x+3)=4\times3=12$$

060

답 $\frac{1}{3}$

$x-3=t$라 하면 $x\to3$일 때, $t\to0$이므로

$$\lim_{x\to3}\frac{x^2-9-f(x-3)}{x^2-9+f(x-3)}=\lim_{x\to3}\frac{(x-3)(x+3)-f(x-3)}{(x-3)(x+3)+f(x-3)}=\lim_{t\to0}\frac{t(t+6)-f(t)}{t(t+6)+f(t)}=\lim_{t\to0}\frac{t+6-\frac{f(t)}{t}}{t+6+\frac{f(t)}{t}}=\frac{6-3}{6+3}=\frac{1}{3}$$

061

답 ②

$\lim_{x\to\infty}f(x)=\infty$, $\lim_{x\to\infty}\{f(x)-2g(x)\}=5$이므로

$$\lim_{x\to\infty}\frac{f(x)-2g(x)}{f(x)}=\lim_{x\to\infty}\left\{1-2\times\frac{g(x)}{f(x)}\right\}=1-2\lim_{x\to\infty}\frac{g(x)}{f(x)}=0$$

즉, $\lim_{x\to\infty}\frac{g(x)}{f(x)}=\frac{1}{2}$이다.

$$\therefore \lim_{x\to\infty}\frac{f(x)-6g(x)}{-f(x)+4g(x)}=\lim_{x\to\infty}\frac{1-6\times\frac{g(x)}{f(x)}}{-1+4\times\frac{g(x)}{f(x)}}=\frac{1-6\times\frac{1}{2}}{-1+4\times\frac{1}{2}}=-2$$

다른 풀이

$\lim_{x\to\infty}\{f(x)-2g(x)\}=5$에서 $f(x)-2g(x)=h(x)$라 하면

$\lim_{x\to\infty}h(x)=5$이고, $g(x)=\frac{f(x)-h(x)}{2}$이다.

이때 $\lim_{x\to\infty}f(x)=\infty$이고, $\lim_{x\to\infty}h(x)=5$이므로 $\lim_{x\to\infty}\frac{h(x)}{f(x)}=0$이다.

$$\therefore \lim_{x\to\infty}\frac{f(x)-6g(x)}{-f(x)+4g(x)}=\lim_{x\to\infty}\frac{f(x)-6\times\frac{f(x)-h(x)}{2}}{-f(x)+4\times\frac{f(x)-h(x)}{2}}=\lim_{x\to\infty}\frac{f(x)-3f(x)+3h(x)}{-f(x)+2f(x)-2h(x)}=\lim_{x\to\infty}\frac{-2f(x)+3h(x)}{f(x)-2h(x)}=\lim_{x\to\infty}\frac{-2+3\times\frac{h(x)}{f(x)}}{1-2\times\frac{h(x)}{f(x)}}=-2$$

062

답 ⑤

삼차함수 $f(x)$는 $x\to\infty$일 때 ∞ 또는 $-\infty$로 발산하고

$\lim_{x\to\infty}\{2f(x)-3g(x)\}=10$이므로

$$\lim_{x\to\infty}\frac{2f(x)-3g(x)}{f(x)}=\lim_{x\to\infty}\left\{2-3\times\frac{g(x)}{f(x)}\right\}=2-3\lim_{x\to\infty}\frac{g(x)}{f(x)}=0$$

즉, $\lim_{x\to\infty}\frac{g(x)}{f(x)}=\frac{2}{3}$이다.

$$\therefore \lim_{x\to\infty}\frac{7f(x)-3g(x)}{3g(x)}=\lim_{x\to\infty}\frac{7-3\times\frac{g(x)}{f(x)}}{3\times\frac{g(x)}{f(x)}}=\frac{7-3\times\frac{2}{3}}{3\times\frac{2}{3}}=\frac{5}{2}$$

다른 풀이

$\lim_{x\to\infty}\{2f(x)-3g(x)\}=10$에서 $2f(x)-3g(x)=h(x)$라 하면

$\lim_{x\to\infty}h(x)=10$이고, $3g(x)=2f(x)-h(x)$이다.

삼차함수 $f(x)$는 $x\to\infty$일 때 ∞ 또는 $-\infty$로 발산하고

$\lim_{x\to\infty}h(x)=10$이므로 $\lim_{x\to\infty}\frac{h(x)}{f(x)}=0$이다.

$$\therefore \lim_{x\to\infty}\frac{7f(x)-3g(x)}{3g(x)}=\lim_{x\to\infty}\frac{7f(x)-\{2f(x)-h(x)\}}{2f(x)-h(x)}$$
$$=\lim_{x\to\infty}\frac{5f(x)+h(x)}{2f(x)-h(x)}$$
$$=\lim_{x\to\infty}\frac{5+\frac{h(x)}{f(x)}}{2-\frac{h(x)}{f(x)}}=\frac{5}{2}$$

063 ······ 답 ①

극한값 $\lim_{x\to1}\frac{g(x)-2x}{x-1}$가 존재하고

$x\to1$일 때 (분모)$\to0$이므로 (분자)$\to0$이다.

즉, $\lim_{x\to1}\{g(x)-2x\}=g(1)-2=0$에서

$g(1)=2$이다.

한편, $f(x)+x-1=(x-1)g(x)$에서

$f(x)=(x-1)\{g(x)-1\}$이므로

$$\lim_{x\to1}\frac{f(x)g(x)}{x^2-1}=\lim_{x\to1}\frac{(x-1)\{g(x)-1\}g(x)}{(x-1)(x+1)}$$
$$=\lim_{x\to1}\frac{\{g(x)-1\}g(x)}{x+1}$$
$$=\frac{\{g(1)-1\}g(1)}{2}$$
$$=\frac{(2-1)\times2}{2}=1$$

064 ······ 답 ③

$x+2=t$라 하면 $x\to-2$일 때 $t\to0$이므로

$$\lim_{x\to-2}\frac{f(x+2)}{x^2-2x-8}=\lim_{x\to-2}\frac{f(x+2)}{(x+2)(x-4)}=\lim_{t\to0}\frac{f(t)}{t(t-6)}=3$$

$$\therefore \lim_{x\to0}\frac{xf(x)-f(x)}{2x^2-6x}=\lim_{x\to0}\frac{(x-1)f(x)}{2x(x-3)}$$
$$=\lim_{x\to0}\left\{\frac{f(x)}{x(x-6)}\times\frac{(x-1)(x-6)}{2(x-3)}\right\}$$
$$=\lim_{x\to0}\frac{f(x)}{x(x-6)}\times\lim_{x\to0}\frac{(x-1)(x-6)}{2(x-3)}$$
$$=3\times\frac{(-1)\times(-6)}{-6}=-3$$

065 ······ 답 ①

$$\lim_{x\to2}\frac{f(x^2)}{f(x^3-2x)}$$
$$=\lim_{x\to2}\left\{\frac{f(x^2)}{x^2-4}\times\frac{(x^3-2x)-4}{f(x^3-2x)}\times\frac{x^2-4}{x^3-2x-4}\right\}\quad\cdots\cdots \text{TIP}$$

$x^2=t$라 하면 $x\to2$일 때 $t\to4$이므로

$$\lim_{x\to2}\frac{f(x^2)}{x^2-4}=\lim_{t\to4}\frac{f(t)}{t-4}=6$$

$x^3-2x=s$라 하면 $x\to2$일 때 $s\to4$이므로

$$\lim_{x\to2}\frac{(x^3-2x)-4}{f(x^3-2x)}=\lim_{s\to4}\frac{s-4}{f(s)}$$
$$=\lim_{s\to4}\frac{1}{\frac{f(s)}{s-4}}=\frac{1}{6}$$

$$\therefore \lim_{x\to2}\frac{f(x^2)}{f(x^3-2x)}$$
$$=\lim_{x\to2}\frac{f(x^2)}{x^2-4}\times\lim_{x\to2}\frac{(x^3-2x)-4}{f(x^3-2x)}\times\lim_{x\to2}\frac{(x-2)(x+2)}{(x-2)(x^2+2x+2)}$$
$$=6\times\frac{1}{6}\times\lim_{x\to2}\frac{x+2}{x^2+2x+2}$$
$$=\frac{4}{10}=\frac{2}{5}$$

TIP

문제에서 $\lim_{x\to4}\frac{f(x)}{x-4}=6$이 주어졌으므로 $\lim_{\blacktriangle\to4}\frac{f(\blacktriangle)}{\blacktriangle-4}=6$임을 이용하기 위하여 주어진 식을 $\frac{f(\blacktriangle)}{\blacktriangle-4}$와 같은 꼴을 포함하도록 변형한다.

$$\therefore \lim_{x\to2}\frac{f(x^2)}{f(x^3-2x)}=\lim_{x\to2}\left\{\frac{f(x^2)}{x^2-4}\times\frac{x^3-2x-4}{f(x^3-2x)}\times\frac{x^2-4}{x^3-2x-4}\right\}$$

066 ······ 답 ⑤

ㄱ.

x	$f(x)$	$g(x)$	$f(x)-g(x)$
$0+$	2	0	2
$0-$	-2	0	-2

위의 표에서 $\lim_{x\to0+}\{f(x)-g(x)\}=2$,

$\lim_{x\to0-}\{f(x)-g(x)\}=-2$이므로

$\lim_{x\to0}\{f(x)-g(x)\}$가 존재하지 않는다.

ㄴ.

x	$f(x)$	$g(x)$	$\{f(x)\}^2$	$\{g(x)\}^2$	$\{f(x)\}^2+\{g(x)\}^2$
$0+$	2	0	4	0	4
$0-$	-2	0	4	0	4

위의 표에서 $\lim_{x\to0+}[\{f(x)\}^2+\{g(x)\}^2]=4$,

$\lim_{x\to0-}[\{f(x)\}^2+\{g(x)\}^2]=4$이므로

$\lim_{x\to0}[\{f(x)\}^2+\{g(x)\}^2]=4$로 극한값이 존재한다.

ㄷ.

x	$f(x)$	$g(x)$	$f(x)g(x)$
$0+$	2	0	0
$0-$	-2	0	0

위의 표에서 $\lim_{x\to0+}f(x)g(x)=0$, $\lim_{x\to0-}f(x)g(x)=0$이므로

$\lim_{x\to0}f(x)g(x)=0$으로 극한값이 존재한다.

따라서 극한값이 존재하는 것은 ㄴ, ㄷ이다.

067 ······ 답 ②

ㄱ.

x	$f(x)$	$g(x)$	$f(x)g(x)$
$0+$	-1	1	-1
$0-$	1	-1	-1

위의 표에서 $\lim_{x\to0+}f(x)g(x)=-1$, $\lim_{x\to0-}f(x)g(x)=-1$

이므로 $\lim_{x\to0}f(x)g(x)=-1$로 극한값이 존재한다.

ㄴ.

x	$f(x)$	$g(x)$	$\dfrac{g(x)}{f(x)}$
$0+$	-1	1	-1
$0-$	1	-1	-1

위의 표에서 $\lim_{x\to0+}\dfrac{g(x)}{f(x)}=-1$, $\lim_{x\to0-}\dfrac{g(x)}{f(x)}=-1$이므로

$\lim_{x\to0}\dfrac{g(x)}{f(x)}=-1$로 극한값이 존재한다.

ㄷ.

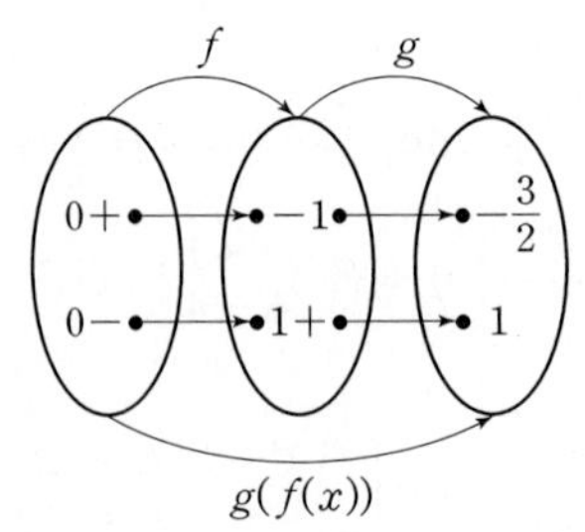

위의 그림에서 $\lim_{x\to0+}(g\circ f)(x)=-\dfrac{3}{2}$, $\lim_{x\to0-}(g\circ f)(x)=1$

이므로 $\lim_{x\to0}(g\circ f)(x)$가 존재하지 않는다.

따라서 극한값이 존재하는 것은 ㄱ, ㄴ이다.

068 ······ 답 ②

$1-x=t$라 하면 $x\to1+$일 때 $t\to0-$이므로

$\lim_{x\to1+}f(1-x)=\lim_{t\to0-}f(t)=2$

$\lim_{x\to1-}(x^2+1)f(x)=\lim_{x\to1-}(x^2+1)\times\lim_{x\to1-}f(x)$

$=2\times(-1)=-2$

$\therefore \lim_{x\to1+}f(1-x)+\lim_{x\to1-}(x^2+1)f(x)=2+(-2)=0$

069 ······ 답 ⑤

$\lim_{x\to1+}f(x)=0$이고,

$-x=a$라 하면 $x\to1+$일 때 $a\to-1-$이므로

$\lim_{x\to1+}f(-x)=\lim_{a\to-1-}f(a)=1$

$\therefore \lim_{x\to1+}\{f(x)+f(-x)\}=0+1=1$ ······ ㉠

$x+1=b$라 하면 $x\to1-$일 때 $b\to2-$이므로

$\lim_{x\to1-}f(x+1)=\lim_{b\to2-}f(b)=1$

$1-x=c$라 하면 $x\to1-$일 때 $c\to0+$이므로

$\lim_{x\to1-}f(1-x)=\lim_{c\to0+}f(c)=1$

$\therefore \lim_{x\to1-}f(x+1)f(1-x)=1\times1=1$ ······ ㉡

㉠, ㉡에서

$\lim_{x\to1+}\{f(x)+f(-x)\}+\lim_{x\to1-}f(x+1)f(1-x)=1+1=2$

070 ······ 답 ④

$x+2=a$라 하면 $x\to0+$일 때 $a\to2+$이므로

$\lim_{x\to0+}f(x+2)=\lim_{a\to2+}f(a)=-1$

$-1-x=b$라 하면 $x\to0+$일 때 $b\to-1-$이므로

$\lim_{x\to0+}g(-1-x)=\lim_{b\to-1-}g(b)=-1$

$\therefore \lim_{x\to0+}f(x+2)g(-1-x)=(-1)\times(-1)=1$

한편, $f(x)=c$라 하면 $x\to1-$일 때 $c\to1-$이므로

$\lim_{x\to1-}g(f(x))=\lim_{c\to1-}g(c)=0$

$\therefore \lim_{x\to0+}f(x+2)g(1-x)+\lim_{x\to1-}g(f(x))=1+0=1$

071 ······ 답 ③

$g(x)=x^2+2x-8$이라 하면 $\lim_{x\to a}g(x)=a^2+2a-8$이므로

모든 실수 a에 대하여 $\lim_{x\to a}g(x)$가 존재한다.

$f(x)=\begin{cases}2x-1 & (x<1)\\ -x+4 & (x\ge1)\end{cases}$에서

$a-1<1$, 즉 $a<2$일 때 $\lim_{x\to a}f(x-1)=2(a-1)-1=2a-3$이고

$a-1>1$, 즉 $a>2$일 때 $\lim_{x\to a}f(x-1)=-(a-1)+4=-a+5$

이므로 $a-1\ne1$인 모든 실수 a에 대하여 $\lim_{x\to a}f(x-1)$이 존재한다.

(i) $a-1\ne1$, 즉 $a\ne2$일 때,

$\lim_{x\to a}g(x)f(x-1)=g(a)\times f(a-1)=0$이므로

$g(a)=0$ 또는 $f(a-1)=0$이다.

$g(a)=a^2+2a-8=(a+4)(a-2)=0$에서

$a=-4$ ($\because a\ne2$)

$f(a-1)=0$에서 $a<2$이면 $2a-3=0$에서 $a=\dfrac{3}{2}$이고

$a>2$이면 $-a+5=0$이므로 $a=5$이다.

(ii) $a-1=1$, 즉 $a=2$일 때,

x	$g(x)$	$f(x-1)$	$g(x)f(x-1)$
$2+$	0	3	0
$2-$	0	1	0

위의 표에서 $\lim_{x\to2+}g(x)f(x-1)=\lim_{x\to2-}g(x)f(x-1)=0$

이므로 $a=2$일 때 $\lim_{x\to2}g(x)f(x-1)=0$을 만족시킨다.

(i), (ii)에서 모든 실수 a의 값의 합은

$(-4)+\dfrac{3}{2}+5+2=\dfrac{9}{2}$

072 ······ 답 ④

극한값 $\lim_{x\to n}\dfrac{[x]^2+3x}{[x]}$가 존재하려면

$\lim_{x\to n+}\dfrac{[x]^2+3x}{[x]}=\lim_{x\to n-}\dfrac{[x]^2+3x}{[x]}$를 만족시켜야 한다.

함수 $f(x)=\dfrac{[x]^2+3x}{[x]}$라 하자.

$x=n$의 근방에서 함수 $y=[x]$는 다음과 같다.

$x\to n-$일 때, $[x]\to n-1$이므로

$n\neq1$일 때, $\lim_{x\to n-}\dfrac{(n-1)^2+3x}{n-1}=\dfrac{(n-1)^2+3n}{n-1}=\dfrac{n^2+n+1}{n-1}$

$x\to n+$일 때, $[x]\to n$이므로

$n\neq0$일 때, $\lim_{x\to n+}\dfrac{n^2+3x}{n}=\dfrac{n^2+3n}{n}=n+3$

따라서 $\dfrac{n^2+n+1}{n-1}=n+3$이어야 하므로

$n^2+n+1=(n+3)(n-1)$, $n^2+n+1=n^2+2n-3$

$\therefore n=4$

$\therefore \lim_{x\to4}\dfrac{[x]^2+3x}{[x]}=4+3=7$

073 답 (1) -6 (2) 1 (3) $\dfrac{2\sqrt5}{5}$

(1) $\lim_{x\to0}\dfrac{x^2+3x}{1-\sqrt{x+1}}=\lim_{x\to0}\dfrac{(x^2+3x)(1+\sqrt{x+1})}{(1-\sqrt{x+1})(1+\sqrt{x+1})}$

$=\lim_{x\to0}\dfrac{x(x+3)(1+\sqrt{x+1})}{-x}$

$=\lim_{x\to0}\{-(x+3)(1+\sqrt{x+1})\}$

$=(-3)\times2=-6$

(2) $\lim_{x\to\infty}\dfrac{\sqrt{16x^2+1}-2}{\sqrt{4x^2-1}+2x}=\lim_{x\to\infty}\dfrac{\sqrt{16+\frac{1}{x^2}}-\frac{2}{x}}{\sqrt{4-\frac{1}{x^2}}+2}=\dfrac{4}{2+2}=1$

(3) $\lim_{x\to\infty}\sqrt{x}(\sqrt{5x+2}-\sqrt{5x-2})$

$=\lim_{x\to\infty}\dfrac{\sqrt{x}(\sqrt{5x+2}-\sqrt{5x-2})(\sqrt{5x+2}+\sqrt{5x-2})}{\sqrt{5x+2}+\sqrt{5x-2}}$

$=\lim_{x\to\infty}\dfrac{\sqrt{x}\{(5x+2)-(5x-2)\}}{\sqrt{5x+2}+\sqrt{5x-2}}$

$=\lim_{x\to\infty}\dfrac{4\sqrt{x}}{\sqrt{5x+2}+\sqrt{5x-2}}$

$=\lim_{x\to\infty}\dfrac{4}{\sqrt{5+\frac{2}{x}}+\sqrt{5-\frac{2}{x}}}=\dfrac{4}{2\sqrt5}=\dfrac{2\sqrt5}{5}$

TIP

분모와 분자의 차수가 같은 경우 최고차항의 계수만을 고려하여

(2) $\lim_{x\to\infty}\dfrac{\sqrt{16x^2+1}-2}{\sqrt{4x^2-1}+2x}=\dfrac{4}{2+2}=1$

(3) $\lim_{x\to\infty}\dfrac{4\sqrt{x}}{\sqrt{5x+2}+\sqrt{5x-2}}=\dfrac{4}{\sqrt5+\sqrt5}=\dfrac{2\sqrt5}{5}$

로 극한값을 구할 수 있다.

074 답 (1) $\dfrac{1}{2}$ (2) $-\dfrac{1}{54}$

(1) $\lim_{x\to0}\dfrac{1}{x}\left(1-\dfrac{1}{\sqrt{x+1}}\right)=\lim_{x\to0}\dfrac{1}{x}\left(\dfrac{\sqrt{x+1}-1}{\sqrt{x+1}}\right)$

$=\lim_{x\to0}\left\{\dfrac{1}{x}\times\dfrac{(\sqrt{x+1}-1)(\sqrt{x+1}+1)}{\sqrt{x+1}(\sqrt{x+1}+1)}\right\}$

$=\lim_{x\to0}\left\{\dfrac{1}{x}\times\dfrac{x}{\sqrt{x+1}(\sqrt{x+1}+1)}\right\}$

$=\lim_{x\to0}\dfrac{1}{\sqrt{x+1}(\sqrt{x+1}+1)}=\dfrac{1}{2}$

(2) $\lim_{x\to3}\dfrac{1}{x-3}\left(\dfrac{1}{\sqrt{x+6}}-\dfrac{1}{3}\right)$

$=\lim_{x\to3}\left(\dfrac{1}{x-3}\times\dfrac{3-\sqrt{x+6}}{3\sqrt{x+6}}\right)$

$=\lim_{x\to3}\left\{\dfrac{1}{x-3}\times\dfrac{(3-\sqrt{x+6})(3+\sqrt{x+6})}{3\sqrt{x+6}(3+\sqrt{x+6})}\right\}$

$=\lim_{x\to3}\left\{\dfrac{1}{x-3}\times\dfrac{-(x-3)}{3\sqrt{x+6}(3+\sqrt{x+6})}\right\}$

$=\lim_{x\to3}\left\{\dfrac{-1}{3\sqrt{x+6}(3+\sqrt{x+6})}\right\}=-\dfrac{1}{54}$

075 답 (1) -2 (2) -3

(1) $-x=t$라 하면 $x\to-\infty$일 때 $t\to\infty$이므로

$\lim_{x\to-\infty}\dfrac{2x+1}{-x-5}=\lim_{t\to\infty}\dfrac{-2t+1}{t-5}$

$=\lim_{t\to\infty}\dfrac{-2+\frac{1}{t}}{1-\frac{5}{t}}=-2$

(2) $-x=t$라 하면 $x\to-\infty$일 때 $t\to\infty$이므로

$\lim_{x\to-\infty}\dfrac{\sqrt{4x^2+2}-7x}{3x+1}=\lim_{t\to\infty}\dfrac{\sqrt{4(-t)^2+2}-7(-t)}{-3t+1}$

$=\lim_{t\to\infty}\dfrac{\sqrt{4t^2+2}+7t}{-3t+1}$

$=\lim_{t\to\infty}\dfrac{\sqrt{4+\frac{2}{t^2}}+7}{-3+\frac{1}{t}}$

$=\dfrac{\sqrt4+7}{-3}=-3$

참고

$x\to-\infty$일 때, $\dfrac{\infty}{\infty}$ 꼴인 경우 최고차항의 계수만을 고려하여 극한값을 구하는 방법을 사용할 때 주의하자.

$\lim_{x\to-\infty}\dfrac{\sqrt{4x^2+2}-7x}{3x+1}\neq\dfrac{2-7}{3}$

076 답 ③

$\lim_{x\to3}f(x)$의 값이 존재하므로 $\lim_{x\to3+}f(x)=\lim_{x\to3-}f(x)$를 만족시켜야 한다.

함수 $f(x)=\begin{cases}tx-3 & (x<3)\\ -(x-t)^3+6 & (x\geq3)\end{cases}$에서

$\lim_{x\to3-}f(x)=\lim_{x\to3-}(tx-3)=3t-3$

$\lim_{x\to3+}f(x)=\lim_{x\to3+}\{-(x-t)^3+6\}=-(3-t)^3+6$

즉, $3t-3=-(3-t)^3+6$이어야 하므로 $3t-9=(t-3)^3$

$(t-3)^3-3(t-3)=0$, $(t-3)\{(t-3)^2-3\}=0$

$(t-3)(t^2-6t+6)=0$

$\therefore t=3$ ($\because t$는 정수)

077

답 ②

$\lim_{x\to1}f(x)=\lim_{x\to2}f(x)$이려면 $\lim_{x\to1}f(x)$, $\lim_{x\to2}f(x)$의 값이 각각 존재해야 하고,

$\lim_{x\to1}f(x)$의 값이 존재하려면 $\lim_{x\to1+}f(x)=\lim_{x\to1-}f(x)$를 만족시켜야 한다.

함수 $f(x)=\begin{cases} x^2+ax+1 & (|x|\ge1) \\ -2x+b & (|x|<1)\end{cases}$에서

$\lim_{x\to1+}f(x)=\lim_{x\to1+}(x^2+ax+1)=a+2$

$\lim_{x\to1-}f(x)=\lim_{x\to1-}(-2x+b)=-2+b$

$a+2=-2+b$이어야 하므로 $a-b=-4$ …… ㉠

$\lim_{x\to2}f(x)=\lim_{x\to2}(x^2+ax+1)=2a+5$

이므로 $a+2=2a+5$에서 $a=-3$

$b=1$ ($\because$ ㉠)

$\therefore a+b=-2$

078

답 -2

$\lim_{x\to0}\frac{f(x)+k}{f(x)-2}$의 값이 존재하려면

$\lim_{x\to0+}\frac{f(x)+k}{f(x)-2}=\lim_{x\to0-}\frac{f(x)+k}{f(x)-2}$를 만족시켜야 한다.

$\lim_{x\to0+}f(x)=\infty$이므로

$$\lim_{x\to0+}\frac{f(x)+k}{f(x)-2}=\lim_{x\to0+}\frac{1+\frac{k}{f(x)}}{1-\frac{2}{f(x)}}=\frac{1}{1}=1$$

$\lim_{x\to0-}f(x)=0$이므로

$$\lim_{x\to0-}\frac{f(x)+k}{f(x)-2}=\frac{k}{-2}$$

따라서 $1=\frac{k}{-2}$이어야 하므로 $k=-2$

079

답 ①

$$\lim_{x\to2}\frac{1}{x-2}\left(\frac{1}{x+a}-\frac{1}{b}\right)=\lim_{x\to2}\frac{\frac{1}{x+a}-\frac{1}{b}}{x-2}=-\frac{1}{4}\text{에서}$$

극한값이 존재하고

$x\to2$일 때 (분모)$\to0$이므로 (분자)$\to0$이다.

즉, $\lim_{x\to2}\left(\frac{1}{x+a}-\frac{1}{b}\right)=\frac{1}{2+a}-\frac{1}{b}=0$에서 $b=a+2$ …… ㉠

주어진 식에 ㉠을 대입하여 정리하면

$$\lim_{x\to2}\frac{1}{x-2}\left(\frac{1}{x+a}-\frac{1}{a+2}\right)=\lim_{x\to2}\left\{\frac{1}{x-2}\times\frac{(a+2)-(x+a)}{(a+2)(x+a)}\right\}$$

$$=\lim_{x\to2}\frac{-1}{(a+2)(x+a)}$$

$$=\frac{-1}{(a+2)^2}=-\frac{1}{4}$$

즉, $(a+2)^2=4$에서 $a+2=2$ ($\because b=a+2>0$)

$a=0$, $b=2$ ($\because$ ㉠)

$\therefore a+b=2$

080

답 ①

$-x=t$라 하면 $x\to-\infty$일 때 $t\to\infty$이므로

$$\lim_{x\to-\infty}(\sqrt{ax^2+2x}+2x)=\lim_{t\to\infty}\{\sqrt{a(-t)^2+2(-t)}+2(-t)\}$$

$$=\lim_{t\to\infty}(\sqrt{at^2-2t}-2t)$$

$$=\lim_{t\to\infty}\frac{(\sqrt{at^2-2t}-2t)(\sqrt{at^2-2t}+2t)}{\sqrt{at^2-2t}+2t}$$

$$=\lim_{t\to\infty}\frac{at^2-2t-4t^2}{\sqrt{at^2-2t}+2t}=b \quad \cdots\cdots ㉠$$

이때 극한값이 존재하고, $t\to\infty$일 때 (분모)$\to\infty$이고 (분자)$\to\infty$이므로 분모와 분자의 차수가 같다.

즉, 분자 $at^2-2t-4t^2=(a-4)t^2-2t$가 일차식이어야 하므로

$a-4=0$　　$\therefore a=4$

㉠에 $a=4$를 대입하여 정리하면

$$\lim_{t\to\infty}\frac{-2t}{\sqrt{4t^2-2t}+2t}=\lim_{t\to\infty}\frac{-2}{\sqrt{4-\frac{2}{t}}+2}=\frac{-2}{2+2}=-\frac{1}{2}=b$$

$$\therefore \frac{a}{b}=\frac{4}{-\frac{1}{2}}=-8$$

TIP

분모와 분자의 차수가 같은 경우 최고차항의 계수만을 고려하여

$$\lim_{t\to\infty}\frac{-2t}{\sqrt{4t^2-2t}+2t}=\frac{-2}{2+2}=-\frac{1}{2}$$

로 극한값을 구할 수 있다.

081

답 ③

$$\lim_{x\to a}\frac{x^2-a^2}{x-a}=\lim_{x\to a}\frac{(x-a)(x+a)}{x-a}=\lim_{x\to a}(x+a)=2a=6$$

이므로 $a=3$

$$\lim_{x\to\infty}(\sqrt{x^2+3x}-\sqrt{x^2+bx})$$

$$=\lim_{x\to\infty}\frac{(\sqrt{x^2+3x}-\sqrt{x^2+bx})(\sqrt{x^2+3x}+\sqrt{x^2+bx})}{\sqrt{x^2+3x}+\sqrt{x^2+bx}}$$

$$=\lim_{x\to\infty}\frac{(x^2+3x)-(x^2+bx)}{\sqrt{x^2+3x}+\sqrt{x^2+bx}}$$

$$=\lim_{x\to\infty}\frac{(3-b)x}{\sqrt{x^2+3x}+\sqrt{x^2+bx}}$$

$$=\lim_{x\to\infty}\frac{3-b}{\sqrt{1+\frac{3}{x}}+\sqrt{1+\frac{b}{x}}}$$

$$=\frac{3-b}{2}=6$$

이므로 $b=-9$

$\therefore \frac{b}{a}=\frac{-9}{3}=-3$

TIP

분모와 분자의 차수가 같은 경우 최고차항의 계수만을 고려하여
$\lim_{x\to\infty}\frac{(3-b)x}{\sqrt{x^2+3x}+\sqrt{x^2+bx}}=\frac{3-b}{1+1}=\frac{3-b}{2}$
로 극한값을 구할 수 있다.

082 ⋯⋯ 답 ③

$\lim_{x\to0}\frac{f(x)}{x}=10$으로 극한값이 존재하고

$x\to0$일 때 (분모)$\to0$이므로 (분자)$\to0$이다.

$\therefore \lim_{x\to0}f(x)=f(0)=0$ ⋯⋯ ㉠

또한, $\lim_{x\to-5}\frac{f(x+5)-ax+b}{x^2-25}=5$로 극한값이 존재하고,

$x\to-5$일 때 (분모)$\to0$이므로 (분자)$\to0$이다.

즉, $\lim_{x\to-5}\{f(x+5)-ax+b\}=f(0)+5a+b=0$에서

$b=-5a$ ($\because$ ㉠)

$$\lim_{x\to-5}\frac{f(x+5)-ax+b}{x^2-25}=\lim_{x\to-5}\frac{f(x+5)-ax-5a}{x^2-25}=\lim_{x\to-5}\frac{f(x+5)-a(x+5)}{(x+5)(x-5)}$$

$x+5=t$라 하면 $x\to-5$일 때 $t\to0$이므로

$$\lim_{t\to0}\frac{f(t)-at}{t(t-10)}=\lim_{t\to0}\left\{\frac{f(t)}{t}\times\frac{1}{t-10}-\frac{a}{t-10}\right\}=10\times\left(-\frac{1}{10}\right)-\frac{a}{-10}=-1+\frac{a}{10}=5$$

따라서 $a=60$, $b=-300$이므로

$a+b=-240$

083 ⋯⋯ 답 ③

$\lim_{x\to2}f(x)=\lim_{x\to2}\frac{x^2+ax+b}{x-2}=c$로 극한값이 존재하고

$x\to2$일 때 (분모)$\to0$이므로 (분자)$\to0$이다.

즉, $\lim_{x\to2}(x^2+ax+b)=0$에서 다항식 x^2+ax+b는 $x-2$를 인수로 갖는다.

한편, $\lim_{x\to1}\frac{1}{|f(x)|}=\infty$이려면 $\lim_{x\to1}|f(x)|=0$이므로

$\lim_{x\to1}\left|\frac{x^2+ax+b}{x-2}\right|=0$에서 다항식 x^2+ax+b는 $x-1$을 인수로 갖는다.

따라서 $x^2+ax+b=(x-1)(x-2)=x^2-3x+2$이므로

$a=-3$, $b=2$

$c=\lim_{x\to2}\frac{(x-1)(x-2)}{x-2}=\lim_{x\to2}(x-1)=1$

$\therefore a+b+c=0$

다른 풀이

$\lim_{x\to2}f(x)=\lim_{x\to2}\frac{x^2+ax+b}{x-2}=c$로 극한값이 존재하고

$x\to2$일 때 (분모)$\to0$이므로 (분자)$\to0$이다.

즉, $\lim_{x\to2}(x^2+ax+b)=4+2a+b=0$에서

$b=-2a-4$ ⋯⋯ ㉠

$$\therefore \lim_{x\to2}\frac{x^2+ax+b}{x-2}=\lim_{x\to2}\frac{x^2+ax-2(a+2)}{x-2}\ (\because ㉠)=\lim_{x\to2}\frac{(x-2)(x+a+2)}{x-2}=\lim_{x\to2}(x+a+2)=4+a=c$$ ⋯⋯ ㉡

$\lim_{x\to1}\frac{1}{|f(x)|}=\infty$이려면 $\lim_{x\to1}|f(x)|=0$이므로

$\lim_{x\to1}\left|\frac{(x-2)(x+a+2)}{x-2}\right|=\lim_{x\to1}|x+a+2|=1+a+2=0$

$\therefore a=-3$, $b=2$, $c=1$ ($\because$ ㉠, ㉡)

$\therefore a+b+c=0$

참고

문제의 조건을 만족시키는 함수 $f(x)=x-1\ (x\neq2)$이고,
함수 $y=\frac{1}{|f(x)|}=\frac{1}{|x-1|}\ (x\neq2)$의 그래프는 다음과 같다.

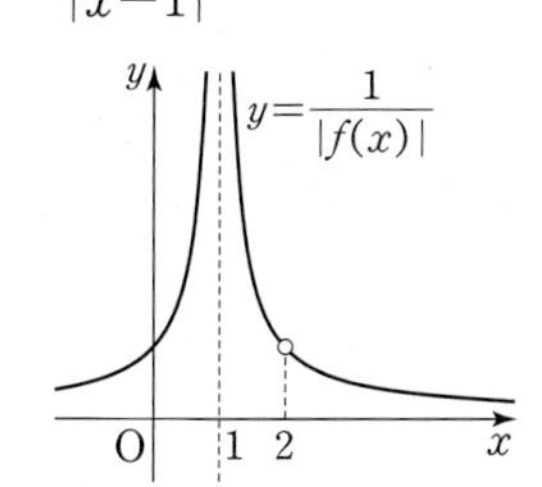

084 ⋯⋯ 답 $a=0$, $b=3$, $c=-4$, $d=-4$

$\lim_{x\to\infty}f(x)=\lim_{x\to\infty}\frac{ax^3+bx^2+cx+d}{x^2-4}=3$에서

ax^3+bx^2+cx+d는 최고차항의 계수가 3인 이차식이다.

$\therefore a=0$, $b=3$

이때 $\lim_{x\to2}f(x)=\lim_{x\to2}\frac{3x^2+cx+d}{x^2-4}=2$로 극한값이 존재하고,

$x\to2$일 때 (분모)$\to0$이므로 (분자)$\to0$이다.

즉, $\lim_{x\to2}(3x^2+cx+d)=0$에서 다항식 $3x^2+cx+d$는 $x-2$를 인수로 가지므로

$3x^2+cx+d=(x-2)(3x+k)$ (k는 상수)라 하면 ⋯⋯ ㉠

$$\lim_{x\to2}\frac{3x^2+cx+d}{x^2-4}=\lim_{x\to2}\frac{(x-2)(3x+k)}{(x-2)(x+2)}=\lim_{x\to2}\frac{3x+k}{x+2}=\frac{6+k}{2+2}=2$$

이므로 $k=2$이고 ㉠에 대입하면

$3x^2+cx+d=(x-2)(3x+2)=3x^2-4x-4$

$\therefore c=-4$, $d=-4$

$\therefore a=0$, $b=3$, $c=-4$, $d=-4$

다른 풀이

$\lim_{x\to\infty} f(x)=\lim_{x\to\infty}\frac{ax^3+bx^2+cx+d}{x^2-4}=3$에서

ax^3+bx^2+cx+d는 최고차항의 계수가 3인 이차식이다.

$\therefore a=0,\ b=3$

이때 $\lim_{x\to 2} f(x)=\lim_{x\to 2}\frac{3x^2+cx+d}{x^2-4}=2$로 극한값이 존재하고,

$x\to 2$일 때 (분모)$\to 0$이므로 (분자)$\to 0$이다.

즉, $\lim_{x\to 2}(3x^2+cx+d)=12+2c+d=0$에서

$d=-2c-12$ …… ㉡

$\therefore \lim_{x\to 2}\frac{3x^2+cx+d}{x^2-4}=\lim_{x\to 2}\frac{3x^2+cx-2(c+6)}{(x-2)(x+2)}$ ($\because$ ㉡)

$=\lim_{x\to 2}\frac{(3x+c+6)(x-2)}{(x-2)(x+2)}$

$=\lim_{x\to 2}\frac{3x+c+6}{x+2}$

$=\frac{c+12}{4}=2$

$\therefore c=-4,\ d=-4$ ($\because$ ㉡)

$\therefore a=0,\ b=3,\ c=-4,\ d=-4$

085
답 풀이 참조

$\lim_{x\to\infty}\frac{f(x)}{x^2-2x}=5$에서 함수 $f(x)$는 최고차항의 계수가 5인 이차함수이다.

$\lim_{x\to 1}\frac{f(x)}{x-1}=2$로 극한값이 존재하고,

$x\to 1$일 때 (분모)$\to 0$이므로 (분자)$\to 0$이다.

즉, $\lim_{x\to 1} f(x)=f(1)=0$에서 $f(x)$는 $x-1$을 인수로 갖는다.

$f(x)=(x-1)(5x+a)$ (a는 상수)라 하면

$\lim_{x\to 1}\frac{f(x)}{x-1}=\lim_{x\to 1}\frac{(x-1)(5x+a)}{x-1}=\lim_{x\to 1}(5x+a)=5+a=2$

이므로 $a=-3$

$f(x)=(x-1)(5x-3)$

$\therefore f(2)=1\times 7=7$

채점 요소	배점
함수 $f(x)$의 차수와 최고차항의 계수 구하기	40%
$\lim_{x\to 1}\frac{f(x)}{x-1}=2$를 이용하여 함수 $f(x)$ 구하기	50%
$f(2)$의 값 구하기	10%

086
답 4

조건 (가)에서 $\lim_{x\to 2}\frac{x-2}{f(x)}$는 0이 아닌 값으로 수렴하고,

$x\to 2$일 때 (분자)$\to 0$이므로 (분모)$\to 0$이다.

즉, $\lim_{x\to 2} f(x)=f(2)=0$에서 함수 $f(x)$는 $x-2$를 인수로 갖는다. …… ㉠

또한, 조건 (나)에서 $\lim_{x\to 1}\frac{f(x)}{x-1}=-4$로 극한값이 존재하고,

$x\to 1$일 때 (분모)$\to 0$이므로 (분자)$\to 0$이다.

즉, $\lim_{x\to 1} f(x)=f(1)=0$에서 함수 $f(x)$는 $x-1$을 인수로 갖는다. …… ㉡

㉠, ㉡에 의하여 $f(x)=a(x-2)(x-1)$(a는 상수, $a\neq 0$)이라 하면

$\lim_{x\to 1}\frac{f(x)}{x-1}=\lim_{x\to 1}\frac{a(x-2)(x-1)}{x-1}=-a=-4$

이므로 $a=4$

$\therefore \lim_{x\to 2}\frac{f(x)}{x-2}=\lim_{x\to 2}\frac{4(x-2)(x-1)}{x-2}=\lim_{x\to 2}4(x-1)=4$

087
답 ②

$\lim_{x\to\infty}\frac{f(x)}{x^3}=0$에서 함수 $f(x)$는 이차 이하의 다항함수이다.

$\lim_{x\to 0}\frac{f(x)}{x}=5$로 극한값이 존재하고,

$x\to 0$일 때 (분모)$\to 0$이므로 (분자)$\to 0$이다.

즉, $\lim_{x\to 0} f(x)=f(0)=0$이므로 $f(x)$는 x를 인수로 갖는다.

$f(x)=x(ax+b)$ (a, b는 상수)라 하면

$\lim_{x\to 0}\frac{f(x)}{x}=\lim_{x\to 0}\frac{x(ax+b)}{x}=\lim_{x\to 0}(ax+b)=b=5$

한편, 방정식 $f(x)=x$의 한 근이 -2이므로

$f(-2)=-2$에서 $-2(-2a+5)=-2$, $-2a+5=1$

$\therefore a=2$

따라서 $f(x)=x(2x+5)$이므로 $f(1)=7$이다.

088
답 ③

조건 (가)에서 $\lim_{x\to\infty}\frac{f(x)g(x)}{x^3}=2$이므로

함수 $f(x)g(x)$는 최고차항의 계수가 2인 삼차함수이다.

따라서 $f(x)g(x)=2x^3+ax^2+bx+c$ (a, b, c는 상수)라 하면

조건 (나)에서 $\lim_{x\to 0}\frac{f(x)g(x)}{x^2}=-4$로 극한값이 존재하고,

$x\to 0$일 때 (분모)$\to 0$이므로 (분자)$\to 0$이다.

즉, $\lim_{x\to 0}(2x^3+ax^2+bx+c)=c=0$이며

$\lim_{x\to 0}\frac{f(x)g(x)}{x^2}=\lim_{x\to 0}\frac{2x^2+ax+b}{x}=-4$에서

$x\to 0$일 때 (분모)$\to 0$이므로 (분자)$\to 0$이다.

즉, $\lim_{x\to 0}(2x^2+ax+b)=b=0$이며

$\lim_{x\to 0}\frac{f(x)g(x)}{x^2}=\lim_{x\to 0}(2x+a)=a=-4$이므로

$f(x)g(x)=2x^3-4x^2$이다.

이때 두 함수 $f(x)$, $g(x)$의 상수항과 계수가 모두 정수이므로

$f(x)=2x^2$, $g(x)=x-2$일 때 $f(2)$는 최댓값 8을 갖는다.

다른 풀이

조건 (가)에서 $\lim_{x\to\infty}\frac{f(x)g(x)}{x^3}=2$이므로

함수 $f(x)g(x)$는 최고차항의 계수가 2인 삼차함수이다. …… ㉠

조건 (나)에서 $\lim_{x\to 0}\frac{f(x)g(x)}{x^2}=-4$이므로

함수 $f(x)g(x)$는 x^2을 인수로 갖는다. …… ㉡

㉠, ㉡에 의하여

$f(x)g(x)=2x^2(x+a)$ (a는 상수)라 하면

$$\lim_{x\to0}\frac{f(x)g(x)}{x^2}=\lim_{x\to0}\frac{2x^2(x+a)}{x^2}=2a=-4$$

즉, $a=-2$이므로 $f(x)g(x)=2x^2(x-2)$이다.

이때 두 함수 $f(x)$, $g(x)$의 상수항과 계수가 모두 정수이므로

$f(x)=2x^2$, $g(x)=x-2$일 때 $f(2)$는 최댓값 8을 갖는다.

089 답 ③

(i) $n=1$이면

$\lim_{x\to\infty}\frac{f(x)-4x^3+3x^2}{x^2+1}=6$에서

$f(x)-4x^3+3x^2=6x^2+ax+b$ (a, b는 상수),

$f(x)=4x^3+3x^2+ax+b$라 할 수 있다.

또한, $\lim_{x\to0}\frac{f(x)}{x}=4$로 극한값이 존재하고

$x\to0$일 때 (분모)$\to0$이므로 (분자)$\to0$이다.

즉, $\lim_{x\to0}f(x)=f(0)=b=0$이므로

$\lim_{x\to0}\frac{f(x)}{x}=\lim_{x\to0}(4x^2+3x+a)=a=4$이다.

따라서 $f(x)=4x^3+3x^2+4x$에서 $f(1)=11$이다.

(ii) $n=2$이면

$\lim_{x\to\infty}\frac{f(x)-4x^3+3x^2}{x^3+1}=6$에서

$f(x)-4x^3+3x^2=6x^3+ax^2+bx+c$ (a, b, c는 상수),

$f(x)=10x^3+(a-3)x^2+bx+c$라 할 수 있다.

또한, $\lim_{x\to0}\frac{f(x)}{x^2}=4$에서 $b=c=0$이고,

$a-3=4$ 즉, $a=7$이므로

$f(x)=10x^3+4x^2$에서 $f(1)=14$이다.

(iii) $n\geq3$이면

$\lim_{x\to\infty}\frac{f(x)-4x^3+3x^2}{x^{n+1}+1}=6$, $\lim_{x\to0}\frac{f(x)}{x^n}=4$에서

$f(x)=6x^{n+1}+4x^n$에서 $f(1)=10$이다.

(i)~(iii)에 의하여 $f(1)$의 최댓값은 $n=2$일 때, 14이다.

090 답 ①

$\lim_{x\to\infty}\frac{f(x)}{2x^3-3x^2+3x-1}=1$이므로 함수 $f(x)$는 최고차항의 계수가 2인 삼차함수이다.

$\lim_{x\to3}\frac{f(x)}{(x-3)^2}=4$로 극한값이 존재하고

$x\to3$일 때 (분모)$\to0$이므로 (분자)$\to0$이다.

즉, $\lim_{x\to3}f(x)=f(3)=0$이므로 $f(x)$는 $x-3$을 인수로 갖는다.

$f(x)=(x-3)g(x)$ ($g(x)$는 이차식)라 하면

$\lim_{x\to3}\frac{f(x)}{(x-3)^2}=\lim_{x\to3}\frac{(x-3)g(x)}{(x-3)^2}=\lim_{x\to3}\frac{g(x)}{x-3}=4$로

극한값이 존재하고 $x\to3$일 때 (분모)$\to0$이므로 (분자)$\to0$이다.

또, $\lim_{x\to3}g(x)=g(3)=0$이므로 $g(x)$는 $x-3$을 인수로 갖는다.

따라서 $f(x)$는 $(x-3)^2$을 인수로 가지므로 …… TIP

$f(x)=(x-3)^2(2x+k)$ (k는 상수)라 하면

$$\lim_{x\to3}\frac{f(x)}{(x-3)^2}=\lim_{x\to3}\frac{(x-3)^2(2x+k)}{(x-3)^2}=\lim_{x\to3}(2x+k)=6+k=4$$

$\therefore k=-2$

$f(x)=(x-3)^2(2x-2)$

$\therefore f(2)=(-1)^2\times2=2$

TIP

두 다항식 $f(x)$, $g(x)$에 대하여 $\lim_{x\to a}\frac{f(x)}{g(x)}=\alpha$ (α는 실수)일 때 $g(x)$가 $(x-a)^n$을 인수로 가지면 분모를 0으로 만드는 식이 모두 소거될 수 있도록 분자인 $f(x)$도 $(x-a)^n$을 인수로 가져야 한다.

특히, $\lim_{x\to a}\frac{f(x)}{g(x)}=0$일 때 $g(x)$가 $(x-a)^n$을 인수로 가지면 $f(x)$는 $(x-a)^{n+1}$을 인수로 가져야 한다.

091 답 ①

$$\lim_{x\to\infty}\{\sqrt{f(x)}-x\}=\lim_{x\to\infty}\frac{\{\sqrt{f(x)}-x\}\{\sqrt{f(x)}+x\}}{\sqrt{f(x)}+x}=\lim_{x\to\infty}\frac{f(x)-x^2}{\sqrt{f(x)}+x}=5$$

로 $x\to\infty$일 때 극한값이 존재하고 (분모)$\to\infty$, (분자)$\to\infty$이므로

$\frac{f(x)-x^2}{\sqrt{f(x)}+x}$의 분자와 분모의 차수가 같아야 한다.

따라서 다항식 $f(x)-x^2$은 일차식이다.

즉, 함수 $f(x)$는 최고차항의 계수가 1인 이차함수이므로

$f(x)=x^2+ax+b$ (a, b는 상수)라 하면

$f(0)=b=2$에서 $f(x)=x^2+ax+2$이다.

$$\lim_{x\to\infty}\{\sqrt{f(x)}-x\}=\lim_{x\to\infty}\frac{f(x)-x^2}{\sqrt{f(x)}+x}=\lim_{x\to\infty}\frac{(x^2+ax+2)-x^2}{\sqrt{x^2+ax+2}+x}=\lim_{x\to\infty}\frac{ax+2}{\sqrt{x^2+ax+2}+x}=\frac{a}{2}=5$$

이므로 $a=10$

따라서 $f(x)=x^2+10x+2$이므로

$f(3)=9+30+2=41$

092 답 ②

조건 (가)에서 함수 $f(x)$는 y축에 대하여 대칭이므로 다항함수 $f(x)$는 짝수차항과 상수항으로만 이루어져 있다.

조건 (나)에서 함수 $f(x)$는 최고차항의 계수가 2인 이차함수이다.

즉, $f(x)=2x^2+a$ (a는 상수)라 하면

부등식 $f(x)\leq0$에서 $2x^2+a\leq0$, 즉 $x^2\leq-\frac{a}{2}$

이 부등식을 만족시키는 자연수 x의 개수가 3이려면

$9 \le -\frac{a}{2} < 16$이어야 하므로 $-32 < a \le -18$

따라서 $f(4)=a+32$에서 $0 < a+32 \le 14$이므로

$f(4)$의 최댓값은 14이다.

093 ······ 답 ④

$\lim_{x\to\infty}\frac{g(x)}{x^2}=1$이므로 다항함수 $g(x)$는 최고차항의 계수가 1인 이차함수이다.

$f(x)=t$라 하면 $x\to a-$일 때, $t\to 2-$이므로

$\lim_{x\to a-}g(f(x))=\lim_{t\to 2-}g(t)=g(2)$

$x\to a+$일 때, $t\to 4+$이므로

$\lim_{x\to a+}g(f(x))=\lim_{t\to 4+}g(t)=g(4)$

$\lim_{x\to a}g(f(x))$의 값이 존재하려면 $\lim_{t\to 2-}g(t)=\lim_{t\to 4+}g(t)$를 만족시켜야 하므로

$g(2)=g(4)=k$(k는 상수)라 하면

$g(x)-k=(x-2)(x-4)$에서

$g(x)=(x-2)(x-4)+k=(x-3)^2+k-1$

따라서 함수 $g(x)$는 $x=3$일 때 최솟값 $g(3)$을 갖는다.

094 ······ 답 ②

$|f(x)|<2$에서 $-2<f(x)<2$이다.

부등식의 각 변에 $4x^2$을 더하고 각 변을 $2x^2+3$으로 나누면

$\frac{4x^2-2}{2x^2+3} < \frac{4x^2+f(x)}{2x^2+3} < \frac{4x^2+2}{2x^2+3}$ ($\because 2x^2+3>0$)

$\lim_{x\to\infty}\frac{4x^2-2}{2x^2+3}=2$, $\lim_{x\to\infty}\frac{4x^2+2}{2x^2+3}=2$이므로 함수의 극한의 대소 관계에 의하여

$\lim_{x\to\infty}\frac{4x^2+f(x)}{2x^2+3}=2$

다른 풀이

$|f(x)|<2$에서 $-2<f(x)<2$이다.

$x>0$일 때 부등식의 각 변을 x^2으로 나누면

$-\frac{2}{x^2} < \frac{f(x)}{x^2} < \frac{2}{x^2}$ ($\because x^2>0$)

$\lim_{x\to\infty}\left(-\frac{2}{x^2}\right)=0$, $\lim_{x\to\infty}\frac{2}{x^2}=0$이므로

함수의 극한의 대소 관계에 의하여 $\lim_{x\to\infty}\frac{f(x)}{x^2}=0$이다.

$\therefore \lim_{x\to\infty}\frac{4x^2+f(x)}{2x^2+3}=\lim_{x\to\infty}\frac{4+\frac{f(x)}{x^2}}{2+\frac{3}{x^2}}=\frac{4}{2}=2$

095 ······ 답 ②

$f(x)\le g(x)\le 3-f(x)$에서

$\frac{3x+5}{2x+1}\le g(x)\le 3-\frac{3x+5}{2x+1}$

$-x=t$라 하면 $x\to-\infty$일 때 $t\to\infty$이므로

(i) $\lim_{x\to-\infty}\frac{3x+5}{2x+1}$에서

$\lim_{x\to-\infty}\frac{3x+5}{2x+1}=\lim_{t\to\infty}\frac{-3t+5}{-2t+1}=\frac{3}{2}$

(ii) $\lim_{x\to-\infty}\left(3-\frac{3x+5}{2x+1}\right)$에서

$\lim_{x\to-\infty}\left(3-\frac{3x+5}{2x+1}\right)=\lim_{t\to\infty}\left(3-\frac{-3t+5}{-2t+1}\right)=3-\frac{3}{2}=\frac{3}{2}$

(i), (ii)에서

$\lim_{x\to-\infty}\frac{3x+5}{2x+1}=\frac{3}{2}$, $\lim_{x\to-\infty}\left(3-\frac{3x+5}{2x+1}\right)=\frac{3}{2}$이므로

함수의 극한의 대소 관계에 의하여 $\lim_{x\to-\infty}g(x)=\frac{3}{2}$이다.

096 ······ 답 ③

ㄱ. $\lim_{x\to\infty}x^2f(x)=3$이고, $\lim_{x\to\infty}\frac{1}{x^2}=0$이므로

$\lim_{x\to\infty}f(x)=\lim_{x\to\infty}\left\{x^2f(x)\times\frac{1}{x^2}\right\}$

$=\lim_{x\to\infty}x^2f(x)\times\lim_{x\to\infty}\frac{1}{x^2}=3\times0=0$ (참)

ㄴ. (반례) $f(x)=x+1$, $g(x)=x$이면

$\lim_{x\to\infty}\frac{f(x)}{g(x)}=1$, $\lim_{x\to\infty}g(x)=\infty$이지만

$\lim_{x\to\infty}\{f(x)-g(x)\}=\lim_{x\to\infty}(x+1-x)=\lim_{x\to\infty}1=1$이다. (거짓)

ㄷ. $f(x)<g(x)<f(x+2)$이고,

$\lim_{x\to\infty}f(x)=\lim_{x\to\infty}f(x+2)=1$이므로 ······ TIP

함수의 극한의 대소 관계에 의하여 $\lim_{x\to\infty}g(x)=1$이다.

이때 $\lim_{x\to\infty}x=\infty$이므로 $\lim_{x\to\infty}\frac{g(x)}{x}=0$이다. (참)

따라서 옳은 것은 ㄱ, ㄷ이다.

TIP

$\lim_{x\to\infty}f(x)=1$이면 함수 $y=f(x)$의 그래프는 x의 값이 한없이 커질 때 $f(x)$의 값은 한없이 1에 가까워진다.

이 그래프를 x축의 방향으로 -2만큼 평행이동하여도 그래프는 x의 값이 한없이 커질 때 $f(x)$의 값은 한없이 1에 가까워진다.

따라서 $\lim_{x\to\infty}f(x+2)=1$임을 알 수 있다.

097 ······ 답 ③

$x^2=t$일 때 $x=\sqrt{t}$ 또는 $x=-\sqrt{t}$이므로

주어진 그래프에서 $A(-\sqrt{t}, t)$, $B(\sqrt{t}, t)$이다.

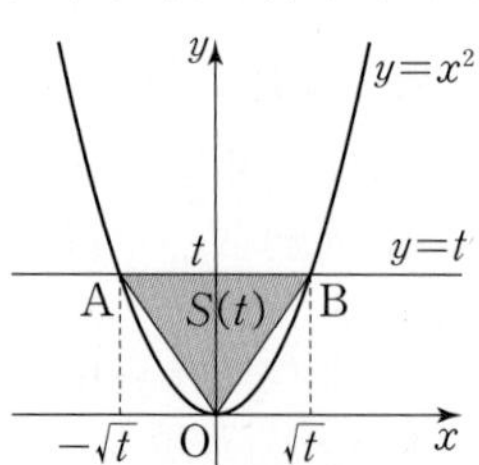

따라서 삼각형 AOB의 밑변의 길이는 $2\sqrt{t}$, 높이는 t이므로

$S(t)=\frac{1}{2}\times 2\sqrt{t}\times t=t\sqrt{t}=(\sqrt{t})^3$

$$\therefore \lim_{t\to 16}\frac{S(t)-64}{\sqrt{t}-4}=\lim_{t\to 16}\frac{(\sqrt{t})^3-4^3}{\sqrt{t}-4}$$
$$=\lim_{t\to 16}\frac{(\sqrt{t}-4)(t+4\sqrt{t}+16)}{\sqrt{t}-4}$$
$$=\lim_{t\to 16}(t+4\sqrt{t}+16)=48$$

098 ······ 답 ③

직선 PQ가 직선 $y=x+1$에 수직이므로 직선 PQ의 기울기는 -1이고, 점 $P(t, t+1)$을 지나므로 직선 PQ의 방정식은

$y-(t+1)=-(x-t)$, 즉 $y=-x+2t+1$

따라서 직선 PQ의 y절편이 $2t+1$이므로 $Q(0, 2t+1)$이다.

$\overline{AP}^2=(t+1)^2+(t+1)^2=2t^2+4t+2$

$\overline{AQ}^2=1^2+(2t+1)^2=4t^2+4t+2$

$$\therefore \lim_{t\to\infty}\frac{\overline{AQ}^2}{\overline{AP}^2}=\lim_{t\to\infty}\frac{4t^2+4t+2}{2t^2+4t+2}$$
$$=\lim_{t\to\infty}\frac{4+\frac{4}{t}+\frac{2}{t^2}}{2+\frac{4}{t}+\frac{2}{t^2}}$$
$$=\frac{4}{2}=2$$

099 ······ 답 1

점 P의 x좌표를 t라 하면 점 $P(t, 2t^2)(t>0)$이고

원의 반지름의 길이는 $\overline{OP}$와 같으므로

$\overline{OP}=\sqrt{t^2+4t^4}=t\sqrt{1+4t^2}$에서

$\overline{OQ}=t\sqrt{1+4t^2}$

$\therefore Q(t\sqrt{1+4t^2}, 0)$

두 점 $P(t, 2t^2)$과 $Q(t\sqrt{1+4t^2}, 0)$을 지나는 직선의 기울기는

$\frac{-2t^2}{t\sqrt{1+4t^2}-t}$이므로 $t>0$일 때 직선 PQ의 방정식은

$$y=\frac{-2t^2}{t\sqrt{1+4t^2}-t}(x-t)+2t^2$$
$$=\frac{-2t}{\sqrt{1+4t^2}-1}(x-t)+2t^2$$

이때 y절편은 $\frac{2t^2}{\sqrt{1+4t^2}-1}+2t^2$이다.

따라서 점 P가 원점 O에 한없이 가까워지므로

$t\to 0+$일 때 y절편이 한없이 가까워지는 값은

$$\lim_{t\to 0+}\left(\frac{2t^2}{\sqrt{1+4t^2}-1}+2t^2\right)$$
$$=\lim_{t\to 0+}\left\{\frac{2t^2(\sqrt{1+4t^2}+1)}{(\sqrt{1+4t^2}-1)(\sqrt{1+4t^2}+1)}+2t^2\right\}$$
$$=\lim_{t\to 0+}\left\{\frac{2t^2(\sqrt{1+4t^2}+1)}{4t^2}+2t^2\right\}$$
$$=\lim_{t\to 0+}\left(\frac{\sqrt{1+4t^2}+1}{2}+2t^2\right)$$
$$=\frac{1+1}{2}+0=1$$

100 ······ 답 ①

$\overline{OA}=\sqrt{t^2+t}=\overline{OB}$이므로 점 B의 좌표는 $B(0, \sqrt{t^2+t})$

직선 AB의 기울기는 $\frac{\sqrt{t}-\sqrt{t^2+t}}{t-0}$이고, y절편은 $\sqrt{t^2+t}$이므로

직선 AB의 방정식은

$$y=\frac{\sqrt{t}-\sqrt{t^2+t}}{t}x+\sqrt{t^2+t}$$

점 C의 x좌표는 직선 AB의 x절편이므로

$0=\frac{\sqrt{t}-\sqrt{t^2+t}}{t}x+\sqrt{t^2+t}$에서

$\frac{\sqrt{t^2+t}-\sqrt{t}}{t}x=\sqrt{t^2+t}$, $x=\frac{t\sqrt{t^2+t}}{\sqrt{t^2+t}-\sqrt{t}}$

즉, $\overline{OC}=\frac{t\sqrt{t^2+t}}{\sqrt{t^2+t}-\sqrt{t}}$

$$\therefore \lim_{t\to 0+}\overline{OC}=\lim_{t\to 0+}\frac{t\sqrt{t^2+t}}{\sqrt{t^2+t}-\sqrt{t}}$$
$$=\lim_{t\to 0+}\frac{t\sqrt{t^2+t}(\sqrt{t^2+t}+\sqrt{t})}{(t^2+t)-t}$$
$$=\lim_{t\to 0+}\frac{(t^2+t)+\sqrt{t}\sqrt{t^2+t}}{t}$$
$$=\lim_{t\to 0+}\frac{t^2+t+t\sqrt{t+1}}{t}$$
$$=\lim_{t\to 0+}(t+1+\sqrt{t+1})$$
$$=1+1=2$$

101 ······ 답 ④

$\overline{AP}=\overline{BQ}=t\ (t>0)$라 하면 $P(3-t, 0)$, $Q(0, 2+t)$이므로

직선 PQ의 방정식은

$$y=-\frac{2+t}{3-t}x+(2+t) \quad \cdots\cdots ㉠$$

직선 AB의 방정식은

$$y=-\frac{2}{3}x+2 \quad \cdots\cdots ㉡$$

㉠, ㉡에서

$-\frac{2+t}{3-t}x+(2+t)=-\frac{2}{3}x+2$, $\left(\frac{2+t}{3-t}-\frac{2}{3}\right)x=t$

$\frac{3(2+t)-2(3-t)}{3(3-t)}x=t$, $\frac{5t}{3(3-t)}x=t$

$$x=\frac{3t(3-t)}{5t}=\frac{3(3-t)}{5} \quad \cdots\cdots ㉢$$

㉢을 ㉡에 대입하면

$y=-\frac{2}{3}\times\frac{3(3-t)}{5}+2=\frac{2(t-3)}{5}+2=\frac{2t+4}{5}$이므로

$R\left(\frac{9-3t}{5}, \frac{2t+4}{5}\right)$

점 P, Q는 각각 점 A, B에 한없이 가까워지므로 $t\to 0+$일 때 교점 R가 한없이 가까워지는 점의 x좌표와 y좌표는 각각

$\lim_{t\to 0+}\frac{9-3t}{5}=\frac{9}{5}$, $\lim_{t\to 0+}\frac{2t+4}{5}=\frac{4}{5}$이다.

$\therefore R\left(\frac{9}{5}, \frac{4}{5}\right)$

102 .... 답 ①

점 P는 선분 OA를 2 : 3으로 내분하는 점이므로

$\mathrm{P}\left(\frac{2\times t+3\times 0}{2+3}, \frac{2\times 3t^2+3\times 0}{2+3}\right)$ $\quad\therefore \mathrm{P}\left(\frac{2t}{5}, \frac{6t^2}{5}\right)$

선분 OA의 기울기는 $\frac{3t^2}{t}=3t$이고, 직선 l은 선분 OA에

수직이므로 직선 l의 기울기는 $-\frac{1}{3t}$이다.

따라서 직선 l은 기울기가 $-\frac{1}{3t}$이고, 점 P를 지나므로

$y=-\frac{1}{3t}\left(x-\frac{2t}{5}\right)+\frac{6t^2}{5}$

$0=-\frac{1}{3t}\left\{f(t)-\frac{2t}{5}\right\}+\frac{6t^2}{5}$에서 $f(t)=\frac{18t^3}{5}+\frac{2t}{5}$

$g(t)=-\frac{1}{3t}\left(0-\frac{2t}{5}\right)+\frac{6t^2}{5}$에서 $g(t)=\frac{6t^2}{5}+\frac{2}{15}$

$$\therefore \lim_{t\to\infty}\frac{t^2f(t)-g(t)}{f(t)g(t)}=\lim_{t\to\infty}\frac{t^2\left(\frac{18t^3}{5}+\frac{2t}{5}\right)-\left(\frac{6t^2}{5}+\frac{2}{15}\right)}{\left(\frac{18t^3}{5}+\frac{2t}{5}\right)\left(\frac{6t^2}{5}+\frac{2}{15}\right)}$$

$$=\frac{\frac{18}{5}}{\frac{18}{5}\times\frac{6}{5}}=\frac{5}{6}$$

103 .... 답 ①

원 O의 반지름의 길이를 r라 하면 중심의 좌표는

(t, r)이다.

원 O의 중심으로부터 직선 $y=\sqrt{3}x$까지의 거리는 반지름의 길이와

같으므로

$r=\frac{|\sqrt{3}t-r|}{\sqrt{3+1}}$

즉, $2r=|\sqrt{3}t-r|$이므로

$2r=\sqrt{3}t-r$ 또는 $2r=r-\sqrt{3}t$

$\therefore r=\frac{\sqrt{3}}{3}t\ (\because r>0)$

따라서 원 O의 중심의 좌표는 $\left(t, \frac{\sqrt{3}}{3}t\right)$, 반지름의 길이는 $\frac{\sqrt{3}}{3}t$이다.

한편, 원 O 위를 움직이는 임의의 점과 점 A$(-2, 0)$ 사이의

거리의 최솟값은 원 O의 중심과 점 A$(-2, 0)$ 사이의 거리에서

반지름의 길이를 뺀 값과 같으므로

$f(t)=\sqrt{(t+2)^2+\frac{t^2}{3}}-\frac{\sqrt{3}}{3}t$

$\quad=\sqrt{\frac{4}{3}t^2+4t+4}-\frac{\sqrt{3}}{3}t$

$$\therefore \lim_{t\to\infty}\frac{f(t)}{t}=\lim_{t\to\infty}\frac{\sqrt{\frac{4}{3}t^2+4t+4}-\frac{\sqrt{3}}{3}t}{t}$$

$$=\lim_{t\to\infty}\frac{\sqrt{\frac{4}{3}+\frac{4}{t}+\frac{4}{t^2}}-\frac{\sqrt{3}}{3}}{1}$$

$$=\sqrt{\frac{4}{3}}-\frac{\sqrt{3}}{3}=\frac{\sqrt{3}}{3}$$

104 .... 답 ③

$x>1$일 때, $f(x)=\frac{x+2}{x-1}=1+\frac{3}{x-1}$

$x\le 1$일 때, $f(x)=-x^2-2x+2=-(x+1)^2+3$

이므로 함수 $y=f(x)$의 그래프와 직선 $y=k$의 위치 관계는

다음과 같다.

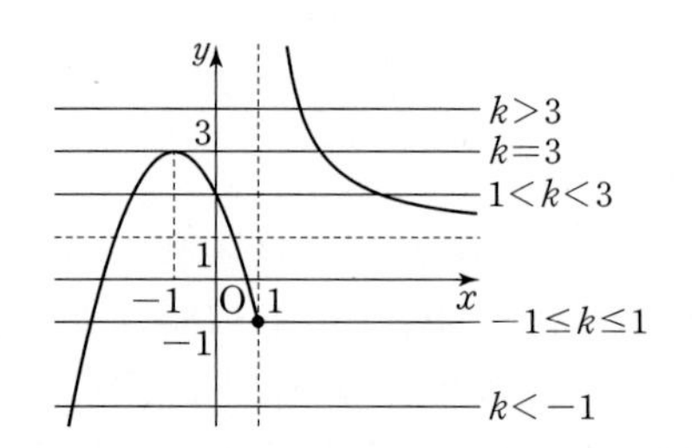

따라서 $g(k)=\begin{cases}1 & (k<-1,\ k>3)\\ 2 & (-1\le k\le 1,\ k=3)\\ 3 & (1<k<3)\end{cases}$이고 그 그래프는

다음과 같다.

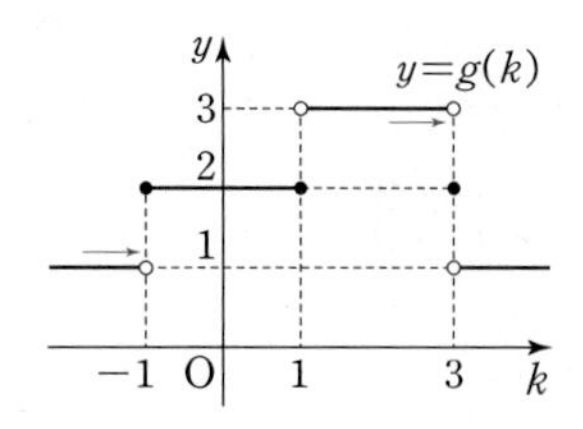

위의 그래프에서 $\lim_{k\to-1-}g(k)=1$이고, $g(k)=t$라 하면

$k\to 3-$일 때 $t=3$이므로 $\lim_{k\to3-}g(g(k))=g(3)=2$

$\therefore \lim_{k\to-1-}g(k)+\lim_{k\to3-}g(g(k))=1+2=3$

105 .... 답 ③

ㄱ.

x	$f(x)$	$g(x)$	$f(x)g(x)$
0+	−1	−1	1
0−	1	1	1

위의 표에서 $\lim_{x\to0+}f(x)g(x)=1$, $\lim_{x\to0-}f(x)g(x)=1$이므로

$\lim_{x\to0}f(x)g(x)=1$이다. (참)

ㄴ.

x	$f(x)$	$g(x)$	$f(x)-g(x)$
1+	−1	1	−2
1−	−1	0	−1

위의 표에서 $\lim_{x\to1+}\{f(x)-g(x)\}\ne\lim_{x\to1-}\{f(x)-g(x)\}$이므로 $\lim_{x\to1}\{f(x)-g(x)\}$의 값은 존재하지 않는다. (거짓)

ㄷ.

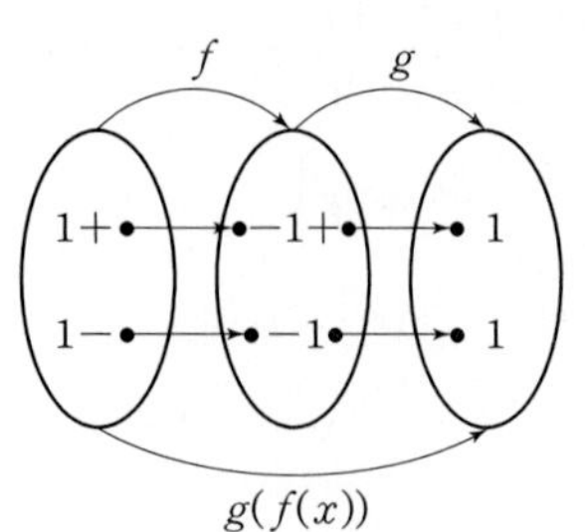

위의 그림에서 $\lim_{x\to1+} g(f(x))=1$, $\lim_{x\to1-} g(f(x))=1$이므로

$\lim_{x\to1} g(f(x))=1$이다. (참)

ㄹ. $\frac{6t+1}{t-1}=m$이라 하면 $m=6+\frac{7}{t-1}$에서

$t\to-\infty$일 때, $m\to6-$이므로

$\lim_{t\to-\infty} f\left(\frac{6t+1}{t-1}\right)$

$=\lim_{m\to6-} f(m)$

$=\lim_{m\to-2-} f(m)$ ($\because f(x)=f(x+4)$) ...... TIP

$=1$ (참)

ㅁ. $f(x)=f(x+4)$, $g(x)=g(x+4)$이고, ... ㉠

$-x=k$라 하면 $x\to4+$일 때, $k\to-4-$이므로

$\lim_{x\to4+} \{f(-x)+g(-x)\}$

$=\lim_{k\to-4-} \{f(k)+g(k)\}$

$=\lim_{k\to0-} \{f(k)+g(k)\}$ ($\because$ ㉠)

$=1+1=2$ (거짓)

따라서 옳은 것은 ㄱ, ㄷ, ㄹ로 3개이다.

TIP

$f(x)=f(x+4)$, $g(x)=g(x+4)$이므로

실수 전체에서 두 함수 $y=f(x)$, $y=g(x)$의 그래프는 각각 $-2\le x\le2$에서의 그래프가 반복하여 그려진다.

함수 $y=f(x)$의 그래프는 다음과 같다.

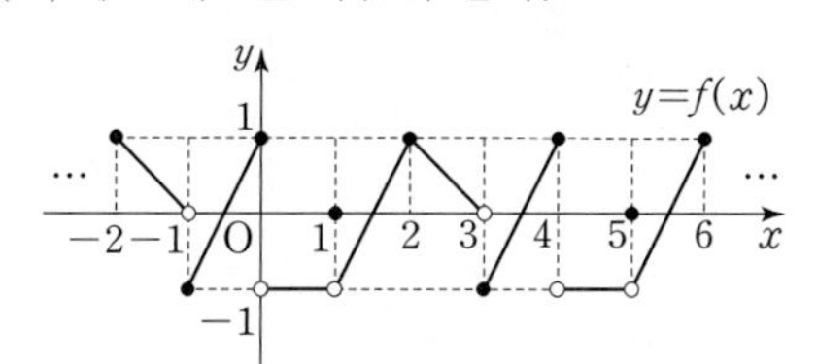

함수 $y=g(x)$의 그래프는 다음과 같다.

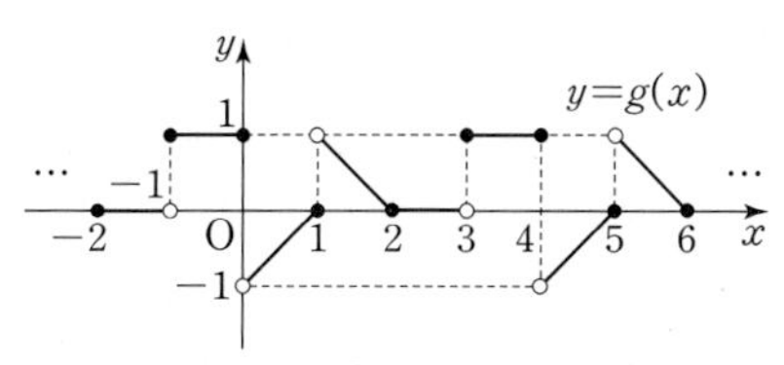

따라서 실수 a에 대하여

$\lim_{x\to a+} f(x)=\lim_{x\to-4+a+} f(x)$, $\lim_{x\to a-} f(x)=\lim_{x\to-4+a-} f(x)$

$\lim_{x\to a+} g(x)=\lim_{x\to-4+a+} g(x)$, $\lim_{x\to a-} g(x)=\lim_{x\to-4+a-} g(x)$

가 성립한다.

106 .... 답 ⑤

조건 (가)에서

$$\lim_{x\to\infty} \{\sqrt{f(x)}-2x\}=\lim_{x\to\infty} \frac{(\sqrt{f(x)}-2x)(\sqrt{f(x)}+2x)}{\sqrt{f(x)}+2x}$$

$$=\lim_{x\to\infty} \frac{f(x)-4x^2}{\sqrt{f(x)}+2x}$$

이다.

함수 $f(x)$가 다항함수이므로 자연수 n에 대하여 함수 $f(x)$의 최고차항을 $ax^n(a\neq0)$이라 할 때,

(i) $n=1$이면

$$\lim_{x\to\infty} \frac{f(x)-4x^2}{\sqrt{f(x)}+2x}=\lim_{x\to\infty} \frac{\frac{f(x)}{x^2}-4}{\sqrt{\frac{f(x)}{x^4}}+\frac{2}{x}}$$

에서 $\lim_{x\to\infty}\left\{\frac{f(x)}{x^2}-4\right\}=-4$, $\lim_{x\to\infty}\left\{\sqrt{\frac{f(x)}{x^4}}+\frac{2}{x}\right\}=0$이므로

$\lim_{x\to\infty} \{\sqrt{f(x)}-2x\}$는 발산한다.

(ii) $n\ge3$이면

$$\lim_{x\to\infty} \frac{f(x)-4x^2}{\sqrt{f(x)}+2x}=\lim_{x\to\infty} \frac{\frac{f(x)}{x^n}-\frac{4}{x^{n-2}}}{\sqrt{\frac{f(x)}{x^{2n}}}+\frac{2}{x^{n-1}}}$$

에서 $\lim_{x\to\infty}\left\{\frac{f(x)}{x^n}-\frac{4}{x^{n-2}}\right\}=a$, $\lim_{x\to\infty}\left\{\sqrt{\frac{f(x)}{x^{2n}}}+\frac{2}{x^{n-1}}\right\}=0$이므로 $\lim_{x\to\infty} \{\sqrt{f(x)}-2x\}$는 발산한다.

(iii) $n=2$이면

$$\lim_{x\to\infty} \frac{f(x)-4x^2}{\sqrt{f(x)}+2x}=\lim_{x\to\infty} \frac{\frac{f(x)}{x^2}-4}{\sqrt{\frac{f(x)}{x^4}}+\frac{2}{x}}$$

에서 $\lim_{x\to\infty}\left\{\frac{f(x)}{x^2}-4\right\}=a-4$, $\lim_{x\to\infty}\left\{\sqrt{\frac{f(x)}{x^4}}+\frac{2}{x}\right\}=0$이므로

$a\neq4$이면 $\lim_{x\to\infty} \{\sqrt{f(x)}-2x\}$는 발산한다.

이때 $a=4$이면 $f(x)=4x^2+bx+c$ (b, c는 상수)라 할 때

$$\lim_{x\to\infty} \frac{f(x)-4x^2}{\sqrt{f(x)}+2x}=\lim_{x\to\infty} \frac{bx+c}{\sqrt{4x^2+bx+c}+2x}$$

$$=\lim_{x\to\infty} \frac{b+\frac{c}{x}}{\sqrt{4+\frac{b}{x}+\frac{c}{x^2}}+2}$$

$$=\frac{b}{\sqrt{4}+2}=\frac{b}{4}$$

(i)~(iii)에서 $f(x)=4x^2+bx+c$이고, 조건 (나)에서

$\lim_{x\to1} \frac{f(x)-2}{x-1}$의 값이 존재하고, $\lim_{x\to1}(x-1)=0$이므로

$\lim_{x\to1} \{f(x)-2\}=0$에서 $f(1)=2$이다.

즉, $f(1)=4+b+c=2$, $c=-b-2$이므로

$f(x)=4x^2+bx-b-2$

에서

$$\lim_{x\to1} \frac{f(x)-2}{x-1}=\lim_{x\to1} \frac{4x^2+bx-b-4}{x-1}$$

$$=\lim_{x\to1} \frac{(x-1)(4x+b+4)}{x-1}$$

$$=\lim_{x\to1} (4x+b+4)$$

$$=b+8=3$$

$\therefore b=-5$, $c=3$

따라서 $f(x)=4x^2-5x+3$이므로

$f(2)=16-10+3=9$

107 .... 답 ①

조건 ㈎에서 함수 $f(x)$는 사차 이하의 다항함수이다.

조건 ㈏에서 $\frac{1}{x}=t$라 하면 $x\to\infty$일 때, $t\to 0+$이므로

$\lim_{x\to\infty} xf\left(\frac{1}{x}\right)=\lim_{t\to0+}\frac{f(t)}{t}=2$이다.

즉, $f(0)=0$이고,

$f(x)=ax^4+bx^3+cx^2+dx$ (a, b, c, d는 상수)라 하면

$$\lim_{t\to0+}\frac{f(t)}{t}=\lim_{t\to0+}\frac{at^4+bt^3+ct^2+dt}{t}$$
$$=\lim_{t\to0+}(at^3+bt^2+ct+d)=d=2$$

에서 $f(x)=ax^4+bx^3+cx^2+2x$이다.

조건 ㈐에서

$$\lim_{x\to\infty}\frac{f(x)-2x^4}{x^{n+1}+1}=\lim_{x\to\infty}\frac{(a-2)x^4+bx^3+cx^2+2x}{x^{n+1}+1}=2$$

(i) $n=1$일 때,

$$\lim_{x\to\infty}\frac{(a-2)x^4+bx^3+cx^2+2x}{x^2+1}=2$$

에서 $a=2$, $b=0$, $c=2$이다.

따라서 $f(x)=2x^4+2x^2+2x$이고, 조건 ㈐에서

$\lim_{x\to1}\frac{f(x)}{x-1}=\lim_{x\to1}\frac{2x^4+2x^2+2x}{x-1}$가 발산하므로 모순이다.

(ii) $n=2$일 때,

$$\lim_{x\to\infty}\frac{(a-2)x^4+bx^3+cx^2+2x}{x^3+1}=2$$

에서 $a=2$, $b=2$이다.

따라서 $f(x)=2x^4+2x^3+cx^2+2x$이고, 조건 ㈐에서

$\lim_{x\to1}\frac{f(x)}{x^2-1}=\lim_{x\to1}\frac{2x^4+2x^3+cx^2+2x}{x^2-1}$의 값이 존재하려면

$\lim_{x\to1}(x^2-1)=0$이므로

$\lim_{x\to1}(2x^4+2x^3+cx^2+2x)=c+6=0$

에서 $c=-6$이다.

즉, $f(x)=2x^4+2x^3-6x^2+2x$에서

$$\lim_{x\to1}\frac{f(x)}{x^2-1}=\lim_{x\to1}\frac{2x^4+2x^3-6x^2+2x}{x^2-1}$$
$$=\lim_{x\to1}\frac{2x(x-1)(x^2+2x-1)}{(x+1)(x-1)}$$
$$=\lim_{x\to1}\frac{2x(x^2+2x-1)}{x+1}=2$$

로 조건 ㈐에 모순이다.

(iii) $n=3$일 때,

$$\lim_{x\to\infty}\frac{(a-2)x^4+bx^3+cx^2+2x}{x^4+1}=2$$

에서 $a=4$이다.

따라서 $f(x)=4x^4+bx^3+cx^2+2x$이고, 조건 ㈐에서

$\lim_{x\to1}\frac{f(x)}{x^3-1}=\lim_{x\to1}\frac{4x^4+bx^3+cx^2+2x}{x^3-1}$의 값이 존재하려면

$\lim_{x\to1}(x^3-1)=0$이므로

$\lim_{x\to1}(4x^4+bx^3+cx^2+2x)=b+c+6=0$

에서 $c=-b-6$이다.

즉, $f(x)=4x^4+bx^3-(b+6)x^2+2x$에서

$$\lim_{x\to1}\frac{f(x)}{x^3-1}=\lim_{x\to1}\frac{4x^4+bx^3-(b+6)x^2+2x}{x^3-1}$$
$$=\lim_{x\to1}\frac{x(x-1)\{4x^2+(b+4)x-2\}}{(x-1)(x^2+x+1)}$$
$$=\lim_{x\to1}\frac{x\{4x^2+(b+4)x-2\}}{x^2+x+1}=\frac{b+6}{3}=3$$

에서 $b=3$, $c=-9$이다.

(iv) $n\geq4$일 때,

$\lim_{x\to\infty}\frac{f(x)-2x^4}{x^{n+1}+1}=0$으로 조건 ㈐에 모순이다.

(i)~(iv)에서 $f(x)=4x^4+3x^3-9x^2+2x$이므로

$f(-1)=4-3-9-2=-10$이다.

108 .... 답 ②

조건 ㈏에서

$f(x)+g(x)f(x)=xg(x)-x$, $f(x)\{1+g(x)\}=x\{g(x)-1\}$

이때 $g(x)+1=0$인 경우

$0=x\{g(x)-1\}$에서 $g(x)=1$이지만 조건 ㈎의 $\lim_{x\to0}g(x)=7$이므로 모순이다.

따라서 $g(x)+1\neq0$이므로

$$f(x)=\frac{x\{g(x)-1\}}{g(x)+1}$$

$$\therefore \lim_{x\to0}\frac{2x+f(x)}{x^2-f(x)}=\lim_{x\to0}\frac{2x+\frac{x\{g(x)-1\}}{g(x)+1}}{x^2-\frac{x\{g(x)-1\}}{g(x)+1}}$$
$$=\lim_{x\to0}\frac{2+\frac{g(x)-1}{g(x)+1}}{x-\frac{g(x)-1}{g(x)+1}}$$
$$=\frac{2+\frac{6}{8}}{0-\frac{6}{8}}\ (\because \text{조건 ㈎})$$
$$=-\frac{22}{6}=-\frac{11}{3}$$

109 .... 답 ②

방정식 $f(x)=0$의 한 근이 $x=t$(t는 실수)이면 방정식 $g(x)=0$은 $x=\frac{1}{t}$을 근으로 가진다. ...... TIP

조건 ㈎에서 $f(2)=0$이므로 $g\left(\frac{1}{2}\right)=0$이고,

$g(3)=0$이므로 $f\left(\frac{1}{3}\right)=0$이다.

이때 조건 ㈏에서 $k=\frac{1}{2}$일 때 $\lim_{x\to\frac{1}{2}}\frac{f(x)}{g(x)}$의 값이 존재하고

$x\to\frac{1}{2}$일 때 (분모)$\to0$이므로 (분자)$\to0$이다.

즉, $\lim_{x\to\frac{1}{2}}f(x)=f\left(\frac{1}{2}\right)=0$이므로 $g(2)=0$이다.

따라서 $f(2)=0$, $f\left(\frac{1}{3}\right)=0$, $f\left(\frac{1}{2}\right)=0$에서

$f(x)=(x-2)\left(x-\frac{1}{3}\right)\left(x-\frac{1}{2}\right)$이고,

$g(3)=0$, $g\left(\frac{1}{2}\right)=0$, $g(2)=0$에서

$g(x)=c(x-3)\left(x-\frac{1}{2}\right)(x-2)$이다.

함수 $g(x)$의 상수항이 1이므로

$c\times(-3)\times\left(-\frac{1}{2}\right)\times(-2)=1$에서 $c=-\frac{1}{3}$

$g(x)=-\frac{1}{3}(x-3)\left(x-\frac{1}{2}\right)(x-2)$

$$\begin{aligned}\therefore \lim_{x\to1}\frac{f(x)-g(x)}{x-1} &=\lim_{x\to1}\frac{(x-2)\left(x-\frac{1}{3}\right)\left(x-\frac{1}{2}\right)-\left\{-\frac{1}{3}(x-3)\left(x-\frac{1}{2}\right)(x-2)\right\}}{x-1}\\ &=\lim_{x\to1}\frac{(x-2)\left(x-\frac{1}{2}\right)\left\{\left(x-\frac{1}{3}\right)+\frac{1}{3}(x-3)\right\}}{x-1}\\ &=\lim_{x\to1}\frac{(x-2)\left(x-\frac{1}{2}\right)\left(\frac{4}{3}x-\frac{4}{3}\right)}{x-1}\\ &=\lim_{x\to1}\frac{4}{3}(x-2)\left(x-\frac{1}{2}\right)\\ &=\frac{4}{3}\times(-1)\times\frac{1}{2}=-\frac{2}{3}\end{aligned}$$

TIP

삼차방정식 $px^3+qx^2+rx+s=0$ $(ps\neq0)$의 세 근이 α, β, γ이면 삼차방정식 $sx^3+rx^2+qx+p=0$의 세 근은 $\frac{1}{\alpha}$, $\frac{1}{\beta}$, $\frac{1}{\gamma}$이다.

[증명]

삼차방정식 $px^3+qx^2+rx+s=0$의 한 근을 α라 하면 $p\alpha^3+q\alpha^2+r\alpha+s=0$이고 양변을 α^3으로 나누면

$p+\frac{q}{\alpha}+\frac{r}{\alpha^2}+\frac{s}{\alpha^3}=0$이므로 방정식 $sx^3+rx^2+qx+p=0$이 반드시 $\frac{1}{\alpha}$을 근으로 갖는다.

따라서 삼차방정식 $px^3+qx^2+rx+s=0$ $(ps\neq0)$의 세 근이 α, β, γ이면 삼차방정식 $sx^3+rx^2+qx+p=0$의 세 근은 $\frac{1}{\alpha}$, $\frac{1}{\beta}$, $\frac{1}{\gamma}$이다.

110

답 10

$\lim_{x\to0+}\frac{x^3f\left(\frac{1}{x}\right)-1}{x^3+x}=\lim_{x\to0+}\frac{f\left(\frac{1}{x}\right)-\frac{1}{x^3}}{1+\frac{1}{x^2}}$에서 $\frac{1}{x}=t$라 하면

$x\to0+$일 때 $t\to\infty$이므로

$\lim_{x\to0+}\frac{x^3f\left(\frac{1}{x}\right)-1}{x^3+x}=\lim_{t\to\infty}\frac{f(t)-t^3}{1+t^2}=5$

즉, 다항함수 $f(t)-t^3$은 최고차항의 계수가 5인 이차함수이다.

이때 $f(t)=t^3+5t^2+at+b$ (a, b는 상수)라 하자.

또한, $\lim_{x\to1}\frac{x^3+5x^2+ax+b}{x^2+x-2}=\frac{1}{3}$로 극한값이 존재하고,

$x\to1$일 때 (분모)$\to0$이므로 (분자)$\to0$이다.

즉, $\lim_{x\to1}(x^3+5x^2+ax+b)=6+a+b=0$이므로

$b=-a-6$ …… ㉠

$$\begin{aligned}\lim_{x\to1}\frac{f(x)}{x^2+x-2}&=\lim_{x\to1}\frac{x^3+5x^2+ax-a-6}{x^2+x-2}\\&=\lim_{x\to1}\frac{(x-1)(x^2+6x+a+6)}{(x-1)(x+2)}\\&=\lim_{x\to1}\frac{x^2+6x+a+6}{x+2}\\&=\frac{a+13}{3}=\frac{1}{3}\end{aligned}$$

이므로 $a=-12$, $b=6$ ($\because$ ㉠)

따라서 $f(x)=(x-1)(x^2+6x-6)$이므로

$f(2)=10$이다.

111

답 ⑤

(i) 조건 (나)에서 $n=1$일 때, $\lim_{x\to1}\frac{f(x)}{g(x)}=0$으로 극한값이 존재하고,

$\lim_{x\to1}g(x)=g(1)=0$ ($\because$ 조건 (가)에서

(분모)$\to0$이므로 (분자)$\to0$이다.

즉, $\lim_{x\to1}f(x)=f(1)=0$이다.

따라서 $f(x)$, $g(x)$는 모두 $x-1$을 인수로 가지므로

$f(x)=(x-1)p(x)$, $g(x)=(x-1)q(x)$ ($p(x)$, $q(x)$는 이차식)라 하면

$\lim_{x\to1}\frac{f(x)}{g(x)}=\lim_{x\to1}\frac{(x-1)p(x)}{(x-1)q(x)}=\lim_{x\to1}\frac{p(x)}{q(x)}=0$이다.

따라서 $q(1)=\alpha$라 하면 $\lim_{x\to1}q(x)=q(1)=\alpha$이므로

$\lim_{x\to1}p(x)=\lim_{x\to1}\left\{\frac{p(x)}{q(x)}\times q(x)\right\}=0\times\alpha=0$

따라서 $p(1)=\lim_{x\to1}p(x)=0$이다.

즉, $p(x)$는 $x-1$을 인수로 가지므로 $f(x)$는 $(x-1)^2$을 인수로 갖는다.

(ii) 조건 (나)에서 $n=2$일 때, $\lim_{x\to2}\frac{f(x)}{g(x)}=0$

이때 $g(2)=\beta$라 하면 $\lim_{x\to2}g(x)=g(2)=\beta$이므로

$\lim_{x\to2}f(x)=\lim_{x\to2}\left\{\frac{f(x)}{g(x)}\times g(x)\right\}=0\times\beta=0$

따라서 $f(2)=\lim_{x\to2}f(x)=0$이다.

즉, $f(x)$는 $x-2$를 인수로 갖는다.

(i), (ii)에서 최고차항의 계수가 1인 삼차함수 $f(x)$는

$f(x)=(x-1)^2(x-2)$

(iii) 조건 (나)에서 $n=3$일 때, $\lim_{x\to3}\frac{f(x)}{g(x)}=2$이므로

$\lim_{x\to3}\frac{(x-1)^2(x-2)}{(x-1)q(x)}=\frac{2^2\times1}{2q(3)}=2$

에서 $q(3)=1$

(iv) 조건 (나)에서 $n=4$일 때, $\lim_{x\to4}\frac{f(x)}{g(x)}=6$이므로

$$\lim_{x\to4}\frac{(x-1)^2(x-2)}{(x-1)q(x)}=\frac{3^2\times2}{3q(4)}=6$$

에서 $q(4)=1$

(iii), (iv)에서 이차방정식 $q(x)=1$은 두 실근 $x=3$, $x=4$를 갖고, 이차함수 $q(x)$의 최고차항의 계수는 1이므로

$q(x)-1=(x-3)(x-4)$, 즉 $q(x)=x^2-7x+13$

따라서 $g(x)=(x-1)(x^2-7x+13)$이므로

$g(5)=12$이다.

112

답 8

두 곡선 $y=\log_2(t-7x)$와 $y=-\log_2 x$의 교점 A의 x좌표는

$\log_2(t-7x)=-\log_2 x$에서 $t-7x=\frac{1}{x}$

$7x^2-tx+1=0$에서

$x=\frac{t-\sqrt{t^2-28}}{14}$ $(\because 0<x<1)$

즉, 교점의 y좌표는 $-\log_2\frac{t-\sqrt{t^2-28}}{14}$

같은 방법으로 두 곡선 $y=\log_2(t-7x)$와 $y=\log_2 x$의 교점 B의 x좌표는

$\log_2(t-7x)=\log_2 x$에서 $t-7x=x$이므로 $x=\frac{t}{8}$

즉, 교점의 y좌표는 $\log_2\frac{t}{8}$

$$\begin{aligned}|y_1-y_2|&=-\log_2\frac{t-\sqrt{t^2-28}}{14}-\log_2\frac{t}{8}\\&=-\log_2\frac{t(t-\sqrt{t^2-28})}{112}\\&=-\log_2\frac{28t}{112(t+\sqrt{t^2-28})}\\&=-\log_2\frac{1}{4\left(1+\sqrt{1-\frac{28}{t^2}}\right)}\\&=\log_2\left\{4\left(1+\sqrt{1-\frac{28}{t^2}}\right)\right\}\end{aligned}$$

이므로 $f(t)=2^{|y_1-y_2|}=4\left(1+\sqrt{1-\frac{28}{t^2}}\right)$

$\therefore \lim_{t\to\infty}f(t)=\lim_{t\to\infty}\left\{4\left(1+\sqrt{1-\frac{28}{t^2}}\right)\right\}=8$

113

답 ④

ㄱ. $\lim_{x\to\infty}\frac{f(x)}{3}=\alpha$, $\lim_{x\to\infty}\left\{g(x)-\frac{1}{2}\right\}=\beta$ (α, β는 실수)라 하면

$$\begin{aligned}&\lim_{x\to\infty}\{f(x)+g(x)\}\\&=\lim_{x\to\infty}\left[\frac{f(x)}{3}\times3+\left\{g(x)-\frac{1}{2}\right\}+\frac{1}{2}\right]\\&=3\lim_{x\to\infty}\frac{f(x)}{3}+\lim_{x\to\infty}\left\{g(x)-\frac{1}{2}\right\}+\frac{1}{2}\\&=3\alpha+\beta+\frac{1}{2}\end{aligned}$$

따라서 $\lim_{x\to\infty}\{f(x)+g(x)\}$의 값이 존재한다. (참)

ㄴ. (반례) $f(x)=x+\frac{1}{|x|}$, $g(x)=x+\frac{2}{|x|}$,

$h(x)=x+\frac{3}{|x|}$이면

$\lim_{x\to\infty}\{h(x)-f(x)\}=\lim_{x\to\infty}\frac{2}{|x|}=0$이지만

$\lim_{x\to\infty}g(x)=\infty$이다. (거짓)

ㄷ. $x^2-x<f(x)-x<x^2+x$에서

부등식의 각 변을 $\sqrt{4x^4+1}$로 나누면

$\frac{x^2-x}{\sqrt{4x^4+1}}<\frac{f(x)-x}{\sqrt{4x^4+1}}<\frac{x^2+x}{\sqrt{4x^4+1}}$ $(\because \sqrt{4x^4+1}>0)$

$\lim_{x\to\infty}\frac{x^2-x}{\sqrt{4x^4+1}}=\frac{1}{2}$, $\lim_{x\to\infty}\frac{x^2+x}{\sqrt{4x^4+1}}=\frac{1}{2}$이므로

함수의 극한의 대소 관계에 의하여

$\lim_{x\to\infty}\frac{f(x)-x}{\sqrt{4x^4+1}}=\frac{1}{2}$이다. (참)

따라서 옳은 것은 ㄱ, ㄷ이다.

114

답 16

$x=8$의 근방에서 $f(x)$의 값을 구하면 다음과 같다.

(i) $8<x<9$일 때

x보다 작은 소수는 2, 3, 5, 7이므로 $f(x)=4$이고 $2f(x)=8$이다.

$x>8$이므로 $x>2f(x)$에서 $g(x)=f(x)=4$이다.

$\therefore \alpha=\lim_{x\to8+}g(x)=4$

(ii) $7<x<8$일 때

x보다 작은 소수는 2, 3, 5, 7이므로 $f(x)=4$이고 $2f(x)=8$이다.

$x<8$이므로 $x<2f(x)$에서 $g(x)=\frac{1}{f(x)}=\frac{1}{4}$이다.

$\therefore \beta=\lim_{x\to8-}g(x)=\frac{1}{4}$

(i), (ii)에서 $\frac{\alpha}{\beta}=4\times4=16$

02 함수의 연속

115

답 ④

함수 $f(x)$는 $x=0$에서 연속이므로 $\lim_{x\to0}f(x)$가 존재하고,

$\lim_{x\to0}f(x)=f(0)$을 만족시킨다.

이때 $\lim_{x\to0+}f(x)=\lim_{x\to0-}f(x)$이므로 $a=2$,

$f(0)=\lim_{x\to0}f(x)=2$이므로 $b=2$

$\therefore a+b=4$

116

답 ⑤

함수 $f(x)$가 $x=a$에서 연속이려면 $\lim_{x\to a}f(x)=f(a)$를 만족시켜야 한다.

$\lim_{x\to-1-}f(x)=0$, $\lim_{x\to-1+}f(x)=-1$에서 $\lim_{x\to-1}f(x)$가 존재하지 않으므로 함수 $f(x)$는 $x=-1$에서 불연속이다.

$\lim_{x\to1-}f(x)=\lim_{x\to1+}f(x)=2$이므로 $\lim_{x\to1}f(x)$가 존재하지만 $f(1)=0$에서 $\lim_{x\to1}f(x)\neq f(1)$이므로 $x=1$에서 불연속이다.

$\lim_{x\to2-}f(x)=1$, $\lim_{x\to2+}f(x)=-1$에서 $\lim_{x\to2}f(x)$가 존재하지 않으므로 함수 $f(x)$는 $x=2$에서 불연속이다.

따라서 함수 $f(x)$는 $x=-1$, $x=1$, $x=2$에서 불연속이므로 모든 x의 값의 합은 $(-1)+1+2=2$이다.

참고

함수 $y=f(x)$의 그래프에서 $x=-1$, $x=1$, $x=2$에서와 같이 그래프가 끊어져 있으면 불연속이다.

117

답 ①

주어진 그래프에서 $\lim_{x\to0-}f(x)=4$, $\lim_{x\to0+}f(x)=2$이므로

함수 $f(x)$는 $x=0$에서 극한값이 존재하지 않는다. ······ ㉠

$\therefore m=1$

$\lim_{x\to-1-}f(x)=\lim_{x\to-1+}f(x)=3$으로 $\lim_{x\to-1}f(x)$가 존재하지만

$f(-1)=2$에서 $\lim_{x\to-1}f(x)\neq f(-1)$이므로 $x=-1$에서 불연속이다.

㉠에서 $\lim_{x\to0-}f(x)\neq\lim_{x\to0+}f(x)$이므로 $x=0$에서 불연속이다.

$\lim_{x\to1-}f(x)=\lim_{x\to1+}f(x)=1$로 $\lim_{x\to1}f(x)$가 존재하지만

$f(1)=4$에서 $\lim_{x\to1}f(x)\neq f(1)$이므로 $x=1$에서 불연속이다.

$\therefore n=3$

$\therefore m-n=1-3=-2$

118

답 ④

① $\lim_{x\to2+}f(x)=\lim_{x\to2+}\sqrt{x-2}=0$,

$\lim_{x\to2-}f(x)=\lim_{x\to2-}(x-2)=0$에서 $\lim_{x\to2}f(x)=0$이고,

$f(2)=0$이므로 $\lim_{x\to2}f(x)=f(2)$를 만족시킨다.

따라서 함수 $f(x)$는 $x=2$에서 연속이다.

② $\lim_{x\to2}f(x)=\lim_{x\to2}(x+2)=4$이고 $f(2)=4$이므로

$\lim_{x\to2}f(x)=f(2)$를 만족시킨다.

따라서 함수 $f(x)$는 $x=2$에서 연속이다.

③ $\lim_{x\to2}f(x)=\lim_{x\to2}(x^2-5)=-1$이고 $f(2)=-1$이므로

$\lim_{x\to2}f(x)=f(2)$를 만족시킨다.

따라서 함수 $f(x)$는 $x=2$에서 연속이다.

④ $\lim_{x\to2}f(x)=\lim_{x\to2}\frac{x^2-4}{x-2}=\lim_{x\to2}(x+2)=4$이고,

$f(2)=3$이므로 $\lim_{x\to2}f(x)\neq f(2)$이다.

따라서 함수 $f(x)$는 $x=2$에서 불연속이다.

⑤ $\lim_{x\to2}f(x)=\lim_{x\to2}\frac{1}{x}=\frac{1}{2}$이고 $f(2)=\frac{1}{2}$이므로

$\lim_{x\to2}f(x)=f(2)$를 만족시킨다.

따라서 함수 $f(x)$는 $x=2$에서 연속이다.

따라서 선지 중 $x=2$에서 불연속인 것은 ④이다.

119

답 ③

ㄱ. 함수 $f(x)$는 모든 실수 a에 대하여 $\lim_{x\to a}f(x)=f(a)$가 성립하므로 실수 전체의 집합에서 연속이다.

ㄴ. 함수 $g(x)$는 구간 $(-\infty, -1)$과 $(-1, \infty)$에서 연속이므로 $x=-1$에서 연속이면 실수 전체의 집합에서 연속이다.

$\lim_{x\to-1-}g(x)=\lim_{x\to-1-}(x+2)=1$

$\lim_{x\to-1+}g(x)=\lim_{x\to-1+}x^2=1$

$g(-1)=1$

이므로 함수 $g(x)$는 $x=-1$에서 연속이므로 실수 전체의 집합에서 연속이다.

ㄷ. $y=\frac{1}{x-1}$은 $x\neq1$인 모든 실수에서 연속이고, $h(1)=0$,

$\lim_{x\to1-}h(x)=-\infty$, $\lim_{x\to1+}h(x)=\infty$에서 함수 $h(x)$는 $x=1$에서 불연속이다.

따라서 실수 전체의 집합에서 연속인 함수는 ㄱ, ㄴ이다.

120

답 ④

함수 $f(x)=\frac{x+3}{x^2-x-12}=\frac{x+3}{(x+3)(x-4)}$은

$(x+3)(x-4)=0$일 때만 불연속이다.

즉, $x=-3$, $x=4$에서 불연속이므로 $A=\{-3, 4\}$이다.

따라서 집합 A의 모든 원소의 합은 $(-3)+4=1$이다.

121

답 (1) $[2, \infty)$ (2) $(-\infty, \infty)$ (3) $(-\infty, 0)\cup(0, \infty)$

(1) 함수 $f(x)=\sqrt{x-2}$에서 $x-2\geq0$이므로 함수 $y=f(x)$의 그래프는 다음과 같다.

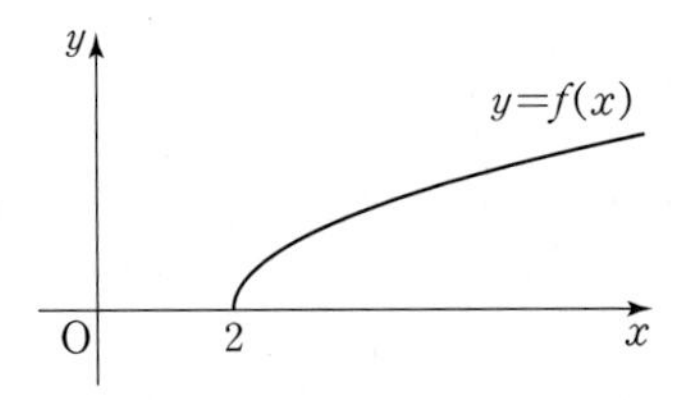

즉, 함수 $f(x)$는 $x\geq 2$에서 정의되고 정의역 전체의 집합에서 연속이다.

$\therefore [2, \infty)$

(2) 함수 $y=f(x)$의 그래프는 다음과 같으므로

모든 실수 x에서 정의되고, 정의역 전체의 집합에서 연속이다.

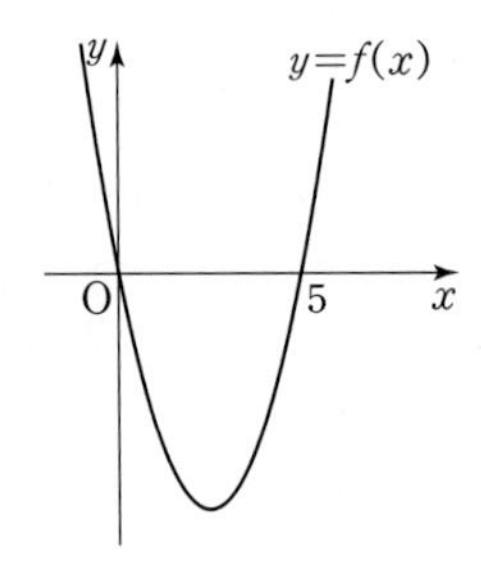

$\therefore (-\infty, \infty)$

(3) 함수 $y=f(x)$의 그래프는 다음과 같으므로

$\lim_{x\to 0-} f(x)=0$, $\lim_{x\to 0+} f(x)=1$에서 $\lim_{x\to 0} f(x)$가 존재하지 않는다.

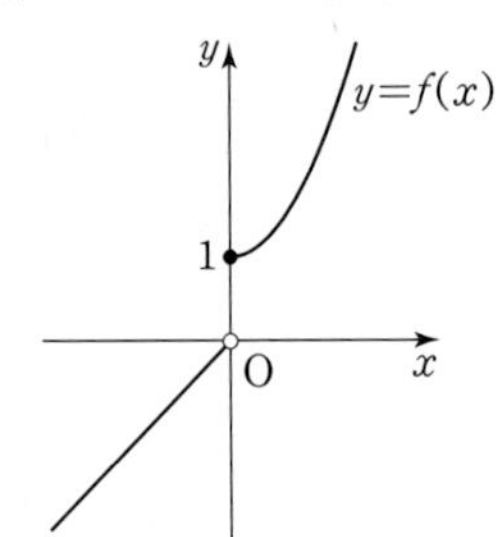

즉, 함수 $f(x)$는 $x=0$에서 불연속이고, $x\neq 0$인 모든 실수 x에서 연속이다.

$\therefore (-\infty, 0)\cup(0, \infty)$

122 ⋯⋯ 답 ⑤

두 함수 $f(x)$, $g(x)$가 모두 $x=a$에서 연속이므로

$\lim_{x\to a} f(x)=f(a)$, $\lim_{x\to a} g(x)=g(a)$를 만족시킨다.

① $\lim_{x\to a} 2f(x)=2\lim_{x\to a} f(x)=2f(a)$이므로 함수 $2f(x)$는 $x=a$에서 연속이다.

② $\lim_{x\to a}\{f(x)+g(x)\}=\lim_{x\to a} f(x)+\lim_{x\to a} g(x)=f(a)+g(a)$

이므로 함수 $f(x)+g(x)$는 $x=a$에서 연속이다.

③ $\lim_{x\to a}\{f(x)-g(x)\}=\lim_{x\to a} f(x)-\lim_{x\to a} g(x)=f(a)-g(a)$

이므로 함수 $f(x)-g(x)$는 $x=a$에서 연속이다.

④ $\lim_{x\to a} f(x)g(x)=\lim_{x\to a} f(x)\times\lim_{x\to a} g(x)=f(a)g(a)$이므로

함수 $f(x)g(x)$는 $x=a$에서 연속이다.

⑤ (반례) $f(x)=x$, $g(x)=1$이면 함수 $f(x)+g(x)=x+1$이다.

따라서 $x=-1$일 때 $\dfrac{1}{f(x)+g(x)}$가 정의되지 않으므로

함수 $\dfrac{1}{f(x)+g(x)}$은 $x=-1$에서 불연속이다.

따라서 선지 중 $x=a$에서 항상 연속이 아닌 것은 ⑤이다.

123 ⋯⋯ 답 ④

ㄱ. 함수 $f(x)+g(x)=(x^2+1)+2x=x^2+2x+1$은

다항함수이므로 실수 전체의 집합에서 연속이다. ⋯⋯ TIP1

ㄴ. 함수 $f(x)g(x)=(x^2+1)\times 2x=2x^3+2x$는 다항함수이므로

실수 전체의 집합에서 연속이다.

ㄷ. 함수 $\dfrac{f(x)}{g(x)}=\dfrac{x^2+1}{2x}$은 $x=0$에서 정의되지 않으므로 $x=0$에서

불연속이다. ⋯⋯ TIP2

ㄹ. 함수 $\dfrac{g(x)}{f(x)}=\dfrac{2x}{x^2+1}$는 모든 실수 x에서 $x^2+1>0$이므로

$x^2+1=0$을 만족시키는 실수 x가 존재하지 않는다.

따라서 실수 전체의 집합에서 연속이다.

따라서 실수 전체의 집합에서 연속인 함수는 ㄱ, ㄴ, ㄹ이다.

TIP 1

모든 다항함수는 실수 전체의 집합에서 연속이다.

[증명]

함수 $y=x$는 모든 실수에서 연속이고 연속함수의 성질에 의하여 이 함수의 곱으로 나타내어지는 함수 $y=x^2$, $y=x^3$, $y=x^4$, $\cdots$, $y=x^n$ (n은 자연수)은 모두 모든 실수 x에서 연속이다.

이때 상수함수도 모든 실수 x에서 연속이므로 위의 함수에 상수를 곱하여 더한 다항함수

$y=a_nx^n+a_{n-1}x^{n-1}+a_{n-2}x^{n-2}+\cdots+a_1x+a_0$

(a_n, a_{n-1}, $\cdots$, a_0은 상수)은 모든 실수 x에서 연속이다.

TIP2

두 다항함수 $f(x)$, $g(x)$에 대하여 유리함수 $\dfrac{f(x)}{g(x)}$는

$g(x)=0$인 실수 x에서 불연속이고

$g(x)\neq 0$인 모든 실수 x에서 연속이다.

124 ⋯⋯ 답 ②

함수 $f(x)$는 구간 $(-\infty, 2)$와 $(2, \infty)$에서 연속이고,

$\lim_{x\to 2-} f(x)=\lim_{x\to 2-}(x-1)=1$, $\lim_{x\to 2+} f(x)=f(2)=3$이므로 함수

$f(x)$는 $x=2$에서만 불연속이다.

함수 $g(x)$는 실수 전체의 집합에서 연속이다.

ㄱ. $\lim_{x\to 2-}\{f(x)+g(x)\}=\lim_{x\to 2-} f(x)+\lim_{x\to 2-} g(x)=1$,

$\lim_{x\to 2+}\{f(x)+g(x)\}=\lim_{x\to 2+} f(x)+\lim_{x\to 2+} g(x)=3$,

$\lim_{x\to 2-}\{f(x)+g(x)\}\neq\lim_{x\to 2+}\{f(x)+g(x)\}$이므로

함수 $f(x)+g(x)$는 $x=2$에서 불연속이다.

ㄴ. $\lim_{x\to 2-}\{f(x)g(x)\}=\lim_{x\to 2-} f(x)\times\lim_{x\to 2-} g(x)=0$,

$\lim_{x\to 2+}\{f(x)g(x)\}=\lim_{x\to 2+} f(x)\times\lim_{x\to 2+} g(x)=0$

이고 $f(0)g(0)=0$이므로 함수 $f(x)g(x)$는 $x=2$에서 연속이고, $x\neq 2$에서 두 함수 $f(x)$, $g(x)$가 모두 연속이므로 함수 $f(x)g(x)$는 실수 전체의 집합에서 연속이다.

ㄷ. 함수 $\dfrac{f(x)}{g(x)}$는 $x=2$에서의 함숫값이 정의되지 않으므로 $x=2$에

서 불연속이다.
따라서 실수 전체의 집합에서 연속인 함수는 ㄴ이다.

125 ⋯ 답 ①

ㄱ. 두 함수 $f(x)$, $g(x)$가 모두 $x=a$에서 연속이면
$\lim_{x\to a-}\{f(x)+g(x)\}=\lim_{x\to a-}f(x)+\lim_{x\to a-}g(x)=f(a)+g(a)$
$\lim_{x\to a+}\{f(x)+g(x)\}=\lim_{x\to a+}f(x)+\lim_{x\to a+}g(x)=f(a)+g(a)$
이므로 함수 $f(x)+g(x)$는 $x=a$에서 연속이다. (참)

ㄴ. (반례) $f(x)=x$, $g(x)=\begin{cases}x+1 & (x<0)\\ x-1 & (x\ge0)\end{cases}$
함수 $f(x)$는 $x=0$에서 연속이고, 함수 $g(x)$는 $x=0$에서 불연속이지만 함수 $f(x)g(x)$는 $x=0$에서 연속이다. (거짓)

ㄷ. (반례) $f(x)=\begin{cases}x-1 & (x<0)\\ x & (x\ge0)\end{cases}$, $g(x)=\begin{cases}x & (x<0)\\ x+1 & (x\ge0)\end{cases}$
두 함수 $f(x)$, $g(x)$는 모두 $x=0$에서 불연속이지만 함수 $f(x)-g(x)$는 $x=0$에서 연속이다. (거짓)

따라서 옳은 것은 ㄱ이다.

126 ⋯ 답 ④

합성함수 $(g\circ f)(x)=g(f(x))=g(5x-4)=\frac{1}{5x-4}$은
$5x-4=0$에서 함숫값이 정의되지 않으므로
$5x-4=0$일 때만 불연속이다.
따라서 $x=\frac{4}{5}$에서 불연속이다.

127 ⋯ 답 ⑤

함수 $f(x)$가 $x=2$에서 연속이 되려면 $\lim_{x\to2}f(x)=f(2)$를 만족시켜야 한다.
따라서 $f(2)=3$이고, $\lim_{x\to2}f(x)=\lim_{x\to2}(5x-a)=10-a$
에서 $10-a=3$이므로 $a=7$이다.

128 ⋯ 답 (1) -3 (2) 3

함수 $f(x)$가 $x=-1$에서 연속이므로 $\lim_{x\to-1}f(x)=f(-1)$을 만족시켜야 한다.

(1) $f(-1)=k$이고

$$\lim_{x\to-1}\frac{x^2-x-2}{x+1}=\lim_{x\to-1}\frac{(x+1)(x-2)}{x+1}=\lim_{x\to-1}(x-2)=-3$$

$\therefore k=-3$

(2) $f(-1)=k$이고

$$\lim_{x\to-1}\frac{x^3+1}{x+1}=\lim_{x\to-1}\frac{(x+1)(x^2-x+1)}{x+1}=\lim_{x\to-1}(x^2-x+1)=(-1)^2-(-1)+1=3$$

$\therefore k=3$

129 ⋯ 답 ④

함수 $f(x)$가 $x=0$에서 연속이 되려면 $\lim_{x\to0}f(x)=f(0)$을 만족시켜야 한다.
이때 $f(0)=a$이고,

$$\lim_{x\to0}f(x)=\lim_{x\to0}\frac{\sqrt{x+1}-1}{x}=\lim_{x\to0}\frac{x}{x(\sqrt{x+1}+1)}=\lim_{x\to0}\frac{1}{\sqrt{x+1}+1}=\frac{1}{2}$$

$\therefore a=\frac{1}{2}$

130 ⋯ 답 ①

함수 $f(x)$가 모든 실수 x에서 연속이 되려면 $x=3$에서도 연속이어야 한다.
즉, $\lim_{x\to3}f(x)=f(3)$을 만족시켜야 한다. ⋯⋯ TIP
따라서 $\lim_{x\to3+}f(x)=\lim_{x\to3+}(2x-3)=3$,
$f(3)=\lim_{x\to3-}f(x)=\lim_{x\to3-}(x+a)=3+a$
에서 $3=3+a$이므로 $a=0$이다.

TIP
$x>3$일 때, $f(x)=2x-3$으로 다항함수이므로
구간 $(3, \infty)$에서 연속이다.
$x<3$일 때, $f(x)=x+a$로 다항함수이므로
구간 $(-\infty, 3)$에서 연속이다.
그러므로 모든 실수 x에서 함수 $f(x)$가 연속이려면 $x=3$에서 연속이어야 한다.

131 ⋯ 답 ③

함수 $f(x)$가 $x=1$에서 연속이 되려면 $\lim_{x\to1}f(x)=f(1)$을 만족시켜야 한다.
따라서 $f(1)=\lim_{x\to1+}f(x)=\lim_{x\to1+}(x+a)=1+a$,

$$\lim_{x\to1-}f(x)=\lim_{x\to1-}\frac{\sqrt{x+3}-2}{x-1}=\lim_{x\to1-}\frac{x-1}{(x-1)(\sqrt{x+3}+2)}=\lim_{x\to1-}\frac{1}{\sqrt{x+3}+2}=\frac{1}{4}$$

에서 $\frac{1}{4}=1+a$이므로 $a=-\frac{3}{4}$이다.

132 ⋯ 답 ④

함수 $f(x)g(x)$가 $x=2$에서 연속이므로
$\lim_{x\to2}f(x)g(x)=f(2)g(2)$를 만족시켜야 한다.

$f(2)g(2)=\lim_{x\to2+}f(x)g(x)$
$=\lim_{x\to2+}(x+1)(-2x+k)$
$=3(-4+k)$
$=-12+3k$

$\lim_{x\to2-}f(x)g(x)=\lim_{x\to2-}(-x+6)(-2x+k)$
$=4(-4+k)$
$=-16+4k$

따라서 $-12+3k=-16+4k$이므로 $k=4$이다.

다른 풀이

x	$f(x)$	$g(x)$	$f(x)g(x)$
$2+$	3	$k-4$	$3(k-4)$
$2-$	4	$k-4$	$4(k-4)$
2	3	$k-4$	$3(k-4)$

위의 표에서 $\lim_{x\to2+}f(x)g(x)=3(k-4)$,
$\lim_{x\to2-}f(x)g(x)=4(k-4)$, $f(2)g(2)=3(k-4)$이므로
$3(k-4)=4(k-4)$ $\therefore k=4$

133 답 ⑤

최대·최소 정리는
'함수 $f(x)$가 닫힌구간 $[a, b]$에서 연속이면 함수 $f(x)$는
이 구간에서 반드시 최댓값과 최솟값을 갖는다.'이다.

134 답 (1) $M=9$, $m=7$ (2) $M=5$, $m=-4$ (3) $M=\frac{3}{2}$, $m=1$

(1) 함수 $y=f(x)$의 그래프는 y절편이 5이고 기울기가 2인 직선이다.
그러므로 주어진 구간에서 함수 $y=f(x)$의 그래프는 다음과 같다.

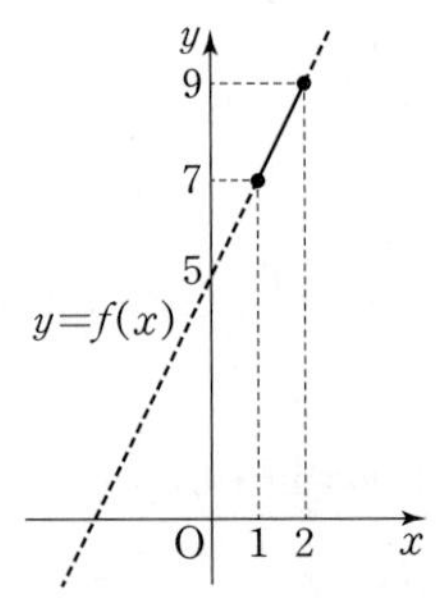

따라서 함수 $f(x)$는 $x=1$일 때 최솟값 7을 갖고, $x=2$일 때 최댓값 9를 가지므로 $M=9$, $m=7$이다.

(2) $f(x)=x^2-4x=(x-2)^2-4$에서 이차함수 $y=f(x)$의 그래프는 꼭짓점의 좌표가 $(2, -4)$이고 아래로 볼록한 포물선이다.
그러므로 주어진 구간에서 함수 $y=f(x)$의 그래프는 다음과 같다.

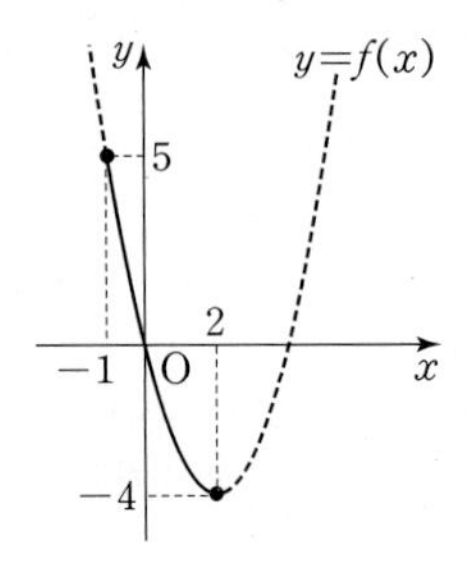

따라서 함수 $f(x)$는 $x=-1$일 때 최댓값 5를 갖고, $x=2$일 때 최솟값 -4를 가지므로 $M=5$, $m=-4$이다.

(3) $f(x)=\frac{2x}{x+1}=\frac{-2}{x+1}+2$에서 함수 $f(x)$의 그래프는 점근선이 직선 $x=-1$, $y=2$인 유리함수의 그래프이다.
그러므로 주어진 구간에서 함수 $y=f(x)$의 그래프는 다음과 같다.

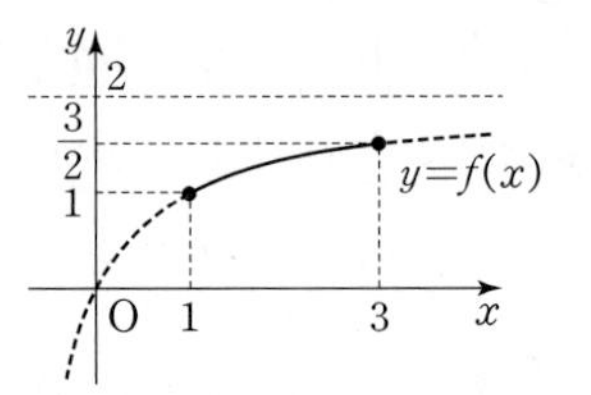

따라서 함수 $f(x)$는 $x=1$일 때 최솟값 1을 갖고, $x=3$일 때 최댓값 $\frac{3}{2}$을 가지므로 $M=\frac{3}{2}$, $m=1$이다.

135 답 ①

$f(x)=x^2-2x+5=(x-1)^2+4$에서 이차함수 $y=f(x)$의 그래프는 꼭짓점의 좌표가 $(1, 4)$이고 아래로 볼록한 포물선이다.
그러므로 주어진 구간에서 함수 $y=f(x)$의 그래프는 다음과 같다.

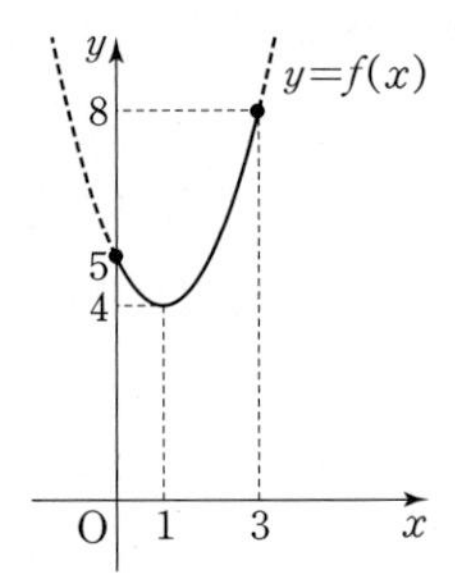

따라서 함수 $f(x)$는 $x=3$일 때 최댓값 8을 갖고,
$x=1$일 때 최솟값 4를 갖는다. …… TIP
따라서 $M=8$, $m=4$이므로 $M-m=4$

TIP

함수 $f(x)=x^2-2x+5=(x-1)^2+4$의 닫힌구간 $[0, 3]$에서의 최솟값은 꼭짓점의 y좌표이므로 $x=1$일 때 최솟값 4를 갖는다.
또한, 함수 $y=f(x)$의 그래프의 축이 $x=1$이므로 꼭짓점에서 멀어질수록 함숫값이 커진다.
따라서 닫힌구간 $[0, 3]$에서 $x=3$일 때 최댓값 8을 갖는다.

136 답 ②

$x\neq3$일 때,
함수 $f(x)=\frac{x^2-2x-3}{x-3}=\frac{(x-3)(x+1)}{x-3}=x+1$이므로 주어진 구간에서 함수 $y=f(x)$의 그래프는 다음과 같다.

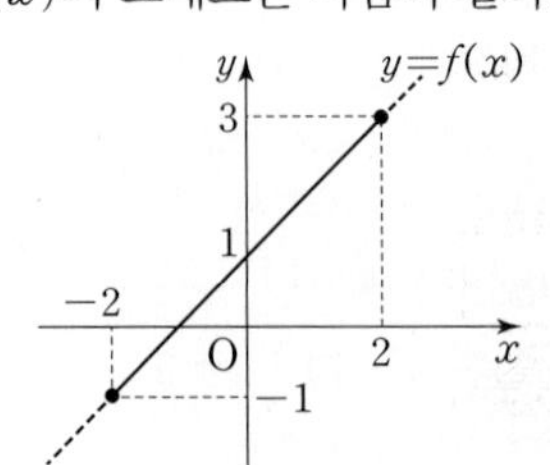

따라서 함수 $f(x)$는 $x=-2$일 때 최솟값 -1을 갖고,
$x=2$일 때 최댓값 3을 갖는다.
즉, $M=3$, $m=-1$이므로
$M+m=2$

참고

함수 $f(x)$는 $x=3$에서 불연속이지만 닫힌구간 $[-2, 2]$에서 연속이므로 최대·최소 정리에 의하여 닫힌구간 $[-2, 2]$에서 최댓값과 최솟값이 존재한다.

137

답 (1) 최솟값 -2 (2) 최솟값 1

(1) 함수 $f(x)=\dfrac{-x}{x-1}=\dfrac{-1}{x-1}-1$의 점근선의 방정식은 $x=1$, $y=-1$이다.
그러므로 주어진 구간에서 함수 $y=f(x)$의 그래프는 다음과 같다.

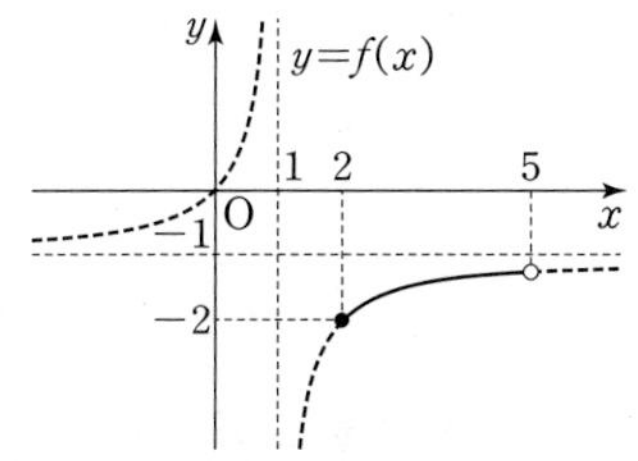

따라서 함수 $f(x)$는 $x=2$일 때 최솟값 -2를 갖고, 최댓값은 존재하지 않는다.

(2) 함수 $f(x)=\sqrt{3-2x}$는 $3-2x\geq 0$, 즉 $x\leq\dfrac{3}{2}$에서 정의되는 무리함수이다.
그러므로 주어진 구간에서 함수 $y=f(x)$의 그래프는 다음과 같다.

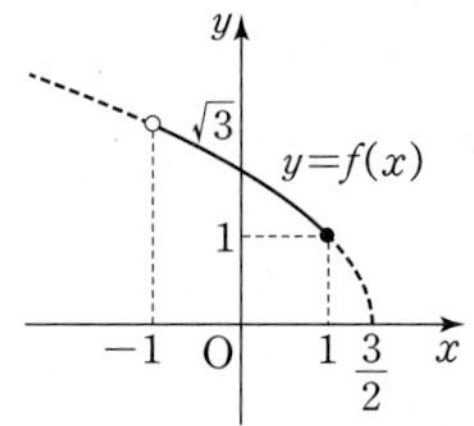

따라서 함수 $f(x)$는 $x=1$일 때 최솟값 1을 갖고, 최댓값은 존재하지 않는다.

TIP

함수 $f(x)$가 닫힌구간 $[a, b]$에서 연속일 때,
최대·최소 정리에 의하여 그 구간에서 반드시 최댓값과 최솟값을 갖지만 함수 $f(x)$가 구간 (a, b), $(a, b]$, $[a, b)$에서 연속일 때 그 구간에서 최댓값 또는 최솟값을 갖는지는 알 수 없다.

138

답 ③

함수 $f(x)=|x-1|+2=\begin{cases}-x+3 & (x<1)\\ x+1 & (x\geq 1)\end{cases}$이므로 주어진 구간에서 함수 $y=f(x)$의 그래프는 다음과 같다.

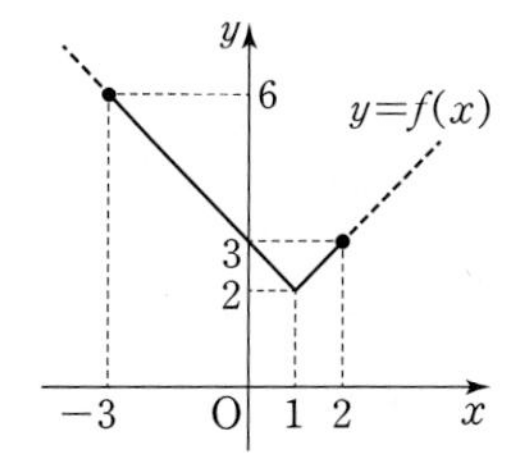

따라서 함수 $f(x)$는 $x=-3$일 때 최댓값 6을 갖고, $x=1$일 때 최솟값 2를 갖는다.
즉, $M=6$, $m=2$이므로
$M+m=8$

139

답 ④

함수 $f(x)=\left|\dfrac{1}{x}-1\right|$의 그래프는 함수 $y=\dfrac{1}{x}-1$의 그래프의 x축 아랫 부분을 x축에 대하여 대칭이동시킨 것이므로 다음과 같다.

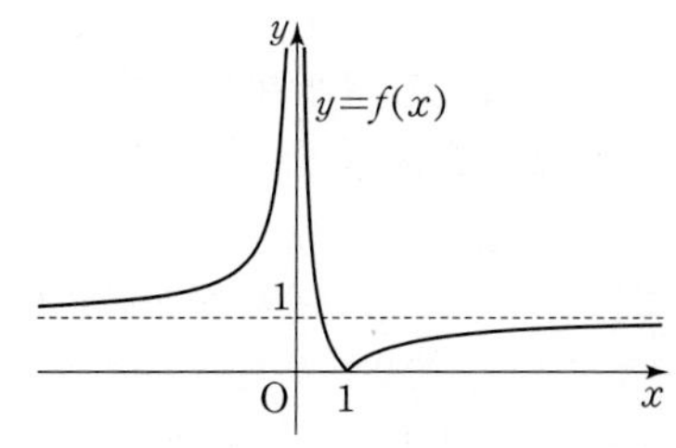

그러므로 주어진 구간에서 함수 $y=f(x)$의 그래프는 다음과 같다.

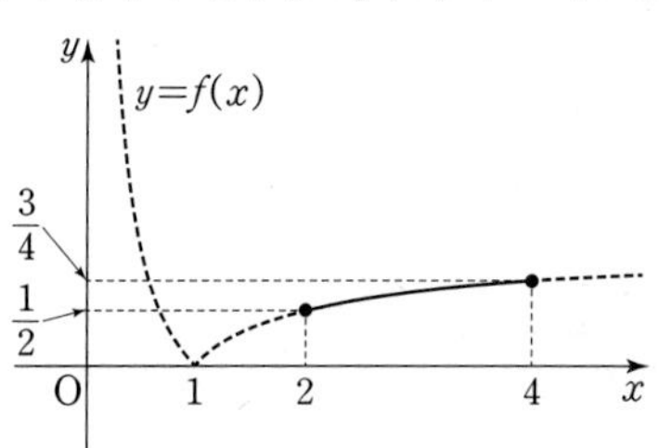

따라서 함수 $f(x)$는 $x=2$일 때 최솟값 $\dfrac{1}{2}$을 갖고, $x=4$일 때 최댓값 $\dfrac{3}{4}$을 갖는다.

$\therefore M=\dfrac{3}{4}$, $m=\dfrac{1}{2}$ $\quad\therefore \dfrac{M}{m}=\dfrac{3}{2}$

140

답 ③

$f(x)=x^3-2x^2+3x-2$라 하면 함수 $f(x)$는
닫힌구간 $\boxed{[0, 2]}$에서 연속이고,
$f(0)=0^3-2\times0^2+3\times0-2=-2<0$,
$f(2)=2^3-2\times2^2+3\times2-2=\boxed{4}>0$에서 $f(0)f(2)<0$이므로
$\boxed{\text{사잇값 정리}}$에 의하여 $f(c)=0$인 c가 0과 2 사이에 적어도 하나 존재한다.
따라서 방정식 $x^3-2x^2+3x-2=0$은 0과 2 사이에 적어도 하나의 실근을 갖는다.
(가) : $[0, 2]$ (나) : 4 (다) : 사잇값 정리
따라서 선지 중 알맞은 것은 ③이다.

141 ······ 답 ②

$f(x)=x^3-2x^2-x+3$이라 하면 함수 $f(x)$는 모든 실수 x에서 연속이다.

$f(-3)=(-3)^3-2\times(-3)^2-(-3)+3=-39<0$,

$f(-2)=(-2)^3-2\times(-2)^2-(-2)+3=-11<0$,

$f(-1)=(-1)^3-2\times(-1)^2-(-1)+3=1>0$,

$f(0)=0^3-2\times0^2-0+3=3>0$,

$f(1)=1^3-2\times1^2-1+3=1>0$,

$f(2)=2^3-2\times2^2-2+3=1>0$이다.

이때 함수 $f(x)$가 닫힌구간 $[-2, -1]$에서 연속이고, $f(-2)f(-1)<0$이므로

사잇값 정리에 의하여 $f(c)=0$인 c가 열린구간 $(-2, -1)$에 적어도 하나 존재한다.

따라서 방정식 $x^3-2x^2-x+3=0$은 열린구간 $(-2, -1)$에서 적어도 하나의 실근을 갖는다.

TIP

삼차방정식 $f(x)=0$의 실근은 조립제법을 이용하여 $f(x)$를 인수분해하거나 미분을 학습한 뒤 함수 $y=f(x)$의 그래프를 그려 구할 수도 있다.

그러나 해당 문제는 조립제법을 사용하기 어렵고 미분을 학습하기 전이므로 사잇값 정리를 통해 실근이 적어도 하나 존재하는 구간을 찾을 수 있다.

142 ······ 답 ③

① 방정식 $x^3-2x-4=0$에서 $f(x)=x^3-2x-4$라 하면 $f(0)=-4$, $f(1)=-5$에서 $f(0)f(1)>0$이므로 0과 1 사이에 실근이 존재하는지 알 수 없다.

② 방정식 $x^3+5x+1=0$에서 $f(x)=x^3+5x+1$이라 하면 $f(0)=1$, $f(1)=7$에서 $f(0)f(1)>0$이므로 0과 1 사이에 실근이 존재하는지 알 수 없다.

③ 방정식 $x^3-4x^2+x+1=0$에서 $f(x)=x^3-4x^2+x+1$이라 하면 $f(0)=1$, $f(1)=-1$에서 $f(0)f(1)<0$이므로 사잇값 정리에 의하여 $f(c)=0$인 c가 0과 1 사이에 적어도 하나 존재한다.
즉, 방정식 $x^3+x=4x^2-1$은 0과 1 사이에 적어도 하나의 실근을 갖는다.

④ 방정식 $x^3-2x-5=0$에서 $f(x)=x^3-2x-5$라 하면 $f(0)=-5$, $f(1)=-6$에서 $f(0)f(1)>0$이므로 0과 1 사이에 실근이 존재하는지 알 수 없다.

⑤ 방정식 $x^3-x-7=0$에서 $f(x)=x^3-x-7$이라 하면 $f(0)=-7$, $f(1)=-7$에서 $f(0)f(1)>0$이므로 0과 1 사이에 실근이 존재하는지 알 수 없다.

따라서 선지 중 적어도 하나의 실근이 반드시 존재하는 것은 ③이다.

참고

닫힌구간 $[a, b]$에서 연속인 함수 $f(x)$에 대하여 $f(a)f(b)>0$일 때, 방정식 $f(x)=0$이 열린구간 (a, b)에서 실근을 갖는지의 여부는 판단할 수 없다.

예 두 방정식 $6x^2-5x+1=0$, $6x^2-5x+2=0$에 대하여 $f(x)=6x^2-5x+1$, $g(x)=6x^2-5x+2$라 하면 두 함수는 모두 닫힌구간 $[0, 1]$에서 연속이고, $f(0)f(1)=1\times2>0$, $g(0)g(1)=2\times3>0$이다.

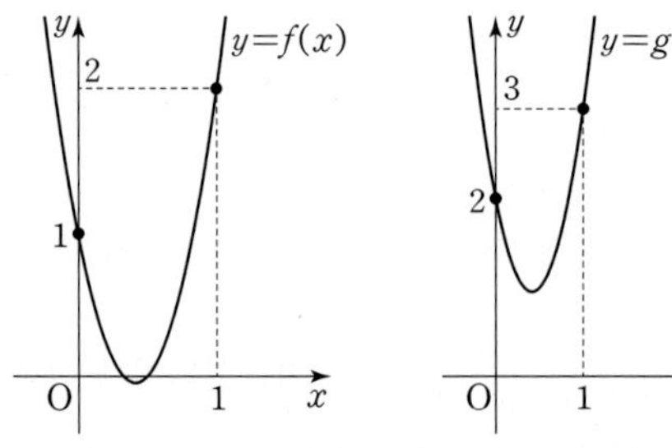

이때 방정식 $f(x)=0$은 열린구간 $(0, 1)$에서 실근을 갖지만 방정식 $g(x)=0$은 열린구간 $(0, 1)$에서 실근을 갖지 않는다.

143 ······ 답 ③

$f(x)=2x^4+5x^2-1$이라 하면 함수 $f(x)$는 모든 실수 x에서 연속이다.

$f(-2)=2\times(-2)^4+5\times(-2)^2-1=51>0$,

$f(-1)=2\times(-1)^4+5\times(-1)^2-1=6>0$,

$f(0)=2\times0^4+5\times0^2-1=-1<0$,

$f(1)=2\times1^4+5\times1^2-1=6>0$,

$f(2)=2\times2^4+5\times2^2-1=51>0$이다.

ㄱ. $f(-2)f(-1)>0$이므로 방정식 $f(x)=0$은 열린구간 $(-2, -1)$에서 실근이 존재하는지 알 수 없다.

ㄴ. $f(-1)f(0)<0$이므로 사잇값 정리에 의하여 방정식 $f(x)=0$은 열린구간 $(-1, 0)$에서 적어도 하나의 실근을 갖는다.

ㄷ. $f(0)f(1)<0$이므로 사잇값 정리에 의하여 방정식 $f(x)=0$은 열린구간 $(0, 1)$에서 적어도 하나의 실근을 갖는다.

ㄹ. $f(1)f(2)>0$이므로 방정식 $f(x)=0$은 열린구간 $(1, 2)$에서 실근이 존재하는지 알 수 없다.

따라서 방정식 $2x^4+5x^2-1=0$의 실근이 적어도 하나 반드시 존재하는 구간은 ㄴ, ㄷ이다.

144 ······ 답 ③

연속함수 $f(x)$에 대하여

$f(-2)f(-1)<0$, $f(0)f(1)<0$, $f(1)f(2)<0$이므로

사잇값 정리에 의하여 방정식 $f(x)=0$은 열린구간 $(-2, -1)$, $(0, 1)$, $(1, 2)$에서 각각 적어도 하나의 실근을 갖는다.

따라서 방정식 $f(x)=0$은 열린구간 $(-2, 2)$에서 적어도 3개의 실근을 갖는다.

TIP

함수 $f(x)$는 연속함수이므로 주어진 값을 이용하여 함수 $y=f(x)$의 그래프의 한 개형을 간단히 그려 반드시 갖게 되는 실근의 개수를 파악할 수 있다.

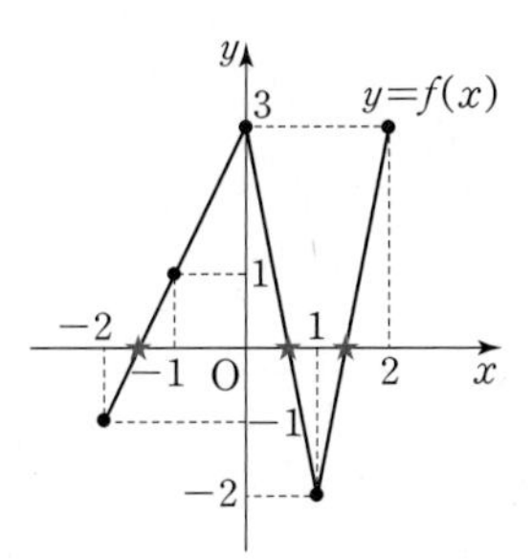

145 ····· 답 ④

$f(x)=x^2-2x+k=(x-1)^2-1+k$라 하면 함수 $f(x)$는 닫힌구간 $[-1, 0]$에서 연속이고 x의 값이 증가할 때 $f(x)$의 값은 감소하므로 ······ TIP

$f(-1)=(-1)^2-2\times(-1)+k=k+3$, $f(0)=k$에서

$f(-1)f(0)<0$이면 열린구간 $(-1, 0)$에서 적어도 하나의 실근을 갖는다.

따라서 $k(k+3)<0$에서 $-3<k<0$이므로 조건을 만족시키는 정수 k는 -2, -1로 그 합은 -3이다.

TIP

$f(x)=x^2-2x+k=(x-1)^2-1+k$이므로 함수 $y=f(x)$의 그래프는 다음과 같다.

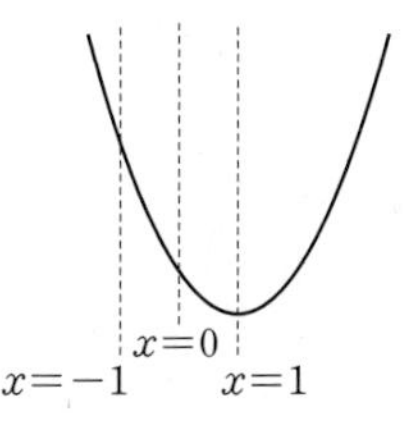

위의 그래프에서 축 $x=1$을 기준으로

$x<1$일 때, x의 값이 증가하면 $f(x)$의 값은 감소하고

$x>1$일 때, x의 값이 증가하면 $f(x)$의 값도 증가한다.

146 ····· 답 ⑤

① (반례) $f(x)=x$이면 임의의 열린구간 (a, b)에서 최댓값과 최솟값을 갖지 않는다. (거짓)

② (반례) $f(x)=x^2-4$이면 $f(-3)f(3)>0$이지만 방정식 $f(x)=0$은 열린구간 $(-3, 3)$에서 실수해 $x=-2$ 또는 $x=2$를 갖는다. (거짓)

③ (반례) $f(x)=x^2-4$이면 $f(-2)f(1)=0$이지만 방정식 $f(x)=0$은 닫힌구간 $[-2, 1]$에서 한 개의 실수해 $x=-2$를 갖는다. (거짓) ······ 참고

④ (반례) $f(x)=x^2-4$이면 $f(-3)=f(3)$이지만 방정식 $f(x)=0$은 열린구간 $(-3, 3)$에서 두 개의 실수해 $x=-2$ 또는 $x=2$를 갖는다. (거짓)

⑤ $f(a)f(b)<0$이면 사잇값 정리에 의해 방정식 $f(x)=0$은 닫힌구간 $[a, b]$에서 적어도 하나의 실수해를 갖는다. (참)

따라서 선지 중 옳은 것은 ⑤이다.

참고

$f(a)f(b)=0$이면 $f(a)=0$ 또는 $f(b)=0$이므로 방정식 $f(x)=0$은 닫힌구간 $[a, b]$에서 a 또는 b를 실수해로 가지므로 적어도 한 개의 실수해를 갖는다.

147 ····· 답 ②

ㄱ. 무리함수 $f(x)=\sqrt{2-x}$는 정의역 $\{x|x\le 2\}$에서 연속이므로 구간 $(-\infty, 2]$에서 연속이다. (참)

ㄴ. 함수 $g(x)=\dfrac{1}{x^2+1}$에서 모든 실수 x에 대하여 $x^2+1>0$이므로 $x^2+1=0$을 만족시키는 실수 x가 존재하지 않는다.
따라서 함수 $g(x)$는 실수 전체의 집합, 즉 구간 $(-\infty, \infty)$에서 연속이다. (참)

ㄷ. 함수 $h(x)=\dfrac{x^2+3x}{x^2-1}$는 $x^2-1=(x+1)(x-1)=0$일 때만 불연속이다.
따라서 함수 $h(x)$는 $x\ne-1$, $x\ne1$인 모든 실수, 즉 구간 $(-\infty, -1)\cup(-1, 1)\cup(1, \infty)$에서 연속이다. (거짓)

따라서 옳은 것은 ㄱ, ㄴ이다.

148 ····· 답 ③

함수 $g(x)$는 $x=1$에서 연속이 되려면 $\lim_{x\to1}g(x)=g(1)$을 만족시켜야 한다.

ㄱ. $f(x)=3x$일 때, $\lim_{x\to1}g(x)=\lim_{x\to1}\dfrac{3x-3}{x-1}=3$이고
$g(1)=f(1)=3$이므로 $\lim_{x\to1}g(x)=g(1)$이다.
따라서 함수 $g(x)$는 $x=1$에서 연속이다.

ㄴ. $f(x)=x^3+2$일 때,
$\lim_{x\to1}g(x)=\lim_{x\to1}\dfrac{(x^3+2)-3}{x-1}=\lim_{x\to1}\dfrac{(x-1)(x^2+x+1)}{x-1}=3$
이고 $g(1)=f(1)=3$이므로 $\lim_{x\to1}g(x)=g(1)$이다.
따라서 함수 $g(x)$는 $x=1$에서 연속이다.

ㄷ. $f(x)=2x^2+1$일 때,
$\lim_{x\to1}g(x)=\lim_{x\to1}\dfrac{(2x^2+1)-3}{x-1}=\lim_{x\to1}\dfrac{2(x-1)(x+1)}{x-1}=4$이고
$g(1)=f(1)=3$이므로 $\lim_{x\to1}g(x)\ne g(1)$이다.
따라서 함수 $g(x)$는 $x=1$에서 불연속이다.

따라서 함수 $g(x)$가 $x=1$에서 연속이 되도록 하는 함수는 ㄱ, ㄴ이다.

149 ······ 답 ③

ㄱ. 함수 $y=x$와 함수 $y=|x-3|$은 실수 전체의 집합에서 연속이므로 함수 $f(x)=x+|x-3|$도 실수 전체의 집합에서 연속이다. 즉, 열린구간 $(1, 4)$에서 연속이다.

ㄴ. 함수 $y=x$와 함수 $y=|x-2|$는 실수 전체의 집합에서 연속이므로 함수 $f(x)=x|x-2|$도 실수 전체의 집합에서 연속이다. 즉, 열린구간 $(1, 4)$에서 연속이다.

ㄷ. $\lim_{x\to2}f(x)=\lim_{x\to2}\frac{(x-2)^2}{x-2}=\lim_{x\to2}(x-2)=0$, $f(2)=2$에서 $\lim_{x\to2}f(x)\neq f(2)$이므로 함수 $f(x)$는 $x=2$에서 불연속이다.
따라서 함수 $f(x)$는 열린구간 $(1, 4)$에서 연속이 아니다.

ㄹ. 함수 $f(x)=\sqrt{x+3}$의 정의역이 $[-3, \infty)$이므로 열린구간 $(1, 4)$에서 연속이다.

따라서 열린구간 $(1, 4)$에서 연속인 함수는 ㄱ, ㄴ, ㄹ이다.

150 ······ 답 ③

ㄱ. $\lim_{x\to2}f(x)=\lim_{x\to2}\frac{x^2-4}{x-2}=\lim_{x\to2}(x+2)=4$, $f(2)=4$이므로 $\lim_{x\to2}f(x)=f(2)$를 만족시킨다.
따라서 함수 $f(x)$는 모든 실수 x에서 연속이다.

ㄴ. 함수 $f(x)=\begin{cases} x^2 & (x>0) \\ 0 & (x=0) \\ -x^2 & (x<0) \end{cases}$이므로 모든 실수 x에서 연속이려면 $x=0$에서 연속이어야 한다.
$\lim_{x\to0+}f(x)=\lim_{x\to0+}x^2=0$, $\lim_{x\to0-}f(x)=\lim_{x\to0-}(-x^2)=0$에서 $\lim_{x\to0}f(x)=0$이고, $f(0)=0$이므로 $\lim_{x\to0}f(x)=f(0)$을 만족시킨다.
따라서 함수 $f(x)$는 모든 실수 x에서 연속이다.

ㄷ. 함수 $f(x)=\frac{1}{x^2+x+1}$가 모든 실수 x에서 연속이려면 모든 실수 x에 대하여 $x^2+x+1\neq0$이어야 한다.
이차방정식 $x^2+x+1=0$의 판별식을 D라 할 때, $D=1^2-4=-3<0$으로 $x^2+x+1=0$을 만족시키는 실수 x가 존재하지 않는다.
따라서 함수 $f(x)$는 모든 실수 x에서 연속이다.

ㄹ. 함수 $f(x)=\sqrt{x-3}$에서 정의역이 $\{x|x\geq3\}$이므로 함수 $f(x)$는 구간 $[3, \infty)$에서 연속이다.
따라서 함수 $f(x)$는 모든 실수 x에서 연속인 함수가 아니다.

따라서 모든 실수 x에서 연속인 함수는 ㄱ, ㄴ, ㄷ이다.

151 ······ 답 ⑤

ㄱ. 함수 $y=f(x)$의 그래프에서 $\lim_{x\to-1+}f(x)=1$, $\lim_{x\to1-}f(x)=1$이므로 $\lim_{x\to-1+}f(x)=\lim_{x\to1-}f(x)$ (참)

ㄴ. $\lim_{x\to1-}|f(x)|=|1|=1$, $\lim_{x\to1+}|f(x)|=|-1|=1$, $|f(1)|=|1|=1$이므로 함수 $|f(x)|$는 $x=1$에서 연속이다. (참)

ㄷ. 함수 $f(x)$는 $x=-1$, $x=1$에서만 불연속이고, $\lim_{x\to1}(x^2-1)=0$, $\lim_{x\to-1}(x^2-1)=0$이므로 함수 $(x^2-1)f(x)$는 $x=-1$, $x=1$에서 연속이다.
따라서 함수 $(x^2-1)f(x)$는 실수 전체의 집합에서 연속이다. (참)

따라서 옳은 것은 ㄱ, ㄴ, ㄷ이다.

152 ······ 답 ⑤

ㄱ. $\lim_{x\to2+}f(x)=2$ (참)

ㄴ.

f f
5+ → 0− → −1
5− → 0+ → −1
$f(f(x))$

위의 그림에서 $\lim_{x\to5+}f(f(x))=-1$, $\lim_{x\to5-}f(f(x))=-1$이므로 $\lim_{x\to5}f(f(x))=-1$이다. (참)

ㄷ.

f f
4+ → 2− → 1
4− → 2+ → 2
4 → 2 → 2
$f(f(x))$

위의 그림에서 $\lim_{x\to4+}f(f(x))=1$, $\lim_{x\to4-}f(f(x))=2$이므로 $\lim_{x\to4}f(f(x))$가 존재하지 않는다.
따라서 함수 $y=(f\circ f)(x)$는 $x=4$에서 불연속이다. (참)

따라서 옳은 것은 ㄱ, ㄴ, ㄷ이다.

153 ······ 답 ④

ㄱ.

x	$f(x)$	$g(x)$	$f(x)+g(x)$
3+	−3	3	0
3−	3	−3	0
3	−3	3	0

위의 표에서 $\lim_{x\to3}\{f(x)+g(x)\}=f(3)+g(3)$이므로 함수 $f(x)+g(x)$는 $x=3$에서 연속이다. (참)

ㄴ.

x	$f(x)$	$g(x)$	$f(x)g(x)$
0+	0	−3	0
0−	0	3	0
0	3	0	0

위의 표에서 $\lim_{x\to0}f(x)g(x)=f(0)g(0)$이므로 함수 $f(x)g(x)$는 $x=0$에서 연속이다. (참)

ㄷ.

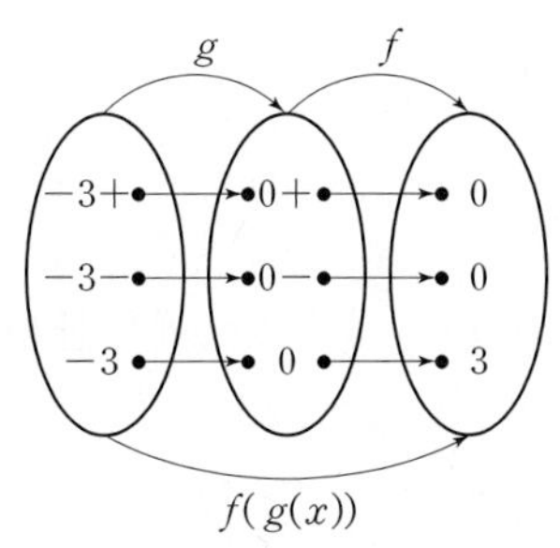

위의 그림에서 $\lim_{x\to-3+}f(g(x))=0$, $\lim_{x\to-3-}f(g(x))=0$,

$f(g(-3))=3$이므로 $\lim_{x\to-3}f(g(x))\neq f(g(-3))$이다.

따라서 함수 $f(g(x))$는 $x=-3$에서 불연속이다. (거짓)

ㄹ.

x	$f(x)$	$g(x)$	$\frac{g(x)}{f(x)}$
3+	−3	3	−1
3−	3	−3	−1
3	−3	3	−1

위의 표에서 $\lim_{x\to3}\frac{g(x)}{f(x)}=\frac{g(3)}{f(3)}$이므로

함수 $\frac{g(x)}{f(x)}$는 $x=3$에서 연속이다. (참)

따라서 옳은 것은 ㄱ, ㄴ, ㄹ이다.

다른 풀이

ㄷ. 함수 $f(g(x))$에서 $f(g(-3))=f(0)=3$이고,

$g(x)=t$라 하면

$x\to-3-$일 때, $t\to0-$이므로

$\lim_{x\to-3-}f(g(x))=\lim_{t\to0-}f(t)=0$

$x\to-3+$일 때, $t\to0+$이므로

$\lim_{x\to-3+}f(g(x))=\lim_{t\to0+}f(t)=0$

따라서 $\lim_{x\to-3}f(g(x))=0\neq f(g(-3))$이므로

함수 $f(g(x))$는 $x=-3$에서 불연속이다. (거짓)

154

답 ③

ㄱ.

x	$f(x)$	$g(x)$	$f(x)g(x)$
1+	1	−1	−1
1−	−1	1	−1
1	1	−1	−1

위의 표에서 $\lim_{x\to1}f(x)g(x)=f(1)g(1)$이므로

함수 $f(x)g(x)$는 $x=1$에서 연속이다. (참)

ㄴ.

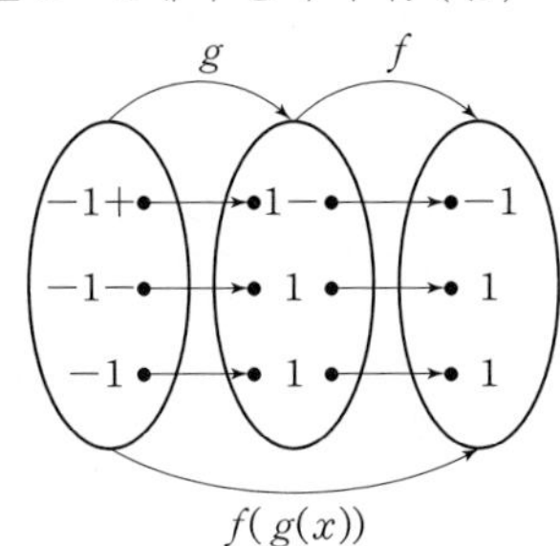

위의 그림에서 $\lim_{x\to-1+}f(g(x))=-1$, $\lim_{x\to-1-}f(g(x))=1$이므로

$\lim_{x\to-1}f(g(x))$가 존재하지 않는다.

따라서 함수 $f(g(x))$는 $x=-1$에서 불연속이다. (거짓)

ㄷ.

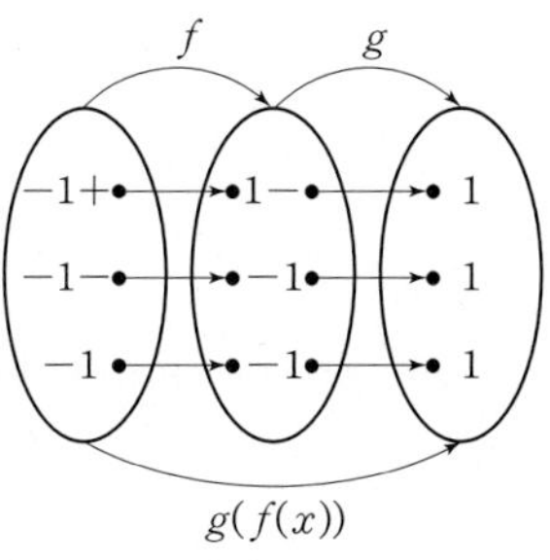

위의 그림에서 $\lim_{x\to-1+}g(f(x))=1$, $\lim_{x\to-1-}g(f(x))=1$,

$g(f(-1))=1$이므로 $\lim_{x\to-1}g(f(x))=g(f(-1))$이다.

따라서 함수 $g(f(x))$는 $x=-1$에서 연속이다. (참)

따라서 옳은 것은 ㄱ, ㄷ이다.

155

답 ②

ㄱ. $f(2-x)$에서 $2-x=t$라 하면

$x\to2$일 때, $t\to0$이므로

$\lim_{x\to2}f(2-x)=\lim_{t\to0}f(t)=1$이다. (참)

ㄴ. $f(-2-2x)$에서 $-2-2x=t$라 하면

$x\to-2$일 때, $t\to2$이므로

$\lim_{x\to-2}f(-2-2x)=\lim_{t\to2}f(t)$이다.

$\lim_{t\to2+}f(t)=0$, $\lim_{t\to2-}f(t)=2$에서 $\lim_{t\to2}f(t)$가 존재하지 않으므로

$\lim_{x\to-2}f(-2-2x)$가 존재하지 않는다. (거짓)

ㄷ. $\lim_{x\to t+}f(x)<\lim_{x\to t-}f(x)$이려면 $\lim_{x\to t}f(x)$가 존재하지 않아야

하므로 t가 될 수 있는 값은 -1 또는 1 또는 2이다.

$\lim_{t\to-1+}f(t)=1$, $\lim_{t\to-1-}f(t)=3$이고,

$\lim_{t\to1+}f(t)=3$, $\lim_{t\to1-}f(t)=4$이고,

$\lim_{t\to2+}f(t)=0$, $\lim_{t\to2-}f(t)=2$이므로

$t=-1$, 1, 2일 때 모두 $\lim_{x\to t+}f(x)<\lim_{x\to t-}f(x)$를 만족시킨다.

따라서 $-3<t<3$일 때, $\lim_{x\to t+}f(x)<\lim_{x\to t-}f(x)$를 만족시키는

실수 t의 값은 -1, 1, 2로 3개이다. (거짓)

ㄹ.

x	$x+1$	$f(x)$	$f(x+1)$	$f(x)f(x+1)$
−2+	−1+	1	1	1
−2−	−1−	1	3	3
−2	−1	1	2	2

위의 표에서 $\lim_{x\to-2}f(x)f(x+1)$이 존재하지 않으므로 함수

$f(x)f(x+1)$은 $x=-2$에서 불연속이다. (참)

ㅁ.

x	$x+1$	$f(x)$	$f(x+1)$	$f(x)f(x+1)$
1+	2+	3	0	0
1−	2−	4	2	8
1	2	3	0	0

위의 표에서 $\lim_{x\to1}f(x)f(x+1)$이 존재하지 않으므로 함수

$f(x)f(x+1)$은 $x=1$에서 불연속이다. (거짓)
따라서 옳은 것은 ㄱ, ㄹ로 2개이다.

156

답 ③

ㄱ. $a=1$일 때,
$\lim_{x\to-1-} f(x)=1$, $\lim_{x\to-1+} f(x)=\lim_{x\to-1+}(x^2+x+1)=1$에서
$\lim_{x\to-1-} f(x)=\lim_{x\to-1+} f(x)$이므로
함수 $f(x)$는 $x=-1$에서 극한값이 존재한다. (참)

ㄴ. $b=2$일 때,
$f(1)=\lim_{x\to1-} f(x)=\lim_{x\to1-}(x^2+x+1)=3$, $\lim_{x\to1+} f(x)=b=2$
이므로 $\lim_{x\to1} f(x)$가 존재하지 않는다.
따라서 함수 $f(x)$는 $x=1$에서 불연속이다. (거짓)

ㄷ. 세 함수 $y=a$, $y=x^2+x+1$, $y=b$는 실수 전체의 집합에서 연속이므로 함수 $(x^2-1)f(x)$가 $x=-1$, $x=1$에서 연속이면 실수 전체의 집합에서 연속이다.

(i)

x	x^2-1	$f(x)$	$(x^2-1)f(x)$
$-1+$	0	1	0
$-1-$	0	a	0
-1	0	a	0

위의 표에서 $\lim_{x\to-1}(x^2-1)f(x)=\{(-1)^2-1\}f(-1)$
이므로 함수 $(x^2-1)f(x)$는 $x=-1$에서 연속이다.

(ii)

x	x^2-1	$f(x)$	$(x^2-1)f(x)$
$1+$	0	b	0
$1-$	0	3	0
1	0	3	0

위의 표에서 $\lim_{x\to1}(x^2-1)f(x)=(1^2-1)f(1)$이므로
함수 $(x^2-1)f(x)$는 $x=1$에서 연속이다.
따라서 함수 $(x^2-1)f(x)$는 실수 전체의 집합에서 연속이다.
(참) …… TIP

따라서 옳은 것은 ㄱ, ㄷ이다.

TIP

$x=a$에서 함수 $g(x)$는 연속이고, 함수 $h(x)$는 불연속
(단, 우극한, 좌극한, 함숫값 각각 모두 존재)일 때, 함수
$g(x)h(x)$가 $x=a$에서 연속이 되려면, 즉
$\lim_{x\to a+} g(x)h(x)=\lim_{x\to a-} g(x)h(x)=g(a)h(a)$가 성립하려면
$\lim_{x\to a+} g(x)=\lim_{x\to a-} g(x)=g(a)$이므로
$g(a)\lim_{x\to a+} h(x)=g(a)\lim_{x\to a-} h(x)=g(a)h(a)$에서
$g(a)=0$이어야 한다.
이때 ㄷ에서 함수 x^2-1은 $x=-1$에서 연속이다.
함수 $f(x)$가 $x=-1$에서 불연속이지만 연속함수 x^2-1의
$x=-1$에서의 극한값과 함숫값이 모두 0이므로 함수
$(x^2-1)f(x)$는 $x=-1$에서 연속이다.
따라서 a의 값에 관계없이 함수 $(x^2-1)f(x)$는 $x=-1$에서
연속이다.

157

답 ④

ㄱ. (반례) $f(x)=\begin{cases}1 & (x\ge0)\\ -1 & (x<0)\end{cases}$, $g(x)=\begin{cases}-1 & (x\ge0)\\ 1 & (x<0)\end{cases}$이면
두 함수 $f(x)$, $g(x)$는 각각 $x=0$에서 불연속이지만,
$\lim_{x\to0-}\{f(x)+g(x)\}=(-1)+1=0$,
$\lim_{x\to0+}\{f(x)+g(x)\}=1+(-1)=0$,
$f(0)+g(0)=1+(-1)=0$에서
$\lim_{x\to0}\{f(x)+g(x)\}=f(0)+g(0)$이므로
함수 $f(x)+g(x)$는 $x=0$에서 연속이다. (거짓)

ㄴ. 함수 $f(x)$는 $x=a$에서 연속이므로 $\lim_{x\to a} f(x)=f(a)$를
만족시킨다.
$\lim_{x\to a}|f(x)|=|f(a)|$이므로 함수 $|f(x)|$는 $x=a$에서
연속이다. (참) …… TIP

ㄷ. (반례) $f(x)=0$, $g(x)=\begin{cases}1 & (x\ge0)\\ -1 & (x<0)\end{cases}$이면
$\dfrac{f(x)}{g(x)}=0$이므로 두 함수 $f(x)$, $\dfrac{f(x)}{g(x)}$는 $x=0$에서 연속이지만
함수 $g(x)$는 $x=0$에서 불연속이다. (거짓)

ㄹ. $\lim_{x\to b} g(x)=g(b)=a$이므로 $f(g(b))=f(a)$이다.
함수 $f(g(x))$에서 $g(x)=t$라 하면
$x\to b$일 때 $t\to g(b)=a$이고, $\lim_{x\to a} f(x)=f(a)$이므로
$\lim_{x\to b} f(g(x))=\lim_{t\to a} f(t)=f(a)$이다.
따라서 $\lim_{x\to b} f(g(x))=f(g(b))$이므로 함수 $(f\circ g)(x)$는
$x=b$에서 연속이다. (참)

따라서 옳은 것은 ㄴ, ㄹ이다.

TIP

함수 $f(x)$가 $x=a$에서 연속이면
(i) $f(a)=0$인 경우
$x\to a-$일 때 $f(x)\to 0+$이면
$\lim_{x\to a-}|f(x)|=\lim_{x\to a-} f(x)=f(a)=0$
$x\to a-$일 때 $f(x)\to 0-$이면
$\lim_{x\to a-}|f(x)|=\lim_{x\to a-}\{-f(x)\}=-f(a)=0$
즉, 어느 경우에도 $\lim_{x\to a-}|f(x)|=0$이다.
마찬가지로 $\lim_{x\to a+}|f(x)|=0$이므로
$\lim_{x\to a}|f(x)|=0$
(ii) $f(a)>0$인 경우
$x\to a$일 때 $f(x)>0$이므로
$\lim_{x\to a}|f(x)|=\lim_{x\to a} f(x)=f(a)$
(iii) $f(a)<0$인 경우
$x\to a$일 때 $f(x)<0$이므로
$\lim_{x\to a}|f(x)|=\lim_{x\to a}\{-f(x)\}=-f(a)$
(i)~(iii)에서 함수 $y=|f(x)|$는 $x=a$에서 연속이다.

158 ·················· 답 ①

함수 $f(x)$가 $x=3$에서 연속이므로 $\lim_{x\to3}f(x)=f(3)$을 만족시켜야 한다.

$\lim_{x\to3-}f(x)=\lim_{x\to3-}(x-1)=2$,

$\lim_{x\to3+}f(x)=\lim_{x\to3+}(ax+5)=3a+5$, $f(3)=b$

따라서 $2=3a+5=b$이므로 $a=-1$, $b=2$이다.

$\therefore a+b=1$

159 ·················· 답 ⑤

함수 $f(x)$가 실수 전체의 집합에서 연속이므로 $x=2$에서도 연속이다.
즉, $\lim_{x\to2}f(x)=f(2)$를 만족시켜야 한다.

$\lim_{x\to2}f(x)=\lim_{x\to2}\frac{x^2+ax-10}{x-2}=b$로 극한값이 존재하고,

$x\to2$일 때 (분모)$\to0$이므로 (분자)$\to0$이다.

즉, $\lim_{x\to2}(x^2+ax-10)=4+2a-10=0$이므로 $a=3$

$f(2)=b=\lim_{x\to2}\frac{x^2+3x-10}{x-2}=\lim_{x\to2}(x+5)=7$

$\therefore a+b=10$

160 ·················· 답 ①

함수 $f(x)$가 $x=3$에서 연속이므로 $\lim_{x\to3}f(x)=f(3)$을 만족시켜야 한다.

$\lim_{x\to3}\frac{a\sqrt{x+1}+b}{x-3}=\sqrt{2}$로 극한값이 존재하고

$x\to3$일 때 (분모)$\to0$이므로 (분자)$\to0$이다.

즉, $\lim_{x\to3}(a\sqrt{x+1}+b)=2a+b=0$이므로 $b=-2a$ …… ㉠

식에 ㉠을 대입하여 정리하면

$$\lim_{x\to3}\frac{a\sqrt{x+1}-2a}{x-3}=\lim_{x\to3}\frac{a(\sqrt{x+1}-2)}{x-3}$$
$$=\lim_{x\to3}\frac{a(x-3)}{(x-3)(\sqrt{x+1}+2)}$$
$$=\lim_{x\to3}\frac{a}{\sqrt{x+1}+2}=\frac{a}{4}$$

한편, $f(3)=\sqrt{2}$에서 $\frac{a}{4}=\sqrt{2}$이므로

$a=4\sqrt{2}$, $b=-8\sqrt{2}$ ($\because$ ㉠)

$\therefore ab=-64$

161 ·················· 답 풀이 참조

함수 $f(x)$가 모든 실수 x에서 연속이 되려면 $x=-1$, $x=2$에서도 연속이어야 한다.

$x=-1$에서 연속일 때, $\lim_{x\to-1}f(x)=f(-1)$을 만족시켜야 한다.

$f(-1)=\lim_{x\to-1-}f(x)=\lim_{x\to-1-}(2x-1)=-3$,

$\lim_{x\to-1+}f(x)=\lim_{x\to-1+}(x^2+ax+b)=1-a+b$에서

$-3=1-a+b$, $a-b=4$ …… ㉠

$x=2$에서 연속일 때, $\lim_{x\to2}f(x)=f(2)$를 만족시켜야 한다.

$f(2)=\lim_{x\to2-}f(x)=\lim_{x\to2-}(x^2+ax+b)=4+2a+b$,

$\lim_{x\to2+}f(x)=\lim_{x\to2+}(3x+3)=9$에서

$4+2a+b=9$, $2a+b=5$ …… ㉡

㉠, ㉡에서 $a=3$, $b=-1$

$\therefore ab=-3$

채점 요소	배점
함수 $f(x)$가 $x=-1$에서 연속인 조건을 이용하기	40 %
함수 $f(x)$가 $x=2$에서 연속인 조건을 이용하기	40 %
ab의 값 구하기	20 %

162 ·················· 답 ②

함수 $f(x)$가 모든 실수 x에서 연속이므로 $x=2$, $x=3$에서도 연속이다.

$x=2$에서 연속일 때, $\lim_{x\to2}f(x)=f(2)$를 만족시켜야 한다.

$f(2)=\lim_{x\to2-}f(x)=\lim_{x\to2-}(x^2+ax+b)=4+2a+b$,

$\lim_{x\to2+}f(x)=\lim_{x\to2+}(2x+5)=9$에서

$4+2a+b=9$, $2a+b=5$ …… ㉠

$x=3$에서 연속일 때, $\lim_{x\to3}f(x)=f(3)$을 만족시켜야 한다.

$f(3)=\lim_{x\to3+}f(x)=\lim_{x\to3+}(x^2+ax+b)=9+3a+b$,

$\lim_{x\to3-}f(x)=\lim_{x\to3-}(2x+5)=11$에서

$9+3a+b=11$, $3a+b=2$ …… ㉡

㉠, ㉡에서 $a=-3$, $b=11$

$\therefore a+b=8$

163 ·················· 답 ⑤

함수 $f(x)=\begin{cases}-2x+b & (-1<x<1)\\ x^2+ax-6 & (x\le-1,\ x\ge1)\end{cases}$이 모든 실수 x에서 연속이 되려면 $x=-1$, $x=1$에서도 연속이어야 한다.

$x=-1$에서 연속일 때, $\lim_{x\to-1}f(x)=f(-1)$을 만족시켜야 한다.

$f(-1)=\lim_{x\to-1-}f(x)=\lim_{x\to-1-}(x^2+ax-6)=-a-5$,

$\lim_{x\to-1+}f(x)=\lim_{x\to-1+}(-2x+b)=2+b$에서

$-a-5=2+b$, $a+b=-7$ …… ㉠

$x=1$에서 연속일 때, $\lim_{x\to1}f(x)=f(1)$을 만족시켜야 한다.

$\lim_{x\to1-}f(x)=\lim_{x\to1-}(-2x+b)=-2+b$,

$f(1)=\lim_{x\to1+}f(x)=\lim_{x\to1+}(x^2+ax-6)=a-5$에서

$-2+b=a-5$, $a-b=3$ …… ㉡

㉠, ㉡에서 $a=-2$, $b=-5$

$\therefore ab=10$

164 ·················· 답 ④

조건 (나)를 보면 함수 $f(x)$가 실수 전체의 집합에서 연속이므로 $x=1$에서도 연속이다.

$x=1$에서 연속일 때, $\lim_{x\to1}f(x)=f(1)$을 만족시켜야 한다.

$\lim_{x\to1+}f(x)=\lim_{x\to1+}(x^2+bx+3)=b+4$,

$\lim_{x\to1-}f(x)=\lim_{x\to1-}(2x+a)=2+a$에서

$a+2=b+4$, $a-b=2$ …… ㉠

한편, 조건 ㈎에서 모든 실수 x에 대하여 $f(x+5)=f(x)$이므로

$f(3)=f(-2)$를 만족시킨다.

즉, $9+3b+3=-4+a$에서 $a-3b=16$ …… ㉡

㉠, ㉡에서 $a=-5$, $b=-7$이므로

$$f(x)=\begin{cases}2x-5 & (-2\le x<1)\\ x^2-7x+3 & (1\le x\le 3)\end{cases}$$

$\therefore f(31)=f(5\times6+1)=f(1)=-3$ …… TIP

TIP

모든 실수 x에 대하여 $f(x+5)=f(x)$이면

$\cdots=f(x-10)=f(x-5)=f(x)=f(x+5)$

$=f(x+10)=f(x+15)=\cdots$

를 만족시키므로 임의의 정수 n에 대하여 $f(x)=f(x+5n)$이다.

165 …… 답 ④

함수 $g(x)$가 $x=1$에서 연속이 되려면 $\lim_{x\to1}g(x)=g(1)$을 만족시켜야 한다.

$\lim_{x\to1+}g(x)=\lim_{x\to1+}|f(x)-a|=\lim_{x\to1+}|(x^2-2x)-a|=|-1-a|$,

$\lim_{x\to1-}g(x)=\lim_{x\to1-}|f(x)-a|=\lim_{x\to1-}|(2x+1)-a|=|3-a|$,

$g(1)=|f(1)-a|=|-1-a|$

따라서 $|-1-a|=|3-a|$이다.

(i) $-1-a=-(3-a)$일 때, $a=1$이다.

(ii) $-1-a=3-a$일 때, 실수 a의 값이 존재하지 않는다.

(i), (ii)에 의하여 $a=1$이다.

166 …… 답 ①

함수 $f(x)$가 $x=2$에서 연속이므로 $\lim_{x\to2}f(x)=f(2)$를 만족시켜야 한다.

$\lim_{x\to2}f(x)=\lim_{x\to2}\frac{x^2+ax+b}{|x-2|}=c$로 극한값이 존재하고,

$x\to2$일 때 (분모)$\to0$이므로 (분자)$\to0$이다.

즉, $\lim_{x\to2}(x^2+ax+b)=4+2a+b=0$, $b=-2a-4$ …… ㉠

식에 ㉠을 대입하여 정리하면

$x>2$일 때 $|x-2|=x-2$이므로

$$\lim_{x\to2+}\frac{x^2+ax-2(a+2)}{|x-2|}=\lim_{x\to2+}\frac{(x-2)(x+a+2)}{x-2}=a+4,$$

$x<2$일 때 $|x-2|=-(x-2)$이므로

$$\lim_{x\to2-}\frac{x^2+ax-2(a+2)}{|x-2|}=\lim_{x\to2-}\frac{(x-2)(x+a+2)}{-(x-2)}=-(a+4)$$

따라서 $a+4=-(a+4)=c$에서 $a=-4$, $c=0$

㉠에 대입하면 $b=4$

$\therefore a-b+c=(-4)-4+0=-8$

167 …… 답 ⑤

함수 $g(x)$는 다항함수이므로 모든 실수 x에서 연속이다.

함수 $f(x)=\frac{8x^3-1}{|2x-1|}$이 $x\ne\frac{1}{2}$인 모든 실수 x에서

연속이므로 함수 $f(x)g(x)$가 모든 실수 x에서 연속이려면

$x=\frac{1}{2}$에서 연속이어야 한다.

$$\lim_{x\to\frac{1}{2}+}f(x)=\lim_{x\to\frac{1}{2}+}\frac{8x^3-1}{2x-1}=\lim_{x\to\frac{1}{2}+}(4x^2+2x+1)=3,$$

$$\lim_{x\to\frac{1}{2}-}f(x)=\lim_{x\to\frac{1}{2}-}\frac{8x^3-1}{-(2x-1)}=\lim_{x\to\frac{1}{2}-}\{-(4x^2+2x+1)\}=-3$$

x	$f(x)$	$g(x)$	$f(x)g(x)$
$\frac{1}{2}+$	3	$g\left(\frac{1}{2}\right)$	$3g\left(\frac{1}{2}\right)$
$\frac{1}{2}-$	-3	$g\left(\frac{1}{2}\right)$	$-3g\left(\frac{1}{2}\right)$
$\frac{1}{2}$	a	$g\left(\frac{1}{2}\right)$	$ag\left(\frac{1}{2}\right)$

위의 표에서 $3g\left(\frac{1}{2}\right)=-3g\left(\frac{1}{2}\right)=ag\left(\frac{1}{2}\right)$이므로 $g\left(\frac{1}{2}\right)=0$을 만족시켜야 한다.

① $g\left(\frac{1}{2}\right)=4\times\left(\frac{1}{2}\right)^2-1=0$

② $g\left(\frac{1}{2}\right)=6\times\left(\frac{1}{2}\right)^2-\frac{1}{2}-1=0$

③ $g\left(\frac{1}{2}\right)=0$

④ $g\left(\frac{1}{2}\right)=4\times\left(\frac{1}{2}\right)^2-4\times\frac{1}{2}+1=0$

⑤ $g\left(\frac{1}{2}\right)=6\times\left(\frac{1}{2}\right)^2+\frac{1}{2}-1=1\ne0$

따라서 선지 중 다항함수 $g(x)$가 될 수 없는 것은 ⑤이다.

168 …… 답 ③

$\lim_{x\to\infty}g(x)=\lim_{x\to\infty}\frac{f(x)-x^2}{x-1}=5$이므로 다항함수 $f(x)$는 최고차항인 이차항의 계수가 1이고, 일차항의 계수가 5인 이차함수이다.

즉, $f(x)=x^2+5x+a$ (a는 상수)라 하자.

함수 $g(x)$는 $x=1$에서 연속이므로 $\lim_{x\to1}g(x)=g(1)$을 만족시켜야 한다.

$\lim_{x\to1}g(x)=\lim_{x\to1}\frac{f(x)-x^2}{x-1}=k$로 극한값이 존재하고,

$x\to1$일 때 (분모)$\to0$이므로 (분자)$\to0$이다.

$\lim_{x\to1}\{f(x)-x^2\}=f(1)-1=0$, $f(1)=1$이므로

$1+5+a=1$, $a=-5$

따라서 $f(x)=x^2+5x-5$이므로

$$k=\lim_{x\to1}\frac{f(x)-x^2}{x-1}=\lim_{x\to1}\frac{5(x-1)}{x-1}=5$$

$\therefore k+f(2)=5+(4+10-5)=14$

169 ····· 답 ④

함수 $f(x)$는 구간 $[-2, \infty)$에서 연속이므로 $x=2$에서도 연속이다.
즉, $\lim_{x\to2}f(x)=f(2)$를 만족시켜야 한다.

$\lim_{x\to2}f(x)=\lim_{x\to2}\frac{\sqrt{x+2}-a}{x-2}=f(2)$로 극한값이 존재하고

$x\to2$일 때 (분모)$\to0$이므로 (분자)$\to0$이다.

즉, $\lim_{x\to2}(\sqrt{x+2}-a)=\sqrt{4}-a=0$에서 $a=2$

$$\therefore f(2)=\lim_{x\to2}\frac{\sqrt{x+2}-2}{x-2}$$
$$=\lim_{x\to2}\frac{x-2}{(x-2)(\sqrt{x+2}+2)}$$
$$=\lim_{x\to2}\frac{1}{\sqrt{x+2}+2}=\frac{1}{4}$$

170 ····· 답 ③

$(x+2)(x-2)f(x)=x^4+ax+b$이므로
$x=-2$일 때, $0=(-2)^4-2a+b$에서
$2a-b=16$ ······ ㉠
$x=2$일 때, $0=2^4+2a+b$에서
$2a+b=-16$ ······ ㉡
㉠, ㉡에서 $a=0$, $b=-16$이므로
$(x^2-4)f(x)=x^4-16$
$x\neq\pm2$일 때, $f(x)=\frac{x^4-16}{x^2-4}$이고,
함수 $f(x)$는 모든 실수 x에서 연속이므로 $x=-2$에서도 연속이다.
즉, $\lim_{x\to-2}f(x)=f(-2)$를 만족시켜야 한다.

$$f(-2)=\lim_{x\to-2}\frac{x^4-16}{x^2-4}$$
$$=\lim_{x\to-2}(x^2+4)=8$$

$\therefore a+b+f(-2)=0+(-16)+8=-8$

171 ····· 답 ③

$\{f(x)\}^3-\{f(x)\}^2-x^2f(x)+x^2=0$에서
$\{f(x)\}^2\{f(x)-1\}-x^2\{f(x)-1\}=0$
$\{f(x)-1\}[\{f(x)\}^2-x^2]=0$
$\{f(x)-1\}\{f(x)-x\}\{f(x)+x\}=0$
$\therefore f(x)=1$ 또는 $f(x)=x$ 또는 $f(x)=-x$
즉, 함수 $f(x)$는 적당한 구간 또는 x의 값에서 위의 셋 중 하나의 식으로 정해져야 한다.
이때 함수 $f(x)$는 연속함수이고 최댓값이 1, 최솟값이 0, 즉 치역이 $[0, 1]$이 되어야 하므로
이를 만족시키는 함수 $f(x)$는

$$f(x)=\begin{cases}1 & (x<-1,\ x>1)\\ -x & (-1\le x<0)\\ x & (0\le x\le1)\end{cases}$$ 이다.

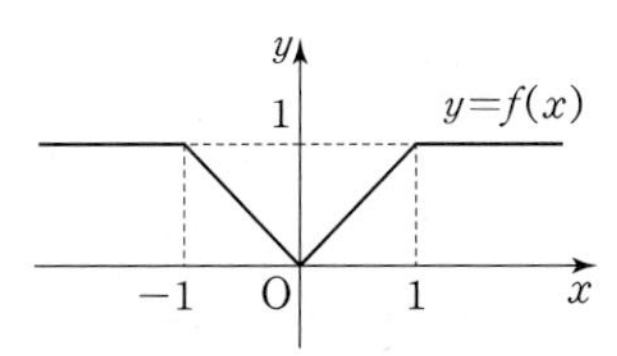

$\therefore f\left(-\frac{4}{3}\right)+f(0)+f\left(\frac{1}{2}\right)=1+0+\frac{1}{2}=\frac{3}{2}$

172 ····· 답 ②

함수 $f(x)$는 이차함수이므로 실수 전체의 집합에서 연속이고,

$$g(x)=\begin{cases}3 & (x<2)\\ x-1 & (2\le x<4)\\ 1 & (x\ge4)\end{cases}$$ 이므로 함수 $g(x)$는 $x\neq2$, $x\neq4$인 모든 실수에서 연속이다.

즉, 함수 $f(x)g(x)$가 실수 전체의 집합에서 연속이려면
$x=2$, $x=4$에서 연속이어야 한다.
$\lim_{x\to2-}f(x)g(x)=\lim_{x\to2-}f(x)\times\lim_{x\to2-}g(x)=3f(2)$,
$\lim_{x\to2+}f(x)g(x)=\lim_{x\to2+}f(x)\times\lim_{x\to2+}g(x)=f(2)$,
$f(2)g(2)=f(2)$에서
$3f(2)=f(2)$이므로 $f(2)=0$이다.
마찬가지로 $f(4)=0$이므로
$f(x)=(x-2)(x-4)$이다.
함수 $y=f(x-k)$의 그래프는 함수 $y=f(x)$의 그래프를 x축의 방향으로 k만큼 평행이동한 것이므로 실수 전체의 집합에서 연속이다.
이때 함수 $y=g(x)$의 그래프는 $x=2$, $x=4$에서만 불연속이므로
함수 $y=f(x-k)g(x)$의 그래프가 한 점에서만 불연속이 되려면
다음과 같이 두 가지 경우를 생각할 수 있다.

(i) $x=2$에서 불연속이고 $x=4$에서 연속인 경우
$f(2-k)\neq0$, $f(4-k)=0$이면 되므로
$(-k)(-2-k)\neq0$, $(2-k)(-k)=0$,
$k(k+2)\neq0$, $k(k-2)=0$
$\therefore k=2$

(ii) $x=2$에서 연속이고 $x=4$에서 불연속인 경우
$f(2-k)=0$, $f(4-k)\neq0$이면 되므로
$(-k)(-2-k)=0$, $(2-k)(-k)\neq0$,
$k(k+2)=0$, $k(k-2)\neq0$
$\therefore k=-2$

(i), (ii)에서 구하는 모든 실수 k의 값의 곱은
$2\times(-2)=-4$

173 ····· 답 2

직선 $y=mx$는 실수 m의 값에 관계없이 항상 원점을 지나고

$$f(x)=\begin{cases}x+2 & (x<0)\\ -x+2 & (0\le x<2)\\ k & (x\ge2)\end{cases}$$ 이므로 직선 $y=mx$와 함수 $y=f(x)$

의 그래프의 위치 관계는 그림과 같다.

(i) $k>2$일 때,

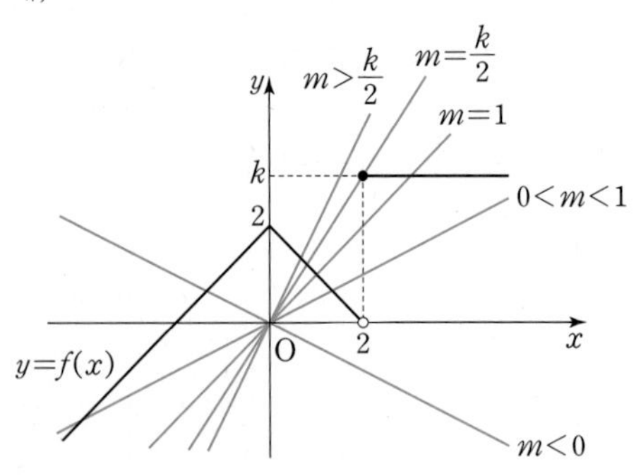

즉, 함수 $g(m)$의 식은 다음과 같다.

$$g(m)=\begin{cases} 1 & (m\le 0) \\ 3 & (0<m<1) \\ 2 & \left(1\le m\le \frac{k}{2}\right) \\ 1 & \left(m>\frac{k}{2}\right) \end{cases}$$

따라서 함수 $g(m)$은 $m=0$, $m=1$, $m=\frac{k}{2}$에서 불연속이다.

이때 최고차항의 계수가 1인 이차함수 $h(x)$에 대하여 함수 $g(x)h(x)$가 실수 전체의 집합에서 연속일 수 없다.

(ii) $k=2$일 때,

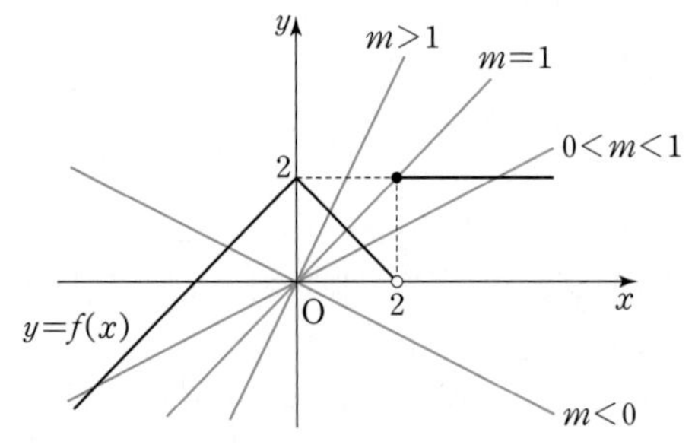

즉, 함수 $g(m)$의 식은 다음과 같다.

$$g(m)=\begin{cases} 1 & (m\le 0) \\ 3 & (0<m<1) \\ 2 & (m=1) \\ 1 & (m>1) \end{cases}$$

따라서 함수 $g(m)$은 $m=0$, $m=1$에서 불연속이다.
이때 최고차항의 계수가 1인 이차함수 $h(x)$에 대하여 함수 $g(x)h(x)$가 실수 전체의 집합에서 연속이기 위해서는 $h(x)=x(x-1)$이어야 한다.

(iii) $0<k<2$일 때,

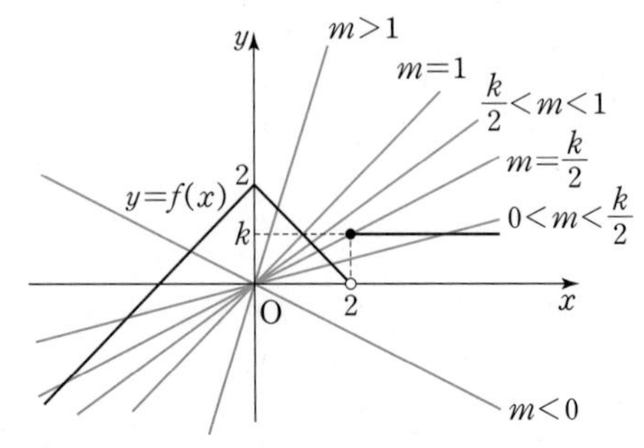

즉, 함수 $g(m)$의 식은 다음과 같다.

$$g(m)=\begin{cases} 1 & (m\le 0) \\ 3 & \left(0<m\le \frac{k}{2}\right) \\ 2 & \left(\frac{k}{2}<m<1\right) \\ 1 & (m\ge 1) \end{cases}$$

따라서 함수 $g(m)$은 $m=0$, $m=\frac{k}{2}$, $m=1$에서 불연속이다.

이때 최고차항의 계수가 1인 이차함수 $h(x)$에 대하여 함수 $g(x)h(x)$가 실수 전체의 집합에서 연속일 수 없다.

(i)~(iii)에서 $k=2$이고,
$h(x)=x(x-1)$이므로
$h(k)=h(2)=2$

174 ····· 답 ②

$f(x)=\lim_{t\to\infty}\frac{t(x^2-2x)+1}{\sqrt{t^2+3x}}$에서
$x^2-2x=0$이면 $f(x)=0$,
$x^2-2x\ne 0$이면 $f(x)=x^2-2x$이므로
$f(x)=x^2-2x$이다.
구간 [0, 2]에서 함수 $y=f(x)$의 그래프는 다음과 같다.

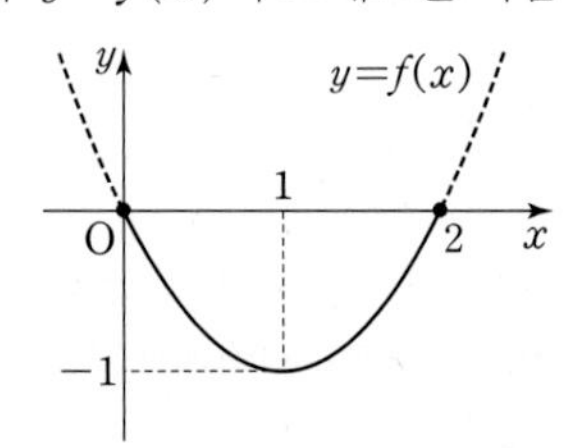

따라서 함수 $f(x)$는 $x=1$일 때 최솟값 -1을 갖고, $x=0$ 또는 $x=2$일 때 최댓값 0을 가지므로 최댓값과 최솟값의 합은 -1이다.

참고

$x^2-2x=0$, 즉 $x=0$ 또는 $x=2$이면
$f(x)=\lim_{t\to\infty}\frac{1}{\sqrt{t^2+3a}}=0$ (단, $a=0$ 또는 $a=2$)
$x^2-2x\ne 0$이면
$f(x)=\lim_{t\to\infty}\frac{x^2-2x+\frac{1}{t}}{\sqrt{1+\frac{3x}{t^2}}}=x^2-2x$
이므로 닫힌구간 [0, 2]에서 $f(x)=x^2-2x$임을 알 수 있다.

175 ····· 답 ③

함수 $f(x)$는 닫힌구간 $[-3, 3]$에서 연속이므로 $x=-1$에서도 연속이다.
즉, $\lim_{x\to -1}f(x)=f(-1)$을 만족시켜야 한다.

$\lim_{x\to-1+} f(x)=\lim_{x\to-1+}\frac{x^3-2x^2+3x-a}{x+1}=f(-1)$로 극한값이 존재하고, $x\to-1+$일 때 (분모)$\to0$이므로 (분자)$\to0$이다.
즉,
$\lim_{x\to-1+}(x^3-2x^2+3x-a)=-6-a=0$
$\therefore a=-6$ …… ㉠
㉠을 식에 대입하여 정리하면

$$f(x)=\begin{cases} x^2-6x+b & (-3\le x\le -1) \\ \frac{(x+1)(x^2-3x+6)}{x+1} & (-1<x\le 3)\end{cases}$$
$$=\begin{cases} x^2-6x+b & (-3\le x\le -1) \\ x^2-3x+6 & (-1<x\le 3)\end{cases}$$

$\lim_{x\to-1-} f(x)=\lim_{x\to-1+} f(x)$이므로
$1+6+b=1+3+6 \qquad \therefore b=3$

$$f(x)=\begin{cases} x^2-6x+3 & (-3\le x\le -1) \\ x^2-3x+6 & (-1<x\le 3)\end{cases}$$

이므로 주어진 구간에서 함수 $y=f(x)$의 그래프는 다음과 같다.

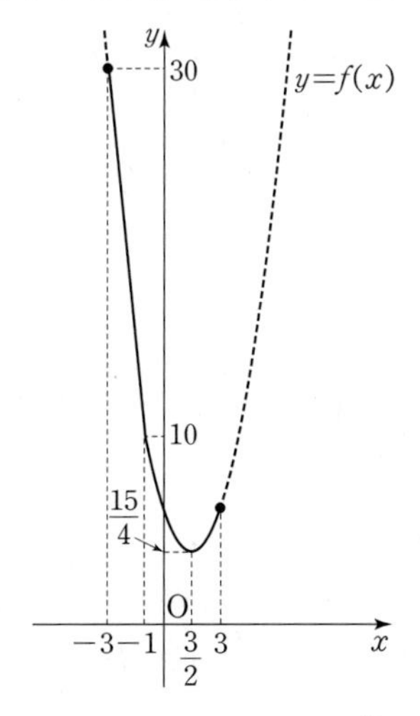

따라서 $x=-3$일 때 최댓값 30을 갖고, $x=\frac{3}{2}$일 때 최솟값 $\frac{15}{4}$를 가지므로 최댓값과 최솟값의 합은
$30+\frac{15}{4}=\frac{135}{4}$이다.

176 ……… 답 ②

ㄱ. (반례) $f(x)=\begin{cases} -2 & (x\ge0) \\ 2 & (x<0)\end{cases}$이면 $|f(x)|=2$이므로 함수 $|f(x)|$는 $x=0$에서 연속이지만 함수 $f(x)$는 $x=0$에서 불연속이다. (거짓)

ㄴ. 함수 $f(x)$가 $x=1$에서 연속이므로 $\lim_{x\to1} f(x)=f(1)=1$이다.
$f(f(1))=f(1)=1$이고,
$f(f(x))$에서 $f(x)=t$라 하면 $x\to1$일 때 $t\to f(1)$이므로
$\lim_{x\to1} f(f(x))=\lim_{t\to f(1)} f(t)=\lim_{t\to1} f(t)=1$
따라서 $\lim_{x\to1} f(f(x))=f(f(1))$이므로 함수 $(f\circ f)(x)$는 $x=1$에서 연속이다. (참)

ㄷ. 함수 $f(x)=x^2-4x+7=(x^2-4x+4)+3=(x-2)^2+3$이므로 $x=2$일 때 최솟값 3을 갖는다.
따라서 함수 $f(x)$는 열린구간 $(1, 3)$에서 최솟값을 갖는다. (거짓)
따라서 옳은 것은 ㄴ이다.

177 ……… 답 풀이 참조

(1) 방정식 $\sqrt{2x+1}-3x=0$에서 $f(x)=\sqrt{2x+1}-3x$라 하면
함수 $f(x)$는 닫힌구간 $[0, 1]$에서 연속이고,
$f(0)=\sqrt{2\times0+1}-3\times0=1>0$,
$f(1)=\sqrt{2\times1+1}-3\times1=\sqrt{3}-3<0$
에서 $f(0)f(1)<0$이므로 사잇값 정리에 의하여 $f(c)=0$인 c가 열린구간 $(0, 1)$에 적어도 하나 존재한다.
따라서 방정식 $\sqrt{2x+1}=3x$는 열린구간 $(0, 1)$에서 적어도 하나의 실근을 갖는다.

채점 요소	배점
주어진 구간에서 연속임을 설명하기	30%
$f(0)f(1)<0$임을 보이기	30%
사잇값 정리를 이용하여 설명하기	40%

(2) 방정식 $x+3-\frac{2}{x}=0$에서 $f(x)=x+3-\frac{2}{x}$라 하면
함수 $f(x)$는 닫힌구간 $[-4, -3]$에서 연속이고,
$f(-4)=-4+3-\frac{2}{-4}=-\frac{1}{2}<0$,
$f(-3)=-3+3-\frac{2}{-3}=\frac{2}{3}>0$
에서 $f(-4)f(-3)<0$이므로 사잇값 정리에 의하여 $f(c)=0$인 c가 열린구간 $(-4, -3)$에 적어도 하나 존재한다.
따라서 방정식 $x+3=\frac{2}{x}$는 열린구간 $(-4, -3)$에서 적어도 하나의 실근을 갖는다.

채점 요소	배점
주어진 구간에서 연속임을 설명하기	30%
$f(-4)f(-3)<0$임을 보이기	30%
사잇값 정리를 이용하여 설명하기	40%

178 ……… 답 풀이 참조

(1) 방정식 $f(x)-x=0$에서 $g(x)=f(x)-x$라 하면 함수 $f(x)$가 연속함수이므로 $g(x)$도 연속함수이다.
$g(-1)=f(-1)-(-1)=-3+1=-2<0$,
$g(0)=f(0)-0=(-1)-0=-1<0$,
$g(1)=f(1)-1=4-1=3>0$,
$g(2)=f(2)-2=-5-2=-7<0$,
$g(3)=f(3)-3=3-3=0$,
$g(4)=f(4)-4=-1-4=-5<0$
에서 $g(0)g(1)<0$, $g(1)g(2)<0$이므로 사잇값 정리에 의하여

방정식 $g(x)=0$은 열린구간 $(0, 1)$, $(1, 2)$에서 각각 적어도 하나의 실근을 갖고, $g(3)=0$이므로 $x=3$을 실근으로 갖는다.
따라서 방정식 $g(x)=0$은 열린구간 $(-1, 4)$에서 적어도 3개의 실근을 갖는다.

채점 요소	배점
$g(x)=f(x)-x$로 놓기	10%
$g(0)g(1)<0$, $g(1)g(2)<0$임을 보이기	50%
사잇값 정리를 이용하여 실근의 개수 구하기	40%

(2) 방정식 $x^2f(x)+3x-2=0$에서 $g(x)=x^2f(x)+3x-2$라 하면 함수 $f(x)$가 연속함수이므로 $g(x)$도 연속함수이다.
$g(-1)=(-1)^2\times f(-1)+3\times(-1)-2=-8<0$,
$g(0)=0^2\times f(0)+3\times 0-2=-2<0$,
$g(1)=1^2\times f(1)+3\times 1-2=5>0$,
$g(2)=2^2\times f(2)+3\times 2-2=-16<0$,
$g(3)=3^2\times f(3)+3\times 3-2=34>0$,
$g(4)=4^2\times f(4)+3\times 4-2=-6<0$
에서 $g(0)g(1)<0$, $g(1)g(2)<0$, $g(2)g(3)<0$, $g(3)g(4)<0$이므로 사잇값 정리에 의하여 방정식 $g(x)=0$은 열린구간 $(0, 1)$, $(1, 2)$, $(2, 3)$, $(3, 4)$에서 각각 적어도 하나의 실근을 갖는다.
따라서 방정식 $g(x)=0$은 열린구간 $(-1, 4)$에서 적어도 4개의 실근을 갖는다.

채점 요소	배점
$g(x)=x^2f(x)+3x-2$로 놓기	10%
$g(0)g(1)<0$, $g(1)g(2)<0$, $g(2)g(3)<0$, $g(3)g(4)<0$임을 보이기	50%
사잇값 정리를 이용하여 실근의 개수 구하기	40%

179 답 ②

방정식 $f(x)-3=0$에서 $g(x)=f(x)-3$이라 하면 함수 $f(x)$가 연속함수이므로 $g(x)$도 연속함수이다.
사잇값 정리에 의하여 방정식 $g(x)$가 열린구간 $(-3, 0)$에서 중근이 아닌 하나의 실근을 가지려면 $g(-3)g(0)<0$을 만족시켜야 한다.
이때 $g(-3)=f(-3)-3=k+1$, $g(0)=f(0)-3=k-2$이므로
$(k+1)(k-2)<0$ $\quad\therefore -1<k<2$
따라서 정수 k는 0, 1로 그 합은 1이다.

180 답 ④

$h(x)=f(x)-g(x)=x^3+4x^2+x+3-n$이라 하면
두 함수 $f(x)$, $g(x)$가 모든 실수 x에서 연속이므로 함수 $h(x)$도 연속이고, 함수 $h(x)$는 $x>0$일 때 x의 값이 증가하면 함수 $h(x)$의 값이 증가하는 함수이다.
사잇값 정리에 의하여 방정식 $h(x)=0$이 열린구간 $(1, 2)$에서 적어도 하나의 실근을 가지려면 $h(1)h(2)<0$을 만족시켜야 한다.
$h(1)=1^3+4\times 1^2+1+3-n=9-n$,
$h(2)=2^3+4\times 2^2+2+3-n=29-n$
이므로 $(9-n)(29-n)<0$, $(n-9)(n-29)<0$
$\therefore 9<n<29$
따라서 자연수 n의 최댓값은 28이다.

181 답 ⑤

$f(x)=x(x+2)(x-4)+3$이라 하면
$f(-3)=(-3)\times(-1)\times(-7)+3=-18<0$,
$f(-2)=(-2)\times 0\times(-6)+3=3>0$,
$f(0)=0\times 2\times(-4)+3=3>0$,
$f(1)=1\times 3\times(-3)+3=-6<0$,
$f(3)=3\times 5\times(-1)+3=-12<0$,
$f(4)=4\times 6\times 0+3=3>0$
이므로 $f(-3)f(-2)<0$, $f(0)f(1)<0$, $f(3)f(4)<0$이다.
사잇값 정리에 의하여 방정식 $f(x)=0$은
열린구간 $(-3, -2)$, $(0, 1)$, $(3, 4)$에서 적어도 하나의 실근을 가지고 $\alpha<\beta<\gamma$이다.
$\therefore -3<\alpha<-2$, $0<\beta<1$, $3<\gamma<4$ ······ TIP
따라서 옳은 것은 ㄱ, ㄴ, ㄷ이다.

TIP
사잇값 정리에 의하여 방정식 $f(x)=0$은
열린구간 $(-3, -2)$, $(0, 1)$, $(3, 4)$에서 적어도 하나의 실근을 가짐을 알 수 있다.
이때 삼차방정식의 서로 다른 실근은 3개 이하이므로 각 구간에서 오직 하나의 실근을 가짐을 알 수 있다.

182 답 ⑤

$f(x)=x(x-1)(x-2)+x(x-1)+(x-1)(x-2)+x(x-2)$라 하면 함수 $f(x)$는 모든 실수 x에 대하여 연속이다.
ㄱ. $f(0)=2>0$, $f(1)=-1<0$에서 $f(0)f(1)<0$이므로
사잇값 정리에 의하여 방정식 $f(x)=0$은 열린구간 $(0, 1)$에서 적어도 하나의 실근을 갖는다. (참)
ㄴ. $f(1)=-1<0$, $f(2)=2>0$에서 $f(1)f(2)<0$이므로
사잇값 정리에 의하여 방정식 $f(x)=0$은 열린구간 $(1, 2)$에서 적어도 하나의 실근을 갖는다. (참)
ㄷ. $f(-3)=-13<0$, $f(0)=2>0$에서 $f(-3)f(0)<0$이므로
방정식 $f(x)=0$은 열린구간 $(-3, 0)$에서 적어도 하나의 실근을 갖는다.
이때 삼차방정식의 근의 개수는 3이고, ㄱ, ㄴ에 의하여 열린구간 $(0, 1)$, $(1, 2)$에 각각 적어도 하나의 실근이 존재하므로 열린구간 $(-3, 0)$에 오직 한 개의 실근이 존재한다.
따라서 -3보다 큰 음의 실근을 오직 한 개 갖는다. (참)
따라서 옳은 것은 ㄱ, ㄴ, ㄷ이다.

183 ······ 답 ③

조건 (나)에서 $f(1)=-4$, $f(3)=1$이고,
조건 (가)에 의하여 $f(-1)=-f(1)=4$, $f(-3)=-f(3)=-1$
이다.
연속함수 $f(x)$에 대하여
$f(-3)f(-1)<0$, $f(-1)f(1)<0$, $f(1)f(3)<0$이므로 ······ TIP
사잇값 정리에 의하여 방정식 $f(x)=0$은 열린구간
$(-3, -1)$, $(-1, 1)$, $(1, 3)$
에서 각각 적어도 하나의 실근을 갖는다.
따라서 방정식 $f(x)=0$은 열린구간 $(-3, 3)$에서 적어도 3개의 실근을 갖는다.
$\therefore n=3$

TIP

함수 $f(x)$는 연속함수이므로 주어진 값을 이용하여 함수 $y=f(x)$의 그래프의 한 개형을 간단히 그려 반드시 갖게 되는 실근의 개수를 파악할 수 있다.

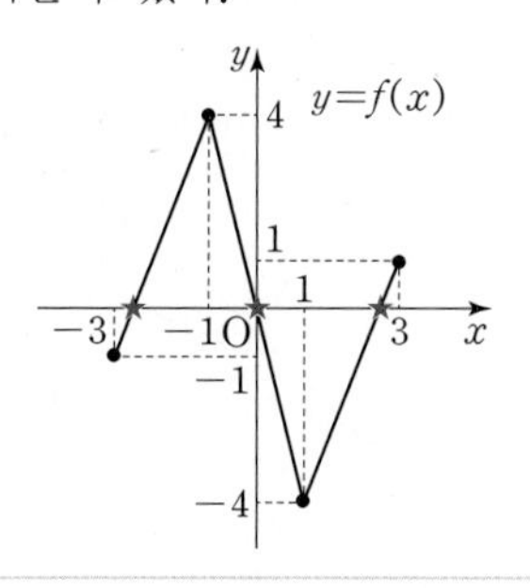

참고

조건 (가)의 식에 $x=0$을 대입하면 $f(0)=-f(0)$에서
$f(0)=0$이므로 방정식 $f(x)=0$은 열린구간 $(-1, 1)$에서
$x=0$을 반드시 실근으로 갖는다.

184 ······ 답 ⑤

$f(x)=f(x+4)$에 의하여
$f(0)=f(4)=f(8)=f(12)=f(16)=\cdots$,
$f(3)=f(7)=f(11)=f(15)=\cdots$
이고, $f(0)f(3)<0$이므로
$f(3)f(4)<0$, $f(4)f(7)<0$, $f(7)f(8)<0$, $f(8)f(11)<0$,
$f(11)f(12)<0$, $f(12)f(15)<0$이다. ······ TIP
함수 $f(x)$가 모든 실수 x에 대하여 연속이므로 사잇값 정리에 의하여 방정식 $f(x)=0$은 열린구간
$(0, 3)$, $(3, 4)$, $(4, 7)$, $(7, 8)$, $(8, 11)$, $(11, 12)$, $(12, 15)$
에서 적어도 하나의 실근을 갖는다.
따라서 방정식 $f(x)=0$은 열린구간 $(0, 15)$에서 적어도 7개의 실근을 갖는다.

TIP

함수 $f(x)$는 연속함수이므로 일반성을 잃지 않고 $f(0)>0$, $f(3)<0$이라 하고 주어진 값을 이용하여 함수 $y=f(x)$의 그래프의 한 개형을 간단히 그려 반드시 갖게 되는 실근의 개수를 파악할 수 있다.

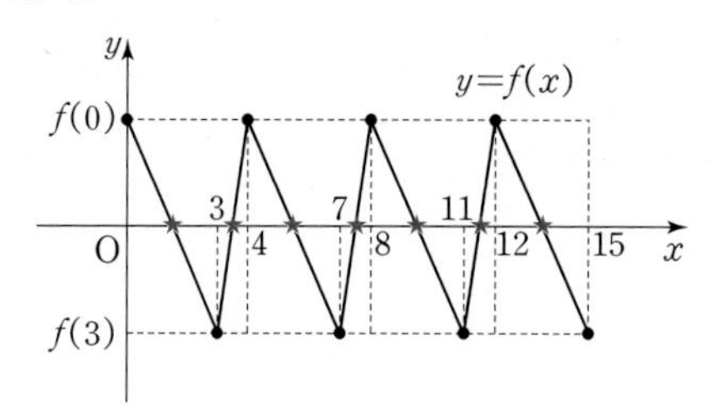

185 ······ 답 ④

원 $x^2+y^2=k^2$은 중심이 $(0, 0)$이고 반지름의 길이가 k이다.
점 $(0, 0)$과 직선 $y=-x+2$ 사이의 거리를 d라 하면
$d=\dfrac{|-2|}{\sqrt{1^2+1^2}}=\sqrt{2}$이므로

(i) $1<k<\sqrt{2}$일 때, 원 $x^2+y^2=k^2$과 함수 $y=f(x)$의 그래프는 만나지 않는다.
$\therefore g(k)=0$

(ii) $k=\sqrt{2}$일 때, 원 $x^2+y^2=k^2$과 함수 $y=f(x)$의 그래프의 교점의 개수는 2이다.
$\therefore g(k)=2$

(iii) $\sqrt{2}<k<2$일 때, 원 $x^2+y^2=k^2$과 함수 $y=f(x)$의 그래프의 교점의 개수는 4이다.
$\therefore g(k)=4$

(iv) $k=2$일 때, 원 $x^2+y^2=k^2$과 함수 $y=f(x)$의 그래프의 교점의 개수는 3이다.
$\therefore g(k)=3$

(v) $k>2$일 때, 원 $x^2+y^2=k^2$과 함수 $y=f(x)$의 그래프는 만나지 않는다.
$\therefore g(k)=0$

(i)~(v)에서 함수 $g(k)=\begin{cases} 0 & (1<k<\sqrt{2},\ k>2) \\ 2 & (k=\sqrt{2}) \\ 4 & (\sqrt{2}<k<2) \\ 3 & (k=2) \end{cases}$ 이고,

함수 $y=g(k)$의 그래프는 다음과 같다.

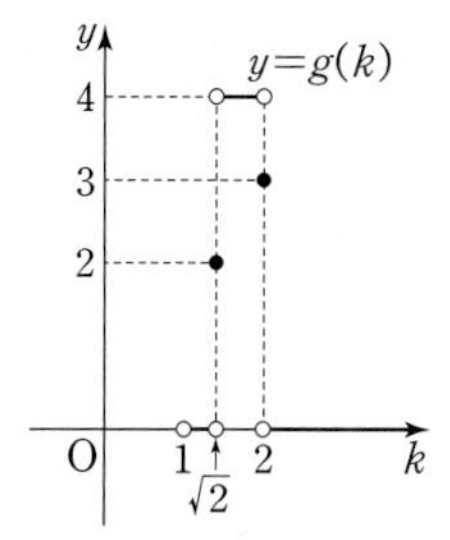

따라서 $k>1$에서 함수 $g(k)$가 불연속이 되는 k의 값은 $\sqrt{2}$, 2이므로 모든 k의 값의 곱은 $2\sqrt{2}$이다.

TIP

$k>1$인 실수 k의 값의 범위에 따라 원 $x^2+y^2=k^2$과 함수 $y=f(x)$의 그래프는 다음과 같다.

(i) $1<k<\sqrt{2}$

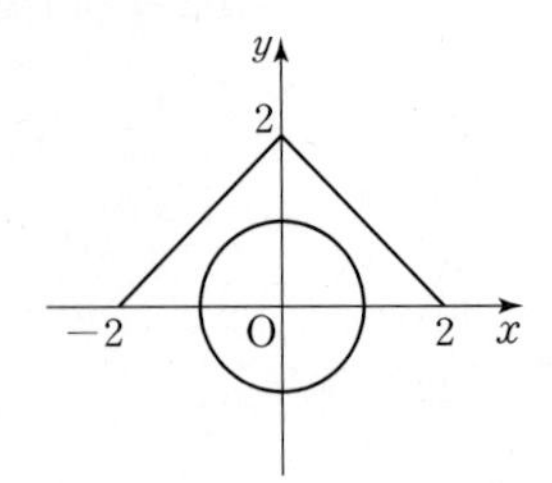

(ii) $k=\sqrt{2}$

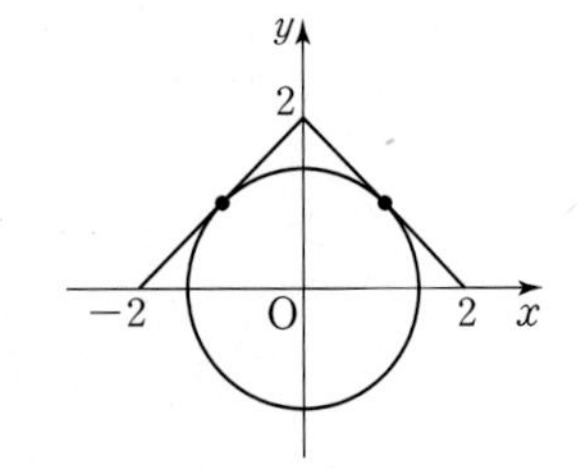

(iii) $\sqrt{2}<k<2$

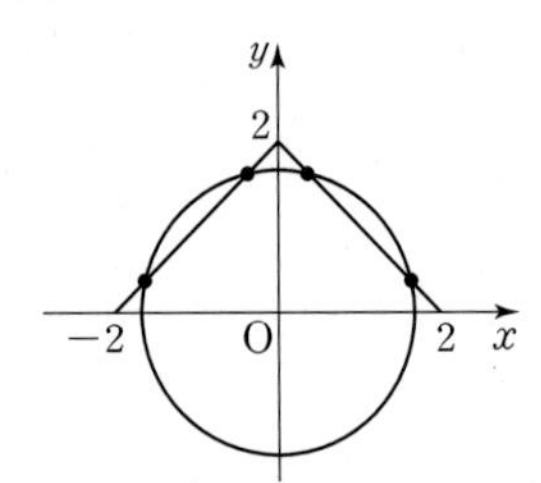

(iv) $k=2$

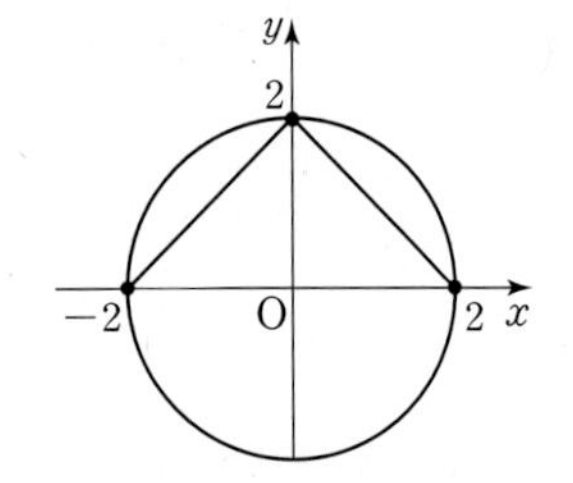

(v) $k>2$

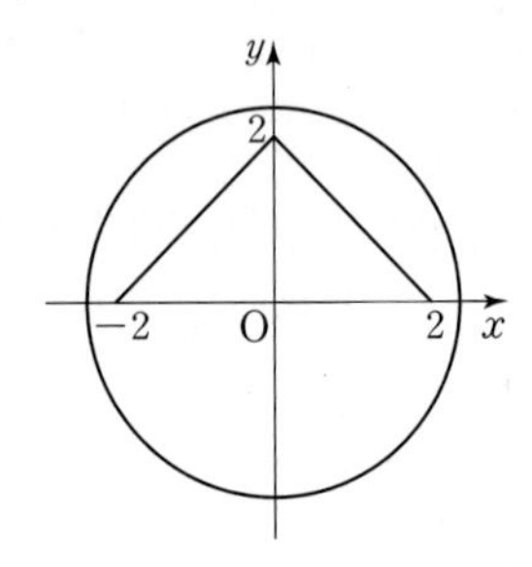

186

답 ②

ㄱ. 함수 $f(x-1)$에서 $x-1=t$라 하면

$x\to 0$일 때 $t\to -1$이므로

$\lim_{x\to 0} f(x-1)=\lim_{t\to -1} f(t)=1$

$f(0-1)=f(-1)=1$

따라서 $\lim_{x\to 0} f(x-1)=f(0-1)$이므로 함수 $f(x-1)$은 $x=0$에서 연속이다.

ㄴ. 함수 $g(x+2)$에서 $x+2=s$라 하면

$x\to 0$일 때 $s\to 2$이므로

$\lim_{x\to 0} g(x+2)=\lim_{s\to 2} g(s)=3$

$g(0+2)=g(2)=3$

따라서 $\lim_{x\to 0} g(x+2)=g(0+2)$이므로 함수 $g(x+2)$는 $x=0$에서 연속이다.

ㄷ.

x	$f(x)$	$g(x)$	$\{g(x)\}^2$	$f(x)\{g(x)\}^2$
$0+$	0	1	1	0
$0-$	0	-1	1	0
0	0	0	0	0

위의 표에서 $\lim_{x\to 0} f(x)\{g(x)\}^2=f(0)\{g(0)\}^2$이므로 함수 $f(x)\{g(x)\}^2$은 $x=0$에서 연속이다.

ㄹ.

x	$f(x)$	$g(x)$	$2g(x)$	$f(x)-2g(x)$
$0+$	0	1	2	-2
$0-$	0	-1	-2	2
0	0	0	0	0

위의 표에서 $\lim_{x\to 0+} \{f(x)-2g(x)\} \neq \lim_{x\to 0-} \{f(x)-2g(x)\}$

이므로 $\lim_{x\to 0} \{f(x)-2g(x)\}$의 값이 존재하지 않는다.

따라서 함수 $f(x)-2g(x)$는 $x=0$에서 불연속이다.

따라서 $x=0$에서 연속인 함수는 ㄱ, ㄴ, ㄷ이다.

다른 풀이

ㄱ. 함수 $y=f(x-1)$의 그래프는 함수 $y=f(x)$의 그래프를 x축 방향으로 1만큼 평행이동한 것이므로 다음과 같다.

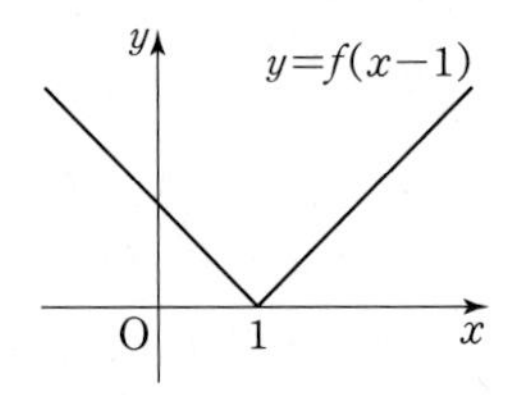

따라서 함수 $f(x-1)$은 $x=0$에서 연속이다.

ㄴ. 함수 $y=g(x+2)$의 그래프는 함수 $y=g(x)$의 그래프를 x축 방향으로 -2만큼 평행이동한 것이므로 다음과 같다.

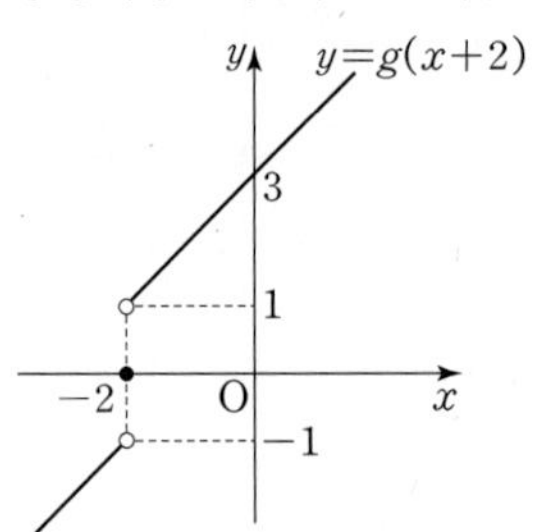

따라서 함수 $g(x+2)$는 $x=0$에서 연속이다.

참고

ㄱ, ㄴ과 같이 합성함수의 연속을 따질 때는 치환을 활용하고, ㄷ, ㄹ과 같이 두 함수의 합 또는 곱으로 표현된 함수의 연속을 따질 때는 표를 활용하도록 한다.
둘을 활용하는 방법을 정확하게 구분하여 기억하도록 한다.

187

답 ③

함수 $f(x)$는 $x=-1$, $x=0$, $x=1$에서 불연속이고,
함수 $g(x)$는 $x=0$에서 불연속이므로 함수 $f(x)g(x)$의 연속성은 $x=-1$, $x=0$, $x=1$에서만 따져주면 된다.

(i) $x=-1$일 때,

x	$f(x)$	$g(x)$	$f(x)g(x)$
$-1+$	0	0	0
$-1-$	-1	0	0
-1	-1	0	0

위의 표에서 $\lim_{x\to -1} f(x)g(x)=f(-1)g(-1)$이므로 함수 $f(x)g(x)$는 $x=-1$에서 연속이다.

(ii) $x=0$일 때,

x	$f(x)$	$g(x)$	$f(x)g(x)$
$0+$	-1	-1	1
$0-$	0	0	0
0	0	0	0

위의 표에서 $\lim_{x\to 0+} f(x)g(x) \neq \lim_{x\to 0-} f(x)g(x)$이므로

$\lim_{x\to 0} f(x)g(x)$가 존재하지 않는다.

따라서 함수 $f(x)g(x)$는 $x=0$에서 불연속이다.

(iii) $x=1$일 때,

x	$f(x)$	$g(x)$	$f(x)g(x)$
$1+$	0	0	0
$1-$	-1	0	0
1	-1	0	0

위의 표에서 $\lim_{x\to 1} f(x)g(x)=f(1)g(1)$이므로 함수 $f(x)g(x)$는 $x=1$에서 연속이다.

(i)~(iii)에 의하여 함수 $f(x)g(x)$는 $x=0$에서 불연속이다.

188 ······ 답 ⑤

$$f(x)=\begin{cases} \dfrac{x}{|x|} & (x\neq 0) \\ 1 & (x=0) \end{cases}$$ 에서

$$f(x)=\begin{cases} 1 & (x\geq 0) \\ -1 & (x<0) \end{cases}$$ 이고,

$$g(x)=\begin{cases} |x| & (x\neq 0) \\ -2 & (x=0) \end{cases}$$ 에서

$$g(x)=\begin{cases} x & (x>0) \\ -2 & (x=0) \\ -x & (x<0) \end{cases}$$ 이다.

① $\lim_{x\to 0-} f(x)=-1$, $\lim_{x\to 0+} f(x)=1$에서

$\lim_{x\to 0-} f(x) \neq \lim_{x\to 0+} f(x)$이므로 $\lim_{x\to 0} f(x)$의 값이 존재하지 않는다.

따라서 함수 $f(x)$는 $x=0$에서 불연속이다.

②

x	$f(x)$	$g(x)$	$f(x)+g(x)$
$0+$	1	0	1
$0-$	-1	0	-1
0	1	-2	-1

위의 표에서 $\lim_{x\to 0-} \{f(x)+g(x)\} \neq \lim_{x\to 0+} \{f(x)+g(x)\}$이므로

$\lim_{x\to 0} \{f(x)+g(x)\}$의 값이 존재하지 않는다.

따라서 함수 $f(x)+g(x)$는 $x=0$에서 불연속이다.

③

x	$f(x)$	$g(x)$	$f(x)g(x)$
$0+$	1	0	0
$0-$	-1	0	0
0	1	-2	-2

위의 표에서 $\lim_{x\to 0} f(x)g(x) \neq f(0)g(0)$이므로

함수 $f(x)g(x)$는 $x=0$에서 불연속이다.

④

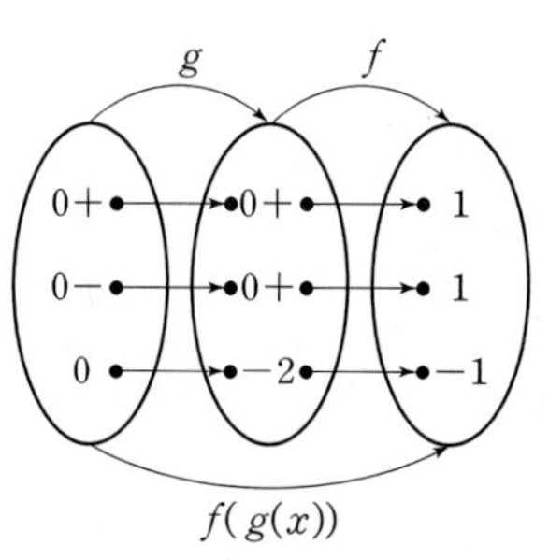

위의 그림에서 $\lim_{x\to 0+} f(g(x))=1$, $\lim_{x\to 0-} f(g(x))=1$,

$f(g(0))=-1$이므로 $\lim_{x\to 0} f(g(x)) \neq f(g(0))$이다.

따라서 함수 $f(g(x))$는 $x=0$에서 불연속이다.

⑤

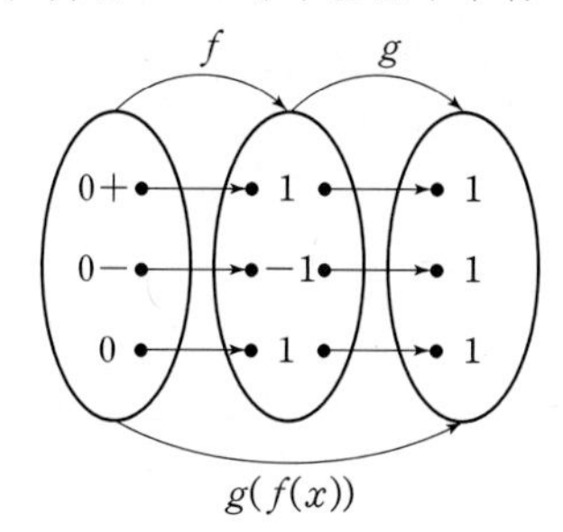

위의 그림에서 $\lim_{x\to 0+} g(f(x))=1$, $\lim_{x\to 0-} g(f(x))=1$,

$g(f(0))=1$이므로 $\lim_{x\to 0} g(f(x))=g(f(0))$이다.

따라서 함수 $g(f(x))$는 $x=0$에서 연속이다.

따라서 선지 중 $x=0$에서 연속인 함수는 ⑤이다.

189 ······ 답 ①

$$f(x)=\begin{cases} -3 & (x<-1) \\ [x] & (-1\leq x\leq 1) \\ 2 & (x>1) \end{cases}$$ 에서 $$f(x)=\begin{cases} -3 & (x<-1) \\ -1 & (-1\leq x<0) \\ 0 & (0\leq x<1) \\ 1 & (x=1) \\ 2 & (x>1) \end{cases}$$

이고, 두 함수 $g(x)$, $h(x)$는 다항함수이므로 모든 실수 x에서 연속이다.

조건 (가)에서 함수 $f(x)$는 $x=-1$, $x=0$, $x=1$에서 불연속이므로 함수 $f(x)g(x)$가 실수 전체의 집합에서 연속이려면 $g(-1)=g(0)=g(1)=0$이어야 한다.

즉, $g(x)=2x(x-1)(x+1)=2x^3-2x$이므로

$a=0$, $b=-2$, $c=0$

조건 (나)에서 함수 $\dfrac{g(x)}{h(x)}=\dfrac{2x^3-2x}{x^3+4dx^2+4x}$가 $x\neq 0$인 모든 실수 x에서 연속이려면 방정식 $x^3+4dx^2+4x=0$을 만족시키는 실수 x가 0뿐이어야 한다.

방정식 $x(x^2+4dx+4)=0$에서 $x=0$ 또는 $x^2+4dx+4=0$

이때 이차방정식 $x^2+4dx+4=0$이 $x=0$을 실근으로 갖지 않으므로 이 방정식의 실근이 존재하지 않아야 한다.

이차방정식 $x^2+4dx+4=0$의 판별식을 D라 하면

$\dfrac{D}{4}=(2d)^2-4<0$, $d^2-1<0$, $-1<d<1$

이므로 정수 $d=0$이다.

$\therefore a+b+c+d=0+(-2)+0+0=-2$

190 ······························ 답 ①

함수 $f(x)$는 $x=-1$, $x=1$에서 불연속이고, 삼차함수 $g(x)$는 모든 실수 x에서 연속이므로

합성함수 $(g\circ f)(x)$가 모든 실수 x에서 연속이려면

$x=-1$ 또는 $x=1$에서 연속임을 보이면 된다.

(i) $x=-1$일 때,

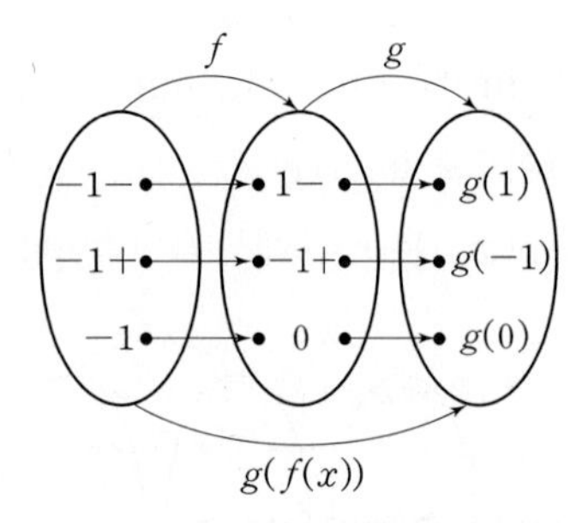

(ii) $x=1$일 때,

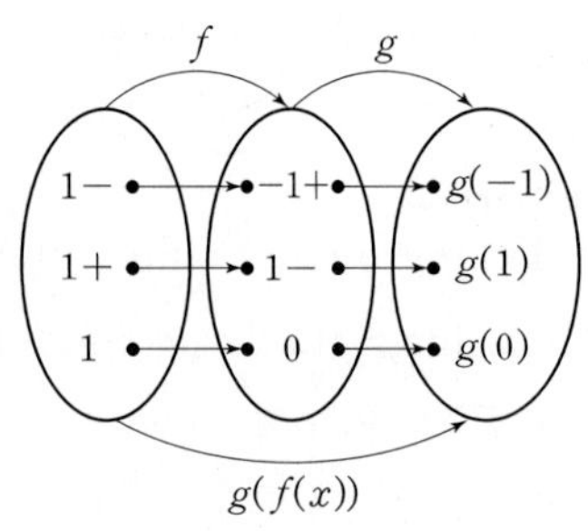

(i), (ii)에서 함수 $(g\circ f)(x)$가 $x=-1$, $x=1$에서 연속이려면

$g(1)=g(-1)=g(0)$이어야 한다.

즉, $g(x)-k=x(x-1)(x+1)$(k는 실수)라 하면 $g(x)$의 상수항이 2이므로 $g(0)=k=2$이다.

따라서 $g(x)=x(x-1)(x+1)+2$에서

$g(3)=3\times2\times4+2=26$이다.

191 ······························ 답 ④

$f(x)=\begin{cases} x-[x] & (|x|\le1) \\ 1 & (|x|>1)\end{cases}$에서

$$f(x)=\begin{cases} x+1 & (-1\le x<0) \\ x & (0\le x<1) \\ 0 & (x=1) \\ 1 & (x<-1,\ x>1)\end{cases}$$

이고, 함수 $y=f(x)$의 그래프는 다음과 같다.

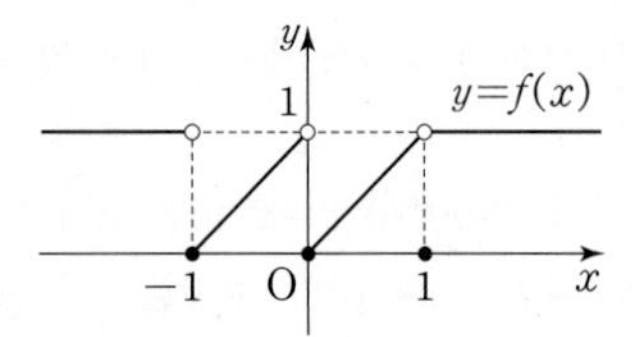

ㄱ. 위의 그림에서 $\lim_{x\to0-}f(x)=1$, $\lim_{x\to0+}f(x)=0$이다.

따라서 $\lim_{x\to0-}f(x)\ne\lim_{x\to0+}f(x)$이므로 $\lim_{x\to0}f(x)$는 존재하지 않는다. (참)

ㄴ. 함수 $f(x)$는 $x=-1$, $x=0$, $x=1$에서 불연속이므로 불연속인 점은 3개이다. (거짓)

ㄷ. 함수 $f(x)$는 $-1<x<1$에서 $x=0$일 때만 극한값이 존재하지 않는다.

$-1<x<1$일 때, $-1<-x<1$이므로 함수 $f(x)+f(-x)$가 $-1<a<1$인 실수 a에 대하여 극한값이 존재하려면 $x=0$에서 함수 $f(x)+f(-x)$의 극한값이 존재하는지 확인하면 된다.

$f(-x)$에서 $-x=t$라 하면

$x\to0-$일 때 $t\to0+$이므로

$$\lim_{x\to0-}\{f(x)+f(-x)\}=\lim_{x\to0-}f(x)+\lim_{t\to0+}f(t)=1+0=1$$

$x\to0+$일 때 $t\to0-$이므로

$$\lim_{x\to0+}\{f(x)+f(-x)\}=\lim_{x\to0+}f(x)+\lim_{t\to0-}f(t)=0+1=1$$

따라서 함수 $f(x)+f(-x)$는 $-1<a<1$인 실수 a에 대하여 $\lim_{x\to a}\{f(x)+f(-x)\}$가 존재한다. (참)

따라서 옳은 것은 ㄱ, ㄷ이다.

다른 풀이

ㄷ. $-1<x<1$일 때, 함수 $f(x)=\begin{cases} x+1 & (-1<x<0) \\ x & (0\le x<1)\end{cases}$이고

함수 $f(-x)=\begin{cases} -x & (-1<x\le0) \\ -x+1 & (0<x<1)\end{cases}$이므로

함수 $f(x)+f(-x)=\begin{cases} 1 & (-1<x<0,\ 0<x<1) \\ 0 & (x=0)\end{cases}$이고,

$y=f(x)+f(-x)$의 그래프는 다음과 같다.

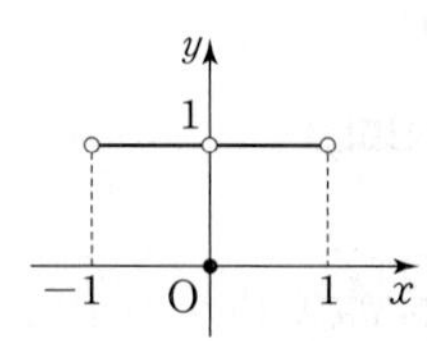

따라서 $-1<a<1$인 실수 a에 대하여 $\lim_{x\to a}\{f(x)+f(-x)\}$가 존재한다. (참)

192 ······························ 답 ④

a의 값의 범위에 따라 주어진 집합은 다음과 같다.

(i) $a=0$일 때, 주어진 집합은

$\{x\,|\,-4x+2=0,\ x$는 실수$\}$

이고, 이때 방정식 $-4x+2=0$의 실근은 $x=\frac{1}{2}$이므로 집합의 원소의 개수는 1이다. 즉, $f(0)=1$

(ii) $a\ne0$일 때, 이차방정식 $ax^2+2(a-2)x-(a-2)=0$의 판별식을 D라 하면

$\frac{D}{4}=(a-2)^2+a(a-2)=2(a-1)(a-2)$

이때 $a<1$ 또는 $a>2$이면 $\frac{D}{4}>0$이므로 $f(a)=2$

$a=1$ 또는 $a=2$이면 $\frac{D}{4}=0$이므로 $f(a)=1$

$1<a<2$이면 $\frac{D}{4}<0$이므로 $f(a)=0$

(i), (ii)에서 함수 $y=f(a)$의 그래프는 다음과 같다.

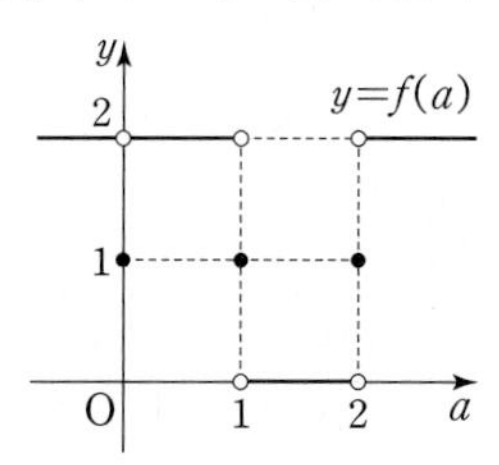

ㄱ. $\lim_{a\to0}f(a)=2$, $f(0)=1$이므로 $\lim_{a\to0}f(a)\neq f(0)$ (거짓)

ㄴ. $c=1$, $c=2$일 때만 $\lim_{a\to c+}f(a)\neq\lim_{a\to c-}f(a)$이다. (참)

ㄷ. 함수 $f(a)$가 불연속인 점은 $a=0$, $a=1$, $a=2$로 3개이다. (참)

따라서 옳은 것은 ㄴ, ㄷ이다.

참고

x에 대한 방정식 $ax^2+2(a-2)x-(a-2)=0$에서 a의 값을 알 수 없으므로 이차방정식이라고 단정하면 안 된다.
계수가 문자로 표현된 다항방정식을 풀 때에는 최고차항의 계수가 0인지 아닌지에 따라 경우를 나누어 살펴야 한다.

193 ······ 답 ②

ㄱ. $-x=t$라 하면 $x\to1+$일 때 $t\to-1-$이므로

$$\lim_{x\to1+}\{f(x)+f(-x)\}=\lim_{x\to1+}f(x)+\lim_{t\to-1-}f(t)$$
$$=-1+1=0 \text{ (참)}$$

ㄴ. $f(x)\geq0$일 때 $f(x)-|f(x)|=0$,
$f(x)<0$일 때 $f(x)-|f(x)|=2f(x)$이므로
함수 $y=f(x)-|f(x)|$의 그래프는 다음과 같다.

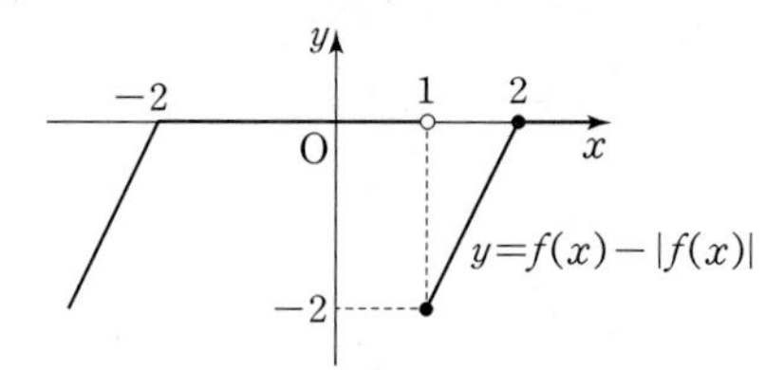

함수 $f(x)-|f(x)|$는 $x=1$에서만 불연속이므로 불연속인 점은 1개이다. (참)

ㄷ. (반례) $a=1$일 때, 함수 $f(x)f(x-1)$에서

x	$x-1$	$f(x)$	$f(x-1)$	$f(x)f(x-1)$
$-1+$	$-2+$	1	0	0
$-1-$	$-2-$	1	0	0
-1	-2	0	0	0

위의 표에서 $\lim_{x\to-1}f(x)f(x-1)=f(-1)f(-2)$이므로
함수 $f(x)f(x-1)$은 $x=-1$에서 연속이다.

x	$x-1$	$f(x)$	$f(x-1)$	$f(x)f(x-1)$
$0+$	$-1+$	0	1	0
$0-$	$-1-$	0	1	0
0	-1	0	0	0

위의 표에서 $\lim_{x\to0}f(x)f(x-1)=f(0)f(-1)$이므로
함수 $f(x)f(x-1)$은 $x=0$에서 연속이다.

x	$x-1$	$f(x)$	$f(x-1)$	$f(x)f(x-1)$
$1+$	$0+$	-1	0	0
$1-$	$0-$	1	0	0
1	0	-1	0	0

위의 표에서 $\lim_{x\to1}f(x)f(x-1)=f(1)f(0)$이므로
함수 $f(x)f(x-1)$은 $x=1$에서 연속이다. 그러므로 $a=1$일 때 함수 $f(x)f(x-a)$가 모든 실수 x에 대하여 연속이다. (거짓)

따라서 옳은 것은 ㄱ, ㄴ이다.

194 ······ 답 ⑤

두 점 $A(\sqrt{2}, 0)$, $B(0, \sqrt{2})$를 지나는 직선을 l이라 할 때, 직선 l의 방정식은 $x+y-\sqrt{2}=0$이고 원의 중심 O와 직선 l 사이의 거리는
$\frac{|-\sqrt{2}|}{\sqrt{1^2+1^2}}=1$이다.
$\overline{AB}=2$이므로 원 위의 한 점 P와 직선 l 사이의 거리를 h라 하면 삼각형 ABP의 넓이는
$\frac{1}{2}\times2\times h=h$
따라서 삼각형 ABP의 넓이가 자연수가 되도록 하는 점 P의 개수는 h가 자연수가 되도록 하는 점 P의 개수와 같다.

ㄱ. $t=\frac{1}{2}$일 때,

중심이 원점이고 반지름의 길이가 $\frac{1}{2}$인 원 위의 점 중 h가 자연수가 되는 경우는 $h=1$인 경우뿐이다.

$h=1$이 되는 원 위의 점의 개수는 2이므로 $f\left(\frac{1}{2}\right)=2$ (참)

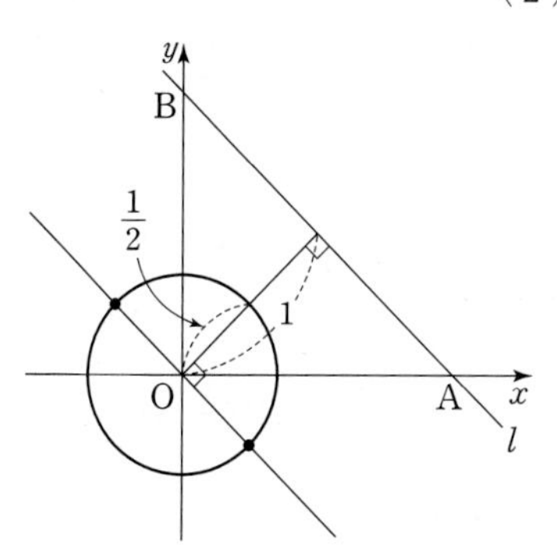

ㄴ. $t=1$일 때,
중심이 원점이고 반지름의 길이가 1인 원 위의 점 중 h가 자연수가 되는 경우는 $h=1$인 경우와 $h=2$인 경우이다.
$h=1$이 되는 원 위의 점의 개수는 2이고 $h=2$가 되는 원 위의 점의 개수는 1이므로 $f(1)=3$

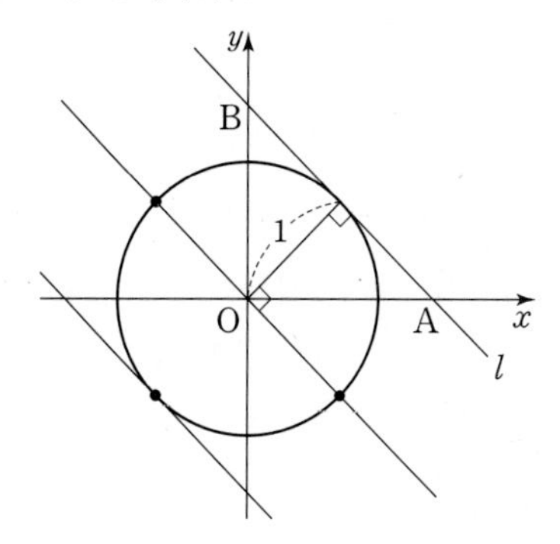

$1<t<2$일 때,

중심이 원점이고 반지름의 길이가 t인 원 위의 점 중 h가 자연수가 되는 경우는 $h=1$인 경우와 $h=2$인 경우이다.

$h=1$이 되는 원 위의 점의 개수는 2이고 $h=2$가 되는 원 위의 점의 개수는 2이므로 $\lim_{t\to1+}\{f(t)\}=4$

$\therefore \lim_{t\to1+}\{f(t)\}\neq f(1)$ (참)

ㄷ. ㄴ과 같은 방법으로 구간 $(0,4)$에서 함수 $f(t)$를 구하면

$$f(t)=\begin{cases}2 & (0<t<1)\\ 3 & (t=1)\\ 4 & (1<t<2)\\ 6 & (t=2)\\ 8 & (2<t<3)\\ 10 & (t=3)\\ 12 & (3<t<4)\end{cases}$$

함수 $f(t)$의 그래프는 다음과 같다.

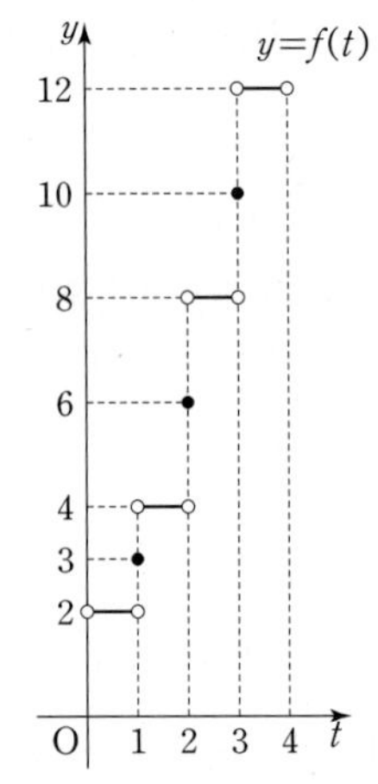

$0<a<4$인 실수 a에 대하여 함수 $f(t)$가 $t=a$에서 불연속인 a의 값은 1, 2, 3이므로 a의 개수는 3이다. (참)

따라서 옳은 것은 ㄱ, ㄴ, ㄷ이다.

195

답 13

함수 $f(x)$가 $x=0$에서만 불연속이므로 함수 $f(x-a)$는 $x=a$에서만 불연속이다.

(i) $a=0$일 때,

$$f(x)f(x-a)=\{f(x)\}^2=\begin{cases}(x+1)^2 & (x\le0)\\ \left(-\frac{1}{2}x+7\right)^2 & (x>0)\end{cases}$$

이때 $\lim_{x\to0-}\{f(x)\}^2=\lim_{x\to0-}(x+1)^2=1$,

$\lim_{x\to0+}\{f(x)\}^2=\lim_{x\to0+}\left(-\frac{1}{2}x+7\right)^2=49$에서

$\lim_{x\to0-}\{f(x)\}^2\neq\lim_{x\to0+}\{f(x)\}^2$이므로 함수 $f(x)f(x-a)$는 $x=0$에서 불연속이다.

(ii) $a\neq0$일 때,

함수 $f(x)$는 $x=a$에서 연속이므로 함수 $f(x)f(x-a)$가 $x=a$에서 연속이 되려면 $f(a)=0$을 만족시키면 된다.

$a<0$일 때 $a+1=0$에서 $a=-1$,

$a>0$일 때 $-\frac{1}{2}a+7=0$에서 $a=14$이다.

따라서 조건을 만족시키는 모든 실수 a의 값의 합은 $(-1)+14=13$이다.

다른 풀이

(i) $a<0$일 때,

x	$x-a$	$f(x)$	$f(x-a)$	$f(x)f(x-a)$
$a+$	$0+$	$a+1$	7	$7(a+1)$
$a-$	$0-$	$a+1$	1	$a+1$
a	0	$a+1$	1	$a+1$

위의 표에서 함수 $f(x)f(x-a)$가 $x=a$에서 연속이 되려면 $7(a+1)=a+1$이어야 하므로 $a=-1$

(ii) $a=0$일 때,

x	$f(x)$	$f(x-0)$	$f(x)f(x-0)$
$0+$	7	7	49
$0-$	1	1	1
0	1	1	1

위의 표에서 $\lim_{x\to0+}f(x)f(x-0)\neq\lim_{x\to0-}f(x)f(x-0)$이므로 함수 $f(x)f(x-a)$는 $a=0$일 때 $x=0$에서 불연속이다.

(iii) $a>0$일 때,

x	$x-a$	$f(x)$	$f(x-a)$	$f(x)f(x-a)$
$a+$	$0+$	$-\frac{1}{2}a+7$	7	$-\frac{7}{2}a+49$
$a-$	$0-$	$-\frac{1}{2}a+7$	1	$-\frac{1}{2}a+7$
a	0	$-\frac{1}{2}a+7$	1	$-\frac{1}{2}a+7$

위의 표에서 함수 $f(x)f(x-a)$가 $x=a$에서 연속이 되려면 $-\frac{7}{2}a+49=-\frac{1}{2}a+7$이어야 하므로 $a=14$

따라서 조건을 만족시키는 모든 실수 a의 값의 합은 $(-1)+14=13$

196

답 ②

$g(x)=-x^2+4x+k=-(x-2)^2+k+4$의 그래프는 다음과 같다.

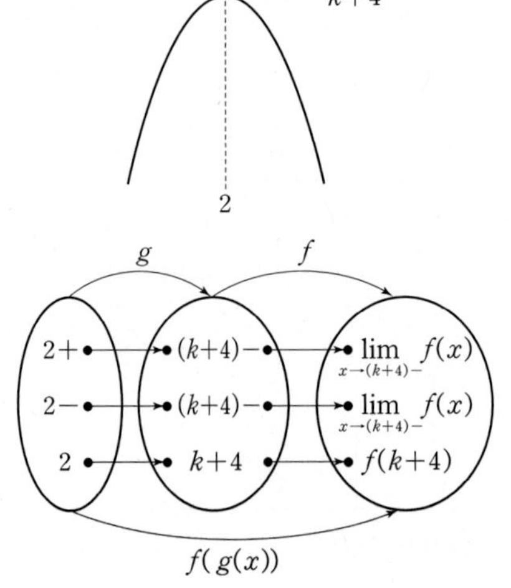

위의 그림에서 함수 $f(g(x))$가 $x=2$에서 불연속이려면

$\lim_{x \to (k+4)-} f(x) \neq f(k+4)$이어야 한다.
즉, 함수 $y=f(x)$의 그래프에서 좌극한의 값과 함숫값이 같지 않는 x의 값은 0, 2이므로
$k+4=0$ 또는 $k+4=2$에서 $k=-4$ 또는 $k=-2$이다.
따라서 구하는 모든 실수 k의 값의 합은 -6이다.

197 ················ 답 ④

ㄱ. (반례) $f(x)=\begin{cases} 1 & (x \geq 0) \\ -1 & (x<0) \end{cases}$, $g(x)=1$이면
$(g \circ f)(x)=1$이므로 함수 $(g \circ f)(x)$는 $x=0$에서 연속이지만 함수 $f(x)$는 $x=0$에서 불연속이다. (거짓)

ㄴ. 두 함수 $f(x)$, $f(x)-g(x)$가 닫힌구간 $[a, b]$에서 연속이므로 함수 $g(x)=f(x)-\{f(x)-g(x)\}$도 닫힌구간 $[a, b]$에서 연속이다.
따라서 최대·최소 정리에 의하여 함수 $g(x)$는 이 구간에서 반드시 최댓값과 최솟값을 갖는다. (참)

ㄷ. 다음과 같은 함수는 열린구간 (a, b)에서 최댓값과 최솟값을 모두 가지는 연속함수이다. (참)

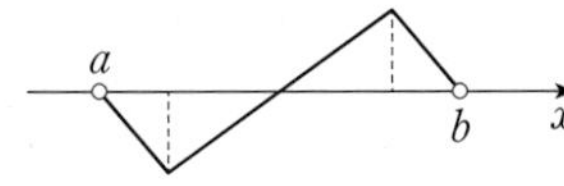

따라서 옳은 것은 ㄴ, ㄷ이다.

198 ················ 답 ③

$f(x)=(x+a)(x-b)^2-x^2$이라 하면 함수 $f(x)$는 모든 실수 x에서 연속이다.
삼차함수 $f(x)$의 최고차항의 계수가 양수이므로
$\lim_{x \to -\infty} f(x)=-\infty$, $f(-a)=-a^2<0$, $f(0)=ab^2>0$,
$f(b)=-b^2<0$, $\lim_{x \to \infty} f(x)=\infty$
이때 $f(b)<0$, $\lim_{x \to \infty} f(x)=\infty$이고, 함수 $f(x)$가 연속함수이므로
$f(c)>0$, $c>b$인 실수 c가 존재한다.
그러므로 함수 $y=f(x)$의 그래프의 개형은 다음과 같다.

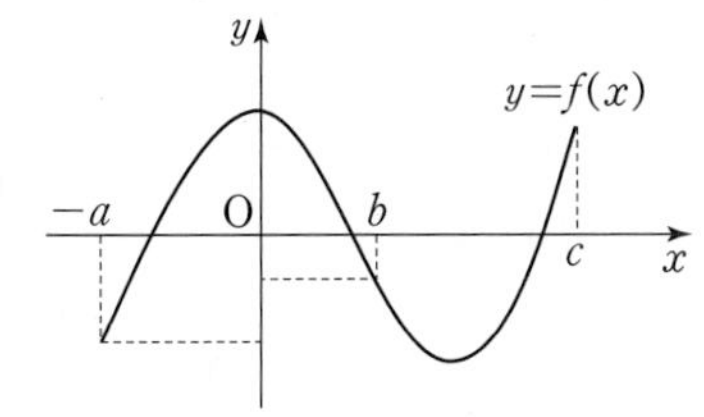

$f(-a)f(0)<0$, $f(0)f(b)<0$, $f(b)f(c)<0$이므로 사잇값 정리에 의하여 방정식 $f(x)=0$은 열린구간 $(-a, 0)$, $(0, b)$, (b, c)에서 각각 적어도 하나의 실근을 갖는다.
이때 삼차방정식 $f(x)=0$의 서로 다른 실근은 3개 이하이므로
열린구간 $(-a, 0)$, $(0, b)$, (b, c)에서 각각 하나의 실근을 갖는다.
따라서 방정식 $f(x)=0$은 서로 다른 양의 실근 2개, 서로 다른 음의 실근 1개를 가지므로
$m=2$, $n=1$
$\therefore 3m+2n=8$

199 ················ 답 ①

함수 $f(x)=13kx^2+k^2x+12$이므로 k의 값의 범위에 따라 경우를 나눈다.

(i) $k=0$일 때,
$f(x)=12$이므로 함수 $y=f(x)$의 그래프는 다음과 같다.

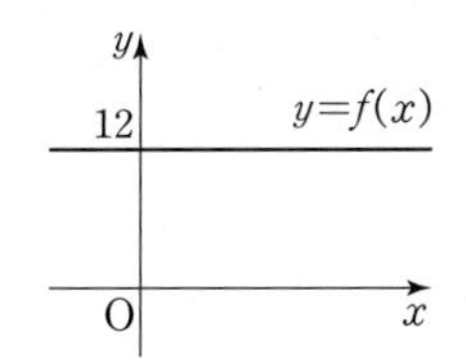

따라서 방정식 $f(x)=0$은 열린구간 $(0, 1)$에서 실근을 갖지 않는다.

(ii) $k>0$일 때,
$$f(x)=13kx^2+k^2x+12 = 13k\left(x+\frac{k}{26}\right)^2-\frac{13k^3}{26^2}+12$$
축이 $x=-\frac{k}{26}<0$이고, $13k>0$이므로 함수 $y=f(x)$의 그래프는 다음과 같다.

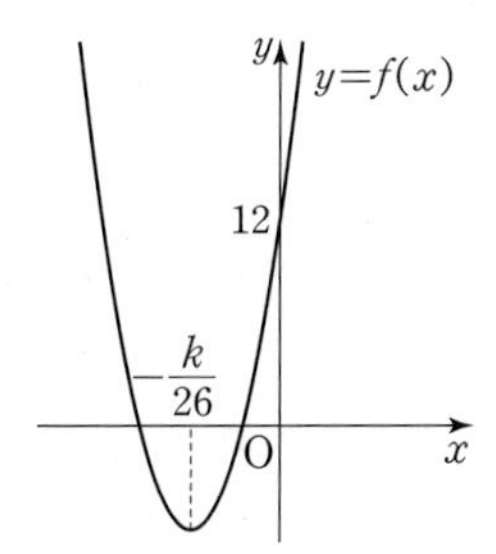

따라서 방정식 $f(x)=0$은 열린구간 $(0, 1)$에서 실근을 갖지 않는다.

(iii) $k<0$일 때,
$$f(x)=13kx^2+k^2x+12 = 13k\left(x+\frac{k}{26}\right)^2-\frac{13k^3}{26^2}+12$$
축이 $x=-\frac{k}{26}>0$이고, $13k<0$이므로 함수 $y=f(x)$의 그래프는 다음과 같다.

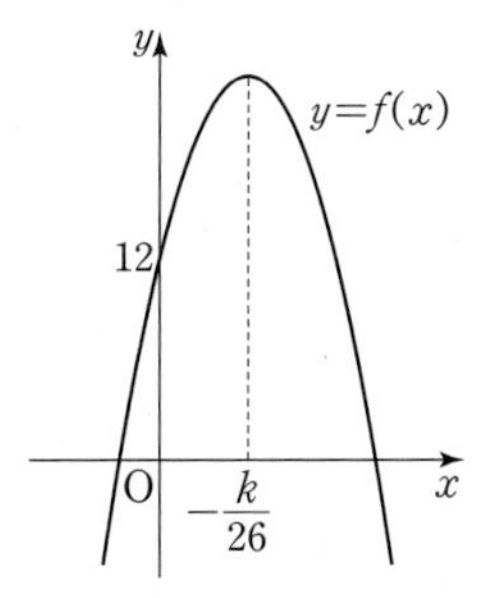

위의 그래프에서 $f(0)=12>0$이므로 사잇값 정리에 의해 열린구간 $(0, 1)$에서 적어도 하나의 실근을 가지려면 $f(1)<0$이어야 한다.
$f(1)=13k+k^2+12<0$, $(k+12)(k+1)<0$에서
$-12<k<-1$

(i)~(iii)에 의하여 정수 k는 $-11, -10, -9, \cdots, -2$로 10개이다.

200 ··· 답 ③

조건 (가)에서 방정식 $f(x)=0$이 열린구간 $(0,\ 2)$에서 적어도 하나의 실근을 가지므로 사잇값 정리에 의하여 $f(0)f(2)<0$을 만족시킨다.

$a(4-14+a)<0$, $a(a-10)<0$, 즉 $0<a<10$ ······ ㉠

조건 (나)에서 함수 $f(x)g(x)$가 연속이려면 다항함수 $f(x)$는 모든 실수 x에서 연속이므로 $g(x)$가 $x=a$에서 연속일 때와 불연속일 때로 나누어 생각하면 다음과 같다.

(i) $x=a$에서 함수 $g(x)$가 연속일 때,

$\lim_{x\to a} g(x)=g(a)$를 만족시켜야 하므로

$f(a+2)=-a+2a$, $(a+2)^2-7(a+2)+a=a$

$(a+2)(a-5)=0$

$\therefore a=5$ ($\because$ ㉠)

(ii) $x=a$에서 함수 $g(x)$가 불연속일 때,

함수 $f(x)g(x)$가 $x=a$에서 연속이려면 $f(a)=0$이면 된다.

$a^2-7a+a=0$, $a^2-6a=0$, $a(a-6)=0$

$\therefore a=6$ ($\because$ ㉠)

(i), (ii)에 의하여 구하는 모든 실수 a의 값의 합은 11이다.

201 ··· 답 ②

$f(x)=x(x-a)+x(x-b)+(x-a)(x-b)$라 하면 함수 $f(x)$는 모든 실수 x에서 연속이다.

$a<0$, $b>0$이므로 $f(a)=a(a-b)>0$, $f(0)=ab<0$,

$f(b)=b(b-a)>0$에서 $f(a)f(0)<0$, $f(0)f(b)<0$이다.

사잇값 정리에 의하여 방정식 $f(x)=0$은 열린구간 $(a,\ 0)$, $(0,\ b)$에서 각각 적어도 하나의 실근을 갖는다.

이때 이차방정식 $f(x)=0$의 서로 다른 실근은 2개 이하이므로 열린구간 $(a,\ 0)$, $(0,\ b)$에서 각각 하나의 실근을 갖는다.

따라서 문제에서 방정식 $f(x)=0$의 두 실근이 α, β이므로

$a<\alpha<0<\beta<b$ ($\because \alpha<\beta$)를 만족시킨다.

202 ··· 답 풀이 참조

$f(x)=(x-\alpha)(x-\beta)+(x-\beta)(x-\gamma)+(x-\gamma)(x-\alpha)$라 하면 함수 $f(x)$는 모든 실수 x에서 연속이다.

이때 $\alpha<\beta<\gamma$이므로 $f(\alpha)=(\alpha-\beta)(\alpha-\gamma)>0$,

$f(\beta)=(\beta-\gamma)(\beta-\alpha)<0$, $f(\gamma)=(\gamma-\alpha)(\gamma-\beta)>0$이다.

그러므로 $f(\alpha)f(\beta)<0$, $f(\beta)f(\gamma)<0$이므로 사잇값 정리에 의하여 방정식 $f(x)=0$은 열린구간 $(\alpha,\ \beta)$, $(\beta,\ \gamma)$에서 각각 적어도 하나의 실근을 갖는다.

이때 이차방정식 $f(x)=0$의 서로 다른 실근은 2개 이하이므로 열린구간 $(\alpha,\ \beta)$, $(\beta,\ \gamma)$에서 각각 하나의 실근을 갖는다.

따라서 방정식 $f(x)=0$은 서로 다른 두 실근을 갖는다.

채점 요소	배점
$f(x)=(x-\alpha)(x-\beta)+(x-\beta)(x-\gamma)+(x-\gamma)(x-\alpha)$로 놓기	10%
$f(\alpha)f(\beta)<0$, $f(\beta)f(\gamma)<0$임을 보이기	50%
사잇값 정리를 이용하여 서로 다른 두 실근을 가짐을 보이기	40%

Ⅱ 미분

01 미분계수와 도함수

203 ······ 답 ④

함수 $f(x)$에서 x의 값이 1에서 3까지 변할 때의 평균변화율은

$$\frac{f(3)-f(1)}{3-1}=\frac{9-1}{3-1}=\frac{8}{2}=4$$

204 ······ 답 ②

함수 $f(x)$에서 x의 값이 a에서 $a+3$까지 변할 때의 평균변화율은

$$\frac{f(a+3)-f(a)}{(a+3)-a}=\frac{\{(a+3)^2+3(a+3)\}-(a^2+3a)}{(a+3)-a}$$
$$=\frac{6a+18}{3}=2a+6$$

이므로 $2a+6=4$

$\therefore a=-1$

205 ······ 답 풀이 참조

$$f'(1)=\lim_{h\to0}\frac{f(1+h)-f(1)}{h}$$
$$=\lim_{h\to0}\frac{\{(1+h)^2+2(1+h)\}-3}{h}$$
$$=\lim_{h\to0}\frac{h^2+4h}{h}=\lim_{h\to0}\frac{h(h+4)}{h}$$
$$=\lim_{h\to0}(h+4)=4$$

다른 풀이

$$f'(1)=\lim_{x\to1}\frac{f(x)-f(1)}{x-1}=\lim_{x\to1}\frac{(x^2+2x)-3}{x-1}$$
$$=\lim_{x\to1}\frac{(x+3)(x-1)}{x-1}=\lim_{x\to1}(x+3)=4$$

채점 요소	배점
미분계수의 정의를 이용하여 식 $f'(1)=\lim_{h\to0}\frac{f(1+h)-f(1)}{h}$을 세우기	30 %
$f(1)$의 값 구하기	10 %
함수의 극한에 대한 성질을 이용하여 $f'(1)$의 값 구하기	60 %

206 ······ 답 ②

$$\lim_{\Delta x\to0}\frac{f(1+2\Delta x)-f(1)}{\Delta x}=\lim_{\Delta x\to0}\frac{f(1+2\Delta x)-f(1)}{2\Delta x}\times2$$
$$=2f'(1)$$

이므로 $2f'(1)=-4$

$\therefore f'(1)=-2$

TIP

다음을 이용하여 빠르게 계산할 수 있다.

$\lim_{h\to0}\frac{f(p+ah)-f(p)}{h}=af'(p)$ (단, a, p는 상수)

[증명]

$$\lim_{h\to0}\frac{f(p+ah)-f(p)}{h}=\lim_{h\to0}\frac{f(p+ah)-f(p)}{ah}\times a$$
$$=af'(p)$$

207 ······ 답 ④

$$\lim_{h\to0}\frac{f(2+3h)-f(2)}{2h}=\lim_{h\to0}\frac{f(2+3h)-f(2)}{3h}\times\frac{3}{2}$$
$$=\frac{3}{2}f'(2)=\frac{3}{2}\times6=9$$

TIP

다음을 이용하여 빠르게 계산할 수 있다.

$\lim_{h\to0}\frac{f(p+ah)-f(p)}{bh}=\frac{a}{b}f'(p)$ (단, a, b, p는 상수, $b\neq0$)

[증명]

$$\lim_{h\to0}\frac{f(p+ah)-f(p)}{bh}=\lim_{h\to0}\frac{f(p+ah)-f(p)}{ah}\times\frac{a}{b}$$
$$=\frac{a}{b}f'(p)$$

208 ······ 답 ③

$$\lim_{h\to0}\frac{f(a+2h)-f(a-h)}{h}$$
$$=\lim_{h\to0}\frac{f(a+2h)-f(a)+f(a)-f(a-h)}{h}$$
$$=\lim_{h\to0}\left\{\frac{f(a+2h)-f(a)}{h}-\frac{f(a-h)-f(a)}{h}\right\}$$
$$=\lim_{h\to0}\left\{\frac{f(a+2h)-f(a)}{2h}\times2+\frac{f(a-h)-f(a)}{-h}\right\}$$
$$=2f'(a)+f'(a)=3f'(a)=3\times2=6$$

TIP

다음을 이용하여 빠르게 계산할 수 있다.

$\lim_{h\to0}\frac{f(p+ah)-f(p+bh)}{ch}=\frac{a-b}{c}f'(p)$

(단, a, b, c, p는 상수, $c\neq0$)

[증명]

$$\lim_{h\to0}\frac{f(p+ah)-f(p+bh)}{ch}$$
$$=\lim_{h\to0}\frac{f(p+ah)-f(p)+f(p)-f(p+bh)}{ch}$$
$$=\lim_{h\to0}\left\{\frac{f(p+ah)-f(p)}{ah}\times\frac{a}{c}-\frac{f(p+bh)-f(p)}{bh}\times\frac{b}{c}\right\}$$
$$=\frac{a}{c}f'(p)-\frac{b}{c}f'(p)=\frac{a-b}{c}f'(p)$$

209 ······ 답 ③

$$\lim_{x\to1}\frac{f(x)-f(1)}{x^3-1}=\lim_{x\to1}\frac{f(x)-f(1)}{(x-1)(x^2+x+1)}$$
$$=\lim_{x\to1}\left\{\frac{f(x)-f(1)}{x-1}\times\frac{1}{x^2+x+1}\right\}$$
$$=\frac{1}{3}f'(1)=\frac{1}{3}\times(-1)=-\frac{1}{3}$$

210 ······ 답 ③

$$\lim_{x\to2}\frac{-2x+4}{f(x)-f(2)}=\lim_{x\to2}\frac{-2(x-2)}{f(x)-f(2)}=\lim_{x\to2}\frac{-2}{\frac{f(x)-f(2)}{x-2}}$$
$$=\frac{-2}{f'(2)}=\frac{-2}{-2}=1$$

211 ······ 답 −16

함수 $y=f(x)$의 그래프 위의 점 $(3, f(3))$에서의 접선의 기울기가 4이므로 $f'(3)=4$이다.

$$\therefore \lim_{\Delta x\to0}\frac{f(3-4\Delta x)-f(3)}{\Delta x}=\lim_{\Delta x\to0}\frac{f(3-4\Delta x)-f(3)}{-4\Delta x}\times(-4)$$
$$=-4f'(3)=-4\times4=-16$$

212 ······ 답 ①

함수 $y=f(x)$의 그래프 위의 점 $(1, 3)$에서의 접선의 기울기가 4이므로 $f'(1)=4$이다.

$$\therefore \lim_{h\to0}\frac{f(1-4h)-f(1+h)}{2h}$$
$$=\lim_{h\to0}\frac{f(1-4h)-f(1)+f(1)-f(1+h)}{2h}$$
$$=\lim_{h\to0}\left\{\frac{f(1-4h)-f(1)}{2h}-\frac{f(1+h)-f(1)}{2h}\right\}$$
$$=\lim_{h\to0}\left\{\frac{f(1-4h)-f(1)}{-4h}\times(-2)-\frac{f(1+h)-f(1)}{h}\times\frac{1}{2}\right\}$$
$$=-2f'(1)-\frac{1}{2}f'(1)$$
$$=-\frac{5}{2}f'(1)=-\frac{5}{2}\times4=-10$$

213 ······ 답 ②

함수 $y=f(x)$의 그래프에서 두 점 A, B의 좌표를 각각 $\mathrm{A}(a, f(a))$, $\mathrm{B}(b, f(b))$라 하자.

ㄱ. 그래프에서 원점 O와 점 A를 지나는 직선의 기울기는 원점 O와 점 B를 지나는 직선의 기울기보다 크다.
이때 원점 O와 점 A를 지나는 직선의 기울기는 $\frac{f(a)}{a}$,
원점 O와 점 B를 지나는 직선의 기울기는 $\frac{f(b)}{b}$이므로
$\frac{f(a)}{a}>\frac{f(b)}{b}$에서 $bf(a)-af(b)>0$이다. (참)

ㄴ. 그래프에서 두 점 A, B를 지나는 직선의 기울기는 직선 $y=x$의 기울기인 1보다 작다.
즉, $\frac{f(b)-f(a)}{b-a}<1$이고, $b-a>0$이므로
$f(b)-f(a)<b-a$이다. (참)

ㄷ. $\frac{f(b)-f(a)}{b-a}$는 직선 AB의 기울기이고, $f'(a)$는 함수 $y=f(x)$의 그래프 위의 점 A에서의 접선의 기울기, $f'(b)$는 함수 $y=f(x)$의 그래프 위의 점 B에서의 접선의 기울기이다.

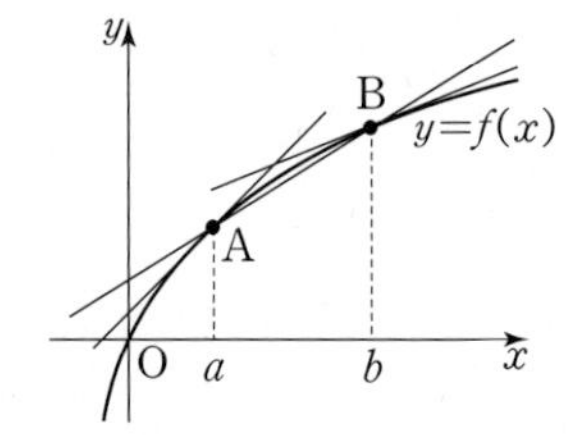

주어진 그래프에서 세 직선의 기울기의 대소를 비교하면
$f'(b)<\frac{f(b)-f(a)}{b-a}<f'(a)$이다. (거짓)

따라서 옳은 것은 ㄱ, ㄴ이다.

214 ······ 답 ②

ㄱ, ㄴ, ㄹ은 $x=1$에서 극한값과 함숫값이 서로 같으므로 $x=1$에서 연속이다.
ㄷ은 $x=1$에서 극한값이 존재하지 않으므로 $x=1$에서 불연속이다.
ㅁ은 $x=1$에서 함숫값이 존재하지 않으므로 $x=1$에서 불연속이다.
따라서 $x=1$에서 연속인 함수는 ㄱ, ㄴ, ㄹ로 3개이다.
$\therefore a=3$
ㄷ, ㅁ은 $x=1$에서 불연속이므로 $x=1$에서 미분가능하지 않다. ······ TIP1
ㄱ, ㄹ은 $x=1$에서 좌미분계수와 우미분계수가 같으므로 $x=1$에서 미분가능하다. ······ TIP2
ㄴ은 $x=1$에서 뾰족점이므로 $x=1$에서 미분가능하지 않다. ······ TIP3
따라서 $x=1$에서 미분가능한 함수는 ㄱ, ㄹ로 2개이다.
$\therefore b=2$
$\therefore a-b=3-2=1$

TIP1

함수 $f(x)$가 $x=a$에서 미분가능하면 $x=a$에서 연속이므로 함수 $f(x)$가 $x=a$에서 연속이 아니면 $x=a$에서 미분가능하지 않다.

따라서 이 문제에서 $x=1$에서 미분가능한 함수를 찾을 때, $x=1$에서 연속인 함수 ㄱ, ㄴ, ㄹ 중에서만 찾으면 된다.

TIP2

$x=a$에서의 미분계수

$\lim_{h\to0}\frac{f(a+h)-f(a)}{h}=\lim_{x\to a}\frac{f(x)-f(a)}{x-a}$에 대하여

$\lim_{h\to0-}\frac{f(a+h)-f(a)}{h}=\lim_{x\to a-}\frac{f(x)-f(a)}{x-a}$를 좌미분계수,

$\lim_{h\to0+}\frac{f(a+h)-f(a)}{h}=\lim_{x\to a+}\frac{f(x)-f(a)}{x-a}$를 우미분계수라

하고, 함수 $f(x)$가 $x=a$에서 미분가능하려면

(좌미분계수)=(우미분계수)이어야 한다.

이때 좌미분계수, 우미분계수를 미분계수의 기하적 의미와 연관지어 보면 그래프가 주어진 함수의 미분가능성을 판단할 수 있다.

TIP3

함수 $f(x)$가 $x=a$에서 연속일 때, 그 그래프가 그림과 같이 $x=a$에서 뾰족점이면 좌미분계수와 우미분계수가 서로 다르므로 $f(x)$는 $x=a$에서 미분가능하지 않다.

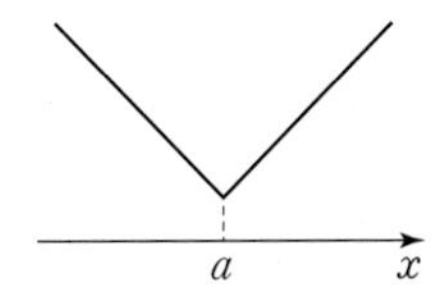

215 …… 답 ③

구간 $(-2, 5)$에서 함수 $f(x)$의 극한이 존재하지 않는 x의 값은 $x=4$로 1개이다.

$\therefore p=1$

함수 $f(x)$가 $x=4$에서 극한값이 존재하지 않으므로 불연속이고, $x=1$에서 극한값과 함숫값이 다르므로 불연속이다.

즉, 불연속인 x의 값은 $x=1$, 4로 2개이다.

$\therefore q=2$

함수 $f(x)$가 $x=1$, 4에서 불연속이므로 미분가능하지 않고, $x=2$, 3에서 각각 좌미분계수와 우미분계수가 다르므로 미분가능하지 않다.

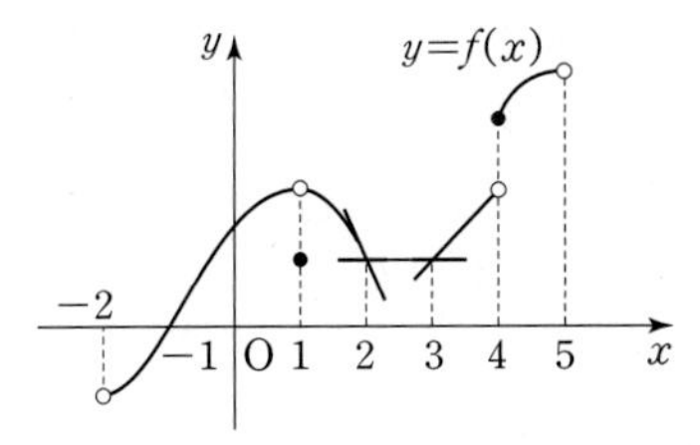

즉, 미분가능하지 않은 x의 값은 $x=1$, 2, 3, 4로 4개이다.

$\therefore r=4$

$\therefore p+q+r=1+2+4=7$

216 …… 답 ④

ㄱ. 함수 $f(x)=x$의 그래프는 다음과 같다.

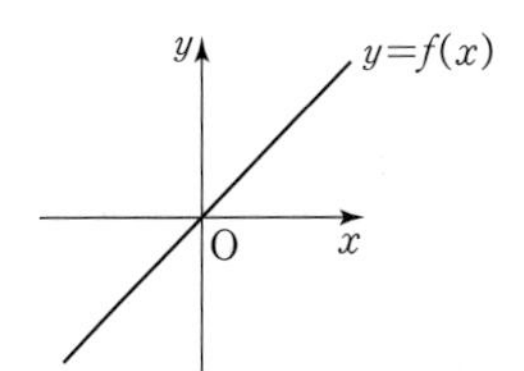

따라서 함수 $f(x)$는 $x=0$에서 연속이고 미분가능하다.

ㄴ. 함수 $f(x)=|x|=\begin{cases} x & (x\ge0) \\ -x & (x<0)\end{cases}$의 그래프는 다음과 같다.

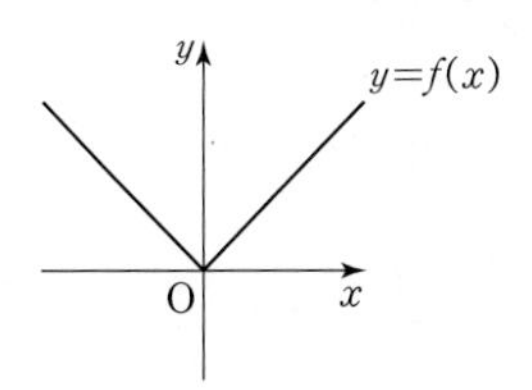

따라서 함수 $f(x)$는 $x=0$에서 연속이지만 $x=0$에서 좌미분계수와 우미분계수가 다르므로 미분가능하지 않다.

ㄷ. 함수 $f(x)=\frac{|x|}{x}=\begin{cases} 1 & (x>0) \\ -1 & (x<0)\end{cases}$의 그래프는 다음과 같다.

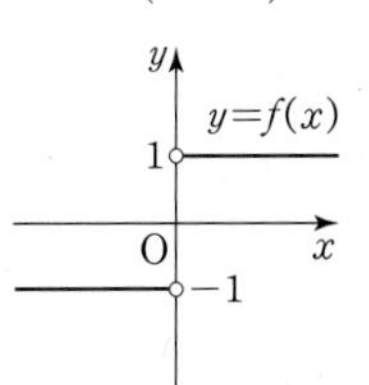

따라서 함수 $f(x)$는 $x=0$일 때 정의되지 않으므로 $x=0$에서 연속이 아니고 미분가능하지 않다.

ㄹ. 함수 $f(x)=\begin{cases} x+1 & (x\ge0) \\ 2x+1 & (x<0)\end{cases}$의 그래프는 다음과 같다.

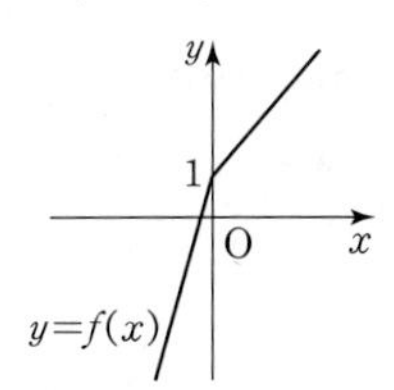

따라서 함수 $f(x)$는 $x=0$에서 연속이지만 $x=0$에서 좌미분계수와 우미분계수가 다르므로 미분가능하지 않다.

따라서 $x=0$에서 연속이지만 미분가능하지 않은 함수는 ㄴ, ㄹ이다.

다른 풀이

237번 **TIP1**을 학습한 이후 다음과 같이 판단할 수 있다.

ㄱ. 함수 $f(x)=x$는 다항함수이므로 모든 실수 x에서 연속이고 미분가능하다.

ㄴ. 함수 $f(x)=|x|=\begin{cases} x & (x\ge0) \\ -x & (x<0)\end{cases}$는 $x=0$에서 연속이고,

$g_1(x)=x$, $g_2(x)=-x$라 하면

$g_1'(x)=1$, $g_2'(x)=-1$에서

$\lim_{x\to0+}\frac{f(x)-f(0)}{x-0}=\lim_{x\to0+}g_1'(x)=1$,

$\lim_{x\to0-}\frac{f(x)-f(0)}{x-0}=\lim_{x\to0-}g_2'(x)=-1$

즉, $\lim_{x\to0}\frac{f(x)-f(0)}{x-0}$이 존재하지 않으므로 함수 $f(x)$는 $x=0$에서 미분가능하지 않다.

ㄷ. 함수 $f(x)=\frac{|x|}{x}=\begin{cases} 1 & (x>0) \\ -1 & (x<0) \end{cases}$은 $x=0$에서 연속이 아니므로 $x=0$에서 미분가능하지 않다.

ㄹ. 함수 $f(x)=\begin{cases} x+1 & (x\geq 0) \\ 2x+1 & (x<0) \end{cases}$은 $x=0$에서 연속이고,

$h_1(x)=x+1$, $h_2(x)=2x+1$이라 하면

$h_1'(x)=1$, $h_2'(x)=2$에서

$$\lim_{x\to 0+}\frac{f(x)-f(0)}{x-0}=\lim_{x\to 0+}h_1'(x)=1,$$

$$\lim_{x\to 0-}\frac{f(x)-f(0)}{x-0}=\lim_{x\to 0-}h_2'(x)=2$$

즉, $\lim_{x\to 0}\frac{f(x)-f(0)}{x-0}$이 존재하지 않으므로 함수 $f(x)$는 $x=0$에서 미분가능하지 않다.

217 ⑤

함수 $f(x)=x|x-2|=\begin{cases} x(x-2) & (x\geq 2) \\ -x(x-2) & (x<2) \end{cases}$의 그래프는 다음과 같다.

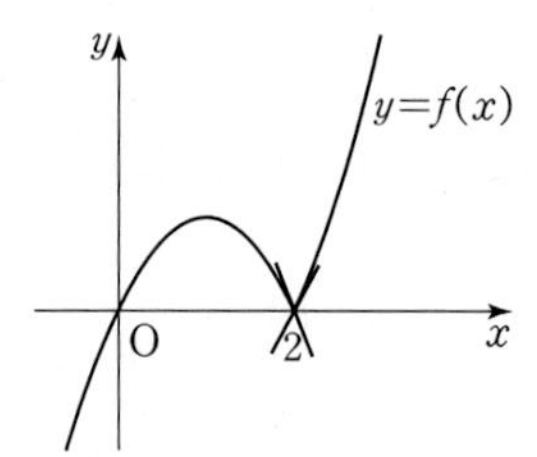

따라서 함수 $f(x)$는 모든 실수 x에서 연속이고, $x=2$에서만 미분가능하지 않다.

$\therefore a=2$

다른 풀이

237번 **TIP1**을 학습한 이후 다음과 같이 판단할 수 있다.

함수 $f(x)=x|x-2|$는 모든 실수 x에서 연속이다.

$f(x)=x|x-2|=\begin{cases} x(x-2) & (x\geq 2) \\ -x(x-2) & (x<2) \end{cases}$에서

$g(x)=x(x-2)$, $h(x)=-x(x-2)$라 하면

$g'(x)=2x-2$, $h'(x)=-2x+2$

두 다항함수 $g(x)$, $h(x)$는 모든 실수 x에서 미분가능하므로 $x<2$ 또는 $x>2$에서 함수 $f(x)$는 미분가능하다.

따라서 함수 $f(x)$의 $x=2$에서의 미분가능성을 판단하면 다음과 같다.

$$\lim_{x\to 2+}\frac{f(x)-f(2)}{x-2}=\lim_{x\to 2+}g'(x)$$
$$=\lim_{x\to 2+}(2x-2)=2$$

$$\lim_{x\to 2-}\frac{f(x)-f(2)}{x-2}=\lim_{x\to 2-}h'(x)$$
$$=\lim_{x\to 2-}(-2x+2)=-2$$

즉, $\lim_{x\to 2}\frac{f(x)-f(2)}{x-2}$가 존재하지 않으므로 함수 $f(x)$는 $x=2$에서 미분가능하지 않다.

218 답 풀이 참조

함수 $f(x)$가 $x=a$에서 미분가능하면

$f'(a)=\lim_{x\to a}\frac{f(x)-f(a)}{x-a}$가 존재하므로

$$\lim_{x\to a}\{f(x)-f(a)\}=\lim_{x\to a}\left\{\frac{f(x)-f(a)}{x-a}\times(x-a)\right\}$$
$$=\lim_{x\to a}\frac{f(x)-f(a)}{x-a}\times\lim_{x\to a}(x-a)$$
$$=f'(a)\times 0=0$$

따라서 $\lim_{x\to a}f(x)=f(a)$이므로 함수 $f(x)$는 $x=a$에서 연속이다.

채점 요소	배점
$f'(a)=\lim_{x\to a}\frac{f(x)-f(a)}{x-a}$임을 이용하여 $\lim_{x\to a}\{f(x)-f(a)\}$의 값 구하기	80 %
$\lim_{x\to a}\{f(x)-f(a)\}=0$임을 통해 $x=a$에서 연속임을 보이기	20 %

219 답 풀이 참조

(1) $f'(x)=\lim_{h\to 0}\frac{f(x+h)-f(x)}{h}$

$=\lim_{h\to 0}\frac{\{2(x+h)^2-1\}-(2x^2-1)}{h}$

$=\lim_{h\to 0}\frac{4xh+2h^2}{h}$

$=\lim_{h\to 0}(4x+2h)=4x$

(2) 함수 $f(x)$의 $x=1$에서의 미분계수는

$f'(1)=4\times 1=4$

채점 요소	배점
도함수의 정의를 이용하여 $f'(x)$ 구하기	80 %
(1)의 결과에 $x=1$을 대입하여 $f'(1)$의 값 구하기	20 %

220 답 ③

$f(x)=2x^3-5x^2+x+1$에서

$f'(x)=(2x^3-5x^2+x+1)'$

$=2(x^3)'-5(x^2)'+(x)'+(1)'$

$=2\times 3x^2-5\times 2x+1+0$

$=6x^2-10x+1$

$\therefore f'(1)=6-10+1=-3$

221 답 ①

$f(x)=x^3-ax^2+4x$에서

$f'(x)=(x^3)'-a(x^2)'+4(x')$

$=3x^2-a\times 2x+4\times 1$

$=3x^2-2ax+4$

함수 $f(x)$의 $x=1$에서의 미분계수가 5이므로
$f'(1)=3-2a+4=5$
$\therefore a=1$

222
답 ⑤

$f(x)=2x^3+3x^2$이라 하면 곡선 $y=2x^3+3x^2$ 위의 점 $(-2, -4)$에서의 접선의 기울기는
$f'(-2)$와 같다.
$f'(x)=6x^2+6x$이므로
$f'(-2)=24-12=12$

223
답 -9

함수 $f(x)=3x^3+ax+b$의 그래프 위의 점 $(1, 2)$에서의 접선의 기울기가 4이므로
$f(1)=2$, $f'(1)=4$이다.
$f(x)=3x^3+ax+b$에서
$f(1)=3+a+b=2$ …… ㉠
$f'(x)=9x^2+a$이므로
$f'(1)=9+a=4$ …… ㉡
㉠, ㉡을 연립하여 풀면
$a=-5$, $b=4$
$\therefore a-b=-9$

참고

함수 $y=f(x)$의 그래프 위의 점 (a, b)에서의 접선의 기울기가 c이다.
$\Longleftrightarrow f(a)=b$, $f'(a)=c$
미분계수의 기하적 의미가 접선의 기울기임을 반드시 숙지하도록 하자.

224
답 ②

함수 $f(x)=x^3-2x^2+ax+b$의 그래프 위의 점 $(1, 1)$에서의 접선과 수직인 직선의 기울기가 3이므로
$f(1)=1$, $f'(1)=-\frac{1}{3}$이다.
$f(x)=x^3-2x^2+ax+b$에서
$f(1)=a+b-1=1$ …… ㉠
$f'(x)=3x^2-4x+a$에서
$f'(1)=a-1=-\frac{1}{3}$ …… ㉡
㉠, ㉡을 연립하여 풀면
$a=\frac{2}{3}$, $b=\frac{4}{3}$
$\therefore b-a=\frac{2}{3}$

225
답 5

함수 $f(x)=\frac{1}{3}x^3-x^2+4x+\frac{2}{3}$의 그래프 위의 점 (a, b)에서의 접선의 기울기가 3이므로
$f(a)=b$, $f'(a)=3$이다.
$f(x)=\frac{1}{3}x^3-x^2+4x+\frac{2}{3}$에서
$f(a)=\frac{1}{3}a^3-a^2+4a+\frac{2}{3}=b$ …… ㉠
$f'(x)=x^2-2x+4$에서
$f'(a)=a^2-2a+4=3$ …… ㉡
㉡에서 $a^2-2a+1=(a-1)^2=0$이므로
$a=1$
㉠에서 $b=\frac{1}{3}-1+4+\frac{2}{3}=4$이다.
$\therefore a+b=5$

226
답 ①

함수 $f(x)=x^3-kx^2+1$에서 x의 값이 0에서 3까지 변할 때의 평균변화율은
$\frac{f(3)-f(0)}{3-0}=\frac{27-9k}{3}$ …… ㉠
$f'(x)=3x^2-2kx$이므로
$f'(2)=12-4k$ …… ㉡
㉠과 ㉡이 서로 같으므로
$\frac{27-9k}{3}=12-4k$에서
$27-9k=36-12k$
$3k=9 \quad \therefore k=3$
따라서 $f(x)=x^3-3x^2+1$이므로
$f(1)=-1$

227
답 2

x의 값이 1에서 3까지 변할 때의 함수 $f(x)$의 평균변화율은
$\frac{f(3)-f(1)}{3-1}=\frac{13-(-1)}{2}=7$이고,
$f(x)=3x^2-5x+1$에서 $f'(x)=6x-5$이므로
함수 $f(x)$의 $x=a$에서의 미분계수는
$f'(a)=6a-5$이다.
$6a-5=7$
$\therefore a=2$

다른 풀이

이차함수 $f(x)=3x^2-5x+1$에 대하여 x의 값이 1에서 3까지 변할 때의 평균변화율과 $x=a$에서의 미분계수가 서로 같을 때,
$a=\frac{1+3}{2}=2$이다. …… TIP

TIP

이차함수 $f(x)$에 대하여 x의 값이 p에서 q까지 변할 때의 평균변화율은 $x=\frac{p+q}{2}$에서의 미분계수와 같다.

즉, $\frac{f(q)-f(p)}{q-p}=f'\left(\frac{p+q}{2}\right)$이다.

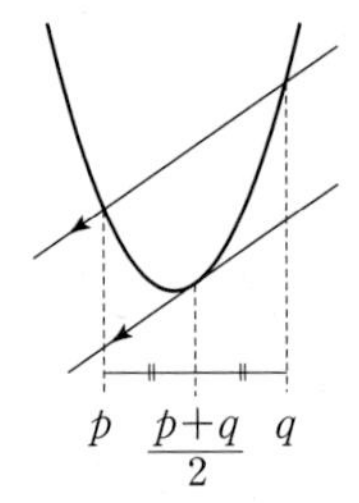

[증명]

$f(x)=ax^2+bx+c$ (a, b, c는 상수, $a\neq0$)라 하면

x의 값이 p에서 q까지 변할 때의 평균변화율은

$$\frac{f(q)-f(p)}{q-p}=\frac{(aq^2+bq+c)-(ap^2+bp+c)}{q-p}$$
$$=a(p+q)+b \quad \cdots\cdots \text{㉠}$$

이고, $f'(x)=2ax+b$이므로 함수 $f(x)$의 $x=\frac{p+q}{2}$에서의 미분계수는

$$f'\left(\frac{p+q}{2}\right)=a(p+q)+b \quad \cdots\cdots \text{㉡}$$

따라서 ㉠과 ㉡이 서로 같다.

228 　답 ③

x의 값이 a에서 $a+2$까지 변할 때의 함수 $f(x)$의 평균변화율은

$$\frac{f(a+2)-f(a)}{(a+2)-a}=\frac{\{(a+2)^2-3\}-(a^2-3)}{2}$$
$$=\frac{4a+4}{2}=2a+2$$

이고, $f(x)=x^2-3$에서 $f'(x)=2x$이므로

함수 $f(x)$의 $x=4$에서의 미분계수는 $f'(4)=8$이다.

$2a+2=8$

$\therefore a=3$

다른 풀이

227번 **TIP**을 학습한 이후 다음과 같이 상수 a의 값을 구할 수 있다.

이차함수 $f(x)=x^2-3$에 대하여 x의 값이 a에서 $a+2$까지 변할 때의 평균변화율과 $x=4$에서의 미분계수가 같을 때,

$\frac{a+(a+2)}{2}=4$이다.

$\therefore a=3$

229 　답 ③

$f(x)=x+\frac{1}{2}x^2+\frac{1}{3}x^3+\cdots+\frac{1}{50}x^{50}$에서

$f'(x)=1+x+x^2+\cdots+x^{49}$

$\therefore f'(-1)=1+(-1)+1+\cdots+(-1)$
$=\{1+(-1)\}\times25=0$

230 　답 (1) $9x^2-6$ (2) 50

$f(x)=x^3-2x$에서

$f'(x)=3x^2-2$

(1) $\lim_{h\to0}\frac{f(x+3h)-f(x)}{h}=\lim_{h\to0}\frac{f(x+3h)-f(x)}{3h}\times3$
$=3f'(x)$
$=3(3x^2-2)$
$=9x^2-6$

(2) $\lim_{h\to0}\frac{f(2h+3)-f(3)}{h}=\lim_{h\to0}\frac{f(3+2h)-f(3)}{2h}\times2$
$=2f'(3)$
$=2\times25=50$

231 　답 105

$\lim_{h\to0}\frac{1}{h}\{f(1+2h)-f(1-3h)\}$

$=\lim_{h\to0}\frac{f(1+2h)-f(1)+f(1)-f(1-3h)}{h}$

$=\lim_{h\to0}\left\{\frac{f(1+2h)-f(1)}{2h}\times2+\frac{f(1-3h)-f(1)}{-3h}\times3\right\}$

$=2f'(1)+3f'(1)$

$=5f'(1)$

$f(x)=1+x+x^2+\cdots+x^6$에서

$f'(x)=1+2x+\cdots+6x^5$이므로

$5f'(1)=5\times(1+2+3+4+5+6)=105$

232 　답 (1) $y'=4x-3$ (2) $y'=8x^3+9x^2-2$

(1) $y=(x-2)(2x+1)$에서
$y'=(x-2)'(2x+1)+(x-2)(2x+1)'$
$=1\times(2x+1)+(x-2)\times2$
$=4x-3$

(2) $y=(x^3-1)(2x+3)$에서
$y'=(x^3-1)'(2x+3)+(x^3-1)(2x+3)'$
$=3x^2\times(2x+3)+(x^3-1)\times2$
$=8x^3+9x^2-2$

다른 풀이

(1) $y=(x-2)(2x+1)=2x^2-3x-2$이므로
$y'=4x-3$

(2) $y=(x^3-1)(2x+3)=2x^4+3x^3-2x-3$이므로
$y'=8x^3+9x^2-2$

233 ⓑ ②

$f(x)=(3x+1)(x^2-x-1)$에서

$f'(x)=(3x+1)'(x^2-x-1)+(3x+1)(x^2-x-1)'$

$=3\times(x^2-x-1)+(3x+1)\times(2x-1)$

$=9x^2-4x-4$

따라서 함수 $f(x)$의 $x=1$에서의 순간변화율은

$f'(1)=9-4-4=1$

234 ⓑ ⑤

$f(x)=(x-1)(x-3)(x-5)$에서

$f'(x)=(x-1)'(x-3)(x-5)+(x-1)(x-3)'(x-5)$
$+(x-1)(x-3)(x-5)'$ …… TIP

$=(x-3)(x-5)+(x-1)(x-5)+(x-1)(x-3)$

$\therefore f'(5)=4\times2=8$

다른 풀이

$f(x)=(x-1)(x-3)(x-5)=x^3-9x^2+23x-15$이므로

$f'(x)=3x^2-18x+23$

$\therefore f'(5)=75-90+23=8$

TIP

$y=f(x)g(x)h(x)$에 대하여

$y'=f'(x)g(x)h(x)+f(x)g'(x)h(x)+f(x)g(x)h'(x)$이다.

[증명]

$y=f(x)g(x)h(x)$에서

$y'=\{f(x)g(x)\}'h(x)+\{f(x)g(x)\}h'(x)$

$=\{f'(x)g(x)+f(x)g'(x)\}h(x)+f(x)g(x)h'(x)$

$=f'(x)g(x)h(x)+f(x)g'(x)h(x)+f(x)g(x)h'(x)$

235 ⓑ (1) 9 (2) 12

(1) $f(x)=(3x-2)^3$에서

$f'(x)=3(3x-2)^2(3x-2)'$ …… TIP

$=9(3x-2)^2$

$\therefore f'(1)=9\times1^2=9$

(2) $f(x)=(x^2+x)^2$에서

$f'(x)=2(x^2+x)(x^2+x)'$

$=2(x^2+x)(2x+1)$

$\therefore f'(1)=2\times2\times3=12$

다른 풀이

(1) $f(x)=(3x-2)^3=27x^3-54x^2+36x-8$이므로

$f'(x)=81x^2-108x+36$

$\therefore f'(1)=9$

(2) $f(x)=(x^2+x)^2=x^4+2x^3+x^2$이므로

$f'(x)=4x^3+6x^2+2x$

$\therefore f'(1)=12$

TIP

다항함수 $f(x)$에 대하여 $y=\{f(x)\}^n$ ($n\geq2$인 자연수)의 도함수는

$y'=n\{f(x)\}^{n-1}f'(x)$이다.

[증명]

$y=\{f(x)\}^n=f(x)\times f(x)\times f(x)\times\cdots\times f(x)$에서

$y'=f'(x)\times f(x)\times f(x)\times\cdots\times f(x)$
$+f(x)\times f'(x)\times f(x)\times\cdots\times f(x)$
$+f(x)\times f(x)\times f'(x)\times\cdots\times f(x)+\cdots$
$+f(x)\times f(x)\times f(x)\times\cdots\times f'(x)$

$=n\{f(x)\}^{n-1}f'(x)$

236 ⓑ 풀이 참조

(1) $\Delta y=f(x+\Delta x)g(x+\Delta x)-f(x)g(x)$

(2) $y'=\lim_{\Delta x\to0}\frac{\Delta y}{\Delta x}$

$=\lim_{\Delta x\to0}\frac{f(x+\Delta x)g(x+\Delta x)-f(x)g(x)}{\Delta x}$

$=\lim_{\Delta x\to0}\frac{f(x+\Delta x)g(x+\Delta x)-f(x)g(x+\Delta x)+f(x)g(x+\Delta x)-f(x)g(x)}{\Delta x}$

$=\lim_{\Delta x\to0}\left\{\frac{f(x+\Delta x)-f(x)}{\Delta x}\times g(x+\Delta x)+f(x)\times\frac{g(x+\Delta x)-g(x)}{\Delta x}\right\}$

$=f'(x)g(x)+f(x)g'(x)$

채점 요소	배점
Δx를 사용하여 Δy 표현하기	20 %
도함수의 정의를 이용하여 $y=f(x)g(x)$의 도함수 구하기	80 %

237 ⓑ ⑤

$g(x)=x^2+2x$, $h(x)=ax+b$라 하면

두 함수 $g(x)$, $h(x)$는 다항함수이므로 $x=1$에서 미분가능하다.
…… TIP1

함수 $f(x)$가 $x=1$에서 연속이므로

$\lim_{x\to1-}f(x)=\lim_{x\to1+}f(x)=f(1)$에서

$\lim_{x\to1-}g(x)=\lim_{x\to1+}h(x)=g(1)$

이때 두 함수 $g(x)$, $h(x)$가 $x=1$에서 연속이므로

$g(1)=h(1)$, 즉 $3=a+b$ …… ㉠

한편, 함수 $f(x)$가 $x=1$에서 미분가능하므로

$\lim_{x\to1-}\frac{f(x)-f(1)}{x-1}=\lim_{x\to1+}\frac{f(x)-f(1)}{x-1}$에서

$\lim_{x\to1-}\frac{g(x)-g(1)}{x-1}=\lim_{x\to1+}\frac{h(x)-h(1)}{x-1}$

이때 두 함수 $g(x)$, $h(x)$가 $x=1$에서 미분가능하므로

$\lim_{x\to1-}\frac{g(x)-g(1)}{x-1}=g'(1)$, $\lim_{x\to1+}\frac{h(x)-h(1)}{x-1}=h'(1)$이다.

즉, $g'(1)=h'(1)$을 만족시켜야 하므로

$g'(x)=2x+2$, $h'(x)=a$에서 $4=a$

㉠에 대입하면 $b=-1$

$\therefore a-b=4-(-1)=5$ …… TIP2

TIP1

$x=a$에서 미분가능한 두 함수 $g(x)$, $h(x)$에 대하여

$$f(x)=\begin{cases} g(x) & (x\ge a) \\ h(x) & (x<a) \end{cases}$$

라 정의되어 있을 때, 함수 $f(x)$가 $x=a$에서 미분가능하려면 다음을 만족시켜야 한다.

❶ 함수 $f(x)$가 $x=a$에서 연속이므로 $g(a)=h(a)$이다.

❷ 함수 $f(x)$의 $x=a$에서의 미분계수가 존재해야 한다. 이때

$$\lim_{x\to a+}\frac{f(x)-f(a)}{x-a}=\lim_{x\to a+}\frac{g(x)-g(a)}{x-a}=g'(a),$$

$$\lim_{x\to a-}\frac{f(x)-f(a)}{x-a}=\lim_{x\to a-}\frac{h(x)-h(a)}{x-a}=h'(a)$$

이므로 $g'(a)=h'(a)$이다.

❶, ❷로부터 함수 $f(x)$가 $x=a$에서 미분가능하다는 조건이 주어지면

$g(a)=h(a)$, $g'(a)=h'(a)$

의 두 가지의 등식을 이끌어낼 수 있다.

TIP2

TIP1의 내용을 숙달하고 나면 주어진 문제에서 바로

❶ $g(1)=h(1)$ ❷ $g'(1)=h'(1)$

의 두 가지의 식을 풀어 답을 구할 수 있다.

238 …… 답 풀이 참조

다항식 $x^{10}-x^4+5$를 $(x+1)^2$으로 나누었을 때의 몫을 $Q(x)$라 하고 나머지를 $ax+b$ (a, b는 상수)라 하면

$x^{10}-x^4+5=(x+1)^2Q(x)+ax+b$ …… ㉠

양변에 $x=-1$을 대입하면

$1-1+5=-a+b$에서 $-a+b=5$ …… ㉡

㉠의 양변을 미분하면

$10x^9-4x^3=2(x+1)Q(x)+(x+1)^2Q'(x)+a$

양변에 $x=-1$을 대입하면

$-10+4=a$에서 $a=-6$

㉡에 대입하면 $b=-1$

따라서 구하는 나머지는 $-6x-1$이다.

채점 요소	배점
다항식을 나눈 몫과 나머지를 이용하여 항등식 세우기	20%
항등식의 양변을 미분한 식 구하기	40%
위의 두 식을 이용하여 나머지 구하기	40%

239 …… 답 ②

다항식 $x^{100}+ax^2+bx+1$을 $(x-1)^2$으로 나누었을 때의 몫을 $Q(x)$라 하면

$x^{100}+ax^2+bx+1=(x-1)^2Q(x)+2x+1$ …… ㉠

양변에 $x=1$을 대입하면

$1+a+b+1=3$에서 $a+b=1$ …… ㉡

㉠의 양변을 미분하면

$100x^{99}+2ax+b=2(x-1)Q(x)+(x-1)^2Q'(x)+2$

양변에 $x=1$을 대입하면

$100+2a+b=2$에서 $2a+b=-98$ …… ㉢

㉡, ㉢을 연립하여 풀면 $a=-99$, $b=100$

$\therefore b-a=199$

240 …… 답 ③

$f(x)=\sum_{k=1}^{20}x^{2k}$에서 $f'(x)=\sum_{k=1}^{20}2kx^{2k-1}$ …… TIP

$\therefore f'(1)=\sum_{k=1}^{20}2k=2\sum_{k=1}^{20}k$

$=2\times\frac{20\times21}{2}=420$

다른 풀이

$f(x)=\sum_{k=1}^{20}x^{2k}=x^2+x^4+x^6+\cdots+x^{40}$이므로

$f'(x)=2x+4x^3+6x^5+\cdots+40x^{39}$

$\therefore f'(1)=2+4+6+\cdots+40$

$=2(1+2+3+\cdots+20)$

$=2\times\frac{20\times21}{2}=420$

TIP

미분가능한 함수 $f_1(x)$, $f_2(x)$, $\cdots$, $f_n(x)$에 대하여

$$\left\{\sum_{k=1}^{n}f_k(x)\right\}'=\{f_1(x)+f_2(x)+f_3(x)+\cdots+f_n(x)\}'$$
$$=f_1'(x)+f_2'(x)+f_3'(x)+\cdots+f_n'(x)$$
$$=\sum_{k=1}^{n}f_k'(x)$$

241 …… 답 ②

x의 값이 1에서 2까지 변할 때의 함수 $f(x)$의 평균변화율이 2이므로 $\frac{f(2)-f(1)}{2-1}=2$에서

$f(2)-f(1)=2$

x의 값이 2에서 3까지 변할 때의 함수 $f(x)$의 평균변화율이 6이므로 $\frac{f(3)-f(2)}{3-2}=6$에서

$f(3)-f(2)=6$

따라서 x의 값이 1에서 3까지 변할 때의 함수 $f(x)$의 평균변화율은

$$\frac{f(3)-f(1)}{3-1}=\frac{\{f(3)-f(2)\}+\{f(2)-f(1)\}}{2}$$
$$=\frac{6+2}{2}=4$$

242 ······ 답 ③

x의 값이 a에서 b까지 변할 때의 함수 $f(x)$의 평균변화율이 4이므로

$$\frac{f(b)-f(a)}{b-a}=4 \quad \cdots\cdots ㉠$$

이때 함수 $f(x)$의 역함수가 $g(x)$이고,
$f(a)=-1$, $f(b)=5$이므로 $g(-1)=a$, $g(5)=b$이다.

㉠에서 $\frac{5-(-1)}{g(5)-g(-1)}=4$이므로

$$\frac{g(5)-g(-1)}{5-(-1)}=\frac{1}{4}$$

따라서 x의 값이 -1에서 5까지 변할 때의 함수 $g(x)$의 평균변화율은 $\frac{1}{4}$이다.

다른 풀이

x의 값이 a에서 b까지 변할 때의 함수 $f(x)$의 평균변화율이 4이므로

$\frac{f(b)-f(a)}{b-a}=4$에서

$$\frac{5-(-1)}{b-a}=4,\ b-a=\frac{3}{2} \quad \cdots\cdots ㉠$$

이때 함수 $f(x)$의 역함수가 $g(x)$이고, $f(a)=-1$, $f(b)=5$이므로 $g(-1)=a$, $g(5)=b$이다.
따라서 x의 값이 -1에서 5까지 변할 때의 함수 $g(x)$의 평균변화율은

$$\frac{g(5)-g(-1)}{5-(-1)}=\frac{b-a}{6}=\frac{1}{4}\ (\because ㉠)$$

참고

함수 $y=f(x)$의 그래프와 그 역함수 $y=g(x)$의 그래프는 직선 $y=x$에 대하여 대칭이므로 함수 $y=f(x)$의 그래프 위의 두 점 $(a,\ -1)$, $(b,\ 5)$를 직선 $y=x$에 대하여 대칭이동한 두 점 $(-1,\ a)$, $(5,\ b)$는 함수 $y=g(x)$의 그래프 위에 있다.
이때 두 점 $(a,\ -1)$, $(b,\ 5)$를 이은 직선의 기울기는 4이고, 두 점을 직선 $y=x$에 대하여 대칭이동시킨 점 $(-1,\ a)$, $(5,\ b)$를 이은 직선은 위 직선과 직선 $y=x$에 대하여 대칭이므로 직선의 기울기가 $\frac{1}{4}$이다.

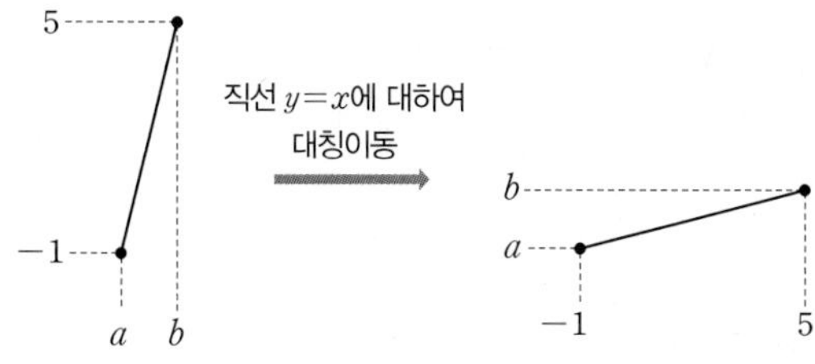

따라서 x의 값이 -1에서 5까지 변할 때의 함수 $g(x)$의 평균변화율이 $\frac{1}{4}$임을 알 수 있다.

243 ······ 답 ②

$f(x)=0.4x^2+12x+200$이라 하면
상품 A의 생산량을 10 kg에서 15 kg까지 증가시킬 때 생산비용의 평균변화율은

$$\frac{f(15)-f(10)}{15-10}=\frac{(90+180+200)-(40+120+200)}{15-10}$$
$$=\frac{110}{5}=22$$

다른 풀이

227번 **TIP**을 이용하여 다음과 같이 구할 수 있다.
이차함수 $f(x)=0.4x^2+12x+200$에서 x의 값이 10에서 15까지 변할 때의 평균변화율은 $x=\frac{10+15}{2}=\frac{25}{2}$에서의 미분계수 $f'\left(\frac{25}{2}\right)$와 같다.

$f'(x)=0.8x+12$이므로 $f'\left(\frac{25}{2}\right)=22$

244 ······ 답 ②

$$\lim_{h\to0}\frac{\{f(1+h)\}^2-\{f(1)\}^2}{h}$$
$$=\lim_{h\to0}\frac{\{f(1+h)-f(1)\}\{f(1+h)+f(1)\}}{h}$$
$$=\lim_{h\to0}\left[\frac{f(1+h)-f(1)}{h}\times\{f(1+h)+f(1)\}\right]$$
$$=f'(1)\times2f(1)=3\times2=6$$

245 ······ 답 ①

$$\lim_{x\to1}\frac{2x^2-2}{f(x)-f(1)}=\lim_{x\to1}\frac{2(x+1)(x-1)}{f(x)-f(1)}$$
$$=\lim_{x\to1}\frac{2(x+1)}{\frac{f(x)-f(1)}{x-1}}=\frac{4}{f'(1)}$$

이므로 $\frac{4}{f'(1)}=-1$에서 $f'(1)=-4$

$$\lim_{\varDelta x\to0}\frac{f(1+k\varDelta x)-f(1)}{2\varDelta x}=\lim_{\varDelta x\to0}\frac{f(1+k\varDelta x)-f(1)}{k\varDelta x}\times\frac{k}{2}$$
$$=\frac{k}{2}f'(1)=\frac{k}{2}\times(-4)=-2k$$

이므로 $-2k=-2$
$\therefore k=1$

246 ······ 답 (1) 3 (2) 8

(1) $$\lim_{x\to1}\frac{f(\sqrt{x})-f(1)}{x^2-1}=\lim_{x\to1}\frac{f(\sqrt{x})-f(1)}{(\sqrt{x}-1)(\sqrt{x}+1)(x+1)}$$
$$=\lim_{x\to1}\left\{\frac{f(\sqrt{x})-f(1)}{\sqrt{x}-1}\times\frac{1}{(\sqrt{x}+1)(x+1)}\right\}$$
$$=\frac{f'(1)}{4}=3$$

(2) $\lim_{x\to1}\frac{f(x^2)-f(1)}{x^3-1}=\lim_{x\to1}\left\{\frac{f(x^2)-f(1)}{x^2-1}\times\frac{x^2-1}{x^3-1}\right\}$
$=\lim_{x\to1}\left\{\frac{f(x^2)-f(1)}{x^2-1}\times\frac{x+1}{x^2+x+1}\right\}$
$=\frac{2}{3}f'(1)=8$

247 ……… 답 ⑤

$\lim_{x\to\sqrt{2}}\frac{f(x^2)-f(2)}{x-\sqrt{2}}$
$=\lim_{x\to\sqrt{2}}\left\{\frac{f(x^2)-f(2)}{(x-\sqrt{2})(x+\sqrt{2})}\times(x+\sqrt{2})\right\}$
$=\lim_{x\to\sqrt{2}}\left\{\frac{f(x^2)-f(2)}{x^2-2}\times(x+\sqrt{2})\right\}$
$=2\sqrt{2}f'(2)=4\sqrt{2}$

248 ……… 답 ④

$\lim_{x\to2}\frac{f(x)-3}{x^3-8}=\frac{1}{3}$에서 극한값이 존재하고,
$x\to2$일 때 (분모) $\to0$이므로 (분자) $\to0$이다.
즉, $\lim_{x\to2}\{f(x)-3\}=f(2)-3=0$에서 $f(2)=3$

$\lim_{x\to2}\frac{f(x)-3}{x^3-8}=\lim_{x\to2}\frac{f(x)-f(2)}{x^3-8}$
$=\lim_{x\to2}\frac{f(x)-f(2)}{(x-2)(x^2+2x+4)}$
$=\lim_{x\to2}\left\{\frac{f(x)-f(2)}{x-2}\times\frac{1}{x^2+2x+4}\right\}=\frac{f'(2)}{12}$

이므로 $\frac{f'(2)}{12}=\frac{1}{3}$에서 $f'(2)=4$
$\therefore f(2)f'(2)=3\times4=12$

249 ……… 답 ③

$\lim_{x\to-3}\frac{f(x+1)+3}{x^2-9}=5$에서 극한값이 존재하고,
$x\to-3$일 때 (분모) $\to0$이므로 (분자) $\to0$이다.
즉, $\lim_{x\to-3}\{f(x+1)+3\}=f(-2)+3=0$에서 $f(-2)=-3$
$x+1=t$라 하면 $x\to-3$일 때 $t\to-2$이므로

$\lim_{x\to-3}\frac{f(x+1)+3}{x^2-9}=\lim_{t\to-2}\frac{f(t)-f(-2)}{(t-1)^2-9}$
$=\lim_{t\to-2}\frac{f(t)-f(-2)}{(t+2)(t-4)}$
$=\lim_{t\to-2}\left\{\frac{f(t)-f(-2)}{t-(-2)}\times\frac{1}{t-4}\right\}$
$=-\frac{1}{6}f'(-2)$

이므로 $-\frac{1}{6}f'(-2)=5$에서 $f'(-2)=-30$
$\therefore f(-2)+f'(-2)=(-3)+(-30)=-33$

다른 풀이

본풀이 중 $\lim_{x\to-3}\frac{f(x+1)+3}{x^2-9}$을 다음과 같이 구할 수 있다.

$\lim_{x\to-3}\frac{f(x+1)+3}{x^2-9}=\lim_{x\to-3}\frac{f(x+1)-f(-2)}{(x+3)(x-3)}$
$=\lim_{x\to-3}\left\{\frac{f(x+1)-f(-2)}{(x+1)-(-2)}\times\frac{1}{x-3}\right\}$
$=-\frac{1}{6}f'(-2)$ …… **TIP**

TIP

미분계수의 정의를 이용하기 위해
$f'(\bigstar)=\lim_{\blacktriangle\to\bigstar}\frac{f(\blacktriangle)-f(\bigstar)}{\blacktriangle-\bigstar}$의 꼴로 변형하면
$\lim_{x\to-3}\frac{f(x+1)-f(-2)}{(x+1)-(-2)}=f'(-2)$임을 알 수 있다.

250 ……… 답 ⑤

$\lim_{x\to2}\frac{xf(2)-2f(x)}{x-2}=\lim_{x\to2}\frac{xf(2)-2f(2)+2f(2)-2f(x)}{x-2}$
$=\lim_{x\to2}\left\{\frac{(x-2)f(2)}{x-2}-2\times\frac{f(x)-f(2)}{x-2}\right\}$
$=f(2)-2f'(2)$
$=3-2\times(-2)=7$

251 ……… 답 ③

$\lim_{x\to a}\frac{x^3f(a^2)-a^3f(x^2)}{x-a}$
$=\lim_{x\to a}\frac{x^3f(a^2)-a^3f(a^2)+a^3f(a^2)-a^3f(x^2)}{x-a}$
$=\lim_{x\to a}\left[\frac{(x^3-a^3)f(a^2)}{x-a}-\frac{a^3\{f(x^2)-f(a^2)\}}{x-a}\right]$
$=\lim_{x\to a}\left[\frac{(x-a)(x^2+ax+a^2)f(a^2)}{x-a}-\frac{a^3\{f(x^2)-f(a^2)\}}{x^2-a^2}\times(x+a)\right]$
$=3a^2f(a^2)-2a^4f'(a^2)=2a^4-a^2$

252 ……… 답 ②

$\frac{1}{x}=h$라 하면 $x\to\infty$일 때 $h\to0+$이므로

$\lim_{x\to\infty}x\left\{f\left(1+\frac{2}{x}\right)-f\left(1-\frac{5}{x}\right)\right\}$
$=\lim_{h\to0+}\frac{f(1+2h)-f(1-5h)}{h}$
$=\lim_{h\to0+}\frac{f(1+2h)-f(1)+f(1)-f(1-5h)}{h}$
$=\lim_{h\to0+}\left\{\frac{f(1+2h)-f(1)}{h}-\frac{f(1-5h)-f(1)}{h}\right\}$
$=\lim_{h\to0+}\left\{\frac{f(1+2h)-f(1)}{2h}\times2+\frac{f(1-5h)-f(1)}{-5h}\times5\right\}$
$=2f'(1)+5f'(1)$
$=7f'(1)=14$

253 ······ 답 ③

$\frac{1}{x}=h$라 하면 $x\to\infty$일 때 $h\to0+$이므로

$$\lim_{x\to\infty}x^3\left\{f\left(\frac{3}{x}\right)-f(0)\right\}^3=\lim_{h\to0+}\frac{\{f(3h)-f(0)\}^3}{h^3}$$
$$=\lim_{h\to0+}\left\{\frac{f(3h)-f(0)}{h}\right\}^3$$
$$=\lim_{h\to0+}\left\{\frac{f(3h)-f(0)}{3h-0}\times3\right\}^3$$
$$=\{3f'(0)\}^3$$
$$=\left(-\frac{1}{2}\right)^3=-\frac{1}{8}$$

254 ······ 답 ③

$f\left(\frac{3}{x}-1\right)=-f\left(1-\frac{3}{x}\right)$이므로

$$\lim_{x\to\infty}x\left\{f\left(1-\frac{2}{x}\right)+f\left(\frac{3}{x}-1\right)\right\}=\lim_{x\to\infty}x\left\{f\left(1-\frac{2}{x}\right)-f\left(1-\frac{3}{x}\right)\right\}$$

$\frac{1}{x}=h$라 하면 $x\to\infty$일 때 $h\to0+$이므로

$$\lim_{x\to\infty}x\left\{f\left(1-\frac{2}{x}\right)-f\left(1-\frac{3}{x}\right)\right\}$$
$$=\lim_{h\to0+}\frac{f(1-2h)-f(1-3h)}{h}$$
$$=\lim_{h\to0+}\frac{f(1-2h)-f(1)+f(1)-f(1-3h)}{h}$$
$$=\lim_{h\to0+}\left\{\frac{f(1-2h)-f(1)}{h}-\frac{f(1-3h)-f(1)}{h}\right\}$$
$$=\lim_{h\to0+}\left\{\frac{f(1-2h)-f(1)}{-2h}\times(-2)+\frac{f(1-3h)-f(1)}{-3h}\times3\right\}$$
$$=-2f'(1)+3f'(1)$$
$$=f'(1)=2$$

다른 풀이

$\frac{1}{x}=h$라 하면 $x\to\infty$일 때 $h\to0+$이므로

$$\lim_{x\to\infty}x\left\{f\left(1-\frac{2}{x}\right)+f\left(\frac{3}{x}-1\right)\right\}$$
$$=\lim_{h\to0+}\frac{f(1-2h)+f(3h-1)}{h}$$
$$=\lim_{h\to0+}\frac{f(1-2h)-f(1)-f(-1)+f(3h-1)}{h}$$

$(\because f(-1)=-f(1))$

$$=\lim_{h\to0+}\left\{\frac{f(1-2h)-f(1)}{h}+\frac{f(-1+3h)-f(-1)}{h}\right\}$$
$$=\lim_{h\to0+}\left\{\frac{f(1-2h)-f(1)}{-2h}\times(-2)+\frac{f(-1+3h)-f(-1)}{3h}\times3\right\}$$
$$=-2f'(1)+3f'(-1)$$

이때 $f(-x)=-f(x)$이면 $f'(-x)=f'(x)$이므로 ······ TIP

$f'(-1)=f'(1)$이다.

따라서 구하는 답은

$-2f'(1)+3f'(1)=f'(1)=2$

TIP

함수 $f(x)$가 임의의 실수 x에 대하여

❶ $f(-x)=f(x)$이면 함수 $y=f(x)$의 그래프가 y축에 대하여 대칭이므로 $x=t$에서의 접선과 $x=-t$에서의 접선도 y축에 대하여 대칭이다.
즉, 두 접선의 기울기는 절댓값은 같고 부호만 반대이다.
$\therefore f'(-x)=-f'(x)$

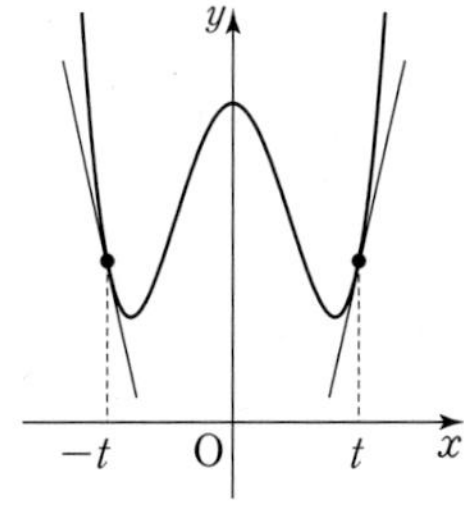

❷ $f(-x)=-f(x)$이면 함수 $y=f(x)$의 그래프가 원점에 대하여 대칭이므로 $x=t$에서의 접선과 $x=-t$에서의 접선도 원점에 대하여 대칭이다.
즉, 두 접선이 서로 평행하므로 접선의 기울기가 서로 같다.
$\therefore f'(-x)=f'(x)$

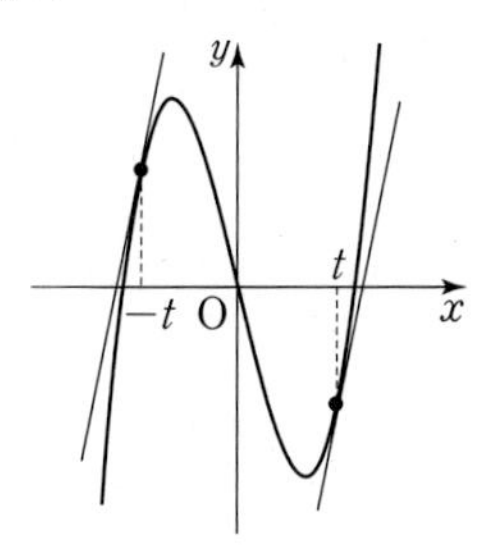

255 ······ 답 (1) 9 (2) −4

다항함수 $y=f(x)$의 그래프 위의 점 $(2, -4)$에서의 접선 $3x+y=2$는 기울기가 -3이므로 $f(2)=-4$, $f'(2)=-3$이다.

(1) $$\lim_{h\to0}\frac{f(2)-f(3h+2)}{h}=\lim_{h\to0}\left\{-\frac{f(2+3h)-f(2)}{h}\right\}$$
$$=\lim_{h\to0}\left\{-\frac{f(2+3h)-f(2)}{3h}\times3\right\}$$
$$=-3f'(2)=9$$

(2) $$\lim_{x\to2}\frac{x^2f(2)-4f(x)}{x-2}$$
$$=\lim_{x\to2}\frac{x^2f(2)-4f(2)+4f(2)-4f(x)}{x-2}$$
$$=\lim_{x\to2}\left\{\frac{(x^2-4)f(2)}{x-2}-4\times\frac{f(x)-f(2)}{x-2}\right\}$$
$$=4f(2)-4f'(2)=4\times(-4)-4\times(-3)=-4$$

256 ······ 답 ⑤

함수 $y=f(x)$의 그래프 위의 점 $(2, 5)$에서의 접선이 직선 $y=\frac{1}{2}x-3$과 서로 수직이면 접선의 기울기는 -2이므로 $f'(2)=-2$이다.

$$\lim_{x\to\infty} x\left\{f\left(\frac{4x-5}{2x}\right)-f(2)\right\}=\lim_{x\to\infty} x\left\{f\left(2-\frac{5}{2x}\right)-f(2)\right\}$$

이때 $\frac{1}{x}=h$라 하면 $x\to\infty$일 때 $h\to 0+$이므로

$$\lim_{x\to\infty} x\left\{f\left(2-\frac{5}{2x}\right)-f(2)\right\}$$
$$=\lim_{h\to 0+}\frac{f\left(2-\frac{5}{2}h\right)-f(2)}{h}$$
$$=\lim_{h\to 0+}\left\{\frac{f\left(2-\frac{5}{2}h\right)-f(2)}{-\frac{5}{2}h}\times\left(-\frac{5}{2}\right)\right\}$$
$$=-\frac{5}{2}f'(2)$$
$$=-\frac{5}{2}\times(-2)=5$$

257 답 ③

함수 $y=f(x)$의 그래프 위의 점 $(1, 3)$에서의 접선이
두 점 $(0, 0)$, $(1, 3)$을 지나므로 접선의 기울기는 3이다.
따라서 $f(1)=3$, $f'(1)=3$이므로

$$\lim_{x\to 1}\frac{x^3f(1)-f(x^2)}{x-1}$$
$$=\lim_{x\to 1}\frac{x^3f(1)-f(1)+f(1)-f(x^2)}{x-1}$$
$$=\lim_{x\to 1}\left\{\frac{(x^3-1)f(1)}{x-1}-\frac{f(x^2)-f(1)}{x-1}\right\}$$
$$=\lim_{x\to 1}\left\{(x^2+x+1)f(1)-\frac{f(x^2)-f(1)}{x^2-1}\times(x+1)\right\}$$
$$=3f(1)-2f'(1)$$
$$=3\times 3-2\times 3=3$$

258 답 ③

ㄱ. $\frac{f(a)}{a}=\frac{f(a)-0}{a-0}$은 두 점 $(0, 0)$, $(a, f(a))$를 이은 직선의 기울기이고, $\frac{f(b)}{b}=\frac{f(b)-0}{b-0}$은 두 점 $(0, 0)$, $(b, f(b))$를 이은 직선의 기울기이다.
주어진 그래프에서 두 직선의 기울기를 비교하면
$\frac{f(a)}{a}>\frac{f(b)}{b}$이다. (참)

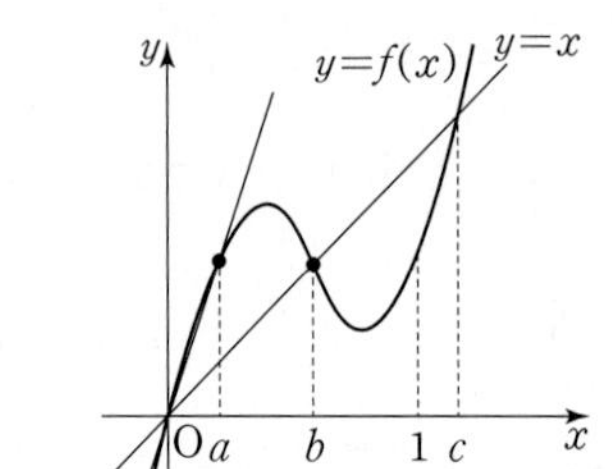

ㄴ. $\frac{f(c)-f(a)}{c-a}$는 두 점 $(a, f(a))$, $(c, f(c))$를 이은 직선의 기울기이고, 주어진 그래프에서 이 직선은 직선 $y=x$보다 기울기가 작으므로 $\frac{f(c)-f(a)}{c-a}<1$이다.
즉, $f(c)-f(a)<c-a$이다. (거짓)

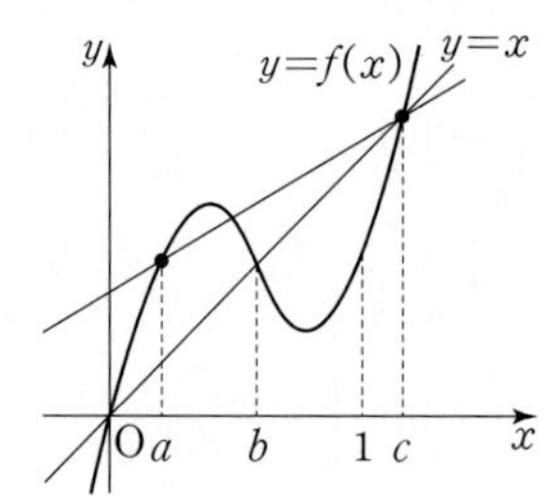

ㄷ. $f'(a)$, $f'(b)$는 각각 함수 $y=f(x)$의 그래프 위의 점 $(a, f(a))$, $(b, f(b))$에서의 접선의 기울기이고,
$f(1)=\frac{f(1)-0}{1-0}$은 두 점 $(0, 0)$, $(1, f(1))$을 이은 직선의 기울기이다.
주어진 그래프에서 세 직선의 기울기를 비교하면
$f'(b)<f(1)<f'(a)$이다. (참)

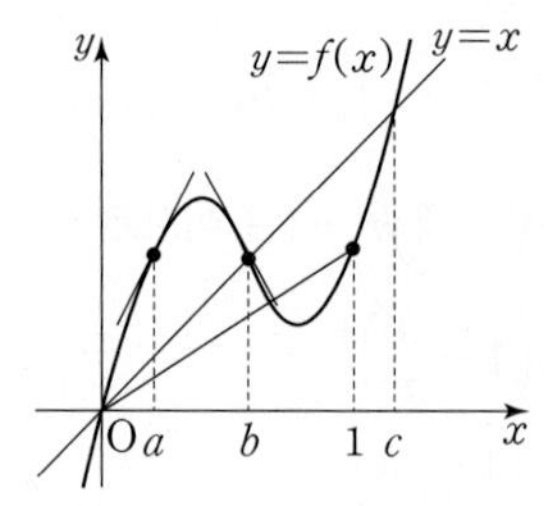

따라서 옳은 것은 ㄱ, ㄷ이다.

259 답 ④

$f(x)=\sqrt{|x|}=\begin{cases}\sqrt{x} & (x\geq 0)\\ \sqrt{-x} & (x<0)\end{cases}$의 그래프는 다음과 같다.

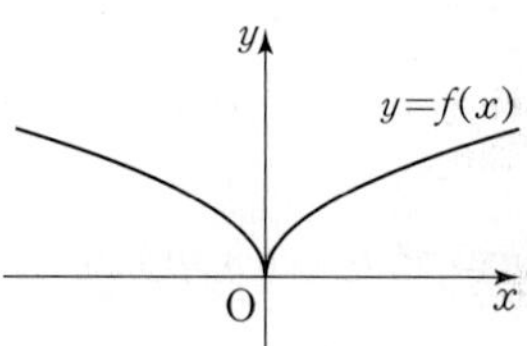

ㄱ. $x=-2$에서 함수 $y=f(x)$의 그래프의 접선의 기울기는 음수이므로 $f'(-2)<0$이다. (거짓)

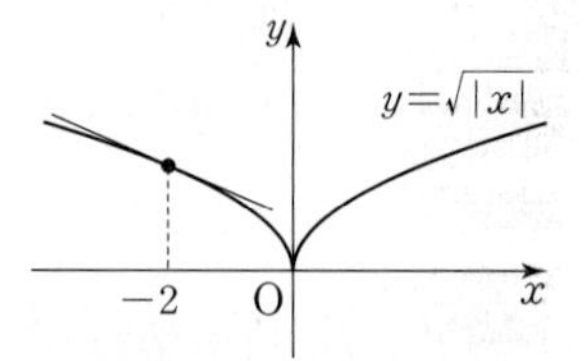

ㄴ. $\lim_{x\to 0}f(x)=f(0)=0$이므로 함수 $f(x)$는 $x=0$에서 연속이다. (참)

ㄷ. $f'(a)$, $f'(b)$는 각각 함수 $y=f(x)$의 그래프 위의 점 $(a, f(a))$, $(b, f(b))$에서의 접선의 기울기이고,
$\frac{f(b)-f(a)}{b-a}$는 두 점 $(a, f(a))$, $(b, f(b))$를 이은 직선의 기울기이다.
주어진 그래프에서 $a<b<0$일 때 세 직선의 기울기를 비교하면

$f'(b) < \frac{f(b)-f(a)}{b-a} < f'(a)$이다. (참)

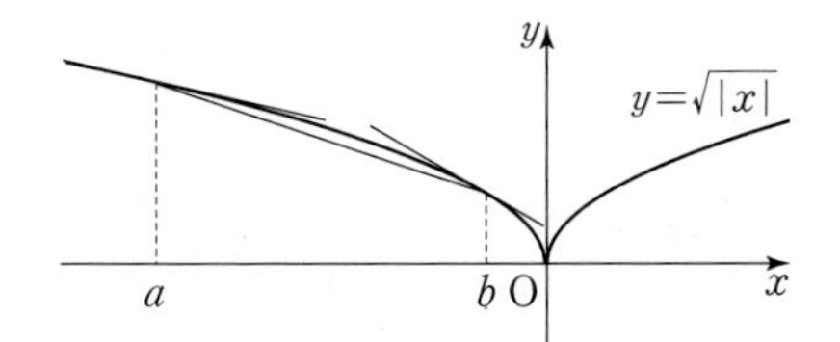

따라서 옳은 것은 ㄴ, ㄷ이다.

260 ······ 답 ⑤

① $x=4$에서의 좌극한이 존재한다. (참)
② $x=3$에서의 극한값이 함숫값과 같다. (참)
③ $x=6$에서 함수 $y=f(x)$의 그래프의 접선의 기울기가 음수이므로 $f'(6)<0$이다. (참)
④ $x=2$에서 함수 $y=f(x)$의 그래프의 접선의 기울기가 0이므로 $f'(2)=0$이다. (참)
⑤ 함수 $f(x)$는 $x=3, 4, 5$일 때 미분가능하지 않으므로 함수 $y=f(x)$는 세 점에서 미분가능하지 않다. (거짓)

따라서 선지 중 옳지 않은 것은 ⑤이다.

261 ······ 답 ②

ㄱ. 함수 $f(x)=x^3$은 다항함수이므로 모든 실수에서 연속이고, $\lim_{h\to 0}\frac{f(0+h)-f(0)}{h}=\lim_{h\to 0}h^2=0$이므로 $x=0$에서 미분가능하다.

ㄴ. 함수 $f(x)=x-|x|=\begin{cases} 0 & (x\ge 0) \\ 2x & (x<0) \end{cases}$의 그래프는 다음과 같다.

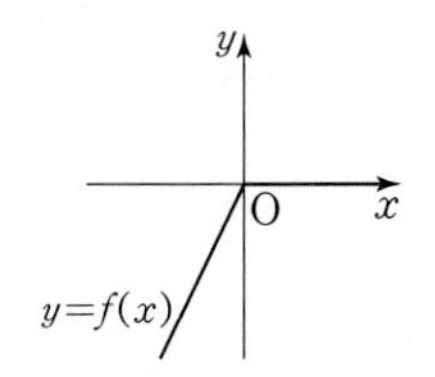

따라서 함수 $f(x)$는 $x=0$에서 연속이지만 미분가능하지 않다.

ㄷ. 함수 $f(x)=x|x|=\begin{cases} x^2 & (x\ge 0) \\ -x^2 & (x<0) \end{cases}$의 그래프는 다음과 같다.

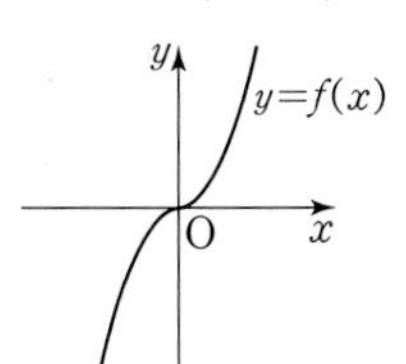

따라서 함수 $f(x)$는 $x=0$에서 연속이고 미분가능하다.

ㄹ. 함수 $f(x)=x^2[x]$는 $-1\le x<0$일 때 $f(x)=-x^2$, $0\le x<1$일 때 $f(x)=0$이므로 $-1\le x<1$에서 그래프가 다음과 같다.

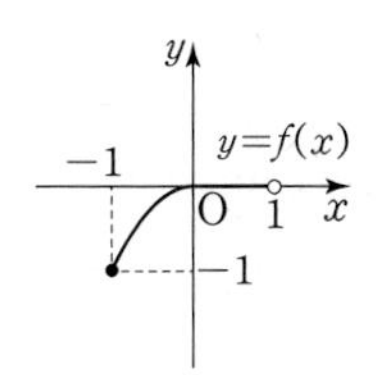

따라서 함수 $f(x)$는 $x=0$에서 연속이고 미분가능하다.

ㅁ. 함수 $f(x)=|x^2-2x|=\begin{cases} x^2-2x & (x<0 \text{ 또는 } x>2) \\ -x^2+2x & (0\le x\le 2) \end{cases}$의 그래프는 다음과 같다.

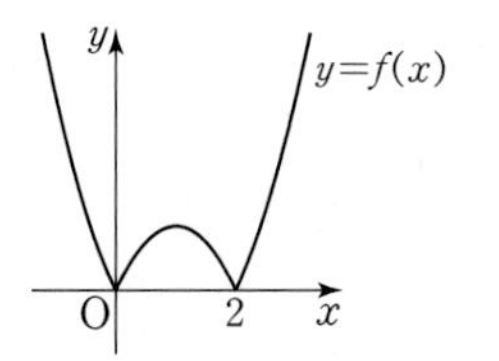

따라서 함수 $f(x)$는 $x=0$에서 연속이지만 미분가능하지 않다.

ㅂ. 함수 $f(x)=\begin{cases} \frac{x}{|x|} & (x\ne 0) \\ 0 & (x=0) \end{cases}=\begin{cases} 1 & (x>0) \\ 0 & (x=0) \\ -1 & (x<0) \end{cases}$의 그래프는 다음과 같다.

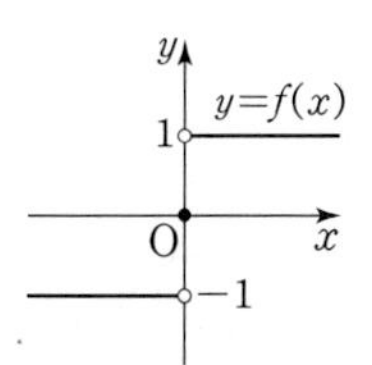

따라서 함수 $f(x)$는 $x=0$에서 연속이 아니므로 미분가능하지 않다.

따라서 $x=0$에서 연속이지만 미분가능하지 않은 것은 ㄴ, ㅁ으로 2개이다.

다른 풀이

237번 **TIP1**을 학습한 이후 다음과 같이 판단할 수 있다.

ㄱ. 함수 $f(x)=x^3$은 다항함수이므로 모든 실수 x에서 연속이고 미분가능하다.

ㄴ. 함수 $f(x)=x-|x|=\begin{cases} 0 & (x\ge 0) \\ 2x & (x<0) \end{cases}$는 $x=0$에서 연속이고
$g_1(x)=0$, $g_2(x)=2x$라 하면 $g_1'(x)=0$, $g_2'(x)=2$에서
$\lim_{x\to 0+}g_1'(x)=0$, $\lim_{x\to 0-}g_2'(x)=2$이므로
함수 $f(x)$는 $x=0$에서 미분가능하지 않다.

ㄷ. 함수 $f(x)=x|x|=\begin{cases} x^2 & (x\ge 0) \\ -x^2 & (x<0) \end{cases}$은 $x=0$에서 연속이고
$h_1(x)=x^2$, $h_2(x)=-x^2$이라 하면
$h_1'(x)=2x$, $h_2'(x)=-2x$에서
$\lim_{x\to 0+}h_1'(x)=0$, $\lim_{x\to 0-}h_2'(x)=0$이므로
함수 $f(x)$는 $x=0$에서 미분가능하다.

ㄹ. 함수 $f(x)=x^2[x]$는 $-1\le x<0$일 때 $f(x)=-x^2$, $0\le x<1$일 때 $f(x)=0$이다.
이때 함수 $f(x)$는 $x=0$에서 연속이고,
$i_1(x)=-x^2$, $i_2(x)=0$이라 하면
$i_1'(x)=-2x$, $i_2'(x)=0$에서
$\lim_{x\to 0+}i_2'(x)=0$, $\lim_{x\to 0-}i_1'(x)=0$이므로
함수 $f(x)$는 $x=0$에서 미분가능하다.

ㅁ. 함수 $f(x)=|x^2-2x|$는 $x=0$에서 연속이고
$f(x)=\begin{cases} x^2-2x & (x<0 \text{ 또는 } x>2) \\ -x^2+2x & (0\le x\le 2) \end{cases}$이므로
$j_1(x)=x^2-2x$, $j_2(x)=-x^2+2x$라 하면

$j_1'(x)=2x-2$, $j_2'(x)=-2x+2$에서

$\lim_{x\to 0+} j_2'(x)=2$, $\lim_{x\to 0-} j_1'(x)=-2$이므로

함수 $f(x)$는 $x=0$에서 미분가능하지 않다.

ㅂ. 함수 $f(x)=\begin{cases} \dfrac{x}{|x|} & (x\neq 0) \\ 0 & (x=0) \end{cases}=\begin{cases} 1 & (x>0) \\ 0 & (x=0) \\ -1 & (x<0) \end{cases}$은 $x=0$에서

연속이 아니므로 미분가능하지 않다.

262

답 풀이 참조

$f(x)=x+|x|=\begin{cases} 2x & (x\geq 0) \\ 0 & (x<0) \end{cases}$

(1) $\lim_{x\to 0+} f(x)=\lim_{x\to 0+} 2x=0$

$\lim_{x\to 0-} f(x)=\lim_{x\to 0-} 0=0$

$f(0)=0$

따라서 $\lim_{x\to 0+} f(x)=\lim_{x\to 0-} f(x)=f(0)$이므로

함수 $f(x)$는 $x=0$에서 연속이다.

(2) $\lim_{h\to 0+} \dfrac{f(0+h)-f(0)}{h}=\lim_{h\to 0+} \dfrac{2h-0}{h}=2$

$\lim_{h\to 0-} \dfrac{f(0+h)-f(0)}{h}=\lim_{h\to 0-} \dfrac{0-0}{h}=0$

따라서 $\lim_{h\to 0} \dfrac{f(0+h)-f(0)}{h}$이 존재하지 않으므로

함수 $f(x)$는 $x=0$에서 미분가능하지 않다.

다른 풀이

237번 **TIP1**을 학습한 이후 (2)를 다음과 같이 보일 수 있다.

$g(x)=2x$, $h(x)=0$이라 하면 $g'(x)=2$, $h'(x)=0$

$\lim_{h\to 0+} \dfrac{f(0+h)-f(0)}{h}=\lim_{h\to 0+} g'(x)=2$

$\lim_{h\to 0-} \dfrac{f(0+h)-f(0)}{h}=\lim_{h\to 0-} h'(x)=0$

따라서 $\lim_{h\to 0} \dfrac{f(0+h)-f(0)}{h}$이 존재하지 않으므로

함수 $f(x)$는 $x=0$에서 미분가능하지 않다.

채점 요소	배점
연속의 정의를 이용하여 $x=0$에서의 연속성 판단하기	50 %
미분계수의 정의를 이용하여 $x=0$에서의 미분가능성 판단하기	50 %

참고

함수 $f(x)=x+|x|$의 그래프는 다음과 같으므로 $x=0$에서 연속이지만 미분가능하지 않음을 알 수 있다.

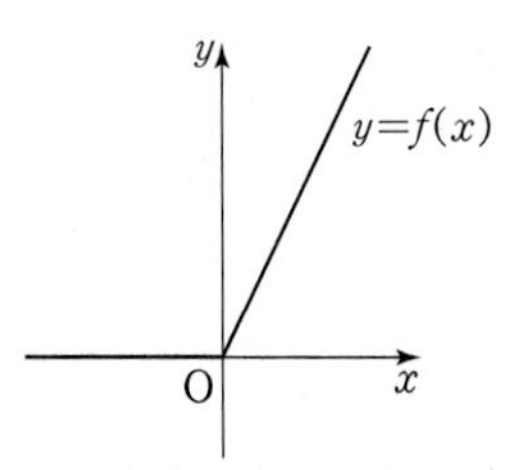

263

답 풀이 참조

$f(x)=|x^2-x|=\begin{cases} x^2-x & (x<0 \text{ 또는 } x>1) \\ -x^2+x & (0\leq x\leq 1) \end{cases}$

(1) $\lim_{x\to 1+} f(x)=\lim_{x\to 1+} (x^2-x)=0$

$\lim_{x\to 1-} f(x)=\lim_{x\to 1-} (-x^2+x)=0$

$f(1)=0$

따라서 $\lim_{x\to 1+} f(x)=\lim_{x\to 1-} f(x)=f(1)$이므로

함수 $f(x)$는 $x=1$에서 연속이다.

(2) $\lim_{h\to 0+} \dfrac{f(1+h)-f(1)}{h}=\lim_{h\to 0+} \dfrac{\{(1+h)^2-(1+h)\}-0}{h}$

$=\lim_{h\to 0+} \dfrac{h^2+h}{h}=\lim_{x\to 0+} (h+1)=1$

$\lim_{h\to 0-} \dfrac{f(1+h)-f(1)}{h}=\lim_{h\to 0-} \dfrac{\{-(1+h)^2+(1+h)\}-0}{h}$

$=\lim_{h\to 0-} \dfrac{-h^2-h}{h}=\lim_{h\to 0-} (-h-1)=-1$

따라서 $\lim_{h\to 0} \dfrac{f(1+h)-f(1)}{h}$이 존재하지 않으므로

함수 $f(x)$는 $x=1$에서 미분가능하지 않다.

다른 풀이

237번 **TIP1**을 학습한 이후 (2)를 다음과 같이 보일 수 있다.

$g(x)=x^2-x$, $h(x)=-x^2+x$라 하면

$g'(x)=2x-1$, $h'(x)=-2x+1$

$\lim_{h\to 0+} \dfrac{f(1+h)-f(1)}{h}=\lim_{x\to 1+} g'(x)=\lim_{x\to 1+} (2x-1)=1$

$\lim_{h\to 0-} \dfrac{f(1+h)-f(1)}{h}=\lim_{x\to 1-} h'(x)=\lim_{x\to 1-} (-2x+1)=-1$

즉, $\lim_{h\to 0} \dfrac{f(1+h)-f(1)}{h}$이 존재하지 않으므로

함수 $f(x)$는 $x=1$에서 미분가능하지 않다.

채점 요소	배점
연속의 정의를 이용하여 $x=1$에서의 연속성 판단하기	40 %
미분계수의 정의를 이용하여 $x=1$에서의 미분가능성 판단하기	60 %

264

답 풀이 참조

함수 $f(x)$가 $x=0$에서 연속이므로

$\lim_{x\to 0} f(x)=f(0)$이다. …… ㉠

$g'(0)=\lim_{x\to 0} \dfrac{g(x)-g(0)}{x-0}$

$=\lim_{x\to 0} \dfrac{\dfrac{1}{1-xf(x)}-1}{x}=\lim_{x\to 0} \dfrac{\dfrac{xf(x)}{1-xf(x)}}{x}$

$=\lim_{x\to 0} \dfrac{f(x)}{1-xf(x)}=\dfrac{f(0)}{1-0\times f(0)}$ ($\because$ ㉠)

$=f(0)$

따라서 $g'(0)$이 존재하므로 함수 $g(x)$는 $x=0$에서 미분가능하다.

채점 요소	배점
$g'(0)=\lim_{x\to0}\frac{g(x)-g(0)}{x-0}=\lim_{x\to0}\frac{f(x)}{1-xf(x)}$ 구하기	50%
$\lim_{x\to0}f(x)=f(0)$임을 이용하여 함수 $g(x)$가 $x=0$에서 미분가능함을 보이기	50%

265 ······ 답 풀이 참조

$g(x)=|x+1|f(x)=\begin{cases}(x+1)f(x) & (x\ge-1)\\-(x+1)f(x) & (x<-1)\end{cases}$이고,

함수 $f(x)$가 $x=-1$에서 연속이므로

$\lim_{x\to-1+}f(x)=\lim_{x\to-1-}f(x)=f(-1)$이다.

이때 함수 $g(x)$가 $x=-1$에서 미분가능하려면

$\lim_{x\to-1+}\frac{g(x)-g(-1)}{x-(-1)}=\lim_{x\to-1-}\frac{g(x)-g(-1)}{x-(-1)}$이어야 하므로

$$\lim_{x\to-1+}\frac{g(x)-g(-1)}{x-(-1)}=\lim_{x\to-1+}\frac{(x+1)f(x)-0}{x+1}=\lim_{x\to-1+}f(x)=f(-1)$$

$$\lim_{x\to-1-}\frac{g(x)-g(-1)}{x-(-1)}=\lim_{x\to-1-}\frac{-(x+1)f(x)-0}{x+1}=\lim_{x\to-1-}\{-f(x)\}=-f(-1)$$

에서 $f(-1)=-f(-1)$이어야 한다.

$\therefore f(-1)=0$

채점 요소	배점
미분계수의 정의를 이용하여 $g(x)$의 $x=-1$에서의 좌미분계수 구하기	40%
미분계수의 정의를 이용하여 $g(x)$의 $x=-1$에서의 우미분계수 구하기	40%
함수 $g(x)$가 $x=-1$에서 미분가능하도록 하는 $f(-1)$의 값 구하기	20%

266 ······ 답 36

$f(x)=\begin{cases}-(x+4)(x-a) & (x<a)\\(x+4)(x-a) & (x\ge a)\end{cases}$에서

$f(x-b)=\begin{cases}-(x+4-b)(x-a-b) & (x<a+b)\\(x+4-b)(x-a-b) & (x\ge a+b)\end{cases}$이고

두 함수는 각각 $x=a$, $x=a+b$에서 미분가능하지 않다. 이때

$$f(x)f(x-b)=\begin{cases}(x+4)(x-a)(x+4-b)(x-a-b) & (x<a)\\-(x+4)(x-a)(x+4-b)(x-a-b) & (a\le x<a+b)\\(x+4)(x-a)(x+4-b)(x-a-b) & (x\ge a+b)\end{cases}$$

에서 $h(x)=(x+4)(x-a)(x+4-b)(x-a-b)$라 하면

$$h'(x)=(x-a)(x+4-b)(x-a-b)+(x+4)(x+4-b)(x-a-b)+(x+4)(x-a)(x-a-b)+(x+4)(x-a)(x+4-b)$$

이므로

$h'(a)=-b(a+4)(a-b+4)$, $h'(a+b)=b(a+b+4)(a+4)$

이때 $a>0$, $b>0$이므로 $h'(a+b)\ne0$이다.

즉, 함수 $f(x)f(x-b)$는 $x=a+b$에서 미분가능하지 않다. ······ TIP

함수 $f(x)f(x-b)$가 $x=6$에서만 미분가능하지 않으므로

$a+b=6$이다. ······ ㉠

이때 함수 $f(x)f(x-b)$는 $x=a$에서 미분가능하므로

$h'(a)=0$에서 $a-b=-4$이다. ······ ㉡

㉠, ㉡에서 $a=1$, $b=5$

$\therefore f(b)=f(5)=9\times|5-1|=36$

TIP

함수 $f(x)f(x-b)=\begin{cases}h(x) & (x<a)\\-h(x) & (a\le x<a+b)\\h(x) & (x\ge a+b)\end{cases}$가

$x=a$에서 미분가능하려면 $h(a)=-h(a)$, $h'(a)=-h'(a)$, 즉 $h(a)=h'(a)=0$을 만족해야 한다.

같은 이유로 $x=a+b$에서 미분가능하려면 $h(a+b)=h'(a+b)=0$을 만족해야 한다.

267 ······ 답 4

$f(1)>0$이면

$$\lim_{x\to1+}\frac{|f(x)|-|f(1)|}{x-1}=\lim_{x\to1+}\frac{f(x)-f(1)}{x-1}=f'(1)$$

$$\lim_{x\to1-}\frac{|f(x)|-|f(1)|}{x-1}=\lim_{x\to1-}\frac{f(x)-f(1)}{x-1}=f'(1)$$

이므로 $\lim_{x\to1+}\frac{|f(x)|-|f(1)|}{x-1}-\lim_{x\to1-}\frac{|f(x)|-|f(1)|}{x-1}=0$이고,

$f(1)<0$이면

$$\lim_{x\to1+}\frac{|f(x)|-|f(1)|}{x-1}=\lim_{x\to1+}\frac{-f(x)+f(1)}{x-1}=-f'(1)$$

$$\lim_{x\to1-}\frac{|f(x)|-|f(1)|}{x-1}=\lim_{x\to1-}\frac{-f(x)+f(1)}{x-1}=-f'(1)$$

이므로 $\lim_{x\to1+}\frac{|f(x)|-|f(1)|}{x-1}-\lim_{x\to1-}\frac{|f(x)|-|f(1)|}{x-1}=0$이다.

즉, $\lim_{x\to1+}\frac{|f(x)|-|f(1)|}{x-1}-\lim_{x\to1-}\frac{|f(x)|-|f(1)|}{x-1}=4$이려면

$f(1)=0$이어야 한다. ······ ㉠

이때 $f'(1)>0$이면

$$\lim_{x\to1+}\frac{|f(x)|-|f(1)|}{x-1}=\lim_{x\to1+}\frac{f(x)}{x-1}=f'(1)$$

$$\lim_{x\to1-}\frac{|f(x)|-|f(1)|}{x-1}=\lim_{x\to1-}\frac{-f(x)}{x-1}=-f'(1)$$

이므로

$$\lim_{x\to1+}\frac{|f(x)|-|f(1)|}{x-1}-\lim_{x\to1-}\frac{|f(x)|-|f(1)|}{x-1}=2f'(1)=4$$

에서 $f'(1)=2$이어야 하고,

$f'(1)<0$이면

$$\lim_{x\to1+}\frac{|f(x)|-|f(1)|}{x-1}=\lim_{x\to1+}\frac{-f(x)}{x-1}=-f'(1)$$

$$\lim_{x\to1-}\frac{|f(x)|-|f(1)|}{x-1}=\lim_{x\to1-}\frac{f(x)}{x-1}=f'(1)$$

이므로

$$\lim_{x\to1+}\frac{|f(x)|-|f(1)|}{x-1}-\lim_{x\to1-}\frac{|f(x)|-|f(1)|}{x-1}=-2f'(1)=4$$

에서 $f'(1)=-2$이어야 한다.

한편, 함수 $g(x)=|x(x+k)|f(x)$가 실수 전체의 집합에서

미분가능하므로 $x=0$과 $x=-k$에서 미분가능하다.

따라서 $f(0)=0$이고 $f(-k)=0$이다. …… ㉡

㉠, ㉡에서 $f(x)=ax(x-1)$ $(a>0)$이므로

$f'(x)=a(x-1)+ax$, $f'(1)=a=2$이다.

즉, $f(x)=2x(x-1)$이고, ㉡에서 $-k=1$, $k=-1$이다.

$\therefore f(k)=f(-1)=4$

268

답 ③

$f(x)=2x^3-xf'(2)$에서 $f'(x)=6x^2-f'(2)$

양변에 $x=2$를 대입하면

$f'(2)=24-f'(2)$에서 $f'(2)=12$이므로

$f'(x)=6x^2-12$

$\therefore f'(1)=6-12=-6$

269

답 ④

$$f(x)=|x^2-4x|=\begin{cases}-x^2+4x & (0\le x\le 4)\\ x^2-4x & (x<0 \text{ 또는 } x>4)\end{cases}$$

$x=3$의 근방에서 $f(x)=-x^2+4x$이므로

$x=3$의 근방에서 $f'(x)=-2x+4$

$\therefore f'(3)=-6+4=-2$

270

답 ①

함수 $y=f(x)$의 그래프 위의 점 $(2, f(2))$에서의 접선의 기울기가 4이므로 $f'(2)=4$이다.

$f(x)=x^3+ax^2+5$에서 $f'(x)=3x^2+2ax$이므로

$f'(2)=12+4a=4$, $a=-2$

$f(x)=x^3-2x^2+5$이므로 $f(2)=5$이고,

직선 $y=4x+b$가 점 $(2, 5)$를 지나므로

$5=8+b$, $b=-3$

$\therefore a+b=(-2)+(-3)=-5$

271

답 ②

$$\lim_{x\to\infty}(3x+3)\left\{f\left(\frac{2x+1}{x+1}\right)-f\left(\frac{2x-1}{x+1}\right)\right\}$$

$$=\lim_{x\to\infty}3(x+1)\left\{f\left(2-\frac{1}{x+1}\right)-f\left(2-\frac{3}{x+1}\right)\right\}$$

$\dfrac{1}{x+1}=h$라 하면 $x\to\infty$일 때 $h\to 0+$이므로

$$\lim_{h\to0+}\frac{3}{h}\{f(2-h)-f(2-3h)\}$$

$$=3\lim_{h\to0+}\frac{f(2-h)-f(2)+f(2)-f(2-3h)}{h}$$

$$=3\lim_{h\to0+}\left\{\frac{f(2-h)-f(2)}{-h}\times(-1)+\frac{f(2-3h)-f(2)}{-3h}\times3\right\}$$

$=3\{-f'(2)+3f'(2)\}=6f'(2)$

$f(x)=2x^3-5x^2+1$에서 $f'(x)=6x^2-10x$이므로

$6f'(2)=6\times4=24$

272

답 ③

$f(x)=x^{16}+x^3+2x$라 하면 $f(1)=4$이므로

$$\lim_{x\to1}\frac{x^{16}+x^3+2x-4}{x-1}=\lim_{x\to1}\frac{f(x)-f(1)}{x-1}=f'(1)$$

$f'(x)=16x^{15}+3x^2+2$이므로 $f'(1)=21$

다른 풀이

로피탈의 정리에 의하여 …… TIP

$$\lim_{x\to1}\frac{x^{16}+x^3+2x-4}{x-1}=\lim_{x\to1}\frac{16x^{15}+3x^2+2}{1}=21$$

TIP

미분가능한 두 함수 $f(x)$, $g(x)$와 상수 a에 대하여

극한 $\lim\limits_{x\to a}\dfrac{f(x)}{g(x)}$가 $\dfrac{0}{0}$ 꼴일 때, 즉 $f(a)=g(a)$일 때

$\lim\limits_{x\to a}\dfrac{f(x)}{g(x)}=\dfrac{f'(a)}{g'(a)}$이다. (단, $g'(a)\ne0$)

이것을 **로피탈의 정리**라 한다.

로피탈의 정리는 교육과정 상에서 배우는 내용은 아니지만 $\dfrac{0}{0}$ 꼴의 극한에서 이용하면 극한값을 빠르게 구할 수 있으니 활용하도록 하자.

273

답 ②

$\lim\limits_{x\to-1}\dfrac{x+1}{x^n+x^8+x^3+x^2}=\dfrac{1}{6}$에서 0이 아닌 극한값이 존재하고,

$x\to-1$일 때 (분자) $\to0$이므로 (분모) $\to0$이다.

즉, $\lim\limits_{x\to-1}(x^n+x^8+x^3+x^2)=(-1)^n+1=0$에서

$(-1)^n=-1$이므로 n은 홀수이다. …… ㉠

$f(x)=x^n+x^8+x^3+x^2$이라 하면 $f(-1)=0$이므로

$$\lim_{x\to-1}\frac{x+1}{x^n+x^8+x^3+x^2}=\lim_{x\to-1}\frac{x-(-1)}{f(x)-f(-1)}=\frac{1}{f'(-1)}$$

즉, $\dfrac{1}{f'(-1)}=\dfrac{1}{6}$이므로 $f'(-1)=6$

$f'(x)=nx^{n-1}+8x^7+3x^2+2x$이고 ㉠에 의해 $(-1)^{n-1}=1$이므로

$f'(-1)=n-8+3-2$

$=n-7=6$

$\therefore n=13$

다른 풀이

㉠ 이후의 풀이를 다음과 같이 할 수 있다.

로피탈의 정리에 의하여

$$\lim_{x\to-1}\frac{x+1}{x^n+x^8+x^3+x^2}=\lim_{x\to-1}\frac{1}{nx^{n-1}+8x^7+3x^2+2x}=\frac{1}{n-8+3-2}\ (\because ㉠)=\frac{1}{n-7}$$

이므로 $\frac{1}{n-7}=\frac{1}{6}$

$\therefore n=13$

274 ······ 답 ①

조건 (가)에 의하여 $f(x)$ $2x^3$은 최고차항의 계수가 -2인 이차식이므로

$f(x)-2x^3=-2x^2+ax+b$ (a, b는 상수)라 하면

$f(x)=2x^3-2x^2+ax+b$

조건 (나)의 $\lim_{x\to1}\frac{f(x+1)-4}{x(x-1)}=10$에서 극한값이 존재하고,

$x\to1$일 때 (분모)$\to0$이므로 (분자)$\to0$이다.

즉, $\lim_{x\to1}\{f(x+1)-4\}=f(2)-4=0$에서

$f(2)=4$ ······ ㉠

즉, $16-8+2a+b=4$에서 $2a+b=-4$ ······ ㉡

조건 (나)에서 $x+1=t$라 하면 $x\to1$일 때 $t\to2$이므로

$$\lim_{x\to1}\frac{f(x+1)-4}{x(x-1)}=\lim_{t\to2}\frac{f(t)-f(2)}{(t-1)(t-2)}\ (\because ㉠)$$
$$=\lim_{t\to2}\left\{\frac{f(t)-f(2)}{t-2}\times\frac{1}{t-1}\right\}$$
$$=f'(2)$$

에서 $f'(2)=10$

$f'(x)=6x^2-4x+a$이므로

$f'(2)=24-8+a=10$, $a=-6$

㉡에 대입하면 $b=8$

따라서 $f(x)=2x^3-2x^2-6x+8$이므로

$f(1)=2$

다른 풀이

본풀이 중 $\lim_{x\to1}\frac{f(x+1)-4}{x(x-1)}$를 다음과 같이 구할 수 있다.

$$\lim_{x\to1}\frac{f(x+1)-4}{x(x-1)}=\lim_{x\to1}\frac{f(x+1)-f(2)}{x(x-1)}\ (\because ㉠)$$
$$=\lim_{x\to1}\left\{\frac{1}{x}\times\frac{f(x+1)-f(2)}{(x+1)-2}\right\}$$
$$=f'(2)$$ ······ TIP

TIP

미분계수의 정의를 이용하기 위해

$f'(\bigstar)=\lim_{\blacktriangle\to\bigstar}\frac{f(\blacktriangle)-f(\bigstar)}{\blacktriangle-\bigstar}$의 꼴로 변형하면

$\lim_{x\to1}\frac{f(x+1)-f(2)}{(x+1)-2}=f'(2)$임을 알 수 있다.

275 ······ 답 5

$f(x)\ge2x+1$에서

$f(x)-f(1)\ge2x-2$이므로

$x>1$일 때,

$\lim_{x\to1+}\frac{f(x)-f(1)}{x-1}\ge\lim_{x\to1+}\frac{2x-2}{x-1}=2$ ······ ㉠

$x<1$일 때,

$\lim_{x\to1-}\frac{f(x)-f(1)}{x-1}\le\lim_{x\to1-}\frac{2x-2}{x-1}=2$ ······ ㉡

이때 함수 $f(x)$가 미분가능하므로

$\lim_{x\to1+}\frac{f(x)-f(1)}{x-1}=\lim_{x\to1-}\frac{f(x)-f(1)}{x-1}=f'(1)$이고,

㉠, ㉡에 의하여 $2\le f'(1)\le2$이므로 $f'(1)=2$이다.

마찬가지로 $f(x)\le3x+1$에서 $f(x)-f(2)\le3x-6$이므로

$x>2$일 때,

$\lim_{x\to2+}\frac{f(x)-f(2)}{x-2}\le\lim_{x\to2+}\frac{3x-6}{x-2}=3$ ······ ㉢

$x<2$일 때,

$\lim_{x\to2-}\frac{f(x)-f(2)}{x-2}\ge\lim_{x\to2-}\frac{3x-6}{x-2}=3$ ······ ㉣

이때 함수 $f(x)$가 미분가능하므로

$\lim_{x\to2+}\frac{f(x)-f(2)}{x-2}=\lim_{x\to2-}\frac{f(x)-f(2)}{x-2}=f'(2)$이고,

㉢, ㉣에 의하여 $3\le f'(2)\le3$이므로 $f'(2)=3$이다.

$\therefore f'(1)+f'(2)=2+3=5$

276 ······ 답 풀이 참조

$f(x+y)=f(x)+f(y)-3xy$ ······ ㉠

(1) ㉠의 양변에 $x=0$, $y=0$을 대입하면

$f(0)=f(0)+f(0)$

$\therefore f(0)=0$ ······ ㉡

(2) $\lim_{h\to0}\frac{f(h)}{h}=\lim_{h\to0}\frac{f(h)-f(0)}{h-0}\ (\because ㉡)$

$=f'(0)=2$ ······ ㉢

(3) $f'(x)=\lim_{h\to0}\frac{f(x+h)-f(x)}{h}$

$=\lim_{h\to0}\frac{\{f(x)+f(h)-3xh\}-f(x)}{h}\ (\because ㉠)$

$=\lim_{h\to0}\left\{\frac{f(h)}{h}-3x\right\}$

$=-3x+2\ (\because ㉢)$

채점 요소	배점
$x=0$을 대입하여 $f(0)$의 값 구하기	20%
$\lim_{h\to0}\frac{f(h)}{h}=f'(0)$임을 이용하여 극한값 구하기	30%
도함수의 정의와 (2)의 결과를 이용하여 도함수 $f'(x)$ 구하기	50%

277 ······ 답 ②

$f(x+y)=f(x)+f(y)+3xy(x+y)$ ······ ㉠

㉠의 양변에 $x=0$, $y=0$을 대입하면

$f(0)=f(0)+f(0)$이므로

$f(0)=0$ ······ ㉡

$$f'(x)=\lim_{h\to 0}\frac{f(x+h)-f(x)}{h}$$
$$=\lim_{h\to 0}\frac{\{f(x)+f(h)+3xh(x+h)\}-f(x)}{h}\ (\because ㉠)$$
$$=\lim_{h\to 0}\left\{\frac{f(h)-f(0)}{h-0}+3x(x+h)\right\}\ (\because ㉡)$$
$$=f'(0)+3x^2$$
$$=3x^2+4\ (\because f'(0)=4)$$

$f'(n)\le 100$에서

$3n^2+4\le 100$, $n^2\le 32$

따라서 구하는 정수 n의 최댓값은 5이다.

278 ········ 답 ⑤

$f(x+y)=f(xy)+f(x)+f(y)+2xy$ ······ ㉠

$$f'(1)=\lim_{h\to 0}\frac{f(1+h)-f(1)}{h}$$
$$=\lim_{h\to 0}\frac{\{f(h)+f(1)+f(h)+2h\}-f(1)}{h}\ (\because ㉠)$$
$$=\lim_{h\to 0}\left\{\frac{2f(h)}{h}+2\right\}=-2$$

이므로 $\lim_{h\to 0}\frac{f(h)}{h}=-2$ ······ ㉡

$$\therefore f'(3)=\lim_{h\to 0}\frac{f(3+h)-f(3)}{h}$$
$$=\lim_{h\to 0}\frac{\{f(3h)+f(3)+f(h)+6h\}-f(3)}{h}\ (\because ㉠)$$
$$=\lim_{h\to 0}\left\{\frac{f(3h)}{h}+\frac{f(h)}{h}+6\right\}$$
$$=\lim_{h\to 0}\left\{\frac{f(3h)}{3h}\times 3+\frac{f(h)}{h}+6\right\}$$
$$=-2\times 3-2+6\ (\because ㉡)$$
$$=-2$$

다른 풀이

$f(x+y)=f(xy)+f(x)+f(y)+2xy$ ······ ㉠

㉠의 양변에 $x=0$, $y=0$을 대입하면

$f(0)=3f(0)$이므로 $f(0)=0$ ······ ㉡

$$f'(x)=\lim_{h\to 0}\frac{f(x+h)-f(x)}{h}$$
$$=\lim_{h\to 0}\frac{\{f(xh)+f(x)+f(h)+2xh\}-f(x)}{h}\ (\because ㉠)$$
$$=\lim_{h\to 0}\left\{\frac{f(xh)}{h}+\frac{f(h)}{h}+2x\right\}$$
$$=\lim_{h\to 0}\left\{\frac{f(xh)-f(0)}{xh-0}\times x+\frac{f(h)-f(0)}{h-0}+2x\right\}\ (\because ㉡)$$
$$=f'(0)x+f'(0)+2x$$

$f'(1)=2f'(0)+2=-2$이므로 $f'(0)=-2$

따라서 $f'(x)=-2$이므로

$f'(3)=-2$

279 ········ 답 ②

$$f'(x)=\lim_{h\to 0}\frac{f(x+h)-f(x)}{h}$$
$$=\lim_{h\to 0}\frac{4f(x)f(h)-f(x)}{h}\ (\because \text{조건 (가)})$$
$$=\lim_{h\to 0}\frac{f(x)\{4f(h)-1\}}{h}$$ ······ ㉠

$f(x)$가 미분가능한 함수이므로 모든 실수 x에 대하여 ㉠의 극한값이 존재하고, $h\to 0$일 때 (분모) $\to 0$이므로 (분자) $\to 0$이다.

즉, $\lim_{h\to 0}[f(x)\{4f(h)-1\}]=0$에서 $f(x)\{4f(0)-1\}=0$

이때 조건 (나)에 의하여 $f(x)\ne 0$이므로

$4f(0)-1=0$, $4f(0)=1$

따라서 ㉠에서

$f'(x)=\lim_{h\to 0}\frac{f(x)\{4f(h)-4f(0)\}}{h-0}=4f(x)f'(0)$이므로

$\frac{f'(x)}{f(x)}=4f'(0)=4$ ($\because$ 조건 (다))

다른 풀이

다음과 같이 $4f(0)=1$임을 구할 수 있다.

조건 (가)의 등식의 양변에 $x=0$, $y=0$을 대입하면

$f(0)=4\{(f(0)\}^2$

조건 (나)에 의하여 $f(x)\ne 0$이므로

$4f(0)=1$이다.

280 ········ 답 (가) : $f(x+h)$
(나) : $\{f(x+h)\}^2+f(x+h)f(x)+\{f(x)\}^2$
(다) : $3\{f(x)\}^2f'(x)$

$g(x)=\{f(x)\}^3$이라 하면 $y=g(x)$에서

$$y'=\lim_{h\to 0}\frac{g(x+h)-g(x)}{h}$$
$$=\lim_{h\to 0}\frac{\{f(x+h)\}^3-\{f(x)\}^3}{h}$$
$$=\lim_{h\to 0}\left\{\frac{\boxed{f(x+h)}-f(x)}{h}\times\left(\boxed{\{f(x+h)\}^2+f(x+h)f(x)+\{f(x)\}^2}\right)\right\}$$
$$=f'(x)\times 3\{f(x)\}^2$$
$$=\boxed{3\{f(x)\}^2f'(x)}$$

참고

$y=\{f(x)\}^3$일 때 $y'=3\{f(x)\}^2f'(x)$임을 다음과 같이 보일 수 있다.

$y=\{f(x)\}^3=f(x)f(x)f(x)$에서

$y'=f'(x)f(x)f(x)+f(x)f'(x)f(x)+f(x)f(x)f'(x)$
$=3\{f(x)\}^2f'(x)$

281 ········ 답 ⑤

곡선 $y=f(x)$ 위의 점 $(2, 1)$에서의 접선의 기울기가 5이므로

$f(2)=1$, $f'(2)=5$이다.

$y=(x^2-1)f(x)$에서

$y'=2xf(x)+(x^2-1)f'(x)$
이므로 $x=2$에서의 미분계수는
$4f(2)+3f'(2)=4\times1+3\times5=19$

282 답 ⑤

$\lim_{x\to3}\frac{f(x)-4}{x-3}=3$, $\lim_{x\to3}\frac{g(x)-1}{x-3}=2$에서 각각 극한값이 존재하고, $x\to3$일 때 (분모) $\to0$이므로 (분자) $\to0$이다.
즉, $\lim_{x\to3}\{f(x)-4\}=f(3)-4=0$에서 $f(3)=4$
$\lim_{x\to3}\{g(x)-1\}=g(3)-1=0$에서 $g(3)=1$이다.
따라서
$\lim_{x\to3}\frac{f(x)-4}{x-3}=\lim_{x\to3}\frac{f(x)-f(3)}{x-3}=f'(3)=3$이고,
$\lim_{x\to3}\frac{g(x)-1}{x-3}=\lim_{x\to3}\frac{g(x)-g(3)}{x-3}=g'(3)=2$이다.
$y'=f'(x)g(x)+f(x)g'(x)$이므로
함수 $y=f(x)g(x)$의 $x=3$에서의 미분계수는
$f'(3)g(3)+f(3)g'(3)$이다.
$\therefore f'(3)g(3)+f(3)g'(3)=3\times1+4\times2=11$

283 답 −9

$f'(x)=3x^2-3$, $g'(x)=4x^3-10x$에서
$h(x)=f(x)g(x)$라 하면

$$\lim_{x\to0}\frac{f(x)g(x)-f(0)g(0)}{x}=\lim_{x\to0}\frac{h(x)-h(0)}{x-0}=h'(0)$$

$h'(x)=f'(x)g(x)+f(x)g'(x)$이므로

$$h'(0)=f'(0)g(0)+f(0)g'(0)=-3\times3+1\times0=-9$$

284 답 ④

$$\lim_{x\to3}\frac{f(x)-f(2x-3)}{x-3}$$
$$=\lim_{x\to3}\frac{f(x)-f(3)+f(3)-f(2x-3)}{x-3}$$
$$=\lim_{x\to3}\left\{\frac{f(x)-f(3)}{x-3}-\frac{f(2x-3)-f(3)}{x-3}\right\} \quad \cdots\cdots ㉠$$

$2x-3=t$라 하면 $x\to3$일 때 $t\to3$이므로

$$\lim_{x\to3}\frac{f(2x-3)-f(3)}{x-3}=\lim_{t\to3}\frac{f(t)-f(3)}{\frac{t+3}{2}-3}=\lim_{t\to3}\frac{f(t)-f(3)}{t-3}\times2=2f'(3)$$

따라서 ㉠에서 구하는 값은
$f'(3)-2f'(3)=-f'(3)$이다.
$f(x)=(x^2-2)(2x-3)$에서
$f'(x)=2x(2x-3)+2(x^2-2)$이므로
$-f'(3)=-(6\times3+2\times7)=-32$

다른 풀이

본풀이 중 $\lim_{x\to3}\frac{f(2x-3)-f(3)}{x-3}$을 다음과 같이 구할 수 있다.

$$\lim_{x\to3}\frac{f(2x-3)-f(3)}{x-3}=\lim_{x\to3}\left\{\frac{f(2x-3)-f(3)}{(2x-3)-3}\times2\right\}=2f'(3) \quad \cdots\cdots \text{TIP}$$

TIP

미분계수의 정의를 이용하기 위해
$f'(\bigstar)=\lim_{\blacktriangle\to\bigstar}\frac{f(\blacktriangle)-f(\bigstar)}{\blacktriangle-\bigstar}$의 꼴로 변형하면
$\lim_{x\to3}\frac{f(2x-3)-f(3)}{(2x-3)-3}=f'(3)$임을 알 수 있다.

285 답 ①

$g(x)=(x^3+x^2-27)f(x)$라 하면
$g(3)=9f(3)$이므로

$$\lim_{x\to3}\frac{(x^3+x^2-27)f(x)-9f(3)}{x^2-9}=\lim_{x\to3}\frac{g(x)-g(3)}{(x-3)(x+3)}=\frac{g'(3)}{6}$$

$g'(x)=(3x^2+2x)f(x)+(x^3+x^2-27)f'(x)$이므로

$$g'(3)=33f(3)+9f'(3)=33\times(-2)+9\times4=-30$$

따라서 구하는 값은
$\frac{g'(3)}{6}=\frac{-30}{6}=-5$

286 답 ③

$f(1)=f(3)=f(6)=k$ (k는 실수)라 하면
$f(x)-k=(x-1)(x-3)(x-6)$ $\cdots\cdots$ TIP
$f(x)=(x-1)(x-3)(x-6)+k$이므로
$f'(x)=(x-3)(x-6)+(x-1)(x-6)+(x-1)(x-3)$
$\therefore f'(3)=2\times(-3)=-6$

TIP

$f(1)-k=f(2)-k=f(3)-k=0$에서
방정식 $f(x)-k=0$이 $x=1, 3, 6$을 해로 가지므로
$f(x)-k$는 $x-1$, $x-3$, $x-6$을 인수로 갖는다.
이때 $f(x)$가 최고차항의 계수가 1인 삼차함수이므로
$f(x)-k=(x-1)(x-3)(x-6)$이다.

287 답 ①

$f(x)=(x-a)(x-b)(x-c)$라 하면

$f'(x)=(x-b)(x-c)+(x-a)(x-c)+(x-a)(x-b)$

곡선 $y=f(x)$ 위의 점 $(4, 6)$에서의 접선의 기울기가 3이므로

$f(4)=6$, $f'(4)=3$이다.

$f(4)=(4-a)(4-b)(4-c)=6$

$f'(4)=(4-b)(4-c)+(4-a)(4-c)+(4-a)(4-b)=3$ …… ㉠

㉠의 양변을 $(4-a)(4-b)(4-c)$로 나누면

$\frac{1}{4-a}+\frac{1}{4-b}+\frac{1}{4-c}=\frac{1}{2}$

$\therefore \frac{1}{a-4}+\frac{1}{b-4}+\frac{1}{c-4}=-\frac{1}{2}$

288 답 ②

$f(x)=(1-x)(1+2x)(1-3x)\cdots(1+20x)$라 하면

$f'(x)=(-1)\times(1+2x)(1-3x)(1+4x)\times\cdots\times(1+20x)$
$+2\times(1-x)(1-3x)(1+4x)\times\cdots\times(1+20x)$
$+(-3)\times(1-x)(1+2x)(1+4x)\times\cdots\times(1+20x)+\cdots$
$+20\times(1-x)(1+2x)(1-3x)\times\cdots\times(1-19x)$

곡선 $y=f(x)$ 위의 점 $(0, 1)$에서의 접선의 기울기는 $f'(0)$이므로

$f'(0)=(-1)+2+(-3)+\cdots+20$
$=\{(-1)+2\}+\{(-3)+4\}+\cdots+\{(-19)+20\}$
$=1\times10=10$

289 답 ②

$f(x)=(x-1)(x-2)(x-3)\cdots(x-10)$에서

$f'(x)=(x-2)(x-3)(x-4)\cdots(x-10)$
$+(x-1)(x-3)(x-4)\cdots(x-10)$
$+(x-1)(x-2)(x-4)\cdots(x-10)+\cdots$
$+(x-1)(x-2)(x-3)\cdots(x-9)$

$x=1$, $x=4$를 각각 대입하면

$f'(1)=(1-2)(1-3)(1-4)(1-5)\cdots(1-10)$
$=(-1)\times(-2)\times(-3)\times(-4)\times\cdots\times(-9)$

$f'(4)=(4-1)(4-2)(4-3)(4-5)\cdots(4-10)$
$=3\times2\times1\times(-1)\times\cdots\times(-6)$ …… TIP

$\therefore \frac{f'(1)}{f'(4)}=\frac{(-7)\times(-8)\times(-9)}{3\times2\times1}=-84$

TIP

함수 $f'(x)$에 $x=1$을 대입하면 $x-1$을 인수로 갖는 항은 모두 0이 되므로 함수 $f'(x)$에서 $x-1$을 인수로 갖지 않는 항만 고려해서 계산하면 된다.
그러므로 $f'(1)$의 값은 $(x-2)(x-3)(x-4)\times\cdots\times(x-10)$에 $x=1$을 대입한 값과 같고, 같은 방식으로 $f'(4)$의 값은 $(x-1)(x-2)(x-3)(x-5)\times\cdots\times(x-10)$에 $x=4$를 대입한 값과 같다.

290 답 ④

$\lim_{x\to1}\frac{f(x)}{(x-1)^2}=-3$이므로 $f(x)$는 $(x-1)^2$을 인수로 가진다. …… TIP

$f(x)=(x-1)^2(ax+b)$ (a, b는 상수)라 하자.

$\lim_{x\to1}\frac{f(x)}{(x-1)^2}=\lim_{x\to1}(ax+b)$
$=a+b=-3$ …… ㉠

$\lim_{x\to-1}\frac{f(x)-k}{x^2-1}=6$에서 극한값이 존재하고

$x\to-1$일 때 (분모) $\to0$이므로 (분자) $\to0$이다.

즉, $\lim_{x\to-1}\{f(x)-k\}=f(-1)-k=0$에서 $k=f(-1)$

$\lim_{x\to-1}\frac{f(x)-k}{x^2-1}=\lim_{x\to-1}\frac{f(x)-f(-1)}{\{x-(-1)\}(x-1)}$
$=\frac{f'(-1)}{-2}=6$

이므로 $f'(-1)=-12$

$f'(x)=2(x-1)(ax+b)+a(x-1)^2$이므로

$f'(-1)=-4(-a+b)+4a$
$=8a-4b=-12$

$2a-b=-3$ …… ㉡

㉠, ㉡을 연립하여 풀면 $a=-2$, $b=-1$

따라서 $f(x)=(x-1)^2(-2x-1)$이므로

$k=f(-1)=4\times1=4$

TIP

$\lim_{x\to1}\frac{f(x)}{(x-1)^2}=-3$에서 $x\to1$일 때 (분모) $\to0$이므로 (분자) $\to0$이다.
즉, $f(1)=0$에서 $f(x)$는 $x-1$을 인수로 가지므로
$f(x)=(x-1)g(x)$ ($g(x)$는 이차식)라 하면
$\lim_{x\to1}\frac{(x-1)g(x)}{(x-1)^2}=\lim_{x\to1}\frac{g(x)}{x-1}=-3$에서 $x\to1$일 때 (분모) $\to0$이므로 (분자) $\to0$이다.
즉, $g(1)=0$에서 $g(x)$는 $x-1$을 인수로 가진다.
따라서 $f(x)=(x-1)^2(ax+b)$ (a, b는 상수)라 할 수 있다.

291 답 ①

$\lim_{x\to0}\frac{f(x)+g(x)}{x}=3$에서 극한값이 존재하고

$x\to0$일 때 (분모) $\to0$이므로 (분자) $\to0$이어야 한다.

$\lim_{x\to0}\{f(x)+g(x)\}=0$

$\therefore f(0)+g(0)=0$

$\lim_{x\to0}\frac{f(x)+3}{xg(x)}=2$에서 극한값이 존재하고

$x\to0$일 때 (분모) $\to0$이므로 (분자) $\to0$이어야 한다.

$\lim_{x\to0}\{f(x)+3\}=0$

$\therefore f(0)=-3$ …… ㉠

이때 $f(0)+g(0)=0$이므로

$-3+g(0)=0 \quad \therefore g(0)=3$ …… ㉡

$\lim_{x\to 0}\frac{f(x)+g(x)}{x}$

$=\lim_{x\to 0}\frac{\{f(x)+3\}+\{g(x)-3\}}{x}$

$=\lim_{x\to 0}\frac{f(x)-f(0)}{x}+\lim_{x\to 0}\frac{g(x)-g(0)}{x}$ ($\because$ ㉠, ㉡)

$=f'(0)+g'(0)=3$

$\lim_{x\to 0}\frac{f(x)+3}{xg(x)}$

$=\lim_{x\to 0}\frac{f(x)-f(0)}{x}\times\lim_{x\to 0}\frac{1}{g(x)}$ ($\because$ ㉠)

$=f'(0)\times\frac{1}{g(0)}=\frac{f'(0)}{3}$ ($\because$ ㉡)

$=2$

따라서 $f'(0)=6$이고 …… ㉢

$f'(0)+g'(0)=3$이므로

$6+g'(0)=3 \quad \therefore g'(0)=-3$ …… ㉣

$h'(x)=f'(x)g(x)+f(x)g'(x)$이므로

$h'(0)=f'(0)g(0)+f(0)g'(0)$

$=6\times3+(-3)\times(-3)$ ($\because$ ㉠~㉣)

$=27$

292 답 ②

$g(x)=x^3+ax$, $h(x)=bx^2+x+4$라 하면

두 함수 $g(x)$, $h(x)$는 다항함수이므로 $x=2$에서 미분가능하다.

함수 $f(x)$가 $x=2$에서 미분가능하려면

(i) $g(2)=h(2)$

$8+2a=4b+6$에서 $a-2b=-1$ …… ㉠

(ii) $g'(2)=h'(2)$

$g'(x)=3x^2+a$, $h'(x)=2bx+1$이므로

$12+a=4b+1$에서 $a-4b=-11$ …… ㉡

㉠, ㉡을 연립하여 풀면

$a=9$, $b=5$

$\therefore a+b=14$

293 답 ④

$h(x)=b-f(x)$라 하면 두 함수 $f(x)$, $h(x)$는 다항함수이므로

$x=a$에서 미분가능하다.

함수 $g(x)$가 $x=a$에서 미분가능하려면

(i) $f(a)=h(a)$

$f(a)=b-f(a)$에서 $b=2f(a)$ …… ㉠

(ii) $f'(a)=h'(a)$

$h'(x)=-f'(x)$이므로

$f'(a)=-f'(a)$에서 $f'(a)=0$이다.

$f(x)=x^3-3x^2-5$에서

$f'(x)=3x^2-6x$이므로

$f'(a)=3a^2-6a=0$, $a=2$ ($\because a>0$)

㉠에서 $b=2f(2)=2\times(-9)=-18$

$\therefore a+b=2+(-18)=-16$

294 답 ③

$f(x)=\begin{cases}2x-1 & (x<0)\\ 1-x^2 & (0\le x<1)\\ x-x^3 & (x\ge 1)\end{cases}$에서

$p(x)=2x-1$, $q(x)=1-x^2$, $r(x)=x-x^3$이라 하자.

ㄱ. $f(x)=\begin{cases}q(x) & (0\le x<1)\\ r(x) & (x\ge 1)\end{cases}$에서

$q(1)=0$, $r(1)=0$이므로 함수 $f(x)$는 $x=1$에서 연속이고,

$q'(x)=-2x$, $r'(x)=1-3x^2$에서

$q'(1)=-2$, $r'(1)=-2$이므로 함수 $f(x)$는 $x=1$에서 미분가능하다. (참)

ㄴ. $|f(x)|=\begin{cases}|p(x)| & (x<0)\\ |q(x)| & (0\le x<1)\end{cases}$에서

$|p(0)|=1$, $|q(0)|=1$이므로 함수 $|f(x)|$는 $x=0$에서 연속이고,

$x<\frac{1}{2}$에서 $|p(x)|=-p(x)$, $-1<x<1$에서 $|q(x)|=q(x)$이므로

$|f(x)|=\begin{cases}-p(x) & (x<0)\\ q(x) & (0\le x<1)\end{cases}$

이다.

이때 $p'(x)=2$, $q'(x)=-2x$에서 $-p'(0)=-2$, $q'(0)=0$이므로 함수 $|f(x)|$는 $x=0$에서 미분가능하지 않다. (거짓)

ㄷ. $x^kf(x)=\begin{cases}x^kp(x) & (x<0)\\ x^kq(x) & (0\le x<1)\end{cases}$에서

$g(x)=x^kp(x)=2x^{k+1}-x^k$, $h(x)=x^kq(x)=x^k-x^{k+2}$이라 할 때, k가 자연수이면

$g(0)=0$, $h(0)=0$이므로 함수 $x^kf(x)$는 k의 값에 관계없이 $x=0$에서 연속이다.

$g'(x)=2(k+1)x^k-kx^{k-1}$, $h'(x)=kx^{k-1}-(k+2)x^{k+1}$에서

$k=1$일 때 $g'(0)=-1$, $h'(0)=1$이므로 함수 $xf(x)$는 $x=0$에서 미분가능하지 않다.

$k=2$일 때 $g'(0)=0$, $h'(0)=0$이므로 함수 $x^2f(x)$는 $x=0$에서 미분가능하다.

따라서 조건을 만족시키는 최소의 자연수 k는 2이다. (참)

따라서 옳은 것은 ㄱ, ㄷ이다.

295 답 ④

$\lim_{x\to 5}\frac{f(x)+2}{x-5}=4$에서 극한값이 존재하고,

$x\to5$일 때 (분모) $\to0$이므로 (분자) $\to0$이다.

즉, $\lim_{x\to 5}\{f(x)+2\}=f(5)+2=0$에서

$f(5)=-2$ …… ㉠

$\lim_{x\to5}\frac{f(x)+2}{x-5}=\lim_{x\to5}\frac{f(x)-f(5)}{x-5}=f'(5)$이므로

$f'(5)=4$ …… ㉡

다항식 $f(x)$를 $(x-5)^2$으로 나누었을 때의 몫을 $Q(x)$, 나머지를 $r(x)=ax+b$ (a, b는 상수)라 하면

$f(x)=(x-5)^2Q(x)+ax+b$ …… ㉢

양변에 $x=5$를 대입하면

$f(5)=5a+b=-2$ ($\because$ ㉠) …… ㉣

㉢의 양변을 미분하면

$f'(x)=2(x-5)Q(x)+(x-5)^2Q'(x)+a$

양변에 $x=5$를 대입하면 $f'(5)=a=4$ ($\because$ ㉡)

㉣에 대입하면 $b=-22$

따라서 $r(x)=4x-22$이므로

$r(1)=4-22=-18$

296 …… 답 ④

x^{20}을 $x(x-1)^2$으로 나누었을 때의 몫을 $Q(x)$라 하고, 나머지를 $r(x)=ax^2+bx+c$ (a, b, c는 상수)라 하면

$x^{20}=x(x-1)^2Q(x)+ax^2+bx+c$ …… ㉠

양변에 $x=0$을 대입하면 $c=0$

양변에 $x=1$을 대입하면 $1=a+b$ …… ㉡

㉠의 양변을 미분하면

$20x^{19}=(x-1)^2Q(x)+2x(x-1)Q(x)+x(x-1)^2Q'(x)+2ax+b$

양변에 $x=1$을 대입하면 $20=2a+b$ …… ㉢

㉡, ㉢을 연립하여 풀면

$a=19$, $b=-18$

따라서 $r(x)=19x^2-18x$이므로

$r(-1)=19+18=37$

297 …… 답 16

$f(x)$가 n차식이라 하면 $f'(x)$는 $(n-1)$차식이므로

$f(x)f'(x)$는 $(2n-1)$차식이다.

주어진 등식이 성립하려면

$2n-1=3$ $\therefore n=2$

즉, $f(x)$는 이차식이므로

$f(x)=x^2+ax+b$ (a, b는 상수)라 하면

$f'(x)=2x+a$

$f(x)f'(x)=(x^2+ax+b)(2x+a)$
$=2x^3+3ax^2+(a^2+2b)x+ab$

이때 x에 대한 항등식

$2x^3+3ax^2+(a^2+2b)x+ab=2x^3-9x^2+5x+6$에서

$3a=-9$, $a^2+2b=5$, $ab=6$이므로

$a=-3$, $b=-2$

따라서 $f(x)=x^2-3x-2$이므로

$f(-3)=16$

298 …… 답 ⑤

$f(x)$가 n차식이라 하면 $f'(x)$는 $(n-1)$차식이다.

$xf(x)$와 $(x^2+1)f'(x)$는 모두 $(n+1)$차식이고, $f(x)$의 최고차항의 계수의 부호와 $f'(x)$의 최고차항의 계수의 부호는 서로 같으므로 $xf(x)+(x^2+1)f'(x)$는 $(n+1)$차식이다. …… TIP

주어진 등식이 성립하려면

$n+1=3$ $\therefore n=2$

즉, $f(x)$는 이차식이므로

$f(x)=ax^2+bx+c$ (a, b, c는 상수, $a\neq0$)라 하면

$f'(x)=2ax+b$

$xf(x)+(x^2+1)f'(x)=x(ax^2+bx+c)+(x^2+1)(2ax+b)$
$=3ax^3+2bx^2+(2a+c)x+b$

이때 x에 대한 항등식

$3ax^3+2bx^2+(2a+c)x+b=3x^3+8x^2+4$에서

$a=1$, $b=4$, $c=-2$

따라서 $f(x)=x^2+4x-2$이므로

$f(2)=10$

TIP

$g(x)$와 $h(x)$가 모두 n차식일 때, $g(x)+h(x)$의 차수는 n 이하이다. $g(x)$와 $h(x)$를 더해서 최고차항이 소거되는 경우 차수가 n보다 작아질 수 있기 때문이다.
하지만 $(n+1)$차인 두 함수 $xf(x)$와 $(x^2+1)f'(x)$는 최고차항의 계수의 부호가 서로 같기 때문에 최고차항이 소거되지 않으므로 $xf(x)+(x^2+1)f'(x)$는 $(n+1)$차식이다.

299 …… 답 ②

$f(x)$가 일차식이거나 상수이면 주어진 등식의 좌변은 상수이고, 우변은 이차식이므로 등식이 성립하지 않는다.

$f(x)$가 n차식($n\geq2$인 자연수)이면 $f'(x)$는 $(n-1)$차식이므로 주어진 등식의 좌변은 $2(n-1)$차, 우변은 n차이다.

$2(n-1)=n$에서 $n=2$

즉, $f(x)$는 이차식이므로

$f(x)=ax^2+bx+c$ (a, b, c는 정수, $a\neq0$)라 하면

$f'(x)=2ax+b$

이때 x에 대한 항등식

$(2ax+b)(2ax+b-6)=2(ax^2+bx+c)+12x^2$이므로

$4a^2x^2+2a(2b-6)x+b(b-6)=(2a+12)x^2+2bx+2c$에서

$4a^2=2a+12$, $2a(2b-6)=2b$, $b(b-6)=2c$이다.

$4a^2=2a+12$에서

$2a^2-a-6=(2a+3)(a-2)=0$

$\therefore a=2$ ($\because a$는 정수)

$2a(2b-6)=2b$에서

$2(2b-6)=b$ $\therefore b=4$

$b(b-6)=2c$에서 $c=-4$

따라서 $f(x)=2x^2+4x-4$이므로

$f(-1)=-6$

300

답 (1) 1023 (2) 1360

(1) $f(x)=\sum_{k=1}^{10}\frac{x^k}{k}$에서 $f'(x)=\sum_{k=1}^{10}x^{k-1}$이므로

$f'(2)=\sum_{k=1}^{10}2^{k-1}=\frac{2^{10}-1}{2-1}=1023$

(2) $f(1)=\sum_{k=1}^{15}k=\frac{15\times16}{2}=120$

$f(x)=\sum_{k=1}^{15}kx^k$에서 $f'(x)=\sum_{k=1}^{15}k^2x^{k-1}$이므로

$f'(1)=\sum_{k=1}^{15}k^2=\frac{15\times16\times31}{6}=1240$

$\therefore f(1)+f'(1)=120+1240=1360$

다른 풀이

(1) $f(x)=\sum_{k=1}^{10}\frac{x^k}{k}=x+\frac{x^2}{2}+\frac{x^3}{3}+\cdots+\frac{x^{10}}{10}$에서

$f'(x)=1+x+x^2+\cdots+x^9$이므로

$f'(2)=1+2+2^2+\cdots+2^9$

$=\frac{2^{10}-1}{2-1}=1023$

(2) $f(1)=\sum_{k=1}^{15}k=\frac{15\times16}{2}=120$

$f(x)=\sum_{k=1}^{15}kx^k=x+2x^2+3x^3+\cdots+15x^{15}$에서

$f'(x)=1+2^2x+3^2x^2+\cdots+15^2x^{14}$이므로

$f'(1)=1^2+2^2+3^2+\cdots+15^2$

$=\frac{15\times16\times31}{6}=1240$

$\therefore f(1)+f'(1)=120+1240=1360$

301

답 34

$\lim_{h\to0}\frac{f(k+h)-f(k-h)}{h}$

$=\lim_{h\to0}\left\{\frac{f(k+h)-f(k)}{h}+\frac{f(k-h)-f(k)}{-h}\right\}$

$=f'(k)+f'(k)=2f'(k)$

이고, $f'(x)=2x+a$이므로

$\sum_{k=1}^{15}\lim_{h\to0}\frac{f(k+h)-f(k-h)}{h}=\sum_{k=1}^{15}2f'(k)$

$=\sum_{k=1}^{15}2(2k+a)$

$=\sum_{k=1}^{15}(4k+2a)$

$=4\times\frac{15\times16}{2}+15\times2a$

$=480+30a=1500$

$\therefore a=34$

302

답 ⑤

등차수열 $\{x_n\}$의 공차를 d라 하면

$x_n=x_1+(n-1)d$이다.

ㄱ. $f'(x)=2ax+b$에서

$f'(x_n)=2ax_n+b=2a\{x_1+(n-1)d\}+b$

$=2ax_1+b+(n-1)\times2ad$

따라서 수열 $\{f'(x_n)\}$은

첫째항이 $2ax_1+b$이고 공차가 $2ad$인 등차수열이다. (참)

ㄴ. $f(x_{n+1})-f(x_n)$

$=f(x_n+d)-f(x_n)$

$=\{a(x_n+d)^2+b(x_n+d)+c\}-\{a(x_n)^2+bx_n+c\}$

$=2adx_n+ad^2+bd$

$=2ad\{x_1+(n-1)d\}+ad^2+bd$

$=2adx_1+ad^2+bd+(n-1)\times2ad^2$

따라서 수열 $\{f(x_{n+1})-f(x_n)\}$은

첫째항이 $2adx_1+ad^2+bd$이고 공차가 $2ad^2$인 등차수열이다. (참)

ㄷ. $x_n=2n-2$로 두면 $d=2$이므로 ㄴ에서

수열 $\{f(2n)-f(2n-2)\}$는 공차가 $2a\times2^2=8a$인

등차수열이다.

따라서 $f(2)-f(0)$, $f(4)-f(2)$, $f(6)-f(4)$는

이 순서대로 등차수열을 이룬다.

$f(2)-f(0)=2$, $f(4)-f(2)=4$이므로 $f(6)-f(4)=6$이다.

$\therefore f(6)=f(4)+6=15$ (참)

따라서 옳은 것은 ㄱ, ㄴ, ㄷ이다.

다른 풀이

ㄷ의 경우 함수 $f(x)$를 직접 구하여 풀 수도 있다.

이차함수 $f(x)=ax^2+bx+c$에서

$f(0)=3$이므로 $c=3$

$f(2)=5$이므로 $4a+2b+3=5$ $\therefore 2a+b=1$ …… ㉠

$f(4)=9$이므로 $16a+4b+3=9$ $\therefore 8a+2b=3$ …… ㉡

㉠, ㉡을 연립하여 풀면 $a=\frac{1}{4}$, $b=\frac{1}{2}$

따라서 $f(x)=\frac{1}{4}x^2+\frac{1}{2}x+3$이므로

$f(6)=9+3+3=15$ (참)

303

답 552

$f_n(x)=x^2+a_nx+b_n$이라 하면 $f_n'(x)=2x+a_n$이므로

(나)에 의해

$f_{n+1}(x)=f_n(x)+f_n'(x)$

$=(x^2+a_nx+b_n)+(2x+a_n)$

$=x^2+(a_n+2)x+a_n+b_n$

이때 (가)에서 $f_1(x)=x^2$이므로

$f_2(x)=x^2+2x$

$f_3(x)=x^2+4x+2$

$f_4(x)=x^2+6x+2+4$

$f_5(x)=x^2+8x+2+4+6$

⋮

따라서 $f_{25}(x)$의 상수항은

$2+4+6+\cdots+46=2(1+2+3+\cdots+23)$

$=2\times\frac{23\times24}{2}=552$

304 ······ 답 ②

점 $(0,\ f(0))$과 점 $(a,\ f(a))$ $(a>0)$ 사이의 거리가 $a\sqrt{a^2+2a+2}$이므로

$a^2+\{f(a)-f(0)\}^2=(a\sqrt{a^2+2a+2})^2$

양변을 a^2으로 나누면

$$1+\left\{\frac{f(a)-f(0)}{a}\right\}^2=a^2+2a+2$$

함수 $f(x)$는 양의 실수 전체의 집합에서 증가하므로 $a>0$에 대하여 $f(a)>f(0)$이 성립한다. 즉,

$$\frac{f(a)-f(0)}{a-0}=\sqrt{a^2+2a+1}=a+1\ (\because a>0)$$

$$\therefore f'(0)=\lim_{a\to0}\frac{f(a)-f(0)}{a-0}=\lim_{a\to0}(a+1)=1$$

다른 풀이

양수 x에 대하여

$x^2+\{f(x)-f(0)\}^2=(x\sqrt{x^2+2x+2})^2$이므로

$\{f(x)-f(0)\}^2=x^2(x^2+2x+2)-x^2$

$=x^2(x^2+2x+1)$

$=x^2(x+1)^2$ ······ ㉠

함수 $f(x)$는 양의 실수 전체의 집합에서 증가하므로 $x>0$인 모든 실수 x에 대하여 $f(x)>f(0)$이 성립한다.

따라서 ㉠에서 $f(x)-f(0)=x(x+1)=x^2+x$이므로

$f(x)=x^2+x+f(0)$

이때 $f'(x)=2x+1$이므로

$f'(0)=1$

305 ······ 답 ③

함수 $g(a,\ b)$는 함수 $f(x)$에서 x의 값이 a에서 b까지 변할 때의 평균변화율, 즉 두 점 $(a,\ f(a))$, $(b,\ f(b))$를 이은 직선의 기울기이다.

① $f(6)=4$, $f(8)=0$이므로

$g(6,\ 8)=\dfrac{0-4}{8-6}=-2$ (참)

② 두 점 $(3,\ 2)$, $(5,\ f(5))$를 이은 직선의 기울기가 두 점 $(4,\ 1)$, $(5,\ f(5))$를 이은 직선의 기울기보다 작으므로

$g(3,\ 5)<g(4,\ 5)$ (참)

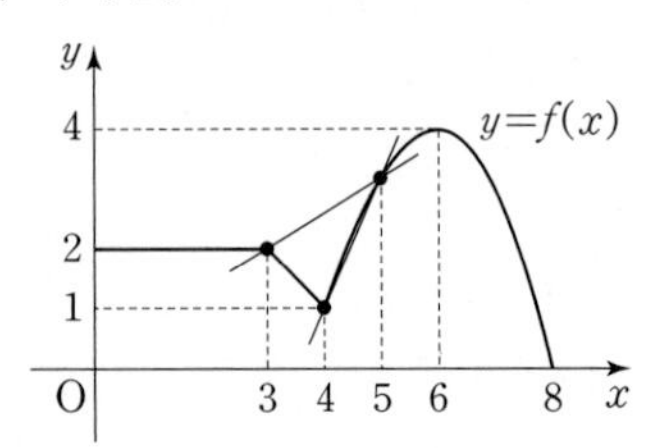

③ $6\le a<b\le8$인 a, b에 대하여 두 점 $(a,\ f(a))$, $(b,\ f(b))$를 지나는 직선의 기울기가 -2인 직선이 무수히 많이 존재하므로 $g(a,\ b)=-2$를 만족시키는 순서쌍 $(a,\ b)$는 무수히 많다. (거짓)

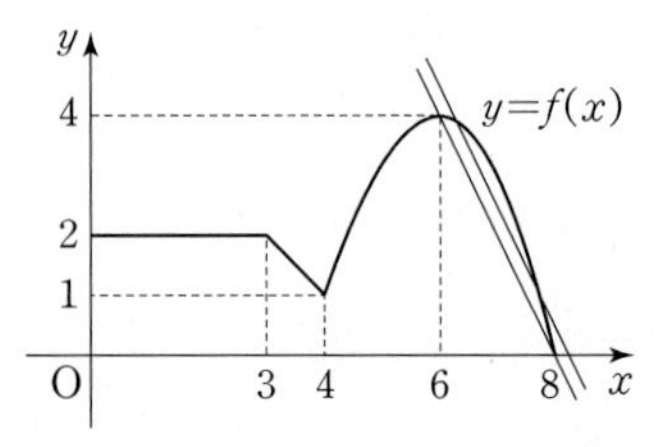

④ $3<b\le4$인 모든 b에 대하여 $g(3,\ b)=-1$이므로 $g(3,\ b)=-1$을 만족시키는 b의 값은 무수히 많다. (참)

⑤ $0\le a<8$인 a에 대하여 두 점 $(a,\ f(a))$, $(8,\ 0)$을 이은 직선의 기울기는 $a=0$ 또는 $a=4$일 때 최댓값 $-\dfrac{1}{4}$을 갖는다. (참)

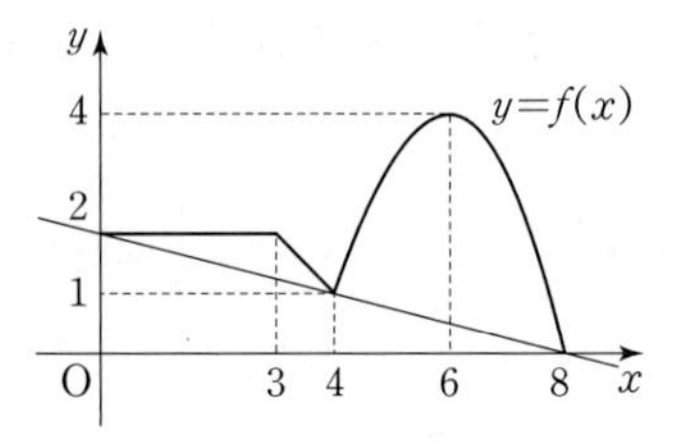

따라서 선지 중 옳지 않은 것은 ③이다.

306 ······ 답 ③

$\dfrac{f(t+h)-f(t)}{h}$는 두 점 $(t,\ f(t))$, $(t+h,\ f(t+h))$를 이은 직선의 기울기이므로 $\dfrac{f(t+h)-f(t)}{h}\le k$를 만족시키는 k의 최솟값은 두 점 $(t,\ f(t))$, $(t+h,\ f(t+h))$를 이은 직선의 기울기의 최댓값이다.

(i) $t<2$일 때,

점 $(t,\ f(t))$와 점 $(6,\ 6)$을 이은 직선일 때의 기울기가 최대이므로

$g(t)=\dfrac{t-6}{t-6}=1$

(ii) $2\le t<5$일 때,

점 $(t,\ f(t))$와 점 $(6,\ 6)$을 이은 직선일 때의 기울기가 최대이므로

$g(t)=\dfrac{(t^2-7t+12)-6}{t-6}=\dfrac{(t-1)(t-6)}{t-6}=t-1$

(iii) $5\le t<6$일 때,

점 $(t,\ f(t))$와 점 $(6,\ 6)$을 이은 직선일 때의 기울기가 최대이므로

$g(t)=\dfrac{(4t-18)-6}{t-6}=4$

(iv) $t\ge6$일 때,

직선의 기울기는 항상 0이므로 $g(t)=0$

(i)~(iv)에 의하여 함수 $y=g(t)$의 그래프는 다음 그림과 같다.

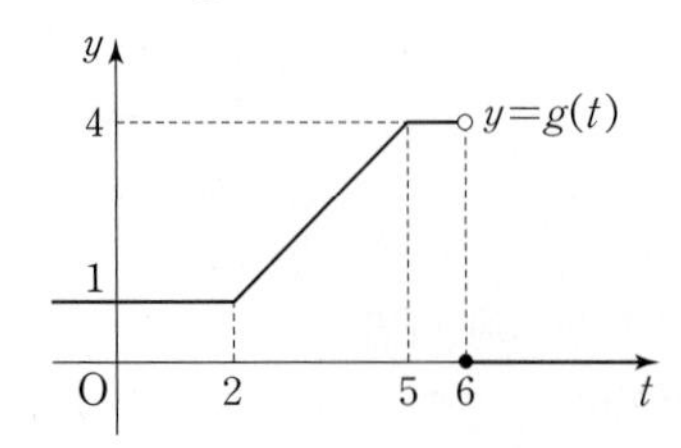

따라서 함수 $g(t)$는 $x=6$에서만 불연속이므로 $a=1$이고,
$t=2,\ 5,\ 6$에서 미분가능하지 않으므로 $b=3$
$\therefore\ a+b=4$

307 ······ 답 13

함수 $g(x)=\begin{cases} f(x) & (x\ge k) \\ f(2k-x) & (x<k) \end{cases}$에서 $f(x)$, $f(2k-x)$가 모두 다항함수이므로 함수 $g(x)$가 실수 전체의 집합에서 미분가능하려면 $x=k$에서 미분가능해야 한다.

즉, $\lim_{x\to k-}\frac{g(x)-g(k)}{x-k}=\lim_{x\to k+}\frac{g(x)-g(k)}{x-k}$이어야 한다.

$\lim_{x\to k-}\frac{g(x)-g(k)}{x-k}$
$=\lim_{x\to k-}\frac{f(2k-x)-f(k)}{x-k}$
$=\lim_{x\to k-}\frac{\{(2k-x)^3-(2k-x)^2-9(2k-x)+1\}-(k^3-k^2-9k+1)}{x-k}$
$=\lim_{x\to k-}\frac{8k^3-12k^2x+6kx^2-x^3-4k^2+4kx-x^2-18k+9x-k^3+k^2+9k}{x-k}$
$=\lim_{x\to k-}\frac{-x^3+(6k-1)x^2+(-12k^2+4k+9)x+7k^3-3k^2-9k}{x-k}$
$=\lim_{x\to k-}\frac{(x-k)\{-x^2+(5k-1)x-7k^2+3k+9\}}{x-k}$
$=\lim_{x\to k-}\{-x^2+(5k-1)x-7k^2+3k+9\}$
$=-k^2+(5k-1)\times k-7k^2+3k+9$
$=-3k^2+2k+9$ ······ ㉠

$\lim_{x\to k+}\frac{g(x)-g(k)}{x-k}$
$=\lim_{x\to k+}\frac{f(x)-f(k)}{x-k}$
$=\lim_{x\to k+}\frac{(x^3-x^2-9x+1)-(k^3-k^2-9k+1)}{x-k}$
$=\lim_{x\to k+}\frac{x^3-x^2-9x-k^3+k^2+9k}{x-k}$
$=\lim_{x\to k+}\frac{(x-k)\{x^2+(k-1)x+k^2-k-9\}}{x-k}$
$=\lim_{x\to k+}\{x^2+(k-1)x+k^2-k-9\}$
$=k^2+(k-1)\times k+k^2-k-9$
$=3k^2-2k-9$ ······ ㉡

㉠=㉡이어야 하므로
$-3k^2+2k+9=3k^2-2k-9$
$\therefore\ 3k^2-2k-9=0$
따라서 이차방정식의 근과 계수의 관계에 의하여 구하는 모든 실수 k의 값의 합은 $\frac{2}{3}$이다.
즉, $p=3$, $q=2$이므로 $p^2+q^2=9+4=13$

다른 풀이

$\frac{x+(2k-x)}{2}=k$이므로 두 함수 $y=f(x)$, $y=f(2k-x)$의 그래프는 직선 $x=k$에 대하여 대칭이다.
따라서 함수 $y=g(x)$의 그래프는 직선 $x=k$에 대하여 대칭이므로 $g(x)$가 $x=k$에서 미분가능하기 위해서는 $g'(k)=0$이어야 한다.
$x\ge k$에서 $g(x)=f(x)$이므로
$g'(k)=f'(k)=3k^2-2k-9=0$
이때 이차방정식의 근과 계수의 관계에 의하여 구하는 모든 실수 k의 값의 합은 $\frac{2}{3}$이다.
즉, $p=3$, $q=2$이므로 $p^2+q^2=9+4=13$

308 ······ 답 186

함수 $f(x)=\begin{cases} x+1 & (x<1) \\ -2x+4 & (x\ge1) \end{cases}$의 그래프 위의 점을 $\mathrm{P}(x,\ f(x))$라 하면
$\overline{\mathrm{PA}}^2=(x+1)^2+\{f(x)+1\}^2$,
$\overline{\mathrm{PB}}^2=(x-1)^2+\{f(x)-2\}^2$이다.

(i) $x<1$일 때, $f(x)=x+1$이므로
부등식 $\overline{\mathrm{PA}}^2<\overline{\mathrm{PB}}^2$을 만족시키는 x의 값의 범위는
$2x^2+6x+5<2x^2-4x+2$에서
$x<-\frac{3}{10}$

(ii) $x\ge1$일 때, $f(x)=-2x+4$이므로
부등식 $\overline{\mathrm{PA}}^2>\overline{\mathrm{PB}}^2$을 만족시키는 x의 값의 범위는
$5x^2-18x+26>5x^2-10x+5$에서
$x<\frac{21}{8}$

(i), (ii)에 의하여

$$g(x)=\begin{cases} 2x^2+6x+5 & \left(x<-\frac{3}{10}\right) \\ 2x^2-4x+2 & \left(-\frac{3}{10}\le x<1\right) \\ 5x^2-10x+5 & \left(1\le x<\frac{21}{8}\right) \\ 5x^2-18x+26 & \left(x\ge\frac{21}{8}\right) \end{cases}$$

이므로 함수 $y=g(x)$의 그래프는 다음 그림과 같다.

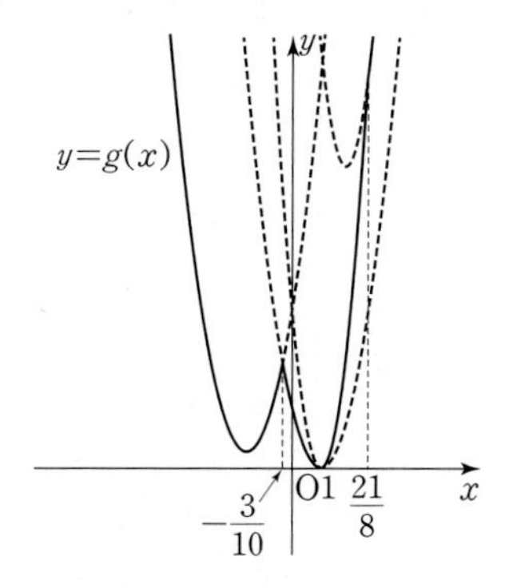

$$g'(x)=\begin{cases} 4x+6 & \left(x<-\frac{3}{10}\right) \\ 4x-4 & \left(-\frac{3}{10}<x<1\right) \\ 10x-10 & \left(1<x<\frac{21}{8}\right) \\ 10x-18 & \left(x>\frac{21}{8}\right) \end{cases}$$

따라서 $x=-\frac{3}{10}$, $x=\frac{21}{8}$일 때 $g'(x)$의 값이 존재하지 않으므로

$p=\left(-\frac{3}{10}\right)+\frac{21}{8}=\frac{93}{40}$

$\therefore\ 80p=80\times\frac{93}{40}=186$

다른 풀이

함수 $f(x)=\begin{cases} x+1 & (x<1) \\ -2x+4 & (x\ge1) \end{cases}$의 그래프 위의 점을 $\mathrm{P}(x,\ f(x))$라 하고

$i(x)=\overline{\mathrm{PA}}^2=(x+1)^2+\{f(x)+1\}^2$,

$j(x)=\overline{\mathrm{PB}}^2=(x-1)^2+\{f(x)-2\}^2$이라 하자.

그림과 같이 $\overline{\mathrm{PA}}=\overline{\mathrm{PB}}$를 만족시킬 때의 점 P를 각각 C, D라 하면

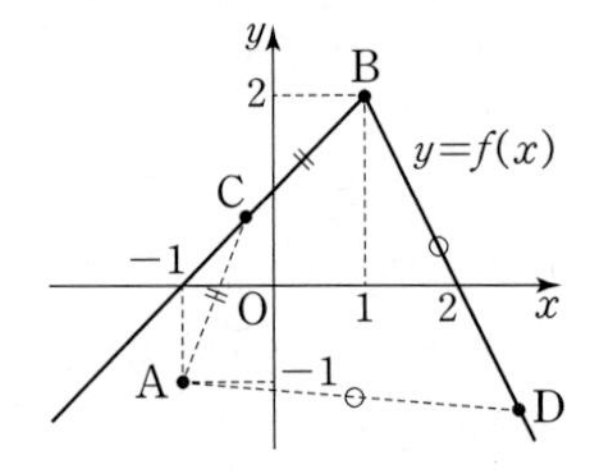

선분 AB의 수직이등분선인 직선 CD는 기울기가 $-\frac{2}{3}$이고

선분 AB의 중점 $\left(0,\ \frac{1}{2}\right)$을 지나므로

직선 CD의 방정식은 $y=-\frac{2}{3}x+\frac{1}{2}$이다.

이때 방정식 $x+1=-\frac{2}{3}x+\frac{1}{2}$ $(x<1)$의 해는 $x=-\frac{3}{10}$이고

방정식 $-2x+4=-\frac{2}{3}x+\frac{1}{2}$ $(x\ge1)$의 해는 $x=\frac{21}{8}$이다.

따라서 함수 $g(x)$는

$$g(x)=\begin{cases} i(x) & \left(x<-\frac{3}{10}\right) \\ j(x) & \left(-\frac{3}{10}\le x<\frac{21}{8}\right), \\ i(x) & \left(x\ge\frac{21}{8}\right) \end{cases}$$

$$\text{즉 } g(x)=\begin{cases} 2x^2+6x+5 & \left(x<-\frac{3}{10}\right) \\ 2x^2-4x+2 & \left(-\frac{3}{10}\le x<1\right) \\ 5x^2-10x+5 & \left(1\le x<\frac{21}{8}\right) \\ 5x^2-18x+26 & \left(x\ge\frac{21}{8}\right) \end{cases}$$

그러므로 함수 $y=g(x)$의 그래프는 다음 그림과 같다.

$$g'(x)=\begin{cases} 4x+6 & \left(x<-\frac{3}{10}\right) \\ 4x-4 & \left(-\frac{3}{10}<x<1\right) \\ 10x-10 & \left(1<x<\frac{21}{8}\right) \\ 10x-18 & \left(x>\frac{21}{8}\right) \end{cases}$$

따라서 $x=-\frac{3}{10}$, $x=\frac{21}{8}$일 때 $g'(x)$의 값이 존재하지 않으므로

$p=\left(-\frac{3}{10}\right)+\frac{21}{8}=\frac{93}{40}$

$\therefore\ 80p=80\times\frac{93}{40}=186$

309 ········ 답 ②

$\lim\limits_{x\to-2}\frac{f(x^2)-f(4)}{f(x)-f(-2)}$

$=\lim\limits_{x\to-2}\left\{\frac{f(x^2)-f(4)}{x^2-4}\times\frac{x-(-2)}{f(x)-f(-2)}\times(x-2)\right\}$

$=f'(4)\times\frac{1}{f'(-2)}\times(-4)$ ······ ㉠

이때 함수 $y=f(x)$의 그래프가 y축에 대하여 대칭이므로

$f'(-x)=-f'(x)$이다. ······ **TIP**

즉, $f'(-2)=-f'(2)=-2$이므로

㉠에서 구하는 값은

$(-1)\times\left(-\frac{1}{2}\right)\times(-4)=-2$

다른 풀이

함수 $y=f(x)$의 그래프가 y축에 대하여 대칭이므로

모든 실수 x에 대하여 $f(x)=f(-x)$이다.

즉, $f(-2)=f(2)$이므로

$\lim\limits_{x\to-2}\frac{f(x^2)-f(4)}{f(x)-f(-2)}$

$=\lim\limits_{x\to-2}\frac{f(x^2)-f(4)}{f(-x)-f(2)}$

$=\lim\limits_{x\to-2}\left\{\frac{f(x^2)-f(4)}{x^2-4}\times\frac{-x-2}{f(-x)-f(2)}\times(-x+2)\right\}$

$=f'(4)\times\frac{1}{f'(2)}\times4$

$=(-1)\times\frac{1}{2}\times4=-2$

TIP

254번 **TIP**을 참고하자.

310 ········ 답 ①

ㄱ. $\lim\limits_{x\to2}\frac{f(x)-f(2)}{x-2}=1$이면 함수 $f(x)$는 $x=2$에서 미분가능하므로 $x=2$에서 연속이다. (참)

ㄴ. (반례) $f(x)=|x|$이면
모든 실수 x에 대하여 $|x|=|-x|$이므로 $f(x)=f(-x)$이지만
함수 $f(x)$는 $x=0$에서 미분가능하지 않다. (거짓) …… 참고

ㄷ. (반례) $f(x)=|x-2|$이면 $h\neq 0$일 때

$$\frac{f(2+h)-f(2-h)}{h}=\frac{|2+h-2|-|2-h-2|}{h}=\frac{|h|-|-h|}{h}=0\ (\because |h|=|-h|)$$

이므로 $\lim_{h\to 0}\frac{f(2+h)-f(2-h)}{h}=0$이지만
함수 $f(x)$는 $x=2$에서 미분가능하지 않으므로
$\lim_{h\to 0}\frac{f(2+h)-f(2)}{h}$가 존재하지 않는다. (거짓) …… TIP

따라서 옳은 것은 ㄱ이다.

참고

함수 $f(x)$가 $x=0$에서 미분가능할 때, 모든 실수 x에 대하여 $f(x)=f(-x)$이면 $f'(0)=0$이다.

[증명]

$\lim_{x\to 0}\frac{f(x)-f(0)}{x-0}=f'(0)$으로 극한값이 존재한다고 하자.

$$\lim_{x\to 0}\frac{f(x)-f(0)}{x-0}=\lim_{x\to 0}\left\{-\frac{f(-x)-f(0)}{(-x)-0}\right\}\ (\because f(x)=f(-x))=-f'(0)$$

즉, $f'(0)=-f'(0)$이므로 $f'(0)=0$이다.

TIP

함수 $f(x)$의 $x=a$에서의 좌미분계수와 우미분계수가 각각 모두 존재하기만 하면 $\lim_{h\to 0}\frac{f(a+h)-f(a-h)}{h}$의 값이 존재한다.

즉, $\lim_{h\to 0-}\frac{f(a+h)-f(a)}{h}=p$, $\lim_{h\to 0+}\frac{f(a+h)-f(a)}{h}=q$로 극한값이 존재할 때

$$\lim_{h\to 0}\frac{f(a+h)-f(a-h)}{h}=\lim_{h\to 0}\left\{\frac{f(a+h)-f(a)}{h}+\frac{f(a-h)-f(a)}{h}\right\}$$에서

$h\to 0+$일 때 위의 극한값은 $q+p$이고, $h\to 0-$일 때 위의 극한값은 $p+q$로 서로 같으므로 $\lim_{h\to 0}\frac{f(a+h)-f(a-h)}{h}$의 값이 존재한다.

이때 $p\neq q$인 경우, 즉 함수 $f(x)$가 $x=a$에서 미분가능하지 않아도 $\lim_{h\to 0}\frac{f(a+h)-f(a-h)}{h}$의 값이 존재한다.

311

답 ③

임의의 두 양수 x, y에 대하여
$f(xy)=f(x)+f(y)$이고 …… ㉠

$f'(3)=\lim_{h\to 0}\frac{f(3+h)-f(3)}{h}$에서

$3+h=3\left(1+\frac{h}{3}\right)$는 0에 가까운 실수 h에 대하여 $1+\frac{h}{3}$가 양수이므로 ㉠에 의하여

$$f(3+h)=f\left(3\times\left(1+\frac{h}{3}\right)\right)=f(3)+f\left(1+\frac{h}{3}\right)$$

따라서 $f'(3)=\lim_{h\to 0}\frac{f(3+h)-f(3)}{h}=\lim_{h\to 0}\frac{f\left(1+\frac{h}{3}\right)}{h}$이고,

㉠의 양변에 $x=1$, $y=1$을 대입하면
$f(1)=f(1)+f(1)$에서 $f(1)=0$이므로

$$f'(3)=\lim_{h\to 0}\frac{f\left(1+\frac{h}{3}\right)}{h}=\lim_{h\to 0}\frac{f\left(1+\frac{h}{3}\right)-f(1)}{\frac{h}{3}}\times\frac{1}{3}=\frac{1}{3}f'(1)=\frac{1}{3}\times 15=5$$

312

답 28

$\lim_{x\to 1}\frac{f(x)-f'(x)}{x^2-1}=14$에서 극한값이 존재하고,
$x\to 1$일 때 (분모) $\to 0$이므로 (분자) $\to 0$이다.
즉, $\lim_{x\to 1}\{f(x)-f'(x)\}=0$에서 $f(1)-f'(1)=0$

$\therefore f(1)=f'(1)$ …… ㉠

$f(x+y)=f(x)+f(y)+2xy-1$ …… ㉡

㉡의 양변에 $x=0$, $y=0$을 대입하면 $f(0)=f(0)+f(0)-1$에서
$f(0)=1$ …… ㉢

도함수의 정의에 의하여

$$f'(x)=\lim_{h\to 0}\frac{f(x+h)-f(x)}{h}=\lim_{h\to 0}\frac{\{f(x)+f(h)+2xh-1\}-f(x)}{h}\ (\because ㉡)$$
$$=\lim_{h\to 0}\frac{f(h)+2xh-1}{h}=\lim_{h\to 0}\left\{\frac{f(h)-1}{h}+2x\right\}=\lim_{h\to 0}\left\{2x+\frac{f(h)-f(0)}{h-0}\right\}\ (\because ㉢)$$
$$=2x+f'(0)$$ …… ㉣

이때 $f'(1)=2+f'(0)$이므로
$f'(0)=f'(1)-2=f(1)-2$ ($\because$ ㉠)
$\therefore f'(x)=2x+f(1)-2$

$$\lim_{x\to 1}\frac{f(x)-f'(x)}{x^2-1}=\lim_{x\to 1}\frac{f(x)-2x-f(1)+2}{x^2-1}=\lim_{x\to 1}\left\{\frac{f(x)-f(1)}{x^2-1}-\frac{2(x-1)}{x^2-1}\right\}$$
$$=\lim_{x\to 1}\left\{\frac{f(x)-f(1)}{x-1}\times\frac{1}{x+1}-\frac{2}{x+1}\right\}=\frac{1}{2}f'(1)-1=14$$

따라서 $f'(1)=30$이므로
$f'(0)=f'(1)-2=28$

다른 풀이

㉣ 이후부터 다음과 같이 풀 수 있다.
$g(x)=f'(x)$라 하면

$$\lim_{x\to1}\frac{f(x)-f'(x)}{x^2-1}$$
$$=\lim_{x\to1}\frac{f(x)-f(1)+f'(1)-f'(x)}{x^2-1}\ (\because ㉠)$$
$$=\lim_{x\to1}\left[\frac{1}{x+1}\left\{\frac{f(x)-f(1)}{x-1}-\frac{g(x)-g(1)}{x-1}\right\}\right]$$
$$=\frac{1}{2}\{f'(1)-g'(1)\}$$

㉣에 의하여 $f'(1)=2+f'(0)$이고,
$g(x)=2x+f'(0)$에서 $g'(x)=2$이므로
$\frac{1}{2}[\{2+f'(0)\}-2]=14$
$\therefore f'(0)=28$

313 ······ 답 ④

조건 ㈎에서 다항식 $f(x)$를 $(x-3)^2$으로 나누었을 때의 몫은 $g(x)$이고, 나머지를 $ax+b$ (a, b는 상수)라 하면
$f(x)=(x-3)^2g(x)+ax+b$ ······ ㉠
조건 ㈏에서 나머지정리에 의하여 $g(2)=2$이다.
조건 ㈐의 $\lim_{x\to2}\frac{f(x)-g(x)}{x-2}=3$에서 극한값이 존재하고,
$x\to2$일 때 (분모) $\to0$이므로 (분자) $\to0$이다.
즉, $\lim_{x\to2}\{f(x)-g(x)\}=f(2)-g(2)=0$에서 $f(2)=g(2)$이므로
$f(2)=g(2)=2$ ······ ㉡

$$\lim_{x\to2}\frac{f(x)-g(x)}{x-2}$$
$$=\lim_{x\to2}\frac{f(x)-f(2)+g(2)-g(x)}{x-2}$$
$$=\lim_{x\to2}\left\{\frac{f(x)-f(2)}{x-2}-\frac{g(x)-g(2)}{x-2}\right\}$$
$$=f'(2)-g'(2)$$

이므로 $f'(2)-g'(2)=3$ ······ ㉢
㉠의 양변에 $x=2$를 대입하면
$f(2)=g(2)+2a+b$
$2a+b=0$ ($\because$ ㉡) ······ ㉣
㉠의 양변을 미분하면
$f'(x)=2(x-3)g(x)+(x-3)^2g'(x)+a$
양변에 $x=2$를 대입하면
$f'(2)=-2g(2)+g'(2)+a$
$a=f'(2)-g'(2)+2g(2)$
$=3+2\times2=7$ ($\because$ ㉡, ㉢)
㉣에 대입하면 $b=-14$
따라서 $f(x)=(x-3)^2g(x)+7x-14$이므로
$f(3)=7$

314 ······ 답 19

함수 $f(x)$를 n차함수라 하고 $f(x)$의 최고차항의 계수를 a ($a\neq1$, $a\neq0$)라 하자.
즉, $f(x)=ax^n+\cdots$일 때,
$\{f(x)\}^2=a^2x^{2n}+\cdots$,
$f(x^2)=ax^{2n}+\cdots$,
$x^3f(x)=ax^{n+3}+\cdots$이다.
조건 ㈎의 $\lim_{x\to\infty}\frac{\{f(x)\}^2-f(x^2)}{x^3f(x)}=4$에서
분모 $x^3f(x)$의 차수는 $n+3$, 분자 $\{f(x)\}^2-f(x^2)$의 차수는 $2n$이므로 ($\because a^2-a\neq0$)
$n+3=2n$에서 $n=3$
이때 $\lim_{x\to\infty}\frac{\{f(x)\}^2-f(x^2)}{x^3f(x)}=\frac{a^2-a}{a}=a-1=4$에서 $a=5$
따라서 $f(x)=5x^3+bx^2+cx+d$ (b, c, d는 상수)라 하면
$f'(x)=15x^2+2bx+c$이다.
조건 ㈏의 $\lim_{x\to0}\frac{f'(x)}{x}=\lim_{x\to0}\frac{15x^2+2bx+c}{x}=4$에서 극한값이 존재하고, $x\to0$일 때 (분모) $\to0$이므로 (분자) $\to0$이다.
즉, $\lim_{x\to0}(15x^2+2bx+c)=c=0$이므로
$\lim_{x\to0}\frac{15x^2+2bx}{x}=2b=4$에서 $b=2$
따라서 $f'(x)=15x^2+4x$이므로
$f'(1)=19$

315 ······ 답 ④

다항함수 $f(x)$가 이차 이하의 함수일 때 ······ TIP
주어진 조건 $\frac{f(x)-f(y)}{x-y}=f'\left(\frac{x+y}{2}\right)$를 만족시킨다.
(i) $f(x)$가 상수함수이면
$f'(x)=0$이므로 $f'(0)=1$을 만족시키지 않는다.
(ii) $f(x)$가 일차함수이면
$f(x)=ax+b$ (a, b는 상수, $a\neq0$)라 할 때,
$f'(x)=a$이므로 $f'(0)=1$, $f'(1)=0$을 만족시키지 않는다.
(iii) $f(x)$가 이차함수이면
$f(x)=kx^2+mx+n$ (k, m, n은 상수, $k\neq0$)이라 할 때,
$f(0)=-1$이므로 $n=-1$
$f'(x)=2kx+m$에서
$f'(0)=1$이므로 $m=1$
$f'(1)=0$이므로 $2k+m=0$에서 $k=-\frac{1}{2}$
따라서 $f(x)=-\frac{1}{2}x^2+x-1$이므로 $f(2)=-1$이다.

TIP

227번 **TIP**의 [증명]에서 $a\neq0$일 때도
$\frac{f(q)-f(p)}{q-p}=f'\left(\frac{p+q}{2}\right)$가 성립함을 알 수 있다.
즉, 이차 이하의 다항함수 $f(x)$에 대하여 성립한다.

또한, $f(x)$가 삼차 이상의 다항함수일 때는

'모든 실수 x, y $(x\neq y)$에 대하여 $\frac{f(x)-f(y)}{x-y}=f'\left(\frac{x+y}{2}\right)$'가 성립하지 않는다.

[증명]

$f(x)$가 n차식(n은 2 이상의 자연수)이라 할 때,

$f(x)=a_nx^n+a_{n-1}x^{n-1}+\cdots+a_1x+a_0$

$(a_0, a_1, a_2, \cdots, a_n$은 실수)이라 하면

$f(x)-f(y)$

$=a_n(x^n-y^n)+a_{n-1}(x^{n-1}-y^{n-1})+\cdots+a_1(x-y)$

이고, 양변을 $x-y(x\neq y)$로 나누면

$$\frac{f(x)-f(y)}{x-y}=a_n(x^{n-1}+x^{n-2}y+x^{n-3}y^2+\cdots+xy^{n-2}+y^{n-1})$$
$$+a_{n-1}(x^{n-2}+x^{n-3}y+x^{n-4}y^2+\cdots+xy^{n-3}+y^{n-2})$$
$$+\cdots+a_2(x+y)+a_1$$

$f'(x)=na_nx^{n-1}+(n-1)a_{n-1}x^{n-2}+\cdots+2a_2x+a_1$에서

$$f'\left(\frac{x+y}{2}\right)=\frac{na_n}{2^{n-1}}(x+y)^{n-1}+\frac{(n-1)a_{n-1}}{2^{n-2}}(x+y)^{n-2}$$
$$+\cdots+a_2(x+y)+a_1$$

$\frac{f(x)-f(y)}{x-y}=f'\left(\frac{x+y}{2}\right)$가 성립하려면 $\frac{f(x)-f(y)}{x-y}$와 $f'\left(\frac{x+y}{2}\right)$의 x^{n-1}항의 계수가 서로 같아야 하므로

$a_n=\frac{na_n}{2^{n-1}}$에서 $n=2^{n-1}$

이를 만족시키는 2 이상의 자연수 n은 2뿐이다.

316

답 $\frac{1}{3}$

조건 (나)의 $2x^2f(x)=(x^2-4)f'(x)-4x$에서

$x\neq-2$, 2일 때 $f'(x)=\frac{2x^2f(x)+4x}{x^2-4}$이다.

조건 (가)에 의하여 함수 $f'(x)$가 $x=-2$에서 연속이므로

$$f'(-2)=\lim_{x\to-2}\frac{2x\{xf(x)+2\}}{x^2-4} \quad \cdots\cdots ㉠$$

에서 극한값이 존재하고, $x\to-2$일 때 (분모)$\to0$이므로 (분자)$\to0$이다.

즉, $\lim_{x\to-2}\{2x^2f(x)+4x\}=8f(-2)-8=0$에서

$$f(-2)=1 \quad \cdots\cdots ㉡$$

㉠에서

$$f'(-2)=\lim_{x\to-2}\frac{2x\{xf(x)+2\}}{x^2-4}$$
$$=\lim_{x\to-2}\frac{2x\{xf(x)+2f(-2)\}}{x^2-4}$$
$$=\lim_{x\to-2}\left\{\frac{2x}{x-2}\times\frac{xf(x)+2f(x)-2f(x)+2f(-2)}{x+2}\right\}$$
$$=\lim_{x\to-2}\left[\frac{2x}{x-2}\times\left\{\frac{(x+2)f(x)}{x+2}-2\times\frac{f(x)-f(-2)}{x-(-2)}\right\}\right]$$
$$=f(-2)-2f'(-2)$$

$\therefore f'(-2)=\frac{f(-2)}{3}=\frac{1}{3}$ ($\because$ ㉡)

다른 풀이

㉡ 이후부터 다음과 같이 풀 수 있다.

㉠에서 $g(x)=2x^2f(x)+4x$라 하면 $g(-2)=0$이므로

$$f'(-2)=\lim_{x\to-2}\frac{g(x)}{x^2-4}$$
$$=\lim_{x\to-2}\left\{\frac{g(x)-g(-2)}{x-(-2)}\times\frac{1}{x-2}\right\}$$
$$=-\frac{1}{4}g'(-2)$$

$g'(x)=4xf(x)+2x^2f'(x)+4$에서

$g'(-2)=-8f(-2)+8f'(-2)+4$이므로

$f'(-2)=2f(-2)-2f'(-2)-1$

$\therefore f'(-2)=\frac{2f(-2)-1}{3}=\frac{1}{3}$ ($\because$ ㉡)

317

답 503

$$\lim_{h\to0}\frac{1}{2h}\{f(1+3h)-f(1-h)\}$$
$$=\lim_{h\to0}\frac{f(1+3h)-f(1)+f(1)-f(1-h)}{2h}$$
$$=\lim_{h\to0}\left\{\frac{f(1+3h)-f(1)}{3h}\times\frac{3}{2}+\frac{f(1-h)-f(1)}{-h}\times\frac{1}{2}\right\}$$
$$=\frac{3}{2}f'(1)+\frac{1}{2}f'(1)=2f'(1) \quad \cdots\cdots ㉠$$

한편, $f(x)=\sum_{k=1}^{15}\frac{1}{k}x^{k+1}+\sum_{k=1}^{15}\frac{1}{k+1}x^k$에서

$f'(x)=\sum_{k=1}^{15}\frac{k+1}{k}x^k+\sum_{k=1}^{15}\frac{k}{k+1}x^{k-1}$이므로

$$f'(1)=\sum_{k=1}^{15}\frac{k+1}{k}+\sum_{k=1}^{15}\frac{k}{k+1}$$
$$=\sum_{k=1}^{15}\left(1+\frac{1}{k}\right)+\sum_{k=1}^{15}\left(1-\frac{1}{k+1}\right)$$
$$=\sum_{k=1}^{15}\left(2+\frac{1}{k}-\frac{1}{k+1}\right)$$
$$=15\times2+\left\{\left(\frac{1}{1}-\frac{1}{2}\right)+\left(\frac{1}{2}-\frac{1}{3}\right)+\cdots+\left(\frac{1}{15}-\frac{1}{16}\right)\right\}$$
$$=30+\left(1-\frac{1}{16}\right)$$
$$=30+\frac{15}{16}=\frac{495}{16}$$

㉠에서 구하는 값은

$2f'(1)=\frac{495}{8}$

따라서 $p=8$, $q=495$이므로

$p+q=503$

02 도함수의 활용 (1)

318

답 (1) $y=x-3$ (2) $y=4x-7$

(1) 함수 $y=2x^2-3x-1$의 도함수는 $y'=4x-3$이므로
곡선 $y=2x^2-3x-1$ 위의 점 $(1, -2)$에서의 접선의 기울기는 1이고 접선의 방정식은 $y-(-2)=x-1$,
즉 $y=x-3$이다.

(2) 함수 $y=x^3-2x^2+1$의 도함수는 $y'=3x^2-4x$이므로
곡선 $y=x^3-2x^2+1$ 위의 점 $(2, 1)$에서의 접선의 기울기는 4이고 접선의 방정식은 $y-1=4(x-2)$,
즉 $y=4x-7$이다.

319

답 $y=3x+2$

함수 $y=x^2+x+3$의 도함수는 $y'=2x+1$이므로
기울기가 3인 접선의 접점의 x좌표를 t라 하면
$2t+1=3$에서 $t=1$이다.
$y=x^2+x+3$에서 $x=1$일 때 $y=5$이므로
접점의 좌표는 $(1, 5)$이다.
따라서 구하는 접선의 방정식은 $y-5=3(x-1)$,
즉 $y=3x+2$이다.

다른 풀이

곡선 $y=x^2+x+3$에 접하는 기울기가 3인 접선의 방정식을
$y=3x+k$ (k는 상수)라 하면
이차방정식 $x^2+x+3=3x+k$, 즉 $x^2-2x+3-k=0$이 중근을 가지므로 이 이차방정식의 판별식을 D라 하면

$\frac{D}{4}=1-(3-k)=0$, $k=2$

따라서 구하는 접선의 방정식은 $y=3x+2$이다.

320

답 ②

직선 $y=5x-1$에 평행한 접선의 기울기는 5이다.
함수 $y=x^2-x+4$의 도함수는 $y'=2x-1$이므로
기울기가 5인 접선의 접점의 x좌표를 t라 하면
$2t-1=5$에서 $t=3$이다.
$y=x^2-x+4$에서 $x=3$일 때 $y=10$이므로
접점의 좌표는 $(3, 10)$이다.
따라서 구하는 접선의 방정식은 $y-10=5(x-3)$,
즉 $y=5x-5$이므로 $f(x)=5x-5$이다.
$\therefore f(2)=5$

다른 풀이

직선 $y=5x-1$에 평행한 접선의 기울기는 5이므로
접선의 방정식을 $y=5x+k$ (k는 상수)라 하자.
이 접선이 곡선 $y=x^2-x+4$에 접하므로
이차방정식 $x^2-x+4=5x+k$, 즉 $x^2-6x+4-k=0$이 중근을 가진다.
이 이차방정식의 판별식을 D라 하면

$\frac{D}{4}=9-(4-k)=0$, $k=-5$

즉, 접선의 방정식이 $y=5x-5$이므로 $f(x)=5x-5$이다.
$\therefore f(2)=5$

321

답 ⑤

직선 $y=4x+a$와 곡선 $y=3x^3-5x+3$의 접점의 x좌표를 t라 하면
$x=t$에서의 접선의 기울기가 4이다.
함수 $y=3x^3-5x+3$의 도함수는 $y'=9x^2-5$이므로
$9t^2-5=4$에서 $t=\pm1$이다.
$y=3x^3-5x+3$에서 $x=1$일 때 $y=1$, $x=-1$일 때 $y=5$이므로
접점의 좌표는 $(1, 1)$ 또는 $(-1, 5)$이다.
접점이 직선 $y=4x+a$ 위의 점이므로
접점이 $(1, 1)$일 때 $1=4+a$에서 $a=-3$,
접점이 $(-1, 5)$일 때 $5=-4+a$에서 $a=9$이다.
$\therefore a=9$ ($\because a>0$)

322

답 ⑤

점 $(0, 2)$에서 곡선 $y=x^3+x$에 그은 접선의 접점의 좌표를
(t, t^3+t)라 하자.
함수 $y=x^3+x$의 도함수는 $y'=3x^2+1$이므로
곡선 $y=x^3+x$ 위의 점 (t, t^3+t)에서의 접선의 기울기는
$3t^2+1$이고 접선의 방정식은
$y-(t^3+t)=(3t^2+1)(x-t)$,
즉 $y=(3t^2+1)x-2t^3$이다. …… ㉠
이 직선이 점 $(0, 2)$를 지나므로
$2=-2t^3$에서 $t^3=-1$ $\therefore t=-1$
㉠에 $t=-1$을 대입하면 구하는 접선의 방정식은
$y=4x+2$이므로 접선의 x절편은 $-\frac{1}{2}$이다.

323

답 ④

점 $(2, 4)$에서 곡선 $y=-x^2+4x-1$에 그은 접선의 접점의 좌표를
$(t, -t^2+4t-1)$이라 하자.
함수 $y=-x^2+4x-1$의 도함수는 $y'=-2x+4$이므로
곡선 $y=-x^2+4x-1$ 위의 점 $(t, -t^2+4t-1)$에서의 접선의
기울기는 $-2t+4$이고 접선의 방정식은 …… ㉠
$y-(-t^2+4t-1)=(-2t+4)(x-t)$,
즉 $y=(-2t+4)x+t^2-1$이다. …… ㉡
이 직선이 점 $(2, 4)$를 지나므로
$4=2(-2t+4)+t^2-1$에서
$t^2-4t+3=(t-1)(t-3)=0$ $\therefore t=1$ 또는 $t=3$
㉠에서 $t=1$일 때 접선의 기울기는 2이고,
$t=3$일 때 접선의 기울기는 -2이다.
즉, 기울기가 음수인 접선은 $t=3$일 때이므로 ㉡에 대입하면
접선의 방정식은 $y=-2x+8$이다.
따라서 접선의 y절편은 8이다.

324 ······ 답 ③

점 (0, 1)에서 곡선 $y=x^2-2x+2$에 그은 접선의 접점의 좌표를 (t, t^2-2t+2)라 하자.
함수 $y=x^2-2x+2$의 도함수는 $y'=2x-2$이므로
곡선 $y=x^2-2x+2$ 위의 점 (t, t^2-2t+2)에서의 접선의 기울기는 $2t-2$이고 접선의 방정식은
$y-(t^2-2t+2)=(2t-2)(x-t)$,
즉 $y=(2t-2)x-t^2+2$이다.
이 직선이 점 (0, 1)을 지나므로
$1=-t^2+2$에서 $t=\pm1$
$y=x^2-2x+2$에서 $x=-1$일 때 $y=5$, $x=1$일 때 $y=1$이므로
두 접점의 좌표는 $(-1, 5)$, $(1, 1)$이다.
$\therefore \overline{PQ}=\sqrt{2^2+(-4)^2}=2\sqrt{5}$

325 ······ 답 ③

함수 $f(x)=x^2+4x$는 구간 $[-4, 0]$에서 연속이고 구간 $(-4, 0)$에서 미분가능하며 $f(-4)=f(0)=0$이므로 롤의 정리에 의하여 $f'(c)=0$인 c가 구간 $(-4, 0)$에 적어도 하나 존재한다.
이때 $f'(x)=2x+4$이므로
$f'(c)=2c+4=0$에서 $c=-2$이다.

326 ······ 답 ④

함수 $f(x)=x^3-2x+2$는 구간 $[-1, 2]$에서 연속이고 구간 $(-1, 2)$에서 미분가능하므로 평균값 정리에 의하여
$$f'(c)=\frac{f(2)-f(-1)}{2-(-1)}=\frac{6-3}{3}=1$$
인 c가 구간 $(-1, 2)$에 적어도 하나 존재한다.
이때 $f'(x)=3x^2-2$이므로
$f'(c)=3c^2-2=1$에서 $c^2=1$
$\therefore c=1$ $(\because -1<c<2)$

327 ······ 답 ③

함수 $f(t)$는 구간 $[0, 6]$에서 $\boxed{\text{연속}}$이고,
구간 $(0, 6)$에서 $\boxed{\text{미분가능}}$하므로 평균값 정리에 의하여
$$\frac{f(6)-f(0)}{6-0}=\boxed{f'(c)} \quad \cdots\cdots ㉠$$
인 c가 구간 $(0, 6)$에 적어도 하나 존재한다.
$\frac{f(6)-f(0)}{6-0}=\frac{46-10}{6}=6$이고, $f'(t)=\boxed{-3t+15}$이므로
㉠을 만족시키는 c의 값을 구하면
$6=-3c+15$에서 $c=\boxed{3}$이다.
(가) : 연속, (나) : 미분가능, (다) : $f'(c)$, (라) : $-3t+15$, (마) : 3
따라서 선지 중 옳지 않은 것은 ③이다.

328 ······ 답 풀이 참조

$a<x\le b$인 임의의 x에 대하여 평균값 정리에 의하여
$$\frac{f(x)-f(a)}{x-a}=f'(c) \quad \cdots\cdots ㉠$$
인 c가 a와 x 사이에 적어도 하나 존재한다.
이때 구간 (a, b)에 속하는 모든 x에 대하여 $f'(x)=0$이므로
$f'(c)=0$이다.
즉, ㉠에서 $f(x)-f(a)=0$이므로
$f(x)=f(a)$이다.
따라서 $a\le x\le b$인 모든 x에 대하여 $f(x)=f(a)$이므로
함수 $f(x)$는 구간 $[a, b]$에서 상수함수이다.

채점 요소	배점
$a<x\le b$인 임의의 x에 대하여 구간 $[a, b]$에서 평균값 정리가 성립함을 설명하기	40 %
$f'(x)=0$임을 이용하여 $f(x)$가 구간 $[a, b]$에서 상수함수임을 설명하기	60 %

329 ······ 답 ④

$\lim_{x\to2}\frac{f(x^2)-4}{x-2}=-8$에서 극한값이 존재하고,
$x\to2$일 때 (분모) → 0이므로 (분자) → 0이다.
즉, $\lim_{x\to2}\{f(x^2)-4\}=f(4)-4=0$에서 $f(4)=4$ ······ ㉠
$$\lim_{x\to2}\frac{f(x^2)-4}{x-2}=\lim_{x\to2}\frac{f(x^2)-f(4)}{x-2}$$
$$=\lim_{x\to2}\left\{(x+2)\times\frac{f(x^2)-f(4)}{x^2-4}\right\}$$
$$=4f'(4)=-8$$
이므로 $f'(4)=-2$ ······ ㉡
㉠, ㉡에 의하여 함수 $y=f(x)$의 그래프 위의 점 (4, 4)에서의 접선의 기울기가 -2이므로 접선의 방정식은
$y-4=-2(x-4)$, 즉 $y=-2x+12$이다.

330 ······ 답 $y=2x+6$

$y=x^3+ax^2+(2a-1)x+a+4$에서
a에 대한 항등식을 풀면
$a(x^2+2x+1)+x^3-x+4-y=0$에서
$x^2+2x+1=0$이고, $x^3-x+4-y=0$이다.
$x^2+2x+1=0$에서 $x=-1$
$x^3-x+4-y=0$에서 $y=4$
따라서 주어진 곡선은 a의 값에 관계없이 항상 점 P$(-1, 4)$를 지난다.
한편, 함수 $y=x^3+ax^2+(2a-1)x+a+4$의 도함수는
$y'=3x^2+2ax+(2a-1)$이므로
점 P$(-1, 4)$에서의 접선의 기울기는 $3-2a+(2a-1)=2$이고,
접선의 방정식은
$y-4=2\{x-(-1)\}$, 즉 $y=2x+6$이다.

331 ······ 답 20

함수 $y=x^3$의 도함수는 $y'=3x^2$이므로
곡선 $y=x^3$ 위의 점 $\mathrm{P}(t,\ t^3)$에서의 접선의 기울기는 $3t^2$이고
접선의 방정식은
$y-t^3=3t^2(x-t)$, 즉 $y=3t^2x-2t^3$이다.
이때 직선 $3t^2x-y-2t^3=0$과 원점 사이의 거리 $f(t)$는

$$f(t)=\frac{|-2t^3|}{\sqrt{(3t^2)^2+(-1)^2}}=\frac{|2t^3|}{\sqrt{9t^4+1}}$$ 이므로

$$\alpha=\lim_{t\to\infty}\frac{f(t)}{t}=\lim_{t\to\infty}\frac{|2t^3|}{t\sqrt{9t^4+1}}$$
$$=\frac{2}{\sqrt{9}}=\frac{2}{3}$$

$\therefore 30\alpha=20$

332 ······ 답 $4\sqrt{26}$

함수 $y=-x^3-x^2+4$의 도함수는 $y'=-3x^2-2x$이므로
곡선 $y=-x^3-x^2+4$ 위의 점 $\mathrm{A}(1,\ 2)$에서의 접선의 기울기는
-5이고 접선의 방정식은
$y-2=-5(x-1)$, 즉 $y=-5x+7$이다.
방정식 $-x^3-x^2+4=-5x+7$에서
$x^3+x^2-5x+3=(x-1)^2(x+3)=0$
$\therefore x=1$ 또는 $x=-3$
따라서 접점 $\mathrm{A}(1,\ 2)$가 아닌 교점 B의 x좌표는 -3이므로
$\mathrm{B}(-3,\ 22)$이다.
$\therefore \overline{\mathrm{AB}}=\sqrt{(-4)^2+20^2}=4\sqrt{26}$

다른 풀이

접선의 방정식을 $y=mx+n$ (m, n은 상수)이라 하고,
점 B의 x좌표를 t라 하면
곡선 $y=-x^3-x^2+4$와 직선 $y=mx+n$은 $x=1$일 때 접하고
$x=t$일 때 만나므로 방정식 $-x^3-x^2+4=mx+n$은
중근 $x=1$과 또 다른 실근 $x=t$를 가진다. ······ TIP1
즉, 방정식 $x^3+x^2+mx+n-4=0$에서
삼차방정식의 근과 계수의 관계에 의하여
$1+1+t=-1$이므로 $t=-3$이다. ······ TIP2
따라서 $\mathrm{B}(-3,\ 22)$이므로
$\overline{\mathrm{AB}}=\sqrt{(-4)^2+20^2}=4\sqrt{26}$

TIP1

이차 이상의 다항함수 $y=f(x)$의 그래프에 직선 $y=g(x)$가
$x=a$에서 접하면 방정식 $f(x)=g(x)$는 $x=a$를 중근으로
가진다. ······ 참고

TIP2

x에 대한 삼차방정식 $ax^3+bx^2+cx+d=0$ $(a\neq0)$의
세 근을 α, β, γ라 하면
$\alpha+\beta+\gamma=-\frac{b}{a}$, $\alpha\beta+\beta\gamma+\gamma\alpha=\frac{c}{a}$, $\alpha\beta\gamma=-\frac{d}{a}$이다.

참고

❶ 이차 이상의 다항함수 $y=f(x)$의 그래프가 $x=a$에서 x축에
접한다.
$\Longleftrightarrow f(a)=0,\ f'(a)=0$
$\Longleftrightarrow$ 방정식 $f(x)=0$은 $x=a$를 중근으로 가진다.

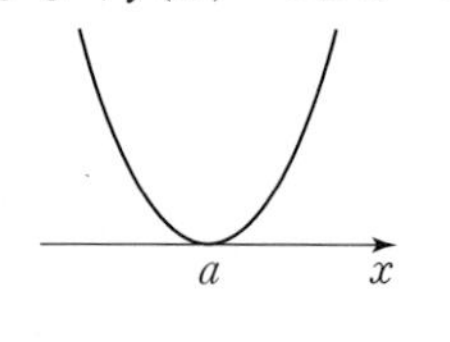

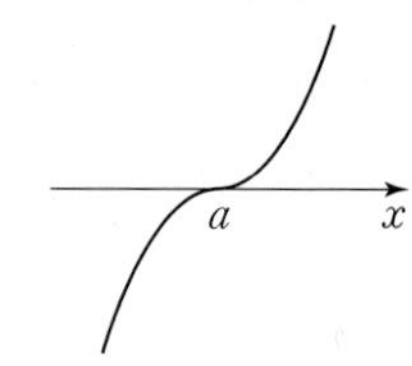

[증명]
함수 $y=f(x)$의 그래프가 $x=a$에서 x축에 접한다는 것은
함수 $y=f(x)$의 그래프 위의 점 $(a,\ 0)$에서의 접선의 기울기
가 0이므로 $f(a)=0$, $f'(a)=0$과 같은 의미이다.
또한, $f(a)=0$이면
$f(x)=(x-a)g(x)$ ($g(x)$는 다항함수)라 할 수 있고
$f'(x)=g(x)+(x-a)g'(x)$에서 $f'(a)=g(a)=0$이므로
$g(x)=(x-a)h(x)$ ($h(x)$는 다항함수)라 할 수 있다.
즉, $f(x)=(x-a)^2h(x)$이므로 방정식 $f(x)=0$은 $x=a$를
중근으로 가진다.
이와 같은 방법으로 방정식 $f(x)=0$이 $x=a$를 중근으로
가지면 $f(x)=(x-a)^2h(x)$이고, 이때 $f(a)=0$, $f'(a)=0$
을 만족시킴을 알 수 있다.

❷ 이차 이상의 다항함수 $y=f(x)$의 그래프에
직선 $y=g(x)$가 $x=a$에서 접한다.
$\Longleftrightarrow f(a)=g(a),\ f'(a)=g'(a)$
$\Longleftrightarrow$ 방정식 $f(x)=g(x)$는 $x=a$를 중근으로 가진다.

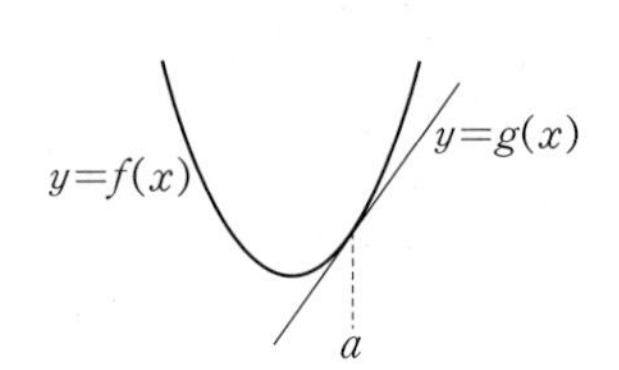

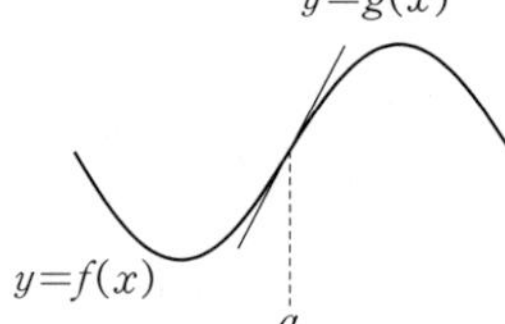

[증명]
다항함수 $y=f(x)$의 그래프에 직선 $y=g(x)$가 $x=a$에서
접한다는 것은 $f(a)=g(a)$, $f'(a)=g'(a)$와 같은 의미이다.
($x=a$에서 함숫값이 같고 미분계수도 같다.)
$T(x)=f(x)-g(x)$라 하면 $T(a)=0$, $T'(a)=0$이므로
❶에 의하여 '방정식 $T(x)=0$이 $x=a$를 중근으로 가진다.
즉, 방정식 $f(x)=g(x)$가 $x=a$를 중근으로 가진다.'와 같은
의미이다.

333 ······ 답 ⑤

점 $(0,\ 0)$이 곡선 $y=f(x)$ 위의 점이므로
$f(0)=0$
곡선 $y=f(x)$ 위의 점 $(0,\ 0)$에서의 접선의 기울기는 $f'(0)$이므로
접선의 방정식은
$y-0=f'(0)(x-0)$ $\quad\therefore y=f'(0)x$ ······ ㉠

한편, 점 $(1, 2)$가 곡선 $y=xf(x)$ 위의 점이므로
$f(1)=2$
$y=xf(x)$의 양변을 x에 대하여 미분하면
$y'=f(x)+xf'(x)$이므로
곡선 $y=xf(x)$ 위의 점 $(1, 2)$에서의 접선의 기울기는
$f(1)+f'(1)=f'(1)+2$ ($\because f(1)=2$)
즉, 접선의 방정식은
$y-2=\{f'(1)+2\}(x-1)$
$\therefore y=\{f'(1)+2\}x-f'(1)$ …… ㉡
이때 두 직선 ㉠, ㉡이 일치하므로
$f'(1)+2=f'(0)$, $-f'(1)=0$
$\therefore f'(1)=0$, $f'(0)=2$
$f(x)$는 삼차함수이고 $f(0)=0$이므로
$f(x)=ax^3+bx^2+cx$ (a, b, c는 상수, $a\neq0$)라 하면
$f'(x)=3ax^2+2bx+c$
$f'(0)=2$에서 $c=2$
$f'(1)=0$에서 $3a+2b+c=0$
$\therefore 3a+2b=-2$ …… ㉢
$f(1)=2$에서 $a+b+c=2$
$\therefore a+b=0$ …… ㉣
㉢, ㉣을 연립하여 풀면
$a=-2$, $b=2$
따라서 $f'(x)=-6x^2+4x+2$이므로
$f'(2)=-24+8+2=-14$

334 답 ②

함수 $y=x^3-3x^2+5x+1$의 도함수는
$y'=3x^2-6x+5=3(x-1)^2+2$이므로
y'은 $x=1$일 때 최솟값 2를 갖는다.
즉, 접점의 x좌표가 1일 때 접선의 기울기의 최솟값이 2이다.
기울기가 최소인 접선은 기울기가 2이고
접점의 좌표가 $(1, 4)$인 직선이므로 접선의 방정식은
$y-4=2(x-1)$, 즉 $y=2x+2$이다.

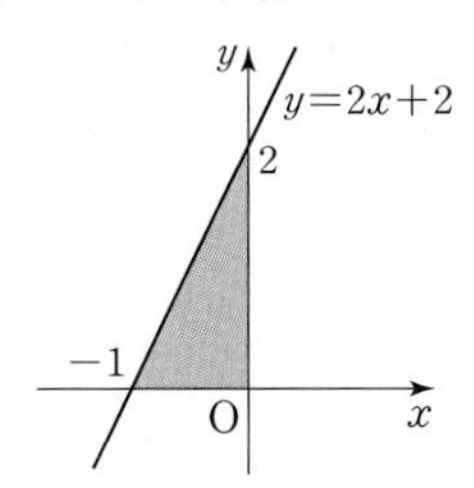

따라서 구하는 도형의 넓이는
$\frac{1}{2}\times1\times2=1$

335 답 풀이 참조

직선 $x+2y-3=0$의 기울기가 $-\frac{1}{2}$이므로
이 직선과 수직인 접선은 기울기가 2이다.
함수 $y=x^3-x+3$의 도함수가 $y'=3x^2-1$이므로
기울기가 2인 접선의 접점의 x좌표를 t라 하면
$3t^2-1=2$에서 $t=\pm1$이다.
즉, 접점의 좌표는 $(1, 3)$ 또는 $(-1, 3)$이다.
접점이 $(1, 3)$인 접선의 방정식은
$y-3=2(x-1)$, 즉 $y=2x+1$이고,
접점이 $(-1, 3)$인 접선의 방정식은
$y-3=2\{x-(-1)\}$, 즉 $y=2x+5$이다.
따라서 두 직선 $y=2x+1$과 $y=2x+5$ 사이의 거리는
직선 $y=2x+1$ 위의 점 $(0, 1)$과 직선 $y=2x+5$ 사이의 거리와
같으므로 $\frac{|0-1+5|}{\sqrt{2^2+(-1)^2}}=\frac{4\sqrt{5}}{5}$이다.

채점 요소	배점
기울기가 2인 접선의 접점의 좌표 구하기	40%
접점의 좌표와 기울기를 이용하여 접선의 방정식 구하기	30%
두 접선 사이의 거리 구하기	30%

336 답 ③

함수 $y=x^3-6x^2+9x$의 도함수는 $y'=3x^2-12x+9$이므로
점 $(0, 0)$에서의 접선의 기울기는 9이다.
기울기가 9인 또 다른 접선의 접점의 x좌표를 $t(t\neq0)$라 하면
$3t^2-12t+9=9$에서 $3t(t-4)=0$ $\quad\therefore t=4$ ($\because t\neq0$)
즉, 접점의 좌표가 $(4, 4)$이므로 접선의 방정식은
$y-4=9(x-4)$, 즉 $y=9x-32$이다.
이 직선이 점 $(a, -5)$를 지나므로 $-5=9a-32$
$\therefore a=3$

337 답 ④

함수 $y=x^3+kx^2+2$의 도함수는 $y'=3x^2+2kx$이므로
기울기가 -3인 접선의 접점의 x좌표 p, q는 방정식
$3x^2+2kx=-3$, 즉 $3x^2+2kx+3=0$의 두 실근이다.
이차방정식의 근과 계수의 관계에 의하여
$p+q=-\frac{2k}{3}$, $pq=1$이다.
$p^2+q^2-4pq=(p+q)^2-6pq=\frac{4}{9}k^2-6$이므로
$\frac{4}{9}k^2-6=30$에서 $k^2=81$
$\therefore k=9$ ($\because k>3$)

338 답 ③

직선 $y=mx+3$이 곡선 $y=x^3+1$에 접하는 접점의 좌표를
(t, t^3+1)이라 하자.
함수 $y=x^3+1$의 도함수는 $y'=3x^2$이므로
곡선 $y=x^3+1$ 위의 점 (t, t^3+1)에서의 접선의 기울기는 $3t^2$이고

접선의 방정식은 $y-(t^3+1)=3t^2(x-t)$,
즉 $y=3t^2x-2t^3+1$이다.
이 직선이 $y=mx+3$과 같으므로
$3t^2=m$이고, $-2t^3+1=3$이다.
$-2t^3+1=3$에서 $t^3=-1$ $\quad\therefore t=-1$
$\therefore m=3\times(-1)^2=3$

다른 풀이

직선 $y=mx+3$이 곡선 $y=x^3+1$에 접하는 접점의 좌표를 (t, t^3+1)이라 하면
방정식 $x^3+1=mx+3$은 $x=t$를 중근으로 가진다.
즉, 방정식 $x^3-mx-2=0$이 중근 $x=t$와 실근 $x=a$를 가진다고 하면 삼차방정식의 근과 계수의 관계에 의하여
$t+t+a=0$에서 $a=-2t$ ...... ㉠
$t\times t\times a=2$에서 $at^2=2$ ...... ㉡
㉠을 ㉡에 대입하면
$-2t^3=2$에서 $t=-1$
따라서 접점의 좌표는 $(-1, 0)$이고, 직선 $y=mx+3$이 점 $(-1, 0)$을 지나므로 $0=-m+3$
$\therefore m=3$

339

답 $8\sqrt{2}$

원점에서 곡선 $y=x^4-2x^2+8$에 그은 접선의 접점의 좌표를 (t, t^4-2t^2+8)이라 하자.
함수 $y=x^4-2x^2+8$의 도함수는 $y'=4x^3-4x$이므로
곡선 위의 점 (t, t^4-2t^2+8)에서의 접선의 기울기는 $4t^3-4t$이고
접선의 방정식은
$y-(t^4-2t^2+8)=(4t^3-4t)(x-t)$,
즉 $y=(4t^3-4t)x-3t^4+2t^2+8$이다.
이 직선이 원점을 지나므로
$3t^4-2t^2-8=0$에서 $(3t^2+4)(t^2-2)=0$
$t^2=2$ $\quad\therefore t=\pm\sqrt{2}$
즉, 두 접점의 좌표는 $(\sqrt{2}, 8)$, $(-\sqrt{2}, 8)$이다.

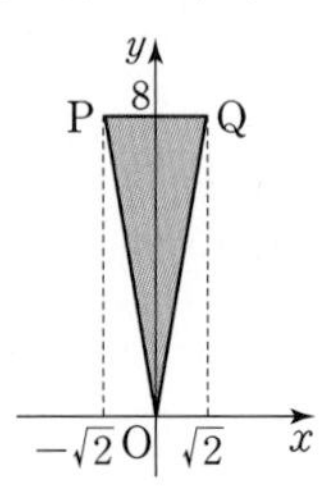

따라서 삼각형 OPQ는 밑변의 길이가 $2\sqrt{2}$, 높이가 8이므로
넓이는 $\frac{1}{2}\times2\sqrt{2}\times8=8\sqrt{2}$이다.

참고

함수 $y=x^4-2x^2+8$은 짝수차항과 상수항만 존재하므로 그래프가 y축에 대하여 대칭이다.
따라서 원점에서 이 곡선에 그은 두 접선 및 두 접점은 모두 y축에 대하여 대칭임을 알 수 있다.

340

답 ②

점 $(-2, 1)$에서 곡선 $y=x^2-4x+2$에 그은 접선의 접점의 좌표를 (t, t^2-4t+2)라 하자.
함수 $y=x^2-4x+2$의 도함수는 $y'=2x-4$이므로
곡선 $y=x^2-4x+2$ 위의 점 (t, t^2-4t+2)에서의 접선의 기울기는 $2t-4$이고 접선의 방정식은 $y-(t^2-4t+2)=(2t-4)(x-t)$,
즉 $y=(2t-4)x-t^2+2$이다.
이 직선이 점 $(-2, 1)$을 지나므로
$1=-2(2t-4)-t^2+2$에서
$t^2+4t-9=0$
두 접점의 x좌표를 각각 t_1, t_2라 하면
이차방정식의 근과 계수의 관계에 의하여
$t_1+t_2=-4$, $t_1t_2=-9$이고,
두 접선의 기울기는 각각 $2t_1-4$, $2t_2-4$이다.
$\therefore m_1m_2=(2t_1-4)(2t_2-4)$
$=4t_1t_2-8(t_1+t_2)+16$
$=-36+32+16=12$

341

답 9

삼차함수 $f(x)$에 대하여 점 $(1, 3)$은 곡선 $y=f(x)$ 위의 점이므로
$f(1)=3$이고, ... ㉠
점 $(0, 1)$은 곡선 $y=(x+1)f(x)$ 위의 점이므로
$f(0)=1$이다. ...... ㉡
한편, 곡선 $y=f(x)$ 위의 점 $(1, 3)$에서의 접선의 기울기는 $f'(1)$이고,
$y=(x+1)f(x)$에서 $y'=f(x)+(x+1)f'(x)$이므로
곡선 $y=(x+1)f(x)$ 위의 점 $(0, 1)$에서의 접선의 기울기는
㉡에 의하여
$f(0)+f'(0)=f'(0)+1$이다.
곡선 $y=f(x)$ 위의 점 $(1, 3)$에서의 접선과 곡선 $y=(x+1)f(x)$ 위의 점 $(0, 1)$에서의 접선이 서로 평행하므로
$f'(1)=f'(0)+1$이다. ...... ㉢
최고차항의 계수가 1인 삼차함수 $f(x)$를
$f(x)=x^3+ax^2+bx+c$ (a, b, c는 상수)라 하면
㉠, ㉡에 의하여
$f(1)=1+a+b+c=3$, $a+b+c=2$이고
$f(0)=c=1$
에서 $a+b=1$ ...... ㉣
$f'(x)=3x^2+2ax+b$에서
$f'(1)=3+2a+b$, $f'(0)=b$이므로 ㉢에 의하여
$3+2a+b=b+1$, $a=-1$이다.
㉣에 의하여 $b=2$이므로 $f(x)=x^3-x^2+2x+1$이다.
$\therefore f(2)=8-4+4+1=9$

342

답 ①

함수 $y=x^2-5x$의 도함수는 $y'=2x-5$이므로
곡선 $y=x^2-5x$ 위의 점 $(1, -4)$에서의 접선의 기울기는 -3이고

접선의 방정식은 $y-(-4)=-3(x-1)$, 즉 $y=-3x-1$이다.
곡선 $y=x^3+3x^2+4$를 y축의 방향으로 k만큼 평행이동하면
$y=x^3+3x^2+4+k$이다.
이 곡선이 직선 $y=-3x-1$과 접하는 접점의 x좌표를 t라 하자.
함수 $y=x^3+3x^2+4+k$의 도함수는 $y'=3x^2+6x$이므로
$3t^2+6t=-3$에서
$3(t+1)^2=0 \quad \therefore t=-1$
즉, 곡선 $y=x^3+3x^2+4+k$ 위의 점 $(-1, k+6)$이
직선 $y=-3x-1$ 위의 점이므로 $k+6=2$
$\therefore k=-4$

343 ········ 답 ②

원점에서 곡선 $y=-x^3-x^2+x$에 그은 접선의 접점의 좌표를
$(t, -t^3-t^2+t)$라 하자.
$y'=-3x^2-2x+1$에서 접선의 기울기는 $-3t^2-2t+1$이므로 접선의 방정식은
$y-(-t^3-t^2+t)=(-3t^2-2t+1)(x-t)$
$\therefore y=(-3t^2-2t+1)x+2t^3+t^2$
이 접선이 원점을 지나므로
$0=2t^3+t^2$, $t^2(2t+1)=0$
$\therefore t=0$ 또는 $t=-\frac{1}{2}$
(i) $t=0$일 때, 접선의 기울기는
$-3\times0^2-2\times0+1=1$
(ii) $t=-\frac{1}{2}$일 때, 접선의 기울기는
$-3\times\left(-\frac{1}{2}\right)^2-2\times\left(-\frac{1}{2}\right)+1=\frac{5}{4}$
(i), (ii)에서 구하는 모든 직선의 기울기의 합은
$1+\frac{5}{4}=\frac{9}{4}$

344 ········ 답 ②

곡선 $y=x^2-4x+6$ 위의 점을 P라 하자.
곡선 $y=x^2-4x+6$ 위의 점 P와 직선 $y=2x-5$ 사이의 거리가 최소이려면 점 P에서의 접선의 기울기가 직선 $y=2x-5$의 기울기 2와 같아야 한다. ······ TIP

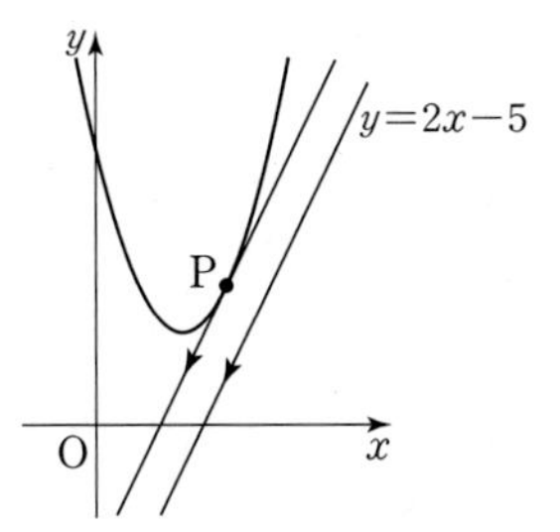

함수 $y=x^2-4x+6$의 도함수는 $y'=2x-4$이므로
구하는 점 P의 x좌표를 t라 하면
$2t-4=2$에서 $t=3$이다.
따라서 점 P의 좌표는 $(3, 3)$이고,
구하는 값은 점 $(3, 3)$과 직선 $y=2x-5$ 사이의 거리이므로
$\frac{|6-3-5|}{\sqrt{2^2+(-1)^2}}=\frac{2\sqrt{5}}{5}$이다.

TIP
곡선 위의 점 A와 직선 l 사이의 거리는 점 A에서 직선 l에 내린 수선의 발을 H라 할 때 선분 AH의 길이를 의미한다.
이 길이가 최소일 때는 그림과 같이 점 A에서의 곡선의 접선과 직선 l이 평행할 때이다.

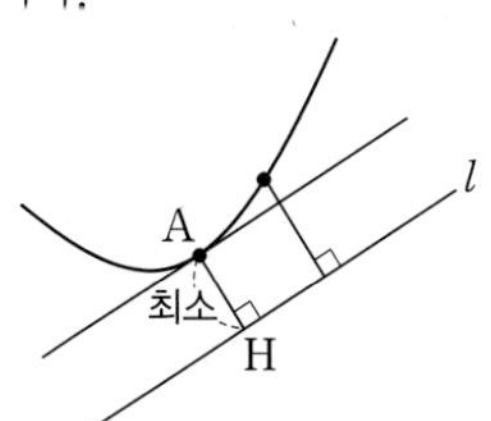

345 ········ 답 P(3, 6), 8

$-x^2+5x=0$에서 $x=0$ 또는 $x=5$이므로
A(5, 0)이다.
삼각형 ABP의 밑변을 선분 AB라 하면
$\overline{AB}=\sqrt{(1-5)^2+4^2}=4\sqrt{2}$
로 일정하므로 높이가 최대일 때 넓이가 최대이다.

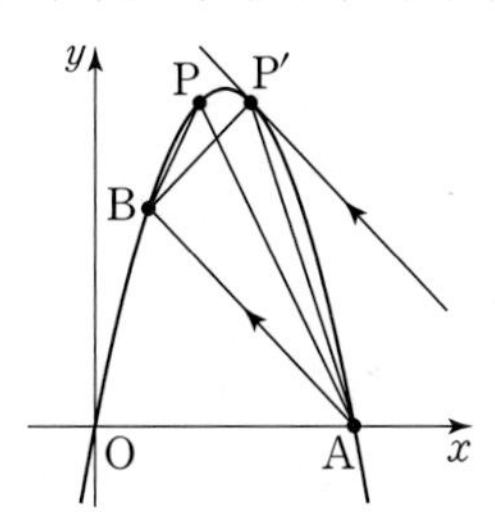

점 P에서 직선 AB까지의 거리가 최대이려면 곡선 $y=-x^2+5x$ 위의 점 P에서의 접선의 기울기가 직선 AB의 기울기와 같아야 한다.
이때의 점 P를 P′이라 하자.
직선 AB의 기울기는 $\frac{0-4}{5-1}=-1$이므로 점 P′에서의 접선의 기울기도 -1이어야 한다.
함수 $y=-x^2+5x$의 도함수는 $y'=-2x+5$이므로
점 P′의 x좌표를 t라 하면 $-2t+5=-1$에서 $t=3$
$\therefore$ P′(3, 6)
점 P′(3, 6)과 직선 AB, 즉 $y=-x+5$ 사이의 거리는
$\frac{|3+6-5|}{\sqrt{1^2+1^2}}=2\sqrt{2}$이므로 삼각형 ABP′의 넓이는
$\frac{1}{2}\times4\sqrt{2}\times2\sqrt{2}=8$이다.
따라서 점 P의 좌표가 $(3, 6)$일 때 삼각형 ABP의 넓이가 8로 최대이다.

346 ········ 답 풀이 참조

함수 $f(x)$가 닫힌구간 $[a, b]$에서 연속이고 열린구간 (a, b)에서 미분가능하다고 하자.

두 점 $(a, f(a))$, $(b, f(b))$를 지나는 직선의 방정식

$y=\frac{f(b)-f(a)}{b-a}(x-a)+f(a)$를 생각하자.

함수 $g(x)=\frac{f(b)-f(a)}{b-a}(x-a)+f(a)$라 하고,

함수 $h(x)=f(x)-g(x)$라 하면

함수 $h(x)$는 닫힌구간 $[a, b]$에서 연속이고 열린구간 (a, b)에서 미분가능하며 $h(a)=h(b)=0$이다.

따라서 롤의 정리에 의하여

$$h'(c)=f'(c)-g'(c)=f'(c)-\frac{f(b)-f(a)}{b-a}=0$$

인 c가 a와 b 사이에 적어도 하나 존재한다. 즉,

$$\frac{f(b)-f(a)}{b-a}=f'(c)$$

인 c가 a와 b 사이에 적어도 하나 존재한다.

채점 요소	배점
두 점 $(a, f(a))$, $(b, f(b))$를 지나는 직선의 방정식을 구하여 $y=g(x)$라 할 때 함수 $h(x)=f(x)-g(x)$로 두기	40%
구간 $[a, b]$에서 함수 $h(x)$가 롤의 정리를 만족시킴을 보이기	40%
함수 $f(x)$가 평균값 정리를 만족시킴을 보이기	20%

347

답 ⑤

다항함수 $f(x)$는 실수 전체의 집합에서 연속이고, 미분가능하다.

ㄱ. 함수 $f(x)$가 닫힌구간 $[1, 4]$에서 연속이고 열린구간 $(1, 4)$에서 미분가능하므로 평균값 정리에 의하여

$$f'(c)=\frac{f(4)-f(1)}{4-1}=\frac{7-1}{3}=2$$

인 c가 열린구간 $(1, 4)$에 적어도 하나 존재한다. (참)

ㄴ. 함수 $f(x)$가 닫힌구간 $[3, 4]$에서 연속이고 열린구간 $(3, 4)$에서 미분가능하므로 평균값 정리에 의하여

$$f'(c)=\frac{f(4)-f(3)}{4-3}=\frac{7-2}{1}=5$$

인 c가 열린구간 $(3, 4)$에 적어도 하나 존재한다.

즉, $f'(x)=5$인 x가 열린구간 $(1, 4)$에 적어도 하나 존재한다. (참)

ㄷ. $g(x)=f(x)-\frac{x}{2}$에서 $g'(x)=f'(x)-\frac{1}{2}$이므로 $g'(x)=0$은

$f'(x)=\frac{1}{2}$인 것과 같다.

함수 $f(x)$가 닫힌구간 $[1, 3]$에서 연속이고 열린구간 $(1, 3)$에서 미분가능하므로 평균값 정리에 의하여

$$f'(c)=\frac{f(3)-f(1)}{3-1}=\frac{2-1}{2}=\frac{1}{2}$$

인 c가 열린구간 $(1, 3)$에 적어도 하나 존재한다.

즉, $g'(x)=0$인 x가 열린구간 $(1, 4)$에 적어도 하나 존재한다. (참)

따라서 옳은 것은 ㄱ, ㄴ, ㄷ이다. …… TIP

다른 풀이

ㄷ. $g(x)=f(x)-\frac{x}{2}$는 다항함수이므로 닫힌구간 $[1, 3]$에서 연속이고 열린구간 $(1, 3)$에서 미분가능하다.

$g(1)=f(1)-\frac{1}{2}=\frac{1}{2}$, $g(3)=f(3)-\frac{3}{2}=\frac{1}{2}$에서

$g(1)=g(3)$이므로 롤의 정리에 의하여 $g'(c)=0$인 c가 열린구간 $(1, 4)$에 적어도 하나 존재한다. (참)

TIP

문제에서 주어진 조건으로부터 함수 $y=f(x)$의 그래프가 세 점 $(1, 1)$, $(3, 2)$, $(4, 7)$을 지남을 알 수 있으므로 세 구간 $[1, 3]$, $[3, 4]$, $[1, 4]$에서 평균값 정리를 이용할 수 있다. 따라서 먼저 세 점을 좌표평면에 나타내어 세 점 중 두 점을 지나는 직선의 기울기 $\frac{2-1}{3-1}=\frac{1}{2}$, $\frac{7-2}{4-3}=5$, $\frac{7-1}{4-1}=2$를 구해 놓고, 〈보기〉의 내용을 하나씩 살펴보면 쉽게 판단할 수 있다.

348

답 ④

함수 $f(x)$가 실수 전체에서 미분가능하므로 실수 전체에서 연속이다.

구간 $[x-3, x+3]$에서 평균값 정리에 의하여

$$\frac{f(x+3)-f(x-3)}{(x+3)-(x-3)}=f'(c) \quad \cdots\cdots ㉠$$

인 c가 구간 $(x-3, x+3)$에 적어도 하나 존재한다.

$x-3<c<x+3$에서 $x \to \infty$이면 $c \to \infty$이므로

㉠에서 $\lim_{x\to\infty}\frac{f(x+3)-f(x-3)}{(x+3)-(x-3)}=\lim_{c\to\infty}f'(c)=2$이다.

즉, $\lim_{x\to\infty}\frac{f(x+3)-f(x-3)}{6}=2$이므로

$\lim_{x\to\infty}\{f(x+3)-f(x-3)\}=12$

참고

주어진 조건을 만족시키는 함수 $f(x)$를 임의로 하나 정하고 극한값을 구해도 된다.

함수 $f(x)=2x$라 하면 $f'(x)=2$이므로

$\lim_{x\to\infty}f'(x)=2$를 만족시키고,

$\lim_{x\to\infty}\{f(x+3)-f(x-3)\}=\lim_{x\to\infty}\{2(x+3)-2(x-3)\}=12$

349

답 ④

주어진 조건에 의하여 곡선 도로를 빠져 나가는 지점을 접점으로 하고, 점 $(2, 8)$을 지나는 접선이 직선 도로가 되도록 하면 된다.

이 접선의 접점의 좌표를 (t, t^3)이라 하자.

함수 $y=x^3$의 도함수는 $y'=3x^2$이므로

곡선 $y=x^3$ 위의 점 (t, t^3)에서의 접선의 기울기는 $3t^2$이고 접선의 방정식은 $y-t^3=3t^2(x-t)$, 즉 $y=3t^2x-2t^3$이다.

이 직선이 점 $(2, 8)$을 지나므로

$8=6t^2-2t^3$, $t^3-3t^2+4=0$

$(t+1)(t-2)^2=0$

$\therefore t=-1$

따라서 접점의 좌표는 $(-1, -1)$이고,

구하는 직선 도로의 길이는 두 점 $(-1, -1)$, $(2, 8)$ 사이의 거리와 같으므로 $\sqrt{3^2+9^2}=3\sqrt{10}$이다.

다른 풀이

주어진 조건에 의하여 곡선 도로를 빠져 나가는 지점을 접점으로 하고, 점 $(2, 8)$을 지나는 접선이 직선 도로가 되도록 하면 된다.
이 접선의 방정식을 $y=mx+n$ (m, n은 상수)이라 하고, 접점의 x좌표를 t라 하면
곡선 $y=x^3$과 직선 $y=mx+n$은 $x=t$에서 접하고 $x=2$일 때 만나므로 방정식 $x^3=mx+n$은 중근 $x=t$와 또 다른 실근 $x=2$를 가진다.
즉, 방정식 $x^3-mx-n=0$에서 삼차방정식의 근과 계수의 관계에 의하여 $2+t+t=0$이므로 $t=-1$이다.
따라서 접점의 좌표는 $(-1, -1)$이고,
구하는 직선 도로의 길이는 두 점 $(-1, -1)$, $(2, 8)$ 사이의 거리와 같으므로 $\sqrt{3^2+9^2}=3\sqrt{10}$이다.

350

답 2

자연수 n에 대하여 함수 $f(x)$를 최고차항의 계수가 $a(a>0)$인 n차 함수라 하면 $f'(x)$는 최고차항의 계수가 na인 $(n-1)$차함수이다.
따라서 함수 $f(x)f'(x)$는 최고차항의 계수가 na^2인 $(2n-1)$차함수이다.
조건 (가)에서 $\lim_{x\to\infty}\frac{f(x)f'(x)}{x^5}=12$이므로 $2n-1=5$에서 $n=3$이고,
$na^2=12$에서 $a^2=4$, $a=2$이다. ($\because a>0$)
즉, 함수 $f(x)$는 최고차항의 계수가 2인 삼차함수이다. …… ㉠
조건 (나)에서 극한값이 존재하고,
$x\to1$일 때 (분모)$\to0$이므로 (분자)$\to0$에서 $f(1)=0$ …… ㉡

$$\lim_{x\to1}\frac{f(x)}{(x-1)f'(x-1)}=\lim_{x\to1}\left\{\frac{f(x)-f(1)}{x-1}\times\frac{1}{f'(x-1)}\right\}=f'(1)\times\frac{1}{f'(0)}=1$$

이므로 $f'(1)=f'(0)$ …… ㉢
이때 $f(x)=(x-1)(2x^2+bx+c)$ (b, c는 상수)라 하면
$f'(x)=2x^2+bx+c+(x-1)(4x+b)$에서
$f'(1)=b+c+2$, $f'(0)=c-b$이므로 ㉢에 의하여
$b+c+2=c-b$, $b=-1$
따라서 $f(x)=(x-1)(2x^2-x+c)$에서
$f(0)=-c$, $f\left(\frac{1}{2}\right)=-\frac{c}{2}$이므로

$$\frac{f(0)}{f\left(\frac{1}{2}\right)}=2$$

351

답 ②

조건 (가)에 의하여 구간 $(0, 3)$에 속하는 임의의 실수 t에 대하여 평균값 정리에 의하여 $\frac{f(t)-f(0)}{t-0}=f'(c)$를 만족시키는 실수 c가 구간 $(0, t)$에 적어도 하나 존재한다.
이때 조건 (나)에 의하여 $|f'(c)|\le4$이므로

$$\left|\frac{f(t)-1}{t}\right|\le4 \quad (\because \text{조건 (다)에서 } f(0)=1)$$

$$-4\le\frac{f(t)-1}{t}\le4$$

$-4t+1\le f(t)\le4t+1$ ($\because t>0$)
따라서 $-4\times3+1\le f(3)\le4\times3+1$이므로
$-11\le f(3)\le13$
$\therefore Mm=13\times(-11)=-143$

다른 풀이

조건 (다)에 의하여 함수 $y=f(x)$의 그래프는 점 $(0, 1)$을 지나고, 조건 (나)에 의하여 $0<x<3$일 때 함수 $y=f(x)$의 그래프 위의 점에서의 접선의 기울기는 -4보다 크거나 같고 4보다 작거나 같아야 한다.

(i) $f(3)$이 최댓값을 가지려면 $0<x<3$에서 접선의 기울기가 항상 4이어야 한다.
즉, 함수 $y=f(x)$의 그래프는 기울기가 4인 직선이어야 한다.
왜냐하면 접선의 기울기가 4보다 작을 때가 존재하는 그래프의 경우에는 그림과 같이 기울기가 4인 직선일 때보다 $f(3)$의 값이 더 작아지게 된다.
따라서 구간 $[0, 3]$에서 $f(x)=4x+1$일 때 $f(3)$의 최댓값 $M=13$이다.

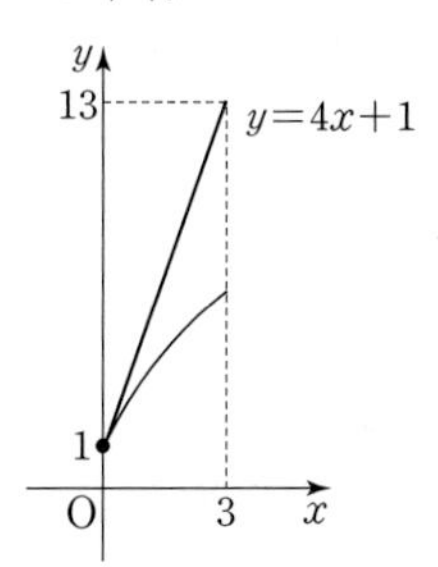

(ii) 마찬가지 방법으로 $f(3)$이 최솟값을 가지려면 $0<x<3$에서 함수 $y=f(x)$의 그래프는 기울기가 -4인 직선이어야 함을 유추해 볼 수 있다.
따라서 구간 $[0, 3]$에서 $f(x)=-4x+1$일 때 $f(3)$의 최솟값 $m=-11$이다.

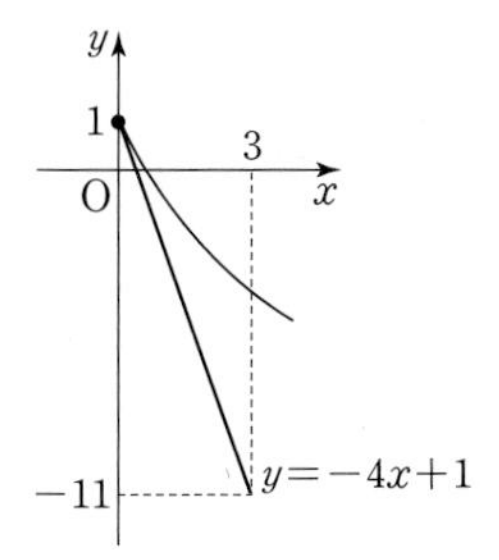

(i), (ii)에 의하여 $Mm=13\times(-11)=-143$

352

답 ③

다항함수 $f(x)$는 실수 전체의 집합에서 연속이고 미분가능하므로 구간 $(-1, 4)$에 속하는 임의의 실수 t에 대하여 평균값 정리에 의하여 $\frac{f(t)-f(-1)}{t-(-1)}=f'(a)$를 만족시키는 실수 a가 구간 $(-1, t)$에

적어도 하나 존재한다.
이때 조건 (나)에 의하여 $f'(a) \leq 3$이므로

$\frac{f(t)-(-4)}{t-(-1)} \leq 3$ ($\because f(-1)=-4$)

$f(t) \leq 3t-1$ ($\because t+1>0$) …… ㉠

또한, 구간 $(-1, 4)$에 속하는 임의의 실수 t에 대하여 평균값 정리에 의하여 $\frac{f(4)-f(t)}{4-t} \leq f'(b)$를 만족시키는 실수 b가 구간 $(t, 4)$에 적어도 하나 존재한다.
이때 조건 (나)에 의하여 $f'(b) \leq 3$이므로

$\frac{11-f(t)}{4-t} \leq 3$ ($\because f(4)=11$)

$f(t) \geq 3t-1$ ($\because 4-t>0$) …… ㉡

㉠, ㉡에 의하여 구간 $[-1, 4]$에서 $f(x)=3x-1$이다.
$\therefore f(3)=8$

다른 풀이

조건 (가)에 의하여 함수 $y=f(x)$의 그래프는 두 점 $(-1, -4)$, $(4, 11)$을 지나고,
조건 (나)에 의하여 $-1<x<4$일 때 함수 $y=f(x)$의 그래프 위의 점에서의 접선의 기울기는 3보다 작거나 같아야 한다.
그런데 두 점 $(-1, -4)$, $(4, 11)$을 지나는 직선의 기울기가 3이므로 함수 $y=f(x)$의 그래프가 점 $(-1, -4)$를 지나면서 $-1<x<4$에서 접선의 기울기가 3보다 작을 때가 존재하는 경우, 점 $(4, 11)$을 지나기 위해서는 접선의 기울기가 3보다 클 때가 $-1<x<4$에서 반드시 존재해야 하므로 조건을 만족시키지 못한다.

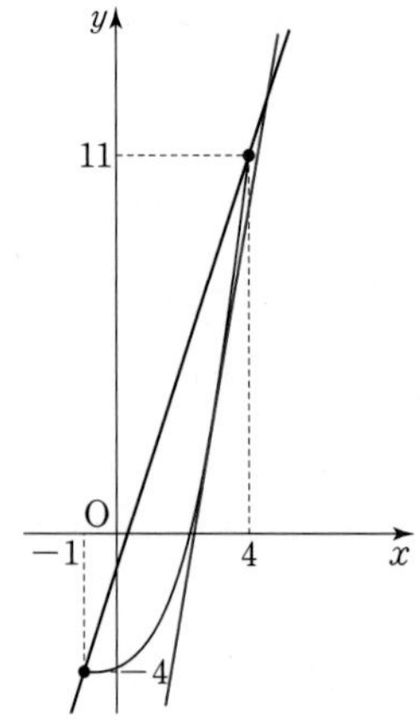

따라서 $-1<x<4$에서 접선의 기울기는 항상 3이어야 하므로 함수 $y=f(x)$의 그래프는 두 점 $(-1, -4)$, $(4, 11)$을 지나는 직선이어야 함을 유추해 볼 수 있다.
즉, 구간 $[-1, 4]$에서 $f(x)=3x-1$이다.
$\therefore f(3)=8$

353 …… 답 4

두 점 $(0, 1)$, $(1, 3)$을 지나는 직선의 방정식은 $y=2x+1$이다.

(i) $f(a)<2a+1$을 만족시키는 $0<a<1$인 실수 a가 존재한다고 가정하자.
조건 (가)에 의하여 함수 $f(x)$는 구간 $(0, 1)$에서 미분가능하고, 구간 $[0, 1]$에서 연속이므로 평균값 정리에 의하여
$f'(c_1)=\frac{f(1)-f(a)}{1-a}$를 만족시키는 $a<c_1<1$인 실수 c_1이 존재한다.
이때 $f(1)=3$이므로 $f(1)-f(a)>3-(2a+1)=2-2a$에서

$f'(c_1)=\frac{f(1)-f(a)}{1-a}>\frac{2-2a}{1-a}=2$

이는 조건 (다)에서 1이 아닌 모든 실수 x에 대하여 $-2 \leq f'(x) \leq 2$라는 조건에 모순이다.

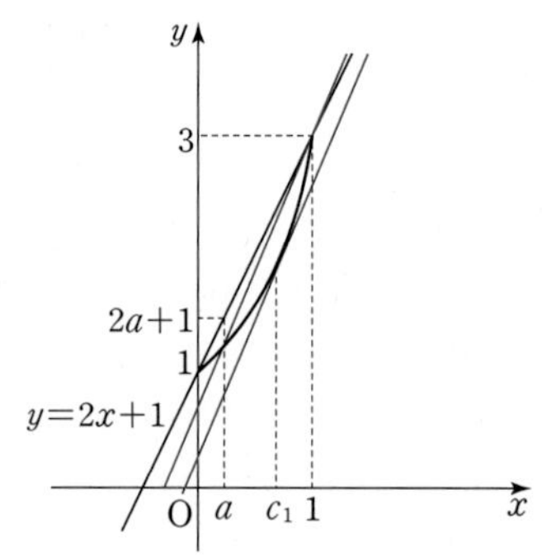

즉, $f(a)<2a+1$을 만족시키는 $0<a<1$인 실수 a는 존재하지 않는다.

(ii) $f(b)>2b+1$을 만족시키는 $0<b<1$인 실수 b가 존재한다고 가정하자.
평균값 정리에 의하여 $f'(c_2)=\frac{f(b)-f(0)}{b-0}$을 만족시키는 $0<c_2<b$인 실수 c_2가 존재한다.
이때 $f(0)=1$이므로 $f(b)-f(0)>2b+1-1=2b$에서

$f'(c_2)=\frac{f(b)-f(0)}{b}>\frac{2b}{b}=2$

이는 조건 (다)에서 1이 아닌 모든 실수 x에 대하여 $-2 \leq f'(x) \leq 2$라는 조건에 모순이다.

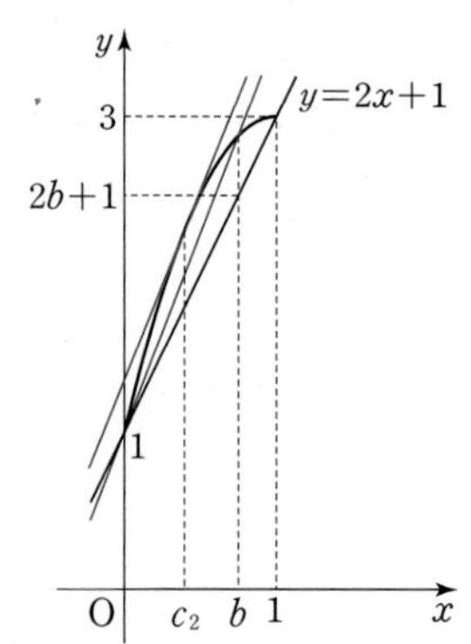

즉, $f(b)>2b+1$을 만족시키는 $0<b<1$인 실수 b는 존재하지 않는다.

(i), (ii)에 의하여 $x \leq 1$에서 함수 $f(x)=2x+1$이다.
마찬가지 방법으로 두 점 $(1, 3)$, $(2, 1)$을 지나는 직선의 방정식은 $y=-2x+5$이므로 $x \geq 1$에서 함수 $f(x)=-2x+5$이다.

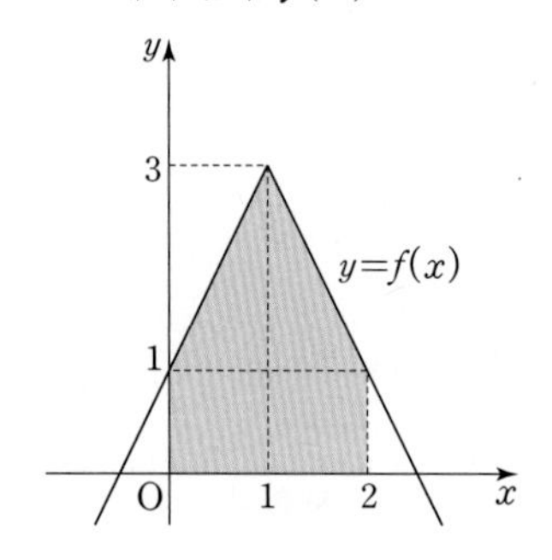

따라서 함수 $y=f(x)$의 그래프와 두 직선 $x=0$, $x=2$ 및 x축으로 둘러싸인 부분의 넓이는 세 점 $(0, 1)$, $(1, 3)$, $(2, 1)$을 꼭짓점으로 하는 삼각형과 네 점 $(0, 0)$, $(0, 1)$, $(2, 1)$, $(2, 0)$을 꼭짓점으로 하는 사각형의 넓이의 합과 같으므로

$\frac{1}{2}\times2\times2+2\times1=2+2=4$이다.

354

답 $-4<k<5$

구간 $[-5, 0]$에 속하는 서로 다른 임의의 두 실수 a, b에 대하여 $a<b$라 하자.

함수 $f(x)=\frac{1}{3}x^3+2x^2+3$은 구간 $[a, b]$에서 연속이고 구간 (a, b)에서 미분가능하므로 평균값 정리에 의하여

$\frac{f(b)-f(a)}{b-a}=f'(c)$인 c가 구간 (a, b)에 적어도 하나 존재한다.

즉, 구간 $[-5, 0]$에 속하는 서로 다른 임의의 두 실수 a, b에 대하여 $\frac{f(b)-f(a)}{b-a}=k$를 만족시키는 실수 k의 값은 구간 (a, b)에 속하는 어떤 c에 대하여 $k=f'(c)$이다.

이때 $-5\le a<c<b\le0$에서 $-5<c<0$이므로

$k\in\{f'(x)\mid-5<x<0\}$이다.

$f'(x)=x^2+4x=(x+2)^2-4$에서 함수 $y=f'(x)$의 그래프는 그림과 같다.

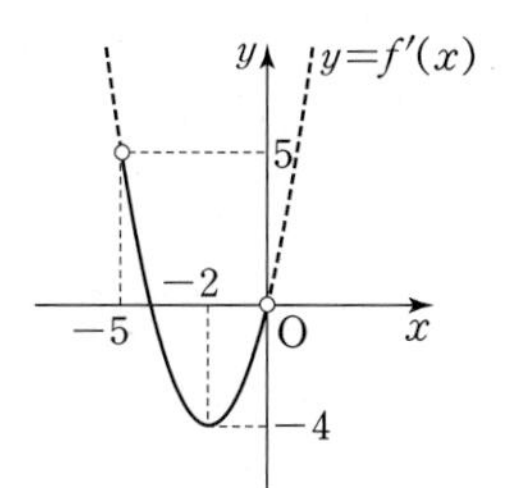

그러므로 $-5<x<0$일 때, $-4\le f'(x)<5$이다.

이때 $\frac{f(b)-f(a)}{b-a}=-4$를 만족시키는 a, b의 값이 존재하지 않으므로 …… TIP1, TIP2

구하는 실수 k의 값의 범위는 $-4<k<5$이다.

TIP1

서로 다른 두 실수 a, b에 대하여 $\frac{f(b)-f(a)}{b-a}=-4$를 만족시키려면 함수 $y=f(x)$의 그래프 위의 두 점 $(a, f(a))$, $(b, f(b))$를 지나는 직선의 기울기가 -4인 경우가 존재해야 한다.

즉, 기울기가 -4인 어떤 직선이 함수 $y=f(x)$의 그래프와 서로 다른 2개 이상의 점에서 만나야 한다.

삼차함수 $f(x)=\frac{1}{3}x^3+2x^2+3$에서 $f'(x)=x(x+4)$이므로 함수 $f(x)$는 $x=-4$에서 극대이고, $x=0$에서 극소이다.

즉, 함수 $y=f(x)$의 그래프는 다음과 같고, 점 $(-2, f(-2))$에 대하여 대칭이다.

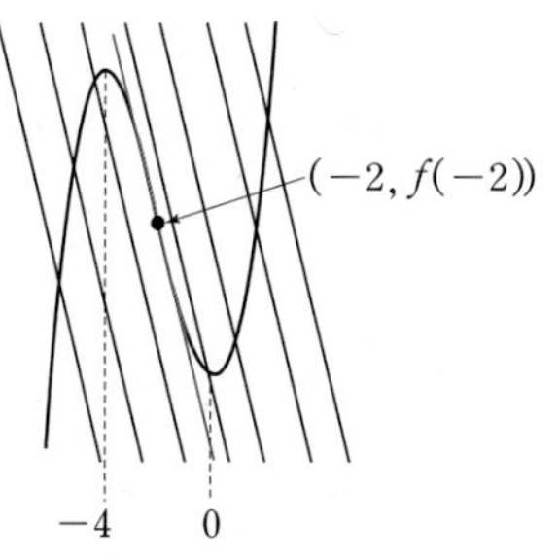

이때 $f'(-2)=-4$이므로 점 $(-2, f(-2))$에서의 접선의 기울기가 -4이다. 따라서 위 그림과 같이 기울기가 -4인 직선 중 함수 $y=f(x)$의 그래프와 2개 이상의 점에서 만나는 직선은 존재하지 않음을 알 수 있다.

TIP2

t를 포함하는 어떤 열린구간에서 함수 $y=f(x)$의 그래프가 다음과 같이 위로 볼록하거나 아래로 볼록한 모양일 때 $f'(t)=\frac{f(b)-f(a)}{b-a}$를 만족시키는 a, b가 그 구간 안에 반드시 존재한다.

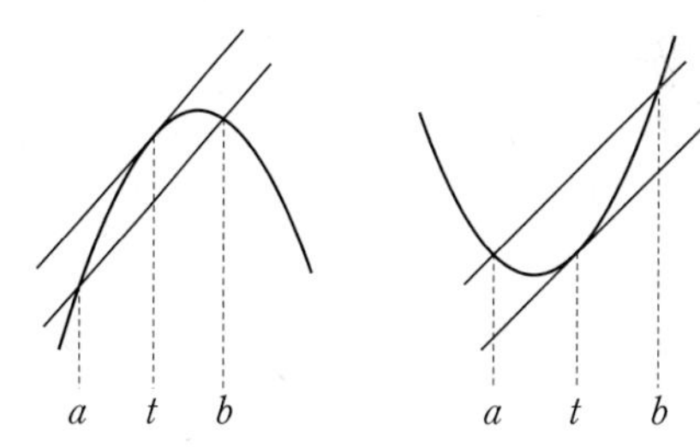

따라서 함수 $f(x)=\frac{1}{3}x^3+2x^2+3$에 대하여

$-5<c<-2$ 또는 $-2<c<0$일 때 $f'(c)=\frac{f(b)-f(a)}{b-a}$인 a, b가 구간 $(-5, 0)$에 존재함을 알 수 있다.

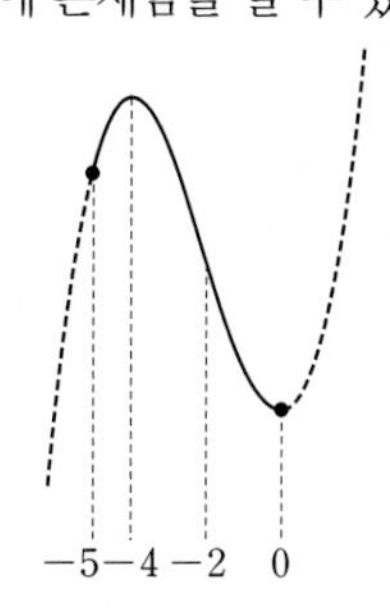

참고

실수 k의 값의 범위를 정확하게 구하기 위해서는 TIP1, TIP2와 같이 삼차함수의 그래프의 성질에 대한 내용을 알고 있어야 한다. 이에 대한 내용은 '도함수의 활용 (2)'에서 배운다.

하지만 일부 학교에서는 TIP1, TIP2와 같은 내용을 모르더라도 평균값 정리만 이용하여 답을 구할 수 있도록 출제하기도 하여 이 단원에 수록하였다.

하지만 대부분의 학교들은 수록된 문제와 같이 k의 값의 범위를 정확하게 구해야 답을 구할 수 있도록 출제하고 있어 TIP1의 내용을 토대로 $k\ne-4$임을 알아야 한다.

03 도함수의 활용 (2)

355 ··· 답 ③

$f(x)=x^3-3x^2-9x+2$에서

$f'(x)=3x^2-6x-9=3(x+1)(x-3)$이므로

함수 $f(x)$의 증가와 감소를 표로 나타내면 다음과 같다.

x	$\cdots$	-1	$\cdots$	3	$\cdots$
$f'(x)$	$+$	0	$-$	0	$+$
$f(x)$	↗		↘		↗

함수 $f(x)$는 구간 $(-\infty, -1]$과 $[3, \infty)$에서 증가하고,

구간 $[-1, 3]$에서 감소한다.

따라서 선지 중 증가하는 구간이 아닌 것은 ③이다.

다른 풀이

$f'(x)>0$을 만족시키는 구간에서 함수 $f(x)$는 증가한다.

$f(x)=x^3-3x^2-9x+2$에서

$f'(x)=3x^2-6x-9=3(x+1)(x-3)$이므로

$f'(x)>0$에서 $x<-1$ 또는 $x>3$이다.

따라서 함수 $f(x)$는 구간 $(-\infty, -1]$과 $[3, \infty)$에서 증가하므로

선지 중 증가하는 구간이 아닌 것은 ③이다.

356 ··· 답 ②

$f(x)=x^3-3x^2+4$에서

$f'(x)=3x^2-6x=3x(x-2)$이므로

함수 $f(x)$의 증가와 감소를 표로 나타내면 다음과 같다.

x	$\cdots$	0	$\cdots$	2	$\cdots$
$f'(x)$	$+$	0	$-$	0	$+$
$f(x)$	↗		↘		↗

따라서 함수 $f(x)$가 감소하는 구간은 $[0, 2]$이다. ······ **TIP**

$\therefore a+b=0+2=2$

다른 풀이

$f'(x)<0$을 만족시키는 구간에서 함수 $f(x)$는 감소한다.

$f(x)=x^3-3x^2+4$에서

$f'(x)=3x^2-6x=3x(x-2)$이므로

$f'(x)<0$에서 $0<x<2$이다.

따라서 함수 $f(x)$는 구간 $[0, 2]$에서 감소한다. ······ **참고**

$\therefore a+b=0+2=2$

TIP

함수 $f(x)$가 구간 $[a, b]$에서 연속이고 구간 (a, b)에서 미분가능할 때

❶ 구간 (a, b)에서 $f'(x)>0$이면
　함수 $f(x)$는 구간 $[a, b]$에서 증가한다.

❷ 구간 (a, b)에서 $f'(x)<0$이면
　함수 $f(x)$는 구간 $[a, b]$에서 감소한다.

참고

학교 기출 시험지에서 삼차함수 $f(x)$에 대하여 구간 $(-\infty, a)\cup(b, \infty)$에서 $f'(x)>0$, 구간 (a, b)에서 $f'(x)<0$일 때 함수 $f(x)$가 감소하는 구간을 닫힌구간 $[a, b]$라 하기도 하고, 열린구간 (a, b)라 하기도 하여 닫힌구간과 열린구간을 혼용하여 표기하고 있다.

본 문제집에서는 닫힌구간으로 표기하였으나 실제 시험지에서는 두 표현이 모두 나올 수 있음을 고려해 두자.

357 ··· 답 ②

$f(x)=\frac{1}{3}x^3+ax^2+bx+3$에서

$f'(x)=x^2+2ax+b$이다.

함수 $f(x)$가 감소하는 구간이 $[-1, 3]$이면 $f'(x)\le 0$을 만족시키는 x의 값의 범위가 $-1\le x\le 3$이어야 하므로

$f'(x)=(x+1)(x-3)$이다.

즉, $x^2+2ax+b=(x+1)(x-3)=x^2-2x-3$이므로

$a=-1$, $b=-3$

$\therefore a+b=-4$

358 ··· 답 ③

함수 $f(x)$가 구간 $(-\infty, \infty)$에서 증가하려면

모든 실수 x에 대하여 $f'(x)\ge 0$이어야 한다. ······ **TIP**

$f'(x)=3x^2+2ax+2a$이므로

이차방정식 $3x^2+2ax+2a=0$의 판별식을 D라 하면

$\frac{D}{4}=a^2-6a=a(a-6)\le 0$이어야 한다.

$\therefore 0\le a\le 6$

따라서 실수 a의 최댓값은 6이다.

TIP

함수 $f(x)$가 미분가능할 때

❶ 함수 $f(x)$가 어떤 구간에서 증가하면 그 구간에서
　$f'(x)\ge 0$이다.

❷ 함수 $f(x)$가 어떤 구간에서 감소하면 그 구간에서
　$f'(x)\le 0$이다.

359 ··· 답 ④

주어진 함수 $y=f'(x)$의 그래프에서 $f'(x)$의 부호에 따라 함수 $f(x)$의 증가, 감소를 표로 나타내면 다음과 같다.

x	$\cdots$	-1	$\cdots$	2	$\cdots$
$f'(x)$	$-$	0	$-$	0	$+$
$f(x)$	↘		↘		↗

따라서 함수 $y=f(x)$의 그래프의 개형은 다음과 같다.

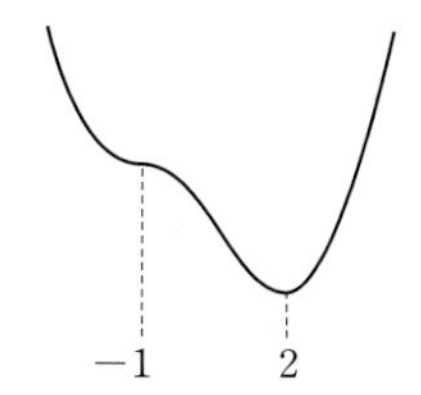

······ 참고

따라서 선지 중 함수 $y=f(x)$의 그래프의 개형으로 옳은 것은 ④이다.

참고

함수 $f(x)$의 도함수 $f'(x)$의 그래프를 알고 있을 때, 함수 $f(x)$의 증가, 감소를 알 수 있으므로 함수 $y=f(x)$의 그래프의 개형을 파악할 수 있다. 하지만 함수 $f(x)$의 증가, 감소만 알 뿐 함수 $f(x)$의 함숫값에 대해서는 알 수 없기 때문에 정확한 함수 $y=f(x)$의 그래프는 알 수 없다.

360

답 풀이 참조

(1) $f'(x)=3x^2-3$

(2) $f'(x)=3x^2-3=3(x+1)(x-1)$이므로
$x=-1$ 또는 $x=1$일 때 $f'(x)=0$이다.
이때 함수 $f(x)$의 증가와 감소를 표로 나타내면 다음과 같다.

x	$\cdots$	-1	$\cdots$	1	$\cdots$
$f'(x)$	$+$	0	$-$	0	$+$
$f(x)$	↗	3	↘	-1	↗

(3) 함수 $f(x)$는 $x=-1$에서 극댓값 $f(-1)=3$을 갖고, $x=1$에서 극솟값 $f(1)=-1$을 갖는다.
y절편은 $f(0)=1$이므로 함수 $y=f(x)$의 그래프는 다음과 같다.

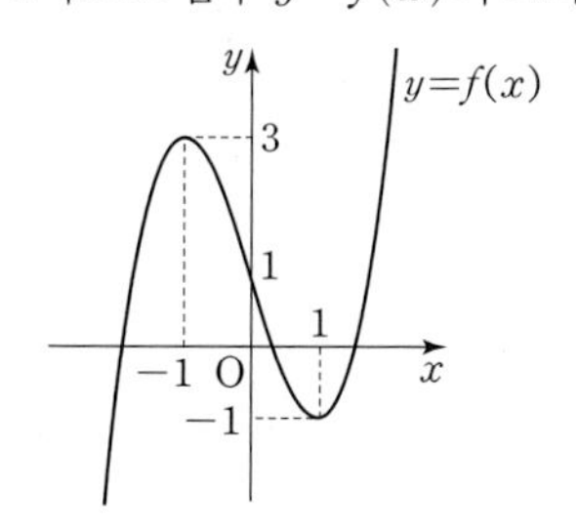

채점 요소	배점
다항함수의 도함수 구하기	20 %
$f'(x)=0$인 x의 값을 구하여 증가와 감소 표 작성하기	40 %
극댓값 $f(-1)=3$, 극솟값 $f(1)=-1$임을 이용하여 삼차함수 $f(x)$의 그래프 그리기	40 %

361

답 ①

$f'(x)=-6x^2+6x=-6x(x-1)$에서
$x=0$ 또는 $x=1$일 때 $f'(x)=0$이다.
이때 함수 $f(x)$의 증가와 감소를 표로 나타내면 다음과 같다.

x	$\cdots$	0	$\cdots$	1	$\cdots$
$f'(x)$	$-$	0	$+$	0	$-$
$f(x)$	↘	0	↗	1	↘

함수 $f(x)$는 $x=1$에서 극댓값 $f(1)=1$을 갖고,
$x=0$일 때 극솟값 $f(0)=0$을 갖는다.
$\therefore M-m=1-0=1$

362

답 -3

$f'(x)=4x^3-4x=4x(x+1)(x-1)$에서
$x=0$ 또는 $x=-1$ 또는 $x=1$일 때 $f'(x)=0$이다.
이때 함수 $f(x)$의 증가와 감소를 표로 나타내면 다음과 같다.

x	$\cdots$	-1	$\cdots$	0	$\cdots$	1	$\cdots$
$f'(x)$	$-$	0	$+$	0	$-$	0	$+$
$f(x)$	↘	-2	↗	-1	↘	-2	↗

함수 $f(x)$는 $x=-1$ 또는 $x=1$에서 극솟값
$f(-1)=f(1)=-2$를 갖고, $x=0$에서 극댓값 $f(0)=-1$을 갖는다.
따라서 서로 다른 모든 극값의 합은
$(-2)+(-1)=-3$이다.

363

답 ⑤

$f'(x)=(x-3)^2+2x(x-3)$
$=(x-3)(3x-3)=3(x-1)(x-3)$
에서 $x=1$ 또는 $x=3$일 때 $f'(x)=0$이다.
이때 함수 $f(x)$의 증가와 감소를 표로 나타내면 다음과 같다.

x	$\cdots$	1	$\cdots$	3	$\cdots$
$f'(x)$	$+$	0	$-$	0	$+$
$f(x)$	↗	$a+4$	↘	a	↗

함수 $f(x)$는 $x=1$에서 극댓값 $f(1)=a+4$를 가지므로
$a+4=9$ $\quad\therefore a=5$

364

답 ③

$f'(x)=3kx^2+6kx=3kx(x+2)$ $(k>0)$에서
$x=-2$ 또는 $x=0$일 때 $f'(x)=0$이다.
이때 함수 $f(x)$의 증가와 감소를 표로 나타내면 다음과 같다.

x	$\cdots$	-2	$\cdots$	0	$\cdots$
$f'(x)$	$+$	0	$-$	0	$+$
$f(x)$	↗	$4k+4$	↘	4	↗

함수 $f(x)$는 $x=-2$에서 극댓값 $f(-2)=4k+4$를 갖고,
$x=0$에서 극솟값 $f(0)=4$를 갖는다.
극댓값과 극솟값의 차가 12이므로
$(4k+4)-4=4k=12$ $(\because k>0)$
$\therefore k=3$

365

답 ①

$f'(x)=6x^2+2ax-12$에서
함수 $f(x)$가 $x=-1$에서 극댓값을 가지므로

$f'(-1)=0$이다. …… TIP

즉, $6-2a-12=0$에서 $a=-3$이므로

$f(x)=2x^3-3x^2-12x+2$이다.

또한, $f'(x)=6x^2-6x-12=6(x+1)(x-2)$이므로

$x=-1$ 또는 $x=2$일 때 $f'(x)=0$이다.

이때 함수 $f(x)$의 증가와 감소를 표로 나타내면 다음과 같다.

x	$\cdots$	-1	$\cdots$	2	$\cdots$
$f'(x)$	$+$	0	$-$	0	$+$
$f(x)$	↗	9	↘	-18	↗

따라서 함수 $f(x)$는 $x=2$에서 극솟값 $f(2)=-18$을 갖는다.

TIP

함수 $f(x)$가 $x=a$에서 극값을 갖고,
$x=a$를 포함하는 어떤 구간에서 미분가능하면
$f'(a)=0$이다.

366 …… 답 ①

삼차함수 $f(x)$가 극댓값과 극솟값을 모두 가지려면

방정식 $f'(x)=0$이 서로 다른 두 실근을 가져야 한다. …… TIP

$f'(x)=3x^2+12x+2a$이므로

이차방정식 $3x^2+12x+2a=0$의 판별식을 D라 하면

$\frac{D}{4}=36-6a>0$이어야 한다.

$\therefore a<6$

TIP

삼차함수 $f(x)$에 대하여 그 도함수인 이차함수 $y=f'(x)$의 그래프와 x축의 위치 관계에 따라 삼차함수 $f(x)$가 극값을 갖는지를 따져 보면 다음과 같다.

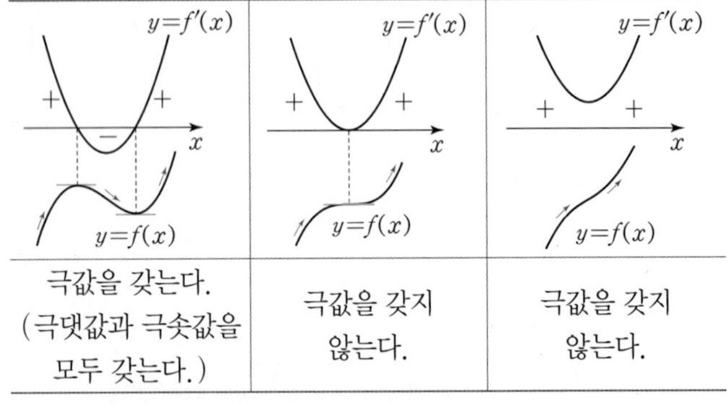

따라서 위의 내용을 정리하면 다음과 같다.

삼차함수 $f(x)$의 도함수 $f'(x)$에 대하여 이차방정식 $f'(x)=0$의 판별식을 D라 할 때,

❶ 삼차함수 $f(x)$가 극값을 갖기 위한 필요충분조건은 이차방정식 $f'(x)=0$이 서로 다른 두 실근을 갖는 것이다. 즉, $D>0$이다.

❷ 삼차함수 $f(x)$가 극값을 갖지 않기 위한 필요충분조건은 이차방정식 $f'(x)=0$이 중근 또는 허근을 갖는 것이다. 즉, $D\le 0$이다.

367 …… 답 ④

삼차함수 $f(x)$가 극값을 갖지 않으려면

방정식 $f'(x)=0$이 중근 또는 허근을 가져야 한다. …… TIP

$f'(x)=3x^2+2ax-4a$이므로

이차방정식 $3x^2+2ax-4a=0$의 판별식을 D라 하면

$\frac{D}{4}=a^2+12a=a(a+12)\le 0$이어야 한다.

$\therefore -12\le a\le 0$

따라서 정수 a는 $-12, -11, -10, \cdots, 0$으로 13개이다.

TIP

366번 TIP을 참고하자.

368 …… 답 ②

미분가능한 함수 $f(x)$가 $x=a$에서 극값을 가지려면 $f'(a)=0$이고 $x=a$의 좌우에서 $f'(x)$의 값의 부호가 바뀌어야 한다.

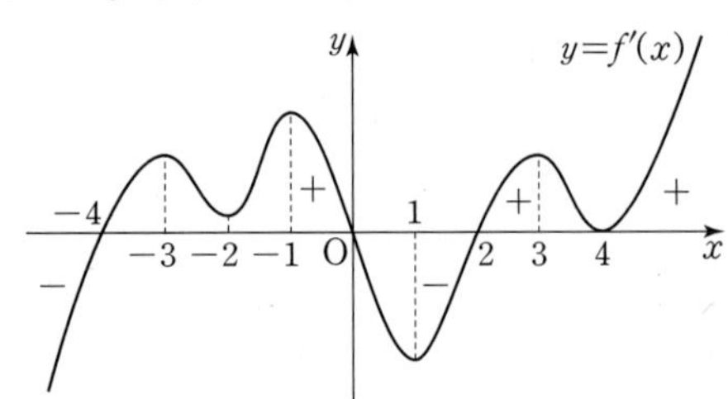

함수 $y=f'(x)$의 그래프에서 이를 만족시키는 경우는

$x=-4, 0, 2$일 때이다.

따라서 함수 $f(x)$가 극값을 갖는 모든 x의 값의 개수는 3이다.

369 …… 답 ④

미분가능한 함수 $f(x)$가 $x=t$에서 극댓값을 가지려면

$f'(t)=0$이고 $x=t$의 좌우에서 $f'(x)$의 값의 부호가 $+$에서 $-$로 바뀌어야 한다.

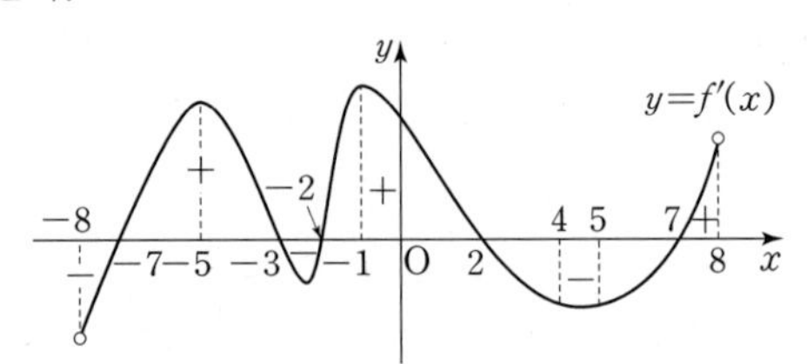

함수 $y=f'(x)$의 그래프에서 이를 만족시키는 경우는

$x=-3, 2$일 때이다.

$\therefore a=(-3)+2=-1$

미분가능한 함수 $f(x)$가 $x=t$에서 극솟값을 가지려면

$f'(t)=0$이고 $x=t$의 좌우에서 $f'(x)$의 값의 부호가 $-$에서 $+$로 바뀌어야 한다.

함수 $y=f'(x)$의 그래프에서 이를 만족시키는 경우는

$x=-7, -2, 7$일 때이다.

$\therefore b=(-7)+(-2)+7=-2$

$\therefore a-b=1$

370 ······ 답 ②

① 구간 $(1, 2)$에서 $f'(x)>0$이므로 함수 $f(x)$는 구간 $(1, 2)$에서 증가한다. (거짓)

② 구간 $(4, 5)$에서 $f'(x)>0$이므로 함수 $f(x)$는 구간 $(4, 5)$에서 증가한다. (참)

③ $x=1$의 좌우에서 $f'(x)$의 값의 부호가 바뀌지 않으므로 함수 $f(x)$는 $x=1$에서 극값을 갖지 않는다. (거짓)

④ $x=2$의 좌우에서 $f'(x)$의 값의 부호가 $+$에서 $-$로 바뀌므로 함수 $f(x)$는 $x=2$에서 극댓값을 갖는다. (거짓)

⑤ $x=-1$과 $x=4$의 좌우에서 각각 $f'(x)$의 값의 부호가 $-$에서 $+$로 바뀌고, $x=2$의 좌우에서 $f'(x)$의 값의 부호가 $+$에서 $-$로 바뀌므로 함수 $f(x)$는 $x=-1$과 $x=4$에서 극솟값을 갖고, $x=2$에서 극댓값을 갖는다. 즉, 극값을 갖는 점의 개수는 3이다. (거짓)

따라서 선지 중 옳은 것은 ②이다.

371 ······ 답 ③

다항함수 $f(x)$가 임의의 두 실수 a, b에 대하여 $a<b$일 때 $f(a)<f(b)$를 만족시키므로 함수 $f(x)$는 실수 전체의 집합에서 증가한다.

① 함수 $f(x)$는 실수 전체의 집합에서 증가한다. (거짓)

② 실수 전체의 집합에서 증가하므로 함수 $f(x)$는 극값을 갖지 않는다. (거짓)

③ 실수 전체의 집합에서 증가하므로 모든 실수 x에 대하여 $f'(x)\ge 0$이다. (참)

④ (반례) $f(x)=x^3$일 때 모든 실수 x에 대하여 $f'(x)=3x^2\ge 0$이므로 함수 $f(x)$는 실수 전체의 집합에서 증가하지만, $f'(0)=0$이다. (거짓)

⑤ (반례) $f(x)=x^3+1$일 때 모든 실수 x에 대하여 $f'(x)=3x^2\ge 0$이므로 함수 $f(x)$는 실수 전체의 집합에서 증가하지만, 원점에 대하여 대칭이 아니다. (거짓)

따라서 선지 중 옳은 것은 ③이다.

372 ······ 답 ⑤

① (반례) $f(x)=x^3$일 때 $f'(0)=0$이지만 함수 $f(x)$는 $x=0$에서 극값을 갖지 않는다. (거짓)

② (반례) $f(x)=|x|$일 때 함수 $f(x)$는 $x=0$에서 극소이지만 $x=0$에서 미분가능하지 않다. (거짓)

③ $x=a$에서 미분가능한 함수 $f(x)$에 대하여 $x=a$의 좌우에서 $f'(x)$의 값의 부호가 양에서 음으로 바뀌면 $f(x)$는 $x=a$에서 극대이다. (거짓)

④ $x=a$를 포함하는 어떤 열린구간에 속하는 모든 x에 대하여 $f(a)\le f(x)$이면 함수 $f(x)$는 $x=a$에서 극소이다. (거짓)

⑤ 함수 $f(x)$가 $x=\alpha$에서 극대, $x=\beta$에서 극소라 하자.

(i) $\alpha<\beta$일 경우

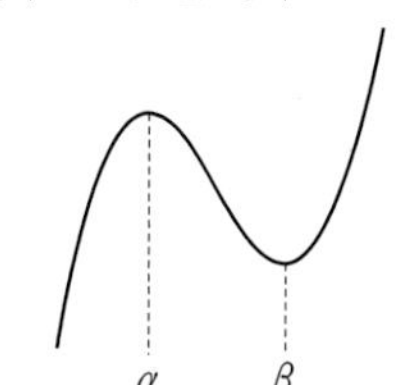

(ii) $\alpha>\beta$일 경우

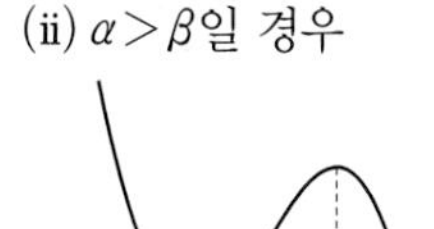

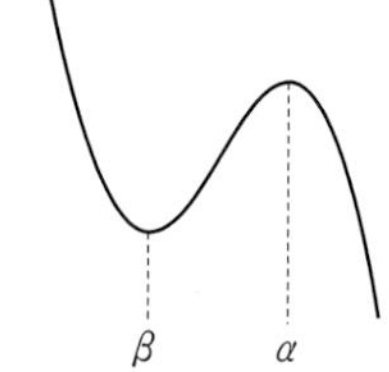

(i), (ii)에 의하여 함수 $f(x)$의 극대, 극소가 되는 점이 각각 하나씩만 존재하면 극댓값은 극솟값보다 항상 크다. (참) ······ 참고

따라서 선지 중 옳은 것은 ⑤이다.

> **참고**
> 다음과 같이 한 함수에서 여러 개의 극대, 극소가 존재할 때에는 극댓값이 극솟값보다 작은 경우도 있다.
>
> 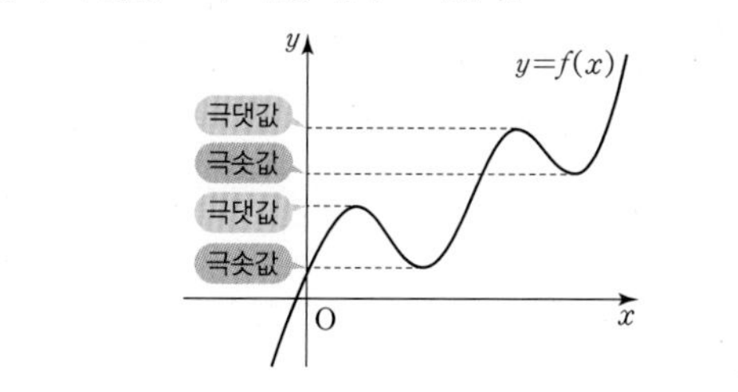
>

373 ······ 답 ③

$a\le x\le e$에서 함수 $f(x)$의 증가와 감소를 표로 나타내면 다음과 같다.

x	a	$\cdots$	c	$\cdots$	e
$f'(x)$		$+$	0	$-$	
$f(x)$	$f(a)$	↗	$f(c)$	↘	$f(e)$

따라서 $a\le x\le e$에서 함수 $f(x)$는 $x=c$에서 극대이며 최대이므로 최댓값 $f(c)$를 갖는다.

374 ······ 답 ①

$f'(x)=3x^2-12=3(x+2)(x-2)$에서

$x=-2$ 또는 $x=2$일 때 $f'(x)=0$이다.

닫힌구간 $[-3, 0]$에서 함수 $f(x)$의 증가와 감소를 표로 나타내면 다음과 같다.

x	-3	$\cdots$	-2	$\cdots$	0
$f'(x)$		$+$	0	$-$	
$f(x)$	14	↗	21	↘	5

따라서 닫힌구간 $[-3, 0]$에서 함수 $f(x)$는 $x=-2$일 때 최댓값 $f(-2)=21$을 갖고, $x=0$일 때 최솟값 $f(0)=5$를 가지므로 최댓값과 최솟값의 합은 $21+5=26$이다.

375 ······ 답 ⑤

$f'(x)=x^3+3x^2=x^2(x+3)$에서

$x=-3$ 또는 $x=0$일 때 $f'(x)=0$이다.

닫힌구간 $[-4, -1]$에서 함수 $f(x)$의 증가와 감소를 표로 나타내면 다음과 같다.

x	-4	$\cdots$	-3	$\cdots$	-1
$f'(x)$		$-$	0	$+$	
$f(x)$	1	↘	$-\frac{23}{4}$	↗	$\frac{1}{4}$

따라서 닫힌구간 $[-4, -1]$에서 함수 $f(x)$는 $x=-4$일 때 최댓값 $f(-4)=1$을 갖고, $x=-3$일 때 최솟값 $f(-3)=-\frac{23}{4}$을 갖는다.

$\therefore M+m=1+\left(-\frac{23}{4}\right)=-\frac{19}{4}$

376 ⋯⋯ 답 ③

$f'(x)=-3x^2-6x+9=-3(x+3)(x-1)$에서
$x=-3$ 또는 $x=1$일 때 $f'(x)=0$이다.
닫힌구간 $[-1, 2]$에서 함수 $f(x)$의 증가와 감소를 표로 나타내면 다음과 같다.

x	-1	$\cdots$	1	$\cdots$	2
$f'(x)$		$+$	0	$-$	
$f(x)$	-15	↗	1	↘	-6

따라서 닫힌구간 $[-1, 2]$에서 함수 $f(x)$는 $x=1$일 때 최댓값 $f(1)=1$을 갖고, $x=-1$일 때 최솟값 $f(-1)=-15$를 갖는다.
$\therefore M-m=1-(-15)=16$

377 ⋯⋯ 답 ④

$f'(x)=3x^2+12x=3x(x+4)$이므로
$x=0$ 또는 $x=-4$일 때 $f'(x)=0$이다.
닫힌구간 $[-1, 1]$에서 함수 $f(x)$의 증가와 감소를 표로 나타내면 다음과 같다.

x	-1	$\cdots$	0	$\cdots$	1
$f'(x)$		$-$	0	$+$	
$f(x)$	$k+5$	↘	k	↗	$k+7$

따라서 닫힌구간 $[-1, 1]$에서 함수 $f(x)$는 $x=1$일 때 최댓값 $k+7$을 갖고, $x=0$일 때 최솟값 k를 갖는다.
즉, $k+7=8$에서 $k=1$이므로
따라서 구하는 최솟값은 1이다.

378 ⋯⋯ 답 ⑤

직사각형 ABCD의 네 꼭짓점 중 제1사분면 위에 있는 점 A의 좌표를 $(t, 12-t^2)$ $(0<t<2\sqrt{3})$이라 하자.
직사각형 ABCD의 넓이를 $S(t)$라 하면
$S(t)=2t(12-t^2)=-2t^3+24t$이므로
$S'(t)=-6t^2+24=-6(t+2)(t-2)=0$에서
$t=2$ $(\because 0<t<2\sqrt{3})$
$0<t<2\sqrt{3}$에서 함수 $S(t)$의 증가와 감소를 표로 나타내면 다음과 같다.

t	(0)	$\cdots$	2	$\cdots$	$(2\sqrt{3})$
$S'(t)$		$+$	0	$-$	
$S(t)$		↗	32	↘	

따라서 $0<t<2\sqrt{3}$에서 함수 $S(t)$는 $t=2$일 때 최댓값 $S(2)=32$를 가지므로 직사각형 ABCD의 넓이의 최댓값은 32이다.

379 ⋯⋯ 답 ④

밑면의 반지름의 길이를 r, 높이를 h라 하면
$r+h=15$에서 $h=15-r$ $(0<r<15)$이므로
원기둥의 부피는 $\pi r^2h=r^2(15-r)\pi$이다.
$f(r)=r^2(15-r)\pi=(15r^2-r^3)\pi$라 하면
$f'(r)=(30r-3r^2)\pi=3r(10-r)\pi=0$에서
$r=10$ $(\because 0<r<15)$
$0<r<15$에서 함수 $f(r)$의 증가와 감소를 표로 나타내면 다음과 같다.

r	(0)	$\cdots$	10	$\cdots$	(15)
$f'(r)$		$+$	0	$-$	
$f(r)$		↗	500π	↘	

따라서 $0<r<15$에서 함수 $f(r)$는 $r=10$일 때 최댓값 $f(10)=500\pi$를 가지므로 원기둥의 부피의 최댓값은 500π이다.

380 ⋯⋯ 답 128

잘라낸 정사각형의 한 변의 길이를 x라 하면 직육면체의 밑면의 한 변의 길이는 $12-2x$ $(0<x<6)$이다. ⋯⋯ TIP
상자의 부피를 $V(x)$라 하면
$V(x)=x(12-2x)^2=4(x^3-12x^2+36x)$
$V'(x)=4(3x^2-24x+36)=12(x-2)(x-6)=0$에서
$x=2$ $(\because 0<x<6)$
$0<x<6$에서 함수 $V(x)$의 증가와 감소를 표로 나타내면 다음과 같다.

x	(0)	$\cdots$	2	$\cdots$	(6)
$V'(x)$		$+$	0	$-$	
$V(x)$		↗	128	↘	

따라서 $0<x<6$에서 함수 $V(x)$는 $x=2$일 때 최댓값 $V(2)=128$을 가지므로 상자의 부피의 최댓값은 128이다.

TIP
$x>0$, $12-2x>0$이므로 $0<x<6$이다.

381 ⋯⋯ 답 ①

직육면체의 모든 모서리의 길이의 합은
$4(2x+y)=96$이므로 $y=24-2x$ $(0<x<12)$이다. ⋯⋯ TIP
직육면체의 부피를 $V(x)$ cm^3라 하면
$V(x)=x^2y=x^2(24-2x)=-2(x^3-12x^2)$

$V'(x)=-2(3x^2-24x)=-6x(x-8)=0$에서
$x=8$ ($\because 0<x<12$)
$0<x<12$에서 함수 $V(x)$의 증가와 감소를 표로 나타내면 다음과 같다.

x	(0)	$\cdots$	8	$\cdots$	(12)
$V'(x)$		$+$	0	$-$	
$V(x)$		↗	512	↘	

따라서 $0<x<12$에서 함수 $V(x)$는 $x=8$일 때 최댓값 $V(8)=512$를 가지므로 상자의 부피는 $x=8$일 때 최댓값을 갖는다.

TIP

$x>0$, $24-2x>0$이므로 $0<x<12$이다.

382

답 4

$f(x)=x^3+ax^2+bx+c$ (a, b, c는 상수)라 하면
$f'(x)=3x^2+2ax+b$
조건 (가)에 의하여 함수 $f'(x)$는 짝수차항과 상수항으로만 이루어져 있으므로 $a=0$이다.
즉, $f(x)=x^3+bx+c$, $f'(x)=3x^2+b$이다.
조건 (나)에 의하여 $f(1)=0$이고 $f'(1)=0$이므로
$1+b+c=0$, $3+b=0$
$\therefore b=-3$, $c=2$
따라서 $f(x)=x^3-3x+2$이고,
$f'(x)=3x^2-3=3(x+1)(x-1)$이므로
$x=-1$ 또는 $x=1$일 때 $f'(x)=0$이다.
이때 함수 $f(x)$의 증가와 감소를 표로 나타내면 다음과 같다.

x	$\cdots$	-1	$\cdots$	1	$\cdots$
$f'(x)$	$+$	0	$-$	0	$+$
$f(x)$	↗	4	↘	0	↗

따라서 함수 $f(x)$는 $x=-1$에서 극댓값 $f(-1)=4$를 갖는다.

다른 풀이

함수 $f'(x)$는 최고차항의 계수가 3인 이차함수이다.
조건 (가)에 의하여 이차함수 $y=f'(x)$의 그래프가 y축에 대하여 대칭이고, 조건 (나)에 의하여 $f'(1)=0$이므로 $f'(-1)=0$이다.
즉, $f'(x)=3(x-1)(x+1)=3x^2-3$이다.
$f(x)=x^3+ax^2+bx+c$ (a, b, c는 상수)라 하면
$f'(x)=3x^2+2ax+b$이므로 $a=0$, $b=-3$
또한, 조건 (나)에 의하여 $f(1)=0$이므로
$1+a+b+c=0$에서 $c=2$
$\therefore f(x)=x^3-3x+2$
따라서 함수 $f(x)$는 $x=-1$에서 극댓값 $f(-1)=4$를 갖는다.

383

답 (가) : 평균값 (나) : $<$ (다) : $>$ (라) : $<$

구간 $[a, b]$에 속하는 임의의 두 수 x_1, x_2 ($x_1<x_2$)에 대하여
[평균값] 정리에 의하여

$$\frac{f(x_2)-f(x_1)}{x_2-x_1}=f'(c) \quad \cdots\cdots ㉠$$

인 c가 x_1과 x_2 사이에 존재한다.
구간 (a, b)에서 $f'(x)<0$이면 $f'(c)$ [$<$] 0이고,
x_2-x_1 [$>$] 0이므로 ㉠에서
$f(x_2)-f(x_1)$ [$<$] 0, 즉 $f(x_2)$ [$<$] $f(x_1)$이다.
따라서 함수 $f(x)$는 이 구간에서 감소한다.
(가) : 평균값 (나) : $<$ (다) : $>$ (라) : $<$

384

답 ⑤

$h(x)=f(x)-g(x)$에서 $h'(x)=f'(x)-g'(x)$이다.
$h'(x)<0$일 때, 즉 $f'(x)<g'(x)$일 때 함수 $h(x)$는 감소한다.
함수 $y=f'(x)$의 그래프가 함수 $y=g'(x)$의 그래프보다 아래에 존재하는 x의 값의 범위는 $x<b$ 또는 $x>e$이므로 함수 $h(x)$가 감소하는 범위는 $x\le b$와 $x\ge e$이다.
따라서 선지 중 함수 $h(x)$가 감소하는 구간인 것은 ⑤이다.

385

답 ⑤

'임의의 두 실수 x_1, x_2에 대하여 $x_1<x_2$이면 $f(x_1)>f(x_2)$'를 만족시키려면 함수 $f(x)$가 실수 전체의 집합에서 감소해야 하므로 모든 실수 x에 대하여 $f'(x)\le 0$이어야 한다.
$f'(x)=-3x^2+2kx-(k+6)$이므로
이차방정식 $-3x^2+2kx-(k+6)=0$의 판별식을 D라 하면
$\frac{D}{4}=k^2-3(k+6)=k^2-3k-18=(k+3)(k-6)\le 0$
$\therefore -3\le k\le 6$
따라서 정수 k는 -3, -2, -1, $\cdots$, 6으로 10개이다.

386

답 ③

함수 $f(x)$가 실수 전체의 집합에서 연속이므로
일대일대응이려면 실수 전체의 집합에서 증가하거나 감소해야 한다.
이때 삼차함수 $f(x)=-x^3+2ax^2-3ax$의 최고차항의 계수가 음수이므로 함수 $f(x)$는 실수 전체의 집합에서 감소해야 한다.
즉, 모든 실수 x에 대하여 $f'(x)\le 0$이어야 한다.
$f'(x)=-3x^2+4ax-3a$이므로
이차방정식 $-3x^2+4ax-3a=0$의 판별식을 D라 하면
$\frac{D}{4}=4a^2-9a=a(4a-9)\le 0$
$\therefore 0\le a\le \frac{9}{4}$
따라서 정수 a는 0, 1, 2로 3개이다.

387

답 ③

함수 $f(x)$의 역함수가 존재하려면 일대일대응이어야 한다.
즉, 함수 $f(x)$가 실수 전체의 집합에서 연속이므로 일대일대응이려면 실수 전체의 집합에서 증가하거나 감소해야 한다.
이때 삼차함수 $f(x)=x^3+(2-a)x^2+ax+3$의 최고차항의 계수가

양수이므로 함수 $f(x)$는 실수 전체의 집합에서 증가해야 한다.
즉, 모든 실수 x에 대하여 $f'(x)\ge0$이어야 한다.
$f'(x)=3x^2+2(2-a)x+a$이므로
이차방정식 $3x^2+2(2-a)x+a=0$의 판별식을 D라 하면
$\frac{D}{4}=(2-a)^2-3a=a^2-7a+4\le0$
이 이차부등식의 해가 $m\le a\le M$이므로
M과 m은 이차방정식 $a^2-7a+4=0$의 두 실근이다.
따라서 이차방정식의 근과 계수의 관계에 의하여
$M+m=7$

388

답 ①

구간 $[-1, 1]$에서 함수 $f(x)$가 감소하려면 $-1\le x\le1$에서
$f'(x)\le0$이어야 한다.
$f'(x)=6x^2-2ax+4a$이므로 $-1\le x\le1$에서 $f'(x)\le0$이려면
$f'(-1)\le0$, $f'(1)\le0$이면 된다.

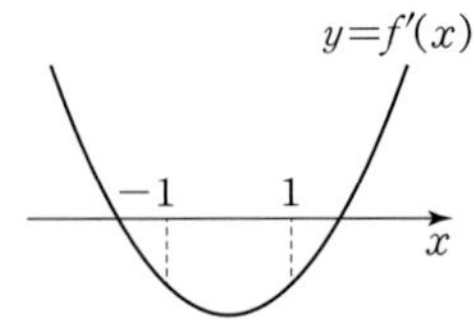

$f'(-1)=6+6a\le0$에서 $a\le-1$
$f'(1)=6+2a\le0$에서 $a\le-3$
$\therefore a\le-3$

389

답 $-3\le a\le1$

구간 $[-1, 2]$에서 함수 $f(x)$가 증가하려면 $-1\le x\le2$에서
$f'(x)\ge0$이어야 한다. …… ㉠
$f'(x)=x^2-2ax+(2-a)$에서 이차함수 $y=f'(x)$의 그래프의
축이 직선 $x=a$이므로 a의 값의 범위에 따라 나누면 다음과 같다.
(i) $a<-1$인 경우

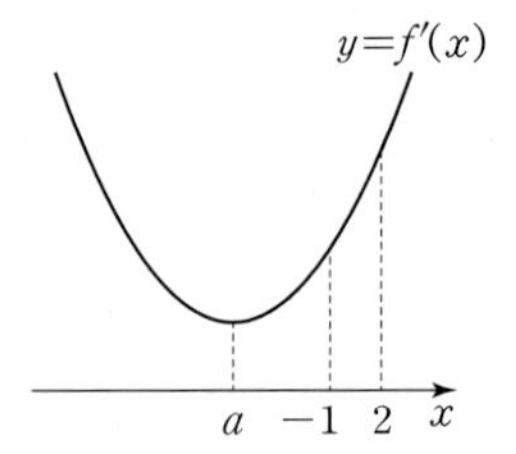

㉠을 만족시키려면 $f'(-1)\ge0$이면 된다.
$f'(-1)=1+2a+2-a=a+3\ge0$에서 $a\ge-3$
$\therefore -3\le a<-1$

(ii) $-1\le a\le2$인 경우

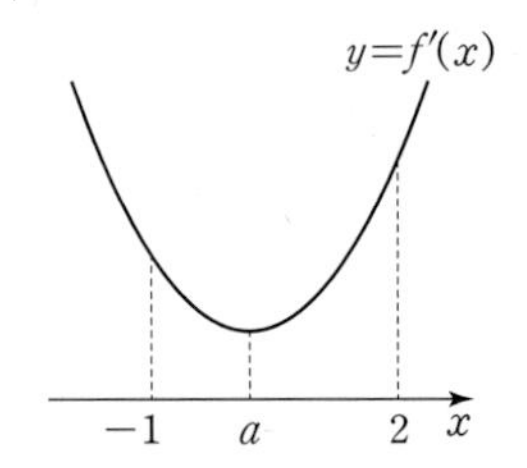

㉠을 만족시키려면 $f'(a)\ge0$이면 된다.
$f'(a)=a^2-2a^2+2-a=-a^2-a+2$
$=-(a+2)(a-1)\ge0$
이므로 $-2\le a\le1$
$\therefore -1\le a\le1$

(iii) $a>2$인 경우

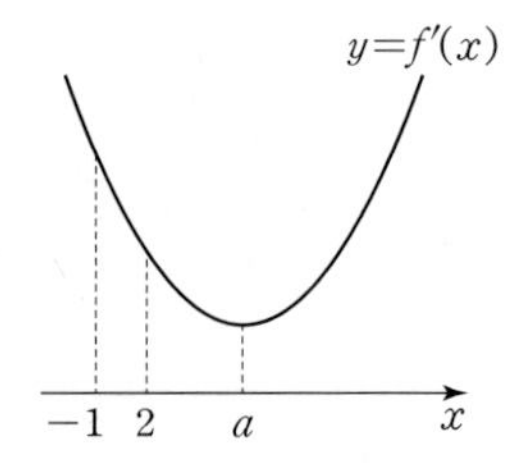

㉠을 만족시키려면 $f'(2)\ge0$이면 된다.
$f'(2)=4-4a+2-a=6-5a\ge0$에서 $a\le\frac{6}{5}$
따라서 조건을 만족시키지 않는다.

(i)~(iii)에 의하여 구하는 a의 값의 범위는 $-3\le a\le1$이다.

390

답 ④

모든 실수 t에 대하여 $x\le t$에서 함수 $f(x)$의 최솟값이 $f(t)$와
같으므로 함수 $f(x)$는 실수 전체의 집합에서 감소한다. …… TIP
즉, 모든 실수 x에 대하여 $f'(x)\le0$이어야 한다.
$f'(x)=-x^2+2(a-3)x+(a-5)$이므로
이차방정식 $-x^2+2(a-3)x+(a-5)=0$의 판별식을 D라 하면
$\frac{D}{4}=(a-3)^2+(a-5)=a^2-5a+4=(a-1)(a-4)\le0$
$\therefore 1\le a\le4$
따라서 정수 a는 1, 2, 3, 4로 4개이다.

TIP

일반적으로 함수 $f(x)$에 대하여
'모든 실수 t에 대하여 $x\le t$에서 $f(x)$의 최솟값이 $f(t)$' …… ㉠
가 성립하면
'$x_1<x_2$인 임의의 두 실수 x_1, x_2에 대하여 $f(x_1)\ge f(x_2)$'가
성립한다.
이를 만족시키는 함수는 실수 전체의 집합에서 감소하는 함수
또는 상수함수 또는 일부 구간에서는 상수함수이고 그 외의
구간에서는 감소하는 함수이다.
즉, 다음과 같은 함수의 그래프도 조건을 만족시킨다.

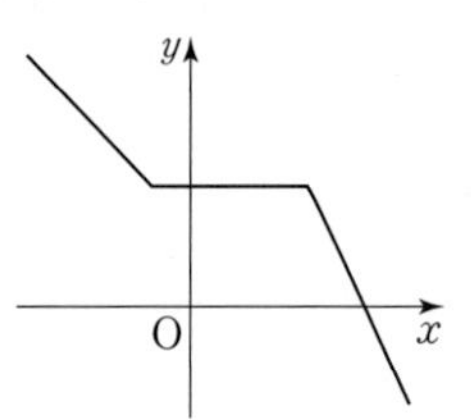

하지만 삼차함수의 경우 일부 구간에서 상수함수인 구간이
존재할 수 없기 때문에 ㉠을 만족시키는 삼차함수는 실수 전체의
집합에서 감소하는 함수라 할 수 있다.

391

답 풀이 참조

(1) 함수 $f(x)$가 $x=a$에서 극대이면 a를 포함하는 어떤 열린구간에
속하는 모든 x에 대하여 $f(x)$ $\boxed{\le}$ $f(a)$이다.

즉, 함수 $f(x)$가 $x=a$에서 극댓값을 가지면 절댓값이 충분히 작은 실수 $h\ (h\neq 0)$에 대하여

$f(a+h)\boxed{\leq}f(a)$이므로

$h>0$이면 $\dfrac{f(a+h)-f(a)}{h}\boxed{\leq}0$

$h<0$이면 $\dfrac{f(a+h)-f(a)}{h}\boxed{\geq}0$

이다.

함수 $f(x)$는 $x=a$에서 미분가능하므로

$0\boxed{\leq}\lim_{h\to 0-}\dfrac{f(a+h)-f(a)}{h}=\lim_{h\to 0+}\dfrac{f(a+h)-f(a)}{h}\boxed{\leq}0$

이다.

따라서 $f'(a)=0$이다.

(2) $f(x)=x^3$일 때, 함수 $f'(x)=3x^2$에서 $f'(0)=0$이지만 모든 실수 x에 대하여 $f'(x)=3x^2\geq 0$이므로 함수 $f(x)$는 $x=0$에서 극값을 갖지 않는다.

392 답 ①

함수 $f(x)$가 $x=2$에서 극솟값 3을 가지므로

$f'(2)=0,\ f(2)=3$이다. ...... ㉠

$g(x)=(x^2+2)f(x)$라 하면

$g(2)=6f(2)=18\ (\because ㉠)$

$g'(x)=2xf(x)+(x^2+2)f'(x)$이므로

$g'(2)=4f(2)+6f'(2)=12\ (\because ㉠)$

따라서 곡선 $y=g(x)$ 위의 점 $(2,\ 18)$에서의 접선의 방정식은

$y-18=12(x-2)$, 즉 $y=12x-6$이므로

접선의 y절편은 -6이다.

393 답 ③

$f'(x)=-6x^2+2ax+b$에서

함수 $f(x)$가 $x=-1$, $x=2$에서 극값을 가지므로

$f'(-1)=0,\ f'(2)=0$이다.

$\therefore f'(x)=-6(x+1)(x-2)$

$=-6x^2+6x+12$

$-6x^2+2ax+b=-6x^2+6x+12$에서

$a=3,\ b=12$

또한, $f(-1)=-3$이므로

$f(-1)=2+a-b+c=-3$에서 $c=4$

$\therefore a+b+c=3+12+4=19$

394 답 -26

$f'(x)=3x^2+2ax+b$에서 함수 $f(x)$가 $x=-1$에서 극값을 가지므로 $f'(-1)=0$이다.

즉, $3-2a+b=0$에서 $2a-b=3$ ...... ㉠

또한, $f(-1)=6$이므로

$-1+a-b+1=6$에서 $a-b=6$ ...... ㉡

㉠, ㉡을 연립하여 풀면

$a=-3,\ b=-9$

따라서 $f(x)=x^3-3x^2-9x+1$이고

$f'(x)=3x^2-6x-9=3(x+1)(x-3)$에서

함수 $f(x)$는 $x=3$에서 극소이므로 극솟값은

$f(3)=-26$이다.

395 답 ⑤

조건 (가)에 의하여 $f(x)$는 최고차항의 계수가 1인 삼차함수이다.

따라서 $f'(x)$는 최고차항의 계수가 3인 이차함수이고,

조건 (나)에서 $f'(-1)=0,\ f'(2)=0$이므로

$f'(x)=3(x+1)(x-2)$이다. ...... ㉠

$\lim_{h\to 0}\dfrac{f(3+h)-f(3-h)}{h}$

$=\lim_{h\to 0}\left\{\dfrac{f(3+h)-f(3)}{h}+\dfrac{f(3-h)-f(3)}{-h}\right\}$

$=f'(3)+f'(3)=2f'(3)$

$=2\times 12=24\ (\because ㉠)$

396 답 ③

조건 (가)의 $\lim_{x\to 0}\dfrac{f(x)-2}{x}=4$에서 극한값이 존재하고,

$x\to 0$일 때 (분모) $\to 0$이므로 (분자) $\to 0$이다.

즉, $\lim_{x\to 0}\{f(x)-2\}=f(0)-2=0$에서 $f(0)=2$ ...... ㉠

$\lim_{x\to 0}\dfrac{f(x)-2}{x}=\lim_{x\to 0}\dfrac{f(x)-f(0)}{x-0}=f'(0)=4$ ...... ㉡

이때 조건 (다)에서 $g'(0)=0$이고, ... ㉢

조건 (나)에서 $h(x)=f(x)g(x)$라 하면

$\lim_{x\to 0}\dfrac{h(x)-k}{x}=-2$에서 극한값이 존재하고,

$x\to 0$일 때 (분모) $\to 0$이므로 (분자) $\to 0$이다.

즉, $\lim_{x\to 0}\{h(x)-k\}=h(0)-k=0$에서 $h(0)=k$이므로

$f(0)g(0)=k$에서 $g(0)=\dfrac{k}{2}\ (\because ㉠)$ ...... ㉣

$\lim_{x\to 0}\dfrac{h(x)-k}{x}=\lim_{x\to 0}\dfrac{h(x)-h(0)}{x-0}=h'(0)=-2$이므로

$h'(x)=f'(x)g(x)+f(x)g'(x)$에서

$h'(0)=f'(0)g(0)+f(0)g'(0)=-2$이다.

㉠, ㉡, ㉢, ㉣에 의하여

$4\times\dfrac{k}{2}+2\times 0=-2$

$\therefore k=-1$

397 답 7

조건 (가)에 의하여 $f'(2)=0,\ f(2)=6$

조건 (나)에 의하여 $f'(0)=12,\ f(0)=2$

$f(0)=2$이므로

$f(x)=ax^3+bx^2+cx+2$ (a, b, c는 상수, $a\neq0$)라 하면

$f'(x)=3ax^2+2bx+c$

$f'(0)=12$이므로 $c=12$ …… ㉠

$f'(2)=0$이므로 $12a+4b+c=0$에서

$3a+b=-3$ ($\because$ ㉠) …… ㉡

$f(2)=6$이므로 $8a+4b+2c+2=6$에서

$2a+b=-5$ ($\because$ ㉠) …… ㉢

㉡, ㉢을 연립하여 풀면

$a=2$, $b=-9$

$\therefore f(x)=2x^3-9x^2+12x+2$

$f'(x)=6x^2-18x+12=6(x-1)(x-2)$에서

함수 $f(x)$는 $x=1$에서 극대이므로 극댓값은 $f(1)=7$이다.

398 답 $-\frac{4}{3}$

기울기가 4인 직선 l의 방정식을

$y=4x+k$ (k는 실수)라 하면

곡선 $y=f(x)$와 직선 l이 $x=-3$에서 접하고 $x=1$에서 만나므로

방정식 $f(x)=4x+k$는 $x=-3$을 중근으로 갖고,

$x=1$을 한 실근으로 갖는다.

즉, $f(x)-(4x+k)=(x+3)^2(x-1)$에서

$f(x)=(x+3)^2(x-1)+4x+k$

$f'(x)=2(x+3)(x-1)+(x+3)^2+4$

$=3x^2+10x+7$

$=(3x+7)(x+1)$

따라서 함수 $f(x)$는 $x=-\frac{7}{3}$에서 극댓값을 갖고, $x=-1$에서

극솟값을 가지므로

$a=-\frac{7}{3}$, $b=-1$

$\therefore a-b=-\frac{4}{3}$

399 답 6

함수 $g(x)$가 실수 전체의 집합에서 미분가능하므로 함수 $g(x)$는

$x=3$에서 연속이다.

$\lim_{x\to3-}g(x)=b-f(3)$, $\lim_{x\to3+}g(x)=f(3)$이므로

$\lim_{x\to3-}g(x)=\lim_{x\to3+}g(x)=g(3)$에서

$b-f(3)=f(3)$

$\therefore b=2f(3)=2\times(27-54+3a+10)$

$=6a-34$ …… ㉠

또한, 함수 $g(x)$가 실수 전체의 집합에서 미분가능하므로 $x=3$에서

미분가능하다.

이때 $b-f(x)$와 $f(x)$는 모두 다항함수이므로

$$g'(x)=\begin{cases}-f'(x) & (x<3)\\ f'(x) & (x>3)\end{cases}$$

$\lim_{x\to3-}g'(x)=-f'(3)$, $\lim_{x\to3+}g'(x)=f'(3)$이므로

$\lim_{x\to3-}g'(x)=\lim_{x\to3+}g'(x)$에서

$-f'(3)=f'(3)$ $\quad\therefore f'(3)=0$

즉, $f'(x)=3x^2-12x+a$이므로

$f'(3)=27-36+a=0$ $\quad\therefore a=9$

$a=9$를 ㉠에 대입하면 $b=20$

$$\therefore g(x)=\begin{cases}-x^3+6x^2-9x+10 & (x<3)\\ x^3-6x^2+9x+10 & (x\geq3)\end{cases}$$

$$g'(x)=\begin{cases}-3x^2+12x-9 & (x<3)\\ 3x^2-12x+9 & (x\geq3)\end{cases}$$

이므로 구간에 따라 나누어 각각 증가, 감소를 조사해 보자.

(i) $x<3$일 때

$g'(x)=-3x^2+12x-9$

$=-3(x-1)(x-3)$

$g'(x)=0$에서 $x=1$ ($\because x<3$)

$x<3$에서 함수 $g(x)$의 증가와 감소를 표로 나타내면 오른쪽과 같으므로 함수 $g(x)$는 $x=1$에서 극소이다.

x	$\cdots$	1	$\cdots$	(3)
$g'(x)$	$-$	0	$+$	
$g(x)$	↘	극소	↗	

(ii) $x\geq3$일 때

$g'(x)=3x^2-12x+9$

$=3(x-1)(x-3)$

$g'(x)=0$에서 $x=3$ ($\because x\geq3$)

$x\geq3$에서 함수 $g(x)$의 증가와 감소를 표로 나타내면 오른쪽과 같으므로 함수 $g(x)$는 $x=3$에서 극값을 갖지 않는다.

x	$(\cdots)$	3	$\cdots$
$g'(x)$		0	$+$
$g(x)$			↗

(i), (ii)에서 함수 $g(x)$는 $x=1$에서 극소이므로 극솟값은

$g(1)=-1+6-9+10=6$

400 답 ②

삼차함수 $f(x)$가 극값을 가지므로 $f'(x)=6x^2-6x+a$에서

방정식 $6x^2-6x+a=0$이 서로 다른 두 실근을 가져야 한다.

이차방정식 $6x^2-6x+a=0$의 판별식을 D라 하면

$\frac{D}{4}=9-6a>0$에서 $a<\frac{3}{2}$

방정식 $6x^2-6x+a=0$의 서로 다른 두 실근을 α, β라 하면

이차방정식의 근과 계수의 관계에 의하여

$\alpha+\beta=1$, $\alpha\beta=\frac{a}{6}$

또한, 두 극값 $f(\alpha)=2\alpha^3-3\alpha^2+a\alpha$, $f(\beta)=2\beta^3-3\beta^2+a\beta$의

합이 -10이므로

$2(\alpha^3+\beta^3)-3(\alpha^2+\beta^2)+a(\alpha+\beta)=-10$

이때 $\alpha^3+\beta^3=(\alpha+\beta)^3-3\alpha\beta(\alpha+\beta)=1-\frac{a}{2}$,

$\alpha^2+\beta^2=(\alpha+\beta)^2-2\alpha\beta=1-\frac{a}{3}$이므로

$2\left(1-\frac{a}{2}\right)-3\left(1-\frac{a}{3}\right)+a=-10$

$2-a-3+a+a=-10$

$\therefore a=-9$

401 ········· 답 ③

구간 $(-2, 3)$에서 함수 $f(x)$가 극댓값과 극솟값을 모두 가지려면 구간 $(-2, 3)$에서 함수 $y=f'(x)$의 그래프가 x축과 서로 다른 두 점에서 만나야 한다. ······ ㉠

$f'(x)=-3x^2+6x+a=-3(x-1)^2+a+3$에서

이차함수 $y=f'(x)$의 그래프의 축이 직선 $x=1$이므로

㉠을 만족시키려면 $f'(1)>0$, $f'(3)<0$이면 된다.

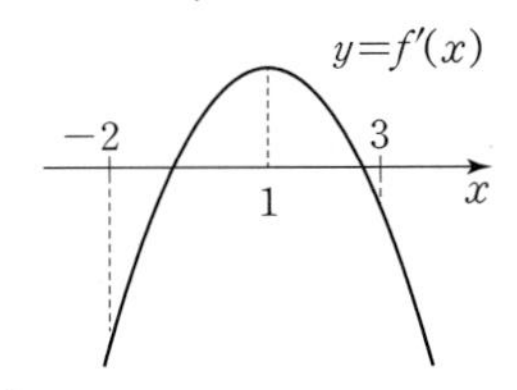

$f'(1)=a+3>0$에서 $a>-3$

$f'(3)=a-9<0$에서 $a<9$

$\therefore -3<a<9$

따라서 정수 a는 -2, -1, 0, $\cdots$, 8로 11개이다.

402 ········· 답 풀이 참조

$f'(x)=-6x^2+2ax+4a^2$에서 함수 $f(x)$가 $-2<x<2$에서 극솟값을 갖고, $x>2$에서 극댓값을 가지려면 함수 $y=f'(x)$의 그래프가 x축과 $-2<x<2$와 $x>2$인 범위에서 각각 한 점에서 만나야 한다.

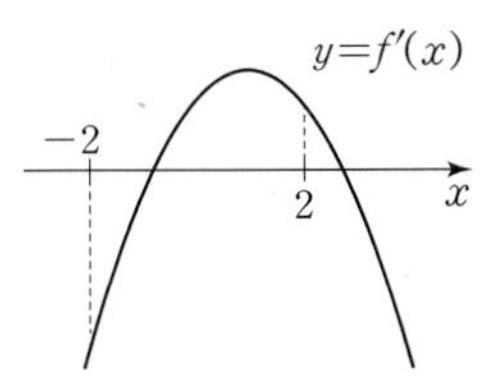

이를 만족시키려면 $f'(-2)<0$, $f'(2)>0$이면 된다.

$f'(-2)=4a^2-4a-24=4(a+2)(a-3)<0$에서

$-2<a<3$ ······ ㉠

$f'(2)=4a^2+4a-24=4(a+3)(a-2)>0$에서

$a<-3$ 또는 $a>2$ ······ ㉡

㉠, ㉡에 의하여 구하는 a의 값의 범위는

$2<a<3$이다.

채점 요소	배점
도함수 $f'(x)$ 구하기	20%
주어진 조건을 만족시키기 위한 조건 찾기	40%
부등식을 풀어서 a의 값의 범위 구하기	40%

다른 풀이

$f'(x)=-6x^2+2ax+4a^2=-2(3x+2a)(x-a)$이므로

$x=-\frac{2a}{3}$ 또는 $x=a$일 때 $f'(x)=0$이다.

이때 함수 $f(x)$가 $-2<x<2$에서 극솟값을 갖고, $x>2$에서 극댓값을 갖는 경우는 다음과 같다.

(i) $-2<-\frac{2a}{3}<2$, $a>2$인 경우

즉, $-3<a<3$, $a>2$이므로 $2<a<3$이다.

(ii) $-2<a<2$, $-\frac{2a}{3}>2$인 경우

즉, $-2<a<2$, $a<-3$에서 조건을 만족시키는 a의 값은 존재하지 않는다.

(i), (ii)에서 구하는 a의 값의 범위는

$2<a<3$이다.

채점 요소	배점
도함수 $f'(x)$ 구하기	20%
방정식 $f'(x)=0$의 실근 구하기	30%
주어진 조건을 만족시키는 a의 값의 범위 구하기	50%

403 ········· 답 19

$f'(x)=3x^2-2ax-100$에서 방정식 $f'(x)=0$을 만족시키는 두 근을 p, q $(p<q)$라 하면 함수 $f(x)$는 $x=p$에서 극대이고 $x=q$에서 극소이다.

이때 직선 $x=a$가 두 점 $(p, f(p))$, $(q, f(q))$ 사이를 지나므로 $p<a<q$이고, 이를 만족시키려면 $f'(a)<0$이면 된다.

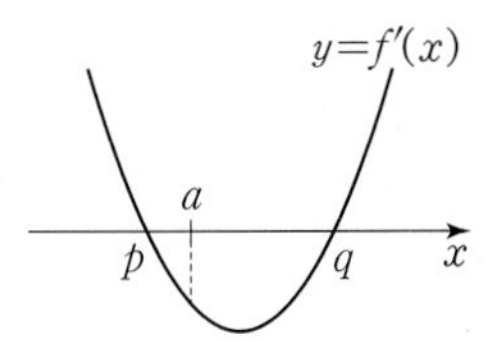

$f'(a)=3a^2-2a^2-100<0$, $a^2<100$

$\therefore -10<a<10$

따라서 정수 a는 -9, -8, -7, $\cdots$, 9로 19개이다.

404 ········· 답 $a<0$ 또는 $0<a<\frac{9}{8}$

최고차항의 계수가 양수인 사차함수 $f(x)=x^4-2x^3+ax^2-5$가 극댓값을 가지려면 방정식 $f'(x)=0$이 서로 다른 세 실근을 가져야 한다. ······ TIP

$f'(x)=4x^3-6x^2+2ax$

$=2x(2x^2-3x+a)$

이므로 $f'(x)=0$에서

$x=0$ 또는 $2x^2-3x+a=0$

이때 서로 다른 세 실근을 가지려면 이차방정식

$2x^2-3x+a=0$이 0이 아닌 서로 다른 두 실근을 가져야 한다.

$g(x)=2x^2-3x+a$라 하면 $g(0)\neq0$에서 $a\neq0$이고,

이차방정식 $g(x)=0$의 판별식을 D라 하면

$D=9-8a>0$이므로 $a<\frac{9}{8}$

$\therefore a<0$ 또는 $0<a<\frac{9}{8}$

TIP

최고차항 계수가 양수인 사차함수 $f(x)$에 대하여 그 도함수인 삼차함수 $y=f'(x)$의 그래프와 x축의 위치 관계에 따라 사차함수 $f(x)$의 극대, 극소인 점의 개수를 따져 보면 다음과 같다.

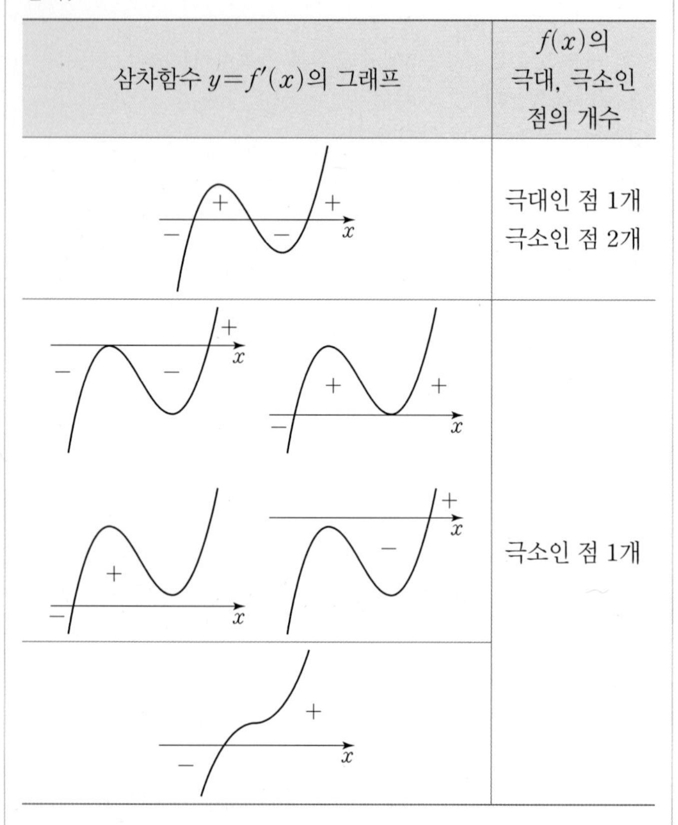

삼차함수 $y=f'(x)$의 그래프	$f(x)$의 극대, 극소인 점의 개수
(그래프)	극대인 점 1개 극소인 점 2개
(그래프)	극소인 점 1개

따라서 최고차항의 계수가 양수인 사차함수가 극댓값을 갖기 위한 필요충분조건은 삼차방정식 $f'(x)=0$이 서로 다른 세 실근을 갖는 것이다.
최고차항의 계수가 음수인 사차함수가 극솟값을 갖기 위한 필요충분조건도 위와 마찬가지 방법에 의해 삼차방정식 $f'(x)=0$이 서로 다른 세 실근을 갖는 것임을 알 수 있다.
참고로 최고차항의 계수가 양수인 사차함수는 항상 극솟값을 갖고, 최고차항의 계수가 음수인 사차함수는 항상 극댓값을 갖는다.

405

답 ⑤

최고차항의 계수가 양수인 사차함수 $f(x)$가 극댓값을 갖지 않으려면 방정식 $f'(x)=0$의 서로 다른 실근의 개수가 1 또는 2이어야 한다. ⋯⋯ TIP

$f'(x)=12x^3-12(a-2)x^2+12(a+1)x-48$
$=12\{x^3-(a-2)x^2+(a+1)x-4\}$
$=12(x-1)\{x^2-(a-3)x+4\}$

이므로 $f'(x)=0$에서 $x=1$ 또는 $x^2-(a-3)x+4=0$
이때 서로 다른 실근의 개수가 1 또는 2이려면
이차방정식 $x^2-(a-3)x+4=0$이 중근 또는 허근을 갖거나 $x=1$을 실근으로 가져야 한다.

(i) 방정식 $x^2-(a-3)x+4=0$이 중근 또는 허근을 갖는 경우
이 이차방정식의 판별식을 D라 하면
$D=(a-3)^2-16\leq 0$에서
$a^2-6a-7\leq 0$, $(a+1)(a-7)\leq 0$
$\therefore -1\leq a\leq 7$

(ii) 방정식 $x^2-(a-3)x+4=0$이 $x=1$을 실근으로 갖는 경우
$1-(a-3)+4=0$에서 $a=8$

(i), (ii)에 의하여 $-1\leq a\leq 7$ 또는 $a=8$
따라서 정수 a는 $-1, 0, 1, \cdots, 8$로 10개이다.

TIP

404번 TIP을 참고하자.

406

답 ③

방정식 $f'(x)=0$의 두 실근이 α, β이므로 $f'(\alpha)=0$, $f'(\beta)=0$
즉, 함수 $f(x)$는 $x=\alpha$, $x=\beta$에서 극값을 갖는다.
조건 (나)에서 $\sqrt{(\beta-\alpha)^2+\{f(\beta)-f(\alpha)\}^2}=26$이므로
$(\beta-\alpha)^2+\{f(\beta)-f(\alpha)\}^2=26^2$
$10^2+\{f(\beta)-f(\alpha)\}^2=26^2$ ($\because$ 조건 (가))
$\{f(\beta)-f(\alpha)\}^2=576=24^2$
$\therefore |f(\beta)-f(\alpha)|=24$
따라서 함수 $f(x)$의 극댓값과 극솟값의 차는 24이다.

407

답 7

$F(x)=\{f(x)\}^2$에서 $F'(x)=2f(x)f'(x)$이므로
방정식 $F'(x)=2f(x)f'(x)=0$에서 $f(x)=0$ 또는 $f'(x)=0$이다.
$0<x<8$에서 $f(x)=0$ 또는 $f'(x)=0$을 만족시키는 x의 값은 다음과 같다.

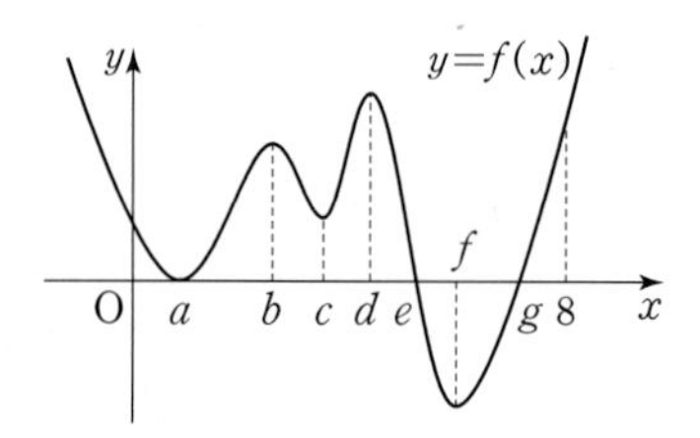

방정식 $f(x)=0$의 서로 다른 실근은 a, e, g이고,
방정식 $f'(x)=0$의 서로 다른 실근은 a, b, c, d, f이다.
따라서 구하는 방정식 $F'(x)=0$의 서로 다른 실근은 $a, b, c, \cdots, g$로 7개이다.

408

답 ⑤

부등식 $f(x)f'(x)\leq 0$을 만족시키는 경우는 다음과 같다.

(i) $f(x)=0$ 또는 $f'(x)=0$인 경우
$x=d$일 때 $f(x)=0$이고,
$x=c$, f일 때 $f'(x)=0$이므로
$x=c$, d, f일 때 $f(x)f'(x)=0$이다.

(ii) $f(x)<0$, $f'(x)>0$인 경우
$x=c$, h일 때 $f(x)<0$이고,

$x=d$, e일 때 $f'(x)>0$이므로

$f(x)<0$, $f'(x)>0$을 만족시키는 값은 존재하지 않는다.

(iii) $f(x)>0$, $f'(x)<0$인 경우

$x=a$, b, e, f, g일 때 $f(x)>0$이고,

$x=a$, b, g, h일 때 $f'(x)<0$이므로

$x=a$, b, g일 때 $f(x)f'(x)<0$이다.

(i)~(iii)에 의하여 a, b, c, $\cdots$, h 중 부등식 $f(x)f'(x)\le 0$을 만족시키는 x의 값은 a, b, c, d, f, g로 6개이다.

TIP

각 점에서의 접선의 기울기가 음수인지, 양수인지를 따져 도함수 $f'(x)$의 값의 부호를 판단할 수 있다.

409 답 ②

$h(x)=f(x)g(x)$에서 $h'(x)=f'(x)g(x)+f(x)g'(x)$이다.

ㄱ. $f(1)=0$, $f'(1)=0$이므로

$h'(1)=f'(1)g(1)+f(1)g'(1)=0$

ㄴ. $f'(2)>0$, $g(2)>0$, $g'(2)=0$이므로

$h'(2)=f'(2)g(2)+f(2)g'(2)>0$

ㄷ. $f(-2)>0$, $f'(-2)=0$, $g'(-2)<0$이므로

$h'(-2)=f'(-2)g(-2)+f(-2)g'(-2)<0$

따라서 양수인 것은 ㄴ이다.

410 답 c

$h(x)=f(x)-g(x)$에서 $h'(x)=f'(x)-g'(x)$이다.

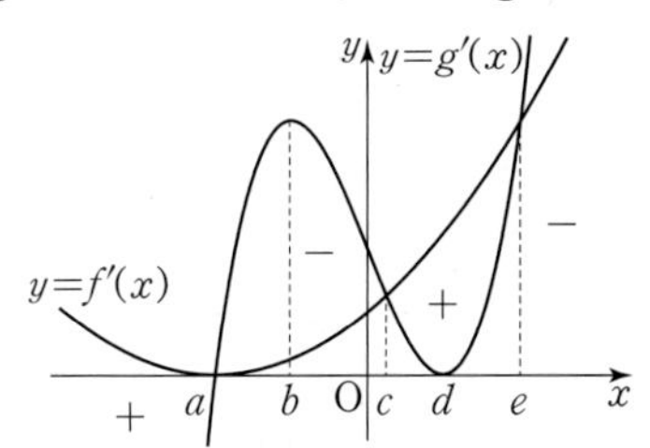

이때 함수 $h(x)$의 증가와 감소를 표로 나타내면 다음과 같다.

x	$\cdots$	a	$\cdots$	c	$\cdots$	e	$\cdots$
$h'(x)$	$+$	0	$-$	0	$+$	0	$-$
$h(x)$	↗	극대	↘	극소	↗	극대	↘

따라서 함수 $h(x)$는 $x=c$에서 극소이다.

411 답 ④

함수 $h(x)=f(x)-g(x)$라 하면 $h'(x)=f'(x)-g'(x)$이다.

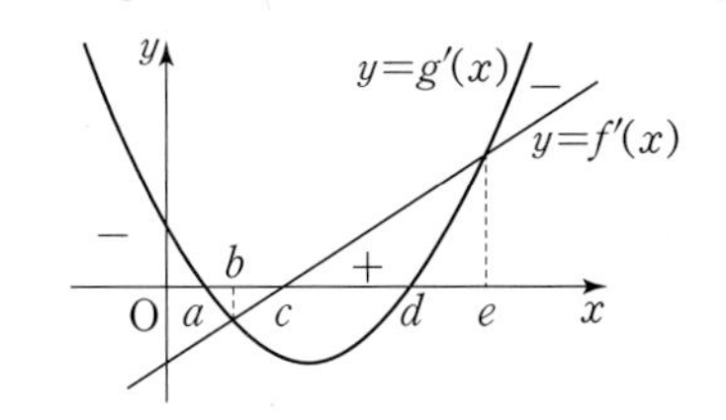

이때 함수 $h(x)$의 증가와 감소를 표로 나타내면 다음과 같다.

x	$\cdots$	b	$\cdots$	e	$\cdots$
$h'(x)$	$-$	0	$+$	0	$-$
$h(x)$	↘	극소	↗	극대	↘

① $x<c$에서 $f'(x)<0$이고, $x>c$에서 $f'(x)>0$이므로 함수 $f(x)$는 $x\le c$에서 감소하고, $x\ge c$에서 증가한다. (거짓)

② 함수 $h(x)=f(x)-g(x)$는 $x=e$에서 극댓값을 갖는다. (거짓)

③ $f(a)=g(a)$이면 $h(a)=0$이다.

이때 $a<x<b$에서 함수 $h(x)$가 감소하므로 $h(b)<0$이다.

즉, $f(b)-g(b)<0$이므로 $f(b)<g(b)$이다. (거짓)

④ $f(b)=g(b)$이면 $h(b)=0$이다.

$b<x<c$에서 함수 $h(x)$가 증가하므로 $h(c)>0$이다.

즉, $f(c)-g(c)>0$이므로 $f(c)>g(c)$이다. (참)

⑤ $h(x)$의 함숫값은 알 수 없으므로 $h(x)<0$, 즉 부등식 $f(x)<g(x)$가 성립하는지 알 수 없다. (거짓)

따라서 선지 중 옳은 것은 ④이다.

412 답 ⑤

$f'(x)=3x^2+12x+12=3(x+2)^2$

ㄱ. $f'(x)=3(x+2)^2>0$일 때 $x\ne-2$이므로 $f'(x)>0$인 구간은 $(-\infty, -2)\cup(-2, \infty)$이다. (거짓)

ㄴ. 모든 실수 x에 대하여 $f'(x)\ge 0$이므로 함수 $f(x)$는 구간 $(-\infty, \infty)$에서 증가한다. (참)

ㄷ. 함수 $f(x)$가 구간 $(-\infty, \infty)$에서 증가하므로 극값을 갖지 않는다. (참)

따라서 옳은 것은 ㄴ, ㄷ이다.

413 답 ⑤

ㄱ. 함수 $h(x)$가 실수 전체의 집합에서 연속이므로 $x=0$에서도 연속이다.

즉, $\lim_{x\to 0+}h(x)=\lim_{x\to 0-}h(x)$에서 $\lim_{x\to 0+}f(x)=\lim_{x\to 0-}g(x)$

두 함수 $f(x)$, $g(x)$는 다항함수이므로

$\lim_{x\to 0+}f(x)=f(0)$, $\lim_{x\to 0-}g(x)=g(0)$

$\therefore f(0)=g(0)$ (참)

ㄴ. $f'(0)=g'(0)$에서 $\lim_{x\to 0+}\frac{f(x)-f(0)}{x-0}=\lim_{x\to 0-}\frac{g(x)-g(0)}{x-0}$

즉, $\lim_{x\to 0+}\frac{h(x)-h(0)}{x-0}=\lim_{x\to 0-}\frac{h(x)-h(0)}{x-0}$이므로

함수 $h(x)$는 $x=0$에서 미분가능하다. (참)

ㄷ. $f'(0)<0$, $g'(0)>0$일 때

$\lim_{x\to 0+}\frac{f(x)-f(0)}{x-0}=\lim_{x\to 0+}\frac{h(x)-h(0)}{x-0}<0$

$\lim_{x\to 0-}\frac{g(x)-g(0)}{x-0}=\lim_{x\to 0-}\frac{h(x)-h(0)}{x-0}>0$

이므로 함수 $h(x)$는 $x=0$의 좌우에서 $h'(x)$의 부호가 양에서 음으로 바뀌므로 $x=0$에서 극댓값을 갖는다.

마찬가지로 $f'(0)>0$, $g'(0)<0$일 때 함수 $h(x)$는 $x=0$의 좌우에서 $h'(x)$의 부호가 음에서 양으로 바뀌므로 $x=0$에서 극솟값을 갖는다.

즉, $h(x)$는 $x=0$에서 극값을 갖는다. (참) …… 참고

따라서 옳은 것은 ㄱ, ㄴ, ㄷ이다.

참고

ㄷ은 함수 $h(x)$의 $x=0$에서의 미분가능 여부와 무관하게 판단할 수 있다.

414 …… 답 ②

$g'(x)=f'(|x|)=\begin{cases} f'(x) & (x\geq 0) \\ f'(-x) & (x<0) \end{cases}$이므로 함수 $y=f'(x)$의 그래프의 x절편을 a라 할 때, 함수 $y=g'(x)$의 그래프는 다음과 같다.

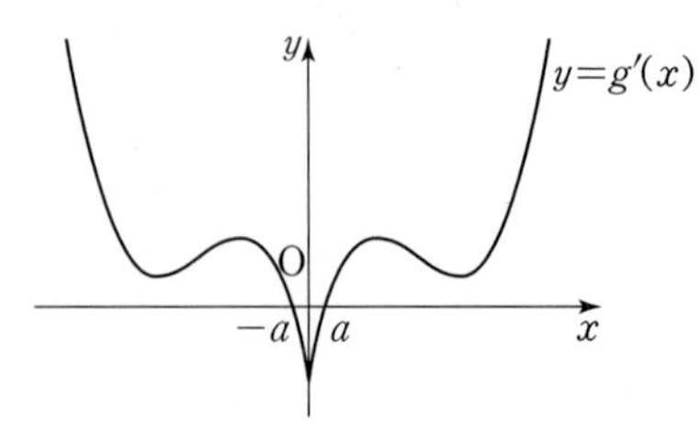

ㄱ. 함수 $y=f'(x)$의 그래프에서 $f'(x)=0$인 x의 값은 a뿐이고, $x=a$의 좌우에서 $f'(x)$의 부호가 음에서 양으로 바뀌므로 함수 $f(x)$는 $x=a$에서 극솟값을 갖는다. (거짓)

ㄴ. 함수 $y=g'(x)$의 그래프에 의하여 함수 $g(x)$는 $x=-a$에서 극댓값을 갖고, $x=a$에서 극솟값을 갖는다. (참)

ㄷ. 도함수 $y=g'(x)$의 그래프만으로 함수 $y=g(x)$의 그래프와 x축과의 위치 관계를 알 수 없다. (거짓)

따라서 옳은 것은 ㄴ이다.

415 …… 답 ④

$f'(x)=3x^2+2kx+12$

ㄱ. $f'(x)=3x^2+2kx+12=12$에서

$x(3x+2k)=0 \quad \therefore x=0$ 또는 $x=-\frac{2k}{3}$

따라서 $x=0$ 또는 $x=-\frac{2k}{3}$일 때 접선의 기울기가 12이다. (참)

ㄴ. $k=6$이면 $f'(x)=3(x+2)^2\geq 0$이므로 함수 $f(x)$는 증가함수이다.

그러므로 $x=-2$에서 극값을 갖지 않는다. (거짓)

ㄷ. 이차방정식 $3x^2+2kx+12=0$의 판별식을 D라 하면

$\frac{D}{4}=k^2-36\leq 0$, 즉 $|k|\leq 6$일 때 $f'(x)\geq 0$이므로 함수 $f(x)$는 실수 전체의 집합에서 증가한다.

따라서 $|k|\leq 5$이면 함수 $f(x)$는 실수 전체의 집합에서 증가한다. (참)

따라서 옳은 것은 ㄱ, ㄷ이다.

416 …… 답 ㄴ, ㅁ

ㄱ. 구간 (a, c)에서 $f'(x)>0$이므로 함수 $f(x)$는 구간 (a, c)에서 증가한다.

$\therefore f(a)<f(c)$ (거짓)

ㄴ. 구간 (b, c)에서 $f'(x)>0$이므로 함수 $f(x)$는 구간 (b, c)에서 증가한다.

$\therefore f(b)<f(c)$ (참)

ㄷ. 함수 $f(x)$는 $x=a$에서 극소이고, $x=c$에서 극대이므로 극솟값 $f(a)$, 극댓값 $f(c)$로 2개의 극값을 갖는다. (거짓)

ㄹ. $f'(b)$의 값이 존재하므로 함수 $f(x)$는 $x=b$에서 미분가능하다. (거짓)

ㅁ. 구간 (c, ∞)에서 $f'(x)\leq 0$이므로 함수 $f(x)$는 구간 (c, ∞)에서 감소한다.

즉, 구간 (c, ∞)에 속하는 임의의 x_1, x_2에 대하여 $x_1<x_2$이면 $f(x_1)>f(x_2)$이다. (참)

따라서 옳은 것은 ㄴ, ㅁ이다.

417 …… 답 ⑤

ㄱ. (반례) $f(x)=-x^2$일 때 함수 $f(x)$는 $x=0$에서 극댓값을 갖지만, 함수 $|f(x)|=x^2$은 $x=0$에서 극솟값을 갖는다. (거짓)

ㄴ. 함수 $f(x)$가 $x=0$에서 극댓값을 가지면 어떤 양수 h에 대하여 구간 $(-h, h)$에서 $f(x)\leq f(0)$이 성립한다.

이때 함수 $f(|x|)=\begin{cases} f(x) & (x\geq 0) \\ f(-x) & (x<0) \end{cases}$는 구간 $(-h, h)$에서 $f(|x|)\leq f(0)$이므로 함수 $f(|x|)$는 $x=0$에서 극댓값을 갖는다. (참)

ㄷ. $g(x)=f(x)-x^2|x|$라 하면 어떤 양수 h에 대하여 구간 $(-h, h)$에서 $f(x)\leq f(0)$이고, 모든 실수 x에 대하여 $-x^2|x|\leq 0$이므로 구간 $(-h, h)$에서 $g(x)=f(x)-x^2|x|\leq f(0)=g(0)$이다.

즉, 함수 $g(x)=f(x)-x^2|x|$는 $x=0$에서 극댓값을 갖는다. (참) …… TIP

따라서 옳은 것은 ㄴ, ㄷ이다.

TIP

ㄷ. 함수 $h(x)=-x^2|x|=\begin{cases} -x^3 & (x\geq 0) \\ x^3 & (x<0) \end{cases}$이라 하면 함수 $h(x)$는 $x=0$에서 극대이다.

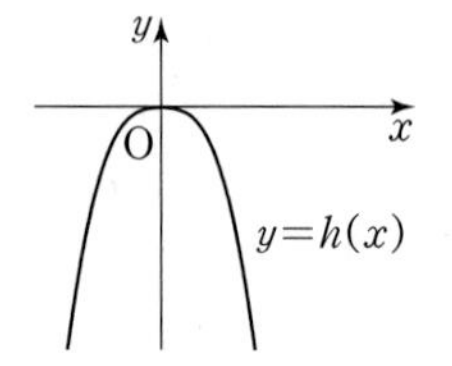

이때 $x<0$에서 함수 $h(x)$는 증가하므로 함수 $f(x)+h(x)$도 증가하고, $x>0$에서 함수 $h(x)$는 감소하므로 함수 $f(x)+h(x)$도 감소한다.

따라서 함수 $f(x)-x^2|x|$는 $x=0$에서 극대이다.

참고

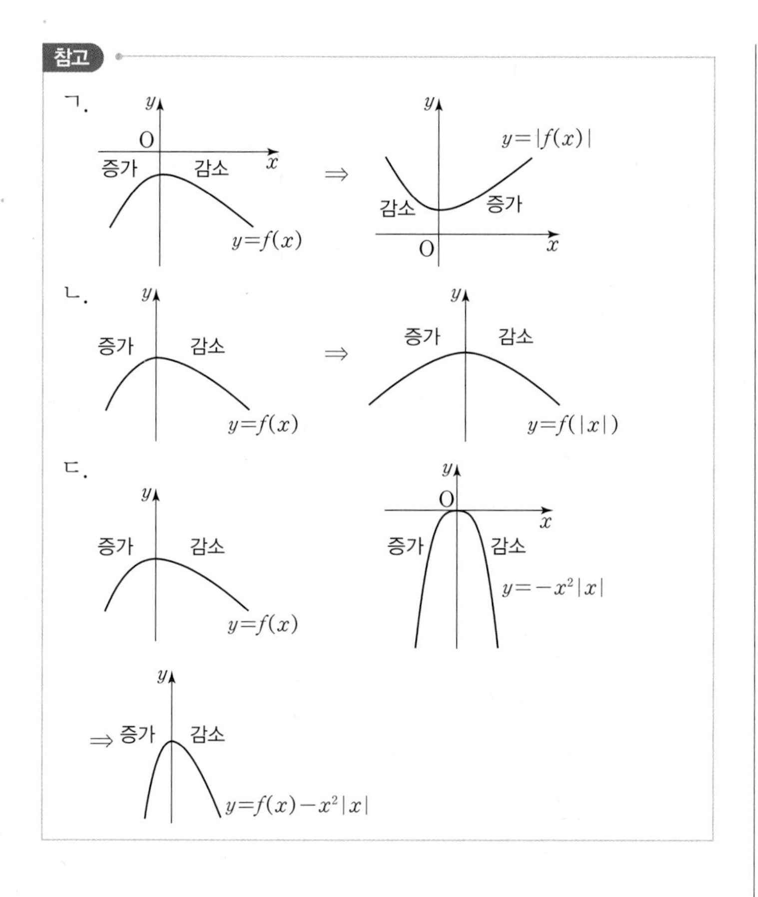

418 답 ④

$f'(x)=4x^3-20x=4x(x^2-5)$이므로

$x=-\sqrt{5}$ 또는 $x=0$ 또는 $x=\sqrt{5}$일 때 $f'(x)=0$이다.

닫힌구간 $[-2, 3]$에서 함수 $f(x)$의 증가와 감소를 표로 나타내면 다음과 같다.

x	-2	$\cdots$	0	$\cdots$	$\sqrt{5}$	$\cdots$	3
$f'(x)$		$+$	0	$-$	0	$+$	
$f(x)$	$a-24$	↗	a	↘	$a-25$	↗	$a-9$

따라서 닫힌구간 $[-2, 3]$에서 함수 $f(x)$는 $x=0$일 때 최댓값 a를 갖고, $x=\sqrt{5}$일 때 최솟값 $a-25$를 갖는다.

$M+m=a+(a-25)=2a-25=9$이므로

$a=17$

다른 풀이

$x^2=t$로 치환하면 $-2\leq x\leq 3$일 때 $0\leq t\leq 9$이고,

$x^4-10x^2+a=t^2-10t+a=(t-5)^2+a-25$이다.

$0\leq t\leq 9$에서 함수 $y=(t-5)^2+a-25$는 $t=5$일 때 최솟값 $a-25$를 갖고, $t=0$일 때 최댓값 a를 가지므로

$M+m=a+(a-25)=2a-25=9$

$\therefore a=17$

419 답 ②

$f'(x)=3x^2+2ax-3a$이므로

$f'(-1)=3-2a-3a=-12$에서 $a=3$

따라서 $f(x)=x^3+3x^2-9x+b$,

$f'(x)=3x^2+6x-9=3(x+3)(x-1)$이므로

$x=-3$ 또는 $x=1$일 때 $f'(x)=0$이다.

$-1\leq x\leq 3$에서 함수 $f(x)$의 증가와 감소를 표로 나타내면 다음과 같다.

x	-1	$\cdots$	1	$\cdots$	3
$f'(x)$		$-$	0	$+$	
$f(x)$	$b+11$	↘	$b-5$	↗	$b+27$

따라서 $-1\leq x\leq 3$에서 함수 $f(x)$는 $x=3$일 때 최댓값 $b+27$을 가지므로

$b+27=3 \quad \therefore b=-24$

$\therefore a+b=-21$

420 답 ⑤

$f'(x)=3ax^2-6ax=3ax(x-2)\ (a>0)$이므로

$x=0$ 또는 $x=2$일 때 $f'(x)=0$이다.

닫힌구간 $[-2, 1]$에서 함수 $f(x)$의 증가와 감소를 표로 나타내면 다음과 같다.

x	-2	$\cdots$	0	$\cdots$	1
$f'(x)$		$+$	0	$-$	
$f(x)$	$b-20a$	↗	b	↘	$b-2a$

따라서 닫힌구간 $[-2, 1]$에서 함수 $f(x)$는 $x=0$일 때 최댓값 b를 갖고, $x=-2$일 때 최솟값 $b-20a$를 갖는다.

즉, $b=16$, $b-20a=-24$이므로 $a=2$

$\therefore a+b=18$

421 답 ④

$f(x)=x^3-3x$에서

$f'(x)=3x^2-3=3(x+1)(x-1)$이므로

$x=-1$ 또는 $x=1$일 때 $f'(x)=0$이다.

함수 $f(x)$의 증가와 감소를 표로 나타내면 다음과 같다.

x	$\cdots$	-1	$\cdots$	1	$\cdots$
$f'(x)$	$+$	0	$-$	0	$+$
$f(x)$	↗	2	↘	-2	↗

함수 $f(x)$는 $x=-1$에서 극댓값 2를 가지므로

-1이 아닌 실수 k에 대하여 $f(k)=2$라 하면

$k^3-3k=2$에서

$k^3-3k-2=(k+1)^2(k-2)=0$

이므로 $k=2$이다.

즉, 세 구간 $[-2, -1]$, $[-1, 0]$, $[1, 2]$에서 함수 $f(x)$의 최댓값이 2이다.

따라서 조건을 만족시키는 정수 a는 -2, -1, 1이므로

모든 정수 a의 값의 합은 -2이다.

422

답 풀이 참조

$f'(x)=3x^2+2ax+b$이고,
주어진 그래프에서 $f'(0)=f'(4)=0$이므로
$f'(x)=3x(x-4)=3x^2-12x$이다.
즉, $3x^2+2ax+b=3x^2-12x$에서
$a=-6$, $b=0$
또한, 주어진 그래프에 의하여 함수 $f(x)$는 $x=0$에서 극대이므로
$f(0)=c=8$
따라서 $f(x)=x^3-6x^2+8$이다.
구간 $[-1, 6]$에서 함수 $f(x)$의 증가와 감소를 표로 나타내면 다음과 같다.

x	-1	$\cdots$	0	$\cdots$	4	$\cdots$	6
$f'(x)$		$+$	0	$-$	0	$+$	
$f(x)$	1	↗	8	↘	-24	↗	8

따라서 구간 $[-1, 6]$에서 함수 $f(x)$는 $x=4$일 때 최솟값 -24를 갖는다.

채점 요소	배점
도함수 $f'(x)$의 그래프로부터 $f'(x)=3x^2-12x$ 찾기	20 %
$f(0)=8$ 찾기	30 %
$f(x)=x^3-6x^2+8$ 구하기	10 %
구간 $[-1, 6]$에서 함수 $f(x)$의 최솟값 구하기	40 %

423

답 ⑤

함수 $f(x)$가 $x=-2$에서 최댓값을 가지므로
함수 $f(x)$는 $x=-2$에서 극댓값을 갖는다. …… TIP
즉, $f'(-2)=0$이다.
$f'(x)=4ax^3-6x^2+8x$이므로
$f'(-2)=-32a-24-16=0$에서
$a=-\frac{5}{4}$
또한, $f(-2)=6$이므로
$16a+16+16+b=6$에서
$b=-6$
따라서 $f(x)=-\frac{5}{4}x^4-2x^3+4x^2-6$이므로
$f(1)=-\frac{21}{4}$

TIP

실수 전체의 집합에서 정의된 함수 $f(x)$가 $x=a$에서 최댓값 또는 최솟값을 가지면 함수 $f(x)$는 $x=a$에서 극값을 갖는다.

❶ 함수 $f(x)$가 $x=a$에서 최댓값을 가지면 모든 실수 x에 대하여 $f(x)\le f(a)$이므로 함수 $f(x)$는 $x=a$에서 극댓값 $f(a)$를 갖는다.

❷ 함수 $f(x)$가 $x=a$에서 최솟값을 가지면 모든 실수 x에 대하여 $f(x)\ge f(a)$이므로 함수 $f(x)$는 $x=a$에서 극솟값 $f(a)$를 갖는다.

424

답 ③

임의의 두 실수 x_1, x_2에 대하여 $f(x_1)\ge g(x_2)$를 만족시키려면 함수 $f(x)$의 최솟값이 함수 $g(x)$의 최댓값보다 항상 크거나 같아야 한다.
$f(x)=2x^4-4x^2+5$에서
$f'(x)=8x^3-8x=8x(x+1)(x-1)$이므로
$x=-1$ 또는 $x=0$ 또는 $x=1$일 때 $f'(x)=0$이다.
이때 함수 $f(x)$의 증가와 감소를 표로 나타내면 다음과 같다.

x	$\cdots$	-1	$\cdots$	0	$\cdots$	1	$\cdots$
$f'(x)$	$-$	0	$+$	0	$-$	0	$+$
$f(x)$	↘	3	↗	5	↘	3	↗

따라서 함수 $f(x)$는 $x=-1$ 또는 $x=1$일 때
최솟값 3을 갖는다. …… ㉠
$g(x)=-x^2+2ax+2a$
$=-(x-a)^2+a^2+2a$
이므로 함수 $g(x)$의 최댓값은 a^2+2a이다.
$3\ge a^2+2a$이어야 하므로
$a^2+2a-3=(a+3)(a-1)\le 0$
$\therefore -3\le a\le 1$
따라서 조건을 만족시키는 정수 a는
-3, -2, -1, 0, 1로 5개이다.

다른 풀이

㉠ 이후부터 다음과 같이 풀 수 있다.
함수 $f(x)$의 최솟값이 3이므로 모든 실수 x에 대하여
$g(x)=-x^2+2ax+2a\le 3$을 만족시키면 된다.
즉, $x^2-2ax+3-2a\ge 0$에서
이차방정식 $x^2-2ax+3-2a=0$의 판별식을 D라 하면
$\frac{D}{4}=a^2-(3-2a)$
$=(a+3)(a-1)\le 0$
$\therefore -3\le a\le 1$
따라서 조건을 만족시키는 정수 a는
-3, -2, -1, 0, 1로 5개이다.

425

답 2

$(f\circ g)(x)=f(g(x))$에서 $t=g(x)$라 하자.
$t=x^2-2x=(x-1)^2-1$에서 $t\ge -1$이므로
$(f\circ g)(x)=f(t)=-t^3+3t$ (단, $t\ge -1$)
$f'(t)=-3t^2+3=-3(t+1)(t-1)$이므로
$t=-1$ 또는 $t=1$일 때 $f'(t)=0$이다.
$t\ge -1$에서 함수 $f(t)$의 증가와 감소를 표로 나타내면 다음과 같다.

t	-1	$\cdots$	1	$\cdots$
$f'(t)$		$+$	0	$-$
$f(t)$	-2	↗	2	↘

따라서 $t\ge -1$에서 함수 $f(t)$는 $t=1$일 때 최댓값 2를 가지므로
함수 $(f\circ g)(x)$의 최댓값은 2이다.

426 ··· 답 ①

(i) $x\geq 0$에서 $f(x)=x^3+2x^2+4x+3$

$x>0$에서 $f'(x)=3x^2+4x+4=3\left(x+\frac{2}{3}\right)^2+\frac{8}{3}>0$이므로

함수 $f(x)$는 $x\geq 0$에서 증가한다.

(ii) $x<0$에서 $f(x)=x^3+2x^2-4x+3$

$f'(x)=3x^2+4x-4=(x+2)(3x-2)$이므로

$x=-2$일 때 $f'(x)=0$이다.

(i), (ii)에 의하여 구간 $[-3,\ 1]$에서 함수 $f(x)$의 증가와 감소를 표로 나타내면 다음과 같다.

x	-3	$\cdots$	-2	$\cdots$	0	$\cdots$	1
$f'(x)$		$+$	0	$-$		$+$	
$f(x)$	6	↗	11	↘	3	↗	10

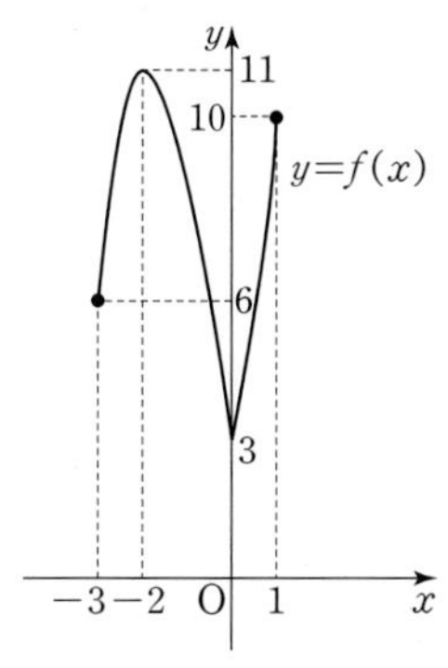

따라서 구간 $[-3,\ 1]$에서 함수 $f(x)$는 $x=-2$일 때 최댓값 11을 갖고, $x=0$일 때 최솟값 3을 가지므로 최댓값과 최솟값의 합은 $11+3=14$이다.

427 ··· 답 2

$f'(x)=6x^2-6kx=6x(x-k)\ (k>0)$이므로

함수 $f(x)$는 $x=0$에서 극댓값, $x=k$에서 극솟값을 갖는다.

이때 함수 $y=f(x)$의 그래프의 개형은 다음과 같다.

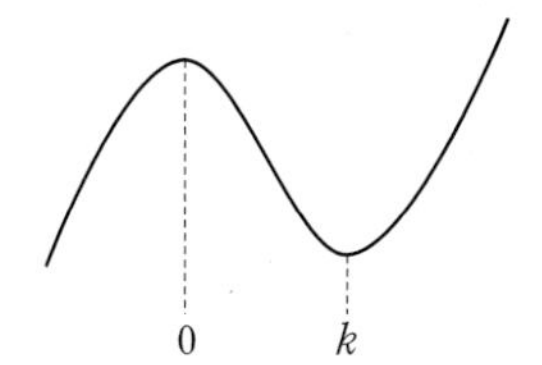

(i) $0<k<1$일 때,

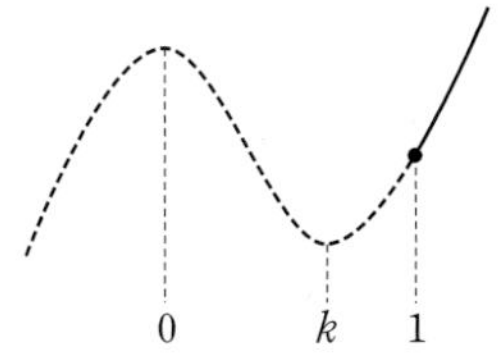

구간 $[1,\ \infty)$에서 함수 $f(x)$는 $x=1$일 때 최솟값 $-3k+9$를 가지므로

$-3k+9=-1$에서 $k=\frac{10}{3}$

이 값은 $0<k<1$을 만족시키지 않는다.

(ii) $k\geq 1$일 때,

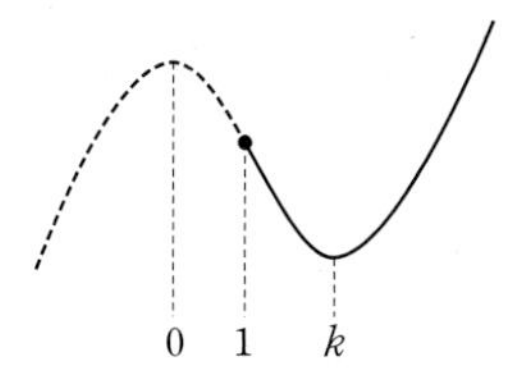

구간 $[1,\ \infty)$에서 함수 $f(x)$는 $x=k$일 때 최솟값 $-k^3+7$을 가지므로

$-k^3+7=-1$에서 $k^3=8$ $\quad\therefore\ k=2$

(i), (ii)에 의하여 구하는 양수 k의 값은 2이다.

428 ··· 답 ①

등식 $x^2+3y^2=9$에서 $y^2=\frac{9-x^2}{3}$

이때 $y^2\geq 0$이므로 $\frac{9-x^2}{3}\geq 0$, $x^2\leq 9$

$\therefore\ -3\leq x\leq 3$

주어진 식에서

$x^2+xy^2=x^2+x\times\frac{9-x^2}{3}=-\frac{1}{3}x^3+x^2+3x$

$f(x)=-\frac{1}{3}x^3+x^2+3x$라 하면

$f'(x)=-x^2+2x+3=-(x+1)(x-3)$이므로

$x=-1$ 또는 $x=3$일 때 $f'(x)=0$이다.

$-3\leq x\leq 3$에서 함수 $f(x)$의 증가와 감소를 표로 나타내면 다음과 같다.

x	-3	$\cdots$	-1	$\cdots$	3
$f'(x)$		$-$	0	$+$	
$f(x)$	9	↘	$-\frac{5}{3}$	↗	9

따라서 $-3\leq x\leq 3$에서 함수 $f(x)$는 $x=-1$일 때 최솟값 $-\frac{5}{3}$를 가지므로 구하는 최솟값은 $-\frac{5}{3}$이다.

429 ··· 답 800

(이익금)=(총판매금액)−(총생산비용)이므로

제품 A를 x kg 생산할 때의 이익금을 $f(x)$원이라 하면

$f(x)=5000x-(2x^3-90x^2+5000x+3000)$

$\quad\ =-2x^3+90x^2-3000$

$f'(x)=-6x^2+180x=-6x(x-30)=0$에서

$x=30\ (\because\ x>0)$

$x>0$에서 함수 $f(x)$는 $x=30$일 때 극대이며 최대이므로

$f(x)$의 최댓값은 $f(30)=24000$이다.

즉, 이익금이 최대가 되도록 하기 위해 하루에 생산해야 할 제품 A의 양은 30 kg이고, 그때의 이익금의 최댓값은 24000원이다.

따라서 $a=30$, $b=24000$이므로

$\frac{b}{a}=800$

430 ····· 답 ④

점 P의 좌표를 (p, p^2) $(-1\le p\le 1)$이라 하면

$\overline{AP}=\sqrt{(p-1)^2+(p^2-2)^2}=\sqrt{p^4-3p^2-2p+5}$

$f(p)=p^4-3p^2-2p+5$라 하면 ······ TIP1

$f'(p)=4p^3-6p-2=2(p+1)(2p^2-2p-1)$이므로 ······ ㉠

$p=-1$ 또는 $p=\frac{1\pm\sqrt{3}}{2}$일 때 $f'(p)=0$이다.

$-1\le p\le 1$에서 함수 $f(p)$의 증가와 감소를 표로 나타내면 다음과 같다.

p	-1	$\cdots$	$\frac{1-\sqrt{3}}{2}$	$\cdots$	1
$f'(p)$		$+$	0	$-$	
$f(p)$		↗	극대	↘	

따라서 $-1\le p\le 1$에서 함수 $f(p)$는 $p=\frac{1-\sqrt{3}}{2}$일 때 최댓값을 가지므로 $p=\frac{1-\sqrt{3}}{2}$일 때 $\overline{AP}$가 최대이다.

$\therefore a=\frac{1-\sqrt{3}}{2}$

$\therefore b-a=a^2-a=\frac{1}{2}$ ······ TIP2

TIP1

$\overline{AP}=\sqrt{f(p)}$일 때 $\overline{AP}$가 최대이려면 $f(p)$가 최대이어야 한다. 그러므로 함수 $f(p)$가 최대일 때를 구하여 답을 찾는다.

TIP2

㉠에서 방정식 $2p^2-2p-1=0$의 한 근이 $\frac{1-\sqrt{3}}{2}$이다.

즉, $a=\frac{1-\sqrt{3}}{2}$이라 하면 $2a^2-2a-1=0$을 만족시키므로

$a^2-a=\frac{1}{2}$임을 바로 구할 수 있다.

431 ····· 답 ②

$6x-x^2=x(6-x)=0$에서 $x=0$ 또는 $x=6$이므로 A(6, 0)

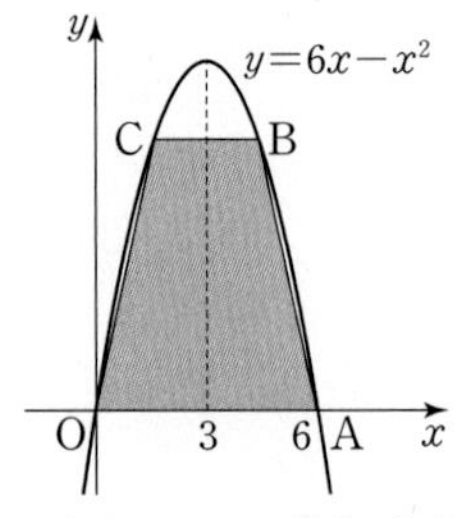

x축과 평행한 직선이 곡선 $y=6x-x^2$과 만나는 두 점은 이차함수 $y=6x-x^2$의 그래프의 축인 직선 $x=3$에 대하여 대칭이므로 $C(t, 6t-t^2)$, $B(6-t, 6t-t^2)$ $(0<t<3)$이라 하자.

사다리꼴 OABC의 넓이를 $S(t)$라 하면

$S(t)=\frac{1}{2}\times\{6+(6-2t)\}\times(6t-t^2)$

$\quad=t(t-6)^2=t^3-12t^2+36t$

$S'(t)=3t^2-24t+36=3(t-2)(t-6)=0$에서

$t=2$ ($\because$ $0<t<3$)

따라서 $0<t<3$에서 함수 $S(t)$는 $t=2$일 때 극대이며 최대이므로 $S(t)$의 최댓값은 $S(2)=32$이다.

432 ····· 답 ②

원뿔에 내접하는 원기둥의 밑면의 반지름의 길이를 x $(0<x<3)$라 하자. 원뿔의 꼭짓점과 밑면인 원의 중심을 지나는 평면으로 자른 단면은 다음과 같다.

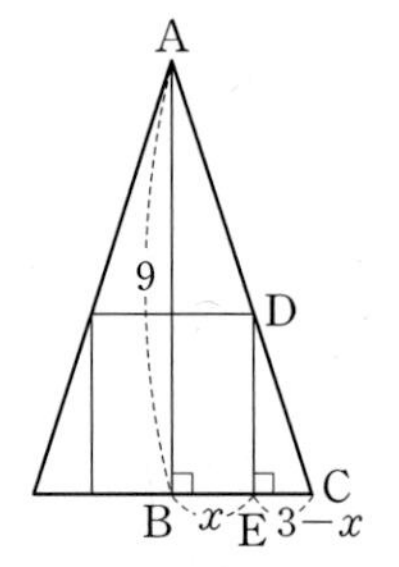

위와 같이 점 A, B, C, D, E를 잡으면 $\overline{AB}=9$, $\overline{BC}=3$, $\overline{BE}=x$이고, 두 삼각형 ABC, DEC가 서로 닮음이므로

$\overline{DE}:\overline{EC}=\overline{AB}:\overline{BC}=3:1$에서 $\overline{DE}=3\overline{EC}=3(3-x)$이다.

원기둥의 부피를 $V(x)$라 하면

$V(x)=\pi x^2\times 3(3-x)=-3\pi(x^3-3x^2)$

$V'(x)=-3\pi(3x^2-6x)=-9\pi x(x-2)=0$에서

$x=2$ ($\because$ $0<x<3$)

$0<x<3$에서 함수 $V(x)$는 $x=2$일 때 극대이며 최대이므로 $V(x)$의 최댓값은 $V(2)=12\pi$이다.

따라서 $a=2$, $b=12\pi$이므로

$\frac{b}{a}=6\pi$

433 ····· 답 ②

구에 내접하는 원기둥의 밑면의 반지름의 길이를 r, 높이를 h라 하자. (단, $0<r<3$, $0<h<6$)

구의 중심과 원기둥의 밑면인 원의 중심을 지나는 평면으로 구와 원기둥을 자른 단면은 다음과 같다.

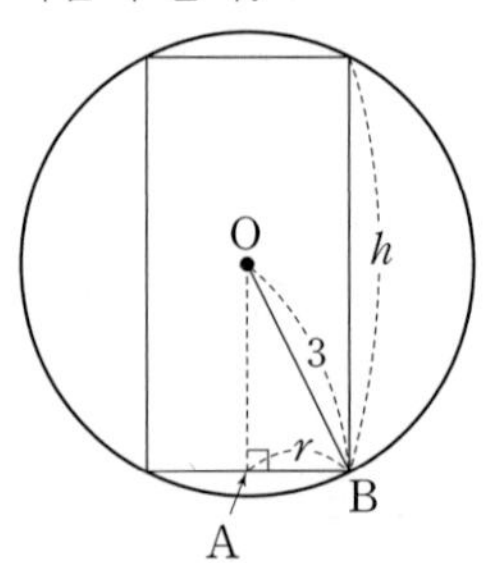

위와 같이 세 점 O, A, B를 잡으면 직각삼각형 OAB에서 피타고라스 정리에 의하여 $r^2+\left(\frac{h}{2}\right)^2=3^2$, 즉 $r^2=9-\frac{h^2}{4}$이므로

원기둥의 부피를 $V(h)$라 하면

$V(h)=\pi r^2h=\pi\left(9-\frac{h^2}{4}\right)h=\pi\left(9h-\frac{h^3}{4}\right)$

$V'(h)=\pi\left(9-\frac{3h^2}{4}\right)=-\frac{3}{4}\pi(h^2-12)=0$에서

$h=2\sqrt{3}$ ($\because 0<h<6$)

따라서 $0<h<6$에서 함수 $V(h)$는 $h=2\sqrt{3}$일 때 극대이며 최대이므로 $V(h)$의 최댓값은 $V(2\sqrt{3})=12\sqrt{3}\pi$이다.

434 ············ 답 ③

원뿔의 밑면의 반지름의 길이를 r라 하고, 원뿔의 높이를 h라 하자.
(단, $0<r<5$, $0<h<10$)

원뿔의 꼭짓점을 지나고 원뿔의 밑면인 원의 중심을 지나는 평면으로 구와 원뿔을 자른 단면은 다음과 같다.

(i) $0<h\le5$일 때

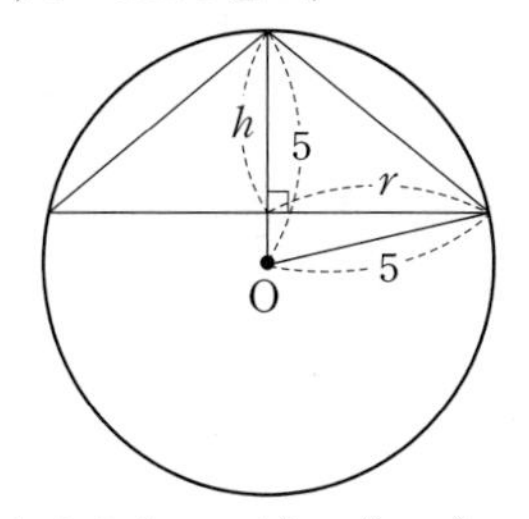

(ii) $5<h<10$일 때

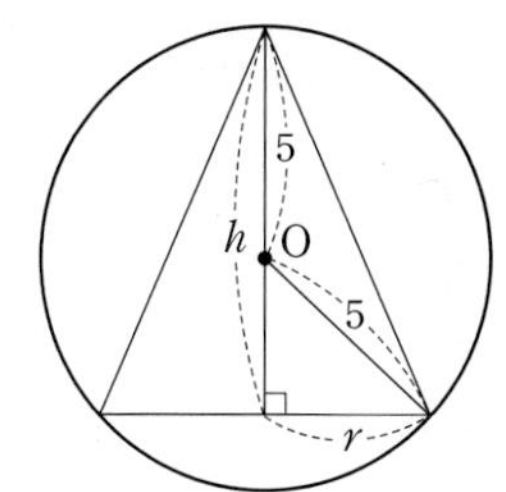

(i)에서 $(5-h)^2+r^2=5^2$

(ii)에서 $(h-5)^2+r^2=5^2$

이므로 (i), (ii)에 의하여

$r^2=25-(h-5)^2=10h-h^2$이다.

원뿔의 부피는 $\frac{1}{3}\pi r^2h=\frac{1}{3}\pi(10h-h^2)h$이므로

$V(h)=\frac{1}{3}\pi(10h^2-h^3)$이라 하면

$V'(h)=\frac{1}{3}\pi(20h-3h^2)=-\frac{\pi}{3}h(3h-20)=0$에서

$h=\frac{20}{3}$ ($\because 0<h<10$)

$0<h<10$에서 함수 $V(h)$는 $h=\frac{20}{3}$일 때 극대이며 최대이므로

원뿔의 부피가 최대일 때, 원뿔의 높이는 $\frac{20}{3}$이다.

435 ············ 답 $-\frac{10}{3}$

삼차함수 $y=f(x)$의 그래프가 x축에 접하려면 방정식 $f(x)=0$이 중근 또는 삼중근을 가져야 한다.

방정식 $f(x)=0$에서 $2x^3-3(a-1)x^2-6ax=0$, 즉

$x\{2x^2-3(a-1)x-6a\}=0$이 중근 또는 삼중근을 갖는 경우는 다음과 같다.

(i) 방정식 $2x^2-3(a-1)x-6a=0$의 한 근이 $x=0$인 경우
$-6a=0$에서 $a=0$

(ii) 방정식 $2x^2-3(a-1)x-6a=0$이 중근을 갖는 경우
이 이차방정식의 판별식을 D라 하면
$D=9(a-1)^2+48a=0$에서
$3a^2+10a+3=0$, $(3a+1)(a+3)=0$
$\therefore a=-\frac{1}{3}$ 또는 $a=-3$

(i), (ii)에 의하여 구하는 모든 a의 값의 합은

$0+(-3)+\left(-\frac{1}{3}\right)=-\frac{10}{3}$

다른 풀이

다항함수 $y=f(x)$의 그래프가 x축에 접하려면

$f(k)=0$이고 $f'(k)=0$인 실수 k가 존재하면 된다.

$f'(x)=6x^2-6(a-1)x-6a=6(x-a)(x+1)$이므로

$x=a$ 또는 $x=-1$일 때 $f'(x)=0$이다.

즉, $f(a)=0$ 또는 $f(-1)=0$이면 된다.

$f(a)=2a^3-3(a-1)a^2-6a^2=-a^3-3a^2=-a^2(a+3)=0$에서

$a=0$ 또는 $a=-3$

$f(-1)=-2-3(a-1)+6a=3a+1=0$에서

$a=-\frac{1}{3}$

따라서 구하는 모든 a의 값의 합은

$0+(-3)+\left(-\frac{1}{3}\right)=-\frac{10}{3}$

참고

다항함수 $f(x)$에 대하여 방정식 $f(x)=0$이

❶ $x=k$를 짝수개의 중근으로 가지면 함수 $y=f(x)$의 그래프는 x축과 점 $(k, 0)$에서 스치듯 접하고, 함수 $f(x)$의 부호는 x의 값이 k일 때를 경계로 바뀌지 않는다.

❷ $x=k$를 홀수개의 중근으로 가지면 함수 $y=f(x)$의 그래프는 x축과 점 $(k, 0)$에서 뚫고 지나듯 접하고, 함수 $f(x)$의 부호는 x의 값이 k일 때를 경계로 바뀐다.

436 ············ 답 ①

$a<3$이고, 함수 $g(x)$는 $x\ne3$인 모든 실수 x에서 미분가능하므로 함수 $g(x)$는 $x=a$에서 미분가능하다.

즉, $x=a$에서의 좌미분계수와 우미분계수가 같아야 한다.

$$\begin{aligned}\lim_{x\to a-}\frac{g(x)-g(a)}{x-a}&=\lim_{x\to a-}\frac{g(x)}{x-a}\\&=\lim_{x\to a-}\frac{|(x-a)f(x)|}{x-a}\\&=\lim_{x\to a-}\frac{-(x-a)|f(x)|}{x-a}\\&=\lim_{x\to a-}\{-|f(x)|\}=-|f(a)|,\end{aligned}$$

$$\begin{aligned}\lim_{x\to a+}\frac{g(x)-g(a)}{x-a}&=\lim_{x\to a+}\frac{g(x)}{x-a}\\&=\lim_{x\to a+}\frac{|(x-a)f(x)|}{x-a}\\&=\lim_{x\to a+}\frac{(x-a)|f(x)|}{x-a}\\&=\lim_{x\to a+}|f(x)|=|f(a)|\end{aligned}$$

이므로 $\lim_{x\to a-}\frac{g(x)-g(a)}{x-a}=\lim_{x\to a+}\frac{g(x)-g(a)}{x-a}$에서

$-|f(a)|=|f(a)|$, $|f(a)|=0$

$\therefore f(a)=0$

따라서 함수 $f(x)$는 $x-a$를 인수로 갖고, 최고차항의 계수가 1인

이차함수이므로 $f(x)=(x-a)(x-k)$ (k는 상수)라 하면

$g(x)=|(x-a)f(x)|=|(x-a)^2(x-k)|$

함수 $y=g(x)$의 그래프의 개형은 다음과 같이 세 가지가 가능하다.

(i) $a<k$일 때

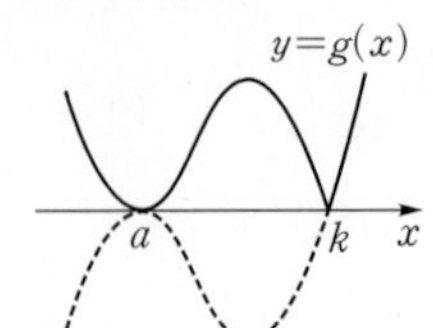

(ii) $a=k$일 때

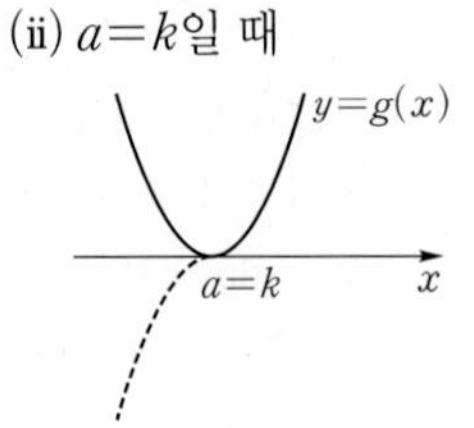

(iii) $a>k$일 때

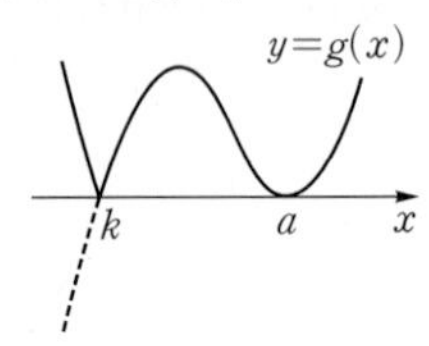

그런데 주어진 조건에서 함수 $g(x)$는 $x=3$에서만 미분가능하지 않고 $a<3$이므로 함수 $y=g(x)$의 그래프의 개형은 (i)과 같고 $k=3$이다.

$\therefore g(x)=|(x-a)^2(x-3)|$

$h(x)=(x-a)^2(x-3)$이라 하면 주어진 조건에서 함수 $g(x)$의 극댓값이 32이므로 함수 $h(x)$의 극솟값은 -32이다.

$$h'(x)=2(x-a)(x-3)+(x-a)^2$$
$$=(x-a)\{2(x-3)+(x-a)\}$$
$$=(x-a)(3x-6-a)$$

이므로 $h'(x)=0$에서 $x=a$ 또는 $x=\frac{6+a}{3}$

즉, 함수 $h(x)$는 $x=\frac{6+a}{3}$에서 극솟값 -32를 갖는다.

$$h\left(\frac{6+a}{3}\right)=\left(\frac{6+a}{3}-a\right)^2\left(\frac{6+a}{3}-3\right)=\left(2-\frac{2}{3}a\right)^2\left(\frac{a}{3}-1\right)$$
$$=-4\left(1-\frac{a}{3}\right)^3=-32$$

에서 $\left(1-\frac{a}{3}\right)^3=8$, $1-\frac{a}{3}=2$

$\frac{a}{3}=-1$ $\quad\therefore a=-3$

따라서 $f(x)=(x+3)(x-3)$이므로 $f(4)=7$

437

답 4

함수 $f(x)=x^3+ax^2+bx+c$ (a, b, c는 상수)라 하면

$f'(x)=3x^2+2ax+b$

조건 (가)에 의하여 이차함수 $y=f'(x)$의 그래프가 직선 $x=2$에 대하여 대칭이므로 축이 $x=2$이다.

즉, $-\frac{a}{3}=2$에서 $a=-6$

조건 (나)에 의하여 $f'(1)=0$이므로

$3+2a+b=0$에서 $b=9$

따라서 $f(x)=x^3-6x^2+9x+c$이고,

$f'(x)=3x^2-12x+9=3(x-1)(x-3)$에서

함수 $f(x)$는 $x=1$에서 극댓값을 갖고, $x=3$에서 극솟값을 가지므로 구하는 값은 $f(1)-f(3)=(c+4)-c=4$이다.

다른 풀이

함수 $f'(x)$는 최고차항의 계수가 3인 이차함수이다.

조건 (가)에 의하여 이차함수 $y=f'(x)$의 그래프가 직선 $x=2$에 대하여 대칭이고, 조건 (나)에 의하여 $f'(1)=0$이므로 $f'(3)=0$이다.

즉, $f'(x)=3(x-1)(x-3)=3x^2-12x+9$

$f(x)=x^3+ax^2+bx+c$ (a, b, c는 상수)라 하면

$f'(x)=3x^2+2ax+b$이므로

$a=-6$, $b=9$

따라서 $f(x)=x^3-6x^2+9x+c$이다.

이때 함수 $f(x)$는 $x=1$에서 극댓값을 갖고, $x=3$에서 극솟값을 가지므로 구하는 값은 $f(1)-f(3)=(c+4)-c=4$이다.

438

답 ②

최고차항의 계수가 1인 사차함수 $f(x)$가 극댓값과 극솟값을 모두 가지므로 극소인 점이 2개, 극대인 점이 1개 존재한다.

$x=\alpha$, $x=\beta$ ($\alpha<\beta$)에서 극솟값을 갖는다고 하면 조건 (나)에 의하여 극솟값이 0으로 서로 같으므로 함수 $y=f(x)$의 그래프는 x축과 $x=\alpha$, $x=\beta$에서 접한다.

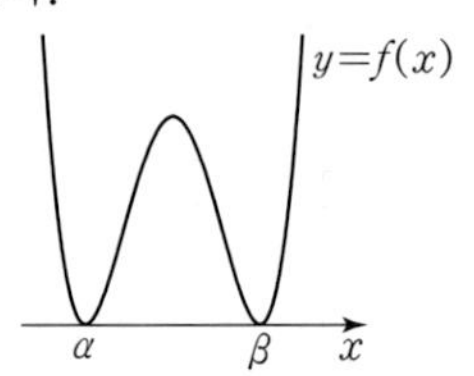

즉, $f(x)=(x-\alpha)^2(x-\beta)^2$이다.

조건 (가)에서 함수 $f(x)$는 $x=0$에서 극댓값 4를 가지므로

$f'(0)=0$, $f(0)=4$이다.

$$f'(x)=2(x-\alpha)(x-\beta)^2+2(x-\alpha)^2(x-\beta)$$
$$=2(x-\alpha)(x-\beta)(2x-\alpha-\beta)$$

에서 $f'(0)=-2\alpha\beta(\alpha+\beta)=0$

이때 $\alpha\neq0$, $\beta\neq0$이므로 $\alpha+\beta=0$, 즉 $\beta=-\alpha$

$f(0)=\alpha^2\beta^2=\alpha^4=4$이므로 $\alpha=\pm\sqrt{2}$

따라서 $f(x)=(x-\sqrt{2})^2(x+\sqrt{2})^2=(x^2-2)^2$에서 $f(1)=1$이고,

$f'(x)=4x(x^2-2)$에서 $f'(1)=-4$

$\therefore f(1)+f'(1)=-3$

다른 풀이

최고차항의 계수가 1인 사차함수 $f(x)$가 극댓값과 극솟값을 모두 가지므로 극소인 점이 2개, 극대인 점이 1개 존재한다.

이때 조건 (나)에 의하여 극소인 두 점에서의 극솟값이 서로 같고, 조건 (가)에서 함수 $f(x)$는 $x=0$에서 극댓값을 가지므로 함수 $y=f(x)$의 그래프는 다음과 같이 직선 $x=0$에 대하여 대칭이다. …… TIP

즉, 함수 $y=f(x)$의 그래프는 y축에 대하여 대칭이므로 극소가 되는 x의 값을 각각 k, $-k$라 하면
$f(x)=(x-k)^2(x+k)^2$이다.
이때 조건 ㈎에서 $f(0)=4$이므로
$f(0)=k^4=4$에서 $k=\pm\sqrt{2}$이다.
즉, $f(x)=(x-\sqrt{2})^2(x+\sqrt{2})^2=(x^2-2)^2$에서 $f(1)=1$이고,
$f'(x)=2(x^2-2)\times 2x=4x(x^2-2)$에서 $f'(1)=-4$
$\therefore f(1)+f'(1)=1+(-4)=-3$

TIP

사차함수 $f(x)$가 세 점에서 극값을 갖고, $x=a$, $x=b$ $(a\neq b)$에서의 극솟값이 같거나 $x=a$, $x=b$ $(a\neq b)$에서의 극댓값이 같을 때, 이 사차함수의 그래프는 직선 $x=\dfrac{a+b}{2}$에 대하여 대칭이다.

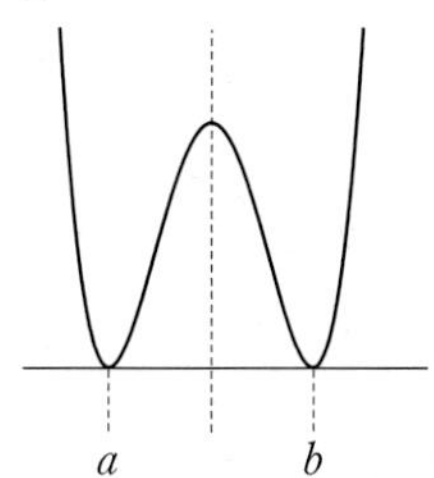

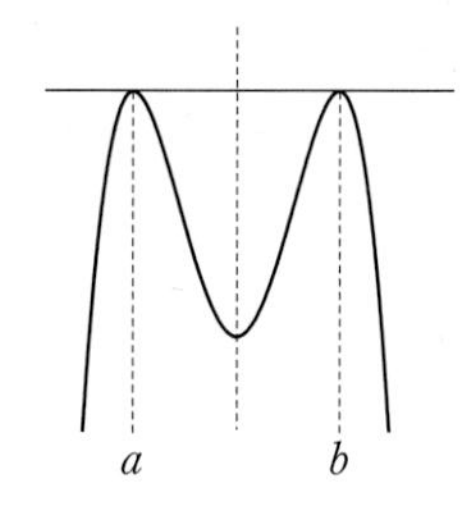

[증명]
$x=a$, $x=b$에서의 극값이 m으로 같다고 하면 함수 $y=f(x)$의 그래프가 직선 $y=m$과 $x=a$, $x=b$에서 접하므로
$f(x)-m=k(x-a)^2(x-b)^2$ (단, $k\neq0$)
$\therefore f(x)=k(x-a)^2(x-b)^2+m$
이때 모든 실수 x에 대하여 $f(a+b-x)=f(x)$이므로 함수 $y=f(x)$의 그래프는 직선 $x=\dfrac{a+b}{2}$에 대하여 대칭이다.

439

답 64

조건 ㈎에서 곡선 $y=f(x)$는 직선 $x=2$에 대하여 대칭이다. ······㉠
또한, 조건 ㈏에서 함수 $f(x)$는 $x=1$에서 극솟값을 가지므로 ㉠에 의하여 함수 $f(x)$는 $x=3$에서 극솟값을 갖고 두 극솟값은 서로 일치한다.

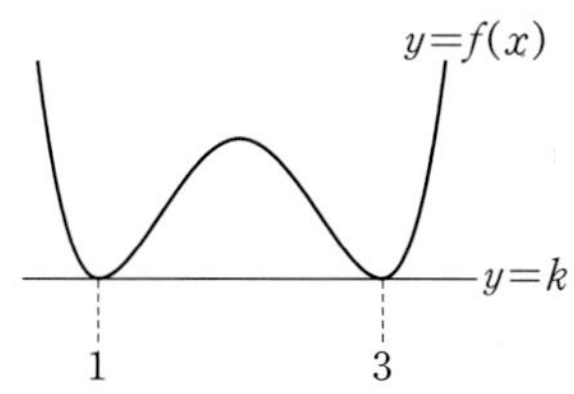

따라서 함수 $f(x)$의 극솟값을 k라 하면
$f(x)-k=(x-1)^2(x-3)^2$
즉, $f(x)=(x-1)^2(x-3)^2+k$이고, 원점을 지나므로
$f(0)=9+k=0$에서 $k=-9$
$\therefore f(x)=(x-1)^2(x-3)^2-9$
$f'(x)=2(x-1)(x-3)^2+2(x-1)^2(x-3)$
$=2(x-1)(x-3)(2x-4)$
$=4(x-1)(x-2)(x-3)$
이므로 함수 $f(x)$는 $x=2$에서 극댓값 $f(2)=-8$을 갖는다.
$\therefore a^2=(-8)^2=64$ ······ TIP

TIP

함수 $y=f(x)$의 그래프가 직선 $x=2$에 대하여 대칭이므로 사차함수 $y=f(x)$의 그래프의 개형으로부터 $x=2$에서 극댓값을 가짐을 바로 알 수 있다.

440

답 $f(x)=x^4-2x^2$

조건 ㈎에 의하여 임의의 양수 t에 대하여
$\dfrac{f(t)-f(-t)}{t-(-t)}=0$이므로 $f(t)=f(-t)$이다.
즉, 함수 $y=f(x)$의 그래프는 y축에 대하여 대칭이다. ······㉠
조건 ㈏에서 방정식 $f'(x)=0$을 만족시키는 한 실근이 1이므로 ㉠에 의하여 -1도 실근이고, 나머지 한 실근은 0이다.
이때 함수 $y=f(x)$의 그래프의 개형은 다음과 같다.

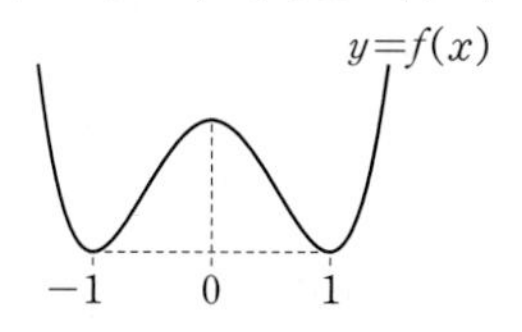

$\alpha=-1$, $\beta=0$이라 하자.
$f(\alpha)f(\beta)f(1)=0$에서 $f(-1)=f(1)=0$ 또는 $f(0)=0$이다.
(i) $f(-1)=f(1)=0$일 때,

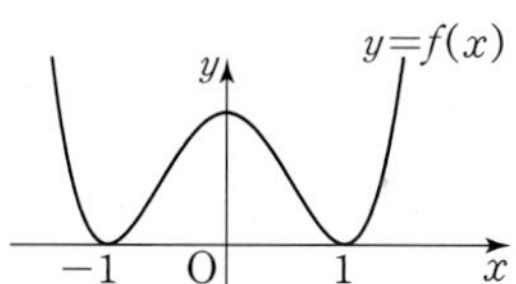

$f(0)>0$이므로 주어진 조건에서
$f(\alpha)+f(\beta)+f(1)=f(-1)+f(0)+f(1)=f(0)=-2$
를 만족시키지 않는다.
(ii) $f(0)=0$일 때,

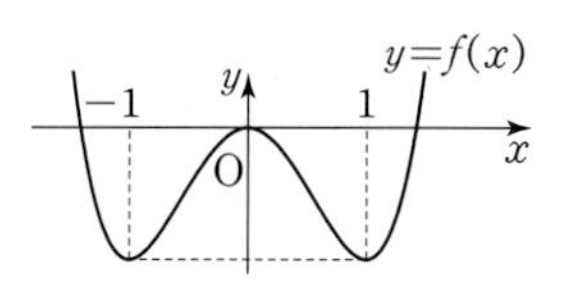

주어진 조건에 의하여
$f(\alpha)+f(\beta)+f(1)=f(-1)+f(0)+f(1)=2f(1)=-2$
이므로 $f(-1)=f(1)=-1$이다.
(i), (ii)에 의하여 조건을 만족시키는 함수 $f(x)$는 (ii)이다.
$f(-1)=f(1)=-1$, $f'(-1)=f'(1)=0$이므로
$f(x)+1=m(x-1)^2(x+1)^2$ (m은 양수)이고,
$f(0)=0$이므로 $m=1$
$\therefore f(x)=(x-1)^2(x+1)^2-1=(x^2-1)^2-1=x^4-2x^2$

441

답 ①

$f'(x)=3x^2-2x-8=(3x+4)(x-2)$이므로
함수 $y=f(x)$의 그래프의 개형은 다음과 같다.

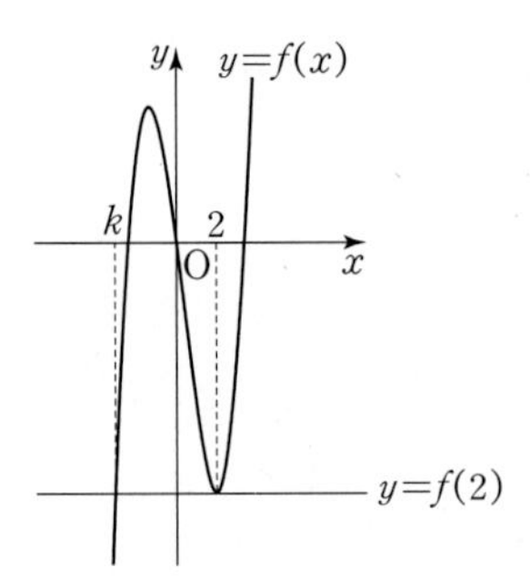

이때 함수 $y=f(x)$의 그래프가 직선 $y=f(2)$와 만나는 점 중 x좌표가 2가 아닌 점의 x좌표를 k $(k\neq2)$라 하면

(i) $t<k$일 때,

$x\ge t$에서 함수 $f(x)$의 최솟값은 $f(t)$이므로 $g(t)=f(t)$

(ii) $k\le t\le 2$일 때,

$x\ge t$에서 함수 $f(x)$의 최솟값은 $f(2)$이므로 $g(t)=f(2)$

(iii) $t>2$일 때,

$x\ge t$에서 함수 $f(x)$의 최솟값은 $f(t)$이므로 $g(t)=f(t)$

(i)~(iii)에 의하여 $g(t)=\begin{cases} f(t) & (t<k \text{ 또는 } t>2) \\ f(2) & (k\le t\le 2) \end{cases}$이므로

함수 $y=g(t)$의 그래프는 다음과 같다.

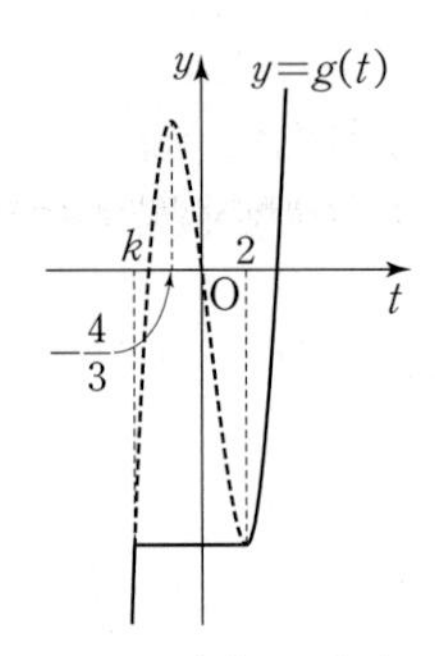

이때 $\lim_{t\to2+}\frac{g(t)-g(2)}{t-2}=\lim_{t\to2-}\frac{g(t)-g(2)}{t-2}=0$이므로

함수 $g(t)$는 $t=2$에서 미분가능하고,

$\lim_{t\to k+}\frac{g(t)-g(k)}{t-k}=0$, $\lim_{t\to k-}\frac{g(t)-g(k)}{t-k}=f'(k)\neq0$이므로

함수 $g(t)$는 $t=k$일 때만 미분가능하지 않다.

$f(k)=f(2)$이므로 …… ㉠

$k^3-k^2-8k=-12$에서

$k^3-k^2-8k+12=(k-2)^2(k+3)=0$ $\quad\therefore k=-3$

따라서 $a=-3$이다.

다른 풀이

㉠에서 k의 값을 다음과 같이 구할 수 있다.

함수 $y=f(x)$의 그래프와 직선 $y=f(2)$가 $x=2$에서 접하므로

방정식 $f(x)=f(2)$, 즉 $x^3-x^2-8x-f(2)=0$은

중근 $x=2$와 또 다른 한 실근 $x=k$를 갖는다.

삼차방정식의 근과 계수의 관계에 의하여

$2+2+k=1$에서 $k=-3$이다.

442 ········ 답 ①

곡선 $y=|(x^2-9)(x+a)|$는 곡선 $y=(x^2-9)(x+a)$의 x축 아래에 그려진 부분을 x축에 대하여 대칭이동한 것이다.

이때 상수 a의 값의 범위를 나누어 함수 $f(x)=|(x^2-9)(x+a)|$가 오직 한 개의 x의 값에서만 미분가능하지 않도록 하는 상수 a의 값을 구해 보자.

(i) $0<a<3$일 때

함수 $f(x)=|(x^2-9)(x+a)|=|(x+3)(x-3)(x+a)|$의 그래프는 x축과 세 점 $(-3, 0)$, $(-a, 0)$, $(3, 0)$에서 만난다.

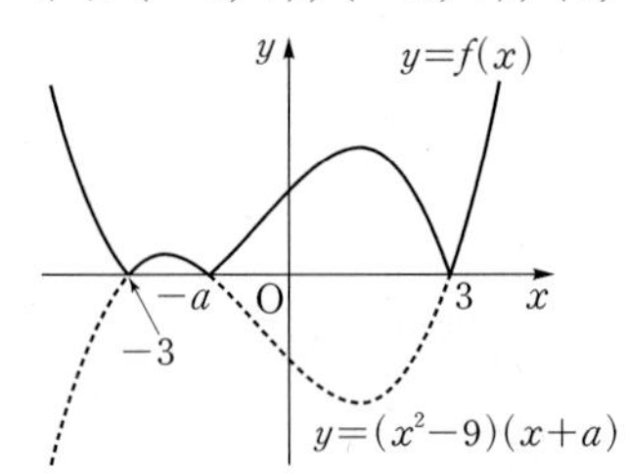

따라서 함수 $f(x)$는 $x=-3$, $x=-a$, $x=3$에서 미분가능하지 않으므로 주어진 조건을 만족시키지 않는다.

(ii) $a=3$일 때

함수 $f(x)=|(x^2-9)(x+3)|=|(x+3)^2(x-3)|$의 그래프는 x축과 두 점 $(-3, 0)$, $(3, 0)$에서 만난다.

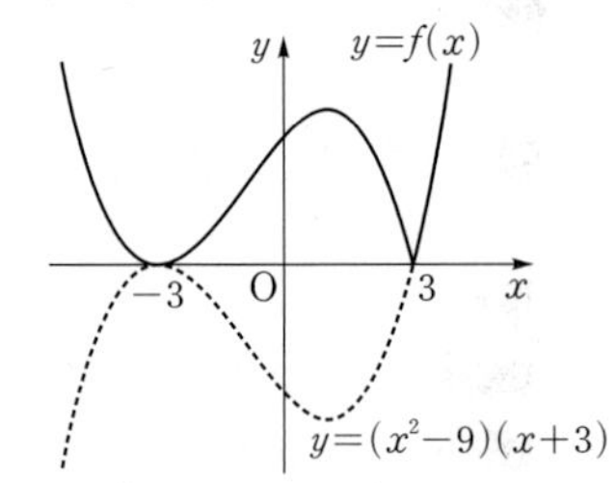

따라서 함수 $f(x)$는 $x=3$에서만 미분가능하지 않으므로 주어진 조건을 만족시킨다.

(iii) $a>3$일 때

함수 $f(x)=|(x^2-9)(x+a)|=|(x+3)(x-3)(x+a)|$의 그래프는 x축과 세 점 $(-a, 0)$, $(-3, 0)$, $(3, 0)$에서 만난다.

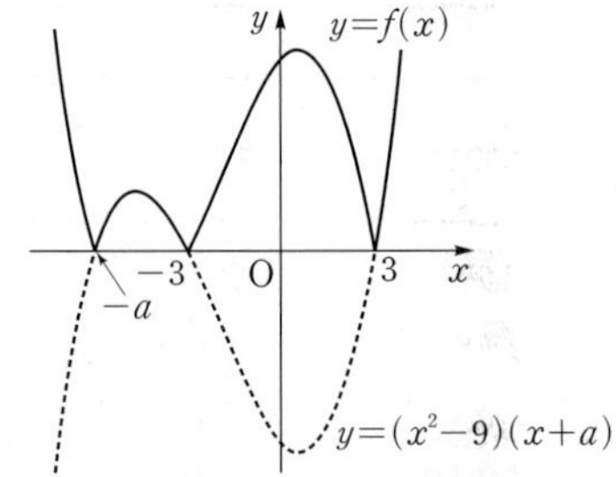

따라서 함수 $f(x)$는 $x=-a$, $x=-3$, $x=3$에서 미분가능하지 않으므로 주어진 조건을 만족시키지 않는다.

(i)~(iii)에서 $a=3$이고

$g(x)=(x^2-9)(x+3)$이라 하면

함수 $f(x)=|(x^2-9)(x+3)|$의 극댓값은 함수 $g(x)$의 극솟값의 절댓값과 같다.

$g'(x)=2x(x+3)+(x^2-9)$

$=(x+3)\{2x+(x-3)\}$

$=3(x+3)(x-1)$

$g'(x)=0$에서 $x=-3$ 또는 $x=1$

함수 $g(x)$의 증가와 감소를 표로 나타내면 다음과 같다.

x	$\cdots$	-3	$\cdots$	1	$\cdots$
$g'(x)$	$+$	0	$-$	0	$+$
$g(x)$	↗	극대	↘	극소	↗

즉, 함수 $g(x)$는 $x=1$에서 극소이므로 극솟값은
$g(1)=-8\times4=-32$
따라서 함수 $f(x)$는 $x=1$에서 극댓값 32를 갖는다.

443

답 $a\le-7$

직선 $x=t$가 두 함수 $f(x)$, $g(x)$의 그래프와 만나는 점의 좌표가 각각 $(t, f(t))$, $(t, g(t))$이므로 두 점 사이의 거리는
$h(t)=|f(t)-g(t)|=|t^4-4t^3-2t^2+12t+a|$
$i(t)=t^4-4t^3-2t^2+12t+a$라 하면
$i'(t)=4t^3-12t^2-4t+12=4(t+1)(t-1)(t-3)$
이므로 함수 $i(t)$는 $t=-1$ 또는 $t=3$에서
극솟값 $i(-1)=i(3)=a-9$를 갖고,
$t=1$에서 극댓값 $i(1)=a+7$을 갖는다.

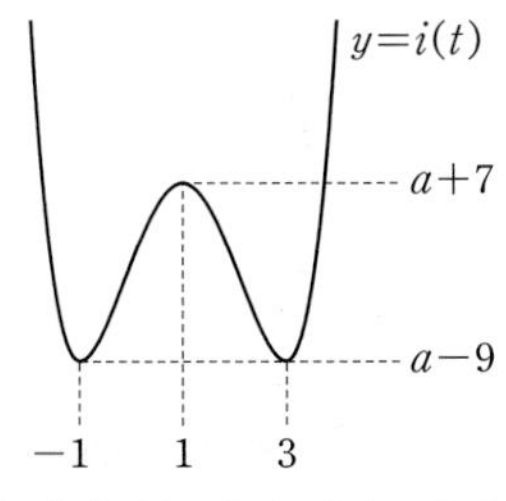

함수 $h(t)=|i(t)|$가 미분가능하지 않은 점이 2개이려면
$i(1)\le0$이어야 한다. …… TIP
즉, $i(1)=a+7\le0$ $\quad\therefore a\le-7$

TIP

$i(-1)$ 또는 $i(1)$의 값에 따라 함수 $h(t)=|i(t)|$의 그래프는 다음과 같다.

❶ $i(-1)>0$일 때

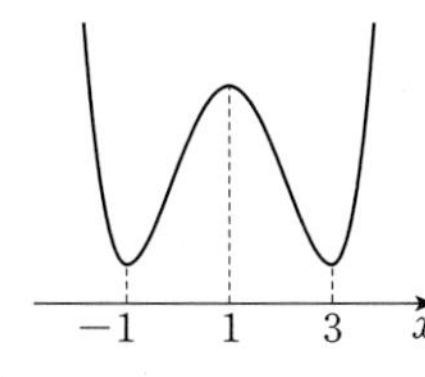

❷ $i(-1)=0$일 때

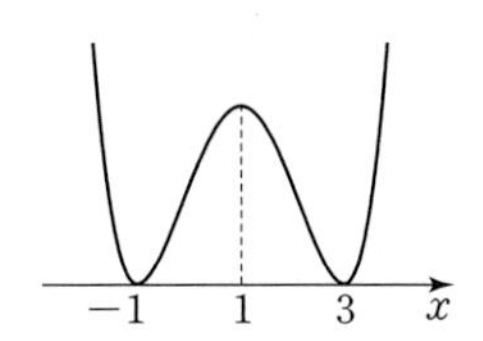

❸ $i(-1)<0<i(1)$일 때

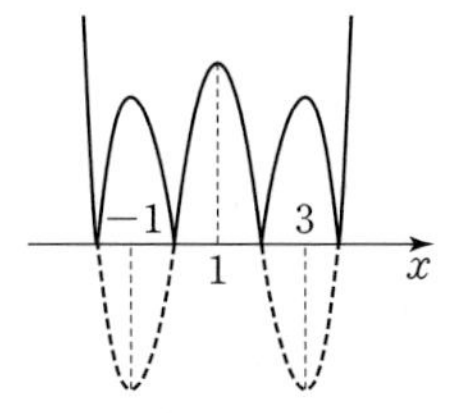

❹ $i(1)=0$일 때

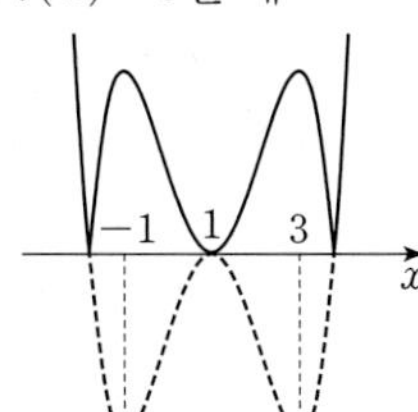

❺ $i(1)<0$일 때

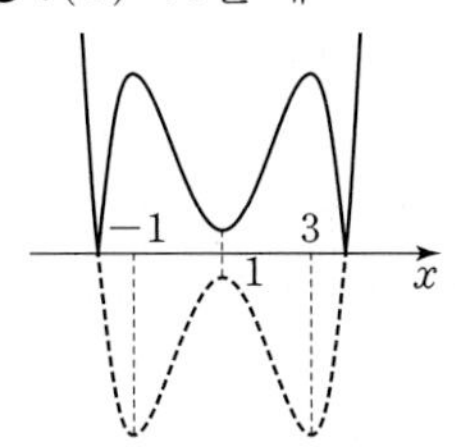

따라서 함수 $h(t)=|i(t)|$는 $i(-1)\ge0$일 때 모든 실수에서 미분가능하고, $i(-1)<0<i(1)$일 때 네 점에서 미분가능하지 않고, $i(1)\le0$일 때 두 점에서 미분가능하지 않다.

참고

실수 전체의 집합에서 미분가능한 함수 $f(x)$에 대하여 함수 $g(x)=|f(x)|$라 할 때, 실수 k에 대하여

(i) $f(k)>0$인 경우

$$\lim_{x\to k}\frac{g(x)-g(k)}{x-k}=\lim_{x\to k}\frac{f(x)-f(k)}{x-k}=f'(k)$$

이므로 함수 $g(x)$는 $x=k$에서 미분가능하다.

(ii) $f(k)<0$인 경우

$$\lim_{x\to k}\frac{g(x)-g(k)}{x-k}=\lim_{x\to k}\frac{-f(x)-\{-f(k)\}}{x-k}=-f'(k)$$

이므로 함수 $g(x)$는 $x=k$에서 미분가능하다.

(iii) $f(k)=0$인 경우

❶ $f'(k)>0$이면
$x<k$일 때 $f(x)<0$이고, $x>k$일 때 $f(x)>0$이므로

$$\lim_{x\to k-}\frac{g(x)-g(k)}{x-k}=\lim_{x\to k-}\frac{-f(x)-\{-f(k)\}}{x-k}=-f'(k)$$

$$\lim_{x\to k+}\frac{g(x)-g(k)}{x-k}=\lim_{x\to k+}\frac{f(x)-f(k)}{x-k}=f'(k)$$

이때 $f'(k)\neq-f'(k)$이므로 함수 $g(x)$는 $x=k$에서 미분가능하지 않다.

❷ $f'(k)<0$이면
$x<k$일 때 $f(x)>0$이고, $x>k$일 때 $f(x)<0$이므로

$$\lim_{x\to k-}\frac{g(x)-g(k)}{x-k}=\lim_{x\to k-}\frac{f(x)-f(k)}{x-k}=f'(k)$$

$$\lim_{x\to k+}\frac{g(x)-g(k)}{x-k}=\lim_{x\to k+}\frac{-f(x)-\{-f(k)\}}{x-k}=-f'(k)$$

이때 $f'(k)\neq-f'(k)$이므로 함수 $g(x)$는 $x=k$에서 미분가능하지 않다.

❸ $f'(k)=0$일 때

$$\lim_{x\to k-}\frac{g(x)-g(k)}{x-k}=\lim_{x\to k+}\frac{g(x)-g(k)}{x-k}=0$$

이므로 함수 $g(x)$는 $x=k$에서 미분가능하며 $g'(k)=0$이다.

따라서 실수 전체의 집합에서 미분가능한 함수 $f(x)$에 대하여 함수 $g(x)=|f(x)|$가 미분가능하지 않은 점은 $f(k)=0$, $f'(k)\neq0$인 k에 대하여 $x=k$인 점이다.

444

답 ①

함수 $f(x)$가 연속함수이므로

$$f(x)=\begin{cases}x^3+6x^2+15x-15a+3 & (x\ge a)\\ x^3+6x^2-15x+15a+3 & (x<a)\end{cases}$$에서

함수 $f(x)$가 실수 전체의 집합에서 증가하려면 $x\ge a$와 $x<a$에서 각각 함수 $f(x)$가 증가하면 된다.

(i) $x>a$일 때,

$f'(x)=3x^2+12x+15=3(x+2)^2+3>0$

이므로 함수 $f(x)$는 $x\geq a$에서 항상 증가한다.

(ii) $x<a$일 때,

$f'(x)=3x^2+12x-15=3(x+5)(x-1)$

에서 $f'(x)\geq 0$인 x의 값의 범위는

$x\leq -5$ 또는 $x\geq 1$이다.

따라서 $x<a$에서 $f'(x)\geq 0$이기 위해서는

$a\leq -5$이어야 한다.

(i), (ii)에서 $a\leq -5$이므로 실수 a의 최댓값은 -5이다.

445 답 13

$f(x)=x^3-(a+2)x^2+ax$에서 $f'(x)=3x^2-2(a+2)x+a$이므로

곡선 $y=f(x)$ 위의 점 $(t, f(t))$에서의 접선의 방정식은

$y-\{t^3-(a+2)t^2+at\}=\{3t^2-2(a+2)t+a\}(x-t)$,

즉 $y=\{3t^2-2(a+2)t+a\}x-2t^3+(a+2)t^2$이다.

이 직선의 y절편이 $g(t)$이므로

$g(t)=-2t^3+(a+2)t^2$

함수 $g(t)$가 열린구간 $(0, 5)$에서 증가하므로 이 구간에서

$g'(t)=-6t^2+2(a+2)t$

$=-2t\{3t-(a+2)\}\geq 0$

을 만족시켜야 한다.

이때 이 부등식의 해가 $\frac{a+2}{3}\leq t\leq 0$이면 열린구간 $(0, 5)$에서

$g'(t)\geq 0$을 만족시키지 않는다.

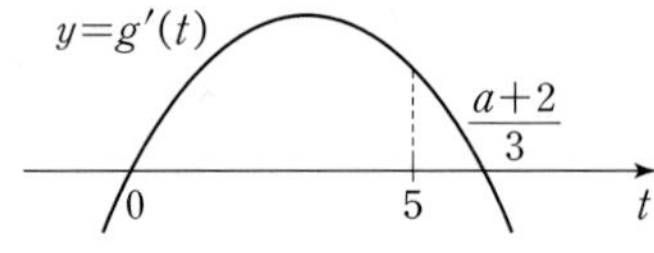

부등식의 해가 $0\leq t\leq \frac{a+2}{3}$이므로

$5\leq \frac{a+2}{3}$를 만족시켜야 한다.

$\therefore a\geq 13$

따라서 실수 a의 최솟값은 13이다.

TIP

참고 ❷의 삼차함수의 그래프에서의 길이의 비를 이용하여 다음과 같이 $g(x)=(x+1)(x-2)^2$의 극댓값을 찾을 수 있다.

삼차함수 $y=g(x)$의 그래프는 x축과 $x=2$에서 접하고, $x=-1$에서 만나므로 그래프는 다음과 같다.

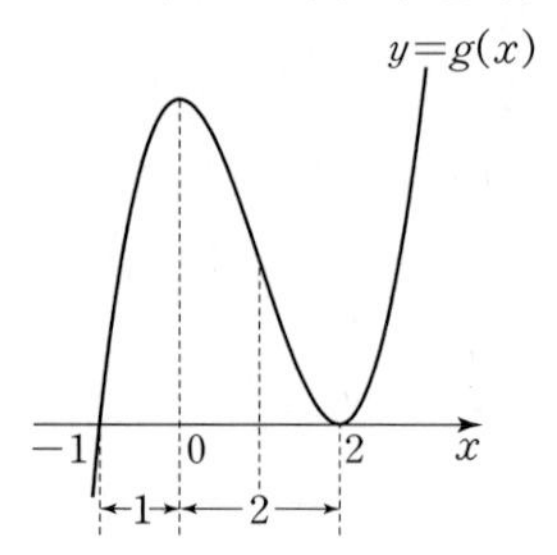

이때 길이의 비를 이용하면 함수 $y=g(x)$는 $x=0$에서 극댓값을 가짐을 알 수 있다.

참고

다음은 교육과정 내에서 배우는 내용은 아니지만, 알아두면 삼차함수의 그래프를 이해하는 데 유용하다.

❶ 모든 삼차함수 $g(x)$에 대하여 이차함수 $y=g'(x)$의 그래프의 축을 직선 $x=t$라 하면 삼차함수 $y=g(x)$의 그래프는 점 $(t, g(t))$에 대하여 대칭이다.

❷ 극값을 가지는 모든 삼차함수 $g(x)$는 항상 다음과 같은 길이 관계를 갖는다. 직사각형 8개는 서로 합동이며, 하단에 표시한 길이는 $1:\sqrt{3}:2$의 비를 갖는다.

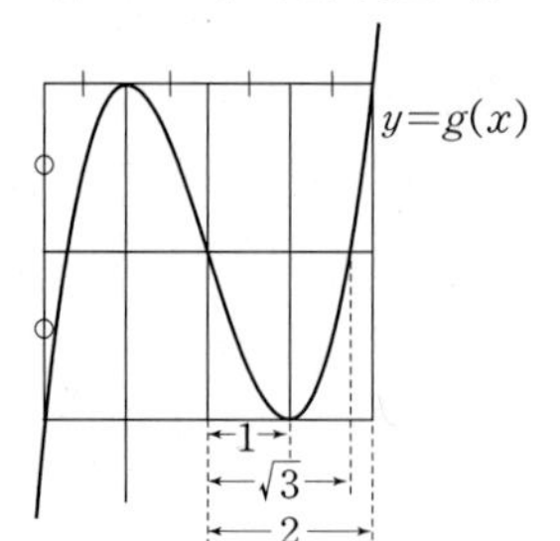

446 답 ④

$y=f'(2)(x-2)+f(2)$는 곡선 $y=f(x)$ 위의 점 $(2, f(2))$에서의 접선의 방정식이므로 방정식 $f(x)=f'(2)(x-2)+f(2)$는 $x=2$를 중근으로 갖고, 주어진 조건에 의하여 $x=-1$을 한 실근으로 갖는다.

즉, $f(x)-f'(2)(x-2)-f(2)=(x-2)^2(x+1)$이므로

$g(x)=(x-2)^2(x+1)$이다. …… TIP

$g'(x)=2(x-2)(x+1)+(x-2)^2$

$=3x(x-2)$

이므로 함수 $g(x)$는 $x=0$에서 극댓값 $g(0)=4$를 갖고,

$x=2$에서 극솟값 $g(2)=0$을 갖는다.

따라서 함수 $g(x)$의 극댓값과 극솟값의 합은

$4+0=4$

447 답 ③

$f'(x)=(x+1)(x^2+ax+b)$에서

$f'(-1)=0$이다.

함수 $y=f(x)$가 구간 $(-\infty, 0)$에서 감소하려면

$x=-1$의 좌우에서 $f'(x)$의 부호가 바뀌지 않아야 한다.

따라서 도함수 $f'(x)$는 $(x+1)^2$을 인수로 가져야 하므로

$h(x)=x^2+ax+b$라 하면

$f'(x)=(x+1)h(x)$에서 $h(-1)=0$

즉, $1-a+b=0$에서 $b=a-1$ …… ㉠

또한, $f'(0)\leq 0$이어야 하고, 함수 $y=f(x)$가 구간 $(2, \infty)$에서 증가하려면 $f'(2)\geq 0$이어야 하므로 …… TIP

$f'(0)=b\leq 0$ …… ㉡

$f'(2)=3(4+2a+b)\geq 0$ …… ㉢

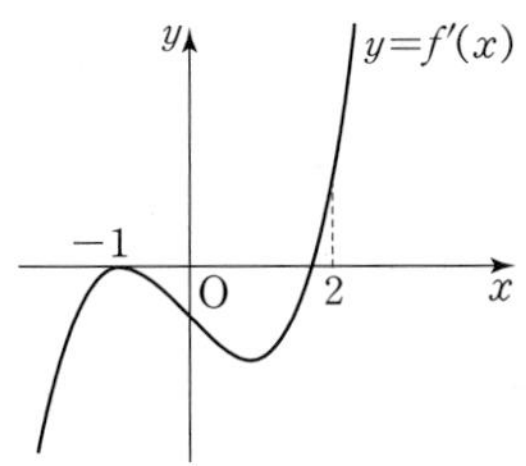

㉠을 ㉡, ㉢에 대입하여 정리하면 $-1\le a\le 1$

이때 $a^2+b^2=a^2+(a-1)^2=2\left(a-\frac{1}{2}\right)^2+\frac{1}{2}$이므로

$-1\le a\le 1$에서 a^2+b^2의 최댓값은 $a=-1$일 때 5이고,

최솟값은 $a=\frac{1}{2}$일 때 $\frac{1}{2}$이다.

따라서 $M=5$, $m=\frac{1}{2}$이므로

$M+m=\frac{11}{2}$

TIP

삼차함수 $y=f'(x)$의 그래프를 생각해 보면

❶ $f'(x)$는 $x+1$을 인수로 가지므로 점 $(-1, 0)$을 지난다.

❷ 함수 $f(x)$가 구간 $(-\infty, 0)$에서 감소하므로 $y=f'(x)$의 그래프는 $x<0$에서 x축 또는 그 아래에 그려진다.

❸ 함수 $f(x)$가 구간 $(2, \infty)$에서 증가하므로 $y=f'(x)$의 그래프는 $x>2$에서 x축 또는 그 위에 그려진다.

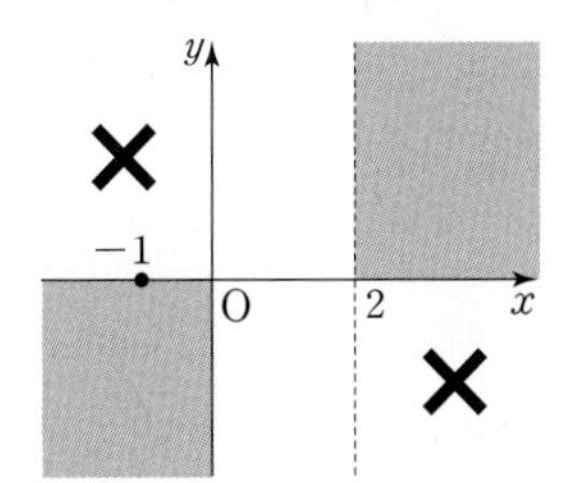

따라서 삼차함수 $y=f'(x)$의 그래프는 다음과 같이 그려져야 한다.

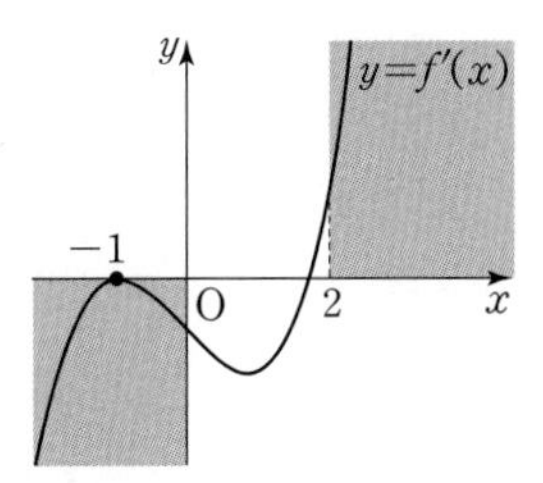

따라서 다음을 만족시켜야 한다.

❶ $f'(x)$는 $(x+1)^2$을 인수로 가진다.

❷ $f'(0)\le 0$

❸ $f'(2)\ge 0$

448 ………… 답 ①

$f'(x)=-3x^2+6x+m$이므로

두 점 A, B의 x좌표를 각각 a, b라 하면

방정식 $-3x^2+6x+m=0$의 두 실근이 a, b이다.

이차방정식의 근과 계수의 관계에 의하여

$a+b=2$ …… ㉠

$ab=-\frac{m}{3}$ …… ㉡

한편, 선분 AB를 $3:2$로 외분하는 점의 x좌표가 -9이므로

$\frac{3b-2a}{3-2}=-9$에서 $3b-2a=-9$ …… ㉢

㉠, ㉢을 연립하여 풀면 $a=3$, $b=-1$

㉡에서 $m=9$

따라서 $A(3, n+27)$, $B(-1, n-5)$이고,

선분 AB를 $3:2$로 외분하는 점의 y좌표가 4이므로

$\frac{3(n-5)-2(n+27)}{3-2}=4$에서 $n=73$

$\therefore m+n=9+73=82$

449 ………… 답 ③

두 함수 $f(x)$, $g(x)$가 모두 이차함수이므로 조건 (가)에 의하여 함수 $h(x)$는 최고차항의 계수가 1인 사차함수이다.

조건 (나)에서 함수 $h(x)$는 $h(1)=0$이고, $h'(1)\ne 0$

또한, 1이 아닌 어떤 실수 k에 대하여 $h(k)=0$인 k가 존재하고,

함수 $|h(x)|$가 $x=k$에서 미분가능하므로 $h(k)=0$이면

$h'(k)=0$이어야 한다.

따라서 가능한 함수 $y=h(x)$의 그래프는 다음과 같다.

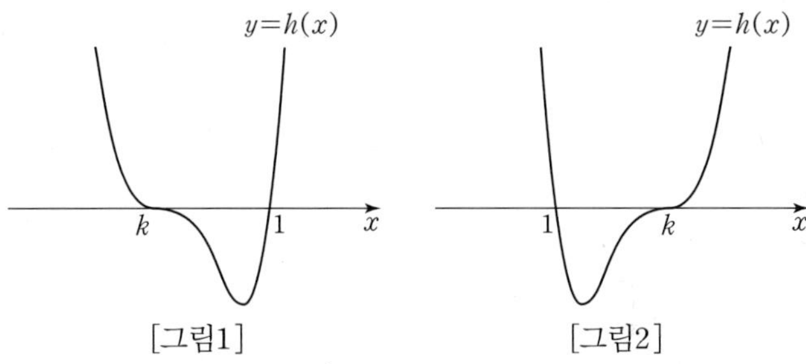

[그림1] [그림2]

즉, $h(x)=(x-1)(x-k)^3$이므로 0이 아닌 실수 a에 대하여

$f(x)=a(x-1)(x-k)$이고 $g(x)=\frac{1}{a}(x-k)^2$

또는

$f(x)=a(x-k)^2$이고 $g(x)=\frac{1}{a}(x-1)(x-k)$

이다.

$\lim_{x\to 1}\frac{f(x)}{(x-1)g(x)}=1$로 극한값이 존재하고

$x\to 1$일 때 (분모)$\to 0$이므로 (분자)$\to 0$이다.

즉, $\lim_{x\to 1} f(x)=f(1)=0$에서

$f(x)=a(x-1)(x-k)$이고 $g(x)=\frac{1}{a}(x-k)^2$이다.

또한, 함수 $g(x)$가 $x=-3$에서 극댓값을 가지므로

$\frac{1}{a}<0$이고, $k=-3$이다.

즉, $f(x)=a(x-1)(x+3)$이고 $g(x)=\frac{1}{a}(x+3)^2$이므로

$\lim_{x\to 1}\frac{f(x)}{(x-1)g(x)}=\lim_{x\to 1}\frac{a^2}{x+3}=\frac{a^2}{4}=1$

$\therefore a=-2$ ($\because a<0$)

따라서 $f(x)=-2(x-1)(x+3)$이므로

$f(3)=-24$이다.

450 ······························ 답 $a\ge\frac{9}{2}$

$f'(x)=3x^2-2ax=x(3x-2a)$ $(a>0)$이므로

함수 $f(x)$는 $x=0$에서 극댓값 $f(0)=8$을 갖고,

$x=\frac{2a}{3}$에서 극솟값을 갖는다.

(i) $0<\frac{2a}{3}<4$, 즉 $0<a<6$일 때

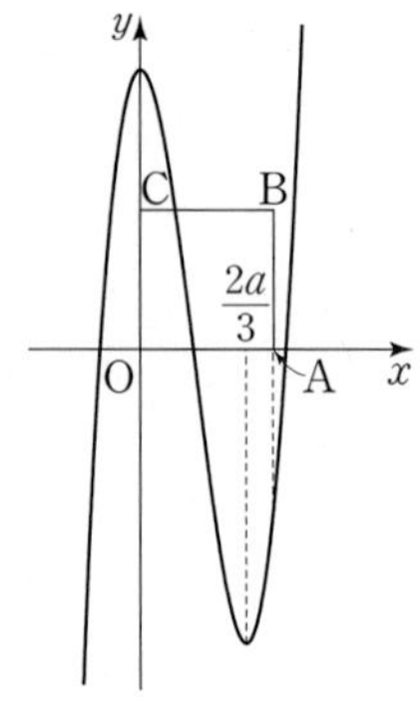

함수 $f(x)$가 S를 지나고, S를 지나는 구간에서 감소하려면 $f(4)\le0$을 만족시키면 된다.

$64-16a+8\le0$에서 $a\ge\frac{9}{2}$

$\therefore \frac{9}{2}\le a<6$

(ii) $\frac{2a}{3}\ge4$, 즉 $a\ge6$일 때

$0<a<4$에서 함수 $f(x)$가 감소하므로 곡선 $y=f(x)$가 S를 지나기만 하면 된다.

즉, $f(4)<4$를 만족시키면 된다.

$64-16a+8<4$에서 $a>\frac{17}{4}$

$\therefore a\ge6$

(i), (ii)에 의하여 조건을 만족시키는 양수 a의 값의 범위는

$a\ge\frac{9}{2}$이다.

451 ······························ 답 24

$f'(x)=3x^2-12x=3x(x-4)$에서

함수 $f(x)$는 $x=0$에서 극대이고, $x=4$에서 극소이므로

함수 $y=f(x)$의 그래프의 개형은 다음과 같다.

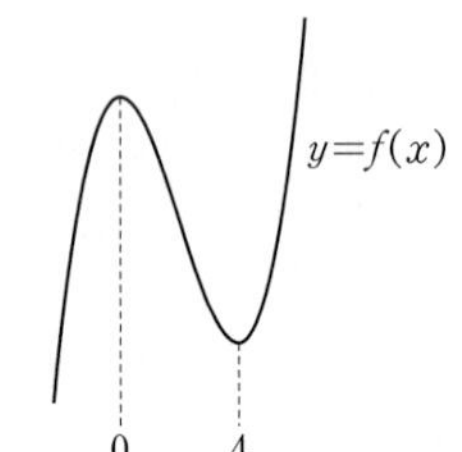

이때 함수 $g(x)=|f(x)|$가 극댓값을 갖는 점이 2개이므로

$f(4)<0<f(0)$이어야 한다. ······ TIP

즉, $k-32<0<k$이므로

$0<k<32$이다. ······ ㉠

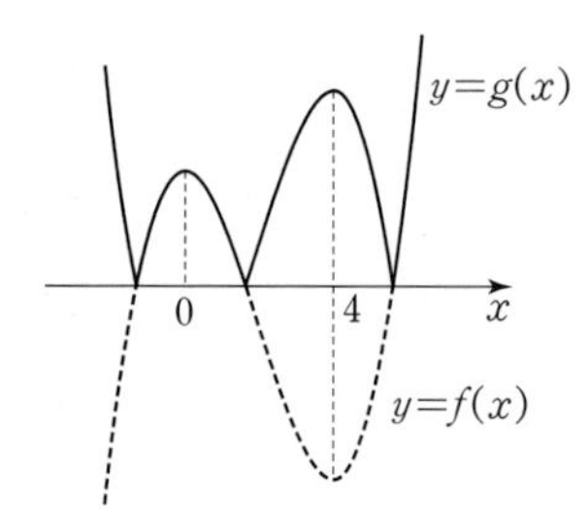

이때 함수 $g(x)$는 $x=0$, $x=4$에서 극대이므로

$\alpha=0$, $\beta=4$이다.

$g(\alpha)=f(0)=k$, $g(\beta)=-f(4)=32-k$이므로

$|g(\alpha)-g(\beta)|=|k-(32-k)|=|2k-32|\ge7$에서

$k\ge\frac{39}{2}$ 또는 $k\le\frac{25}{2}$ ······ ㉡

㉠, ㉡에 의하여 $0<k\le\frac{25}{2}$ 또는 $\frac{39}{2}\le k<32$이므로

정수 k는 1, 2, ⋯, 12와 20, 21, ⋯, 31로 24개이다.

TIP

$f(0)$ 또는 $f(4)$의 값에 따라 함수 $g(x)=|f(x)|$의 그래프는 다음과 같다.

❶ $f(0)<0$일 때,

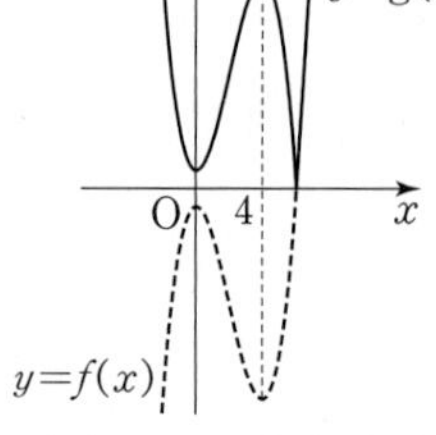

❷ $f(0)=0$일 때,

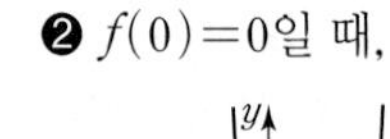

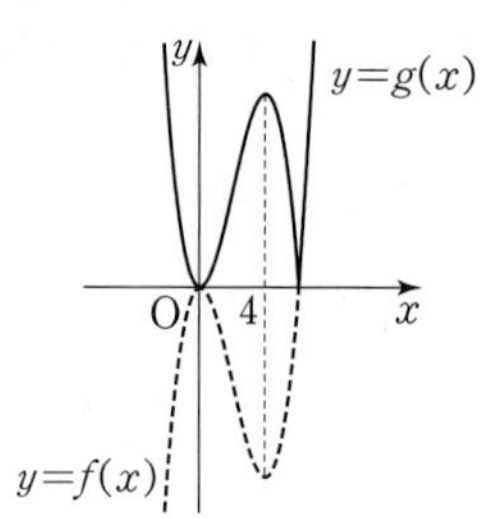

❸ $f(4)<0<f(0)$일 때,

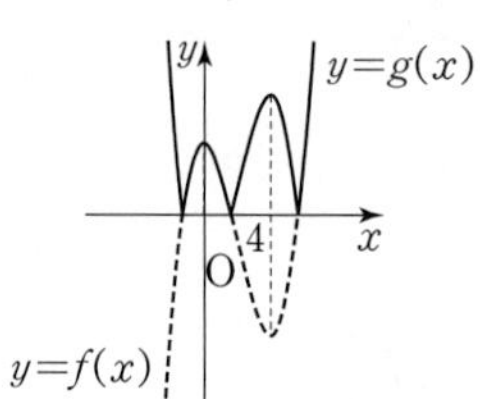

❹ $f(4)=0$일 때,

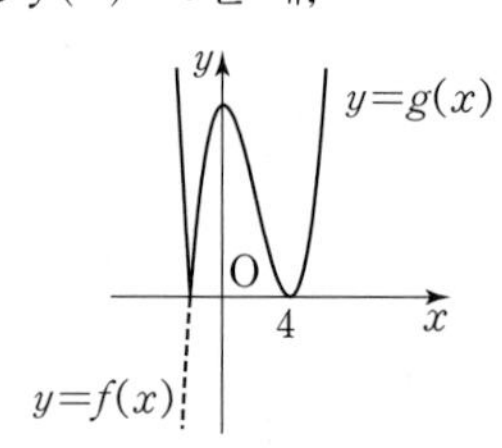

❺ $f(4)>0$일 때,

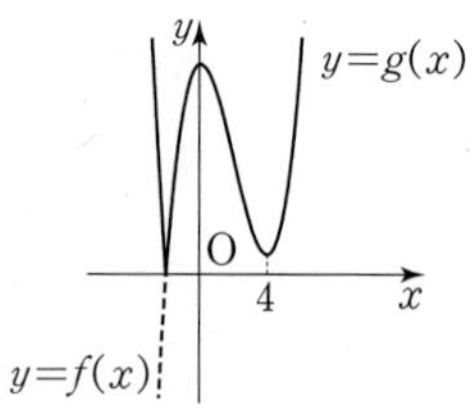

따라서 $f(0)\le0$ 또는 $f(4)\ge0$일 때 극댓값을 갖는 점은 1개이고, $f(4)<0<f(0)$일 때 극댓값을 갖는 점은 2개이다.

452 ······························ 답 ①

ㄱ. 구간 $(0, 4)$에서 $f'(x)>0$이므로 함수 $f(x)$는 구간 $(0, 4)$에서 증가한다.

따라서 $f(0)f(4)<0$이면 $f(0)<0<f(4)$이고,

이때 $0<x<4$에서 함수 $y=f(x)$의 그래프는 x축과 한 점에서 만난다. (참)

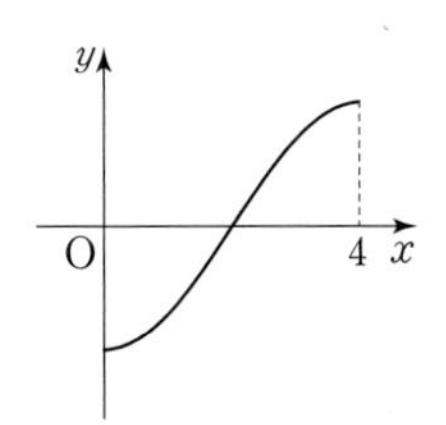

ㄴ. 주어진 함수 $y=f'(x)$의 그래프로부터 함수 $y=f(x)$의 그래프의 개형은 다음과 같다.

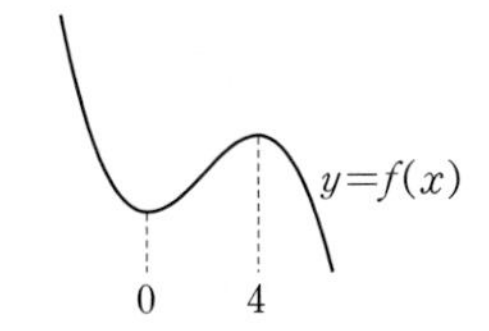

이때 $f(0)f(4)\geq 0$을 만족시키는 경우는 다음과 같다.

(i) $f(0)>0$, $f(4)>0$일 때,

함수 $y=|f(x)|$의 그래프는 다음과 같다.

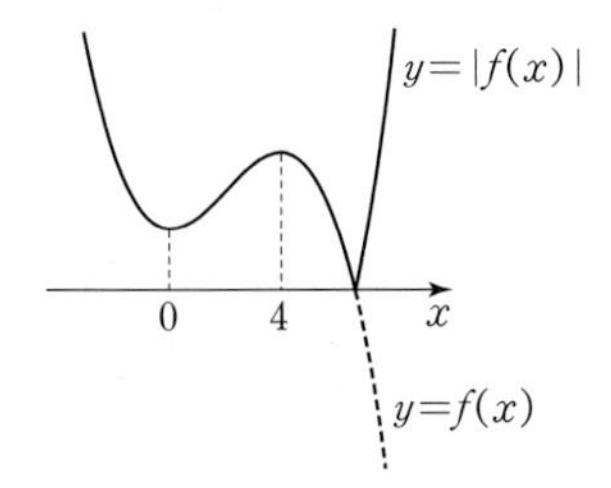

따라서 함수 $|f(x)|$의 극솟값은 $f(0)$과 0으로 2개이다.

(ii) $f(0)<0$, $f(4)<0$일 때,

함수 $y=|f(x)|$의 그래프는 다음과 같다.

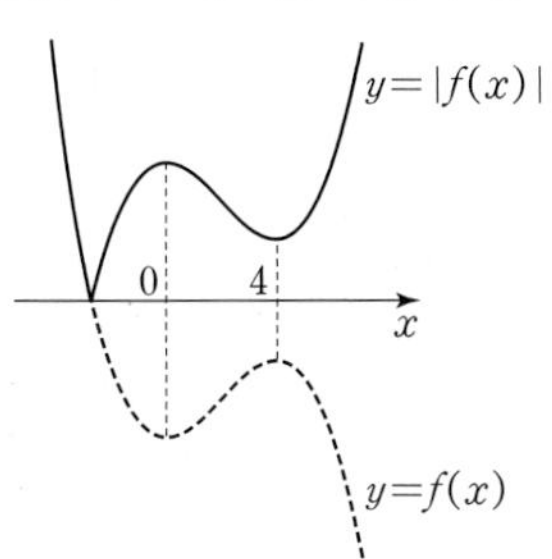

따라서 함수 $|f(x)|$의 극솟값은 0과 $f(4)$로 2개이다.

(iii) $f(0)=0$ 또는 $f(4)=0$일 때,

함수 $y=|f(x)|$의 그래프는 다음과 같다.

① $f(0)=0$일 때 ② $f(4)=0$일 때

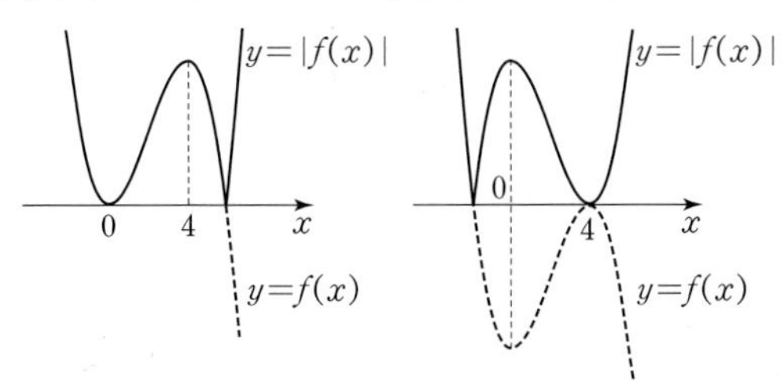

따라서 함수 $|f(x)|$의 극솟값은 0으로 1개이다. …… TIP

(i)~(iii)에 의하여 $f(0)=0$ 또는 $f(4)=0$인 경우는 극솟값을 1개 갖는다. (거짓)

ㄷ. $g(x)=xf(x)$에서 $g'(x)=f(x)+xf'(x)$이다.

$x>4$일 때 $f'(x)<0$이므로 $xf'(x)<0$이고,

$f(4)=0$이면 $x>4$에서 함수 $f(x)$가 감소하므로 $f(x)<0$이다.

즉, $x>4$일 때 $g'(x)=f(x)+xf'(x)<0$이므로

함수 $g(x)$는 구간 $(4, \infty)$에서 감소한다. (거짓)

따라서 옳은 것은 ㄱ이다.

TIP

(iii)에서 함수 $|f(x)|$가 극솟값을 갖는 점은 2개이지만, 두 점에서의 함숫값이 0으로 서로 같으므로 극솟값은 1개이다.

II

453 ······································ 답 ②

$h(x)=f(x)g(x)$라 하면

사차함수 $h(x)$는 $x=p$와 $x=q$에서 극소이므로

$h'(p)=0$, $h'(q)=0$이고, 함수 $h'(x)$의 부호는 $x=p$의 좌우 및 $x=q$의 좌우에서 각각 모두 음에서 양으로 바뀐다.

한편, $h'(x)=f'(x)g(x)+f(x)g'(x)$의 부호의 변화를 표로 나타내면 다음과 같다.

x	$\cdots$	a	$\cdots$	b	$\cdots$	c	$\cdots$	d	$\cdots$	e	$\cdots$
$f(x)$	$-$	0	$+$	$+$	$+$	0	$-$	$-$	$-$	0	$+$
$f'(x)$	$+$	$+$	$+$	0	$-$	$-$	$-$	0	$+$	$+$	$+$
$g(x)$	$-$	$-$	$-$	$-$	$-$	0	$+$	$+$	$+$	$+$	$+$
$g'(x)$	$+$	$+$	$+$	$+$	$+$	$+$	$+$	$+$	$+$	$+$	$+$
$f'(x)g(x)$	$-$	$-$	$-$	0	$+$	0	$-$	0	$+$	$+$	$+$
$f(x)g'(x)$	$-$	0	$+$	$+$	$+$	0	$-$	$-$	$-$	0	$+$
$h'(x)$	$-$	$-$		$+$	$+$	0	$-$	$-$		$+$	$+$

삼차방정식 $h'(x)=0$의 서로 다른 실근의 개수는 최대 3이고, 위의 표에서 $h'(c)=0$임을 고려하자.

또한, 실수 전체의 집합에서 연속인 함수 $h'(x)$는

$h'(a)<0$, $h'(b)>0$이고 $h'(d)<0$, $h'(e)>0$이므로

사잇값 정리에 의하여 방정식 $h'(x)=0$은

열린구간 (a, b)에서 하나의 실근을 가지고 이를 α라 하면

함수 $h(x)$는 $x=\alpha$에서 극소이다.

열린구간 (d, e)에서 하나의 실근을 가지고 이를 β라 하면

함수 $h(x)$는 $x=\beta$에서 극소이다.

따라서 $p=\alpha$, $q=\beta$ ($\because p<q$)이므로

선지 중 옳은 것은 ② $a<p<b$이고 $d<q<e$이다.

다른 풀이

$f(x)=m(x-a)(x-c)(x-e)$, $g(x)=n(x-c)$라 하자.

(단, $m>0$, $n>0$)

삼차함수 $f(x)$의 최고차항의 계수가 m이고 $f'(b)=f'(d)=0$이므로

$f'(x)=3m(x-b)(x-d)$이고 $g'(x)=n$이다.

또한, $h(x)=f(x)g(x)$라 하면

사차함수 $y=h(x)$는 $x=p$와 $x=q$에서 극소이므로

$h'(p)=0$이고 $h'(q)=0$이다.

$h'(x)$

$=f'(x)g(x)+f(x)g'(x)$

$=3m(x-b)(x-d)\times n(x-c)+m(x-a)(x-c)(x-e)\times n$

$=mn(x-c)\{3(x-b)(x-d)+(x-a)(x-e)\}$

$h'(a)=3mn(a-b)(a-c)(a-d)<0$

$h'(b)=mn(b-a)(b-c)(b-e)>0$

$h'(c)=0$
$h'(d)=mn(d-a)(d-c)(d-e)<0$
$h'(e)=3mn(e-b)(e-c)(e-d)>0$
따라서 삼차방정식 $h'(x)=0$의 실근은
$x=p$ 또는 $x=c$ 또는 $x=q$이다.
또한, 실수 전체의 집합에서 연속인 함수 $h'(x)$는
$h'(a)<0$, $h'(b)>0$이고 $h'(d)<0$, $h'(e)>0$이므로
사잇값 정리에 의하여 방정식 $h'(x)=0$은
열린구간 (a, b)에서 하나의 실근을 가지고 이를 α라 하면
함수 $h(x)$는 $x=\alpha$에서 극소이다.
열린구간 (d, e)에서 하나의 실근을 가지고 이를 β라 하면
함수 $h(x)$는 $x=\beta$에서 극소이다.
따라서 $p=\alpha$, $q=\beta$ ($\because p<q$)이므로 선지 중 옳은 것은
② $a<p<b$이고 $d<q<e$이다.

454 답 ④

$f(x)=x^3-2x^2+5x+3$에서 $f'(x)=3x^2-4x+5$이므로
곡선 $y=f(x)$ 위의 점 $(t, f(t))$에서의 접선의 방정식은
$y-(t^3-2t^2+5t+3)=(3t^2-4t+5)(x-t)$,
즉 $y=(3t^2-4t+5)x-2t^3+2t^2+3$이다.
이 접선이 y축과 만나는 점은 $\mathrm{P}(0, -2t^3+2t^2+3)$이고,
원점에서 점 P까지의 거리는
$g(t)=|-2t^3+2t^2+3|$이다.
$h(t)=-2t^3+2t^2+3$이라 하면
$h'(t)=-6t^2+4t=-2t(3t-2)$이므로
함수 $h(t)$는 $t=0$에서 극솟값 $h(0)=3$을 갖고,
$t=\frac{2}{3}$에서 극댓값 $h\left(\frac{2}{3}\right)=3+\frac{8}{27}$을 갖는다.
$h(2)=-5$이므로 구간 $[0, 2]$에서 함수 $y=h(t)$와 $y=g(t)$의 그래프는 다음과 같다.

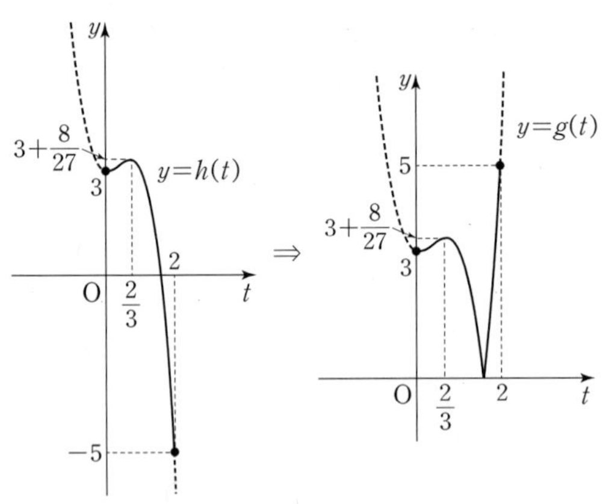

따라서 함수 $g(t)$는 구간 $[0, 2]$에서 최댓값 $g(2)=5$를 갖는다.

455 답 $-\frac{\sqrt{3}}{9}$

$f'(x)=-3x^2+6ax=-3x(x-2a)$
(i) $2a=0$, 즉 $a=0$일 때,
$f'(x)=-3x^2\le 0$이므로 함수 $f(x)$는 감소함수이다.
구간 $[0, 1]$에서 함수 $f(x)$는 $x=0$에서 최댓값을 가지므로
$g(a)=f(0)=-a$

(ii) $2a<0$, 즉 $a<0$일 때,
함수 $f(x)$는 $x=2a$에서 극소이고, $x=0$에서 극대이다.

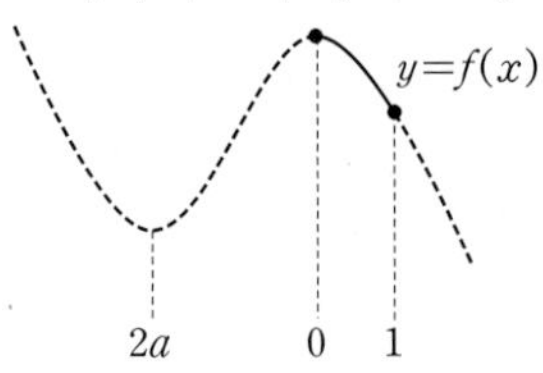

구간 $[0, 1]$에서 함수 $f(x)$는 $x=0$에서 최댓값을 가지므로
$g(a)=f(0)=-a$

(iii) $0<2a<1$, 즉 $0<a<\frac{1}{2}$일 때,
함수 $f(x)$는 $x=0$에서 극소이고, $x=2a$에서 극대이다.

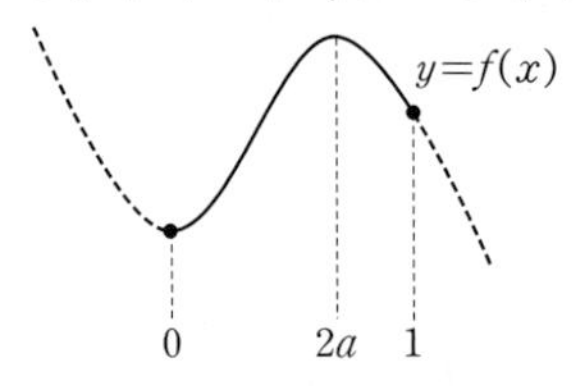

구간 $[0, 1]$에서 함수 $f(x)$는 $x=2a$에서 최댓값을 가지므로
$g(a)=f(2a)=4a^3-a$

(iv) $2a\ge 1$, 즉 $a\ge\frac{1}{2}$일 때,
함수 $f(x)$는 $x=0$에서 극소이고, $x=2a$에서 극대이다.

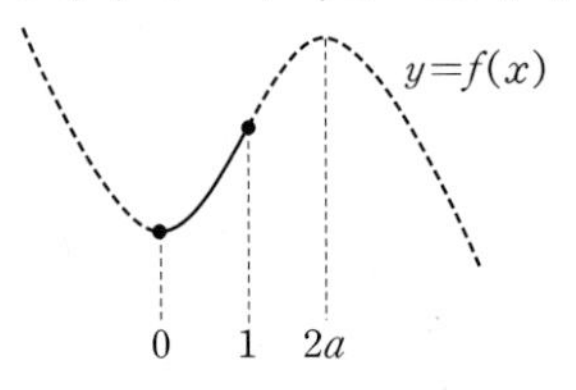

구간 $[0, 1]$에서 함수 $f(x)$는 $x=1$에서 최댓값을 가지므로
$g(a)=f(1)=2a-1$

(i)~(iv)에 의하여 $g(a)=\begin{cases} -a & (a\le 0) \\ 4a^3-a & \left(0<a<\frac{1}{2}\right) \\ 2a-1 & \left(a\ge\frac{1}{2}\right) \end{cases}$

$0<a<\frac{1}{2}$일 때 $g'(a)=12a^2-1$이므로

$g'(a)=0$에서 $a=\frac{1}{2\sqrt{3}}$ $\left(\because 0<a<\frac{1}{2}\right)$

즉, 함수 $g(a)$는 $a=\frac{1}{2\sqrt{3}}$에서 극소이다.

이때 함수 $y=g(a)$의 그래프는 다음과 같다.

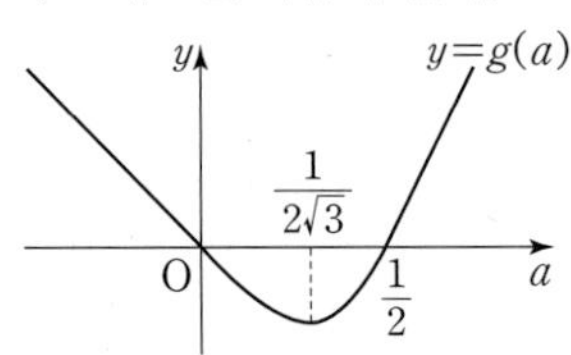

따라서 함수 $g(a)$는 $a=\frac{1}{2\sqrt{3}}$일 때 최솟값

$g\left(\frac{1}{2\sqrt{3}}\right)=4\times\frac{1}{8\times 3\sqrt{3}}-\frac{1}{2\sqrt{3}}=-\frac{\sqrt{3}}{9}$을 갖는다.

456 ······ 답 ①

$h(x)=x^4-2kx^2$이라 하면 $h'(x)=4x^3-4kx=4x(x^2-k)$

(i) $k\le 0$일 때,

함수 $h(x)$는 $x=0$에서 극솟값 $h(0)=0$을 갖는다.

모든 실수 x에 대하여 $h(x)\ge 0$이므로

$f(x)=|h(x)|=h(x)$

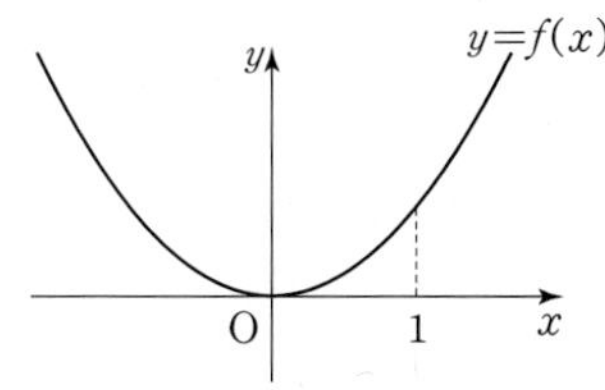

$0\le x\le 1$에서 함수 $f(x)$의 최댓값은 $f(1)=h(1)=1-2k$이므로

$g(k)=1-2k$이다.

이때 $k\le 0$에서 함수 $g(k)=1-2k$는 $k=0$일 때

최솟값 $g(0)=1$을 갖는다.

$\therefore a=1$

(ii) $k\ge 1$일 때,

함수 $h(x)$는 $x=\pm\sqrt{k}$에서

극솟값 $h(\sqrt{k})=h(-\sqrt{k})=k^2-2k^2=-k^2$을 갖고,

$x=0$에서 극댓값 $h(0)=0$을 갖는다.

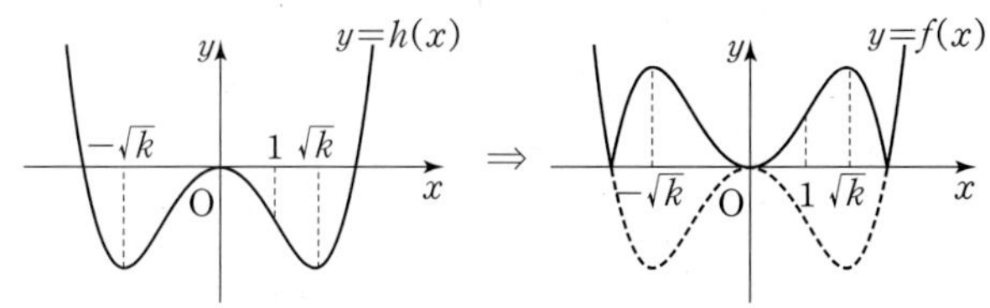

$0\le x\le 1$에서 함수 $f(x)=|h(x)|$는 $x=1$일 때

최댓값 $f(1)=-h(1)=2k-1$을 가지므로

$g(k)=2k-1$이다.

이때 $k\ge 1$에서 함수 $g(k)=2k-1$은 $k=1$일 때

최솟값 $g(1)=1$을 갖는다.

$\therefore b=1$

$\therefore a+b=1+1=2$

참고

$0<k<1$일 때 $0\le x\le 1$에서 함수 $f(x)$는 $x=\sqrt{k}$일 때

최댓값 $f(\sqrt{k})=k^2$을 가지므로 $g(k)=k^2$이다.

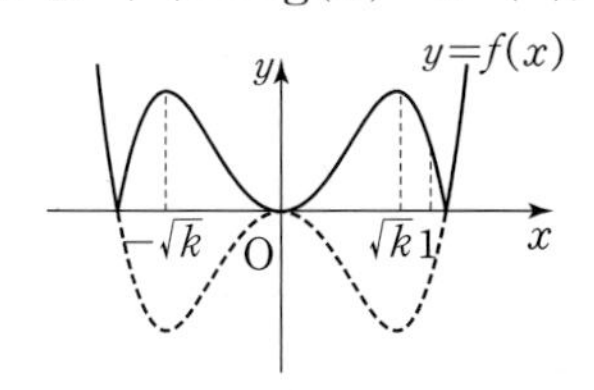

따라서 $g(k)=\begin{cases}1-2k & (k\le 0)\\ k^2 & (0<k<1)\\ 2k-1 & (k\ge 1)\end{cases}$이다.

457 ······ 답 -4

$f'(x)=2x^2-4x-6=2(x-3)(x+1)$이므로

함수 $f(x)$는 $x=-1$에서 극대이고, $x=3$에서 극소이다.

이때 함수 $y=f(x)$의 그래프의 개형은 다음과 같다.

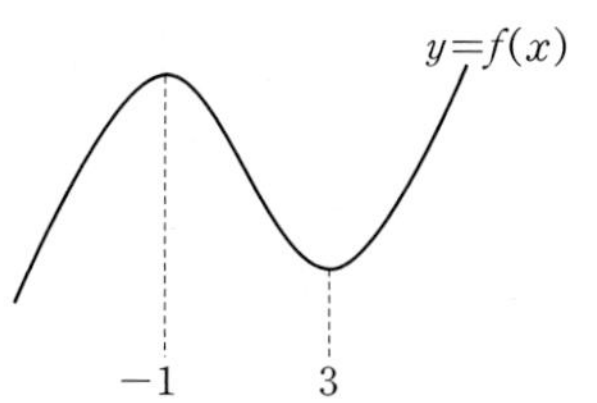

$t\le -3$일 때 구간 $[t, t+2]$에서 함수 $f(x)$는 증가하므로

이 구간에서 함수 $f(x)$의 최댓값은 $f(t+2)$이다.

즉, $t\le -3$일 때 $g(t)=f(t+2)$이고, $g(-3)=f(-1)$이므로

$\lim_{t\to -3-}\frac{g(t)-g(-3)}{(t+3)^2}=\lim_{t\to -3-}\frac{f(t+2)-f(-1)}{(t+3)^2}$이다. ······ ㉠

이때 $f(-1)=\frac{25}{3}$이므로

$$f(x)-f(-1)=\left(\frac{2}{3}x^3-2x^2-6x+5\right)-\frac{25}{3}$$
$$=\frac{2}{3}(x^3-3x^2-9x-5)$$
$$=\frac{2}{3}(x+1)^2(x-5)$$

이 식의 양변에 x 대신 $x+2$를 대입하면

$f(x+2)-f(-1)=\frac{2}{3}(x+3)^2(x-3)$이다.

따라서 ㉠에서 구하는 값은

$$\lim_{t\to -3-}\frac{f(t+2)-f(-1)}{(t+3)^2}=\lim_{t\to -3-}\frac{\frac{2}{3}(t+3)^2(t-3)}{(t+3)^2}$$
$$=\lim_{t\to -3-}\frac{2}{3}(t-3)$$
$$=-4$$

458 ······ 답 -40

조건 ㈎에 의하여 함수 $y=f(x)$의 그래프는 직선 $x=1$에 대하여 대칭이므로 가능한 사차함수 $y=f(x)$의 그래프는 다음과 같은 두 가지이다.

(i) 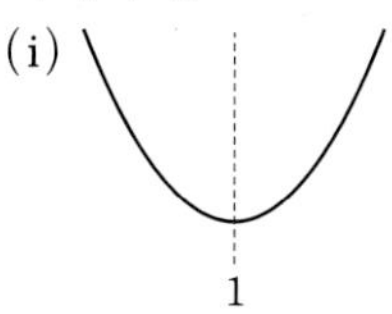

(ii) 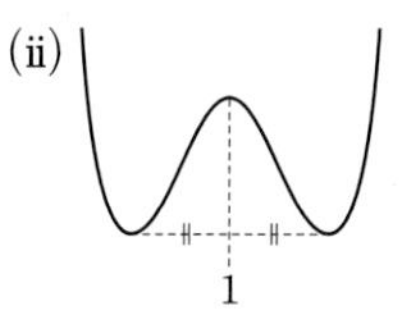

(i) 사차함수 $f(x)$가 $x=1$에서 극솟값을 갖는 경우,

함수 $f(x)$는 $x\le 1$에서 감소하므로 $-2\le t\le -1$일 때 구간 $[t-1, t]$에서 함수 $f(x)$의 최솟값은 $f(t)$이다.

즉, 구간 $[-2, -1]$에서 $g(t)=f(t)$로 $g(t)$는 상수함수가 아니므로 조건 ㈏를 만족시키지 않는다.

(ii) 사차함수 $f(x)$가 $x=1$에서 극댓값을 갖는 경우,

$x<1$에서 극소인 점이 한 개 존재하고, 이 점의 x좌표를 a라 하면 조건 ㈏에 의하여 $-2\le t\le -1$일 때 구간 $[t-1, t]$에서 함수 $f(x)$의 최솟값이 일정하려면 $-2\le t\le -1$일 때 구간 $[t-1, t]$가 모두 a를 포함해야 한다. ······ TIP

이때 구간 $[-3, -2]$와 구간 $[-2, -1]$도 모두 a를 포함해야 하므로 $a=-2$이다.

즉, 함수 $f(x)$가 $x=-2$에서 극솟값을 갖고, 함수 $y=f(x)$의 그래프가 직선 $x=1$에 대하여 대칭이므로 함수 $f(x)$는 $x=4$에서도 극솟값을 갖는다.

따라서 함수 $f(x)$가 최고차항의 계수가 1인 사차함수이고, $x=-2,\ 1,\ 4$에서 극값을 가지므로
$f'(x)=4(x+2)(x-1)(x-4)$이고,
함수 $y=f(x)$의 그래프의 개형은 다음과 같다.

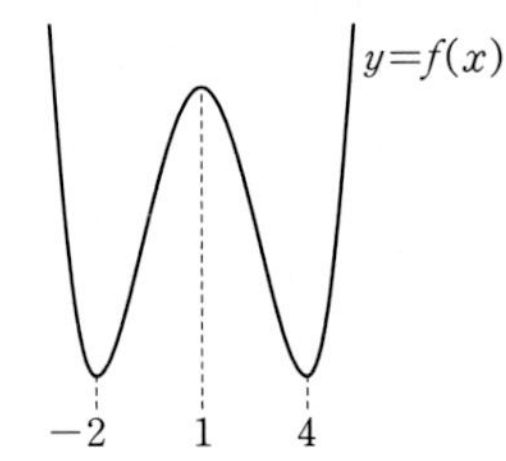

$2\le t\le 4$일 때, 구간 $[t-1,\ t]$에서 함수 $f(x)$의 최솟값은 $f(t)$이므로 $2\le t\le 4$일 때 $g(t)=f(t)$이다.

$\therefore g'(3)=f'(3)=4\times5\times2\times(-1)=-40$

TIP

$-2\le t\le -1$일 때 구간 $[t-1,\ t]$ 중 a를 포함하지 않는 구간이 존재하면 $-2<a$ 또는 $a<-2$이다.

$-2<a$인 경우 $g(t)=f(t)$인 t의 값의 구간이 구간 $[-2,\ -1]$에 존재하고

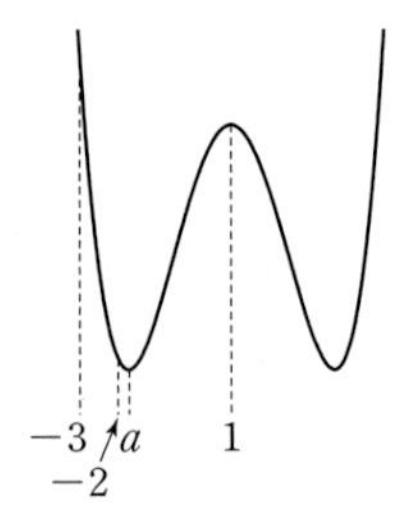

$a<-2$인 경우 $g(t)=f(t-1)$인 t의 값의 구간이 구간 $[-2,\ -1]$에 존재한다.

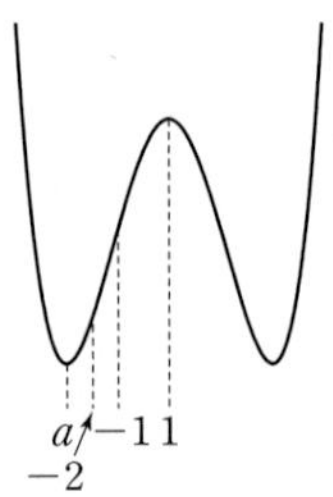

즉, 두 경우 모두 구간 $[-2,\ -1]$에서 $g(t)$가 상수함수가 아니게 되어 조건 (나)를 만족시키지 못한다.

459 답 11

직선 OP의 기울기는 $\frac{2}{t}$이고 선분 OP의 중점은 $\left(\frac{t}{2},\ 1\right)$이므로
선분 OP의 수직이등분선의 방정식은

$y-1=-\frac{t}{2}\left(x-\frac{t}{2}\right)$,

즉 $y=-\frac{t}{2}x+\frac{t^2}{4}+1$이다.

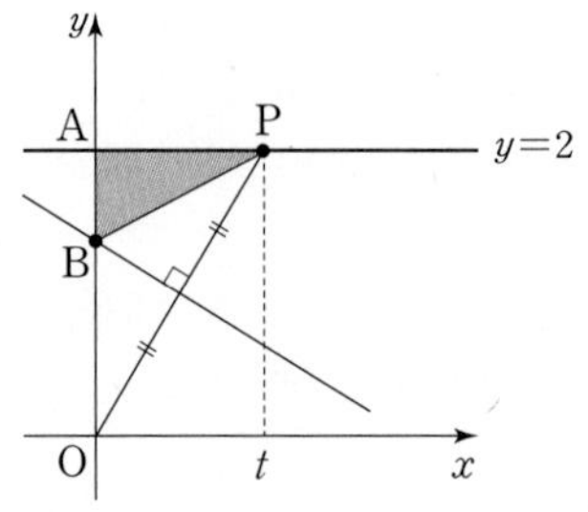

이때 $B\left(0,\ \frac{t^2}{4}+1\right)$이므로 삼각형 ABP는 밑변의 길이가

$\overline{AB}=2-\left(\frac{t^2}{4}+1\right)=1-\frac{t^2}{4}$, 높이가 $\overline{AP}=t$인 직각삼각형이므로

$f(t)=\frac{1}{2}\times\left(1-\frac{t^2}{4}\right)\times t=\frac{t}{2}-\frac{t^3}{8}$

$f'(t)=\frac{1}{2}-\frac{3}{8}t^2=0$에서 $t^2=\frac{4}{3}$

$\therefore t=\frac{2}{\sqrt{3}}\ (\because 0<t<2)$

$0<t<2$에서 함수 $f(t)$는 $t=\frac{2}{\sqrt{3}}$일 때 극대이며

최대이므로 $f(t)$의 최댓값은 $f\left(\frac{2}{\sqrt{3}}\right)=\frac{2}{9}\sqrt{3}$이다.

따라서 $a=9,\ b=2$이므로

$a+b=11$

460 답 ①

정사각형 EFGH의 두 대각선의 교점을 $(t,\ t^2)$이라 하자.
두 정사각형의 내부의 공통부분이 존재하려면
$-1<t<0$ 또는 $0<t<1$이고,
정사각형 ABCD와 곡선 $y=x^2$은 각각 y축에 대하여 대칭이므로
$0<t<1$이라 해도 일반성을 잃지 않는다.

$C\left(\frac{1}{2},\ \frac{1}{2}\right)$, $E\left(t-\frac{1}{2},\ t^2+\frac{1}{2}\right)$이므로

두 정사각형의 내부의 공통부분의 가로의 길이는

$\frac{1}{2}-\left(t-\frac{1}{2}\right)=1-t$,

세로의 길이는 $\left(t^2+\frac{1}{2}\right)-\frac{1}{2}=t^2$인 직사각형이다.

그 넓이를 $S(t)$라 하면

$S(t)=(1-t)t^2=t^2-t^3$

$S'(t)=2t-3t^2=t(2-3t)=0$에서

$t=\frac{2}{3}(\because 0<t<1)$

따라서 $S(t)$는 $0<t<1$에서 $t=\frac{2}{3}$일 때 극대이며 최대이므로

$S(t)$의 최댓값은 $S\left(\frac{2}{3}\right)=\frac{4}{27}$이다.

461 답 $8\sqrt{2}$

다음과 같이 정사면체의 밑면에 평행한 평면으로 자른 단면이 선분 OA, OB, OC와 만나는 점을 각각 D, E, F라 하자.

또한, 점 O에서 삼각형 ABC에 내린 수선의 발을 H, 삼각형 DEF에 내린 수선의 발을 I라 하자.

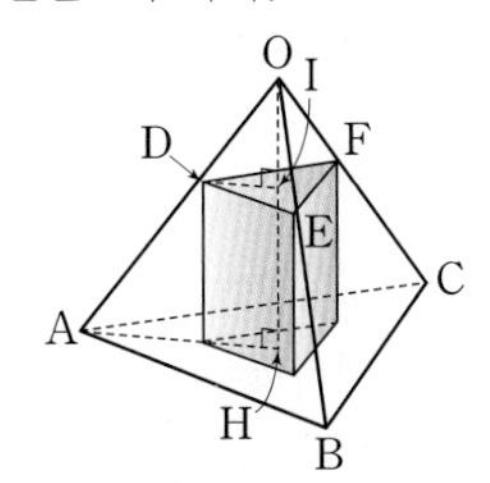

$\overline{OA}=6$, $\overline{AH}=6\times\frac{\sqrt{3}}{2}\times\frac{2}{3}=2\sqrt{3}$이므로

직각삼각형 AHO에서

$\overline{OH}=\sqrt{6^2-(2\sqrt{3})^2}=2\sqrt{6}$이다.

두 입체도형 O$-$ABC, O$-$DEF는 서로 닮음이므로

도형 O$-$DEF는 정사면체이다.

정사면체 O$-$DEF의 한 모서리의 길이를 $x\ (0<x<6)$라 하자.

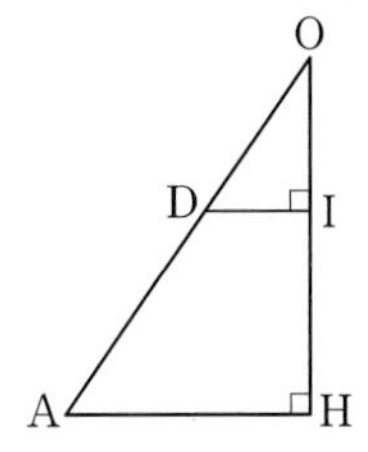

$\overline{OA}:\overline{OD}=\overline{OH}:\overline{OI}$이므로 $6:x=2\sqrt{6}:\overline{OI}$에서

$\overline{OI}=\frac{\sqrt{6}}{3}x$

$\overline{HI}=2\sqrt{6}-\frac{\sqrt{6}}{3}x$이므로 정삼각기둥의 부피를 $V(x)$라 하면

$V(x)=\frac{\sqrt{3}}{4}x^2\left(2\sqrt{6}-\frac{\sqrt{6}}{3}x\right)=-\frac{\sqrt{2}}{4}(x^3-6x^2)$

$V'(x)=-\frac{\sqrt{2}}{4}(3x^2-12x)=-\frac{3\sqrt{2}}{4}x(x-4)=0$에서

$x=4\ (\because 0<x<6)$

$0<x<6$에서 함수 $V(x)$는 $x=4$일 때 극대이며 최대이므로

$V(x)$의 최댓값은 $V(4)=8\sqrt{2}$이다.

462 ······ 답 풀이 참조

(1) 함수 $y=-x^2(x-3)$의 그래프와 직선 $y=mx$가 만나는 점의 x좌표는 방정식 $mx=-x^2(x-3)$의 실근과 같으므로 두 그래프가 제1사분면 위의 서로 다른 두 점에서 만나려면 이 방정식이 서로 다른 두 양의 실근을 가져야 한다.

$x^3-3x^2+mx=0$에서 $x(x^2-3x+m)=0$

$x=0$ 또는 $x^2-3x+m=0$ ······ ㉠

방정식 $x^2-3x+m=0$이 서로 다른 두 양의 실근을 가져야 하므로

(i) 판별식을 D라 할 때 $D=9-4m>0$에서 $m<\frac{9}{4}$

(ii) 두 실근을 α, β라 하면 $\alpha+\beta=3>0$

(iii) $\alpha\beta=m>0$

(i)~(iii)에 의하여 m의 값의 범위는 $0<m<\frac{9}{4}$이다.

(2) 두 점 P, Q의 x좌표를 각각 α, $\beta\ (\alpha<\beta)$라 하면

㉠에서 방정식 $x^2-3x+m=0$의 두 실근이 α, β이다.

$P(\alpha, m\alpha)$, $Q(\beta, m\beta)$이므로

$\overline{PQ}=\sqrt{(\beta-\alpha)^2+(m\beta-m\alpha)^2}$

$=(\beta-\alpha)\sqrt{m^2+1}$

이고, 점 A(3, 0)에서 직선 $y=mx$까지의 거리는

$\frac{3m}{\sqrt{m^2+1}}\ (\because m>0)$이므로

삼각형 APQ의 넓이는

$\frac{1}{2}\times(\beta-\alpha)\sqrt{m^2+1}\times\frac{3m}{\sqrt{m^2+1}}=\frac{3}{2}m(\beta-\alpha)$ ······ ㉡

이때 이차방정식 $x^2-3x+m=0$의 근과 계수의 관계에 의하여

$\alpha+\beta=3$, $\alpha\beta=m$이므로

$\beta-\alpha=\sqrt{(\alpha+\beta)^2-4\alpha\beta}$

$=\sqrt{9-4m}$

따라서 ㉡에서 삼각형 APQ의 넓이는

$\frac{3}{2}m\sqrt{9-4m}=\frac{3}{2}\sqrt{9m^2-4m^3}$ ······ ㉢

$g(m)=9m^2-4m^3$이라 하면 $g(m)$이 최대일 때

㉢의 값이 최대이다.

$g'(m)=18m-12m^2=-6m(2m-3)=0$에서

$m=\frac{3}{2}\ \left(\because 0<m<\frac{9}{4}\right)$

$0<m<\frac{9}{4}$에서 함수 $g(m)$은 $m=\frac{3}{2}$일 때 극대이며 최대이다.

따라서 ㉢에 $m=\frac{3}{2}$을 대입하면 구하는 최댓값은 $\frac{9}{4}\sqrt{3}$이다.

채점 요소	배점
조건을 만족시키기 위해서 방정식 $x^2-3x+m=0$이 서로 다른 두 양의 실근을 가져야 함을 알고, 이를 만족시키는 m의 값의 범위 구하기	50 %
선분 PQ의 길이와 점 A에서 직선 $y=mx$까지의 거리를 이용하여 삼각형 APQ의 넓이를 구하고, (1)에서 구한 범위에서 함수 $9m^2-4m^3$의 최댓값을 구하여 삼각형의 넓이의 최댓값 찾기	50 %

463 ······ 답 ②

함수 $f(x)=|x(x-1)(x+3)|$의 그래프는 다음과 같다.

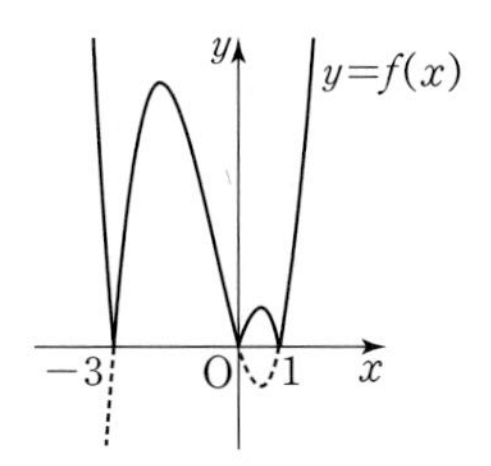

함수 $y=g(x)$의 그래프는 m의 값에 관계없이 항상 점 $(-3, 0)$을 지나는 직선이다.

따라서 두 함수 $y=f(x)$, $y=g(x)$의 그래프의 교점의 개수는

$m=0$일 때 3이고, $m<0$일 때 1 또는 2이다.

$m>0$일 때 두 함수의 그래프의 교점의 개수는 다음과 같은 경우를 기준으로 달라진다.

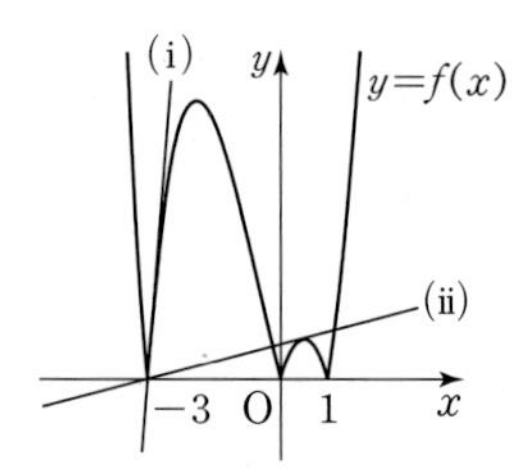

(i) 직선 $y=m(x+3)$이 함수 $y=x(x-1)(x+3)$의 그래프와 $x=-3$에서 접할 때,
$y=x(x-1)(x+3)$에서
$y'=(x-1)(x+3)+x(x-1)+x(x+3)$이므로
$x=-3$일 때의 접선의 기울기는 12이다.
즉, $m=12$

(ii) 직선 $y=m(x+3)$이 함수 $y=-x(x-1)(x+3)$의 그래프와 $0<x<1$에서 접할 때,
방정식 $-x(x-1)(x+3)=m(x+3)$에서
$(x+3)(x^2-x+m)=0$
방정식 $x^2-x+m=0$이 접점의 x좌표를 중근으로 가지므로 이 이차방정식의 판별식을 D라 하면
$D=1-4m=0$에서 $m=\frac{1}{4}$

(i), (ii)에 알맞은 두 함수의 그래프가 서로 다른 세 교점을 갖는 실수 m의 값의 범위는 $m=0$ 또는 $\frac{1}{4}<m<12$이다. …… TIP

$\therefore ab=\frac{1}{4}\times 12=3$

TIP

$m>0$에서 두 함수 $y=f(x)$, $y=g(x)$의 그래프의 교점의 개수는 다음과 같다.
$0<m<\frac{1}{4}$일 때 5개, $m=\frac{1}{4}$일 때 4개, $\frac{1}{4}<m<12$일 때 3개, $m\geq 12$일 때 2개이다.

464 ⋯⋯ 답 ④

두 함수 $y=f(x)$, $y=g(x)$의 그래프가 서로 다른 두 점에서 만날 때, 그래프의 개형은 다음 두 가지 중 하나이다. …… TIP

(i)

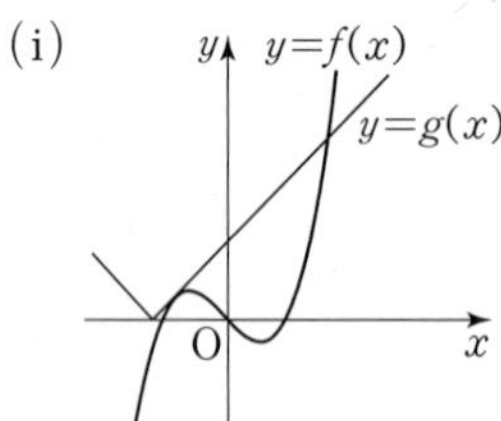

(ii)

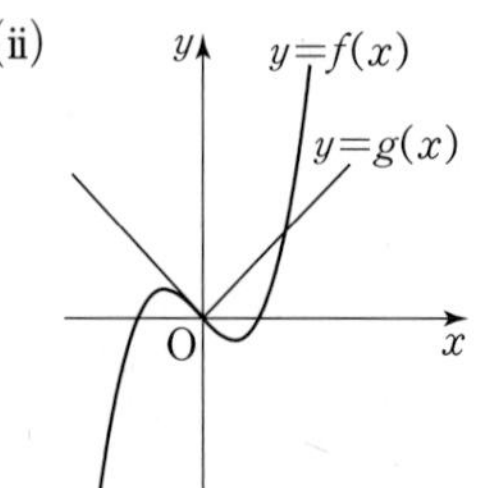

두 함수 $y=f(x)$, $y=g(x)$의 그래프가 (i)과 같이 제2사분면에서 접할 때, 접점에서 함수 $y=f(x)$의 그래프의 접선의 기울기는 1이므로

$f'(x)=18x^2-1=1$에서 $x^2=\frac{1}{9}$

$\therefore x=-\frac{1}{3}$ ($\because x<0$)

즉, 접점의 좌표는 $\left(-\frac{1}{3}, \frac{1}{9}\right)$이므로

$g\left(-\frac{1}{3}\right)=\left|\left(-\frac{1}{3}\right)-a\right|=\frac{1}{9}$에서

$a=-\frac{4}{9}$ $\left(\because a<-\frac{1}{3}\right)$

한편, 두 함수 $y=f(x)$, $y=g(x)$의 그래프가 (ii)와 같이 원점에서 만날 때, $g(0)=|0-a|=0$에서 $a=0$
따라서 두 함수 $y=f(x)$, $y=g(x)$의 그래프가 서로 다른 두 점에서 만나도록 하는 모든 실수 a의 값의 합은

$\left(-\frac{4}{9}\right)+0=-\frac{4}{9}$

TIP

두 함수 $y=f(x)$, $y=g(x)$의 그래프의 교점의 개수를 파악하기 위해서 함수 $y=f(x)$의 그래프가 x축과 만나는 점에서의 접선의 기울기를 따져봐야 한다.

$f(x)=x(6x^2-1)=0$에서 $x=\pm\frac{1}{\sqrt{6}}$, $x=0$이고,

$f'(x)=18x^2-1$에서

$f'(0)=-1$, $f'\left(-\frac{1}{\sqrt{6}}\right)=f'\left(\frac{1}{\sqrt{6}}\right)=2$이다.

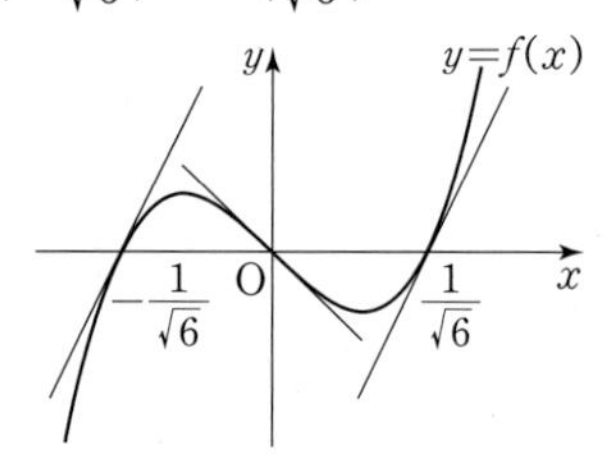

이를 토대로 두 함수 $y=f(x)$, $y=g(x)$의 그래프가 두 점에서 만나는 경우를 따져보면 해설의 (i), (ii)의 두 경우뿐이다.
참고로 위에서 구한 접선의 기울기를 고려하면 다음과 같은 그래프는 나올 수 없음을 알 수 있다.

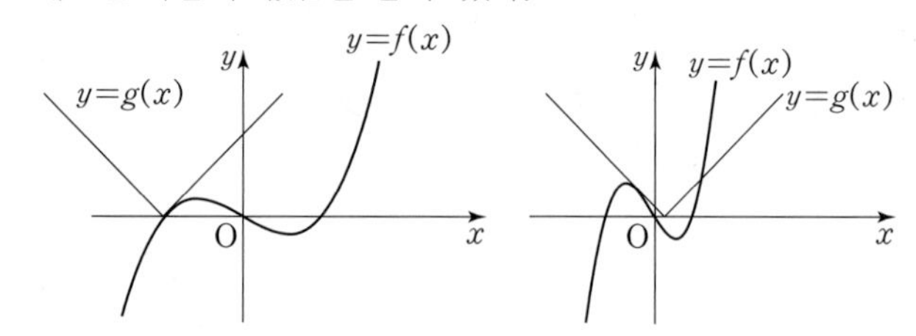

465 ⋯⋯ 답 64

$f(x)=\frac{2\sqrt{3}}{3}x(x-3)(x+3)=\frac{2\sqrt{3}}{3}(x^3-9x)$에서

$f'(x)=\frac{2\sqrt{3}}{3}(3x^2-9)=2\sqrt{3}(x+\sqrt{3})(x-\sqrt{3})$

$f'(x)=0$에서 $x=-\sqrt{3}$ 또는 $x=\sqrt{3}$
$-3\leq x<3$에서 함수 $f(x)$의 증가와 감소를 표로 나타내면 다음과 같다.

x	-3	$\cdots$	$-\sqrt{3}$	$\cdots$	$\sqrt{3}$	$\cdots$	3
$f'(x)$	$+$	$+$	0	$-$	0	$+$	$+$
$f(x)$	0	↗	극대	↘	극소	↗	0

이때 $f(-3)=0$, $f(0)=0$, $f(3)=0$이고,

$f(-\sqrt{3})=\frac{2\sqrt{3}}{3}\times(-3\sqrt{3}+9\sqrt{3})=12$,

$f(\sqrt{3})=\frac{2\sqrt{3}}{3}\times(3\sqrt{3}-9\sqrt{3})=-12$

이므로 $-3\le x<3$에서 함수 $y=f(x)$의 그래프는 다음 [그림 1]과 같다.

$g(x)=\begin{cases} f(x) & (-3\le x<3) \\ \frac{1}{k+1}f(x-6k) & (6k-3\le x<6k+3) \end{cases}$에서

$k=1$일 때, $g(x)=\frac{1}{2}f(x-6)$ $(3\le x<9)$이므로

$3\le x<9$에서 함수 $y=g(x)$의 그래프는 $-3\le x<3$에서의 함수 $y=f(x)$의 그래프를 x축의 방향으로 6만큼 평행이동한 후 $\frac{1}{2}$배한 그래프이다.

즉, $-3\le x<9$에서 함수 $y=g(x)$의 그래프는 다음 [그림 2]와 같다.

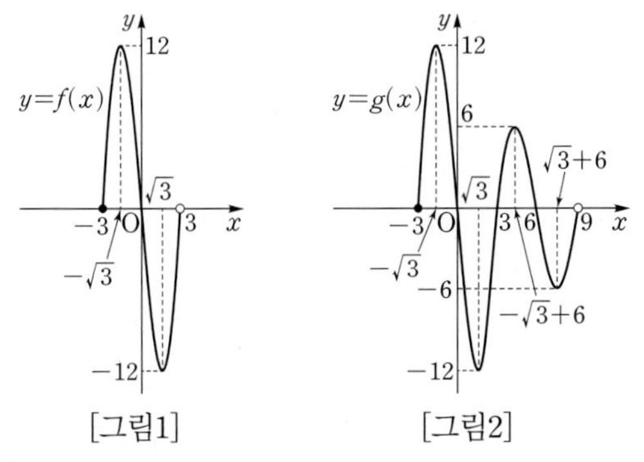

[그림1] [그림2]

같은 방법으로 $k=2, 3, \cdots$일 때 함수 $y=g(x)$의 그래프를 차례대로 그려 나가면 $x\ge-3$에서 함수 $y=g(x)$의 그래프는 다음 그림과 같다.

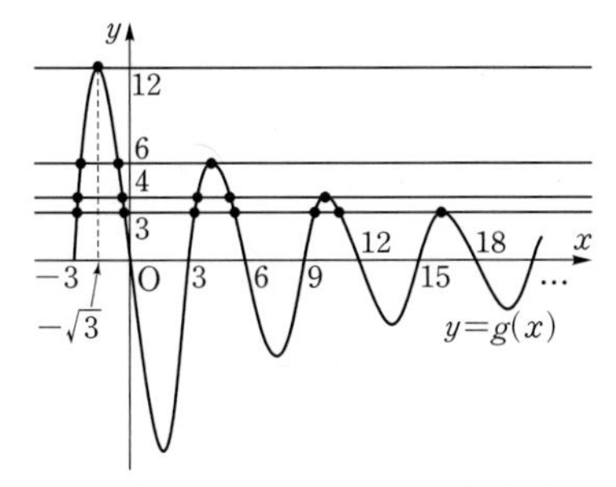

자연수 n에 대하여 직선 $y=n$과 함수 $y=g(x)$의 그래프가 만나는 점의 개수를 파악해야 하므로 함수 $g(x)$의 극댓값이 자연수가 되는 경우를 구해 보자.

우선 $-3\le x<3$에서 함수 $g(x)=f(x)$의 극댓값은 12이다.

또한, $6k-3\le x<6k+3$에서 함수 $g(x)=\frac{1}{k+1}f(x-6k)$의 극댓값은 $k+1$이 12의 양의 약수가 될 때 자연수가 되므로 $k=1, 2, 3, 5, 11$일 때 함수 $g(x)$의 극댓값은 각각 6, 4, 3, 2, 1이다.

따라서 함수 $g(x)$의 극댓값 중 자연수인 값은 12, 6, 4, 3, 2, 1이고, 이 값들을 경계로 직선 $y=n$과 함수 $y=g(x)$의 그래프가 만나는 점의 개수를 파악한다.

$a_{12}=1$

$7\le n\le11$일 때 $a_n=2\times1=2$

$a_6=2\times1+1=3$

$a_5=2\times2=4$

$a_4=2\times2+1=5$

$a_3=2\times3+1=7$

$a_2=2\times5+1=11$

$a_1=2\times11+1=23$

$\therefore \sum_{n=1}^{12}a_n=a_1+a_2+a_3+\cdots+a_{12}$

$=23+11+7+5+4+3+2\times5+1=64$

466

답 ③

$f(x)=x^3-3x^2-9x-12$에서

$f'(x)=3x^2-6x-9=3(x+1)(x-3)$

$f'(x)=0$에서 $x=-1$ 또는 $x=3$

함수 $f(x)$의 증가와 감소를 표로 나타내면 다음과 같다.

x	$\cdots$	-1	$\cdots$	3	$\cdots$
$f'(x)$	$+$	0	$-$	0	$+$
$f(x)$	↗	극대	↘	극소	↗

즉, 함수 $f(x)$는 $x=-1$에서 극대이므로 극댓값은

$f(-1)=-1-3+9-12=-7$

또한, $x=3$에서 극소이므로 극솟값은

$f(3)=27-27-27-12=-39$

따라서 함수 $y=f(x)$의 그래프는 다음 그림과 같다.

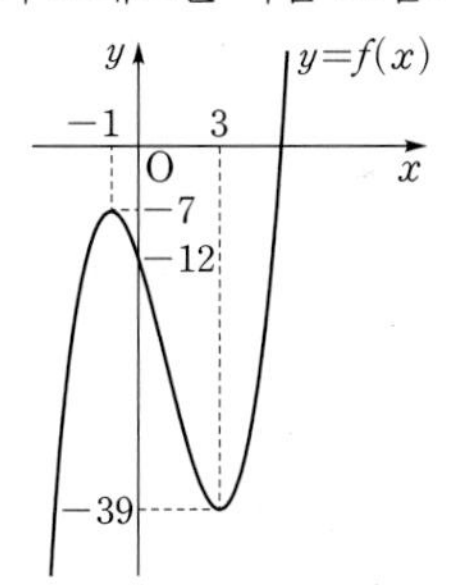

한편, 조건 (가)에서

$xg(x)=|xf(x-p)+qx|=|x|\times|f(x-p)+q|$

이므로 $x\ne0$일 때

$g(x)=\begin{cases} -|f(x-p)+q| & (x<0) \\ |f(x-p)+q| & (x>0) \end{cases}$

이때 함수 $g(x)$가 $x=0$에서 연속이므로

$\lim_{x\to0-}g(x)=\lim_{x\to0+}g(x)=g(0)$이어야 한다.

즉, $-|f(-p)+q|=|f(-p)+q|$이어야 하므로

$|f(-p)+q|=0$ $\quad\therefore g(0)=0$

또한, 함수 $y=|f(x-p)+q|$의 그래프는 함수 $y=f(x)$의 그래프를 x축의 방향으로 p만큼, y축의 방향으로 q만큼 평행이동한 후, $y<0$인 부분을 x축에 대하여 대칭이동한 것이고, $g(0)=0$이므로 함수 $y=|f(x-p)+q|$의 그래프는 원점을 지나고 $x\ge0$에서 x축과 $x=t$ $(t>0)$에서 만난다고 하자.

이때 조건 (나)에서 함수 $g(x)$가 $x=a$에서 미분가능하지 않은 실수 a의 개수는 1이고, 함수 $g(x)$는 $x=t$에서 미분가능하지 않으므로 $x=0$에서 미분가능해야 한다.

즉, $g'(0)=0$이어야 하므로 함수 $f(x)$의 극대인 점 $(-1,\ -7)$이 원점에 오도록 평행이동하면 된다.
따라서 $p=1$, $q=7$이므로 $p+q=1+7=8$

참고

함수 $y=g(x)$의 그래프의 개형은 다음 그림과 같다.

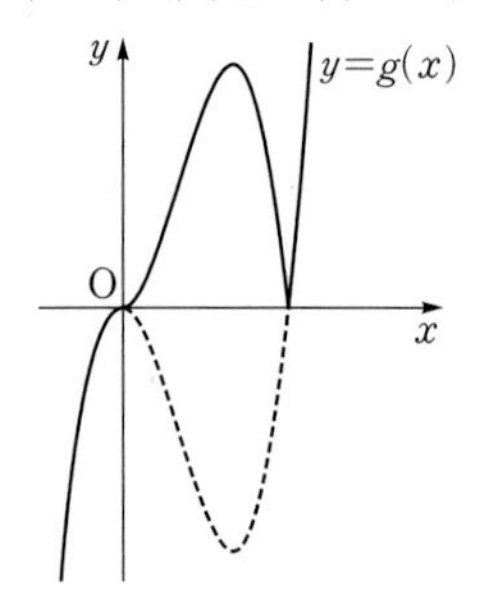

467

답 ①

조건 (가)에서 $h(x)=f(x)-3g(x)$라 하면 조건 (나)에 의하여
$f(2)=0$, $g(2)=0$이므로 $h(2)=f(2)-3g(2)=0$이다. …… ㉠
이때 함수 $|h(x)|$가 실수 전체의 집합에서 미분가능하므로
$h(x)=0$을 만족시키는 모든 x의 값에 대하여 $h'(x)=0$이어야 한다. …… TIP1
㉠에 의하여 $h'(2)=0$이다.
함수 $h(x)$는 최고차항의 계수가 1인 삼차함수이고,
$h(2)=0$, $h'(2)=0$에서 $(x-2)^2$을 인수로 가지므로
$h(x)=(x-2)^2(x-m)$이다. (단, m은 실수)
이때 $m\neq 2$이면 $h(m)=0$, $h'(m)\neq 0$이므로 조건을 만족시키지 않는다.
따라서 $m=2$이고, $h(x)=(x-2)^3$이므로 …… TIP2
$f(x)=h(x)+3g(x)=(x-2)^3+3(x-2)$이다.
$\therefore f(1)=-4$

TIP1

443번 참고에 의하여 실수 k에 대하여 $h(k)=0$일 때, 함수 $|h(x)|$가 $x=k$에서 미분가능하기 위한 조건은 $h'(k)=0$이다.
따라서 실수 전체의 집합에서 미분가능한 함수 $h(x)$에 대하여 함수 $|h(x)|$가 실수 전체에서 미분가능하기 위한 조건은 '$h(k)=0$인 모든 k에 대하여 $h'(k)=0$'인 것이다.

TIP2

임의의 삼차함수 $i(x)$에 대하여 함수 $|i(x)|$가 실수 전체에서 미분가능하도록 하는 함수 $i(x)$는 $i(x)=\alpha(x-\beta)^3$뿐이다.
(단, α, β는 실수이고, $\alpha\neq 0$이다.)

참고

조건 (나)에 의하여 $x<2$일 때 $f(x)\le 0$, $x\ge 2$일 때 $f(x)\ge 0$을 만족시켜야 한다.
$f(x)=(x-2)^3+3(x-2)=(x-2)(x^2-4x+7)$에서
$x^2-4x+7\ge 0$이므로 조건을 만족시킴을 알 수 있다.

468

답 12

조건 (가)에 의하여 $f'(2)=0$이다.
조건 (나)에 의하여 함수 $y=f(x)$의 그래프는 직선 $y=f(1)$과 $x=1$에서 접하고 $x=a$에서 만난다.
즉, $f'(1)=0$이고 $f(a)=f(1)$, $f'(a)\neq 0$이다. …… TIP
사차함수 $f(x)$의 최고차항의 계수가 양수일 때, 방정식 $f'(x)=0$이 서로 다른 세 실근을 갖는다면, 즉 극값을 갖는 x의 값이 $x=1$, $x=2$를 포함하여 3개라면

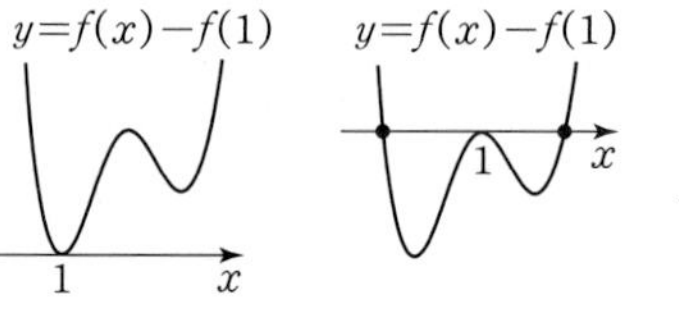

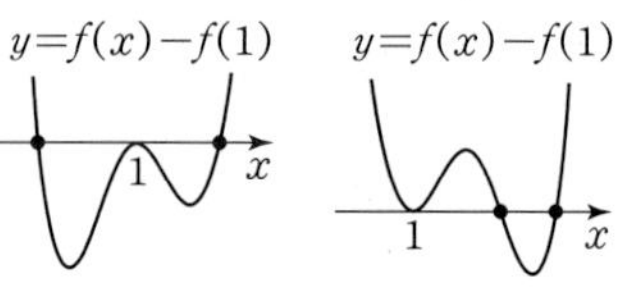

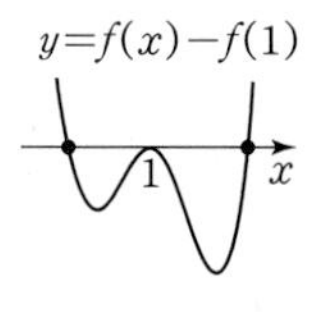

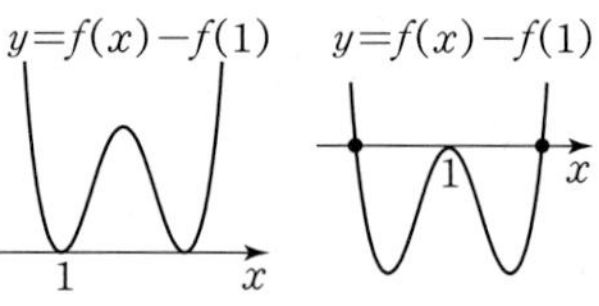

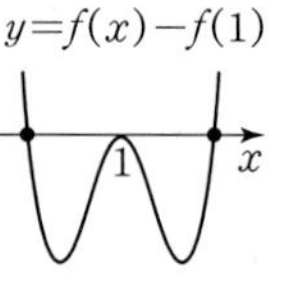

위 그림의 어느 경우라도 함수 $|f(x)-f(1)|$의 미분가능하지 않는 점이 2개이거나 존재하지 않는다.
사차함수 $f(x)$의 최고차항의 계수가 음수일 때도 마찬가지이다.
따라서 방정식 $f'(x)=0$은 $x=1$을 중근으로 가지며 또 다른 실근으로 $x=2$를 가지므로 주어진 조건을 만족시키는 두 함수 $y=f(x)-f(1)$과 $y=|f(x)-f(1)|$의 그래프는 다음과 같다.

$f(x)$의 최고차항의 계수가 양수일 때	$f(x)$의 최고차항의 계수가 음수일 때
$y=\|f(x)-f(1)\|$, 1, 2, a, x, $y=f(x)-f(1)$	$y=\|f(x)-f(1)\|$, 1, 2, a, x, $y=f(x)-f(1)$

즉, $f'(x)=k(x-1)^2(x-2)$ $(k\neq 0)$라 할 수 있으므로
$$\frac{f'(5)}{f'(3)}=\frac{k\times 4^2\times 3}{k\times 2^2\times 1}=12$$

TIP

함수 $y=|f(x)-t|$의 그래프는 함수 $y=f(x)-t$의 그래프에서 x축의 아래쪽에 놓인 부분을 x축의 위쪽으로 꺾어 올린 모양이 된다.

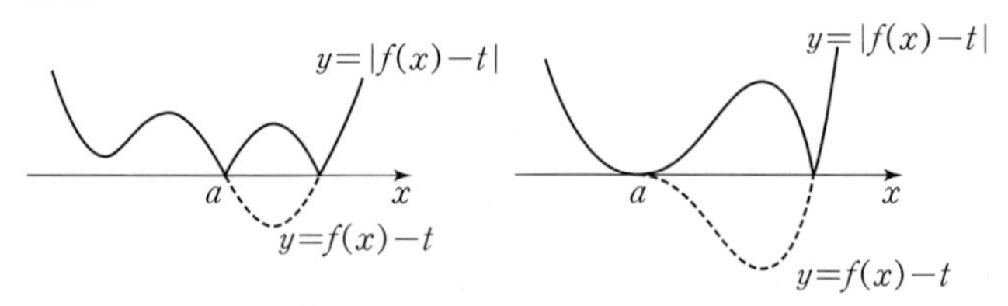

이때 $f(a)=t$이면 꺾어 올려진 점 $x=a$에서 함수 $y=|f(x)-t|$가 미분가능하기 위해서는 $f'(a)=0$을 만족시켜야만 한다.
443번 참고와 관련지어 내용을 정리해 두자.

469 ··· 답 ③

최고차항의 계수가 1인 사차함수 $f(x)$에 대하여
함수 $g(x)=|f(x)|$가 $x=1$에서 미분가능하려면
'$f(1)\neq0$' 또는 '$f(1)=0$이고 $f'(1)=0$'이어야 한다. ······ ㉠
······ TIP

이때 함수 $g(x)$가 $x=1$에서 미분가능하고 조건 ㈏에 의하여
$x=1$에서 극솟값을 가지므로 $g'(1)=0$이다.
조건 ㈎에 의하여 $g(1)=g'(1)=0$이므로 $g(1)=|f(1)|=0$에서
$f(1)=0$이다.
따라서 ㉠에 의하여 $f(1)=0$, $f'(1)=0$이다.
이를 만족시키고, 조건 ㈏에 의하여 함수 $g(x)$가 $x=-1$, $x=0$,
$x=1$에서 극값을 갖는 사차함수 $y=f(x)$의 그래프는
다음 네 경우와 같다.

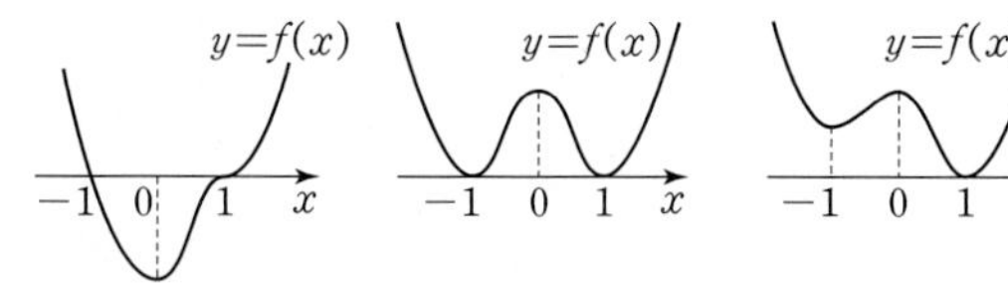

[그림1]

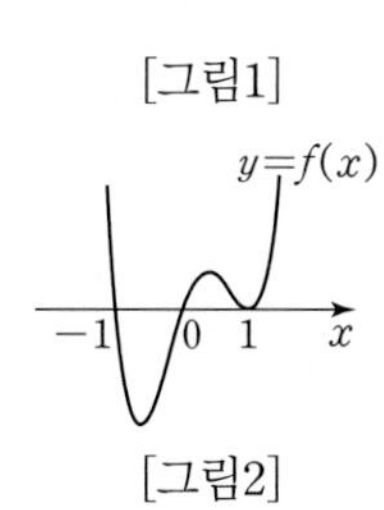

[그림2]

이때 함수 $g(x)=|f(x)|$가 $x=-1$, $x=0$에서 극솟값을 갖는 함수
$y=f(x)$의 그래프는 [그림2]와 같아야 한다.
따라서 $f(x)=x(x+1)(x-1)^2$이다.
$\therefore g(2)=|f(2)|=6$

TIP

443번 참고에 의하여 함수 $g(x)=|f(x)|$가 $x=k$에서
미분가능하기 위한 조건은
'$f(k)\neq0$' 또는 '$f(k)=0$이고, $f'(k)=0$'이다.

04 도함수의 활용 (3)

470 ······ 답 (1) 3 (2) 2

(1) $f(x)=x^3+3x^2-1$이라 하면

$f'(x)=3x^2+6x=3x(x+2)$이므로

함수 $f(x)$는 $x=-2$에서 극댓값 $f(-2)=3$, $x=0$에서

극솟값 $f(0)=-1$을 갖는다.

이때 함수 $y=f(x)$의 그래프는 다음과 같다.

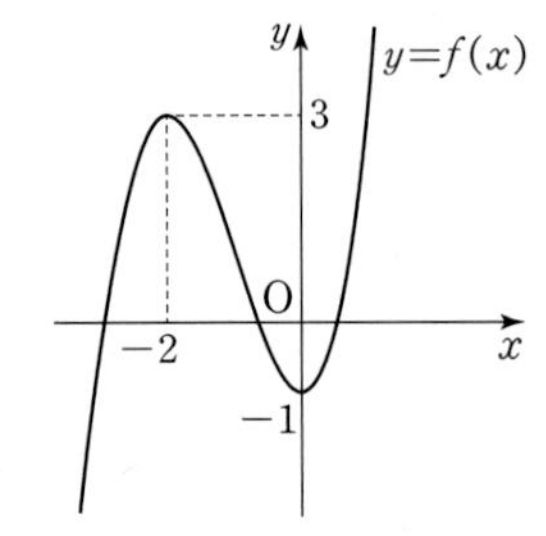

함수 $y=f(x)$의 그래프가 x축과 세 점에서 만나므로

주어진 방정식의 서로 다른 실근의 개수는 3이다.

(2) $g(x)=3x^4-4x^3-1$이라 하면

$g'(x)=12x^3-12x^2=12x^2(x-1)$이므로

함수 $g(x)$는 $x=1$에서 극솟값 $g(1)=-2$를 갖는다.

이때 함수 $y=g(x)$의 그래프는 다음과 같다.

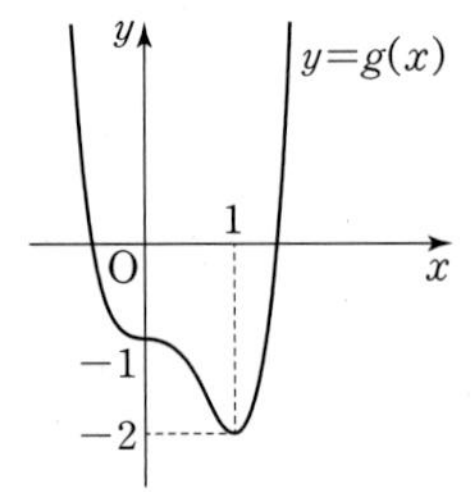

함수 $y=g(x)$의 그래프가 x축과 두 점에서 만나므로

주어진 방정식의 서로 다른 실근의 개수는 2이다.

471 ······ 답 ②

방정식 $x^3-3x+2=k$에서 $f(x)=x^3-3x+2$라 하면 이 방정식의 실근의 개수는 곡선 $y=f(x)$와 직선 $y=k$의 교점의 개수와 같다.

$f'(x)=3x^2-3=3(x+1)(x-1)$이므로

함수 $f(x)$는 $x=-1$에서 극댓값 $f(-1)=4$,

$x=1$에서 극솟값 $f(1)=0$을 갖는다.

이때 함수 $y=f(x)$의 그래프는 다음과 같다.

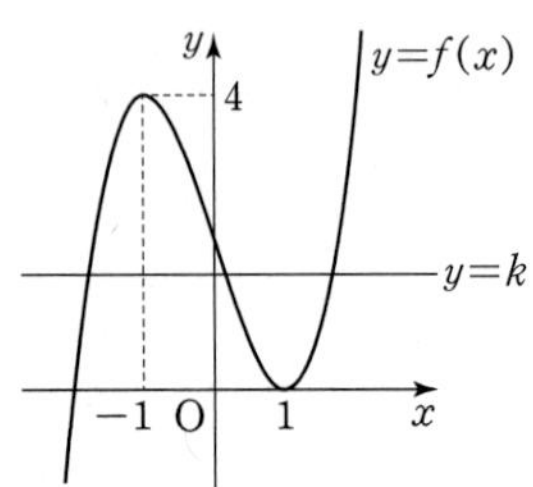

따라서 방정식 $f(x)=k$가 서로 다른 세 실근을 가지려면 ······ TIP

$0<k<4$이어야 하므로 구하는 정수 k는 1, 2, 3으로 3개이다.

TIP

삼차함수 $f(x)$가 극값을 갖는 경우, 삼차방정식 $f(x)=0$의 실근의 개수는 다음과 같다. (단, a는 $f(x)$의 최고차항의 계수이다.)

	(극댓값)×(극솟값) <0	(극댓값)×(극솟값) $=0$	(극댓값)×(극솟값) >0
실근 개수	3 (서로 다른 세 실근)	2 (중근과 다른 한 실근)	1 (한 실근과 두 허근)
$a>0$	$y=f(x)$	$y=f(x)$ / $y=f(x)$	$y=f(x)$ / $y=f(x)$
$a<0$	$y=f(x)$	$y=f(x)$ / $y=f(x)$	$y=f(x)$ / $y=f(x)$

472 ······ 답 ④

방정식 $2x^3-6x^2-k+7=0$, 즉 $2x^3-6x^2+7=k$에서

$f(x)=2x^3-6x^2+7$이라 하면 이 방정식의 실근은 함수 $y=f(x)$의 그래프와 직선 $y=k$의 교점의 x좌표와 같다.

$f'(x)=6x^2-12x=6x(x-2)$이므로

함수 $f(x)$는 $x=0$에서 극댓값 $f(0)=7$,

$x=2$에서 극솟값 $f(2)=-1$을 갖는다.

이때 함수 $y=f(x)$의 그래프는 다음과 같다.

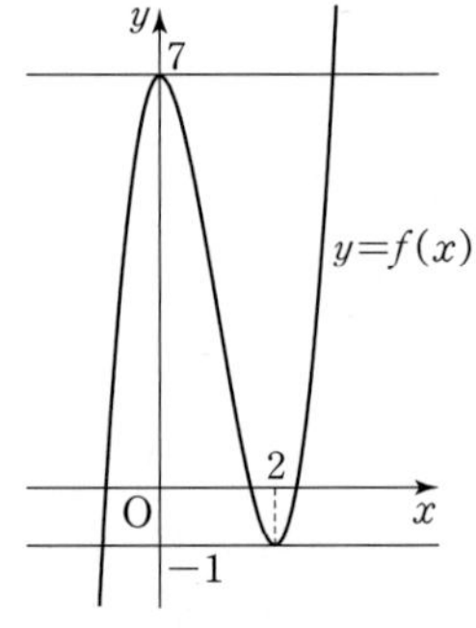

따라서 방정식 $f(x)=k$가 중근과 다른 한 실근을 갖도록 하는 실수 k의 값은 $k=7$ 또는 $k=-1$이므로 모든 실수 k의 값의 합은 6이다.

473 ······ 답 ②

함수 $y=x^3+6x^2$의 그래프와 직선 $y=-9x+k$가 서로 다른 두 점에서 만나려면 방정식 $x^3+6x^2=-9x+k$가 서로 다른 두 실근을 가져야 한다.

방정식 $x^3+6x^2=-9x+k$, 즉 $x^3+6x^2+9x=k$에서
$f(x)=x^3+6x^2+9x$라 하면 이 방정식의 실근의 개수는
함수 $y=f(x)$의 그래프와 직선 $y=k$의 교점의 개수와 같다.
$f'(x)=3x^2+12x+9=3(x+3)(x+1)$이므로
함수 $f(x)$는 $x=-3$에서 극댓값 $f(-3)=0$,
$x=-1$에서 극솟값 $f(-1)=-4$를 갖는다.
이때 함수 $y=f(x)$의 그래프는 다음과 같다.

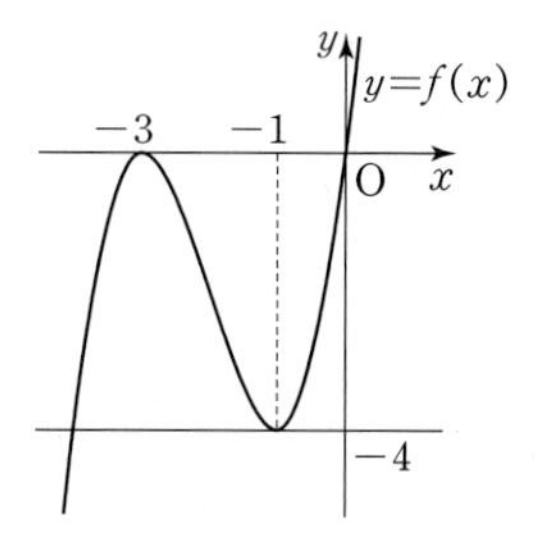

따라서 방정식 $f(x)=k$가 서로 다른 두 실근을 가지려면
$k=0$ 또는 $k=-4$이어야 하므로 모든 실수 k의 값의 합은 -4이다.

474 답 10

방정식 $3x^4-4x^3-12x^2+a=0$, 즉
$3x^4-4x^3-12x^2=-a$에서
$f(x)=3x^4-4x^3-12x^2$이라 하면 이 방정식의 실근의 개수는
함수 $y=f(x)$의 그래프와 직선 $y=-a$의 교점의 개수와 같다.
$f'(x)=12x^3-12x^2-24x=12x(x+1)(x-2)$이므로
함수 $f(x)$는 $x=-1$에서 극솟값 $f(-1)=-5$, $x=0$에서
극댓값 $f(0)=0$, $x=2$에서 극솟값 $f(2)=-32$를 갖는다.
이때 함수 $y=f(x)$의 그래프는 다음과 같다.

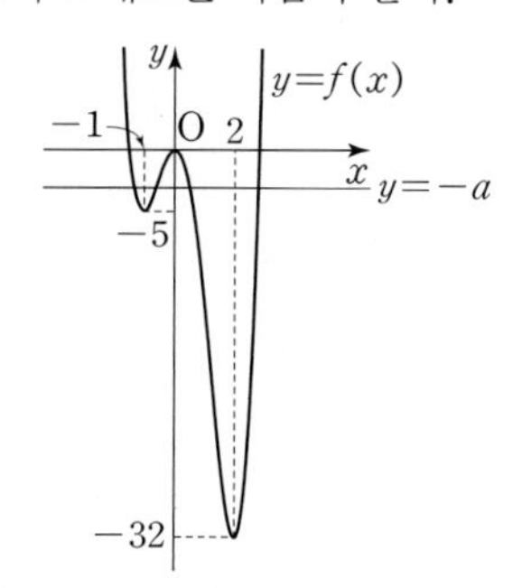

따라서 방정식 $f(x)=-a$가 서로 다른 네 실근을 가지려면
$-5<-a<0$, 즉 $0<a<5$이어야 하므로
정수 a는 1, 2, 3, 4이다.
$\therefore 1+2+3+4=10$

475 답 풀이 참조

부등식 $x^3\geq 12x-16$, 즉 $x^3-12x+16\geq 0$에서
$f(x)=x^3-12x+16$이라 하면
$f'(x)=3x^2-12=3(x+2)(x-2)$이므로
$x=-2$ 또는 $x=2$일 때 $f'(x)=0$이다.
$x\geq 0$에서 함수 $f(x)$의 증가와 감소를 표로 나타내면 다음과 같다.

x	0	$\cdots$	2	$\cdots$
$f'(x)$		$-$	0	$+$
$f(x)$	16	↘	0	↗

$x\geq 0$에서 함수 $f(x)$는 $x=2$에서 극소이며 최소이므로 최솟값 0을 갖는다.
따라서 $x\geq 0$에서 $f(x)\geq 0$이 성립한다.

채점 요소	배점
함수 $f(x)=x^3-12x+16$에 대하여 $f'(x)=0$인 x의 값 찾기	30 %
함수 $f(x)$가 $x\geq 0$에서 $x=2$일 때 최솟값을 가짐을 설명하기	40 %
(최솟값) ≥ 0이므로 주어진 부등식이 성립함을 설명하기	30 %

476 답 (1) $k\geq 1$ (2) $k<-1$

(1) $f(x)=3x^4-4x^3+k$라 하면
$f'(x)=12x^3-12x^2=12x^2(x-1)$이므로
$x=0$ 또는 $x=1$일 때 $f'(x)=0$이다.
함수 $f(x)$의 증가와 감소를 표로 나타내면 다음과 같다.

x	$\cdots$	0	$\cdots$	1	$\cdots$
$f'(x)$	$-$	0	$-$	0	$+$
$f(x)$	↘	k	↘	$k-1$	↗

따라서 함수 $f(x)$는 $x=1$일 때 극소이며 최소이므로
모든 실수 x에 대하여 $f(x)\geq 0$이 항상 성립하려면
$f(1)=k-1\geq 0$이어야 한다.
$\therefore k\geq 1$

(2) $g(x)=x^4-4x^3+6x^2-4x$라 하면
$g'(x)=4x^3-12x^2+12x-4=4(x-1)^3$이므로
$x=1$일 때 $g'(x)=0$이다.
함수 $g(x)$의 증가와 감소를 표로 나타내면 다음과 같다.

x	$\cdots$	1	$\cdots$
$g'(x)$	$-$	0	$+$
$g(x)$	↘	-1	↗

따라서 함수 $g(x)$는 $x=1$일 때 극소이며 최소이므로
모든 실수 x에 대하여 $g(x)>k$가 항상 성립하려면
$g(1)=-1>k$이어야 한다.
$\therefore k<-1$

477 답 ④

부등식 $f(x)>g(x)$에서
$2x^4-x+k>4x^2-x+3$,
$2x^4-4x^2+k-3>0$
$h(x)=2x^4-4x^2+k-3$이라 하면
$h'(x)=8x^3-8x=8x(x+1)(x-1)$이므로
$x=-1$ 또는 $x=0$ 또는 $x=1$일 때 $h'(x)=0$이다.
함수 $h(x)$의 증가와 감소를 표로 나타내면 다음과 같다.

x	$\cdots$	-1	$\cdots$	0	$\cdots$	1	$\cdots$
$h'(x)$	$-$	0	$+$	0	$-$	0	$+$
$h(x)$	↘	$k-5$	↗	$k-3$	↘	$k-5$	↗

따라서 함수 $h(x)$는 $x=-1$ 또는 $x=1$일 때 극소이며 최소이므로
모든 실수 x에 대하여 $h(x)>0$이 성립하려면
$h(-1)=h(1)=k-5>0$이어야 한다.

$\therefore k>5$
즉, 정수 k의 최솟값은 6이다.

478 ······ 답 9

$f'(x)=4x^3+4=4(x+1)(x^2-x+1)$이므로
$x=-1$일 때 $f'(x)=0$이다.
함수 $f(x)$의 증가와 감소를 표로 나타내면 다음과 같다.

x	$\cdots$	-1	$\cdots$
$f'(x)$	$-$	0	$+$
$f(x)$	↘	$-a^2+4a+12$	↗

따라서 함수 $f(x)$는 $x=-1$일 때 극소이며 최소이므로
모든 실수 x에 대하여 $f(x)\geq 0$이 항상 성립하려면
$f(-1)=-a^2+4a+12\geq 0$이어야 한다.
$(a+2)(a-6)\leq 0$에서 $-2\leq a\leq 6$
즉, 구하는 정수 a는 $-2, -1, 0, \cdots, 6$으로 9개이다.

479 ······ 답 ①

부등식 $\frac{2}{3}x^3+x^2>4x+a$, 즉 $\frac{2}{3}x^3+x^2-4x-a>0$에서
$f(x)=\frac{2}{3}x^3+x^2-4x-a$라 하면
$f'(x)=2x^2+2x-4=2(x+2)(x-1)$이므로
$x=-2$ 또는 $x=1$일 때 $f'(x)=0$이다.
$x\geq 0$에서 함수 $f(x)$의 증가와 감소를 표로 나타내면 다음과 같다.

x	0	$\cdots$	1	$\cdots$
$f'(x)$		$-$	0	$+$
$f(x)$	$-a$	↘	$-a-\frac{7}{3}$	↗

따라서 $x\geq 0$에서 함수 $f(x)$는 $x=1$에서 극소이며 최소이므로
$x\geq 0$에서 $f(x)>0$이 성립하려면 $f(1)=-a-\frac{7}{3}>0$이어야 한다.
$\therefore a<-\frac{7}{3}$

480 ······ 답 $a\geq 1$

$f(x)=2x^3-3x^2+a$라 하면
$f'(x)=6x^2-6x=6x(x-1)$이므로
$x=0$ 또는 $x=1$일 때 $f'(x)=0$이다.
$x>1$에서 함수 $f(x)$의 증가와 감소를 표로 나타내면 다음과 같다.

x	(1)	$\cdots$
$f'(x)$	0	$+$
$f(x)$	$a-1$	↗

따라서 $x>1$에서 $f(x)>0$이 성립하려면 $f(1)=a-1\geq 0$이어야 한다.
$\therefore a\geq 1$

481 ······ 답 ④

점 P의 시각 t에서의 위치, 속도, 가속도를 각각 $x(t)$, $v(t)$, $a(t)$라 하면 $x(t)=3t^3-4t^2+t$에서
$v(t)=x'(t)=9t^2-8t+1$
$a(t)=v'(t)=18t-8$
따라서 $t=1$일 때의 점 P의 속도, 가속도는 각각
$v(1)=2$, $a(1)=10$이다.

482 ······ 답 ②

점 P의 시각 t에서의 위치, 속도를 각각 $x(t)$, $v(t)$라 하면
$x(t)=t^3-9t^2+24t+2$에서
$v(t)=x'(t)=3t^2-18t+24$이다.
$v(t)=0$, 즉 $3t^2-18t+24=0$에서
$3(t-2)(t-4)=0$
$t=2$ 또는 $t=4$
따라서 처음으로 점 P의 속도가 0이 되는 순간은 $t=2$일 때이므로
이때의 점 P의 위치는
$x(2)=22$이다.

483 ······ 답 ⑤

점 P의 시각 t에서의 속도를 $v(t)$라 하면 점 P가 운동 방향을 바꿀 때는 $v(t)$의 부호가 바뀔 때이다. ······ TIP
$v(t)=x'(t)=3t^2-12t-15=3(t+1)(t-5)$이므로
$v(t)=0$에서 $t=5$이다. ($\because t>0$)
이때 $t=5$의 좌우에서 $v(t)$의 부호가 바뀌므로
점 P가 운동 방향을 바꿀 때의 시각은 $t=5$이다.

TIP
수직선 위를 움직이는 점의 시각 t에서의 위치, 속도를 나타내는 함수를 각각 x, v라 하자. 점이 양의 방향으로 움직이면 함수 x가 증가하므로 속도 v가 양수이고, 점이 음의 방향으로 움직이면 함수 x가 감소하므로 속도 v가 음수이다.
따라서 운동 방향이 바뀔 때는 위치함수의 증가, 감소가 바뀔 때, 즉 속도의 부호가 바뀔 때이다.

484 ······ 답 ③

물 로켓의 시각 t에서의 높이, 속도를 각각 $x(t)$, $v(t)$라 하면
$x(t)=50+15t-5t^2$에서
$v(t)=x'(t)=-10t+15$
물 로켓이 지면에 떨어지는 순간의 높이가 0이므로
$-5t^2+15t+50=0$에서
$-5(t+2)(t-5)=0$
$t=5$ ($\because t>0$)
따라서 $t=5$일 때의 속도는
$v(5)=-35$(m/s)이다.

485 ······ 답 ②

시각 t에서의 물체의 높이, 속도를 각각 $x(t)$, $v(t)$라 하면
$x(t)=-4t^2+20t$에서 $v(t)=x'(t)=-8t+20$이다.
물체가 최고 높이에 도달하는 순간의 속도가 0이므로
$v(t)=-8t+20=0$에서 $t=\frac{5}{2}$
따라서 물체가 도달하는 최고 높이는
$x\left(\frac{5}{2}\right)=-4\times\frac{25}{4}+20\times\frac{5}{2}=25(\text{m})$

486 ······ 답 ③

점 P의 t초 후의 속도, 가속도를 각각 $v(t)$, $a(t)$라 하면
$v(t)=x'(t)=t^2-6t+5$
$a(t)=v'(t)=2t-6$
ㄱ. $t=2$일 때의 가속도는 $a(2)=-2$이다. (참)
ㄴ. 출발할 때, 즉 $t=0$일 때의 속도는 $v(0)=5$이다. (거짓)
ㄷ. $v(t)=(t-1)(t-5)=0$에서 $t=1$ 또는 $t=5$이다.
이때 $t=1$, $t=5$의 좌우에서 각각 $v(t)$의 부호가 바뀌므로 $t=1$, $t=5$일 때 운동 방향을 바꾼다. 즉, 출발 후 운동 방향을 2번 바꾼다. (참)
따라서 옳은 것은 ㄱ, ㄷ이다.

487 ······ 답 ⑤

ㄱ. $t=2$, $t=4$, $t=6$일 때 위치가 $x=0$이므로 원점을 지난다.
즉, 출발 후 원점을 3번 지났다. (참)
ㄴ. $t=1$, $t=2$, $t=3$, $t=5$, $t=6$일 때의 좌우에서 각각 속도 $f'(t)$의 부호가 바뀌므로 운동 방향이 바뀐다. ······ TIP1
즉, 출발 후 운동 방향을 5번 바꿨다. (참)
ㄷ. $t=5$일 때 함수 $x=f(t)$의 접선의 기울기가 0이므로 속도는 0이다. (참) ······ TIP2
따라서 옳은 것은 ㄱ, ㄴ, ㄷ이다.

TIP1

483번 TIP을 참고하여 운동 방향이 바뀔 때는 속도의 부호가 바뀔 때임을 알 수 있다.

TIP2

시각 t에서의 점 P의 속도를 v라 하면 $v=\frac{dx}{dt}=f'(t)$이므로
시각 $t=a$에서의 속도는 곡선 $x=f(t)$ 위의 점 $(a, f(a))$에서의 접선의 기울기와 같다.

488 ······ 답 ④

t초 후 정삼각형의 한 변의 길이는 $2+2t$이므로
t초 후 정삼각형의 넓이를 $S(t)$라 하면
$S(t)=\frac{\sqrt{3}}{4}(2+2t)^2=\sqrt{3}(t^2+2t+1)$
t초 후 정삼각형의 넓이의 변화율은
$S'(t)=\sqrt{3}(2t+2)$
따라서 3초 후 정삼각형의 넓이의 변화율은
$S'(3)=8\sqrt{3}$이다.

489 ······ 답 ②

t초 후 가장 바깥쪽 원의 반지름의 길이는 $0.5t(\text{m})$이므로
t초 후 원의 넓이를 $S(t)(\text{m}^2)$라 하면
$S(t)=(0.5t)^2\pi=0.25\pi t^2$
t초 후 원의 넓이의 변화율(m^2/초)은
$S'(t)=0.5\pi t$
원의 반지름의 길이가 4 m가 되는 순간은
$0.5t=4$에서 $t=8$일 때이므로
이때의 원의 넓이의 변화율은
$S'(8)=4\pi(\text{m}^2/\text{초})$이다.

490 ······ 답 ⑤

t초 후 수면의 높이는 $2t(\text{cm})$이므로 수면의 반지름의 길이는 $t(\text{cm})$이다. (단, $0\le t\le 20$)

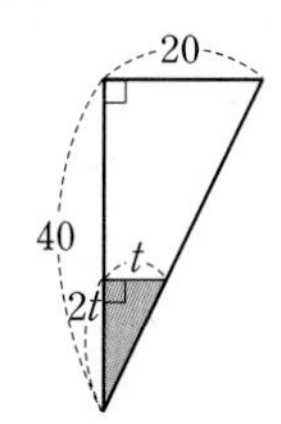

t초 후 물의 부피를 $V(t)(\text{cm}^3)$라 하면
$V(t)=\frac{1}{3}\times\pi t^2\times 2t=\frac{2}{3}\pi t^3$
t초 후 물의 부피의 변화율(cm^3/초)은
$V'(t)=2\pi t^2$
따라서 4초 후 그릇에 채워진 물의 부피의 변화율은
$V'(4)=32\pi(\text{cm}^3/\text{초})$이다.

491 ······ 답 ⑤

주어진 도함수 $y=f'(x)$의 그래프에 의하여 함수 $f(x)$는 $x=-3$에서 극소, $x=3$에서 극대이고, $f(0)=1$, $f(3)=7$이므로 함수 $y=f(x)$의 그래프는 다음과 같다.

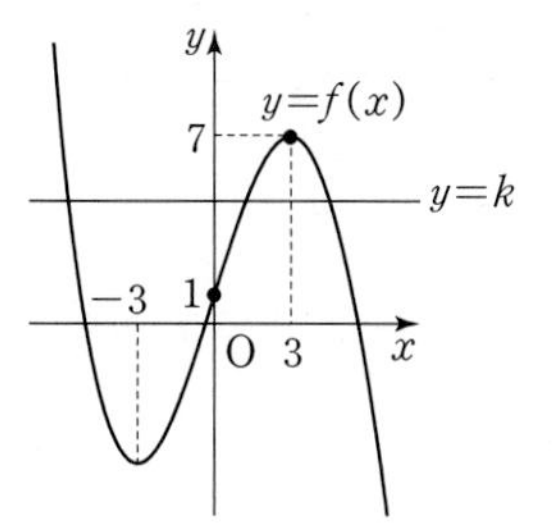

따라서 방정식 $f(x)=k$가 서로 다른 두 양의 실근과 한 개의 음의 실근을 가지려면 $1<k<7$이어야 한다.
즉, $\alpha=1$, $\beta=7$이므로 $\alpha+\beta=8$

492 ······ 답 풀이 참조

방정식 $2x^3-3x^2-12x+a=0$, 즉 $2x^3-3x^2-12x=-a$에서
$f(x)=2x^3-3x^2-12x$라 하면
$f'(x)=6x^2-6x-12=6(x+1)(x-2)$이므로
함수 $f(x)$는 $x=-1$에서 극댓값 $f(-1)=7$,
$x=2$에서 극솟값 $f(2)=-20$을 갖는다.
이때 $f(0)=0$이므로 함수 $y=f(x)$의 그래프는 다음과 같다.

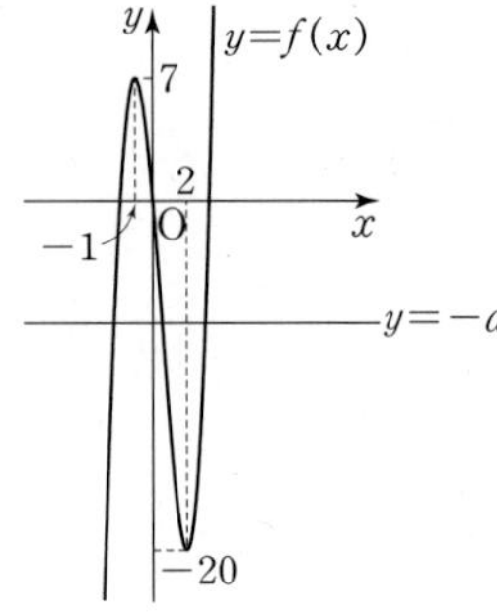

따라서 방정식 $f(x)=-a$가 하나의 음의 실근과 서로 다른 두 양의 실근을 갖도록 하는 실수 a의 값의 범위는 $-20<-a<0$이므로
$0<a<20$이다.

채점 요소	배점
주어진 방정식에서 함수 $f(x)$를 놓고 함수 $f(x)$의 그래프 구하기	70%
주어진 방정식이 하나의 음의 실근과 서로 다른 두 양의 실근을 갖기 위한 조건 구하기	30%

493 ······ 답 ①

방정식 $\frac{1}{2}x^4+6=2x^3+k$, 즉 $\frac{1}{2}x^4-2x^3+6=k$에서
$f(x)=\frac{1}{2}x^4-2x^3+6$이라 하면
$f'(x)=2x^3-6x^2=2x^2(x-3)$이므로
함수 $f(x)$는 $x=3$에서 극솟값 $f(3)=-\frac{15}{2}$를 가지고,
$f(0)=6$이므로 함수 $y=f(x)$의 그래프는 다음과 같다.

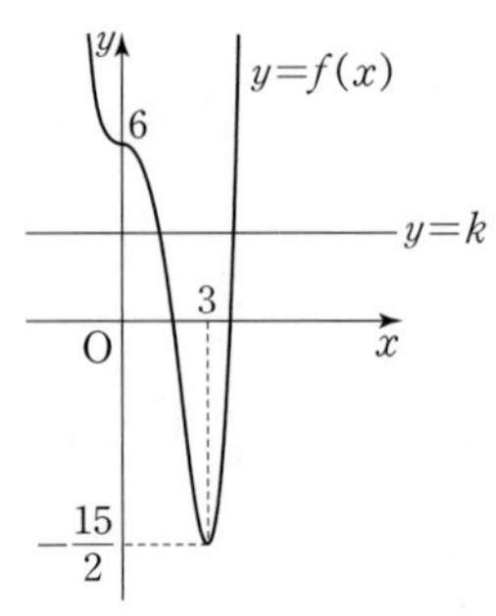

따라서 방정식 $f(x)=k$가 서로 다른 두 양의 실근을 가지려면
$-\frac{15}{2}<k<6$이어야 한다.

즉, $\alpha=-\frac{15}{2}$, $\beta=6$이므로

$\alpha\beta=\left(-\frac{15}{2}\right)\times6=-45$

494 ······ 답 ⑤

$f'(x)=3x^2-12=3(x+2)(x-2)$이므로
함수 $f(x)$는 $x=-2$에서 극댓값 $f(-2)=10$,
$x=2$에서 극솟값 $f(2)=-22$를 갖는다.
이때 함수 $y=|f(x)|$의 그래프는 다음과 같다.

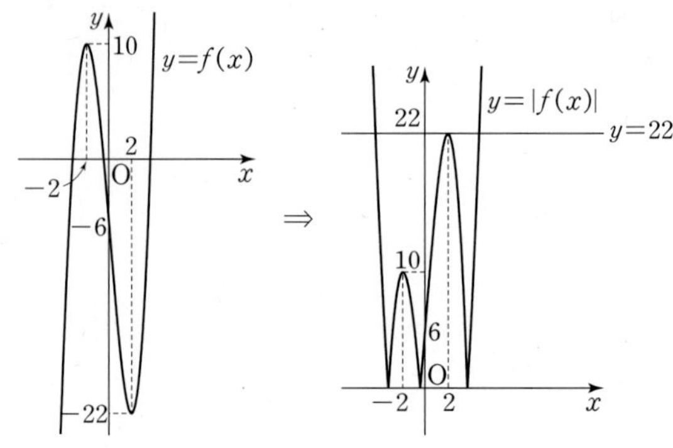

따라서 방정식 $|f(x)|=k$가 서로 다른 세 실근을 갖도록 하는 양수 k의 값은 22이다.

495 ······ 답 160

$f(x)=2x^3-3(a+1)x^2+6ax$에서
$f'(x)=6x^2-6(a+1)x+6a$
$=6(x-1)(x-a)$
$f'(x)=0$에서 $x=1$ 또는 $x=a$
이때 삼차방정식 $f(x)=0$이 서로 다른 세 실근을 가져야 하므로
$a\neq1$이고 a는 자연수이므로 $a>1$이다.
따라서 삼차함수 $f(x)$의 최고차항의 계수는 2이므로 $y=f(x)$의 그래프의 개형은 다음과 같아야 한다.

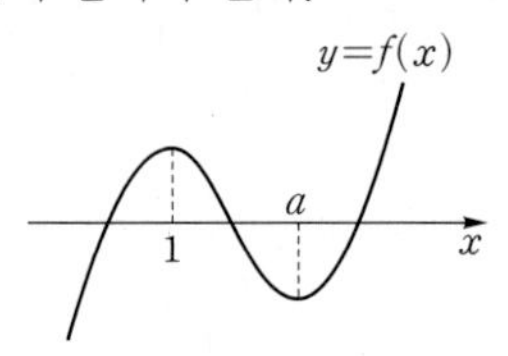

즉, $f(1)>0$, $f(a)<0$에서 $f(1)f(a)<0$이어야 한다.
$f(1)=2-3(a+1)+6a=3a-1$,
$f(a)=2a^3-3(a+1)\times a^2+6a^2=-a^2(a-3)$
에서 $f(1)f(a)=-a^2(3a-1)(a-3)<0$
$(3a-1)(a-3)>0$
$\therefore a>3$ ($\because a$는 자연수)
따라서 $a_1=4$, $a_2=5$, $a_3=6$, $\cdots$, $a_n=n+3$이다.
또한, 함수 $f(x)$는 $x=1$에서 극대이므로 $a=a_n$일 때, 함수 $f(x)$의 극댓값은
$b_n=f(1)=3a_n-1$
$=3(n+3)-1=3n+8$

$\therefore \sum_{n=1}^{10}(b_n-a_n)=\sum_{n=1}^{10}\{(3n+8)-(n+3)\}$
$=\sum_{n=1}^{10}(2n+5)$
$=2\times\frac{10\times11}{2}+5\times10=160$

496 ······ 답 ④

모든 실수 x에 대하여 $f(-x)=-f(x)$이므로 삼차함수 $f(x)$는 그 그래프가 원점에 대하여 대칭이고, 홀수차항으로만 이루어진 함수이다.
이때 삼차함수 $f(x)$의 최고차항의 계수가 1이므로 방정식 $|f(x)|=2$의 서로 다른 실근의 개수가 4인 경우는 다음 그림과 같다.

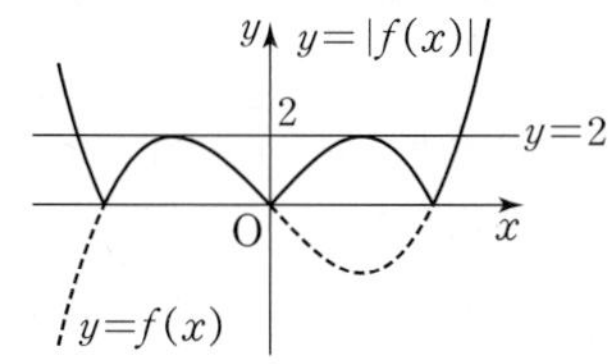

$f(x)=x^3-ax\ (a>0)$라 하면
$f'(x)=3x^2-a$이고,
삼차함수 $f(x)$의 극댓값과 극솟값이 각각 2, -2이어야 한다.
$f'(x)=3x^2-a=0$에서 $x=\pm\sqrt{\frac{a}{3}}$
즉, 함수 $f(x)$는 $x=\sqrt{\frac{a}{3}}$에서 극솟값 -2를 가지므로
$f\left(\sqrt{\frac{a}{3}}\right)=-\frac{2a}{3}\sqrt{\frac{a}{3}}=-2$에서 $a=3$
따라서 $f(x)=x^3-3x$이므로
$f(3)=18$

497 ······ 답 ⑤

삼차함수 $y=x^3+ax^2+2ax+1$의 그래프와 직선 $y=t$의 교점의 개수가 1인 실수 t는 항상 존재하므로 ······ TIP
함수 $g(t)$가 연속함수이려면 $g(t)=1$이어야 한다.
즉, 모든 실수 t에 대하여
삼차함수 $y=x^3+ax^2+2ax+1$의 그래프와 직선 $y=t$의 교점의 개수가 항상 1이어야 하므로 삼차함수 $y=x^3+ax^2+2ax+1$은 실수 전체의 집합에서 증가한다.
$y'=3x^2+2ax+2a$이므로
이차방정식 $3x^2+2ax+2a=0$의 판별식을 D라 하면
$\frac{D}{4}=a^2-6a\le0$에서 $0\le a\le6$
따라서 정수 a는 0, 1, 2, …, 6으로 7개이다.

TIP

삼차함수의 그래프의 개형을 생각해 보면 다음과 같이 이 그래프와 직선 $y=t$가 한 점에서 만나는 실수 t가 항상 존재함을 알 수 있다.

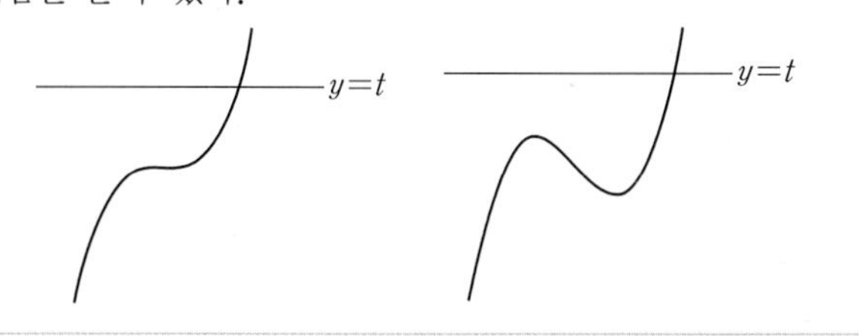

498 ······ 답 ④

두 점 A$(-1, 2)$, B$(2, 8)$을 이은 직선의 방정식은
$y=2x+4$이다.
따라서 함수 $y=x^3+3x^2-7x+k$의 그래프가 선분 AB와 만나려면 함수 $y=x^3+3x^2-7x+k$의 그래프가 직선 $y=2x+4$와 구간 $[-1, 2]$에서 만나면 되므로
방정식 $x^3+3x^2-7x+k=2x+4$가 $-1\le x\le2$에서 적어도 하나의 실근을 가지면 된다.
방정식 $x^3+3x^2-7x+k=2x+4$, 즉 $x^3+3x^2-9x+k-4=0$에서
$f(x)=x^3+3x^2-9x+k-4$라 하면
$f'(x)=3x^2+6x-9=3(x+3)(x-1)$이므로
함수 $f(x)$는 $x=-3$에서 극대이고, $x=1$에서 극소이다.
$f(-1)=k+7$, $f(1)=k-9$, $f(2)=k-2$이므로
구간 $[-1, 2]$에서 함수 $y=f(x)$의 그래프는 다음과 같다.

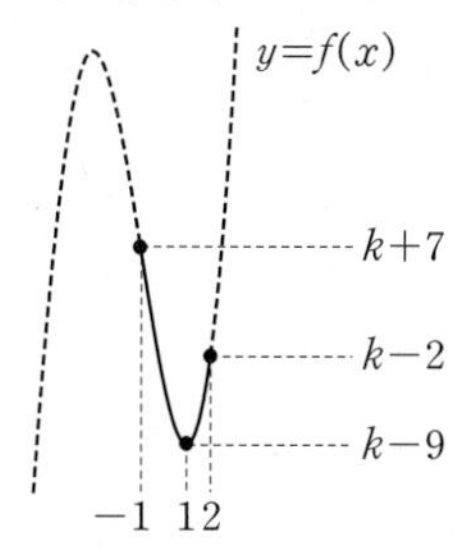

따라서 구간 $[-1, 2]$에서 함수 $y=f(x)$의 그래프가 x축과 만나려면
$k-9\le0\le k+7$에서 $-7\le k\le9$이어야 한다.
즉, $\alpha=-7$, $\beta=9$이므로
$\alpha+\beta=2$

499 ······ 답 ②

주어진 도함수 $y=f'(x)$의 그래프에 의하여 함수 $f(x)$는 $x=-1$, $x=4$에서 극소이고, $x=1$에서 극대이다.
또한, $f(-1)=3$, $f(1)=4$, $f(4)<f(-1)$임을 이용하면 함수 $y=f(x)$의 그래프의 개형은 다음과 같다.

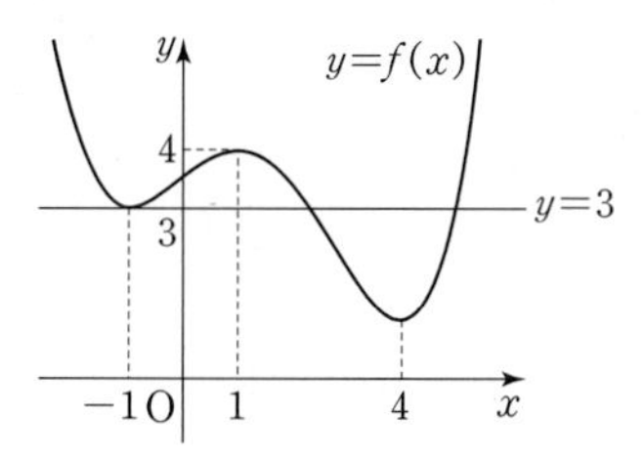

ㄱ. $f(-1)<f(0)<f(1)$이므로
$f(0)\ge0$ (참)
ㄴ. 함수 $f(x)$는 $x=1$에서 극대이므로 극댓값은 $f(1)=4$이다. (참)
ㄷ. 함수 $y=f(x)$의 그래프와 직선 $y=3$이 서로 다른 세 점에서 만나므로 방정식 $f(x)-3=0$은 서로 다른 세 실근을 갖는다. (거짓)

따라서 옳은 것은 ㄱ, ㄴ이다.

500 ······ 답 ①

$h(x)=f(x)-g(x)$에서 $h'(x)=f'(x)-g'(x)$이다.

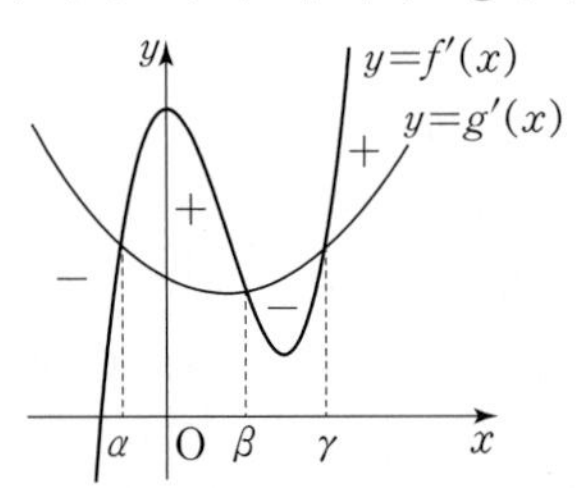

이때 함수 $h(x)$의 증가와 감소를 표로 나타내면 다음과 같다.

x	$\cdots$	α	$\cdots$	β	$\cdots$	γ	$\cdots$
$h'(x)$	$-$	0	$+$	0	$-$	0	$+$
$h(x)$	↘	극소	↗	극대	↘	극소	↗

ㄱ. $\alpha<x<\beta$에서 $h'(x)=f'(x)-g'(x)>0$이므로
함수 $h(x)$는 증가한다. (참)

ㄴ. 부등식 $f(\beta)-f(\gamma)<g(\beta)-g(\gamma)$에서
$f(\beta)-g(\beta)<f(\gamma)-g(\gamma)$, 즉 $h(\beta)<h(\gamma)$이다.
$\beta<x<\gamma$에서 $h'(x)=f'(x)-g'(x)<0$이므로
함수 $h(x)$는 감소한다. 따라서 $h(\beta)>h(\gamma)$이다. (거짓)

ㄷ. $h(\alpha)h(\gamma)<0$일 때 함수 $y=h(x)$의 그래프의 개형은 다음과 같다.

$h(\alpha)<0$, $h(\gamma)>0$일 때	$h(\alpha)>0$, $h(\gamma)<0$일 때
$y=h(x)$, α, β, γ, x	$y=h(x)$, α, β, γ, x

따라서 방정식 $h(x)=0$은 서로 다른 두 실근을 갖는다. (거짓)
따라서 옳은 것은 ㄱ이다.

501 ······ 답 ⑤

이차함수 $f'(x)$의 최고차항의 계수가 양수이고
이차방정식 $f'(x)=0$이 두 실근 0, 2를 가진다.
따라서 삼차함수 $f(x)$는 $x=0$에서 극대이고 $x=2$에서 극소이므로
함수 $y=f(x)$의 그래프의 개형은 다음과 같다.

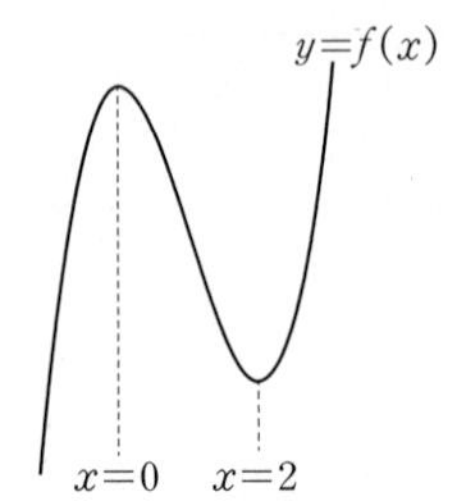

ㄱ. $f(0)<0$이면 $f(2)<f(0)<0$에서
$|f(2)|=-f(2)>-f(0)=|f(0)|$이므로
$|f(0)|<|f(2)|$이다. (참)

ㄴ. $f(0)f(2)\geq 0$인 모든 경우에 대하여 다음과 같이 함수
$|f(x)|$가 $x=a$에서 극소인 a의 값의 개수는 2이다. (참)

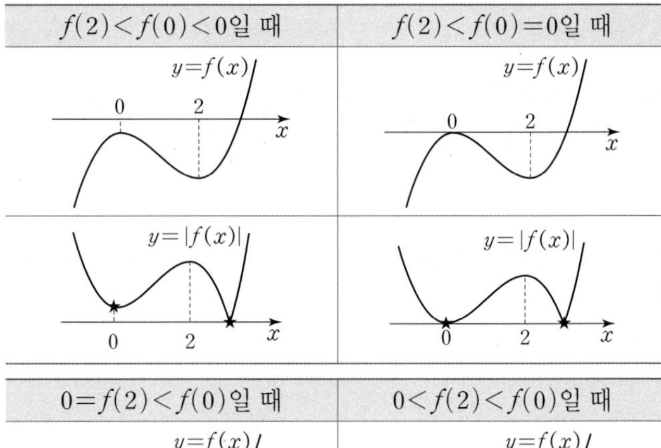

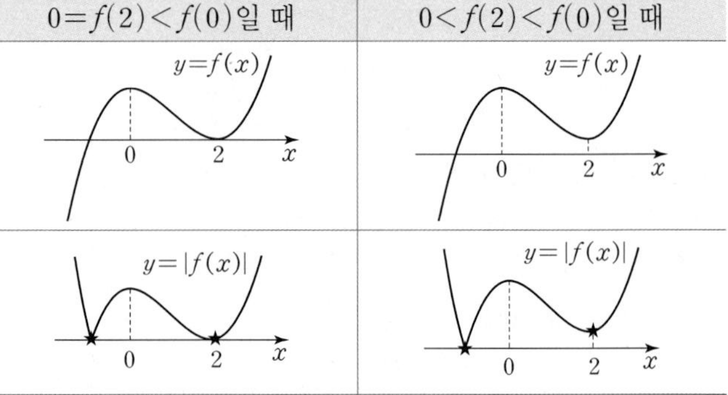

ㄷ. $f(0)+f(2)=0$이면 $f(0)>0$, $f(2)<0$이고
$|f(0)|=|f(2)|$이다.

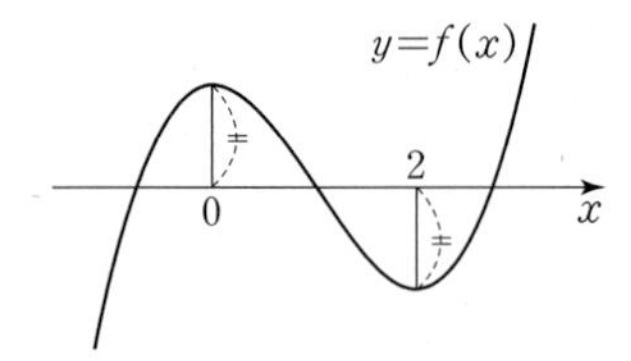

따라서 다음 그림과 같이 함수 $y=|f(x)|$의 그래프와
직선 $y=f(0)$이 만나는 서로 다른 점의 개수는 4이다.

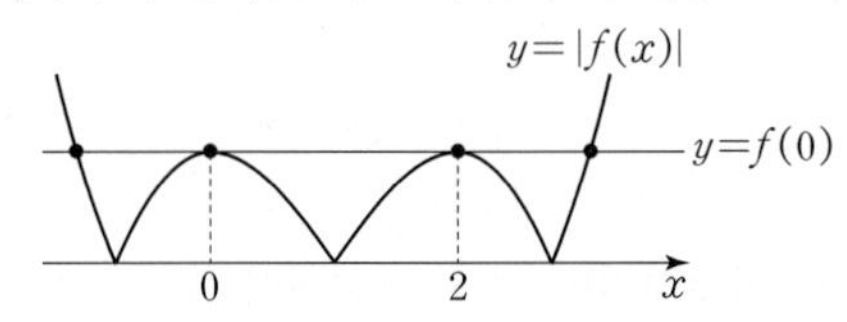

즉, 방정식 $|f(x)|=f(0)$의 서로 다른 실근의 개수는
4이다. (참)

따라서 옳은 것은 ㄱ, ㄴ, ㄷ이다.

참고

다항함수 $f(x)$에 대하여 '함수 $|f(x)|$가 $x=a$에서 극소'이면
다음 중 하나에 해당된다.

❶ $f(a)\geq 0$이고, 함수 $f(x)$가 $x=a$에서 극소
❷ $f(a)\leq 0$이고, 함수 $f(x)$가 $x=a$에서 극대
❸ $f(a)=0$이고, $f'(a)\neq 0$

502 ······ 답 14

$x=t$는 방정식 $(x-t)(x^2+tx+2t)=0$의 근이다.

(i) $x=t$가 방정식 $x^2+tx+2t=0$의 근일 때,
$2t^2+2t=0$에서 $t=0$ 또는 $t=-1$이다.

① $t=0$이면
방정식 $x^3=0$의 서로 다른 실근은 $x=0$ 뿐이므로
$f(0)=1$이다.

② $t=-1$이면
방정식 $(x+1)(x^2-x-2)=(x+1)^2(x-2)=0$의 서로 다른 실근은 $x=-1$, $x=2$이므로 $f(-1)=2$이다.

(ii) $x=t$가 방정식 $x^2+tx+2t=0$의 근일 아닐 때, 즉 $t\neq0$이고 $t\neq-1$일 때
이차방정식 $x^2+tx+2t=0$의 판별식을 D라 하면
$D=t^2-8t=t(t-8)$
① $0<t<8$인 경우 $D<0$이므로 $f(t)=1$
② $t=8$인 경우 $D=0$이므로 $f(t)=2$
③ $t<0$ 또는 $t>8$인 경우 $D>0$이므로 $f(t)=3$

(i), (ii) 에서

$$f(t)=\begin{cases}3 & (t<-1)\\ 2 & (t=-1)\\ 3 & (-1<t<0)\\ 1 & (0\le t<8)\\ 2 & (t=8)\\ 3 & (t>8)\end{cases}$$

이므로 함수 $y=f(t)$의 그래프는 다음과 같다.

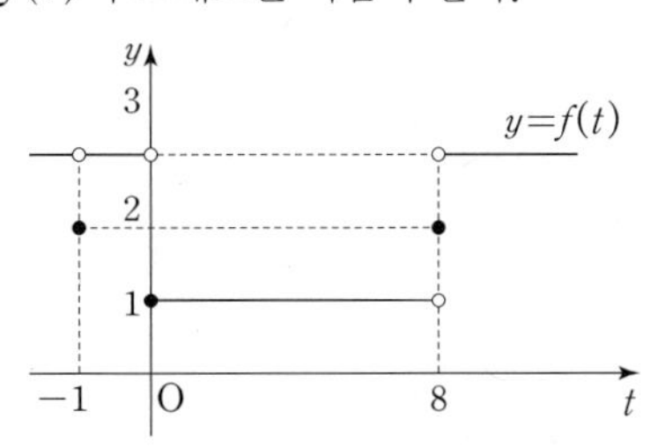

따라서 함수 $f(t)$는 $t=-1$, $t=0$, $t=8$에서 불연속이고, $f(-1)=2$, $f(0)=1$, $f(8)=2$이므로

$$\begin{aligned}\sum_{n=1}^{m}k_nf(k_n)&=\sum_{n=1}^{3}k_nf(k_n)\\&=(-1)\times f(-1)+0\times f(0)+8\times f(8)\\&=(-1)\times2+0\times1+8\times2\\&=-2+0+16=14\end{aligned}$$

503 ········· 답 ③

조건을 만족시키는 함수 $y=f(x)$의 그래프는 다음과 같은 두 가지 경우가 있다.

(i)
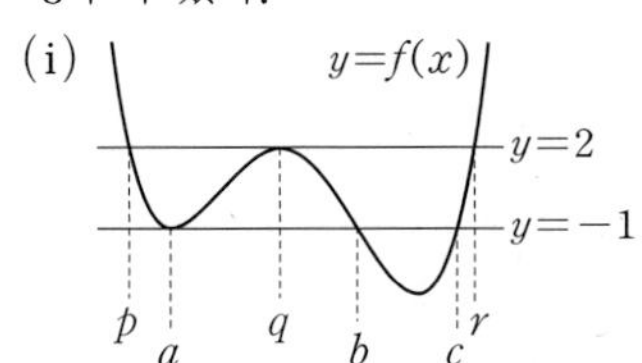

(ii)
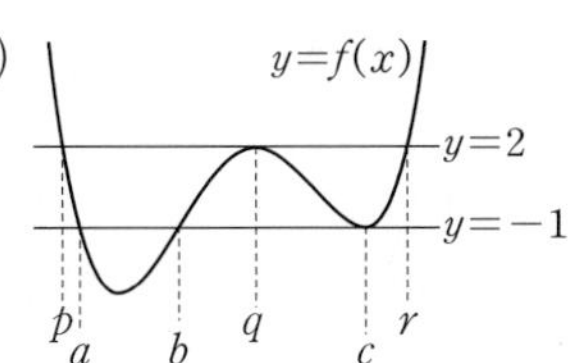

ㄱ. 함수 $y=f(x)$의 그래프가 직선 $y=0$과 네 점에서 만나므로 방정식 $f(x)=0$의 서로 다른 실근의 개수는 4이다. (참)

ㄴ. $f'(c)=0$이면 함수 $y=f(x)$의 그래프의 개형은 (ii)와 같다. 따라서 $b<q$이다. (거짓)

ㄷ. $f'(a)=0$이면 함수 $y=f(x)$의 그래프의 개형은 (i)과 같다. 이때 $b<x<c$일 때 $f(x)<f(a)$이므로
$f(a)>f\left(\frac{b+c}{2}\right)$이다. (참)

따라서 옳은 것은 ㄱ, ㄷ이다.

504 ········· 답 ①

$g(x)=f(x)+|f'(x)|$에 $x=0$을 대입하면
$g(0)=f(0)+|f'(0)|$
조건 (가)에서 $f(0)=0$, $g(0)=0$이므로
$|f'(0)|=0$ $\quad\therefore f'(0)=0$
$f(x)$는 최고차항의 계수가 1인 삼차함수이고, $f(0)=0$이므로
$f(x)=x(x^2+ax+b)$ (a, b는 상수)라 하자.
$f'(x)=(x^2+ax+b)+x(2x+a)$에서
$f'(0)=0$이므로 $b=0$
따라서 $f(x)=x^2(x+a)$이고, 조건 (나)에서 방정식 $f(x)=0$은 양의 실근을 가지므로 $-a>0$, 즉 $a<0$이다.
또한, $f'(x)=x(3x+2a)$이므로
$f'(x)=0$에서 $x=0$ 또는 $x=-\frac{2}{3}a$
$a<0$, 즉 $-\frac{2}{3}a>0$이므로 함수 $f(x)$의 증가와 감소를 표로 나타내면 다음과 같다.

x	$\cdots$	0	$\cdots$	$-\frac{2}{3}a$	$\cdots$
$f'(x)$	$+$	0	$-$	0	$+$
$f(x)$	↗	0	↘	$\frac{4}{27}a^3$	↗

즉, 함수 $y=f(x)$의 그래프는 [그림 1]과 같고, 함수 $y=|f(x)|$의 그래프는 [그림 2]와 같다.

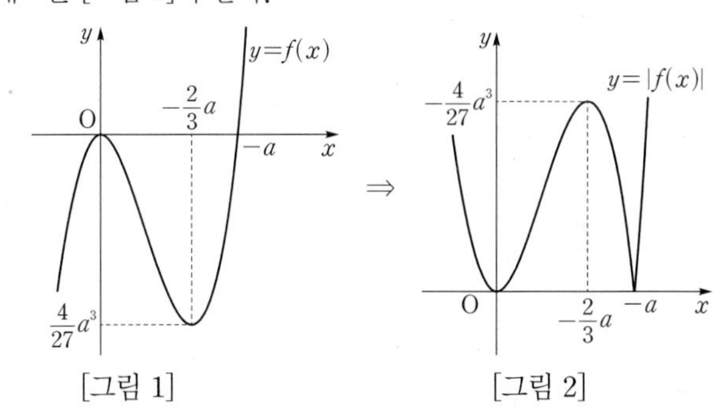

[그림 1] [그림 2]

조건 (다)에서 방정식 $|f(x)|=4$의 서로 다른 실근의 개수가 3이려면 위의 [그림 2]에서 곡선 $y=|f(x)|$와 직선 $y=4$가 서로 다른 세 점에서 만나야 하므로

$$\left|f\left(-\frac{2}{3}a\right)\right|=\left|\frac{4}{27}a^3\right|=-\frac{4}{27}a^3\ (\because a<0)$$
$$=4$$

$a^3=-27$ $\quad\therefore a=-3$
따라서 $f(x)=x^2(x-3)$, $f'(x)=x(3x-6)=3x(x-2)$이므로
$g(x)=f(x)+|f'(x)|$
$\quad=x^2(x-3)+|3x(x-2)|$
$\therefore g(3)=|3\times3\times1|=9$

505 ········· 답 $a\ge3$

$f(x)=x^4+2(a+1)x^2-4(a+2)x+a^2+2$라 하면
$f'(x)=4x^3+4(a+1)x-4(a+2)$
$\quad=4(x-1)(x^2+x+a+2)$

이때 모든 실수 x에 대하여

$x^2+x+a+2=\left(x+\frac{1}{2}\right)^2+a+\frac{7}{4}>0$ ($\because a>0$)이므로

$x=1$일 때 $f'(x)=0$이다.

함수 $f(x)$의 증가와 감소를 표로 나타내면 다음과 같다.

x	$\cdots$	1	$\cdots$
$f'(x)$	$-$	0	$+$
$f(x)$	↘	a^2-2a-3	↗

따라서 함수 $f(x)$는 $x=1$일 때 극소이며 최소이므로

모든 실수 x에 대하여 $f(x)\geq 0$이 성립하려면

$f(1)=a^2-2a-3\geq 0$이어야 한다.

$(a+1)(a-3)\geq 0$

$\therefore a\geq 3$ ($\because a>0$)

506 ······ 답 $-\sqrt{3}<k<\sqrt{3}$

$f(x)=x^4-4k^3x+27$이라 하면

$f'(x)=4x^3-4k^3=4(x-k)(x^2+kx+k^2)$이므로

$x=k$일 때 $f'(x)=0$이다.

함수 $f(x)$의 증가와 감소를 표로 나타내면 다음과 같다.

x	$\cdots$	k	$\cdots$
$f'(x)$	$-$	0	$+$
$f(x)$	↘	$27-3k^4$	↗

따라서 함수 $f(x)$는 $x=k$일 때 극소이며 최소이므로

모든 실수 x에 대하여 $f(x)>0$이 성립하려면

$f(k)=27-3k^4>0$이어야 한다.

$k^4<9$에서 $k^2<3$

$\therefore -\sqrt{3}<k<\sqrt{3}$

507 ······ 답 ⑤

함수 $y=f(x)$의 그래프가 함수 $y=g(x)$의 그래프보다 항상 위쪽에 존재하려면 모든 실수 x에 대하여 $f(x)>g(x)$가 성립해야 한다.

즉, $x^4-3x^3+12x>x^3+2x^2+k$에서

$x^4-4x^3-2x^2+12x-k>0$

$h(x)=x^4-4x^3-2x^2+12x-k$라 하면

$h'(x)=4x^3-12x^2-4x+12=4(x+1)(x-1)(x-3)$이므로

$x=-1$ 또는 $x=1$ 또는 $x=3$일 때 $h'(x)=0$이다.

함수 $h(x)$의 증가와 감소를 표로 나타내면 다음과 같다.

x	$\cdots$	-1	$\cdots$	1	$\cdots$	3	$\cdots$
$h'(x)$	$-$	0	$+$	0	$-$	0	$+$
$h(x)$	↘	$-9-k$	↗	$7-k$	↘	$-9-k$	↗

따라서 함수 $h(x)$는 $x=-1$ 또는 $x=3$일 때 극소이며 최소이므로

모든 실수 x에 대하여 $h(x)>0$이 성립하려면

$h(-1)=h(3)=-9-k>0$이어야 한다.

$\therefore k<-9$

이때 정수 k의 최댓값은 -10이다.

508 ······ 답 $a>0$

$f(x)=2x^3-9x^2+12x+a$라 하면

$f'(x)=6x^2-18x+12=6(x-1)(x-2)$이므로

$x=1$ 또는 $x=2$일 때 $f'(x)=0$이다.

$x\geq 0$에서 함수 $f(x)$의 증가와 감소를 표로 나타내면 다음과 같다.

x	0	$\cdots$	1	$\cdots$	2	$\cdots$
$f'(x)$		$+$	0	$-$	0	$+$
$f(x)$	a	↗	$a+5$	↘	$a+4$	↗

따라서 $x\geq 0$에서 함수 $f(x)$는 $x=0$에서 최솟값을 가지므로

$x\geq 0$에서 $f(x)>0$이 항상 성립하려면 $f(0)=a>0$이어야 한다.

$\therefore a>0$

509 ······ 답 ③

부등식 $-x^3+5x^2-12x+1>k$에서

$-x^3+5x^2-12x+1-k>0$

$h(x)=-x^3+5x^2-12x+1-k$라 하면

$h'(x)=-3x^2+10x-12$

이때 방정식 $h'(x)=0$의 판별식을 D라 하면

$\frac{D}{4}=25-36=-11<0$이다.

즉, 모든 실수 x에 대하여 $h'(x)<0$이므로 함수 $h(x)$는 실수 전체의 집합에서 감소한다.

따라서 $x<1$에서 부등식 $h(x)>0$이 항상 성립하려면

$h(1)\geq 0$이어야 한다.

$h(1)=-7-k\geq 0$에서 $k\leq -7$

즉, 실수 k의 최댓값은 -7이다.

510 ······ 답 ②

구간 $[1, 3]$에서 부등식 $x^3+2x^2-8x+3>2x^2+4x+a$,

즉 $x^3-12x+3-a>0$이 성립해야 한다.

$h(x)=x^3-12x+3-a$라 하면

$h'(x)=3x^2-12=3(x+2)(x-2)$이므로

$x=-2$ 또는 $x=2$일 때 $h'(x)=0$이다.

구간 $[1, 3]$에서 함수 $h(x)$의 증가와 감소를 표로 나타내면 다음과 같다.

x	1	$\cdots$	2	$\cdots$	3
$h'(x)$		$-$	0	$+$	
$h(x)$	$-8-a$	↘	$-13-a$	↗	$-6-a$

따라서 구간 $[1, 3]$에서 함수 $h(x)$는 $x=2$에서 극소이며 최소이므로 구간 $[1, 3]$에서 $h(x)>0$이 성립하려면

$h(2)=-13-a>0$이어야 한다.

$\therefore a<-13$

즉, 정수 a의 최댓값은 -14이다.

511 ⋯⋯ 답 3

$f(x)\ge 3g(x)$에서 $f(x)-3g(x)\ge 0$이므로
$h(x)=f(x)-3g(x)$라 하면 닫힌구간 $[-1, 4]$에서
$h(x)\ge 0$이어야 한다.

$$h(x)=f(x)-3g(x)$$
$$=(x^3+3x^2-k)-3(2x^2+3x-10)$$
$$=x^3-3x^2-9x+30-k$$

이므로
$h'(x)=3x^2-6x-9=3(x+1)(x-3)$
$h'(x)=0$에서 $x=-1$ 또는 $x=3$이므로
닫힌구간 $[-1, 4]$에서 함수 $h(x)$의 증가와 감소를 나타내면 다음과 같다.

x	-1	$\cdots$	3	$\cdots$	4
$h'(x)$	0	$-$	0	$+$	$+$
$h(x)$		↘	극소	↗	↗

따라서 닫힌구간 $[-1, 4]$에서 함수 $h(x)$는 $x=3$일 때 극소이면서 최소이므로 닫힌구간 $[-1, 4]$에서 $h(x)\ge 0$이려면
$h(3)=3-k\ge 0$ $\quad\therefore k\le 3$
즉, 실수 k의 최댓값은 3이다.

512 ⋯⋯ 답 34

모든 실수 x에 대하여 부등식 $f(x)\le 12x+k\le g(x)$를 만족시켜야 하므로 다음과 같이 경우를 나누어 각각 생각해 보자.

(i) $f(x)\le 12x+k$에서 $f(x)-12x-k\le 0$
$h(x)=f(x)-12x-k$라 하면
$h(x)=-x^4-2x^3-x^2-12x-k$
이므로

$$h'(x)=-4x^3-6x^2-2x-12$$
$$=-2(2x^3+3x^2+x+6)$$
$$=-2(x+2)(2x^2-x+3)$$

$h'(x)=0$에서 $x=-2$ ($\because 2x^2-x+3>0$)이므로
함수 $h(x)$의 증가와 감소를 표로 나타내면 다음과 같다.

x	$\cdots$	-2	$\cdots$
$h'(x)$	$+$	0	$-$
$h(x)$	↗	극대	↘

즉, 함수 $h(x)$는 $x=-2$에서 극대이면서 최대이므로 최댓값은
$h(-2)=20-k$
모든 실수 x에 대하여 $h(x)\le 0$이어야 하므로
$h(-2)=20-k\le 0$ $\quad\therefore k\ge 20$

(ii) $g(x)\ge 12x+k$에서
$3x^2+a\ge 12x+k$ $\quad\therefore 3x^2-12x+a-k\ge 0$
이 부등식이 모든 실수 x에 대하여 성립해야 하므로 이차방정식 $3x^2-12x+a-k=0$의 판별식을 D라 하면
$\frac{D}{4}=(-6)^2-3(a-k)\le 0$
$\therefore k\le a-12$

(i), (ii)에서 $20\le k\le a-12$
$20\le k\le a-12$를 만족시키는 자연수 k의 개수가 3이어야 하므로
$22\le a-12<23$
따라서 $34\le a<35$이므로 자연수 a의 값은 34이다.

참고

두 함수 $y=f(x)$, $y=g(x)$의 그래프와 직선 $y=12x+k$의 위치 관계는 다음 그림과 같다.

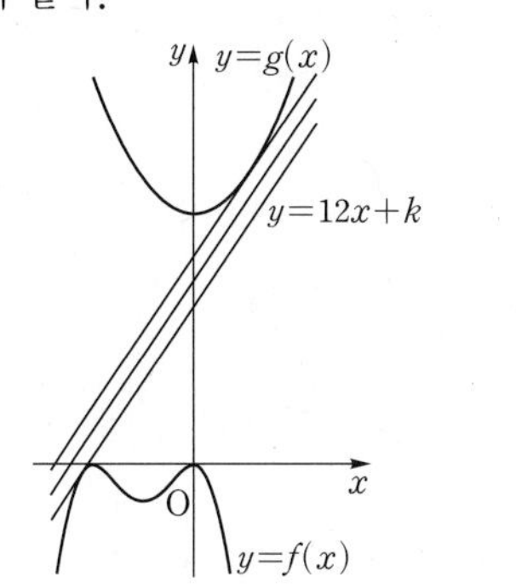

513 ⋯⋯ 답 ⑤

$f'(x)=4x^3-4k^2x=4x(x+k)(x-k)$

ㄱ. $k=0$일 때 $f(x)=x^4+9$, $f'(x)=4x^3$이므로 함수 $f(x)$는 $x=0$에서 극솟값을 갖는다. (참)

ㄴ. $k\ne 0$일 때 함수 $f(x)$는 $x=-k$와 $x=k$에서 극솟값, $x=0$에서 극댓값을 갖는다. (참)

ㄷ. (i) $k=0$일 때 함수 $f(x)$는 $x=0$에서 극소이며 최소이므로 최솟값 $f(0)=9$를 갖는다.
따라서 모든 실수 x에 대하여 $f(x)\ge 0$이다.
(ii) $k\ne 0$일 때 함수 $f(x)$는 $x=-k$와 $x=k$에서 극소이며 최소이므로 최솟값 $f(k)=-k^4+9$를 갖는다.
이때 $-\sqrt{3}\le k\le\sqrt{3}$이면 $k^4\le 9$에서 $-k^4+9\ge 0$이므로 모든 실수 x에 대하여 $f(x)\ge 0$이다.
(i), (ii)에 의하여 $-\sqrt{3}\le k\le\sqrt{3}$일 때 모든 실수 x에 대하여 $f(x)\ge 0$이다. (참)

따라서 옳은 것은 ㄱ, ㄴ, ㄷ이다.

514 ⋯⋯ 답 ①

브레이크를 밟은 지 t초 후 자동차의 속도를 v라 하면
$v=\frac{dx}{dt}=30-1.5t$이다.
자동차가 정지할 때 속도가 0이므로
$30-1.5t=0$에서 $t=20$
따라서 자동차가 정지할 때까지 움직인 거리는 $t=20$일 때
$x=30\times 20-0.75\times 20^2=300(\text{m})$

참고

브레이크를 밟은 순간 자동차의 위치를 0으로 보면
t초 후 자동차의 위치는 t초 동안 자동차가 움직인 거리와 같으므로 t초 후 자동차의 속도는 $\frac{dx}{dt}$이다.

515 ······ 답 풀이 참조

(1) t초 후의 높이, 속도, 가속도를 각각 $x(t)$, $v(t)$, $a(t)$라 하면

$x(t)=-5t^2+5t+30$이므로

$v(t)=x'(t)=-10t+5$

$a(t)=v'(t)=-10$

따라서 2초 후의 속도와 가속도는 각각

$v(2)=-15$, $a(2)=-10$이다.

$\therefore$ -15 m/s, -10 m/s^2

(2) 최고 높이에 도달할 때 속도가 0이므로 걸린 시간은

$v(t)=-10t+5=0$에서 $t=\dfrac{1}{2}$,

그때의 높이는 $x\left(\dfrac{1}{2}\right)=\dfrac{125}{4}$이다.

$\therefore$ 0.5초, $\dfrac{125}{4}$ m

(3) 수면에 닿는 순간 높이가 0이므로

$x(t)=-5t^2+5t+30=0$에서

$-5(t+2)(t-3)=0$

$\therefore$ $t=3$ ($\because$ $t>0$)

따라서 수면에 닿는 순간의 속도는

$v(3)=-25$이다.

$\therefore$ -25 m/s

채점 요소	배점
속도 $v=\dfrac{dx}{dt}$, 가속도 $a=\dfrac{dv}{dt}$를 이용하여 식을 구하고, $t=2$일 때의 속도, 가속도 구하기	30%
속도가 0일 때임을 이용하여 t의 값과 그때의 x의 값 구하기	35%
$x=0$일 때의 t의 값을 찾아서 그때의 속도 구하기	35%

516 ······ 답 27

두 점 P, Q의 시각 t ($t\geq 0$)에서의 속도를 각각 v_1, v_2라 하면

$v_1=\dfrac{dx_1}{dt}=3t^2-4t+3$, $v_2=\dfrac{dx_2}{dt}=2t+12$

두 점 P, Q의 속도가 같아지는 시각을 구하면

$3t^2-4t+3=2t+12$, $3t^2-6t-9=0$

$t^2-2t-3=0$, $(t+1)(t-3)=0$

$\therefore$ $t=3$ ($\because$ $t\geq 0$)

따라서 $t=3$일 때 두 점 P, Q의 위치는 각각

$x_1=27-18+9=18$, $x_2=9+36=45$

이므로 두 점 P, Q 사이의 거리는

$45-18=27$

517 ······ 답 ③

선분 PQ의 중점 M의 위치를 $m(t)$라 하면

$m(t)=\dfrac{p(t)+q(t)}{2}=\dfrac{-t^3+7t^2-10t}{2}$

점 M이 원점을 지날 때는

$\dfrac{-t^3+7t^2-10t}{2}=0$에서 $t(t-2)(t-5)=0$

즉, $t=0$ 또는 $t=2$ 또는 $t=5$일 때이다.

따라서 점 M이 두 점 P, Q가 출발한 후 처음으로 다시 원점을 지날 때는 $t=2$일 때이다.

이때 점 M의 속도는 $m'(t)=\dfrac{-3t^2+14t-10}{2}$이므로

$t=2$일 때의 속도는 $m'(2)=3$이다.

518 ······ 답 ④

① $f(a)>0$이므로 $t=a$일 때 x좌표는 양수이다. (참)

② $d<t<e$에서 함수 $f(t)$가 증가하므로 x축의 양의 방향으로 움직이고 있다. (참)

③ $0<t<a$에서 함수 $f(t)$가 증가하므로 출발할 때는 x축의 양의 방향으로 움직이고, $b<t<c$에서 함수 $f(t)$가 감소하므로 x축의 음의 방향으로 움직인다. 따라서 운동 방향은 서로 반대이다. (참)

④ $0<t<b$에서의 속도가 양수이고, $t=b$에서의 속도가 0이고, $b<t<c$에서의 속도가 음수이므로 $0<t<c$에서 $t=b$일 때의 속도가 최대가 아니다. (거짓)

⑤ $t=d$에서의 속도가 0이므로 속력은 0이고, $t=c$에서의 속도가 음수이므로 속력은 양수이다.

따라서 $t=d$에서의 속력이 $t=c$에서의 속력보다 작다. (참)

따라서 선지 중 옳지 않은 것은 ④이다.

519 ······ 답 ③

시각 t에서 점 P의 속도는 $f'(t)$, 점 Q의 속도는 $g'(t)$이므로 주어진 그래프는 두 점 P, Q의 속도 그래프이다.

ㄱ. $a<t<c$에서 두 그래프가 한 점에서 만나므로 두 점 P, Q의 속도가 같아지는 때가 한 번 있다. (참)

ㄴ. $c<t<d$에서 $f'(t)>0$이므로 점 P는 양의 방향으로 움직이고, $g'(t)<0$이므로 점 Q는 음의 방향으로 움직인다.
즉, $c<t<d$에서 두 점 P, Q가 움직이는 방향은 서로 반대이다. (거짓)

ㄷ. 점 P의 속도, 가속도를 각각 $v(t)$, $a(t)$라 하면 $v(t)=f'(t)$, $a(t)=v'(t)$이다. 즉, $a(t)$는 함수 $y=f'(t)$의 그래프에서의 접선의 기울기이다. $0<t<d$에서 함수 $y=f'(t)$의 그래프의 접선의 기울기가 0이 되는 때는 $t=a$, $t=c$일 때이므로 점 P의 가속도가 0이 되는 순간은 두 번 있다. (참)

따라서 옳은 것은 ㄱ, ㄷ이다.

520 ······ 답 ③

점 P의 시각 t에서의 속도를 $v(t)$라 하면

$v(t)=x'(t)=3t^2-12t=3t(t-4)$

함수 $y=v(t)$ $(t>0)$의 그래프는 다음과 같다.

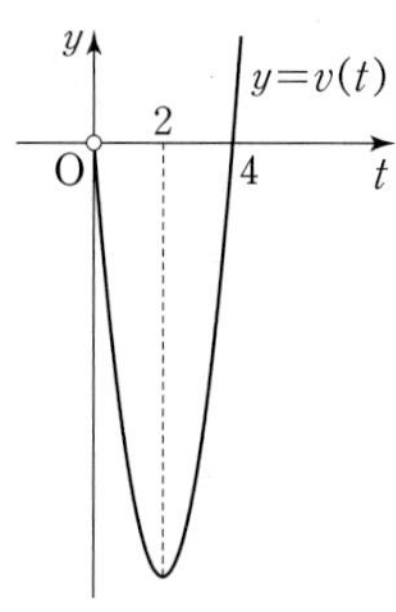

ㄱ. $v(t)=0$을 만족시키는 t의 값은 $t=4$ ($\because t>0$)이고,
$t=4$의 좌우에서 $v(t)$의 부호가 바뀌므로
점 P는 출발한 지 4초 후 처음으로 운동 방향이 바뀐다. (참)
ㄴ. $t>4$에서 속도 $v(t)$가 증가한다. (참)
ㄷ. $v(1)=v(3)<0$이므로 $t=1$일 때와 $t=3$일 때 점 P는 모두 수직선의 음의 방향으로 움직이므로 운동 방향은 서로 같다. (거짓)

따라서 옳은 것은 ㄱ, ㄴ이다.

521 답 ①

두 점 P와 Q가 시각 t에서 서로 반대 방향으로 움직이면 시각 t에서 두 점 P와 Q의 속도 $f'(t)$와 $g'(t)$의 부호가 서로 반대이므로
$f'(t)g'(t)<0$이다.
$f'(t)=4t-2$, $g'(t)=2t-8$이므로
$(4t-2)(2t-8)<0 \qquad \therefore \frac{1}{2}<t<4$

522 답 ③

$f'(t)=3t^2-12t=3t(t-4)$
$g'(t)=3t^2-3=3(t+1)(t-1)$
두 점 P, Q가 시각 t $(t>0)$에서 서로 반대 방향으로 움직이면
'$f'(t)>0$, $g'(t)<0$' 또는 '$f'(t)<0$, $g'(t)>0$'이다.
(i) $f'(t)>0$에서 $t>4$
$g'(t)<0$에서 $0<t<1$
따라서 조건을 만족시키는 t가 존재하지 않는다.
(ii) $f'(t)<0$에서 $0<t<4$
$g'(t)>0$에서 $t>1$
따라서 조건을 만족시키는 t의 값의 범위는 $1<t<4$이다.
(i), (ii)에 의하여 두 점 P, Q가 서로 반대 방향으로 움직이는 시각 t의 값의 범위는 $1<t<4$이므로 3초 동안이다.

523 답 ④

두 점 P, Q의 시각 t에서의 속도를 각각 v_P, v_Q라 하면
$v_P=4t^3+5$, $v_Q=12t+a$이다.
출발한 후 두 점 P, Q의 속도가 같아지는 순간의 시각 t는
방정식 $4t^3+5=12t+a$의 양의 실근이다.
$4t^3-12t+5=a$에서 $f(t)=4t^3-12t+5$라 하면
$f'(t)=12t^2-12=12(t+1)(t-1)$이므로
함수 $f(t)$는 $t=1$ ($\because t>0$)에서 극솟값 $f(1)=-3$을 가지고,
이때 함수 $y=f(t)$의 그래프는 다음과 같다.

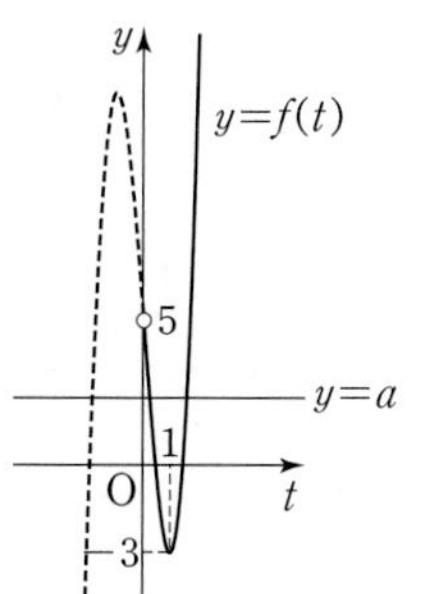

$t>0$에서 직선 $y=a$가 함수 $y=f(t)$의 그래프와
두 점에서 만나도록 하는 a의 값의 범위는
$-3<a<5$이다.
따라서 정수 a는 -2, -1, 0, $\cdots$, 4이므로 7개이다.

524 답 ⑤

시각 t에 대한 위치 x의 함수의 그래프를 나타내어 보자.
$0<t<2$에서 $f(t)=2t^3-6t^2+6t$라 하면
$f'(t)=6t^2-12t+6=6(t-1)^2\geq0$이므로
함수 $y=f(t)$의 그래프는 $0\leq t<2$에서 증가한다.
$t\geq2$에서 $g(t)=\frac{1}{3}t^3-5t^2+24t-\frac{80}{3}$이라 하면
$g'(t)=t^2-10t+24=(t-4)(t-6)$이므로
함수 $g(t)$는 $t=4$에서 극댓값, $t=6$에서 극솟값을 가진다.
이때 주어진 함수의 그래프는 다음과 같다.

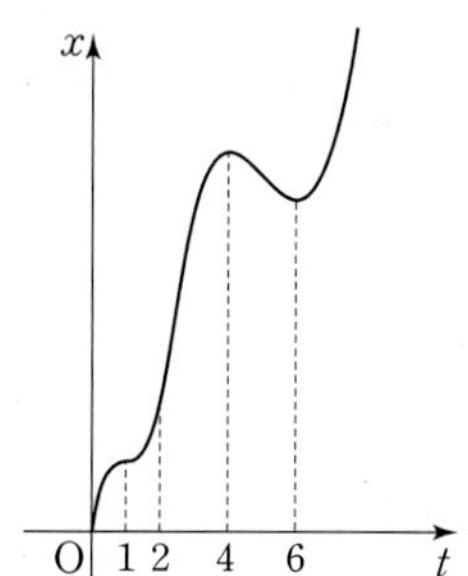

따라서 점 P가 움직이는 방향을 두 번째로 바꾸는 것은 출발 후 6초 후이다.

525 답 ②

제동을 건 후 t초 동안 열차가 움직인 거리를 $x(t)$(m),
제동을 건 후 t초 후 열차의 속도를 $v(t)$(m/초)라 하면
$x(t)=at-bt^2$
$v(t)=x'(t)=a-2bt$
$t=0$일 때의 속도가 72 km/시=20 m/초이므로 ...... TIP
$v(0)=a=20$
제동을 건 후 열차가 멈출 때 속도가 0이므로
$v(t)=20-2bt=0$에서 $t=\frac{10}{b}$
따라서 제동을 건 후 $\frac{10}{b}$초 동안 움직인 거리가 300 m 이하이어야 하므로

$x\left(\frac{10}{b}\right)=\frac{200}{b}-\frac{100}{b}=\frac{100}{b}\le 300$, $b\ge\frac{1}{3}$

따라서 b의 최솟값은 $\frac{1}{3}$이다.

TIP

72 km/시=72000 m/시=1200 m/분=20 m/초

526 ······ 답 ③

$g(t)=t^3-3t$에서 $g'(t)=3t^2-3=3(t+1)(t-1)$이므로

함수 $g(t)$는 $t=1$에서 극소이다.

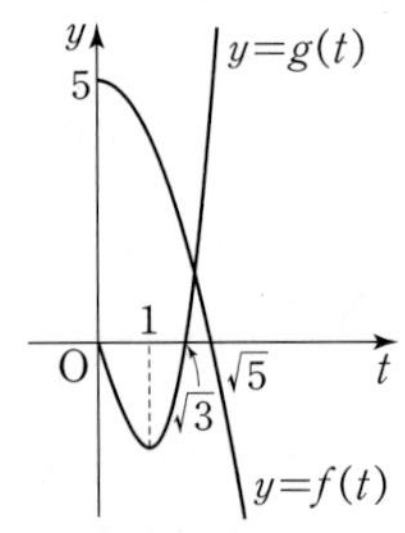

ㄱ. $t>1$에서 점 A는 음의 방향으로 움직이고, 점 B는 양의 방향으로 움직이므로 서로 반대 방향으로 움직인다. (참)

ㄴ. $f'(t)=-2t$이므로 방정식 $f'(t)=g'(t)$에서

$-2t=3t^2-3$, $3t^2+2t-3=0$

$\therefore t=\frac{-1+\sqrt{10}}{3}$ ($\because t>0$) ······ TIP

즉, $0<t<1$에서 두 점 A, B의 속도가 같아지는 순간이 있다. (참)

ㄷ. $f(2)=1$, $g(2)=2$에서 $f(2)<g(2)$이므로 $t<2$에서 만난다. (거짓)

따라서 옳은 것은 ㄱ, ㄴ이다.

TIP

다음 그림과 같이 그래프를 통해 $0<t<1$에서 방정식 $f'(t)=g'(t)$의 실근이 존재함을 확인할 수 있다.

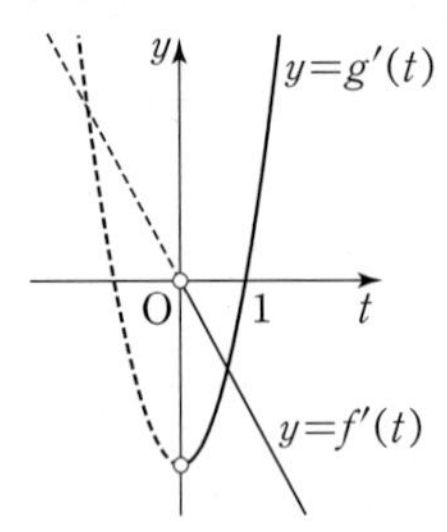

527 ······ 답 ②

t초 후 선분 AP의 길이는 $2t$, 선분 BP의 길이는 $20-2t$이므로 두 선분 AP, BP를 지름으로 하는 원의 반지름의 길이는 각각 t, $10-t$이다.

t초 후 두 원의 넓이의 합을 $S(t)$라 하면

$S(t)=t^2\pi+(10-t)^2\pi=(2t^2-20t+100)\pi$

$S'(t)=(4t-20)\pi$이므로

$t=6$일 때 S의 변화율은 $S'(6)=4\pi$이다.

528 ······ 답 ④

t초 후 구의 반지름의 길이는 $3+0.2t$(cm)이므로

t초 후 구의 부피를 $V(t)$(cm^3)라 하면

$V(t)=\frac{4}{3}\pi(3+0.2t)^3$

$V'(t)=4\pi(3+0.2t)^2\times 0.2$ ······ TIP

반지름의 길이가 5 cm가 되는 순간은 $3+0.2t=5$에서 $t=10$일 때이므로

이때의 풍선의 부피의 변화율은 $4\pi\times 5^2\times 0.2=20\pi$(cm^3/초)이다.

TIP

$f(x)=(ax+b)^n$과 같이 일차식 $ax+b$ (a, b 상수)의 거듭제곱 꼴인 함수를 미분하면

$f(x)=(ax+b)(ax+b)\times\cdots\times(ax+b)$에서

$$\begin{aligned}f'(x)&=a(ax+b)\times\cdots\times(ax+b)\\&\quad+(ax+b)\times a\times\cdots\times(ax+b)+\cdots\\&\quad+(ax+b)(ax+b)\times\cdots\times a\\&=n(ax+b)^{n-1}\times a\end{aligned}$$

이므로 $V'(t)=\frac{4}{3}\pi\times 3\times(3+0.2t)^2\times 0.2$이다.

$(ax+b)^n$을 전개하여 미분하지 않고 간단하게 구할 수 있으므로 기억해 두자.

529 ······ 답 2, 0.8

이 사람이 t초만큼 걸었을 때, 걸어간 거리가 $1.2t$(m)이므로

가로등 바로 밑에서부터 그림자의 끝까지의 거리를 l(m)이라 하면

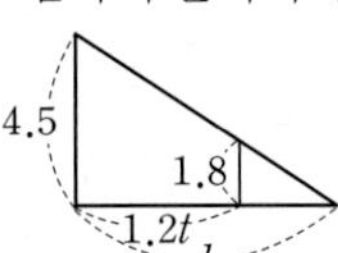

$l:(l-1.2t)=4.5:1.8=5:2$

$2l=5l-6t$에서 $l=2t$ ······ ㉠

이때 $\frac{dl}{dt}=2$이므로 그림자의 끝이 움직이는 속도는 2 (m/초)이다.

한편, 그림자의 길이를 x(m)라 하면

$x=l-1.2t=0.8t$ ($\because$ ㉠)

따라서 $\frac{dx}{dt}=0.8$이므로 그림자의 길이의 변화율은 0.8 (m/초)이다.

다른 풀이

이 사람이 t초만큼 걸었을 때, 걸어간 거리가 $1.2t$(m)이므로

그림자의 길이를 x(m)라 하면

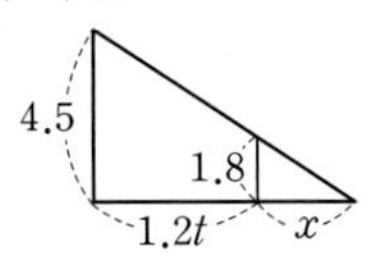

$x:(x+1.2t)=1.8:4.5=2:5$

$2x+2.4t=5x$에서 $x=0.8t$ ······ ㉡

이때 $\frac{dx}{dt}=0.8$이므로 그림자의 길이의 변화율은 0.8 (m/초)이다.

한편, 가로등 바로 밑에서부터 그림자의 끝까지의 거리를 l(m)라 하면

$l=x+1.2t=2t$ ($\because$ ㉡)

따라서 $\frac{dl}{dt}=2$이므로 그림자의 끝이 움직이는 속도는

2 (m/초)이다.

530 ········· 답 -8π cm³/초

물의 높이가 매초 2 cm씩 낮아지므로

t초 후 종이컵 끝부분에서 물의 표면까지의 높이는

$10-2t$(cm)이고, 이때의 수면의 반지름의 길이는 $5-t$(cm)이다.

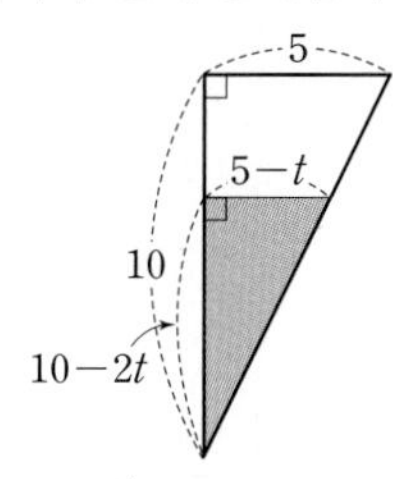

t초 후 물의 부피를 $V(t)$(cm³)라 하면

$V(t)=\frac{1}{3}\pi(5-t)^2(10-2t)=\frac{2}{3}\pi(5-t)^3$

$V'(t)=\frac{2}{3}\pi\times3(5-t)^2\times(-1)=-2\pi(5-t)^2$ ······ TIP

물의 높이가 4 cm가 되는 순간은 $10-2t=4$에서 $t=3$일 때이므로

이때의 물의 부피의 변화율은

$V'(3)=-2\pi\times2^2=-8\pi$ (cm³/초)이다.

TIP

528번 TIP 에 의하여 일차식의 거듭제곱을 간단히 미분할 수 있다.

531 ········· 답 ④

x분 후 물의 높이를 $h(x)$(cm)라 하면 물의 부피(cm³)는

$100\pi\times h(x)=\frac{1}{4}x^3+x$이므로

$h(x)=\frac{1}{100\pi}\left(\frac{1}{4}x^3+x\right)$

$h'(x)=\frac{1}{100\pi}\left(\frac{3}{4}x^2+1\right)$

따라서 물을 채우기 시작한 지 4분 후 물의 높이의 변화율은

$h'(4)=\frac{13}{100\pi}$ (cm/분)이다.

532 ········· 답 풀이 참조

(1) 그림과 같이 t초 후의 수면의 높이를 h cm, 반지름의 길이를 x cm라 하면 매초 1 cm의 속도로 수면의 높이가 일정하게 높아지므로 $h=t$이다.

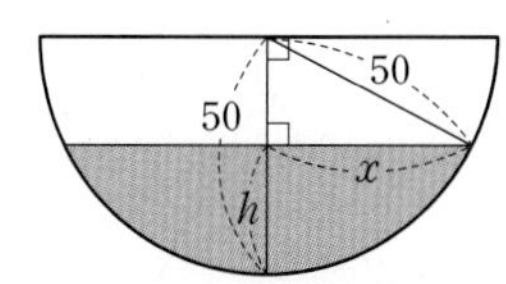

피타고라스 정리에 의하여 $x^2+(50-t)^2=50^2$이므로

$x^2=100t-t^2$

따라서 t초가 되는 순간의 수면의 넓이(cm²)는

$S(t)=x^2\pi=(100t-t^2)\pi$

(2) $S'(t)=(100-2t)\pi$이므로 10초가 되는 순간의 수면의 넓이의 변화율은

$S'(10)=80\pi$ (cm²/초)이다.

채점 요소	배점
문제에 주어진 조건을 나타내는 도형으로부터 수면의 반지름의 길이를 찾고, 수면의 넓이 $S(t)$ 구하기	70%
도함수 $S'(t)$를 구하여 $t=10$일 때 $S'(10)$의 값 구하기	30%

533 ········· 답 36

t초 후의 정삼각형의 한 변의 길이를 $x(t)$라 하고,

정삼각형에 내접하는 원의 반지름의 길이를 $r(t)$라 하자.

정삼각형의 각 변의 길이가 매초 $3\sqrt{3}$씩 늘어나므로

$x(t)=12\sqrt{3}+3\sqrt{3}t$

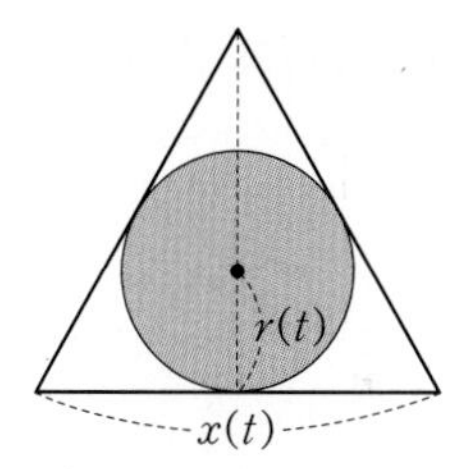

한편, 정삼각형에 내접하는 원의 중심은 정삼각형의 무게중심과 일치하므로

$r(t)=\frac{1}{3}\times\frac{\sqrt{3}}{2}x(t)=\frac{\sqrt{3}}{6}(12\sqrt{3}+3\sqrt{3}t)=6+\frac{3}{2}t$

t초 후 정삼각형에 내접하는 원의 넓이를 $S(t)$라 하면

$S(t)=\pi\left(6+\frac{3}{2}t\right)^2$

$S'(t)=\pi\times\left\{2\times\left(6+\frac{3}{2}t\right)\times\frac{3}{2}\right\}=\left(18+\frac{9}{2}t\right)\pi$ ······ TIP

$x(t)=24\sqrt{3}$일 때, $12\sqrt{3}+3\sqrt{3}t=24\sqrt{3}$에서 $t=4$

이때 원의 넓이의 변화율은 $S'(4)=36\pi$이다.

$\therefore a=36$

TIP

528번 TIP 에 의하여 일차식의 거듭제곱을 간단히 미분할 수 있다.

534 ········· 답 $-\frac{7\sqrt{3}}{4}$

두 점 P, Q가 출발한 후 $\frac{3}{2}$초일 때까지 두 점 P, Q는 각각

선분 AB와 선분 BC 위에 존재한다.

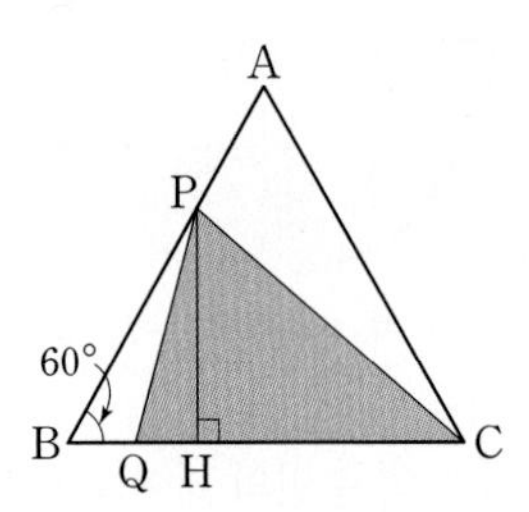

두 점 P, Q가 출발한 후 $t\left(0<t<\frac{3}{2}\right)$초일 때

$\overline{AP}=2t$이므로 $\overline{BP}=3-2t$이고,

점 P에서 선분 BC에 내린 수선의 발을 H라 하면

$\overline{PH}=(3-2t)\sin 60°=\frac{\sqrt{3}}{2}(3-2t)$

또한, $\overline{BQ}=t$이므로 $\overline{CQ}=3-t$

삼각형 CPQ의 넓이를 $S(t)$라 하면

$$S(t)=\frac{1}{2}\times\overline{CQ}\times\overline{PH}$$
$$=\frac{1}{2}\times(3-t)\times\frac{\sqrt{3}}{2}(3-2t)$$
$$=\frac{\sqrt{3}}{4}(t-3)(2t-3)$$
$$=\frac{\sqrt{3}}{4}(2t^2-9t+9)\left(\text{단, }0<t<\frac{3}{2}\right)$$

$S'(t)=\frac{\sqrt{3}}{4}(4t-9)\left(\text{단, }0<t<\frac{3}{2}\right)$

따라서 $t=\frac{1}{2}$일 때 삼각형 CPQ의 넓이의 변화율은

$S'\left(\frac{1}{2}\right)=-\frac{7\sqrt{3}}{4}$이다.

535 ...... 답 ⑤

$t>0$에서 $t^3>0$이고, 원이 x축과 점 $P(t^3, 0)$ $(t>0)$에 접하면서 제1사분면에서 직선 $y=\frac{4}{3}x$와 접하므로 다음과 같다.

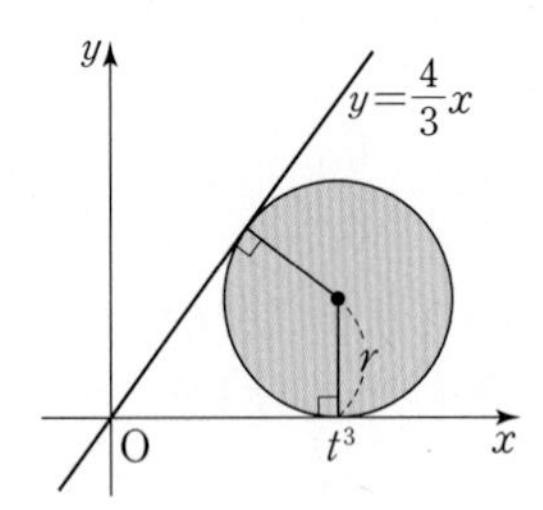

원의 반지름의 길이를 r라 하면 원의 중심의 좌표는 (t^3, r)이고,

원의 중심에서 직선 $y=\frac{4}{3}x$까지의 거리가 반지름의 길이와

같으므로 $\frac{|4t^3-3r|}{\sqrt{4^2+(-3)^2}}=r$에서

$|4t^3-3r|=5r$ $\quad\therefore r=\frac{1}{2}t^3$ 또는 $r=-2t^3$

이때 $t>0$, $r>0$이므로 $r=\frac{1}{2}t^3$이다.

원의 넓이를 $S(t)$라 하면

$S(t)=\pi\left(\frac{1}{2}t^3\right)^2=\frac{\pi}{4}t^6$

$S'(t)=\frac{3}{2}\pi t^5$

따라서 $t=2$가 되는 순간, 원의 넓이의 변화율은

$S'(2)=48\pi$이다.

536 ...... 답 2

t초 후 점 P의 좌표는 $(2t, 0)$이므로 주어진 조건을 만족시키는 함수 $f(x)$는 $f(x)=-2x(x-2t)$이다.

이때 $A\left(\frac{1}{2}t, 0\right)$, $B\left(\frac{3}{2}t, 0\right)$이므로

$\overline{AB}=t$, $\overline{AC}=f\left(\frac{1}{2}t\right)=\frac{3}{2}t^2$이다.

사각형 ABDC의 넓이를 $S(t)$라 하면

$S(t)=\overline{AB}\times\overline{AC}=\frac{3}{2}t^3$

$S'(t)=\frac{9}{2}t^2$

사각형 ABDC가 정사각형이 되는 순간은

$\overline{AB}=\overline{AC}$에서 $t=\frac{3}{2}t^2$, $t=\frac{2}{3}$ $(\because t>0)$일 때이다.

따라서 $t=\frac{2}{3}$일 때, 사각형 ABDC의 넓이의 변화율은

$S'\left(\frac{2}{3}\right)=2$이다.

537 ...... 답 ④

$y=x^3-3x^2+2x+1$에서

$y'=3x^2-6x+2$

점 $(0, a)$를 지나는 접선의 접점의 x좌표를 t라 하면

접선의 기울기는 $3t^2-6t+2$이므로

접선의 방정식은 $y-(t^3-3t^2+2t+1)=(3t^2-6t+2)(x-t)$,

즉 $y=(3t^2-6t+2)x-2t^3+3t^2+1$이다.

이 접선이 점 $(0, a)$를 지나므로

$a=-2t^3+3t^2+1$ ...... ㉠

점 $(0, a)$를 지나는 서로 다른 접선이 세 개 존재하려면

㉠을 만족시키는 서로 다른 실수 t의 값이 세 개 존재해야 한다.

$f(t)=-2t^3+3t^2+1$이라 하면

$f'(t)=-6t^2+6t=-6t(t-1)$이므로 함수 $f(t)$는

$t=0$에서 극솟값 $f(0)=1$, $t=1$에서 극댓값 $f(1)=2$를 갖는다.

이때 함수 $y=f(t)$의 그래프는 다음과 같다.

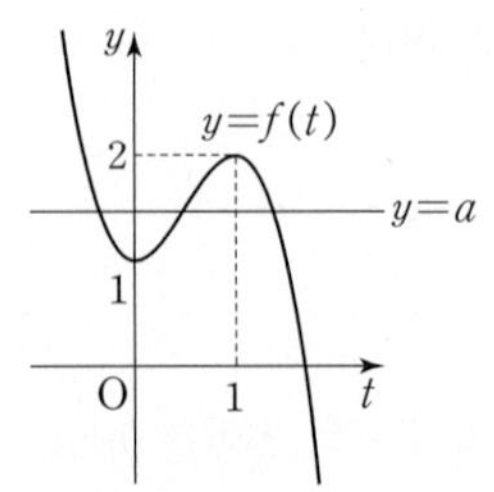

따라서 방정식 $f(t)=a$가 서로 다른 세 실근을 가지려면

$1<a<2$이어야 한다.

538 ········· 답 $f(x)=x^3-12x$

조건 ㈎를 만족시키는 삼차함수 $y=f(x)$의 그래프는 원점에 대하여 대칭이므로 $f(x)=x^3-ax$ (a는 실수)라 하자.
이때 삼차함수 $f(x)$의 극값이 존재하지 않을 경우

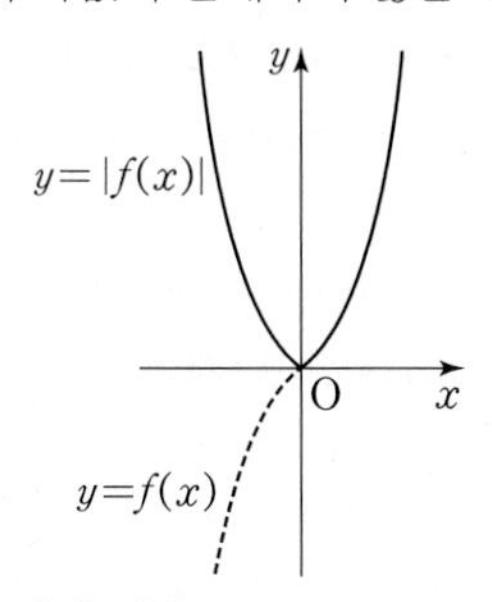

방정식 $|f(x)|=t$의 해의 개수는
$t>0$일 때 2, $t=0$일 때 1, $t<0$일 때 0이므로
함수 $h(t)$는 $t=0$에서만 불연속이다.
따라서 조건 ㈏를 만족시키지 않으므로 삼차함수 $f(x)$는 극값을 갖는 함수이고, 극댓값을 α라 하면
함수 $y=|f(x)|$의 그래프는 다음과 같다.

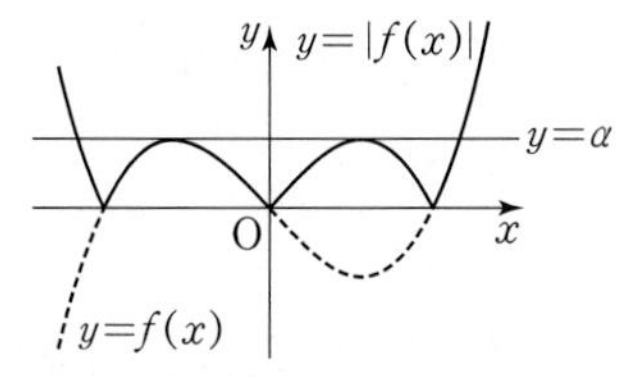

방정식 $|f(x)|=t$의 해의 개수는
$t>\alpha$일 때 2, $t=\alpha$일 때 4, $0<t<\alpha$일 때 6,
$t=0$일 때 3, $t<0$일 때 0이므로
함수 $h(t)$는 $t=0$, $t=\alpha$에서 불연속이다.
따라서 조건 ㈏에 의하여 $\alpha=16$이므로 함수 $f(x)$의 극댓값이 16이다.

$f'(x)=3x^2-a$이므로 $f'(x)=0$에서 $x=\pm\sqrt{\frac{a}{3}}$

즉, 함수 $f(x)$는 $x=-\sqrt{\frac{a}{3}}$에서 극댓값 16을 가지므로

$f\left(-\sqrt{\frac{a}{3}}\right)=\frac{2a}{3}\sqrt{\frac{a}{3}}=16$에서

$\frac{a}{3}\sqrt{\frac{a}{3}}=8$, $\left(\sqrt{\frac{a}{3}}\right)^3=2^3$, $\sqrt{\frac{a}{3}}=2$, $a=12$

$\therefore f(x)=x^3-12x$

539 ········· 답 34

사차방정식 $\frac{3}{2}x^4+4x^3-3x^2-12x+k=0$에서

$\frac{3}{2}x^4+4x^3-3x^2-12x=-k$

$h(x)=\frac{3}{2}x^4+4x^3-3x^2-12x$라 하면

$h'(x)=6x^3+12x^2-6x-12=6(x+2)(x+1)(x-1)$이므로
함수 $h(x)$는 $x=-2$에서 극솟값 $h(-2)=4$, $x=-1$에서
극댓값 $h(-1)=\frac{13}{2}$, $x=1$에서 극솟값 $h(1)=-\frac{19}{2}$를 갖는다.

이때 함수 $y=h(x)$의 그래프는 다음과 같다.

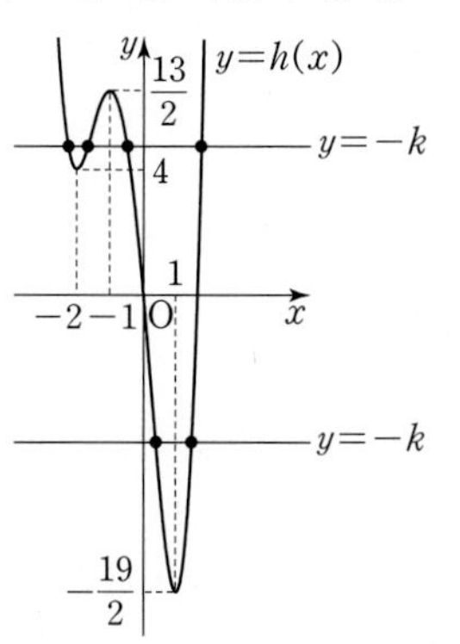

$|f(k)-g(k)|=2$이려면 함수 $y=h(x)$의 그래프와 직선 $y=-k$의 교점 중 x좌표가 양수인 것과 음수인 것의 개수의 차가 2이어야 한다.
이를 만족시키는 경우는

$-\frac{19}{2}<-k<0$일 때 $f(k)=2$, $g(k)=0$인 경우와

$4<-k<\frac{13}{2}$일 때 $f(k)=1$, $g(k)=3$인 경우뿐이다. ······ TIP

따라서 $0<k<\frac{19}{2}$ 또는 $-\frac{13}{2}<k<-4$이므로
모든 정수 k의 값의 합은
$(1+2+\cdots+9)+\{(-5)+(-6)\}$
$=1+2+3+4+7+8+9=34$

TIP

k의 값에 따라 $f(k)$, $g(k)$의 값은 각각 다음과 같다.

k	$f(k)$	$g(k)$
$-k<-\frac{19}{2}$	0	0
$-k=-\frac{19}{2}$	1	0
$-\frac{19}{2}<-k<0$	2	0
$-k=0$	1	0
$0<-k<4$	1	1
$-k=4$	1	2
$4<-k<\frac{13}{2}$	1	3
$-k=\frac{13}{2}$	1	2
$-k>\frac{13}{2}$	1	1

540 ········· 답 ⑤

ㄱ. α가 사차방정식 $f(x)=0$의 근이므로
$f(\alpha)=0$
즉, 다항식 $f(x)$는 $x-\alpha$를 인수로 가지므로
삼차식 $g(x)$에 대하여 $f(x)=(x-\alpha)g(x)$라 하자.
$f'(x)=(x-\alpha)'g(x)+(x-\alpha)g'(x)$
$=g(x)+(x-\alpha)g'(x)$

이때 $f'(\alpha)=0$이면
$g(\alpha)+(\alpha-\alpha)g'(\alpha)=0$, 즉 $g(\alpha)=0$이므로
다항식 $g(x)$는 $x-\alpha$를 인수로 갖는다.
따라서 이차식 $h(x)$에 대하여
$g(x)=(x-\alpha)h(x)$라 하면
$f(x)=(x-\alpha)g(x)$
$\quad=(x-\alpha)^2h(x)$
즉, 다항식 $f(x)$는 $(x-\alpha)^2$으로 나누어떨어진다. (참)

ㄴ. $f'(\alpha)f'(\beta)=0$이면 $f'(\alpha)=0$ 또는 $f'(\beta)=0$이다.
일반성을 잃지 않고 $f'(\alpha)=0$이라 하면 ㄱ에 의하여
다항식 $f(x)$는 $(x-\alpha)^2$을 인수로 가지며
$f(\beta)=0$이므로 $x-\beta$ 또한 인수로 갖는다.
즉, 일차식 $q(x)$에 대하여
$f(x)=(x-\alpha)^2(x-\beta)q(x)$이므로
방정식 $f(x)=0$은 허근을 갖지 않는다. (참)

ㄷ. 일반성을 잃지 않고 함수 $f(x)$의 최고차항의 계수가 양수이고
$\alpha<\beta$라 하자.
$f'(\alpha)f'(\beta)>0$이면 $x=\alpha$, $x=\beta$일 때의 함수 $y=f(x)$의
접선의 기울기가 모두 양수이거나 음수이다.
이를 만족시키는 함수 $y=f(x)$의 그래프는 다음과 같은
두 경우뿐이므로 이때의 방정식 $f(x)=0$은 서로 다른 네 실근을
갖는다. (참)

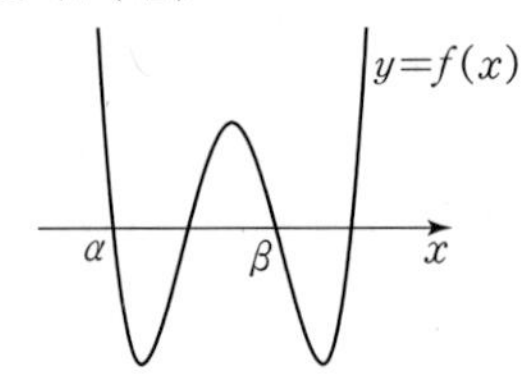

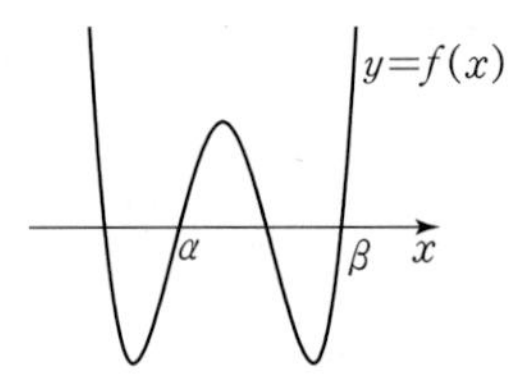

따라서 옳은 것은 ㄱ, ㄴ, ㄷ이다.

다른 풀이

ㄷ. 이차식 $p(x)$에 대하여 $f(x)=(x-\alpha)(x-\beta)p(x)$라 하면
$f'(x)=(x-\alpha)'(x-\beta)p(x)+(x-\alpha)(x-\beta)'p(x)+(x-\alpha)(x-\beta)p'(x)$
$\quad=(x-\beta)p(x)+(x-\alpha)p(x)+(x-\alpha)(x-\beta)p'(x)$
따라서 $f'(\alpha)=(\alpha-\beta)p(\alpha)$, $f'(\beta)=(\beta-\alpha)p(\beta)$이므로
$f'(\alpha)f'(\beta)=-(\alpha-\beta)^2p(\alpha)p(\beta)>0$에서
$p(\alpha)p(\beta)<0$이다.
일반성을 잃지 않고 $\alpha<\beta$라 하면
이차함수 $y=p(x)$는 실수 전체의 집합에서 연속이므로
사잇값 정리에 의하여 열린구간 (α, β)에 이차방정식
$p(c)=0$을 만족시키는 $x=c$가 한 개 존재한다.
한편, 이차함수 $y=p(x)$는 구간 $(-\infty, \alpha)$ 또는 구간
(β, ∞)에서 한 개의 실근을 더 가지므로 방정식 $p(x)=0$을
만족시키는 α, β가 아닌 서로 다른 두 개의 실근은 방정식
$f(x)=0$의 실근이며, $x=\alpha$, $x=\beta$ 또한 방정식
$f(x)=0$의 실근이므로 방정식 $f(x)=0$은 모두 4개의
실근을 갖는다. (참)

참고

고등학교 수학에서 다루는 다항방정식은 그 계수가 실수인
것으로 한정한다.

541 .... 답 ③

부등식 $f(x)\geq g(x)$에서
$x^{n+1}-(n+6)(n-7)\geq(n+1)x$
$x^{n+1}-(n+1)x-(n+6)(n-7)\geq0$
$h(x)=x^{n+1}-(n+1)x-(n+6)(n-7)$이라 하면
$h'(x)=(n+1)x^n-(n+1)=(n+1)(x^n-1)$
(i) n이 짝수일 때,
$x=-1$ 또는 $x=1$일 때 $h'(x)=0$이고,
이때 함수 $y=h(x)$의 그래프의 개형은 다음과 같다.

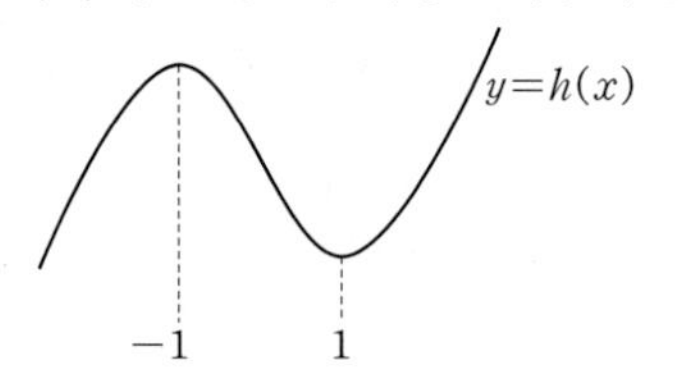

(ii) n이 홀수일 때,
$x=1$일 때 $h'(x)=0$이고,
이때 함수 $y=h(x)$의 그래프의 개형은 다음과 같다.

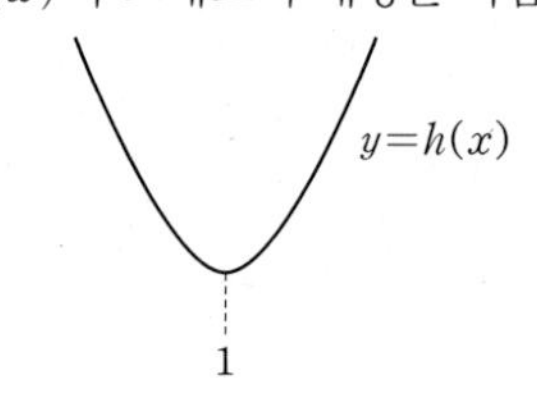

(i), (ii)에 의하여 $x\geq0$에서 함수 $h(x)$는 $x=1$에서 극소이며
최소이므로 부등식 $h(x)\geq0$이 성립하려면 $h(1)\geq0$이어야 한다.
$h(1)=-n-(n+6)(n-7)\geq0$
$-n^2+42\geq0$에서 $n^2\leq42$
따라서 이를 만족시키는 자연수 n은 1, 2, 3, 4, 5, 6으로 6개이다.

542 .... 답 ①

부등식 $\frac{1}{2}x^4-ax+24>0$에서 $\frac{1}{2}x^4+24>ax$
이 부등식이 성립하려면 $f(x)=\frac{1}{2}x^4+24$, $g(x)=ax$라 할 때,
함수 $y=f(x)$의 그래프가 직선 $y=g(x)$보다 항상 위쪽에 존재해야
한다. ...... ㉠
$f'(x)=2x^3$이므로 함수 $f(x)$는 $x=0$에서 극솟값 $f(0)=24$를
갖는다.
이때 함수 $y=f(x)$의 그래프가 y축에 대하여 대칭이므로 다음과
같다.

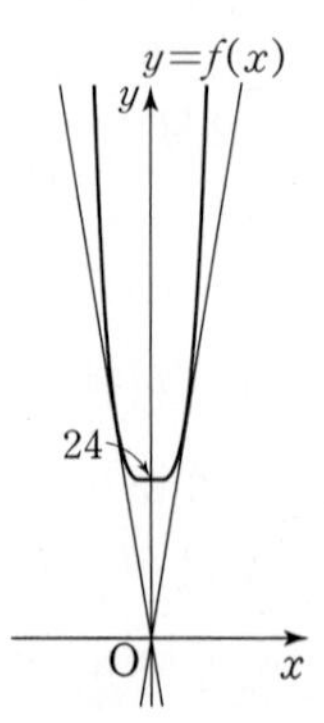

직선 $y=g(x)$가 함수 $y=f(x)$의 그래프에 접할 때 a의 값을 구하면 다음과 같다.

접점의 좌표를 $\left(t,\ \frac{1}{2}t^4+24\right)$라 하면 접선의 방정식은

$y-\left(\frac{1}{2}t^4+24\right)=2t^3(x-t)$

즉 $y=2t^3x-\frac{3}{2}t^4+24$이고, 이 직선이 직선 $y=ax$와 같을 때

$-\frac{3}{2}t^4+24=0$에서

$t^4=16,\ t=\pm2$

$t=2$일 때 $a=16$, 접선의 방정식은 $y=16x$이고,

$t=-2$일 때 $a=-16$, 접선의 방정식은 $y=-16x$이다.

따라서 ㉠을 만족시키는 a의 값의 범위는

$-16<a<16$이므로 정수 a의 개수는 31이다.

다른 풀이

$f(x)=\frac{1}{2}x^4-ax+24$라 하면

$f'(x)=2x^3-a$

$f'(x)=0$에서 $x^3=\frac{a}{2}$이고,

이를 만족시키는 실수 x가 한 개 존재하므로 그 값을 c라 하면

함수 $f(x)$는 $x=c$에서 극소이며 최소이므로

모든 실수 x에 대하여 $f(x)>0$이 성립하려면

$f(c)=\frac{1}{2}c^4-ac+24>0$이어야 한다.

즉, $c\left(\frac{1}{2}c^3-a\right)+24>0$에서

$-\frac{3}{4}ac+24>0\ \left(\because\ c^3=\frac{a}{2}\right)$

$ac<32,\ a^3c^3<2^{15},\ \frac{a^4}{2}<2^{15}$

$a^4<2^{16},\ a^2<2^8$

$\therefore\ -16<a<16$

따라서 정수 a의 개수는 31이다.

543

답 $a\le2$

$f(x)=x^3-\frac{3}{2}ax^2+4$라 하면

$f'(x)=3x^2-3ax=3x(x-a)$

(i) $a=0$일 때,

$f'(x)=3x^2\ge0$이므로 함수 $f(x)$는 실수 전체의 집합에서 증가한다.

$x\ge0$일 때 $f(x)\ge0$이 성립하려면 $f(0)\ge0$이어야 한다.

$f(0)=4$이므로 조건을 만족시킨다.

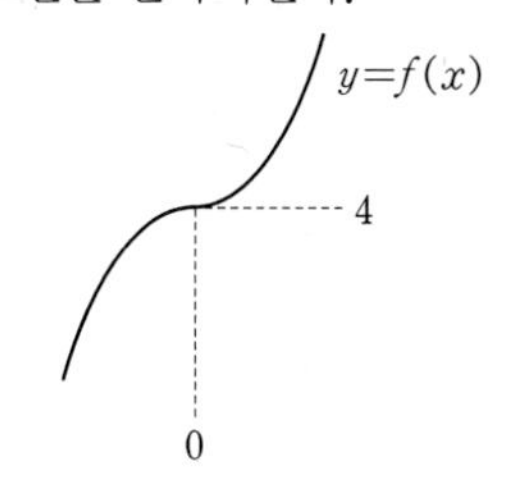

(ii) $a<0$일 때,

함수 $f(x)$는 $x=a$에서 극대, $x=0$에서 극소이고,

이때 함수 $y=f(x)$의 그래프의 개형은 다음과 같다.

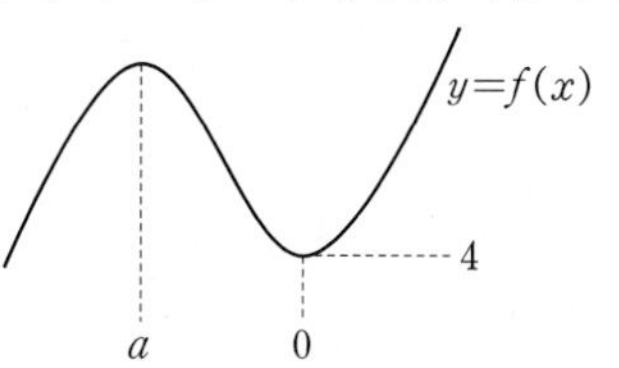

$x\ge0$에서 함수 $f(x)$가 증가하므로

$x\ge0$일 때 $f(x)\ge0$이 성립하려면 $f(0)\ge0$이어야 한다.

$f(0)=4$이므로 조건을 만족시킨다.

(iii) $a>0$일 때,

함수 $f(x)$는 $x=0$에서 극대, $x=a$에서 극소이고,

이때 함수 $y=f(x)$의 그래프의 개형은 다음과 같다.

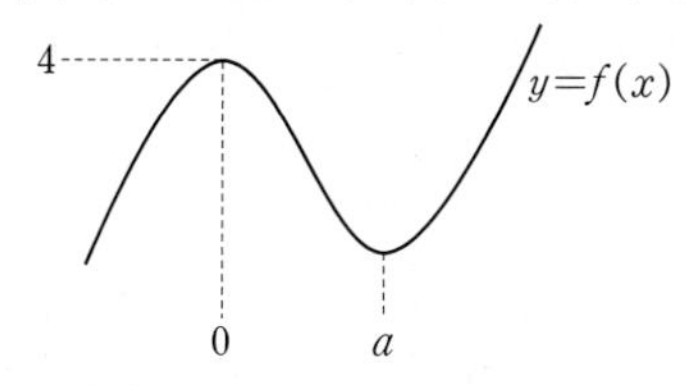

$x\ge0$에서 함수 $f(x)$는 $x=a$에서 최솟값을 가지므로

$f(x)\ge0$이 성립하려면 $f(a)\ge0$이어야 한다.

$f(a)=4-\frac{a^3}{2}\ge0$에서 $a^3\le8,\ a\le2$ $\quad\therefore\ 0<a\le2$

(i)~(iii)에 의하여 구하는 실수 a의 값의 범위는 $a\le2$이다.

544

답 $k<-7$ 또는 $k>8$

방정식 $f(g(x))=10$에서 $g(x)=t$라 하면

$f(t)=10$, 즉 $t^2-t-2=10$에서

$t^2-t-12=0,\ (t+3)(t-4)=0,\ t=-3$ 또는 $t=4$

즉, 방정식 $g(x)=4$ 또는 방정식 $g(x)=-3$을 만족시키는 서로 다른 실수 x의 개수가 2이어야 한다.

$g'(x)=6x^2-6=6(x+1)(x-1)$에서

함수 $g(x)$는 $x=-1$에서 극댓값 $g(-1)=k+4$를 갖고,

$x=1$에서 극솟값 $g(1)=k-4$를 갖는다.

이때 함수 $y=g(x)$의 그래프의 개형은 다음과 같다.

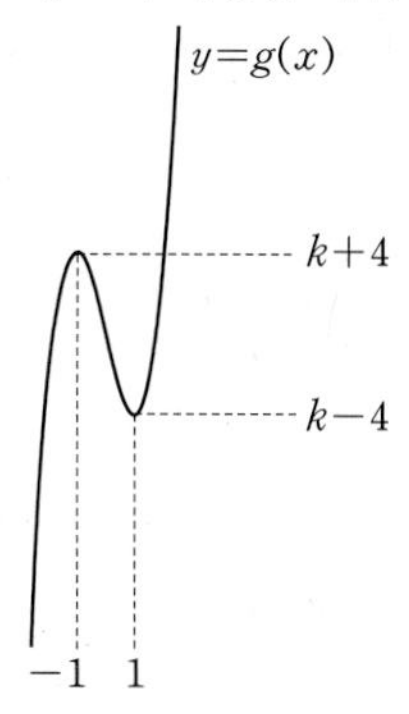

또한, 삼차함수 $g(x)$에 대하여 두 방정식 $g(x)=4,\ g(x)=-3$의 실근은 적어도 하나씩 존재하므로

방정식 $g(x)=4$ 또는 방정식 $g(x)=-3$의 서로 다른 실근의 개수가 2이려면 두 방정식의 해가 각각 오직 하나씩 존재해야 한다.

이를 만족시키는 경우는 다음과 같다. …… TIP

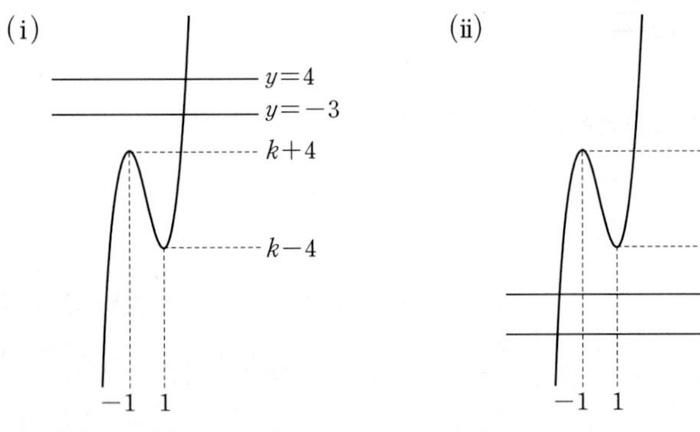

(i)에서 $k+4<-3$, 즉 $k<-7$
(ii)에서 $4<k-4$, 즉 $k>8$
따라서 구하는 실수 k의 값의 범위는 $k<-7$ 또는 $k>8$이다.

TIP

$(k+4)-(k-4)=8$, $4-(-3)=7$이므로 다음과 같은 경우는 생기지 않는다.

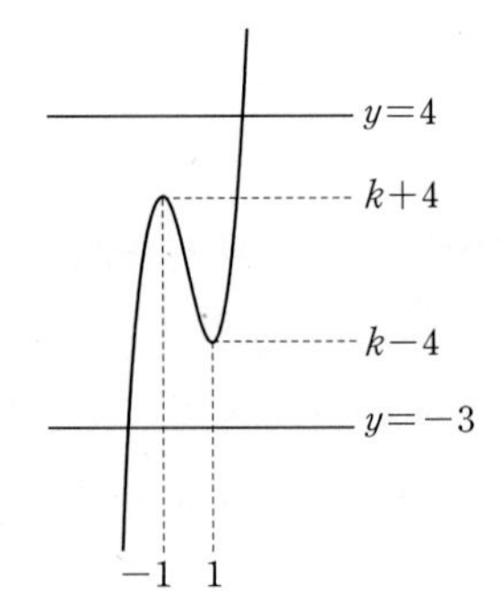

545

답 21

방정식 $f(x)+|f(x)+x|=6x+k$,
즉 $f(x)+|f(x)+x|-6x=k$에서 $g(x)$를
$g(x)=f(x)+|f(x)+x|-6x$
라 하면 주어진 방정식은 $g(x)=k$와 같고, 이 방정식의 서로 다른 실근의 개수는 곡선 $y=g(x)$와 직선 $y=k$의 교점의 개수와 같다.

$g(x)=\begin{cases} -7x & (f(x)<-x) \\ 2f(x)-5x & (f(x)\ge -x) \end{cases}$이고,

$f(x)=-x$에서 $\frac{1}{2}x^3-\frac{9}{2}x^2+10x=-x$

$x(x^2-9x+22)=0$
이때 모든 실수 x에 대하여

$x^2-9x+22=\left(x-\frac{9}{2}\right)^2+\frac{7}{4}>0$

이므로 곡선 $y=f(x)$와 직선 $y=-x$는 원점 $\mathrm{O}(0, 0)$에서만 만난다.
즉, $x<0$에서 $f(x)<-x$, $x\ge 0$에서 $f(x)\ge -x$이므로
$h(x)=2f(x)-5x=x^3-9x^2+15x$라 하면

$g(x)=\begin{cases} -7x & (x<0) \\ h(x) & (x\ge 0) \end{cases}$

$h'(x)=3x^2-18x+15=3(x-1)(x-5)$이므로
$h'(x)=0$에서 $x=1$ 또는 $x=5$
$x\ge 0$에서 함수 $h(x)$의 증가와 감소를 표로 나타내면 다음과 같다.

x	0	$\cdots$	1	$\cdots$	5	$\cdots$
$h'(x)$		$+$	0	$-$	0	$+$
$h(x)$	0	↗	7	↘	-25	↗

따라서 함수 $h(x)$는 $x=1$에서 극대, $x=5$에서 극소이므로 함수 $y=g(x)$의 그래프는 다음 그림과 같다.

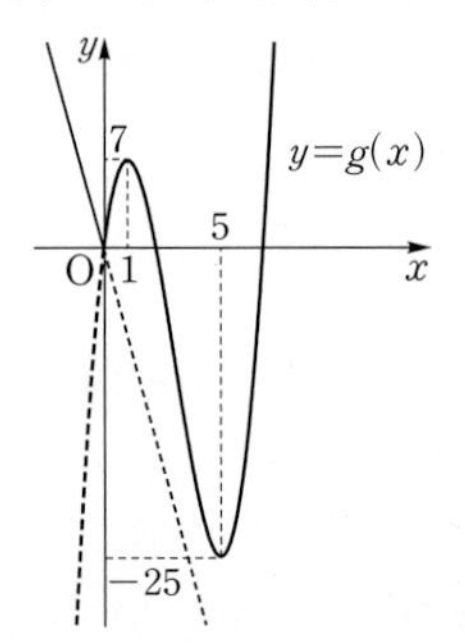

이때 주어진 방정식의 서로 다른 실근의 개수가 4이려면 곡선 $y=g(x)$와 직선 $y=k$의 교점의 개수가 4이어야 하므로 실수 k의 값의 범위는 $0<k<7$
따라서 모든 정수 k의 값의 합은

$1+2+3+\cdots+6=\frac{6\times 7}{2}=21$

다른 풀이

$g(x)=f(x)+x=\frac{1}{2}x^3-\frac{9}{2}x^2+11x$라 하면 주어진 방정식은
$g(x)+|g(x)|=7x+k$
와 같고, 이 방정식의 서로 다른 실근의 개수는 곡선 $y=g(x)+|g(x)|$와 직선 $y=7x+k$의 교점의 개수와 같다.
이때 $g(x)=0$을 만족시키는 x의 값을 구하면

$\frac{1}{2}x^3-\frac{9}{2}x^2+11x=0$에서 $\frac{1}{2}x(x^2-9x+22)=0$

$\therefore x=0$ ($\because x^2-9x+22>0$)
즉, $x<0$에서 $g(x)<0$, $x\ge 0$에서 $g(x)\ge 0$이므로

$g(x)+|g(x)|=\begin{cases} 0 & (x<0) \\ 2g(x) & (x\ge 0) \end{cases}$

$h(x)=2g(x)=x^3-9x^2+22x$라 하면
$h'(x)=3x^2-18x+22$이므로

$h'(x)=0$에서 $x=3\pm\frac{\sqrt{15}}{3}$

$x\ge 0$에서 함수 $h(x)$의 증가와 감소를 표로 나타내면 다음과 같다.

x	0	$\cdots$	$3-\frac{\sqrt{15}}{3}$	$\cdots$	$3+\frac{\sqrt{15}}{3}$	$\cdots$
$h'(x)$		$+$	0	$-$	0	$+$
$h(x)$	0	↗	극대	↘	극소	↗

따라서 함수 $y=g(x)+|g(x)|$의 그래프는 다음과 같다.

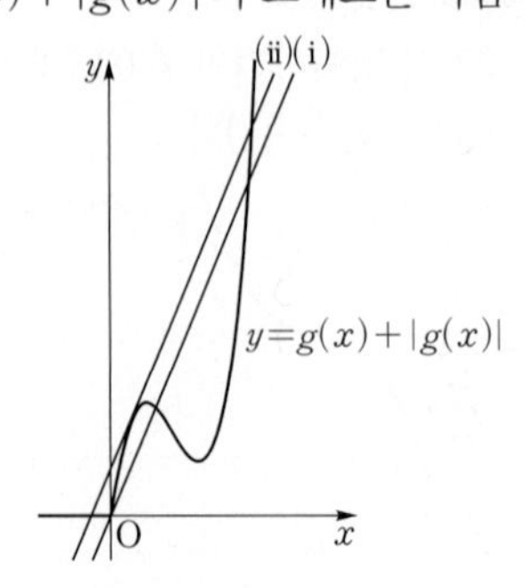

이때 직선 $y=7x+k$가
(i) 기울기가 7이고 원점을 지나는 직선과
(ii) 기울기가 7이고 곡선에 접하는 직선
사이에 위치해야만 곡선 $y=g(x)+|g(x)|$와 직선 $y=7x+k$의 교점의 개수가 4가 된다.
(i) 기울기가 7이고 원점을 지나는 직선의 방정식은
$y=7x$
(ii) 기울기가 7인 직선과 곡선 $y=h(x)$의 접점의 x좌표를 a라 하면
$h'(a)=7$, 즉 $3a^2-18a+22=7$에서
$a^2-6a+5=0$, $(a-1)(a-5)=0$
$\therefore a=1$
$h(1)=14$이므로 기울기가 7이고 곡선에 접하는 직선의 방정식은
$y=7(x-1)+1$
$\therefore y=7x+7$
(i), (ii)에 의하여 실수 k의 값의 범위는
$0<k<7$

546 ······ 답 ③

ㄱ. 방정식 $f'(x)=0$의 서로 다른 세 실근이 α, β, γ이고 $\alpha<\beta<\gamma$이므로 최고차항이 양수인 사차함수 $f(x)$의 증가와 감소를 표로 나타내면 다음과 같다.

x	$\cdots$	α	$\cdots$	β	$\cdots$	γ	$\cdots$
$f'(x)$	$-$	0	$+$	0	$-$	0	$+$
$f(x)$	↘	$f(\alpha)$	↗	$f(\beta)$	↘	$f(\gamma)$	↗

따라서 함수 $f(x)$는 $x=\beta$에서 극댓값을 갖는다. (참)

ㄴ. 조건 $f(\alpha)f(\beta)f(\gamma)<0$에서 $f(\alpha)$, $f(\beta)$, $f(\gamma)$ 중 한 개가 음수이거나 모두 음수이므로 함수 $y=f(x)$의 그래프는 다음과 같다.

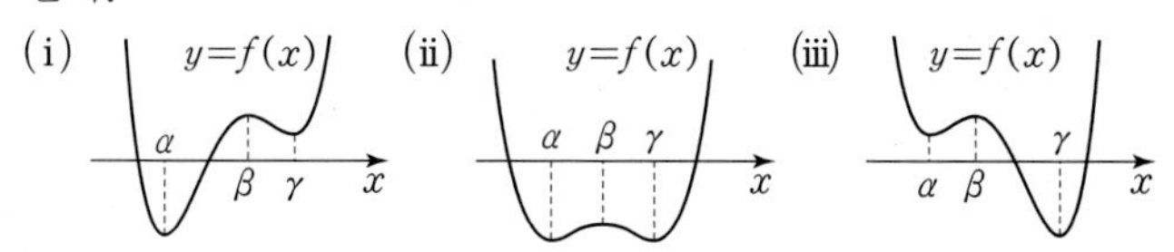

이때 (i)~(iii)에 의하여 방정식 $f(x)=0$은 모두 서로 다른 두 실근을 갖는다. (참)

ㄷ. $f(\alpha)>0$이면 함수 $y=f(x)$의 그래프는 ㄴ의 (iii)과 같으므로 방정식 $f(x)=0$은 β보다 작은 실근을 갖지 않는다. (거짓)

따라서 옳은 것은 ㄱ, ㄴ이다.

547 ······ 답 ③

함수 $|f(x)|$가 $x=1$에서 미분가능하지 않으므로
$f(1)=0$, $f'(1)\neq 0$이다. ······ TIP1
또한, 구간 $(-7, -5)$에서 적어도 하나의 실근을 가지므로 그 실근 중 하나를 α $(-7<\alpha<-5)$라 하면
$f(\alpha)=0$이다.
이때 함수 $|f(x)|$가 $x=\alpha$에서 미분가능해야 하므로
$f'(\alpha)=0$이다. ······ TIP1
즉, $f(x)=k(x-1)(x-\alpha)^3$ $(k\neq 0)$이고, ······ TIP2
함수 $y=f(x)$의 그래프는 다음과 같다.

(i) $k>0$일 때	(ii) $k<0$일 때

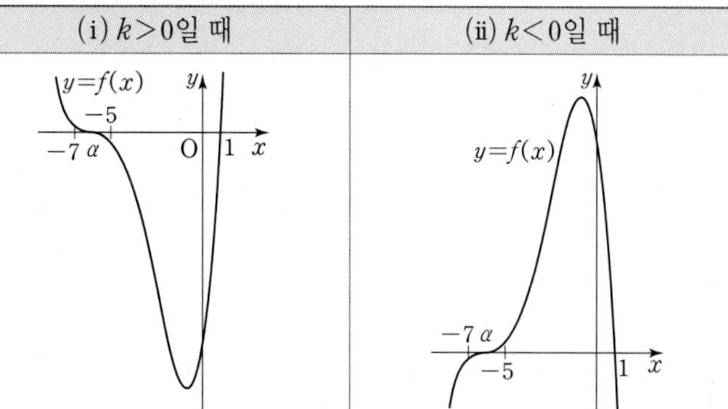

ㄱ. 함수 $y=|f(x)|$의 그래프는 다음과 같고, 이때 $x=1$, $x=\alpha$에서 극소이므로 극소가 되는 점의 개수는 2이다. (참)

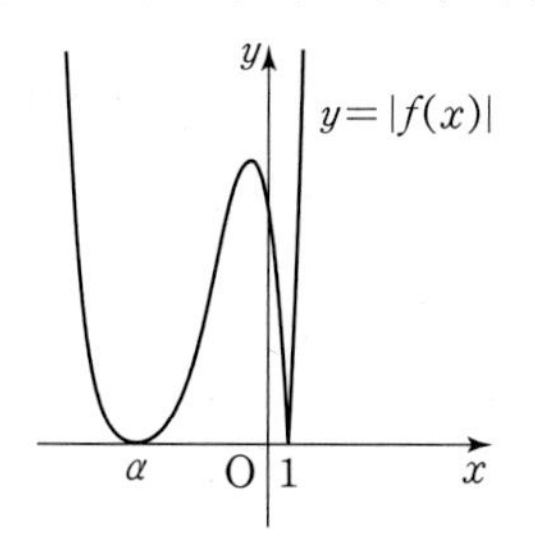

ㄴ. $f'(x)=k(x-\alpha)^3+3k(x-1)(x-\alpha)^2$
$=k(x-\alpha)^2(4x-\alpha-3)$
이므로 $x=\alpha$ 또는 $x=\dfrac{\alpha+3}{4}$일 때 $f'(x)=0$이다.
$-7<\alpha<-5$에서 $-1<\dfrac{\alpha+3}{4}<-\dfrac{1}{2}$이므로
구간 $(-4, 0)$에 $f'(x)=0$을 만족시키는 $x=\dfrac{\alpha+3}{4}$이 존재한다. (참)

ㄷ. $f(0)>0$이면 함수 $y=f(x)$의 그래프는 (ii)와 같으므로 함수 $y=|f(x)|$의 그래프는 다음과 같다.

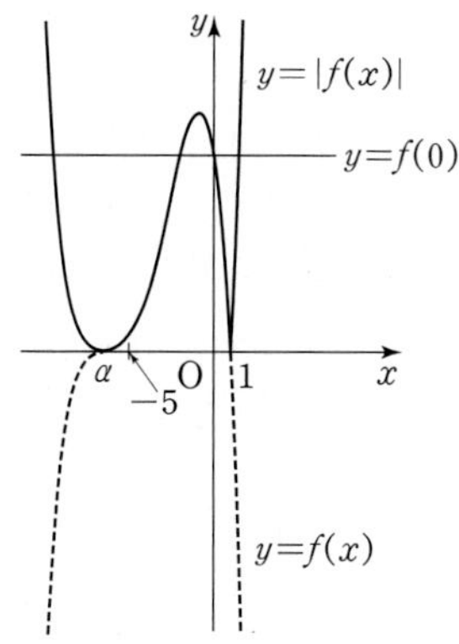

따라서 방정식 $|f(x)|=f(0)$의 서로 다른 실근의 개수는 4이다. (거짓)

따라서 옳은 것은 ㄱ, ㄴ이다.

TIP1

443번 참고 에 의하여 $f(a)=0$일 때, 함수 $|f(x)|$가 $x=a$에서 미분가능할 조건은 $f'(a)=0$이고, 미분가능하지 않을 조건은 $f'(a)\neq 0$이다.

TIP2

$f(1)=0$, $f'(1)\neq0$이므로 $f(x)$는 $x-1$을 인수로 갖고,
$(x-1)^2$을 인수로 갖지 않는다.
$f(x)=k(x-1)(x-a)^2(x-m)$(단, $k\neq0$, $m\neq1$)
이때 $m\neq a$이면 $f(m)=0$, $f'(m)\neq0$이므로 함수 $f(x)$는
$x=a$에서 미분가능하지 않으므로 조건을 만족시키지 않는다.
따라서 $m=a$이므로 $f(x)=k(x-1)(x-a)^3(k\neq0)$이다.

548 ······ 답 ②

조건 ㈎를 만족시키는 함수 $y=f(x)$의 그래프는 다음과 같은 경우가 있다.

(i)
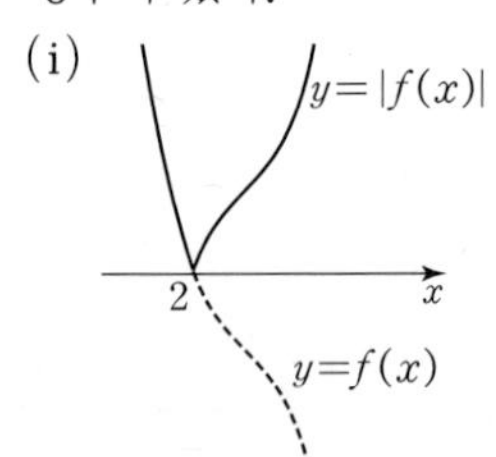

(ii)
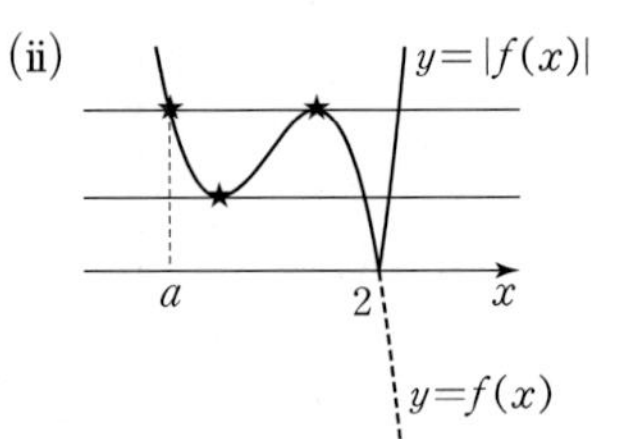

(iii)
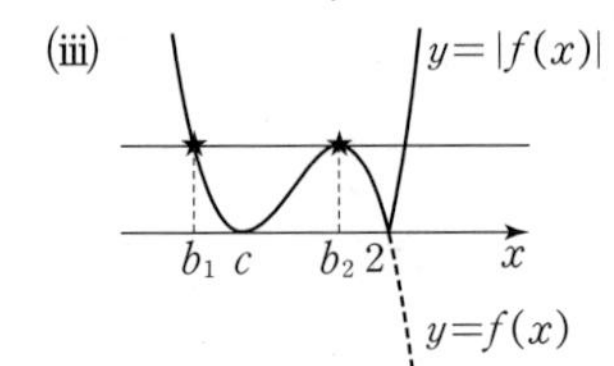

(iv)
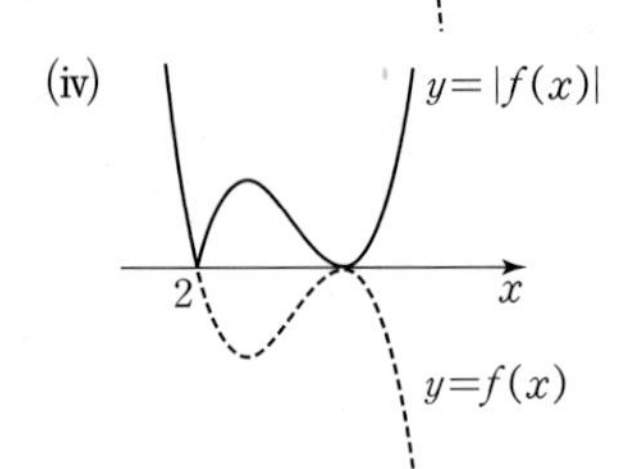

(v)
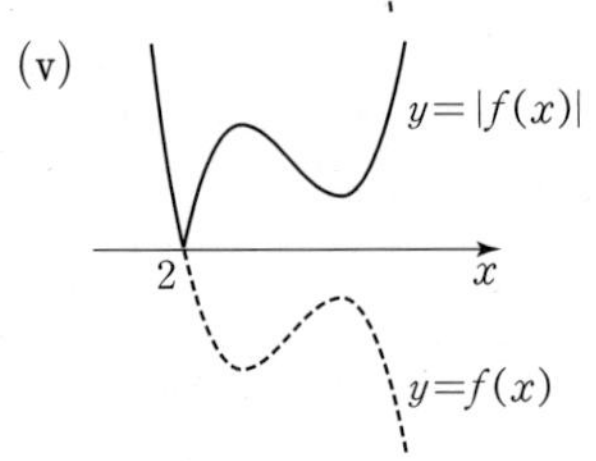

(i), (iv), (v)의 그래프일 때 $f(-1)>f(1)$이므로 조건 ㈐를 만족시키지 않는다.
(ii)의 그래프일 때 함수 $y=|f(x)|$의 그래프와 직선 $y=f(1)$이 서로 다른 세 점에서 만나야 하므로 $x=1$일 때의 점의 위치로 가능한 것이 (ii)의 그림의 ★의 위치로 세 가지이다.
이때 세 ★의 위치 각각에 대하여 조건 ㈏, ㈐를 모두 만족시키는 $x=-1$일 때의 점의 위치가 결정되지 않으므로 (ii)의 그래프는 조건을 만족시키지 않는다. ······ TIP1
(iii)의 그래프일 때 (ii)와 마찬가지 방법으로 가능한 $x=1$일 때의 점의 위치를 나타내면 (iii)의 그림의 ★의 위치로 두 가지이다.
이 중 조건 ㈏, ㈐를 모두 만족시키는 $x=1$, $x=-1$의 위치는 다음과 같다. ······ TIP2

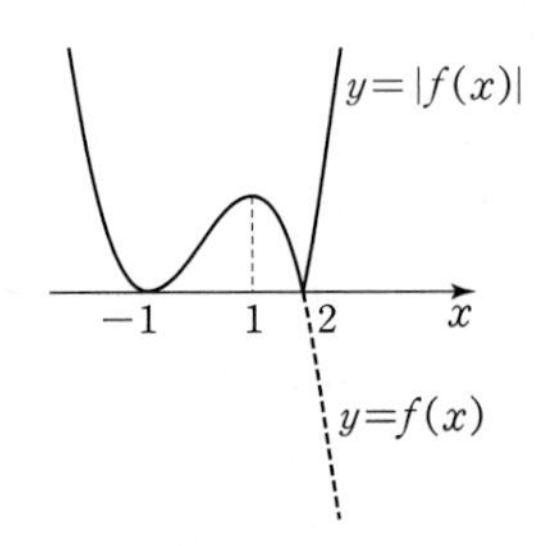

따라서 최고차항의 계수가 -1인 삼차함수 $y=f(x)$의 그래프가 점 $(-1, 0)$에서 x축에 접하고, 점 $(2, 0)$을 지나므로
$f(x)=-(x+1)^2(x-2)$
$\therefore f(0)=2$

TIP1

다음과 같이 a의 값을 잡을 때,

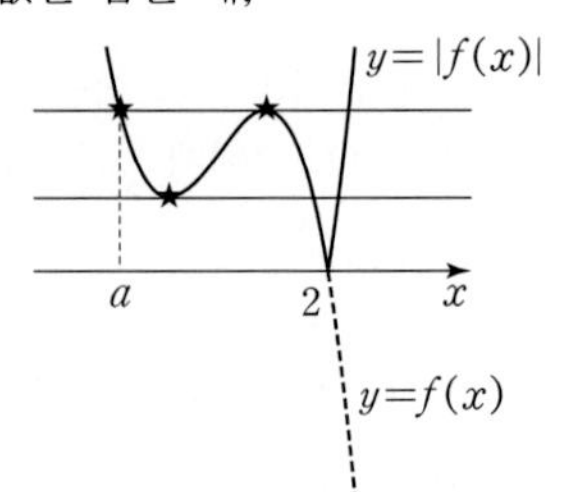

방정식 $|f(x)|=f(-1)$이 서로 다른 두 실근을 갖고,
$-1<1$이므로 $-1<a$이다.
이때 $-1<a$이면 $f(-1)>f(1)$이므로 조건 ㈐를 만족시키지 않는다.

TIP2

다음과 같이 b_1, c, b_2를 잡을 때,

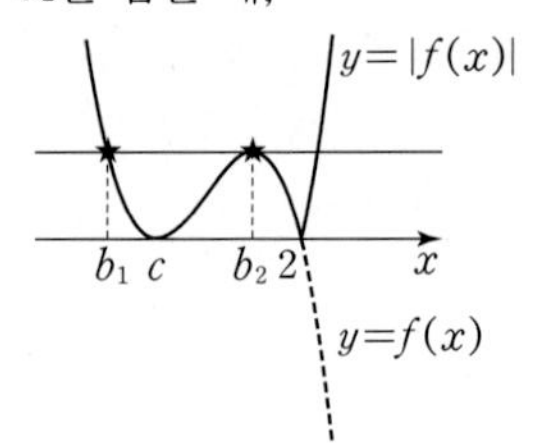

$b_1=1$이면 $f(-1)>f(1)$이므로 조건 ㈐를 만족시키지 않고,
$b_2=1$이면 방정식 $|f(x)|=f(-1)$이 서로 다른 두 실근을 갖고, $-1<1$이므로 $-1<b_1$ 또는 $c=-1$이다.
이때 $-1<b_1$이면 $f(-1)>f(1)$이므로 조건 ㈐를 만족시키지 않으므로 $c=-1$이다.

549 ······ 답 ③

두 점 P, Q가 움직인 거리의 차가 $8n\pi$ (n은 정수)일 때 두 점 P, Q가 만난다. ······ TIP

$\left(\frac{4}{5}t^3+t\right)\pi-\left(\frac{22}{5}t^2+\frac{21}{5}t\right)\pi=8n\pi$에서
$2t^3-11t^2-8t=20n$
이때 $f(t)=2t^3-11t^2-8t$라 하면
출발 후 10초 동안 두 점 P, Q가 만난 횟수는
$0<t\leq10$에서 함수 $y=f(t)$의 그래프와 직선 $y=20n$ (n은 정수)의 교점의 개수와 같다.
$f'(t)=6t^2-22t-8$
$\quad=2(3t+1)(t-4)$
$t>0$에서 함수 $f(t)$는 $t=4$에서 극솟값 $f(4)=-80$을 갖고,
$f(10)=820$이므로
함수 $y=f(t)(t>0)$의 그래프는 다음과 같다.

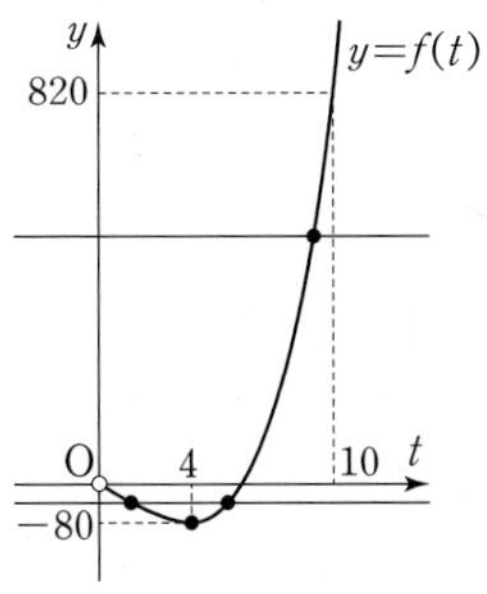

$0<t\le10$에서 함수 $y=f(t)$의 그래프와 직선 $y=20n$의 교점은
$20n=-80$, 즉 $n=-4$일 때 1개,
$-80<20n<0$, 즉 $-4<n<0$에서 $n=-3$, -2, -1일 때 2개,
$0\le20n\le820$, 즉 $0\le n\le41$에서 $n=0$, 1, $\cdots$, 41일 때 1개이므로
출발 후 10초 동안 두 점 P, Q가 만난 횟수는
$1+2\times3+1\times42=49$이다.

TIP

점이 원 위를 움직이므로 한 바퀴씩 회전할 때마다 같은 위치에 놓인다. 즉, 두 점 P, Q가 움직인 거리의 차가 원의 둘레의 배수일 때 같은 위치에 놓이므로 차가 $8\pi\times n$(n은 정수)일 때 두 점 P, Q가 만난다.

550 ······ 답 ①

공이 경사면과 충돌할 때의 공의 중심과 바닥 사이의 거리를 h_0 (m)라 하자.

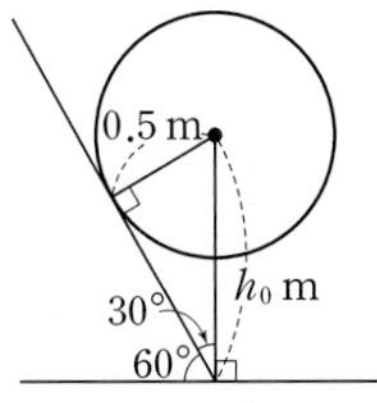

$h_0\sin30^\circ=0.5$에서 $h_0=1$
따라서 공이 경사면과 충돌할 때의 순간은 $21-5t^2=1$에서
$t=2$ ($\because t>0$)일 때이다.
t초 후의 공의 속도는 $h'(t)=-10t$이므로
공이 경사면과 처음으로 충돌하는 순간, 즉 $t=2$일 때 공의 속도는
$h'(2)=-20$ (m/초)이다.

551 ······ 답 풀이 참조

(1) 시각 t(시)에서 카메라가 설치된 시작 지점을 통과한 후 자동차가 움직인 거리 x (km)를 $x=f(t)$라 하면 속도는 $v=f'(t)$(km/시)이다.
시작 지점, 도착 지점에서의 시각을 각각 a, b(시)라 하고,
시작 지점, 도착 지점까지 움직인 거리를 각각 $f(a)$, $f(b)$(km)라 하면 구간단속 구간이 6.6 km이므로 카메라가 설치된 두 지점 사이의 거리는
$f(b)-f(a)=6.6$(km)이고,
운전자가 이 거리를 4분만에 통과하였으므로
$b-a=\frac{4}{60}=\frac{1}{15}$(시)이다.
함수 $f(x)$가 닫힌구간 $[a, b]$에서 연속이고, 열린구간 (a, b)에서 미분가능하므로 평균값 정리에 의하여
$\frac{f(b)-f(a)}{b-a}=f'(c)$,
즉 $f'(c)=\frac{6.6}{\frac{1}{15}}=6.6\times15=99$를 만족시키는 c가 구간 (a, b)에 적어도 하나 존재한다.
따라서 구간단속 구간 내에서 속도 99 (km/시)로 달린 적이 적어도 한 번 있으므로 구간단속에 걸렸다.

(2) 구간단속에 걸리지 않으려면
$\frac{f(b)-f(a)}{b-a}=f'(c)\le90$이어야 하므로
$\frac{6.6}{b-a}\le90$에서 $b-a\ge\frac{6.6}{90}$
$\frac{6.6}{90}$(시)$=\frac{6.6}{90}\times60$(분)$=4.4$(분)
따라서 제한 속도를 위반하지 않고 구간단속 구간을 지나는 데 걸리는 최소 시간은 4.4분이다.

채점 요소	배점
평균값 정리를 이용하여 $f'(c)=99$인 c가 구간 안에 존재함을 설명하기	70%
$\frac{f(b)-f(a)}{b-a}\le90$임을 통해 제한 속도를 위반하지 않는 최소 시간 구하기	30%

III 적분

01 부정적분

552 ········ 답 ④

① $(x^3)'=3x^2$이므로 x^3은 $3x^2$의 한 부정적분이다.
② $(x^3-1)'=3x^2$이므로 x^3-1은 $3x^2$의 한 부정적분이다.
③ $\left(x^3+\frac{2}{3}\right)'=3x^2$이므로 $x^3+\frac{2}{3}$는 $3x^2$의 한 부정적분이다.
④ $(x^3+x)'=3x^2+1$이므로 x^3+x는 $3x^2+1$의 한 부정적분이다.
⑤ $(x^3+5)'=3x^2$이므로 x^3+5는 $3x^2$의 한 부정적분이다.
따라서 선지 중 $3x^2$의 부정적분이 아닌 것은 ④이다.

TIP
어떤 함수의 부정적분은 상수 차이만 나므로 ④가 답임을 쉽게 찾을 수 있다.

553 ········ 답 ②

함수 $f(x)$의 한 부정적분이 $F(x)$이므로
$F'(x)=f(x)=6x^2-2x$
$\therefore F'(1)=f(1)=4$

554 ········ 답 ①

함수 $f(x)$의 한 부정적분이 $x^3+\frac{1}{2}x^2-5x+4$이므로
$f(x)=\left(x^3+\frac{1}{2}x^2-5x+4\right)'=3x^2+x-5$
$\therefore f(0)=-5$

555 ········ 답 ③

$\int f(x)dx=x^2-2x+C$에서
함수 $f(x)$의 한 부정적분이 x^2-2x이므로
$f(x)=(x^2-2x)'=2x-2$

556 ········ 답 ⑤

$\int(6x^2+px-4)dx=qx^3-3x^2+rx+C$에서
함수 $6x^2+px-4$의 한 부정적분이 qx^3-3x^2+rx이므로
$6x^2+px-4=(qx^3-3x^2+rx)'$
$=3qx^2-6x+r$
$6=3q$에서 $q=2$, $p=-6$, $-4=r$이다.
$\therefore p+q+r=-8$

557 ········ 답 ④

$\int\{x+f(x)\}dx=2x^3+5x+C$에서
함수 $x+f(x)$의 한 부정적분이 $2x^3+5x$이므로
$x+f(x)=(2x^3+5x)'=6x^2+5$
$f(x)=6x^2-x+5$
$\therefore f(-1)=12$

558 ········ 답 ④

$\int(x-1)f(x)dx=x^4-4x+C$에서
함수 $(x-1)f(x)$의 한 부정적분이 x^4-4x이므로
$(x-1)f(x)=(x^4-4x)'$
$=4x^3-4=4(x^3-1)$
$=4(x-1)(x^2+x+1)$
이때 $f(x)$는 다항함수이므로
$f(x)=4(x^2+x+1)$
$\therefore f(2)=28$

559 ········ 답 풀이 참조

함수 $f(x)$의 한 부정적분이 $F(x)$이므로
$F'(x)=f(x)$이다.
$F(x)=x^3+ax^2+bx-3$의 양변을 x에 대하여 미분하면
$f(x)=3x^2+2ax+b$ ······ ㉠
$f(0)=5$이므로 $b=5$
㉠의 양변을 x에 대하여 미분하면
$f'(x)=6x+2a$
$f'(0)=4$이므로 $2a=4$ $\therefore a=2$
따라서 $F(x)=x^3+2x^2+5x-3$이므로
$F(1)=5$

채점 요소	배점
함수 $F(x)$를 미분하여 $f(x)$ 구하기	30%
$f(0)=5$를 이용하여 b의 값 구하기	30%
$f'(0)=4$를 이용하여 a의 값 구하기	30%
$F(1)$의 값 구하기	10%

560 ········ 답 (1) $2x-1$ (2) $2x+C$

(1) $\frac{d}{dx}\int f(x)\,dx=f(x)$이므로
$\frac{d}{dx}\int(2x-1)\,dx=2x-1$
(2) $\int\left\{\frac{d}{dx}f(x)\right\}dx=f(x)+C$ (C는 적분상수)이므로
$\int\left\{\frac{d}{dx}(2x-1)\right\}dx=2x+C$ (C는 적분상수)

561 ⋯ 답 5

$\frac{d}{dx}\int(ax^2+3x-2)\,dx=ax^2+3x-2$이므로

모든 실수 x에 대하여 $ax^2+3x-2=4x^2+bx+c$가 성립한다.

따라서 $a=4$, $3=b$, $-2=c$이므로

$a+b+c=5$

562 ⋯ 답 ①

$f(x)=\int\left\{\frac{d}{dx}(2x^3-3x)\right\}dx$

$=2x^3-3x+C$ (C는 적분상수)

$f(0)=1$이므로 $C=1$

따라서 $f(x)=2x^3-3x+1$이므로

$f(2)=11$

563 ⋯ 답 ④

$g(x)=\frac{d}{dx}\int f(x)\,dx+\int\left\{\frac{d}{dx}f(x)\right\}dx$

$=f(x)+\{f(x)+C\}$ (C는 적분상수)

$=2f(x)+C$

$=6x^2+C$

$g(1)=5$이므로 $6+C=5$ $\quad\therefore C=-1$

$\therefore g(x)=6x^2-1$

564 ⋯ 답 4

$f(x)=\int\left[\frac{d}{dx}\{x+g(x)\}\right]dx$

$=x+g(x)+C$ (C는 적분상수)

에서 $f(x)-g(x)=x+C$이다.

$f(1)-g(1)=3$이므로 $1+C=3$ $\quad\therefore C=2$

따라서 $f(x)-g(x)=x+2$이므로

$f(2)-g(2)=4$

565 ⋯ 답 ③

$f'(x)=\frac{d}{dx}\int(2x+1)^5(x+a)\,dx$

$=(2x+1)^5(x+a)$

$f'(-1)=4$이므로 $1-a=4$

$\therefore a=-3$

566 ⋯ 답 ③

$f'(x)=\frac{d}{dx}\int(x^2-2x+5)dx$

$=x^2-2x+5$

$\therefore \lim_{h\to0}\frac{f(1+h)-f(1-2h)}{h}$

$=\lim_{h\to0}\frac{f(1+h)-f(1)}{h}+\lim_{h\to0}\frac{f(1-2h)-f(1)}{-2h}\times2$

$=f'(1)+2f'(1)$

$=3f'(1)=3\times4=12$

567 ⋯ 답 ①

$f'(x)=\frac{d}{dx}\int(4x^{101}-x^{98}+7)\,dx$

$=4x^{101}-x^{98}+7$

$\therefore \lim_{x\to1}\frac{f(x)-f(1)}{x^2-1}=\lim_{x\to1}\left\{\frac{1}{x+1}\times\frac{f(x)-f(1)}{x-1}\right\}$

$=\frac{1}{2}\times f'(1)$

$=\frac{1}{2}\times10=5$

568 ⋯ 답 (1) $5x+C$ (2) $\frac{1}{11}x^{11}+C$ (3) x^2+3x+C

(1) $\int5\,dx=5x+C$ (C는 적분상수)

(2) $\int x^{10}\,dx=\frac{1}{10+1}x^{10+1}+C$

$=\frac{1}{11}x^{11}+C$ (C는 적분상수)

(3) $\int(2x+3)\,dx=\int2x\,dx+\int3\,dx$

$=2\int x\,dx+3\int dx$

$=2\left(\frac{1}{2}x^2+C_1\right)+3(x+C_2)$ (C_1, C_2는 적분상수)

$=x^2+3x+C$ (C는 적분상수)

569 ⋯ 답 ④

$\int(3x^2-2x+4)\,dx$

$=\int3x^2dx-\int2x\,dx+\int4\,dx$

$=3\int x^2dx-2\int x\,dx+\int4\,dx$

$=3\left(\frac{1}{3}x^3+C_1\right)-2\left(\frac{1}{2}x^2+C_2\right)+(4x+C_3)$

(C_1, C_2, C_3은 적분상수)

$=x^3-x^2+4x+C$ (C는 적분상수)

570 ⋯ 답 ④

ㄱ. 0이 아닌 상수 k에 대하여

$\int kf(x)dx=k\int f(x)dx$이다. (참)

ㄴ. $\int\{f(x)+g(x)\}dx=\int f(x)dx+\int g(x)dx$ (참)

ㄷ. (반례) $f(x)=1$, $g(x)=2x$라 하면

$\int f(x)g(x)\,dx=\int 2x\,dx=x^2+C$ (C는 적분상수)

$\int f(x)\,dx=\int 1\,dx=x+C_1$ (C_1은 적분상수),

$\int g(x)\,dx=\int 2x\,dx=x^2+C_2$ (C_2는 적분상수)에서

$\left\{\int f(x)\,dx\right\}\left\{\int g(x)\,dx\right\}=(x+C_1)(x^2+C_2)$

$=x^3+C_1x^2+C_2x+C_1C_2$

$\therefore \int f(x)g(x)\,dx\neq\left\{\int f(x)\,dx\right\}\left\{\int g(x)\,dx\right\}$ (거짓)

따라서 옳은 것은 ㄱ, ㄴ이다.

571 ······ 답 ④

ㄱ. $\int x^{mn}\,dx=\frac{1}{mn+1}x^{mn+1}+C$ (참)

ㄴ. $\int x^m x^n\,dx=\int x^{m+n}\,dx=\frac{1}{m+n+1}x^{m+n+1}+C$ (참)

ㄷ. m, n은 모두 자연수이고, $m>n$이므로 $m-n$은 자연수이다.

$\int \frac{x^m}{x^n}\,dx=\int x^{m-n}\,dx=\frac{1}{m-n+1}x^{m-n+1}+C$ (거짓)

따라서 옳은 것은 ㄱ, ㄴ이다.

572 ······ 답 ②

ㄱ. $\int 0\,dx=C$ (C는 적분상수) (거짓)

ㄴ. $\int (x-1)(x+3)\,dx$

$=\int (x^2+2x-3)\,dx$

$=\frac{1}{3}x^3+x^2-3x+C$ (C는 적분상수) (참)

ㄷ. $\int (x+1)(x^2-x+1)\,dx$

$=\int (x^3+1)\,dx$

$=\frac{1}{4}x^4+x+C$ (C는 적분상수) (거짓)

따라서 옳은 것은 ㄴ이다.

573 ······ 답 ③

$\int (x+1)^2dx+\int (x-1)^2dx$

$=\int \{(x+1)^2+(x-1)^2\}\,dx$

$=\int \{(x^2+2x+1)+(x^2-2x+1)\}\,dx$

$=\int (2x^2+2)\,dx$

$=\frac{2}{3}x^3+2x+C$ (C는 적분상수)

574 ······ 답 ③

$\int \frac{x^3}{x-1}\,dx-\int \frac{1}{x-1}\,dx=\int\left(\frac{x^3}{x-1}-\frac{1}{x-1}\right)dx$

$=\int \frac{x^3-1}{x-1}\,dx$

$=\int \frac{(x-1)(x^2+x+1)}{x-1}\,dx$

$=\int (x^2+x+1)\,dx$

$=\frac{1}{3}x^3+\frac{1}{2}x^2+x+C$ (C는 적분상수)

575 ······ 답 $f(x)=x^2+3x-1$

$f(x)=\int (2x+3)\,dx$

$=x^2+3x+C$ (C는 적분상수)

$f(1)=3$이므로 $4+C=3$ $\therefore C=-1$

$\therefore f(x)=x^2+3x-1$

576 ······ 답 ⑤

$F(x)=\int (3x^2-2x)\,dx$

$=x^3-x^2+C$ (C는 적분상수)

$F(2)=-1$이므로 $4+C=-1$ $\therefore C=-5$

따라서 $F(x)=x^3-x^2-5$이므로

$F(0)=-5$

577 ······ 답 ③

$f(x)=\int (4x^3-ax)\,dx$

$=x^4-\frac{1}{2}ax^2+C$ (C는 적분상수)

$f(0)=1$이므로 $C=1$

즉, $f(x)=x^4-\frac{1}{2}ax^2+1$

$f(1)=5$이므로 $2-\frac{1}{2}a=5$ $\therefore a=-6$

따라서 $f(x)=x^4+3x^2+1$이므로

$f(-2)=29$

578 ······ 답 ②

$f(x)=\int (2x+1)^2dx-\int (2x-1)^2dx$

$=\int \{(2x+1)^2-(2x-1)^2\}\,dx$

$=\int \{(4x^2+4x+1)-(4x^2-4x+1)\}\,dx$

$=\int 8x\,dx$

$=4x^2+C$ (C는 적분상수)

방정식 $f(x)=0$, 즉 $4x^2+C=0$의 한 근이 2이므로
$16+C=0$, $C=-16$, 즉 $f(x)=4x^2-16$
$4x^2-16=4(x+2)(x-2)=0$에서
$x=-2$ 또는 $x=2$
따라서 구하는 다른 한 근은 -2이다.

579 ······ 답 ④

$f(x)=\int f'(x)\,dx$
$=\int (6x^2+2x-5)\,dx$
$=2x^3+x^2-5x+C$ (C는 적분상수)
$f(0)=-2$이므로 $C=-2$
따라서 $f(x)=2x^3+x^2-5x-2$이므로
$f(2)=8$

580 ······ 답 ⑤

$f(x)=\int f'(x)\,dx$
$=\int (4x-1)\,dx$
$=2x^2-x+C$ (C는 적분상수)
곡선 $y=f(x)$가 점 $(1, 3)$을 지나므로
$f(1)=3$에서 $1+C=3$ $\quad\therefore C=2$
따라서 $f(x)=2x^2-x+2$이고
곡선 $y=f(x)$가 점 $(-1, a)$를 지나므로
$a=f(-1)=5$

581 ······ 답 ②

곡선 $y=f(x)$ 위의 점 $(x, f(x))$에서의
접선의 기울기가 $4x-3$이므로 $f'(x)=4x-3$이다.
$f(x)=\int f'(x)\,dx$
$=\int (4x-3)\,dx$
$=2x^2-3x+C$ (C는 적분상수)
곡선 $y=f(x)$가 점 $(2, -1)$을 지나므로
$f(2)=-1$에서 $2+C=-1$ $\quad\therefore C=-3$
따라서 $f(x)=2x^2-3x-3$이므로
$f(-1)=2$

582 ······ 답 ④

$f(x)=\int f'(x)dx$
$=\int (-3x^2+ax+1)\,dx$
$=-x^3+\frac{a}{2}x^2+x+C$ (C는 적분상수)
이때 다항식 $f(x)$가 이차식 $x^2+x-2=(x-1)(x+2)$로
나누어떨어지므로 $f(1)=0$, $f(-2)=0$이 성립한다.
$f(1)=\frac{a}{2}+C=0$, $f(-2)=2a+6+C=0$
위의 두 식을 연립하여 풀면 $a=-4$, $C=2$
따라서 $f(x)=-x^3-2x^2+x+2$이므로
$f(-3)=8$

583 ······ 답 5

$f'(x)=2x+a$이므로
$f(x)=\int f'(x)\,dx=x^2+ax+C$ (C는 적분상수)
$f(1)=1+a+C$,
$f(2)=4+2a+C$,
$f(4)=16+4a+C$이고,
$f(1)$, $f(2)$, $f(4)$의 값이 이 순서대로 등차수열을 이루므로
$2f(2)=f(1)+f(4)$에서
$8+4a+2C=17+5a+2C$ $\quad\therefore a=-9$
따라서 $f'(x)=2x-9$에서 $f'(7)=5$

584 ······ 답 ③

ㄱ. $\{x+F(x)\}'=1+f(x)$이므로
$\int \{1+f(x)\}\,dx=x+F(x)+C$ (참)
ㄴ. $\{x^2F(x)\}'=2xF(x)+x^2f(x)$이므로
$\int \{2xF(x)+x^2f(x)\}\,dx=x^2F(x)+C$ (거짓)
ㄷ. $\{xF(x)\}'=F(x)+xf(x)$이므로
$\int \{xf(x)+F(x)\}\,dx=xF(x)+C$ (참)
따라서 옳은 것은 ㄱ, ㄷ이다.

585 ······ 답 ③

$\int g(x)\,dx=x^5f(x)+C$에서
$g(x)=\{x^5f(x)\}'=5x^4f(x)+x^5f'(x)$
$\therefore g(1)=5f(1)+f'(1)=5\times2+(-3)=7$

586 ······ 답 ④

$\int \{f(x)-g(x)\}\,dx=x+C_1$에서
$f(x)-g(x)=(x)'=1$ ······ ㉠
$\int \{f(x)+2g(x)\}\,dx=x^3-2x+C_2$에서
$f(x)+2g(x)=(x^3-2x)'=3x^2-2$ ······ ㉡
㉠의 양변에 2를 곱한 식에 ㉡의 양변을 각각 더하면
$3f(x)=3x^2$
$\therefore f(x)=x^2$

587 ······ 답 풀이 참조

함수 $f(x)$의 한 부정적분이 $F(x)=x^4-3x^2$이므로

$G(x)=\int f(x)dx=F(x)+C$

$=x^4-3x^2+C$ (C는 적분상수)

이때 $G(1)=2$이므로 $-2+C=2$ $\quad\therefore C=4$

$\therefore G(x)=x^4-3x^2+4$

채점 요소	배점
$G(x)=F(x)+C$임을 알아내기	40 %
$G(1)=2$를 이용하여 C의 값 구하기	30 %
함수 $G(x)$ 구하기	30 %

588 ······ 답 ②

두 함수 $F(x)$, $G(x)$가 함수 $f(x)$의 부정적분이므로

$F(x)-G(x)=k$ (k는 상수)이다. ······ TIP

$F(2)-G(2)=9-4=5$이므로 $k=5$

따라서 $F(x)-G(x)=5$이므로

$F(3)-G(3)=5$

TIP

함수 $f(x)$의 한 부정적분이 $F(x)$이고, 또 다른 한 부정적분이 $G(x)$이면

$G(x)=\int f(x)dx=F(x)+C$ (C는 적분상수)

이므로 $G(x)-F(x)=C$이다.

589 ······ 답 ②

ㄱ. 일반적으로 $\int f(x)\,dx$는 x에 대한 식이고,

$\int f(y)dy$는 y에 대한 식이므로

$\int f(x)\,dx\neq\int f(y)dy$이다. (거짓)

ㄴ. $\int f(x)\,dx=\int g(x)dx$의 양변을 x에 대하여 미분하면

$\frac{d}{dx}\int f(x)\,dx=\frac{d}{dx}\int g(x)\,dx$에서 $f(x)=g(x)$이다. (참)

ㄷ. $\int\left\{\frac{d}{dx}f(x)\right\}dx=f(x)+C$ (C는 적분상수),

$\frac{d}{dx}\int f(x)\,dx=f(x)$이므로

$\int\left\{\frac{d}{dx}f(x)\right\}dx\neq\frac{d}{dx}\int f(x)\,dx$ (거짓)

따라서 옳은 것은 ㄴ이다.

590 ······ 답 ④

$F(x)=(x^3-3x)\int g(x)\,dx$의 양변을 x에 대하여 미분하면

$F'(x)=(3x^2-3)\times\int g(x)\,dx+(x^3-3x)\times\frac{d}{dx}\int g(x)\,dx$

$=(3x^2-3)\int g(x)\,dx+(x^3-3x)g(x)$

위의 등식의 양변에 $x=-1$을 대입하면

$F'(-1)=0+2g(-1)$에서 $12=2g(-1)$

$\therefore g(-1)=6$

591 ······ 답 풀이 참조

$f(x)=\int\left\{\frac{d}{dx}(x^2-6x)\right\}dx$

$=x^2-6x+C$ (C는 적분상수)

$=(x-3)^2+C-9$

따라서 함수 $f(x)$는 $x=3$에서 최솟값 $C-9$를 가지므로

$C-9=8$ $\quad\therefore C=17$

따라서 $f(x)=x^2-6x+17$이므로

$f(1)=12$

채점 요소	배점
$f(x)$를 적분상수를 이용하여 나타내기	40 %
$f(x)$가 $x=3$에서 최솟값을 가짐을 이용하여 적분상수의 값 구하기	40 %
$f(1)$의 값 구하기	20 %

592 ······ 답 ④

ㄱ. $\int(\sqrt{x}+1)^2dx+\int(\sqrt{x}-1)^2dx$

$=\int(x+2\sqrt{x}+1)\,dx+\int(x-2\sqrt{x}+1)\,dx$

$=\int(2x+2)\,dx$

$=x^2+2x+C$ (참)

ㄴ. $\int\frac{x^3}{x-1}dx-\int\frac{1}{x-1}dx=\int\frac{x^3-1}{x-1}dx$

$=\int\frac{(x-1)(x^2+x+1)}{x-1}dx$

$=\int(x^2+x+1)\,dx$

$=\frac{1}{3}x^3+\frac{1}{2}x^2+x+C$ (참)

ㄷ. $\{(2x-1)^3\}'=6(2x-1)^2$이므로 ······ TIP

$\int 6(2x-1)^2dx=(2x-1)^3+C_1$ (C_1은 적분상수)이다.

$\therefore\int(2x-1)^2dx=\frac{1}{6}(2x-1)^3+C\left(C=\frac{C_1}{6}\right)$ (거짓)

따라서 옳은 것은 ㄱ, ㄴ이다.

다른 풀이

$\int(2x-1)^2dx$

$=\int(4x^2-4x+1)\,dx$

$=\frac{4}{3}x^3-2x^2+x+C_1$ (C_1은 적분상수)

$=\frac{1}{6}(8x^3-12x^2+6x-1)+C\left(C=C_1+\frac{1}{6}\right)$

$=\frac{1}{6}(2x-1)^3+C$ (거짓)

TIP

자연수 n에 대하여

$f(x)=(ax+b)^n=(ax+b)(ax+b)\cdots(ax+b)$

에서 곱의 미분법에 의하여

$$\begin{aligned}f'(x)&=(ax+b)'(ax+b)\cdots(ax+b)\\&\quad+(ax+b)(ax+b)'\cdots(ax+b)\\&\quad+\cdots+(ax+b)(ax+b)\cdots(ax+b)'\\&=an(ax+b)^{n-1}\end{aligned}$$

이 성립한다.

참고

자연수 n과 상수 a $(a\neq0)$, b에 대하여

$$\int(ax+b)^n dx=\frac{1}{a}\times\frac{1}{n+1}(ax+b)^{n+1}+C \text{ (}C\text{는 적분상수)} \quad\cdots\cdots(*)$$

가 성립한다. 이를 이용하면 문제에서

$$\begin{aligned}\int(2x-1)^2dx&=\frac{1}{2}\times\frac{1}{2+1}\times(2x-1)^{2+1}+C\\&=\frac{1}{6}(2x-1)^3+C \text{ (}C\text{는 적분상수)}\end{aligned}$$

임을 빠르게 알아낼 수 있다.

하지만 (*)은 '〈미적분〉 Ⅲ. 적분법'에서 학습하는 내용이므로 참고로 알아두자.

593 ········ 답 ③

$$\begin{aligned}\int\{2f(x)+g(x)\}dx&=\int 2f(x)dx+\int g(x)dx\\&=2\int f(x)dx+\int g(x)dx\\&=2(2x+C_1)+(x^2-x+C_2)\\&\qquad (C_1,\ C_2\text{는 적분상수})\\&=x^2+3x+C \text{ (}C\text{는 적분상수)}\end{aligned}$$

594 ········ 답 ④

$f(x)=\int(3x-4)dx=\frac{3}{2}x^2-4x+C$ (C는 적분상수)

모든 실수 x에 대하여 $\frac{3}{2}x^2-4x+C\geq0$이어야 하므로

이차방정식 $\frac{3}{2}x^2-4x+C=0$의 판별식을 D라 하면

$\frac{D}{4}=4-\frac{3}{2}C\leq0$

$\therefore C\geq\frac{8}{3}$

따라서 $f(0)=C$의 최솟값은 $\frac{8}{3}$이다.

595 ········ 답 ①

$$\begin{aligned}f(x)&=\int(3x^2-4x+a)dx\\&=x^3-2x^2+ax+C \text{ (}C\text{는 적분상수)}\end{aligned}$$

한편, $\lim_{h\to0}\frac{f(2+h)-f(2)}{h}=f'(2)=3$이므로

$f'(x)=3x^2-4x+a$에 $x=2$를 대입하면

$f'(2)=4+a=3$ $\quad\therefore a=-1$

이때 $f(0)=5$이므로 $C=5$

따라서 $f(x)=x^3-2x^2-x+5$이므로

$f(-1)=3$

596 ········ 답 ④

$$\begin{aligned}f(x)&=\int(x^2+1)(x^4-x^2+1)dx\\&=\int(x^6+1)dx\\&=\frac{1}{7}x^7+x+C \text{ (}C\text{는 적분상수)}\end{aligned}$$

이때 $f(0)=\frac{6}{7}$이므로 $C=\frac{6}{7}$

$\therefore f(x)=\frac{1}{7}x^7+x+\frac{6}{7}$, $f'(x)=x^6+1$

$$\begin{aligned}&\therefore \lim_{x\to1}\frac{xf(x)-f(1)}{x^2-1}\\&=\lim_{x\to1}\frac{xf(x)-xf(1)+xf(1)-f(1)}{(x-1)(x+1)}\\&=\lim_{x\to1}\left[\frac{x\{f(x)-f(1)\}}{(x-1)(x+1)}+\frac{(x-1)f(1)}{(x-1)(x+1)}\right]\\&=\lim_{x\to1}\left\{\frac{x}{x+1}f'(1)+\frac{f(1)}{x+1}\right\}\\&=\frac{f'(1)}{2}+\frac{f(1)}{2}=\frac{2}{2}+\frac{2}{2}=2\end{aligned}$$

다른 풀이

$$\begin{aligned}f(x)&=\int(x^2+1)(x^4-x^2+1)dx\\&=\int(x^6+1)dx\\&=\frac{1}{7}x^7+x+C \text{ (}C\text{는 적분상수)}\end{aligned}$$

이때 $f(0)=\frac{6}{7}$이므로 $C=\frac{6}{7}$

$\therefore f(x)=\frac{1}{7}x^7+x+\frac{6}{7}$, $f'(x)=x^6+1$

한편, $g(x)=xf(x)$라 하면 $g(1)=f(1)$이므로

$\lim_{x\to1}\frac{xf(x)-f(1)}{x^2-1}=\lim_{x\to1}\left\{\frac{g(x)-g(1)}{x-1}\times\frac{1}{x+1}\right\}=\frac{1}{2}g'(1)$

또한, $g'(x)=f(x)+xf'(x)$이므로

$\frac{1}{2}g'(1)=\frac{1}{2}\{f(1)+f'(1)\}=\frac{1}{2}(2+2)=2$

597 ····· 답 풀이 참조

$\frac{d}{dx}\{f(x)+g(x)\}=3$에서

$\int\left[\frac{d}{dx}\{f(x)+g(x)\}\right]dx=\int 3\,dx$

$f(x)+g(x)=3x+C_1$ (C_1은 적분상수)

위의 등식에 $x=0$을 대입하면

$f(0)+g(0)=C_1$, $(-2)+(-1)=C_1$

$\therefore C_1=-3$

$\therefore f(x)+g(x)=3x-3$ ······ ㉠

$\frac{d}{dx}\{f(x)g(x)\}=4x-5$에서

$\int\left[\frac{d}{dx}\{f(x)g(x)\}\right]dx=\int(4x-5)\,dx$

$f(x)g(x)=2x^2-5x+C_2$ (C_2는 적분상수)

위의 등식에 $x=0$을 대입하면

$f(0)g(0)=C_2$, $(-2)\times(-1)=C_2$

$\therefore C_2=2$

$\therefore f(x)g(x)=2x^2-5x+2$

$=(x-2)(2x-1)$ ······ ㉡

㉠, ㉡에서 $f(x)=x-2$, $g(x)=2x-1$ 또는

$f(x)=2x-1$, $g(x)=x-2$이다.

이때 $f(0)=-2$, $g(0)=-1$이므로

$f(x)=x-2$, $g(x)=2x-1$이다.

채점 요소	배점
함수 $f(x)+g(x)$ 구하기	30%
함수 $f(x)g(x)$ 구하기	30%
두 함수 $f(x)$, $g(x)$ 구하기	40%

598 ····· 답 ③

$\frac{d}{dx}\{f(x)+g(x)\}=4x$에서

$\int\left[\frac{d}{dx}\{f(x)+g(x)\}\right]dx=\int 4x\,dx$

$f(x)+g(x)=2x^2+C_1$ (C_1은 적분상수)

위의 등식에 $x=0$을 대입하면

$f(0)+g(0)=C_1$, $2+1=C_1$ $\therefore C_1=3$

$\therefore f(x)+g(x)=2x^2+3$ ······ ㉠

$\frac{d}{dx}\{f(x)g(x)\}=6x^2+6x-1$에서

$\int\left[\frac{d}{dx}\{f(x)g(x)\}\right]dx=\int(6x^2+6x-1)\,dx$

$f(x)g(x)=2x^3+3x^2-x+C_2$ (C_2는 적분상수)

위의 등식에 $x=0$을 대입하면

$f(0)g(0)=C_2$, $2\times1=C_2$

$\therefore C_2=2$

$\therefore f(x)g(x)=2x^3+3x^2-x+2$

$=(x+2)(2x^2-x+1)$ ······ ㉡

㉠, ㉡에서 $f(x)=x+2$, $g(x)=2x^2-x+1$ 또는

$f(x)=2x^2-x+1$, $g(x)=x+2$이다.

이때 $f(0)=2$, $g(0)=1$이므로

$f(x)=x+2$, $g(x)=2x^2-x+1$이다.

$\therefore f(-1)+g(2)=1+7=8$

599 ····· 답 ②

함수 $g(x)$는 다항함수 $x^2+f(x)$의 부정적분이므로 다항함수이다.

이때 $f(x)g(x)=-2x^4+8x^3$은 사차함수이고

$f(x)$가 이차함수이므로 $g(x)$는 이차함수이다.

따라서 도함수 $g'(x)$는 일차함수이므로

$g'(x)=x^2+f(x)$에서 $f(x)$의 이차항의 계수는 -1이다.

따라서 $f(x)g(x)=-2x^4+8x^3=-2x^3(x-4)$에서

$f(x)$, $g(x)$는 다음과 같은 경우로 나누어 생각해 볼 수 있다.

(i) $f(x)=-x^2$, $g(x)=2x(x-4)$인 경우

$g(x)=\int\{x^2+f(x)\}dx$

$=\int 0\,dx=C_1$ (C_1은 적분상수)

이므로 $g(x)=2x(x-4)$를 만족시키지 않는다.

(ii) $f(x)=-x(x-4)$, $g(x)=2x^2$인 경우

$g(x)=\int\{x^2+f(x)\}dx$

$=\int 4x\,dx=2x^2+C_2$ (C_2는 적분상수)

에서 $C_2=0$이면 $g(x)=2x^2$을 만족시킨다.

(i), (ii)에 의하여 $g(x)=2x^2$이므로 $g(1)=2$이다.

600 ····· 답 ⑤

$\int(x-2)f'(x)\,dx=x^3-\frac{1}{2}x^2-10x+C$에서

$(x-2)f'(x)=\left(x^3-\frac{1}{2}x^2-10x+C\right)'$

$=3x^2-x-10$

$=(x-2)(3x+5)$

$f'(x)=3x+5$이므로

$f(x)=\int f'(x)\,dx=\frac{3}{2}x^2+5x+C_1$ (C_1은 적분상수)

이때 $f(0)=-1$이므로 $C_1=-1$

따라서 $f(x)=\frac{3}{2}x^2+5x-1$이므로

$f(2)=15$

601 ····· 답 ②

$f(x)=\int xg'(x)\,dx$의 양변을 x에 대하여 미분하면

$f'(x)=xg'(x)$ ······ ㉠

$\frac{d}{dx}\{f(x)+g(x)\}=x^2-1$에서

$f'(x)+g'(x)=x^2-1$ ······ ㉡

㉠을 ㉡에 대입하면
$xg'(x)+g'(x)=x^2-1$,
$(x+1)g'(x)=(x+1)(x-1)$
에서 함수 $g(x)$가 다항함수이므로
$g'(x)=x-1$이고 ㉠에 의하여 $f'(x)=x^2-x$이다.
$\therefore f(x)=\frac{1}{3}x^3-\frac{1}{2}x^2+C_1$, $g(x)=\frac{1}{2}x^2-x+C_2$
(C_1, C_2는 적분상수)
이때 $f(1)-g(1)=1$에서
$\left(C_1-\frac{1}{6}\right)-\left(C_2-\frac{1}{2}\right)=C_1-C_2+\frac{1}{3}=1$
$\therefore C_1-C_2=\frac{2}{3}$
$$\begin{aligned}\therefore f(2)-g(2)&=\left(\frac{2}{3}+C_1\right)-C_2\\&=\frac{2}{3}+(C_1-C_2)\\&=\frac{2}{3}+\frac{2}{3}=\frac{4}{3}\end{aligned}$$

602 ··· 답 ④

$f(x)$가 계수가 모두 유리수인 삼차함수이므로
$f'(x)$는 계수가 모두 유리수인 이차함수이다.
따라서 이차방정식 $f'(x)=0$의 한 근이 $2-\sqrt{3}$이면 나머지 한 근은 $2+\sqrt{3}$이다.
$(2-\sqrt{3})+(2+\sqrt{3})=4$, $(2-\sqrt{3})(2+\sqrt{3})=1$이므로
$f'(x)$의 최고차항의 계수를 a라 하면
$f'(x)=a(x^2-4x+1)$
$$\begin{aligned}\therefore f(x)&=\int f'(x)\,dx\\&=a\left(\frac{1}{3}x^3-2x^2+x\right)+C\ (C\text{는 적분상수})\end{aligned}$$
따라서 삼차방정식 $f(x)=0$의 모든 근의 합은
삼차방정식의 근과 계수의 관계에 의하여
$-\frac{-2a}{\frac{a}{3}}=6$이다.

603 ··· 답 ④

$F'(x)=f(x)$이므로
$F(x)=xf(x)-2x^3+x^2-3$의 양변을 x에 대하여 미분하면
$f(x)=f(x)+xf'(x)-6x^2+2x$
$xf'(x)=6x^2-2x$
$f'(x)=6x-2$
$\therefore f(x)=\int f'(x)dx=3x^2-2x+C$ (C는 적분상수)
이때 $f(1)=5$이므로
$1+C=5$ $\qquad\therefore C=4$
따라서 $f(x)=3x^2-2x+4$이므로
$f(-1)=9$

604 ··· 답 ③

조건 ㈎에서 $f'(x)=3x+a$ ······ ㉠
조건 ㈏의 $\lim_{x\to1}\frac{f(x)}{x-1}=2a+4$에서 극한값이 존재하고,
$x\to1$일 때 (분모)$\to0$이므로 (분자)$\to0$이다.
이때 $f(x)$는 다항함수이므로
$\lim_{x\to1}f(x)=f(1)=0$ ······ ㉡ ······ TIP
$$\begin{aligned}\therefore \lim_{x\to1}\frac{f(x)}{x-1}&=\lim_{x\to1}\frac{f(x)-f(1)}{x-1}\\&=f'(1)=2a+4\end{aligned}$$
㉠에 $x=1$을 대입하면 $f'(1)=3+a$이므로
$2a+4=3+a$에서 $a=-1$
$f'(x)=3x-1$이므로
$f(x)=\int f'(x)\,dx=\frac{3}{2}x^2-x+C$ (C는 적분상수)
$f(1)=\frac{1}{2}+C=0$ ($\because$ ㉡) $\qquad\therefore C=-\frac{1}{2}$
따라서 $f(x)=\frac{3}{2}x^2-x-\frac{1}{2}$이므로
$f(5)=32$

TIP
다항함수 $f(x)$는 모든 실수에서 연속이므로 실수 k에 대하여 $\lim_{x\to k}f(x)=f(k)$가 성립한다.

605 ··· 답 ③

조건 ㈎에서 다항함수 $f(x)$가 $\lim_{x\to\infty}\frac{f(x)}{x^2+1}=2$를 만족시키므로
$f(x)$는 이차항의 계수가 2인 이차함수이다.
$f(x)=2x^2+ax+b$ (a, b는 상수)라 하자. ······ ㉠
$\lim_{x\to0}\frac{f(x)-8}{x}=3$에서 극한값이 존재하고,
$x\to0$일 때 (분모)$\to0$이므로 (분자)$\to0$이다.
이때 $f(x)$는 다항함수이므로
$\lim_{x\to0}\{f(x)-8\}=f(0)-8=0$
$\therefore f(0)=8$
$$\begin{aligned}\therefore \lim_{x\to0}\frac{f(x)-8}{x}&=\lim_{x\to0}\frac{f(x)-f(0)}{x}\\&=f'(0)=3\end{aligned}$$
㉠에서 $f(0)=b=8$, $f'(0)=a=3$
$\therefore f(x)=2x^2+3x+8$
조건 ㈏에서 $f'(x)=g'(x)$이므로 ······ TIP
$$\begin{aligned}g(x)&=\int g'(x)\,dx=\int f'(x)\,dx\\&=2x^2+3x+C\ (C\text{는 적분상수})\end{aligned}$$
이때 $g(1)=3$이므로
$5+C=3$ $\qquad\therefore C=-2$
따라서 $g(x)=2x^2+3x-2$이므로
$g(4)=42$

> **TIP**
> 함수 $h(x)=f(x)-g(x)$라 하면
> 모든 실수 x에 대하여 $h'(x)=f'(x)-g'(x)=0$이므로
> $h(x)$는 상수함수이다.
> 즉, $f(x)-g(x)=k$ (k는 상수)
> $f(1)-g(1)=13-3=10$이므로 $k=10$
> 따라서 $g(x)=f(x)-k=2x^2+3x-2$이므로
> $g(4)=42$임을 알아낼 수도 있다.

606 ……… 답 ③

$f(x+y)=f(x)+f(y)+xy-2$에 $x=0$, $y=0$을 대입하면

$f(0)=f(0)+f(0)-2 \quad \therefore f(0)=2$ …… ㉠

$$\therefore f'(x)=\lim_{h\to0}\frac{f(x+h)-f(x)}{h}$$
$$=\lim_{h\to0}\frac{\{f(x)+f(h)+xh-2\}-f(x)}{h}$$
$$=\lim_{h\to0}\left\{\frac{f(h)-2}{h}+x\right\}$$
$$=\lim_{h\to0}\left\{\frac{f(h)-f(0)}{h}+x\right\}\ (\because ㉠)$$
$$=f'(0)+x=1+x$$

$f(x)=\int f'(x)\,dx=\frac{1}{2}x^2+x+C$ (C는 적분상수)

㉠에서 $f(0)=C=2$

따라서 $f(x)=\frac{1}{2}x^2+x+2$이므로

$f(1)=\frac{7}{2}$

607 ……… 답 풀이 참조

$f'(x)=\begin{cases}2x & (x>1)\\ x^3+1 & (x\le1)\end{cases}$에서

$$f(x)=\int f'(x)\,dx$$
$$=\begin{cases}x^2+C_1 & (x>1)\\ \frac{1}{4}x^4+x+C_2 & (x\le1)\end{cases}\ (C_1,\ C_2\text{는 적분상수})$$

이때 $f(0)=\frac{3}{4}$이므로 $C_2=\frac{3}{4}$ …… ㉠

함수 $f(x)$가 모든 실수 x에 대하여 미분가능하므로

$x=1$에서 연속이다.

즉, $\lim_{x\to1+}f(x)=f(1)$이므로

$\lim_{x\to1+}(x^2+C_1)=f(1)$, $1+C_1=\frac{5}{4}+C_2 \quad \therefore C_1=1\ (\because ㉠)$

따라서 $f(x)=\begin{cases}x^2+1 & (x>1)\\ \frac{1}{4}x^4+x+\frac{3}{4} & (x\le1)\end{cases}$이므로

$f(2)=5$

채점 요소	배점
$f(x)=\int f'(x)dx$ 구하기	20%
$f(0)=\frac{3}{4}$을 이용하여 $x\le1$에서 적분상수 구하기	30%
$\lim_{x\to1+}f(x)=f(1)$임을 이용하여 $x>1$에서 적분상수 구하기	40%
$f(2)$의 값 구하기	10%

608 ……… 답 ③

$f'(x)=\begin{cases}2 & (x\ge0)\\ x+2 & (x<0)\end{cases}$에서

$$f(x)=\int f'(x)\,dx$$
$$=\begin{cases}2x+C_1 & (x\ge0)\\ \frac{1}{2}x^2+2x+C_2 & (x<0)\end{cases}\ (C_1,\ C_2\text{는 적분상수})$$

함수 $f(x)$가 모든 실수 x에 대하여 미분가능하므로

$x=0$에서 연속이다.

즉, $\lim_{x\to0-}f(x)=f(0)$이므로

$\lim_{x\to0-}\left(\frac{1}{2}x^2+2x+C_2\right)=f(0) \quad \therefore C_2=C_1$ …… ㉠

$f(-4)+f(3)=12$에서

$C_2+(6+C_1)=12 \quad \therefore C_1+C_2=6$ …… ㉡

㉠, ㉡을 연립하여 풀면 $C_1=C_2=3$

따라서 $f(x)=\begin{cases}2x+3 & (x\ge0)\\ \frac{1}{2}x^2+2x+3 & (x<0)\end{cases}$이므로

$f(0)=3$

609 ……… 답 ⑤

$f'(x)=\begin{cases}k & (x>2)\\ x+1 & (x<2)\end{cases}$이고 함수 $f(x)$가 모든 실수 x에 대하여

미분가능하므로 $x=2$에서도 미분가능하다.

$\therefore f'(2)=k=3$

즉, $f'(x)=\begin{cases}3 & (x>2)\\ x+1 & (x<2)\end{cases}$에서

$$f(x)=\int f'(x)\,dx$$
$$=\begin{cases}3x+C_1 & (x>2)\\ 5 & (x=2)\\ \frac{1}{2}x^2+x+C_2 & (x<2)\end{cases}\ (C_1,\ C_2\text{는 적분상수})$$

함수 $f(x)$가 $x=2$에서 연속이어야 하므로

$\lim_{x\to2+}f(x)=f(2)$에서 $6+C_1=5 \quad \therefore C_1=-1$

$\lim_{x\to2-}f(x)=f(2)$에서 $4+C_2=5 \quad \therefore C_2=1$

따라서 $f(x)=\begin{cases}3x-1 & (x\ge2)\\ \frac{1}{2}x^2+x+1 & (x<2)\end{cases}$이므로

$f(-2)+f(3)=1+8=9$

610 ····· 답 ①

$f'(x)=ax(x-2)=ax^2-2ax$ ($a<0$인 상수)이므로

$f(x)=\int f'(x)dx$

$=\frac{a}{3}x^3-ax^2+C$ (C는 적분상수) ······ ㉠

$y=f'(x)$의 그래프에서 $x=0$ 또는 $x=2$일 때 $f'(x)=0$이므로 함수 $f(x)$의 증가와 감소를 표로 나타내면 다음과 같다.

x	$\cdots$	0	$\cdots$	2	$\cdots$
$f'(x)$	$-$	0	$+$	0	$-$
$f(x)$	↘	극소	↗	극대	↘

따라서 함수 $f(x)$는 $x=0$일 때 극솟값 -3을 갖고
$x=2$일 때 극댓값 5를 가지므로
$f(0)=-3$, $f(2)=5$이다.

㉠에서 $f(0)=C=-3$, $f(2)=-\frac{4}{3}a+C=5$

위의 두 식을 연립하여 풀면
$a=-6$, $C=-3$
따라서 $f(x)=-2x^3+6x^2-3$이므로
$f(1)=1$

611 ····· 답 ⑤

$f(x)$가 사차함수이므로 $f'(x)$는 삼차함수이다.
주어진 그래프에서 삼차함수 $y=f'(x)$의 그래프가 x축과 접하고, $x=3$일 때 만나므로
$f'(x)=ax^2(x-3)$ ($a>0$인 상수)이다.
이때 $f'(2)=-2$이므로

$-4a=-2 \qquad \therefore a=\frac{1}{2}$

$f'(x)=\frac{1}{2}x^3-\frac{3}{2}x^2$이므로

$f(x)=\int f'(x)dx$

$=\frac{1}{8}x^4-\frac{1}{2}x^3+C$ (C는 적분상수) ······ ㉠

$x=0$ 또는 $x=3$일 때 $f'(x)=0$이므로
함수 $f(x)$의 증가와 감소를 표로 나타내면 다음과 같다.

x	$\cdots$	0	$\cdots$	3	$\cdots$
$f'(x)$	$-$	0	$-$	0	$+$
$f(x)$	↘		↘	극소	↗

따라서 함수 $f(x)$는 $x=3$일 때 극솟값 $-\frac{3}{8}$을 가지므로

$f(3)=-\frac{3}{8}$이다.

㉠에서 $-\frac{27}{8}+C=-\frac{3}{8} \qquad \therefore C=3$

따라서 $f(x)=\frac{1}{8}x^4-\frac{1}{2}x^3+3$이므로

$f(0)=3$

612 ····· 답 ②

$f'(x)=4x^3-x^2-3x$에서

$f(x)=\int f'(x)dx$

$=x^4-\frac{1}{3}x^3-\frac{3}{2}x^2+C$ (C는 적분상수)

이때
$f'(x)=4x^3-x^2-3x=x(4x+3)(x-1)$
에서 $x=-\frac{3}{4}$ 또는 $x=0$ 또는 $x=1$일 때 $f'(x)=0$이므로

함수 $f(x)$의 증가와 감소를 표로 나타내면 다음과 같다.

x	$\cdots$	$-\frac{3}{4}$	$\cdots$	0	$\cdots$	1	$\cdots$
$f'(x)$	$-$	0	$+$	0	$-$	0	$+$
$f(x)$	↘	극소	↗	극대	↘	극소	↗

따라서 함수 $f(x)$는 $x=0$에서 극대이고,
함수 $f(x)$의 극댓값이 1이므로 $f(0)=C=1$이다.

즉, $f(x)=x^4-\frac{1}{3}x^3-\frac{3}{2}x^2+1$이므로

$f(2)=\frac{25}{3}$

613 ····· 답 풀이 참조

$f'(x)=x^2-2x-3$이므로

$f(x)=\int f'(x)\,dx$

$=\frac{1}{3}x^3-x^2-3x+C$ (C는 적분상수)

이때 곡선 $y=f(x)$가 점 $(0,\ 9)$를 지나므로 $f(0)=9$이다.
따라서 $C=9$이므로

$f(x)=\frac{1}{3}x^3-x^2-3x+9$

$\therefore f'(x)=x^2-2x-3=(x+1)(x-3)$
$f'(x)=0$에서 $x=-1$ 또는 $x=3$
함수 $f(x)$의 증가와 감소를 표로 나타내고 그 그래프를 그리면 다음과 같다.

x	$\cdots$	-1	$\cdots$	3	$\cdots$
$f'(x)$	$+$	0	$-$	0	$+$
$f(x)$	↗	$\frac{32}{3}$	↘	0	↗

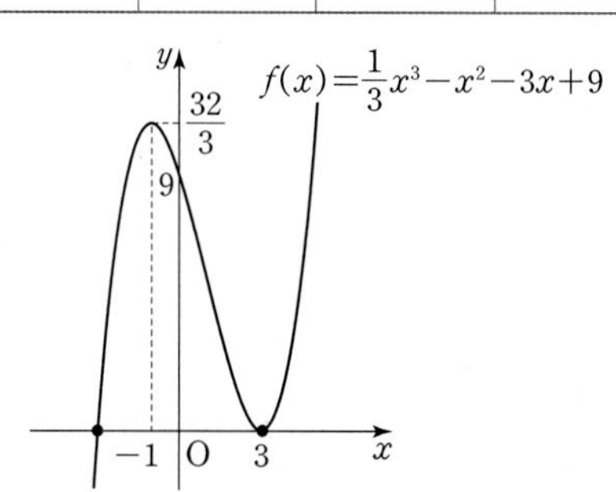

따라서 구하는 방정식 $f(x)=0$의 서로 다른 실근의 개수는
함수 $y=f(x)$의 그래프와 x축의 교점의 개수와 같으므로 2이다.

채점 요소	배점
$f'(x)=x^2-2x-3$임을 알아내기	20%
점 $(0, 9)$를 지남을 이용하여 $f(x)$ 구하기	40%
함수 $y=f(x)$의 그래프와 x축의 교점의 개수를 이용하여 방정식 $f(x)=0$의 서로 다른 실근의 개수 구하기	40%

614

답 풀이 참조

함수 $y=f(x)$의 그래프가 직선 $y=5x+2$와 제1사분면에서 접할 때의 x좌표를 a ($a>0$인 상수)라 하고 $g(x)=5x+2$라 하면

$f'(a)=g'(a)$ …… ㉠

$f(a)=g(a)$ …… ㉡

이어야 한다.

$f'(a)=g'(a)$에서

$6a^2-4a+3=5$, $6a^2-4a-2=0$, $2(3a+1)(a-1)=0$

$a=-\frac{1}{3}$ 또는 $a=1$에서 $a>0$이므로 $a=1$이다.

따라서 ㉡에서 $f(1)=g(1)=7$이어야 한다.

$f'(x)=6x^2-4x+3$에서

$f(x)=\int f'(x)\,dx=2x^3-2x^2+3x+C$ (C는 적분상수)

$f(1)=3+C=7$이므로 $C=4$

$\therefore f(x)=2x^3-2x^2+3x+4$

채점 요소	배점
미분계수의 기하적 의미를 이용하여 방정식 $f'(x)=5$임을 알고, 접점의 x좌표 구하기	40%
$f'(x)$의 부정적분을 구하고, 접점의 y좌표를 이용하여 적분상수 구하기	40%
$f(x)$ 구하기	20%

다른 풀이

$f'(x)=6x^2-4x+3$에서

$f(x)=\int f'(x)dx=2x^3-2x^2+3x+C$ (C는 적분상수)

함수 $y=f(x)$가 제1사분면에서 직선 $y=5x+2$에 접할 때의 접점의 좌표를 $(t,\ 2t^3-2t^2+3t+C)$ $(t>0)$라 하면

접선의 방정식은 $y-(2t^3-2t^2+3t+C)=(6t^2-4t+3)(x-t)$, 즉

$y=(6t^2-4t+3)x-4t^3+2t^2+C$이다.

이 직선이 직선 $y=5x+2$와 같으므로

$6t^2-4t+3=5$ …… ㉠

$-4t^3+2t^2+C=2$ …… ㉡

㉠에서 $3t^2-2t-1=(3t+1)(t-1)=0$ $\quad\therefore t=1$ ($\because t>0$)

㉡에서 $-2+C=2$ $\quad\therefore C=4$

$\therefore f(x)=2x^3-2x^2+3x+4$

채점 요소	배점
$f(x)=\int f'(x)dx$ 구하기	30%
접점의 x좌표를 미지수로 놓고 접선의 방정식을 세워서 미지수와 적분상수 구하기	50%
$f(x)$ 구하기	20%

615

답 ④

곡선 $y=f(x)$ 위의 점 $(a,\ f(a))$에서의 접선의 기울기가 a^2-4a이므로

$f'(a)=a^2-4a$ $\quad\therefore f'(x)=x^2-4x$

$f(x)=\int f'(x)dx$

$=\frac{1}{3}x^3-2x^2+C$ (C는 적분상수)

이때 곡선 $y=f(x)$가 원점을 지나므로 $f(0)=0$이다.

따라서 $C=0$이므로 $f(x)=\frac{1}{3}x^3-2x^2$이다.

곡선 $y=f(x)$ 위의 점 $\left(a,\ \frac{1}{3}a^3-2a^2\right)$에서의 접선의 방정식은

$y-\left(\frac{1}{3}a^3-2a^2\right)=(a^2-4a)(x-a)$, 즉

$y=(a^2-4a)x-\frac{2}{3}a^3+2a^2$

따라서 $g(a)=-\frac{2}{3}a^3+2a^2$이다.

$\therefore f(3)+g(-3)=(-9)+36=27$

616

답 2

$\log_x\left\{\frac{d}{dx}\left(\int x^5dx\right)\right\}=\log_x x^5=5$이고

로그의 밑과 진수 조건에 의하여

$x>0$, $x\neq1$ …… ㉠

방정식 $\log_x\left\{\frac{d}{dx}\left(\int x^5dx\right)\right\}=x^3-x^2-4x+9$에서

$5=x^3-x^2-4x+9$

$x^3-x^2-4x+4=0$

$(x-1)(x-2)(x+2)=0$

$\therefore x=1$ 또는 $x=2$ 또는 $x=-2$

따라서 ㉠에 의하여 구하는 방정식의 근은 $x=2$이다.

617

답 ③

$F(x)=\int\left[\frac{d}{dx}\left\{\frac{d}{dx}\int f(x)\,dx\right\}\right]dx$

$=\int\left\{\frac{d}{dx}f(x)\right\}dx$

$=\int f'(x)\,dx$

$=f(x)+C$ (C는 적분상수)

이때 $F(0)=1$이므로

$F(0)=f(0)+C=1+C=1$ $\quad\therefore C=0$

따라서 $F(x)=f(x)=x^{10}+x^9+x^8+\cdots+x+1$이므로

$F(2)=2^{10}+2^9+2^8+\cdots+2+1$

$=\frac{1(2^{11}-1)}{2-1}=2047$ …… TIP

TIP

〈등비수열의 합〉

첫째항이 a, 공비가 r인 등비수열의 첫째항부터 제n항까지의 합 S_n은

❶ $r\neq1$일 때, $S_n=\frac{a(1-r^n)}{1-r}=\frac{a(r^n-1)}{r-1}$

❷ $r=1$일 때, $S_n=na$

618 ······ 답 ②

$f(x)=\int(1+2x+3x^2+\cdots+nx^{n-1})\,dx$

$=x+x^2+x^3+\cdots+x^n+C$ (C는 적분상수)

이때 $f(0)=1$이므로 $C=1$

따라서 $f(x)=1+x+x^2+x^3+\cdots+x^n$이므로

$f(2)=1+2+2^2+2^3+\cdots+2^n$

$=\frac{1(2^{n+1}-1)}{2-1}=2^{n+1}-1$

619 ······ 답 54

$g(x)=\int f(x)\,dx$

$=\int\left(x+\frac{x^2}{2}+\frac{x^3}{3}+\cdots+\frac{x^{10}}{10}\right)dx$

$=\frac{x^2}{1\times2}+\frac{x^3}{2\times3}+\frac{x^4}{3\times4}+\cdots+\frac{x^{11}}{10\times11}+C$ (C는 적분상수)

$g(0)=3$에서 $C=3$이다.

$\therefore g(1)=\frac{1}{1\times2}+\frac{1}{2\times3}+\frac{1}{3\times4}+\cdots+\frac{1}{10\times11}+3$

$=\left(\frac{1}{1}-\frac{1}{2}\right)+\left(\frac{1}{2}-\frac{1}{3}\right)+\left(\frac{1}{3}-\frac{1}{4}\right)+\cdots+\left(\frac{1}{10}-\frac{1}{11}\right)+3$

$=1-\frac{1}{11}+3$

$=\frac{43}{11}$

따라서 $p=11$, $q=43$이므로

$p+q=54$

620 ······ 답 ①

조건 (가)에서 $f(0)=-2$이고,

조건 (나)에서 곡선 $y=f(x)$는 y축에 대하여 대칭이므로

$f(x)=ax^2-2$ $(a\neq0)$라 하면 $f'(x)=2ax$이다.

조건 (다)에서 $f(f'(x))=f(2ax)=4a^3x^2-2$,

$f'(f(x))=f'(ax^2-2)=2a^2x^2-4a$이므로

x에 대한 항등식 $4a^3x^2-2=2a^2x^2-4a$에서

$2a^2(2a-1)x^2+2(2a-1)=0$

$(2a-1)(2ax^2+2)=0$ $\quad\therefore a=\frac{1}{2}$

$\therefore f(x)=\frac{1}{2}x^2-2$

한편, $F(x)=\int f(x)dx$에서 $F'(x)=f(x)$이므로

$f(x)<0$을 만족시키는 x의 값의 범위에서 함수 $F(x)$가 감소한다.

$\frac{1}{2}x^2-2<0$에서 $\frac{1}{2}(x-2)(x+2)<0$

$\therefore -2<x<2$

따라서 함수 $F(x)$가 감소하는 구간 (a, b)에 대하여

$b-a$의 최댓값은 $2-(-2)=4$이다.

621 ······ 답 ⑤

최고차항의 계수가 1인 삼차함수 $f(x)$에 대하여

삼차방정식 $f(x)=0$의 근이 $x=0$ 또는 $x=\alpha$ (중근)이므로

$f(x)=x(x-\alpha)^2$

조건 (가)에서 $g'(x)=f(x)+xf'(x)=\{xf(x)\}'$이므로

$g(x)=\int g'(x)\,dx=\int\{xf(x)\}'dx$

$=xf(x)+C=x^2(x-\alpha)^2+C$ (C는 적분상수)

$\therefore g'(x)=2x(x-\alpha)^2+2x^2(x-\alpha)$

$=2x(x-\alpha)\{(x-\alpha)+x\}$

$=2x(x-\alpha)(2x-\alpha)$

$g'(x)=0$에서 $x=0$ 또는 $x=\frac{\alpha}{2}$ 또는 $x=\alpha$

$\alpha>0$에서 $\frac{\alpha}{2}<\alpha$이므로 함수 $g(x)$의 증가와 감소를 표로 나타내면 다음과 같다.

x	$\cdots$	0	$\cdots$	$\frac{\alpha}{2}$	$\cdots$	α	$\cdots$
$g'(x)$	$-$	0	$+$	0	$-$	0	$+$
$g(x)$	↘	극소	↗	극대	↘	극소	↗

즉, 함수 $g(x)$는 $x=0$, $x=\alpha$에서 극소, $x=\frac{\alpha}{2}$에서 극대이다.

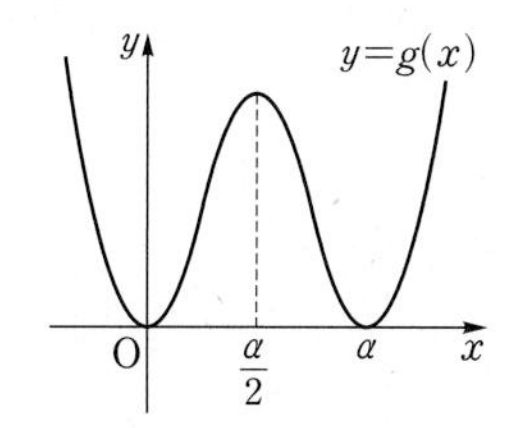

이때 조건 (나)에서 $g(x)$의 극솟값이 0이므로

$g(0)=C=0$

또한, 조건 (나)에서 $g(x)$의 극댓값이 81이므로

$g\left(\frac{\alpha}{2}\right)=\left(\frac{\alpha}{2}\right)^2\left(\frac{\alpha}{2}-\alpha\right)^2=81$

$\frac{\alpha^4}{16}=81$, $\alpha^4=2^4\times3^4=6^4$

$\therefore \alpha=6$ ($\because \alpha>0$)

따라서 $g(x)=x^2(x-6)^2$이므로

$g\left(\frac{\alpha}{3}\right)=g(2)=4\times16=64$

622 ······ 답 ⑤

$f(x)=\int xg(x)dx$에서

$f'(x)=xg(x)$ ······ ㉠

$\frac{d}{dx}\{f(x)-g(x)\}=4x^3+2x$에서

$f'(x)-g'(x)=4x^3+2x$ ······ ㉡

㉠을 ㉡에 대입하면

$xg(x)-g'(x)=4x^3+2x$ ······ ㉢

$g(x)$가 상수함수이면 ㉢을 만족시키지 않으므로

$g(x)$를 n차함수 (n은 자연수)로 놓을 수 있다.

㉢의 좌변의 최고차항은 $(n+1)$차이고 우변의 최고차항은 3차이므로 $n=2$이다.

따라서 $g(x)$는 최고차항의 계수가 4인 이차함수이다.

$g(x)=4x^2+ax+b$ (a, b는 상수)라 하면

$g'(x)=8x+a$이므로 이를 ㉢에 대입하면

$x(4x^2+ax+b)-(8x+a)=4x^3+2x$

$4x^3+ax^2+(b-8)x-a=4x^3+2x$

따라서 $a=0$, $b=10$이므로 $g(x)=4x^2+10$이다.

$\therefore g(1)=14$

623 ······ 답 풀이 참조

$3F(x)=x\{f(x)+4x\}=xf(x)+4x^2$

위 등식의 양변을 x에 대하여 미분하면

$3f(x)=f(x)+xf'(x)+8x$

$2f(x)=xf'(x)+8x$ ······ ㉠

(i) $f(x)$가 상수함수인 경우

$f(x)=c$ (c는 상수)라 하면

㉠에서 $2c=8x$이므로 조건을 만족시키지 않는다.

(ii) $f(x)$가 n차함수 (n은 자연수)인 경우

(ii-①) $n=1$일 때,

㉠에서 좌변의 최고차항은 $2x$,

우변의 최고차항은 $9x$이므로 조건을 만족시키지 않는다.

(ii-②) $n>1$일 때,

㉠에서 좌변의 최고차항은 $2x^n$,

우변의 최고차항은 nx^n이므로 $n=2$이다.

$f(x)=x^2+ax+b$ (a, b는 상수)라 하고

㉠에 대입하면

$2(x^2+ax+b)=x(2x+a)+8x$

$2x^2+2ax+2b=2x^2+(a+8)x$

$2a=a+8$, $2b=0$에서 $a=8$, $b=0$이다.

$\therefore f(x)=x^2+8x$

(i), (ii)에서 $f(x)=x^2+8x$이므로

$3F(x)=xf(x)+4x^2$

$=x(x^2+8x)+4x^2$

$=x^3+12x^2$

$\therefore F(x)=\frac{1}{3}x^3+4x^2$

채점 요소	배점
$2f(x)=xf'(x)+8x$임을 알아내기	20 %
$f(x)$ 구하기	50 %
$F(x)$ 구하기	30 %

624 ······ 답 18

$f'(x)=\begin{cases} x^2+2x-4 & (x\le -2) \\ -x^2+2x+4 & (-2<x<2) \\ x^2+2x-4 & (x\ge 2) \end{cases}$이므로

$f(x)=\int f'(x)dx$

$=\begin{cases} \frac{1}{3}x^3+x^2-4x+C_1 & (x\le -2) \\ -\frac{1}{3}x^3+x^2+4x+C_2 & (-2<x<2) \\ \frac{1}{3}x^3+x^2-4x+C_3 & (x\ge 2) \end{cases}$

(C_1, C_2, C_3은 적분상수)

이때 함수 $y=f(x)$의 그래프가 원점을 지나므로 $f(0)=0$이다.

$\therefore f(0)=C_2=0$ ······ ㉠

함수 $f(x)$가 실수 전체의 집합에서 미분가능하므로

$x=-2$, $x=2$에서 연속이다.

$\lim_{x\to -2+} f(x)=f(-2)$에서

$-\frac{4}{3}+C_2=\frac{28}{3}+C_1 \quad \therefore C_1=-\frac{32}{3}$ ($\because$ ㉠)

$\lim_{x\to 2-} f(x)=f(2)$에서

$\frac{28}{3}+C_2=-\frac{4}{3}+C_3 \quad \therefore C_3=\frac{32}{3}$ ($\because$ ㉠)

$\therefore f(x)=\begin{cases} \frac{1}{3}x^3+x^2-4x-\frac{32}{3} & (x\le -2) \\ -\frac{1}{3}x^3+x^2+4x & (-2<x<2) \\ \frac{1}{3}x^3+x^2-4x+\frac{32}{3} & (x\ge 2) \end{cases}$

$\therefore f(-3)+f(3)=\frac{4}{3}+\frac{50}{3}=18$

625 ······ 답 ⑤

$f(x)=\int f'(x)\,dx$

$=\begin{cases} x+C_1 & (x\le -1) \\ x^2+C_2 & (-1<x<1) \\ -x+C_3 & (x\ge 1) \end{cases}$ (C_1, C_2, C_3은 적분상수)

이때 함수 $f(x)$가 모든 실수 x에 대하여 연속이므로

$x=-1$, $x=1$에서 연속이다.

따라서 $-1+C_1=1+C_2$에서 $C_1=C_2+2$

$1+C_2=-1+C_3$에서 $C_3=C_2+2$

즉, $C_1=C_3$, $C_2=C_1-2$이므로

$$f(x)=\begin{cases} x+C_1 & (x\le -1) \\ x^2+C_1-2 & (-1<x<1) \\ -x+C_1 & (x\ge 1)\end{cases} \quad \cdots\cdots ㉠$$

함수 $y=f(x)$의 그래프의 개형은 다음과 같다.

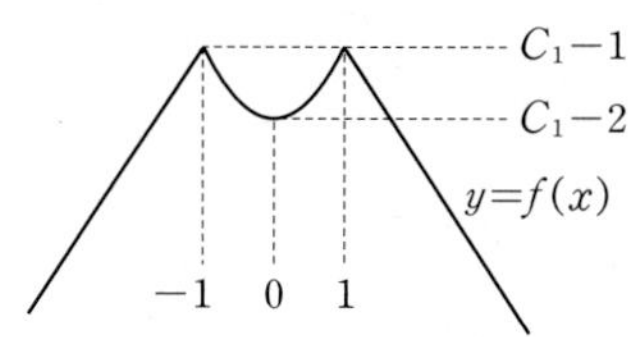

ㄱ. 함수 $f(x)$는 $x=-1$에서 극댓값을 갖는다. (참)

ㄴ. 함수 $y=f(x)$의 그래프가 y축에 대하여 대칭이므로 모든 실수 x에 대하여 $f(x)=f(-x)$이다. (참)

ㄷ. ㉠에서 $f(0)=2$이면 $C_1-2=2$ $\quad\therefore C_1=4$

이때 함수 $f(x)$의 최댓값은 $C_1-1=3$이다. (참)

따라서 옳은 것은 ㄱ, ㄴ, ㄷ이다.

TIP

실수 전체의 집합에서 연속인 함수 $f(x)$에 대하여 도함수 $y=f'(x)$의 그래프가 원점에 대하여 대칭이면 함수 $y=f(x)$의 그래프는 y축에 대하여 대칭이다.

따라서 주어진 문제의 도함수 $y=f'(x)$의 그래프가 원점에 대하여 대칭이므로 함수 $y=f(x)$의 그래프는 y축에 대하여 대칭이고, ㄴ이 성립함을 알 수 있다.

한편, 도함수 $y=f'(x)$의 그래프가 y축에 대하여 대칭인 경우에는 함수 $y=f(x)$의 그래프가 원점에 대하여 대칭일 수도 있고 아닐 수도 있다.

예를 들어, $f'(x)=3x^2$, $f(0)=0$인 경우에는 $f(x)=x^3$으로 함수 $y=f(x)$의 그래프가 원점에 대하여 대칭이지만, $f'(x)=3x^2$, $f(0)=1$인 경우에는 $f(x)=x^3+1$이므로 함수 $y=f(x)$의 그래프는 원점에 대하여 대칭이 아니다.

참고

주어진 문제에서 $x=-1$, $x=1$일 때, 함수 $f(x)$는 미분가능하지 않다.

626 — 답 ④

$f(x+y)=f(x)+f(y)-3xy(x+y)+1$에

$x=0$, $y=0$을 대입하면

$f(0)=f(0)+f(0)+1 \quad \therefore f(0)=-1 \quad \cdots\cdots ㉠$

$$f'(x)=\lim_{h\to 0}\frac{f(x+h)-f(x)}{h}$$
$$=\lim_{h\to 0}\frac{\{f(x)+f(h)-3xh(x+h)+1\}-f(x)}{h}$$
$$=\lim_{h\to 0}\left\{\frac{f(h)+1}{h}-3x(x+h)\right\}$$
$$=\lim_{h\to 0}\left\{\frac{f(h)-f(0)}{h}-3x(x+h)\right\} \ (\because ㉠)$$
$$=f'(0)-3x^2 \quad \cdots\cdots ㉡$$

$f(x)=\int f'(x)dx=-x^3+f'(0)x+C$ (C는 적분상수)

㉠에 의하여 $f(0)=C=-1$

$\therefore f(x)=-x^3+f'(0)x-1 \quad \cdots\cdots ㉢$

ㄱ. ㉢에 $x=-1$을 대입하면 $f(-1)=-f'(0)$ (참)

ㄴ. $f'(1)=-3$이면 ㉡에서

$f'(1)=f'(0)-3=-3$, 즉 $f'(0)=0$이므로

$f'(x)=-3x^2$이다.

따라서 모든 실수 x에 대하여 $f'(x)\le 0$이므로 함수 $f(x)$는 극값을 갖지 않는다. (거짓)

ㄷ. 함수 $f(x)$가 극값을 가지므로 ㉡에서 $f'(0)>0$이다.

방정식 $f'(x)=0$, 즉 $f'(0)-3x^2=0$에서 $x^2=\frac{f'(0)}{3}$

$\therefore x=-\sqrt{\frac{f'(0)}{3}}$ 또는 $x=\sqrt{\frac{f'(0)}{3}}$

$\sqrt{\frac{f'(0)}{3}}=\alpha$라 할 때, 함수 $f(x)$의 증가와 감소를 표로 나타내면 다음과 같다.

x	$\cdots$	$-\alpha$	$\cdots$	α	$\cdots$
$f'(x)$	$-$	0	$+$	0	$-$
$f(x)$	↘	극소	↗	극대	↘

따라서 ㉢에서 함수 $f(x)$의 모든 극값의 합은

$f(-\alpha)+f(\alpha)=\{\alpha^3-\alpha f'(0)-1\}+\{-\alpha^3+\alpha f'(0)-1\}$

$=-2$ (참)

따라서 옳은 것은 ㄱ, ㄷ이다.

627 — 답 ③

조건 (나)에 의하여

$h'(x)=\int i(x)\,dx$이므로 $\cdots\cdots ㉠$

$f'(x)+g'(x)=\int\{f(x)-2g(x)\}\,dx$

이때 $f(x)$, $g(x)$가 모두 삼차함수이므로

$f'(x)+g'(x)$는 이차 이하의 함수이다.

따라서 $f(x)-2g(x)$는 일차 이하의 함수이므로

$f(x)-2g(x)=ax+b$ (a, b는 상수)라 하면

조건 (가)에 의하여

$(4x^3-8x^2+2x-6)-2g(x)=ax+b$

$g(x)=2x^3-4x^2+kx+m$ (k, m은 상수)라 하면

$h(x)=6x^3-12x^2+(k+2)x+m-6$

$i(x)=(2-2k)x-(2m+6)$

이므로 ㉠에서

$18x^2-24x+(k+2)=\int\{(2-2k)x-(2m+6)\}dx$

$=(1-k)x^2-(2m+6)x+C$ (C는 적분상수)

$18=1-k$, $24=2m+6$이므로 $k=-17$, $m=9$

따라서 $g(x)=2x^3-4x^2-17x+9$이므로

$g(-1)=20$

02 정적분

628 ⋯ 답 ②

$$\int_0^1 (3x^2+2x)\,dx=\Big[x^3+x^2\Big]_0^1=2-0=2$$

629 ⋯ 답 ⑤

① $\int_0^1 dx=\Big[x\Big]_0^1=1-0=1$

② $\int_0^1 2y\,dy=\Big[y^2\Big]_0^1=1-0=1$

③ $\int_1^0 (-3x^2)\,dx=\Big[-x^3\Big]_1^0=0-(-1)=1$

④ $\int_a^a f(x)\,dx=0$이므로

$\int_1^1 x\,dx+\int_1^2 dt=0+\Big[t\Big]_1^2=2-1=1$

⑤ $\int_0^1 x\,dx+\int_1^2 t\,dt=\Big[\frac{1}{2}x^2\Big]_0^1+\Big[\frac{1}{2}t^2\Big]_1^2$
$=\left(\frac{1}{2}-0\right)+\left(2-\frac{1}{2}\right)=2$

따라서 선지 중 정적분의 값이 다른 하나는 ⑤이다.

TIP

선지 ⑤는 **'02 정적분의 성질'**을 학습한 이후 다음과 같이 계산할 수 있다.

$\int_a^c f(x)\,dx+\int_c^b f(x)\,dx=\int_a^b f(x)\,dx$이므로

$\int_0^1 x\,dx+\int_1^2 t\,dt=\int_0^2 x\,dx=\Big[\frac{1}{2}x^2\Big]_0^2=2$

630 ⋯ 답 (1) 0 (2) 0

(1) $\int_a^a f(x)\,dx=0$이므로 $\int_1^1 (x^3-x+1)^{100}\,dx=0$

(2) $\int_a^b f(x)\,dx=-\int_b^a f(x)\,dx$이므로

$\int_{-10}^0 \left(\frac{x^4}{2}-1\right)^5 dx+\int_0^{-10}\left(\frac{x^4}{2}-1\right)^5 dx$
$=\int_{-10}^0 \left(\frac{x^4}{2}-1\right)^5 dx-\int_{-10}^0\left(\frac{x^4}{2}-1\right)^5 dx=0$

TIP

(2)는 **'02 정적분의 성질'**을 학습한 이후 다음과 같이 계산할 수 있다.

$\int_a^c f(x)\,dx+\int_c^b f(x)\,dx=\int_a^b f(x)\,dx$이므로

$\int_{-10}^0 \left(\frac{x^4}{2}-1\right)^5 dx+\int_0^{-10}\left(\frac{x^4}{2}-1\right)^5 dx=\int_{-10}^{-10}\left(\frac{x^4}{2}-1\right)^5 dx=0$

631 ⋯ 답 (1) 1024 (2) 12 (3) 0

(1) $\int_0^2 10x^9\,dx=\Big[x^{10}\Big]_0^2=2^{10}-0=1024$

(2) $\int_{-1}^2 (3x^2+1)\,dx=\Big[x^3+x\Big]_{-1}^2=10-(-2)=12$

(3) $\int_{-2}^1 (t-1)(t+1)dt=\int_{-2}^1 (t^2-1)\,dt$
$=\Big[\frac{1}{3}t^3-t\Big]_{-2}^1$
$=-\frac{2}{3}-\left(-\frac{2}{3}\right)=0$

TIP

(3)에서 주어진 정적분을 다음과 같이 계산할 수 있다.

$\Big[\frac{1}{3}t^3-t\Big]_{-2}^1=\frac{1}{3}\Big[t^3\Big]_{-2}^1-\Big[t\Big]_{-2}^1$
$=\frac{1}{3}\{1^3-(-2)^3\}-\{1-(-2)\}$
$=3-3=0$

이와 같은 방법과 본풀이 중 좀 더 편한 것을 선택하여 계산하자.

632 ⋯ 답 ④

$\int_1^3 (x-1)(x^2+x+1)\,dx=\int_1^3 (x^3-1)\,dx$
$=\Big[\frac{1}{4}x^4-x\Big]_1^3$
$=\left(\frac{81}{4}-3\right)-\left(\frac{1}{4}-1\right)=18$

633 ⋯ 답 ③

$\int_1^2 \frac{t^3+8}{t+2}dt=\int_1^2 \frac{(t+2)(t^2-2t+4)}{t+2}dt$
$=\int_1^2 (t^2-2t+4)dt$
$=\Big[\frac{1}{3}t^3-t^2+4t\Big]_1^2$
$=\left(\frac{8}{3}-4+8\right)-\left(\frac{1}{3}-1+4\right)=\frac{10}{3}$

634 ⋯ 답 ②

$\int_0^1 (1-y)(y+1)(y^2+1)(y^4+1)\,dy$
$=\int_0^1 (1-y^2)(y^2+1)(y^4+1)\,dy$
$=\int_0^1 (1-y^4)(y^4+1)\,dy=\int_0^1 (1-y^8)\,dy$
$=\Big[y-\frac{1}{9}y^9\Big]_0^1=\left(1-\frac{1}{9}\right)-0=\frac{8}{9}$

따라서 $p=9$, $q=8$이므로

$p+q=17$

635 ······ 답 (1) -5 (2) 1 또는 4

(1) $\int_{0}^{2}(4x^3+ax)\,dx=\left[x^4+\frac{a}{2}x^2\right]_0^2=16+2a=6$

$\therefore a=-5$

(2) $\int_{-1}^{a}(5-2x)\,dx=\left[5x-x^2\right]_{-1}^{a}=(5a-a^2)-(-5-1)$

$=-a^2+5a+6=10$

$a^2-5a+4=0,\ (a-1)(a-4)=0$

$\therefore a=1$ 또는 $a=4$

636 ······ 답 ②

$\int_{1}^{2}f(x)dx=\int_{1}^{2}(8x^3-2ax)\,dx=\left[2x^4-ax^2\right]_1^2$

$=(32-4a)-(2-a)=-3a+30$

$f(1)=-2a+8$이므로

$\int_{1}^{2}f(x)\,dx=f(1)$에서 $-3a+30=-2a+8$

$\therefore a=22$

637 ······ 답 ②

$\int_{0}^{1}(x+1)^3dx+\int_{0}^{1}(x-1)^3dx$

$=\int_{0}^{1}\{(x+1)^3+(x-1)^3\}\,dx$

$=\int_{0}^{1}\{(x^3+3x^2+3x+1)+(x^3-3x^2+3x-1)\}\,dx$

$=\int_{0}^{1}(2x^3+6x)\,dx=\left[\frac{1}{2}x^4+3x^2\right]_0^1=\frac{7}{2}$

638 ······ 답 42

$\int_{1}^{3}(4x^2+6x-5)\,dx+2\int_{3}^{1}(3y-y^2)\,dy$

$=\int_{1}^{3}(4x^2+6x-5)\,dx-\int_{1}^{3}(6x-2x^2)\,dx$

$=\int_{1}^{3}\{(4x^2+6x-5)-(6x-2x^2)\}\,dx$

$=\int_{1}^{3}(6x^2-5)\,dx=\left[2x^3-5x\right]_1^3=42$

639 ······ 답 (1) 4 (2) $\frac{16}{3}$

(1) $\int_{0}^{4}\frac{x^2}{x+1}\,dx-\int_{0}^{4}\frac{1}{y+1}\,dy$

$=\int_{0}^{4}\frac{x^2}{x+1}\,dx-\int_{0}^{4}\frac{1}{x+1}\,dx=\int_{0}^{4}\left(\frac{x^2}{x+1}-\frac{1}{x+1}\right)dx$

$=\int_{0}^{4}\frac{(x-1)(x+1)}{x+1}\,dx=\int_{0}^{4}(x-1)\,dx$

$=\left[\frac{1}{2}x^2-x\right]_0^4=4$

(2) $\int_{0}^{1}\frac{x^3}{x-2}\,dx+\int_{1}^{0}\frac{8}{x-2}\,dx$

$=\int_{0}^{1}\frac{x^3}{x-2}\,dx-\int_{0}^{1}\frac{8}{x-2}\,dx=\int_{0}^{1}\left(\frac{x^3}{x-2}-\frac{8}{x-2}\right)dx$

$=\int_{0}^{1}\frac{(x-2)(x^2+2x+4)}{x-2}\,dx=\int_{0}^{1}(x^2+2x+4)\,dx$

$=\left[\frac{1}{3}x^3+x^2+4x\right]_0^1=\frac{16}{3}$

640 ······ 답 ③

$\int_{-2}^{0}(2x-1)\,dx+\int_{0}^{1}(2x-1)\,dx=\int_{-2}^{1}(2x-1)\,dx$

$=\left[x^2-x\right]_{-2}^{1}=-6$

641 ······ 답 ③

$\int_{-1}^{\frac{1}{2}}(x^2-2x)\,dx+\int_{2}^{\frac{1}{2}}(2t-t^2)\,dt$

$=\int_{-1}^{\frac{1}{2}}(x^2-2x)\,dx+\int_{\frac{1}{2}}^{2}(t^2-2t)\,dt$

$=\int_{-1}^{\frac{1}{2}}(x^2-2x)\,dx+\int_{\frac{1}{2}}^{2}(x^2-2x)\,dx$

$=\int_{-1}^{2}(x^2-2x)\,dx$

$=\left[\frac{1}{3}x^3-x^2\right]_{-1}^{2}=0$

642 ······ 답 ⑤

$\int_{1}^{3}(3x^2-4x)\,dx+\int_{-2}^{1}(3x^2-4x)\,dx-\int_{4}^{3}(3x^2-4x)\,dx$

$=\int_{1}^{3}(3x^2-4x)\,dx+\int_{-2}^{1}(3x^2-4x)\,dx+\int_{3}^{4}(3x^2-4x)\,dx$

$=\left\{\int_{-2}^{1}(3x^2-4x)\,dx+\int_{1}^{3}(3x^2-4x)\,dx\right\}+\int_{3}^{4}(3x^2-4x)\,dx$

$=\int_{-2}^{3}(3x^2-4x)\,dx+\int_{3}^{4}(3x^2-4x)\,dx$

$=\int_{-2}^{4}(3x^2-4x)\,dx=\left[x^3-2x^2\right]_{-2}^{4}=48$

643 ······ 답 ④

$\int_{1}^{5}f(x)\,dx-\int_{2}^{5}f(x)\,dx+\int_{-3}^{1}f(x)\,dx$

$=\int_{1}^{5}f(x)\,dx+\int_{5}^{2}f(x)\,dx+\int_{-3}^{1}f(x)\,dx$

$=\int_{-3}^{1}f(x)\,dx+\left\{\int_{1}^{5}f(x)\,dx+\int_{5}^{2}f(x)\,dx\right\}$

$=\int_{-3}^{1}f(x)\,dx+\int_{1}^{2}f(x)\,dx=\int_{-3}^{2}f(x)\,dx$

$=\int_{-3}^{2}(4x^3+3x^2)\,dx=\left[x^4+x^3\right]_{-3}^{2}=-30$

644 ⋯⋯ 답 ②

$$\int_{-2}^{3} f(x)\,dx=\int_{-2}^{1} f(x)\,dx+\int_{1}^{0} f(x)\,dx+\int_{0}^{3} f(x)\,dx$$
$$=\left\{-\int_{1}^{-2} f(x)\,dx\right\}+\left\{-\int_{0}^{1} f(x)\,dx\right\}+\int_{0}^{3} f(x)\,dx$$
$$=(-5)+(-3)+10=2$$

645 ⋯⋯ 답 (1) 36 (2) 18

(1) $\int_{0}^{3} (x+2)^2dx-\int_{-1}^{3} (x-2)^2dx+\int_{-1}^{0} (x-2)^2dx$

$$=\int_{0}^{3} (x+2)^2dx-\left\{\int_{-1}^{3} (x-2)^2dx+\int_{0}^{-1}(x-2)^2dx\right\}$$
$$=\int_{0}^{3} (x+2)^2dx-\int_{0}^{3} (x-2)^2dx$$
$$=\int_{0}^{3} \{(x+2)^2-(x-2)^2\}\,dx$$
$$=\int_{0}^{3} 8x\,dx=\Big[\,4x^2\,\Big]_{0}^{3}=36$$

(2) $\int_{1}^{2} (4x^2+5)\,dx+2\int_{1}^{2} (x-2x^2)\,dx-\int_{3}^{2} (2x+5)\,dx$

$$=\int_{1}^{2} \{(4x^2+5)+(2x-4x^2)\}\,dx-\int_{3}^{2} (2x+5)\,dx$$
$$=\int_{1}^{2} (2x+5)\,dx-\int_{3}^{2} (2x+5)\,dx$$
$$=\int_{1}^{2} (2x+5)\,dx+\int_{2}^{3} (2x+5)\,dx$$
$$=\int_{1}^{3} (2x+5)\,dx=\Big[\,x^2+5x\,\Big]_{1}^{3}=18$$

646 ⋯⋯ 답 ③

$$\int_{0}^{2} f(x)\,dx=\int_{0}^{1} (-x^2+4)\,dx+\int_{1}^{2} (2x+1)\,dx$$
$$=\left[-\frac{1}{3}x^3+4x\right]_{0}^{1}+\Big[\,x^2+x\,\Big]_{1}^{2}$$
$$=\frac{11}{3}+4=\frac{23}{3}$$

647 ⋯⋯ 답 ⑤

$$|x-1|=\begin{cases} x-1 & (x\ge 1)\\ -x+1 & (x<1)\end{cases}$$

$\therefore \int_{-1}^{2} |x-1|\,dx=\int_{-1}^{1} (-x+1)\,dx+\int_{1}^{2} (x-1)\,dx$ ⋯⋯ TIP

$$=\left[-\frac{1}{2}x^2+x\right]_{-1}^{1}+\left[\frac{1}{2}x^2-x\right]_{1}^{2}$$
$$=2+\frac{1}{2}=\frac{5}{2}$$

다른 풀이

정적분의 값은 그 그래프와 x축으로 둘러싸인 넓이와 관련지어 생각할 수 있다.

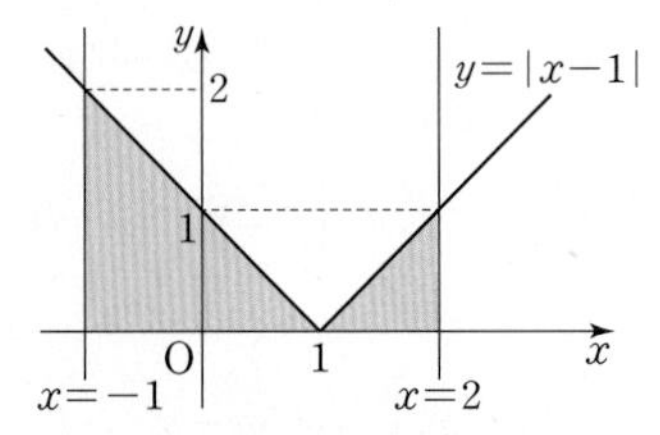

위 그림과 같이 함수 $y=|x-1|$의 그래프에서 색칠한 두 직각삼각형의 넓이를 각각 S_1, S_2라 하면 구하는 정적분의 값은 S_1+S_2와 같다.

$$\therefore \int_{-1}^{2} |x-1|\,dx=\frac{1}{2}\times 2\times 2+\frac{1}{2}\times 1\times 1=\frac{5}{2}$$

TIP

$\int_{-1}^{1} (-x+1)\,dx$는 **'04 대칭성을 이용한 함수의 정적분'**을 학습한 이후 다음과 같이 계산할 수 있다.

$$\int_{-1}^{1} (-x+1)\,dx=\int_{-1}^{1} (-x)\,dx+\int_{-1}^{1} 1\,dx$$
$$=0+2\int_{0}^{1} 1\,dx=2\Big[\,x\,\Big]_{0}^{1}=2$$

648 ⋯⋯ 답 ⑤

$$|x^2-2x|=|x(x-2)|=\begin{cases} x^2-2x & (x\le 0 \text{ 또는 } x\ge 2)\\ -x^2+2x & (0<x<2)\end{cases}$$

$$\therefore \int_{0}^{3} |x^2-2x|\,dx=\int_{0}^{2} (-x^2+2x)\,dx+\int_{2}^{3} (x^2-2x)\,dx$$
$$=\left[-\frac{1}{3}x^3+x^2\right]_{0}^{2}+\left[\frac{1}{3}x^3-x^2\right]_{2}^{3}$$
$$=\frac{4}{3}+\frac{4}{3}=\frac{8}{3}$$

649 ⋯⋯ 답 ③

$$|x^3-x^2|=|x^2(x-1)|=x^2|x-1|=\begin{cases} x^3-x^2 & (x\ge 1)\\ -x^3+x^2 & (x<1)\end{cases}$$

$$\therefore \int_{0}^{2} |x^3-x^2|\,dx=\int_{0}^{1} (-x^3+x^2)\,dx+\int_{1}^{2} (x^3-x^2)\,dx$$
$$=\left[-\frac{1}{4}x^4+\frac{1}{3}x^3\right]_{0}^{1}+\left[\frac{1}{4}x^4-\frac{1}{3}x^3\right]_{1}^{2}$$
$$=\frac{1}{12}+\frac{17}{12}=\frac{3}{2}$$

650 ⋯⋯ 답 ①

$f(x)=\begin{cases} 1-x^3 & (x\le 0)\\ 1+x^2 & (x>0)\end{cases}$이므로 $xf(x)=\begin{cases} x-x^4 & (x\le 0)\\ x+x^3 & (x>0)\end{cases}$이다.

$$\therefore \int_{-1}^{1} xf(x)\,dx=\int_{-1}^{0} (x-x^4)\,dx+\int_{0}^{1} (x+x^3)\,dx$$
$$=\left[\frac{1}{2}x^2-\frac{1}{5}x^5\right]_{-1}^{0}+\left[\frac{1}{2}x^2+\frac{1}{4}x^4\right]_{0}^{1}$$
$$=-\frac{7}{10}+\frac{3}{4}=\frac{1}{20}$$

651 ··· 답 ②

$f(x)=\begin{cases} x-1 & (x\ge1) \\ -x+1 & (x<1) \end{cases}$이므로

$(x-1)f(x)=\begin{cases} x^2-2x+1 & (x\ge1) \\ -x^2+2x-1 & (x<1) \end{cases}$이다.

$\therefore \int_0^3 (x-1)f(x)\,dx$

$=\int_0^1 (-x^2+2x-1)\,dx+\int_1^3 (x^2-2x+1)\,dx$

$=\left[-\frac{1}{3}x^3+x^2-x\right]_0^1+\left[\frac{1}{3}x^3-x^2+x\right]_1^3$

$=-\frac{1}{3}+\frac{8}{3}=\frac{7}{3}$

652 ··· 답 ①

$\int_{-1}^1 (8x^7-5x^4+3x^3-4x+2)\,dx$

$=\int_{-1}^1 (8x^7+3x^3-4x)\,dx+\int_{-1}^1 (-5x^4+2)\,dx$

$=0+2\int_0^1 (-5x^4+2)\,dx$

$=2\left[-x^5+2x\right]_0^1=2\times1=2$

653 ··· 답 (1) 48 (2) $\frac{20}{3}$

(1) $\int_{-3}^2 (4x^3+3x^2-1)\,dx-\int_3^2 (4x^3+3x^2-1)\,dx$

$=\int_{-3}^2 (4x^3+3x^2-1)\,dx+\int_2^3 (4x^3+3x^2-1)\,dx$

$=\int_{-3}^3 (4x^3+3x^2-1)\,dx$

$=\int_{-3}^3 4x^3\,dx+\int_{-3}^3 (3x^2-1)\,dx$

$=0+2\int_0^3 (3x^2-1)\,dx$

$=2\left[x^3-x\right]_0^3=2\times24=48$

(2) $\int_{-1}^3 (x^5+x^2-4x+3)\,dx+\int_3^4 (x^5+x^2-4x+3)\,dx$

$-\int_1^4 (x^5+x^2-4x+3)\,dx$

$=\int_{-1}^4 (x^5+x^2-4x+3)\,dx-\int_1^4 (x^5+x^2-4x+3)\,dx$

$=\int_{-1}^4 (x^5+x^2-4x+3)\,dx+\int_4^1 (x^5+x^2-4x+3)\,dx$

$=\int_{-1}^1 (x^5+x^2-4x+3)\,dx$

$=\int_{-1}^1 (x^5-4x)\,dx+\int_{-1}^1 (x^2+3)\,dx$

$=0+2\int_0^1 (x^2+3)\,dx$

$=2\left[\frac{1}{3}x^3+3x\right]_0^1=\frac{20}{3}$

654 ··· 답 ①

$\int_{-a}^a (6x^2-5x)\,dx=2\int_0^a 6x^2\,dx+0$

$=2\left[2x^3\right]_0^a=4a^3=\frac{1}{16}$

이므로 $a=\frac{1}{4}$

$\therefore 20a=5$

655 ··· 답 ②

$\int_{-1}^2 f(x)\,dx+\int_2^1 f(x)\,dx$

$=\int_{-1}^1 f(x)dx=\int_{-1}^1 (1+2x+3x^2+\cdots+10x^9)\,dx$

$=\int_{-1}^1 (1+3x^2+5x^4+7x^6+9x^8)\,dx$

$+\int_{-1}^1 (2x+4x^3+6x^5+8x^7+10x^9)\,dx$

$=2\int_0^1 (1+3x^2+5x^4+7x^6+9x^8)\,dx+0$

$=2\left[x+x^3+x^5+x^7+x^9\right]_0^1=2\times5=10$

656 ··· 답 ③

$f(x)=(x^3+3)(x^4-x^2+2x-1)$

$=(x^7-x^5+2x^4-x^3)+(3x^4-3x^2+6x-3)$

$=x^7-x^5+5x^4-x^3-3x^2+6x-3$

$\therefore \int_{-2}^{\frac{1}{2}} f(x)\,dx-\int_2^{\frac{1}{2}} f(x)\,dx$

$=\int_{-2}^{\frac{1}{2}} f(x)\,dx+\int_{\frac{1}{2}}^2 f(x)\,dx$

$=\int_{-2}^2 f(x)\,dx$

$=\int_{-2}^2 (x^7-x^5+5x^4-x^3-3x^2+6x-3)\,dx$

$=\int_{-2}^2 (x^7-x^5-x^3+6x)\,dx+\int_{-2}^2 (5x^4-3x^2-3)\,dx$

$=0+2\int_0^2 (5x^4-3x^2-3)\,dx$

$=2\left[x^5-x^3-3x\right]_0^2=2\times18=36$

657 ··· 답 ①

$f'(x)=4x-3$에서 $f(x)=2x^2-3x+C$ (C는 적분상수)

$\therefore \int_{-1}^1 xf(x)\,dx=\int_{-1}^1 (2x^3-3x^2+Cx)\,dx$

$=\int_{-1}^1 (2x^3+Cx)\,dx+\int_{-1}^1 (-3x^2)\,dx$

$=0+2\int_0^1 (-3x^2)\,dx=2\left[-x^3\right]_0^1=-2$

658 ······ 답 ④

$g(x)=x^2f(x)$, $h(x)=xf(x)$라 하자.
모든 실수 x에 대하여 $f(-x)=-f(x)$이므로
$g(-x)=x^2f(-x)=-x^2f(x)=-g(x)$,
$h(-x)=-xf(-x)=xf(x)=h(x)$이므로
$\int_{-1}^{1}(x^2+x+1)f(x)\,dx$
$=\int_{-1}^{1}x^2f(x)\,dx+\int_{-1}^{1}xf(x)\,dx+\int_{-1}^{1}f(x)\,dx$
$=\int_{-1}^{1}g(x)\,dx+\int_{-1}^{1}h(x)\,dx+\int_{-1}^{1}f(x)\,dx$
$=0+2\int_{0}^{1}h(x)\,dx+0=8$
$\therefore \int_{0}^{1}xf(x)\,dx=\int_{0}^{1}h(x)\,dx=4$

659 ······ 답 5

$\int_{-3}^{3}\{f(x)+g(x)\}\,dx=\int_{-3}^{3}f(x)\,dx+\int_{-3}^{3}g(x)\,dx$에서
모든 실수 x에 대하여 $f(-x)=f(x)$이므로
$\int_{-3}^{3}f(x)\,dx=2\int_{0}^{3}f(x)\,dx$
모든 실수 x에 대하여 $g(-x)=-g(x)$이므로
$\int_{-3}^{3}g(x)\,dx=0$
따라서
$\int_{-3}^{3}f(x)\,dx+\int_{-3}^{3}g(x)\,dx=2\int_{0}^{3}f(x)\,dx=10$
이므로 $\int_{0}^{3}f(x)\,dx=5$이다.

660 ······ 답 ②

모든 실수 a에 대하여 $\int_{-a}^{0}f(x)dx=-\int_{0}^{a}f(x)dx$를 만족시키기 위해서는 함수 $y=f(x)$의 그래프가 원점에 대하여 대칭이어야 한다.
즉, 모든 실수 x에 대하여 $f(-x)=-f(x)$가 성립해야 한다.
ㄱ. $f(x)=-x^2$이면 $f(-x)=-(-x)^2=-x^2=f(x)$이므로
함수 $y=f(x)$의 그래프는 y축에 대하여 대칭이다.
ㄴ. $f(x)=2x^3+1$이면
$f(-x)=2(-x)^3+1=-2x^3+1\neq -f(x)$이므로
함수 $y=f(x)$의 그래프는 원점에 대하여 대칭이 아니다.
ㄷ. $f(x)=-x^3+4x$이면
$f(-x)=-(-x)^3+4(-x)=x^3-4x=-f(x)$이므로
함수 $y=f(x)$의 그래프는 원점에 대하여 대칭이다.
ㄹ. $f(x)=|x-1|$이면
$f(-x)=|-x-1|=|x+1|\neq -f(x)$이므로
함수 $y=f(x)$의 그래프는 원점에 대하여 대칭이 아니다.
따라서 조건을 만족시키는 함수 $f(x)$는 ㄷ이다.

661 ······ 답 (1) $f(x)=2x+5$ (2) $f(x)=x^2-3x+2$

함수 $f(x)$가 닫힌구간 $[a, b]$ $(a<x<b)$에서 연속이면
$\frac{d}{dx}\int_{a}^{x}f(t)\,dt=f(x)$이다.
(1) $f(x)=\frac{d}{dx}\int_{0}^{x}(2t+5)\,dt=2x+5$
(2) $f(x)=\frac{d}{dx}\int_{1}^{x}(t^2-3t+2)\,dt=x^2-3x+2$

662 ······ 답 ⑤

$f(x)=\frac{d}{dx}\int_{-2}^{x}(t^3+5)\,dt=x^3+5$
$\therefore f(1)=6$

663 ······ 답 ④

$F(x)=\int_{0}^{x}(t^2-2t+3)^2dt$의 양변을 x에 대하여 미분하면
$F'(x)=\frac{d}{dx}\int_{0}^{x}(t^2-2t+3)^2dt$
$=(x^2-2x+3)^2$
$\therefore F'(-1)=36$

664 ······ 답 ⑤

$\int_{1}^{x}f(t)\,dt=x^3+4x-5$의 양변을 x에 대하여 미분하면
$f(x)=3x^2+4$
$\therefore f(1)=7$

665 ······ 답 ⑤

$f(x)=\int_{0}^{x}(3t^2-2t+4)\,dt$의 양변을 x에 대하여 미분하면
$f'(x)=3x^2-2x+4$
$\therefore \lim_{h\to 0}\frac{f(2+5h)-f(2)}{h}=\lim_{h\to 0}\left\{\frac{f(2+5h)-f(2)}{5h}\times 5\right\}$
$=f'(2)\times 5=60$

666 ······ 답 ④

$\int_{-1}^{x}f(t)\,dt=x^4-2x^3+ax+5$의 양변에 $x=-1$을 대입하면
$0=-a+8$ $\therefore a=8$
$\int_{-1}^{x}f(t)\,dt=x^4-2x^3+8x+5$의 양변을 x에 대하여 미분하면
$f(x)=4x^3-6x^2+8$ $\therefore f(2)=16$
$\therefore a+f(2)=8+16=24$

667 ······ 답 11

$xf(x)=\int_1^x f(t)\,dt+2x^3$의 양변에 $x=1$을 대입하면

$f(1)=2$ ······ ㉠

$xf(x)=\int_1^x f(t)\,dt+2x^3$의 양변을 x에 대하여 미분하면

$f(x)+xf'(x)=f(x)+6x^2$,

$xf'(x)=6x^2$,

$f'(x)=6x$

에서 $f(x)=3x^2+C$ (C는 적분상수)이다.

㉠에 의하여 $f(1)=3+C=2$ $\quad\therefore C=-1$

따라서 $f(x)=3x^2-1$이므로

$f(2)=11$

668 ······ 답 풀이 참조

(1) $\int_a^x f(t)\,dt=x^2-3x-4$의 양변을 x에 대하여 미분하면

$f(x)=2x-3$

(2) $\int_a^x f(t)\,dt=x^2-3x-4$의 양변에 $x=a$를 대입하면

$0=a^2-3a-4$, $(a+1)(a-4)=0$

$\therefore a=-1$ 또는 $a=4$

채점 요소	배점
양변을 미분하여 $f(x)$ 구하기	50 %
등식에 $x=a$를 대입하여 a의 값 구하기	50 %

669 ······ 답 (1) 5 (2) 5

(1) $F'(x)=f(x)$라 하면

$\int_1^x f(t)dt=F(x)-F(1)$이므로

$$\lim_{x\to1}\frac{1}{x-1}\int_1^x f(t)\,dt=\lim_{x\to1}\frac{F(x)-F(1)}{x-1}$$
$$=F'(1)=f(1)=5$$

(2) $F'(x)=f(x)$라 하면

$\int_1^{h+1} f(x)\,dx=F(h+1)-F(1)$이므로

$$\lim_{h\to0}\frac{1}{h}\int_1^{h+1} f(x)\,dx=\lim_{h\to0}\frac{F(h+1)-F(1)}{h}$$
$$=F'(1)=f(1)=5$$

670 ······ 답 ③

$F'(x)=x^3-3x+1$이라 하면

$\int_{-2}^x (t^3-3t+1)\,dt=F(x)-F(-2)$이므로

$$\lim_{x\to-2}\frac{1}{x+2}\int_{-2}^x (t^3-3t+1)\,dt=\lim_{x\to-2}\frac{F(x)-F(-2)}{x-(-2)}$$
$$=F'(-2)=-1$$

671 ······ 답 ①

$F'(x)=f(x)$라 하면

$\int_1^x f(t)\,dt=F(x)-F(1)$이므로

$$\lim_{x\to1}\frac{1}{x^2-1}\int_1^x f(t)\,dt=\lim_{x\to1}\left\{\frac{F(x)-F(1)}{x-1}\times\frac{1}{x+1}\right\}$$
$$=F'(1)\times\frac{1}{2}=\frac{f(1)}{2}=3$$

672 ······ 답 ①

$F'(x)=x^3+5x^2-3$이라 하면

$\int_1^x (t^3+5t^2-3)\,dt=F(x)-F(1)$이므로

$$\lim_{x\to1}\frac{1}{x^3-1}\int_1^x (t^3+5t^2-3)\,dt$$
$$=\lim_{x\to1}\left\{\frac{F(x)-F(1)}{x-1}\times\frac{1}{x^2+x+1}\right\}$$
$$=F'(1)\times\frac{1}{3}=1$$

673 ······ 답 ⑤

$F'(x)=x^2-2x+5$라 하면

$\int_2^{2+3h}(x^2-2x+5)\,dx=F(2+3h)-F(2)$이므로

$$\lim_{h\to0}\frac{1}{h}\int_2^{2+3h}(x^2-2x+5)\,dx$$
$$=\lim_{h\to0}\frac{F(2+3h)-F(2)}{h}$$
$$=\lim_{h\to0}\left\{\frac{F(2+3h)-F(2)}{3h}\times3\right\}$$
$$=F'(2)\times3=15$$

674 ······ 답 ④

$F'(x)=f(x)$라 하면

$\int_{1-h}^{1+h} f(x)\,dx=F(1+h)-F(1-h)$이므로

$$\lim_{h\to0}\frac{1}{h}\int_{1-h}^{1+h} f(x)\,dx$$
$$=\lim_{h\to0}\frac{F(1+h)-F(1-h)}{h}$$
$$=\lim_{h\to0}\left\{\frac{F(1+h)-F(1)}{h}+\frac{F(1-h)-F(1)}{-h}\right\}$$
$$=2F'(1)=2f(1)=2(1+a)=6$$

$\therefore a=2$

675 ······ 답 ②

$f'(x)=6x^2-2x+5$이므로

$$f(x)=\int f'(x)\,dx=\int(6x^2-2x+5)\,dx$$
$$=2x^3-x^2+5x+C\ (C\text{는 적분상수})$$

이때 $\int_0^1 f(x)\,dx=4$이므로

$$\int_0^1 f(x)\,dx=\int_0^1 (2x^3-x^2+5x+C)\,dx$$
$$=\left[\frac{1}{2}x^4-\frac{1}{3}x^3+\frac{5}{2}x^2+Cx\right]_0^1$$
$$=C+\frac{8}{3}=4$$

$\therefore C=\frac{4}{3}$, $f(x)=2x^3-x^2+5x+\frac{4}{3}$

$\therefore f(0)=\frac{4}{3}$

676 ··· 답 3

$$\int_0^1 (3a^2x^2-8ax+5)\,dx=\left[a^2x^3-4ax^2+5x\right]_0^1$$
$$=a^2-4a+5$$
$$=(a-2)^2+1$$

이므로 주어진 정적분은 $a=2$일 때 최솟값 1을 갖는다.

따라서 $m=2$, $n=1$이므로

$m+n=3$

677 ··· 답 ③

$f(0)=f(2)=f(4)=3$이고

$f(x)$는 최고차항의 계수가 1인 삼차함수이므로

$f(x)-3=x(x-2)(x-4)=x^3-6x^2+8x$

$\therefore f(x)=x^3-6x^2+8x+3$

$$\therefore \int_0^4 f(x)\,dx=\int_0^4 (x^3-6x^2+8x+3)\,dx$$
$$=\left[\frac{1}{4}x^4-2x^3+4x^2+3x\right]_0^4=12$$

678 ··· 답 ③

이차함수 $y=f(x)$의 그래프와 직선 $y=g(x)$가

$x=-1$ 또는 $x=3$에서 만나므로

$f(x)-g(x)=a(x+1)(x-3)$ (a는 상수)

이때 $f(0)=-2$, $g(0)=4$이므로

$f(0)-g(0)=-3a=-6$, $a=2$

$f(x)-g(x)=2(x+1)(x-3)=2x^2-4x-6$

$$\therefore \int_{-1}^2 \{f(x)-g(x)\}\,dx=\int_{-1}^2 (2x^2-4x-6)\,dx$$
$$=\left[\frac{2}{3}x^3-2x^2-6x\right]_{-1}^2=-18$$

679 ··· 답 ④

$\int_0^1 f(x)\,dx=a$ (a는 상수)라 하면

$f(x)=3x^2-4x+2a$이므로

$\int_0^1 (3x^2-4x+2a)\,dx=a$에서

$\left[x^3-2x^2+2ax\right]_0^1=a$

$2a-1=a$, $a=1$

따라서 $f(x)=3x^2-4x+2$이므로

$f(0)=2$

680 ··· 답 ③

$$f(x)=4x^3+\int_0^1 (2x-3)f(t)\,dt$$
$$=4x^3+(2x-3)\int_0^1 f(t)\,dt$$

이때 $\int_0^1 f(t)\,dt=a$ (a는 상수)라 하면

$f(x)=4x^3+2ax-3a$이므로

$\int_0^1 (4t^3+2at-3a)\,dt=a$

$\left[t^4+at^2-3at\right]_0^1=a$

$-2a+1=a$, $a=\frac{1}{3}$

$\therefore \int_0^1 f(x)\,dx=\frac{1}{3}$

681 ··· 답 ①

이차방정식 $x^2-5x+1=0$의 두 근이 α, β이므로

$x^2-5x+1=(x-\alpha)(x-\beta)=0$이고,

이차방정식의 근과 계수의 관계에 의하여

$\alpha+\beta=5$, $\alpha\beta=1$ ······ ㉠

$$\int_\alpha^\beta (x^2-5x+1)\,dx$$
$$=\int_\alpha^\beta (x-\alpha)(x-\beta)\,dx$$
$$=\int_\alpha^\beta \{x^2-(\alpha+\beta)x+\alpha\beta\}\,dx$$
$$=\left[\frac{1}{3}x^3-\frac{\alpha+\beta}{2}x^2+\alpha\beta x\right]_\alpha^\beta$$
$$=\frac{1}{3}(\beta^3-\alpha^3)-\frac{1}{2}(\alpha+\beta)(\beta^2-\alpha^2)+\alpha\beta(\beta-\alpha)$$
$$=\frac{1}{6}(\beta-\alpha)\{2(\beta^2+\alpha\beta+\alpha^2)-3(\alpha+\beta)^2+6\alpha\beta\}$$
$$=-\frac{1}{6}(\beta-\alpha)(\beta^2-2\alpha\beta+\alpha^2)$$
$$=-\frac{1}{6}(\beta-\alpha)^3$$

㉠에서

$(\beta-\alpha)^2=(\beta+\alpha)^2-4\alpha\beta=5^2-4\times1=21$이고

$\alpha<\beta$이므로 $\beta-\alpha=\sqrt{21}$

$$\therefore \int_\alpha^\beta (x^2-5x+1)\,dx=-\frac{1}{6}(\beta-\alpha)^3$$
$$=-\frac{1}{6}(\sqrt{21})^3=-\frac{7\sqrt{21}}{2}$$

682 ······ 답 ③

함수 $y=f(x)$의 그래프를 x축의 방향으로 3만큼 평행이동한 그래프가 나타내는 함수가 $y=g(x)$이므로 $g(x)=f(x-3)$이고,
함수 $y=f(x)$의 그래프를 y축의 방향으로 3만큼 평행이동한 그래프가 나타내는 함수가 $y=h(x)$이므로 $h(x)=f(x)+3$이다.
따라서

$$\int_2^7 g(x)\,dx=\int_2^7 f(x-3)\,dx$$
$$=\int_{2-3}^{7-3} f(x+3-3)\,dx$$
$$=\int_{-1}^4 f(x)\,dx=5 \quad \cdots\cdots \text{TIP}$$

$$\int_{-1}^4 h(x)\,dx=\int_{-1}^4 \{f(x)+3\}\,dx$$
$$=\int_{-1}^4 f(x)\,dx+\int_{-1}^4 3\,dx$$
$$=5+\Big[3x\Big]_{-1}^4$$
$$=5+\{12-(-3)\}$$
$$=20$$

$$\therefore \int_2^7 g(x)\,dx+\int_{-1}^4 h(x)\,dx=5+20=25$$

TIP

상수 a, b, m에 대하여 함수 $y=f(x-m)$의 그래프는 함수 $y=f(x)$의 그래프를 x축의 방향으로 m만큼 평행이동한 것이므로

$$\int_{a+m}^{b+m} f(x-m)\,dx=\int_a^b f(x)\,dx$$

가 성립한다.

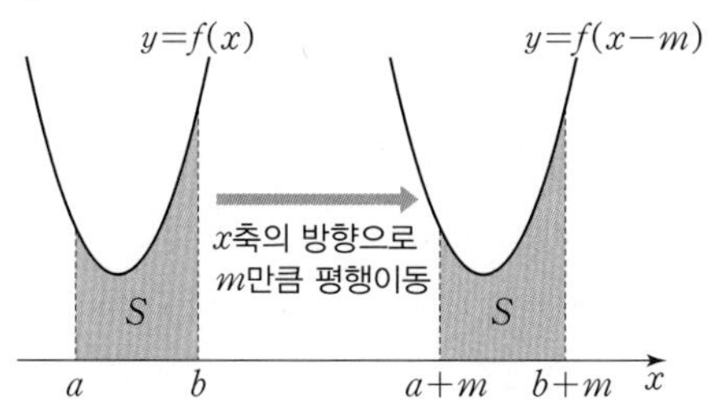

683 ······ 답 풀이 참조

$f(x)=ax(x-4)$ ($a<0$인 상수)라 하면
$f(2)=4$이므로
$f(2)=-4a=4$, $a=-1$
$\therefore f(x)=-x(x-4)=-x^2+4x$

$$g(x)=\int_1^{x+2} f(t)\,dt=\int_1^{x+2} (-t^2+4t)\,dt$$
$$=\Big[-\frac{1}{3}t^3+2t^2\Big]_1^{x+2}=-\frac{1}{3}x^3+4x+\frac{11}{3}$$

이므로 $g'(x)=-x^2+4$이다.
$x=-2$ 또는 $x=2$일 때 $g'(x)=0$이므로
함수 $g(x)$의 증가와 감소를 표로 나타내면 다음과 같다.

x	$\cdots$	-2	$\cdots$	2	$\cdots$
$g'(x)$	$-$	0	$+$	0	$-$
$g(x)$	↘	극소	↗	극대	↘

따라서 함수 $g(x)$는 $x=-2$일 때 극솟값 $g(-2)=-\frac{5}{3}$를 갖고,
$x=2$일 때 극댓값 $g(2)=9$를 갖는다.
따라서 함수 $g(x)$의 극댓값과 극솟값의 합은

$$9+\left(-\frac{5}{3}\right)=\frac{22}{3}$$

다른 풀이

$g(x)=\int_1^{x+2} f(t)\,dt$의 양변에 $x=-1$을 대입하면
$g(-1)=0$ ······ ㉠
$f(x)=ax(x-4)$ ($a<0$인 상수)라 하면
$f(2)=4$이므로
$f(2)=-4a=4$, $a=-1$
$\therefore f(x)=-x(x-4)$
$F'(x)=f(x)$라 하면
$g(x)=\int_1^{x+2} f(t)\,dt=F(x+2)-F(1)$ ······ ㉡
이때 함수 $y=F(x+2)$의 그래프는 함수 $y=F(x)$의 그래프를 x축의 방향으로 -2만큼 평행이동한 것이므로
도함수 $y=F'(x+2)$의 그래프도 도함수 $y=F'(x)$의 그래프를 x축의 방향으로 -2만큼 평행이동한 것과 같다.
즉, $F'(x+2)=f(x+2)$이므로 ······ TIP
㉡의 양변을 x에 대하여 미분하면
$g'(x)=f(x+2)=-(x+2)(x-2)=-x^2+4$,
$g(x)=\int g'(x)\,dx=-\frac{1}{3}x^3+4x+C$ (C는 적분상수)
㉠에서 $g(-1)=-\frac{11}{3}+C=0$, $C=\frac{11}{3}$
$\therefore g(x)=-\frac{1}{3}x^3+4x+\frac{11}{3}$
$x=-2$ 또는 $x=2$일 때 $g'(x)=0$이므로
함수 $g(x)$의 증가와 감소를 표로 나타내면 다음과 같다.

x	$\cdots$	-2	$\cdots$	2	$\cdots$
$g'(x)$	$-$	0	$+$	0	$-$
$g(x)$	↘	극소	↗	극대	↘

따라서 함수 $g(x)$는 $x=-2$일 때 극솟값 $g(-2)=-\frac{5}{3}$를 갖고,
$x=2$일 때 극댓값 $g(2)=9$를 갖는다.
따라서 함수 $g(x)$의 극댓값과 극솟값의 합은

$$9+\left(-\frac{5}{3}\right)=\frac{22}{3}$$

채점 요소	배점
$f(x)=-x(x-4)$임을 구하기	10%
$g(x)$ 구하기	40%
함수 $g(x)$의 극솟값 구하기	20%
함수 $g(x)$의 극댓값 구하기	20%
함수 $g(x)$의 극댓값과 극솟값의 합 구하기	10%

TIP

다른 풀이의 아이디어를 일반화하면
연속함수 $f(x)$와 상수 a, k에 대하여
$\frac{d}{dx}\int_k^{x+a} f(t)\,dt=f(x+a)$
가 성립함을 알 수 있다.

684 ········· 답 ③

$f(x)=k(x+1)(x-3)=k(x^2-2x-3)$ ($k>0$인 상수)이라 하면

$$g(x)=\int_x^{x+1} f(t)\,dt$$
$$=\int_x^{x+1} k(t^2-2t-3)dt$$
$$=k\left[\frac{1}{3}t^3-t^2-3t\right]_x^{x+1}$$
$$=k\left(x^2-x-\frac{11}{3}\right)$$

이므로 $g'(x)=2k\left(x-\frac{1}{2}\right)$이다.

$x=\frac{1}{2}$일 때 $g'(x)=0$이므로

함수 $g(x)$의 증가와 감소를 표로 나타내면 다음과 같다.

x	$\cdots$	$\frac{1}{2}$	$\cdots$
$g'(x)$	$-$	0	$+$
$g(x)$	↘	극소	↗

따라서 함수 $g(x)$는 $x=\frac{1}{2}$일 때 극소이며 최소이다.

$\therefore a=\frac{1}{2}$

다른 풀이

$f(x)=k(x+1)(x-3)$ ($k>0$인 상수)라 하면

$g(x)=\int_x^{x+1} f(t)\,dt$에서

$$g'(x)=f(x+1)-f(x) \quad \cdots\cdots \text{TIP}$$
$$=k(x+2)(x-2)-k(x+1)(x-3)$$
$$=2k\left(x-\frac{1}{2}\right)$$

$x=\frac{1}{2}$일 때 $g'(x)=0$이므로

함수 $g(x)$의 증가와 감소를 표로 나타내면 다음과 같다.

x	$\cdots$	$\frac{1}{2}$	$\cdots$
$g'(x)$	$-$	0	$+$
$g(x)$	↘	극소	↗

따라서 함수 $g(x)$는 $x=\frac{1}{2}$일 때 극소이며 최소이다.

$\therefore a=\frac{1}{2}$

TIP

683번 다른 풀이와 같이 $F'(x)=f(x)$라 하면

$$g(x)=\int_x^{x+1} f(t)\,dt$$
$$=F(x+1)-F(x) \quad \cdots\cdots ㉠$$

이때 함수 $y=F(x+1)$의 그래프는 함수 $y=F(x)$의 그래프를 x축의 방향으로 -1만큼 평행이동한 것이므로 도함수 $y=F'(x+1)$의 그래프는 도함수 $y=F'(x)$의 그래프를 x축의 방향으로 -1만큼 평행이동한 것과 같다.
즉, $F'(x+1)=f(x+1)$이므로 $g'(x)=f(x+1)-f(x)$이다.

685 ········· 답 ①

ㄱ. (반례) $f(x)=2x$이면

$\int_0^3 2x\,dx=\Big[x^2\Big]_0^3=9$,

$3\int_0^1 2x\,dx=3\Big[x^2\Big]_0^1=3\times1=3$

이므로

$\int_0^3 f(x)\,dx\neq3\int_0^1 f(x)\,dx$ (거짓)

ㄴ. $\int_0^2 f(x)\,dx+\int_2^1 f(x)\,dx=\int_0^1 f(x)\,dx$ (참)

ㄷ. (반례) $f(x)=2x$이면

$\int_0^1 \{f(x)\}^2dx=\int_0^1 4x^2dx=\left[\frac{4}{3}x^3\right]_0^1=\frac{4}{3}$,

$\left\{\int_0^1 f(x)\,dx\right\}^2=\left(\int_0^1 2x\,dx\right)^2=\left(\Big[x^2\Big]_0^1\right)^2=1^2=1$

이므로

$\int_0^1 \{f(x)\}^2dx\neq\left\{\int_0^1 f(x)\,dx\right\}^2$ (거짓)

따라서 옳은 것은 ㄴ이다.

686 ········· 답 ②

조건 (가)에 의하여 최고차항의 계수가 1인 이차함수 $f(x)$는
$f(x)=(x-6)(x-a)=x^2-(a+6)x+6a$
이때 조건 (나)에서

$\int_0^{12} f(x)\,dx-\int_6^{12} f(x)\,dx=0$

$\int_0^{12} f(x)\,dx+\int_{12}^6 f(x)\,dx=0$

$\int_0^6 f(x)\,dx=0$

즉, $\int_0^6 f(x)\,dx=\int_0^6 \{x^2-(a+6)x+6a\}\,dx$

$$=\left[\frac{1}{3}x^3-\frac{a+6}{2}x^2+6ax\right]_0^6$$
$$=18a-36=0$$

$\therefore a=2$

687 ······ 답 ⑤

$$\int_1^6 f(x)\,dx=\int_1^2 f(x)\,dx+\int_2^3 f(x)\,dx+\int_3^4 f(x)\,dx+\int_4^5 f(x)\,dx+\int_5^6 f(x)\,dx$$
$$=3+5+7+9+11=35$$

다른 풀이

'〈수학Ⅰ〉 Ⅲ. 수열' 단원을 학습한 이후 다음과 같이 풀이할 수 있다.

$$\int_1^6 f(x)\,dx=\int_1^2 f(x)\,dx+\int_2^3 f(x)\,dx+\cdots+\int_5^6 f(x)\,dx$$
$$=\sum_{k=1}^{5}(2k+1)$$
$$=2\times\frac{5\times6}{2}+1\times5=35$$

688 ······ 답 ⑤

조건 (나)에 의하여 함수 $f(x)$의 주기가 2이다.
조건 (가)에 의하여

$$\int_{-1}^1 f(x)\,dx=2\int_0^1(-x^2+1)\,dx=2\left[-\frac{1}{3}x^3+x\right]_0^1=\frac{4}{3}$$

이므로 정수 n에 대하여

$$\int_{-1+2n}^{1+2n} f(x)\,dx=\int_{-1}^1 f(x)\,dx=\frac{4}{3}$$

$$\therefore \int_{-5}^7 f(x)\,dx=\int_{-5}^{-3} f(x)\,dx+\int_{-3}^{-1} f(x)\,dx+\int_{-1}^1 f(x)\,dx+\int_1^3 f(x)\,dx+\int_3^5 f(x)\,dx+\int_5^7 f(x)\,dx$$
$$=\frac{4}{3}\times6=8$$

689 ······ 답 ③

모든 실수 x에 대하여 $f(x-1)=f(x+1)$이므로
함수 $f(x)$는 주기가 2이다.
따라서 정수 n에 대하여 $f(x+2n)=f(x)$가 성립하고,
$\int_1^3 f(x)\,dx=2$이므로 $\int_{1+2n}^{3+2n} f(x)\,dx=\int_1^3 f(x)\,dx=2$이다.
또한, $\int_{-8}^{-7} f(x)\,dx=\int_{-6}^{-5} f(x)\,dx=\cdots=\int_2^3 f(x)\,dx$,
$\int_7^8 f(x)\,dx=\int_5^6 f(x)\,dx=\int_3^4 f(x)\,dx=\int_1^2 f(x)\,dx$이므로

$$\int_{-8}^8 f(x)\,dx=\int_{-8}^{-7} f(x)\,dx+\int_{-7}^{-5} f(x)\,dx+\int_{-5}^{-3} f(x)\,dx+\int_{-3}^{-1} f(x)\,dx+\int_{-1}^1 f(x)\,dx+\int_1^3 f(x)\,dx+\int_3^5 f(x)\,dx+\int_5^7 f(x)\,dx+\int_7^8 f(x)\,dx$$
$$=\int_2^3 f(x)\,dx+2\times7+\int_1^2 f(x)\,dx$$
$$=\int_1^3 f(x)\,dx+14$$
$$=2+14=16$$

690 ······ 답 8

조건 (나)에서

$$\int_n^{n+2} f(x)\,dx=\int_n^{n+1} 2x\,dx=\left[x^2\right]_n^{n+1}$$
$$=(n+1)^2-n^2$$
$$=2n+1$$

이므로

$n=0$일 때, $\int_0^2 f(x)\,dx=1$

$n=1$일 때, $\int_1^3 f(x)\,dx=3$

$n=2$일 때, $\int_2^4 f(x)\,dx=5$

$n=3$일 때, $\int_3^5 f(x)\,dx=7$

$n=4$일 때, $\int_4^6 f(x)\,dx=9$

$n=5$일 때, $\int_5^7 f(x)\,dx=11$

$n=6$일 때, $\int_6^8 f(x)\,dx=13$

$n=7$일 때, $\int_7^9 f(x)\,dx=15$

$n=8$일 때, $\int_8^{10} f(x)\,dx=17$

$$\therefore \int_9^{10} f(x)\,dx$$
$$=\int_0^{10} f(x)\,dx-\int_0^9 f(x)\,dx$$
$$=\left\{\int_0^2 f(x)\,dx+\int_2^4 f(x)\,dx+\int_4^6 f(x)dx+\int_6^8 f(x)\,dx+\int_8^{10} f(x)\,dx\right\}$$
$$-\left\{\int_0^1 f(x)\,dx+\int_1^3 f(x)\,dx+\int_3^5 f(x)\,dx+\int_5^7 f(x)\,dx+\int_7^9 f(x)\,dx\right\}$$
$$=(1+5+9+13+17)-(1+3+7+11+15)=8$$

691 ······ 답 ③

함수 $f(x)$는 $x=1$에서 연속이어야 하므로
$\lim_{x\to1-} f(x)=f(1)$에서
$1=a-4 \quad \therefore a=5$
따라서 $f(x)=\begin{cases}-4x+5 & (x\ge1)\\ 3x^2-2x & (x<1)\end{cases}$이므로

$$\int_{-1}^3 f(x)\,dx=\int_{-1}^1(3x^2-2x)\,dx+\int_1^3(-4x+5)\,dx$$
$$=2\int_0^1 3x^2\,dx+\int_1^3(-4x+5)\,dx$$
$$=2\left[x^3\right]_0^1+\left[-2x^2+5x\right]_1^3$$
$$=2+(-6)=-4=b$$

$\therefore a+b=5+(-4)=1$

692 ······ 답 ①

$f(x)=\begin{cases} x^2+ax & (x\le -1) \\ 2x^3+bx^2-3 & (x>-1) \end{cases}$에서

$f'(x)=\begin{cases} 2x+a & (x<-1) \\ 6x^2+2bx & (x>-1) \end{cases}$

함수 $f(x)$는 $x=-1$에서 연속이어야 하므로

$\lim_{x\to -1+} f(x)=f(-1)$에서 $b-5=-a+1$, $a+b=6$ ······ ㉠

함수 $f(x)$는 $x=-1$에서 미분가능하므로

$a-2=-2b+6$, $a+2b=8$ ······ ㉡

㉠, ㉡을 연립하여 풀면 $a=4$, $b=2$이므로

$f(x)=\begin{cases} x^2+4x & (x\le -1) \\ 2x^3+2x^2-3 & (x>-1) \end{cases}$

$$\therefore \int_{-2}^{0} f(x)\,dx=\int_{-2}^{-1}(x^2+4x)\,dx+\int_{-1}^{0}(2x^3+2x^2-3)\,dx$$
$$=\left[\frac{1}{3}x^3+2x^2\right]_{-2}^{-1}+\left[\frac{1}{2}x^4+\frac{2}{3}x^3-3x\right]_{-1}^{0}$$
$$=\left(-\frac{11}{3}\right)+\left(-\frac{17}{6}\right)=-\frac{13}{2}$$

693 ······ 답 풀이 참조

$f'(x)=\begin{cases} 2x-2 & (x\ge 2) \\ 2 & (x<2) \end{cases}$이므로

$f(x)=\int f'(x)\,dx=\begin{cases} x^2-2x+C_1 & (x\ge 2) \\ 2x+C_2 & (x<2) \end{cases}$ (C_1, C_2는 적분상수)

함수 $f(x)$가 $x=2$에서 연속이어야 하므로

$\lim_{x\to 2-}(2x+C_2)=f(2)$에서 $4+C_2=C_1$ ······ ㉠

$f(0)=1$이므로 $f(0)=C_2=1$ ······ ㉡

㉠, ㉡에서 $C_1=5$, $C_2=1$

따라서 $f(x)=\begin{cases} x^2-2x+5 & (x\ge 2) \\ 2x+1 & (x<2) \end{cases}$이므로

$$\int_{-1}^{5} f(x)\,dx=\int_{-1}^{2}(2x+1)\,dx+\int_{2}^{5}(x^2-2x+5)\,dx$$
$$=\left[x^2+x\right]_{-1}^{2}+\left[\frac{1}{3}x^3-x^2+5x\right]_{2}^{5}$$
$$=6+33=39$$

채점 요소	배점
x의 값의 범위에 따른 $f(x)$ 구하기	60 %
$\int_{-1}^{5} f(x)\,dx$의 값 구하기	40 %

694 ······ 답 (1) 3 (2) 1

(1) $f(x)=|2x-1|$이라 하면

$f(x)=\begin{cases} -2x+1 & \left(x<\frac{1}{2}\right) \\ 2x-1 & \left(x\ge \frac{1}{2}\right) \end{cases}$

$a>\frac{1}{2}$이므로

$$\int_{0}^{a}|2x-1|\,dx=\int_{0}^{\frac{1}{2}}(-2x+1)\,dx+\int_{\frac{1}{2}}^{a}(2x-1)\,dx$$
$$=\left[-x^2+x\right]_{0}^{\frac{1}{2}}+\left[x^2-x\right]_{\frac{1}{2}}^{a}$$
$$=\frac{1}{4}+\left(a^2-a+\frac{1}{4}\right)=a^2-a+\frac{1}{2}$$

따라서 $a^2-a+\frac{1}{2}=\frac{13}{2}$에서 $a^2-a-6=0$

$(a+2)(a-3)=0$, $a=-2$ 또는 $a=3$

$\therefore a=3\left(\because a>\frac{1}{2}\right)$

다른 풀이

정적분의 값은 그래프와 x축으로 둘러싸인 넓이와 관련지어 생각할 수 있다.

$\int_{0}^{a}|2x-1|\,dx$의 값은 그림에서 색칠한 두 직각삼각형의 넓이의 합과 같다.

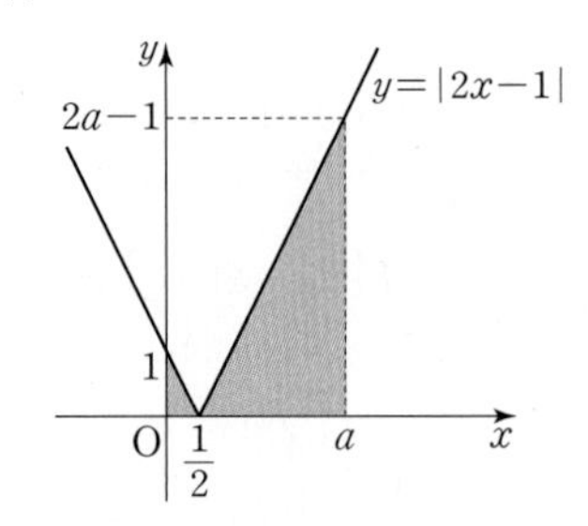

$\frac{1}{2}\times\frac{1}{2}\times 1+\frac{1}{2}\times\left(a-\frac{1}{2}\right)\times(2a-1)=\frac{13}{2}$에서

$a^2-a-6=0$, $(a+2)(a-3)=0$, $a=-2$ 또는 $a=3$

$\therefore a=3\ \left(\because a>\frac{1}{2}\right)$

(2) $f(x)=|x^2-a^2|$이라 하면

$f(x)=\begin{cases} -x^2+a^2 & (-a<x<a) \\ x^2-a^2 & (x\le -a \text{ 또는 } x\ge a) \end{cases}$

따라서 a의 값의 범위에 따라 다음과 같이 생각할 수 있다.

(i) $0<a<2$일 때,

$$\int_{0}^{2}|x^2-a^2|\,dx=\int_{0}^{a}(-x^2+a^2)\,dx+\int_{a}^{2}(x^2-a^2)\,dx$$
$$=\left[-\frac{1}{3}x^3+a^2x\right]_{0}^{a}+\left[\frac{1}{3}x^3-a^2x\right]_{a}^{2}$$
$$=\frac{2}{3}a^3+\left(\frac{2}{3}a^3-2a^2+\frac{8}{3}\right)$$
$$=\frac{4}{3}a^3-2a^2+\frac{8}{3}$$

이므로 $\frac{4}{3}a^3-2a^2+\frac{8}{3}=2$에서

$2a^3-3a^2+1=0$, $(a-1)^2(2a+1)=0$

$a=1$ 또는 $a=-\frac{1}{2}$ $\quad\therefore a=1\ (\because 0<a<2)$

(ii) $a\ge 2$일 때,

$$\int_{0}^{2}|x^2-a^2|\,dx=\int_{0}^{2}(-x^2+a^2)\,dx$$
$$=\left[-\frac{1}{3}x^3+a^2x\right]_{0}^{2}$$
$$=2a^2-\frac{8}{3}$$

이므로 $2a^2-\frac{8}{3}=2$에서 $a^2=\frac{7}{3}$

$a=-\frac{\sqrt{21}}{3}$ 또는 $a=\frac{\sqrt{21}}{3}$

이는 조건을 만족시키지 않는다.

(i), (ii)에 의하여 구하는 값은 $a=1$이다.

695

답 9

$f(t)=|t-1|$이라 하면

$$f(t)=\begin{cases}-t+1 & (t<1)\\ t-1 & (t\ge1)\end{cases}$$

따라서 x의 값의 범위에 따라 다음과 같이 생각할 수 있다.

(i) $0<x<1$일 때,

$$\int_0^x |t-1|\,dt=\int_0^x(-t+1)\,dt$$
$$=\left[-\frac{1}{2}t^2+t\right]_0^x=-\frac{1}{2}x^2+x$$

이므로 $-\frac{1}{2}x^2+x=x$에서 $x^2=0$　　$\therefore x=0$

이는 조건을 만족시키지 않는다.

(ii) $x>1$일 때,

$$\int_0^x |t-1|\,dt=\int_0^1(-t+1)\,dt+\int_1^x(t-1)\,dt$$
$$=\left[-\frac{1}{2}t^2+t\right]_0^1+\left[\frac{1}{2}t^2-t\right]_1^x$$
$$=\frac{1}{2}+\left(\frac{1}{2}x^2-x+\frac{1}{2}\right)$$
$$=\frac{1}{2}x^2-x+1$$

이므로 $\frac{1}{2}x^2-x+1=x$에서 $x^2-4x+2=0$

이차방정식의 근의 공식에 의하여

$x=2+\sqrt{2}$ 또는 $x=2-\sqrt{2}$

$\therefore x=2+\sqrt{2}$ ($\because x>1$)

(i), (ii)에 의하여 구하는 근은 $x=2+\sqrt{2}$이므로

$m=2$, $n=1$이다.

$\therefore m^3+n^3=9$

다른 풀이

본풀이에서 정적분과 넓이의 관계를 이용하여 다음과 같이 풀이할 수 있다.

(i) $0<x<1$일 때,

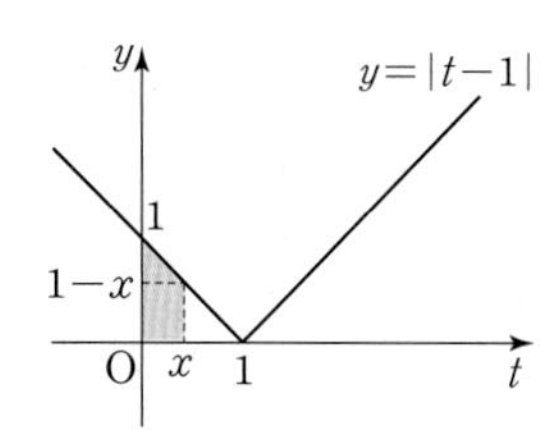

구하는 값이 색칠된 사다리꼴의 넓이와 같으므로

$$\int_0^x |t-1|\,dt=\frac{1}{2}\times\{1+(1-x)\}\times x=-\frac{1}{2}x^2+x$$

(ii) $x>1$일 때,

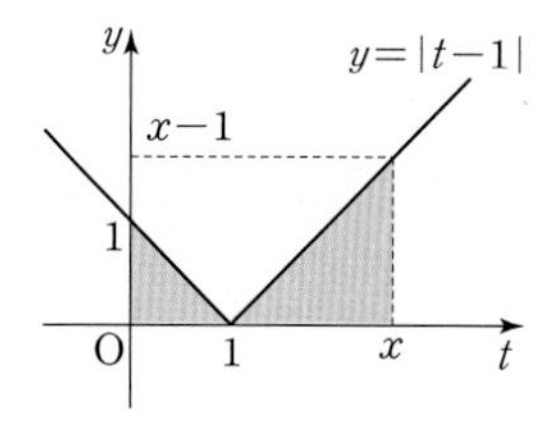

구하는 값이 색칠된 두 삼각형의 넓이와 같으므로

$$\int_0^x |t-1|\,dt=\frac{1}{2}\times1\times1+\frac{1}{2}\times(x-1)\times(x-1)$$
$$=\frac{1}{2}x^2-x+1$$

696

답 ④

삼차함수 $f(x)$가 $x=1$에서 극댓값 1을 갖고, $x=3$에서 극솟값 -3을 가지므로

$f'(1)=f'(3)=0$　　…… ㉠

$f(1)=1$, $f(3)=-3$　　…… ㉡

㉠에 의하여 $f'(x)=a(x-1)(x-3)$ (a는 상수)라 하면

$f'(x)=a(x^2-4x+3)=ax^2-4ax+3a$이므로

$f(x)=\frac{a}{3}x^3-2ax^2+3ax+C$ (C는 적분상수)

㉡에 의하여 $f(1)=\frac{4}{3}a+C=1$, $f(3)=C=-3$　　$\therefore a=3$

따라서 $f'(x)=3(x-1)(x-3)=3x^2-12x+9$이므로

$$\int_0^3 |f'(x)|\,dx$$
$$=\int_0^1(3x^2-12x+9)\,dx+\int_1^3(-3x^2+12x-9)\,dx$$
$$=\left[x^3-6x^2+9x\right]_0^1+\left[-x^3+6x^2-9x\right]_1^3$$
$$=4+4=8$$

697

답 ④

조건 (나)에 의하여 함수 $f(x)$는 실수 전체의 집합에서 감소한다.

따라서 조건 (가)에 의하여

$x<1$일 때 $f(x)>0$이고, $x>1$일 때 $f(x)<0$이므로

$$|f(x)|=\begin{cases}f(x) & (x\le1)\\ -f(x) & (x>1)\end{cases}$$

$\int_{-2}^1 f(x)\,dx=a$, $\int_1^3 f(x)\,dx=b$라 하면

조건 (다)에서

$$\int_{-2}^3 f(x)\,dx=\int_{-2}^1 f(x)\,dx+\int_1^3 f(x)\,dx$$
$$=a+b=5 \quad\cdots\cdots ㉠$$

$$\int_{-2}^3 |f(x)|\,dx=\int_{-2}^1 f(x)\,dx+\int_1^3\{-f(x)\}\,dx$$
$$=\int_{-2}^1 f(x)\,dx-\int_1^3 f(x)\,dx$$
$$=a-b=9 \quad\cdots\cdots ㉡$$

㉠, ㉡을 연립하여 풀면 $a=7$, $b=-2$

$\therefore \int_{-2}^1 f(x)\,dx=a=7$

698 ······ 답 ③

조건 (나)에서 함수 $f(x)$의 주기는 4이므로 함수 $y=f(x)$의 그래프는 그림과 같다.

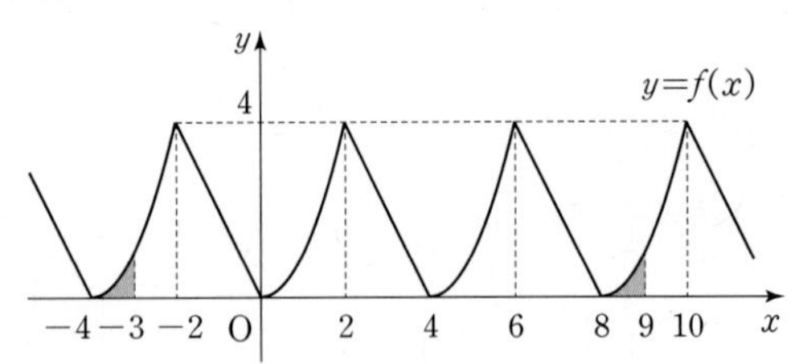

$\int_{-4}^{8} f(x+1)\,dx=\int_{-4+1}^{8+1} f(x)\,dx=\int_{-3}^{9} f(x)\,dx$

이때 $\int_{-4}^{-3} f(x)\,dx=\int_{8}^{9} f(x)\,dx$이므로

$$\begin{aligned}\int_{-3}^{9} f(x)\,dx&=\int_{-4}^{8} f(x)\,dx\\&=3\int_{0}^{4} f(x)\,dx\\&=3\times\left\{\int_{0}^{2} x^2\,dx+\int_{2}^{4}(-2x+8)\,dx\right\}\\&=3\times\left(\left[\frac{1}{3}x^3\right]_0^2+\left[-x^2+8x\right]_2^4\right)\\&=3\times\left(\frac{8}{3}+4\right)=20\end{aligned}$$

699 ······ 답 ②

$$\begin{aligned}\int_{-1}^{1} f(x)\,dx&=\int_{-1}^{1}(x^2+ax+b)\,dx\\&=2\int_{0}^{1}(x^2+b)\,dx\\&=2\left[\frac{1}{3}x^3+bx\right]_0^1\\&=2\left(\frac{1}{3}+b\right)=4\end{aligned}$$

$\therefore b=\frac{5}{3}$

$$\begin{aligned}\int_{-1}^{1} xf(x)\,dx&=\int_{-1}^{1}(x^3+ax^2+bx)\,dx\\&=2\int_{0}^{1} ax^2\,dx\\&=2\left[\frac{a}{3}x^3\right]_0^1\\&=2\times\frac{a}{3}=10\end{aligned}$$

$\therefore a=15$

$\therefore ab=15\times\frac{5}{3}=25$

700 ······ 답 ③

$\int_{-2}^{2}(5x|x|-3x^2-2|x|+4)\,dx$

$=\int_{-2}^{2}5x|x|\,dx+\int_{-2}^{2}(-3x^2-2|x|+4)\,dx$ ······ TIP

$=0+2\int_{0}^{2}(-3x^2-2|x|+4)\,dx$

$=2\int_{0}^{2}(-3x^2-2x+4)\,dx$

$=2\left[-x^3-x^2+4x\right]_0^2$

$=2\times(-4)$

$=-8$

TIP

$f(x)=x|x|$라 하면 모든 실수 x에 대하여

$f(-x)=-x|-x|=-x|x|=-f(x)$이다.

따라서 함수 $f(x)=x|x|$의 그래프는 원점에 대하여 대칭이므로 $\int_{-2}^{2} x|x|\,dx=0$이다.

$g(x)=|x|$라 하면 모든 실수 x에 대하여

$g(-x)=|-x|=|x|=g(x)$이다.

따라서 함수 $g(x)=|x|$의 그래프는 y축에 대하여 대칭이므로

$\int_{-2}^{2}|x|\,dx=2\int_{0}^{2}|x|\,dx$이다.

참고

일반적으로 그래프가 y축에 대하여 대칭인 함수를 '우함수'라 하고, 원점에 대하여 대칭인 함수를 '기함수'라 한다.

이때 다음이 성립한다.

❶ (우함수)×(우함수)=(우함수)

❷ (우함수)×(기함수)=(기함수)

❸ (기함수)×(기함수)=(우함수)

이를 이용하면 x는 기함수, $|x|$는 우함수이므로 $x|x|$는 기함수임을 바로 판단할 수 있다.

[증명]

❶ 두 우함수 $f(x)$, $g(x)$는 모든 실수 x에 대하여
$f(-x)=f(x)$, $g(-x)=g(x)$이므로
$h(x)=f(x)g(x)$라 하면
$h(-x)=f(-x)g(-x)=f(x)g(x)=h(x)$
따라서 함수 $f(x)g(x)$도 우함수이다.

❷ 우함수 $f(x)$와 기함수 $g(x)$는 모든 실수 x에 대하여
$f(-x)=f(x)$, $g(-x)=-g(x)$이므로
$h(x)=f(x)g(x)$라 하면
$$\begin{aligned}h(-x)&=f(-x)g(-x)\\&=f(x)\{-g(x)\}\\&=-f(x)g(x)=-h(x)\end{aligned}$$
따라서 함수 $f(x)g(x)$는 기함수이다.

❸ 두 기함수 $f(x)$, $g(x)$는 모든 실수 x에 대하여
$f(-x)=-f(x)$, $g(-x)=-g(x)$이므로
$h(x)=f(x)g(x)$라 하면
$$\begin{aligned}h(-x)&=f(-x)g(-x)\\&=\{-f(x)\}\{-g(x)\}\\&=f(x)g(x)=h(x)\end{aligned}$$
따라서 함수 $f(x)g(x)$는 우함수이다.

701 ······ 답 풀이 참조

조건 (가)에서 모든 실수 x에 대하여 $f(-x)=f(x)$이므로
함수 $y=f(x)$의 그래프는 y축에 대하여 대칭이다.

$\therefore \int_0^2 f(x)\,dx=\int_{-2}^0 f(x)\,dx=-3$ ($\because$ 조건 (나))

조건 (가)에서 모든 실수 x에 대하여 $g(-x)=-g(x)$이므로
함수 $y=g(x)$의 그래프는 원점에 대하여 대칭이다.

$\therefore \int_0^2 g(x)\,dx=-\int_{-2}^0 g(x)\,dx=\int_0^{-2} g(x)\,dx=7$ ($\because$ 조건 (나))

$\therefore \int_0^2 \{f(x)-2g(x)\}\,dx=\int_0^2 f(x)\,dx-2\int_0^2 g(x)\,dx$

$=(-3)-2\times7=-17$

채점 요소	배점
대칭성을 이용하여 $\int_0^2 f(x)\,dx=-3$임을 알아내기	40 %
대칭성을 이용하여 $\int_0^2 g(x)\,dx=7$임을 알아내기	40 %
$\int_0^2 \{f(x)-2g(x)\}\,dx$의 값 구하기	20 %

702 ······ 답 ④

조건 (가)에서 모든 실수 x에 대하여 $f(-x)=f(x)$이므로
함수 $y=f(x)$의 그래프는 y축에 대하여 대칭이다.
이때 $g(x)=xf(x)$라 하면
$g(-x)=-xf(-x)=-xf(x)=-g(x)$이므로
함수 $y=xf(x)$의 그래프는 원점에 대하여 대칭이다.

$\therefore \int_{-2}^2 (x-3)f(x)\,dx=\int_{-2}^2 \{xf(x)-3f(x)\}\,dx$

$=0-2\int_0^2 3f(x)\,dx$

$=(-2)\times3\times(-5)$ ($\because$ 조건 (나))

$=30$

참고

700번 **참고**를 이용하면 함수 $xf(x)$의 대칭성을 다음과 같이 빠르게 판단할 수 있다.
x는 기함수, $f(x)$는 우함수이므로 $xf(x)$는 기함수이다.

703 ······ 답 ①

모든 실수 x에 대하여 $f(-x)=-f(x)$이므로
함수 $y=f(x)$의 그래프는 원점에 대하여 대칭이다.
이때 $g(x)=xf(x)$라 하면
$g(-x)=-xf(-x)=xf(x)=g(x)$이므로
함수 $y=xf(x)$의 그래프는 y축에 대하여 대칭이고,
$h(x)=x^2f(x)$라 하면
$h(-x)=(-x)^2f(-x)=-x^2f(x)=-h(x)$이므로
함수 $y=x^2f(x)$의 그래프는 원점에 대하여 대칭이다.

$\therefore \int_{-3}^3 (x^2-4x+2)f(x)\,dx$

$=\int_{-3}^3 \{x^2f(x)-4xf(x)+2f(x)\}\,dx$

$=0+2\int_0^3 \{-4xf(x)\}\,dx+0$

$=2\times(-4)\times6=-48$

참고

700번 **참고**를 이용하면 함수 $xf(x)$, $x^2f(x)$의 대칭성을 다음과 같이 빠르게 판단할 수 있다.
x는 기함수, x^2은 우함수, $f(x)$는 기함수이므로 $xf(x)$는 우함수, $x^2f(x)$는 기함수이다.

704 ······ 답 ④

조건 (가)에서 모든 실수 x에 대하여 $f(-x)=f(x)$이므로
함수 $y=f(x)$의 그래프는 y축에 대하여 대칭이다.
이때 $g(x)=xf(x)$라 하면
$g(-x)=-xf(-x)=-xf(x)=-g(x)$이므로
함수 $y=xf(x)$의 그래프는 원점에 대하여 대칭이다.
조건 (나)에서

$\int_{-4}^1 xf(x)\,dx=\int_{-4}^{-1} xf(x)\,dx+\int_{-1}^1 xf(x)\,dx$

$=\int_{-4}^{-1} xf(x)\,dx+0=3$

$\int_{-4}^{-1} xf(x)\,dx=3$이므로 $\int_1^4 xf(x)\,dx=-3$ ······ ㉠

또한,

$\int_{-1}^9 xf(x)\,dx=\int_{-1}^1 xf(x)\,dx+\int_1^9 xf(x)\,dx$

$=0+\int_1^9 xf(x)\,dx=10$

이므로 $\int_1^9 xf(x)\,dx=10$ ······ ㉡

$\therefore \int_4^9 xf(x)\,dx=\int_1^9 xf(x)\,dx-\int_1^4 xf(x)\,dx$

$=10-(-3)$ ($\because$ ㉠, ㉡)

$=13$

705 ······ 답 ②

조건 (가)에서 곡선 $y=f(x)$가 직선 $x=2$에 대하여 대칭이므로 함수 $y=f(x)$의 그래프의 개형을 다음과 같이 생각할 수 있다.

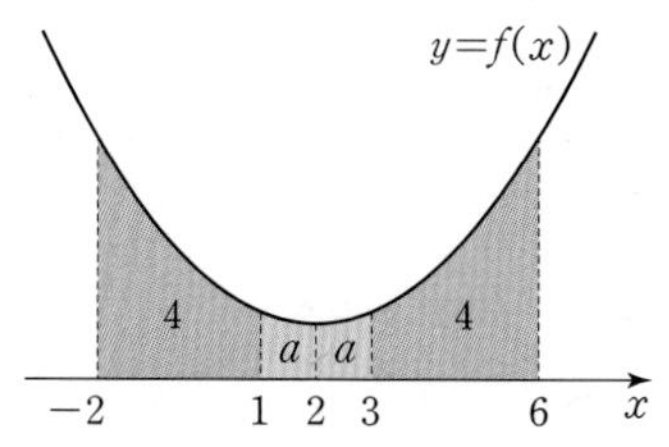

따라서 조건 (나)에 의하여

$\int_3^6 f(x)\,dx=\int_{-2}^1 f(x)\,dx=4$이고

$\int_1^2 f(x)\,dx=\int_2^3 f(x)\,dx=a$ (a는 상수)라 하면

$\int_1^6 f(x)\,dx=10$이므로 $2a+4=10$에서 $a=3$이다.

$\therefore \int_2^3 f(x)\,dx=3$

706

답 8

모든 실수 x에 대하여 $f(6-x)=f(x)$이므로
함수 $y=f(x)$의 그래프는 직선 $x=3$에 대하여 대칭이다. … TIP
따라서 함수 $y=f(x)$의 그래프의 개형을 다음과 같이 생각할 수 있다.

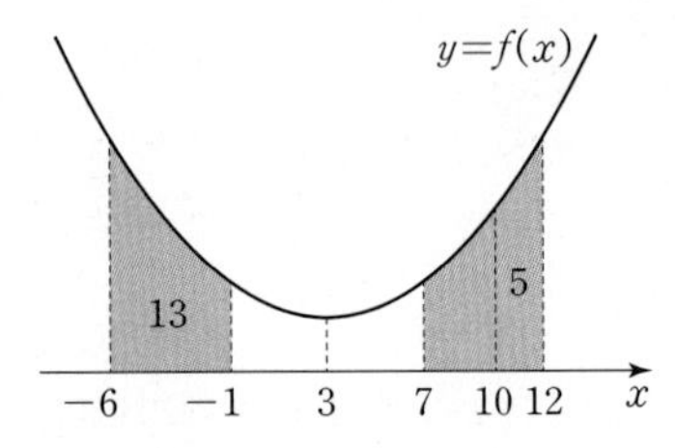

따라서 $\int_7^{12} f(x)\,dx=\int_{-6}^{-1} f(x)\,dx=13$이고

$\int_{10}^{12} f(x)\,dx=5$이므로

$$\int_7^{10} f(x)\,dx=\int_7^{12} f(x)\,dx-\int_{10}^{12} f(x)\,dx$$
$$=13-5=8$$

TIP

함수 $f(x)$가 모든 실수 x에 대하여 $f(2a-x)=f(x)$ (a는 상수)
이므로 x 대신 $a+x$를 대입하면
$f(2a-(a+x))=f(a+x)$, 즉 $f(a-x)=f(a+x)$가
성립한다. 그러므로 함수 $y=f(x)$의 그래프는 직선 $x=a$에
대하여 대칭이다.

707

답 ①

$\int_{-1}^1 f(x)\,dx=\int_0^1 f(x)\,dx=\int_{-1}^0 f(x)\,dx=k$ (k는 상수)라 하면

$\int_{-1}^1 f(x)\,dx=\int_{-1}^0 f(x)\,dx+\int_0^1 f(x)\,dx$이므로

$k=k+k$에서 $k=0$이다.
이때 $f(0)=-1$이므로 $f(x)=ax^2+bx-1$ (a, b는 상수, $a\neq0$)
이라 하면

$$\int_{-1}^1 f(x)\,dx=\int_{-1}^1 (ax^2+bx-1)\,dx=2\int_0^1 (ax^2-1)\,dx$$
$$=2\times\left[\frac{a}{3}x^3-x\right]_0^1=2\left(\frac{a}{3}-1\right)=0$$

에서 $a=3$이므로

$$\int_0^1 f(x)\,dx=\int_0^1 (3x^2+bx-1)\,dx$$
$$=\left[x^3+\frac{b}{2}x^2-x\right]_0^1=\frac{b}{2}=0$$

에서 $b=0$이다.
따라서 $f(x)=3x^2-1$이므로 $f(2)=11$이다.

TIP

이차함수 $f(x)=ax^2+bx+c$ (a, b, c는 상수, $a\neq0$)과 양수 t에 대하여

$\int_{-t}^0 f(x)\,dx=\int_0^t f(x)\,dx$

가 성립하면 이차함수 $y=f(x)$의 그래프는 y축에 대하여 대칭이다.

[증명]

$\int_{-t}^0 f(x)\,dx=\int_0^t f(x)\,dx$이면

$\int_{-t}^0 (ax^2+bx+c)\,dx=\int_0^t (ax^2+bx+c)\,dx$에서

항상 $\int_{-t}^0 ax^2\,dx=\int_0^t ax^2\,dx$, $\int_{-t}^0 bx\,dx=-\int_0^t bx\,dx$,

$\int_{-t}^0 c\,dx=\int_0^t c\,dx$이므로 $2\int_0^t bx\,dx=0$이다.

따라서 $2\left[\frac{b}{2}x^2\right]_0^t=bt^2=0$에서 $b=0$ ($\because t>0$)이므로

$f(x)=ax^2+c$이다.
따라서 이차함수 $y=f(x)$의 그래프는 y축에 대하여 대칭이다.

708

답 ④

조건 (가)에 의하여 $f(x)=ax^3+bx$ (a, b는 상수, $a\neq0$)라 하면
$f'(x)=3ax^2+b$이다.
조건 (나)에 의하여 $f(1)=-4$, $f'(1)=0$이므로
$f(1)=a+b=-4$, $f'(1)=3a+b=0$
위의 두 식을 연립하여 풀면 $a=2$, $b=-6$이므로
$f'(x)=6x^2-6$이고

$$|f'(x)|=\begin{cases}6x^2-6 & (x\le-1 \text{ 또는 } x\ge1)\\ -6x^2+6 & (-1<x<1)\end{cases}$$

$f'(-x)=f'(x)$에서 $|f'(-x)|=|f'(x)|$이므로
함수 $y=|f'(x)|$의 그래프는 y축에 대하여 대칭이다.
이때 $g(x)=x|f'(x)|$라 하면
$g(-x)=(-x)|f'(-x)|=-x|f'(x)|=-g(x)$이므로
함수 $y=x|f'(x)|$의 그래프는 원점에 대하여 대칭이다.

$$\therefore \int_{-1}^1 (x-2)|f'(x)|\,dx=\int_{-1}^1 \{x|f'(x)|-2|f'(x)|\}\,dx$$
$$=0+2\int_0^1 \{-2|f'(x)|\}\,dx$$
$$=-4\int_0^1 (-6x^2+6)\,dx$$
$$=-4\left[-2x^3+6x\right]_0^1=-16$$

다른 풀이

조건 (가)에 의하여 $f(x)=ax^3+bx$ (a, b는 상수)라 하면
$f'(x)=3ax^2+b$이다.
조건 (나)에 의하여 $f(1)=-4$, $f'(1)=0$이므로
$f(1)=a+b=-4$, $f'(1)=3a+b=0$
위의 두 식을 연립하여 풀면 $a=2$, $b=-6$이므로
$f'(x)=6x^2-6=6(x+1)(x-1)$

$\therefore \int_{-1}^{1}(x-2)|f'(x)|\,dx=\int_{-1}^{1}(x-2)|6(x+1)(x-1)|\,dx$

$=-6\int_{-1}^{1}(x-2)(x+1)(x-1)\,dx$

$=-6\int_{-1}^{1}(x^3-2x^2-x+2)\,dx$

$=0-12\int_{0}^{1}(-2x^2+2)\,dx$

$=-12\left[-\frac{2}{3}x^3+2x\right]_0^1=-16$

709 답 ②

ㄱ. (반례) $f(x)=x$, $a=-1$, $b=1$이라 하면

$\int_{-1}^{1}x\,dx=\int_{1}^{-1}x\,dx=0$이므로

$\int_{a}^{b}f(x)\,dx=\int_{b}^{a}f(x)\,dx$이지만 $a\neq b$이다. (거짓)

ㄴ. 함수 $y=f(-x)$의 그래프는 함수 $y=f(x)$의 그래프를 y축에 대하여 대칭이동한 것이므로

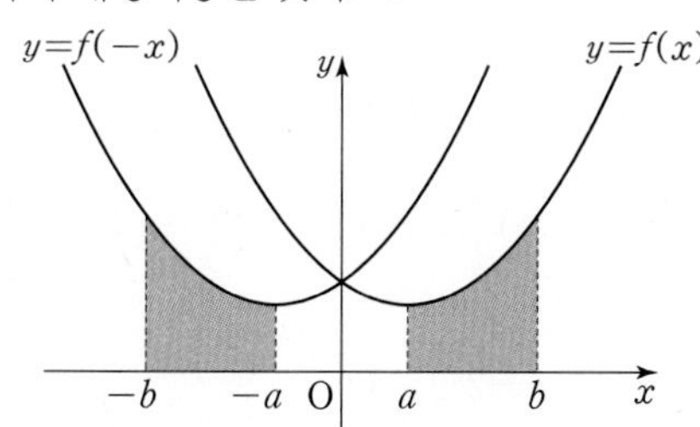

$\int_{a}^{b}f(x)\,dx=\int_{-b}^{-a}f(-x)\,dx$이다. (참)

ㄷ. (반례) $f(x)=3x^2+1$, $a=0$, $b=-1$, $c=1$이라 하면

$\int_{0}^{-1}(3x^2+1)\,dx=\left[x^3+x\right]_0^{-1}=-2$,

$\int_{0}^{1}(3x^2+1)\,dx=\left[x^3+x\right]_0^{1}=2$이므로

$\int_{a}^{b}f(x)\,dx<\int_{a}^{c}f(x)$이지만 $b<a<c$이다. (거짓)

따라서 옳은 것은 ㄴ이다.

710 답 ②

ㄱ. (반례) $f(x)=1$, $g(x)=x$라 하면

$\int_{-a}^{a}\{f(x)+g(x)\}\,dx=\int_{-a}^{a}(1+x)\,dx$

$=2\int_{0}^{a}1\,dx=2\left[x\right]_0^a=2a$

$2\int_{0}^{a}\{f(x)+g(x)\}\,dx=2\int_{0}^{a}(1+x)\,dx$

$=2\left[x+\frac{1}{2}x^2\right]_0^a=2a+a^2$

이므로 $\int_{-a}^{a}\{f(x)+g(x)\}\,dx\neq 2\int_{0}^{a}\{f(x)+g(x)\}\,dx$ (거짓)

ㄴ. $h(x)=g(f(x))$라 하면 모든 실수 x에 대하여

$h(-x)=g(f(-x))=g(f(x))=h(x)$이므로

함수 $y=h(x)$의 그래프는 y축에 대하여 대칭이다.

$\therefore \int_{-a}^{a}g(f(x))\,dx=2\int_{0}^{a}g(f(x))\,dx$ (참)

ㄷ. $i(x)=f(g(x))$라 하면 모든 실수 x에 대하여

$i(-x)=f(g(-x))=f(-g(x))=f(g(x))=i(x)$이므로

함수 $y=i(x)$의 그래프는 y축에 대하여 대칭이다.

따라서 $\int_{-a}^{a}f(g(x))\,dx=2\int_{0}^{a}f(g(x))\,dx$이고, 이 값은 항상 0은 아니다. (거짓)

따라서 옳은 것은 ㄴ이다.

711 답 ⑤

ㄱ. 모든 실수 x에 대하여

$g(-x)=f(-x)+f(x)=g(x)$이므로

함수 $y=g(x)$의 그래프는 y축에 대하여 대칭이다.

$\therefore \int_{-a}^{a}g(x)\,dx=2\int_{0}^{a}g(x)\,dx$ (참)

ㄴ. 모든 실수 x에 대하여

$h(-x)=f(-x)-f(x)=-h(x)$이므로

함수 $y=h(x)$의 그래프는 원점에 대하여 대칭이다.

$\therefore \int_{a}^{b}h(-x)\,dx=\int_{a}^{b}\{-h(x)\}\,dx=\int_{b}^{a}h(x)\,dx$ (참)

ㄷ. $i(x)=g(2x)h(x)$라 하면 모든 실수 x에 대하여

$i(-x)=g(-2x)h(-x)=g(2x)\times\{-h(x)\}$

$=-g(2x)h(x)=-i(x)$

이므로 함수 $y=i(x)$의 그래프는 원점에 대하여 대칭이다.

$\therefore \int_{-a}^{a}g(2x)h(x)\,dx=0$ (참)

따라서 옳은 것은 ㄱ, ㄴ, ㄷ이다.

참고

임의의 함수 $f(x)$에 대하여 $f(x)+f(-x)$는 우함수이고, $f(x)-f(-x)$는 기함수이다.

712 답 ⑤

조건 (가)에서 $g(x)=f(x)+f(-x)$라 하면

$g(-x)=f(-x)+f(x)=g(x)$이므로

함수 $y=f(x)+f(-x)$의 그래프는 y축에 대하여 대칭이다.

$\int_{-2}^{2}\{f(x)+f(-x)\}\,dx=2\int_{0}^{2}\{f(x)+f(-x)\}\,dx=12$

$\therefore \int_{0}^{2}\{f(x)+f(-x)\}\,dx=6$ …… ㉠

또한, 조건 (나)에서 $h(x)=f(x)-f(-x)$라 하면

$h(-x)=f(-x)-f(x)=-h(x)$이므로

함수 $y=f(x)-f(-x)$의 그래프는 원점에 대하여 대칭이다.

$\therefore \int_{0}^{2}\{f(x)-f(-x)\}\,dx=-\int_{-2}^{0}\{f(x)-f(-x)\}\,dx=4$ …… ㉡

㉠, ㉡에서

$\int_{0}^{2}\{f(x)+f(-x)\}\,dx+\int_{0}^{2}\{f(x)-f(-x)\}\,dx$

$=2\int_{0}^{2}f(x)\,dx=6+4=10$

$\therefore \int_{0}^{2}f(x)\,dx=5$

다른 풀이

다항함수 $f(x)$의 짝수차수의 항과 상수항의 합을 $g(x)$,
홀수차수의 항의 합을 $h(x)$라 하면 $f(x)=g(x)+h(x)$이다.
이때 $f(x)+f(-x)=2g(x)$이고,
$f(x)-f(-x)=2h(x)$이다. …… TIP
조건 (가)에서

$$\int_{-2}^{2}\{f(x)+f(-x)\}\,dx=\int_{-2}^{2}2g(x)\,dx=4\int_{0}^{2}g(x)\,dx=12$$

$\therefore \int_{0}^{2}g(x)\,dx=3$

조건 (나)에서

$$\int_{-2}^{0}\{f(x)-f(-x)\}\,dx=\int_{-2}^{0}2h(x)\,dx=-2\int_{0}^{2}h(x)\,dx=-4$$

$\therefore \int_{0}^{2}h(x)\,dx=2$

$$\therefore \int_{0}^{2}f(x)\,dx=\int_{0}^{2}\{g(x)+h(x)\}\,dx=\int_{0}^{2}g(x)\,dx+\int_{0}^{2}h(x)\,dx=3+2=5$$

TIP

모든 실수 x에 대하여 $g(-x)=g(x)$, $h(-x)=-h(x)$이므로

❶ $f(x)+f(-x)$
$=\{g(x)+h(x)\}+\{g(-x)+h(-x)\}$
$=\{g(x)+h(x)\}+\{g(x)-h(x)\}$
$=2g(x)$

❷ $f(x)-f(-x)$
$=\{g(x)+h(x)\}-\{g(-x)+h(-x)\}$
$=\{g(x)+h(x)\}-\{g(x)-h(x)\}$
$=2h(x)$

713 …… 답 ①

$f(-x)=-f(x)$, $g(-x)=g(x)$에서
$h(-x)=f(-x)g(-x)=-f(x)g(x)=-h(x)$
이므로 함수 $h(x)$는 원점에 대하여 대칭이다.
따라서 $h(x)$는 차수가 홀수인 항으로만 이루어진 함수이므로
$h'(x)$는 차수가 짝수인 항 또는 상수항으로만 이루어진 함수이고
$xh'(x)$는 차수가 홀수인 항으로만 이루어진 함수이다.
즉, 함수 $h'(x)$는 y축에 대칭인 함수이고,
$xh'(x)$는 원점에 대하여 대칭인 함수이다.

$$\int_{-3}^{3}(x+5)h'(x)\,dx=\int_{-3}^{3}xh'(x)\,dx+\int_{-3}^{3}5h'(x)\,dx$$
$$=0+2\int_{0}^{3}5h'(x)\,dx=10\int_{0}^{3}h'(x)\,dx$$
$$=10\Big[h(x)\Big]_{0}^{3}=10\{h(3)-h(0)\}$$
$$=10$$

$\therefore h(3)-h(0)=1$
이때 $h(-x)=-h(x)$에서 $h(0)=0$이므로
$h(3)=h(0)+1=0+1=1$

714 …… 답 ③

$$\int_{2}^{x}\left\{\frac{d}{dt}f(t)\right\}dt=\int_{2}^{x}f'(t)\,dt=\Big[f(t)\Big]_{2}^{x}=f(x)-f(2)$$

$\frac{d}{dx}\int_{0}^{x}f(t)\,dt=f(x)$이므로
$f(x)-f(2)=f(x)$에서 $f(2)=0$
$f(2)=4a+6=0$
$\therefore a=-\frac{3}{2}$

715 …… 답 ⑤

$$\int_{1}^{x}\left\{\frac{d}{dt}f(t)\right\}dt=\int_{1}^{x}f'(t)\,dt=\Big[f(t)\Big]_{1}^{x}=f(x)-f(1)$$

이므로
$f(x)-f(1)=x^3+ax^2-2$ …… ㉠
위의 식의 양변에 $x=1$을 대입하면
$f(1)-f(1)=1+a-2$
$0=a-1$ $\therefore a=1$
즉, ㉠에서 $f(x)-f(1)=x^3+x^2-2$이므로
양변을 x에 대하여 미분하면
$f'(x)=3x^2+2x$
$\therefore f'(a)=f'(1)=3+2=5$

716 …… 답 ①

$\int_{1}^{x}f(t)\,dt=\{f(x)\}^2$ …… ㉠
㉠의 양변에 $x=1$을 대입하면
$0=\{f(1)\}^2$ $\therefore f(1)=0$ …… ㉡
㉠의 양변을 x에 대하여 미분하면
$f(x)=2f(x)f'(x)$에서 $f(x)\{2f'(x)-1\}=0$이므로
$f(x)=0$ 또는 $f'(x)=\frac{1}{2}$
이때 함수 $f(x)$가 상수함수가 아닌 다항함수이므로
$f'(x)=\frac{1}{2}$이다. …… TIP

$f(x)=\int f'(x)\,dx=\frac{1}{2}x+C$ (C는 적분상수)

㉡에서 $f(1)=\frac{1}{2}+C=0$이므로 $C=-\frac{1}{2}$

따라서 $f(x)=\frac{1}{2}x-\frac{1}{2}$이므로 $f(3)=1$

TIP

모든 실수 x에 대하여 $f(x)=0$이면 함수 $f(x)$는 상수함수이고, 어떤 구간에서 $f(x)=0$이고 $f'(x)=\frac{1}{2}$인 다항함수는 존재하지 않으므로 모든 실수 x에 대하여 $f'(x)=\frac{1}{2}$이다.

717 ⋯⋯ 답 ④

다항식 $F(x)$가 이차식 $(x-2)^2$으로 나누어떨어지므로
$F(x)=(x-2)^2g(x)$로 놓으면 ($g(x)$는 다항식)
$F'(x)=2(x-2)g(x)+(x-2)^2g'(x)$
$\quad=(x-2)\{2g(x)+(x-2)g'(x)\}$
에서 $F(2)=0$, $F'(2)=0$이다. ⋯⋯ TIP
$F(x)=f(x)-4x+3\int_2^x f(t)\,dt$ ⋯⋯ ㉠
㉠의 양변에 $x=2$를 대입하면
$F(2)=f(2)-8+0 \quad \therefore f(2)=8$ ($\because F(2)=0$)
㉠의 양변을 x에 대하여 미분하면
$F'(x)=f'(x)-4+3f(x)$이고, 이 식의 양변에 $x=2$를 대입하면
$F'(2)=f'(2)-4+3f(2)$
$\therefore f'(2)=-20$ ($\because F'(2)=0$, $f(2)=8$)
$\therefore f(2)-f'(2)=8-(-20)=28$

TIP

다항식 $f(x)$가 이차식 $(x-m)^2$으로 나누어떨어지면
$f(m)=0$, $f'(m)=0$이 성립한다.

718 ⋯⋯ 답 ③

$\int_0^x f(t)\,dt=x^3-3x^2+x\int_0^2 f(t)\,dt$의 양변에 $x=2$를 대입하면
$\int_0^2 f(t)\,dt=-4+2\int_0^2 f(t)\,dt \quad \therefore \int_0^2 f(t)\,dt=4$
따라서 $\int_0^x f(t)\,dt=x^3-3x^2+4x$이므로
양변을 x에 대하여 미분하면
$f(x)=3x^2-6x+4$
$\therefore f(-1)=13$

다른 풀이

$\int_0^2 f(t)\,dt=a$ (a는 상수)라 하면
$\int_0^x f(t)\,dt=x^3-3x^2+ax$이다.
위의 등식의 양변을 x에 대하여 미분하면
$f(x)=3x^2-6x+a$이므로
$\int_0^2 (3t^2-6t+a)\,dt=a$에서
$\left[t^3-3t^2+at\right]_0^2=a$
$2a-4=a \quad \therefore a=4$
따라서 $f(x)=3x^2-6x+4$이므로
$f(-1)=13$

719 ⋯⋯ 답 ①

$\int_{-1}^x (x-t)f(t)\,dt=x^4-2x^2+1$에서
$x\int_{-1}^x f(t)\,dt-\int_{-1}^x tf(t)\,dt=x^4-2x^2+1$이므로
양변을 x에 대하여 미분하면
$\int_{-1}^x f(t)\,dt+xf(x)-xf(x)=4x^3-4x$
$\int_{-1}^x f(t)\,dt=4x^3-4x$
위의 등식의 양변을 x에 대하여 미분하면
$f(x)=12x^2-4$
따라서 방정식 $f(x)=0$, 즉 $12x^2-4=0$의 모든 근의 곱은
이차방정식의 근과 계수의 관계에 의하여 $-\frac{4}{12}=-\frac{1}{3}$이다.

720 ⋯⋯ 답 ④

$\int_1^x (x-t)f(t)\,dt=x^3+ax^2+bx-2$에서
$x\int_1^x f(t)\,dt-\int_1^x tf(t)\,dt=x^3+ax^2+bx-2$ ⋯⋯ ㉠
㉠의 양변을 x에 대하여 미분하면
$\int_1^x f(t)\,dt+xf(x)-xf(x)=3x^2+2ax+b$에서
$\int_1^x f(t)\,dt=3x^2+2ax+b$ ⋯⋯ ㉡
㉡의 양변을 x에 대하여 미분하면
$f(x)=6x+2a$ ⋯⋯ ㉢
㉠의 양변에 $x=1$을 대입하면
$0=1+a+b-2$, $a+b=1$ ⋯⋯ ㉣
㉡의 양변에 $x=1$을 대입하면
$0=3+2a+b$, $2a+b=-3$ ⋯⋯ ㉤
㉣, ㉤을 연립하여 풀면 $a=-4$, $b=5$이므로
㉢에서 $f(x)=6x-8$
$\therefore f(a)+f(b)=f(-4)+f(5)=(-32)+22=-10$

721 ⋯⋯ 답 ①

$f(x)=\int_1^x (3t^2-4t)\,dt$ ⋯⋯ ㉠
㉠의 양변에 $x=1$을 대입하면 $f(1)=0$ ⋯⋯ ㉡
㉠의 양변을 x에 대하여 미분하면
$f'(x)=3x^2-4x$이므로
$f(x)=x^3-2x^2+C$ (C는 적분상수)
㉡에서 $f(1)=-1+C=0$이므로 $C=1$
$\therefore f(x)=x^3-2x^2+1$

곡선 $y=f(x)$ 위의 점 $\mathrm{P}(2, f(2))$에서의 접선의 방정식은
$y-f(2)=f'(2)(x-2)$이므로
$y-1=4(x-2)$, 즉 $y=4x-7$에서
$a=4$, $b=-7$
$\therefore a+b=-3$

다른 풀이

$f(x)=\int_1^x (3t^2-4t)\,dt=\left[t^3-2t^2\right]_1^x=x^3-2x^2+1$
이므로 $f'(x)=3x^2-4x$이다.
곡선 $y=f(x)$ 위의 점 $\mathrm{P}(2, f(2))$에서의 접선의 방정식은
$y-f(2)=f'(2)(x-2)$이므로
$y-1=4(x-2)$, 즉 $y=4x-7$에서
$a=4$, $b=-7$
$\therefore a+b=-3$

722

답 ①

$f(x)=\int_0^x (t-1)(t-3)\,dt$ …… ㉠
㉠의 양변에 $x=0$을 대입하면 $f(0)=0$ …… ㉡
㉠의 양변을 x에 대하여 미분하면
$f'(x)=(x-1)(x-3)=x^2-4x+3$이므로
$f(x)=\frac{1}{3}x^3-2x^2+3x+C$ (C는 적분상수)
㉡에서 $f(0)=C=0$이므로 $f(x)=\frac{1}{3}x^3-2x^2+3x$
$x=1$ 또는 $x=3$일 때 $f'(x)=0$이므로
함수 $f(x)$의 증가와 감소를 표로 나타내면 다음과 같다.

x	$\cdots$	1	$\cdots$	3	$\cdots$
$f'(x)$	+	0	−	0	+
$f(x)$	↗	극대	↘	극소	↗

따라서 함수 $f(x)$는 $x=3$일 때 극솟값 0을 갖는다.

723

답 ⑤

$g(x)=\int_2^x f(t)\,dt$의 양변을 x에 대하여 미분하면
$g'(x)=f(x)$
$x=-4$ 또는 $x=-2$ 또는 $x=0$일 때 $g'(x)=0$이므로
함수 $g(x)$의 증가와 감소를 표로 나타내면 다음과 같다.

x	$\cdots$	-4	$\cdots$	-2	$\cdots$	0	$\cdots$
$g'(x)$	−	0	+	0	−	0	+
$g(x)$	↘	극소	↗	극대	↘	극소	↗

따라서 함수 $g(x)$는 $x=-2$에서 극댓값을 가지므로 $\alpha=-2$이다.
$\therefore g(\alpha)=g(-2)=\int_2^{-2} f(t)\,dt=-\int_{-2}^{2} (t^3+6t^2+8t)\,dt$
$=-2\int_0^2 6t^2 dt=-2\left[2t^3\right]_0^2=-32$

724

답 16

$g(x)=\int_0^x f(t)\,dt$의 양변을 x에 대하여 미분하면
$g'(x)=f(x)$
함수 $g(x)$의 역함수가 존재하려면 $g'(x)=f(x)$의 부호가 바뀌지 않아야 한다.
즉, 함수 $f(x)=x^2+4x+k$의 그래프가
x축과 접하거나 만나지 않아야 하므로
이차방정식 $x^2+4x+k=0$의 판별식을 D라 하면
$\frac{D}{4}=4-k\le 0$ $\therefore k\ge 4$
따라서 $f(2)=k+12\ge 16$이므로
$f(2)$의 최솟값은 16이다.

725

답 9

$\int_1^x (x-t)f(t)\,dt=x^3-ax^2+b$의 양변에 $x=1$을 대입하면
$0=1-a+b$, $a-b=1$ …… ㉠
$\int_1^x (x-t)f(t)\,dt=x\int_1^x f(t)\,dt-\int_1^x tf(t)\,dt$이므로
$x\int_1^x f(t)\,dt-\int_1^x tf(t)\,dt=x^3-ax^2+b$의 양변을 x에 대하여 미분하면
$\int_1^x f(t)\,dt+xf(x)-xf(x)=3x^2-2ax$
$\therefore \int_1^x f(t)\,dt=3x^2-2ax$
위의 식의 양변에 $x=1$을 대입하면
$0=3-2a$ $\therefore a=\frac{3}{2}$
㉠에 대입하면 $b=\frac{1}{2}$이다.
또한, $\int_1^x f(t)\,dt=3x^2-3x$의 양변을 x에 대하여 미분하면
$f(x)=6x-3$
$\therefore f(a+b)=f(2)=9$

726

답 ③

$f(x)=\int_0^x (t^2-3t+2)\,dt$ …… ㉠
㉠의 양변에 $x=0$을 대입하면 $f(0)=0$ …… ㉡
㉠의 양변을 x에 대하여 미분하면
$f'(x)=x^2-3x+2$이므로
$f(x)=\frac{1}{3}x^3-\frac{3}{2}x^2+2x+C$ (C는 적분상수)
㉡에서 $f(0)=C=0$이므로 $f(x)=\frac{1}{3}x^3-\frac{3}{2}x^2+2x$
$x=1$ 또는 $x=2$일 때 $f'(x)=0$이므로
닫힌구간 $[1, 3]$에서 함수 $f(x)$의 증가와 감소를 표로 나타내면

다음과 같다.

x	1	$\cdots$	2	$\cdots$	3
$f'(x)$	0	$-$	0	$+$	
$f(x)$	$\frac{5}{6}$	↘	$\frac{2}{3}$	↗	$\frac{3}{2}$

따라서 닫힌구간 $[1, 3]$에서 함수 $f(x)$는 $x=3$일 때

최댓값 $M=\frac{3}{2}$을 갖고, $x=2$일 때 최솟값 $m=\frac{2}{3}$를 갖는다.

$\therefore Mm=1$

727 답 ④

$f(x)=-\int_1^x 4t(t+1)(t-2)\,dt$ …… ㉠

㉠의 양변에 $x=1$을 대입하면 $f(1)=0$ …… ㉡

㉠의 양변을 x에 대하여 미분하면

$f'(x)=-4x(x+1)(x-2)=-4x^3+4x^2+8x$이므로

$f(x)=-x^4+\frac{4}{3}x^3+4x^2+C$ (C는 적분상수)

㉡에서 $f(1)=\frac{13}{3}+C=0$이므로 $C=-\frac{13}{3}$

$\therefore f(x)=-x^4+\frac{4}{3}x^3+4x^2-\frac{13}{3}$

$x=0$ 또는 $x=2$일 때 $f'(x)=0$이므로

닫힌구간 $[0, 3]$에서 함수 $f(x)$의 증가와 감소를 표로 나타내면 다음과 같다.

x	0	$\cdots$	2	$\cdots$	3
$f'(x)$	0	$+$	0	$-$	
$f(x)$	$-\frac{13}{3}$	↗	$\frac{19}{3}$	↘	$-\frac{40}{3}$

따라서 닫힌구간 $[0, 3]$에서 함수 $f(x)$는 $x=2$일 때

최댓값 $\frac{19}{3}$를 갖는다.

728 답 ㄴ, ㄷ, ㄹ

$F(x)=\int_0^x f(t)\,dt$의 양변을 x에 대하여 미분하면

$F'(x)=f(x)$

ㄱ. $x=a$에서 극대이므로 $F'(a)=0$, 즉 $f(a)=0$이다. (거짓)

ㄴ. $x=b$에서 접선의 기울기가 음수이므로 $F'(b)<0$, 즉 $f(b)<0$이다. (참)

ㄷ. $x=c$에서 극소이므로 $F'(c)=0$, 즉 $f(c)=0$이다. (참)

ㄹ. $x=d$에서 접선의 기울기가 양수이므로 $F'(d)>0$, 즉 $f(d)>0$이다. (참)

따라서 옳은 것은 ㄴ, ㄷ, ㄹ이다.

TIP

$F'(k)$는 곡선 $y=F(x)$의 $x=k$에서의 접선의 기울기이다.
그러므로 $x=k$에서 접선의 기울기가 양수이면 $F'(k)>0$이고,
$x=k$에서 접선의 기울기가 음수이면 $F'(k)<0$이다.

729 답 ④

$g(x)=\int_0^x f(t)\,dt$ …… ㉠

㉠의 양변을 x에 대하여 미분하면 $g'(x)=f(x)$

ㄱ. $g'(2)=f(2)=0$ (참)

ㄴ. 주어진 함수 $y=f(x)$의 그래프가 도함수 $y=g'(x)$의 그래프이므로 함수 $g(x)$의 증가와 감소를 표로 나타내면 다음과 같다.

x	$\cdots$	0	$\cdots$	2	$\cdots$
$f(x)$	$-$	0	$+$	0	$-$
$g(x)$	↘	극소	↗	극대	↘

따라서 함수 $g(x)$는 $x=0$에서 극솟값을 갖는다. (거짓)

ㄷ. ㉠의 양변에 $x=0$을 대입하면 $g(0)=0$이고,
ㄴ에서의 증감표에 의하여 함수 $y=g(x)$의 그래프는 그림과 같다.

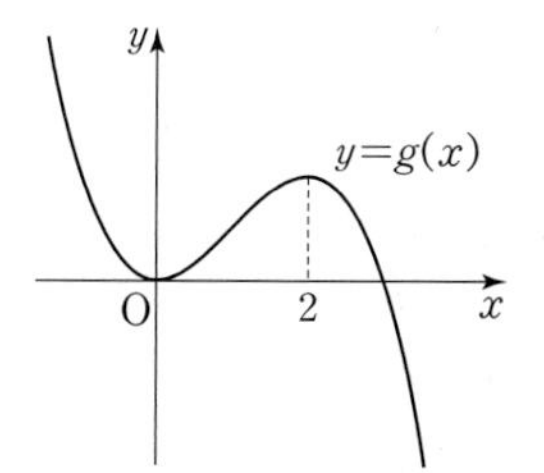

따라서 방정식 $g(x)=0$은 서로 다른 두 실근을 갖는다. (참)

따라서 옳은 것은 ㄱ, ㄷ이다.

참고

$g'(x)=f(x)=ax(x-2)$ ($a<0$인 상수)이므로

$g(x)=\frac{a}{3}x^3-ax^2+C$ (C는 적분상수)

이때 $g(0)=0$이므로 $C=0$에서

$g(x)=\frac{a}{3}x^3-ax^2=\frac{a}{3}x^2(x-3)$

따라서 방정식 $g(x)=0$의 근은 $x=0$ (중근) 또는 $x=3$이다.

730 답 ④

$F'(x)=|x-5|$라 하면

$\int_3^x |t-5|\,dt=F(x)-F(3)$이므로

$\lim_{x\to3}\frac{1}{x^2-2x-3}\int_3^x |t-5|\,dt$

$=\lim_{x\to3}\left\{\frac{F(x)-F(3)}{x-3}\times\frac{1}{x+1}\right\}$

$=\frac{F'(3)}{4}=\frac{1}{2}$

731 답 ③

$f(x)=\int_0^x (3t^2+2t+k)\,dt$의 양변을 x에 대하여 미분하면

$f'(x)=3x^2+2x+k$이므로

$$\lim_{x\to1}\frac{1}{x^2-1}\int_1^x f'(t)\,dt=\lim_{x\to1}\left\{\frac{f(x)-f(1)}{x-1}\times\frac{1}{x+1}\right\}$$
$$=f'(1)\times\frac{1}{1+1}=\frac{k+5}{2}=4$$
$\therefore k=3$

732 ⋯⋯ 답 ③

$F'(x)=x^2-3x+4$라 하면

$\int_4^{x^2}(t^2-3t+4)\,dt=F(x^2)-F(4)$이므로

$$\lim_{x\to2}\frac{1}{x-2}\int_4^{x^2}(t^2-3t+4)\,dt=\lim_{x\to2}\frac{F(x^2)-F(4)}{x-2}$$
$$=\lim_{x\to2}\left\{\frac{F(x^2)-F(4)}{x^2-4}\times(x+2)\right\}$$
$$=F'(4)\times4=32$$

733 ⋯⋯ 답 ⑤

$F'(x)=f(x)$라 하면

$\int_{-1}^{x^3}f(t)\,dt=F(x^3)-F(-1)$이므로

$$\lim_{x\to-1}\frac{1}{x+1}\int_{-1}^{x^3}f(t)\,dt$$
$$=\lim_{x\to-1}\frac{F(x^3)-F(-1)}{x+1}$$
$$=\lim_{x\to-1}\left\{\frac{F(x^3)-F(-1)}{x^3-(-1)}\times(x^2-x+1)\right\}$$
$$=F'(-1)\times3=3f(-1)$$
$$=3(a-5)=12$$
$\therefore a=9$

734 ⋯⋯ 답 ⑤

$F'(x)=\{1+f(x)\}^3f'(x)\}$라 하면

$\int_2^x\{1+f(t)\}^3f'(t)\,dt=F(x)-F(2)$이므로

$$\lim_{x\to2}\frac{1}{x^3-8}\int_2^x\{1+f(t)\}^3f'(t)\,dt$$
$$=\lim_{x\to2}\frac{F(x)-F(2)}{x^3-8}$$
$$=\lim_{x\to2}\left\{\frac{F(x)-F(2)}{x-2}\times\frac{1}{x^2+2x+4}\right\}$$
$$=F'(2)\times\frac{1}{12}=\frac{\{1+f(2)\}^3f'(2)}{12}$$
$$=4\ (\because f(2)=1,\ f'(2)=6)$$

735 ⋯⋯ 답 -14

$$\lim_{x\to0}\frac{1}{x}\int_0^x(x-t+2)f'(t)\,dt$$
$$=\lim_{x\to0}\frac{1}{x}\left\{\int_0^x xf'(t)\,dt-\int_0^x(t-2)f'(t)\,dt\right\}$$
$$=\lim_{x\to0}\left[\{f(x)-f(0)\}-\frac{1}{x}\int_0^x(t-2)f'(t)\,dt\right]$$

이때 $F'(x)=(x-2)f'(x)$라 하면 ⋯⋯ ㉠

$\int_0^x(t-2)f'(t)\,dt=F(x)-F(0)$이므로

$$\lim_{x\to0}\left[\{f(x)-f(0)\}-\frac{1}{x}\int_0^x(t-2)f'(t)\,dt\right]$$
$$=\lim_{x\to0}\left[\{f(x)-f(0)\}-\frac{F(x)-F(0)}{x}\right]$$
$$=0-F'(0)=2f'(0)\ (\because ㉠)$$

$f(x)=x^5-7x+3$에서 $f'(x)=5x^4-7$이므로

$2f'(0)=-14$

$\therefore \lim_{x\to0}\frac{1}{x}\int_0^x(x-t+2)f'(t)\,dt=-14$

736 ⋯⋯ 답 ③

$F'(x)=f(x)$라 하면

$\int_{1-h}^{1+3h}f(t)\,dt=F(1+3h)-F(1-h)$이므로

$$\lim_{h\to0}\frac{1}{h^2-2h}\int_{1-h}^{1+3h}f(t)\,dt$$
$$=\lim_{h\to0}\frac{F(1+3h)-F(1-h)}{h^2-2h}$$
$$=\lim_{h\to0}\left[\left\{\frac{F(1+3h)-F(1)}{3h}\times3+\frac{F(1-h)-F(1)}{-h}\right\}\times\frac{1}{h-2}\right]$$
$$=4F'(1)\times\frac{1}{-2}=-2f(1)$$
$$=-2\int_{-1}^1(2t-1)^3dt$$
$$=-4\int_0^1(-12t^2-1)\,dt$$
$$=-4\Big[-4t^3-t\Big]_0^1$$
$$=-4\times(-5)=20$$

737 ⋯⋯ 답 ②

$F'(x)=f(x)$라 하면

조건 (가)에서

$$\lim_{x\to-1}\frac{\int_{-1}^x f(t)\,dt}{x+1}=\lim_{x\to-1}\frac{F(x)-F(-1)}{x-(-1)}$$
$$=F'(-1)=f(-1)$$
$$=1-a+b=-4$$

$\therefore a-b=5$ ⋯⋯ ㉠

조건 (나)에서

$$\int_0^1 f(x)\,dx=\int_0^1(x^2+ax+b)\,dx$$
$$=\left[\frac{1}{3}x^3+\frac{1}{2}ax^2+bx\right]_0^1$$
$$=\frac{1}{3}+\frac{1}{2}a+b=\frac{4}{3}$$

$\therefore a+2b=2$ ⋯⋯ ㉡

㉠, ㉡을 연립하여 풀면 $a=4$, $b=-1$

$\therefore a+b=3$

738 .... 답 ④

$(x-1)f(x)=3(x-1)^2+\int_{-1}^{x} f(t)\,dt$ ...... ㉠

㉠의 양변에 $x=-1$을 대입하면

$-2f(-1)=12$이므로 $f(-1)=-6$ ...... ㉡

㉠의 양변을 x에 대하여 미분하면

$f(x)+(x-1)f'(x)=6(x-1)+f(x)$

$(x-1)f'(x)=6(x-1)$

$f'(x)=6$이므로 $f(x)=6x+C$ (C는 적분상수)

㉡에서 $f(-1)=-6+C=-6$이므로 $C=0$

$\therefore f(x)=6x$

$F'(x)=f(x)$라 하면

$\int_{1}^{x+1} f(t)\,dt=F(x+1)-F(1)$이므로

$$\lim_{x\to 0}\frac{1}{x}\int_{1}^{x+1} f(t)\,dt=\lim_{x\to 0}\frac{F(x+1)-F(1)}{x}$$
$$=F'(1)=f(1)=6$$

739 .... 답 ①

$\lim_{x\to 1}\frac{\int_{1}^{x} f(t)\,dt-f(x)}{x^2-1}=2$에서 극한값이 존재하고,

$x\to 1$일 때 (분모)$\to 0$이므로 (분자)$\to 0$이다.

즉, $\lim_{x\to 1}\left\{\int_{1}^{x} f(t)\,dt-f(x)\right\}=\int_{1}^{1} f(t)\,dt-f(1)$
$=-f(1)=0$

에서 $f(1)=0$ ...... ㉠

$F'(x)=f(x)$라 하면 $\int_{1}^{x} f(t)\,dt=F(x)-F(1)$이므로

$$\lim_{x\to 1}\frac{\int_{1}^{x} f(t)\,dt-f(x)}{x^2-1}$$
$$=\lim_{x\to 1}\left\{\frac{F(x)-F(1)}{x^2-1}-\frac{f(x)-f(1)}{x^2-1}\right\}\ (\because ㉠)$$
$$=\lim_{x\to 1}\left\{\frac{F(x)-F(1)}{x-1}\times\frac{1}{x+1}-\frac{f(x)-f(1)}{x-1}\times\frac{1}{x+1}\right\}$$
$$=\frac{F'(1)}{2}-\frac{f'(1)}{2}$$
$$=\frac{f(1)}{2}-\frac{f'(1)}{2}$$
$$=-\frac{f'(1)}{2}\ (\because ㉠)$$

즉, $-\frac{f'(1)}{2}=2$이므로 $f'(1)=-4$

740 .... 답 ②

$g(t)=|t-x|$라 하면 $g(t)=\begin{cases}-t+x & (t<x)\\ t-x & (t\ge x)\end{cases}$이다.

x의 값의 범위에 따라 $f(x)$는 다음과 같다.

(i) $x<0$일 때,

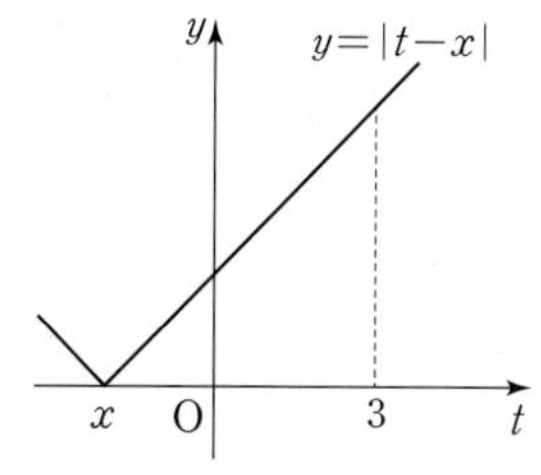

$$f(x)=\int_{0}^{3}|t-x|\,dt=\int_{0}^{3}(t-x)\,dt$$
$$=\left[\frac{1}{2}t^2-xt\right]_0^3=-3x+\frac{9}{2}$$

(ii) $0\le x\le 3$일 때,

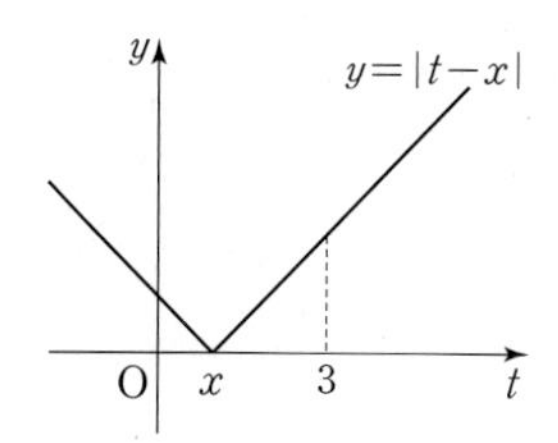

$$f(x)=\int_{0}^{3}|t-x|\,dt$$
$$=\int_{0}^{x}(-t+x)\,dt+\int_{x}^{3}(t-x)\,dt$$
$$=\left[-\frac{1}{2}t^2+xt\right]_0^x+\left[\frac{1}{2}t^2-xt\right]_x^3$$
$$=\frac{1}{2}x^2+\left(\frac{1}{2}x^2-3x+\frac{9}{2}\right)$$
$$=x^2-3x+\frac{9}{2}$$
$$=\left(x-\frac{3}{2}\right)^2+\frac{9}{4}$$

(iii) $x>3$일 때,

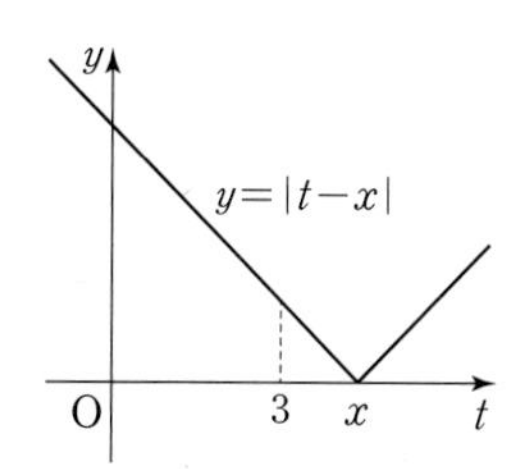

$$f(x)=\int_{0}^{3}|t-x|\,dt=\int_{0}^{3}(-t+x)dt$$
$$=\left[-\frac{1}{2}t^2+xt\right]_0^3=3x-\frac{9}{2}$$

(i)~(iii)에서 함수 $f(x)=\begin{cases}-3x+\frac{9}{2} & (x<0)\\ \left(x-\frac{3}{2}\right)^2+\frac{9}{4} & (0\le x\le 3)\\ 3x-\frac{9}{2} & (x>3)\end{cases}$이므로

$y=f(x)$의 그래프는 다음과 같다.

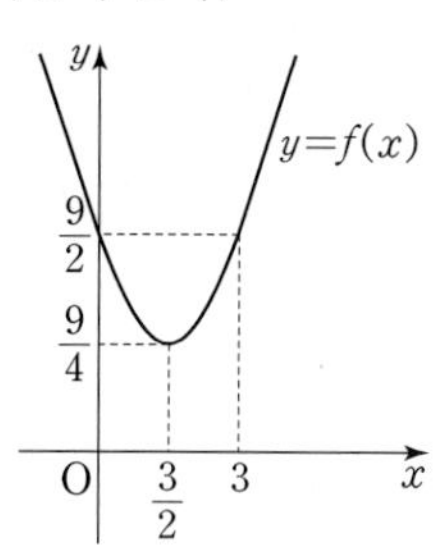

따라서 함수 $f(x)$는 $x=\frac{3}{2}$일 때 최솟값 $\frac{9}{4}$를 가지므로

$a=\frac{3}{2}$, $m=\frac{9}{4}$

$\therefore a+m=\frac{15}{4}$

TIP

본풀이에서 정적분과 넓이의 관계에 의하여 다음과 같이 계산할 수도 있다.

(i) $x<0$일 때,

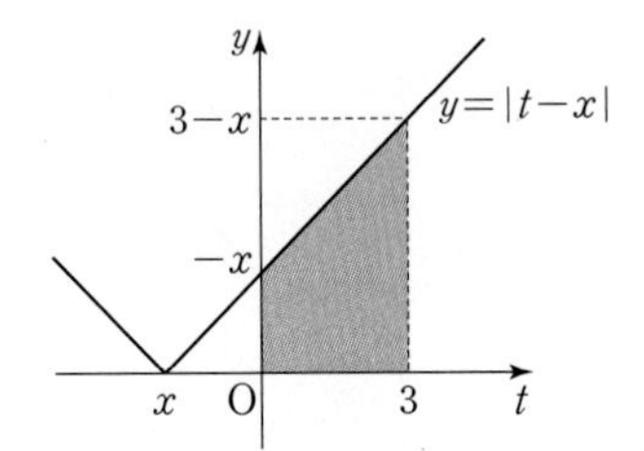

$$f(x)=\int_0^3 |t-x|\,dt$$
$$=\frac{1}{2}\times\{-x+(3-x)\}\times 3=-3x+\frac{9}{2}$$

(ii) $0\le x\le 3$일 때,

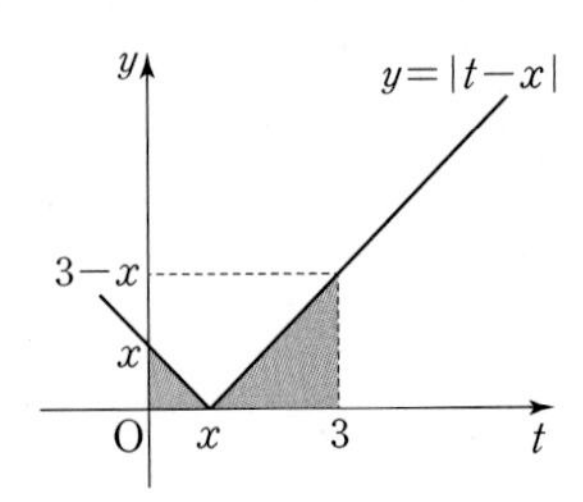

$$f(x)=\int_0^3 |t-x|\,dt$$
$$=\frac{1}{2}x^2+\frac{1}{2}(3-x)^2=x^2-3x+\frac{9}{2}$$

(iii) $x>3$일 때,

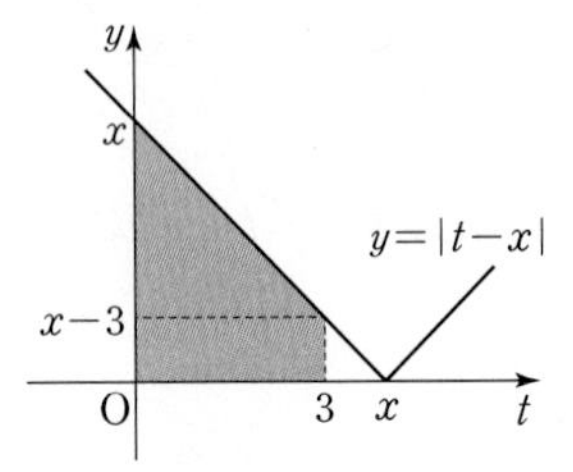

$$f(x)=\int_0^3 |t-x|\,dt$$
$$=\frac{1}{2}\times\{x+(x-3)\}\times 3=3x-\frac{9}{2}$$

(i)~(iii)에서 $f(x)$는 $x=\frac{0+3}{2}=\frac{3}{2}$일 때 최소이다.

이때 최솟값은 밑변의 길이와 높이가 모두 $\frac{3}{2}$인 직각삼각형 2개의 넓이의 합과 같으므로 $2\times\frac{1}{2}\times\frac{3}{2}\times\frac{3}{2}=\frac{9}{4}$이다.

참고

함수 $f(x)$는 $x=0$, $x=3$에서 미분가능하다.

741 .... 답 ③

함수 $y=g(x)$의 그래프는 함수 $f(x)=x^2$의 그래프를 x축의 방향으로 a만큼, y축의 방향으로 b만큼 평행이동한 것이므로 $g(x)=f(x-a)+b=(x-a)^2+b$이다.

이때 $g(0)=0$이므로 $g(0)=a^2+b=0$

$\therefore b=-a^2$ ...... ㉠

$\int_0^a f(x)\,dx-\int_a^{2a} g(x)\,dx=27$에서

$$\int_a^{2a} g(x)\,dx=\int_a^{2a}\{f(x-a)+b\}\,dx$$
$$=\int_{a-a}^{2a-a}\{f(x+a-a)+b\}\,dx$$
$$=\int_0^a\{f(x)+b\}\,dx$$

이므로

$$\int_0^a f(x)\,dx-\int_a^{2a} g(x)\,dx=\int_0^a f(x)\,dx-\int_0^a\{f(x)+b\}\,dx$$
$$=\int_0^a[f(x)-\{f(x)+b\}]\,dx$$
$$=\int_0^a(-b)\,dx$$
$$=\Big[-bx\Big]_0^a=-ab=27$$

이때 ㉠에 의하여 $a^3=27$ $\quad\therefore a=3$

다른 풀이

함수 $y=g(x)$의 그래프는 함수 $f(x)=x^2$의 그래프를 x축의 방향으로 a만큼, y축의 방향으로 b만큼 평행이동한 것이므로 $g(x)=(x-a)^2+b$이다.

이때 $g(0)=0$이므로 $g(0)=a^2+b=0$

$\therefore b=-a^2$, $g(x)=(x-a)^2-a^2$

이때 $g(2a)=0$이므로 두 함수 $y=f(x)$, $y=g(x)$의 그래프는 다음과 같다.

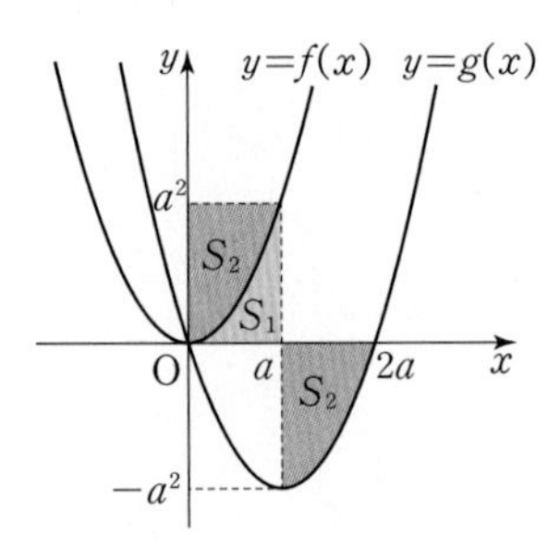

위 그림과 같이 $\int_0^a f(x)\,dx=S_1$, $\int_a^{2a} g(x)\,dx=-S_2$라 하면

$$\int_0^a f(x)\,dx-\int_a^{2a} g(x)\,dx=S_1-(-S_2)=S_1+S_2$$
$$=a^3=27$$

$\therefore a=3$

742 .... 답 ③

모든 실수 x에 대하여 $f(-x)=-f(x)$ ...... ㉠

이를 만족시키는 다항함수 $f(x)$는 홀수차수의 항으로만 이루어진 함수이다.

따라서 도함수 $f'(x)$는 짝수차수의 항 또는 상수항으로만 이루어진 함수이므로 다항함수 $xf'(x)$는 홀수차수의 항으로만 이루어진 함수이다.
따라서 함수 $y=f'(x)$의 그래프는 y축에 대하여 대칭이고,
함수 $y=xf'(x)$의 그래프는 원점에 대하여 대칭이다. …… ㉡
한편, ㉠에 $x=0$을 대입하면 $f(0)=-f(0)$에서
$f(0)=0$이고 주어진 조건에서 $f(1)=-3$이므로 …… ㉢

$$\int_{-1}^{1}(x-4)f'(x)\,dx=\int_{-1}^{1}xf'(x)\,dx+\int_{-1}^{1}\{-4f'(x)\}\,dx$$
$$=0+2\int_{0}^{1}\{-4f'(x)\}\,dx\ (\because ㉡)$$
$$=-8\Big[f(x)\Big]_0^1=-8\{f(1)-f(0)\}$$
$$=-8\times(-3-0)=24\ (\because ㉢)$$

743 ……… 답 ④

모든 실수 x에 대하여 $f(-x)=f(x)$이므로
$g(-x)=-xf(-x)=-xf(x)=-g(x)$에서
함수 $y=g(x)$의 그래프는 원점에 대하여 대칭이다.
따라서 $y=g'(x)$의 그래프는 y축에 대하여 대칭이다. …… TIP1
또한, 함수 $y=-x^3+2x$의 그래프는 원점에 대하여 대칭이다.
한편, $g(x)=xf(x)$의 양변에 $x=0$을 대입하면 $g(0)=0$ …… ㉠

$$\int_{-3}^{3}(-x^3+2x+5)g'(x)\,dx$$
$$=\int_{-3}^{3}(-x^3+2x)g'(x)\,dx+\int_{-3}^{3}5g'(x)\,dx \quad \text{…… TIP2}$$
$$=0+2\int_{0}^{3}5g'(x)\,dx=10\Big[g(x)\Big]_0^3$$
$$=10\{g(3)-g(0)\}=10g(3)\ (\because ㉠)$$

즉, $10g(3)=40$이므로 $g(3)=4$

TIP1

미분가능한 함수 $f(x)$가 모든 실수 x에 대하여
$f(-x)=-f(x)$이면 $f'(-x)=f'(x)$이고,
$f(-x)=f(x)$이면 $f'(-x)=-f'(x)$이다.
그러므로 함수 $y=f(x)$의 그래프가 원점에 대하여 대칭이면
함수 $y=f'(x)$의 그래프는 y축에 대하여 대칭이다.

TIP2

함수 $y=-x^3+2x$의 그래프는 원점에 대하여 대칭이고,
함수 $y=g'(x)$의 그래프는 y축에 대하여 대칭이므로
함수 $y=(-x^3+2x)g'(x)$의 그래프는 원점에 대하여 대칭이다.

744 ……… 답 45

조건 (가)에서 $\int_0^2|f(x)|\,dx=-\int_0^2 f(x)\,dx$이므로
닫힌구간 $[0, 2]$에서 $f(x)\le 0$이고,
조건 (나)에서 $\int_2^3|f(x)|\,dx=\int_2^3 f(x)\,dx$이므로
닫힌구간 $[2, 3]$에서 $f(x)\ge 0$이다.
$\therefore f(2)=0$
이차함수 $f(x)$의 이차항의 계수를 $a\ (a>0)$이라 하면
$f(0)=f(2)=0$이므로 $f(x)=ax(x-2)$이다.

$$\int_0^2|f(x)|\,dx=-\int_0^2 ax(x-2)\,dx$$
$$=-\left[\frac{a}{3}x^3-ax^2\right]_0^2$$
$$=\frac{4}{3}a=4$$

따라서 $a=3$이므로 $f(x)=3x(x-2)$
$\therefore f(5)=45$

745 ……… 답 ②

$h(x)=f(x)-g(x)$라 하면
조건 (가)에서 $h'(x)=f'(x)-g'(x)<0$이므로
함수 $h(x)$는 실수 전체의 집합에서 감소한다.
이때 조건 (나)에서 $h(3)=f(3)-g(3)=0$이므로
$x\le 3$일 때 $h(x)\ge 0$이고, $x>3$일 때 $h(x)<0$이다.
따라서 조건 (다)에서

$$\int_0^3|h(x)|\,dx=\int_0^3 h(x)\,dx$$
$$=\int_0^3\{f(x)-g(x)\}\,dx=4 \quad \text{…… ㉠}$$
$$\int_3^5|h(x)|\,dx=-\int_3^5 h(x)\,dx=-\int_3^5\{f(x)-g(x)\}\,dx=10$$
$$\therefore \int_3^5\{f(x)-g(x)\}\,dx=-10 \quad \text{…… ㉡}$$
$$\therefore \int_0^5\{f(x)-g(x)\}\,dx$$
$$=\int_0^3\{f(x)-g(x)\}\,dx+\int_3^5\{f(x)-g(x)\}\,dx$$
$$=4+(-10)\ (\because ㉠, ㉡)$$
$$=-6$$

746 ……… 답 ①

모든 실수 x에 대하여 $f(x+3)=f(x)$이므로
함수 $f(x)$는 주기가 3이다.
따라서 함수 $y=f(x)$의 그래프는 다음과 같이 $0\le x<3$에서의 그래프가 연속하여 반복되고 y축에 대하여 대칭이다.

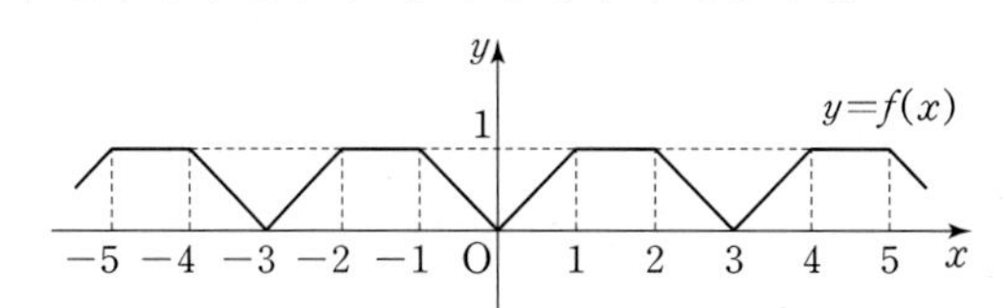

$$\int_0^1 f(x)\,dx=\frac{1}{2}\times1\times1=\frac{1}{2},$$
$$\int_1^2 f(x)\,dx=1\times1=1,$$

$\int_{2}^{3} f(x)\,dx=\frac{1}{2}\times 1\times 1=\frac{1}{2}$이므로

$\int_{0}^{3} f(x)\,dx=\frac{1}{2}+1+\frac{1}{2}=2$이다.

따라서 $\int_{-3}^{3} f(x)\,dx=2\int_{0}^{3} f(x)dx=4$,

$\int_{-6}^{6} f(x)\,dx=8$, $\int_{-9}^{9} f(x)\,dx=12$이므로

$$\begin{aligned}\int_{-10}^{10} f(x)\,dx&=\int_{-10}^{-9} f(x)\,dx+\int_{-9}^{9} f(x)\,dx+\int_{9}^{10} f(x)\,dx\\&=\int_{-1}^{0} f(x)\,dx+\int_{-9}^{9} f(x)\,dx+\int_{0}^{1} f(x)\,dx\\&=\frac{1}{2}+12+\frac{1}{2}=13\end{aligned}$$

$\therefore\ a=10$

747 답 40

조건 (다)에서

$\int_{-1}^{1} (2x+3)f(x)\,dx=\int_{-1}^{1} 2xf(x)\,dx+\int_{-1}^{1} 3f(x)\,dx$ …… ㉠

이때 조건 (가)에 의하여 함수 $y=f(x)$의 그래프는 y축에 대하여 대칭이고, $g(x)=2xf(x)$라 하면

$g(-x)=-2xf(-x)=-2xf(x)=-g(x)$이므로

함수 $y=g(x)$의 그래프는 원점에 대하여 대칭이다.

㉠에서

$\int_{-1}^{1} 2xf(x)\,dx+\int_{-1}^{1} 3f(x)\,dx=0+6\int_{0}^{1} f(x)\,dx=15$이므로

$\int_{0}^{1} f(x)\,dx=\int_{-1}^{0} f(x)\,dx=\frac{5}{2}$이다.

한편, 조건 (나)에서 함수 $f(x)$의 주기가 2이므로

모든 정수 n에 대하여 $\int_{-1+2n}^{2n} f(x)\,dx=\int_{-1}^{0} f(x)\,dx$,

$\int_{2n}^{1+2n} f(x)\,dx=\int_{0}^{1} f(x)\,dx$이다.

$$\begin{aligned}\therefore\ \int_{-6}^{10} f(x)\,dx&=8\int_{-1}^{0} f(x)\,dx+8\int_{0}^{1} f(x)\,dx\\&=8\times\frac{5}{2}+8\times\frac{5}{2}=40\end{aligned}$$

748 답 ④

조건 (가)에서

$f(x+y)=f(x)+f(y)+2xy$에 $x=0$, $y=0$을 대입하면

$f(0)=f(0)+f(0)+0 \qquad \therefore\ f(0)=0$ …… ㉠

$$\begin{aligned}f'(x)&=\lim_{h\to 0}\frac{f(x+h)-f(x)}{h}\\&=\lim_{h\to 0}\frac{\{f(x)+f(h)+2xh\}-f(x)}{h}\\&=\lim_{h\to 0}\frac{f(h)-f(0)}{h}+2x\ (\because\ ㉠)\\&=f'(0)+2x\end{aligned}$$

$f'(0)=a$라 하면 $f'(x)=2x+a$

조건 (나)에서

$S(x)=\int_{0}^{x} (t-3)f'(t)\,dt$의 양변을 x에 대하여 미분하면

$S'(x)=(x-3)f'(x)=(x-3)(2x+a)$이고

함수 $S(x)$가 극값을 갖지 않기 위해서는 $S'(x)$의 부호가 바뀌지 않아야 하므로 $2x+a=2(x-3)$이어야 한다.

$\therefore\ a=-6$

따라서 $f'(x)=2x-6$이므로 $f(x)=x^2-6x+C$ (C는 적분상수)

㉠에서 $f(0)=C=0$이므로

$f(x)=x^2-6x$

$\therefore\ f(2)=-8$

749 답 ①

함수 $y=f(x-b)$의 그래프는 원점에 대하여 대칭인 삼차함수 $y=f(x)$의 그래프를 x축의 방향으로 b만큼 평행이동한 그래프이므로 두 함수 $y=f(x)$, $y=f(x-b)$의 그래프는 각각 다음과 같다.

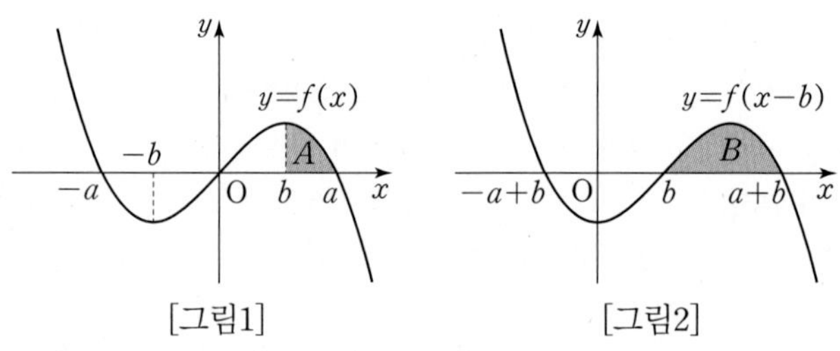

[그림1] [그림2]

이때 $\int_{-b}^{a} f(x)\,dx=\int_{-b}^{b} f(x)\,dx+\int_{b}^{a} f(x)\,dx=A$에서

$\int_{-b}^{b} f(x)\,dx=0$이므로 $\int_{b}^{a} f(x)\,dx=A$

즉, [그림1]과 [그림2]에서 색칠한 부분의 넓이가 각각 A, B이므로

$\int_{0}^{b} f(x)\,dx=B-A$

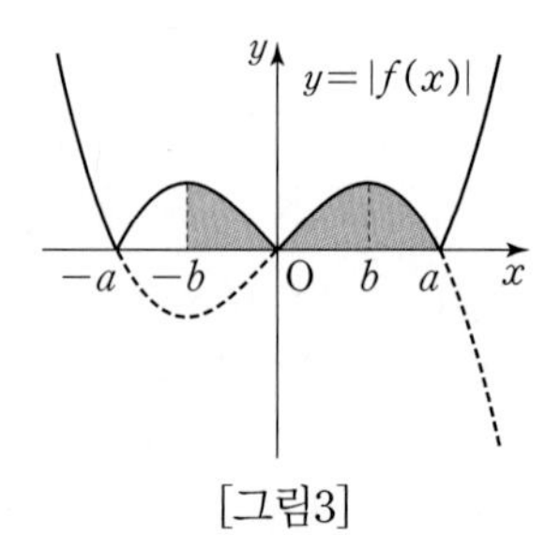

[그림3]

따라서 구하는 값은 [그림3]에서 색칠한 부분의 넓이와 같으므로

$\int_{-b}^{a} |f(x)|\,dx=2(B-A)+A=-A+2B$

750 답 ②

$f(x)=3x^2-6x+5-f(2-x)$이므로

$\int_{0}^{2} f(x)\,dx=\int_{0}^{2} (3x^2-6x+5)\,dx-\int_{0}^{2} f(2-x)\,dx$ …… ㉠

이때 함수 $y=f(2-x)$의 그래프는 함수 $y=f(x)$의 그래프를 직선 $x=1$에 대하여 대칭이동한 것이므로

$\int_{0}^{2} f(2-x)\,dx=\int_{0}^{2} f(x)\,dx$이다.

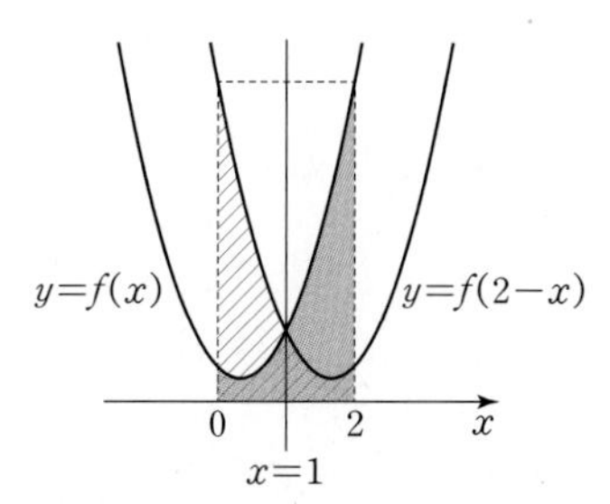

㉠에서 $\int_0^2 f(x)\,dx=\int_0^2(3x^2-6x+5)\,dx-\int_0^2 f(x)\,dx$이므로

$$\int_0^2 f(x)\,dx=\frac{1}{2}\int_0^2(3x^2-6x+5)\,dx$$
$$=\frac{1}{2}\Big[x^3-3x^2+5x\Big]_0^2=3$$

751 ···· 답 3

조건 ㈎에서 $\int_{2-(k+1)}^{2} f(x)\,dx=\int_2^{2+(k+1)} f(x)\,dx$이므로 k 대신 $k-1$을 대입하면 $\int_{2-k}^{2} f(x)\,dx=\int_2^{2+k} f(x)\,dx$이다.

그러므로 이차함수 $y=f(x)$의 그래프는 직선 $x=2$에 대하여 대칭이다.

조건 ㈏에서 $\int_2^4 f(x)\,dx=a$이므로 $\int_0^2 f(x)\,dx=a$이고

조건 ㈐에서

$$\int_1^2 f(x)\,dx=\int_2^3 f(x)\,dx$$
$$=\int_0^3 f(x)\,dx-\int_0^2 f(x)\,dx$$
$$=a^2-a=6$$

$a^2-a-6=0$, $(a+2)(a-3)=0$, $a=-2$ 또는 $a=3$

$\therefore a=3$ ($\because a>0$)

752 ···· 답 ③

$h(x)=(x-1)f(x)$라 하자.

$g(x)=\int_{-1}^{x} h(t)\,dt$의 양변을 x에 대하여 미분하면

$g'(x)=h(x)$

이때 $h(x)=\begin{cases} 1-x & (x<1) \\ -x^2+3x-2 & (x\ge1)\end{cases}$이므로

함수 $y=h(x)$의 그래프는 다음과 같다.

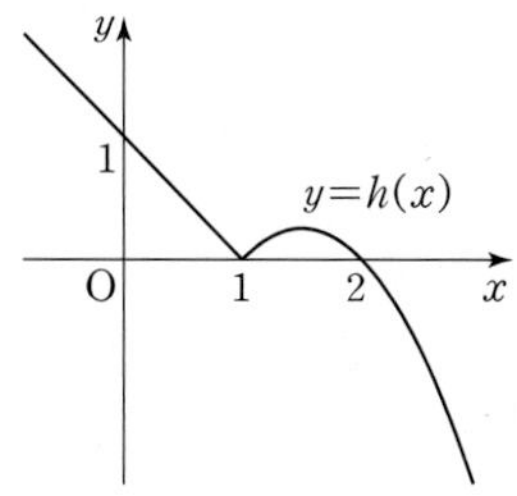

ㄱ. 열린구간 $(1, 2)$에서 $g'(x)=h(x)>0$이므로 함수 $g(x)$는 열린구간 $(1, 2)$에서 증가한다. (참)

ㄴ. $g'(1)=h(1)=0$으로 $g'(1)$의 값이 존재하므로 함수 $g(x)$는 $x=1$에서 미분가능하다. (참)

ㄷ. 함수 $g(x)$의 증가와 감소를 표로 나타내면 다음과 같다.

x	$\cdots$	1	$\cdots$	2	$\cdots$
$h(x)$	+	0	+	0	−
$g(x)$	↗	$g(1)$	↗	$g(2)$	↘

즉, 함수 $g(x)$는 $x<2$에서 증가하고, $x>2$에서 감소하므로 방정식 $g(x)=k$는 많아야 두 개의 실근을 갖는다. (거짓)

따라서 옳은 것은 ㄱ, ㄴ이다.

참고

$g'(x)=h(x)$이고 $g(-1)=0$이므로

$$g(x)=\begin{cases} -\frac{1}{2}x^2+x+\frac{3}{2} & (x<1) \\ -\frac{1}{3}x^3+\frac{3}{2}x^2-2x+\frac{17}{6} & (x\ge1)\end{cases}$$

이고, 함수 $y=g(x)$의 그래프는 다음과 같다.

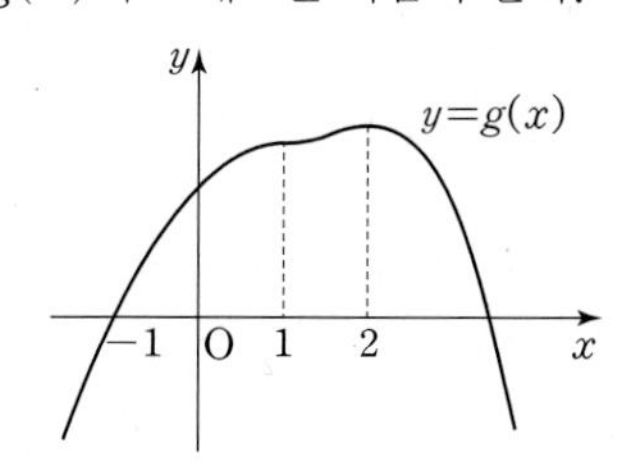

753 ···· 답 ④

조건 ㈎에 의하여 함수 $f(x)=-x^4+ax^2+b$ (a, b는 상수)라 하면

$f'(x)=-4x^3+2ax=-4x\left(x^2-\frac{a}{2}\right)$

이때 함수 $f(x)$의 극솟값이 존재하지 않으므로 $a\le0$이어야 하고 $x=0$에서 극댓값 5를 갖는다.

즉, $f(0)=5$이므로 $f(0)=b=5$에서

$f(x)=-x^4+ax^2+5$

조건 ㈐에서 $|f(-1)|=8$이므로

$|f(-1)|=|a+4|=8$에서

$a=4$ 또는 $a=-12$

$\therefore a=-12$ ($\because a\le0$)

따라서 $f(x)=-x^4-12x^2+5$이므로

$$\int_0^1 f(x)\,dx=\int_0^1(-x^4-12x^2+5)\,dx$$
$$=\Big[-\frac{1}{5}x^5-4x^3+5x\Big]_0^1=\frac{4}{5}$$

754 ···· 답 ④

$$\int_{-3}^{3}\{f(x)+f(-x)\}\,dx=\int_{-3}^{3}(x^2+3)\,dx$$
$$=2\int_0^3(x^2+3)\,dx$$
$$=2\Big[\frac{1}{3}x^3+3x\Big]_0^3=36 \quad \cdots\cdots ㉠$$

이때 함수 $y=f(x)-f(-x)$의 그래프는 원점에 대하여 대칭이므로

$\int_{-3}^{3}\{f(x)-f(-x)\}\,dx=0$ …… ㉡

㉠, ㉡에서

$\int_{-3}^{3}\{f(x)+f(-x)\}\,dx+\int_{-3}^{3}\{f(x)-f(-x)\}\,dx$

$=2\int_{-3}^{3}f(x)\,dx=36$

$\therefore \int_{-3}^{3}f(x)\,dx=18$

다른 풀이1

다항함수 $f(x)$의 짝수차수의 항과 상수항의 합을 $g(x)$,
홀수차수의 항의 합을 $h(x)$라 하면 $f(x)=g(x)+h(x)$이다.
$f(x)+f(-x)=2g(x)$이므로

$2g(x)=x^2+3,\ g(x)=\frac{1}{2}(x^2+3)$

$$\begin{aligned}\therefore \int_{-3}^{3}f(x)\,dx&=\int_{-3}^{3}\{g(x)+h(x)\}\,dx\\&=\int_{-3}^{3}g(x)\,dx+\int_{-3}^{3}h(x)\,dx\\&=2\int_{0}^{3}\frac{1}{2}(x^2+3)\,dx+0\\&=\left[\frac{1}{3}x^3+3x\right]_0^3=18\end{aligned}$$

다른 풀이2

$f(x)+f(-x)=x^2+3$이므로

$\int_{-3}^{3}f(x)\,dx+\int_{-3}^{3}f(-x)\,dx=\int_{-3}^{3}(x^2+3)\,dx$ …… ㉠

이때 함수 $y=f(-x)$의 그래프는 함수 $y=f(x)$의 그래프를 y축에 대하여 대칭이동한 것이므로

$\int_{-3}^{3}f(x)\,dx=\int_{-3}^{3}f(-x)\,dx$이다.

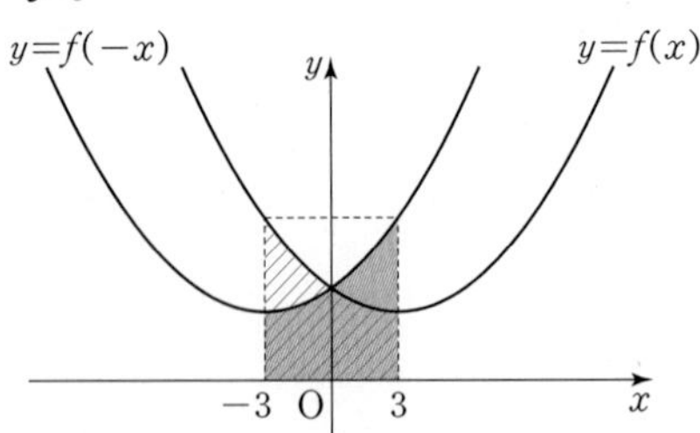

㉠에서 $\int_{-3}^{3}f(x)\,dx+\int_{-3}^{3}f(x)\,dx=\int_{-3}^{3}(x^2+3)\,dx$이므로

$$\begin{aligned}\int_{-3}^{3}f(x)\,dx&=\frac{1}{2}\int_{3}^{3}(x^2+3)\,dx\\&=\int_{0}^{3}(x^2+3)\,dx\\&=\left[\frac{1}{3}x^3+3x\right]_0^3=18\end{aligned}$$

755 ··· 답 ②

조건 (가)에 의하여 함수 $f(x)$의 주기는 3이다.

$\int_{-1}^{1}f(x)\,dx=a,\ \int_{1}^{2}f(x)\,dx=b$라 하면

조건 (나)에서

$$\begin{aligned}\int_{-1}^{4}f(x)\,dx&=\int_{-1}^{1}f(x)\,dx+\int_{1}^{2}f(x)\,dx+\int_{2}^{4}f(x)\,dx\\&=\int_{-1}^{1}f(x)\,dx+\int_{1}^{2}f(x)\,dx+\int_{-1}^{1}f(x)\,dx\\&=2a+b=8\end{aligned}$$ …… ㉠

$$\begin{aligned}\int_{1}^{5}f(x)\,dx&=\int_{1}^{2}f(x)\,dx+\int_{2}^{4}f(x)\,dx+\int_{4}^{5}f(x)\,dx\\&=\int_{1}^{2}f(x)\,dx+\int_{-1}^{1}f(x)\,dx+\int_{1}^{2}f(x)\,dx\\&=a+2b=7\end{aligned}$$ …… ㉡

㉠, ㉡을 연립하여 풀면 $a=3,\ b=2$

$$\begin{aligned}\therefore \int_{1000}^{1001}f(x)\,dx-\int_{1001}^{1003}f(x)\,dx&=\int_{3\times333+1}^{3\times333+2}f(x)\,dx-\int_{3\times334-1}^{3\times334+1}f(x)\,dx\\&=\int_{1}^{2}f(x)\,dx-\int_{-1}^{1}f(x)\,dx\\&=b-a=2-3=-1\end{aligned}$$

756 ··· 답 80

함수 $f(x)$가 모든 실수에서 연속이므로
$x=2$에서도 연속이어야 한다.
조건 (가)에서 $f(x)=ax^2\ (0\le x<2)$이므로
조건 (나)에서 $f(2)=f(0)+2=2$
따라서 $\lim_{x\to2-}f(x)=f(2)$에서

$4a=2,\ a=\frac{1}{2}$이므로 $f(x)=\frac{1}{2}x^2\ (0\le x<2)$이다.

이때 모든 정수 n에 대하여
$f(x+2n)=f(x)+2n$이므로

$$\begin{aligned}\int_{2n}^{2+2n}f(x)\,dx&=\int_{0}^{2}\{f(x)+2n\}\,dx\\&=\int_{0}^{2}\left(\frac{1}{2}x^2+2n\right)dx\\&=\left[\frac{1}{6}x^3+2nx\right]_0^2\\&=\frac{4}{3}+4n\end{aligned}$$

$\int_{12}^{13}f(x)\,dx=\int_{0}^{1}\{f(x)+12\}\,dx=\int_{0}^{1}f(x)\,dx+12$

$$\begin{aligned}\therefore \int_{1}^{13}f(x)\,dx&=\int_{1}^{2}f(x)\,dx+\int_{2}^{4}f(x)\,dx+\int_{4}^{6}f(x)\,dx\\&\quad+\int_{6}^{8}f(x)\,dx+\int_{8}^{10}f(x)\,dx+\int_{10}^{12}f(x)\,dx\\&\quad+\int_{12}^{13}f(x)\,dx\end{aligned}$$ …… TIP

$$\begin{aligned}&=\left(\frac{4}{3}+4\times0\right)+\left(\frac{4}{3}+4\times1\right)+\left(\frac{4}{3}+4\times2\right)\\&\quad+\left(\frac{4}{3}+4\times3\right)+\left(\frac{4}{3}+4\times4\right)+\left(\frac{4}{3}+4\times5\right)+12\\&=\frac{4}{3}\times6+4\times(1+2+3+4+5)+12\\&=80\end{aligned}$$

TIP

'〈수학 I〉 Ⅲ. 수열'을 학습한 이후 다음과 같이 계산할 수 있다.

$$\int_1^{13} f(x)\,dx=\sum_{n=0}^{5}\left(\frac{4}{3}+4n\right)+12$$

$$=\frac{6\left(\frac{4}{3}+\frac{64}{3}\right)}{2}+12=80$$

757

답 10

$g'(x)=|f(x)-2x|$이므로

함수 $g'(x)$가 실수 전체의 집합에서 미분가능하기 위해서는

모든 실수 x에 대하여 $f(x)\ge 2x$가 성립해야 한다.

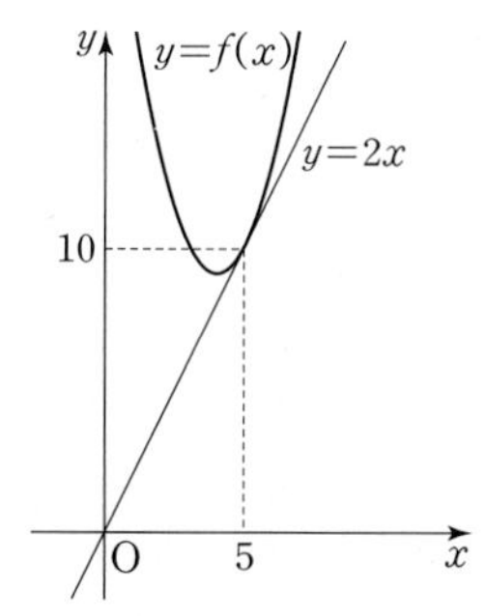

$h(x)=2x$라 하면 $h(5)=10$이므로

$f(5)\ge 10$이어야 한다.

따라서 구하는 $f(5)$의 최솟값은 10이다.

758

답 ①

$$f(x)=\left|\int_{a-2}^{x}(t^3-at^2)\,dt\right|$$

$$=\left|\left[\frac{1}{4}t^4-\frac{a}{3}t^3\right]_{a-2}^{x}\right|$$

$$=\left|\frac{1}{4}x^4-\frac{a}{3}x^3-\frac{(a-2)^4}{4}+\frac{a(a-2)^3}{3}\right| \quad \cdots\cdots ㉠$$

$x^3-ax^2=x^2(x-a)$이므로

함수 $f(x)$가 오직 한 점에서만 미분가능하지 않기 위해서는

$f(0)=0$이어야 한다.

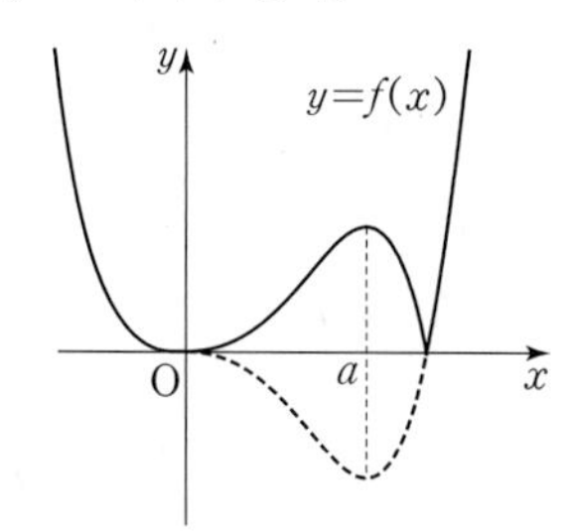

$a>0$인 경우

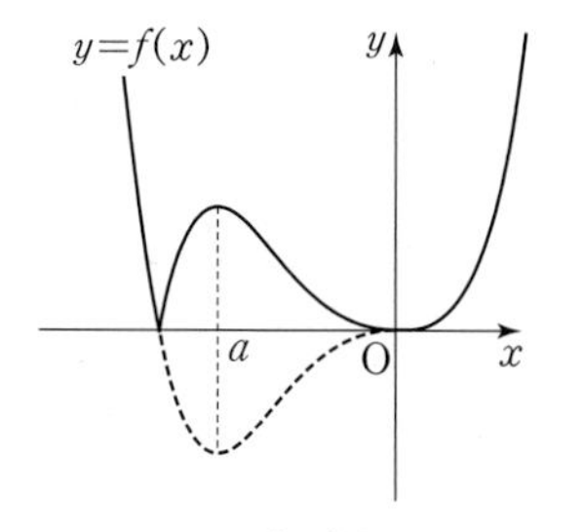

$a<0$인 경우

$$f(0)=\left|-\frac{(a-2)^4}{4}+\frac{a(a-2)^3}{3}\right| \ (\because ㉠)$$

$$=\frac{1}{12}|(a-2)^3(a+6)|=0$$

$\therefore a=2$ 또는 $a=-6$

따라서 구하는 모든 상수 a의 값의 합은 -4이다.

759

답 ④

$$f(f(x))=\int_0^x f(t)\,dt-x^2+6x-6 \quad \cdots\cdots ㉠$$

$f(x)$가 상수함수인 경우 ㉠을 만족시키지 않는다.

따라서 다항함수 $f(x)$를 n차함수라 하면 (n은 자연수)

다항함수 $f(f(x))$의 차수는 n^2이고

다항함수 $\int_0^x f(t)\,dt$의 차수는 $n+1$이다.

$n+1>2$인 경우, $n^2=n+1$에서 방정식 $n^2-n-1=0$을

만족시키는 자연수 n은 존재하지 않는다.

따라서 $n+1=2$, 즉 $n=1$이어야 한다.

$f(x)=ax+b$ (a, b는 상수)라 하면 ㉠에서

$$a(ax+b)+b=\int_0^x (at+b)\,dt-x^2+6x-6$$

$$a^2x+ab+b=\left[\frac{a}{2}t^2+bt\right]_0^x-x^2+6x-6$$

$$=\frac{a-2}{2}x^2+(b+6)x-6$$

위 식은 x에 대한 항등식이므로

$0=\frac{a-2}{2}$, $a^2=b+6$, $ab+b=-6$이다.

$\therefore a=2,\ b=-2$

따라서 $f(x)=2x-2$이므로

$f(5)=8$

760

답 30

두 다항함수 $f(x)$, $g(x)$의 차수를 각각

m, n ($m\ge 1$, $n\ge 1$인 자연수)라 하자.

조건 (가)에서

$$g(x)+2\int_1^x f(t)\,dt=4x^2-8x+1 \quad \cdots\cdots ㉠$$

위 식의 양변을 x에 대하여 미분하면

$$g'(x)+2f(x)=8x-8 \quad \cdots\cdots ㉡$$

조건 (나)에서

$$f(x)g'(x)=6x^2-16x+8 \quad \cdots\cdots ㉢$$

위 식의 좌변의 차수는 $m+n-1$, 우변의 차수는 2이므로

$m+n-1=2$, $m+n=3$

따라서 $m=1$, $n=2$ 또는 $m=2$, $n=1$이다.

이때 ㉡을 만족시키기 위해서는 $m=1$, $n=2$이어야 한다.

$f(x)=ax+b$, $g(x)=px^2+qx+r$ (a, b, p, q, r는 상수, $a\ne 0$, $p\ne 0$)이라 하면

$g'(x)=2px+q$이므로 ㉡에서 $(2px+q)+2(ax+b)=8x-8$

$(2p+2a)x+(q+2b)=8x-8$

항등식의 성질에 의하여

$a+p=4$, $q+2b=-8$

㉢에서 $(ax+b)(2px+q)=6x^2-16x+8$

$2apx^2+(aq+2bp)x+bq=6x^2-16x+8$
항등식의 성질에 의하여
$ap=3$, $aq+2bp=-16$, $bq=8$ …… TIP
$a+p=4$, $ap=3$에서
$a(4-a)=3$, $a^2-4a+3=0$, $(a-1)(a-3)=0$
$\therefore a=1$, $p=3$ 또는 $a=3$, $p=1$ …… ㉣
$q+2b=-8$, $bq=8$에서
$b(-8-2b)=8$, $b^2+4b+4=0$, $(b+2)^2=0$
$\therefore b=-2$, $q=-4$ …… ㉤
한편, ㉠의 양변에 $x=1$을 대입하면 $g(1)=-3$이므로
㉣, ㉤에서 $f(x)=x-2$, $g(x)=3x^2-4x-2$
또는 $f(x)=3x-2$, $g(x)=x^2-4x$이다.
그런데 $g(0)\neq 0$이어야 하므로
$f(x)=x-2$, $g(x)=3x^2-4x-2$
$\therefore g(4)=30$

TIP

$a=1$, $p=3$ 또는 $a=3$, $p=1$이고,
$b=-2$, $q=-4$일 때
등식 $aq+2bp=-16$이 성립한다.
(i) $a=1$, $p=3$, $b=-2$, $q=-4$인 경우
$1\times(-4)+2\times(-2)\times3=-16$
(ii) $a=3$, $p=1$, $b=-2$, $q=-4$인 경우
$3\times(-4)+2\times(-2)\times1=-16$

761 …… 답 17

$f'(x)=3x^2-3=3(x+1)(x-1)$에서
$x=-1$ 또는 $x=1$일 때 $f'(x)=0$이므로
함수 $f(x)$의 증가와 감소를 표로 나타내면 다음과 같다.

x	$\cdots$	-1	$\cdots$	1	$\cdots$
$f'(x)$	$+$	0	$-$	0	$+$
$f(x)$	↗	1	↘	-3	↗

따라서 함수 $y=|f(x)|$의 그래프는 다음과 같다.

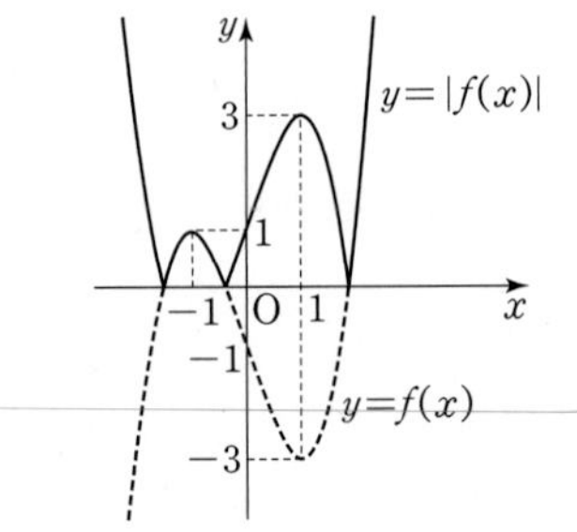

(i) $-1\le t<0$일 때, $-1\le x\le t$에서의 함수 $|f(x)|$의 최댓값은
$f(-1)=1$
(ii) $0\le t\le 1$일 때, $-1\le x\le t$에서의 함수 $|f(x)|$의 최댓값은
$|f(t)|=-f(t)$
(i), (ii)에 의하여 닫힌구간 $[-1, 1]$에서 함수 $y=g(t)$의 그래프는 다음과 같다.

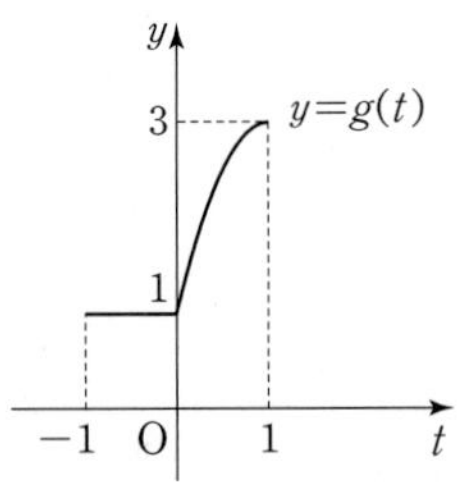

$$\therefore \int_{-1}^{1} g(t)\,dt=\int_{-1}^{0} 1\,dt+\int_{0}^{1}(-t^3+3t+1)\,dt$$
$$=\Big[t\Big]_{-1}^{0}+\Big[-\frac{1}{4}t^4+\frac{3}{2}t^2+t\Big]_{0}^{1}$$
$$=1+\frac{9}{4}=\frac{13}{4}$$
$\therefore p+q=4+13=17$

762 …… 답 ⑤

ㄱ. $h(x)=\int_{0}^{x} f(t)\,dt$라 하면 …… ㉠
$g(x)=|h(x)|$이고 주어진 그림으로부터
$g(0)=0$, $g(2)=0$, $g(5)=0$, $g(8)=0$이므로
$h(0)=0$, $h(2)=0$, $h(5)=0$, $h(8)=0$이다.
㉠의 양변을 x에 대하여 미분하면 $h'(x)=f(x)$이므로
롤의 정리에 의하여 $h'(\alpha)=f(\alpha)=0$을 만족시키는 실수 α가 열린구간 $(0, 2)$에 적어도 한 개 존재하고, $h'(\beta)=f(\beta)=0$을 만족시키는 실수 β가 열린구간 $(2, 5)$에 적어도 한 개 존재하며, $h'(\gamma)=f(\gamma)=0$을 만족시키는 실수 γ가 열린구간 $(5, 8)$에 적어도 한 개 존재한다.
따라서 삼차방정식 $f(x)=0$은 서로 다른 3개의 실근을 갖는다.
(참)

ㄴ. 함수 $f(x)$의 최고차항의 계수를 k라 하면 ㄱ에 의하여 방정식 $f(x)=0$이 서로 다른 3개의 양의 실근 α, β, γ를 가지므로
$f(x)=k(x-\alpha)(x-\beta)(x-\gamma)$이다.
이때 $f(0)=-k\alpha\beta\gamma>0$이어야 하므로 $k<0$이다.
따라서 그림과 같이 $k<0$일 때 $f'(0)<0$이다. (참)

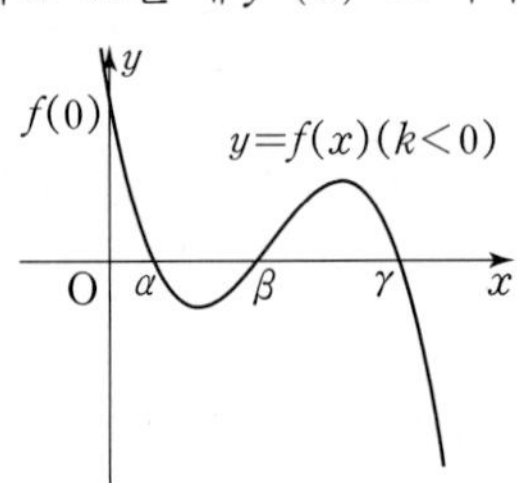

ㄷ. ㄴ에 의하여 함수 $h(x)$의 최고차항의 계수가 음수이므로
함수 $y=h(x)$의 그래프는 다음과 같다.

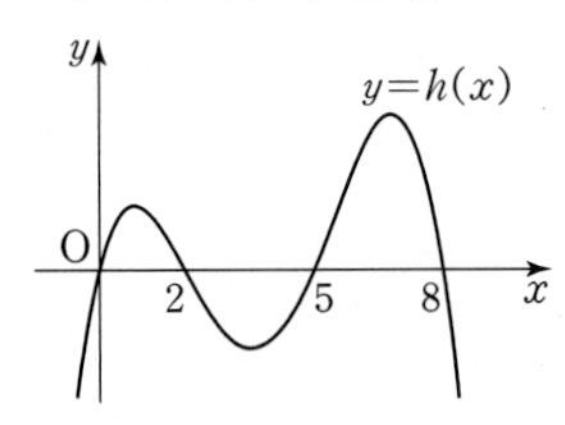

㉠에 의하여 $\int_{m}^{m+2} f(x)\,dx=h(m+2)-h(m)$이고,

자연수 m에 대하여

$1\le m\le 2$ 또는 $m\ge 6$일 때 $h(m)>h(m+2)$이고

$3\le m\le 5$일 때 $h(m)<h(m+2)$이다.

따라서 $\int_{m}^{m+2} f(x)dx>0$, 즉 $h(m+2)-h(m)>0$을

만족시키는 자연수 m은 3, 4, 5의 3개이다. (참)

따라서 옳은 것은 ㄱ, ㄴ, ㄷ이다.

763

답 ④

$\int_0^x f'(t)\,dt=f(x)-f(0)$에서 $f(x)=\int_0^x f'(t)\,dt+f(0)$

ㄱ. 주어진 그래프에서 $x=0$, $x=b$, $x=c$일 때 $f'(x)=0$이므로 $x\ge 0$에서 함수 $f(x)$의 증가와 감소를 표로 나타내면 다음과 같다.

x	0	$\cdots$	b	$\cdots$	c	$\cdots$
$f'(x)$	0	$+$	0	$-$	0	$+$
$f(x)$	$f(0)$	↗	$f(b)$	↘	$f(c)$	↗

이때 닫힌구간 $[b, c]$에서 $f'(x)\le 0$이므로

$\int_0^b f'(x)\,dx>\int_b^c |f'(x)|\,dx=-\int_b^c f'(x)\,dx$

즉, $\int_0^c f'(x)\,dx>0$이므로 $f(c)-f(0)>0$에서 $f(c)>f(0)$이다.

따라서 $x\ge 0$일 때, 함수 $f(x)$는 $x=0$에서 최솟값을 갖는다. (거짓)

ㄴ. $a<k<b$일 때, 평균값 정리에 의하여

$\frac{f(k)-f(a)}{k-a}=f'(p_1)$인 p_1 $(a<p_1<k)$가 존재하고,

$\frac{f(k)-f(b)}{k-b}=f'(p_2)$인 p_2 $(k<p_2<b)$가 존재한다.

이때 $a<p_1<k<p_2<b$, 즉 $p_1<p_2$이고

열린구간 (a, b)에서 함수 $y=f'(x)$는 감소하므로

$f'(p_1)>f'(p_2)$이다.

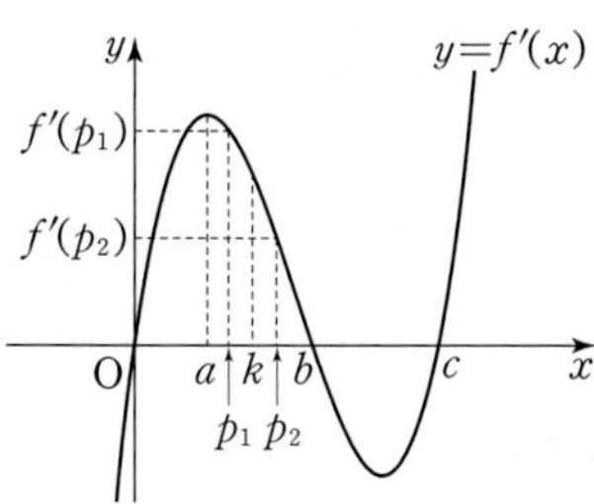

따라서 $\frac{f(k)-f(a)}{k-a}>\frac{f(k)-f(b)}{k-b}$이다. (참)

ㄷ. $\int_a^c f'(x)\,dx=0$이면 $f(c)-f(a)=0$이므로

$f(a)=f(c)$이다.

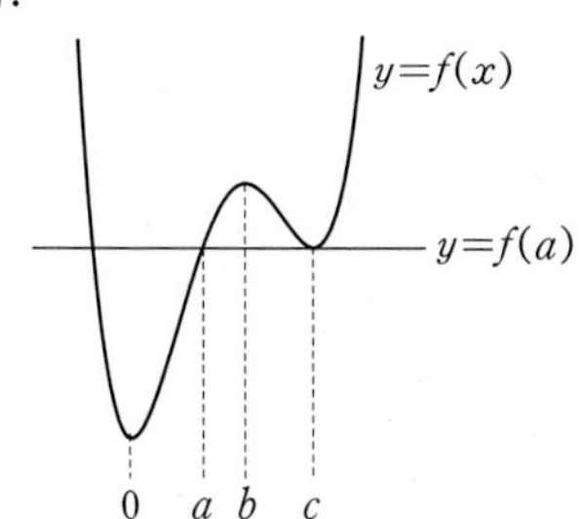

따라서 곡선 $y=f(x)$와 직선 $y=f(a)$는 서로 다른 세 점에서 만난다. (참)

따라서 옳은 것은 ㄴ, ㄷ이다.

764

답 풀이 참조

(1) $g(x)=\frac{d}{dx}\int_1^x xf(t)\,dt$

$=\frac{d}{dx}\left\{x\int_1^x f(t)\,dt\right\}=\int_1^x f(t)\,dt+xf(x)$

이때 모든 실수 x에 대하여 $f(-x)=-f(x)$이므로

함수 $y=f(x)$의 그래프는 원점에 대하여 대칭이다.

$g(-x)=\int_1^{-x} f(t)\,dt-xf(-x)$

$=\int_1^{-1} f(t)\,dt+\int_{-1}^{-x} f(t)\,dt-xf(-x)$

$=0-\int_{-x}^{-1} f(t)\,dt+xf(x)$

$=\int_1^x f(t)\,dt+xf(x)=g(x)$

따라서 모든 실수 x에 대하여 $g(-x)=g(x)$가 성립한다.

(2) 다항함수 $g(x)$가 열린구간 $(-1, 1)$에서 미분가능하고 (1)에 의하여 $g(-1)=g(1)$이므로 롤의 정리에 의하여 $g'(a)=0$인 실수 a가 열린구간 $(-1, 1)$에 적어도 하나 존재한다.

채점 요소	배점
$g(x)=\int_1^x f(t)\,dt+xf(x)$와 모든 실수 x에 대하여 $f(-x)=-f(x)$가 성립함을 이용하여 모든 실수 x에 대하여 $g(-x)=g(x)$가 성립함을 설명하기	50%
$g(-1)=g(1)$과 롤의 정리를 이용하여 $g'(a)=0$인 실수 a가 열린구간 $(-1, 1)$에 적어도 하나 존재함을 설명하기	50%

03 정적분의 활용

765 ············ 답 (1) $\frac{4}{3}$ (2) $\frac{4}{3}$

(1) 곡선 $y=-x^2+1$과 x축의 교점의 x좌표는
$-x^2+1=0$에서 $-(x-1)(x+1)=0$
$\therefore x=-1$ 또는 $x=1$

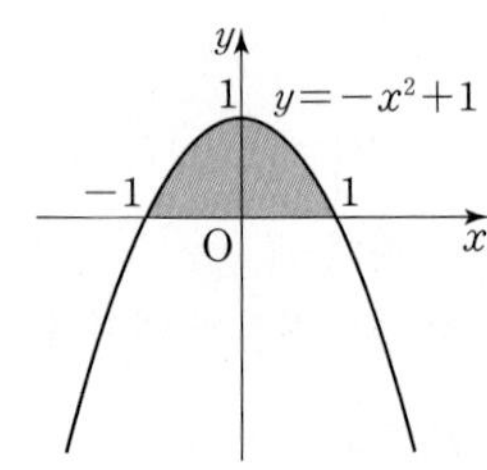

닫힌구간 $[-1, 1]$에서 $-x^2+1\geq0$이므로
구하는 넓이를 S라 하면
$S=\int_{-1}^{1}(-x^2+1)\,dx=2\int_{0}^{1}(-x^2+1)\,dx$
$=2\left[-\frac{1}{3}x^3+x\right]_0^1=\frac{4}{3}$

(2) 곡선 $y=x^2-2x$와 x축의 교점의 x좌표는
$x^2-2x=0$에서 $x(x-2)=0$ $\therefore x=0$ 또는 $x=2$

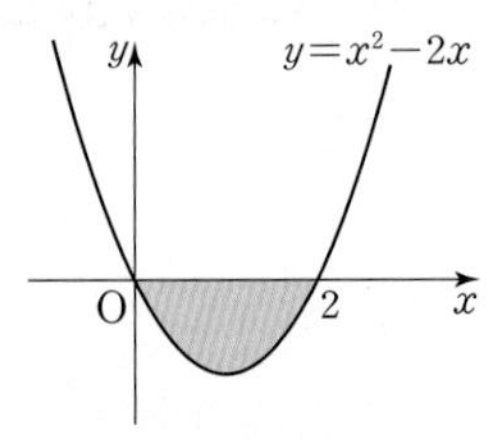

닫힌구간 $[0, 2]$에서 $x^2-2x\leq0$이므로
구하는 넓이를 S라 하면
$S=\int_{0}^{2}(-x^2+2x)\,dx=\left[-\frac{1}{3}x^3+x^2\right]_0^2=\frac{4}{3}$

다른 풀이

(1) 곡선 $y=-x^2+1$과 x축의 교점의 x좌표는
$-x^2+1=0$에서 $-(x-1)(x+1)=0$
$\therefore x=-1$ 또는 $x=1$
따라서 구하는 넓이를 S라 하면
$S=\frac{|-1|\{1-(-1)\}^3}{6}=\frac{4}{3}$

(2) 곡선 $y=x^2-2x$와 x축의 교점의 x좌표는
$x^2-2x=0$에서 $x(x-2)=0$ $\therefore x=0$ 또는 $x=2$
따라서 구하는 넓이를 S라 하면
$S=\frac{(2-0)^3}{6}=\frac{4}{3}$

766 ············ 답 ④

곡선 $y=-x^2+x+2$와 x축의 교점의 x좌표는
$-x^2+x+2=0$에서 $-(x+1)(x-2)=0$
$\therefore x=-1$ 또는 $x=2$

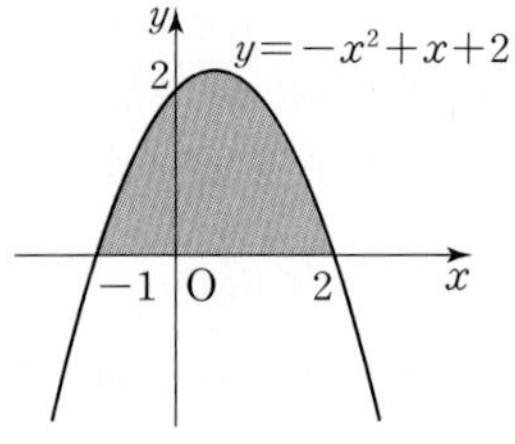

닫힌구간 $[-1, 2]$에서 $-x^2+x+2\geq0$이므로
구하는 넓이를 S라 하면
$S=\int_{-1}^{2}(-x^2+x+2)\,dx=\left[-\frac{1}{3}x^3+\frac{1}{2}x^2+2x\right]_{-1}^{2}=\frac{9}{2}$
따라서 $p=2$, $q=9$이므로
$p+q=11$

다른 풀이

곡선 $y=-x^2+x+2$와 x축의 교점의 x좌표는
$-x^2+x+2=0$에서 $-(x+1)(x-2)=0$
$\therefore x=-1$ 또는 $x=2$
따라서 구하는 넓이를 S라 하면
$S=\frac{|-1|\{2-(-1)\}^3}{6}=\frac{9}{2}$
이므로 $p=2$, $q=9$
$\therefore p+q=11$

767 ············ 답 ③

곡선 $y=x^2-x$와 x축의 교점의 x좌표는
$x^2-x=0$에서 $x(x-1)=0$ $\therefore x=0$ 또는 $x=1$
닫힌구간 $[0, 1]$에서 $x^2-x\leq0$이고
닫힌구간 $[1, 2]$에서 $x^2-x\geq0$이므로 구하는 넓이를 S라 하면
$S=\int_{0}^{1}(-x^2+x)\,dx+\int_{1}^{2}(x^2-x)\,dx$
$=\left[-\frac{1}{3}x^3+\frac{1}{2}x^2\right]_0^1+\left[\frac{1}{3}x^3-\frac{1}{2}x^2\right]_1^2$
$=\frac{1}{6}+\frac{5}{6}=1$

768 ············ 답 (1) 6 (2) 6

(1) 곡선 $y=x^2+1$은 그림과 같다.

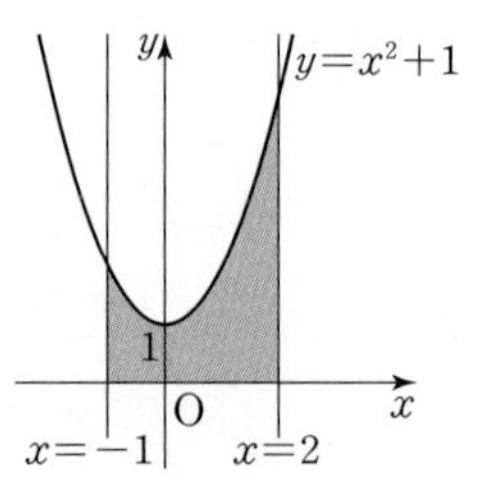

닫힌구간 $[-1, 2]$에서 $x^2+1\geq0$이므로
구하는 넓이를 S라 하면
$S=\int_{-1}^{2}(x^2+1)\,dx=\left[\frac{1}{3}x^3+x\right]_{-1}^{2}=6$

(2) 곡선 $y=3x^2-12x+9$와 x축의 교점의 x좌표는
$3x^2-12x+9=0$에서 $3(x-1)(x-3)=0$
$\therefore x=1$ 또는 $x=3$

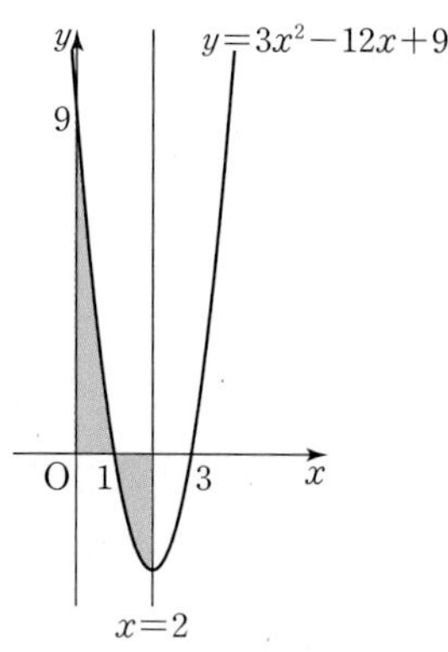

닫힌구간 $[0, 1]$에서 $3x^2-12x+9\geq 0$이고
닫힌구간 $[1, 2]$에서 $3x^2-12x+9\leq 0$이므로
구하는 넓이를 S라 하면

$$S=\int_0^1(3x^2-12x+9)\,dx+\int_1^2(-3x^2+12x-9)\,dx$$
$$=\Big[x^3-6x^2+9x\Big]_0^1+\Big[-x^3+6x^2-9x\Big]_1^2$$
$$=4+2=6$$

769 ······ 답 ③

함수 $y=x^3-3x^2+2x$의 그래프와 x축의 교점의 x좌표는
$x^3-3x^2+2x=0$에서 $x(x-1)(x-2)=0$
$\therefore$ $x=0$ 또는 $x=1$ 또는 $x=2$

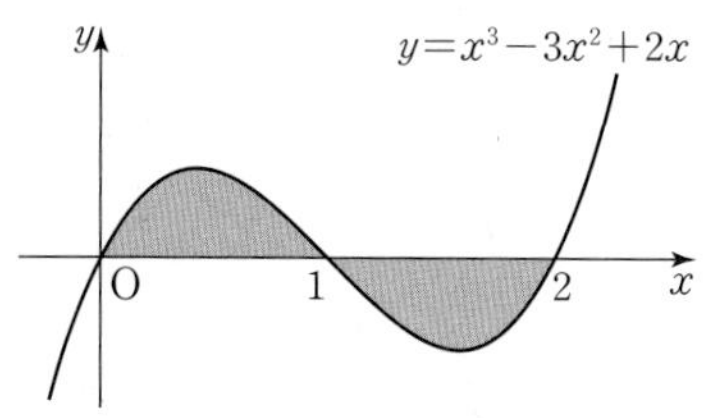

닫힌구간 $[0, 1]$에서 $x^3-3x^2+2x\geq 0$이고
닫힌구간 $[1, 2]$에서 $x^3-3x^2+2x\leq 0$이므로
구하는 넓이를 S라 하면

$$S=\int_0^1(x^3-3x^2+2x)\,dx+\int_1^2(-x^3+3x^2-2x)\,dx$$
$$=\Big[\frac{1}{4}x^4-x^3+x^2\Big]_0^1+\Big[-\frac{1}{4}x^4+x^3-x^2\Big]_1^2$$
$$=\frac{1}{4}+\frac{1}{4}=\frac{1}{2}$$

참고

함수 $y=x^3-3x^2+2x$의 그래프는 점 $(1, 0)$에 대하여 대칭이다.
따라서 구하는 넓이 S는
$S=2\int_0^1(x^3-3x^2+2x)\,dx$로 구할 수도 있다.

770 ······ 답 ④

곡선 $y=x(x-1)^2$과 x축의 교점의 x좌표는
$x(x-1)^2=0$에서 $x=0$ 또는 $x=1$

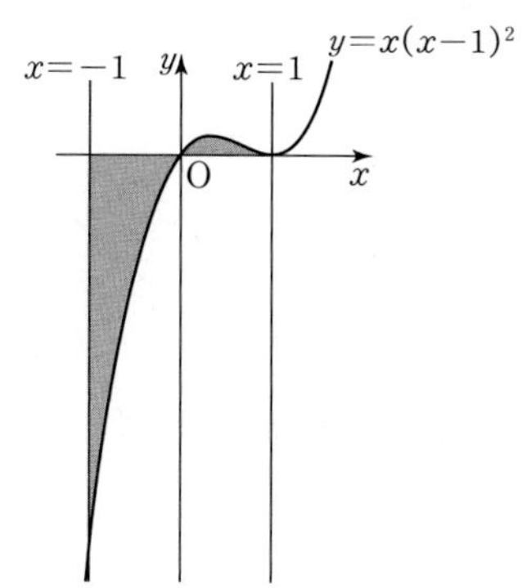

닫힌구간 $[-1, 0]$에서 $x(x-1)^2\leq 0$이고
닫힌구간 $[0, 1]$에서 $x(x-1)^2\geq 0$이므로
구하는 넓이를 S라 하면

$$S=\int_{-1}^0(-x^3+2x^2-x)\,dx+\int_0^1(x^3-2x^2+x)\,dx$$
$$=\Big[-\frac{1}{4}x^4+\frac{2}{3}x^3-\frac{1}{2}x^2\Big]_{-1}^0+\Big[\frac{1}{4}x^4-\frac{2}{3}x^3+\frac{1}{2}x^2\Big]_0^1$$
$$=\frac{17}{12}+\frac{1}{12}=\frac{3}{2}$$

참고

구하는 넓이 S는 $S=\int_{-1}^1|x^3-2x^2+x|\,dx$이다.
이때 $S=2\int_0^1|-2x^2|\,dx$와 같이 계산하지 않도록 주의하자.

771 ······ 답 ⑤

ㄱ. 닫힌구간 $[a, b]$에서 $f(x)\leq 0$이므로
$S_1=\int_a^b\{-f(x)\}\,dx=\int_b^a f(x)\,dx$ (참)

ㄴ. 닫힌구간 $[b, c]$에서 $f(x)\geq 0$이므로
$\int_a^c f(x)\,dx=\int_a^b f(x)\,dx+\int_b^c f(x)\,dx$
$=-S_1+S_2$ (참)

ㄷ. $\int_a^c|f(x)|\,dx=\int_a^b|f(x)|\,dx+\int_b^c|f(x)|\,dx$
$=S_1+S_2$ (참)

따라서 옳은 것은 ㄱ, ㄴ, ㄷ이다.

772 ······ 답 ③

곡선 $y=f(x)$와 x축으로 둘러싸인 두 부분의 넓이를
각각 S_1, S_2라 하자.

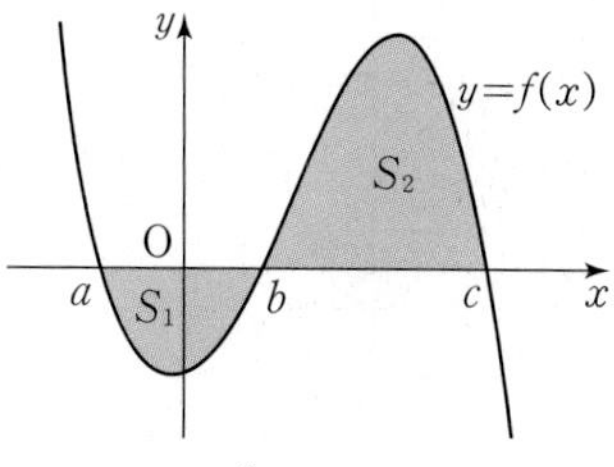

$$\int_a^c f(x)\,dx=\int_a^b f(x)\,dx+\int_b^c f(x)\,dx$$
$$=-S_1+S_2=8 \quad \cdots\cdots \text{㉠}$$

$\int_b^c f(x)\,dx=S_2=14$ ······ ㉡

㉡을 ㉠에 대입하면 $S_1=6$

따라서 곡선 $y=f(x)$와 x축으로 둘러싸인 부분의 넓이를 S라 하면

$S=S_1+S_2=6+14=20$

773 답 ②

곡선 $y=x^2-x+3$과 직선 $y=3$의 교점의 x좌표는

$x^2-x+3=3$에서 $x^2-x=0$, $x(x-1)=0$

$\therefore x=0$ 또는 $x=1$

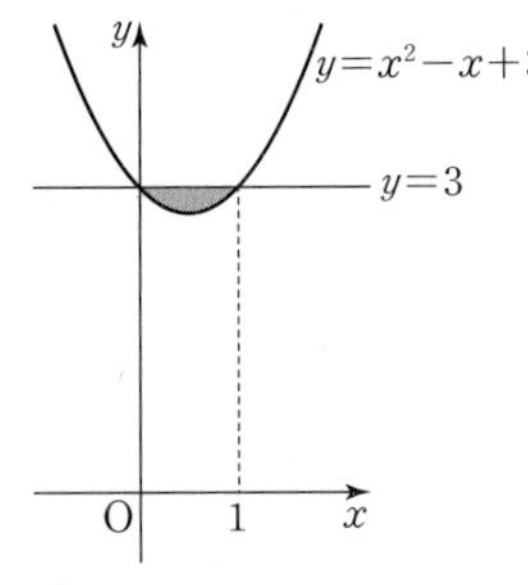

닫힌구간 $[0, 1]$에서 $x^2-x+3\le 3$이므로

구하는 넓이를 S라 하면

$$S=\int_0^1 \{3-(x^2-x+3)\}\,dx$$
$$=\int_0^1 (-x^2+x)\,dx$$
$$=\left[-\frac{1}{3}x^3+\frac{1}{2}x^2\right]_0^1=\frac{1}{6}$$

다른 풀이

곡선 $y=x^2-x+3$과 직선 $y=3$의 교점의 x좌표는

$x^2-x+3=3$에서 $x^2-x=0$, $x(x-1)=0$

$\therefore x=0$ 또는 $x=1$

따라서 구하는 넓이를 S라 하면 곡선 $y=x(x-1)$과 x축으로 둘러싸인 부분의 넓이와 같으므로

$$S=\frac{(1-0)^3}{6}=\frac{1}{6}$$

774 답 ③

곡선 $y=x^2+2$와 직선 $y=-x+4$의 교점의 x좌표는

$x^2+2=-x+4$에서 $x^2+x-2=0$, $(x+2)(x-1)=0$

$\therefore x=-2$ 또는 $x=1$

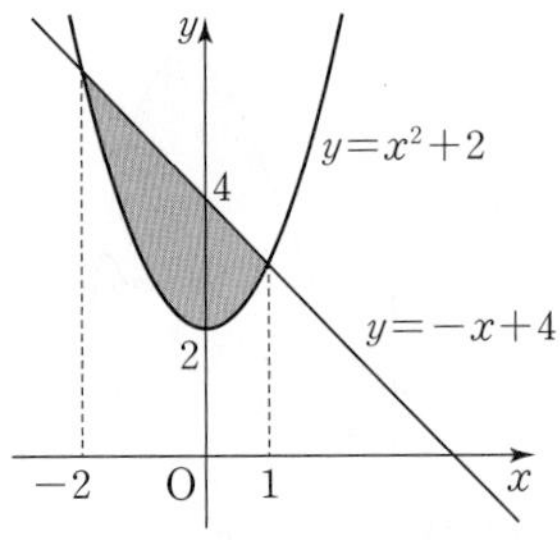

닫힌구간 $[-2, 1]$에서 $x^2+2\le -x+4$이므로

구하는 넓이를 S라 하면

$$S=\int_{-2}^1 \{(-x+4)-(x^2+2)\}\,dx$$
$$=\int_{-2}^1 (-x^2-x+2)\,dx$$
$$=\left[-\frac{1}{3}x^3-\frac{1}{2}x^2+2x\right]_{-2}^1=\frac{9}{2}$$

다른 풀이

곡선 $y=x^2+2$와 직선 $y=-x+4$의 교점의 x좌표는

$x^2+2=-x+4$에서 $x^2+x-2=0$, $(x+2)(x-1)=0$

$\therefore x=-2$ 또는 $x=1$

따라서 구하는 넓이를 S라 하면 곡선 $y=(x+2)(x-1)$과 x축으로 둘러싸인 부분의 넓이와 같으므로

$$S=\frac{\{1-(-2)\}^3}{6}=\frac{9}{2}$$

775 답 ⑤

두 곡선 $y=x^2-1$, $y=-x^2+2x+3$의 교점의 x좌표는

$x^2-1=-x^2+2x+3$에서 $2x^2-2x-4=0$

$2(x+1)(x-2)=0$ $\quad\therefore x=-1$ 또는 $x=2$

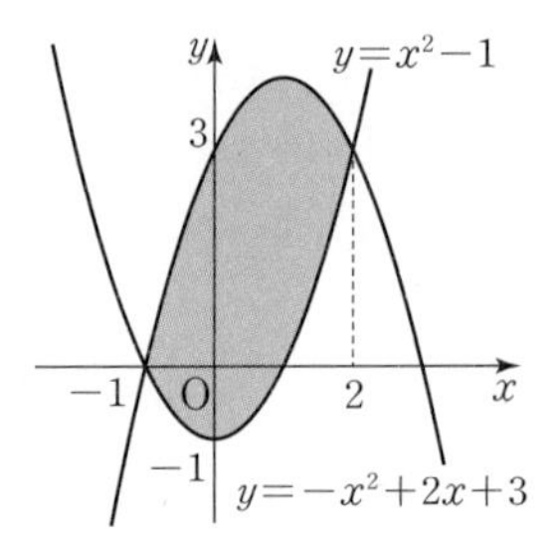

닫힌구간 $[-1, 2]$에서 $x^2-1\le -x^2+2x+3$이므로

구하는 넓이를 S라 하면

$$S=\int_{-1}^2 \{(-x^2+2x+3)-(x^2-1)\}\,dx$$
$$=\int_{-1}^2 (-2x^2+2x+4)\,dx$$
$$=\left[-\frac{2}{3}x^3+x^2+4x\right]_{-1}^2=9$$

다른 풀이

두 곡선 $y=x^2-1$, $y=-x^2+2x+3$의 교점의 x좌표는

$x^2-1=-x^2+2x+3$에서 $2x^2-2x-4=0$

$2(x+1)(x-2)=0$ $\quad\therefore x=-1$ 또는 $x=2$

따라서 구하는 넓이를 S라 하면 곡선 $y=2(x+1)(x-2)$와 x축으로 둘러싸인 부분의 넓이와 같으므로

$$S=\frac{|2|\{2-(-1)\}^3}{6}=9$$

776 답 ④

곡선 $y=x^3-3x$와 직선 $y=x$의 교점의 x좌표는

$x^3-3x=x$에서 $x^3-4x=0$

$x(x+2)(x-2)=0$

$\therefore x=-2$ 또는 $x=0$ 또는 $x=2$

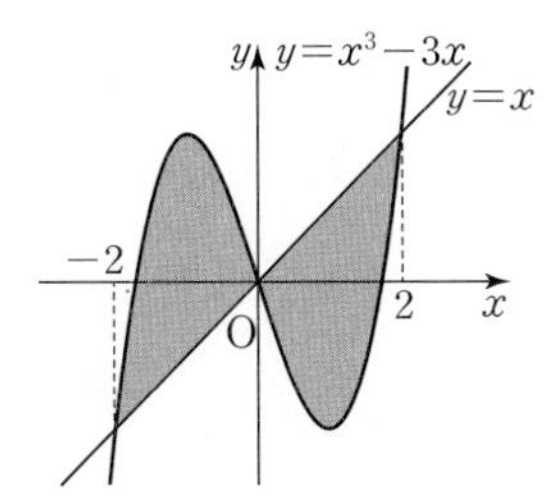

닫힌구간 $[-2, 0]$에서 $x^3-3x \geq x$이고
닫힌구간 $[0, 2]$에서 $x^3-3x \leq x$이므로
구하는 넓이를 S라 하면

$$S=\int_{-2}^{0}\{(x^3-3x)-x\}\,dx+\int_{0}^{2}\{x-(x^3-3x)\}\,dx$$
$$=\int_{-2}^{0}(x^3-4x)\,dx+\int_{0}^{2}(-x^3+4x)\,dx$$
$$=\left[\frac{1}{4}x^4-2x^2\right]_{-2}^{0}+\left[-\frac{1}{4}x^4+2x^2\right]_{0}^{2}$$
$$=4+4=8$$

참고

곡선 $y=x^3-3x$와 직선 $y=x$는 모두 원점에 대하여 대칭이다.
따라서 구하는 넓이 S는 다음과 같이 계산할 수도 있다.

$$S=2\int_{0}^{2}\{x-(x^3-3x)\}\,dx$$
$$=2\int_{0}^{2}(-x^3+4x)\,dx$$
$$=2\left[-\frac{1}{4}x^4+2x^2\right]_{0}^{2}=8$$

777

답 (1) $\frac{4}{3}$ (2) $\frac{37}{12}$

(1) 두 곡선 $y=x^3-x^2$, $y=x^2$의 교점의 x좌표는
$x^3-x^2=x^2$에서 $x^3-2x^2=0$, $x^2(x-2)=0$
$\therefore x=0$ 또는 $x=2$

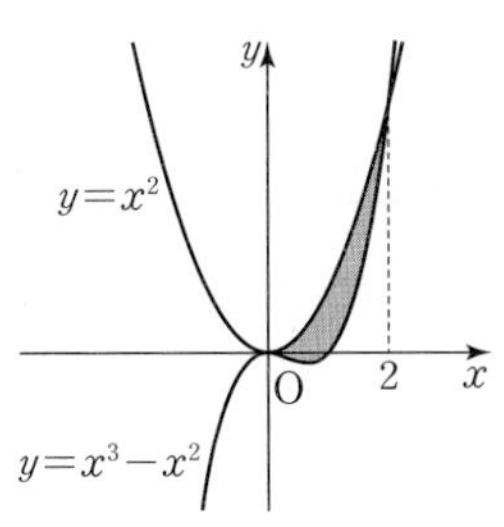

닫힌구간 $[0, 2]$에서 $x^3-x^2 \leq x^2$이므로
구하는 넓이를 S라 하면

$$S=\int_{0}^{2}\{x^2-(x^3-x^2)\}\,dx$$
$$=\int_{0}^{2}(-x^3+2x^2)\,dx$$
$$=\left[-\frac{1}{4}x^4+\frac{2}{3}x^3\right]_{0}^{2}$$
$$=\frac{4}{3}$$

(2) 두 곡선 $y=x^3-3x^2+2x$, $y=x^2-x$의 교점의 x좌표는
$x^3-3x^2+2x=x^2-x$에서 $x^3-4x^2+3x=0$
$x(x-1)(x-3)=0$ $\therefore x=0$ 또는 $x=1$ 또는 $x=3$

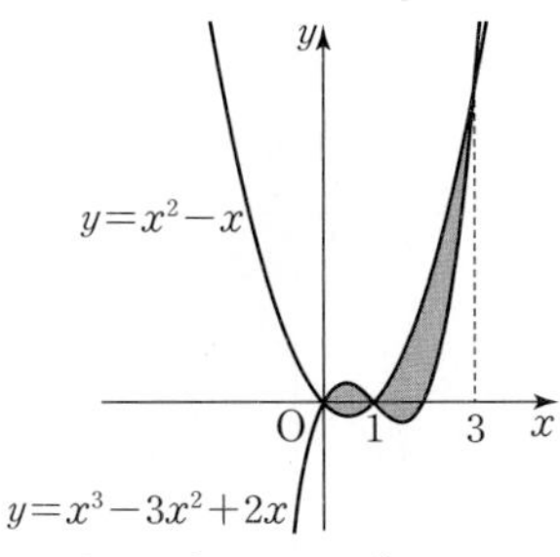

닫힌구간 $[0, 1]$에서 $x^3-3x^2+2x \geq x^2-x$이고
닫힌구간 $[1, 3]$에서 $x^3-3x^2+2x \leq x^2-x$이므로
구하는 넓이를 S라 하면

$$S=\int_{0}^{1}\{(x^3-3x^2+2x)-(x^2-x)\}\,dx$$
$$+\int_{1}^{3}\{(x^2-x)-(x^3-3x^2+2x)\}\,dx$$
$$=\int_{0}^{1}(x^3-4x^2+3x)\,dx+\int_{1}^{3}(-x^3+4x^2-3x)\,dx$$
$$=\left[\frac{1}{4}x^4-\frac{4}{3}x^3+\frac{3}{2}x^2\right]_{0}^{1}+\left[-\frac{1}{4}x^4+\frac{4}{3}x^3-\frac{3}{2}x^2\right]_{1}^{3}$$
$$=\frac{5}{12}+\frac{8}{3}=\frac{37}{12}$$

778

답 ②

제1사분면에서 곡선 $y=3x^2$과 직선 $y=-x+2$의 교점의 x좌표는
$3x^2=-x+2$에서 $3x^2+x-2=0$
$(3x-2)(x+1)=0$ $\therefore x=\frac{2}{3}$ ($\because x>0$)

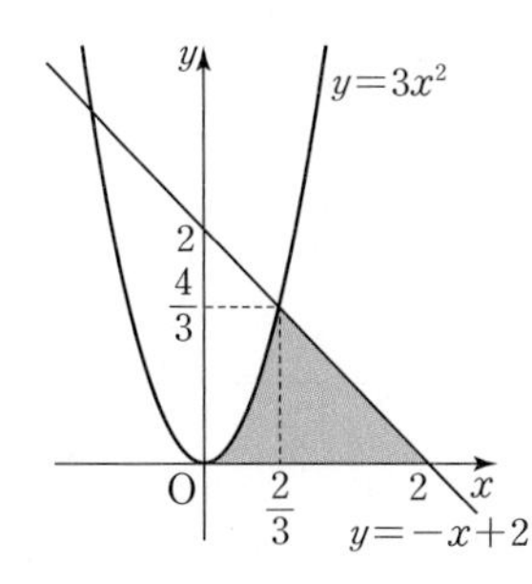

닫힌구간 $\left[0, \frac{2}{3}\right]$에서 $3x^2 \geq 0$이고
닫힌구간 $\left[\frac{2}{3}, 2\right]$에서 $-x+2 \geq 0$이므로

$$S=\int_{0}^{\frac{2}{3}}3x^2\,dx+\frac{1}{2}\times\frac{4}{3}\times\frac{4}{3}$$
$$=\left[x^3\right]_{0}^{\frac{2}{3}}+\frac{8}{9}=\frac{32}{27}$$

따라서 $p=27$, $q=32$이므로
$q-p=5$

779

답 ③

곡선 $y=-x^2+2$와 직선 $y=x-4$의 교점의 x좌표는
$-x^2+2=x-4$에서 $x^2+x-6=0$, $(x+3)(x-2)=0$
$\therefore x=-3$ 또는 $x=2$

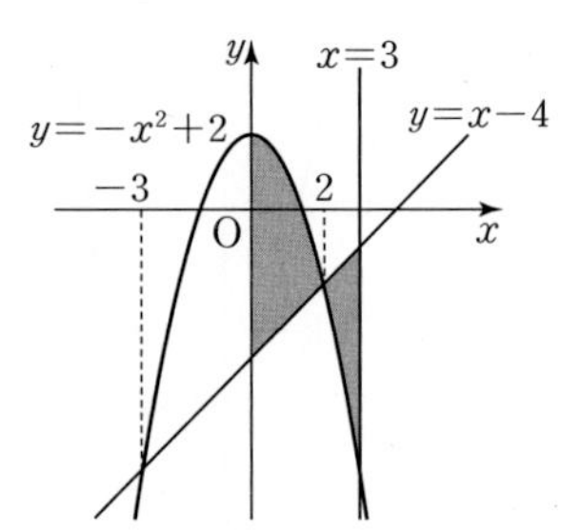

닫힌구간 $[0, 2]$에서 $-x^2+2 \ge x-4$이고
닫힌구간 $[2, 3]$에서 $-x^2+2 \le x-4$이므로
구하는 넓이를 S라 하면

$$S=\int_0^2 \{(-x^2+2)-(x-4)\}\,dx+\int_2^3 \{(x-4)-(-x^2+2)\}\,dx$$
$$=\int_0^2 (-x^2-x+6)\,dx+\int_2^3 (x^2+x-6)\,dx$$
$$=\left[-\frac{1}{3}x^3-\frac{1}{2}x^2+6x\right]_0^2+\left[\frac{1}{3}x^3+\frac{1}{2}x^2-6x\right]_2^3$$
$$=\frac{22}{3}+\frac{17}{6}=\frac{61}{6}$$

780 ……… 답 ②

$y=-x^2+4x$에서 $y'=-2x+4$이므로
점 $(1, 3)$에서의 접선의 기울기는 2이고
접선의 방정식은 $y-3=2(x-1)$, 즉 $y=2x+1$
직선 $y=2x+1$과 x축의 교점의 x좌표는
$2x+1=0$에서 $x=-\frac{1}{2}$

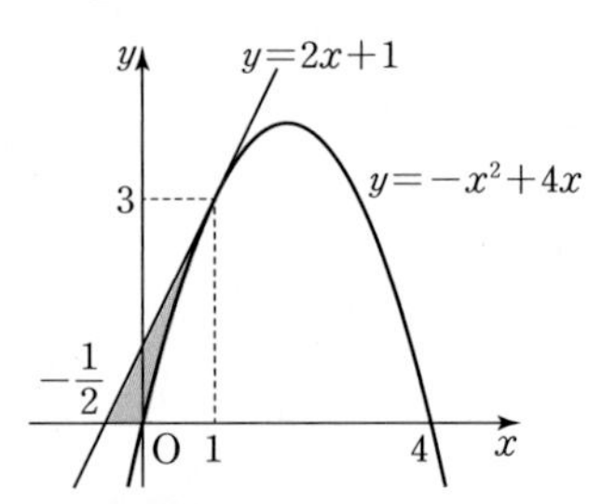

따라서 구하는 넓이를 S라 하면

$$S=\frac{1}{2}\times\frac{3}{2}\times3-\int_0^1 (-x^2+4x)\,dx$$
$$=\frac{9}{4}-\left[-\frac{1}{3}x^3+2x^2\right]_0^1=\frac{7}{12}$$

781 ……… 답 $\frac{8}{3}$

$y=x^2-2x+8$에서 $y'=2x-2$이므로
점 $(2, 8)$에서의 접선의 기울기는 2이고
접선의 방정식은 $y-8=2(x-2)$, 즉 $y=2x+4$

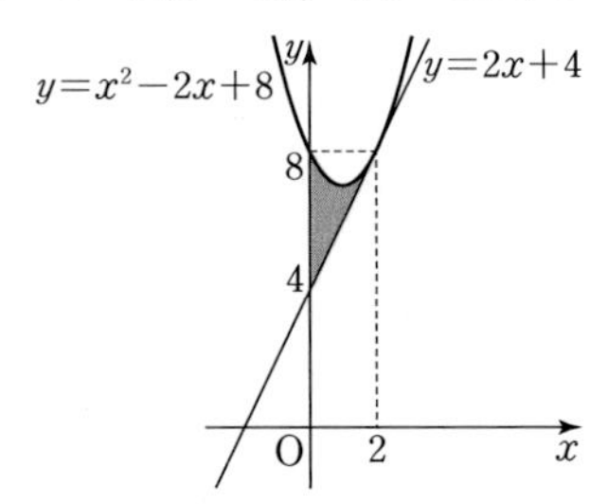

따라서 구하는 넓이를 S라 하면

$$S=\frac{1}{2}\times4\times2-\int_0^2 \{8-(x^2-2x+8)\}\,dx$$
$$=4-\left[-\frac{1}{3}x^3+x^2\right]_0^2=4-\frac{4}{3}=\frac{8}{3}$$

다른 풀이

본풀이에서 넓이 S를 다음과 같이 계산할 수 있다.
곡선 $y=x^2-2x+8$과 직선 $y=8$의 교점의 x좌표는
$x^2-2x+8=8$에서 $x(x-2)=0$ $\quad\therefore x=0$ 또는 $x=2$

$$\therefore S=\frac{1}{2}\times4\times2-\frac{(2-0)^3}{6}=\frac{8}{3}$$

782 ……… 답 (1) $\frac{1}{3}$ (2) 1

(1) 곡선 $y=f(x)$와 직선 $y=x$의 교점의 x좌표는
$x^2=x$에서 $x(x-1)=0$ $\quad\therefore x=0$ 또는 $x=1$
두 곡선 $y=f(x)$와 $y=g(x)$는 직선 $y=x$에 대하여 대칭이므로
두 곡선 $y=f(x)$와 $y=g(x)$로 둘러싸인 부분의 넓이는
곡선 $y=x^2$ $(x\ge0)$과 직선 $y=x$로 둘러싸인 부분의 넓이의 2배이다.

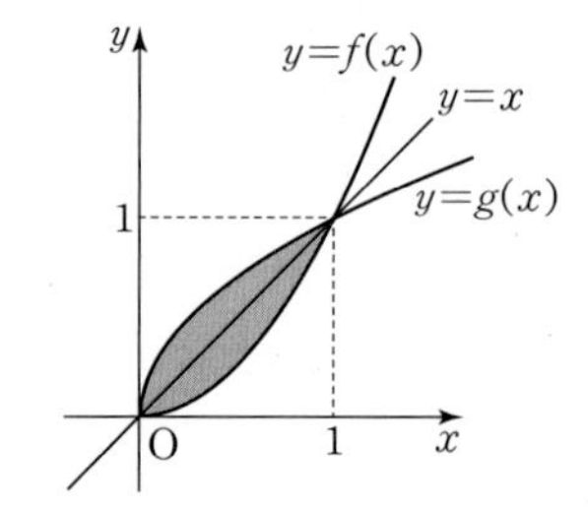

따라서 구하는 넓이를 S라 하면

$$S=2\int_0^1 (x-x^2)\,dx=2\left[\frac{1}{2}x^2-\frac{1}{3}x^3\right]_0^1=2\times\frac{1}{6}=\frac{1}{3}$$

(2) 곡선 $y=f(x)$와 직선 $y=x$의 교점의 x좌표는
$x^3=x$에서 $x(x+1)(x-1)=0$
$\therefore x=-1$ 또는 $x=0$ 또는 $x=1$
두 곡선 $y=f(x)$와 $y=g(x)$는 직선 $y=x$에 대하여 대칭이므로
두 곡선 $y=f(x)$와 $y=g(x)$로 둘러싸인 부분의 넓이는
곡선 $y=x^3$과 직선 $y=x$로 둘러싸인 부분의 넓이의 2배이다.

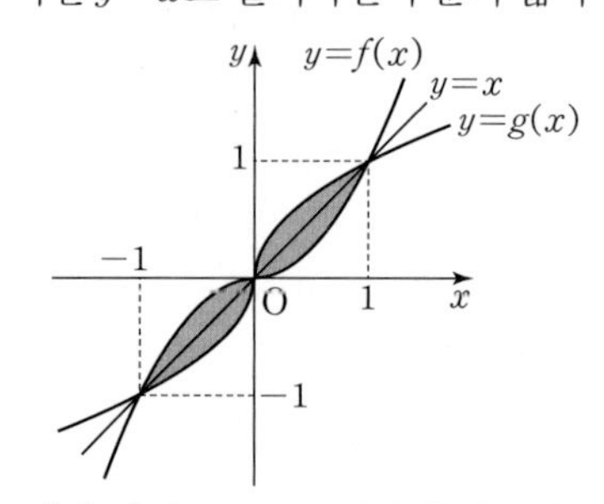

또한, 곡선 $y=x^3$과 직선 $y=x$는 원점에 대하여 대칭이므로
구하는 넓이를 S라 하면

$$S=4\int_0^1 (x-x^3)\,dx=4\left[\frac{1}{2}x^2-\frac{1}{4}x^4\right]_0^1=1$$

다른 풀이

(1)의 본풀이에서 넓이 S를 다음과 같이 계산할 수 있다.
곡선 $y=f(x)$와 직선 $y=x$의 교점의 x좌표는

$x^2=x$에서 $x(x-1)=0$

$\therefore x=0$ 또는 $x=1$

$\therefore S=2\int_0^1 (x^2-x)\,dx=2\times\frac{|1|\times(1-0)^3}{6}=\frac{1}{3}$

783 답 ③

$x=3y^2-6y$에서 $3y^2-6y=3y(y-2)=0$

$\therefore y=0$ 또는 $y=2$

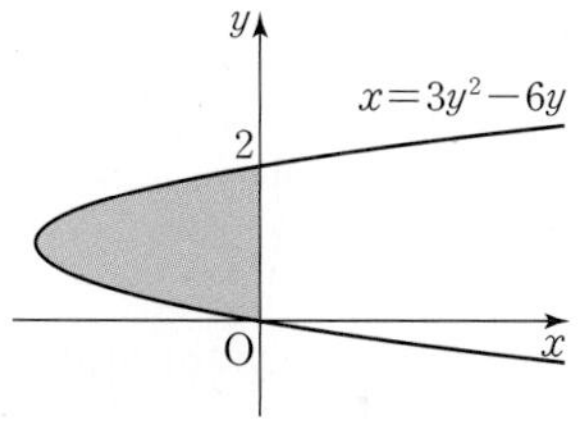

$0\le y\le 2$에서 $3y^2-6y\le 0$이므로 곡선 $x=3y^2-6y$와 y축으로 둘러싸인 도형의 넓이를 S라 하면

$$S=\int_0^2 (-3y^2+6y)\,dy$$
$$=\Big[-y^3+3y^2\Big]_0^2=4$$

다른 풀이

$x=3y^2-6y$에서 $3y^2-6y=3y(y-2)=0$

$\therefore y=0$ 또는 $y=2$

따라서 구하는 넓이를 S라 하면

$$S=\frac{|3|(2-0)^3}{6}=4$$

784 답 ③

$y=\sqrt{x}$에서 $x=y^2$이고

$1\le y\le 3$에서 $y^2\ge 0$이므로

구하는 넓이를 S라 하면

$$S=\int_1^3 y^2\,dy=\Big[\frac{1}{3}y^3\Big]_1^3=\frac{26}{3}$$

785 답 $\frac{4\sqrt{2}}{3}$

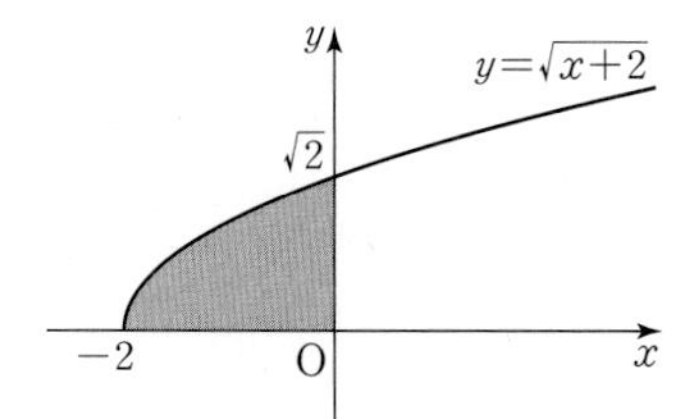

$y=\sqrt{x+2}$에서 $y^2=x+2$ $\therefore x=y^2-2$

$0\le y\le\sqrt{2}$에서 $y^2-2\le 0$이므로

구하는 넓이를 S라 하면

$$S=\int_0^{\sqrt{2}} (-y^2+2)\,dy$$
$$=\Big[-\frac{1}{3}y^3+2y\Big]_0^{\sqrt{2}}=\frac{4\sqrt{2}}{3}$$

786 답 ②

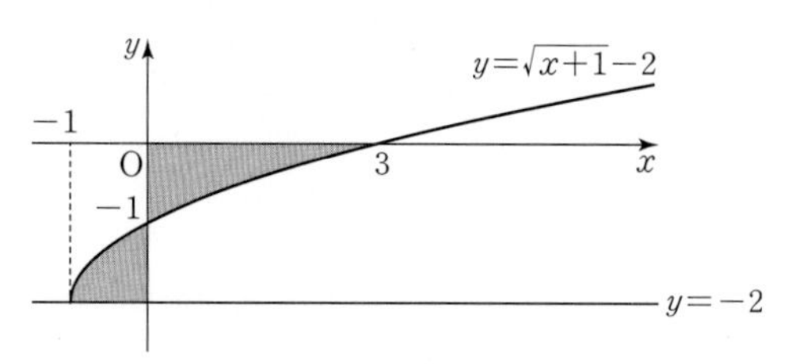

$y=\sqrt{x+1}-2$에서 $y+2=\sqrt{x+1}$, $(y+2)^2=x+1$

$\therefore x=y^2+4y+3$

$-2\le y\le -1$에서 $y^2+4y+3\le 0$이고

$-1\le y\le 0$에서 $y^2+4y+3\ge 0$이므로

구하는 넓이를 S라 하면

$$S=\int_{-2}^{-1}(-y^2-4y-3)\,dy+\int_{-1}^{0}(y^2+4y+3)\,dy$$
$$=\Big[-\frac{1}{3}y^3-2y^2-3y\Big]_{-2}^{-1}+\Big[\frac{1}{3}y^3+2y^2+3y\Big]_{-1}^{0}$$
$$=\frac{2}{3}+\frac{4}{3}=2$$

787 답 (1) 3 (2) 3 (3) 5

(1) 시각 $t=3$에서의 점 P의 위치는

$$0+\int_0^3 (4-2t)\,dt=\Big[4t-t^2\Big]_0^3=3$$

(2) $t=0$에서 $t=3$까지 점 P의 위치의 변화량은

$$\int_0^3 (4-2t)\,dt=\Big[4t-t^2\Big]_0^3=3$$

(3) $v(t)=4-2t=0$에서 $t=2$

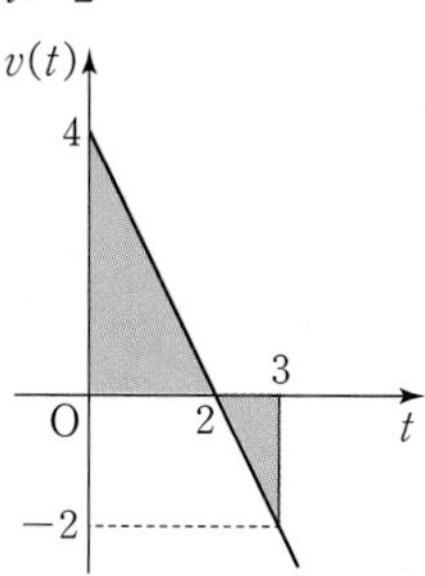

따라서 $t=0$에서 $t=3$까지 점 P가 움직인 거리는

$$\int_0^3 |4-2t|\,dt=\frac{1}{2}\times2\times4+\frac{1}{2}\times1\times2=4+1=5$$

788 답 풀이 참조

(1) 시각 t에서의 물체의 위치는

$$3+\int_0^t (t^2-4t+3)\,dt=3+\Big[\frac{1}{3}t^3-2t^2+3t\Big]_0^t$$
$$=\frac{1}{3}t^3-2t^2+3t+3$$

(2) $t=1$에서 $t=4$까지 물체의 위치의 변화량은

$$\int_1^4 (t^2-4t+3)\,dt=\Big[\frac{1}{3}t^3-2t^2+3t\Big]_1^4=0$$

(3) $v(t)=t^2-4t+3=0$에서 $(t-1)(t-3)=0$

$\therefore t=1$ 또는 $t=3$

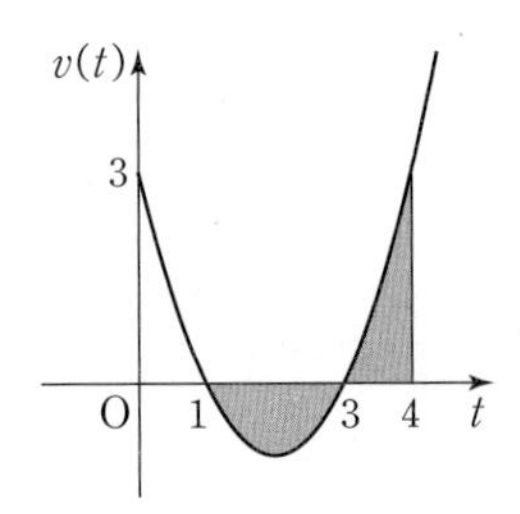

따라서 $t=1$에서 $t=4$까지 물체가 움직인 거리는

$$\int_1^4 |t^2-4t+3|\,dt=\int_1^3(-t^2+4t-3)\,dt+\int_3^4(t^2-4t+3)\,dt$$

$$=\left[-\frac{1}{3}t^3+2t^2-3t\right]_1^3+\left[\frac{1}{3}t^3-2t^2+3t\right]_3^4$$

$$=\frac{4}{3}+\frac{4}{3}=\frac{8}{3}$$

채점 요소	배점
시각 t에서의 물체의 위치 구하기	30%
$t=1$에서 $t=4$까지 물체의 위치의 변화량 구하기	30%
$t=1$에서 $t=4$까지 물체가 움직인 거리 구하기	40%

789 ······ 답 ②

$t=7$일 때, 점 P의 위치는

$$\int_0^7 v(t)\,dt=\int_0^4 t\,dt+\int_4^7(12-2t)\,dt$$

$$=\left[\frac{1}{2}t^2\right]_0^4+\left[12t-t^2\right]_4^7$$

$$=8+3=11$$

다른 풀이

$v(t)=\begin{cases} t & (0\le t<4) \\ 12-2t & (4\le t<7)\end{cases}$의 그래프는 그림과 같다.

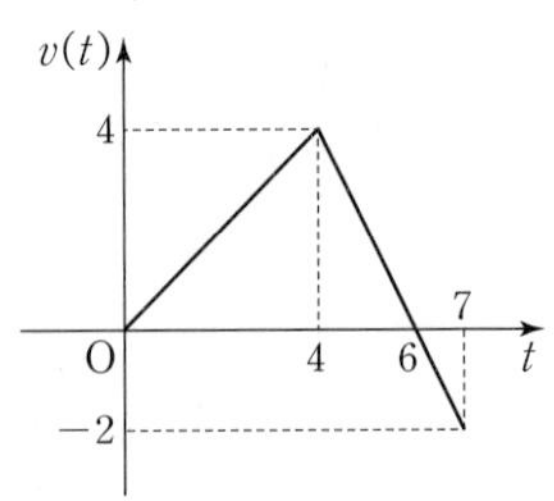

따라서 $t=7$일 때, 점 P의 위치는

$$\int_0^7 v(t)\,dt=\frac{1}{2}\times6\times4-\frac{1}{2}\times1\times2$$

$$=12-1=11$$

790 ······ 답 ⑤

점 P가 시각 $t=0$에서 $t=6$까지 움직인 거리는

$$\int_0^6 |v(t)|\,dt$$

$$=\frac{1}{2}\times1\times1+\frac{1}{2}\times(1+2)\times2+\frac{1}{2}\times1\times2+\frac{1}{2}\times2\times1$$

$$=\frac{1}{2}+3+1+1=\frac{11}{2}$$

791 ······ 답 ④

3초 후의 야구공의 높이는

$$0+\int_0^3(12-6t)\,dt=\left[12t-3t^2\right]_0^3=9\ (\mathrm{m})\qquad \therefore a=9$$

$v(t)=12-6t=0$에서 $t=2$

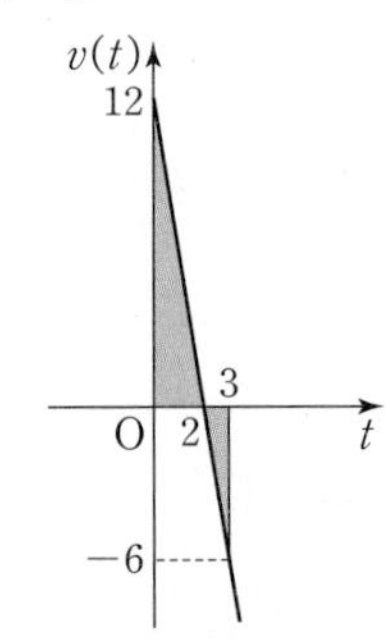

따라서 3초 동안 야구공이 실제로 움직인 거리는

$$\int_0^3|12-6t|\,dt=\frac{1}{2}\times2\times12+\frac{1}{2}\times1\times6=12+3=15\ (\mathrm{m})$$

$\therefore b=15$

$\therefore a+b=9+15=24$

792 ······ 답 ②

이 물체의 2초 후의 위치는

$$0+\int_0^2(v_0-10t)\,dt=\left[v_0t-5t^2\right]_0^2=2v_0-20=30$$

$\therefore v_0=25$

793 ······ 답 ②

정지할 때의 속도는 0이므로

$v(t)=20-\frac{5}{2}t=0$에서 $t=8$

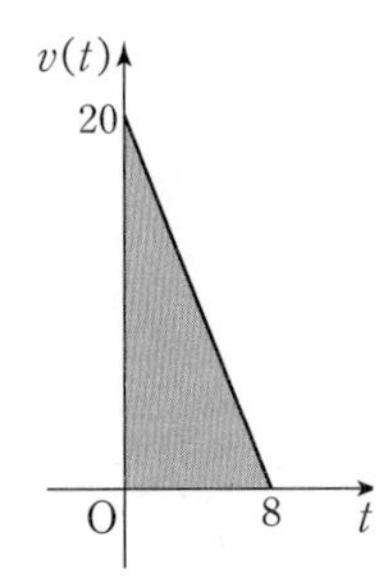

따라서 제동 후 8초 동안 움직인 거리는

$$\int_0^8\left|20-\frac{5}{2}t\right|dt=\frac{1}{2}\times8\times20=80\ (\mathrm{m})$$

794 ······ 답 ③

$v(t)=2t-8=0$에서 $t=4$일 때, 점 P의 운동 방향이 $-$에서 $+$로 바뀐다.

따라서 $t=4$일 때, 점 P의 위치는

$$0+\int_0^4(2t-8)\,dt=\left[t^2-8t\right]_0^4=-16$$

795 ······ 답 ⑤

ㄱ. $t=0$에서 $t=c$까지 이 물체의 위치의 변화량은

$$\int_0^c v(t)\,dt=\int_0^a v(t)\,dt+\int_a^b v(t)\,dt+\int_b^c v(t)\,dt$$
$$=(-2)+3+(-24)=-23 \text{ (참)}$$

ㄴ. $t=0$에서 $t=c$까지 이 물체의 이동 거리는

$$\int_0^c |v(t)|\,dt=\int_0^a |v(t)|\,dt+\int_a^b |v(t)|\,dt+\int_b^c |v(t)|\,dt$$
$$=2+3+24=29 \text{ (참)}$$

ㄷ. $t=c$일 때, 이 물체의 위치는

$$5+\int_0^c v(t)\,dt=5+(-23) \ (\because \text{ㄱ})$$
$$=-18 \text{ (참)}$$

따라서 옳은 것은 ㄱ, ㄴ, ㄷ이다.

796 ······ 답 ⑤

ㄱ. $t=3$에서 점 P의 위치는

$$0+\int_0^3 v(t)\,dt=\frac{1}{2}\times(1+3)\times2=4 \text{ (거짓)}$$

ㄴ. 점 P는 $t=3$, $t=5$일 때 운동 방향을 2번 바꿨다. (참)

ㄷ. $0\le t\le 7$에서 점 P가 움직인 거리는

$$\int_0^7 |v(t)|\,dt=\frac{1}{2}\times(1+3)\times2+\frac{1}{2}\times2\times2+\frac{1}{2}\times2\times2=8$$

(참)

따라서 옳은 것은 ㄴ, ㄷ이다.

797 ······ 답 ③

S_1, S_2, S_3이 이 순서대로 등차수열을 이루므로 $S_1+S_3=2S_2$이다.

$$\therefore \int_a^b f(x)\,dx=S_1+(-S_2)+S_3$$
$$=(S_1+S_3)-S_2$$
$$=2S_2-S_2=S_2=12$$

798 ······ 답 ④

S_1, S_2, S_3이 이 순서대로 등차수열을 이루므로

$S_1+S_3=2S_2$, 즉 $S_1+S_2+S_3=3S_2$이다.

$$S_1+S_2+S_3=\int_{-1}^2 f(x)\,dx$$
$$=\int_{-1}^2 (-x^2+x+2)\,dx$$
$$=\left[-\frac{1}{3}x^3+\frac{1}{2}x^2+2x\right]_{-1}^2=\frac{9}{2}$$

이므로 $3S_2=\frac{9}{2}$

$$\therefore S_2=\frac{3}{2}$$

다른 풀이

본풀이에서 $S_1+S_2+S_3$의 값을 다음과 같이 계산할 수 있다.

곡선 $y=-x^2+x+2$와 x축의 교점의 x좌표는 $-x^2+x+2=0$에서

$-(x-2)(x+1)=0 \quad \therefore x=-1$ 또는 $x=2$

$$\therefore S_1+S_2+S_3=\frac{|-1|\times\{2-(-1)\}^3}{6}=\frac{9}{2}$$

799 ······ 답 ④

곡선 $y=x^2-a$와 x축의 교점의 x좌표는

$x^2-a=0$에서 $x=-\sqrt{a}$ 또는 $x=\sqrt{a}$

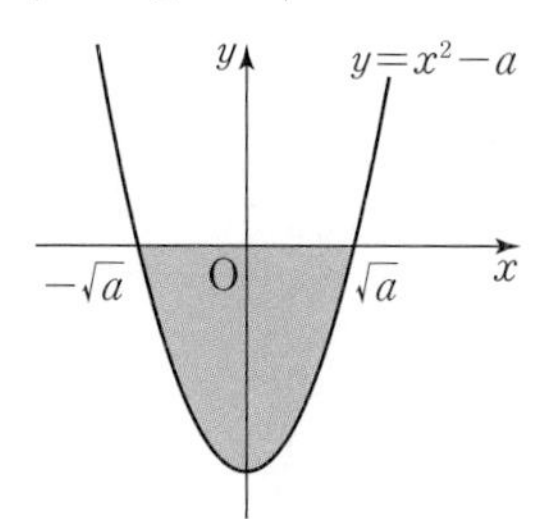

곡선 $y=x^2-a$와 x축으로 둘러싸인 부분의 넓이를 S라 하면

$$S=\int_{-\sqrt{a}}^{\sqrt{a}} (-x^2+a)\,dx$$
$$=2\int_0^{\sqrt{a}} (-x^2+a)\,dx$$
$$=2\left[-\frac{1}{3}x^3+ax\right]_0^{\sqrt{a}}=\frac{4a\sqrt{a}}{3}=\frac{32}{3}$$

$a\sqrt{a}=8$, $a^3=64$

$\therefore a=4$

다른 풀이

본풀이에서 S를 다음과 같이 계산할 수 있다.

곡선 $y=x^2-a$와 x축의 교점의 x좌표는

$x^2-a=0$에서 $x=-\sqrt{a}$ 또는 $x=\sqrt{a}$

$$\therefore S=\frac{\{\sqrt{a}-(-\sqrt{a})\}^3}{6}=\frac{4a\sqrt{a}}{3}=\frac{32}{3}$$

800 ······ 답 ③

곡선 $y=2x^3$과 x축 및 두 직선 $x=-2$, $x=a$로 둘러싸인 도형의 넓이를 S라 하면

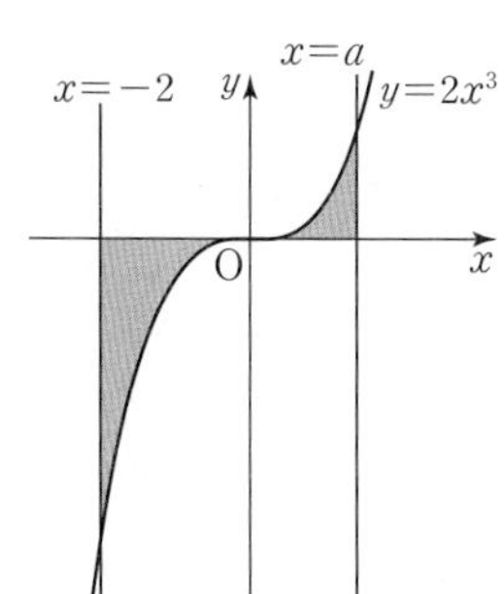

$$S=\int_{-2}^0 (-2x^3)\,dx+\int_0^a 2x^3\,dx$$
$$=\left[-\frac{1}{2}x^4\right]_{-2}^0+\left[\frac{1}{2}x^4\right]_0^a$$
$$=8+\frac{1}{2}a^4=10$$

$a^4=4$

$\therefore a=\sqrt{2} \ (\because a>0)$

801 ····· 답 $\frac{16}{3}$

$x^2+4|x|-5=\begin{cases} x^2+4x-5 & (x\geq0) \\ x^2-4x-5 & (x<0) \end{cases}$이므로

곡선 $y=x^2+4|x|-5$와 x축의 교점의 x좌표는

$x\geq0$일 때 $x^2+4x-5=0$에서

$(x-1)(x+5)=0 \quad \therefore x=1$

$x<0$일 때 $x^2-4x-5=0$에서

$(x+1)(x-5)=0 \quad \therefore x=-1$

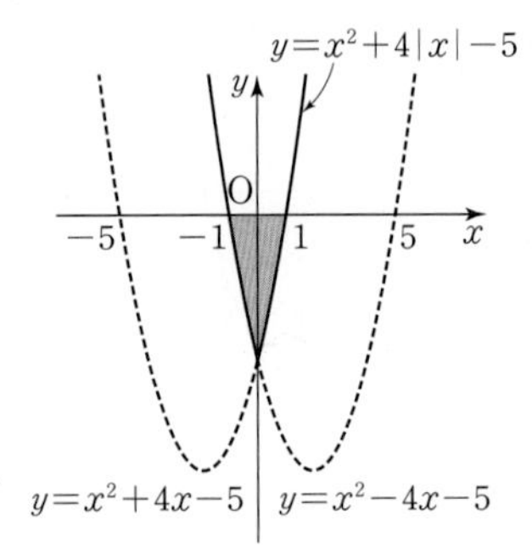

곡선 $y=x^2+4|x|-5$는 y축에 대하여 대칭이므로

구하는 넓이를 S라 하면

$S=-2\int_0^1 (x^2+4x-5)\,dx$

$=-2\Big[\frac{1}{3}x^3+2x^2-5x\Big]_0^1$

$=\frac{16}{3}$

802 ····· 답 14

$S(h)=\int_{1-h}^{1+h}(6x^2+1)\,dx$

$=\Big[2x^3+x\Big]_{1-h}^{1+h}$

$=4h^3+14h$

$\therefore \lim_{h\to0+}\frac{S(h)}{h}=\lim_{h\to0+}\frac{4h^3+14h}{h}$

$=\lim_{h\to0+}(4h^2+14)=14$

803 ····· 답 ②

함수 $f(x)=(x-a)(x-b)$의 그래프의 개형은 오른쪽 그림과 같으므로

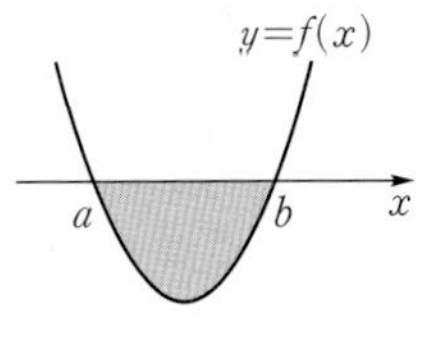

그래프와 x축으로 둘러싸인 부분의 넓이는

$\int_a^b |f(x)|\,dx=-\int_a^b f(x)\,dx$

$=-\left\{\int_a^0 f(x)\,dx+\int_0^b f(x)\,dx\right\}$

$=-\left\{-\int_0^a f(x)\,dx+\int_0^b f(x)\,dx\right\}$

$=-\left\{-\frac{11}{6}+\left(-\frac{8}{3}\right)\right\}$

$=\frac{9}{2}$

804 ····· 답 ④

조건 (가)에서 $f'(x)=3x^2-2x-2$이므로

$f(x)=x^3-x^2-2x+C$ (C는 적분상수)

이때 조건 (나)에서 $f(2)=0$이므로

$f(2)=C=0$

$\therefore f(x)=x^3-x^2-2x=x(x+1)(x-2)$

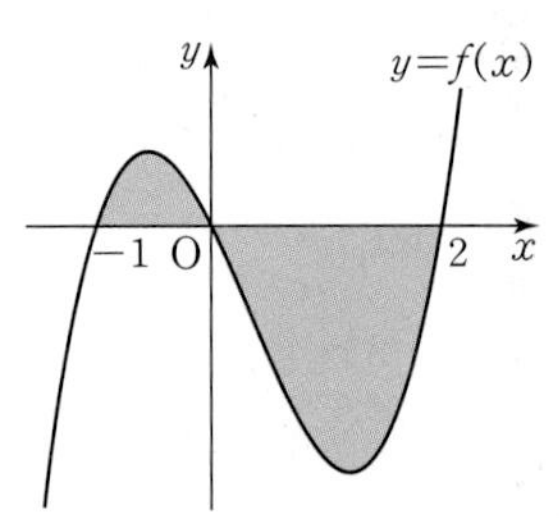

곡선 $y=f(x)$와 x축의 교점의 x좌표는 -1, 0, 2이므로

함수 $y=f(x)$의 그래프와 x축으로 둘러싸인 도형의 넓이를

S라 하면

$S=\int_{-1}^0 (x^3-x^2-2x)\,dx+\int_0^2 (-x^3+x^2+2x)\,dx$

$=\Big[\frac{1}{4}x^4-\frac{1}{3}x^3-x^2\Big]_{-1}^0+\Big[-\frac{1}{4}x^4+\frac{1}{3}x^3+x^2\Big]_0^2$

$=\frac{5}{12}+\frac{8}{3}=\frac{37}{12}$

805 ····· 답 ⑤

주어진 다리를 지면이 x축, 포물선의 축이 y축이 되도록 좌표평면 위에 나타내면 아치의 폭이 4 m이므로

포물선을 나타내는 이차함수의 식은

$y=a(x-2)(x+2)=a(x^2-4)$ ($a<0$인 상수)

이때 아치의 높이가 3 m이므로 $-4a=3$에서 $a=-\frac{3}{4}$이다.

따라서 이차함수의 식은 $y=-\frac{3}{4}(x^2-4)$이다.

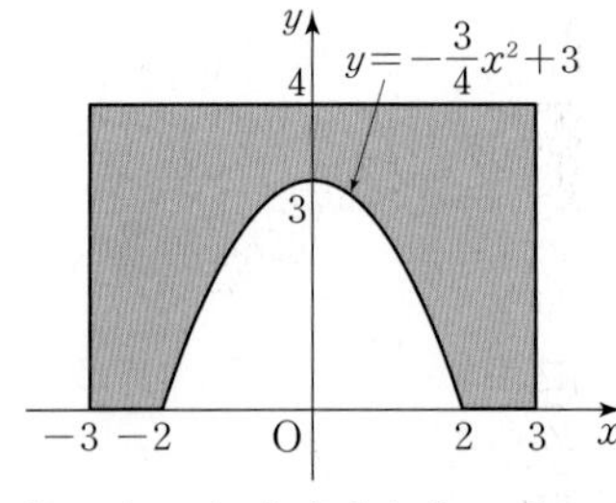

색칠한 부분의 넓이는 가로의 길이가 6이고 세로의 길이가 4인 직사각형의 넓이에서 곡선 $y=-\frac{3}{4}(x^2-4)$와 x축으로 둘러싸인 부분의 넓이를 뺀 것과 같다.

따라서 구하는 넓이를 S라 하면

$S=6\times4-\int_{-2}^2\left(-\frac{3}{4}x^2+3\right)dx$

$=24-2\int_0^2\left(-\frac{3}{4}x^2+3\right)dx$

$=24-2\Big[-\frac{1}{4}x^3+3x\Big]_0^2$

$=16\ (\text{m}^2)$

다른 풀이

본풀이에서 구하는 넓이 S를 다음과 같이 계산할 수도 있다.

곡선 $y=-\frac{3}{4}(x^2-4)$와 x축의 교점의 x좌표는

$-\frac{3}{4}(x^2-4)=0$에서 $-\frac{3}{4}(x-2)(x+2)=0$

$\therefore x=-2$ 또는 $x=2$

$$\therefore S=6\times4-\int_{-2}^{2}\left(-\frac{3}{4}x^2+3\right)dx$$
$$=24-\frac{\left|-\frac{3}{4}\right|\times\{2-(-2)\}^3}{6}$$
$$=24-8=16\ (\mathrm{m}^2)$$

806

답 ②

두 도형 A, B의 넓이를 각각 S_A, S_B라 하면

$S_A=S_B$이므로

$\int_0^2(-x^2+2x)\,dx=\int_2^a(x^2-2x)\,dx$에서

$\int_2^a(x^2-2x)\,dx+\int_0^2(x^2-2x)\,dx=0$

$\int_0^a(x^2-2x)\,dx=0$

$\left[\frac{1}{3}x^3-x^2\right]_0^a=0$, $\frac{a^3}{3}-a^2=0$, $a^2(a-3)=0$

$\therefore a=3\ (\because a>2)$

807

답 $a=1$, $S=\frac{1}{2}$

곡선 $y=x^3-(a+2)x^2+2ax=x(x-a)(x-2)$와

x축으로 둘러싸인 두 도형의 넓이를 각각 S_A, S_B라 하자.

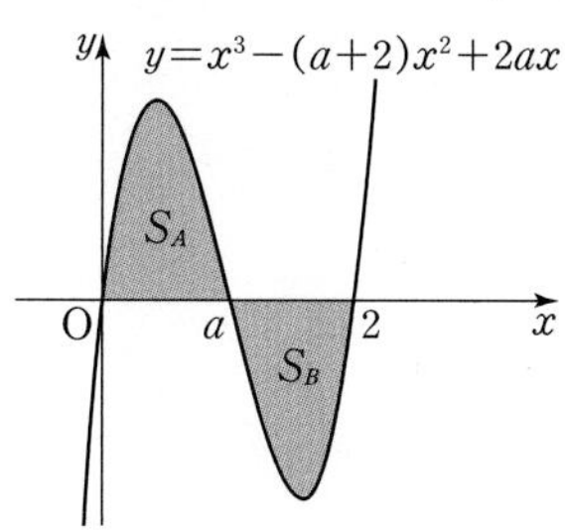

$S_A=S_B$이므로

$\int_0^2\{x^3-(a+2)x^2+2ax\}\,dx=0$이다.

$\left[\frac{1}{4}x^4-\frac{1}{3}(a+2)x^3+ax^2\right]_0^2=4-\frac{8}{3}(a+2)+4a=0$

$\therefore a=1$

$$S_A=\int_0^1(x^3-3x^2+2x)\,dx$$
$$=\left[\frac{1}{4}x^4-x^3+x^2\right]_0^1=\frac{1}{4}$$

$\therefore S=S_A+S_B=2S_A=2\times\frac{1}{4}=\frac{1}{2}$

TIP

삼차함수 $y=x(x-a)(x-2)$의 그래프와 x축으로 둘러싸인 두 도형의 넓이가 서로 같으려면 삼차함수의 그래프가 점 $(a, 0)$에 대하여 대칭이어야 한다.

따라서 $\frac{0+2}{2}=a$에서 $a=1$임을 알 수도 있다.

808

답 ④

$y=x^2-2x+a=(x-1)^2+a-1$이므로

곡선 $y=x^2-2x+a$는 직선 $x=1$에 대하여 대칭이다.

이때 $S:T=1:2$에서 $T=2S$이므로

$\int_0^1(x^2-2x+a)\,dx=0$이다.

$\left[\frac{1}{3}x^3-x^2+ax\right]_0^1=0$, $-\frac{2}{3}+a=0$

$\therefore a=\frac{2}{3}$

809

답 40

$\int_0^{2013}f(x)\,dx=\int_3^{2013}f(x)\,dx$에서

$\int_0^{2013}f(x)\,dx-\int_3^{2013}f(x)\,dx=\int_0^3 f(x)\,dx=0$이다.

이때 $f(x)$는 최고차항의 계수가 1인 이차함수이고 $f(3)=0$이므로

$f(x)=(x-a)(x-3)=x^2-(a+3)x+3a$ (a는 상수)라 하면

$$\int_0^3 f(x)\,dx=\int_0^3\{x^2-(a+3)x+3a\}\,dx$$
$$=\left[\frac{1}{3}x^3-\frac{a+3}{2}x^2+3ax\right]_0^3=\frac{9}{2}a-\frac{9}{2}=0$$

$\therefore a=1$, $f(x)=(x-1)(x-3)$

따라서 곡선 $y=f(x)$와 x축의 교점의 x좌표가 1, 3이므로

$S=\int_1^3|f(x)|\,dx=\frac{(3-1)^3}{6}=\frac{4}{3}$

$\therefore 30S=30\times\frac{4}{3}=40$

810

답 ⑤

곡선 $y=x^2$과 직선 $y=1$의 교점의 x좌표는

$x^2=1$에서 $x=-1$ 또는 $x=1$

곡선 $y=x^2$과 직선 $y=4$의 교점의 x좌표는

$x^2=4$에서 $x=-2$ 또는 $x=2$

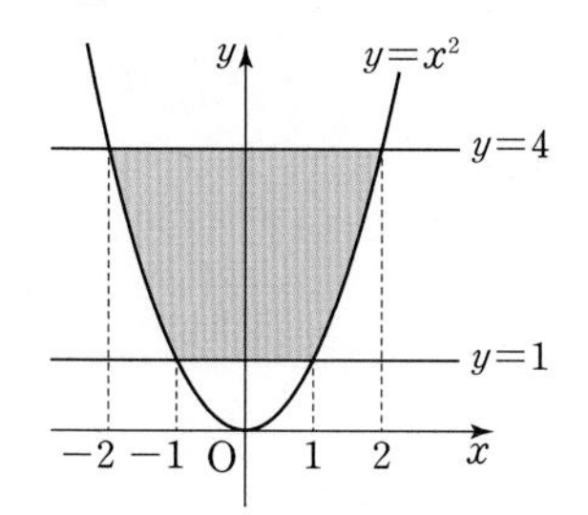

따라서 구하는 넓이를 S라 하면

$S=\int_{-2}^{2}(4-x^2)\,dx-\int_{-1}^{1}(1-x^2)\,dx$

$=2\int_{0}^{2}(4-x^2)\,dx-2\int_{0}^{1}(1-x^2)\,dx$

$=2\left[4x-\frac{1}{3}x^3\right]_0^2-2\left[x-\frac{1}{3}x^3\right]_0^1$

$=\frac{32}{3}-\frac{4}{3}=\frac{28}{3}$

다른 풀이

곡선 $y=x^2$과 직선 $y=1$의 교점의 x좌표는

$x^2=1$에서 $x=-1$ 또는 $x=1$

곡선 $y=x^2$과 직선 $y=4$의 교점의 x좌표는

$x^2=4$에서 $x=-2$ 또는 $x=2$

따라서 구하는 넓이를 S라 하면

$S=\frac{\{2-(-2)\}^3}{6}-\frac{\{1-(-1)\}^3}{6}$

$=\frac{32}{3}-\frac{4}{3}=\frac{28}{3}$

811 ······ 답 ③

곡선 $y=\frac{1}{2}x^2$과 직선 $y=2$의 교점의 x좌표는

$\frac{1}{2}x^2=2$에서 $x^2=4$ $\quad\therefore x=-2$ 또는 $x=2$

곡선 $y=2x^2$과 직선 $y=2$의 교점의 x좌표는

$2x^2=2$에서 $x^2=1$ $\quad\therefore x=-1$ 또는 $x=1$

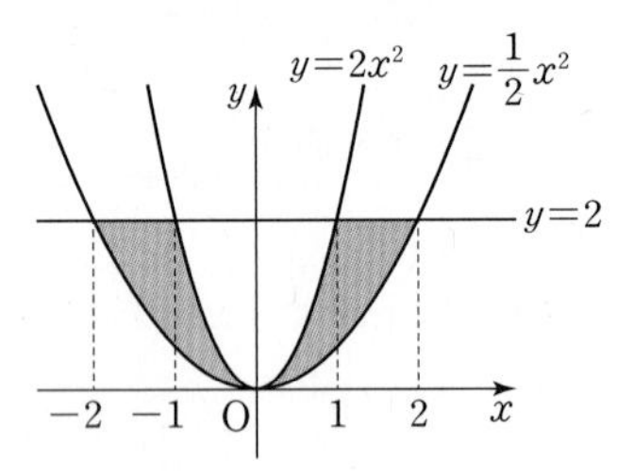

따라서 구하는 넓이를 S라 하면

$S=2\left\{\int_0^1\left(2x^2-\frac{1}{2}x^2\right)dx+\int_1^2\left(2-\frac{1}{2}x^2\right)dx\right\}$

$=2\left(\left[\frac{2}{3}x^3-\frac{1}{6}x^3\right]_0^1+\left[2x-\frac{1}{6}x^3\right]_1^2\right)$

$=2\left(\frac{1}{2}+\frac{5}{6}\right)$

$=\frac{8}{3}$

다른 풀이

$S=2\left(\int_0^1 2x^2\,dx+\int_1^2 2\,dx-\int_0^2\frac{1}{2}x^2\,dx\right)$

$=2\left(\left[\frac{2}{3}x^3\right]_0^1+\left[2x\right]_1^2-\left[\frac{1}{6}x^3\right]_0^2\right)$

$=2\left(\frac{2}{3}+2-\frac{4}{3}\right)$

$=\frac{8}{3}$

812 ······ 답 ④

곡선 $y=x^2-4x$와 직선 $y=-x$의 교점의 x좌표는

$x^2-4x=-x$에서

$x(x-3)=0$ $\quad\therefore x=0$ 또는 $x=3$

$S_1=\int_0^3\{-x-(x^2-4x)\}\,dx$

$=\frac{3^3}{6}=\frac{9}{2}$

$S_2=\int_0^4(-x^2+4x)\,dx-S_1$

$=\frac{|-1|\times 4^3}{6}-\frac{9}{2}=\frac{37}{6}$

$\therefore \frac{S_2}{S_1}=\frac{\frac{37}{6}}{\frac{9}{2}}=\frac{37}{27}$

813 ······ 답 ⑤

$f(x)=-(x+2)^2+10=-x^2-4x+6$이므로

두 곡선 $y=x^2$, $y=f(x)$의 교점의 x좌표는

$x^2=-x^2-4x+6$에서

$2x^2+4x-6=0$, $2(x+3)(x-1)=0$

$\therefore x=-3$ 또는 $x=1$

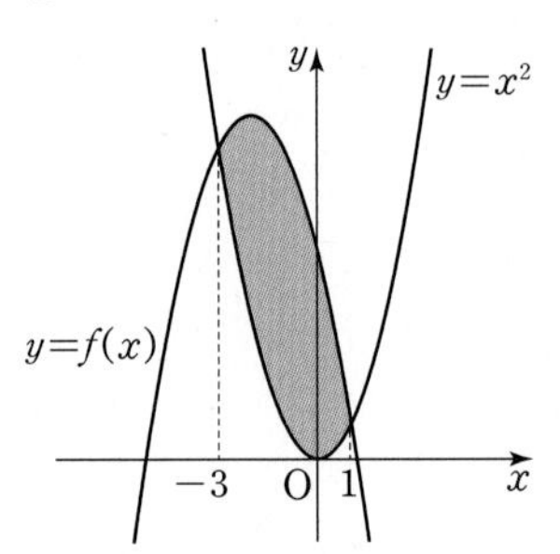

따라서 구하는 넓이를 S라 하면

$S=\int_{-3}^{1}\{(-x^2-4x+6)-x^2\}\,dx$

$=\frac{2\times\{1-(-3)\}^3}{6}=\frac{64}{3}$

814 ······ 답 ②

곡선 $y=|x^2-1|$과 x축의 교점의 x좌표는

$|x^2-1|=0$에서 $x=-1$ 또는 $x=1$

곡선 $y=|x^2-1|$과 직선 $y=3$의 교점의 x좌표는

$|x^2-1|=3$에서 $x=-2$ 또는 $x=2$

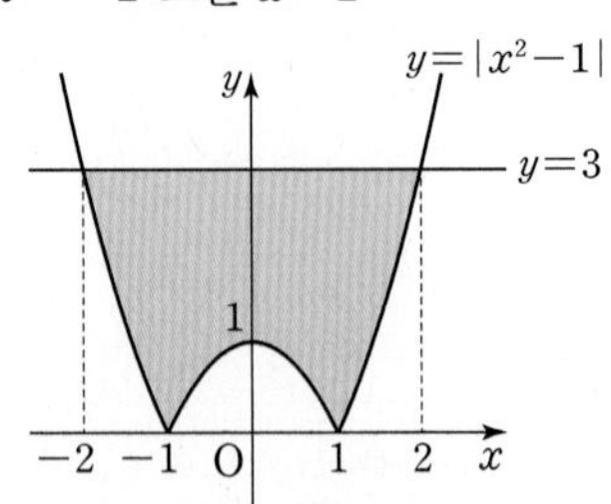

따라서 구하는 넓이를 S라 하면

$$S=2\left[\int_0^1 \{3-(-x^2+1)\}\,dx+\int_1^2 \{3-(x^2-1)\}\,dx\right]$$

$$=2\left(\left[\frac{1}{3}x^3+2x\right]_0^1+\left[-\frac{1}{3}x^3+4x\right]_1^2\right)$$

$$=2\left(\frac{7}{3}+\frac{5}{3}\right)=8$$

815 ········ 답 ③

함수 $f(x)=|x^2-2x-1|$의 그래프와 직선 $y=a$가 서로 다른 세 점에서 만나기 위해서는 $f(1)=a$이어야 한다.

$f(1)=|-2|=2$이므로 $a=2$

$|x^2-2x-1|=2$에서

$x^2-2x-1=2$일 때

$(x-3)(x+1)=0 \qquad \therefore x=-1$ 또는 $x=3$

$x^2-2x-1=-2$일 때

$(x-1)^2=0 \qquad \therefore x=1$

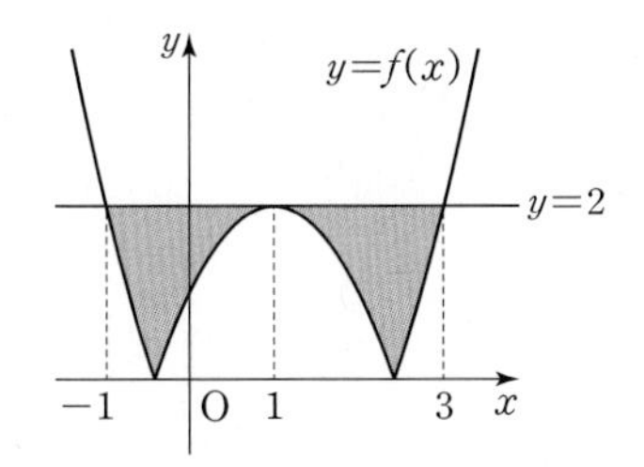

따라서 구하는 넓이를 S라 하면

$$S=2\int_1^3 \{2-f(x)\}\,dx$$

816 ········ 답 ②

두 곡선 $y=x^2-ax$와 $y=ax-x^2$의 교점의 x좌표는

$x^2-ax=ax-x^2$에서 $x(x-a)=0$

$\therefore x=0$ 또는 $x=a$

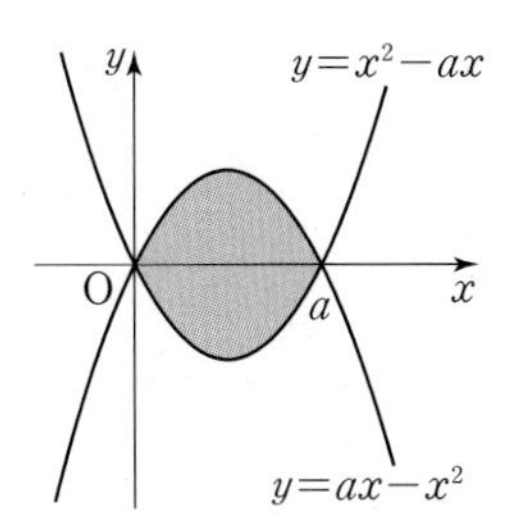

따라서 구하는 넓이를 S라 하면

$$S=\int_0^a \{(ax-x^2)-(x^2-ax)\}\,dx$$

$$=\frac{|-2|a^3}{6}=\frac{8}{3}$$

$a^3=8$

$\therefore a=2$

817 ········ 답 ④

곡선 $y=-x^2+5x$와 직선 $y=ax$의 교점의 x좌표는

$-x^2+5x=ax$에서 $x(x+a-5)=0$

$\therefore x=0$ 또는 $x=5-a$

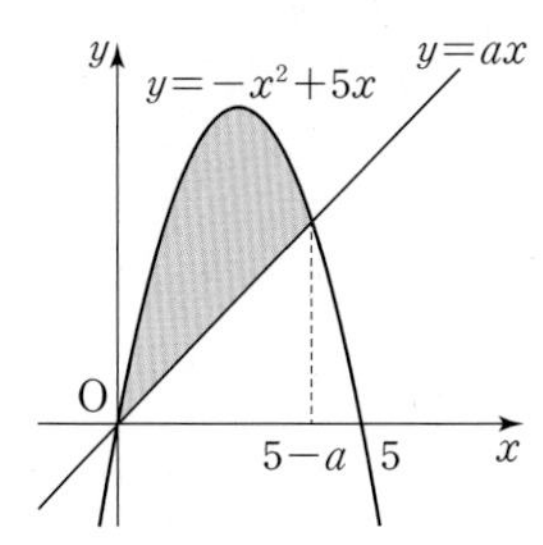

따라서 구하는 넓이를 S라 하면

$$S=\int_0^{5-a} \{(-x^2+5x)-ax\}\,dx$$

$$=\frac{|-1|(5-a)^3}{6}=\frac{9}{2}$$

$(5-a)^3=3^3$, $5-a=3$

$\therefore a=2$

818 ········ 답 ②

곡선 $y=-x^2+2x$와 직선 $y=ax$의 교점의 x좌표는

$-x^2+2x=ax$에서 $x(x+a-2)=0$

$\therefore x=0$ 또는 $x=2-a$

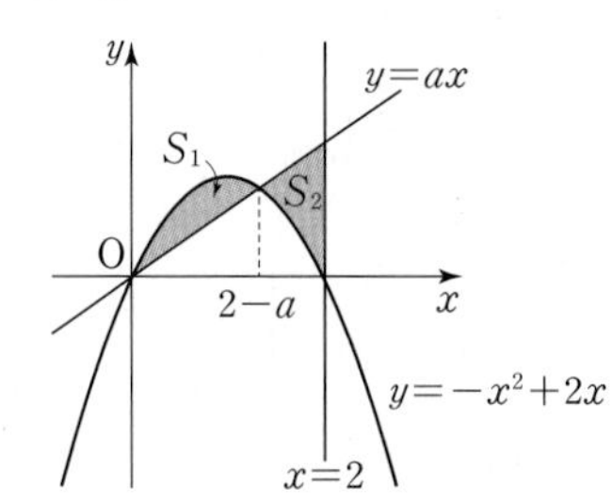

$S_1=S_2$이므로

$\int_0^{2-a} \{(-x^2+2x)-ax\}\,dx=\int_{2-a}^2 \{ax-(-x^2+2x)\}\,dx$에서

$\int_0^2 \{(-x^2+2x)-ax\}\,dx=0$이다.

$$\left[-\frac{1}{3}x^3+\frac{2-a}{2}x^2\right]_0^2=-\frac{8}{3}+2(2-a)$$

$$=-2a+\frac{4}{3}=0$$

$\therefore a=\frac{2}{3}$

819 ········ 답 ③

두 곡선 $y=x^3-ax^2+2ax$와 $y=3x^2-ax$의 교점의 x좌표는

$x^3-ax^2+2ax=3x^2-ax$에서

$x^3-(a+3)x^2+3ax=0$

$x(x-3)(x-a)=0$

$\therefore x=0$ 또는 $x=3$ 또는 $x=a$ ······ TIP

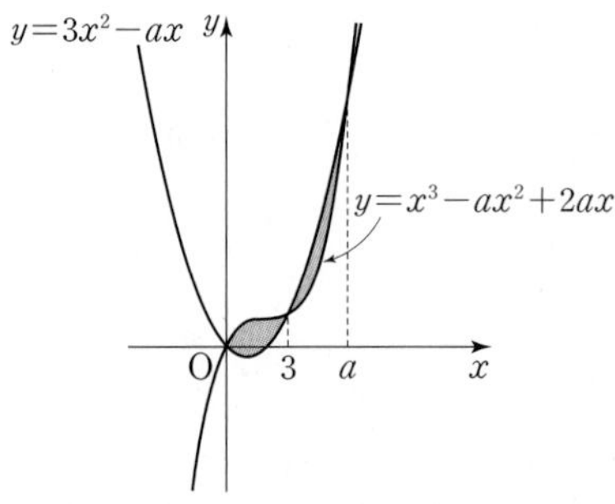

이때 두 곡선 $y=x^3-ax^2+2ax$와 $y=3x^2-ax$로 둘러싸인 두 도형의 넓이가 서로 같으므로

$\int_0^a \{(x^3-ax^2+2ax)-(3x^2-ax)\}\,dx=0$이다.

$$\int_0^a \{x^3-(a+3)x^2+3ax\}\,dx=\left[\frac{1}{4}x^4-\frac{a+3}{3}x^3+\frac{3a}{2}x^2\right]_0^a$$
$$=\frac{a^4}{4}-\frac{a^3(a+3)}{3}+\frac{3a^3}{2}=0$$

$a^3(a-6)=0$

$\therefore a=6$ ($\because a>3$)

TIP

두 곡선 $y=x^3-ax^2+2ax$와 $y=3x^2-ax$로 둘러싸인 두 도형의 넓이는 곡선 $y=x(x-3)(x-a)(a>3)$과 x축으로 둘러싸인 두 도형의 넓이와 같다.

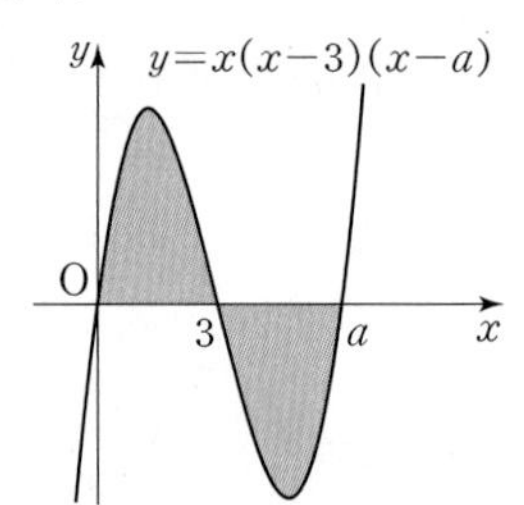

그러므로 조건을 만족시키려면 삼차함수 $y=x(x-3)(x-a)$의 그래프가 점 $(3,\ 0)$에 대하여 대칭이어야 한다.

따라서 $\frac{0+a}{2}=3$에서 $a=6$임을 알 수도 있다.

820

답 ③

두 곡선 $y=2x^2$과 $y=-x^2+6x$의 교점의 x좌표는

$2x^2=-x^2+6x$에서 $3x(x-2)=0$

$\therefore x=0$ 또는 $x=2$ …… TIP

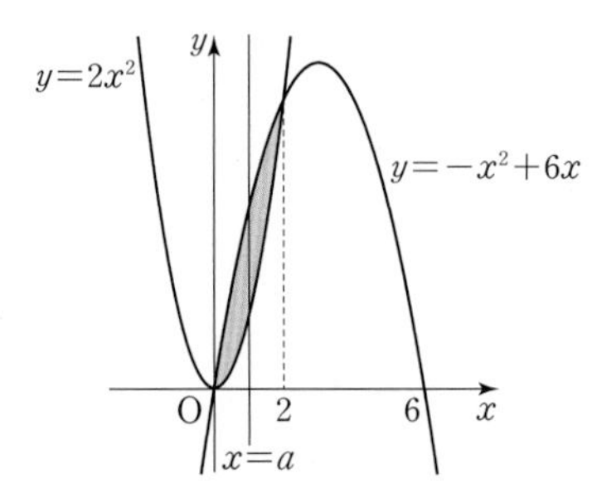

두 곡선 $y=2x^2$과 $y=-x^2+6x$로 둘러싸인 부분의 넓이를 S_1이라 하면

$$S_1=\int_0^2 \{(-x^2+6x)-2x^2\}\,dx$$
$$=\frac{|-3|\times 2^3}{6}=4$$

두 곡선 $y=2x^2$, $y=-x^2+6x$와 직선 $x=a$로 둘러싸인 부분의 넓이 중 하나를 S_2라 하면

$$S_2=\int_0^a \{(-x^2+6x)-2x^2\}\,dx$$
$$=\Big[-x^3+3x^2\Big]_0^a=-a^3+3a^2$$

$S_1=2S_2$이므로 $4=2(-a^3+3a^2)$

$a^3-3a^2+2=0$, $(a-1)(a^2-2a-2)=0$

$a=1$ 또는 $a=1\pm\sqrt{3}$

$\therefore a=1$ ($\because 0<a<2$)

TIP

두 곡선 $y=2x^2$과 $y=-x^2+6x$로 둘러싸인 부분의 넓이는 곡선 $y=3x(x-2)$와 x축으로 둘러싸인 부분의 넓이와 같다.

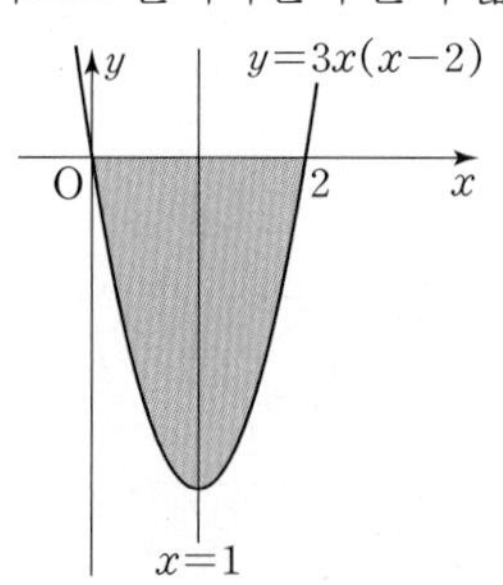

이때 곡선 $y=3x(x-2)$는 직선 $x=1$에 대하여 대칭이므로 곡선 $y=3x(x-2)$와 x축으로 둘러싸인 부분의 넓이는 직선 $x=1$에 의하여 이등분된다. 따라서 $a=1$임을 알 수 있다.

821

답 $\frac{27}{2}$

곡선 $y=x^2-3x$와 직선 $y=mx$의 교점의 x좌표는

$x^2-3x=mx$에서 $x^2-(m+3)x=0$, $x(x-m-3)=0$

$\therefore x=0$ 또는 $x=m+3$

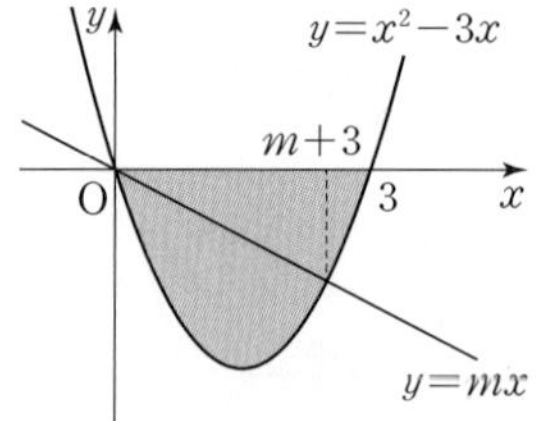

…… 참고

곡선 $y=x^2-3x$와 직선 $y=mx$로 둘러싸인 도형의 넓이를 S_1이라 하면

$$S_1=\int_0^{m+3} \{mx-(x^2-3x)\}\,dx=\frac{(m+3)^3}{6}$$

곡선 $y=x^2-3x$와 x축으로 둘러싸인 도형의 넓이를 S_2라 하면

$$S_2=\frac{3^3}{6}=\frac{9}{2}$$

이때 $S_1=\frac{1}{2}S_2$이므로 $\frac{(m+3)^3}{6}=\frac{9}{4}$

$\therefore (m+3)^3=\frac{27}{2}$

참고

곡선 $y=x^2-3x$와 x축으로 둘러싸인 도형의 넓이가
직선 $y=mx$에 의하여 이등분되기 위해서는 $-3<m<0$이어야 한다.

822 ······ 답 2

곡선 $y=x^2-x$와 직선 $y=ax$의 교점의 x좌표는
$x^2-x=ax$에서 $x(x-a-1)=0$ $\quad\therefore x=0$ 또는 $x=a+1$

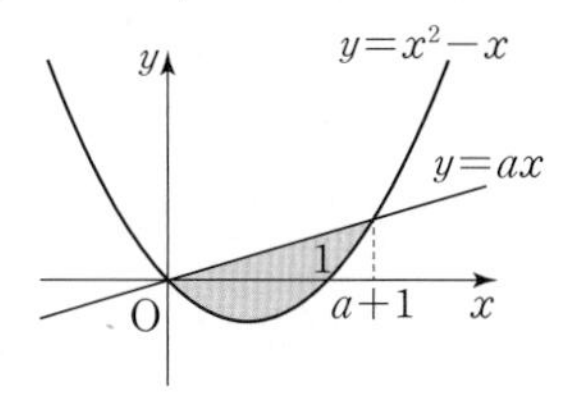

곡선 $y=x^2-x$와 직선 $y=ax$로 둘러싸인 부분의 넓이를 S_1이라 하면

$S_1=\int_0^{a+1}\{ax-(x^2-x)\}\,dx=\dfrac{(a+1)^3}{6}$

곡선 $y=x^2-x$와 x축으로 둘러싸인 부분의 넓이를 S_2라 하면

$S_2=\int_0^1\{-(x^2-x)\}\,dx=\dfrac{1^3}{6}=\dfrac{1}{6}$

이때 $S_1=2S_2$이므로 $\dfrac{(a+1)^3}{6}=2\times\dfrac{1}{6}$

$\therefore (a+1)^3=2$

823 ······ 답 ④

$\int_0^1\{(-x^4+x)-(x^4-x^3)\}\,dx=2\int_0^1\{(ax-ax^2)-(x^4-x^3)\}\,dx$

이므로

$\int_0^1(-x^4+x)\,dx=2\int_0^1(ax-ax^2)\,dx-\int_0^1(x^4-x^3)\,dx$에서

$\left[-\dfrac{1}{5}x^5+\dfrac{1}{2}x^2\right]_0^1=2\left[\dfrac{a}{2}x^2-\dfrac{a}{3}x^3\right]_0^1-\left[\dfrac{1}{5}x^5-\dfrac{1}{4}x^4\right]_0^1$

$\dfrac{3}{10}=2\times\dfrac{a}{6}-\left(-\dfrac{1}{20}\right)$ $\quad\therefore a=\dfrac{3}{4}$

824 ······ 답 ②

$f(x)=-\dfrac{1}{2}x^2+1$이라 하면 $f'(x)=-x$이고,

삼각형 ABC가 직각이등변삼각형이므로 직선 AC의 기울기는 -1이다.

즉, $-x=-1$에서 $x=1$이므로 $\mathrm{E}\left(1, \dfrac{1}{2}\right)$이다.

따라서 점 E를 지나고 기울기가 -1인 직선 AC의 방정식은

$y-\dfrac{1}{2}=-(x-1)$ $\quad\therefore y=-x+\dfrac{3}{2}$

삼각형 ABC와 곡선 $y=-\dfrac{1}{2}x^2+1$이 모두 y축에 대하여 대칭이므로 구하는 넓이를 S라 하면 대칭성에 의하여

$S=2\int_0^1\left\{\left(-x+\dfrac{3}{2}\right)-\left(-\dfrac{1}{2}x^2+1\right)\right\}dx$

$=2\left[\dfrac{1}{6}x^3-\dfrac{1}{2}x^2+\dfrac{1}{2}x\right]_0^1=\dfrac{1}{3}$

825 ······ 답 ①

$y=x^2-1$에서 $y'=2x$이므로

점 (t, t^2-1)에서의 접선의 기울기는 $2t$이고

접선의 방정식은 $y-(t^2-1)=2t(x-t)$에서 $y=2tx-t^2-1$이다.

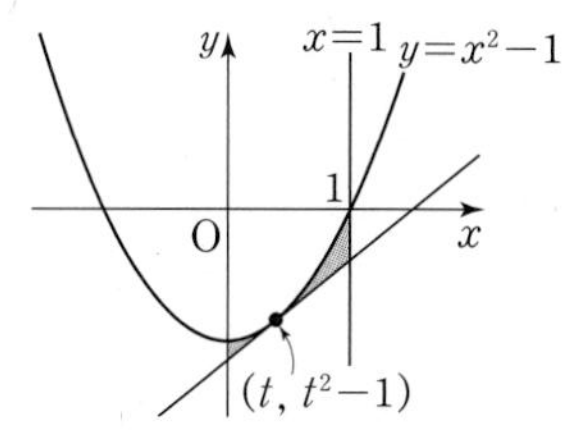

곡선 $y=x^2-1$과 이 곡선 위의 점 (t, t^2-1)에서의 접선 및 y축과 직선 $x=1$로 둘러싸인 도형의 넓이를 $S(t)$라 하면

$S(t)=\int_0^1\{(x^2-1)-(2tx-t^2-1)\}\,dx$

$=\int_0^1(x^2-2tx+t^2)\,dx$

$=\left[\dfrac{1}{3}x^3-tx^2+t^2x\right]_0^1$

$=t^2-t+\dfrac{1}{3}=\left(t-\dfrac{1}{2}\right)^2+\dfrac{1}{12}$

따라서 구하는 넓이는 $t=\dfrac{1}{2}$일 때 최솟값 $\dfrac{1}{12}$을 갖는다.

826 ······ 답 ③

곡선 $y=f(x)$와 직선 $y=g(x)$의 교점의 x좌표는

$x=0$, $x=2$이므로 곡선과 직선으로 둘러싸인 도형의 넓이는

$\int_0^2|f(x)-g(x)|\,dx=\int_0^2\{g(x)-f(x)\}\,dx$

이때 $g(x)-f(x)$는 최고차항의 계수가 3인 삼차함수이고

삼차방정식 $g(x)-f(x)=0$은 한 실근 0과 중근 2를 가지므로

$g(x)-f(x)=3x(x-2)^2$

$=3x^3-12x^2+12x$

따라서 구하는 넓이는

$\int_0^2\{g(x)-f(x)\}dx=\int_0^2(3x^3-12x^2+12x)\,dx$

$=\left[\dfrac{3}{4}x^4-4x^3+6x^2\right]_0^2$

$=12-32+24=4$

827 ······ 답 ④

곡선 $y=x^3+x^2-2x$와 직선 $y=-x+k$가 서로 다른 두 점에서 만나기 위해서는 서로 접해야 한다.

이때 $f(x)=x^3+x^2-2x$라 하면 $f'(x)=3x^2+2x-2$이므로

$3x^2+2x-2=-1$에서 $(x+1)(3x-1)=0$

$\therefore x=-1$ 또는 $x=\dfrac{1}{3}$

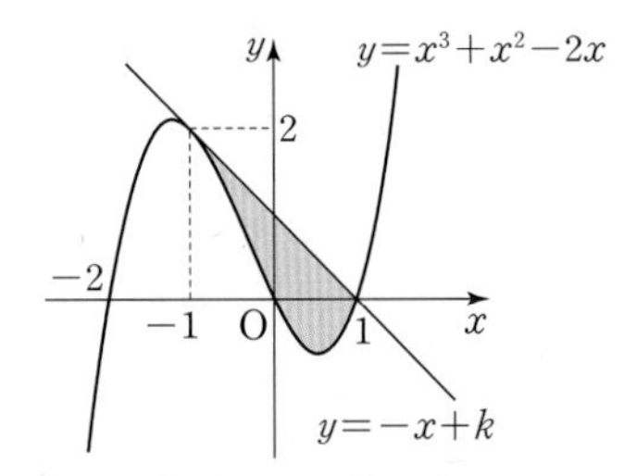

$k>0$이므로 $f(-1)=2$에서 $2=-(-1)+k$ $\quad\therefore k=1$

따라서 곡선 $y=x^3+x^2-2x$와 직선 $y=-x+1$로 둘러싸인 부분의 넓이를 S라 하면

$$S=\int_{-1}^{1}\{(-x+1)-(x^3+x^2-2x)\}\,dx$$

$$=2\int_{0}^{1}(-x^2+1)\,dx$$

$$=2\left[-\frac{1}{3}x^3+x\right]_0^1=\frac{4}{3}$$

828 ······ 답 ②

두 곡선 $y=f(x)$와 $y=g(x)$는 직선 $y=x$에 대하여 대칭이므로 두 곡선 $y=f(x)$와 $y=g(x)$로 둘러싸인 도형의 넓이는 곡선 $y=f(x)$와 직선 $y=x$로 둘러싸인 부분의 넓이의 2배이다.

곡선 $y=f(x)$와 직선 $y=x$의 교점의 x좌표는

$x^3+x^2+x=x$에서 $x^2(x+1)=0$ $\quad\therefore x=-1$ 또는 $x=0$

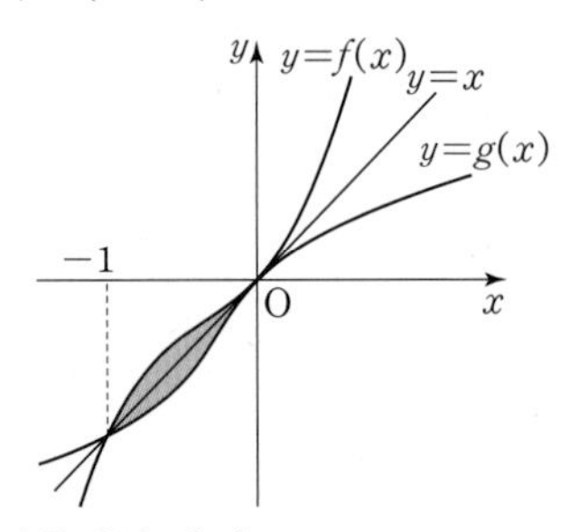

따라서 구하는 넓이를 S라 하면

$$S=2\int_{-1}^{0}\{(x^3+x^2+x)-x\}\,dx$$

$$=2\left[\frac{1}{4}x^4+\frac{1}{3}x^3\right]_{-1}^{0}=\frac{1}{6}$$

829 ······ 답 ⑤

두 곡선 $y=f(x)$와 $y=g(x)$는 직선 $y=x$에 대하여 대칭이다.

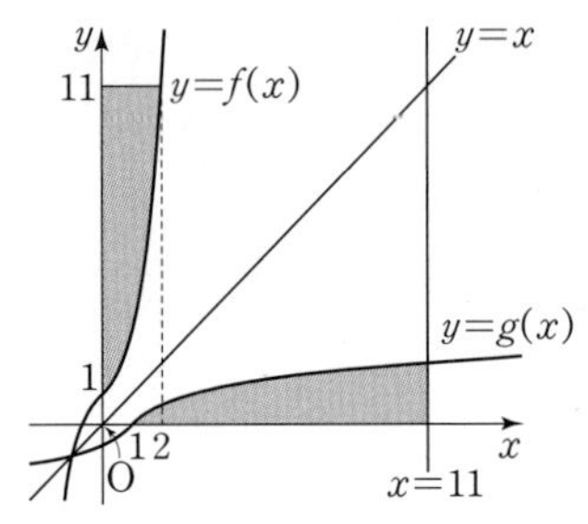

위의 그림에서 색칠한 두 부분의 넓이는 서로 같다.

따라서 구하는 넓이를 S라 하면

$$S=2\times11-\int_{0}^{2}(x^3+x+1)\,dx$$

$$=22-\left[\frac{1}{4}x^4+\frac{1}{2}x^2+x\right]_0^2=14$$

830 ······ 답 ③

두 곡선 $y=f(x)$와 $y=g(x)$는 직선 $y=x$에 대하여 대칭이다.

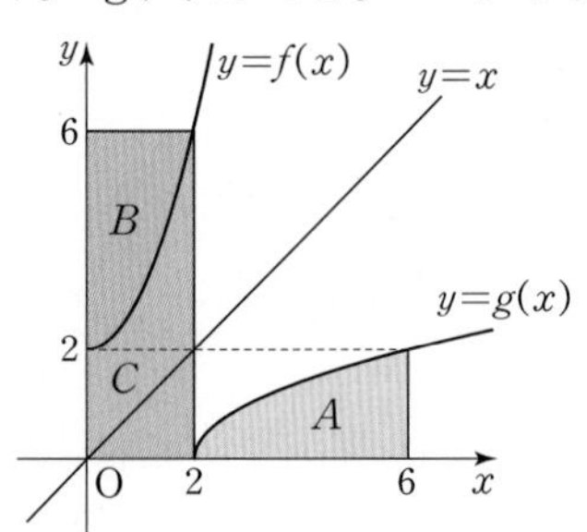

따라서 위의 그림에서

(A 부분의 넓이)$=$(B 부분의 넓이)이므로

$$\int_0^2 f(x)\,dx+\int_2^6 g(x)\,dx=(C\text{ 부분의 넓이})+(B\text{ 부분의 넓이})$$

$$=2\times6=12$$

831 ······ 답 ⑤

$f(x)=x^3-x^2+x$에서 $f'(x)=3x^2-2x+1$

이차방정식 $f'(x)=0$의 판별식을 D라 하면

$\frac{D}{4}=1^2-3<0$이므로 모든 실수 x에 대하여 $f'(x)>0$이다.

따라서 함수 $f(x)$는 모든 실수 x에 대하여 증가한다.

이때 두 곡선 $y=f(x)$와 $y=g(x)$는 직선 $y=x$에 대하여 대칭이다.

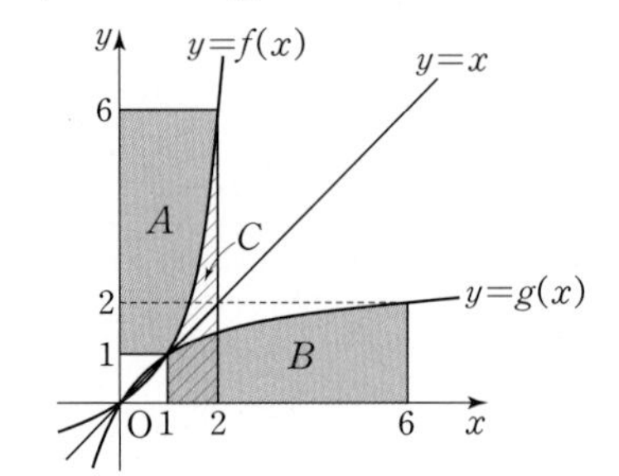

따라서 위의 그림에서

(A 부분의 넓이)$=$(B 부분의 넓이)이므로

$$\int_1^2 f(x)\,dx+\int_1^6 g(x)\,dx=(C\text{ 부분의 넓이})+(A\text{ 부분의 넓이})$$

$$=2\times6-1\times1=11$$

832 ······ 답 ②

두 곡선 $y=f(x)$와 $y=g(x)$는 직선 $y=x$에 대하여 대칭이다.

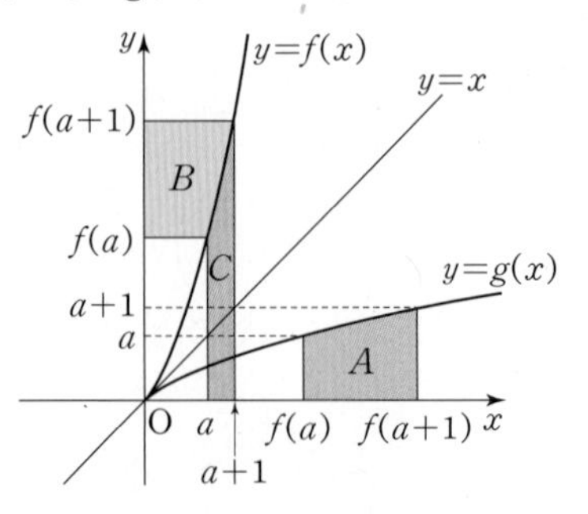

따라서 위의 그림에서

(A 부분의 넓이)$=$(B 부분의 넓이)이므로

$\int_{a}^{a+1} f(x)\,dx+\int_{f(a)}^{f(a+1)} g(x)\,dx$
$=(C \text{ 부분의 넓이})+(B \text{ 부분의 넓이})$
$=(a+1)\{(a+1)^2+(a+1)\}-a(a^2+a)$
$=3a^2+5a+2=24$
$3a^2+5a-22=0,\ (a-2)(3a+11)=0$
$\therefore a=2\ (\because a>0)$

833

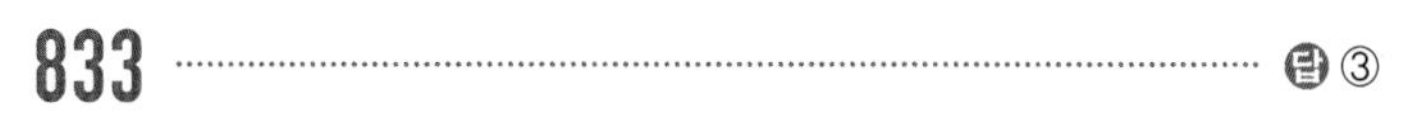

답 ③

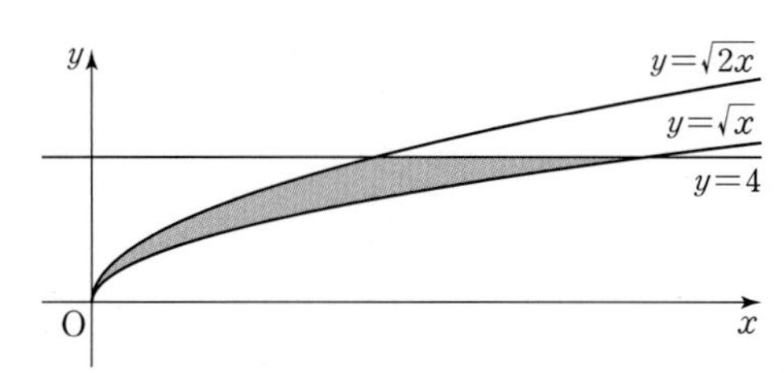

$y=\sqrt{x}$에서 $x=y^2$, $y=\sqrt{2x}$에서 $x=\frac{1}{2}y^2$
따라서 구하는 넓이를 S라 하면
$S=\int_{0}^{4}\left(y^2-\frac{1}{2}y^2\right)dy=\left[\frac{1}{6}y^3\right]_{0}^{4}=\frac{32}{3}$

834

답 ②

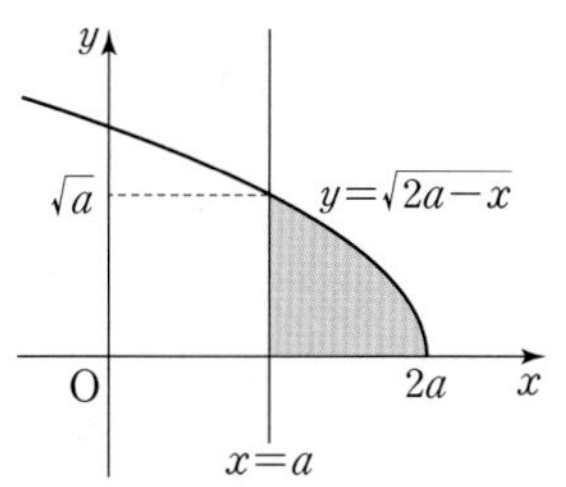

$y=\sqrt{2a-x}$에서 $y^2=2a-x,\ x=-y^2+2a$이고
곡선 $y=\sqrt{2a-x}$와 직선 $x=a$의 교점의 y좌표는 $\sqrt{a}$이다.
따라서 구하는 넓이를 S라 하면
$S=\int_{0}^{\sqrt{a}}\{(-y^2+2a)-a\}\,dy$
$=\int_{0}^{\sqrt{a}}(-y^2+a)dy$
$=\left[-\frac{1}{3}y^3+ay\right]_{0}^{\sqrt{a}}=\frac{2}{3}a\sqrt{a}=\frac{1}{12}$
$a\sqrt{a}=\frac{1}{8},\ a^3=\frac{1}{64}$
$\therefore a=\frac{1}{4}$

835

답 1

곡선 $x=y^3+(1-a)y^2-ay$와 y축의 교점의 y좌표는
$y^3+(1-a)y^2-ay=0$에서 $y=-1$ 또는 $y=0$ 또는 $y=a$
따라서 $\int_{-1}^{a}\{y^3+(1-a)y^2-ay\}\,dy=0$이므로
$\left[\frac{1}{4}y^4+\frac{1-a}{3}y^3-\frac{1}{2}ay^2\right]_{-1}^{a}=0$
$a^4+2a^3-2a-1=0$
$(a-1)(a+1)^3=0$
$\therefore a=1\ (\because a>0)$

836

답 풀이 참조

(1) 물 로켓이 최고 높이에 도달할 때, 물 로켓의 속도는 0이다.
$v(t)=50-10t=0$에서 $t=5$이므로
$t=5$일 때, 물 로켓의 높이는
$55+\int_{0}^{5}(50-10t)\,dt=55+\left[50t-5t^2\right]_{0}^{5}=180\ (\text{m})$

(2) $t=x$일 때, 물 로켓의 높이는
$55+\int_{0}^{x}(50-10t)dt=55+\left[50t-5t^2\right]_{0}^{x}$
$=-5x^2+50x+55$
이므로 지면에 닿을 때까지 걸린 시간은
$-5x^2+50x+55=0$에서 $x^2-10x-11=0$
$(x+1)(x-11)=0\qquad \therefore x=11$
즉, 11초 후이므로 그때의 속도는 $v(11)=-60\ (\text{m/s})$이다.

(3) $v(t)=50-10t=0$에서 $t=5$이고
(2)에서 물 로켓이 지면에 닿을 때까지 걸린 시간은 11초이므로
움직인 거리는

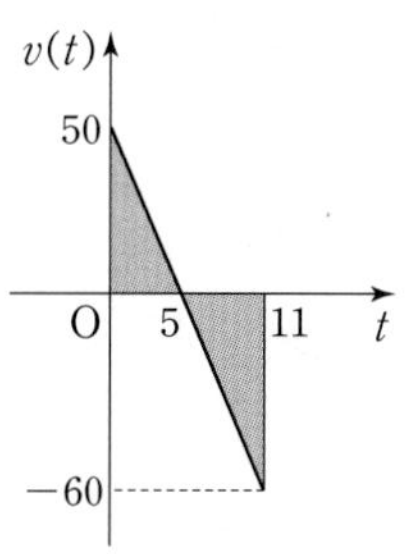

$\int_{0}^{11}|50-10t|\,dt=\frac{1}{2}\times5\times50+\frac{1}{2}\times6\times60=305\ (\text{m})$

채점 요소	배점
최고 높이에 도달할 때, 지면으로부터의 높이 구하기	30%
지면에 닿는 순간의 물 로켓의 속도 구하기	30%
지면에 닿을 때까지 움직인 거리 구하기	40%

837

답 ④

$v(t)=t^2-4t+3=(t-1)(t-3)=0$에서
$t=1$ 또는 $t=3$이고, 이때 점 P의 운동 방향이 바뀐다.

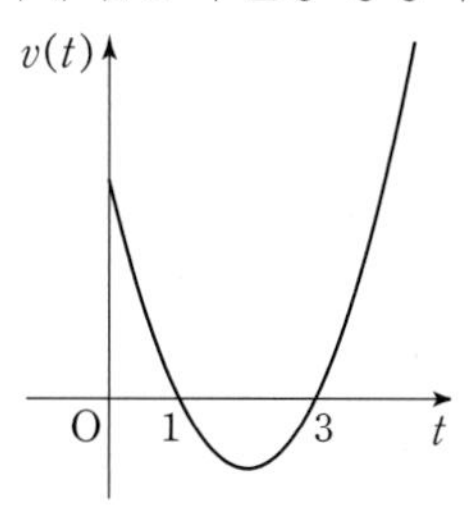

따라서 출발 후 두 번째로 운동 방향이 바뀌는 순간까지
점 P가 움직인 거리는

$$\int_0^3 |v(t)|\,dt=\int_0^1 (t^2-4t+3)\,dt+\int_1^3 (-t^2+4t-3)\,dt$$
$$=\left[\frac{1}{3}t^3-2t^2+3t\right]_0^1+\left[-\frac{1}{3}t^3+2t^2-3t\right]_1^3$$
$$=\frac{4}{3}+\frac{4}{3}=\frac{8}{3}$$

838 ······ 답 ④

점 P가 다시 원점을 지날 때의 시각을 x $(x>0)$초라 하면
그때까지 위치의 변화량이 0이어야 하므로 ······ TIP

$$\int_0^x v(t)\,dt=\int_0^x (3t^2-4t-3)\,dt$$
$$=\left[t^3-2t^2-3t\right]_0^x$$
$$=x^3-2x^3-3x$$
$$=x(x+1)(x-3)=0$$
$\therefore x=3$ $(\because x>0)$

> **TIP**
> $t=x$일 때, 점 P의 위치가 0임을 이용하여 풀이할 수도 있다.

839 ······ 답 ⑤

점 P가 원점을 지날 때의 시각을 x $(x>0)$초라 하면
그때의 위치는 0이어야 하므로

$$-5+\int_0^x (2t-4)\,dt=-5+\left[t^2-4t\right]_0^x$$
$$=x^2-4x-5$$
$$=(x+1)(x-5)=0$$
$\therefore x=5$ $(\because x>0)$

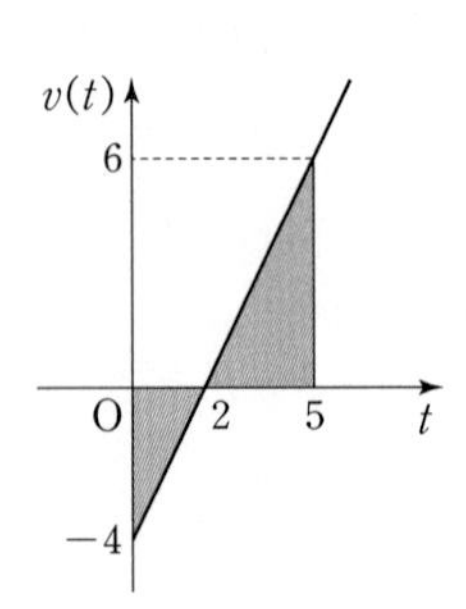

따라서 5초 동안 점 P가 움직인 거리는

$$\int_0^5 |2t-4|\,dt=\frac{1}{2}\times2\times4+\frac{1}{2}\times3\times6=13$$

840 ······ 답 ⑤

점 P의 $t=0$에서 $t=4$까지의 위치의 변화량이 0이어야 하므로

$$\int_0^4 v(t)\,dt=\int_0^2 (2t-3t^2)\,dt+\int_2^4 \{a(t-2)-8\}\,dt$$
$$=\left[t^2-t^3\right]_0^2+\left[\frac{a}{2}t^2-(2a+8)t\right]_2^4$$
$$=-4+(2a-16)=2a-20=0$$
$\therefore a=10$

841 ······ 답 2초

두 점 P, Q의 시각 $t=x$에서의 위치를 각각 $s_1(x)$, $s_2(x)$라 하면

$$s_1(x)=0+\int_0^x (3t+4)\,dt$$
$$=\left[\frac{3}{2}t^2+4t\right]_0^x=\frac{3}{2}x^2+4x$$
$$s_2(t)=0+\int_0^x (t-6t^2)\,dt$$
$$=\left[\frac{1}{2}t^2-2t^3\right]_0^x=\frac{1}{2}x^2-2x^3$$

따라서 선분 PQ의 중점 M의 시각 $t=x$에서의 위치는

$$\frac{s_1(x)+s_2(x)}{2}=-x^3+x^2+2x$$
$$=-x(x+1)(x-2)$$

이므로 $-x(x+1)(x-2)=0$에서 $x=2$
따라서 점 M이 다시 원점을 지날 때까지 걸리는 시간은 2초이다.

842 ······ 답 ①

점 P의 x초 후의 위치는

$$0+\int_0^x (3t^2-2t)\,dt=\left[t^3-t^2\right]_0^x=x^3-x^2$$

점 Q의 x초 후의 위치는

$$2+\int_0^x (2t-1)\,dt=2+\left[t^2-t\right]_0^x=x^2-x+2$$

따라서 두 점 P, Q가 만나는 시각은
$x^3-x^2=x^2-x+2$에서
$(x-2)(x^2+1)=0$ $\therefore x=2$

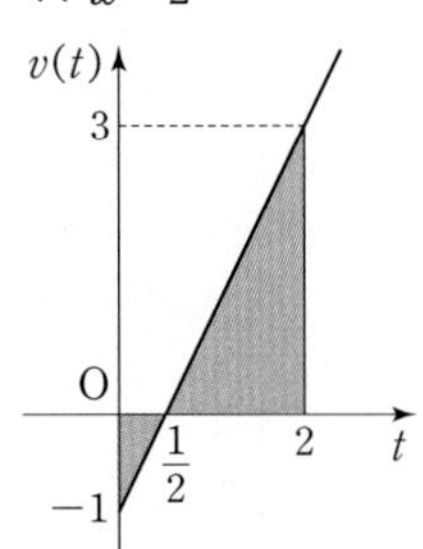

따라서 2초 동안 점 Q가 움직인 거리는

$$\int_0^2 |2t-1|\,dt=\frac{1}{2}\times\frac{1}{2}\times1+\frac{1}{2}\times\frac{3}{2}\times3=\frac{5}{2}$$

843 ······ 답 풀이 참조

출발 후 x초 후의 점 P의 위치는

$$0+\int_0^x (-2t+1)\,dt=\left[-t^2+t\right]_0^x=-x^2+x$$

출발 후 x초 후의 점 Q의 위치는

$$0+\int_0^x (4t-8)\,dt=\left[2t^2-8t\right]_0^x=2x^2-8x$$

두 점 P, Q가 만날 때, 위치가 서로 같으므로
$-x^2+x=2x^2-8x$에서
$3x(x-3)=0$, $x=0$ 또는 $x=3$
$\therefore t_1=3$

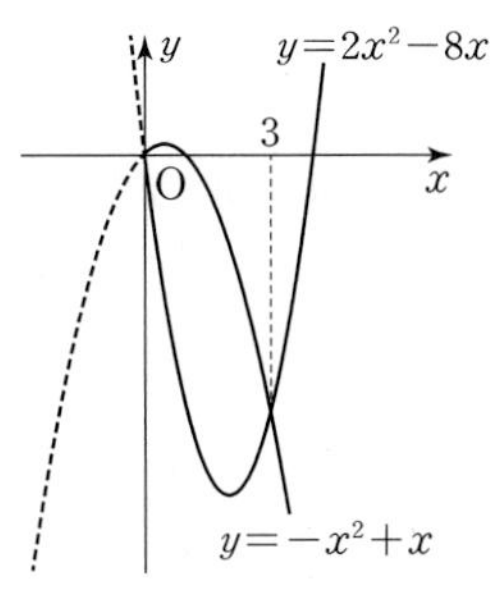

$0<x<3$일 때, 두 점 P, Q 사이의 거리는

$(-x^2+x)-(2x^2-8x)=-3x^2+9x=-3\left(x-\frac{3}{2}\right)^2+\frac{27}{4}$

따라서 $x=\frac{3}{2}$일 때, 두 점 P, Q 사이의 거리가 최대이므로 $t_2=\frac{3}{2}$

$\therefore t_1+t_2=3+\frac{3}{2}=\frac{9}{2}$

채점 요소	배점
$t=x$일 때 두 점 P, Q의 위치 구하기	20%
t_1의 값 구하기	30%
t_2의 값 구하기	40%
t_1+t_2의 값 구하기	10%

844 ⑤

제동을 건 후 열차의 가속도가 $-a$ m/s²이므로
제동을 건 후 t초일 때의 열차의 속도 $v(t)$는
$t=0$일 때 속도가 30 m/s이므로 $v(t)=30-at$ (m/s)이다.
정지할 때의 속도가 0이므로

$v(t)=30-at=0$에서 $t=\frac{30}{a}$

따라서 이 열차가 장애물과 부딪히기 전에 정지하기 위해서는
제동을 건 후 $\frac{30}{a}$초 동안 움직인 거리가 150 m 미만이어야 하므로

$\int_0^{\frac{30}{a}}|30-at|\,dt=\frac{1}{2}\times\frac{30}{a}\times30<150$

$\therefore a>3$

845 ⑤

이 버스가 3 km까지 달릴 동안 걸린 시간을 x $(x>0)$분이라 하면

$\int_0^x\left|\frac{3}{4}t^2+\frac{1}{2}t\right|dt=\frac{1}{4}x^3+\frac{1}{4}x^2=3$

$x^3+x^2-12=0,\ (x-2)(x^2+3x+6)=0 \qquad \therefore x=2$

$t=2$일 때, 버스의 속도는 $v(2)=4$ (km/분)이므로
12분 동안 이 버스가 달린 거리는

$\int_0^2\left|\frac{3}{4}t^2+\frac{1}{2}t\right|dt+\int_2^{12}|4|\,dt$

$=\left[\frac{1}{4}t^3+\frac{1}{4}t^2\right]_0^2+\left[4t\right]_2^{12}$

$=3+40=43$ (km)

846 132 m

엘리베이터가 1층에서 맨 위층까지 올라갈 때 걸린 시간을
$t=x$ (초)라 하면 시각 t에 대하여 이 엘리베이터의 속도 $v(t)$는

$$v(t)=\begin{cases}3t & (0\le t<4)\\ 12 & (4\le t<10)\\ 32-2t & (10\le t\le x)\end{cases}$$

따라서 $32-2x=0$에서 $x=16$이므로

$$v(t)=\begin{cases}3t & (0\le t<4)\\ 12 & (4\le t<10)\\ 32-2t & (10\le t\le 16)\end{cases}$$

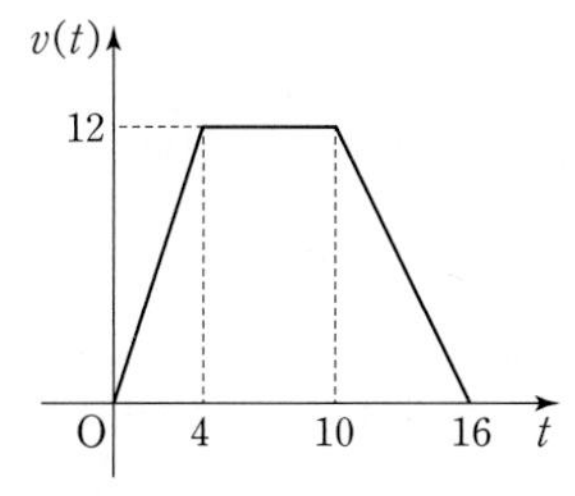

따라서 이 건물의 1층에서 맨 위층까지 엘리베이터가 움직인 거리는

$\int_0^{16}|v(t)|\,dt=\int_0^4 3t\,dt+\int_4^{10}12\,dt+\int_{10}^{16}(32-2t)\,dt$

$=\frac{1}{2}\times4\times12+6\times12+\frac{1}{2}\times6\times12=132$ (m)

847 ④

ㄱ. 점 P가 출발하고 나서 원점을 다시 지나려면
$\int_0^x v(t)\,dt=0$인 실수 x가 구간 $(0, d]$에서 존재해야 한다.
그런데 $\int_0^a|v(t)|\,dt>\int_a^c|v(t)|\,dt$이므로
점 P는 출발하고 나서 원점을 다시 지날 수 없다. (거짓)

ㄴ. $\int_0^a|v(t)|\,dt=\int_a^d|v(t)|\,dt$에서
$\int_0^a v(t)\,dt=-\int_a^c v(t)\,dt+\int_c^d v(t)\,dt$
$\therefore \int_0^a v(t)\,dt+\int_a^c v(t)dt=\int_0^c v(t)\,dt=\int_c^d v(t)\,dt$ (참)

ㄷ. $\int_b^d|v(t)|\,dt=-\int_b^c v(t)\,dt+\int_c^d v(t)\,dt$
$=-\int_b^c v(t)\,dt+\int_0^c v(t)\,dt$ ($\because$ ㄴ)
$=\int_0^b v(t)\,dt$ (참)

따라서 옳은 것은 ㄴ, ㄷ이다.

848 ④

① 점 P는 출발 후 1초 동안 멈춘 적이 없다. (거짓)
② 닫힌구간 [1, 2]에서 $v(t)\ge0$이므로 점 P는 양의 방향으로 움직이고, 닫힌구간 [2, 3]에서 $v(t)\le0$이므로 점 P는 음의 방향으로 움직인다. (거짓)
③ $t=1$에서 $t=3$까지 위치의 변화량은 $\int_1^3 v(t)\,dt=0$이다. (거짓)

④ $t=1$일 때 점 P의 위치는

$0+\int_0^1 v(t)\,dt=\frac{1}{2}\times1\times2=1$

$t=5$일 때 점 P의 위치는

$0+\int_0^5 v(t)\,dt=0+\frac{1}{2}\times1\times2=1$이므로

$t=1$일 때와 $t=5$일 때의 점 P의 위치는 같다. (참)

⑤ $t=6$일 때, 점 P는 원점으로부터 가장 멀리 떨어져 있다. (거짓)

따라서 선지 중 옳은 것은 ④이다.

849 ······ 답 ④

① $t=2$의 좌우에서 $v(t)$의 부호가 바뀌므로 운동 방향을 1번 바꿨다. (참)

② $t=8$일 때 점 P의 위치는

$1+\int_0^8 v(t)\,dt=1+\frac{1}{2}\times(1+4)\times2=6$ (참)

③ $t=1$일 때 점 P의 위치는

$1+\int_0^1 v(t)\,dt=1-\frac{1}{2}\times1\times2=0$,

$t=3$일 때 점 P의 위치는

$1+\int_0^3 v(t)\,dt=0-\frac{1}{2}\times1\times2+\frac{1}{2}\times1\times2=0$이고,

$t>3$일 때 점 P는 x축의 양의 방향으로 움직이므로 원점을 2번 지난다. (참)

④ $t=1$에서 $t=4$까지 움직인 거리는

$\int_1^4 |v(t)|\,dt=\frac{1}{2}\times1\times2+\frac{1}{2}\times1\times2+1\times2=4$이다. (거짓)

⑤ $t=1$일 때와 $t=3$일 때의 속력은 2로 서로 같다. (참)

따라서 선지 중 옳지 않은 것은 ④이다.

850 ······ 답 ④

점 P가 출발할 때의 운동 방향과 반대 방향으로 움직인 거리가 12이므로 $\int_a^5 |v(t)|\,dt=12$이다.

닫힌구간 $[0, a]$, $[5, 6]$에서 $v(t)\ge0$이고

닫힌구간 $[a, 5]$에서 $v(t)\le0$이므로

$\int_a^6 v(t)\,dt=\int_a^5 |v(t)|\,dt$에서

$\int_0^a v(t)\,dt+\int_a^5 v(t)\,dt+\int_5^6 v(t)\,dt=\int_a^5 |v(t)|\,dt$

$\int_0^a v(t)\,dt+(-12)+\int_5^6 v(t)\,dt=12$

$\int_0^a v(t)\,dt+\int_5^6 v(t)\,dt=24$

따라서 점 P가 시각 $t=0$에서 $t=6$까지 움직인 거리는

$\int_0^6 |v(t)|\,dt=\int_0^a |v(t)|\,dt+\int_a^5 |v(t)|\,dt+\int_5^6 |v(t)|\,dt$

$=\int_0^a v(t)\,dt+\int_5^6 v(t)\,dt+12$

$=24+12=36$

851 ······ 답 ④

두 곡선 $y=x^n$, $y=x^{n+1}$의 교점의 x좌표는

$x^n=x^{n+1}$에서 $x^n(x-1)=0$

$\therefore x=0$ 또는 $x=1$

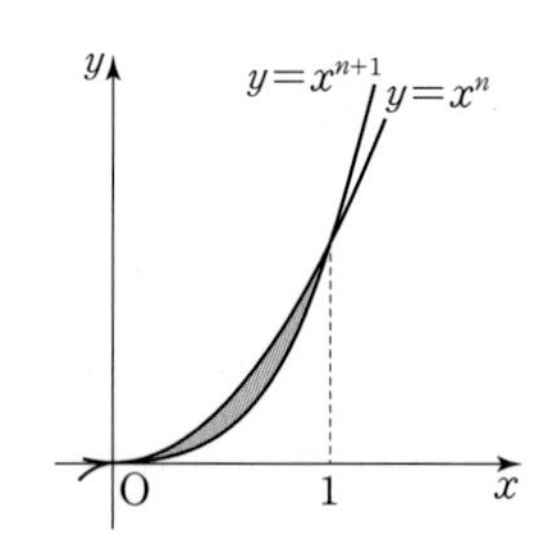

$S_n=\int_0^1 (x^n-x^{n+1})\,dx$

$=\left[\frac{1}{n+1}x^{n+1}-\frac{1}{n+2}x^{n+2}\right]_0^1$

$=\frac{1}{n+1}-\frac{1}{n+2}$

$\therefore \sum_{n=1}^{30} S_n=\left(\frac{1}{2}-\frac{1}{3}\right)+\left(\frac{1}{3}-\frac{1}{4}\right)+\cdots+\left(\frac{1}{31}-\frac{1}{32}\right)$

$=\frac{1}{2}-\frac{1}{32}=\frac{15}{32}$

852 ······ 답 ②

곡선 $y=x^2+ax-3$과 x축의 교점의 x좌표를 α, β $(\alpha<\beta)$라 하면 이차방정식의 근과 계수의 관계에 의하여

$\alpha+\beta=-a$, $\alpha\beta=-3$ ······ ㉠

곡선 $y=x^2+ax-3$과 x축으로 둘러싸인 부분의 넓이를 S라 하면

$S=\frac{(\beta-\alpha)^3}{6}=36$

$(\beta-\alpha)^3=6^3$ $\therefore \beta-\alpha=6$ ······ ㉡

㉠, ㉡에서

$(\alpha+\beta)^2=(\beta-\alpha)^2+4\alpha\beta$

$(-a)^2=6^2+4\times(-3)$, $a^2=24$

$\therefore a=2\sqrt{6}$ $(\because a>0)$

853 ······ 답 ④

곡선 $y=x^2-ax$ $(0<a<2)$와 x축의 교점의 x좌표는

$x^2-ax=0$에서 $x(x-a)=0$

$\therefore x=0$ 또는 $x=a$

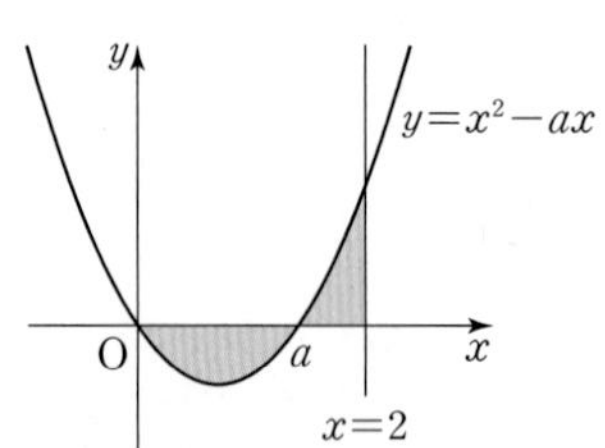

곡선 $y=x^2-ax$ $(0<a<2)$와 x축 및 직선 $x=2$로 둘러싸인 부분의 넓이를 $S(a)$라 하면

$$S(a)=\int_0^a(-x^2+ax)\,dx+\int_a^2(x^2-ax)\,dx$$
$$=\frac{|-1|\times a^3}{6}+\left[\frac{1}{3}x^3-\frac{1}{2}ax^2\right]_a^2$$
$$=\frac{a^3}{3}-2a+\frac{8}{3}$$
$S'(a)=a^2-2=(a+\sqrt{2})(a-\sqrt{2})$
$0<a<2$에서 $a=\sqrt{2}$일 때 $S'(a)=0$이므로
함수 $S(a)$의 증가와 감소를 표로 나타내면 다음과 같다.

a	0	$\cdots$	$\sqrt{2}$	$\cdots$	2
$S'(a)$		$-$	0	$+$	
$S(a)$		↘	$S(\sqrt{2})$	↗	

따라서 $S(a)$는 $a=\sqrt{2}$일 때 최솟값을 갖는다.

854 ········· 답 $f(x)=-6x^3+18x$

조건 (가)에 의하여 $f(x)$는 삼차함수이고
조건 (다)에 의하여 $f(x)=ax^3+bx$ (a, b는 상수)라 하면
$f'(x)=3ax^2+b$이다.
이때 조건 (나)에 의하여 $f'(-1)=0$이므로
$f'(-1)=3a+b=0 \quad \therefore b=-3a$
$f(x)=ax^3-3ax=ax(x+\sqrt{3})(x-\sqrt{3})$

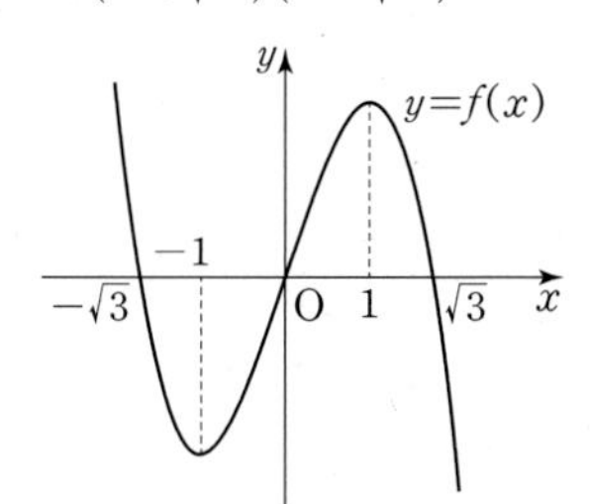

조건 (라)에서 곡선 $y=f(x)$와 x축으로 둘러싸인 도형의 넓이가 27이므로
$$\int_0^{\sqrt{3}}(ax^3-3ax)\,dx=\left[\frac{a}{4}x^4-\frac{3a}{2}x^2\right]_0^{\sqrt{3}}=-\frac{9}{4}a=\frac{27}{2} \quad \therefore a=-6$$
$\therefore f(x)=-6x^3+18x$

855 ········· 답 ③

ㄱ. 닫힌구간 $[a, b]$에서 함수 $F(x)$의 도함수 $f(x)$가 $f(x)>0$을 만족시킨다.
따라서 함수 $F(x)$는 닫힌구간 $[a, b]$에서 증가한다. (참)

ㄴ. $\dfrac{F(b)-F(a)}{b-a}=\dfrac{1}{b-a}\times\displaystyle\int_a^b f(x)\,dx>0$이고
직선 PQ의 기울기는 $\dfrac{f(b)-f(a)}{b-a}<0$이므로
$\dfrac{F(b)-F(a)}{b-a}$는 직선 PQ의 기울기와 같지 않다. (거짓)

ㄷ. $\displaystyle\int_a^b\{f(x)-f(b)\}\,dx$의 값은 [그림1]의 색칠된 부분의 넓이와 같고, $\dfrac{(b-a)\{f(a)-f(b)\}}{2}$의 값은 [그림2]의 색칠된 직각삼각형의 넓이와 같다.

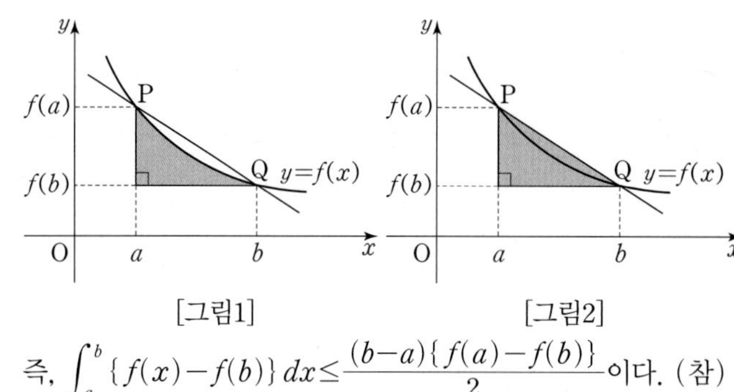

[그림1] [그림2]

즉, $\displaystyle\int_a^b\{f(x)-f(b)\}\,dx\le\frac{(b-a)\{f(a)-f(b)\}}{2}$이다. (참)
따라서 옳은 것은 ㄱ, ㄷ이다.

856 ········· 답 ④

주어진 그림을 좌표평면 위에 직선 MN이 x축, 선분 MN의 중점이 원점이 되도록 놓으면 그림과 같다.

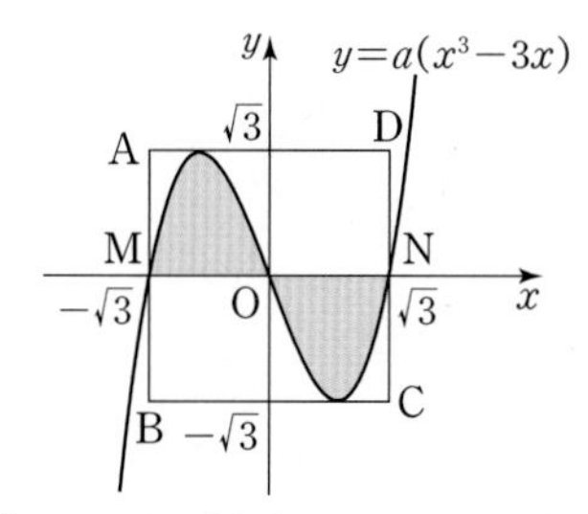

$f(x)=a(x^3-3x)$라 하면 $f'(x)=3a(x+1)(x-1)$이므로
$f(-1)=\sqrt{3}$이어야 한다.
즉, $f(-1)=2a=\sqrt{3}$에서 $a=\dfrac{\sqrt{3}}{2}$
따라서 구하는 넓이를 S라 하면
$$S=-2\int_0^{\sqrt{3}}\frac{\sqrt{3}}{2}(x^3-3x)\,dx$$
$$=-\sqrt{3}\left[\frac{1}{4}x^4-\frac{3}{2}x^2\right]_0^{\sqrt{3}}=\frac{9\sqrt{3}}{4}$$

857 ········· 답 ③

$a<b$일 때, 두 점 P, Q를 지나는 직선의 방정식은
$y-a^2=\dfrac{b^2-a^2}{b-a}(x-a) \qquad \therefore y=(a+b)x-ab$
따라서 직선 PQ와 곡선 $y=x^2$으로 둘러싸인 도형의 넓이를 S라 하면
$$S=\int_a^b\{(a+b)x-ab-x^2\}dx$$
$$=\frac{|-1|(b-a)^3}{6}=36$$
즉, $(b-a)^3=6^3$에서 $b-a=6$
$$\therefore \lim_{a\to\infty}\frac{\overline{PQ}}{a}=\lim_{a\to\infty}\frac{\sqrt{(b-a)^2+(b^2-a^2)^2}}{a}$$
$$=\lim_{a\to\infty}\frac{\sqrt{(b-a)^2+\{(a+6)^2-a^2\}^2}}{a}$$
$$=\lim_{a\to\infty}\frac{\sqrt{6^2+(36+12a)^2}}{a}$$
$$=\lim_{a\to\infty}\sqrt{\frac{36}{a^2}+\left(\frac{36}{a}+12\right)^2}=12$$

858 ··· 답 ①

$y=x^2+x+\frac{1}{4}$에서 $y'=2x+1$이므로

접점의 좌표를 $\left(a,\ a^2+a+\frac{1}{4}\right)$이라 하면

접선의 기울기는 $2a+1$이고 접선의 방정식은

$y=(2a+1)(x-a)+a^2+a+\frac{1}{4}$

이 접선이 점 $(0,\ -2)$를 지나므로

$-2=-a^2+\frac{1}{4},\ a^2=\frac{9}{4}\qquad \therefore a=-\frac{3}{2}$ 또는 $a=\frac{3}{2}$

즉, 접선의 방정식은 $y=-2x-2,\ y=4x-2$이다.

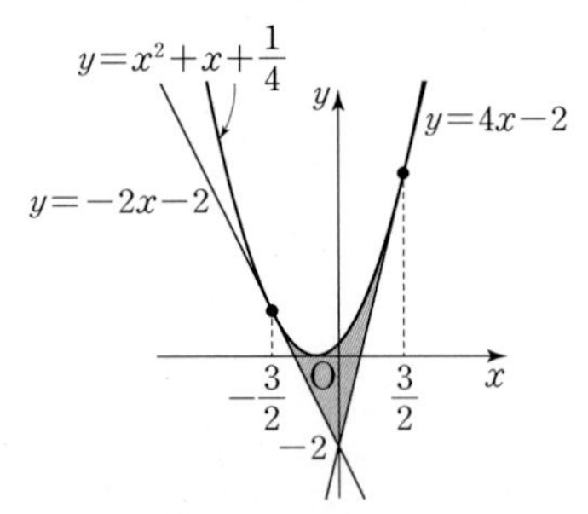

따라서 구하는 넓이를 S라 하면

$$S=\int_{-\frac{3}{2}}^{0}\left\{\left(x^2+x+\frac{1}{4}\right)-(-2x-2)\right\}dx+\int_{0}^{\frac{3}{2}}\left\{\left(x^2+x+\frac{1}{4}\right)-(4x-2)\right\}dx$$

$$=\int_{-\frac{3}{2}}^{0}\left(x^2+3x+\frac{9}{4}\right)dx+\int_{0}^{\frac{3}{2}}\left(x^2-3x+\frac{9}{4}\right)dx$$

$$=\left[\frac{1}{3}x^3+\frac{3}{2}x^2+\frac{9}{4}x\right]_{-\frac{3}{2}}^{0}+\left[\frac{1}{3}x^3-\frac{3}{2}x^2+\frac{9}{4}x\right]_{0}^{\frac{3}{2}}$$

$$=\frac{9}{8}+\frac{9}{8}=\frac{9}{4}$$

859 ··· 답 ⑤

$a>0$이므로 두 곡선 $y=ax^3,\ y=-\frac{1}{a}x^3$의 교점의 x좌표는

$ax^3=-\frac{1}{a}x^3$에서 $\left(a+\frac{1}{a}\right)x^3=0\qquad \therefore x=0$

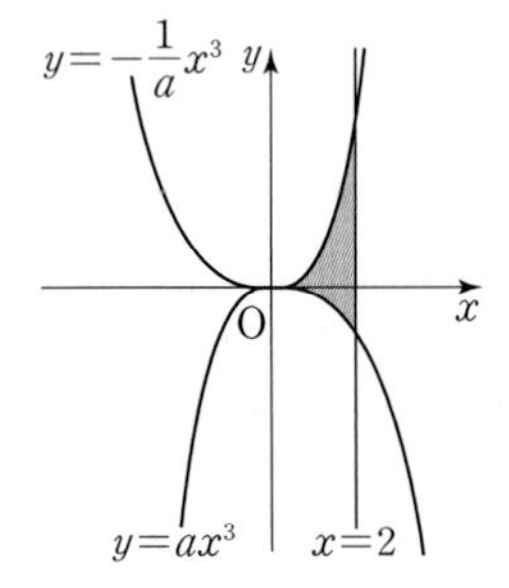

두 곡선 $y=ax^3,\ y=-\frac{1}{a}x^3$과 직선 $x=2$로 둘러싸인 도형의 넓이를 $S(a)$라 하면

$$S(a)=\int_{0}^{2}\left\{ax^3-\left(-\frac{1}{a}x^3\right)\right\}dx=\int_{0}^{2}\left(ax^3+\frac{1}{a}x^3\right)dx$$

$$=\left[\frac{1}{4}ax^4+\frac{1}{4a}x^4\right]_{0}^{2}=4a+\frac{4}{a}$$

산술평균과 기하평균의 관계에 의하여

$4a+\frac{4}{a}\geq 2\sqrt{4a\times\frac{4}{a}}=8$

이때 등호는 $4a=\frac{4}{a},\ a^2=1$에서 $a=1\ (\because a>0)$일 때 성립한다.

따라서 $a=1$일 때 $S(a)$는 최솟값 8을 가지므로

$n=1,\ m=8$

$\therefore m+n=9$

860 ··· 답 ②

$f(0)=0,\ f(1)=1$이고, $\int_{0}^{1}f(x)\,dx=\frac{1}{6}$이므로

$0<x<1$일 때 함수 $y=f(x)$의 그래프의 개형은 다음 그림과 같이 나타낼 수 있다.

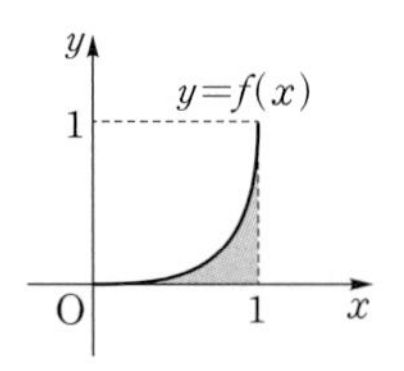

또한, 조건 ㈎에서 $-1<x<0$일 때의 함수 $y=g(x)$의 그래프는 $0<x<1$일 때의 함수 $y=f(x)$의 그래프를 x축에 대하여 대칭이동시킨 후 x축의 방향으로 -1만큼, y축의 방향으로 1만큼 평행이동시킨 것과 같다.

즉, $-1\leq x\leq 1$일 때 함수 $y=g(x)$의 그래프의 개형은 다음 그림과 같이 나타낼 수 있다.

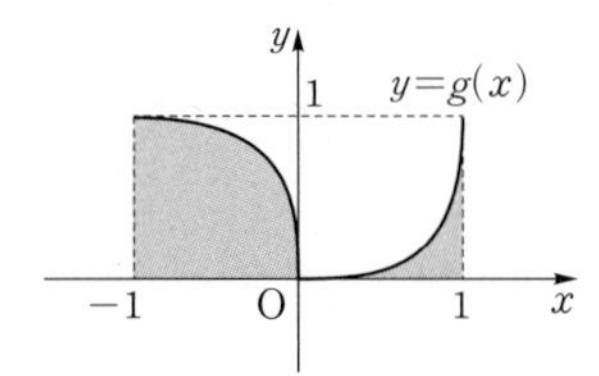

이때 조건 ㈏에서 함수 $g(x)$는 주기가 2인 주기함수이므로

함수 $y=g(x)$의 그래프의 개형은 다음 그림과 같이 나타낼 수 있다.

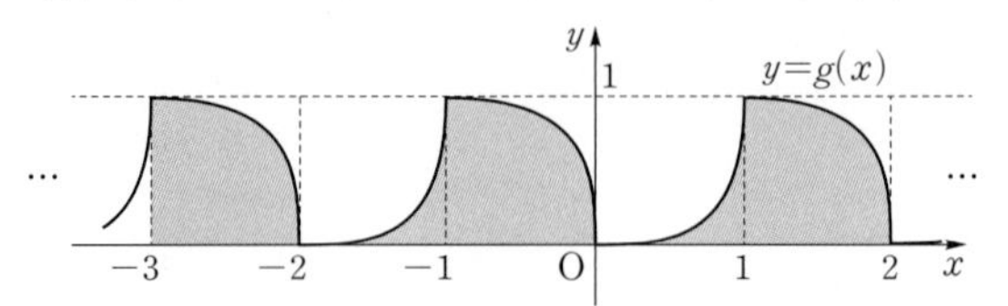

한편, $\int_{0}^{1}g(x)\,dx=\int_{0}^{1}f(x)\,dx=\frac{1}{6}$이고,

$\int_{-1}^{0}g(x)\,dx=1-\int_{0}^{1}f(x)\,dx=1-\frac{1}{6}=\frac{5}{6}$이므로

$\int_{-1}^{1}g(x)\,dx=\int_{-1}^{0}g(x)\,dx+\int_{0}^{1}g(x)\,dx=\frac{5}{6}+\frac{1}{6}=1$

이때 함수 $g(x)$의 주기는 2이므로

$\int_{-3}^{-1}g(x)\,dx=\int_{-1}^{1}g(x)\,dx=1,$

$\int_{1}^{2}g(x)\,dx=\int_{-1}^{0}g(x)\,dx=\frac{5}{6}$

$$\therefore \int_{-3}^{2}g(x)\,dx=\int_{-3}^{-1}g(x)\,dx+\int_{-1}^{1}g(x)\,dx+\int_{1}^{2}g(x)\,dx$$

$$=1+1+\frac{5}{6}=\frac{17}{6}$$

861 ··· 답 13

그림에서 $\angle OAB=90^\circ$이므로 선분 OB는 원 C의 지름이고, $\overline{OB}=\sqrt{t^2+t^4}$이다.

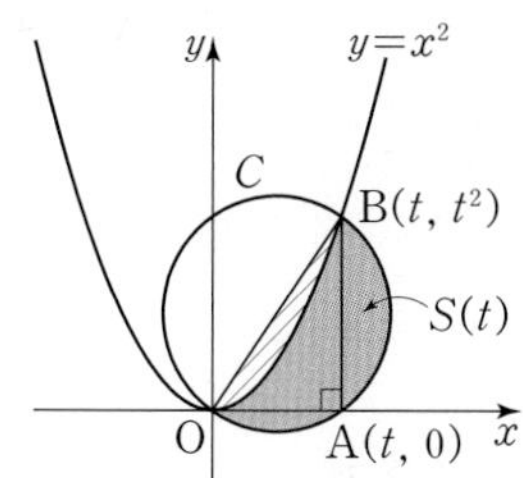

$S(t)=$(반원의 넓이)$-$(빗금친 부분의 넓이)

$=\pi\times\left(\frac{\sqrt{t^2+t^4}}{2}\right)^2\times\frac{1}{2}-\int_0^t(tx-x^2)\,dx$

$=\frac{\pi}{8}(t^2+t^4)-\frac{t^3}{6}$

$S'(t)=\frac{\pi}{4}(t+2t^3)-\frac{t^2}{2}$

$\therefore S'(1)=\frac{3\pi-2}{4}$

따라서 $p=3$, $q=-2$이므로 $p^2+q^2=13$

862 ··· 답 ⑤

$S_1=\frac{3}{6}\times$(사각형 OABC의 넓이)$=\frac{1}{2}$이므로

$S_1=\int_0^{\frac{1}{\sqrt{a}}}(1-ax^2)\,dx=\left[x-\frac{a}{3}x^3\right]_0^{\frac{1}{\sqrt{a}}}=\frac{2}{3\sqrt{a}}=\frac{1}{2}$

$\sqrt{a}=\frac{4}{3}\qquad\therefore a=\frac{16}{9}$

$S_3=\frac{1}{6}\times$(사각형 OABC의 넓이)$=\frac{1}{6}$이므로

$S_3=\int_0^1 bx^3\,dx=\left[\frac{b}{4}x^4\right]_0^1=\frac{b}{4}=\frac{1}{6}\qquad\therefore b=\frac{2}{3}$

$\therefore a+b=\frac{16}{9}+\frac{2}{3}=\frac{22}{9}$

863 ··· 답 ②

자동차 B가 P지점을 지난 후 달린 시간을 x초라 하면
자동차 A가 P지점을 지난 후 달린 시간은 $(x+10)$초이다.
따라서 P지점을 수직선 위의 원점이라 하면
자동차 A가 P지점을 지나고 $(x+10)$초 후의 위치는

$\int_0^{x+10}40\,dt=\left[40t\right]_0^{x+10}=40(x+10)$

자동차 B가 P지점을 지나고 x초 후의 위치는

$\int_0^x\left(\frac{1}{8}t+40\right)dt=\left[\frac{1}{16}t^2+40t\right]_0^x=\frac{1}{16}x^2+40x$

이때 두 자동차가 만나는 시각은

$40(x+10)=\frac{1}{16}x^2+40x$에서 $x^2=80^2\qquad\therefore x=80$

따라서 두 자동차는 자동차 B가 P지점을 지난 지 80초 후에 만난다.

864 ··· 답 ③

출발 후 x초 후의 점 P의 위치는

$-3+\int_0^x(3t^2-1)\,dt=-3+\left[t^3-t\right]_0^x=x^3-x-3$

출발 후 x초 후의 점 Q의 위치는

$k+\int_0^x 2\,dt=k+\left[2t\right]_0^x=2x+k$

따라서 두 점 P, Q가 동시에 출발한 후 2번 만나기 위해서는
$x>0$일 때, x에 대한 방정식 $x^3-x-3=2x+k$, 즉
$x^3-3x-3-k=0$의 실근의 개수가 2이어야 한다.
$f(x)=x^3-3x-3-k$라 하면
$f'(x)=3x^2-3=3(x+1)(x-1)$이다.

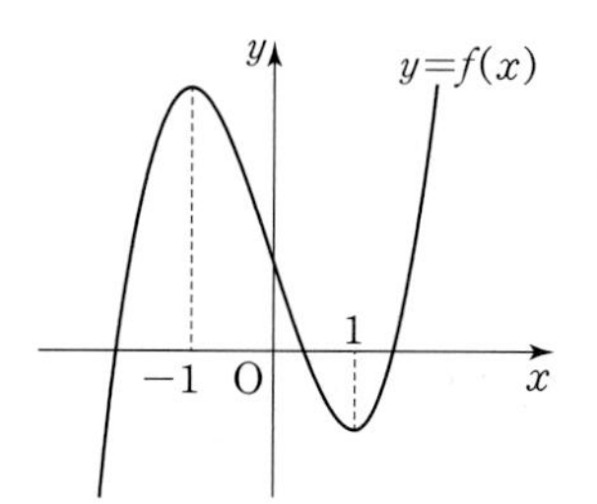

$f(0)=-3-k>0$, $f(1)=-5-k<0$이어야 하므로
$-5<k<-3$
따라서 구하는 정수 k의 값은 -4이다.

865 ··· 답 ⑤

ㄱ. $t=a$일 때, 물체 A와 물체 B의 높이는 각각
$\int_0^a f(t)\,dt$, $\int_0^a g(t)\,dt$이다.

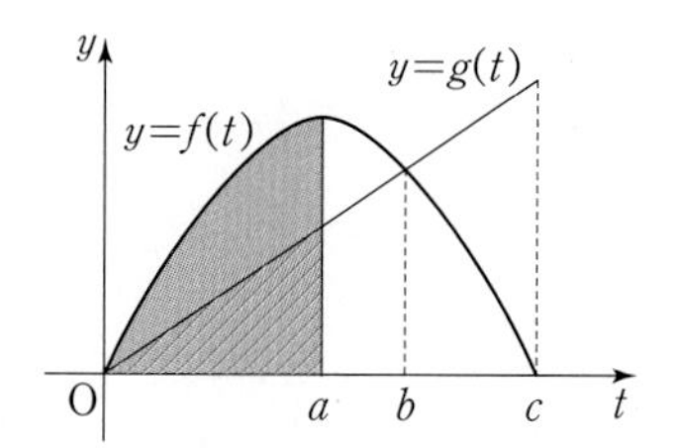

이때 $\int_0^a f(t)dt>\int_0^a g(t)dt$이므로 물체 A는 물체 B보다 높은 위치에 있다. (참)

ㄴ. $t=x$일 때, 물체 A와 물체 B의 높이의 차를 $h(x)$라 하면
$h(x)=\int_0^x f(t)\,dt-\int_0^x g(t)\,dt=\int_0^x\{f(t)-g(t)\}\,dt$이므로
양변을 x에 대하여 미분하면
$h'(x)=f(x)-g(x)$
이때 주어진 그래프에서 $h'(b)=f(b)-g(b)=0$이므로
$0\le x\le c$에서 함수 $h(x)$의 증가와 감소를 표로 나타내면 다음과 같다.

x	0	$\cdots$	b	$\cdots$	c
$h'(x)$		$+$	0	$-$	
$h(x)$	0	↗	극대	↘	0

따라서 함수 $h(x)$는 $x=b$에서 극대이면서 최대이므로
$t=b$일 때, 물체 A와 물체 B의 높이의 차가 최대이다. (참)

ㄷ. $t=c$일 때, 물체 A와 물체 B의 높이는 각각

$\int_0^c f(t)\,dt$, $\int_0^c g(t)\,dt$이고 주어진 조건에서

$\int_0^c f(t)\,dt=\int_0^c g(t)\,dt$이다.

따라서 $t=c$일 때, 물체 A와 물체 B는 같은 높이에 있다. (참)

따라서 옳은 것은 ㄱ, ㄴ, ㄷ이다.

866 답 $\frac{5}{2}$

함수 $y=v(t)$의 그래프는 그림과 같다.

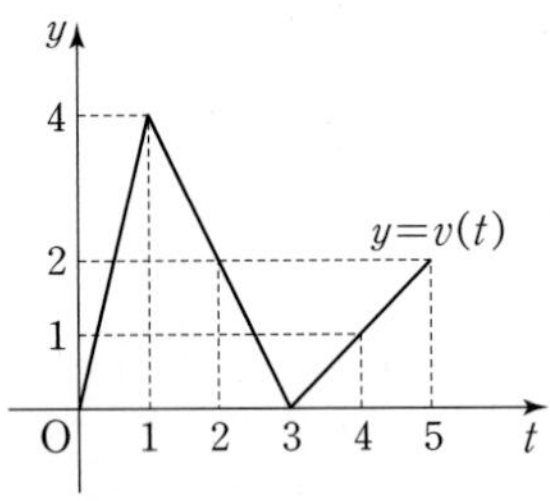

$v(t)\geq 0$이므로 $0<x<3$인 실수 x에 대하여 점 P가

시각 $t=0$에서 $t=x$까지 움직인 거리,

시각 $t=x$에서 $t=x+2$까지 움직인 거리,

시각 $t=x+2$에서 $t=5$까지 움직인 거리는 각각

$\int_0^x v(t)\,dt$, $\int_x^{x+2} v(t)\,dt$, $\int_{x+2}^5 v(t)\,dt$이다.

이 중 최솟값이 $f(x)$이고 $f(0)=0$이므로

$$f(x)=\begin{cases}\int_0^x 4t\,dt & (0\leq x\leq 1)\\ \int_{x+2}^5 (t-3)\,dt & (1\leq x<3)\end{cases}$$

$$=\begin{cases}2x^2 & (0\leq x\leq 1)\\ -\frac{1}{2}x^2+x+\frac{3}{2} & (1\leq x<3)\end{cases}$$

$$\therefore \int_0^2 f(x)\,dx=\int_0^1 2x^2\,dx+\int_1^2\left(-\frac{1}{2}x^2+x+\frac{3}{2}\right)dx$$

$$=\left[\frac{2}{3}x^3\right]_0^1+\left[-\frac{1}{6}x^3+\frac{1}{2}x^2+\frac{3}{2}x\right]_1^2$$

$$=\frac{2}{3}+\frac{11}{6}=\frac{5}{2}$$

867 답 ②

조건 (나)에서 점 P_n의 x좌표는 a_n이므로

점 P_n의 좌표를 (a_n, b_n)이라 하면 조건 (가)에서 $a_1=b_1=1$이다.

또한, $\{a_n\}$은 첫째항이 1이고 공차가 2인 등차수열이므로

$a_n=1+(n-1)\times 2=2n-1$ …… ㉠

이때 조건 (다)에서 직선 P_nP_{n+1}의 기울기는 $\frac{1}{2}a_{n+1}$이므로

$\frac{b_{n+1}-b_n}{a_{n+1}-a_n}=\frac{1}{2}a_{n+1}$, $\frac{b_{n+1}-b_n}{2}=\frac{a_{n+1}}{2}$

$\therefore b_{n+1}=b_n+a_{n+1}$ …… ㉡

㉡에 $n=1, 2, 3, \cdots$을 각각 대입하면

$b_2=b_1+a_2=a_1+a_2$

$b_3=b_2+a_3=(a_1+a_2)+a_3$

$b_4=b_3+a_4=(a_1+a_2+a_3)+a_4$

⋮

$b_n=a_1+a_2+a_3+\cdots+a_n$

$=\sum_{k=1}^{n} a_k=\sum_{k=1}^{n}(2k-1)$ ($\because$ ㉠)

$=2\times\frac{n(n+1)}{2}-n=n^2$

따라서 점 P_n의 좌표는 $(2n-1, n^2)$이다.

$x\geq 1$에서 정의된 함수 $y=f(x)$의 그래프가 모든 자연수 n에 대하여 닫힌구간 $[a_n, a_{n+1}]$에서 선분 P_nP_{n+1}과 일치하므로 함수 $y=f(x)$의 그래프는 다음 그림과 같다.

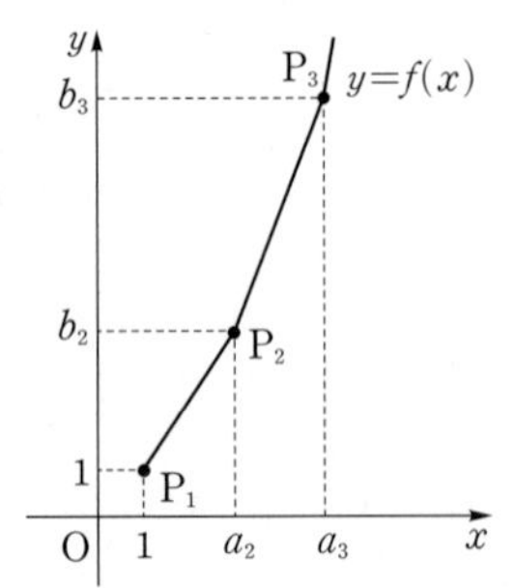

선분 P_nP_{n+1}과 두 직선 $x=a_n$, $x=a_{n+1}$ 및 x축으로 둘러싸인 부분의 넓이를 S_n이라 하면

$S_n=\int_{a_n}^{a_{n+1}} f(x)\,dx$

$=\frac{1}{2}\times(a_{n+1}-a_n)\times(b_n+b_{n+1})$

$=b_n+b_{n+1}=n^2+(n+1)^2$

$=2n^2+2n+1$

따라서 $a_1=1$, $a_6=11$이므로

$\int_1^{11} f(x)\,dx=\int_{a_1}^{a_6} f(x)\,dx$

$=\int_{a_1}^{a_2} f(x)\,dx+\int_{a_2}^{a_3} f(x)\,dx+\cdots+\int_{a_5}^{a_6} f(x)\,dx$

$=S_1+S_2+S_3+S_4+S_5$

$=5+13+25+41+61=145$

MEMO

MEMO